# 의학유전학

## Textbook of **Medical Genetics** and **Genomics**

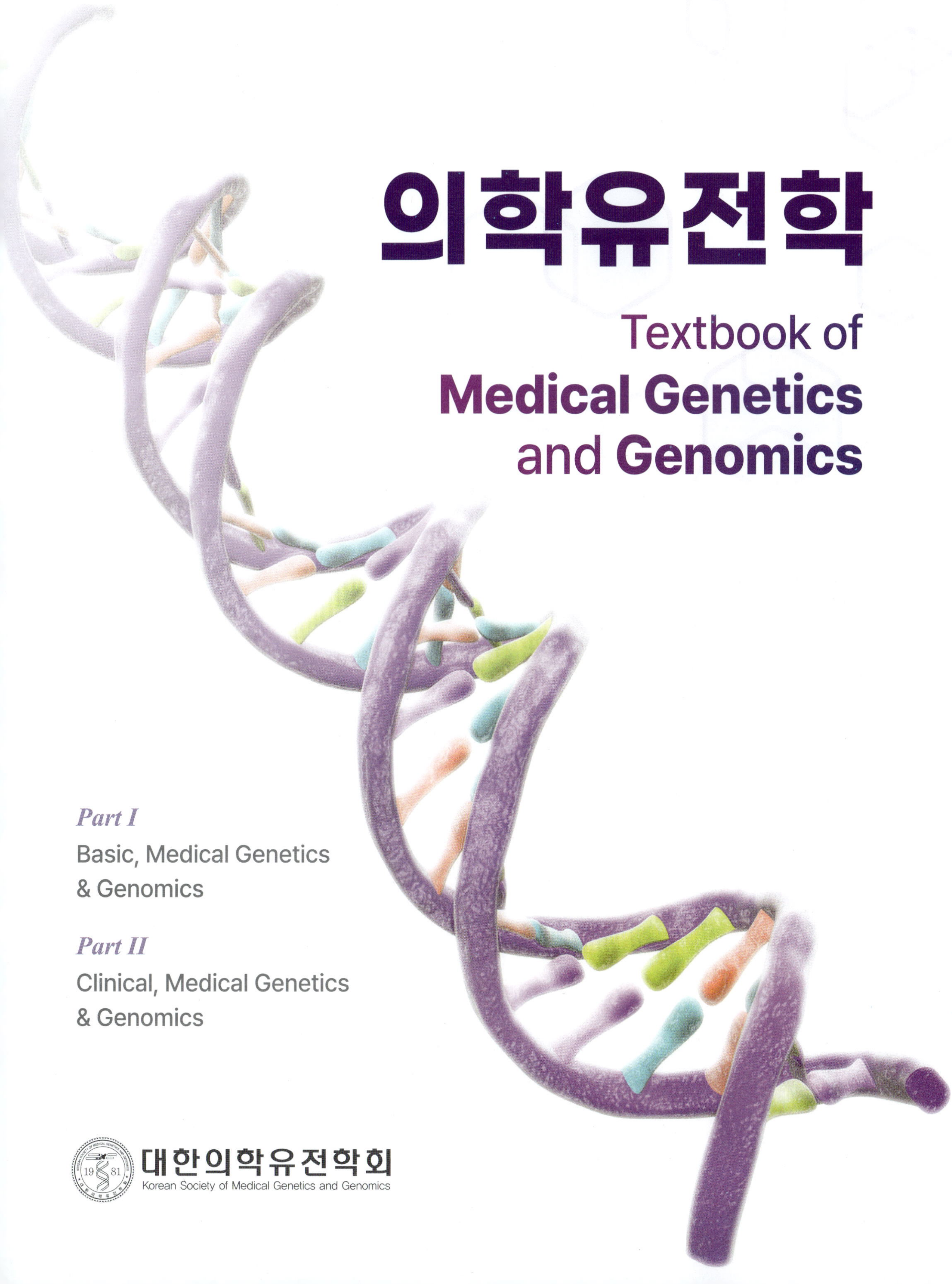

*Part I*

Basic, Medical Genetics & Genomics

*Part II*

Clinical, Medical Genetics & Genomics

대한의학유전학회
Korean Society of Medical Genetics and Genomics

# 의학유전학

첫째판 1쇄 인쇄 | 2023년 12월 29일
첫째판 1쇄 발행 | 2024년 1월 12일
첫째판 2쇄 발행 | 2025년 3월 4일

지 은 이 대한의학유전학회
발 행 인 장주연
출판기획 최준호
책임편집 최다은
표지디자인 김재욱
편집디자인 강미란
일러스트 김경열, 유학영
발 행 처 군자출판사(주)
등록 제4-139호(1991. 6. 24)
본사(10881) **파주출판단지** 경기도 파주시 회동길 338(서패동 474-1)
전화(031) 943-1888 팩스(031) 955-9545
홈페이지 | www.koonja.co.kr



ISBN 979-11-7068-082-6
정가 80,000원

# 집필진 (가나다 순)


**편찬위원장**

유한욱 분당차병원 소아청소년과

**책임편집위원**

고정민 서울대병원 소아청소년과
곽수헌 서울대병원 내과
김구환 서울아산병원 의학유전학센터
김종일 서울의대 생화학교실
김영은 한양대병원 진단검사의학과
류현미 분당차병원 산부인과
문장섭 서울대병원 임상유전체의학과
배정모 서울대병원 병리과
손영배 아주대병원 의학유전학과
신진홍 양산부산대병원 신경과
오지영 세브란스병원 임상유전과
이현주 강남세브란스병원 소아청소년과
전종관 서울대병원 산부인과
최무림 서울의대 의과학과
최영민 그레이스병원 산부인과
한유정 강남차병원 산부인과
황도영 함춘여성크리닉 산부인과

**집필진**

강은구 고려대 안산병원 소아청소년과
강인수 대구차병원 산부인과
고정민 서울대병원 소아청소년과
곽수헌 서울대병원 내과
김건우 김건우산부인과
김구환 서울아산병원 의학유전학센터
김나경 성신여대 법학부
김만진 서울대병원 임상유전체의학과
김문영 강남차병원 산부인과
김수연 서울대병원 소아청소년과
김영은 한양대병원 진단검사의학과
김옥주 서울의대 인문의학교실
김유미 세종충남대병원 소아청소년과
김윤중 용인세브란스병원 신경과
김종원 삼성서울병원 진단검사의학과
김지현 분당차병원 산부인과
김진주 서울대병원 강남센터 산부인과
김태용 서울대병원 내과
김한나 연세의대 인문사회의학교실
나지훈 순천향대 서울병원 소아청소년과
류현미 분당차병원 산부인과
마진영 함춘여성크리닉 산부인과
문장섭 서울대병원 임상유전체의학과
박지원 서울대병원 외과
박찬욱 서울대병원 산부인과
배정모 서울대병원 병리과

| 집 필 진 | | | | |
|---|---|---|---|---|
| | 서을주 | 서울아산병원 진단검사의학과 | 이진성 | 인천세종병원 정밀의료센터 |
| | 시주태 | 서주태비뇨의학과 | 이한별 | 서울대병원 외과 |
| | 설현주 | 강동경희대병원 산부인과 | 이현주 | 강남세브란스병원 소아청소년과 |
| | 성문우 | 서울대병원 진단검사의학과 | 임병찬 | 서울대병원 소아청소년과 |
| | 손영배 | 아주대병원 의학유전학과 | 임석아 | 서울대병원 내과 |
| | 신영림 | 순천향대 부천병원 소아청소년과 | 임형석 | 서울아산병원 임상약리학과 |
| | 신진홍 | 양산부산대병원 신경과 | 전종관 | 서울대병원 산부인과 |
| | 오지영 | 세브란스병원 임상유전과 | 전종근 | 양산부산대병원 소아청소년과 |
| | 원혜성 | 서울아산병원 산부인과 | 정선용 | 아주의대 의학유전학과 |
| | 유은정 | 서울역차병원 산부인과 | 정성철 | 이화의대 생화학교실 |
| | 유정수 | 건국의대 생화학교실 | 조성엽 | 서울의대 생화학교실 |
| | 유한욱 | 분당차병원 소아청소년과 | 조용순 | 인제의대 약리학교실 |
| | 육정환 | 서울대병원 내과 | 차동현 | 강남차병원 산부인과 |
| | 윤지훈 | 서울대병원 임상유전체의학과 | 채종희 | 서울대병원 소아청소년과 |
| | 이동숙 | 함춘여성크리닉 불임유전연구센터 | 최무림 | 서울의대 의과학과 |
| | 이동환 | 단국대학교병원 소아청소년과 | 최병옥 | 삼성서울병원 신경과 |
| | 이범희 | 서울아산병원 소아청소년과 | 최영민 | 그레이스병원 산부인과 |
| | 이봄이 | 대림성모병원 유방센터 | 최인희 | 울산대학교 유전상담학전공 |
| | 이승미 | 서울대병원 산부인과 | 최정윤 | 서울대병원 소아청소년과 |
| | 이영목 | 강남세브란스병원 소아청소년과 | 최 진 | 압구정함춘 산부인과 |
| | 이영아 | 서울대병원 소아청소년과 | 최진호 | 서울아산병원 소아청소년과 |
| | 이윤정 | 서울대병원 소아청소년과 | 한유정 | 강남차병원 산부인과 |
| | 이정호 | 순천향대 서울병원 소아청소년과 | 황도영 | 함춘여성크리닉 산부인과 |
| | 이지원 | 삼성서울병원 소아청소년과 | | |

# 발간사

의학유전학은 환자 진료와 관련된 유전학의 한 분야입니다.

유전학의 획기적인 발전과 함께 의료의 거의 모든 분야에서 유전학에 대한 이해가 없으면 적정한 진료를 할 수 없게 되었습니다. 임상 양상으로 진단하던 질병을 유전자 검사를 통해 확진하고 있으며 암 환자 치료에도 유전자 분석이 도입되었습니다. 연구 영역이었던 것이 어느새 진료 현장에서 활용되고 있으며, 연구 분야는 더욱 빠르게 발전하고 있습니다.

하지만, 우리나라 의과대학 교육과정에서 개별적인 질병의 유전과 관련된 내용은 다루고 있지만, 의학유전학을 독립된 과목으로 체계적으로 가르치는 대학은 거의 없어 졸업한 지 오래된 의사들은 물론이고 젊은 의사들도 새로운 유전학의 지식을 환자 진료에 적용하는 데 어려움이 많았습니다.

대한의학유전학회는 2019년부터 의학유전학을 공부하려는 의사를 대상으로 의학유전학 교육과정(Educational Course of Medical Genetics and Genomics, ECMGG)을 기초과정과 임상응용과정으로 개설하여 매년 운영하고 있습니다. 소아청소년과와 산부인과 의사가 많지만 내과, 외과, 흉부외과, 신경과, 안과, 진단검사의학과, 재활의학과 의사도 수강하였습니다.

지금까지 ECMGG 강의는 외국의 교재를 이용하였으나 약 2년 전 우리말로 된 우리의 증례를 담은 교과서의 필요성에 대하여 논의가 있었습니다. ECMGG 강의를 통하여 우리도 충분히 좋은 교과서를 만들 수 있다는 자신감을 얻었고, 대한의학유전학회 이사회에서 강의를 맡은 선생님을 중심으로 의학유전학 교과서 작업을 시작하기로 결정하였습니다.

작년 5월 이사회 이후 편집위원회를 구성하고 목차와 연자를 정한 뒤 13차례에 걸친 편집위원회 회의를 하여 이 책을 완성할 수 있었습니다. 책의 집필을 위해 50개 기관에 근무하는 73명의 해당 분야에서 경험이 많은 전문가 선생님이 기꺼이 참여해 주셨습니다.

이 책은 의과대학 학생과 현재 진료를 하는 임상 의사를 대상으로 하였습니다. 의과대학을 졸업했다면 알아야 할 의학유전학의 내용을 심도 있게 다루었습니다. 빠르게 발전하는 의학유전학의 내용을 모두 담을 수는 없었지만 의학유전학의 입문서로서 그 역할을 충분히 할 수 있을 것으로 생각됩니다. 또한 e-book을 만들어서 편리하게 사용할 수 있도록 준비하였습니다.

집필에 참여한 선생님은 진료와 연구로 바쁜 중에도 자신의 지식과 경험을 나누기 위해 소중한 시간을 기꺼이 내어 주었습니다. 집필진 선생님께 감사드립니다.

편집위원은 책임을 맡은 부분에 대한 조율이 쉽지 않았음에도 불구하고 많은 시간을 내어 책의 완성에 기여하였습니다. 편집위원 선생님께 감사드립니다. 또한, 보이지 않는 곳에서 성심껏 일해 준 학회 홍성연 실장님의 수고에 감사드립니다.

특히, 편집책임자로 전체적인 책의 체계를 만들고, 편집위원회를 주관하며 세심한 부분까지 확인하신 유한욱 선생님께 깊은 존경과 감사를 드립니다.

출판을 맡아 멋진 책으로 만들어 준 군자출판사 장주연 사장님과 최준호 과장님 그리고 최다은 님께도 감사드립니다.

많은 시간과 노력으로 나오게 된 이 책이 의학유전학에 관심 있는 많은 선생님을 통해 우리나라 의학유전학 발전에 적으나마 기여를 할 수 있기를 소망합니다.

감사합니다.

2023년 12월
대한의학유전학회 이사장
전 종 관

# 서문

의학유전학은 전통적인 멘델 유전질환과 같은 희귀 유전질환들의 발병기전을 규명하고, 질환의 자연경과를 이해하며, 질환을 치료하고 예방과 관리를 하는 의학의 한 세부 분야로 출발하였습니다. 최근에는 의학유전체학(medical genomics)으로 발전하여 발생 빈도가 높은 흔한 질환(common disease)들의 유전학적 접근으로 확대되고 있습니다. 개인의 대단위의 유전체정보뿐 아니라 유전체 발현의 산물인 전사체, 단백체, 대사체와 후성유전체정보를 임상적 의무기록에 통합시켜서 개개인에 가장 적합한 치료를 제공하려는 정밀, 맞춤의학으로 발전하고 있습니다.

이러한 발전은 기술적 진보에 힘입은 바가 큽니다. 인간유전체프로젝트의 완성과 2000년대 초반부터 발전하기 시작한 전장유전체 연합분석(genome wide association study, GWAS)과 염색체 마이크로어레이, 차세대 염기서열분석과 같은 유전체분석기술의 발전이 의학유전학이 꽃을 피우는 데 크게 도움이 되었습니다. 이외에도 유전자발현 조절 및 단백 정제기술, 유전체 대량분석 및 정보처리기술, 유전자 조작 및 유전체 편집기술, 유도만능줄기세포의 분화 등은 과거에는 진단과 치료가 불가능하다고 생각되었던 많은 희귀한 유전질환들의 산전 진단을 포함한 조기 진단 및 예방과 치료들을 가능하게 하였습니다. 유전적요인과 환경적요인의 상호작용으로 발생하는 흔한 복합질환의 위험도 평가방법의 발전과 약물유전체학의 발전은 정밀의학의 토대가 되었습니다.

따라서 의학유전학은 모든 의과학영역의 기반학문으로서 반드시 배워야 할 학문이나 의과대학에서조차 충분한 교육이 이루어지고 있지 않음이 현실입니다. 대한의학유전학회에서는 2019년부터 "의학유전학교육과정(Educational Course in Medical Genetics & Genomics, ECMGG)"을 매우 성공적으로 진행하고 있습니다. 이와 함께 한국인의 데이터에 근거한 이해하기 쉬운 우리말 의학유전학교과서 편찬이 필요하다고 많은 회원들께서 공감하고 있었습니다. 이에 대한의학유전학회에서는 지난 일 년여 기간에 걸쳐서 기초부분 18개의 챕터와, 임상부분 11개의 챕터로 나누어서 73명의 각 분야 전문가분들께 원고를 의뢰하였습니다. 17명의 책임편집위원께서 각 챕터의 편집을 도와주셨습니다. 국문용어는 "대한의협 제6판 의학용어집"을 참고하였습니다. 여러 통계자료와 참고문헌은 가능하면 한국인을 대상으로 한 것을 위주로 소개하려고 노력하였습니다. 320여 개의 그림과 89개의 표 등을 이용하여 일목요연하게 정리하였고 한국인 환자를 위주로 48례의 임상증례를 소개한 후에는 각 질환에 대한 요약을 덧붙여서 더욱 쉽게 이해할 수 있도록 하였습니다. 이 책자는 의과대학생, 전공의, 전문의 등의 임상의사뿐 아니라 기초의학자, 유전상담사 이외에도 의학유전학에 관심있는 모든 분들이 의학유전학을 체계적으로 공부하고 싶을 때 옆에 두고 쉽게 볼 수 있도록 편집하였습니다. 또한 학생들의 교육용 교과서로도 충분히 활용될 수 있으리라 생각됩니다.

의학유전학에 활용되는 기술의 진보는 빠르게 지속될 것입니다. 금번 초판으로 발행되는 이 책자는 반드시 학문의 발전에 발맞추어 빠르게 개정되어야 할 것입니다. 이 책자가 출판되기까지 많은 도움을 주신 분들께 감사드립니다. 여러 집필위원, 책임편집위원은 물론이거니와 적극적으로 교과서출판을 후원해 주신 전종관 대한의학유전학회 이사장님, 홍성연 실장님, 군자 출판사의 장주연 사장님과 최준호 과장님 그리고 최다은 님과, 관계자 여러분들께 집필진과 편집위원을 대표하여 다시 한번 깊은 감사를 드립니다.

2023년 12월
의학유전학교과서 편집위원장
유 한 욱

# 차 례

## PART I Basic, Medical Genetics & Genomics


CHAPTER 01

서론 ...... 3

Introduction

유한욱

I. 의학유전학과 연관된 용어의 정의 3
1. 인체유전학(Human genetics) 3
2. 의학유전학, 유전체학(Medical genetics and genomics) 3
3. 유전체의학(Genomic medicine) 3
4. 유전의학(Genetic medicine) 3
5. 정밀의학(Precision medicine) 3

II. 유전체의학의 발전과정과 성공스토리 3
1. 흔한 질병(Common disease) 4
2. 희귀질환(Rare disease) 4
3. 산전 및 태아 의료(Prenatal and reproductive health) 4
4. 종양질환(Tumor disease) 4
5. 약물유전체학(Pharmacogenomics) 5
6. 치료 5

III. 유전체의학의 전망 5
1. 흔한 질병(Common disease) 5
2. 희귀질환(Rare disease) 6
3. 산전 및 태아 의료(Prenatal and reproductive health) 6
4. 종양질환(Tumor disease) 6
5. 약물유전체학(Pharmacogenomics) 6
6. 치료 6
7. 임상진료기록과 유전체정보의 결합 6

CHAPTER 02

인간 유전체의 기초 ...... 7

Basics of human genome

윤지훈, 이봄이

I. 핵산의 구조와 유전자발현의 기초 7
1. 핵산의 구조와 염기의 종류 7
2. DNA와 RNA의 특성 8
3. DNA 복제 과정 9
4. 센트럴 도그마: 유전체 정보의 전달과 흐름 10
5. RNA 전사 11
6. RNA 번역 13
7. 단백질의 번역 후 변형과 기능의 조절 14

II. 유전자의 구조, 조절, 발현, 그리고 후성유전체 15
1. 유전자의 구조 15
2. 유전자군 15
3. 누클레오좀과 히스톤 단백질의 구조와 기능 16
4. 염색질의 3차원 구조 17
5. 후성유전학 및 후성유전체 17
6. 대립유전자 불균형 19

III. 염색체의 구조 21
1. 사람의 염색체 22
2. 핵형 23
3. 진정염색질과 이질염색질 24

IV. 인간 유전체의 조성 25
1. 유전체의 조성과 기능 25
2. 미토콘드리아 DNA 26
3. 거짓유전자 27
4. 비부호화 서열 27

V. 세포분열과 DNA의 전달 28
1. 세포주기 28
2. 체세포분열 29
3. 생식세포분열 30

CHAPTER 03

인간게놈분석을 위한 핵심기법들의 이해 ...... 35

Understanding of core technologies of human genome analysis

김구환, 김영은, 최무림

I. DNA 클로닝(Cloning of DNA) 35
1. DNA 클로닝의 시초 35
2. 초창기 DNA 클로닝 방법 36
3. DNA 클로닝 기술이 일으킨 파장 37
4. 최신 DNA 클로닝 기술의 현황과 전망 37

II. DNA 증폭(Amplification of DNA) 38
1. DNA 증폭 방법과 종류 38
2. DNA 증폭 방법의 활용과 응용 40

III. 핵산 교잡반응(Nucleic acid hybridization) 40
1. 서던 블롯팅(Southern blotting) 41
2. 노던 블롯팅(Northern blotting) 42
3. 웨스턴 블롯팅(Western blotting) 42
4. 이스턴 블롯팅(Eastern blotting) 42

IV. 세포유전과 염색체검사 (Cytogenetics and genome analysis) 43
1. 염색체검사(Chromosome analysis) 43
2. 형광제자리부합법(Fluorescence in situ hybridization, FISH) 44
3. 염색체 마이크로어레이검사 44

V. 염기서열분석(DNA sequencing analysis) 46
1. Maxam-Gilbert 염기서열분석 47
2. Sanger dideoxy 염기서열분석 47
3. 차세대 염기서열분석(Next generation sequencing, NGS) 49
4. 차세대 염기서열분석의 응용 52
5. 3세대 염기서열분석 52

VI. 유전자발현 연구(Gene expression analysis) 53
1. 유전자발현 분석 방법 53
2. 유전자발현 분석의 응용 55
3. 유전자발현 연구에 관련된 데이터베이스 55

VII. 단일세포 유전자발현 연구 (Single cell expression analysis) 56
1. 단일세포 유전자발현 분석 방법 56
2. 단일세포 유전자발현 분석의 응용 57
3. 단일세포 유전자발현연구 관련 데이터베이스: Gene expression 데이터베이스 58

## CHAPTER 04

인간 유전체 변이 ........ 61

Variation of human genome

김구환, 김영은

I. 유전변이(Sequence variation) 61
1. 유전적 변이의 의미 61
2. 유전되는 변이와 polymorphism 61

II. 염기서열 변이의 명명(Nomenclature of sequence variant) 62
1. DNA 수준의 변이 64
2. RNA 수준의 변이 65
3. 단백질 수준의 변이 65

III. 복제수변이(Copy number variation) 67

IV. 복제수변이의 명명 (Nomenclature of copy number of variation) 68
1. 염색체검사에서 확인된 복제수변이 69
2. FISH 검사에서 확인된 복제수변이 70
3. 염색체 마이크로어레이검사에서 확인된 복제수변이 70

## CHAPTER 05

염색체 및 유전체 이상 질환 ........ 73

Chromosomal and genomic disorder

고정민, 서을주, 이영아, 이윤정, 차동현, 최영민, 최진호, 한유정

I. 상염색체 이상 질환 (Autosome and their abnormalities) 73
1. 상염색체 수적 이상 질환 73
2. 염색체의 구조적 이상 질환 74

II. 성염색체 이상 질환 (Sex chromosome and their abnormalities) 78
1. 성염색체 이상의 빈도 78
2. 터너증후군(Turner syndrome) 78
3. 클라인펠터증후군(Klinefelter syndrome) 81
4. 47,XXX 82
5. 47,XYY 82

III. 단친성 이염색체증(Uniparental disomy, UPD) 83
1. UPD 발생기전 83
2. UPD 종류 84
3. UPD의 임상적 영향 85

IV. 유전체 질환(Genomic disorders) 87
1. 유전체의 구조적 변이를 초래하는 분자유전학적 기전 87
2. 유전체질환의 유전학적 병인 기전 88
3. 유전체질환의 특성 89

V. 유전체 각인 질환 (Disorders associated with genomic imprinting) 91
1. 유전체 각인 91

VI. 성분화이상질환(Disorders of sex development) 95
1. 성 결정 및 성분화의 과정 95
2. 성분화이상질환의 분류 96

## CHAPTER 06

단일 유전자의 유전 양상 ........ 103

Patterns of single gene inheritance

유한욱, 이진성

I. 개요 및 개념(Overview and concepts) 103
1. 유전자형 및 표현형(Genotype and phenotype) 103
2. 투과도와 발현도(Penetrance and expressivity) 105

II. 가계도(Pedigree) 106
1. 가족력 조사의 중요성 106
2. 가계도 작성 107
3. 유전 질환 관련 정보 검색에 유용한 인터넷 사이트 109

III. 상염색체 우성유전(Autosomal dominant inheritance) 111
1. 상염색체 우성질환에서 새로운 돌연변이 113

2. 돌연변이 유전자의 표현형 발현의 다양성: 투과도 (Penetrance), 발현도(Expressivity), 다면발현(Pleiotropy) 113
3. 상염색체 우성유전의 특징 115
4. 상염색체 우성질환에서의 성별-제한적 표현형 115

**IV. 상염색체 열성유전** (Autosomal recessive inheritance) 118
1. 유전형식과 발현기전 118
2. Hardy-Weinberg 법칙 120
3. Hardy Weinberg 법칙이 맞지 않는 경우들-사회계층화, 선택적 결혼 및 근친결혼 121
4. 안정적인 대립유전자 빈도를 방해하는 요인 122

**V. X-연관성 유전: 성염색체 열성유전** (X-linked recessive inheritance) 123
1. X-연관성 질환의 열성 및 우성 유전 123
2. X-연관성 열성 유전질환에서의 유증상 이형접합체와 X 염색체의 불균형 불활성화 124

**VI. X-연관성 유전: 성염색체 우성유전** (X-linked dominant inheritance) 128

CHAPTER 07

**단일유전자 질환의 유전형식: 비전형적 멘델유전** ········· **133**
Patterns of single gene inheritance: Non-traditional Mendelian inheritance
나지훈, 유한욱, 이영목

**I. 가성상염색체 우성유전** (Pseudo-autosomal dominant inheritance) 133
1. 개요 133
2. 가성상염색체 구역(Pseudoautosomal region, PAR) 133
3. 가성상염색체 유전 133

**II. 섞임증(Mosaicism)** 135
1. 체세포섞임증(Somatic mosaicism) 137
2. 생식샘섞임증(Germline mosaicism) 137

**III. 유전체 각인현상으로 인한 부모유래 영향** (Parent of origin effect) 141

**IV. 다염기서열반복 변이(Dynamic mutation): 불안정한 반복서열의 확장에 의한 질환** 146
1. 헌팅톤병(Huntington disease, HD) 148
2. 척수구근 근위축증과 그 밖의 폴리글루타민 질환들 150
3. 취약 X-염색체 증후군(Fragile X syndrome, FXS) 150
4. 제1형 근긴장 근디스트로피(Myotonic dystrophy, DM1) 155

**V. 미토콘드리아 유전(Mitochondrial inheritance)** 156
1. 미토콘드리아의 기능 156
2. 미토콘드리아 유전의 특성 157
3. 미토콘드리아 DNA 연관 증후군 157

**VI. 두개유전자, 소수 유전자에 유전되는 질환들** 159
1. 두개유전자(Digenic)의 돌연변이 이형접합체에 의해 유전되는 질환 159
2. 소수 유전자(Oligogenic)의 돌연변이의 이형접합체에 의한 질환 161
3. 기타: 원인 유전자가 X-염색체에 위치하지만 보인자 여성에서만 발현하는 질환 161

CHAPTER 08

**유전자형과 표현형의 연관성** ········· **165**
Correlation of genotype and phenotype
유한욱

**I. 대립유전자 이질성(Allelic heterogeneity)** 165
**II. 유전자좌 이질성(Locus heterogeneity)** 167
**III. 임상표현형의 이질성(Clinical heterogeneity)** 167
**IV. 임상진료에서 유전자형-표현형 연관성의 중요도** 168

CHAPTER 09

**다빈도 다요인 질환의 복합 유전** ········· **171**
Complex inheritance of common multifactorial disorders
곽수헌, 최무림

**I. 복합질환의 연구(Investigation of complex disease)** 171
1. 복합질환의 정의와 특징 171
2. 복합질환의 통계유전학적 이해 172
3. 가족 내 군집화 및 쌍둥이를 이용한 연구 175

**II. 복합질환의 연구에 있어서 linkage와 association** (Investigation of complex disease using linkage vs association) 175
1. Linkage analysis 방법 176
2. Linkage analysis 원리 177
3. Linkage analysis 예시 179
4. Linkage analysis 한계 179

**III. 복합질환의 연구에 있어 전장유전체연관성분석** (Investigation of complex disease using genome-wide association study [GWAS]) 181
1. GWAS 분석을 위한 SNP 어레이 소개와 GWAS 분석 방법 181
2. GWAS 분석 예시: 조현병 182
3. GWAS 분석의 현황과 전망: Polygenic risk score 183
4. GWAS 분석의 현황과 전망: 대규모 바이오뱅크 185
5. GWAS 분석의 현황과 전망: 희귀변이 연관분석 185
6. GWAS 분석의 한계점 186

**IV. 복합질환의 유전적 구조** (Genetic architecture of complex disease) 187
1. 복합질환의 유전적 구조에 대한 가설 187

2. 다빈도 변이의 유전율 설명의 한계 187
3. 희귀변이의 역할 189

**V.** 다빈도 다요인 질환의 예
(Example of common multifactorial disease) 190
1. 관상동맥질환의 유전성 190
2. 관상동맥질환 관련 단일 유전자 질환
(가족성 고콜레스테롤 혈증) 191
3. 관상동맥질환의 병태 생리와 다유전자 변이 192
4. 관상동맥질환의 GWAS 192

CHAPTER 10

집단 유전학: 인구 집단의 유전적 변이 ············ 195
Human population genetics: Genetic variation in populations
김만진, 김영은, 손영배, 전종관

**I.** 대립유전자형(Allele)과 유전형(Genotype)의 빈도 195
**II.** 하디-와인버그 법칙(Hardy-Weinberg equilibrium) 196
**III.** 하디-와인버그 법칙에 영향을 주는 요인 197
1. 재조합(Recombination) 197
2. 돌연변이(Mutation) 197
3. 선택(Selection) 197
4. 이주(Migration) 198
5. 비무작위 교배(Nonrandom mating) 199
6. 유전적 부동(Genetic drift) 199
**IV.** 연관불균형과 일배체형 추론
(Linkage disequilibrium and haplotype inference) 199
1. 연관균형, 연관불균형의 개념 200
2. 연관불균형의 계산 200
3. 일배체형 추론 201
**V.** 인종 간 다양한 유전 질환 빈도의 차이
(Ethnic differences in the frequency of various genetic diseases) 201
1. 창시자효과(Founder effect) 202
2. 이형접합체 이점(Heterozygote advantage) 203
**VI.** 유전과 조상(Genetics and ancestry) 203
**VII.** 인구집단 대상 유전체 서열분석 프로젝트
(Genome sequencing project in population) 205

CHAPTER 11

질환에서 원인유전자 규명 ·································· 207
Identification of genetic basis of human disease
김종원, 최무림

**I.** 연관분석과 연합분석의 유전적 배경
(Genetic basis for linkage analysis and association) 207
1. 연관분석(Linkage analysis)과 연합분석(Association analysis)
용어의 번역 문제 207
2. 유전자 재조합(Genetic recombination), 유전 거리(Genetic
distance), 물리적 거리(Physical distance) 208
3. 연관불균형(Linkage disequilibrium, LD)과
LD 매핑(LD mapping) 209
**II.** 연관분석을 이용한 유전자 매핑
(Human disease gene mapping by linkage analysis) 211
1. 연관분석의 원리 211
2. 연관분석의 수행 211
3. 연관분석의 사례 213
4. 연관분석의 한계 214
**III.** 연합분석을 이용한 유전자 맵핑
(Human disease gene mapping by association) 215
1. 연합분석의 원리 215
2. 연합분석의 수행 215
3. 연합분석의 예 216
4. 멘델 무작위화(Mendelian randomization, MR) 216
5. 표현체 전장유전체 연합 연구
(Phenome wide association study) 217
6. 연관분석과 연합분석 219
**IV.** 연관분석과 연합분석의 사례를 통한 이해
(From gene mapping to the discovery of novel gene in Mendelian disorder and complex disease) 221
1. 연관분석의 예 221
2. 연합분석의 예 224
**V.** 차세대 염기서열 분석에 의한 희귀 유전질환의 새로운 유전자 규명
(Novel gene identification of rare genetic disease by next generation sequencing [NGS]) 225
1. NGS에 의한 질환유전자 발견의 초창기 노력 226
2. 희귀질환 유전 연구를 위한 전장엑솜분석 사용의 의의 226
3. 희귀질환 유전 연구를 위한 전장엑솜분석 사용의 장단점 228
4. 희귀질환 유전 연구를 위한 전장엑솜분석 사용 방법 228
5. 전장엑솜분석와 전장유전체검사의 비교 230
6. Long-read 전장유전체검사 231

CHAPTER 12

유전질환의 분자유전학적 기초 ························· 233
The molecular basis of genetic disease
정선용, 신영림

**I.** 유전자 돌연변이가 단백질 기능에 미치는 영향
(The effect of mutations on protein function) 234
1. 기능소실 돌연변이(Loss-of-function mutation) 235
2. 기능획득 돌연변이(Gain-of-function mutation) 236
3. 새로운 성질 돌연변이(Novel property mutation) 236
4. 비정상적 시간(Heterochronic) 또는 장소(Ectopic)에서의
유전자발현과 연관된 돌연변이 238

II. 드문 경우의 특정 돌연변이에서 일반적인 변이와 다른 양상의 변이단백질이 발생되는 기전(The mechanism of the production of unusual mutant proteins in rare cases) 238
III. 돌연변이가 생물학적 정상 단백질 생성 저해에 관여하는 기전(How mutants disrupt the formation of biologically normal proteins) 242
IV. 유전질환에서 유전형과 표현형의 상관관계의 특성 (The genotype-phenotype relationship in the genetic disease) 242
1. 유전질환에 관련된 이질성의 종류 242
2. 기능소실 및 기능획득 돌연변이와 표현형의 상관관계 243
3. 유전자형-표현형 상관관계 246
4. 대규모 표현형 데이터베이스의 개발 247
V. 질환 예시(혈색소병증, hemoglobinopathy) 248
1. 혈색소 248
2. 혈색소병증(The hemoglobinopathies) 249

CHAPTER 13
유전질환의 분자, 생화학적, 세포유전학적 기초 255
The molecular, biochemical, and cellular basis of genetic disease
이범희, 전종근

I. 다양한 종류의 단백질 돌연변이로 인한 질환 (Diseases due to mutations in different classes of proteins) 255
1. 단백질 합성 단계 255
2. 단백질의 기능에 따른 분류와 질환 255
3. 단백질의 발현 양상에 따른 분류 255
II. 효소 결함으로 인한 질환 (Diseases due to enzymatic defect) 258
1. 효소병증의 종류 258
2. 효소병증의 전반적 특성 258
III. 수용체 단백질 이상으로 인한 질환 (Diseases due to receptor protein defect) 263
1. 가족성 고콜레스테롤혈증 263
2. 연골무형성증 264
IV. 수송체 결함으로 인한 질환 (Diseases due to transporter defects) 265
1. 개요 265
2. 낭포성 섬유증(Cystic fibrosis) 265
3. 시스틴뇨증(Cystinuria) 267
4. X-연관 크레아틴 결핍증(X-linked creatine deficiency) 268
V. 구조적 단백질 결함으로 인한 질환 (Diseases due to structural protein defects) 271
1. 개요 271
2. 듀센형 진행성근이영양증(Duchenne muscular dystrophy) 271
3. 골형성부전증(Osteogenesis imperfect) 272
4. 섬유성 연골형성증(Fibrochondrogenesis) 275
VI. 신경퇴행성 질환(Neurodegenerative diseases) 278
1. 개요 278
2. 알츠하이머병(Alzheimer's disease) 278
3. 파킨슨병(Parkinson's disease) 279
4. 근위축성측색경화증(Amyotrophic lateral sclerosis) 279
5. X-연관 부신백질이영양증 (X-linked adrenoleukodystrophy) 279

CHAPTER 14
게놈 의학의 전사체학 285
Transcriptomics in genomic medicine
손영배, 최무림

I. 서론 285
1. 전사체 분석 방법들 285
II. 유전자발현분석(Gene expression analysis) 286
1. 전사체 분석 방법들 286
III. 유전자발굴과 신약개발 (Gene discovery and drug development) 290
1. 전사체 유래 유전자 타겟 약물 290
IV. 전사체 분석의 임상적 의의 292
1. 유전자발현의 다양성과 의학의 연관성 292
2. 개인 맞춤형 암 치료를 위한 전사체 분석의 응용 292
3. 암 예후 추정에서의 유전자발현 프로파일링 293
4. 단일 세포 전사체 분석을 이용한 임상의학 연구 전망 294

CHAPTER 15
발생 유전학과 선천성 기형 295
Developmental genetics and birth defects
고정민, 김유미

I. 의학에서의 발생생물학 (Developmental biology in medicine) 295
1. 기형, 변형, 파열(Malformations, deformations, disruptions) 295
2. 기형의 유전, 유전체 및 환경적 요인 296
3. 다면발현: 증후군과 연쇄 (Pleiotropy: syndromes and sequences) 298
II. 발생과정에서의 유전자와 환경 (Genes and environment in development) 298
1. 발생과 진화 298
2. 확률(Probability) 299
3. 환경적 요인(Environmental factors) 299
III. 발생 생물학의 기본 개념 (Basic concepts of developmental biology) 300
1. 발생과정 중의 세포 300

2. 인간 발생학 300
3. 신경관 결함 300

**IV. 발생에서의 세포, 분자유전학적 기전**
(Cellular and molecular mechanisms in development) 302
1. 전사인자에 의한 유전자 조절
(Gene regulation by transcription factors) 302
2. 직접 접촉과 형태발생인자에 의한 세포 사이 신호화
(Cell-cell signaling by direct contact and by morphogenes) 303
3. 세포 형태와 조직화 305
4. 세포 이동(Cell movement) 305
5. 예정된 세포사(Programmed cell death) 306

**V. 배아생성에서 발생학기전의 상호작용**
(Interactions of developmental mechanism in embryogenesis) 307
1. 기관 발생 모델로서의 사지 307
2. 선천성 기형 증후군 307


## CHAPTER 16


### 약물유전학 및 약물유전체학 ............................... 311


Pharmacogentics and genomics

임형석, 조용순


**I. 서론** 311

**II. 약물 라벨에 기재된 약물유전체학 정보** 314
1. 치료 결과에 영향을 주는 요인들과 유전학 생체표지자 314
2. 약동학과 약력학 315
3. 미국 FDA 약물 라벨의 약물유전체학 정보 317

**III. 임상에서 사용되는 약물유전형 검사** 317
1. Warfarin 치료 시 *CYP2C9*과 *VKORC1* 유전형 검사 318
2. Clopidogrel 치료 시 *CYP2C19* 유전형 검사 318
3. Tamoxifen 치료 시 *CYP2D6* 유전형 검사 320


## CHAPTER 17


### 인간의 건강과 질병에서 후성유전과 후성유전체 325


Epigenetics and epigenomics in human health and disease

고정민, 유정수, 최무림


**I. 서론** 325
1. 후성유전 조절의 종류 325
2. 후성유전 조절에 의한 임상적 혜택들 326

**II. 후성유전학적 기전** 327
1. DNA 메틸화 327
2. 히스톤 공유변형 또는 히스톤 변이체 329
3. 뉴클레오좀 위치 선정 331
4. 비암호화 RNA 331

**III. 후성유전학과 인간 질병** 332
1. 후성유전학과 관련된 인간의 질병 332
2. 후성유전학과 환경의 상호 작용 335
3. 노화와 질병에서의 식생활 및 후성유전자형 335

**IV. 암에서의 후성유전학적 기전** 335
1. 암에서의 DNA 메틸화 336
2. 암에서의 히스톤 공유변형 또는 히스톤 변이체 337
3. 암에서의 뉴클레오좀 위치선정 337
4. 암에서의 비암호화 RNA 338
5. 암에서의 유전학과 후성유전학 관계 338


## CHAPTER 18


### 마이크로바이옴: 건강과 질병에 미치는 영향 ..... 341


Microbiome: Its implication in health and disease

조성엽


**I. 서론** 341
1. 마이크로바이옴 조성에 영향을 미치는 인자 341
2. 마이크로바이옴이 인체에 미치는 영향 342

**II. 질병에 따른 마이크로바이옴의 변화**
(Alterations in healthy human microbiome) 343
1. 감염(Infection) 344
2. 암(Cancer) 344
3. 비만(Obesity) 및 대사성 질환(Metabolic disease) 345
4. 심혈관계 질환(Cardiovascular diseases) 345
5. 염증성 장질환(Inflammatory bowel disease) 346
6. 천식(Asthma) 및 아토피 질환(Atopic disease) 346
7. 자가면역질환(Autoimmune disease) 346
8. 뇌질환(Brain disease) 347

**III. 인간 마이크로바이옴을 기반으로 한 새로운 치료 전략**
(Novel therapeutic approaches based on the human associated microbiome) 347
1. 대변미생물무리이식
(Fecal microbiota transplantation, FMT) 347
2. 프로바이오틱스(Probiotics) 및 특정 균주 투여 348
3. 식사(Diet) 및 프리바이오틱스(Prebiotics) 349
4. 유전자 조작 균주(Gene-engineered bacteria) 349
5. 균주유래 단백질 및 대사산물
(Microbiota-derived proteins and metabolites) 349

PART

# II Clinical, Medical Genetics & Genomics


CHAPTER 19

암유전학 ········· 353

Cancer genetics and genomics

김태용, 박지원, 배정모, 육정환, 이지원, 이한별, 이현주, 임석아, 최정윤

I. 암 발생의 유전학적 원리 (Genetic basis of cancer diseases) 353
- 1. 암 발생의 원인 353
- 2. 운전자 돌연변이와 승객 돌연변이 (Driver mutations and passenger mutations) 353
- 3. 발암유전자와 종양억제유전자 (Oncogenes and tumor suppressor genes) 354
- 4. 다단계 발암과정(Multi-step carcinogenesis) 354

II. 유전자 수준의 돌연변이 355
- 1. 점돌연변이(Point mutation) 355
- 2. 삽입결손돌연변이(Insertion/deletion mutation) 356
- 3. 복제수변이(Copy number alteration) 356
- 4. 유전자융합/재배열(Gene fusion / gene rearrangement) 356

III. 암에서 발생하는 유전체 수준의 이상 357
- 1. 현미부수체 불안정성(Microsatellite instability) 357
- 2. 종양변이부담(Tumor mutational burden, TMB) 358
- 3. 상동재조합결핍 (Homologous recombination deficiency, HRD) 358

IV. 가족성 암 증후군 360
- 1. 유전성 유방-난소암 증후군 (Hereditary breast and ovarian cancer syndrome) 360
- 2. 유전성 비용종성 대장암 (Hereditary nonpolyposis colorectal cancer, HNPCC) 362
- 3. 가족성샘종용종증(Familial adenomatous polyposis) 364
- 4. 다발내분비샘종양(Multiple endocrine neoplasia, MEN) 365
- 5. 리-프라우메니 증후군(Li-Fraumeni syndrome) 366
- 6. 포이츠-제거스 증후군(Peutz-Jeghers syndrome) 366
- 7. 폰히펠-린다우병(Von Hippel-Lindau disease) 367
- 8. 코든 증후군(Cowden syndrome) 367
- 9. 유전성 미만성 위암(Hereditary diffuse gastric cancer) 368

V. 유전성 암 위험도 평가 및 유전상담 368
- 1. 유전성 암 위험 평가 및 상담을 위한 대상자 선별 368
- 2. 유전성 암 위험 평가 및 상담을 위한 유전자검사 369

VI. 소아암의 유전체 특성 371
- 1. 소아청소년암의 체세포 변이(Somatic alterations) 371
- 2. 소아청소년암의 생식세포 변이 (Germline alterations) 372
- 3. 유전체 검사의 임상적용 373

VII. 암유전체학을 활용한 예후예측 및 정밀의학 373
- 1. 유전자발현분석을 통한 질병의 예후예측 373
- 2. 차세대 염기서열분석을 통한 정밀의학 375
- 3. 정밀의학 시대의 임상시험설계 377

CHAPTER 20

면역체계의 유전학 ········· 385

Genetics and genomics of immunity

강은구, 오지영

I. 인간의 면역체계 개요 385
- 1. 면역체계의 진화 385
- 2. 선천성 면역과 적응 체계 385
- 3. 선천성 면역 385
- 4. 적응 면역 387
- 5. 체액성 면역(항체 매개 면역)과 세포매개면역 389
- 6. 면역 관용 390

II. 유전성 면역결핍 및 자가면역성 질환 (Inherited immune disorders and autoimmunity) 391
- 1. T세포 결핍 395
- 2. B세포 결핍 397
- 3. 식세포이상증 397
- 4. 보체계 이상 397
- 5. 면역조절장애 398
- 6. 증후군과 동반된 면역결핍 398

CHAPTER 21

심혈관질환의 유전학 ········· 401

Genetics and genomics of cardiovascular diseases

신영림, 이정호, 이현주

I. 선천성 심장질환의 유전학 (Genetics of congenital heart disease) 401
- 1. 심장의 발생 401
- 2. 선천성 심장질환과 동반된 유전성 증후군 401

II. 유전성 심근병증(Genetics of cardiomyopathy) 406
- 1. 비대심근병증(Hypertrophic cardiomyopathy, HCM) 406
- 2. 확장성 심근병증(Dilated cardiomyopathy, DCM) 408
- 3. 부정맥 유발성 우심실 심근병증 (Arrhythmogenic right ventricular cardiomyopathy, ARVC) 410

III. 지단백질의 유전학(Genetics of lipoprotein) 411
- 1. 개요 411

2. 단일유전자 가족성 고콜레스테롤혈증 (Monogenic familial hypercholesterolemia) 412
3. 지질/지단백질이상과 관련된 유전자 변이들 413
4. LAL-D (Lysosomal acid lipase deficiency)-LIPA gene mutation 414
5. LCAT deficiency: cholesterol acyltransferase deficiency 414
6. Lipoprotein lipase (LPL) 결핍증 – LPL gene mutation 414
7. 저밀도 지단백질(LDL) 관련 유전적인 요인과 관상동맥 심장질환의 감수성 416
8. 새로운 치료제 개발 416

IV. 유전성 부정맥 질환 (Genetics of arrhythmia) 416
1. 긴QT증후군(Long QT syndrome, LQTS) 416
2. 짧은QT증후군(Short QT syndrome, SQTS) 418
3. 부르가다증후군(Brugada syndrome, BrS) 420
4. 카테콜아민 다형심실빈맥 (Catecholaminergic polymorphic ventricular tachycardia, CPVT) 421

CHAPTER 22
신경계 유전질환의 유전학 ······ 425
Genetics and genomics of neurological disorder
김윤중, 문장섭, 신진홍, 임병찬, 최병옥

I. 샤르코마리투스병(유전운동감각신경병) 425
1. 샤르코마리투스병 1형(CMT1형) 426
2. 샤르코마리투스병 2형(CMT2형) 428
3. 샤르코마리투스병 3형(CMT3형) 431
4. 샤르코마리투스병 4형(CMT4형) 431
5. 샤르코마리투스병 5형(CMT5형) 434
6. 샤르코마리투스병 6형(CMT6형) 434
7. X 염색체 연관 샤르코마리투스병 (X-linked CMT: CMTX) 434
8. 중간형 샤르코마리투스병 (Intermediate CMT: CMTDI or CMTRI) 436
9. 샤르코마리투스병 연관 신경병증 (CMT-related neuropathy) 437

II. 근육 및 신경근육질환의 유전학 (Genetics of muscle and neuromuscular disorders) 439
1. 근육병의 진단 439
2. 듀센/베커형 근이영양증 (Duchenne/Becker muscular dystrophy) 440
3. 근긴장디스트로피(Myotonic dystrophy) 442
4. 얼굴어깨위팔 근디스트로피 (Facioscapulohumeral muscular dystrophy, FSHD) 444
5. 팔다리이음 근디스트로피 (Limb-girdle muscular dystrophy, *LGMD*) 445
6. 먼쪽 근육병 445
7. 선천성 근육병(Congenital myopathy) 446
8. 선천성 근디스트로피(Congenital muscular dystrophy) 446
9. 대사성 근육병(Metabolic myopathy) 447
10. 미토콘드리아 근육병(Mitochondrial myopathy) 447
11. 선천성 근무력증(Congenital myasthenic syndrome) 448
12. 결론 448

III. 발달 뇌전증 뇌병증과 신경피부질환의 유전학 (Genetics of developmental and epileptic encephalopathies and neurocutaneous syndromes) 449
1. 발달 뇌전증 뇌병증 (Developmental epileptic encephalopathy) 449
2. 결절성 경화증(Tuberous sclerosis) 450
3. 신경섬유종증1형(Neurofibromatosis type 1) 451

IV. 뇌전증과 돌발질환의 유전학 (Genetics of epilepsy and paroxysmal disorder) 453
1. 개요 453
2. 유전성 뇌전증(Genetic epilepsy) 453
3. 주기성 마비(Periodic paralysis) 455

V. 운동장애 질환의 유전학 (Genetics of movement disorders) 457

VI. 대뇌 백질질환의 유전학 (Genetics of white matter disease) 465
1. 개요 465
2. 카다실(CADASIL) 465
3. 카라실(CARASIL) 465
4. 이염색 백색질 장애(Metachromatic leukodystrophy) 466
5. X-연관 부신백질이영양증 (X-linked adrenoleukodystrophy) 466
6. 크라베병(Krabbe disease, globoid cell leukodystrophy) 466
7. 알렉산더병(Alexander disease) 466
8. 카나반병(Canavan disease) 467
9. 펠리제우스-메르츠바하병 (Pelizaeus-merzbacher disease, PMD) 467
10. 성인-발병 백질뇌병증 (Adult-onset leukoencephalopathy with axonal spheroids and pigmented glia, ALSP) 468
11. 뇌힘줄 황색종증(Cerebrotendinous xanthomatosis, CTX) 468
12. 신경세포핵내봉입체병 (Neuronal intranuclear inclusion disease, NIID) 468

CHAPTER 23
산전유전학 ······ 471
Prenatal genetics
김건우, 김문영, 류현미, 마진영, 박찬욱, 설현주, 원혜성, 이동숙, 이승미, 전종관, 차동현, 한유정, 황도영

I. 서론 471
1. 비침습적 검사 471
2. 침습적 진단검사 472

3. 태아 검체를 이용한 유전자검사의 종류 (Techniques for assessing fetal genetic information) 473

**II. 비침습적 검진**(Non-Invasive screening) 476
1. 모체혈청선별검사(Maternal serum marker screening) 476
2. 태아DNA선별검사(Non-invasive prenatal testing, NIPT) 478

**III. 침습적 진단검사** 479
1. 융모막융모생검(Chorionic villus sampling, CVS) 479
2. 양수천자술(Amniocentesis) 481
3. 제대혈천자술(PUBS [cordocentesis]) 483

**IV. 침습적 진단검사를 이용한 유전자 검사의 종류** 485
1. 세포유전학적 염색체 검사 (Cytogenetics [Karyotyping]: Epidemiology of aneuploidy) 485
2. 염색체검사의 결과 해석 (Interpretation of result by chromosomal study) 487
3. 염색체 이상의 신속 검사(Rapid detection of aneuploidy) 491
4. 산전 염색체 마이크로어레이 (Prenatal chromosomal microarray) 491
5. MLPA (Multiplex ligation dependent probe amplification) 496
6. Methylation study 500
7. 태아의 엑솜시퀀싱 501
8. 착상전유전검사에 의한 임신에서의 산전진단 501

**V. 태아 초음파 검사**(High resolution ultrasound) 502
1. 임신 1삼분기의 태아 초음파 검사 502
2. 임신 2삼분기의 태아 초음파 검사 504
3. 태아심장초음파 검사 506

**VI. 자궁내 개입에 의한 태아 치료** (Fetal therapy by in utero intervention) 509

**VII. 쌍둥이 유전자 연구**(Twin study in genetics) 509
1. 도입 509
2. 적용 509
3. 쌍둥이 등록 사업 512
4. 전망 512

**VIII. 보인자검사** 512
1. 광범위 보인자 유전상담 513

**IX. 산전유전상담** (Genetic counseling for prenatal diagnosis) 514


## CHAPTER 24


착상전 유전진단 ........ 519


Preimplantation genetic test

강인수, 유은정, 이동숙


**I. 서론** 519

**II. PGT-A** (PGT for aneuploidy) 519
1. PGT-A 적응증 519
2. PGT-A 과정 및 배아 생검 방법 520
3. PGT-A 방법의 발전 520
4. 모자이시즘 배아 521

**III. PGT-SR** (PGT for structural rearrangement) 522
1. 염색체 구조적 이상의 종류 522
2. PGT-SR의 방법 524
3. PGT-SR 환자를 위한 상담 524

**IV. PGT-M** (PGT for monogenic disorders) 524
1. PGT-M 방법 524
2. 유전양상별 특징 및 착상전 유전진단의 예 525
3. PGT-M 환자를 위한 상담 526

**V. PGT-P** (PGT for polygenic disorders) 527

**VI. 형광제자리부합법을 이용한 착상전 유전진단** (PGD by FISH) 528
1. PGD by FISH 528
2. 균형전좌에서 FISH법을 이용한 착상전 유전진단 529
3. 한계점 529


## CHAPTER 25


생식 불임의 유전학 ........ 531


Reproductive genetics

김지현, 김진주, 서주태, 최영민, 최진


**I. 남성 불임**(Male infertility) 531
1. 남성불임의 원인 531
2. 핵형 이상 531
3. Y 염색체 미세결실 532
4. 결론 533

**II. 자궁내막증의 유전 인자** 534
1. 인구학적 연구(Population study) 534
2. 후보 유전자 다형성 분석(Candidate gene analysis) 534
3. 전장유전체연합분석(GWAS) 535

**III. 다낭성 난소증후군의 유전적 요소** 535
1. 후보 유전자들 535
2. 유전연구의 한계 536
3. 결론 536

**IV. 조기난소부전**(Premature ovarian failure, POF) 536
1. X 염색체 이상(X chromosome abnormalities) 536
2. 조기난소부전 유발 단일 유전자 537

**V. 자연유산, 반복유산, 반복착상실패** (Spontaneous abortion, recurrent abortion, repeated implantation failure) 537
1. 자연유산(Spontaneous abortion) 537
2. 반복유산(Recurrent abortion) 539

3. 반복착상실패(Repeated implantation failure) 540

VI. 성 발달 장애(Disorders of sexual development) 541

1. 안드로젠무감각증후군 (Androgen insensitivity syndrome, AIS) 542
2. 스와이어증후군 (Swyer syndrome, complete gonadal dysgenesis) 542

VII. 기타 생식 장애: 칼만증후군 등 (Other reproductive disorders: Kallmann syndrome 등) 542

1. 서론 542
2. 유전 543
3. GnRH 발달과 기능의 병태생리 543
4. 칼만증후군의 유전적 특성 543
5. KAL1 543


CHAPTER 26

임상진료에서의 임상유전체검사 545

Clinical genome sequencing in clinical practice

김수연, 성문우, 유한욱

I. 서론 545

1. 유전자검사의 종류 545
2. 유전체 분석 방법들의 해상도 및 발견되는 변이 545
3. 질환의 유전학적 진단 알고리듬 546

II. 유전변이의 해석과 생물정보학적 접근 (Interpretation of genomic variant and bioinformatic approach) 547

1. 염기변이 해석을 위한 표준 및 지침 547
2. 염기변이 해석을 위한 생물정보학 도구 551
3. 염기변이 해석을 위한 웹 데이터베이스 552

III. 임상 진료실에서의 유전자 검사 결과지 이해 (Understanding of test report in clinical setting) 553

1. 임상적 관점에서의 유전자검사 결과 해석 553
2. 임상적 관점에서 유전자검사 결과 해석 시 고려할 점 554
3. 결론 559


CHAPTER 27

유전상담 및 위험도 평가 561

Genetic counseling and risk assessment

채종희, 최인희

I. 위험도 평가를 위한 가족력 (Family history in risk assessment) 561

II. 임상 진료 현장에서의 유전상담 (Genetic counseling in clinical practice) 562

1. 유전상담의 정의 563
2. 유전상담의 제공자 563
3. 유전상담의 적응증 563
4. 유전상담의 과정과 원칙 564

III. 재발 위험도 평가(Recurrent risk assessment) 565

1. 유전형을 정확히 알고 있는 멘델유전형식 유전질환의 위험도 평가 566
2. 유전형이 명확치 않은 경우의 조건부 확률 이용한 위험도 평가(Bayesian 분석) 566

IV. 경험적 재발 위험도(Empirical recurrent risk) 568

1. 복합질환에 대한 위험도 예측 569
2. 혈연에 대한 유전상담 569

V. 유전자검사에서 유전상담사의 역할 (Genetic counselor's role in genomic testing) 570

1. 검사 전 상담 570
2. 검사 후 상담 571
3. 정보 전달 572
4. 윤리적 · 법적 · 사회적 측면을 고려한 상담 572
5. 심리사회적 상담 572


CHAPTER 28

유전질환 치료 575

Treatment of genetic disorders

김유미, 손영배, 이동환, 이정호, 정성철

I. 신생아 유전질환 선별검사 (Newborn screening of genetic disorder) 575

1. 역사 575
2. 신생아선별검사의 기본 요건 (Criteria for newborn screening) 576
3. Recommended uniform screening panel (RUSP) 576
4. 신생아선별검사의 이득과 손해 576
5. 전장유전체검사를 이용한 신생아 선별검사 576

II. 유전질환 치료현황 (Current state of treatment of genetic disease) 579

III. 유전질환 치료 시 특별 고려사항 (Special considerations in treating genetic disease) 581

IV. 대사 중재를 통한 치료 (Treatment by the manipulation of metabolism) 582

1. 전구물질 제한(Substrate reduction) 583
2. 보충(Replacement) 583
3. 전환(Diversion) 583
4. 효소 억제(Enzyme inhibition) 584
5. 수용체 길항(Receptor antagonism) 584
6. 제거(Depletion) 585

V. 영향을 받은 유전자 혹은 단백의 기능을 증가시키는 치료 586

1. 단백질 수준의 치료 586

2. 유전자발현 조절 치료 589

**VI. 유전자치료: 현재와 미래 전망** 594

1. 유전자치료의 목적 594
2. 유전자치료의 분류 594
3. 유전자전달 벡터 595
4. 유전자치료의 임상시험 현황 596
5. 임상에서 실제 적용 중인 유전자치료제 596
6. 태아를 대상으로 하는 유전자치료 598

**VII. 희귀의약품의 개발** 599

1. 희귀의약품의 정의 및 특성 599
2. 희귀의약품 지정 599
3. 희귀의약품 연구 개발 지원 599
4. 희귀의약품 시판허가 599
5. 희귀의약품 시장독점제도 600
6. 희귀의약품 개발 전략 및 향후 전망 601

**CHAPTER 29**

**의학유전학 분야의 윤리적, 법적, 사회적 쟁점 … 603**

Ethical, legal and social issues in medical genetics and genomics

**I. 차세대 염기서열분석 기반 유전자검사의 규범적 문제** 603

김나경

1. NGS 기반 유전자검사의 의의 603
2. 검사 범위의 확정 문제 604
3. 검사 결과의 고지 문제 605
4. 정책적 방향 606

**II. 소비자 대상 직접 시행 유전자검사 (Direct to consumer genetic testing, DTC)** 608

김옥주

1. DTC 유전자검사에서의 주요 윤리적 문제 608
2. 우리나라의 DTC 유전자검사관련 법 규제 609

**III. 보조생식기술** 610

김옥주

1. 착상전 유전진단의 윤리적 문제 610
2. 우리나라의 생명윤리법과 착상전 유전진단 및 산전 유전자 진단 612
3. 생식세포 관련 신기술 및 인간 유전체 편집 기술 612

**IV. 인간 생식세포 유전체편집 기술의 규범적 문제** 614

김한나

1. 기본 개념 614
2. 주요 연구 사례 614
3. 연구 · 개발 관련 법제 615
4. 정리하며 617

**V. 유전자치료 및 연구** 618

김옥주

1. 생명윤리법의 유전자치료 연구의 정의 및 요건 618
2. 유전자치료 연구에서의 윤리와 법적 고려 618
3. 유전체편집 기술 혁신과 유전자치료 및 연구의 법 규제의 문제 620

**찾아보기 …… 625**

# 증례 차례

증례 1 | 습관성 유산 환자에서 확인된 로버트슨전위(Robertsonian translocation) 보인자 76
증례 2 | 저신장과 사춘기 지연 증상으로 진단된 터너증후군 82
증례 3 | 근긴장저하로 내원하여 진단된 프라더-윌리증후군 86
증례 4 | 심장기형과 안면기형으로 내원하여 진단된 22q11.2 미세결실 증후군(디조지증후군) 90
증례 5 | 호흡곤란으로 내원하여 진단된 베크위드-비데만 증후군(Beckwith Wiedemann syndrome) 신생아환자 94
증례 6 | 음핵비대로 내원하여 진단된 안드로젠 불감성 증후군 99
증례 7 | 우측하지 골절로 진단된 골형성부전증 116
증례 8 | 고암모니아혈증으로 사망한 가족력이 있는 요소회로대사이상(carbamylphosphate synthetase, CPS1) 환자 119
증례 9 | 뒤뚱거리는 걸음걸이 때문에 내원하여 듀센형 진행성근이영양증으로 진단된 4세 남아 127
증례 10 | 하지의 내반고 때문에 내원하여 비타민D 저항성 구루병으로 진단된 6세 남아 130
증례 11 | 체세포섞임증으로 경미한 임상경과를 보인, 전형적 표현형과 연관된 돌연변이를 지닌 파브리병환자 139
증례 12 | 저신장과 비만으로 내원하여 진단된 프라더-윌리증후군 144
증례 13 | 지적장애와 가족력으로 내원하여 진단된 fragile-X 증후군 남아 152
증례 14 | 발달지연으로 내원하여 진단된 멜라스증후군 여아 158
증례 15 | 간대성 발작이 동반된 머프증후군 160
증례 16 | 관상동맥질환(급성심근경색) 191
증례 17 | 듀센형 진행성근이영양증로 진단된 4세 남자 247
증례 18 | α-지중해빈혈 252
증례 19 | 리소좀 효소결함으로 의한 고쉐병 262
증례 20 | 산전 초음파 이상으로 진단된 연골무형성증 환자 264
증례 21 | 저신장 및 언어발달지연으로 내원하여 진단된 X-연관크레아틴 결핍증병 270
증례 22 | 저신장으로 내원하여 진단된 1형 섬유성 연골이형성증(Fibrochondrogenesis type I) 병 277
증례 23 | 진행하는 불안정성 및 구음장애 증상으로 내원하여 진단된 부신백질이영양증(Adrenoleukodystrophy)병 282
증례 24 | 모성 페닐케톤뇨증 증후군 297
증례 25 | 생후 5개월에 성장 부진으로 내원하여 진단된 연골무형성증 306
증례 26 | 발달지연과 얼굴모양 이상으로 내원하여 진단된 가부키증후군(Kabuki syndrome) 334
증례 27 | 유전성 비용종성 대장암(hereditary nonpolyposis colorectal cancer) (린치 증후군[Lynch syndrome]) 환자 363
증례 28 | 30세에 확인된 조기 유방난소증후군(BRCA2) 환자 370
증례 29 | 표적항암제 치료를 받은 폐선암 환자 381
증례 30 | 잦은 감염과 피부 홍반의 증상으로 내원하여 진단된 오멘증후군 396
증례 31 | 당뇨, 빈혈, 막성사구체신염, 심한 감염의 증상으로 IPEX 증후군으로 진단된 환자 399
증례 32 | 황달과 심잡음을 주소로 내원한 환아에서 폐동맥협착이 동반된 환자 405

증례 33 | 호흡곤란을 호소하면서 심정지가 확인된 환자 410
증례 34 | 우연히 발견된 고콜레스테롤혈증으로 진단된 가족성 고지혈증(Familial hypercholesterolemia) 415
증례 35 | 가슴통증을 주소로 발견된 10세 긴QT증후군 환자 422
증례 36 | 상염색체 열성유전 양상을 보이고 SBF1 유전자 변이를 보인 유전성 말초신경병 환자 437
증례 37 | 떨림과 다리 꼬임을 주소로 내원한 19세 남자 환자 462
증례 38 | 산전에 진단된 듀센형 진행성근이영양증 보인자인 여아 태아 499
증례 39 | 15번 염색체 모계 단친성 이염색체증에 의한 프라더-윌리증후군 500
증례 40 | 태아 빈혈에서 태아수혈(Fetal transfusion) 510
증례 41 | 태아가슴막삼출(fetal pleural effusion)과 태아 흉강-양막강 단락술(thoraco-amniotic shunt) 511
증례 42 | 뇌출혈 및 경련으로 내원한 8개월 여자 557
증례 43 | 발달지연을 보인 영아에서 차세대 염기서열분석으로 진단된 GM1-gangliosidosis 558
증례 44 | X 염색체 연관 유전질환이 있는 가족에서의 Bayesian 분석방법을 이용한 보인자 확률평가 568
증례 45 | 가족력과 보행장애로 진단된 베커형 근이영양증 가계의 유전상담 573
증례 46 | 신생아선별검사에서 이상이 발견되어서 진단된 BH4 반응형 페닐케톤뇨증(BH4 responsive Phenylketonuria) 578
증례 47 | 신생아선별검사 이상으로 진단되어 고암모니아혈증에 대한 약물 치료를 시행한 시트룰린혈증 환자 585
증례 48 | 가족력과 특이한 외모로 진단되어 효소대체요법 중인 뮤코다당증 I형(헐러-샤이에 증후군) 환자 592

Textbook of
**Medical Genetics** and **Genomics**

# PART I

# Basic, Medical Genetics & Genomics


CHAPTER 01 서론(Introduction)
CHAPTER 02 인간 유전체의 기초 (Basics of human genome)
CHAPTER 03 인간게놈분석을 위한 핵심기법들의 이해 (Understanding of core technologies of human genome analysis)
CHAPTER 04 인간 유전체 변이 (Variation of human genome)
CHAPTER 05 염색체 및 유전체 이상 질환 (Chromosomal and genomic disorder)
CHAPTER 06 단일 유전자의 유전 양상(Patterns of single gene inheritance)
CHAPTER 07 단일유전자 질환의 유전형식: 비전형적 멘델유전 (Patterns of single gene inheritance: Non-traditional Mendelian inheritance)
CHAPTER 08 유전자형과 표현형의 연관성 (Correlation of genotype and phenotype)
CHAPTER 09 다빈도 다요인 질환의 복합 유전(Complex inheritance of common multifactorial disorders)
CHAPTER 10 집단 유전학: 인구 집단의 유전적 변이(Human population genetics: Genetic variation in populations)
CHAPTER 11 질환에서 원인유전자 규명(Identification of genetic basis of human disease)
CHAPTER 12 유전질환의 분자유전학적 기초(The molecular basis of genetic disease)
CHAPTER 13 유전질환의 분자, 생화학적, 세포유전학적 기초(The molecular, biochemical, and cellular basis of genetic disease)
CHAPTER 14 게놈 의학의 전사체학(Transcriptomics in genomic medicine)
CHAPTER 15 발생 유전학과 선천성 기형(Developmental genetics and birth defects)
CHAPTER 16 약물유전학 및 약물유전체학(Pharmacogentics and genomics)
CHAPTER 17 인간의 건강과 질병에서 후성유전과 후성유전체(Epigenetics and epigenomics in human health and disease)
CHAPTER 18 마이크로바이옴: 건강과 질병에 미치는 영향(Microbiome: Its implication in health and disease)

Textbook of
**Medical Genetics**
and **Genomics**

CHAPTER 01

# 서론

Introduction

유한욱

## I. 의학유전학과 연관된 용어의 정의

### 1. 인체유전학(Human genetics)

순수 기초학문으로 인간의 다양성(비슷함과 다름)을 유전학적 측면에서 연구하는 학문이다.

### 2. 의학유전학, 유전체학(Medical genetics and genomics)

전통적인 멘델 유전질환과 같은 희귀 유전질환의 발병기전, 병의 자연경과 이해, 재발 예방을 목적으로 하는 산전진단 등의 reproductive option의 선택, 치료 및 관리를 하는 의학의 한 세부 분야이나 최근에는 의학유전체학(medical genomics)으로 발전하여 발생 빈도가 높은 흔한 질환(common disease)들의 유전학적 접근으로 확대되고 있다.

### 3. 유전체의학(Genomic medicine)

개인의 대단위의 유전체 정보뿐 아니라 유전체 발현 산물인 전사체(tanscriptome), 단백체(proteome), 대사체(metaboleum)와 후성 유전체(epigenome) 정보를 실제 임상 진료에 통합시켜서 임상 진료에서의 결정과 판단에 이용하는(clinical decision support, CDS) 의학을 의미한다.

### 4. 유전의학(Genetic medicine)

유전학적 학문적 이론을 임상진료에 적용하는 광의의 용어이다.

### 5. 정밀의학(Precision medicine)

때로는 personalized medicine이라는 용어와도 혼용하여 사용하며 개인 고유의 유전자형과 환경, 생활습관을 함께 고려하여 환자의 치료와 질병을 예방하는 것을 목적으로 하는 의학이다. 종양환자에서 암의 특정 유전자형에 반응하는 약물을 선택하여 맞춤치료를 하는 것으로부터 개념이 시작되었다.

## II. 유전체의학의 발전과정과 성공스토리

유전체의학의 발전은 기술적 진보에 힘입은 바가 크다. 인간유전체 프로젝트가 계획보다 조기에 2003년에 완성될 수 있었던 것도 전통적인 접근법에 더해서 Craig Venter

의 shot-gun 접근법이 기여한 바가 크다. 인간유전체프로젝트의 완성과 2000년대 초 중반에 발전하기 시작한 전장유전체 연관분석(genome wide association study, GWAS)과 차세대 염기서열분석의 발전이 유전체 의학이 꽃을 피우는 데 크게 도움이 되었다. 다음과 같이 여러 측면에서 고찰해보기로 한다.

## 1. 흔한 질병(Common disease)

전장유전체 연관분석이 많은 질병을 중심으로 수많은 결과들이 발표되고 있다. 3백만 개 이상의 유전자 단일염기다형성(single nucleotide polymorphism, SNP) 및 400여 개의 초위성체(microsatellite)를 표지자로 질환과의 연관성을 대단위 인구를 대상으로 조사하며 다른 기존의 데이터를 융합하여 더 의미 있는 연관성을 찾으려는 연구가 시도되었다. 그러나 불행히도 임상적으로 아주 의미 있는 결과는 그렇게 많지 않았다. 예를 들면 노인성 황반변성(age-related macular degeneration)의 이환 위험성이 보체(complement) H 인자의 특정한 유전자형에서 상승한다던지, 크론병 환자에서의 위험도를 높이는 유전자형의 규명 정도이다. 이러한 데이터들도 연구 대상 인구의 특성에 따라 달라진다는 데 문제가 있다. 대용량 데이터의 축적과 공유, 분석이 중요한 과제이다.

## 2. 희귀질환(Rare disease)

희귀질환의 원인 유전자 규명이 차세대 염기 분석법으로 손쉽게 되어 많은 원인 유전자들이 보고되고 있다. 희귀유전질환의 진단율도 차세대 염기서열분석으로 상승하고 있다. 한편 염색체 마이크로어레이 기법과 차세대 염기서열분석을 이용하여 여러 발달 지연, 자폐, 다발성 선천성기형 등의 원인도 규명되고 있다. 또한 신생아, 소아중환자실에서 원인 모르는 질환으로 고통받는 환자의 빠른 유전체 분석으로 원인을 알고 치료 타겟을 찾는 노력도 임상에서 진행 중이다. 미국에서는 정상 신생아 유전체를 분석하는 "BabySeq Project"로 성인기에 발병하는 질환을 예측하기도 하고 이를 이용하여 부모의 질환을 조기에 발견하기도 하였다. 그러나 이러한 미성년 신생아, 소아의 유전체 분석은 여러 윤리적 문제점을 내포하고 있다. 또한 다양한 변이의 임상적 의미를 해석하는 데 어려움이 크다. 데이터베이스의 활용, 가계 구성원들의 검사, 기능 연구, 여러 소프트웨어 예측 프로그램을 이용함으로 이 난제를 해결하려 하고 있다. 희귀질환에서도 대용량 데이터의 축적과 공유, 분석이 중요한 과제이다.

## 3. 산전 및 태아 의료(Prenatal and reproductive health)

임신 10~13주 사이 모체혈액에서 태아의 cell free DNA를 획득하여 분석함으로 상염색체의 수적인 이상을 선별해 낼 수 있는 비침습적 산전스크리닝(non-invasive prenatal screening) 방법이 상용화되어 널리 사용되게 되었다. 고해상도 초음파와 산전염색체 마이크로 어레이, 태아 유전체분석 등으로 조기에 태아의 유전학적 이상을 규명할 수 있게 되었지만 그 해석의 정확성을 비롯한 여러 윤리적, 법적, 사회적 제 문제들이 있다.

## 4. 종양질환(Tumor disease)

종양조직세포의 유전자 분석으로 적합한 항암제를 선택할 수 있게 되어 맞춤치료, 정밀의학의 개념이 처음으로 도입되게 되었다. 과거에는 종양조직의 병리학적변화에 근거한 항암제 선택이었다면 최근에는 종양조직병리소견 불문가지(tumor tissue agnostic)하고 유전자형에 근거하여 항암제를 선택하려는 경향이다. 이에 따라 임상시험도 "basket 또는 umbrella trial"이라는 혁명적 개념이 도입되었다. 또한 특정 항암제를 사용하기 위해서는 특정 유전자형을 검사해야 하는 "companion diagnostics (CDx)" 개념도 도입되었다. 전통적으로 종양질환은 가족성 종양질환을 제외하고는 대부분 성선돌연변이(germ-line mutation)보다는 체세포 돌연변이(somatic mutation) 때문이라고 여겨졌으나 최근에는 차세대 염기서열분석으로 깊게 분석함으로 낮은 수준의 생식샘세포의 섞임증도 감별해 낼 수 있어서 암세포/생식샘세포유전체를 동시에 분석함이 중요하다. 특히 소아암에서는 그 중요성이 크다. 차세대 염기서열분석으로 cell free tumor DNA를 체액에서 분석하는 "liquid biopsy" 개념도 사용되고 있다.

### 5. 약물유전체학(Pharmacogenomics)

약물유전체학의 발전은 정밀의학의 토대가 되었다. 전통적으로는 항응고제제, 항암제등에 관한 약동학/약역학 유전자형 분석이 임상에서 사용되어 왔으나 향정신성약물 등 여러 분야로 확대되는 추세이다.

### 6. 치료

여러 희귀유전질환의 발병기전이 규명됨에 따라 치료 타겟에 따른 약물개발이 가능하게 되었고 과거 20여 년 동안 암흑기에 있었던 유전자치료제도 승인되기 시작했다. 약물의 repurposing (reposition)도 활발하게 되었다. 흔히 발생하는 질환에서도 다양한 치료 타겟이 발견되고 있다.

기타 여러 감염질환의 발생원인과 추이 등을 감시할 수 있다. 신생아 중환자실의 집단감염, COVID-19과 같은 세계적 유행병에의 적용이 그 예이다.

## III. 유전체의학의 전망

유전체의학에 사용되는 기술의 진보는 계속될 것이다. 차세대 염기서열 분석은 긴 염기서열 가닥(long read)을 쉽게 분석할 것이고 데이터 분석을 위한 생물정보학도 새로운 알고리듬 개발, 인공지능의 활용 등으로 발전할 것이다. 유전체 편집기술도 좀 더 정밀하고 안전해질 것이다. 향후 유전체의학은 대단위 인구를 대상으로 한 횡단적, 종단적 유전체 분석과 전자의무기록의 결합으로 흔한 희귀질환, 종양질환뿐 아니라 빈도가 높은 흔한 질환(common disease)에서 큰 성과를 보일 것으로 전망된다. 대표적인 횡단적 연구는 영국의 100,000 게놈연구이고 주로 암과 희귀질환에 중심을 두어 왔으나 흔한 질환으로 확대하고 있다. 종단적 연구는 미국의 "All of US" 게놈연구로 18세 이상의 성인을 대상으로 자발적으로 개인의 생물학적 시료를 제공하고 전자의무기록결합, 여러 문진(생활습관)에 답을 하고 때로는 wearable digital machine을 착용하고 일생 동안 추적 관찰하는 연구들이다. 여기에 더불어 이들의 유전체뿐 아니라 전사체, 단백체, 대사체, 마이크로바이옴의 정보도 축적되어 분석된다. 즉 멀티오믹스(multi-omics)적 접근이 된다. 이러한 프로젝트는 대규모 데이터(big data)를 생산해 낼 것이다. 대규모데이터의 저장, 분석, 이용, 보안에 따른 여러 문제들이 중요하다. 이를 위해서 인공지능, 블록체인, 클라우딩 시스템 등 컴퓨팅과 생물정보학적 지식들이 의학과 접목하게 된다. 이는 아래와 같은 분야에 다음과 같은 영향을 주리라 전망된다.

### 1. 흔한 질병(Common disease)

많은 데이터들의 축적은 지금보다는 좀 더 정확한 polygenic risk score (PRS)를 계산해 낼 수 있어서 개인의 특정 질환의 발병위험도를 예측하는 것이 좀 더 정확해질 것이다. 이를 낮추기 위한 생활습관 개선, 영양, 약물 선택에 도움을 주어서 진정한 의미의 맞춤치료, 개별화된 의학으로 발전할 수 있을 것이다. 그러나 의료진을 거치지 않고 유전체 분석 회사가 직접 고객과 접촉하여 검사를 판매하는 direct to consumer genetic testing이 활성화하여 유전체 의학이 탈의료화(demedicalization)하는 경향을 보일 것이다.

## 2. 희귀질환(Rare disease)

좀 더 새로운 유전자들이 발굴되고 병인기전이 알려지며 치료 타겟도 규명될 것이다. 이에 치료할 수 있는 희귀 질환의 수도 증가할 것이다. 신생아 시기에 선별검사로 포함될 질환도 증가할 것이다. 신생아 유전체 검사의 의의에 대한 논란도 계속될 전망이다.

## 3. 산전 및 태아 의료(Prenatal and reproductive health)

태아 유전체 분석의 해석이 좀 더 정확하게 됨에 따라 그에 따른 reproductive option 선택의 폭이 넓어질 것이다. 임신 전 부부의 희귀 유전질환(치료방법이 없는 치명적 상염색체 열성 질환, 성염색체 열성 질환)의 보인자 검사가 활성화될 것이다.

## 4. 종양질환(Tumor disease)

종양을 조기에 발견하고 비침습적으로 감시할 수 있을 것이다. 항암치료는 더욱더 맞춤 치료가 될 것이다. 따라서 대부분의 항암제들이 희귀항암제가 될 가능성이 커서 고가의 치료비가 요구될 것이다.

## 5. 약물유전체학(Pharmacogenomics)

많은 약물이 유전자형에 근거한 투약(dosing)을 하게 될 것이고 점차로 "흑색표시(black label)"로 특정한 약물유전학적 검사를 요구하는 표시를 하는 약물들이 증가할 것이다.

## 6. 치료

치료 타겟을 찾는 일이 용이하게 되어 임상에 적용할 수 있는 신약개발의 기간이 짧아 지고 성공율도 증가할 것이다. 유전체편집기술이 좀 더 유전자치료에 적극적으로 적용될 만큼 안전하게 발전할 것이다. 불치 또는 난치로 여겨졌던 질환들에 대한 획기적인 치료 방법도 개발될 것이다.

## 7. 임상진료기록과 유전체정보의 결합

진료기록에 환자의 유전체 정보가 결합되어서 임상의가 진료에 필요한 결정을 하는 데 크게 도움을 줄 것이다(clinical decision support, CDS).

그러나 이러한 모든 전망에는 무시할 수 없는 윤리적, 법적, 사회적 제 문제가 있다. 유전체 정보 및 사생활의 보호, 비밀 유지, 차별, 정보 접근에 관한 비대칭성, 계층 간(교육수준, 경제적 부, 민족)의 격차(disparity), 배아 및 태아의 생명보호, 유전체의학의 탈 의료의 문제점 등으로 향후에는 더 윤리적, 법적, 사회적 담론이 중요하게 될 것이다.

## REFERENCE


1. McCarthy JJ, McLeod HL, Ginsberg GS. Genomic Medicine: A Decade of Successes, Challenges, and Opportunities. Science Trans Med. 2013;5:1-17.
2. Mitropoulos K, Jaibeji HA, Forero DA, et al. Success stories in genomic medicine from resource-limited countries. Human Genomics. 2015;9:11-7.
3. Shendure J, Findlay GM, Snyder MW. Genomic medicine, progress, pitfalls, and promise. Cell. 2019;177(1): 45-57.
4. Williams MS. Early Lessons from the Implementation of Genomic Medicine Programs. Annu Rev Genomics Hum Genet. 2019;20:389-411.

CHAPTER 02

# 인간 유전체의 기초

## Basics of human genome

윤지훈, 이봄이

인간 유전체(human genome)는 인간의 유전적 정보를 저장하고 있는 30억 쌍의 DNA 염기 서열의 전체 집합을 일컫는다. 30억 쌍의 DNA 염기 서열은 이중 나선 구조로 서로 상보적으로 결합되어 있으며, 히스톤 단백질을 감싸고 점점 더 큰 단위인 염색질을 이루고 실타래처럼 얽힌 형태로 핵 내에 존재하게 된다. 생명 현상의 가장 기본 단위라 할 수 있는 하나의 세포에는 이러한 인간 유전체 정보가 23쌍의 염색체 안에 유전체 지도(genome map)처럼 펼쳐져 있다. 인간의 유전체를 연구하고 탐색하는 일은 이러한 유전체 지도상의 모든 서열이 생명 현상에 어떠한 기능을 하는지를 온전히 이해하는 과정이라고 할 수 있다. 현재 우리는 인간 유전체의 온전한 서열을 밝혀내면서, 인간 유전체 프로젝트(Human Genome Project)를 성공적으로 마칠 수 있었다. 그러나 이것은 각각의 염기 서열이 어떠한 생물학적 기능에 기여하는지를 이해하기 위한 하나의 초석일 뿐이다. 앞으로 우리는 2차원적인 염기 서열이 어떻게 4차원 시공간상으로 영향을 미치는 생물학적 기능을 수행할 수 있는지에 대해서 더 많이 연구하고, 이해할 필요가 있다.

생명 현상의 기능을 수행하는 가장 기본 단위인 단백질은 유전체 정보(genomic information)를 토대로 생산되는데, 이를 생명 현상의 가장 중요한 축인(DNA>RNA>단백질) 센트럴 도그마(central dogma)라고 부른다. 유전체 내에 존재하는 다양한 변이(genomic variations)들은 그 산물인 단백질의 구조와 기능뿐 아니라, 유전자의 조절과 발현에도 영향을 미쳐서 형질의 다양성(phenotypic variability)에 기여하게 된다. 인간 유전체의 기초를 이해하는 것은 의학 유전학에서 질병 발생의 메커니즘을 이해하고, 이를 바탕으로 환자에게 개인별 맞춤 치료(personalized medicine)를 제공하는 데 있어서도 매우 핵심적인 개념으로, 최근 점점 발달하고 있는 유전체 시퀀싱 기술과 함께 그 중요성이 부각되고 있다. 본 챕터에서는 유전체를 구성하는 분자 수준의 구조로부터, 점점 더 큰 구조인 염색체와 염색질의 구조에 대해 설명하고, 유전자 내에 존재하는 다양한 변이의 생물학적 효과를 이해하기 위하여, 유전자의 구조와 발현 과정, 그리고 유전자 변이들이 어떻게 질병 발생과 형질의 다양성에 기여할 수 있는지에 대한 전반적인 기초 지식에 대해서 설명하고자 한다.

## I. 핵산의 구조와 유전자발현의 기초

### 1. 핵산의 구조와 염기의 종류

인간 유전체를 이해하기 위한 가장 기본이 되는 분자 단위인 뉴클레오티드(nucleotide)의 구조와 특성에 대해 먼저 알아보도록 한다(그림 2-1). 뉴클레오티드는 크게 3가지 성분(5탄당의 일종인 리보오스, 질소를 함유한 염기, 그리고 인산기)으로 이루어져 있으며, 이러한 누클레오티드가 결합하여, 핵산(nucleic acid) 중합체를 이룬다. 핵산은 리보오스(ribose) 구조 내에서 2번째 탄소에 산소가 떨어진 형태(deoxy-)와 온전한 형태로 구분하여, 크게 디옥시리보 핵산(deoxyribose nucleic acid, DNA)과 리보핵산(ribose nucleic acid, RNA)으로 나뉜다. DNA를 이루는 염기는 그 종류에 따라, 퓨린(purine) 염기의 일종인 아데닌(adenine, A)과 구아닌(guanine, G), 그리고 피리미딘(pyrimidine) 염기의 일종인 티민(thymine, T)과 시토신(cytosine, C)으로 구분할 수 있으며, RNA의 경우에는 싸이민 대신에 우라실(uracil, U)이 존재하고 있다. 누클레오티드가 결합하여 중합체를 이루는 과정에서는 리보오스의 5번 탄소에 결합된 인산기로부터 3번 탄소 방향으로 다음 누클레오티드의 인산기와 포스포디에스테르 결합(phosphodiester bond)을 통해 형성되어, 일정한 방향성(5′-end to 3′-end)을 가지게 된다. 이러한 방향성은 중합체 내에서 특정 방향으로 정보를 전달하는 데 중요한 역할을 하게 된다.

## 2. DNA와 RNA의 특성

DNA와 RNA는 유전체 정보를 전달하고 전사, 번역 등의 과정에서 중요한 역할을 수행하는 분자이다. 그러나 이 둘은 구조와 화학적 특성에서 차이가 있으며, 모두 네 가지 종류의 염기 배열의 조합에 따라, 산술적으로 무수히 많은 유전 정보($4^n$의 경우의 수)를 지정할 수 있다. 그러나, DNA는 단일 가닥의 RNA와 달리 반시계 방향의 이중 나선 구조(double-stranded helix)로 존재하고 있으며, 아데닌과 싸이민(A-T), 그리고 구아닌과 싸이토신(G-C)이 서로 상보적으로 짝을 이루고 있음이 밝혀졌다(샤가프의 법칙). 이러한 DNA의 구조는 이중 나선의 상보적 결합에 의한 화학적 안정성의 결과로, 아데닌과 싸이민, 그리고 구아닌과 싸이토신 쌍은 각각 2개와 3개의 수소 결합(hydrogen bond)을 이루게 된다(**그림 2-1**). 따라서, 구아닌과 싸이토신 분율(GC %)이 높아질 경우, 염기쌍들은 더 강력한 수소 결합을 이루게 되며, 이러한 특성은 유전자의 발현과 조절에도 밀접하게 연관되어 있다. 더불어, DNA 이중 나선 구조의 상보적 특성은

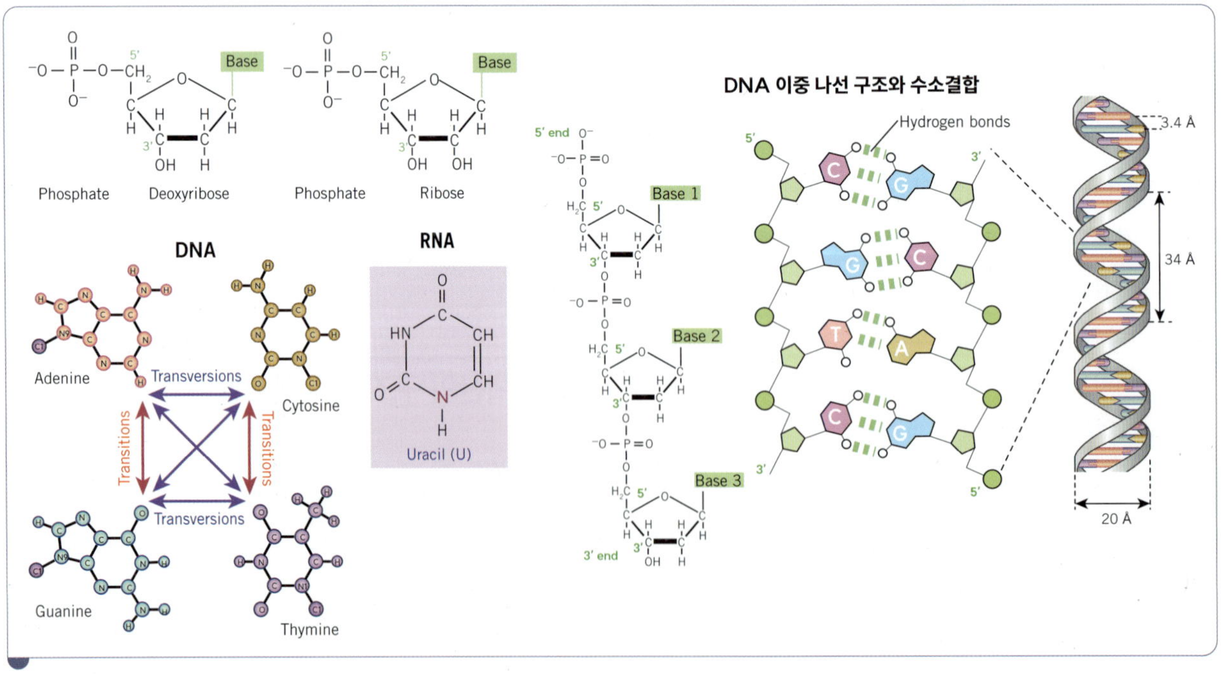


**그림 2-1.** 핵산의 기본 구조와 염기 구성.

DNA의 복제 또는 손상 과정에서 하나의 가닥이 주형(template)으로 작용할 수 있게 하여, 해당 서열 정보를 효과적으로 다음 세대로 전달하거나 복구할 수 있도록 돕는다. 효과적인 복구 과정에도 불구하고 DNA에 손상을 받게 되면, 염기 서열에는 돌연변이(mutation)가 발생하게 된다. 발생한 돌연변이가 동일한 퓨린 또는 피리미딘계 염기로 치환되는 경우에는 염기전이(transition)라고 하며, 퓨린계와 피리미딘계 간에 염기 종류가 바뀌는 치환이 발생하는 경우에는 염기전환(transversion)이라고 한다. 일반적으로 염기전이가 염기전환에 비해 더 작은 에너지를 필요로 하기 때문에, 2배 정도 더 흔하게 발생하는 것으로 알려져 있다. 반면, RNA의 경우는 단일 나선 구조를 가지며, RNA는 DNA와 다르게 싸이민 대신 우라실이 존재하여, 아데닌과 상보적으로 짝을 이루게 된다. RNA는 DNA에서 지정된 정보를 전사하여 단백질 합성에 참여하거나, RNA 자체가 바로 기능을 수행하기도 한다. 이러한 DNA와 RNA의 화학적 특성의 차이로 인하여, DNA는 유전 정보를 효율적으로 저장하는 역할을 수행하며, RNA는 DNA에 의해 지정된 유전 정보의 발현을 전달 및 조절하는 역할을 수행하게 된다.

## 3. DNA 복제 과정

DNA의 복제 과정은 세포 분열과 같은 생명 현상에서 필수적인 역할을 담당하고 있다. DNA 복제는 정확하고 효율적으로 이루어져야 하며, 복제 과정 중에서 발생하는 오류는 유전 정보에 손상을 줄 수 있다. DNA 이중 나선 서열의 복제는 반보존적(semi-conservative)으로 일어나게 되는데, 상보적으로 결합해 있던 이중 나선 서열이 풀리면서, 개별 가닥이 각각 원본으로 존재하고, 하나의 주형으로 작용하여 반대쪽의 상보적 서열에 복제가 일어나게 된다. 이러한 복제 과정은 다양한 효소들의 협력에 의해 이루어지며, 그중에서도 helicase, DNA polymerase, primase, DNA ligase, topoisomerase 등의 효소들이 핵심적인 역할을 담당하고 있다. 각각의 복제 과정은 크게 다음과 같은 단계로 구분할 수 있다.

### 1) 이중 나선 가닥의 분리

Helicase라고 불리는 효소에 의해, 상보적으로 결합되어 있던 서열들이 서로 분리된다. 이러한 과정을 통해, 복제가 시작되는 포크 모양의 복제 포크(replication fork)가 형성된다.

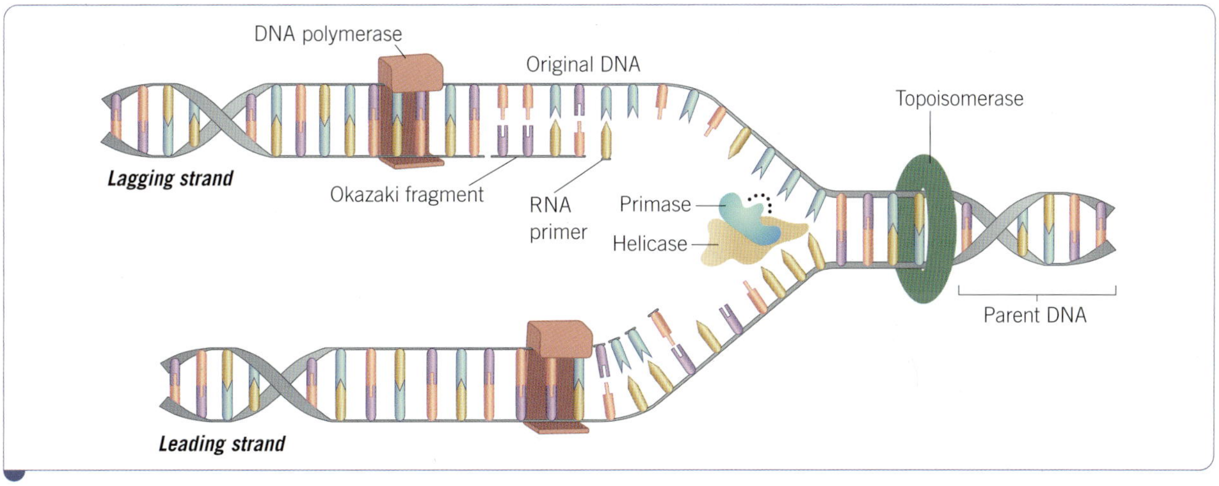


그림 2-2. DNA의 복제 과정.

### 2) DNA 서열의 복제

DNA polymerase라고 불리는 효소에 의해 각각 분리된 주형 가닥은 상보적인 누클레오티드들이 합성되면서 연장된다. 이때, DNA polymerase는 5′에서 3′ 방향으로 누클레오티드들을 합성한다. 따라서, 양쪽의 주형 가닥 중 한쪽은 역방향(3′ to 5′)으로 주형이 분리되어, 5′에서 3′ 방향으로 합성이 진행되기 어렵다. 이러한 문제는 primase라고 불리는 효소가 중간중간 짧은 RNA 프라이머(short RNA primer)를 결합시켜, 단편의 합성 시작 지점을 지정하고, 합성된 단편들을 DNA ligase라고 불리는 효소가 서로 연결함으로써 해결하게 된다. 이렇게 생기는 각각의 단편을 오카자키 단편(okazaki fragment)이라고 부르게 된다.

### 3) Topoisomerase의 역할

복제 포크에서 이중 나선이 풀리면서 복제가 진행됨에 따라, 결합되어 있는 부분의 서열들은 실타래처럼 점점 더 꼬이면서 더 큰 장력을 받게 된다. 이렇게 꼬임에 의해 발생하는 장력은 topoisomerase라고 불리는 효소가 복제 방향으로 진행하며, 완화시켜주게 된다. Topoisomerase는 크게 Type 1과 Type 2로 구분되며, Type 1은 한쪽 서열에 일시적인 끊김(nick)을 만들어, 장력을 해소시킨 후 다시 결합하도록 만드는 역할을 하며, Type 2는 양쪽 서열을 모두 끊어 양쪽 모두 장력을 해소할 수 있도록 하는 역할을 한다.

## 4. 센트럴 도그마: 유전체 정보의 전달과 흐름

30억 쌍의 DNA 염기 서열로 구성된 유전체 정보가 어떠한 방식으로 세포 수준에서 서로 다른 단백질 산물을 만들어 내고, 형태와 기능을 가지며, 궁극적으로 서로 다른 임상적 또는 생화학적 특징으로 대변되는 표현형(phenotype)으로 나타날 수 있는가를 이해하는 것은 임상 유전학에서 매우 중요하다. 유전체 수준에서부터 표현형에 이르는데, 가장 핵심적인 축을 구성하는 개념을 센트럴 도그마(central dogma)라고 부른다(**그림 2-3**). 유전 정보를 포함하는 DNA로부터 RNA로 전사(transcription)가 일어나고, RNA는 다시 번역(translation) 과정을 통하여 아미노산들로 구성된 폴리펩타이드를 이루고, 단백질로 합성되어 생명현상을 수행하게 된다. DNA (genome)와 RNA (transcriptome), 그리고 단백질(proteome)들은 각각 하나의 계층적인 집합체인 오믹스(omics)를 구성하게 되는데, 각각의 계층적 수준에서의 산물들을 분석함으로써, 우리는 각 단계에서 일어나는 분자 유전학적인 메커니즘을 이해할 수 있게 된다.

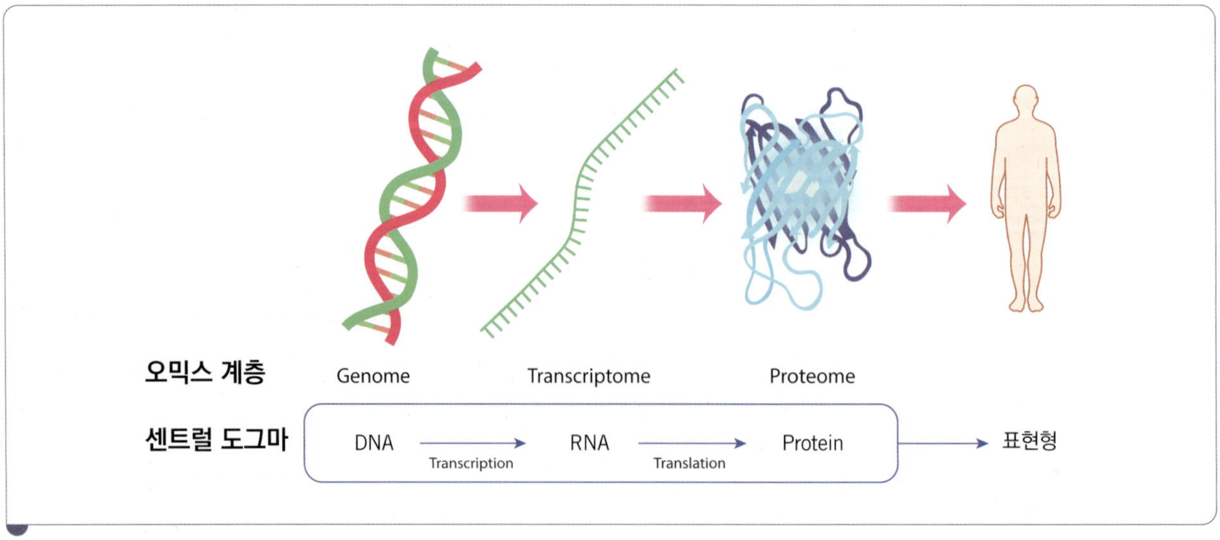


**그림 2-3.** 센트럴 도그마와 오믹스의 개념.

센트럴 도그마를 통한 유전체 정보의 전달을 통해 생성되는 계층의 산물들은 단순한 일대일 대응이 아니다. 만약 유전자와 RNA, 그리고 단백질 사이에 단순한 일대일 대응이 성립한다면, 약 2만 개의 유전자는 2만 가지의 단백질을 만들 뿐이다. 이 숫자는 세포 안에서 단백질이 수행하는 다양한 기능을 모두 대변하기에는 매우 부족한 숫자이다. 하나의 유전자는 다양한 형태의 RNA를 생성하고 변형이 만들어지며, 최종적인 산물인 단백질에도 다양한 화학적 변형이 가해지면서, 최종 산물인 단백체는 더욱더 다양한 형태로 존재할 수 있게 된다. 더불어 각각의 단백질은 서로 조정되고 통합되는 방식으로 유전적, 발생적, 또는 환경적 신호에 반응하는 다른 단백질과 다수의 조절 RNA가 관여하는 정교한 신호 전달 체계 안에서 상호 작용 네트워크를 구성하고 있다. 인간의 표현형은 이러한 복잡한 상호 작용 네트워크의 최종 산물로서 나타나며, 최근에는 다양한 계층의 오믹스 정보들을 통합적으로 분석하여, 유전적으로 발굴된 바이오마커(biomarker)로부터 질병과의 연관성을 이해하려고 하는 다양한 오믹스 연구들이 활발하게 일어나고 있다. 이러한 연구들은 암, 심혈관 질환, 당뇨병, 신경학적 질환 등 다양한 질병에 대한 진단과 치료법을 개발하는 데 큰 도움을 줄 수 있다.

## 5. RNA 전사

유전 정보는 세포의 핵 내부 염색체의 DNA에 포함되어 있다. DNA에 저장되어 있는 유전 정보는 센트럴 도그마를 따라 RNA를 거쳐 최종적으로 단백질의 형태로 생성된다. 이러한 유전 정보의 발현 과정을 위해서는 핵막으로 구획화되어 구분된 핵으로부터 바깥 부분인 세포질로의 물질이 운반되어야 한다. 이러한 과정에는 다양한 분자들과 기작이 관여하고 있으며, 유전자의 발현 과정은 시, 공간적으로 결정되는 신호 전달 체계 내에서 전사인자(transcription factor)와 촉진자(promoter), 그리고 증강인자(enhancer)와 같은 다양한 조절 인자(regulatory element) 등에 의해 진행된다. 이러한 조절 인자들은 DNA상의 특정한 서열에 결합하여, 전사 복합체를 형성하고, RNA polymerase의 활성을 조절함으로써 유전자의 발현을 조절한다. 이러한 조절인자들은 세포의 발달, 세포 주기, 세포 분화, 또는 면역 반응 등 다양한 생물학적 과정에서 중요한 역할을 수행하게 된다. 아래에서는 유전 정보로부터 RNA가 합성되는 과정인 RNA의 전사 단계를 과정별로 나누어 알아보기로 한다(**그림 2-4**). RNA 전사 과정은 세포 내부에서 매우 중요한 과정 중 하나이며, 이러한 과정에서 발생하는 오류는 많은 유전병과 관련되어 있다.

### 1) 전사(transcription)의 개시(initiation)

전사 과정은 유전자의 DNA 염기 서열을 주형으로 하여, 상보적인 RNA 분자를 합성하는 과정이다. 유전자의 전사 개시는 RNA 중합효소 II (RNA polymerase II)가 유전자의 촉진자(promoter) 부위에 결합하면서 시작된다. 촉진자 부위는 전사를 시작할 부위를 안내하는 동시에 RNA 중합효소 II를 포함하는 분자들을 작동 위치로 끌어들이게 된다. 많은 촉진자에서는 보존된 형태의 염기 서열이 발견되는데, 대표적으로 존재하는 것이 TATA 박스이다. 전사 개시 부위보다 대략 25~30 여기 서열 정도 앞쪽에 존재하며, 다수의 TATA 서열로 구성되어 있다. 이외에도 CAT 박스(CCAAT 서열) 등도 잘 보존된 부위로 해당 서열을 소실하게 되면, 촉진자로서의 활성도가 급격하게 떨어지게 된다.

### 2) 연장(elongation)

RNA 중합효소 II가 촉진자 부위에 결합하게 되면, DNA 이중 나선 구조가 단일 가닥으로 풀리면서, RNA 합성이 진행된다. 단일 가닥으로 풀린 각각의 DNA 염기 서열은 주형으로 작용하게 되고, 상보적인 RNA 누클레오타이드가 결합하면서, RNA 서열이 연장된다.

### 3) 전사의 종료(termination)

RNA 중합효소 II가 종결 서열(terminator sequence)에 다다

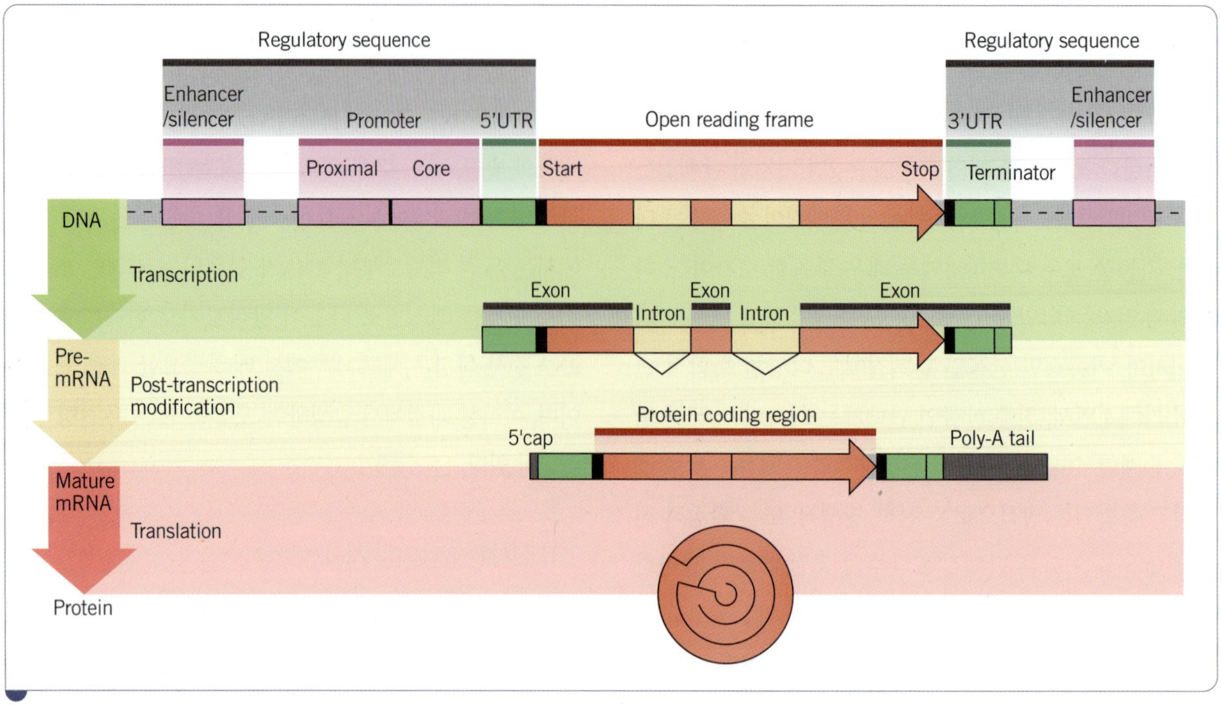


**그림 2-4**. RNA 전사, 번역 과정.

르면, 합성이 중지된다. 합성이 완료된 RNA는 전구체 mRNA (precursor mRNA, pre-mRNA)라 불리우며, pre-mRNA는 5′ capping, 3′ poly-A tailing, 그리고 RNA 스플라이싱 과정을 통하여 최종 mRNA를 생성하게 된다. 생성된 mRNA는 핵 내에서 세포질과 같은 타겟 부위로 이동하여, 번역 후에 단백질을 생성하게 된다.

### 4) 5′ Capping

전사가 종료되고 나면, 5′ 말단 쪽으로 구아닌 누클레오타이드가 추가되면서, 구아닌 염기에 메틸화가 진행된다. 이러한 과정은 전구체 mRNA의 안정성을 증대시키면서, 동시에 이후에 진행될 스플라이싱과 번역 과정을 촉진하게 된다.

### 5) RNA 스플라이싱(splicing)

전구체 mRNA는 스플라이싱 과정을 통하여, 인트론 부위의 서열을 제거하고 남은 부위를 이어 붙여서, 성숙한 형태의 mRNA를 생성하게 된다. 이때 대체 스플라이싱(alternative splicing) 과정을 통하면, 동일한 pre-mRNA로부터 다양한 종류의 mRNA를 만들 수 있게 되는데, 궁극적으로 하나의 유전자로부터 다양한 서열의 동형 단백질(isoform)을 생성할 수 있어, 단백체의 다양성에 기여하게 된다. 인트론을 제거하고, 남은 부위를 인식하여 이어 붙이는 일련의 과정은 스플라이소좀(spliceosome)이라 불리는 단백질 복합체를 통하여 일어난다. 스플라이소좀은 인트론 부위의 상당히 보존된 서열을 인식하여, 잘라 붙이는 과정을 진행하게 된다. 인트론 부위의 5′ 말단을 공여자 부위(donor site), 그리고 3′ 말단 부위를 수여자 부위(acceptor site)라고 하며, 공여자 부위의 GU 서열과 수여자 부위의 AG 서열은 매우 보존된 서열로, 해당 부위에 돌연변이가 발생하게 되면 엑손 넘김(exon skipping) 또는 잘못된 자리 스플라이싱(cryptic site splicing) 등과 같은 문제가 발생할 수 있다. 이렇듯, 엑손과 인트론의 경계 부위에 발생하는 변이는 스플라이싱 과정에 영향을 미칠 수 있어, 일반적으로 임상적 중요도가 큰 변이로 생각된다.

### 6) 폴리(A) 꼬리 형성(polyadenylation)

전사의 마지막 과정으로 폴리(A) 꼬리 형성 과정이 있다. 이 과정은 mRNA의 3′ 말단 부위에 50~250개 정도의 아데닌 꼬리를 첨가하는 과정으로, mRNA의 안정성을 증대시키고, 핵으로부터 mRNA를 세포질 내로 이동시키는 과정을 촉진하는 것으로 알려져 있다. 폴리(A) 꼬리의 길이는 mRNA의 종류에 따라 다양하며, 길이에 따른 mRNA의 안정성을 조절함으로써 전사 과정을 조절하는 데에도 중요한 역할을 한다.

## 6. RNA 번역

핵에서 전사 과정을 통하여 만들어진 mRNA는 세포질로 이동하여, 아미노산마다 특이적으로 지정된 유전자 부호를 통하여 번역(translation) 과정을 거쳐, 최종적으로 단백질을 생성한다. 단백질 합성은 세포질에서 rRNA (18S 및 28S rRNA)와 리보솜 단백질로 구성되는 리보솜 복합체에서 이루어진다. 번역 과정의 핵심은 특정 아미노산과 mRNA의 세 개의 인접 염기를 결합시키는 것이다. 자연적으로 존재하는 20종류의 아미노산은 각각 3개의 염기 배열에 의해 지정되며, 이를 삼염기 코돈(triplet codon)이라고 부른다(**그림 2-5**). DNA는 4가지 종류가 있으므로, 산술적으로 $4^3$=64 종류의 서로 다른 조합이 가능하다. 따라서, 대부분의 아미노산은 하나 이상의 코돈에 의해 지정된다. 메티오닌과 트립토판만 하나의 코돈으로 지정되며, 류신과 아르기닌은 무려 여섯 가지 코돈에 의해 지정된다. 이 외에도 번역 과정의 종료를 알리는 3개의 종결 코돈(termination codon; UAA, UAG, UGA)이 존재하고 있다. 반대로 mRNA의 번역 과정은 항상 메티오닌 아미노산으로 시작하는데, 이는 시작 코돈(AUG)이 메티오닌을 지정하기 때문이다. 메티오닌 코돈은 mRNA의 해독틀(open-reading frame, ORF)을 형성하여, 이후에 오는 누클레오티드는 3의 배수로 단백질의 아미노산을 결정하게 된다.

tRNA는 mRNA상의 코돈과 상보적인 3개의 염기로 구성되는 안티코돈(anti-codon)을 가지고 있으며, 코돈과 안티코돈 간의 결합은 적절한 아미노산을 리보솜에서 다음 위치로 운반하면서, 폴리펩타이드 결합을 통하여 아미노산 사슬을 점점 길게 합성하게 된다. 폴리펩타이드 사슬의 합성은 아미노기 말단(N-말단)에서 카르복시기 말단(C-말단) 방향으로 일어나며, 이것은 mRNA가 5′에서 3′ 방향으로 번역되는 것과 부합된다. 이러한 아미노산 사슬의 합성은 해독틀상에서 종결 코돈이 나타나기 전까지 일어나며, 종결 코돈을 만나게 되면 폴리펩타이드 사슬의 합성이 중지되고,

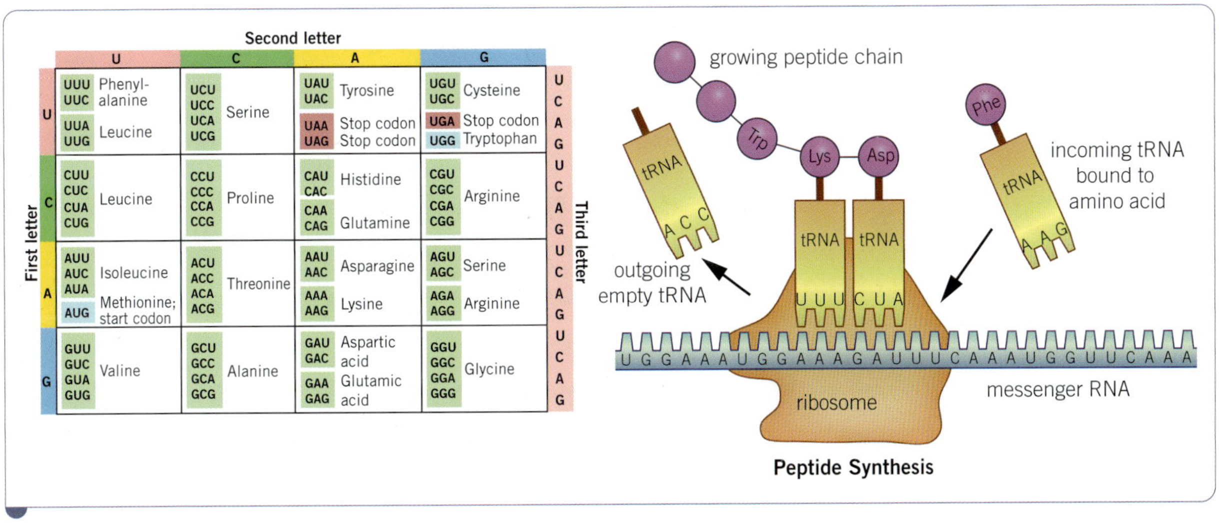


그림 2-5. 번역과 삼염기 코돈.

합성된 폴리펩타이드는 리보솜에서 분리된다. 해독틀 내의 부호화 서열(coding sequence)에 발생하는 변이는 이러한 번역 과정에 다른 아미노산을 지정(missense)하게 하거나, 번역 과정의 해독 틀을 전반적으로 옮기거나(frameshift), 또는 번역 과정은 조기에 종결(premature stop-codon) 시킬 수 있어, 결과적으로 합성되는 단백질의 아미노산 서열에 변화를 주게 된다.

## 7. 단백질의 번역 후 변형과 기능의 조절

최종적으로 합성된 폴리펩타이드 사슬은 접힘(folding)이 일어나면서, 가장 안정한 3차원 구조의 단백질로 만들어지게 된다. 이때, 단백질의 아미노산 잔기에는 다양한 화학적 변형이 일어날 수 있는데, 번역 과정 이후에 아미노산 잔기에 발생하는 화학적 변형을 번역 후 변형(post-tranlational modification, PTM)이라고 부른다(**그림 2-6**). 번역 후 변형은 단백질의 3차원 구조와 활성, 그리고 기능에 큰 영향을 미치게 된다. 대표적인 번역 후 변형의 종류에는 인산화(phosphorylation), 글라이코실화(glycosylation), 아세틸화(acetylation), 메틸화(methylation), 유비퀴틴화(ubiquitination) 등이 있다.

예를 들어, 인산화는 단백질의 구조적 변화를 일으켜 단백질의 활성을 촉진시키는 경우도 있지만, 반대로 단백질의 활성을 억제시키는 경우도 있다. 이러한 인산화는 매우 정교한 조절 과정을 거쳐 일어나며, 인산화 효소와 인산화를 받는 단백질의 상호작용에 의해 조절된다. 또한, 글라이코실화는 단백질에 당을 붙이는 과정으로서, 단백질의 구조적 안정성과 기능을 조절하는 데 중요한 역할을 한다. 단백질의 표면에 붙은 당 분자는 세포 외부에서 일어나는 신호전달과 세포 간 상호작용을 조절하는 역할을 한다. 아세틸화와 메틸화는 주로 히스톤 단백질과 같은 염색체 단백질에 일어난다. 이러한 변형은 염색체 구조를 조절하고, DNA의 접근성을 변화시켜 유전자발현에 영향을 미치는 데 중요한 역할을 한다. 또한, 유비퀴틴화는 단백질의 분해와 대사에 중요한 역할을 한다. 유비퀴틴은 단백질에 결합되어 특정 단백질의 분해를 유도하며, 이 과정은 세포 내 불필요한 단백질 제거 및 신호전달 등에 관여한다.

번역 후 변형 과정은 다양한 아미노산의 잔기에서 일어날 수 있는데, 대표적으로 세린(serine), 트레오닌(threonine), 타이로신(tyrosine), 라이신(lysine) 잔기 등에서 빈번하게 일어난다. 예를 들어, 인산화 효소들은 세린, 트레오닌, 또는

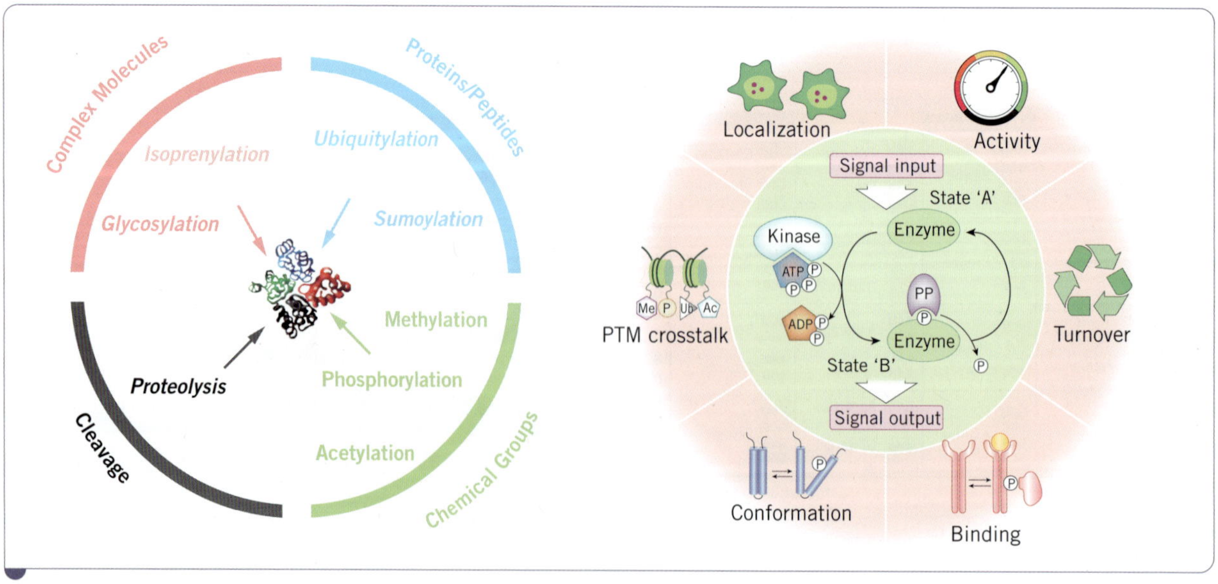


**그림 2-6**. 단백질의 번역 후 변형.

타이로신 잔기에 인산(phosphate) 그룹을 붙이는 역할을 하며, glycosyltransferase 효소는 특정 아미노산에 당을 붙이는 역할을 한다. 이러한 변형은 일종의 스위치로 작용하여, 신호 전달 체계상에서의 활성을 조절할 수 있는데, 결과적으로 단백질의 3차원적인 구조의 변형, 결합, 활성 등에 영향을 미치고, 단백질이 다양한 기능을 수행할 수 있도록 한다.

## II. 유전자의 구조, 조절, 발현, 그리고 후성유전체

### 1. 유전자의 구조

일반적인 의미에서 유전자를 가리키는 단백질 부호화 유전자의 구조를 먼저 살펴보기로 한다. 일반적으로 유전자를 가리키는 단백질 부호화 유전자의 구조는 5′-UTR, 인트론(intron), 엑손(exon), 3′-UTR의 구성으로 이루어져 있다. 앞서 설명한 대로, DNA 염기 서열은 일정한 방향성(5′ to 3′)을 가진다. DNA 염기 서열은 해당 부위가 RNA 또는 단백질로 전달되는 부위인가에 따라서 구분할 수 있다. 가령 전사(transcription) 과정을 통하여, 전령 RNA (messenger RNA, mRNA)로 만들어지는 DNA 염기 서열 중 일부는 RNA 스플라이싱(splicing) 과정을 통해, 제거되는데, 이러한 부위를 인트론(intron) 영역이라고 부른다. 반면, 스플라이싱 과정을 통해 제거되지 않는 서열은 엑손(exon) 영역이라고 부른다. 엑손 영역 중 일부는 단백질 서열을 지정하지 않는 서열도 존재하게 되는데, 이러한 부위를 비번역 부위(untranslated region, UTR)라고 말하며, 엑손 부위의 양쪽 말단에 위치하여 각각 5′-UTR, 3′-UTR이라고 부른다. 더불어, 유전자 서열 중 5′-UTR과 3′-UTR 사이의 서열은 해독틀(open reading frame, ORF)이라고 부른다. 유전자 구조 내에서 엑손과 인트론 영역은 번갈아 가면서 나타난다. 인트론 영역이 존재하지 않는 유전자도 드물게 존재하지만, 대부분의 유전자는 인트론 영역의 서열이 엑손 영역보다 훨씬 큰 경우가 많다.

5′-UTR의 상부와 3′-UTR의 하부에는 여러 조절 인자(regulatory element)들이 위치하고 있다. 특히 5′-UTR 상부에는 전사의 개시를 촉진하는 촉진자(promoter) 서열이 있으며, 촉진된 전사 효과를 강화 또는 억제하는 증강인자(enhancer) 또는 침묵인자(silencer)는 5′-UTR의 상부와 3′-UTR의 하부에 모두 위치한다. 이러한 조절 인자들은 종종 종간 서열이 보존되어 있으며, 조직 또는 세포 특이적으로 유전자의 발현 양상을 나타내는 데 중요한 역할을 할 것으로 이해되고 있다. 가령, 유전체의 일부 유전자만이 특정 조직에서 특정한 시기에 발현하게 되는데, 동일한 유전자 내에서도 발현되는 조직 또는 세포의 종류에 따라 서로 다른 촉진자 서열이 작용하게 된다. 위와 같은 유전자의 기본 구조를 이해하는 것은, 유전 변이의 해석 및 기능적 영향을 예측하는 데 매우 중요하다. 변이의 위치가 유전자의 구조상에서 어디에 위치하는가에 따라 그 영향이 많이 달라지기 때문이다. 해당 내용은 Chapter 4에서 더 자세히 다루도록 하겠다.

### 2. 유전자군

유전자군(gene family)은 서로 다른 기능을 가진 여러 유전자가 비슷한 DNA 서열을 공유하고 있는 경우를 말한다. 이러한 유전자군은 동일한 염색체 내에서 혹은 다른 염색체에서 발견될 수 있다. 대표적인 유전자군으로는 면역 반응과 관계된 HLA (human leukocyte antigen) 또는 immunoglobulin family, 후각 수용기와 관련된 olfactory receptor family, 헤모글로빈에서 발견되는 globin 유전자군 등이 있다. 이들은 보통 진화적인 측면에서 중요한 역할을 하며, 한 개의 유전자가 변이로 인해 손실되더라도, 다른 유전자가 대체 기능을 수행하므로 생존에 큰 문제가 없다. 이러한 특징은 특히 면역계에서 중요한 역할을 한다. 예를 들어, 면역계에서는 HLA (human leukocyte antigen) 유전자군과 Immunoglobulin 유전자군이 유전적 다양성을 유지하고 있다. 이는 면역계가 다양한 외부 위협에 대응할 수 있도록 하는 중요한 역할을 한다. 이러한 유전자군은 진화 과정상에서 유전체가 인접한 부위로 지속적인 유전자 복제 과정과 돌연변이 발생 등을 통하여 나타나게 된 것으로 생각되며, 유전적 선택압(selective pressure)이 낮아 인종 및 개인 간의 다양성이 훨씬 크게 나타나는 유전체 부위로 생각된다.

## 3. 누클레오좀과 히스톤 단백질의 구조와 기능

인간 유전체의 물리적 뼈대를 구성하는 누클레오좀과 히스톤 단백질의 특성과 구조에 대해서 알아보기로 한다. 누클레오좀은 염색질의 가장 기본적인 단위로 히스톤 단백질과 이를 감싸고 있는 DNA로 구성되어 있다. 누클레오좀은 크게 네 가지 중요한 특성을 가진다. 첫째로 유전 정보를 저장하고 있는 DNA를 매우 효율적으로 압축하여 저장한다. 인간 유전체는 약 30억 개의 염기쌍으로 이루어져 있지만, 이를 모두 압축하지 않으면 인간 세포의 크기는 매우 커질 것이다. 둘째로 누클레오좀은 유전자발현을 조절한다. 누클레오좀은 DNA에 결합하여 특정 유전자의 발현을 조절한다. 특히, 히스톤 단백질의 화학적 변형(histone modification)은 유전자발현에 매우 중요한 역할을 한다. 예를 들어, 히스톤 단백질의 아세틸화(acetylation)는 유전자발현을 촉진하고, 메틸화(methylation)는 유전자발현을 억제한다. 마지막으로, 누클레오좀은 물리적으로 염색체의 구조를 유지하고, DNA 손상을 방지한다. 누클레오좀은 염색체를 감싸는 역할을 하며, 염색체가 제대로 배치되어 있는지 확인하며, 손상된 DNA 부근의 특정 지점에 결합하여 다른 단백질과 상호작용하고, 손상된 DNA 부분을 보호하는 역할을 수행하게 된다.

히스톤 단백은 많은 라이신(lysine) 잔기를 포함하고 있

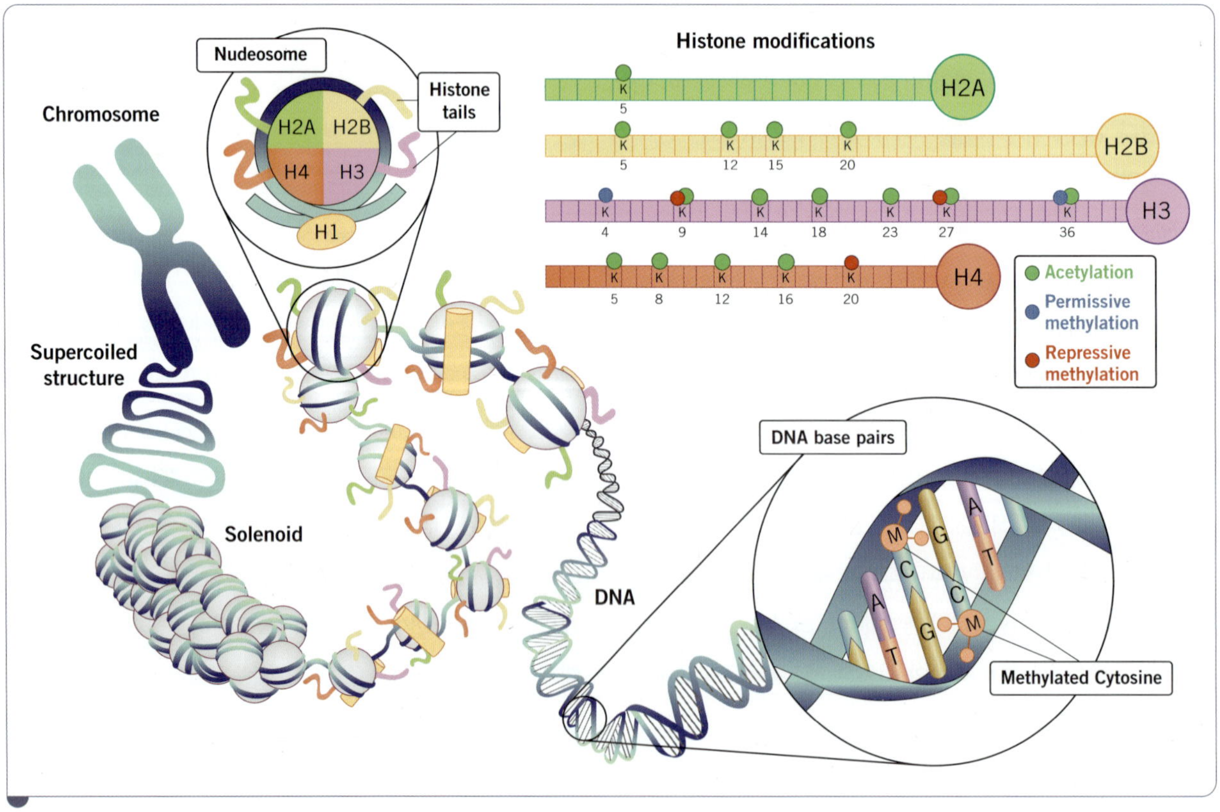


그림 2-7. 히스톤 단백질의 구조와 변형.

어 양의 전하를 띄며, 인산 그룹으로 인해 음의 전하를 띄는 DNA와 결합이 용이한 특성을 가진다. 히스톤 단백질은 4가지 종류의 단백질 H2A, H2B, H3, H4가 각각 2개씩 결합되어, 8개의 작은 단위로 구성된 옥타머(octamer)를 형성하고 있다. 대략 140개의 염기쌍에 해당하는 DNA가 하나의 히스톤 단백 주위를 약 1.7 바퀴씩 실타래처럼 감아서, DNA-히스톤 복합체를 구성한다. DNA-히스톤 복합체들은 각각 20~60개 정도의 linker DNA로 연결되어 있으며, H1 히스톤 단백질이 결합되어 있다. 히스톤 단백에는 다양한 형태의 화학적 변형(histone modification)이 존재한다. 이들은 염색질의 구조에 영향을 미쳐, 유전자의 발현과 조절에 매우 중요한 역할을 하는 것으로 알려져 있다. 대표적인 히스톤 변형으로는 메틸화(methylation), 아세틸화(acetylation), 인산화(phosphorylation), 유비퀴틴화(ubiquitination) 등이 있으며, 각각이 일종의 분자 스위치처럼 작동할 수 있다. 히스톤 변형에 의한 유전자발현의 조절은 약물 치료제로서의 훌륭한 타겟이 될 수 있어, 다양한 질환에서 연구가 진행되고 있다. 히스톤 변형은 특이적으로 히스톤 단백에 포함된 아미노산 잔기에 화학적 변형을 일으켜서 다양한 분자들과 상호 작용을 조절하게 되는데, 유전자발현의 억제와 촉진의 기능 이외에도 DNA 손상의 복구, 염색질의 3차원적인 구조, 그리고 염색체 분열 과정 등에도 영향을 미치게 된다. 이러한 변화는 유전자 서열에 직접적으로 나타나는 변화가 아니기 때문에, 후성유전적(epigenetics) 변화로 구분되며, 구체적인 내용은 아래에서 다루기로 한다.

## 4. 염색질의 3차원 구조

2차원 형태의 염기 서열로 저장되어 있는 유전 정보는 4차원 시공간상의 다양한 분자들과 상호 작용을 하게 된다. 실타래 형태로 뭉쳐진 염색질의 경우는, 2차원상에서는 거리가 서로 멀리 떨어져 있다 하더라도, 3차원 공간상에서는 뭉쳐서 접혀진 형태로 매우 가깝게 존재할 수 있다. 이렇듯, 염색질들은 3차원 공간상에서 커다란 고리 형태의 안정적인 3차원 구조(chromatin loops)를 이루며 하나의 단위를 구성하게 되는데, 이를 유전체의 3차원 구조를 형성하는 기본 단위인 위상연결부위(topologically associating domain, TAD) 라고 부른다.

TAD는 기본적으로 10~500 kb 정도의 크기를 가지며, 발생 초기에 결정이 되어 세포 특이적이며 종간 보존이 매우 높은 것으로 알려져 있다. 종간 보존이 매우 높은 특성은 TAD가 단순히 물리적으로 구성된 구조가 아니라, 유전자의 조절과 발현에 있어 매우 중요한 기능을 수행함을 의미한다. TAD는 유전자 집단들이 발현하는 물리적 경계(insulator)를 형성하는 동시에, 국소적 상호 작용을 통해 유전자들의 발현을 강화(enhancer) 하는 기능을 수행하기도 한다. TAD 구조는 세포의 종류에 따라 상이하기 때문에, 동일한 유전자 염기 서열 정보를 공유하는 세포들이 종류에 따라 서로 다른 특성을 갖고 분화하는 데 매우 중요한 역할을 할 것으로 생각된다. 특히, 최근에는 이러한 3차원 구조의 변화가 암과 희귀 질환과 같은 질병의 발생에도 매우 중요한 역할을 하는 것으로 밝혀지고 있다. 최근 다양한 기술적 방법의 발전으로 TAD 구조를 조사하는 것이 가능해지게 되었다. Chromosome conformation capture (3C) 기반의 다양한 기술을 활용하여 시퀀싱을 하게 되면, 염색체 내부에서 서로 상호작용하는 서열들을 검출할 수 있어, 일종의 3차원 상호작용 지도를 작성할 수 있게 된다.

## 5. 후성유전학 및 후성유전체

유전 정보는 핵 내에 하나의 염기 서열로 결정되어 저장되어 있으나, 다양한 조절 기작을 통하여 주변의 상황에 따라 서로 다른 결과물을 초래하게 된다. 이것이 가능한 이유는 유전자의 염기 서열 자체를 변화시키는 것이 아니라 유전자의 발현을 담당하는 염색질 수준에서 다양한 변화가 나타나기 때문이다. 이렇듯, 후성유전학(Epigenetics)은 염색질 수준에서 일어나는 가역적인 변화들에 따라 나타나는 유전자발현의 조절 기작들에 대해 연구하는 학문 분야이

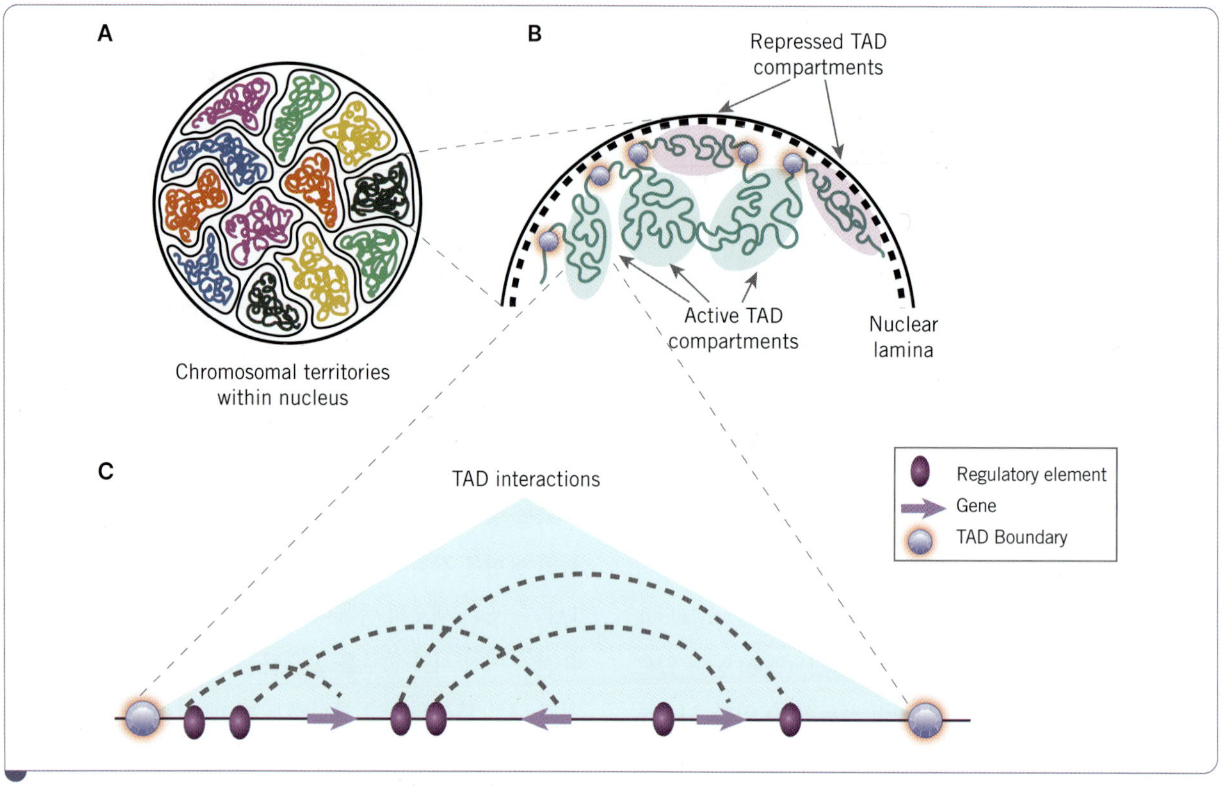


**그림 2-8.** 염색질의 3차원 구조를 구성하는 위상연결부위.

다. 대표적으로 나타나는 후성유전학적 변화로는 DNA 염기에 나타나는 메틸화, 그리고 히스톤 단백의 변이체 치환, 비부호화 RNA 등이 있다. 이러한 변화는 매우 순간적으로 나타날 수 있기 때문에, 즉각적인 반응과 변화가 필요로 할 때 신속하고 민감하게 반응할 수 있는 특성이 있다. 반대로 이러한 변화는 다수의 세포분열 과정 중에도, 또는 다음 세대로 지속적으로 전달될 수도 있다.

후성유전학적 표식들은 유전자가 적당한 시기 및 장소에서 필요한 수준만큼 발현되도록 조절하는 중요한 역할을 하고 있다. 최근 주변 환경과의 상호 작용을 통한 후성유전학적 변화들이 질병 발생에도 중요하게 관여함이 밝혀지고 있다. 다음에서는 주요 후성유전학적 표식들의 구조와 특성에 대해서 알아보기로 하겠다.

### 1) DNA 메틸화(methylation)

일반적으로 DNA의 메틸화는 인산화 결합으로 연결되어 있는 사이토신과 구아닌 염기(CpG) 내의 사이토신(C) 염기에서 일어난다. 피리미딘 고리의 다섯 번째 자리의 탄소에서 일어나기 때문에, 메틸화가 일어난 사이토신 염기를 5-methyl-cytosine (5-mC)으로 부르게 된다. 5-mC는 다른 DNA보다 불안정하여 돌연변이가 쉽게 발생하는 특성이 있는데, 탈아민화 반응에 의해 티민(T) 염기로 쉽게 치환된다(**그림 2-9**).

특정 영역에서 대규모의 DNA 메틸화는 해당 부위와 연관된 유전자의 억제를 의미하며, 순차적으로 염색질을 수정하는 효소를 모집하여 전사를 막게 된다. 특히, CpG 서열이 모여 있는 CpG 섬(CpG island)에서의 메틸화의 변화는 질병 발생과 밀접한 연관성이 알려져 있는데, 대표적으로 암 발생 유전자의 저메틸화 또는 암억제유전자의 과메틸화로 인한 암 발생, 그리고 유전자 각인 기전과 관련되어 발생하는 유전 질환 등이 보고된 바 있다. 최근에는 시퀀싱 기술이 발전하면서, 염기 서열에 포함된 메틸화 여부를 동시에

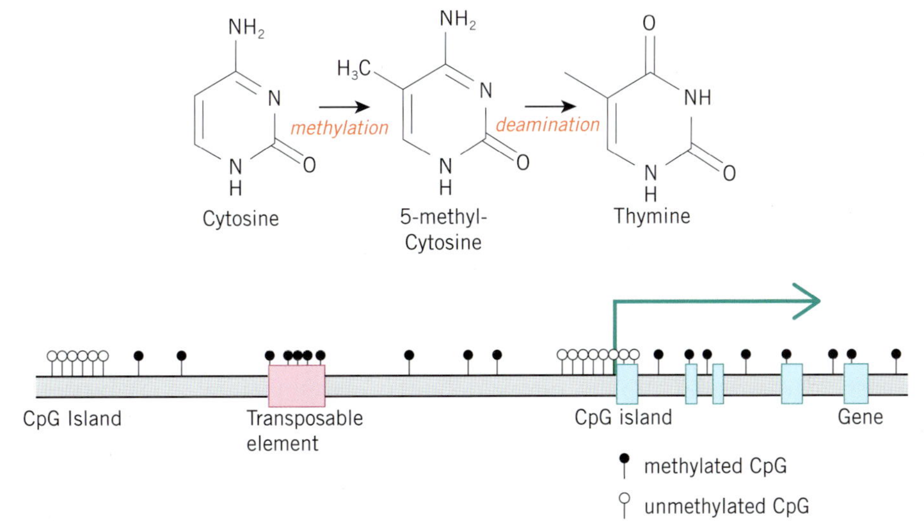


그림 2-9. DNA 메틸화와 CpG 섬.

검출하는 것이 가능해져, 조직에 따른 후성유전학적 변화를 분석하는 연구가 활발하게 진행되고 있으며, 더불어, 최근의 연구에 따르면 노화 과정은 DNA 메틸화 여부와 밀접한 관련이 있는 것으로 밝혀져 있어, 후성유전학적 생체 시계(epigenetic clock)와 노화의 관련성에 관한 연구도 활발하게 진행되고 있다.

### 2) 히스톤 변형(histone modification)

히스톤 단백에 존재하는 아미노산 잔기의 변형은 이를 구성하는 누클레오솜의 역학에 광범위한 영향을 미쳐, 유전자발현을 조절할 수 있다. 대표적인 히스톤 변형으로는 메틸화, 인산화, 아세틸화 등이 있으며, 이러한 후성적 변형은 단백질 복합체에 신호를 주어, 그 자리에서의 염색질의 압축이나 접근성에 영향을 주어 유전자발현을 활성화시키거나 억제시키게 된다. 히스톤 변형은 해당 위치의 (히스톤단백)-(아미노산잔기)-(아미노산잔기의 번호)-(변형의 종류)와 같은 방식으로 나타내게 되는데, 예를 들어 H3K27me3은 H3 단백의 27번째 잔기인 Lys (K)에 3개의 methylation이 일어나는 변화를 가리키게 되며, 억제 신호를 보내게 된다.

### 3) 비부호화 RNA (ncRNA)

비부호화 RNA는 단백질 서열을 지정하지 않으나, 전사 과정이 일어난다. 이후에는 다양한 메커니즘에 의해 유전자의 발현과 세포 내 기능을 수행하는 데 중요한 역할을 수행한다. 비부호화 RNA는 그 크기와 기능에 따라 다양하게 구분할 수 있으나, 200 누클레오타이드를 기준으로 짧은 비부호화 RNA와 긴 비부호화 RNA로 구분할 수 있다. 짧은 비부호화 RNA에는 대표적으로 mRNA에 결합하여 전사 과정을 조절하는 microRNA가 있으며, 긴 부호화 RNA는 염색질의 3차원적인 구조를 형성하고 조절하거나, mRNA의 전사를 활성화하거나 억제하고, 세포의 분화화 증식을 조절하기도 하는 등 다양한 기능에 따라 구분할 수 있다.

## 6. 대립유전자 불균형

인간의 유전체는 양쪽 부모로부터 각각 물려받아 한 쌍의 대립유전자를 이루게 된다. 대부분의 대립유전자들은 동일한 양으로 발현되어 균형을 이루게 되지만, 일부 대립유전자 간에는 현저한 불균형이 관찰되기도 한다. 특히, 이러한 불균형이 극에 달해, 양쪽 대립유전자 중에서 특정 한쪽만 발현되는 경우를 단일대립유전자발현(monoallelic gene expression)이라고 부른다. 이러한 대립유전자의 불균형 현상은 염기서열상에 존재하는 변이로 인한 차이, 후성유전체적 변화, 부모기원 각인, X 염색체 불활성화 기전 등이 관여하는 것으로 생각된다.

### 1) 체세포 재배열(somatic rearrangement)

면역 반응에 관여하는 B세포와 T세포에서는 체세포 재배열에 의한 단일대립유전자발현 현상이 관찰된다. 면역세포의 면역글로불린과 T세포 수용체와 관련된 유전자들에서는 개별 체세포 수준에서 DNA 단편의 절단과 편집 과정을 거쳐, 엄청난 양의 항체 다양성을 확보할 수 있게 된다. 이때, 두 대립 유전자 중 무작위로 선택된 한쪽에서만 발현이 일어나는 단일대립유전자발현 현상이 관찰된다.

### 2) 무작위 단일대립유전자발현

후각 수용체, 화학적 감각 신호 또는 면역 기능을 담당하는 유전자들은 특정 세포 또는 조직에 따라서 단일 대립유전자의 발현이 무작위적으로 발생한다. 이러한 현상은 면역계와 감각신경계에만 국한된 현상은 아니며, 인간 유전자의 상당 부분에서 관찰되는 광범위한 현상이다.

### 3) 유전체 각인(genomic imprinting)

유전체 각인은 발현될 대립 유전자가 부모의 기원에 의해 결정되는 현상으로, 후성유전체적 변화를 통해 일어나는 것으로 알려져 있다. 유전자 각인은 수정 전 생식세포 발생 과정 동안에 일어나며, 부계 또는 모계로부터 유래하는 특정 유전자에 후성적 억제 표식을 남겨서, 유전자 발현을 억제한다. 이러한 유전체 각인과 연관되어 나타나는 대표적인 유전질환으로는 Prader-Willi 증후군과 Beckwith-Wiedemann 증후군 등이 있다. 현재까지 대략 100여 개 이상의 유전체 각인과 연관된 유전자들이 알려져 있으며, 이들 유전자들은 여러 염색체 이상과도 연관성이 보고되고 있다.

### 4) X 염색체 불활성화

상동 염색체와 달리 X 염색체는 성별에 따라 다른 개수를 가진다. 따라서, X 염색체를 하나 더 가진 여성에서는 X 염색체의 발현이 무작위적으로 불활성화되며, 이를 X 염색체 불활성화라고 한다. X 염색체 불활성화는 어떤 X 염

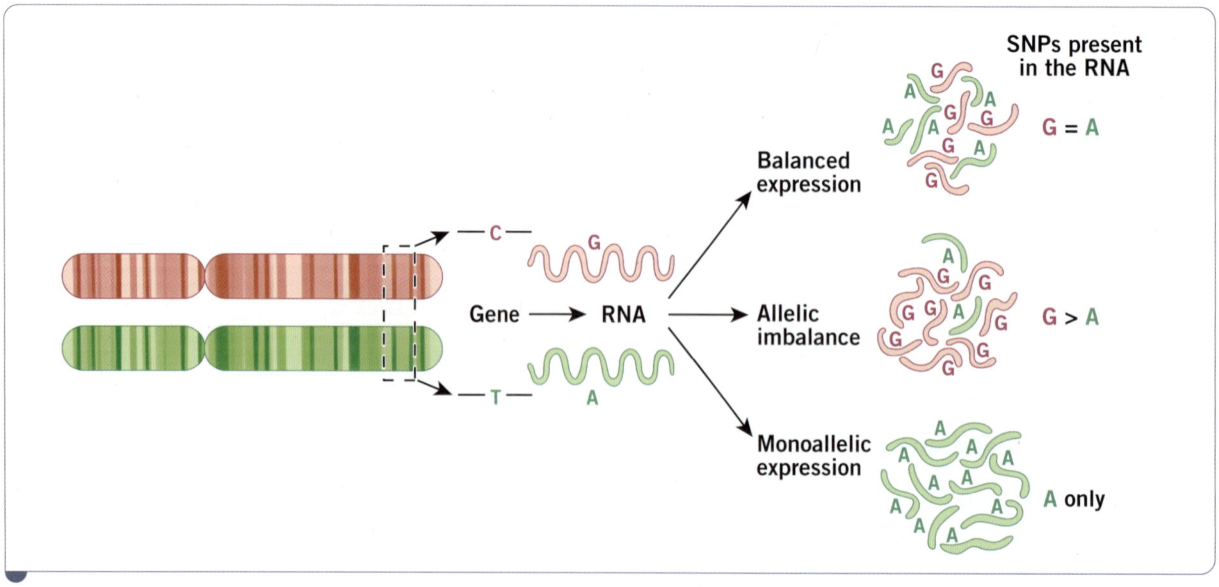


그림 2-10. 대립유전자 불균형.

색체가 불활성화될 것인지 무작위적으로 정해진 이후에, 각 클론 계보를 통해 계속 이어지게 되는데, 마치 모자이크와 같은 패턴으로 이어지게 된다. X 염색체 불활성화 기전은 X 불활성화 중심(X inactivation center)을 통하여 일어나게 되며, *ncRNA* 유전자의 일종인 *XIST* 유전자가 중요한 역할을 하는 것으로 알려져 있다. 비록, X 염색체 불활성화 기전에 의하여, X 염색체 상에 존재하는 유전자 산물들이 단일대립유전자발현을 보이기는 하지만, 적어도 15% 정도까지는 일부 유전자들이 이중대립 발현을 보이기도 한다. 이러한 X염색체의 이중대립발현은 실제로 남성보다 여성에서 통계적으로 유의하게 높은 수준의 mRNA 산물을 생산하며, 성적으로 이형태성을 설명하는 데 어떤 역할을 할 것으로 생각되는 흥미로운 후보이다. 더불어 X 염색체의 양 끝단의 특정 부위는 X 염색체와 Y 염색체에서 동일하게 공유하는 서열로, 정자 발생 과정에서 재조합이 발생한다. 해당 부위는 성별과 관계없이 두 복사씩 존재하기 때문에 X 불활성화가 되지 않으며, 상동염색체와 동일하게 행동한다고 하여, 거짓상동염색체 부위(pseudoautosomal region)이라고 부른다.

## III. 염색체의 구조

염색체는 유전자(gene)와 염색체(chromosome)를 포함하는 의미인 유전체(genome)의 계층적 구조의 한 형태로 세포가 분열할 때 세포 핵 안에 염색사(chromatin fiber)가 응축한 구조물이다. 염색체는 DNA로만 이루어져 있지 않고 DNA가 히스톤 단백질과 복합체를 이루어 염색질(chromatin) 형태로 되어 있다(그림 2-11). 염색질은 4가지 중심 히스톤인 H2A, H2B, H3, H4가 각 2개씩 구성된 8량체(octamer)의 주변을 약 146 bp의 DNA가 약 1.7회으로 감고 짧은(20~60 bp) 연결(linker) DNA와 함께 다음 중심 DNA-히스톤 복합체가 이어져 마치 염주알 형태로 이루어져 있다. 이 복합체는 염색질의 기본단위가 되며 뉴클레오솜(nucleosome)이라고 한다. 다섯 번째 히스톤인 H1은 각 뉴클레오솜 단위의 끝에 DNA와 결합되어 있다. 연결 DNA 부위를 포함하여 각 뉴클레오솜과 연관된 DNA 길이는 약 200 bp이며 사람의 46개 염색체에는 수십만에서 백만여 개에 달하는 뉴클레오솜이 있다. 이 기본 단위는 히스톤 이외의 다양한 단백질과 상호작용하여 적절한 공간을 만들고 정상적인 염색체의 움직임과 적절한 유전자발현을 위한 기능적인 환경을 확립하는 데 관여한다.

세포분열 시 유전 정보가 손상되지 않고 두 딸세포에 정확하고 균등하게 나뉘도록 독립적인 46개의 염색체 형태로 응축한다. 이때 긴 가닥의 뉴클레오솜들이 나선형의 2차 구조인 형태로 조립되고 이는 다시 고리 모양의 루프나 도메인으로 조립되는데, 이러한 루프는 유전체의 기능적인 단위이며 각 루프의 결합 지점은 염색체 DNA를 따라 지정되어 특정된다고 알려져 있다. 그 외 시기인 세포주기 간기에서 유전체는 세포 핵 내에 고르게 분포하여 풀어져 있는 46개의 DNA 이중 나선형 분자라고 할 수 있다.

세포분열 중에 관찰되는 각 염색체는 DNA가 복제되어 있으므로 유전적 성질이 동일한 염색분체(chromatid) 두 개가 중심절(centromere)에 서로 연결된 자매염색분체(sister chromatids) 형태이며 단완(short, p arm)과 장완(long, q arm)으로 구분되어 있다. 양쪽 말단을 끝분절(telomere)이라고 한다. 염색체에서 중심절의 위치에 따라 구조상 중앙매듭(중앙중심절, metacentric), 중앙결매듭(submetacentric), 끝결매듭(acrocentric) 염색체로 나눈다. 특히 끝결매듭 염색체의 단완은 줄기(stalk)와 위성(부수체, satellite)으로 구성되어 있는데 사람 염색체 13, 14, 15, 21, 22번이 여기에 속한다(그림 2-12). 중심절 내 동원체(kinetochore)는 세포분열 시 미세관(microtubule)이 결합하여 염색체를 두 개의 딸세포로 이동시키는 데 필수적이다.

### 1. 사람의 염색체

인간 염색체는 성별에 상관없이 공통된 상염색체(auto-

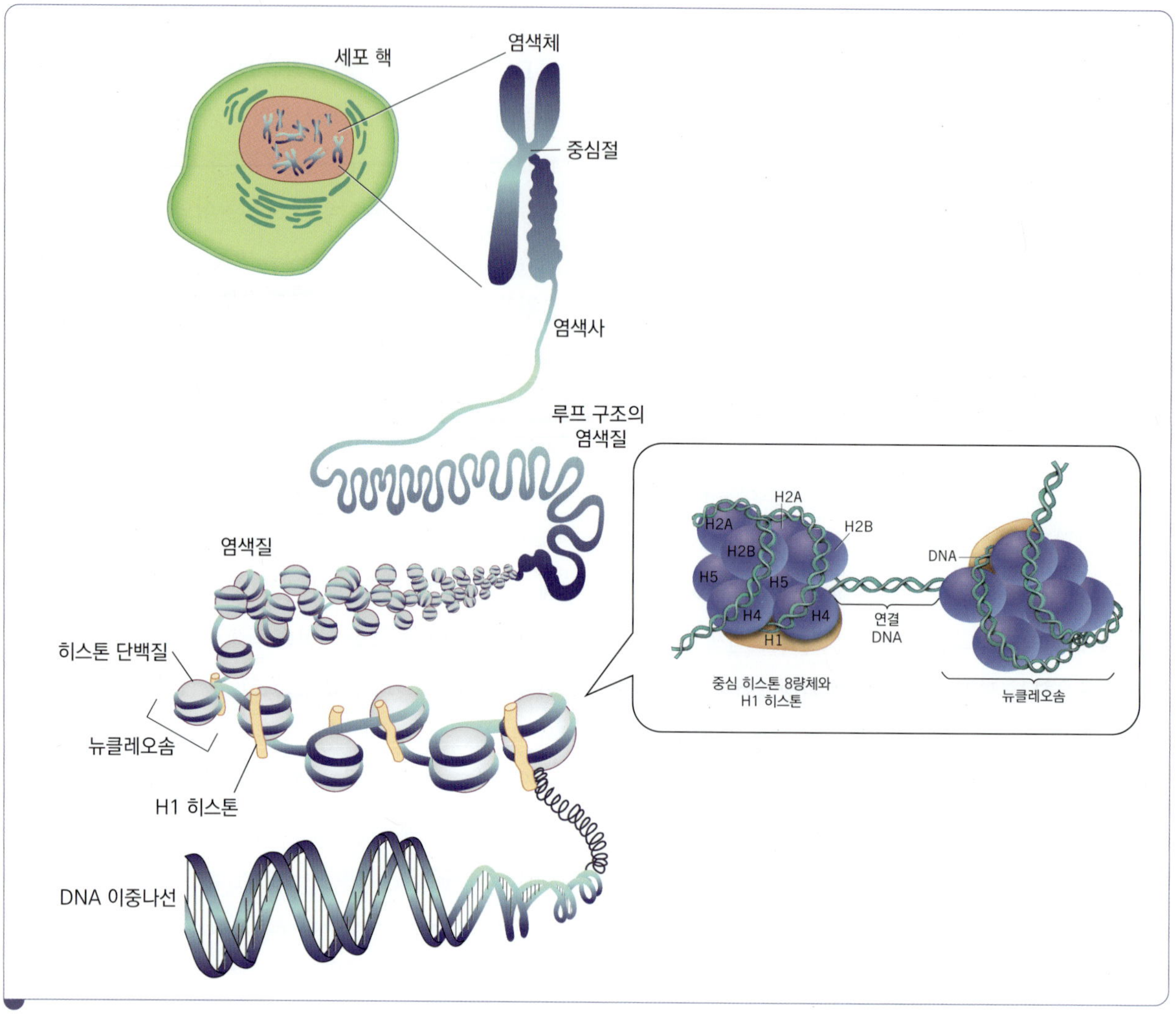


**그림 2-11.** 유전체의 계층적 구조.

some)와 성에 따라 구성이 다른 성염색체(sex chromosome)가 있다. 이때 서로 모양과 크기가 같은 한 쌍의 염색체를 상동염색체(homologous chromosome)라고 하며 각각은 수정 시, 부계와 모계의 생식세포를 통해 유래한 것이다. 성염색체는 어머니로부터 X 염색체 한 개를 받고, 아버지로부터 여자는 X 염색체를, 남자는 Y 염색체를 받는다. 따라서, 사람의 체세포는 22쌍(44개)의 상염색체와 1쌍(2개)의 성염색체로 총 23쌍(46개)의 염색체로 구성된다. 세포 한 개에 포함된 염색체의 수는 쌍을 이루는 상동염색체 중 한 조를 기준으로 n으로 표현하며 이를 홑배수체(haploid)라고 한다. 생식세포인 정자나 난자는 홑배수체(n=23) 상태의 염색체를 가지고 있다. 따라서, 정상적으로 한 쌍의 상동염색체가 모두 존재하는 사람의 체세포는 2n=46으로 표현할 수 있으며 이를 두배수체(diploid) 상태라고 한다. 상동염색체의 같은 위치에 존재하며 특정 유전형질을 결정하는 여러 유형의 유전자 또는 유전인자를 대립유전자(allele) 또는 대립인자라고 한다(그림 2-12).

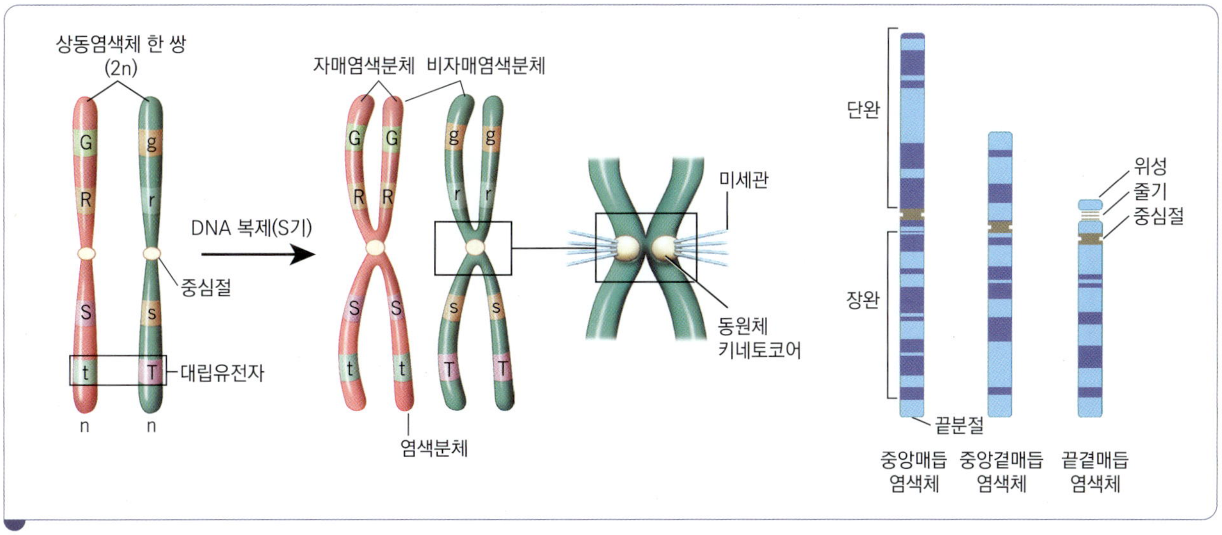


그림 2-12. 염색체의 구조와 유형.

## 2. 핵형

한 개체의 체세포 내 전체 염색체의 수나 구성 등에 대한 특성을 핵형(karyotype)이라고 하며 같은 성별의 개체들은 같은 핵형을 가진다. 핵형분석(karyotyping)은 염색체의 구성을 확인하는 과정으로 일반적으로 특정 염색(예: Giemsa Stain) 처리 후, 고유의 띠(예: G-band)가 나타난 염색체의 각 쌍을 정렬, 분석하여 수적 또는 구조적으로 정상 또는 이상 소견을 최신의 표준명명법(International System for Human Cytogenomic Nomenclature, ISCN)에 따라 표기한다. 사람의 정상 핵형그림(karyogram)은 그림 2-13과 같으며 남자는 46,XY, 여자는 46,XX로 표기한다.

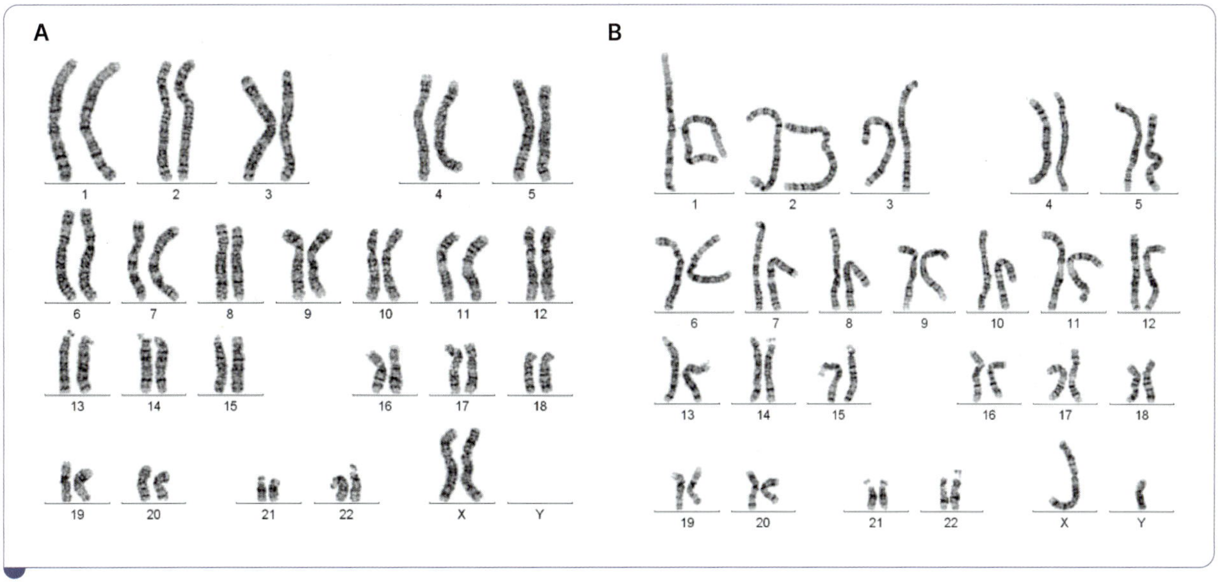


그림 2-13. Giemsa 염색 처리 후 분석된 사람의 정상 핵형. (A) 태아의 융모막융모 세포를 배양하여 분석한 550-밴드 해상도의 46,XX 여자 핵형. (B) 성인의 말초혈액 세포를 배양하여 분석한 700-밴드 해상도의 46,XY 남자 핵형.

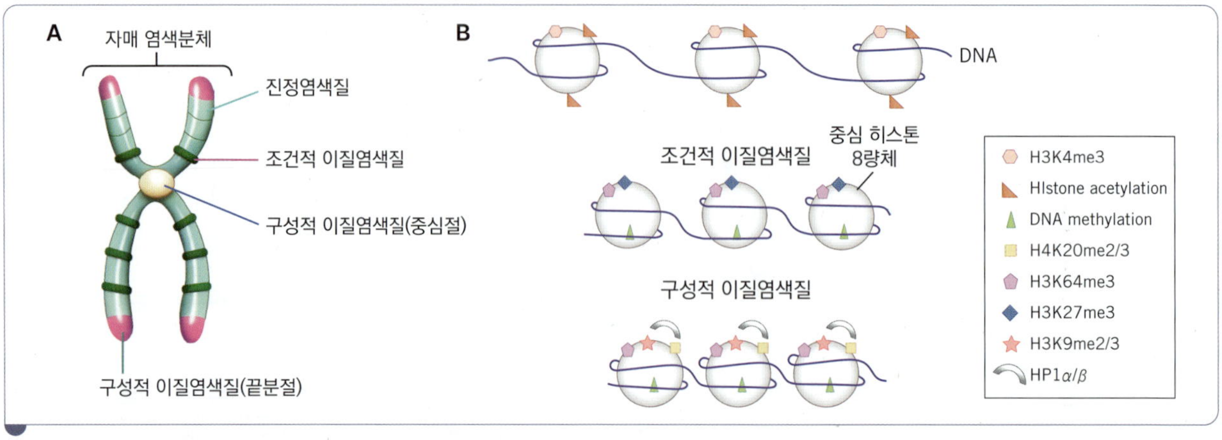


**그림 2-14. (A)** 진정염색질과 이질염색질. **(B)** 히스톤 번역 후 변형과 염색질 상태. 진정염색질은 전체적으로 H3K4me3와 히스톤 꼬리에 아세틸화된다. 조건적 이질염색질은 H3K27me2/3 및 DNA 메틸화된다. 이는 H3K64me3, H3K9me2/3, H4K20me2/3과 함께 구성적 이질염색질의 전형적인 특징이다.

## 3. 진정염색질과 이질염색질

### 1) 염색질

염색질(chromatin)은 DNA와 히스톤 단백질들의 복합체로 유전 물질을 세포 핵에 맞게 응축시키고 유전자발현을 조절하는 등 여러 기능을 하는데 뉴클레오솜의 응축, 히스톤의 번역 후 변형(histone post-translational modifications), 히스톤 변이(histone variants)에 따라 구조와 기능이 달라질 수 있다. 히스톤의 번역 후 변형은 메틸기나 아세틸기 같은 작은 화학 분자를 히스톤 꼬리에 붙이거나 제거하는 것으로 구성된다. 히스톤 메틸화(methylation)는 전사가 억제되어 유전자의 억제과 연관되는 반면, 아세틸화(acetylation)는 DNA와 히스톤 8량체의 친화성을 떨어뜨려 전사가 수월하도록 하는 것과 관련이 있다. 이 외에도 각 유형의 염색질은 염색질 재구성인자(remodelers), 히스톤 변형 효소 및 염색질 응축을 변화시키는 구조 단백질이나 단백질 복합체 등에 의해 긴밀히 연관되고 조절된다.

세포 내의 염색질은 구조와 기능적으로 크게 진정염색질(euchromatin)과 이질염색질(heterochromatin)로 구분하며 대부분의 염색질은 응축된 구조의 전사가 활발하지 않은 상태로 이질염색질로 존재한다. 반면 진정염색질은 보다 열린 구조로, 전사가 매우 활발하고 유전체 내에 유전자가 풍부한 부위에 존재한다(**그림 2-14**).

### 2) 진정염색질

진정염색질은 전사인자와 염색질 재구성인자의 접근을 조절하여 염색질의 개방과 후속 전사의 활성을 촉진시킨다. 주로 활발히 전사중인 유전자와 촉진자 및 증강인자 같은 조절 인자에 존재하며, 뉴클레오솜 사이의 간격이 넓어 전사체의 DNA 결합과 전사 활성을 촉진시키는 히스톤 변형과 변이에 접근성이 높은 것이 특징이다. 또한 뉴클레오솜이 기저에 연관된 DNA 염기서열에 정확한 위치를 가진 비율이 높은데 이는 동반 단백질이 DNA 염기서열 모티프를 정확하게 인지하는 것으로 가능해지며 전사 개시 부위 근처에서 전사 조절에 중요한 역할을 한다. 염색체 수준에서는 핵형분석을 위한 Giemsa 염색이나 C-banding에서 주로 밝게 염색되어 관찰된다.

### 3) 이질염색질

이질염색질은 구조적으로 응축된 상태로 전사가 활성되어 있지 않아 유전자발현이 억제되어 있는데 세포주기 동안 여러 세대에 걸쳐 부위 특이적인 방식으로 염색체에서 전사적으로 억제된 상태와 고도로 응축된 구조를 자체적으로 지속화한다는 특징이 있다. 이질염색질은 다시 구성적 이질염색질(constitutive heterochromatin)과 조건적 이질염색질(facultative heterochromatin)로 구분한다.

구성적 이질염색질은 보다 정적인 구조로 응축되어 있고 전사가 덜 활성화된 형태로 모든 세포 유형에서 같은 유전체 부위에 한 번 확립되면 개체의 평생 동안 유지된다. 구성적 이질염색질은 H3K9me3 같은 히스톤이 존재하는 것이 특징이며 고도로 반복적이고 유전자가 빈약한 중심절 주위(pericentric), 끝분절 근접 및 전위인자(transposable elements) 같은 부위에 생겨난다. 이 같은 부위는 개인마다 고유의 다형성이 나타나기도 하는데, 사람의 끝결매듭 염색체 13, 14, 15, 21, 22번의 줄기와 위성체 부위, 염색체 1번, 9번, 16번의 중심절 주위, Y 염색체의 장완 등에서 주로 관찰할 수 있다. 핵형분석을 위한 Giemsa 염색이나 C-banding에서 주로 어둡게 염색되어 관찰된다.

조건적 이질염색질은 발달과 분화과정 동안 신호에 따라 염색질의 구조가 열리거나 닫히며 전사적으로 활성 또는 불활성 상태가 변화될 수 있다. 따라서 모든 유형의 세포 유전체에서 조건적 이질염색질 형태가 동일하지 않고 히스톤 H3K27의 메틸화에 의해 염색질 응축이 촉진된다. 포유류를 포함한 여성에서 한 쌍의 X 염색체 중, 하나의 X 염색체만 발현되도록 발달상 제어되는 X 염색체 불활성화는 조건적 이질염색질의 대표적인 예이며 개체의 일생 동안 무작위적으로 한 개의 X 염색체 전반의 염색질이 응축된 상태로 유지된다. 또한 상염색체의 각인 유전자(imprinted gene)와 *HOX* 유전자군과 같은 부위에서 조건적 이질염색질 형성이 존재한다. 각인 유전자의 조건적 이질염색질은 불활성화된 대립인자에서 히스톤 저아세틸화, H3K9me2, H3K27me 및 DNA 메틸화의 특징이 있다. 그 외 세포분열 시 염색분체나 상동염색체가 분리될 때 방추체(spindle)가 결합하는 중심절의 이질염색질은 히스톤 H3 대신 CENP-A로 바뀐 뉴클레오솜이 존재하는 것이 특징적이다.

# IV. 인간 유전체의 조성

## 1. 유전체의 조성과 기능

인간 세포의 핵 내에는 유전체 정보를 저장하고 있는 30억 쌍의 DNA 염기들이 히스톤 단백질 및 RNA와 결합하여, 더욱더 큰 단위의 분자 구조인 염색질(chromatin)을 형성하고 있다. 과거에는 해당 구조들이 염색한 세포에서 현미경을 통해 관찰되었기 때문에, 염색질과 염색체(chromosome)와 같은 이름이 붙게 되었다. 염색질은 기본적으로 이중 나선 구조의 DNA 염기 서열이 히스톤(histone) 단백 주위를 감싸고 있는 염주알 형태('beads on string')의 누클레오좀(nucleosome)을 구성한다. 유전체의 염기 서열과 더불어, 유전자의 발현을 위해서는 분자들 간의 상호 작용을 위한 물리적인 공간도 중요하다. 따라서 실타래 형태로 감겨져 있는 염색질이 얼마나 성기거나 빽빽하게 존재하는지에 따라, 유전자발현의 상태를 가늠할 수 있다. 예를 들어, 유전자의 발현이 활발한 경우에는 염색질의 실타래가 풀리면서 진정염색질(euchromatin) 형태를 띄게 되고, 반대로 유전자의 발현이 억제된 경우에는 빽빽하게 실타래들이 뭉쳐 있으면서 이질염색질(heterochromatin) 형태를 띄게 된다. 이러한 실타래 형태의 염색질들이 뭉쳐져서 46개의 염색체를 구성한다. 46개의 인간 염색체는 22쌍으로 구성된 상동염색체(homologous chromosome), 그리고 2개의 성염색체(sex chromosome)로 구분할 수 있다.

센트럴 도그마로부터 대표되는 유전체 정보의 전달과 흐름은 유전체 내부의 유전자라는 단위를 통하여 일어난다. 분자유전학적 정의에 따르면 유전자는 폴리펩타이드 생성을 지시하는 단백질 부호화 유전자(protein-coding gene)와 기능적인 RNA 분자 산물을 지정하는 비부호화 *RNA* 유전자(non-coding RNA gene)로 구분할 수 있다. 인간 유전체 내에는 약 2만여 개의 단백질 부호화 유전자가 존재하는 것으로 알려져 있으며, 전체 유전체의 1.5% 정도를 차지한다. 반면, 비부호화 *RNA* 유전자의 개수는 정확히 알려져 있지 않

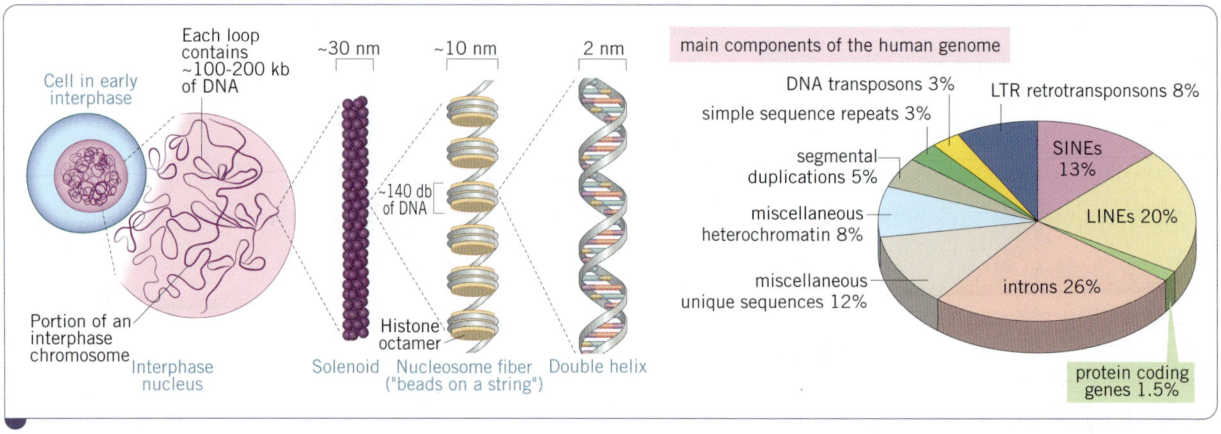


**그림 2-15.** 인간 유전체의 구성.

으나, 부호화 유전자보다 더 많은 수가 존재할 것으로 생각되며, 주로 유전자의 발현을 조절하는 기능을 하는 것으로 알려져 있다. 유전체의 대부분(98.5%)을 차지하는 비부호화 DNA 서열은 그 위치와 기능에 따라, 인트론(intron), 유전자간 영역(intergenic region), 조절인자(regulatory element), 비부호화 RNA (non-coding RNA), 짧은 또는 긴 흩어진 반복 서열(SINE, LINE, repeated sequence), 그리고 전이성 인자(transposable element) 등으로 구분할 수 있다(**그림 2-15**).

## 2. 미토콘드리아 DNA

미토콘드리아는 에너지 합성을 담당하는 세포 소기관으로 세포의 종류에 따라 다양한 분포를 가지지만, 평균적으로 하나의 세포는 수백~수천 개의 미토콘드리아를 가지며, 각각의 미토콘드리아는 개별적으로 미토콘드리아 DNA (mtDNA)를 갖고 있다. 세포질 내에 존재하는 미토콘드리아는 난자를 통해 다음 세대로 전달되기 때문에, 미토콘드리아 DNA는 온전하게 모계 유전 방식(maternal inheritance)을 따른다. 이러한 특성은 유전적 기원을 조사하기 위해 가계도를 추적하는 데 유용한 방법으로 사용되기도 한다.

미토콘드리아 DNA는 원형 벡터(circular vector)의 형태를 가지고 있으며, 길이는 16 kb 정도로 핵 내의 유전체에 비하면 매우 작은 크기이다. 미토콘드리아 DNA는 37개의 유전자를 포함하며, 구체적으로는 산화적 인산화 과정에 관여하는 단백질 부호화 유전자 13개, 그리고 이들 단백질 합성에 필요한 리보솜 RNA (ribosomal RNA, rRNA) 2개와 운반 RNA (transfer RNA, tRNA) 22개를 포함하고 있다. 미토콘드리아 질환을 이해하는 데 가장 중요한 특성은 이형세포질성(heteroplasmy)이다. 상당히 안정적인 형태로 보관되어 있는 핵 내 DNA와 달리, 미토콘드리아 DNA는 산화적 스트레스(oxidative stress)에 의해 쉽게 돌연변이가 발생할 수 있으며, 하나의 세포는 매우 많은 미토콘드리아 DNA를 가지기 때문에, 매우 다양한 형태의 변이가 하나의 세포 내에 존재하고 있다. 이러한 특성으로 인하여, 질병이 발생하기 위해서는 돌연변이를 갖는 미토콘드리아의 분율이 특정 한계치(threshold)를 넘어서야 한다. 이러한 일은 세포 분열 과정 중 우연히 국소적으로 돌연변이의 분율이 높아진 경우에 발생할 수 있다. 따라서, 많은 경우의 미토콘드리아 질환은 낮은 분율의 돌연변이 미토콘드리아 DNA를 가진 정상인 보인자 또는 높은 분율의 돌연변이 미토콘드리아 DNA를 가진 환자 어머니에서 자녀로 유전될 때 발생하게 된다.

미토콘드리아는 세포의 에너지 생산과 관련되어 있기 때문에, 미토콘드리아 유전질환은 대부분 다양한 장기에 나타나며, 주로 에너지 소모가 높은 기관에서 관련된 증상(e.g. 신장, 뇌, 근육, 청각 등)이 많이 나타나게 된다. 대표적인 미토콘드리아 유전 질환으로는 MELAS (mitochondrial

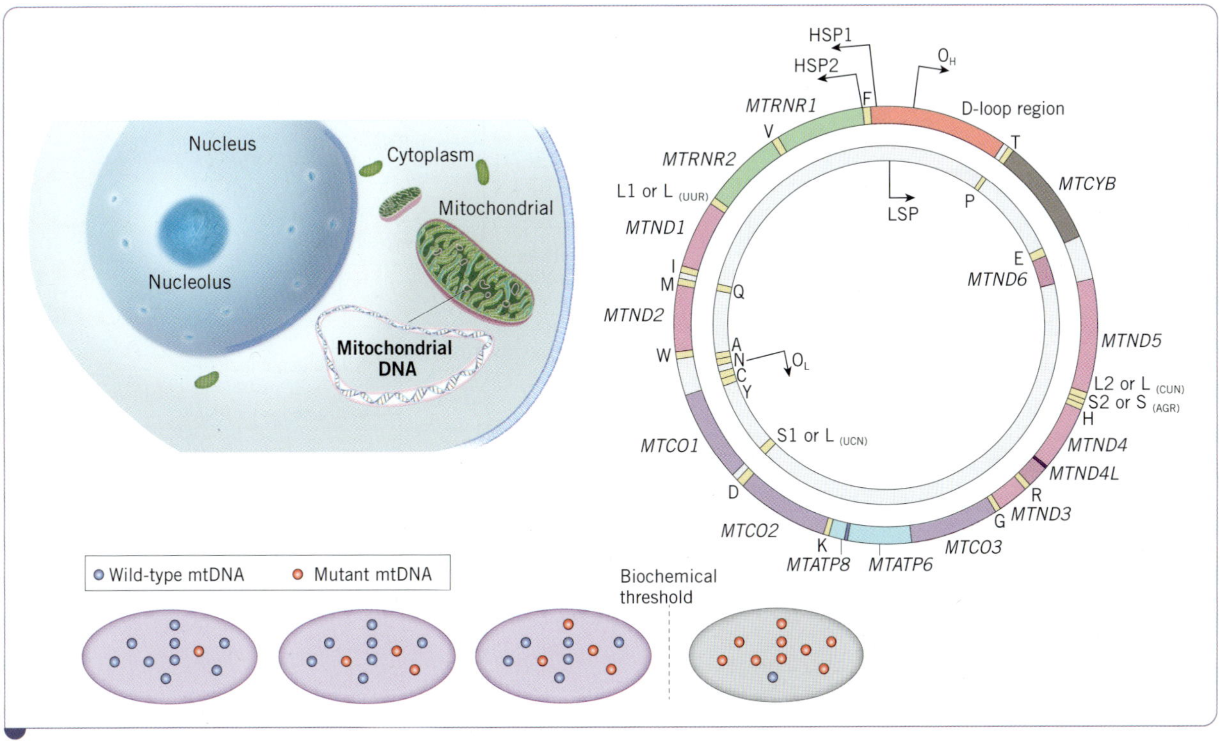


**그림 2-16.** 미토콘드리아 DNA의 구조와 이형세포질성.

encephalopathy, lactic acidosis, and stroke-like episodes), LHON (leber hereditary optic neuropathy) 등이 있으며, 자세한 임상적 특징은 뒤에서 다루기로 한다.

## 3. 거짓유전자

거짓유전자(pseudogene)는 유전체상에서 기본적으로 유전자와 동일한 구조를 가지고 있으나, 유전자발현을 위한 기능을 상실한 서열이다. 진화 과정상에서 돌연변이가 발생하면서, 남게 된 일종의 유전자 화석과 같이 여겨지는 서열이다. 거짓 유전자는 대표적으로 세 가지 메커니즘으로 생성될 수 있다. 전사 과정을 통하여 생성된 전령 RNA가 역전사 효소로 특정 유전체 부위에 삽입(retrotransposon)되거나, 유전자의 특정 부위에 구조 변이가 발생하면서 중복되어 발생(duplicated)하거나, 과거에 기능을 가지고 있던 유전자에 돌연변이가 발생하여 그 기능을 상실하게 되는 경우가 있을 수 있다. 거짓유전자는 전통적으로 아무런 기능이 없는 서열로 생각되었으나, 최근의 연구에서는 거짓유전자 서열도 유전자의 발현을 조절하는 기능이 있는 것으로 보고되고 있다.

## 4. 비부호화 서열

인간 유전체의 약 1.5%만이 단백질의 서열을 지정하는 부호화 서열이다. 따라서 인간유전체의 대부분은 비부호화 서열이다. 비부호화 서열에는 유전자의 발현을 조절하는 조절인자, 비부호화 *RNA* 유전자(non-coding RNA), 짧은 흩어진 서열(short interspersed elements, SINE)과 긴 흩어진 서열(long interspersed elements, LINE), 그리고 삼염기 반복 또는 전이성 인자(transposable element)와 같은 반복 서열 등이 있다.

비부호화 *RNA* 유전자는 전이 RNA (transfer RNA, tRNA), 리보솜 RNA (ribosomal RNA, rRNA), small nuclear RNA (snRNA), microRNA (miRNA) 등을 포함한다. SINE과 LINE의 기능과 역할을 아직 완전하게 밝혀지지 않았으나, 전사인자 결합

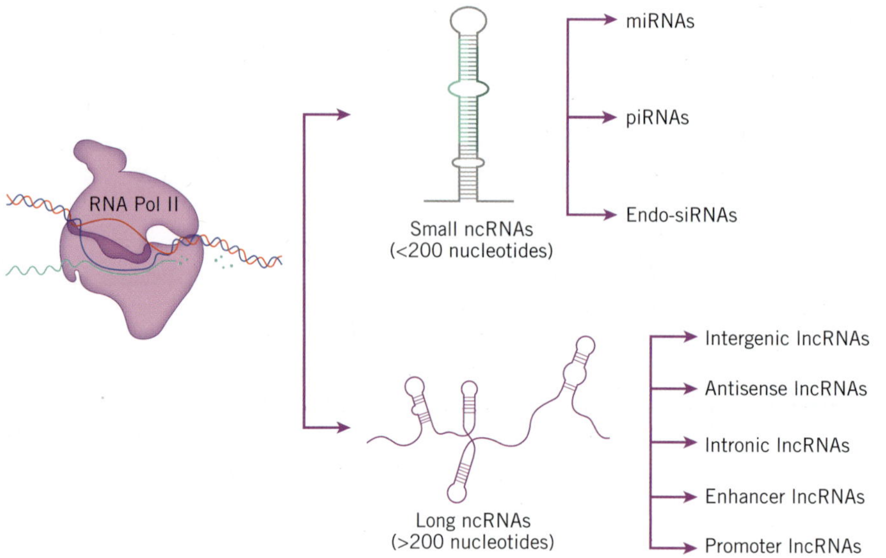


**그림 2-17.** 비부호화 RNA.

부위를 포함하고 있어, 유전자발현의 활성을 조절할 것으로 생각되며, 유전체의 안정도에 영향을 미쳐, 복제와 진화 과정에도 기여할 것으로 생각된다. 짧은 반복 서열(tandem repeat)은 반복수의 증가가 다양한 신경계 질환과 밀접한 연관을 가지고 있어, 의학유전학에서도 임상적 중요성이 높은 부위이다. 전이성 인자의 경우에는 DNA transposon과 retrotransposon으로 구분할 수 있으며, 유전체의 다른 부위로 이동하여 삽입되는 기능을 가지고 있어 점핑 유전자(jumping gene)로도 불린다. 전이성 인자는 진화 과정에서 형질의 다양성과 질병 발생의 메커니즘에도 기여할 것으로 생각되는 부위이다. 이외에도 염색체의 중심체와 양끝 말단에는 중심절(centromere)와 끝분절(telomere)을 구성하는 DNA 서열이 존재하여, 유전체의 안정성과 관련성이 높은 부위이다. 비부호화 서열들은 부호화 서열에 비하여, 훨씬 다양하고 복잡한 메커니즘이 존재하며, 주로 유전자의 발현, 유전체의 안정성, 다양한 세포의 분화와 기능 등에 관여할 것으로 생각된다. 아직까지 상대적으로 부호화 유전자에 비해 알려진 바가 많지 않아, 추가적인 연구가 많이 필요한 부위이다.

## V. 세포분열과 DNA의 전달

생명체의 유전 물질은 세포분열을 통해 세포에서 세포로, 한 세대에서 다음 세대로 전달되는데 체세포분열(유사분열, mitosis)과 생식세포분열(감수분열, meiosis)로 나뉜다. 체세포분열로 신체의 성장과 분화, 조직 재생 및 기관의 기능이 유지되는데, 한 개의 모세포에서 두 개의 딸세포가 만들어지고 분열 전후, 염색체 수와 DNA 양은 동일하다. 반면, 생식세포(gamete, 배우자)인 난자와 정자가 형성되는 생식세포분열은 분열 후 염색체 수와 DNA 양이 반감되어 세대를 거듭해도 염색체 수와 DNA 양이 일정하게 유지된다.

### 1. 세포주기

세포분열을 마친 세포가 생장하여 다시 분열을 마칠 때까지의 과정을 세포주기(cell cycle)라고 하며 크게 간기와 분열기로 나뉜다(**그림 2-18**). 세포주기는 단계별로 점검기(checkpoint)를 통과하며 DNA 합성의 정확성과 염색체 분리의 적절성 등이 점검되고 조절된다.

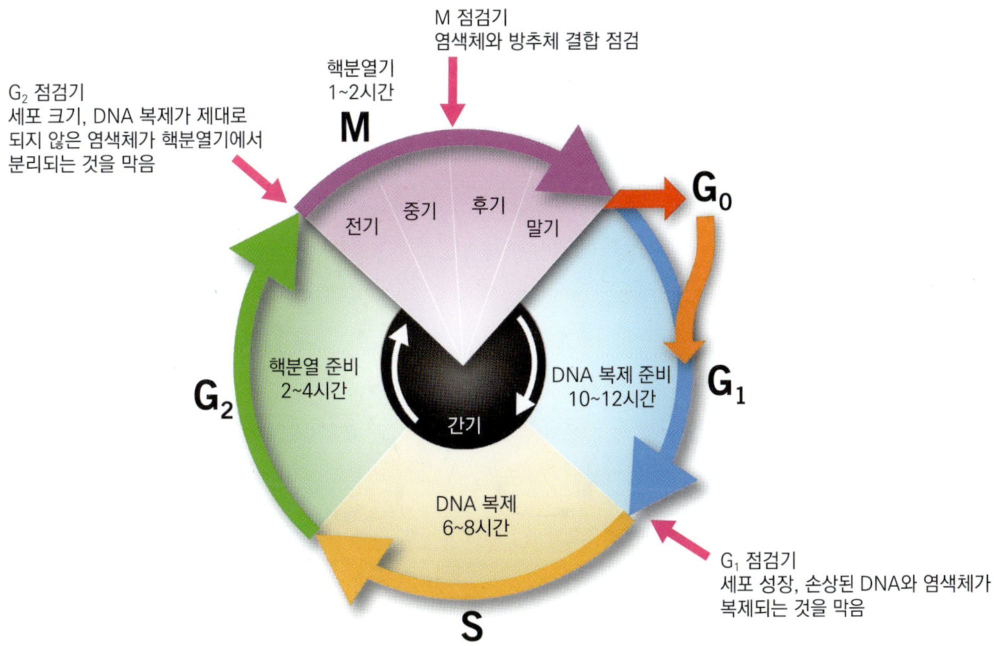


**그림 2-18.** 세포주기와 점검기.

### 1) 간기

분열이 끝난 후부터 다음 분열이 일어나기 전까지의 기간으로 G1, S, G2 단계로 구분한다. 간기는 세포주기의 대부분을 차지하며 세포의 성장과 유전 물질의 복제가 일어나는데, 이 시기의 유전체는 염색사 형태로 존재한다.

① G1: 단백질과 같은 여러 세포 구성 물질이 합성되고 세포 소기관의 수가 증가하면서 세포가 생장하는 단계이다. G는 gap 또는 growth를 의미한다. 두배수체(diploid) 유전체의 한 복제수(copy)를 가진다.

② S: 세포 생장과 함께 중심절과 DNA가 복제되어 DNA 양이 2배가 된다. 이후 실질적인 분열기의 전기에는 염색분체 2개가 붙어 있는 염색체 형태로 두배수체 유전체의 두 복제수를 가진다. S는 synthesis를 의미한다.

③ G2: 세포 생장과 함께 세포막을 구성하는 물질과 방추체를 구성하는 단백질이 합성되며 세포분열을 준비하는 비교적 짧은 시기이다. 세포는 점차적으로 커지게 되어 분열 전 세포 총량의 두 배가 된다.

### 2) 분열기

세포주기에서 분열기는 1~2시간 정도의 짧은 시간 안에 진행되며 염색사 형태였던 유전 물질은 염색체 형태로 응축되어 현미경으로 관찰이 가능해진다. 핵분열과 세포질 분열이 끝나고 딸세포가 생성된다.

## 2. 체세포분열

체세포분열(유사분열, Mitosis)은 모세포와 동일한 유전 물질을 가진 2개의 딸세포를 형성하는 과정으로, 분열기는 핵분열의 전기, 전중기, 중기, 후기, 말기로 진행되며 세포주기에서 차지하는 시간은 길지 않다. 세포질분열을 마지막으로 세포막이 완전히 분리됨으로써 2개의 딸세포가 만들어진다(**그림 2-19**). 간기의 S기에 DNA가 복제되어 DNA 양이 2배가 되고 분열기에 염색분체가 분리되어 각각 딸세포로 양분되면서 DNA 양이 반감되어 결과적으로 딸세포의 DNA 양은 모세포와 같다. DNA 복제 시 염색체 수는 2개지만

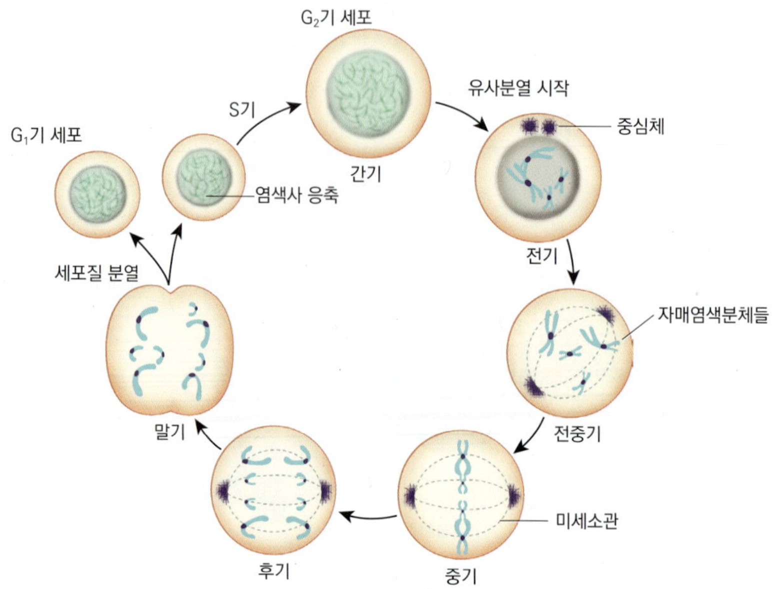


**그림 2-19.** 체세포분열. 세포주기의 대부분을 차지하는 간기(G1, S, G2), 체세포의 핵분열기(전기, 중기, 후기, 말기)와 세포질 분열로 나뉜다.

염색분체 2개가 붙어 있는 형태로 DNA 양은 2배로 늘어난다.

1) **전기**(prophase): 염색체의 점진적 응축, 체세포분열 방추체의 형성, 한 쌍의 중심체(cetrosome) 형성이 두드러지고 중심체에서부터 미세관이 방사형으로 뻗어 나와 세포의 극에 자리잡는다.

2) **전중기**(prometaphase): 핵막이 없어지면서 세포 내 염색체가 흩어져서 염색체의 동원체에 의해 체세포분열 방추체의 미세관에 붙게 한다.

3) **중기**(metaphase): 염색체는 이 시기에 가장 응축되고 세포의 적도판에 늘어선다.

4) **후기**(anaphase): 중심절에서 염색체의 자매 염색분체가 분리되고 염색분체들은 독립적인 염색체가 되어 세포의 반대쪽 극으로 이동한다.

5) **말기**(telophase): 고도로 응축되었던 염색체들이 다시 느슨해지기 시작하며 핵막은 두 딸 핵의 각각의 주변에서 다시 형성되기 시작하고 간기가 다시 시작된다. 세포분열의 전 과정은 세포질이 갈라지며 완성된다.

## 3. 생식세포분열

사람의 생식세포분열(감수분열, meiosis)은 두배수체(diploid, 2n) 세포가 홑배수체 세포(haploid gametes, n)로 되는 과정으로 간기의 S기에 DNA가 복제되어 2배가 된 후 연속된 2회의 세포분열을 거쳐 4개의 딸세포에 DNA가 균등하게 나뉘어 들어간다(**그림 2-20**). 제1 감수분열 시에 염색체 수가 반감되고(2n→n), 제2 감수분열 시에는 염색체 수가 변하지 않는다(n→n). 감수분열 결과 생성된 생식세포는 염색체 수와 DNA 양이 체세포의 절반이므로 생식세포 수정으로 생성된 자손은 세대를 거듭해도 염색체 수와 DNA 양이 일정하게 유지된다.

제1 감수분열 전기에 교차(crossing over)가 일어나 새로운 유전체 재조합(recombination)이 다양하게 생기고 제1 감수분열 중기에 상동염색체가 무작위로 배열되었다가 서로 다른 세포로 분리되므로 다양한 형질의 생식세포가 형성된다. 또한 수정될 때, 홑배수체 상태의 남성과 여성의 생식세포의 무작위적 조합으로 접합체(zygote)가 형성된다. 따

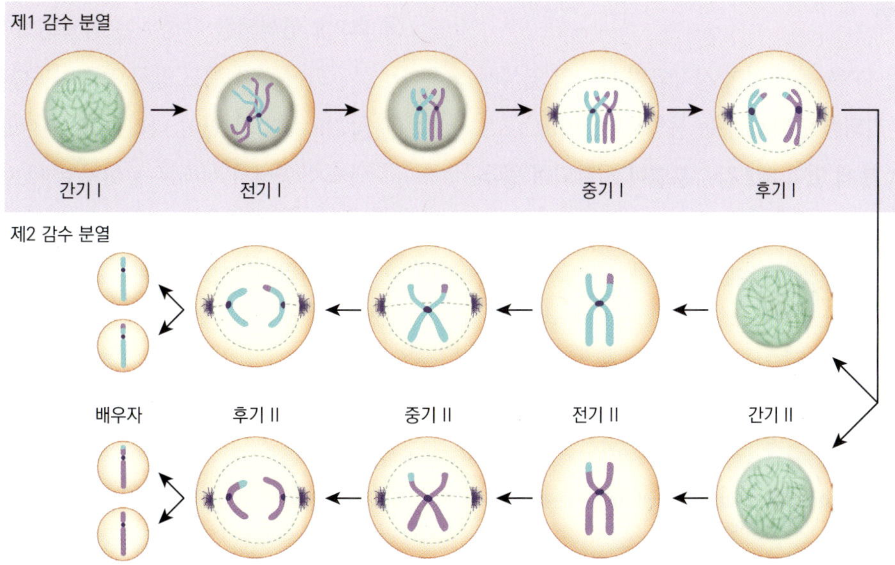


**그림 2-20.** 생식세포분열. 한 쌍의 상동염색체를 예로 들 때, 전기I에서 교차를 보여주며, 생식세포분열이 모두 끝난 후, 네 개의 생식세포가 형성된다.

라서, 이때 교차를 고려하지 않더라도 성염색체를 포함한 23쌍의 상동염색체를 가진 한 사람이 만들 수 있는 생식세포의 종류는 약 8백만($2^{23}$) 가지이며, 남성과 여성의 결합으로 생기는 자손은 약 70조($2^{23}$ x $2^{23}$)의 경우의 수가 가능하다.

### 1) 제1 감수분열

제1 감수분열은 염색체 수가 반감되고 유전체 재조합과 교차가 일어나는 단계라는 점에서 중요한 의의가 있다. 재조합은 두 개의 상동염색체의 물리적 결합이 따르므로 이 과정 중에 문제가 발생하면 염색체 비분리(nondisjunction)로 이어져 종종 유산이나 다운 증후군과 같은 염색체 수적 이상의 원인이 된다. 또는 유전체에서 반복적인 DNA 부위와 인구 집단에 따라 변동적인 유전자 복제수는 감수분열 동안 부등 교차(unequal crossing over)로 이어질 수 있고, 이는 임상적으로 관련 있는 형질의 변이 등으로 나타날 수 있다.

① **간기I**: 세포가 생장하고 S기에 DNA가 복제된다. 세포분열에 필요한 물질이 합성된다.

② **전기I**: 방추체가 나타나고 인과 핵막이 사라진다. 염색사가 염색체 형태로 응축되며 상동염색체가 쌍을 지어 2가 염색체 구조로 형성된다. 상동염색체 간의 비자매 염색분체(non-sister chromatid)들 사이에 재조합 과정의 필수적인 연접(synapsis) 단계가 끝나고 교차가 일어나는데 교차하고자 하는 DNA 서열을 전체 염색체 쌍의 길이에 따라 배열하고 상동염색체의 유전적 정보의 일부가 상호 교환되어 새로운 유전자 조합을 가지게 된다.

③ **중기I**: 핵막이 사라질 때 시작되며 방추체가 형성되고 쌍을 지은 2가 염색체들이 세포 양극을 향하면서 세포의 가운데 적도판에 배열한다.

④ **후기I**: 자매 염색분체가 중심절에 연결되어 있는 형태의 상동염색체가 각각 세포의 양극으로 방추체에 의해 이동한다. 염색체 수가 절반이 되며 부계와 모계의 염색체의 원래 조합이 무작위적으로 다시 조합되어 분리된다.

⑤ **말기I**: 방추체가 사라진다. 세포질분열이 일어나 모세포(2n)에 비해 염색체 수가 반감된 2개의 딸세포(n)가 형성되고 간기 II로 들어가지만 DNA를 합성하는 S기 없이 제2 감수분열이 시작된다.

### 2) 제2 감수분열

제2 감수분열은 DNA 복제 없이 시작되며 하나의 염색체가 염색분체로 분리되어 염색체 수는 동일하다(n→n).

① **전기II:** DNA 복제 없이 제2 감수분열이 시작되며 방추체가 나타난다.

② **중기II:** 염색체가 세포 중앙에 배열된다.

③ **후기II:** 염색체를 구성하는 염색분체가 방추체에 의해 분리되어 각각 세포 양극으로 이동한다.

④ **말기II:** 핵막과 인이 나타나고 방추체가 사라진다. 염색체가 염색사 형태로 풀어지고 세포질분열이 일어나 제1 감수분열 전 모세포(2n)에 비해 염색체 수와 DNA 양이 반감된 4개의 딸세포(gamete, n)가 형성된다.

## REFERENCE


1. Aibara S, Singh V, Modelska A, et al. Structural basis of mitochondrial translation. ELife. 2020;9:e58362.
2. Alberts B. DNA replication and recombination. Nature. 2003;421(6921):431-5.
3. Allis CD, Jenuwein T. The molecular hallmarks of epigenetic control. Nat Rev Genet. 2016;17(8):487-500.
4. Arrowsmith CH, Bountra C, Fish PV, et al. Epigenetic protein families: a new frontier for drug discovery. Nat Rev Drug Discov. 2012;11(5):384-400.
5. Beagan JA, Phillips-Cremins JE. On the existence and functionality of topologically associating domains. Nat Genet. 2020;52(1):8-16.
6. Bower JJ, Vance LD, Psioda M, et al. Patterns of cell cycle checkpoint deregulation associated with intrinsic molecular subtypes of human breast cancer cells. NPJ Breast Cancer. 2017;3:9.
7. Castel SE, Aguet F, Mohammadi P, et al. A vast resource of allelic expression data spanning human tissues. Genome Biol. 2020;21(1):234.
8. Cavalli G, Heard E. Advances in epigenetics link genetics to the environment and disease. Nature. 2019;571(7766):489-99.
9. Cheetham SW, Faulkner GJ, Dinger ME. Overcoming challenges and dogmas to understand the functions of pseudogenes. Nat Rev Genet. 2020;21(3):191-201.
10. Chen R, Kang R, Fan XG, et al. Release and activity of histone in diseases. Cell Death Dis. 2014;5(8):e1370.
11. Chess A. Mechanisms and consequences of widespread random monoallelic expression. Nat Rev Genet. 2012;13(6):421-8.
12. Conibear AC. Deciphering protein post-translational modifications using chemical biology tools. Nat Rev Chem. 2020;4(12):674-95.
13. Cramer P. Organization and regulation of gene transcription. Nature. 2019;573(7772):45-54.
14. Crick F. Central Dogma of Molecular Biology. Nature. 1970;227(5258):561-3.
15. Das S, Vera M, Gandin V, et al. Intracellular mRNA transport and localized translation. Nat Rev Mol Cell Biol. 2021;22(7):483-504.
16. Eddy SR. Non-coding RNA genes and the modern RNA world. Nat Rev Genet. 2001;2(12):919-29.
17. Esteller M. Non-coding RNAs in human disease. Nat Rev Genet. 2011;12(12):861-74.
18. Franklin S, Vondriska TM. Genomes, Proteomes, and the Central Dogma. Circ Cardiovasc Genet. 2011;4(5):576-576.
19. Gonzalez-Sandoval A, Gasser SM. On TADs and LADs: Spatial Control Over Gene Expression. Trends Genet. 2016;32(8):485-95.
20. Greer EL, Shi Y. Histone methylation: a dynamic mark in health, disease and inheritance. Nat Rev Genet. 2012;13(5):343-57.
21. Gutierrez-Arcelus M, Baglaenko Y, Arora J, et al. Allele-specific expression changes dynamically during T cell activation in HLA and other autoimmune loci. Nat Genet. 2020;52(3):247-53.
22. Hasin Y, Seldin M, Lusis A. Multi-omics approaches to disease. Genome Biol. 2017;18(1):83.
23. He L, Loika Y, Kulminski AM. Allele-specific analysis reveals exon- and cell-type-specific regulatory effects of Alzheimer's disease-associated genetic variants. Transl Psychiatry. 2022;12(1):1-15.
24. Henikoff S. Nucleosome destabilization in the epigenetic regulation of gene expression. Nat Rev Genet. 2008;9(1):15-26.
25. Jaenisch R, Bird A. Epigenetic regulation of gene expression: how the genome integrates intrinsic and environmental signals. Nat Genet. 2003;33(3):245-54.
26. Jambhekar A, Dhall A, Shi Y. Roles and regulation of histone methylation in animal development. Nat Rev Mol Cell Biol. 2019;20(10):625-41.
27. Jégu T, Aeby E, Lee JT. The X chromosome in space. Nat Rev Genet. 2017;18(6):377-89.
28. Kan RL, Chen J, Sallam T. Crosstalk between epitranscriptomic and epigenetic mechanisms in gene regulation. Trends Genet. 2022;38(2):182-93.
29. Kuehner JN, Pearson EL, Moore C. Unravelling the means to an end: RNA polymerase II transcription termination. Nat Rev Mol Cell Biol. 2011;12(5):283-94.
30. Lai WKM, Pugh BF. Understanding nucleosome dynamics and their links to gene expression and DNA replication. Nat Rev

Mol Cell Biol. 2017;18(9):548-62.

31. Lander ES, Linton LM, Birren B, et al. Initial sequencing and analysis of the human genome. Nature. 2001;409(6822):860-921.
32. Loda A, Collombet S, Heard E. Gene regulation in time and space during X-chromosome inactivation. Nat Rev Mol Cell Biol. 2022;23(4):231-49.
33. Luger K, Dechassa ML, Tremethick DJ. New insights into nucleosome and chromatin structure: an ordered state or a disordered affair?. Nat Rev Mol Cell Biol. 2012;13(7):436-47.
34. McGowan-Jordan J, Hastings RJ, Moore S. ISCN 2020: An International System for Human Cytogenomic Nomenclature (2020). S.Karger AG; 2020.
35. Monk D, Mackay DJG, Eggermann T. et al. Genomic imprinting disorders: lessons on how genome, epigenome and environment interact. Nat Rev Genet. 2019;20(4):235-48.
36. Morrison O, Thakur J. Molecular Complexes at Euchromatin, Heterochromatin and Centromeric Chromatin. Int J Mol Sci 2021;22(13):6922.
37. Nussbaum Rl, Mcinnes RR, Willard HF. Thompson & Thompson Genetics in Medicine. 8th ed. ELSEVIER; 2016.
38. Oudelaar AM, Higgs DR. The relationship between genome structure and function. Nat Rev Genet. 2021;22(3):154-68.
39. Paulsen J, Liyakat Ali TM, Nekrasov M, et al. Long-range interactions between topologically associating domains shape the four-dimensional genome during differentiation. Nat Genet. 2019;51(5):835-43.
40. Reid DW, Nicchitta CV. Diversity and selectivity in mRNA translation on the endoplasmic reticulum. Nat Rev Mol Cell Biol. 2015;16(4):221-31.
41. Reinius B, Sandberg R. Random monoallelic expression of autosomal genes: stochastic transcription and allele-level regulation. Nat Rev Genet. 2015;16(11):653-64.
42. Rowley MJ, Corces VG. Organizational principles of 3D genome architecture. Nat Rev Genet. 2018;19(12):789-800.
43. Schon KR, Ratnaike T, Ameele J van den, et al. Mitochondrial Diseases: A Diagnostic Revolution. Trends Genet. 2020;36(9):702-17.
44. Sonneveld S, Verhagen BMP, Tanenbaum ME. Heterogeneity in mRNA Translation. Trends Cell Biol. 2020;30(8):606-18.
45. Statello L, Guo CJ, Chen LL, et al. Gene regulation by long non-coding RNAs and its biological functions. Nat Rev Mol Cell Biol. 2021;22(2):96-118.
46. Stenton SL, Prokisch H. Genetics of mitochondrial diseases: Identifying mutations to help diagnosis. eBioMedicine. 2020;56.
47. Suganuma T, Workman JL. Crosstalk among Histone Modifications. Cell. 2008;135(4):604-7.
48. Szabo Q, Bantignies F, Cavalli G. Principles of genome folding into topologically associating domains. Sci Adv. 2019;5(4):eaaw1668.
49. Tamaru H. Confining euchromatin/heterochromatin territory: jumonji crosses the line. Genes Dev. 2010;24(14):1465-78.
50. Tucci V, Isles AR, Kelsey G, et al. Genomic Imprinting and Physiological Processes in Mammals. Cell. 2019;176(5):952-65.
51. Wang YC, Peterson SE, Loring JF. Protein post-translational modifications and regulation of pluripotency in human stem cells. Cell Res. 2014;24(2):143-60.
52. Winkle M, El-Daly SM, Fabbri M, et al. Noncoding RNA therapeutics-challenges and potential solutions. Nat Rev Drug Discov. 2021;20(8):629-51.
53. Wutz A. Gene silencing in X-chromosome inactivation: advances in understanding facultative heterochromatin formation. Nat Rev Genet. 2011;12(8):542-53.
54. Yao RW, Wang Y, Chen LL. Cellular functions of long noncoding RNAs. Nat Cell Biol. 2019;21(5):542-51.
55. Zhao BS, Roundtree IA, He C. Post-transcriptional gene regulation by mRNA modifications. Nat Rev Mol Cell Biol. 2017;18(1):31-42.
56. Zhou VW, Goren A, Bernstein BE. Charting histone modifications and the functional organization of mammalian genomes. Nat Rev Genet. 2011;12(1):7-18.

CHAPTER 03

# 인간게놈분석을 위한 핵심기법들의 이해

## Understanding of core technologies of human genome analysis

김구환, 김영은, 최무림

## I. DNA 클로닝(Cloning of DNA)

DNA 클로닝은 현대 생물학 연구에서 매우 중요한 역할을 하는 기술이며 커다란 파급효과를 가지는 기술이다. DNA 조각을 마음대로 자르고, 변경하고, 붙일 수 있는 이 기술 개발에 이바지한 공로로 관련 연구자들에게 1978년 노벨 생리학상(Werner Arber, Hamilton O. Smith, Daniel Nathans)과 1980년 노벨 화학상(Paul Berg, Walter Gilbert, Frederick Sanger)이 수여되기도 하였다.

DNA 클로닝은 생명 과학 분야에 많은 파장을 불러왔다. 이 간단해 보이는 기술을 통해 연구자들은 유전자의 구조와 기능에 대한 이해를 증진시키고, 질병 원인을 밝힐 수 있었다. 또한 유전자 공학, 유전자치료, 식물 개량 등 다양한 응용 분야에서도 중요한 역할을 하고 있다. 중합효소 연쇄 반응(polymerase chain reaction, PCR), 크리스퍼 유전자가위(CRISPR-Cas9) 등의 방법들의 등장으로 DNA 클로닝은 계속 진보하고 있다.

현재에도 더 다양한 연구와 응용분야에서 DNA 클로닝이 활발하게 이루어지고 있으며, 이는 과학 연구와 의학, 바이오테크놀로지 분야에서 혁신적인 발전을 이끌어내고 있다.

### 1. DNA 클로닝의 시초

DNA 클로닝의 시초가 되는 연구는 미국 스탠퍼드 대학교의 생화학자 폴 버그(Paul Berg)가 1971년 수행한 실험이다. 버그는 각기 다른 바이러스에서 유래한 DNA 조각을 합쳐 새로운 "재조합 DNA (recombinant DNA)"를 생성하는데 성공하였다. 이 과정에서 그는 박테리아에서 유래한, 특정 DNA 염기서열을 인지하여 절단하는 능력을 가진 제한효소(restriction enzyme)를 사용하였다(그림 3-1). 버그의 재조합 DNA 기술은 DNA 클로닝의 기초를 마련했으며, 이후로 이 기술은 계속 발전되어 연구자들은 여러 가지 용도를 위하여 자유롭게 DNA 조각들을 자르고, 붙이고, 최근에는 DNA에 변이를 일으키고, 합성하고 있다. 이를 통해 연구자들은 다양한 유전자를 복제하고 조작하여 유전자의 구조와 기능을 이해하는 데 큰 도움을 얻었고, 질병 원인 규명, 유전자치료, 박테리아와 같은 미생물 개량 등에 활용되어 왔다. 버그를 비롯한 50년 전 연구자들의 연구는 DNA 클로닝과 생명 과학 연구의 발전을 이끌었으며, 현대 생명 과학의 핵심적인 기술 중 하나로 자리잡게 되었다.

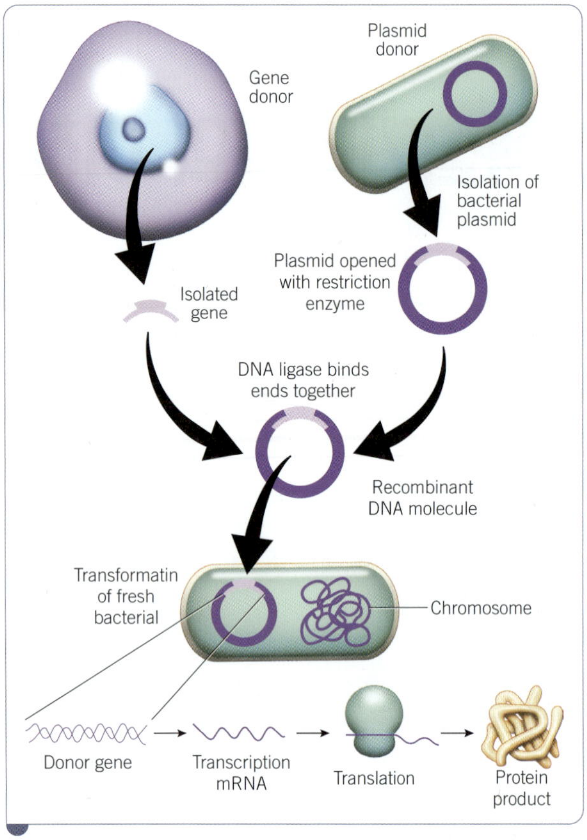


그림 3-1. 초창기 DNA 클로닝 과정의 모식도.

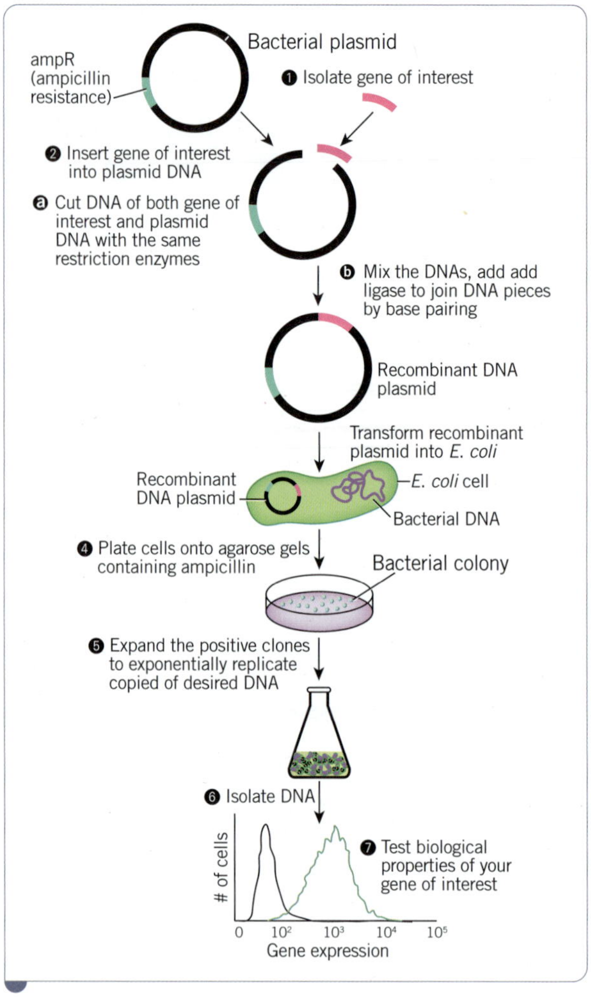


그림 3-2. DNA 클로닝 과정의 모식도.

## 2. 초창기 DNA 클로닝 방법

DNA 클로닝 방법은 다음의 주요 단계와 과정을 가진다 (그림 3-2).

우선 DNA 추출(DNA extraction) 과정으로, 클로닝하고자 하는 유전자를 가진 DNA를 추출하는 과정과 특정한 DNA 염기서열을 인식하고 절단하는 효소인 제한효소로 DNA를 절단(DNA cutting)하는 과정이 있다. 다음으로, 클로닝 벡터(vector)라고 불리는 DNA 조각을 준비하는 과정(vector preparation)으로, 일반적으로 원형(circular)의 구조이며, 복제기점(origin of replication)을 가지고 있어 자체적으로 복제할 수 있는 플라즈미드(plasmid)가 많이 사용된다. 클로닝하고자 하는 DNA의 일부분과 클로닝벡터를 특정한 조건에서 연결효소(ligase)를 이용하여 두 DNA 조각을 연결시키는 DNA 연결(DNA ligation) 과정을 거친다. 이때, 제한효소로 인해 절단된 DNA 조각과 벡터의 양 끝이 상보적으로 맞아야 하며, 이를 위해 보통 DNA 조각과 벡터를 동일한 제한효소로 처리하여야 한다. 연결된 DNA를 숙주세포로 전달하는 전달(transformation) 과정으로, 일반적으로 대장균(Escherichia coli)과 같은 원핵세포가 사용되며, 전달된 DNA는 숙주세포에서 복제되어 번식한다.

복제된 DNA를 추출하여 원하는 목적에 사용할 수 있도록 세포배양과 선별과정을 위하여, 숙주세포 배양 시 연결된 DNA가 성공적으로 숙주세포에 전달되어 살아남기 위하여 연결된 DNA에 항생제 저항효소를 넣은 후 숙주세포

배양 시 항생제를 처리한다. 그 후 배양된 숙주세포에서 클로닝된 DNA를 추출하며, 추출된 DNA는 추후 각종 연구에 활용할 수 있게 된다.

## 3. DNA 클로닝 기술이 일으킨 파장

DNA 클로닝은 지난 수십 년간 과학계, 산업계, 의료계 등 다양한 분야에서 큰 파장을 일으켰다.

### 1) 과학계

DNA 클로닝은 유전자의 구조와 기능을 연구하는 데에 중요한 역할을 해 왔다. 연구자들은 특정 유전자를 복제하고 조작하여 해당 유전자의 역할과 작용 메커니즘을 파악할 수 있으며, 이를 통해 질병 유전자의 발견과 이해, 생명체의 발달과정, 유전적 특성의 연구를 수행할 수 있었다. 또한, DNA 클로닝은 분자 생물학 연구에 핵심적인 기술로 자리잡았고, 이를 통하여 개별 유전자의 기능뿐 아니라 특정 표현형에 영향을 미치는 유전자를 선별적으로 스크리닝(screening)하는 기술에도 DNA 클로닝은 핵심적으로 사용되어 왔다.

### 2) 산업계

DNA 클로닝은 생명공학 분야에서 핵심적인 역할을 하였고, 유전자 조작을 통하여 유용한 단백질, 약물, 화학물질 등의 대량 생산이 가능하게 했다. 예를 들어, 인슐린 생산을 위한 인슐린 유전자 클로닝 기술은 당뇨병 환자의 치료에 큰 기여를 하였으며, 생물학적 약물의 생산과정에서도 활발하게 사용되어 왔다. 특정 유전자를 도입하거나 조작하여 작물의 생산성, 저항성, 영양성 등을 향상시킬 수 있도록 작물의 유전자 조작과 개량에도 널리 사용되었다. 이는 작물의 수확량 증가, 병충해 저항력 향상, 식량 보안 등에 이바지할 수 있다.

### 3) 의료계

DNA 클로닝은 유전 질환의 연구와 진단에 중요한 역할을 했다. 특정 유전자의 이상 돌연변이를 분석하고, 해당 질환의 발생 메커니즘을 이해하고 예방하기 위해 유전자 클로닝 기술이 활용되었다. 또한, DNA 클로닝을 통해 유전자 진단법이 개발되어 유전 질환의 조기 진단과 유전적 위험 평가가 가능해졌다. 유전자를 조작하여 특정 질환의 유전적 원인을 교정하거나 대체하는 데 사용되어 유전자치료에도 중요한 역할을 하였다. 유전자치료는 유전 질환뿐 아니라 암, 면역 질환 등 다양한 질병 치료에 사용되고 있다.

DNA 클로닝은 위와 같이 과학계, 산업계, 의료계 등에서 혁신적인 발전을 이끌어내고 있다.

## 4. 최신 DNA 클로닝 기술의 현황과 전망

DNA 클로닝 기술은 현재까지 지속적으로 진화해 왔으며, 다음과 같이 계속적으로 발전될 것이다.

초기 DNA 클로닝은 많은 노동과 비용, 시간이 소요되는 과정이었으나, 점점 자동화와 고속화되고 있으며, 로봇화된 시스템과 자동화된 장비를 사용하여 효율적으로 DNA 클로닝을 수행할 수 있게 되었다. 이는 실험의 반복성과 정확성을 향상시키고, 시간과 비용을 절감하는 데 큰 도움을 주었다.

초기에는 제한효소를 사용한 DNA 클로닝이 주로 이루어졌지만, 이후에는 다양한 기술이 발전되었다. 중합효소 연쇄 반응(polymerase chain reaction, PCR; 3-II단원에서 추가 설명), 크리스퍼 유전자가위(CRISPR-Cas9), DNA 합성 등의 기술이 개발되었고, 이를 활용한 DNA 클로닝 방법도 등장하면서, DNA 클로닝의 효율성과 유연성을 크게 향상시켰다.

DNA 클로닝 기술은 높은 효율성과 정확성을 달성하고 있는데, 이는 연구와 응용 분야에서의 효율성을 크게 향상시킬 것으로 보인다. 현재의 DNA 클로닝 기술은 큰 크기의 DNA 조각이나 복잡한 유전자 구조를 다룰 수 있도록 발전하고 있으며 이는 유전체 수준의 연구와 복잡한 생물학적 시스템의 조작에 활용될 수 있다.

최근에는 유전체편집 기술인 크리스퍼 유전자가위와 같은 기술과 DNA 클로닝 기술이 상호 보완적으로 사용되고 있으며, 이를 통해 특정 유전자의 수정, 삽입 또는 삭제와 같은 유전자 조작이 가능해지고 있다.

DNA 클로닝 기술은 지속적인 발전과 혁신을 거듭하고 있고, 클로닝 과정 각 단계의 고속화, 자동화, 다양한 기술의 등장은 DNA 클로닝을 보다 효율적이고 다양한 분야에 적용 가능하게 하였다. 또한, 유전체편집 기술과의 통합은 유전자 조작의 가능성을 크게 확장시키고 있으며, 이러한 진화와 발전은 생명과학, 의학 등 다양한 분야에서의 연구와 응용에 새로운 가능성을 열어줄 것으로 전망된다.

## Ⅱ. DNA 증폭(Amplification of DNA)

DNA 증폭은 생물학적 시료의 특정 DNA 조각을 대량으로 복제하는 과정을 말한다. 이 기술은 분자 생물학 연구, 진단 검사, 유전체 분석 등 의생명학의 다양한 분야에서 사용된다. 가장 널리 알려진 DNA 증폭 기술은 중합효소 연쇄반응(polymerase chain reaction, PCR)으로, 이 방법은 아주 적은 양의 특정 DNA 염기서열을 선택적으로 복제하기 위해 주로 사용된다. PCR은 높은 온도에서도 기능성을 잃지 않는 특정 중합효소를 이용하여 다수의 반복적인 분리(denaturation)-결합(annealing)-연장(extension) 과정을 통해 DNA 복제를 수행하며, 각 사이클마다 주형(template) DNA 분자가 복제되어 그 복제물이 기하급수적으로 증가하게 된다(그림 3-3). 이를 비롯한 PCR 방법과 파생된 여러 가지 DNA 증폭 기술들은 신속하고 정확한 DNA 증폭을 가능하게 함으로써, 다양한 연구 및 응용 분야에서 유용하게 활용되고 있다.

### 1. DNA 증폭 방법과 종류

PCR 방법은 1980년대 초반 멀리스(Kary B. Mullis)에 의해 개발되었으며 그는 이 기술로 1993년에 노벨 화학상을 수상하였다. PCR은 최소 단 하나의 DNA 분자라도 이를 대량

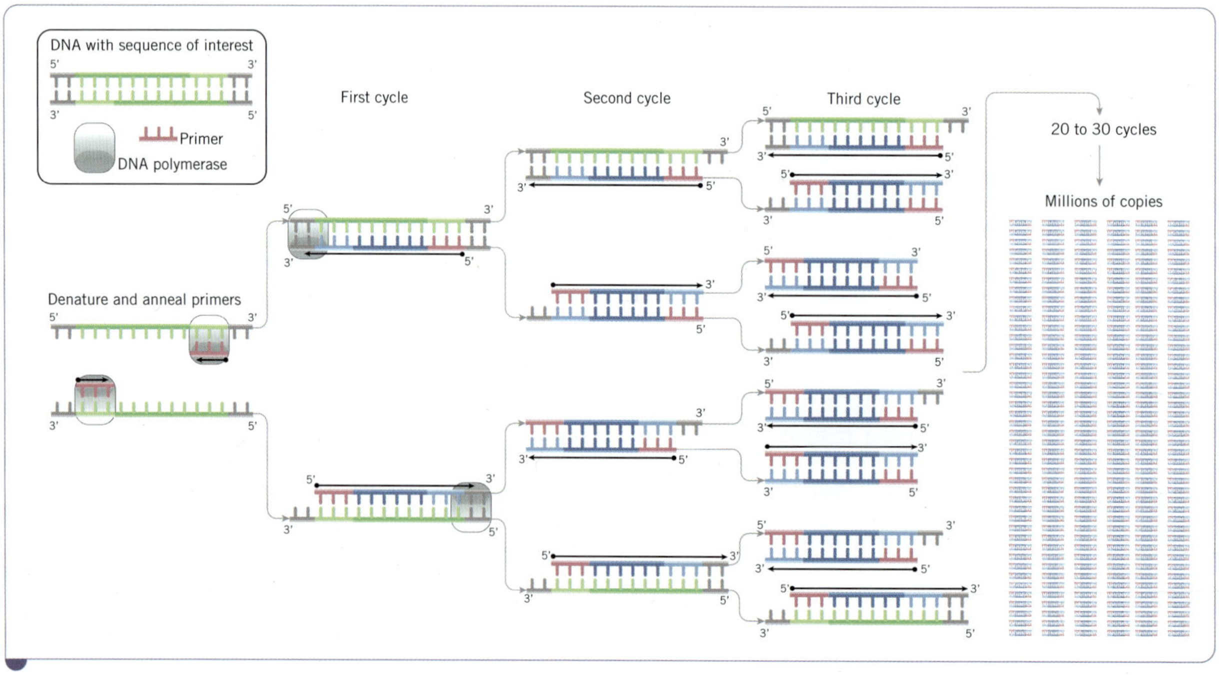


그림 3-3. PCR을 이용한 DNA 증폭 과정의 모식도.

으로 복제할 수 있는 기술로, 그 핵심 원리는 DNA 복제 과정을 모방한 것이다. PCR은 주형 DNA, 프라이머(각 DNA 가닥의 복제 시작을 담당하는 작은 DNA 조각), DNA 중합효소(특히 90°C 이상 높은 온도를 견디며 DNA를 복제하는 효소) 및 뉴클레오타이드(dNPT) 등의 구성 요소가 사용된다.

PCR은 수십 번의 반복적인 단계를 통해 DNA 복제를 수행하며 각 사이클은 세 가지 주요 단계로 구성된다. 첫 번째는 분리 단계(denaturation)로, 높은 온도(일반적으로 94~98°C)에서 DNA 이중 나선 구조를 분리시키고 주형 DNA를 단일 가닥으로 분리한다. 두 번째는 결합 단계(annealing)로, 낮은 온도(일반적으로 50~65°C)에서 프라이머를 주형 DNA에 결합시킨다. 세 번째는 연장 단계(extension)로, 중간 온도(일반적으로 68~72°C)에서 DNA 중합효소가 프라이머 위치에서 시작하여 여분의 dNPT를 추가해 가며 새로운 DNA 가닥을 생성하는 과정이다(**그림 3-4**). 이러한 사이클링 과정을 여러 번 반복함으로써, 원하는 DNA 서열의 복제 수량을 기하급수적으로 증가시킬 수 있게 된다. 일반적으로 PCR은 20~40 사이클로 수행되며, 한 번의 PCR 반응에서 수백만 개의 복제분자를 얻을 수 있다.

다음은 고전적인 PCR방법에서 파생된 여러 DNA 증폭 응용 방법을 소개한다.

### 1) 디지털 PCR (digital PCR)

디지털 PCR은 샘플을 작은 구획으로 분할하여 개별적으로 PCR을 수행하는 방법이다. 각 구획에서 양성 반응(특정 DNA 서열이 존재한다는 의미) 또는 음성 반응(특정 DNA 서열이 부재하다는 의미)을 감지하여 DNA의 정량화를 가능하게 한다.

### 2) Loop-mediated Isothermal Amplification (LAMP)

LAMP는 PCR과 유사하지만, 특정 온도와 효소 조합을 사용하여 온도 사이클링 없이 동일한 온도에서 DNA 증폭을 가능하게 한다. 이 기술은 분자 진단 및 염색체 분석 등에 널리 사용된다.

### 3) 실시간 PCR (real-time PCR)

실시간 PCR은 PCR 반응 사이클별로 증폭되는 DNA를 실시간으로 감지하는 기술로, 각 PCR 사이클 도중에 형광 신호를 이용하여 증폭 정도를 모니터링하므로, DNA가 증폭되는 반응을 더 정확하고 신속하게 감지할 수 있으며, 이를 통하여 애초 주형 DNA의 양을 대조군에 비하여 상대적으로 계산해 낼 수 있다.

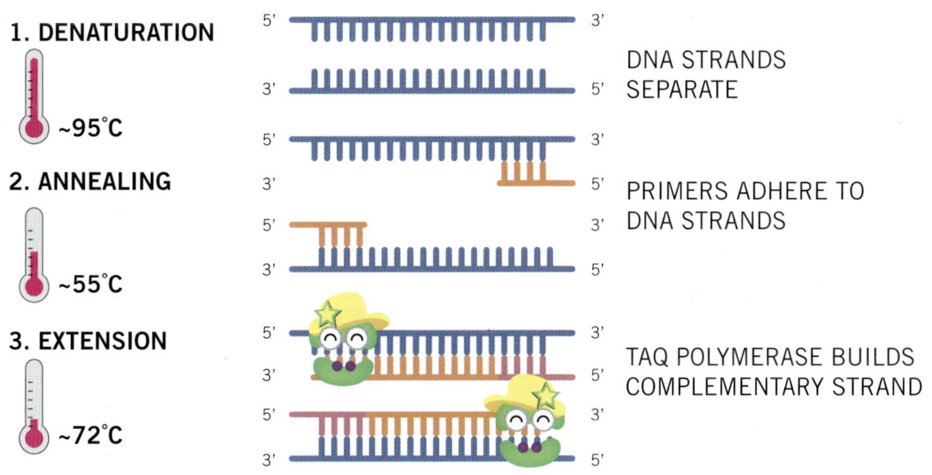


**그림 3-4**. PCR 사이클의 분리-결합-연장 과정의 모식도.

#### 4) 다중 PCR (multiplex PCR)

여러 개의 프라이머 세트를 동시에 사용하여 여러 개의 DNA 절편들을 동시에 증폭하는 기술로 이를 통해 한 번의 PCR 반응으로 여러 대상 DNA를 동시에 검출할 수 있다.

이 외에도 다양한 변형된 DNA 증폭 기술들이 개발되고 있으며, 이들 방법들은 다양한 응용 분야에서 DNA 증폭을 위해 사용되고 연구되고 있다.

### 2. DNA 증폭 방법의 활용과 응용

DNA 증폭 기술은 다음과 같은 다양한 응용 분야에서 활용되고 있다.

#### 1) 분자 진단

DNA 증폭 기술은 다양한 질병의 조기 진단과 관련된 분자 진단에 중요한 역할을 한다. 예를 들어, 특정 유전병의 유전자 변이를 탐지하거나 바이러스나 세균 등의 병원체를 감지하기 위해 PCR 기반 진단법이 개발되고 사용되고 있다.

#### 2) 유전체 분석

DNA 증폭 기술은 유전체 연구에 핵심적인 역할을 한다. 전체 유전체 분석, 유전자발현 분석, 유전자 변이 검출 등의 연구에 PCR이 사용되며, 다중 PCR이나 실시간 PCR 등을 이용하여 다양한 유전자를 동시에 분석하는 유전체 분석 기술도 개발되고 있다.

#### 3) 유전자 분석과 유전체 조작

DNA 증폭은 특정 유전자 또는 유전자 영역을 대량으로 증폭함으로써 그 기능을 연구하고, 유전자 변형을 수행하는 데에 사용된다. 예를 들어, 특정 유전자의 발현 수준을 측정하거나, 유전자의 DNA 염기서열을 분석하여 유전자 기능을 연구하는 데에 활용된다. 또한, 유전자 조작 실험을 위해 필요한 유전자 조각을 증폭하는 데에도 사용될 수 있다.

#### 4) 법의학적 응용

PCR 방법은 매우 소량의 주형 DNA를 검출, 증폭시킬 수 있기에 범죄 현장에서 수집된 DNA 증거 샘플을 증폭, 분석하여 범인의 신원 파악, 혈연 관계 확인 등을 수행할 수 있다.

#### 5) 각종 과학 연구

DNA 증폭은 생물학, 생물공학, 진화 생물학 등의 다양한 과학 연구 분야에 활용된다. DNA의 특정 부분을 대량으로 증폭하여 분석하고, 유전자 조작 실험에 활용하거나 개체 간의 유전적 관계를 조사하는 등의 연구에 사용되어 진다.

이외에도 DNA 증폭 기술은 환경 모니터링, 식품 안전성 검사 등 다양한 분야에서 활용되고 있으며, 기술의 발전과 함께 새로운 응용 분야도 지속적으로 발전하고 있다. 이러한 기술적 발전은 분자 생물학과 유전체 연구에 큰 영향을 미치고 있으며, 질병의 조기 진단, 유전적인 변이의 탐지, DNA 패턴 분석 등에도 많은 도움을 주고 있다.

## III. 핵산 교잡반응(Nucleic acid hybridization)

DNA (Dexoyribo Nucleic Acid)는 상보적인 염기서열을 보이는 두 가닥의 DNA가 수소 결합되어 이중 나선의 구조를 이루고 있다. 특정 유전인자의 염기서열을 알고 있거나, 염색체내의 위치를 이미 알고 있는 DNA 조각이 있다면, 상보적인 DNA 간에 교잡(hybridization)되는 성질을 이용하여, 게놈내에서 원하는 유전인자의 존재 여부를 확인하거나, 그 유전인자의 정상대조군과의 차이를 확인할 수 있다.

## 1. 서던 블롯팅(Southern blotting)

1973년 영국 에딘버러대학의 서던(Edwin Southern, 1938~)은 DNA의 조각을 전기영동(electrophoresis)한 후, 니트로 셀룰로오스 막(nitrocellulose membrane)으로 이동시키고, 탐지가 가능하도록 방사선동위원소나 형광물질 등으로 표지가 된 DNA 탐색자(probe)를 교잡시켜 탐색자와 교잡된 DNA 조각의 크기를 확인하는 방법을 소개하였다.

대상 DNA를 제한효소 등으로 절편을 만들고, 이 DNA 절편들을 아가로오스겔이나 녹말겔 등을 이용해 전기영동으로 크기별로 분리한다. 전기영동으로 분리된 DNA 절편들을 포함하고 있는 전기영동 겔은 탐색자와의 교잡반응을 거치기에는 너무 약해 부서지기 쉬워, 음이온 성질을 가지는 DNA와 흡착이 가능하도록 양이온 성질을 띠고 교잡반응을 거치기에 강도가 높아 다루기 쉬운 니트로 셀룰로오스 막과 밀착시킨 후, 용액이 모세관현상으로 이동하는 힘을 이용하여 겔로부터 DNA 절편들을 니트로 셀룰로오스 막으로 이동시킨다(그림 3-5).

이런 과정을 블롯팅(blotting)이라고 하며, 개발자 Edwin Southern의 이름을 따서 서던 블롯팅(Southern blotting)이라고 명명하였다.

이때 사용되는 탐색자는 유전체 내에서 이미 위치를 알고 있는 부위의 DNA 조각을 이용하며, 절단수선복제방법(nick translation)을 이용하여 임의로 DNA의 연결부위 일부를 절단하고, 복제하면서 추적 관찰이 가능할 수 있도록 방사선동위원소나, 형광물질을 표지시켜 제작한다.

현재 사용되는 서던 블롯팅의 방법은 소개된 당시와 크게 달라지지 않았으며, 그림 3-5에 그 과정을 도식화하였다.

임상유전학에서는 환자의 DNA를 제한효소로 절단한 후, 질병을 일으키는 후보유전자의 염기서열을 가지는

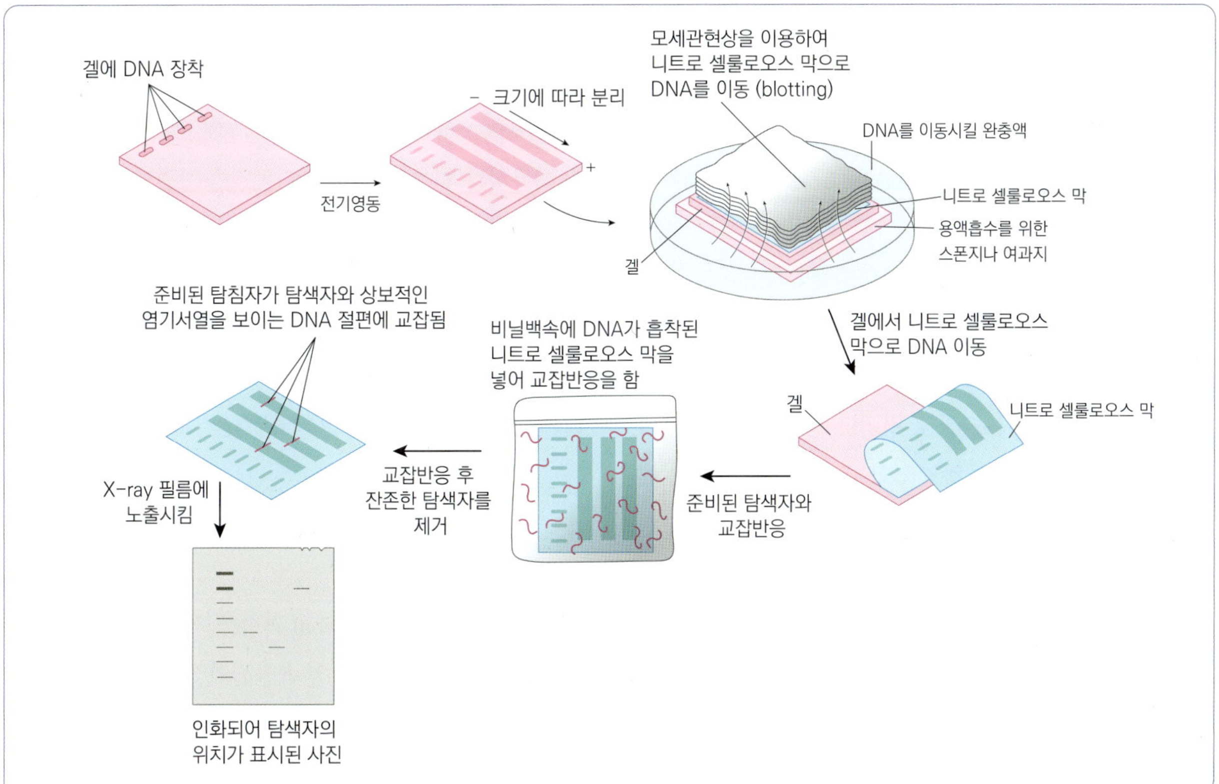


그림 3-5. 서던 블롯팅 과정의 모식도.

DNA 절편을 탐색자로 하여 서던 블롯팅 분석함으로써, 정상대조군 DNA와 비교분석을 통하여 질환의 원인을 밝히는 데 이용되어 왔다.

## 2. 노던 블롯팅(Northern blotting)

1977년 스탠포드대학의 James Alwine, David Kemp와 George Stark은 서던 블롯팅 방법의 원리를 이용하여 RNA의 교잡법을 소개하였고, Edwin Southern의 서던 블롯팅과 구분하기 위하여 노던 블롯팅(Northern blotting)이라고 명명하였다.

서던 블롯팅에서 DNA 절편을 전기영동하여 분리하는 반면에, 노던 블롯팅은 세포 내에 존재하는 RNA를 분리하여, RNA 조각을 전기영동 후 니트로 셀룰로오스 막에 블롯팅한다.

이 방법은 특정 조직에서의 유전자의 발현(RNA 생성) 여부의 연구에 많이 이용되었다.

임상유전학에서는 질병원인 유전인자의 발현 여부 확인을 가능하게 하여 질환의 진단에 이용된다.

## 3. 웨스턴 블롯팅(Western blotting)

노던 블롯팅 방법의 개발에 참여했던 George Stark와 함께 스위스의 Harry Towbin은 단백질의 블롯팅 방법을 1979년에 소개하였고, 1981년에 Neal Burnette에 의해 웨스턴 블롯팅(Western blotting)으로 명명되었다. 웨스턴 블롯팅은 특정단백질에 대한 항체(antibody)를 결합시킴으로써 대상 단백질에 대한 추적 관찰이 가능하다. 서던, 또는 노던 블롯팅에서 사용되었던 탐색자는, 특정단백질을 인식할 수 있는 항체가 웨스턴 블롯팅에서 그 역할을 맡는 셈이다.

서던 블롯팅이 DNA 절편의 확인, 노던 블롯팅이 RNA 조각에 대한 존재 여부의 확인 방법이라면, 웨스턴 블롯팅은 단백질의 존재 여부나 변형 여부의 확인에 사용되는 방법이다.

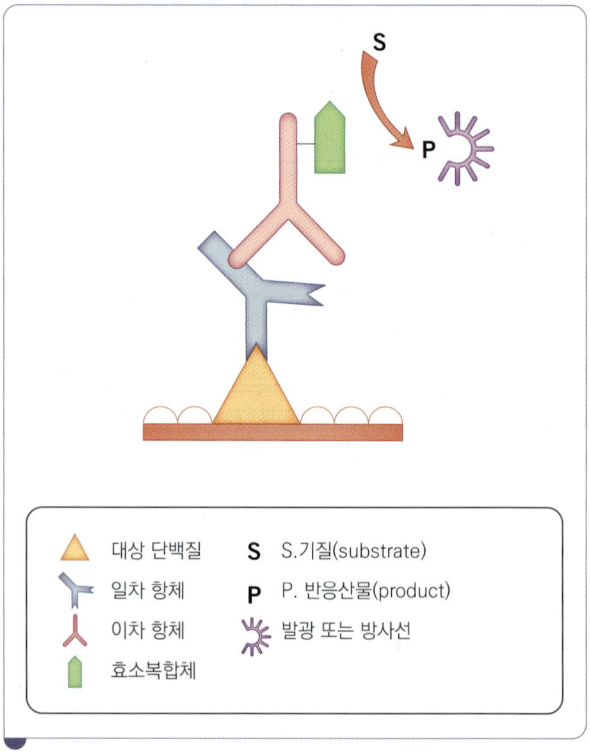


그림 3-6. 1차항체와 2차항체를 이용한 웨스턴 블롯팅의 검출 원리.

SDS-PAGE 겔 등에서 전기영동으로 분리된 단백질(또는 폴리펩티드, polypeptide)은 니트로 셀룰로오스 막으로 흡착시켜 이동시킨 후, 찾고자 하는 단백질을 항원으로 하는 항체와 결합(binding)시키고, 이 항체와 결합이 가능한, 방사선동위원소나 형광물질이 표지된 이차항체를 결합시켜 대상 단백질의 존재 여부를 확인하는 방법이다.

그림 3-6에 웨스턴 블롯팅을 위한 1차, 2차 항체반응의 원리를 도식화하였다.

## 4. 이스턴 블롯팅(Eastern blotting)

세포내에서 번역(translation) 과정을 거쳐 생성된 후, 적절한 기능을 위해 접힘이나 부속물질의 첨가 등으로 변형된 단백질(post-translational modified protein)을 검출하기 위한 방법으로, 1996년 Mikhail Bogdanov 등은 인지질(phospholipid)의 검출을 위해 polyvinylidene fluoride로 변형된 니트로 셀룰로오스 막에 인지질을 1차 이동 후, 일반적인 웨스턴 블롯팅을 시도하는 방법을 소개하면서, 서던-, 노던-, 웨스턴 블롯팅과 구별을 위해 이스턴 블롯팅(Eastern blotting)이라고 명명하였다. 이후, 글리코실화(glycosylated), 리포일화(lipoylated) 또는 인지질화(phosphorylated)된 단백질 등, 변형된 단백질의 검출에 이용되고 있다.

## IV. 세포유전과 염색체검사 (Cytogenetics and genome analysis)

세포유전(cytogenetics) 검사는 핵 안에 존재하는 염색체의 이상을 확인하기 위해 시행한다. 현미경으로 염색체의 수와 구조적 이상을 확인하는 염색체검사가 개발된 이후, 이를 바탕으로 인간 유전체에 대한 전반적인 개념을 확립하게 되었다. 이후 해상도와 정확도가 개선된 검사법들이 개발되어 더 작은 크기의 변이를 더 정확하게 확인할 수 있게 되었고, 오늘날에는 형광제자리부합법(FISH)과 염색체 마이크로어레이검사가 활발히 사용되고 있다.

### 1. 염색체검사(Chromosome analysis)

염색체검사는 핵 안의 염색체를 현미경으로 관찰함으로써 염색체의 수와 구조적 이상을 확인하는 검사이다. 이 검사에 사용하는 세포는 배양 및 증식이 가능해야 한다. 주로 말초혈액의 백혈구 중 T 림프구를 대상으로 하며 그 밖에도 골수 세포, 양수천자를 통해 획득한 태아 세포 등을 사용할 수 있다. 세포를 획득한 다음에는 알맞은 배양법으로 세포를 증식시키고 분열을 유도한다. 며칠 뒤 세포가 중기(metaphase)에 이르러 핵 안에 염색체가 형성되면 유사분열방추(mitotic spindle)를 억제시켜 분열을 멈추게 한다. 그다음 세포를 저장액(hypotonic solution)에 담가 세포 내로 수분을 유입시킨다. 이후 세포가 든 부유액을 슬라이드 위에 떨어트려 염색체가 슬라이드에 부착되게 한다. 이를 고정하고 염색해서 현미경으로 관찰하는 것이 염색체검사이다(**그림 3-7**).

가장 흔히 사용하는 염색법은 김자염색(Giemsa stain, G-banding)이며, 염색체에 나타나는 어둡고 밝은 띠의 양상을 확인하여 염색체의 구조적 이상을 판단한다. 일반적인 G-banding에서 관찰되는 띠의 수는 약 400~550개이며, 이 해상도에서는 최소 5~10 Mb 이상인 결실이나 중복을 관찰

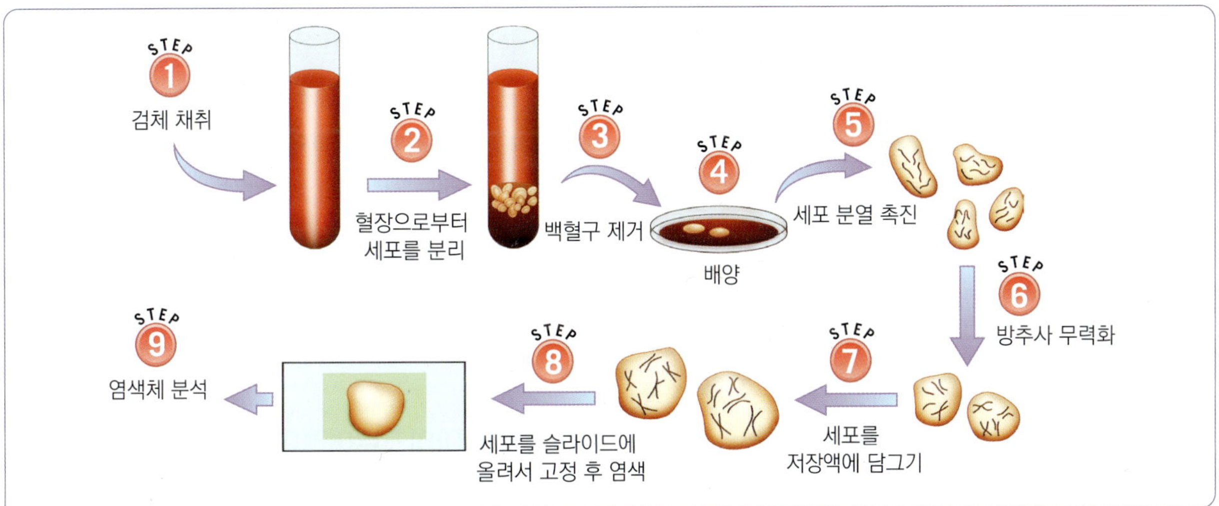


**그림 3-7.** 말초혈액 백혈구를 이용한 염색체검사의 방법.

할 수 있다. 선천성 기형의 진단 등 고해상도의 염색체검사(high resolution chromosome analysis)가 필요한 경우 상대적으로 압축이 덜 진행된 전중기(prometaphse)에 염색체를 확보해 염색하며, 이 경우 약 850개 띠가 보이는 수준의 해상도까지 확인할 수 있다.

염색체검사는 유전체 전체를 확인할 수 있는 고식적인 검사법으로, 상대적으로 저렴하며 단순한 기술로 검사가 가능한 장점이 있다. 하지만 염색체에 나타난 띠의 패턴을 관찰하는 검사의 특성 상 결실이나 중복의 중단점(breakpoint)을 정확히 알 수 없으며 현미경으로 관찰하기 어려운 5 Mb 미만의 작은 결실이나 중복(submicroscopic deletion/duplication)은 확인할 수 없는 제한점이 있다. 이러한 미세결실이나 중복이 의심되는 경우에는 염색체 마이크로어레이 검사를 활용할 수 있다.

## 2. 형광제자리부합법

**(Fluorescence in situ hybridization, FISH)**

형광제자리부합법(FISH)은 형광이 부착된 탐색자(probe)를 염색체의 특정 DNA 부위에 결합시킴으로써 해당 부위의 유무나 자리옮김(translocation)을 확인하는 검사법이다. 염색체 변이의 종류에 따라 탐색자를 선택할 수 있는데, 대표적으로 1) 염색체의 중심절(centromere)이나 특정 유전자에 단색 형광 탐색자를 부착하는 표준 탐색자(standard probe), 2) 잘 알려진 두 염색체 간 자리옮김(translocation)을 확인하기 위한 이중 결합 탐색자(dual-fusion probe), 3) 자리옮김의 상대 유전자가 다양해서 특정할 수 없는 경우 이용하는 Break-apart 탐색자 등이 있다.

표준 탐색자(standard probe)는 염색체의 중심절이나 특정 유전자에 결합하여 해당 염색체의 수나 특정 유전자 부위의 결실을 확인할 수 있다. 터너증후군 의심 환자에서 X 염색체에 대한 FISH를 시행하거나 프라더-윌리증후군(Prader-Willi syndrome) 진단을 위해 *SNRNP* 유전자 부위에 대한 FISH를 시행하는 경우를 예로 들 수 있다. 이중 결합 탐색자(dual-fusion probe)는 *PML*과 *RARA* 유전자 간의 자리옮김처럼 상대가 잘 알려진 경우 두 유전자의 결합(fusion)을 확인할 수 있다. 예를 들어, *PML* 유전자에 부착하는 탐색자에는 붉은색 형광을, *RARA* 유전자에 부착하는 탐색자에는 초록색 형광을 표지하는 경우, 두 유전자 사이에 자리옮김이 일어나지 않았다면 정상적으로 붉은색 두 개와 초록색 두 개의 형광이 관찰된다. 하지만 두 유전자 사이에 자리옮김이 일어나는 경우 서로 맞교환 된 두 개의 결합 부위(fusion site)에는 붉은색과 초록색 형광이 합쳐진 신호(fusion signal)가 관찰되어 *PML-RARA* gene rearrangement가 있음을 확인할 수 있다(**그림 3-8**). 마지막으로, *MLL* 유전자처럼 아주 다양한 상대 유전자와 자리옮김이 발생하는 경우 이중 결합 탐색자를 대신 Break-apart 탐색자를 활용할 수 있다. 이는 *MLL* 유전자 부위에 단색의 형광을 길게 부착한 다음, *MLL* 유전자가 다른 유전자와 자리옮김이 발생하여 둘로 나뉘어진 경우 이 형광신호 또한 두 개로 나뉘어지는(break-apart) 현상을 관찰함으로써 *MLL* gene rearrangement를 진단하는 방법이다.

이처럼 FISH 검사는 염색체검사에 비해 더 작은 크기의 결실이나 중복을 확인할 수 있으며, 분열 중기(metaphase)뿐만 아니라 사이기(interphase) 상태의 핵산에도 탐색자를 결합하여 분석할 수 있으므로 상대적으로 빠른 진단이 가능하다. 또한 염색체검사가 일반적으로 20개 세포의 염색체를 분석하는 데 반해 FISH 검사는 200~500개 가량의 많은 세포를 관찰함으로써 민감도가 높고 이상 소견을 가진 세포의 비율을 더 정확하게 확인할 수 있으므로 섞임증(mosaicism)의 진단이나 백혈병의 치료 효과 판단 등에 유용하게 사용된다. 하지만 전체 유전체의 구조를 분석할 수는 없으며 임상적으로 의심되는 특정 원인 부위만 확인하는 제한점이 있다.

## 3. 염색체 마이크로어레이검사

염색체 마이크로어레이검사(chromosomal microarray analy-

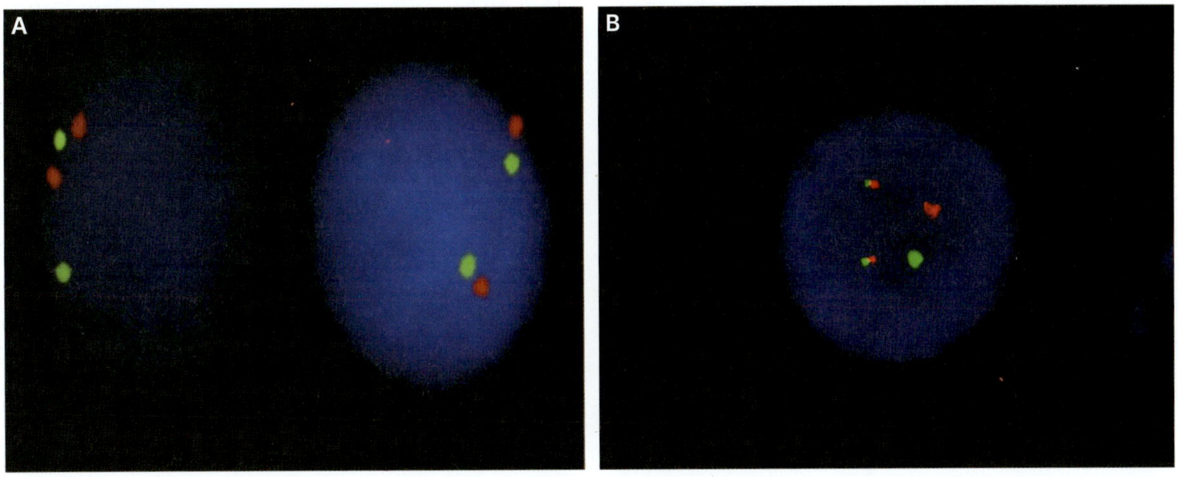


그림 3-8. *PML/RARA* FISH 검사의 예시. 붉은색은 15번 염색체의 *PML* 유전자와 결합한 탐색자이며 초록색은 17번 염색체의 *RARA* 유전자와 결합한 탐색자이다. **(A)** *PML*과 *RARA* 두 유전자가 정상적으로 한 쌍씩 존재하여 붉은색과 초록색 신호가 각 두 개씩 관찰된다. **(B)** *PML*과 *RARA* 두 유전자 사이에 자리옮김이 발생하여 붉은색과 초록색 신호가 합쳐진 fusion signal이 두 개 관찰된다.

sis)는 Comparative genomic hybridization (CGH) 기술에서 발전한 검사법으로 유전체 전체의 복제수변이(copy number variation, CNV)를 확인하는 검사이다. CGH는 표준 핵산(control DNA)과 대상자의 핵산(patient DNA)에 서로 다른 색의 형광물질을 부착하고 두 핵산을 서로 결합(hybridization)시킨 다음 각 염색체 부위에서 표준 핵산과 대상자의 핵산 중 어느 쪽 형광 신호가 강하게 나타나는지를 관찰함으로써 해당 부위에 결실이나 중복이 있는지 확인하는 방법이다. 이후 표준 핵산 조각들을 슬라이드에 미세하게 배열된 홈(microarray)에 염색체 순서대로 부착한 다음 대상자의 핵산 조각을 올려 결합시키는 마이크로어레이 기법이 개발되었다. 염색체 마이크로어레이검사는 각 홈에서 발생한 형광 신호의 강도를 읽고 대상자의 유전체에서 해당 부위의 양을 상대적으로 추정함으로써 결실과 중복 여부 및 중단점(breakpoint)을 확인할 수 있다.

이때 홈에 부착된 표준 핵산 조각들을 탐색자(probe)라고 하며 한 탐색자의 염기서열과 그다음 탐색자의 염기서열 사이의 거리에 따라 해상도가 달라진다. 염색체 마이크로어레이검사는 염색체검사보다 해상도가 높아서 일반적으로 250~400 kb보다 큰 복제수변이를 확인할 수 있으며, 진단 목적으로 사용되는 마이크로어레이칩의 경우 최소 50 kb 이상의 결실이나 중복까지 확인할 수 있다. 특히 정신지체(mental reltardation, intellectual disability), 발달장애(developmental delay), 자폐스펙트럼장애(autistic spectrum disorder), 다발성 선천성 기형(multiple congenital malformation)과 같은 질환에서는 염색체검사의 진단율이 2~3%인데 반해 염색체 마이크로어레이검사의 진단율은 15~20%로 더 높게 나타나므로 해당 환자군의 진단 시 첫 번째 검사(first-tier test)로 활용할 수 있다.

염색체 마이크로어레이검사는 염색체검사에 비해 해상도가 높아서 더 작은 크기의 결실이나 중복을 확인할 수 있으며, FISH 검사에 비해 전체 유전체의 복제수변이를 확인할 수 있는 장점이 있다. 또한 결실과 중복의 중단점을 상대적으로 명확하게 규정할 수 있으므로 해당 위치에 포함된 유전자들을 확인함으로써 임상양상과 비교하여 진단에 적용할 수 있다. 하지만 염색체 마이크로어레이검사에는 몇 가지 한계가 존재한다. 우선, 염색체 마이크로어레이검사는 대상자의 핵산을 작은 조각으로 나누어 미세하게 배열된 홈에 부착하는 방식이므로 두 염색체 말단이 서로 맞교환 되는 자리옮김(balanced translocation)이나 한 염색체 안에서 특정 부위의 위아래가 바뀌는 자리바꿈(inversion)과 같이 유전체의 총량에 변화가 없는 구조적 변이는 확인하지 못한다. 유전체의 양에 변화가 없는 구조적 변이를 확인하기 위해서는 염색체검사를 시행해야 한다. 또한 핵산을 추출하지 않고 세포 각각의 염색체를 확인하는 염색체검사나 FISH와 달리 염색체 마이크로어레이검사는 여러 세포에서 한꺼번에 핵산을 추출하여 검사하기 때문에 낮은 수준의 섞임증(mosaicism)이나 혈액종양 환자에서 악성클론의 양을 확인하기 어려운 한계가 있다. 마지막으로 염색체검사나 FISH에 비해 상대적으로 고가의 검사이므로, 다운 증후군이나 터너증후군과 같이 임상 양상이 비교적 뚜렷하고 섞임증 가능성이 있는 선천성 질환의 경우, 이미 확인된 염색체 재배열을 검출하기 위한 가족검사인 경우, 습관성 유산과 같은 균형 자리옮김(balanced translocation)이 의심되는 경우에는 해당 부위를 확인할 수 있는 FISH나 염색체검사를 우선 시행할 것이 권고된다.

## V. 염기서열분석(DNA sequencing analysis)

DNA 절편의 염기서열을 분석하기 위한 방법으로 두 가지 방법이 최초로 소개되었다. Maxam-Gilbert 방법과 Sanger dideoxy 방법이다. Sanger dideoxy 방법은 오랜 기간 염기서열분석의 gold standard로 사용되어 왔다. Massive parallel sequencing으로 불리는 차세대 염기서열분석이 소개되었고, 이어 단일분자 DNA의 염기서열을 길게 읽는 long-read single molecule sequencing 이 3세대 염기서열 분석방법으로 소개되었다. 여기서는 초기 염기서열 분석방법에서부터 3세대 염기서열 분석 방법까지의 원리에 대해 알아보겠다.

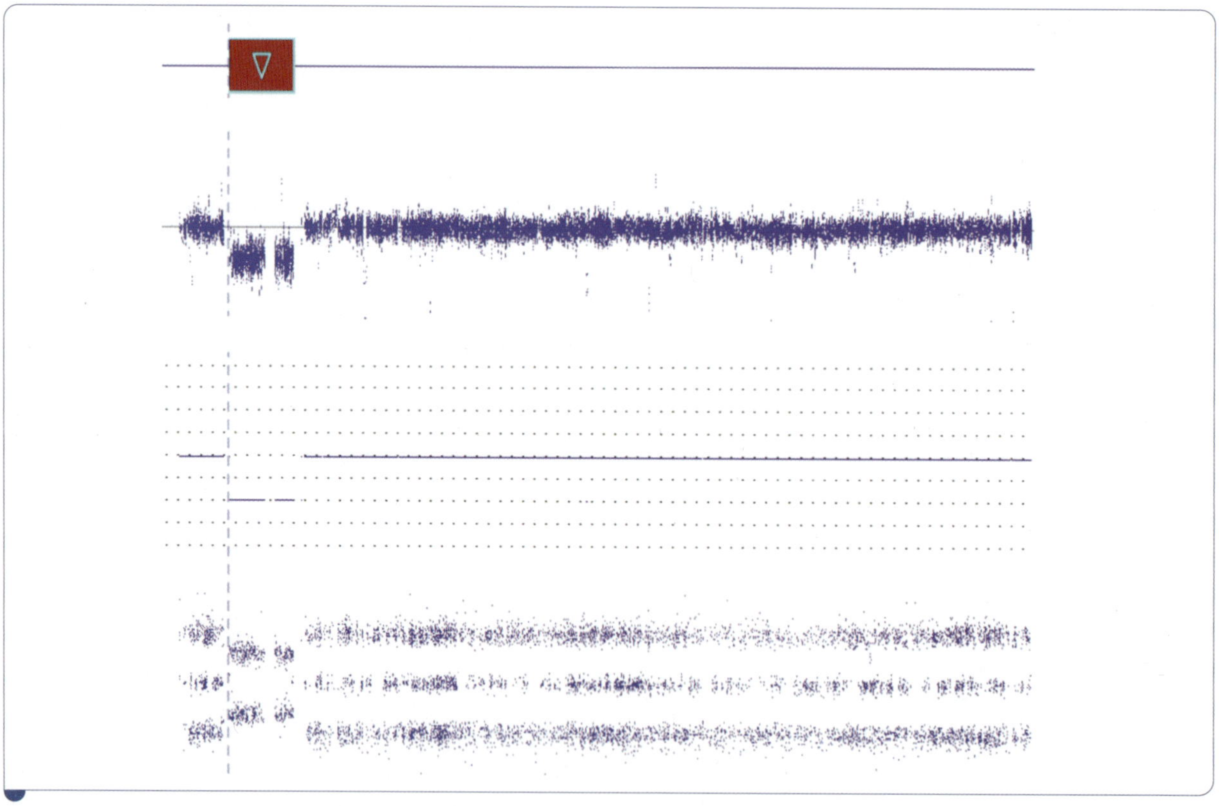

그림 3-9. DiGeorge syndrome과 연관성이 알려진 염색체 22번 장완의 22q11.21 부위에 *TBX1* 유전자를 포함한 2.5 Mb의 결실이 발생한 염색체 마이크로어레이검사의 예.

## 1. Maxam-Gilbert 염기서열분석

1976년 Allan Maxam (1942~)과 Walter Gilbert (1932~)에 의해 소개된 방법으로 DNA의 화학적 변성 후, 특정 염기에서 절단된 절편들의 크기를 측정함으로써 염기서열을 분석하게 되는 방법이다. 이 방법에는 4가지 반응(G, A+G, C, C+T)이 필요하다. 퓨린염기(A+G)의 절단을 위해 formic acid를 처리하고, 피리미딘염기(C+T)의 절단을 위하여 hydrazine, guanine (G)의 절단에는 dimethyl sulfate, 그리고 cytosine (C) 절단에는 hydrazine에 sodium chloride를 처리하여 염 농도를 높여서 Thymidine (T)의 절단을 막아 (C)만 절단되는 반응을 일으킨다. 이렇게 염기(base)가 없어진 DNA 가닥에 piperidine을 처리하여 가닥에서 완전히 절단하고, 전기영동을 통해 절편을 분리한 후, 크기별로 읽어 염기서열을 결정한다.

Maxam-Gilbert 방법은 염기서열을 전혀 모르는 DNA 절편에 대한 염기서열 분석이 가능하지만, 염기서열 분석을 위하여 많은 양의 DNA를 요구하며, 강한 mutagen 및 방사선동위원소 등의 유해물질 사용이 많고 복잡한 과정의 실험을 거쳐야 하는 단점을 가진다.

## 2. Sanger dideoxy 염기서열분석

1977년 Frederick Sanger (1918~)는 DNA의 중합반응에서 dideoxy nucleotide를 사용하여 중합반응을 종결함으로써 원하는 nucleotide까지 중합반응이 일어난 절편을 얻어, 그 크기를 전기영동으로 확인함으로써 DNA의 염기서열을 결정할 수 있는 방법을 소개하였다. Sanger의 염기서열 방법은 dideoxy termination 방법이라고도 한다. DNA가 중합반응을 할 때 삼인산 중 두 개의 인산(pyrophosphate, PPi)이 떨어져 나가면서, 하나 남은 인산이 DNA가닥의 3′-말단의 수산화기(OH)에 공유결합 하며 중합된다. 이때 dNTP (deoxy-nucleotide tri-phosphate) 대신 ddNTP (dideoxy-nucleotide tri-phosphate, **그림 3-10**)를 중합반응에 첨가하면, 공유결합 할 수 있는 수산화기가 없어지면서, ddNTP가 결합된 가닥은 더 이상 중합반응이 일어나지 않게 된다. 중합반응이 종결된 각각의 합성된 DNA 조각을 전기영동으로 분리하여 염기서열을 결정할 수 있다.

DNA의 합성에 의존하므로, 상대적으로 적은 양의 DNA 만으로 염기서열 분석이 가능하며, 반응과 분석이 Maxam-Gilbert 방법에 비해서 간편하다는 장점이 있지만, 초기 DNA 합성을 위한 프라이머(primer)를 필요로 하는데, 이 프라이머에 대한 염기서열을 정확히 알고 있어야 한다는 단점을 가지고 있었다.

Sanger의 염기서열 분석방법은 DNA 절편과 중합반응의 프라이머를 4개의 각각의 ddNTP (ddA, ddG, ddC, ddT)가 들어 있는 시험관에 옮긴 후, *E.coli* DNA polymerase를 이용한 중합반응을 통해 DNA를 합성한다. 이때, 전기영동 후에 추적이 가능하도록 $^{35}$S-dATP (또는 $^{32}$P-dATP)의 방사선동위원소로 표지된 염기를 사용하여 합성한다. 각각의 시험관에 있는 해당 ddNTP에서 반응이 종결된 DNA 절편은 전기영동 장치에 의해 염기단위로 분리하게 되고, 방사선 동위

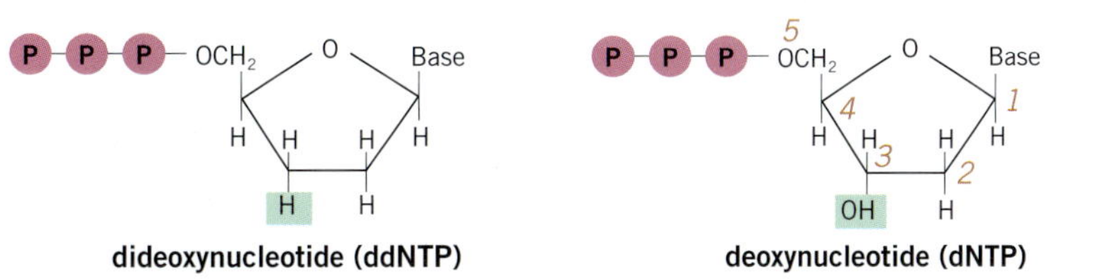


**그림 3-10.** ddNTP와 dNTP의 구조. 붉은 색 숫자는 링구조에 있는 탄소(C)의 숫자를 의미한다. 5′의 C쪽에 삼인산이, 3′의 C에 수산화기가 붙어 있다. ddNTP에서는 3′의 C에 산소(oxygen) 분자가 빠져 있다.

원소의 발광을 이용하여 X-ray 필름에 감광하여 전기영동의 사진을 얻는다.

전기영동 상의 아래에 해당하는 것이 크기가 작은 절편에 해당하며, 위로 갈수록 크기가 큰 절편에 해당하므로, 아래에서 위로 염기를 읽으면, DNA의 5′에서 3′ 순서로 읽게 된다.

Sanger 방법의 염기서열을 위하여, 읽고자 하는 DNA 절편을 플라즈미드(plasmid)에 클론하고 클론된 플라즈미드의 염기서열을 프라이머 염기서열로 이용하여 염기서열 분석을 하였다. 1983년 PCR 기법이 소개되면서, 원하는 DNA 절편을 PCR 방법으로 증폭시킨 후, PCR 산물을 직접 염기서열 분석하는 direct sequencing의 방법으로 발전하였다.

현재의 DNA 진단은 단백질을 암호화하는 유전자내의 exon에서의 돌연변이 확인을 위해 염기서열 분석을 하며, PCR을 통해 이러한 exon 부분만을 선별적으로 증폭시킨 후, 염기서열 분석을 한다. 이때 사용되는 염기서열분석은 Sanger 염기서열 분석 방법에 전적으로 의존하여 유전자진단을 위한 염기서열 분석을 medical sequencing이라고도 한다.

Sanger 염기서열분석은 이후, ddNTP에 각각의 색을 나타내는 형광물질을 표지하여, 하나의 시험관에서 반응하고, 한 번의 전기영동으로 염기서열 분석이 가능하게 되었다. 이는 겔을 사용하는 전기영동 방식에서 모세관(capillary) 전기영동 방식으로 변천되면서 가능해졌다.

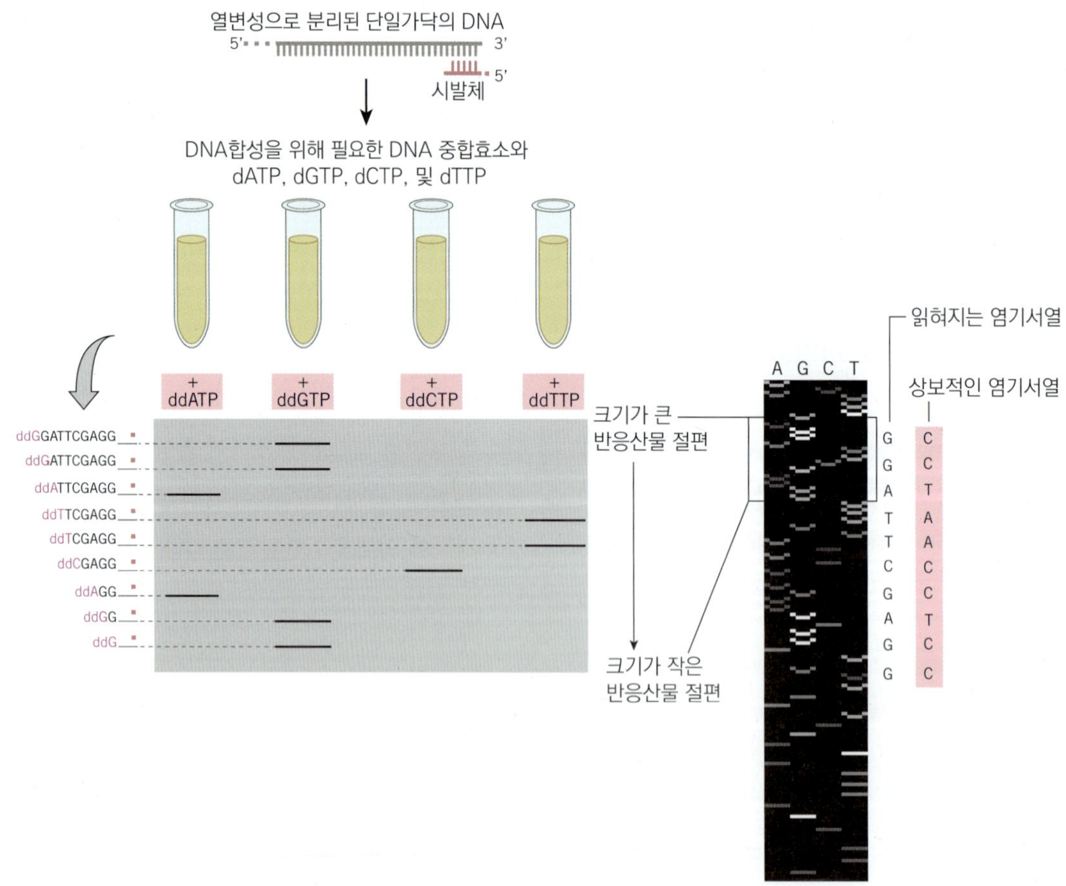


그림 3-11. Sanger dideoxy 염기서열 분석 방법의 모식도.

## 3. 차세대 염기서열분석(Next generation sequencing, NGS)

1977년 Sanger의 염기서열 분석 방법은 오늘날에 이르는 기간 동안 염기서열분석의 핵심기술로 사용되어 왔다. 그러나, 더 많은 양의 염기서열을 짧은 시간 안에 해결하기 위하여 다른 방법의 고안이 필요하였다. 2007년도 Illumina 사에서 Solexa 방식의 염기서열 분석 장치를 출시하면서 차세대 염기서열 분석에 대한 논의가 대두되었다. 이후, Roche 사에서 pyrosequencing기반의 454 GS FLX를 그리고 ABI 사에서 SOLiD system을 경쟁적으로 출시하였고, 차세대 염기서열 분석의 3두 주자가 되었다.

염기서열 분석을 위해서는 탐지 가능한 신호를 획득하기 위하여 표적 DNA 절편의 enrichment가 필요하며, 반응 시 나타나는 신호의 탐지 방식이 결정되어야 하고, 탐지된 신호로 분석이 가능하여야 한다. 차세대 염기서열 분석의 시작을 열었던 대표적인 3가지 방식에 대해 알아보겠다.

### 1) Solexa

Solexa는 massive parallel sequencing이라고도 하며, 표적 DNA의 enrichment를 위하여, 분석하고자 하는 DNA를 절편화하고 절편화된 DNA 조각에 프라이머가 부착될 수 있는 adaper를 붙인다. Adaptor가 붙은 DNA 절편은 프라이머 역할을 하는 oligonucleotide가 부착된 슬라이드 글라스 위에서 bridge amplification으로 증폭을 시키고, 이렇게 표적 DNA가 준비되면 각각의 형광물질을 띤 4가지의 dNTP를 하나씩 중합반응 시키면서 레이저로 실시간으로 읽어 나간다. 슬라이드 글라스 위의 수많은 표적 DNA를 동시에 읽은 후, 염기서열을 분석한다(그림 3-12).

### 2) 454GS FLX

454GS FLX는 pyrosequencing의 방법에 기초한 방법으로, 표적 DNA의 enrichment 방식에 따라 emulsion PCR & sequencing 방법이라고도 한다. Pyrosequencing은 각각의 dNTP를 이용하여 1-bp를 반응시켰을 때, 중합반응 후 생성되는 pyrophosphate (PPi)를 이용하여 1-bp의 중합반응 여부를 확인함으로써 염기서열을 분석하는 방법이다. Pyrosequencing을 위한 표적 DNA를 enrichment하기 위하여 adapter가 부착된 절편화된 표적 DNA를 단일가닥 상태로 프라이머가 되는 oligonucleotide가 붙은 bead에 교잡시킨 후, oil로 emulsify시킨 후, 증폭시키면, 단일 염기서열을 가지는 하나의 bead를 형성하게 된다. Emulsion PCR로 표적 DNA가 enrichment된 bead는 미세한 well에 각각 옮겨져 pyrosequencing을 위한 반응을 개시하게 된다. 400,000여 개에 이르는 well에서 염기서열 반응된 결과물을 이용하여 염기서열을 분석한다.

### 3) SOLiD

SOLiD system은 슬라이드에 고정된 oligonucleotide에 표적 DNA를 ligation 시킨 후, 표적 DNA로부터 dinucleotide probe를 이용하여 프라이머에 ligation시켜 초기 두개의 염기서열을 확인한다. 첫 번째 반응 단계의 형광물질의 제거하고, 두 번째 ligation을 거쳐 다음 두개의 염기서열을 확인한다. 이러한 과정을 반복하고, 두번째 set를 위해서 한 개 염기 차이를 보이는 범용프라이머(universal primer)를 이용하여 위의 단계를 거듭하여 염기서열을 확인한다. 이러한 set를 여러 번 반복하게 되면, 완전한 염기서열의 확인이 가능하다.

### 4) Ion semiconductor

Pyrosequencing 기반의 454 GS flx를 개발했던, Jonathan Rothberg가 개발한 방법으로, 염기서열을 분석하는 방식은 pyrosequencing과 유사하다. Pyrosequencing이 중합반응에서 pyrophosphate의 생성여부를 확인하는 방법인 반면, ion semiconductor은 중합반응과정에서 생성되는 $H^+$ 전자의 생성 여부를 pH meter로 측정함으로써 염기서열을 분석하는 방법이다. Ion semiconductor라고 불리며, $H^+$ 수소이온의 민감한 전하차이를 감지할 수 있는 pH meter가 장착된 장치에 단일의 염기합성에서 생성되는 $H^+$ 수소이온을

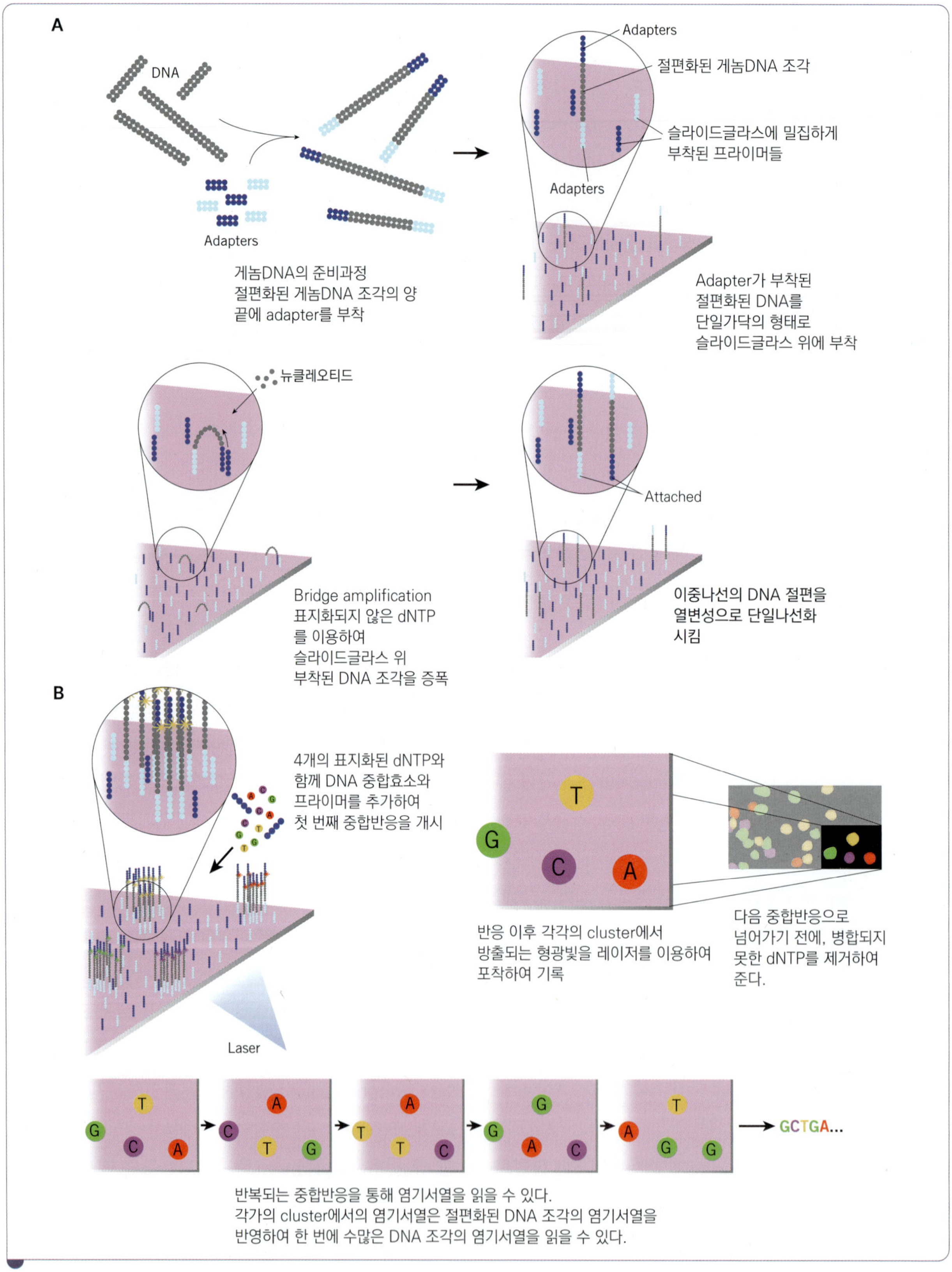


**그림 3-12.** Solexa 염기서열 분석 방법의 원리.

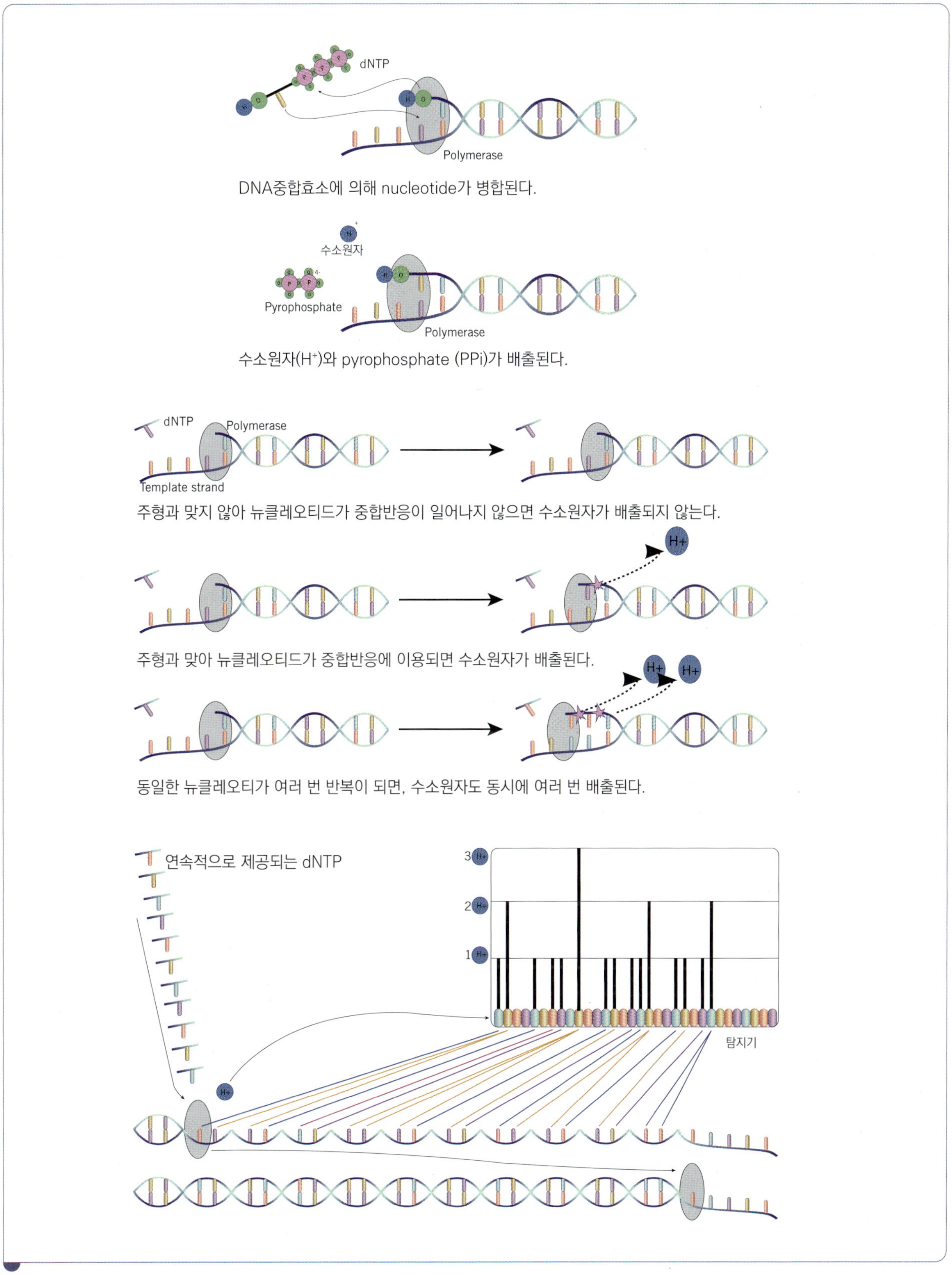


그림 3-13. Ion semiconductor의 원리.

감지하여, 단일 염기의 합성여부를 확인함으로써 염기서열을 결정할 수 있다. Pyrosequencing과 비교하여, pyrophosphate를 감별하기 위해 alkarine phosphatase와 luciferase 등 추가적인 효소 반응의 단계를 줄여 더욱 효율적인 염기서열 분석이 가능하도록 개선된 방법이다(그림 3-13).

## 4. 차세대 염기서열분석의 응용

짧은 시간에 대량의 염기서열을 분석할 수 있는 특징을 이용하여, 인간게놈 이외에 다른 다양한 종에서 전체 게놈의 염기서열에 대한 연구 진행에 응용이 가능하다. 현재 알려진 모든 종에 대한 염기서열 분석이 진행되고 있다. 또한, 인간 게놈 전체 염기서열의 분석에만 치중하는 것이 아니라 분석하고자 하는 부분만을 선별적으로 분석하는 데 유용한 방식으로 이용할 수 있는데, 전장엑솜염기서열분석(whole exome sequencing, WES)이 그 예로 현재 임상적인 검사방법으로 응용되고 있다. DNA뿐 아니라 특정 RNA가 아닌 전체 RNA (transcriptome)에 대한 염기서열도 분석이 가능하여 조직 별 유전자발현 양상의 연구 등에 도움이 된다. 또한 ChiP-seq이라는 방법으로 단백질에 binding된 DNA만을 선별하여 염기서열 분석함으로써 DNA-단백질 상호작용에 대한 연구에도 응용이 되었으며, 메칠화 양상을 전체 게놈 수준에서 분석하여 epigenetics의 연구에도 응용될 수 있다(그림 3-14).

무엇보다도 방대한 양의 데이터를 분석 처리할 수 있는 bioinformatics의 중요성이 대두되었다.

## 5. 3세대 염기서열분석

차세대 염기서열분석이 massive parallel sequencing이라면, 3세대 염기서열 분석방법은 하나의 DNA 가닥을 대상으로 염기서열을 분석하는 long-read single molecule sequencing 방법을 말한다.

현재 Pacific biosciences technology의 SMRT (single molecule, real time) HiFi sequencing 시스템과 Oxford nanopore Technologies의 MinION 등이 상용화된 장치로 출시되어 있다(그림 3-15). Pacific bioscience는 한 가닥의 DNA를 한 개의 미세한 구멍(hole)에서 중합반응을 시키면서 한 염기 한 염기의 중합반응을 탐지할 수 있는 장비이다. 반면 Oxford nanopore system은 효소(a-hemolysin/MSP)로 구성된 통로(pore)를 각 염기가 통과하면서 각각 다른 전하의 차이를 보이는 것을 탐지하여 염기서열 분석하는 방법이다. Single

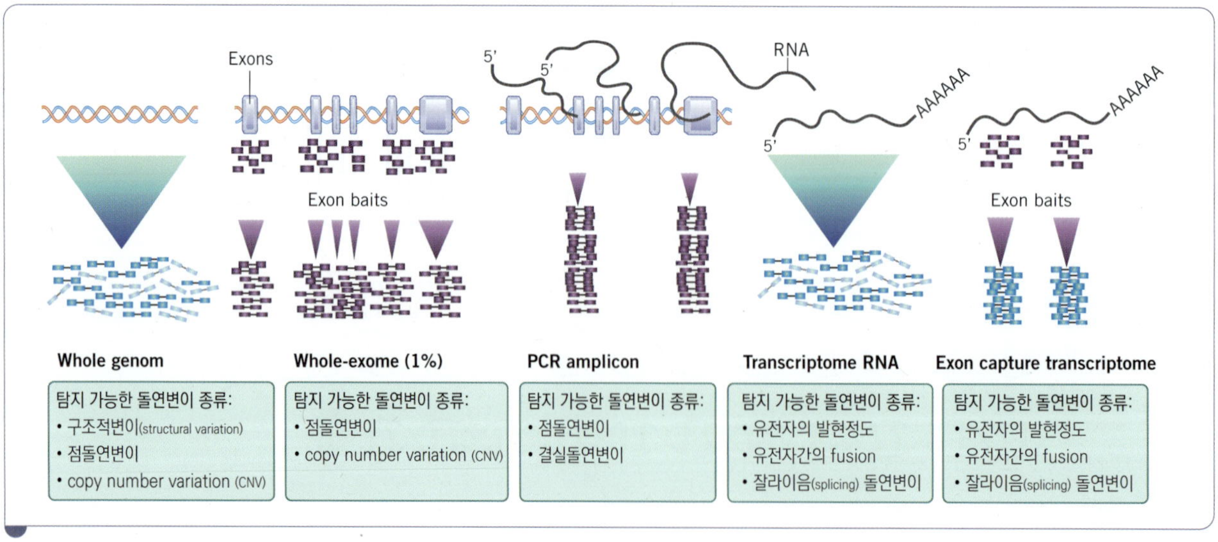


그림 3-14. 차세대 염기서열분석의 응용.

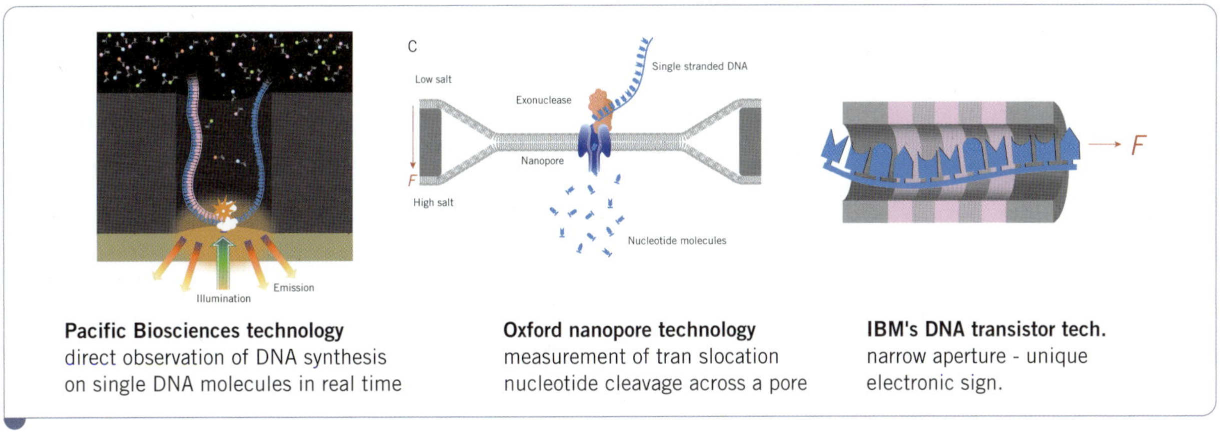


그림 3-15. 3세대 염기서열 분석 방법으로 출시된 두 가지 single molecular resolution 염기서열 방법.

molecular resolution의 염기서열 방식은 그 정확도가 약 70~90%로 정확도의 비중이 높은 임상검사의 방법으로는 아직까지는 부적합하다.

## VI. 유전자발현 연구(Gene expression analysis)

유전자발현 연구는 유전자가 어떻게 활성화되어 실제로 단백질로 번역되는지 이해하기 위한 연구 방법으로 의생명학에서 중요한 의미를 가지는 분야이다. 이 기법을 통해 우리는 특정 유전자가 생물체의 발달, 기능, 질병 등에 어떤 역할을 하는지 이해할 수 있다. DNA로 이루어진 유전체는 유전자들의 전체 정보를 담고 있지만, 이 정보는 유전자가 특정 조건에서 어떻게 발현하는지에 따라 크게 달라진다. 그렇기에 본 장에서 다룰 내용은 유전자가 RNA로 전사되어 전사체(transcriptome)로 변환되는 전사 과정을 읽어내는 과정이다. 유전자발현 연구(gene expression analysis) 방법을 통해 특정 유전자가 어떤 조건에서 활성화되는지, 특정 시간대나 조직에서 얼마나 많은 mRNA가 생성되는지를 알 수 있으며, 이 분석은 유전자의 발현이 조절되는 기작에 대한 이해를 돕고, 질병과의 관련성을 탐구하는 데도 사용될 수 있다. 또한, 개인의 유전자발현 프로파일을 분석하여 개인의 특성, 질병 예측, 약물 반응성 등을 예측하는 개인 맞춤형 의학에도 중요한 역할을 한다.

### 1. 유전자발현 분석 방법

특정 조직에서 gene expression analysis를 수행하는 다양한 방법들이 있어 왔으며, 이러한 방법들은 유전자발현 수준을 측정하고 분석하는 데 사용되며, 유전체 전체 또는 특정 유전자들에 대한 정보를 얻을 수 있다. 다음은 주요 gene expression analysis 방법에 대한 설명이다. 특히 이 중 마이크로어레이, RNA-seq, 단일세포 RNA-seq 방법은 한 번에 특정 조직의 모든 유전자의 발현을 읽어낼 수 있는 고효율의 방식이다.

형광동소보합법(fluorescence in situ hybridization, FISH)은 특정 유전자의 발현 위치와 발현양을 시각화 하는 기술로, 조직 내 특정 RNA 또는 DNA 탐지자(probe)에 형광을 부착한 후 이를 조직에 반응시켜 형광 신호를 통해 유전자발현 위치를 확인할 수 있는 방법이다.

역전사-정량중합효소연쇄반응법(Reverse transcription-quantitative PCR, RT-qPCR)은 특정 유전자의 mRNA 수준을 측정하는 데 사용되는 기술로 mRNA를 역전사하여 cDNA로 변환한 후, PCR을 통해 특정 유전자의 양을 측정하여, 이를 통해 특정 유전자의 발현 수준을 상대적으로 정량화할 수 있다.

염색체 마이크로어레이검사(microarray)는 수천 개의 유전자를 동시에 분석하는 고속 유전자발현 분석 기술로 조직에서 추출한 mRNA를 이미 칩(chip)상에 배열되어 있는 각 유전자의 탐지자들에 결합시킨 후, 각 탐지자가 발하는 형광의 세기를 카메라로 스캔하여 특정 조직 유래 유전자발현 수준을 측정하는 방법이다.

RNA-Seq (RNA sequencing)은 차세대 염기서열분석(next-generation sequencing, NGS)을 이용하여 조직 또는 세포에서 전사체의 전체적인 프로파일을 분석하는 기술로서, 특정 조직 유래 mRNA들을 역전사하여 cDNA로 변환한 후, NGS기술을 사용하여 유전자발현 수준을 정량화 할 수 있다. 또한 다양한 유형의 RNA 변형체를 정량화하고 식별하는 데 사용되어진다. RNA-Seq는 기존의 유전자발현 분석 기술에 비해 높은 해상도와 정밀도를 제공하며 이를 통해 전사체의 정량적 측정, 새로운 유전자 발견, 발현하는 유전자의 다양한 변형체(isoform) 탐색, 발달 과정이나 질병에 관련된 유전자 네트워크 분석 등 다양한 연구 분야에서 유용하게 사용된다. 최근에는 아래에 설명할 단일세포 RNA-seq과 비교하여 벌크 RNA-seq이라고 부르기도 한다.

**그림 3-16**은 RNA-Seq의 주요 실험적인 단계를 설명하고 있다.

RNA 추출단계로 조직 또는 세포에서 적절한 RNA 추출 방법을 사용하여 전사체를 분리하는 단계이다. 추출된 RNA는 높은 품질과 순도를 유지해야 한다. 라이브러리 준비 단계는 추출된 mRNA를 cDNA로 역전사하고 PCR로 증폭된 라이브러리를 생성한 과정을 거치고, NGS 플랫폼을 이용, 라이브러리를 구성하는 cDNA의 염기서열을 대량으로 읽어내게 된다. 이를 통해 수천 개에서 수백만 개의 DNA 분자를 동시에 분석할 수 있다.

데이터 분석 단계로 시퀀싱된 데이터는 생물정보학 도구와 알고리즘을 사용하여 분석되며, 데이터 분석의 주요 단계로는 데이터 정제, 염기서열 매핑(alignment), 유전자발현 정량화, 유전자발현 차이 분석, RNA 변형체(isoform) 탐색 등을 포함한다.

단일세포 RNA-Seq (single-cell RNA sequencing)은 최근 기술적 발전으로 가능하게 된 단일세포 RNA-Seq 방법으로, 개별 세포 수준에서의 유전자발현 분석을 가능하게 하는 기술이다. 이를 통해 조직 내 다양한 세포 유형 간의 유전자발현 차이를 조사하고, 세포의 다양성과 발달 과정을 이해할 수 있기에 각 분야에서 빠르게 그 사용이 증가하고 있다.

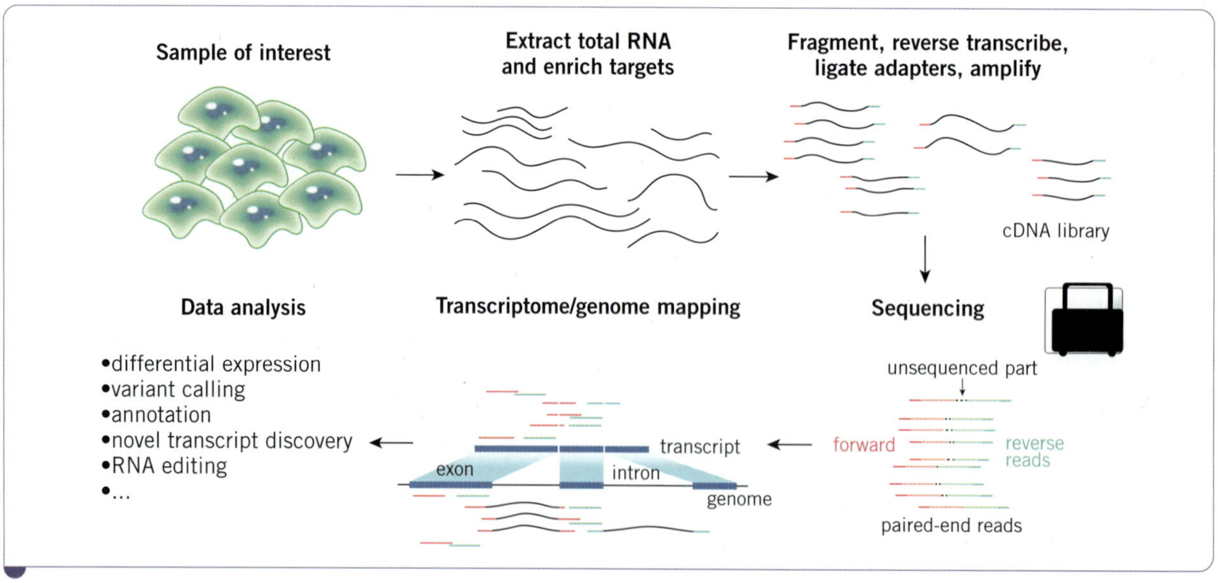


**그림 3-16.** RNA-seq 전체 실험 과정의 모식도.

## 2. 유전자발현 분석의 응용

본 장에서는 NGS 기법을 이용, 고효율의 최신 방식인 RNA-seq 방법을 다룰 것이다. 연구자들이 이러한 방법을 사용하여 다양한 전사체 분석을 수행할 수 있으며, 이를 위한 몇 가지 주요한 분석 방법을 설명하겠다.

유전자발현 정량화 방법은 RNA-seq 데이터에서 유전자 발현 수준을 측정하고 정량화하는 분석 방법으로, 발현 수준은 read count, 혹은 유전자의 길이와 전체 데이터의 크기로 정규화된 FPKM (Fragments Per Kilobase of transcript per Million mapped reads), TPM (Transcripts Per Kilobase Million) 등의 단위로 표현된다.

유전자발현 차이 분석방법은 서로 다른 조건(예: 처리 그룹, 시간 포인트, 질병 상태 등) 또는 세포 유형 간의 유전자발현 차이를 분석하는 방법으로, 통계적인 방법을 사용하여 유의한 발현 차이를 가진 유전자를 식별하고, 이를 통해 조건별 또는 세포 유형 간의 유전자발현 프로파일의 차이를 파악할 수 있다.

클러스터링 및 차원 축소 방법은 각 샘플의 유전자발현 패턴을 기반으로 세포 유형을 식별하기 위해 클러스터링 및 차원 축소 기법을 사용하는 분석이다. t-SNE, PCA, UMAP 등의 알고리즘을 적용하여 세포 유형 간의 유사성을 시각화하고 구분할 수 있다.

유전자 네트워크 분석은 RNA-seq 데이터를 사용하여 유전자 간의 상호작용 네트워크를 분석하는 방법으로, 유전자발현 상관 관계, 조절 네트워크, 주요 유전자 등을 파악하여 세포의 기능과 조절 메커니즘을 이해할 수 있도록 한다.

RNA 변형체 분석은 RNA-seq 데이터를 사용하여 RNA 변형체(isoform)를 분석하는 방법으로, 유전자의 alternative splicing 이벤트를 탐지하고, 각각의 splicing 형태 및 비율을 조사하여 유전자발현 다양성과 조절 메커니즘을 이해할 수 있다. 단일세포 RNA-seq 방법에서는 2023년 현재 확립된 방법은 없으나 RNA 변형체를 프로파일링 할 수 있는 몇몇 기술들이 선보이고 있다.

이 외에도 다양한 분석 방법이 존재하며, 연구 목적과 관심 분야에 따라 특정 분석을 선택하여 데이터를 해석할 수 있다. 분석은 생물정보학 도구와 알고리즘을 사용하여 데이터의 전처리, 통계 분석, 시각화 등의 단계를 거칠 수 있다.

## 3. 유전자발현 연구에 관련된 데이터베이스

RNA-seq 데이터를 얻을 수 있는 여러 개의 공개 데이터베이스가 있어서 각 조직 모델, 질병 모델에 따라 타 연구자가 생성한 데이터를 분석할 수도 있다. 그중 몇 가지를 소개한다.

Gene Expression Omnibus (GEO, https://www.ncbi.nlm.nih.gov/geo/)는 대규모 유전자발현 데이터의 공개 저장소로서 다양한 생물 종 및 조직 유형에 대한 RNA-seq 데이터셋을 제공하며, 연구자들은 데이터를 검색하고 다운로드하여 활용할 수 있다.

ArrayExpress (https://www.ebi.ac.uk/arrayexpress/)는 EMBL-EBI에서 제공하는 유전자발현 데이터베이스로서 RNA-seq 데이터뿐만 아니라, 마이크로어레이 및 유전체 데이터 등 다양한 유전자발현 데이터셋을 포함한다.

NCBI Sequence Read Archive (SRA, https://www.ncbi.nlm.nih.gov/sra/)는 다양한 유형의 염기서열 데이터를 포함하는 저장소로 RNA-seq 데이터를 비롯하여 다양한 염기서열 원데이터를 검색하고 다운로드할 수 있다.

이 외에도 많은 공개 데이터베이스가 있으며, 연구 목적과 관심 분야에 따라 다양한 데이터베이스를 활용할 수 있다.

## VII. 단일세포 유전자발현 연구
### (Single cell expression analysis)

단일세포 유전자발현 연구는 유전자가 어떻게 활성화되어 실제로 단백질로 번역되는지 여부를 단일세포 수준에서 이해하기 위한 연구 방법으로 의생명학에서 중요한 의미를 가지며 최근 그 사용이 급증하고 있는 분야이다. 이 기법을 통해 우리는 개별 세포 수준에서 mRNA의 발현을 분석할 수 있다. 기존의 전체 조직 대상의 유전자발현 분석은 여러 세포의 평균적인 발현 수준을 측정하는 반면, 단일세포 RNA 염기서열분석은 개별 세포의 발현 패턴과 다양성을 상세히 조사할 수 있다. 이를 위해서 최근 계속적인 기술적인 진보가 있어 왔으며 현재 몇몇 기술들이 상용화되어 많은 연구자들이 사용하고 있다(그림 3-17).

### 1. 단일세포 유전자발현 분석 방법

단일 세포에서 유전자발현 연구를 수행하는 다양한 방법들이 있어 왔으며, 이러한 방법들은 유전자발현 수준을 측정하고 분석하는 데 사용되며, 유전체 전체 또는 특정 유전자들에 대한 정보를 얻을 수 있다. 다음은 단일세포에서의 유전자발현 연구방법이다. 특히 이 중 마이크로어레이, RNA-seq, 단일세포 RNA-seq 방법은 한 번에 특정 조직의 모든 유전자의 발현을 읽어낼 수 있는 고효율의 방식이다.

단일세포 RNA-Seq (single-cell RNA sequencing)은 최근 기술적 발전으로 가능하게 된 단일세포 RNA-Seq 방법으로, 개별 세포 수준에서의 유전자발현 분석을 가능하게 하는 기술이다. 이를 통해 조직 내 다양한 세포 유형 간의 유전자발현 차이를 조사하고, 세포의 다양성과 발달 과정을 이해할 수 있기에 각 분야에서 빠르게 그 사용이 증가하고 있다.

그림 3-18은 단일세포 RNA-Seq의 주요 단계를 설명하고 있다.

단일 세포 분리로, 분석 대상 조직을 단일 세포로 분리하고 각 세포별의 라이브러리를 개별적으로 만들기 위한 조작을 가한다. 미세유체(microfluidics) 방법을 이용하는 방법, 혹은 세포들을 세포배양 플레이트에 배분하며 각각 다른 바코드로 표지하는 방법 등을 통해 각 세포의 RNA를 개별

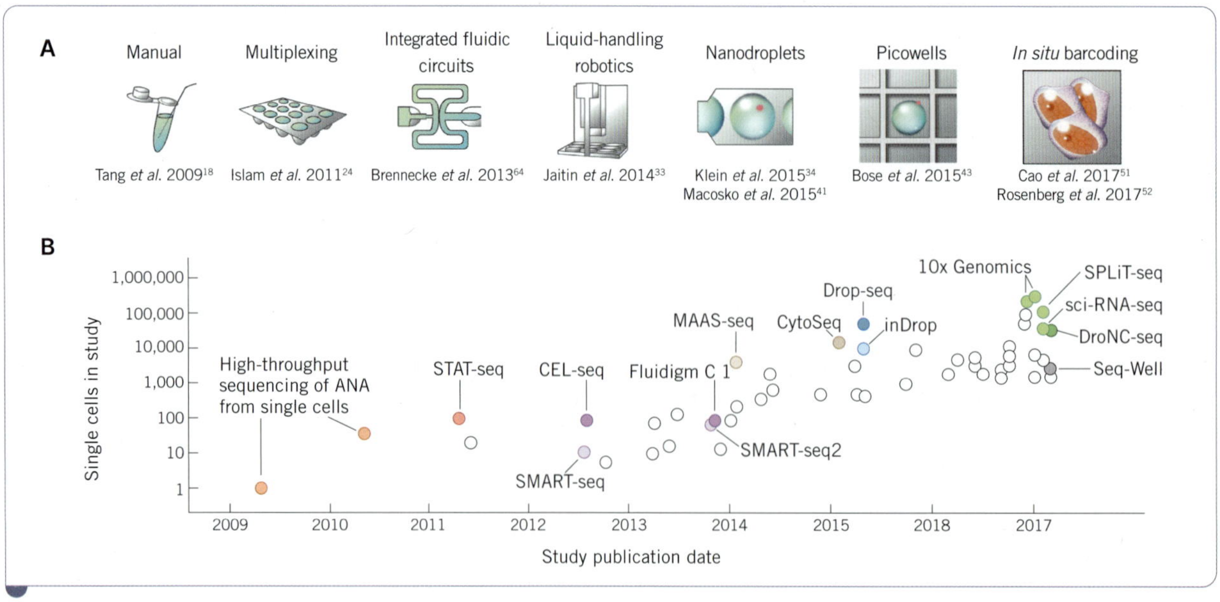


그림 3-17. 시간에 의하여 진화하는 단일세포 RNA-seq 기술들.

적으로 측정할 수 있도록 하는 방법이다.

분리된 단일 세포에서 RNA를 추출하는 단계에서는 세포막의 파괴와 RNA의 손실을 최소화하기 위해 주의해야 한다.

라이브러리 준비 단계로, 단일 세포에서 추출된 RNA를 역전사하여 cDNA로 변환한다. 이때, 각 cDNA 분자는 고유한 식별자인 바코드를 가지며, 각 세포의 RNA 원본을 식별하는 데 사용된다.

염기서열 분석은 NGS 플랫폼을 이용하며, 라이브러리를 구성하는 cDNA의 염기서열을 대량으로 읽어낸다. 이를 통해 수천 개에서 수백만 개의 DNA 분자를 동시에 분석할 수 있다.

염기서열 분석된 데이터는 생물정보학 도구와 알고리즘을 사용하여 분석되는데, 데이터 분석의 주요 단계로는 데이터 정제, 염기서열 매핑(alignment), 유전자발현 정량화, 유전자발현 차이 분석, 세포 유형의 식별, 세포 분류 및 세포 간 유전자발현 차이 분석 등이 포함된다.

## 2. 단일세포 유전자발현 분석의 응용

본 장에서는 NGS 기법을 이용, 고효율의 최신 방식인 단일세포의 RNA 염기서열 분석(single cell RNA-Sequencing, scRNA-seq) 방법을 다룰 것이다. 연구자들이 이러한 방법을 사용하여 다양한 전사체 분석을 수행할 수 있으며, 이를 위한 몇 가지 주요한 분석 방법을 설명하겠다.

유전자발현 정량화 방법으로, scRNA-seq 데이터에서 유전자발현 수준을 측정하고 정량화하는 분석이다. 발현 수준은 read count, 혹은 유전자의 길이와 전체 데이터의 크기로 정규화된 FPKM (Fragments Per Kilobase of transcript per Million mapped reads), TPM (Transcripts Per Kilobase Million) 등의 단위로 표현된다.

유전자발현 차이 분석: 서로 다른 조건(예: 처리 그룹, 시간 포인트, 질병 상태 등) 또는 세포 유형 간의 유전자발현 차이를 분석하는 방법으로 통계적인 방법을 사용하여 유의한 발현 차이를 가진 유전자를 식별하고, 이를 통해 조건별 또는 세포 유형 간의 유전자발현 프로파일의 차이를 파악할

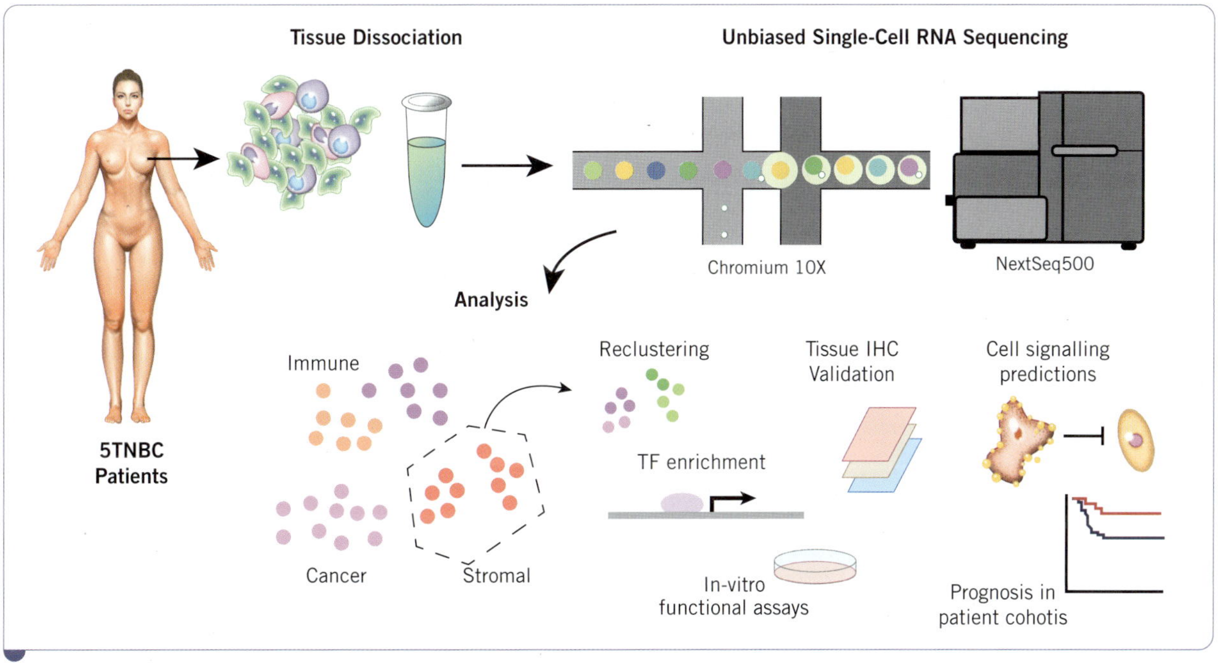


그림 3-18. 단일세포 RNA-seq 전체 실험 과정의 모식도.

수 있다.

클러스터링 및 차원 축소 방법으로, scRNA-seq 데이터에서는 각 단일 세포의 유전자발현 패턴을 기반으로 세포 유형을 식별하기 위해 클러스터링 및 차원 축소 기법을 사용하는 분석이다. t-SNE, PCA, UMAP 등의 알고리즘을 적용하여 세포 유형 간의 유사성을 시각화하고 구분할 수 있다.

유전자 네트워크 분석은 scRNA-seq 데이터를 사용하여 유전자 간의 상호작용 네트워크를 분석하는 방법으로, 유전자발현 상관 관계, 조절 네트워크, 주요 유전자 등을 파악하여 세포의 기능과 조절 메커니즘을 이해할 수 있도록 한다.

단일세포 RNA-seq 기반 RNA 변형체 분석의 경우는 2023년 현재 확립된 방법은 없으나 RNA 변형체를 프로파일링 할 수 있는 몇몇 기술들이 선보이고 있다. 이뿐만 아니라 다양한 목적을 위한 분석 방법이 존재하며, 분석은 생물정보학 도구와 알고리즘을 사용하여 데이터의 전처리, 통계 분석, 시각화 등의 단계를 거칠 수 있도록 한다.

## 3. 단일세포 유전자발현연구 관련 데이터베이스: Gene expression 데이터베이스

scRNA-seq 데이터를 얻을 수 있는 여러 개의 공개 데이터베이스가 있어서 각 조직 모델, 질병 모델에 따라 타 연구자가 생성한 데이터를 분석할 수도 있다. 그중 몇 가지를 소개한다.

- Gene Expression Omnibus (GEO, https://www.ncbi.nlm.nih.gov/geo/)는 대규모 유전자발현 데이터의 공개 저장소로서 다양한 생물 종 및 조직 유형에 대한 scRNA-seq 데이터셋을 제공하며, 연구자들은 데이터를 검색하고 다운로드하여 활용할 수 있다.
- ArrayExpress (https://www.ebi.ac.uk/arrayexpress/)는 EMBL-EBI에서 제공하는 유전자발현 데이터베이스로서 scRNA-seq 데이터 등 다양한 유전자발현 데이터셋을 포함한다.
- NCBI Sequence Read Archive (SRA, https://www.ncbi.nlm.nih.gov/sra/)는 다양한 유형의 염기서열 데이터를 포함하는 저장소로 scRNA-seq 데이터를 비롯하여 다양한 염기서열 원데이터를 검색하고 다운로드할 수 있다.
- Human Cell Atlas (https://www.humancellatlas.org/data/)는 인간의 모든 세포 유형에 대한 세포 계획 작성을 목표로 하는 프로젝트로, 이 데이터 포털에서는 scRNA-seq 데이터를 포함한 다양한 유전자발현 데이터셋을 탐색할 수 있다.
- Single Cell Portal (https://singlecell.broadinstitute.org/)은 Broad Institute에서 제공하는 단일 세포 데이터 포털로 다양한 종류의 단일 세포 데이터셋을 검색하고, 시각화 및 분석 도구를 활용하여 scRNA-seq 데이터를 탐색할 수 있다.

이 외에도 많은 공개 데이터베이스가 있으며, 연구 목적과 관심 분야에 따라 다양한 데이터베이스를 활용할 수 있다.

## REFERENCE


1. Alwine JC, Kemp DJ. Stark GR. Method for detection of specific RNAs in agarose gels by transfer to diazobenzyloxymethyl-paper and hybridization with DNA probes. Proc Natl Acad Sci U S A. 1977;74(12):5350-4.
2. Bentley DR, Balasubramanian S, Swerdlow HP, et al. Accurate whole human genome sequencing using reversible terminator chemistry. Nature. 2008;456(7218):53-59.
3. Bogdanov M, Sun J, Kaback HR, Dowhan W. A phospholipid acts as a chaperone in assembly of a membrane transport protein. J Biol Chem. 1996;271(20):11615-8.
4. Burnette WN. "Western blotting": electrophoretic transfer of proteins from sodium dodecyl sulfate--polyacrylamide gels to unmodified nitrocellulose and radiographic detection with antibody and radioiodinated protein A. Anal Biochem. 1981;112(2):195-203.
5. Manning M, Hudgins L; Professional Practice and Guidelines Committee. Array-based technology and recommendations for utilization in medical genetics practice for detection of chromosomal abnormalities. Genet Med. 2010;12(11):742-5.
6. Mary AP, Constance HS. Henry's clinical diagnosis and management by laboratory methods. 24th ed. Amsterdam: Elsevier; 2021. pp.1411-33.
7. Miller DT, Adam MP, Aradhya S, et al. Consensus statement: chromosomal microarray is a first-tier clinical diagnostic test for individuals with developmental disabilities or congenital anomalies. Am J Hum Genet. 2010;86(5):749-64.
8. Parameswaran P, Jalili R, Tao L, et al. A pyrosequencing-tailored nucleotide barcode design unveils opportunities for large-scale sample multiplexing. Nucleic Acids Res. 2007;35(19):e130.
9. Robert KN, Roderick RM, Huntington FW. Principles of clinical cytogenetics and genome analysis. In: Thompson & Thompson genetics in medicine. 8th ed. Amsterdam: Elsevier; 2015.
10. Schadt EE, Turner S, Kasarskis A. window into third-generation sequencing. Hum Mol Genet. 2010;19:R227.
11. Shendure J, Porreca GJ, Reppas NB, et al. Accurate multiplex polony sequencing of an evolved bacterial genome. Science. 2005;309(5741):1728-32.
12. Southern EM. Detection of specific sequences among DNA fragments separated by gel electrophoresis. J Mol Biol. 1975;98(3):503-17.
13. Vogel U, Szczepanowski R, Claus H, Jünemann S, Prior K, Harmsen D. Ion torrent personal genome machine sequencing for genomic typing of Neisseria meningitidis for rapid determination of multiple layers of typing information. J Clin Microbiol. 2012;50(6):1889-94.

CHAPTER 04

# 인간 유전체 변이

## Variation of human genome

김구환, 김영은

## I. 유전변이(Sequence variation)

### 1. 유전적 변이의 의미

유전학에서 주로 사용되고 있는 야생형(wild type)이라고 불리는 용어는 집단 내에서 가장 공통적으로 보이는 표현형이나 유전자형을 의미하는 것으로 정상형(normal type)이라는 용어와는 구분하여야 한다. 변이(variant 또는 mutant)는 야생형의 유전자형과 차이를 보이는 유전자형을 의미한다. 변이가 야생형 집단 내에서 1% 이상 발견되면, 관례상 이 변이를 polymorphism이라고 한다. Polymorphism은 그리스어에서 유래된 말로 many(poly) + forms(morphism)으로, 많은 형태라는 의미이다.

실제로 혈연관계가 아닌 두 개인의 염기서열을 서로 비교해 보면, 평균 약 1,000 bp당 1개 꼴로 차이를 보인다. 그 차이가 질병을 일으키는 변이가 아니라면 이들은 모두 polymorphism이 되는 것이며, 염기의 변화를 포함하여 특정서열의 반복, 염색체단위의 변화 등을 포함하고 있다. 이러한 polymorphism들은 유전학에서 아주 유용하게 사용되고 있는데, 연관분석을 통한 질환유전자의 mapping 또는 산전진단, 보인자 검사 등에 사용되며, 혈액형(blood typing), 조직적합검사(tissue typing)에 이용되기도 하고, 또한 법의학에서도 개인 식별을 위해 주로 사용되고 있다.

DNA의 염기의 변이를 정의하기 위해서는 기준이 되는 염기가 있어야 하는데, 그 기준이 되는 염기서열을 참고염기서열(reference sequence)이라 하며, 참고염기서열은 야생집단의 유전체의 염기서열이나 가장 흔한 형태의 염기서열을 기준으로 삼는다.

### 2. 유전되는 변이와 polymorphism

DNA 수준의 변이는 대부분이 SNP (single nucleotide polymorphism)라고 볼 수 있다. 일반적으로 알려져 있는 polymorphism의 대부분이 이 SNP이다. SNP에는 변이의 종류에 따라 synonymous와 nonsynonymous로 나눠 볼 수 있다. Synonymous는 DNA 변이가 단백질 산물을 생성할 때 아미노산 블록에 영향을 미치지 않는 변이를 일컫는 말이고, nonsynonymous는 반대로 아미노산이 변화를 일으키는 SNP를 의미한다.

더 큰 규모의 변이로는 microsatellite와 mobile element가 있다. Microsatellite는 그림 4-2와 같이 동일한 염기서열이 반복되는 것으로, 진화과정에서 반복수가 빠르게 혹은 느리게 증가하거나 줄어들면서 개개인 간의 반복 정도가 서로 달라진다. 염색체 내의 위치를 알고 있고, 야생집단에서

| | | 5 · 10 · 15 · 20 |
|---|---|---|
| 참고염기서열 | | ...G G A T T T C T A G G T A A C T C A G T C G A... |
| 염기치환변이 | *Allele 1* | ...G G A T T T C T A G G T A A C T C A G T C G A... |
| | *Allele 2* | ...G G A T T T C C A G G T A A C T C A G T C G A... |
| 삽입변이 | *Allele 1* | ...G G A T T T C T A G G T A A C T C A G T C G A... |
| | *Allele 2* | ...G G A T T T C T A G G G T A A C T C A G T G G A... |
| 결실변이 | *Allele 1* | ...G G A T T T C T A G G T A A C T C A G T C G A... |
| | *Allele 2* | ...G G A T – – C T A G G T A A C T C A G T C G A... |

**그림 4-1.** 참고염기서열과 차이를 보이는 세 가지 형태의 변이. 염기치환변이와 삽입변이, 그리고 결실변이가 있다.

다양한 반복수를 보이는 STR을 염색체 내의 표지자로서 microsatellite marker라고 한다.

Mobile element는 유전자의 조각이 retrotransposition, 즉, RNA상태로 핵내에서 떠돌아다니다가 염색체내 여기저기에 끼어 들어가는 것이다. 대표적인 것으로 *Alu* sequence와 LINE family 등을 들 수 있는데, *Alu* sequence의 경우 약 300 bp 크기의 유전자조각이 100만 개 정도 유전체 내에 산재해 있으며, 이는 전체 유전체의 약 10%를 차지한다. 반면 LINE은 long interspersed nuclear element로 *Alu*가 SINE (short interspersed elements)인 것에 비해, 약 5~6 kp 크기의 유전자조각이 반복되면서 유전체 내에 위치하고 있다.

Polymorphism의 종류 중 염색체 단위의 polymorphism도 있는데, 개개인간의 5~10% 정도에서 500 kb 이상의 큰 사이즈의 변이를 보이고, 1 Mb 이상의 변이도 1~2% 정도 보인다. 유전체 내의 50~100 Mb에서의 변이를 CNV, copy number variation이라고 말한다. Inversion polymorphism도 있는데 이는 염색체의 일부분이 절단된 후 바른 방향이 아닌 뒤집어진 방향으로 다시 접합되는 변이를 말한다. 이 경우 balanced form으로 DNA의 소실이나 획득 없이 이루어진다. 유전자의 소실이나 획득은 질환을 일으킬 수 있기 때문에 polymorphism이 아닌 경우가 더 많다.

## II. 염기서열 변이의 명명
### (Nomenclature of sequence variant)

변이의 명명은 Human Genome Variation Society (HGVS) nomenclature 방식을 따른다. 기존에 사용되던 돌연변이(mutation)나 다형성(polymorphism) 또는 단일뉴클레오타이드다형성(single nucleotide polymorphism, SNP)이라는 용어는 정의와 질환 연관성 여부가 불분명하므로 현재는 중립적인 용어인 "변이(variant)"라는 용어를 사용한다.

변이의 명명에 대한 일반적인 원칙은 다음과 같다.

1) DNA 수준에서 변이를 명명하는 것이 가장 기본이며, 그다음 단백질이나 RNA 수준의 명명을 추가하여 기술할 수 있다. 또한 실험적으로 관찰한 소견인지, 혹은 DNA 수준 변이로부터 추정된 변이인지를 구분하여 기술한다.
2) 모든 변이는 공인된 참고염기서열(reference sequence)을 기준으로 기술한다. 대표적인 참고염기서열로는 National Center for Biotechnology Information(NCBI)의 참고염기서열 데이터베이스인 RefSeq(https://www.ncbi.nlm.nih.gov/refseq/)과 European Molecular Biology Laboratory-European Bioinformatics Institute(EMBL-EBI)의 참고염기서열 데이터베이스인 Ensembl(https://www.ensembl.org/)이 있다. 2018년부터

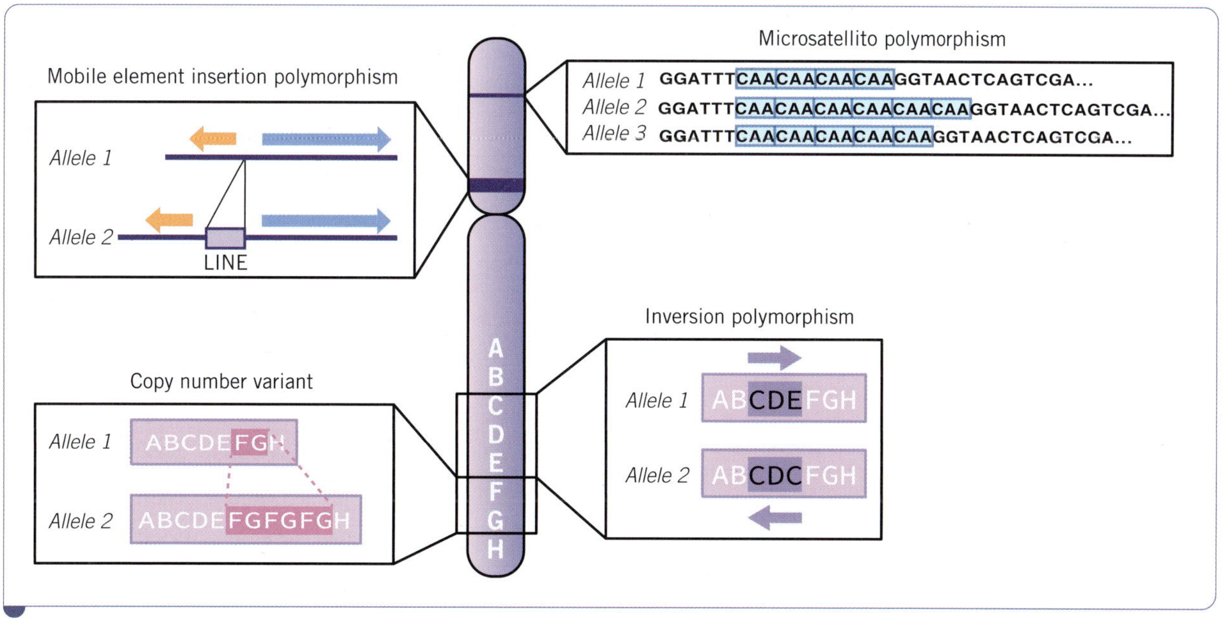


**그림 4-2. Polymorphism의 다양한 형태.** microsatellite는 2~3개의 짧은 염기서열이 반복되는데, 그 반복된 수가 개인마다 차이를 보일 수 있다. mobile element는 5~6 kb 정도의 비교적 길게 반복된 염기서열이 염색체 내에 산재해 있다. CNV는 염색체단위에서의 결실이나 중복 등의 구조적변이를 말하며, 역위는 염색체의 순서가 바뀌어 재조합되는 변이이다.

NCBI와 EMBL-EBI는 두 그룹의 참고염기서열을 짝짓는 MANE project를 진행하여 서로의 참고염기서열이 호환되게 하였다(https://www.ncbi.nlm.nih.gov/refseq/MANE/).

3) DNA, RNA, 단백질을 구성하는 염기와 아미노산은 International Union of Pure and Applied Chemistry - International Union of Biochemistry and Molecular Biology(IUPAC-IUBMB)에서 규정한 약어로 표시하며, DNA의 염기는 대문자로, RNA의 염기는 소문자로, 단백질의 아미노산은 세 글자 혹은 한 글자 약어로 표시한다(**표 4-1**).

4) 한 변이가 여러 가지 방식으로 기술될 수 있는 경우, 우선 순위가 높은 방법으로 기술한다. 변이 기술의 우선 순위는 다음과 같다.

(1) substitution

(2) deletion

(3) inversion

(4) duplication

(5) insertion

5) 유전자의 이름은 HUGO Gene Nomenclature Committee(HGNC)에서 규정한 명칭을 따르며 이탤릭체로 기울여 쓴다(HGNC gene symbol, https://www.genenames.org/).

변이는 "참고염기서열의 고유번호(accession number):접두사(prefix).변이" 순서로 기술한다(**그림 4-3**). 참고염기서열은 필요에 따라 염색체, 유전자, 부호화 전사물(coding transcript), 단백질 등을 선택하여 사용한다. 임상적으로 의미가 있는 변이는 엑손 혹은 엑손과 인트론의 경계에 위치하는 경우가 흔하므로 주로 부호화 전사물(coding transcript) 참고염기서열을 기준으로 변이를 기술하는데, 이 서열은 단백질을 합성하는 유전자의 엑손 부위만 이어붙인 것으로 첫 번째 아미노산 Methionine을 부호화하는 코돈 Adenine-Thymine-Guanine 중 Adenine을 1번으로 삼고 그다음 염기부터 차례대로 숫자를 매긴 참고염기서열이다. RefSeq에서 염색체의 참고염기서열은 NC, 유전자는 NG, 단백질 코딩 영역은 NC, 단백질은 NP라는 말머리로 시작하며 각 참고염기

**표 4-1.** DNA, RNA 및 아미노산의 지칭 및 약어

DNA

| Symbol | Meaning | Description |
|---|---|---|
| A | A | Adenine |
| C | C | Cytosine |
| G | G | Guanine |
| T | T | Thymine |

RNA

| Symbol | Meaning | Description |
|---|---|---|
| a | A | Adenosine |
| c | C | Cytidine |
| g | G | Guanosine |
| u | T | Uridine |

Nucleotide position in codon

| First | Second |  |  |  | Third |
|---|---|---|---|---|---|
|  | T | C | A | G |  |
| T | TTT-Phe | TCT-Ser | TAT-Tyr | TGT-Cys | T |
|  | TTC-Phe | TCC-Ser | TAC-Tyr | TGC-Cys | C |
|  | TTA-Leu | TCA-Ser | TAA-"/Ter | TGA-"/Ter | A |
|  | TTG-Leu | TCG-Ser | TAG-"/Ter | TGG-Trp | G |
| C | CTT-Leu | CCT-Pro | CAT-His | CGT-Arg | T |
|  | CTC-Leu | CCC-Pro | CAC-His | CGC-Atg | C |
|  | CTA-Leu | CCA-Pro | CAA-Gin | CGA-Atg | A |
|  | CTG-Leu | CCG-Pro | CAG-Gln | CGG-Arg | G |
| A | ATT-Ile | ACT-Thr | AAT-Asn | AGT-Ser | T |
|  | ATC-lie | ACC-Thr | AAC-Asn | AGC-Ser | C |
|  | ATA-ile | ACA-Thr | AAA-LyS | AGA-Arg | A |
|  | ATG-Met | ACG-Thr | AAG-Lys | AGG-Arg | G |
| G | GTT-Val | GCT-Ala | GAT-Asp | GGT-Gly | T |
|  | GTC-Val | GCC-Ala | GAC-Asp | GGC-Gly | C |
|  | GTA-Val | GCA-Ala | GAA-Glu | GGA-Gly | A |
|  | GTG-Val | GCG-Ala | GAG-Glu | GGG-Gly | G |

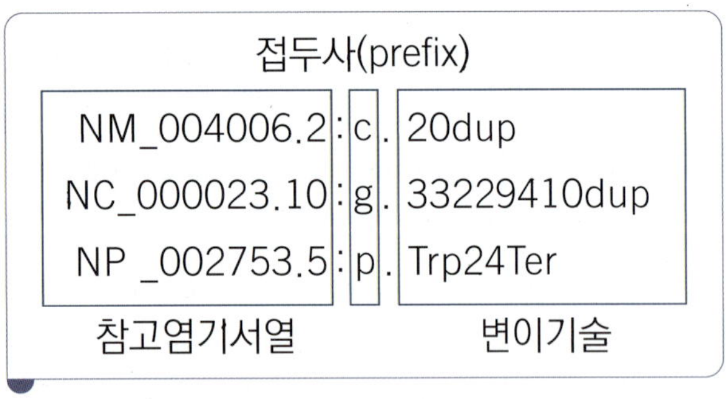


**그림 4-3.** 변이의 명명법.

서열은 고유의 번호를 가지고 있다. 예를 들어 RefSeq에서 염색체 13번의 참고염기서열은 NC_000013.11이며 "." 뒤의 "11"은 참고염기서열의 버전을 의미한다. 접두사(prefix)는 참고염기서열의 종류에 따라 g(염색체, 유전자), c(부호화 전사물), p(단백질) 등이 있다.

## 1. DNA 수준의 변이

**1) 치환**(substitution): [접두사].[치환된 염기의 번호][참고염기서열의 염기]>[치환된 염기]

하나의 염기가 다른 하나의 염기로 바뀌는 변이로 치환이 발생한 염기의 번호, 참고염기서열의 염기, 바뀐 염기를 표시한다. 예를 들어 NM_004006.2:c.93A>G는 부호화 전사체 참고염기서열 NM_004006.2를 기준으로 했을 때 93번째 염기인 A(adenine)이 G(guanine)으로 치환되었다는 의미이다.

**2) 결실**(deletion): [접두사].[소실된 첫 번째 염기의 번호]_[소실된 마지막 염기의 번호]del

하나 이상의 염기가 소실되는 변이로 소실된 첫 번째와 마지막 염기의 번호를 표기한다. 예를 들어 NG_012232.1:g.19_21del는 유전자 참고염기서열 NG_012232.1 중 19번째, 20번째 21번째 염기가 소실되었다는 의미이다.

3) 중복(duplication): [접두사].[중복된 첫 번째 염기의 번호]_[중복된 마지막 염기의 번호]dup

특정 염기서열의 3′쪽에 바로 연이어 동일한 염기서열이 반복되는 변이이다. 예를 들어 c.20_23dup는 20번째부터 23번째까지 4개의 염기가 24번째부터 동일하게 반복된 변이를 뜻한다. 만약 20번째에 위치한 하나의 염기가 중복된 경우는 c.20dup이라고 기술한다.

4) 삽입(insertion): [접두사].[삽입이 발생한 부위의 5′쪽 염기 번호]_[삽입이 발생한 부위의 3′쪽 염기 번호]ins[삽입된 염기 서열]

5′에 존재하는 염기서열과 전혀 다른 염기서열이 삽입되는 변이이다. 예를 들어 c.169_170insAGC는 169번째와 170번째 염기 사이에 adenine, guanine, cytosine 세 개의 염기가 삽입된 변이이다. 결실이나 중복 변이와 달리 ins 기호 뒤에 삽입된 염기서열을 기술한다.

5) 결실-삽입(deletion-insertion): [접두사].[소실된 첫 번째 염기의 번호]_[소실된 마지막 염기의 번호]delins[삽입된 염기 서열]

일부 염기가 소실된 다음 그 자리에 다른 염기서열이 삽입된 변이이다. 예를 들어 c.6775_6777delinsC는 6,775번째부터 6,777번째까지 3개의 염기가 소실된 다음 그 자리에 cytosine이 삽입되었다는 의미이다.

6) 반복(repeated sequence): [접두사].[반복되는 단위 중 첫 번째 염기의 번호][반복되는 단위의 염기서열][반복수]

수 개의 염기가 여러 차례 반복되는 변이이다. 예를 들어 c.6955CAG[26]는 6,955번째 cytosine부터 adenine과 guanine까지 CAG 세 개의 염기가 26번 반복된다는 의미이다.

7) 두 개 변이의 대립유전자 위치 관계 기술

두 개의 변이가 동일한 대립유전자에 위치한 경우(cis) 두 변이를 하나의 대괄호로 묶고 변이 사이를 세미콜론(;)으로 연결하여 기술하며(예: c.[123G>A;345del]), 서로 다른 대립유전자에 위치한 경우(trans) 각 변이를 하나씩 대괄호로 묶어서 기술한다(예: c.[123G>A];[345del]). 두 변이의 대립유전자 위치 관계를 모르는 경우 세미콜론을 괄호로 묶어서 기술한다(예: c.[123G>A(;)345del]).

## 2. RNA 수준의 변이

RNA 변이 기술방법은 DNA 변이와 동일하다. 단, 접두사를 “r”로 표기하며 염기를 소문자로 표시한다. 예를 들어 NM_004006.1:r.14a>c는 NM_004006 고유번호를 가진 mRNA 서열에서 14번째 adenine이 cytosine으로 치환되었다는 의미이다.

## 3. 단백질 수준의 변이

1) 치환(substitution): p.[참고염기서열의 아미노산][치환된 아미노산의 번호][치환된 아미노산]

하나의 아미노산이 다른 하나의 아미노산으로 바뀌는 변이이다. 예를 들어 p.Arg54Ser는 54번째 아미노산인 arginine이 serine으로 바뀌었다는 의미이다. 만약 실제 단백질을 실험으로 확인한 것이 아니라 DNA 수준 변이로부터 추정하였다면 괄호를 사용하여 p.(Arg54Ser)과 같이 기술한다.

2) 결실(deletion): p.[소실된 첫 번째 아미노산][소실된 첫 번째 아미노산의 번호]_[소실된 마지막 아미노산]

[소실된 마지막 아미노산의 번호]del

하나 이상의 아미노산이 소실되는 변이이다. 예를 들어 p.Cys76_Glu79del는 76번째 cysteine부터 79번째 glutamic acid까지 4개의 아미노산이 결실되었다는 의미이다. 만약 76번째 하나의 아미노산만 결실된 경우에는 p.Cys76del와 같이 기술한다.

**3) 중복**(duplication): p.[중복된 첫 번째 아미노산][중복된 첫 번째 아미노산의 번호]_[중복된 마지막 아미노산][중복된 마지막 아미노산의 번호]dup

특정 아미노산 서열의 3′ 쪽에 바로 연이어 동일한 서열이 반복되는 변이이다. 예를 들어 p.Cys76_Glu79dup는 76번째 cysteine부터 79번째 glutamic acid까지 4개의 아미노산이 연이어 반복된 변이를 뜻한다. 76번째에 위치한 하나의 아미노산이 한 번 더 중복된 경우는 p.Cys76dup이라고 기술한다. 만약 이미 동일한 아미노산이 반복되는 부위에서 중복이 발생한 경우 가장 3′쪽에 위치한 아미노산이 중복된 것으로 기술하며 이를 3′-규칙(3′-rule)이라고 한다. 예를 들어 Met-Arg-Ser-Ser-His과 같은 아미노산 서열이 Met-Arg-Ser-Ser-"Ser"-His로 serine이 하나 더해진 경우 가장 3′에 위치한 4번째 serine이 중복된 것으로 기술하므로 p.Ser4dup이라고 기술한다.

**4) 삽입**(insertion): p.[삽입이 발생한 부위의 5′쪽 아미노산][아미노산 번호]_[삽입이 발생한 부위의 3′쪽 아미노산][아미노산 번호]ins[삽입된 아미노산 서열]

5′에 존재하는 아미노산 서열과 전혀 다른 서열이 삽입되는 변이이다. 예를 들어 p.Lys2_Gly3insGlnSer는 두 번째 lysine과 세 번째 glycine 사이에 새로운 glutamine-serine 아미노산이 삽입된 변이이다. 결실이나 중복 변이와 달리 ins 기호 뒤에 새로이 삽입된 아미노산 서열을 기술한다.

**5) 결실-삽입**(deletion-insertion): p.[소실된 첫 번째 아미노산][아미노산의 번호]_[소실된 마지막 아미노산][아미노산의 번호]delins[삽입된 아미노산 서열]

일부 아미노산이 소실된 다음 그 자리에 다른 서열이 삽입된 변이이다. 예를 들어 p.Arg123_Lys127delinsSerAsp는 123번째 arginine부터 127번째 lysine까지 5개 아미노산이 소실된 다음 그 자리에 serine-aspartic acid 아미노산이 삽입된 변이이다.

**6) 반복**(repeated sequence): p.[반복되는 아미노산 단위][반복 단위 중 첫 번째 아미노산의 번호][반복수]

아미노산 단위가 여러 차례 반복되는 변이이다. 예를 들어 p.Ala2[10]는 두 번째 alanine이 10번 반복된다는 의미이다. 만약 한쪽 대립유전자에서는 10번 반복되고 다른 대립유전자에서는 15번 반복되는 경우 p.Ala2[10];[15]와 같이 기술한다.

**7) 틀이동**(frameshift): p.[틀이동 변이가 시작되는 참고염기서열의 아미노산][틀이동 변이가 시작되는 아미노산의 번호][틀이동 변이에 의해 변경된 첫 번째 아미노산]fsTer[틀이동 변이 시작 후 발생한 종결코돈의 번호]

단백질을 부호화하는 염기는 3개가 한 쌍으로 코돈을 형성하는 데, 3배수가 아닌 염기가 결실, 중복, 삽입되거나, 두 개 이상의 코돈을 침범하는 염기서열 변이가 발생한 경우 기존에 세 개의 염기 단위로 이루어진 부호화틀이 변경된다(frameshift). 이러한 변이는 3′쪽 방향으로 원래와는 다른 코돈을 형성하며 도중에 종결코돈이 발생하는 경우 단백질의 합성이 조기에 종료된다. 예를 들어 DNA 수준에서 c.6_13dup 변이가 발생하면 6번째부터 13번째까지 8개 염기가 중복되는데, 이로 인해 다섯 번째 아미노산인 glutamic acid가 valine으로 치환되고 그로부터 다섯 번째에 종결코돈이 발생하는 틀이동 변이를 p.Glu5ValfsTer5와 같이 기술한다(**그림 4-4**).

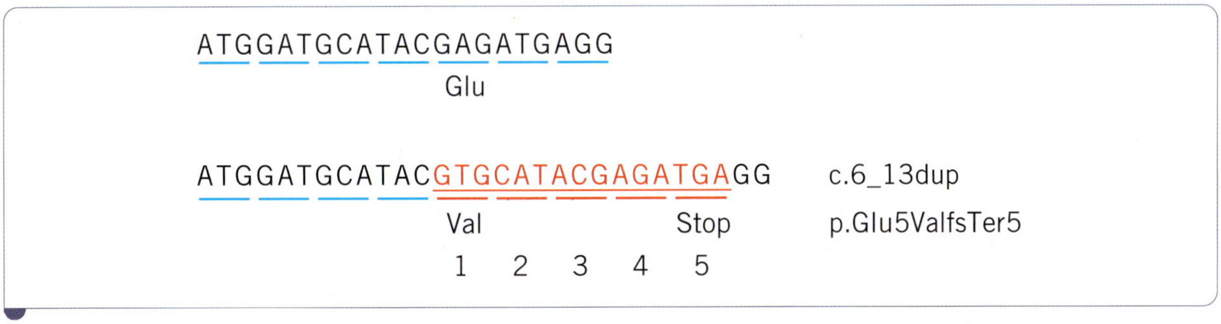


**그림 4-4.** 틀이동 변이(frameshift)의 예시.

## III. 복제수변이(Copy number variation)

복제수변이(copy number variation, CNV)는 정의상 50개 이상의 염기(>50 bp)가 결실되거나 중복되는 변이로 정의되지만, 임상적으로 수천-수백만 개의 염기(kb-Mb)가 결실되거나 중복되는 큰 규모의 변이를 의미한다. 복제수변이는 일반 인구집단에서도 발견되며, 500 kb 이상의 CNV는 5~10%에서, 1 Mb 이상의 CNV는 1~2%에서 발견된다. 일반 인구집단에서 보일 수 있는 복제수변이는 전체 유전체의 3.3~3.7%를 차지하며 2,600여 개 이상의 유전자가 포함되어 있다.

복제수변이를 확인하기 위해서는 염색체검사, FISH, 및 염색체 마이크로어레이검사를 활용할 수 있으며, 각 검사법의 원리와 특징에 대해서는 제3장의 IV. 세포유전과 염색체검사(Cytogenetics and genome analysis)에 자세히 기술하였다. 최근에는 차세대 염기서열분석(next generation sequencing, NGS) 기반 복제수변이 분석이 시행되고 있으며, 특히 whole genome sequencing (WGS) 분석을 통해 더 작은 크기의 CNV를 확인하기 위한 다양한 분석법이 시도되고 있다(그림 4-5).

임상적으로 의미 있는 복제수변이는 해당 부위에 포함된 유전자 및 문헌 검색, 가족력 및 임상양상을 고려하여 종합적으로 판단한다. American College of Medical Genetics and Genomics (ACMG)와 Clinical Genome Resource (ClinGen)에서 발표한 복제수변이의 판독 가이드라인은 정량적이고 근거 중심 점수 체계를 기반으로 한 분류를 제시한다. 이 분류 체계는 크게 다섯 가지 부분을 고려하는데 1) 복제수변이에 단백질 부호화 유전자 포함 유무, 2) 결실이나 중복에 의해 기능에 영향을 받을 것으로 알려진 유전자의 포함 여부, 3) 복제수변이에 포함된 유전자의 개수, 4) 논문, 문헌 및 데이터베이스에 보고된 환자 임상양상 및 대조군 연구 결과, 5) 유전 양식과 가족 검사 결과로 구성되어 있다. 각 부분에 포함된 근거들은 정도에 따라 일정한 점수를 획득하게 되며, 0.90점 이상을 받는 경우 "very strong", 0.45점은 "strong", 0.30점은 "moderate", 0.15 이하는 "supporting" 수준으로 간주된다.

획득한 점수의 총합에 따라 복제수변이는 "Pathogenic", "Likely pathogenic", "Uncertain significance", "Likely benign", "Benign" 다섯 가지로 분류된다. "Pathogenic"으로 판단되는 복제수변이는 0.99점 이상을 받은 경우로, 1) 투과도(penetrance)와 표현도(expressivity)가 잘 알려져 있고 임상양상 등이 반복적으로 문헌에 보고된 바 있는 복제수변이, 2) 유전 물질의 양에 따라 임상적 영향이 있다는 것이 알려진 부위(dosage-sensitive region)를 완전히 포함하는 복제수변이, 3) 양에 따라 임상적 영향이 있음이 잘 알려진 유전자(dosage-sensitive gene)를 비롯하여 여러 유전자가 포함된 복제수변이 등이다. "Likely pathogenic (LP)" 복제수변이는 0.90에서 0.98점 사이 점수를 받은 경우에 해당하며, 궁극적으로는 질환 관련성이 의심되지만 아직은 병인성을 증명할 확실한 근거가 부족한 변이를 의미한다. "Variant of

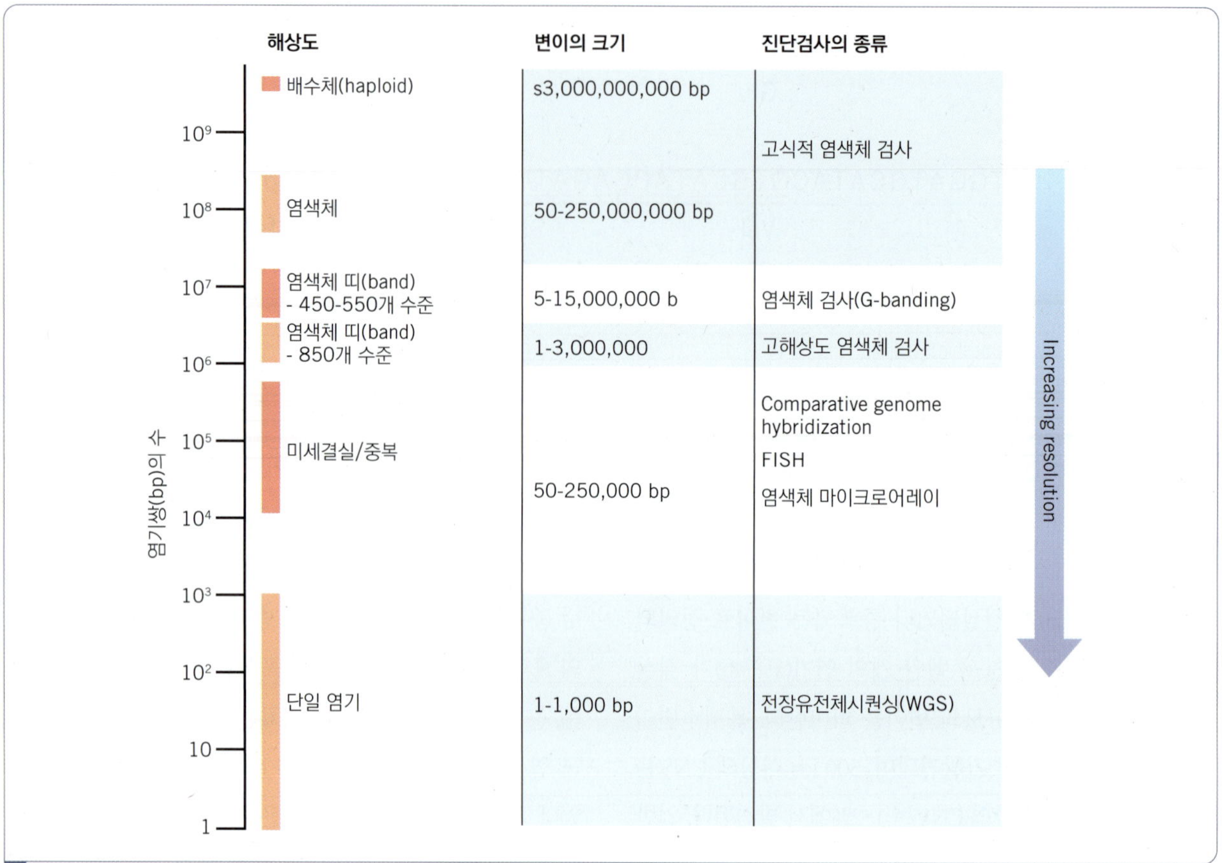


**그림 4-5.** 검사법에 따라 확인 가능한 복제수변이의 해상도.

uncertain significance (VUS)"는 -0.89에서 0.89점 사이 점수를 받은 경우로 이후 추가적인 근거가 확보되면 pathogenic이나 benign으로 재분류될 가능성이 있는 복제수변이이다. VUS 중 일부는 임상적 의미를 시사하는 문헌 보고가 존재할 수 있으나, 변이 분류 시점에 가이드라인에 제시된 조건을 만족하지 못하는 경우는 VUS로 보고 및 기술되어야 한다. "Likely benign(LB)"은 -0.90에서 -0.98점 사이 점수를 받은 경우로, 멘델유전질환과 연관이 적을 가능성이 높은 근거를 가지고 있으나 충분치 않은 복제수변이에 해당한다. "Benign"(B)은 -0.99 이하의 점수를 받은 경우로, 여러 문헌과 데이터베이스에서 benign으로 보고되거나 일반 인구집단에서 1% 이상 관찰되는 복제수변이가 해당된다.

## IV. 복제수변이의 명명
### (Nomenclature of copy number of variation)

염색체 수준에서 확인할 수 있는 결실이나 중복 혹은 구조적 변이의 명명법은 International System for Human Cytogenomic Nomenclature(ISCN)의 가이드라인을 따른다. 사용한 검사법에 따라 확인 가능한 변이의 크기가 다르며, 변이의 명명법 또한 달라진다. 이번 장에서는 염색체검사, FISH, 염색체 마이크로어레이검사에서 확인된 변이의 명명법에 대해 알아보고자 한다. 염기순서검사(sequencing)에서 확인 가능한 수십 bp 규모의 작은 복제수변이 명명법은 II. 염기서열 변이의 명명(Nomenclature of sequence variant)에 자세히 기술하였다.

## 1. 염색체검사에서 확인된 복제수변이

### 1) 염색체 수의 이상

염색체검사에서 확인된 결과는 성염색체를 포함한 전체 염색체의 수를 먼저 기술한 다음, 성염색체의 구성을 기술한다. 예를 들어 변이가 관찰되지 않은 여성인 경우 "46,XX", 남성인 경우 "46,XY"로 표기한다.

전체 염색체쌍이 배수로 증가하는 경우 다배수체(polyploidy)라고 하며 전체 염색체 수 다음 성염색체의 구성을 기술한다. 예를 들어 상염색체 22개와 X 염색체 1개가 더해진 삼배수체(triploidy)의 경우 69,XXX와 같이 기술한다. 일부 염색체의 수가 증가하거나 감소한 경우는 비배수체(aneuploidy)라고 하며, 성염색체 기술에 연이어 "+" 혹은 "-" 기호와 염색체 번호를 표시한다. 예를 들어 21번 염색체가 하나 더 증가한 다운 증후군의 경우 47,XY,+21과 같이 기술한다. 성염색체가 증가하거나 감소한 경우는 전체 염색체 수에 연이어 변경된 성염색체를 기술한다. 예를 들어 X 염색체가 하나 소실된 터너증후군의 경우 45,X와 같이 기술하며 X 염색체가 하나 더 증가한 클라인펠터증후군의 경우 47,XXY와 같이 기술한다.

혈액종양질환이나 섞임증(mosaicism) 환자 등에서 정상 세포군과 변이를 가진 세포군이 동시에 관찰되는 경우 두 클론을 "/" 표시로 구분하여 기술하고 각 클론에서 관찰한 세포 수를 대괄호 안에 표기한다. 예를 들어 47,XY,+8[18]/46,XY[2]는 핵형 분석을 시행한 총 20개의 세포 중 18개에서 8번 염색체가 세 개 관찰되었다는 의미이다. 혈액종양질환이 아닌 선천성 질환에서 섞임증(mosaicism)이 의심되는 경우에는 변이의 명명 앞에 "mos"으로 기술한다. 예를 들어 터너증후군이 의심되는 환자에서 말초 혈액의 염색체검사 결과 30개의 세포 중 10개에서 X 염색체가 하나만 관찰되었다면 mos 45,X[10]/46,XX[20]와 같이 기술한다.

### 2) 염색체 구조의 이상

염색체의 구조적 이상은 한 염색체 내에서 발생하는 결실(deletion), 중복(duplication), 역전(inversion), 여러 염색체 사이에서 발생하는 삽입(insertion), 자리옮김(translocation) 등이 있다(그림 4-6). 각각의 구조적 이상은 전체 염색체 수와 성염색체 이후 연이어 기술하며, 발견된 변이의 약어(결실 del, 중복 dup, 역전 inv, 삽입 ins, 자리옮김 t)와 염색체의 번호 및 변이가 발생한 부위를 기술한다. 예를 들어 t(9;22)(q34;q11.2)는 9번 염색체의 장완 q34 부위와 22번 염색체의 장완 q11.2 부위에서 말단이 서로 교환되는 자리옮김이 관찰되었다는 의미이다. 변이가 발생한 염색체 중 성염색체가 있다면 X나 Y를 먼저 기술하고 그다음 염색체 번호가 낮은

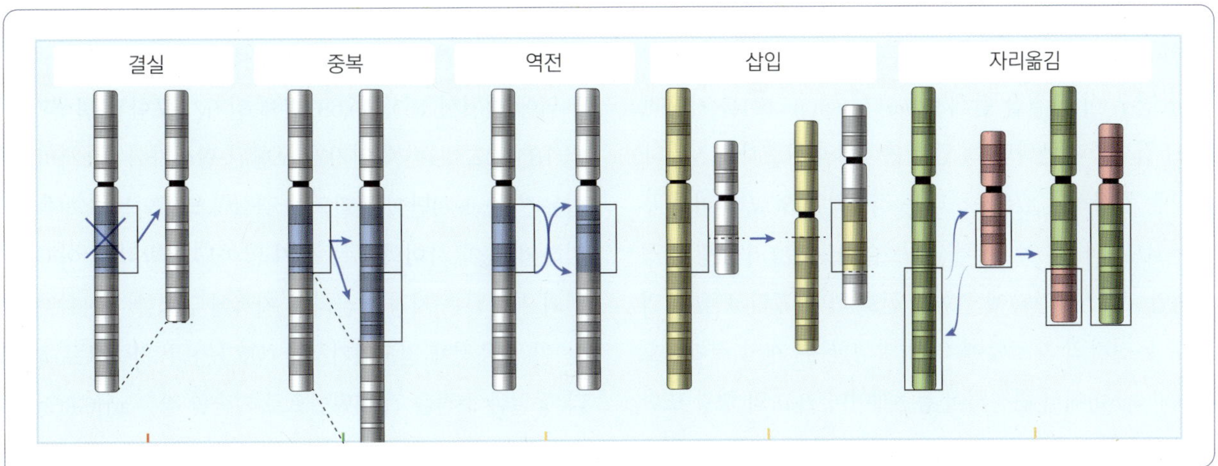


그림 4-6. 염색체의 구조적 이상.

순서대로 기술한다. 예를 들어 X 염색체와 2번 염색체 사이에 자리옮김이 발생한 경우 t(X;2)라고 기술하며, 2번 염색체와 5번 염색체 사이에 자리옮김이 발생한 경우 t(2;5)라고 기술한다.

## 2. FISH 검사에서 확인된 복제수변이

사이기(interphase) 상태의 핵에 탐색자(probe)를 부착하여 해당 유전체 부위를 확인하는 FISH 검사결과는 탐색자의 형광이 표지하는 유전자와 그 수, 상대적인 위치, 관찰한 총 세포 수를 명기한다. 예를 들어, *ABL1* 유전자와 *BCR* 유전자에 서로 다른 형광을 표지한 FISH 검사 결과 정상적으로 두 유전자가 한 쌍씩 관찰되었다면, nuc ish(ABL1,BCR)x2[200]과 같이 기술한다. 여기서 "nuc ish"는 Nuclear in situ hybridization를 시행했다는 의미이며, *ABL1* 유전자와 *BCR* 유전자의 형광 신호가 200개의 세포에서 동일하게 한 쌍씩 관찰되었다는 의미이다. 만약 염색체검사 결과를 함께 기술할 경우 46,XY[20].nuc ish(TP53x2)[200]과 같이 FISH 검사보다 먼저 기술하며, 두 검사 결과 사이에 "."를 표기하여 구분한다.

FISH 검사에서 구조적 이상이 있는 경우 사용한 탐색자(probe)의 종류에 따라 관찰되는 소견이 달라지는데, 정상적으로 분리되어야 하는 형광 신호가 합쳐진 경우는 "con", 정상적으로 합쳐진 형광 신호가 분리된 경우는 "sep"로 표기한다. 예를 들어, *BCR-ABL1* 유전자 사이의 재조합이 발생한 경우 이중 결합 탐색자(dual fusion probe)를 사용해 FISH 검사를 시행하면 핵 안에 총 4개의 신호가 관찰된다. 하나는 정상적인 *ABL1*, 하나는 정상적인 *BCR*, 나머지 두 개는 *ABL1*과 *BCR*이 합쳐진 신호이다. *ABL1*의 형광은 정상적인 *ABL1* 유전자에 결합한 신호 하나, 그리고 *ABL1*과 *BCR* 유전자의 재조합에 의해 발생한 두 개의 결합신호(fusion signal)에서 관찰되어 총 3개이며, *BCR*의 형광 또한 마찬가지이다. 따라서 FISH 검사결과는 nuc ish(ABL1,BCR)x3(ABL1 con BCRx2)과 같이 기술한다. 반면, break-apart 탐색자 등을 사용한 FISH 검사에서 해당 부위에 재조합이 발생하여 정상적으로 결합신호를 보이는 두 탐색자가 각각의 신호로 나누어지는 경우 nuc ish(KAL1,STS)x2(KAL1 sep STSx1)과 같이 기술한다.

## 3. 염색체 마이크로어레이검사에서 확인된 복제수변이

염색체 마이크로어레이검사 결과는 상염색체와 성염색체의 수, 결실이나 중복이 발생한 염색체 부위 및 중단점(break point) 주변 탐색자의 염기 번호를 명기한다. 정상 여성인 경우는 arr(X,1-22)x2로, 정상 남성인 경우는 arr(X,Y)x1(1-22)x2로 명기하며 "arr"는 microarray를 의미한다. 염색체에 복제수변이가 관찰되는 경우, 해당 결실이나 중복 부위에 포함된 탐색자 위치만 기술하는 짧은 명명법과 복제수변이 주변 정상 소견을 보이는 탐색자 위치를 함께 기술하는 긴 명명법이 있는데 이 중 짧은 명명법을 주로 사용한다. 짧은 명명법을 사용할 경우 결실이나 중복의 경계가 되는 염기의 번호에 자릿수를 구분하는 ","를 사용해도 무방하나, 긴 명명법을 사용할 경우에는 ","를 표기하지 않는다. 중단점의 시작과 끝을 표시하는 염기의 번호 사이는 "_"로 연결한다.

예를 들어 짧은 명명법으로 기술된 arr[GRCh38] 4q32.2q35.1(163,146,681_183,022,312)x1은 염색체 마이크로어레이검사 시행 결과 4번 염색체의 장완 q32.2에서부터 q35.1 부위에 걸쳐서 163,146,681번째 염기가 포함된 탐색자부터 183,022,312번째 염기가 포함된 탐색자까지 1개의 대립유전자(allele)만이 관찰되어 결실이 의심되는 소견을 의미하며, 숫자 사이의 ","는 쓰지 않아도 무방하다. 이때 결실의 시작되는 지점과 끝나는 지점에 위치한 염기의 번호는 인간 유전체 참고염기서열 GRCh38을 기준으로 하였다. 동일한 소견을 긴 명명법으로 기술할 경우 arr[GRCh38] 4q32.2q35.1(163002425x2,163146681_183022312x1,184322231x2)라고 표시하여 정상적으로 두 개의 대립유전자가 확인된 탐색자의 염기 위치를 앞뒤에 추가로 표기하며, 숫자 사이에 ","를 표기하지 않는다. 즉, 실제 결실의 중단점은 4번 염색체의 163,002,425번째 염기와 163,146,681번째 염기 사이에, 그리고 183,022,312번째 염기와 184,322,231번째 염기 사이에 위치한다.

## REFERENCE


1. Crow JF. The origins, patterns and implications of human spontaneous mutation. Nat Rev Genet. 2000;1(1):40-7.
2. den Dunnen JT, Dalgleish R, Maglott DR, et al. HGVS Recommendations for the Description of Sequence Variants: 2016 Update. Hum Mutat. 2016;37(6):564-9.
3. Gardner RJ. A new estimate of the achondroplasia mutation rate. Clin Genet. 1977;11(1):31-8.
4. Jean MJ, Ros JH, Sarah M. ISCN 2020: An International System for Human Cytogenomic Nomenclature (2020). Basel: Kanger; 2020.
5. Loewe L. Gene Mutation. Nat Edu. 2008;1(1);113.
6. Morales J, Pujar S, Loveland JE, et al. A joint NCBI and EMBL-EBI transcript set for clinical genomics and research. Nature. 2022;604(7905):310-5.
7. Nussbaum Rl, Mcinnes RR, Willard HF. Thompson & Thompson Genetics in Medicine 8th ed. Amsterdam: ELSEVIER; 2016. pp. 43-56, pp.107-34.
8. Riggs ER, Andersen EF, Cherry AM, et al. Technical standards for the interpretation and reporting of constitutional copy-number variants: a joint consensus recommendation of the American College of Medical Genetics and Genomics (ACMG) and the Clinical Genome Resource (ClinGen). Genet Med. 2020;22(2):245-57.
9. Sequence Variant Nomenclature [Internet]. Human Genome Variation Society (HGVS), Sequence variant nomenclature [cited 2023 Jul 23]. Available from: http://varnomen.hgvs.org/

CHAPTER 05

# 염색체 및 유전체 이상 질환

## Chromosomal and genomic disorder

고정민, 서을주, 이영아, 이윤정, 차동현, 최영민, 최진호, 한유정

염색체 이상은 많은 유전 질환의 원인으로 잘 알려져 있다. 임신 제1삼분기 자연유산의 50%, 임신 제2삼분기 태아 소실의 20%, 사산과 유아기 사망의 약 6~8%가 염색체이상으로 발생한다. 자연유산이나 사산의 병력, 출생 직후 사망, 성장 및 발달지연, 지적장애, 안면기형, 다발성 기형, 작은 키, 모호한 생식기 등의 증상들이 염색체 이상 질환에서 나타나는 흔한 증상들이다.

염색체 이상은 수적 이상과 구조적 이상으로 분류된다. 각 세포 내에 들어 있는 염색체 수를 홑배수(haploidy, n)라고 하는데, 염색체의 수적 이상 중 염색체 수가 홑배수성의 배수로 되어 있는 것을 다배수성(polyploidy)이라고 한다. 특정 염색체의 수가 배수성 수에서 벗어난 것은 홑배수성(aneuploidy)이라고도 하며, 염색체 하나가 더 많은 경우인 삼염색체(trisomy), 하나가 모자라는 경우인 단일염색체(monosomy)가 이에 속한다. 대부분의 삼염색체와 단일염색체는 감수분열시 비분리(nondisjunction) 현상에 의해 일어난다.

염색체의 구조적 이상은 염색체가 절단 후 재결합하는 과정에서 발생한 비정상적인 조합으로, 유전자 양의 변화를 유발할 수 있다. 정상 유전자의 양을 갖는 경우를 균형 염색체재배열(balanced chromosomal rearrangement)이라 하며, 이 경우 본인의 표현형은 정상이나 자손에게 불균형 염색체재배열이 일어날 수 있다. 유전자의 양이 첨가되거나 소실된 경우를 불균형 염색체재배열(unbalanced chromosomal rearrangement)이라 하며, 염색체 이상 질환의 임상 증상이 나타나게 된다.

## I. 상염색체 이상 질환

(Autosome and their abnormalities)

### 1. 상염색체 수적 이상 질환

전체 상염색체 이상 질환 중 출생 후 생존하는 삼염색체 질환으로 21삼염색체, 18삼염색체, 13삼염색체가 있다. 이 세 종류의 상염색체는 염색체 내에 적은 유전자를 가지고 있고, 이 외 다른 종류의 상염색체는 많은 유전자를 포함하고 있어서 삼염색체의 형태로는 생존이 불가능하여 착상 전이나 직후에 유산이 된다.

#### 1) 21삼염색체 증후군

가장 흔한 염색체이상으로 다운증후군으로도 불리며, 중등도 지적 장애의 가장 흔한 유전적 원인이다. 신생아 700~1,000명당 1명의 빈도로 발생하며, 35세 이상의 고령 임신부에서 발생빈도가 증가하는 것으로 알려져 있다. 21삼염색체의 약 95%는 모계의 21번 염색체의 비분리현상

에서 기인하며, 나머지는 섞임증(mosaicism)이나 염색체 전위(translocation)에서 기인한다. 21삼염색체 증후군은 출생 시 또는 출생 직후에 나타나는 특징적인 형태이상으로 진단될 수 있으며, 다양한 표현형을 보인다. 혀를 내미는 증상, 편평한 후두부와 작은 머리, 편평한 코, 치켜져 올라간 눈꼬리, 목덜미에 쳐진 피부, 짧은 손가락, 일자 손금, 새끼 손가락의 가운데 마디가 없거나 안쪽으로 굽어져 있으며, 샌들 모양의 엄지 발가락, 근긴장저하 등을 보인다. 주요 결함으로는 다운증후군 환아의 40%에서 심장 기형이 동반되며 그중 심내막융기결손과 심실중격결손이 많고, 위장폐쇄증, 수두증 및 근시, 사시, 백내장 등의 안과 문제, 신경성 난청 및 전도성 난청 등이 동반될 수 있다. 다운증후군 환아는 백혈병 및 갑상선질환의 발병률이 높으며, 백혈병의 경우 정상인에 비하여 위험도가 15배나 증가한다. 지능지수는 대부분 25~50의 범위이며, 대부분 평균 3~4세의 사회 적응력을 갖는다. 정신지체와 연관된 부분은 21번 염색체의 21q22.12~22.2 부위이다.

### 2) 18삼염색체 증후군

에드워드증후군(Edward syndrome)으로도 알려진 18삼염색체 증후군은 신생아 6,000~8,000명당 1명의 빈도로 발생하며, 다운증후군처럼 임신부의 나이가 많을수록 증가한다. 18삼염색체 태아의 대부분은 보통 임신 10주부터 임신 말기 사이에 사망한다. 안면의 특징으로 작은 머리, 돌출된 후두부, 외이 기형(malformed auricles), 작은 턱 등이 있다. 주먹을 움켜쥔 손의 특징을 보이며 집게손가락이 가운데 손가락 위를, 새끼손가락이 넷째 손가락 위에 덮고 있는 경우가 많다. 심실 또는 심방중격결손, 동맥관열림증 등의 심장 기형과 말굽 신장 등 여러 장기의 기형이 동반되며 대부분 생후 1달 또는 수개월 내에 사망한다. 18삼염색체의 표현형을 나타내는 경우의 약 20%는 전부 또는 대부분을 포함하는 18삼염색체의 전위가 있으며, 이는 균형 전위 보인자인 부모로부터 물려받거나 새로이 발생한 것이다. 18삼염색체는 또한 섞임증 형태로도 존재할 수 있으며, 이러한 경우에는 다양하지만 대개 상대적으로 경한 표현형을 나타낸다.

### 3) 13삼염색체 증후군

파타우증후군(Patau syndrome)으로도 알려진 13삼염색체 증후군은 출생 20,000명당 1명의 빈도로 발생하며, 산모의 나이이 많아질수록 증가한다. 대부분 삼염색체성 질환이나 약 20% 정도는 로버트슨전위 형태로 발생한다. 특징적인 이상으로는 심장 기형과 완전전뇌증(holoprosencephaly)이 있다. 완전전뇌증은 소두증, 두눈가까움증(hypotelorism), 안와, 코, 구개의 두드러진 이상을 나타낸다. 또한 환아는 비정상적인 귀, 배꼽 탈장, 다낭성 신장, 요골무형성증(radial aplasia) 등을 동반할 수 있으며, 예후는 나쁘다.

## 2. 염색체의 구조적 이상 질환

### 1) 염색체 전위

#### (1) 상호전위

두 개의 다른 염색체에서 절단(break)이 생긴 후 서로 자리바꿈을 한 상태이다. 재배열된 염색체는 유도된 염색체(derivative, der)라고 하며, 염색체 양의 증감이 없으면 균형전위(balanced translocation)라고 한다. 염색분절(chromosomal segment)의 자리바꿈으로 인한 특정 유전자의 재배치에 의하여 이상을 일으킬 수 있긴 하지만, 대부분의 경우 유전자 기능은 영향을 받지 않고 정상 표현형을 보이는 균형 전위 보인자(balanced carrier)이다. 균형 전위 보인자들은 불균형 전위를 포함하는 생식세포를 만들 수 있다. 두 개의 정상 염색체나 두 개의 전위된 염색체를 동시에 가지는 생식세포의 경우에 자손은 일반적으로 정상 표현형을 갖는다. 그러나 전위된 염색체들 중의 하나만을 가진 생식세포와 수정을 한다면, 하나의 염색체는 단일염색체(monosomy), 다른 염색체는 부분 삼염색체(trisomy)를 가지게 되어 임신 초기에 유산이 되거나 비정상 표현형을 보일 수 있다**(그림 5-1)**. 전위 보인자는 습관성 유산이나 기형 출산(5~30%)의 위험이 있으므로 매 임신 시마다 산전진단 또는 착상전 유전진

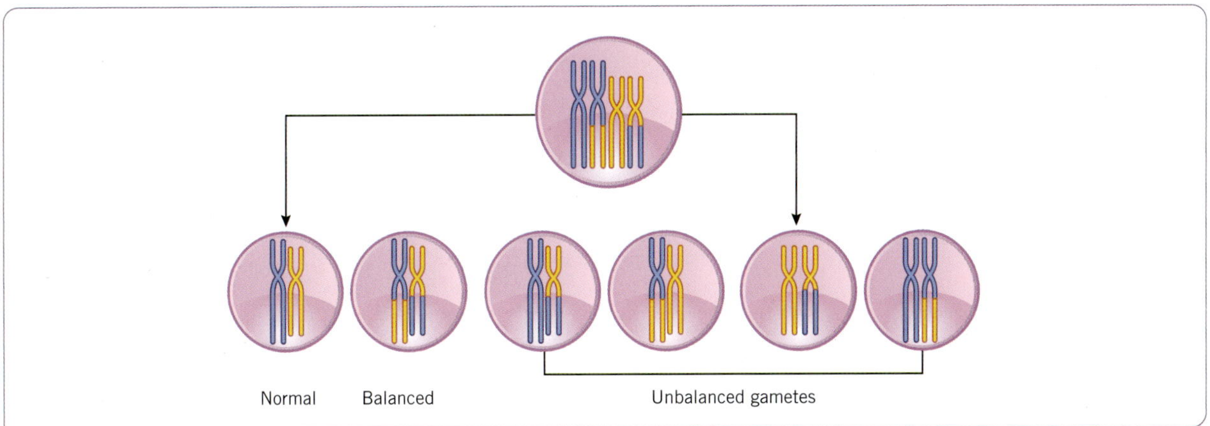


**그림 5-1**. 상호전위의 생식세포.

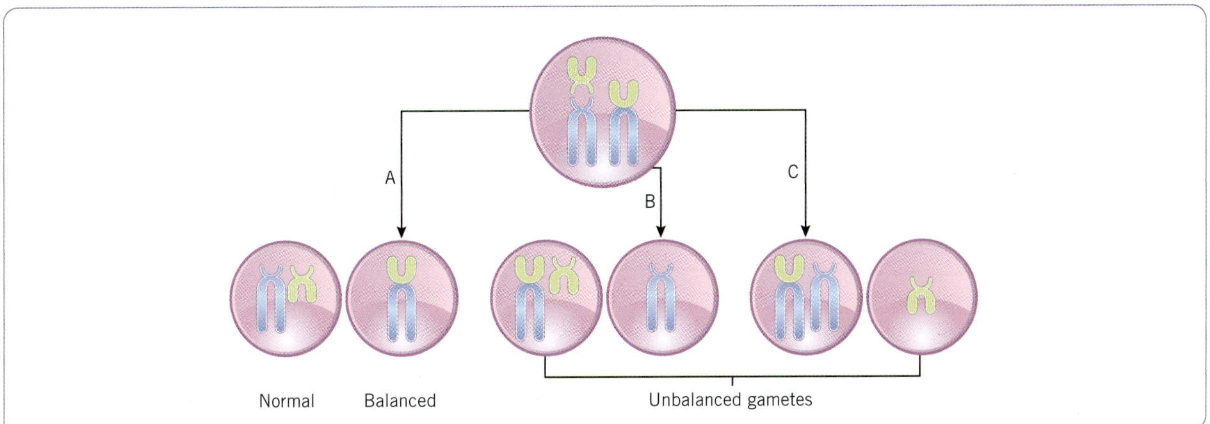


**그림 5-2**. 로버트슨전위의 생식세포.

단을 받아야 한다.

#### (2) 로버트슨전위

두 개의 끝결매듭염색체(acrocentric chromosome)들의 장완이 중심절에서 결합된 형태이다. 끝결매듭염색체로는 염색체 13, 14, 15, 21, 22가 있다. 중심절 부위에서의 결합으로 인해 한쪽 중심절과 염색체의 단완의 위성체 부위(satellite regions)를 잃게 된다. 이는 단지 리보소체RNA(ribosomal RNA)를 코딩하는 부위로 다른 끝결매듭염색체에 여러 개가 있어(multiple copies) 결합된 장완이 온전히 존재하는 한, 전위 보인자는 일반적으로 정상 표현형을 갖는다. 로버트슨전위의 보인자는 45개의 염색체를 갖는다. 같은 염색체 쌍이 결합된 전위(homologous Robertsonian translocation)를 가진 보인자는 불균형전위된 생식세포만을 만든다**(그림 5-2)**. 예를 들어 rob(21q21q)의 경우 21삼염색체 또는 21단일염색체(모두 유산됨)만을 만들게 되므로 다운증후군 아기만을 출산하게 된다. 같은 염색체 결합이 아닌 경우(nonhomologous Robertsonian translocation)에는 이론적으로는 6개의 가능한 생식세포 중의 4가지, 즉 66%가 비정상이 된다. 그러나 이러한 비정상 생식세포는 임신 초기에 유산되므로 비정상의 자손이 발생할 경험적 발생률은 어머니가 보인자라면 10~15%, 그리고 아버지가 보인자라면 2~3%이며 매 임신 시마다 산전 진단이 요구된다. 로버트슨전위는 습관성유산의 원인 중 약 5% 미만을 차지한다. 전위 삼염색체(translocation trisomy)형태의 태아 또는 신생아가 진단되면, 부모의 염색체 분석을 해야 한다.

### 2) 염색체 역전

한 염색체에 두 개의 절단점(breakpoint)이 생기고 중간 유전 물질의 방향이 바뀔 때 발생한다. 비록 유전물질의 손실이나 중복(duplication)이 없다 하더라도, 재배열(rearrangement)로 인해 유전자의 기능이 변할 수 있다. 중심절을 포함하지 않는 중심절편측역전(paracentric inversion)은 한쪽 팔에서만 역전 현상이 일어나고 중심절은 역전된 부분에 포함되지 않는다. 중심절편측역전 보인자는 정상 또는 균형된 생식세포를 만들거나 아주 비정상적이어서 수정이 불가능한 생식세포를 만들기 때문에, 비록 불임의 문제가 있기는 하지만 염색체 이상 자손의 위험률은 매우 낮다. 중심절을 사이에 두고 일어나는 중심절포함역전(pericentric inversion)은 절단점이 한 염색체의 각 팔에 존재하기 때문에 역전된 염색물질은 중심절을 포함한다. 이러한 형태의 역전은 감수분열시기에 염색체의 정렬(alignment)에 문제를 일으키기 때문에, 보인자는 비정상의 생식세포를 만들어 염색체 이상 자손을 낳을 위험률이 높다. 위험률은 역전의 위치에 따라 다르지만, 9번 염색체의 이질염색질(heterochromatin)부위의 중심절포함역전인 inv(9)(p11q12)는 가장 흔한 역전으로, 임

**증례 1 | 습관성 유산 환자에서 확인된 로버트슨전위(Robertsonian translocation) 보인자**

**1) 내원 동기가 된 주 증상(주소): 습관성 유산**

**2) 임상 경과**

임신 초기 자연유산이 3회 연속으로 반복되어 습관성 유산에 대한 상담을 위하여 부부가 내원하였다. 습관성 유산에 대한 원인을 찾기 위하여 부모의 염색체 검사, 항인지질항체 검사 및 질식 초음파검사 등이 진행되었다.

**3) 검사 소견**

부부 염색체 검사 중 여자의 염색체 결과는 다음과 같았으며 그 외의 결과들은 모두 정상이었다.

**4) 유전상담**

여자의 염색체 결과 14번과 21번 염색체 사이의 로버트슨전위(Robertsonian translocation)가 확인되었다. 로버트슨전위는 끝겹매듭 염색체인 13, 14, 15, 21, 22번 염색체 사이의 자리옮김을 통해서 일어난다. 약 1,000명당 한 명의 비율로 발생하며 로버트슨전위 보인자의 난자 혹은 정자가 수정되면 수정란의 6개 중 4개는 단일염색체 또는 삼염색체가 되기 때문에 임신 시 습관성유산의 원인이 될 수 있다. 따라서 착상전 유전진단으로 단일염색체 또는 삼염색체가 아닌 것을 확인하고 임신을 시도하는 것이 도움이 될 수 있다.

**5) 요약**

(1) 원인: 로버트슨전위는 습관성 유산의 원인이 될 수 있다.

(2) 발생빈도: 로버트슨전위의 경우 약 1,000명당 한 명의 비율로 발생한다.

(3) 임상증상: 로버트슨전위 보인자는 임상증상이 없으나, 로버트슨전위 보인자의 난자 혹은 정자가 수정되면 수정란의 6개 중 4개는 단일염색체 또는 삼염색체가 되기 때문에 임신 시 습관성유산의 원인이 될 수 있다.

(4) 치료 및 관리: 로버트슨전위 보인자의 경우, 착상전 유전진단으로 단일염색체 또는 삼염색체가 아닌 것을 확인하고 임신을 시도하는 것이 도움이 될 수 있다.

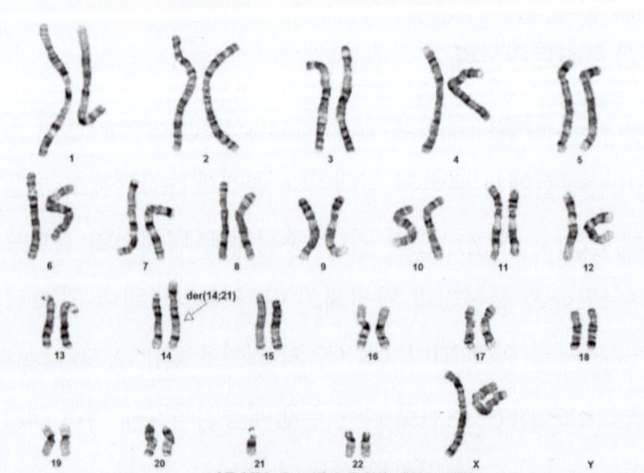

45,XX,der(14;21)(q10;q10)

상적 영향이 없는 정상 범위의 변이(normal variant)로 알려져 있다.

### 3) 염색체 결실

같은 염색체 내에 2개 부위의 절단점에 의하여 염색체의 일부분이 없어진 경우이다. 대부분의 결손은 감수분열 시기에 상동염색체(homologous chromosome)가 짝을 이룰 때 생기는 중심맞추기이상(malalignment)이나 불일치(mismatch) 현상에 의해 발생한다. 만약 두 개의 염색체가 적절하게 정렬되지 않으면, 정렬되지 않은 고리(loop)는 결손된다. 유전자핵형검사로 확인할 수 있는 유전자 결실의 크기는 약 5Mb 정도라 꽤 큰 유전자 결실을 의미하고 전신적 다발성 기형을 야기한다. 미세결실 증후군(microdeletion syndrome)은 5Mb보다 작은 유전자 결실을 의미하고 일반적인 유전자 핵형검사로 확인할 수 없다. 인접한 여러 개의 유전자발현에 영향을 줄 수 있어서, 인접유전자 증후군(contiguous gene syndrome)이라고도 불리며 형광제자리부합법(fluorescence in situ hybridization)이나 염색체 마이크로어레이(chromosomal microarray)로 진단한다. 태아 및 신생아가 염색체 결손이 있으면 염색체 이상의 보인자 여부를 확인하기 위해 반드시 부모 염색체 검사를 해야 한다.

#### (1) 결실

- 4번 염색체 단완 결실

4번 염색체 단완 결실에 의해 월프-허쉬호른증후군(Wolf-Hirschhorn syndrome)이 발생하는 것으로 알려져 있다. 성장지연, 근육긴장저하, 독특한 얼굴기형, 정신지체, 다지증(polydactyly), 심장 기형 등을 동반한다. 대부분 심한 발작을 일으키며 소아기까지 생존하는 경우는 드물다.

- 5번 염색체 단완 결실

5번 염색체 단완의 결실로 고양이울음증후군(Cri-du-chat syndrome)이 발생된다. 성장지연, 근긴장저하, 심한 정신지체를 동반하며 비정상적인 후두 발달에 의한 고양이 울음이 특징적이며 대부분 성인기까지 생존할 수 있다.

#### (2) 미세결실

- 22번 염색체 장완 미세 결실 증후군

과거에는 다른 질환으로 알려져 있던 쉬프린첸증후군(Shprintzen syndrome)과 디조지증후군(DiGeorge syndrome)은 22번 염색체 장완 근위부(22q11.2)의 미세 결실에 의한 것으로 밝혀졌다. 쉬프린첸 증후군은 입천장심장얼굴증후군(velocardio-facial syndrome)이라고도 불린다. 입천장갈림틈새(cleft palate fissure), 입천장인두기능부전(velopharyngeal incompetence), 돌출된 코, 심기형, 학습장애, 작은 키를 동반할 수 있다. 디조지증후군은 가슴샘 형성저하 또는 무형성증(thymic hypoplasia or aplasia), 부갑상샘 형성저하 또는 무형성증, 대동맥활기형(aortic arch malformations) 등의 특징을 보인다. 짧은 안검틈새(short palpebral fissures), 짧은 인중과 작은 턱, 귀의 결함을 보인다. 디조지증후군과 쉬프린첸 증후군의 표현형은 같은 염색체 위치의 결손과 관련된 2개의 극단적인 스펙트럼의 대표적인 예로 인접유전자 결손증후군(contiguous gene deletion syndrome)의 하나이다. 팔로네증후 등의 뿔줄기 기형(conotruncal anomaly)이 임신 중에 진단되면, 태아의 염색체 검사 및 22번 염색체 장완 미세결실의 진단을 위한 형광제자리부합법이나 염색체 마이크로어레이가 고려된다.

### 4) 고리 염색체

염색체의 양쪽 끝에 결손이 있을 때 양 끝이 결합되어 고리(ring)를 형성한다. 만약 결손이 중요한 부위에 있으면, 비정상 표현형을 나타낸다. 끝분절(telomere)은 염색체의 끝 부분으로 염색체 끝 부위의 보호, 복제(replication), 그리고 안정 등의 기능을 하는 핵단백질 복합체(nucleoprotein complex)이다. 단지 끝분절만 손실되고 주위의 중요한 유전물질은 보존된다면 보인자는 정상 표현형을 보인다. 그러나 감수분열 시기에 고리는 정상적인 정렬을 방해해서 비정상의 생식세포를 만든다. 또한 세포 분열을 방해하기 때문에 많은 조직에서 비정상적인 성장의 원인이 되며 작은 체구, 정상범위에서부터 경한 정도의 정신지체를 보인다. 고리 염색체는 돌연변이에 의해 생기거나 보인자 부모로부터 유전될 수 있다.

#### 5) 등완염색체

등완염색체는 염색체의 단완이나 장완 중 한쪽 완이 소실되고 남은 완이 거울상으로 복제되어 있는 형태로 제2 감수분열시기에 동원체가 종단 분리가 되지 못하고 횡단 분리가 되어 발생하거나 로버트슨전위 시에도 일어날 수 있다. 임상적으로 터너증후군의 15%에서 발견되는 i(Xq)가 등완염색체의 가장 흔한 형태이다.

## II. 성염색체 이상 질환
(Sex chromosome and their abnormalities)

### 1. 성염색체 이상의 빈도

- 터너증후군: 여아 출생아당 1/2,000~5,000
- 클라인펠터증후군: 남아 출생아당 약 1/500~1,000
- 47,XXX: 여아 출생아당 약 1/1,000
- 47,XYY: 남아 출생아당 약 1/1,000

### 2. 터너증후군(Turner syndrome)

#### 1) 역사

1938년 Henry H. Turner에 의해 성적유치증(sexual infantilism)과 물갈퀴목(webbed neck), 외반주(cubitus valgus) 등을 보이는 터너증후군이 보고되었으며, 1959년에 Chares Ford 등에 의해 X 염색체 전체 또는 일부 소실 또는 구조적 이상으로 인하여 임상 양상이 발생함이 알려졌다.

#### 2) 기전

대부분의 경우 성염색체의 감수분열 시 비분리(meiotic nondisjunction)에 의해 발생하는데, 산모의 연령과 터너증후군 발생과는 관련이 없다. 배아 및 태아의 발생 당시 45,X monosomy 빈도는 4%에 이르지만, 이들의 99% 이상은 자연 유산되고 일부는 살아남아 출생하는데 아직까지 그 기전은 잘 모른다. 2020년 덴마크 대규모 연구에 의하면 염색체 핵형 빈도는 45,X 핵형이 37%, 45,X/46,XX 핵형이 25%, 46,X,i(Xq) 및 45,X/46,X,i(Xq)을 포함하는 등위염색체(isochromosome) X 핵형이 11%, 이외 핵형(부분결실, 고리염색체[ring chromosome], 45,X/46,XY 핵형 등)이 나머지 빈도를 차지하였다. X 염색체 전체/일부 소실 또는 구조적 이상 세포와 정상 핵형의 세포가 섞여 있는 섞임증(mosaicism)은 유사분열 시 비분리(mitotic nondisjunction)에 의한 것으로 45,X/46,XX, 45,X/46,X,i(Xq), 45,X/46,XXp-, 45,X/46,XXq-, 45,X/47,XXX, 45,X/46,XY 등이 있다. 터너증후군 환자 전체 발생률은 국외 보고에 의하면 1970년부터 2014년까지 크게 변동이 없으나, 45,X 핵형 환자 발생률은 감소하고, 섞임증 등 이외 핵형을 가지는 환자 발생률은 증가 추세이다.

임상상을 나타내는 대표적인 기전은 X 염색체 홑배수불충분(haploinsufficiency)이다. 46,XX 여성에서 22쌍 상염색체는 2개 모두 활성화되는 반면, X 염색체 중 1개는 대부분 불활성화된다(X chromosome inactivation). 하지만 X 염색체 2개 모두가 활성화되어야(escape inactivation) 하는 유전자(escape gene)가 존재하는데, 터너증후군 여성에서는 이러한 X 염색체의 용량-민감성 유전자(dosage-sensitive gene) 불충분으로 인해 임상상을 나타낸다. 대표적인 유전자로 X염색체 단완의 의사상동염색체 영역 1 (pseudoautosomal region 1, Xp22)에 위치하는 *SHOX* (short-stature homeobox-containing gene of X chromosome) 유전자가 있다. *SHOX* 유전자의 홑배수불충분에 의해 골격계가 성장호르몬에 저항성을 보여 성장장애가 발생하여 심한 저신장을 초래하고, 척추측만증(scoliosis), 작은턱증(micrognathia), 높은 입천장(high-arched palate), Madelung 변형 등의 골격계 임상상을 나타낼 수 있다. 또한 X 염색체의 용량-민감성 유전자들은 메틸화(methylation), 유비퀴틴화(ubiquitination), 크로마틴 변형(chromatin modification) 등의 후성유전학적 기전을 통해 상염색체 유전자(autosomal gene)의 발현 조절에도 영향을 미칠 가능성이 있다. 터너증후군 여성은 정상 대조군에 비해 X 염색체와 상염색체 모두에서 전반적으로 저메틸화(hypomethylation)되어 있어 터너증후군의 구별된 후성유전형(epigenotype)이 있는 것으로 여겨지고 있다. 다른 기전으로 정상 X 염색체의 부모 중 유래(parental origin of X chromosome)가 임상상과 관련되어 있다는 연구보고가 있었으나 관련이 없다는 연구들도 있어서 근거가 부족하며 진료 시 필요한 검사로 추천되지는 않는다.

### 3) 임상상

일부 환자는 영유아기 손발 림프부종(lymphedema) 또는 선천성 심장기형으로 진단되거나, 신생아 유전체선별검사(G스캐닝 등)에서 우연히 조기 진단된다. 대부분 환자는 소아청소년기 성장장애, 저신장, 사춘기 지연, 무월경 또는 월경불순으로 진단되며, 일부는 성인기 30~40대에 불임으로 진단되기도 한다. 외형적으로 낮은 두발선(low posterior hairline), 물갈퀴목(webbed neck), 외반주(cubitus valgus), 방패양 가슴(shield-like chest wall), 짧은 넷째중수골(short 4th metacarpal bone) 등의 모습을 보일 수 있으며, 척추측만증(scoliosis)도 10~20% 빈도로 보고되어 있다. 모든 환자가 전형적인 골격계 외형을 보이는 것은 아니므로 3백분위 수 미만의 저신장 여아에서는 외형적인 모습과 무관하게 염색체 검사를 시행해야 한다. 일부에서 이차성징 발현과 초경을 보일 수 있는데, 45,X 핵형 환자에서 자발적인 사춘기(spontaneous puberty) 15%, 초경 5% 빈도로 보고되었다. 하지만, X 염색체 홑배수불충분으로 인해 대부분의 환자는 결국 일차난소부전(primary ovarian insufficiency)으로 인한 생식샘저하증 및 불임이 된다. 46,XX 핵형 비율이 높은 섞임증 환자에서는 임상상이 경미할 수 있다.

선천성 심장기형으로 이첨판 대동맥판막(bicuspid aortic valve), 대동맥축착(coarctation of aorta) 등을 보이며, 심기형이 없더라도 성인기 이후 대동맥류(aortic aneurysm) 또는 대동맥 박리(aortic dissection) 발생위험이 높아진다. 신장요로계 기형으로 말굽신장(horse-shoe kidney), 편측 골반 내 신장(unilateral pelvic kidney), 회전이상(rotation anomaly), 중복신우(duplication of renal pelvis) 등이 있다. 원형탈모(alopecia), 백반증(vitiligo), 하시모토갑상샘염(Hashimoto thyroiditis) 등의 자가면역질환, 비만, 인슐린 저항성, 고지혈증, 당뇨병, 골다공증, 갑상샘장애 등의 내분비 질환, 그리고 고혈압, 부정맥, 허혈성심질환, 뇌졸중 등의 심혈관질환의 발생 위험이 높다. 영유아기에 중이염이 흔하며, 나이가 들수록 감각신경성 난청이 발생하기 쉽다. 대부분 90% 이상 환자에서 지능이 정상범주인데, 드물게 발달지연을 보이는 경우는 고리염색체(ring chromosome) 핵형에서 빈도가 높다는 보고가 있다. 시각-운동 조화(visual-motor coordination), 시공간 인지능력(spatial-temporal processing), 수행능력(executive function) 등의 저하를 보고한 연구들이 있다. 진단 시부터 소아청소년기에서 성인기까지 중요한 평가 및 검사 항목은 **표 5-1**과 같다(2017년 유럽 진료지침 참조).

Y 염색체를 가지는 경우(섞임증 또는 Y 염색체로부터 기원한 표지염색체)에는 생식샘의 미분화 고환조직에서 생식샘모세포종(gonadoblastoma) 발생 위험이 있다. 2017년 진료지침에서는 염색체 검사에서 Y 염색체 전체 또는 일부(Y chromosome material)가 확인되는 경우에는 예방적인 생식샘절제(prophylactic gonadectomy)를 권고한다.

### 4) 산전 진단(prenatal diagnosis)

산전 초음파에서 태아 낭림프관종(cystic hygroma), 태아수종(fetal hydrops) 소견이 있으면 융모막검사(chorionic villi sampling, CVS) 또는 양수검사(amniocentesis)를 통해 염색체 검사를 시행할 수 있다. 최근에는 비침습적산전검사(noninvasive prenatal testing, NIPT)가 염색체 이수성 확인을 위해 활용되고 있으나, 터너증후군 양성예측도는 다운증후군, 에드워드증후군, 파타우증후군보다는 다소 낮다. NIPT 검사에서 터너증후군이 발견되는 경우 실제로 양수검사에서는 이상이 없는 경우를 자주 접하게 되므로 NIPT에서 비정상적인 결과가 나오더라도 침습적인 검사인 양수검사 후 결과가 달라질 수 있다는 사실에 대해 환자와 상담해야 한다.

### 5) 치료

(1) 저신장은 성장호르몬 피하주사 치료 후 키 백분위수가 향상되는 것으로 알려져 있으며, 치료효과는 개인 차이가 있다. 신체 계측 및 부작용을 모니터링하면서 성장호르몬 용량을 조절한다.

(2) 사춘기 검진을 시행하며, 만 11~12세까지 이차성징 발현이 없으면 에스트로겐을 저용량으로 투여하기 시작하여 키가 사춘기 급성장 속도로 자라도록 점차 증량하며 성인기 투여용량에 도달하면 프로게스테론을 추가하여 주기적인 월경을 유도한다.

(3) 혈액검사를 정기적으로 시행하며 갑상샘기능검사, 혈당 및 지질 검사, 간기능검사, 비타민 D 검사 등의 추적 검사 간격은 **표 5-1**을 따른다. 골밀도 검사를 시행한다.

(4) 혈압을 정기적으로 측정한다. 진단 시 심기형이 없었던 환자도 성인기에 도달하면 대동맥 평가를 위한 심장초음파를 시행한다. 성인기 심혈관질환 이환율이 높으므로 심혈관계 위험요인에 대한 관리 및 성인기 대동맥에 대한 모니터링의 중요성을 강조한다.

(5) 진단 시 신장 초음파, 청력 검진, 안과 검진, 골격계 평가 등을 시행하며 정기적인 추적은 **표 5-1**을 따른다.

(6) 일차난소부전이므로 가임력 보존이 어려우며 일반적으로 자연임신은 어렵다. 난자를 기증받아 임신 가능하나 산과적인 합병증 위험이 있어 대동맥 평가 및 심혈관 전문의와의 협진이 필요하다. 46,XX 섞임증 환자의 가임력 보존에 관해서는 추가적인 연구가 필요하다.

**표 5-1.** 터너증후군 진단 시, 소아청소년기에서 성인기까지 중요한 평가 및 검사 항목

| 임상상 | 평가 및 검사 항목 | 진단 시 | 소아청소년기 | 성인기 |
|---|---|---|---|---|
| 저신장, 사춘기 지연, 비만, 무월경, 월경불순 | 성장 사춘기 비만도 | 시행 | 매번 내원 시 | 매번 내원 시 |
| | 난포자극호르몬(FSH) | | 11~12세 | 필요 시 |
| 고혈압 | 혈압 | 시행 | 매번 내원 시 | 매번 내원 시 |
| 갑상샘기능이상 | 갑상샘 기능검사 | 시행 | 매년 | 매년 |
| 당뇨병 | 공복 혈당, HbA1c | 10세 이후 | 10세 이후 매년 | 매년 |
| 고지혈증 | 공복 지질 검사 | | 심혈관계 위험요인(비만, 고혈압, 고혈당 등) 있으면 | 매년 |
| 간기능 이상 | 간기능 검사 | 10세 이후 | 10세 이후 매년 | 매년 |
| 골밀도 저하 | 비타민 D | | 9~11세 후 2~3년 간격 | 매년 |
| | 골밀도 검사 | | 필요 시 | 5년 간격 |
| 심장 기형, 대동맥 이상 | 심장 평가 | 심장초음파 | | |
| 신장 기형 | 신장초음파, 소변검사 | 시행 | | |
| 중이염, 청력 저하 | 청력 검진 | 시행(9~12개월) | 3년 간격 | 5년 간격 |
| 사시(Strabismus) 등 | 안과 검진 | 시행(12~18개월) | | |
| 척추측만증, 외반주 등 | 골격계 평가 | 시행 | 5~6세, 12~14세 | |
| 학습장애 등 | 신경인지기능 검사 | 필요 시 | 필요 시 | 필요 시 |

## 3. 클라인펠터증후군(Klinefelter syndrome)

### 1) 역사

1942년 Harry F. Klinefelter 등이 여성형유방(gynecomastia), 작은 고환과 정자무발생(aspermatogenesis)을 보이는 클라인펠터증후군을 보고하였으며, 1959년에 P.A.Jacobs 등에 의해 X 염색체가 하나 더 많은 47,XXY 염색체에 의한 것임이 알려졌다.

### 2) 기전

대부분의 경우 성염색체의 감수분열 시 비분리(meiotic nondisjunction)에 의해 발생하는데, 산모의 연령이 많을수록 발생 위험이 증가한다. 47,XXY의 핵형이 80~90%를 차지하며, 48,XXXY, 48,XXYY, 49,XXXXY 혹은 46,XY/47,XXY 등의 섞임증도 있다.

X 염색체 위에는 성장, 인지기능, 생식 기능 등과 관련한 유전자가 존재한다. 46,XX 여자에서 X 염색체 2개 모두 활성화되어야 하는 일부 유전자(haploinsufficient gene)를 제외하고 X 염색체 2개 중 하나는 대부분 불활성화된다(X chromosome inactivation). 반면 47,XXY 남성에서는 추가 X 염색체로 인해 불활성화가 일어나지 못하여 언어 및 인지기능 장애, 사회성발달 장애, 조기 고환부전 등의 임상상이 발생한다. 큰 키는 X 염색체에 존재하는 *SHOX* 유전자의 추가 복제수에 의해 나타나는 것으로 생각된다. 추가 X 염색체 개수가 많을수록 심한 임상상을 보인다.

### 3) 임상상

일부 환자에서 영아기에 요도하열증(hypospadia), 잠복고환(cryptorchidism), 드물게 왜소음경증(micropenis)이 동반되며, 소아기부터 또래에 비해 키가 크게 자란다. 지능은 대개 정상이나 언어발달이나 또래와의 사회성 발달에 어려움이 있는 경우도 있다.

사춘기는 또래와 비슷한 시기에 시작되어 고환 용적이 4 cc 이상으로 커지고 음모와 음경의 발달이 정상적으로 시작된다. 하지만 정상적인 이차성징이 시작된 이후에 정세관(seminiferous tubule) 내에 존재하는 생식세포(germ cell)와 버팀세포(Sertoli cell)의 세포자멸사(apoptosis)가 시작되면서 정세관의 섬유화와 유리질화가 진행되어 고환은 작아지고 딱딱해지며, 무정자증(azoospermia)이 되고 불임이 된다. 사춘기 초기에는 라이디히세포(Leydig cell)에서 테스토스테론이 정상적으로 분비되어 음모와 음경의 발달이 정상이지만, 점차 정세관이 퇴화하면서 사춘기 중기 이후에는 테스토스테론 분비도 감소하게 된다. 테스토스테론, 에스트로겐 농도의 불균형으로 인해 여성형 유방이 지속되고, 테스토스테론 감소로 인해 체모가 감소하고 키가 평균보다 크며, 팔과 다리가 키에 비해 상대적으로 길다. 건강한 청소년 남아에서도 일시적으로 사춘기 초기 생리적인 여성형 유방을 보일 수 있는데, 만약 사춘기 중기 이후에도 여성형 유방이 지속되면서 음모와 음경발달에 비해 고환이 매우 작고 딱딱하다면 클라인펠터증후군을 의심해야 한다.

사춘기 초반 정상적으로 이차성징이 발현하여 진행하다가 고환의 퇴화가 나중에 일어나므로 소아청소년기에 진단되는 비율은 낮다. 대부분 성인기 성기능장애 또는 불임으로 진단되고 약 10% 정도만 소아청소년기에 진단되는데, 신생아 유전체선별검사(G스캐닝 등) 이상으로 내원하거나 요도하열, 잠복고환, 여성형유방 등의 증상으로 진단된다. 클라인펠터증후군은 남자 일차고환부전(primary testicular failure), 고생식샘자극호르몬 생식샘저하증(hypergonadotropic hypogonadism)의 가장 흔한 원인이다. 골밀도 감소, 비만, 인슐린 저항성이 증가하고, 성인기 부정맥과 혈전증 위험이 높아 심혈관질환 이환율과 사망률이 높으며, 자가면역질환과 종양(유방암, 전립선암, 림프종 등) 발생빈도가 높다고 알려져 있다. 학습부진, 인지기능, 언어능력, 수행능력 등의 저하를 보일 수 있으며, 정신질환 발생 위험이 높다는 보고가 있다.

### 4) 치료

(1) 생식샘저하증에 대해서는 테스토스테론을 보충한다.

테스토스테론 성인기 용량 투여 시 정기적인 헤마토크릿, 전립선특이항원(prostate specific antigen)검사 모니터링이 필요하다.

(2) 일차고환부전이므로 정자발생(spermatogenesis) 관련하여 가임력 보존 및 자연임신은 어렵다. 국외에서 고환조직정자채취술(testicular sperm extraction, TESE) 시도 보고가 있으나 성공율이 낮고 실험적이다.

(3) 허리둘레와 혈압측정, 혈당 및 지질 검사 등 심혈관계 위험요인에 대한 평가와 함께 갑상샘기능검사, 골밀도 검사 등을 정기적으로 시행한다.

## 4. 47,XXX

X 삼염색체 증후군(trisomy X)으로 불리며, 정상 여성의 외형을 보여 신체적인 이상 소견이 매우 드물고, 대부분 의학적으로 문제가 없다. 일부 환자에서 근긴장저하, 발달지연, 언어 및 학습장애를 보이며, 일반인에 비해 불임이나 조기난소부전 빈도가 더 높은 것으로 보고되고 있다. 산모 연령이 많을수록 발생 빈도가 증가한다. 48,XXXX 및 49,XXXXX와 같이 X 염색체가 4개 이상인 경우도 있는데, 추가 X 염색체 수가 많을수록 정신지체와 신체이상의 빈도가 증가한다.

## 5. 47,XYY

키가 평균보다 크며 정상 남성의 외형을 보여 신체적인 이상 소견이 거의 없다. 대부분 정상 남성의 생식기능을 가진다. 지능(IQ)이 평균보다 10~15점 낮아서 지능저하로 인한 행동문제를 보일 수 있다. 주의력결핍과다활동장애, 자폐증, 학습장애 빈도가 높아 신경발달평가가 필요하다.

### 증례 2 | 저신장과 사춘기 지연 증상으로 진단된 터너증후군

**1) 내원 당시 주소**

12세 여아가 키가 작아서 병원에 왔다.

**2) 임상증상 및 가족력**

임신나이 39주에 질식 분만으로 3.1 kg 출생하였다. 영유아기에 잦은 중이염의 병력이 있었고, 운동 및 언어 발달은 정상이었다. 돌 때 체중 8 kg이었고. 또래에 비해 키가 계속 작았다. 아이는 현재 초등 6학년으로 또래 친구들에 비해 키가 작고 유방 발현이 없어서 스트레스를 호소하였다. 특이질환의 가족력은 없었다. 아빠키 175 cm, 엄마키 160 cm이었으며 엄마는 초등 6학년에 초경을 하였다.

**3) 진찰소견**

키 133 cm (<3 백분위수), 체중 40 kg (25 백분위수), 체질량지수 22.9 (90 백분위수)이다. 진찰상 유방 성성숙도 1단계, 음모 성성숙도 2단계였다. 낮은 두발선(low posterior hairline), 물갈퀴목(webbed neck), 방패양 가슴(shield-like chest wall), 팔꿈치 관절의 외반주(cubitus valgus) 소견을 보였다.

**4) 검사소견**

골연령은 12세이고 짧은 넷째중수골 (short 4th metacarpal bone)을 보였다. 일반혈액검사(Hb, WBC, Platelet), 간기능검사, 신기능검사, 갑상샘 기능검사, 인슐린유사성장인자-I(insulin like growth factor-I) 수치는 정상 범위였다. 난포자극호르몬(follicular stimulating hormone, FSH) 수치가 37 mIU/mL으로 상승되어 있었고, 황체형성호르몬(luteinizing hormone, LH) 2.1 mIU/mL, 에스트라디올 19 pg/mL로 확인되었다. 염색체 검사를 시행하였고, 45,X 확인되었다.

**5) 추가평가 및 치료**

혈압은 110/80 mmHg 정상 범위였고, 심장 초음파에서 이첨판 대동맥판막(bicuspid aortic valve) 확인되었으나 대동맥 확장 소견은 없었다. 신장 초음파에서 말굽신장 확인되었고 소변검사는 정상이었다. 척추측만증은 없었고, 안과 및 청력검사는 정상이었다. 허리둘레 75 cm (>90 백분위수), 혈당 105 mg/dL (공복혈당 장애), 중성지방 200 mg/dL (고중성지방혈증) 확인되어 영양상담 및 생활습관 교정에 대한 교육을 시행하였다. 성장호르몬 피하주사를 시작하였으며, 이차성징 발현을 위한 저용량의 에스트로겐 투여를 시작하였다.

## III. 단친성 이염색체증(Uniparental disomy, UPD)

한 쌍의 염색체는 양쪽 부모로부터 각각 한 개씩 유래하는 것이 전형적인 유전 양식이다. 그러나, 단친성 이염색체증은 한 쌍의 염색체 두 개가 한쪽 부모로부터만 유래하는 것으로서, 매우 드문 유전적 현상이다. 모계로부터 유래하면 모계 단친성 이염색체증(maternal UPD), 부계로부터 유래하면 부계 단친성 이염색체증이라고 한다. UPD의 개념은 1980년에 Engel 등이 처음 기술하였고, 1988년에 Spence 등에 의해 그 기전이 증명되었다. UPD는 무증상부터 각인 현상이나 여러 유전 질환까지 다양한 임상적 영향을 초래한다. 본 장에서는 UPD가 발생하는 기전, 종류, 임상적 영향을 기술한다.

### 1. UPD 발생기전

UPD가 발생하는 과정은 염색체의 비분리(nondisjunction) 현상과 삼염색체 구조(trisomy rescue) 또는 단일염색체 구조(monosomy rescue) 과정이 복합적으로 작용한다.

#### 1) 비분리 현상

UPD는 세포분열 동안 염색체 분리 시 에러가 발생하는 것이 일차적으로 선행한다. 특히 감수분열 1단계와 2단계 동안 염색체 비분리가 UPD의 대부분을 차지하지만 드물게 체세포분열시 염색체 비분리에 의해 발생할 수도 있다. 감수분열 동안 염색체의 비분리가 일어나면 이염색체(disomy) 또는 무염색체(nullisomy)를 가진 생식세포가 형성된다(**그림 5-3, 5-4**).

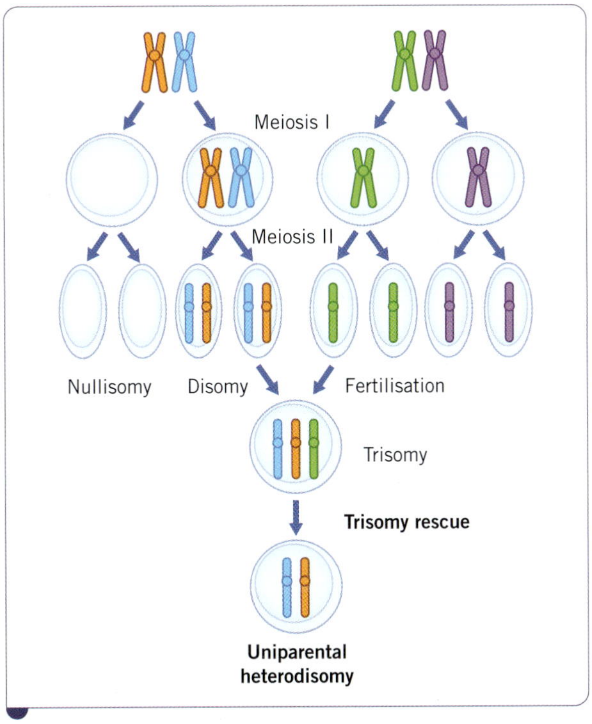


**그림 5-3.** 감수분열 1단계에서 비분리 현상으로 인해 이염색체의 생식세포가 생성되고 수정된 삼염색체의 접합자가 삼염색체 구조 과정에서 단친이종이염색체를 형성한다.

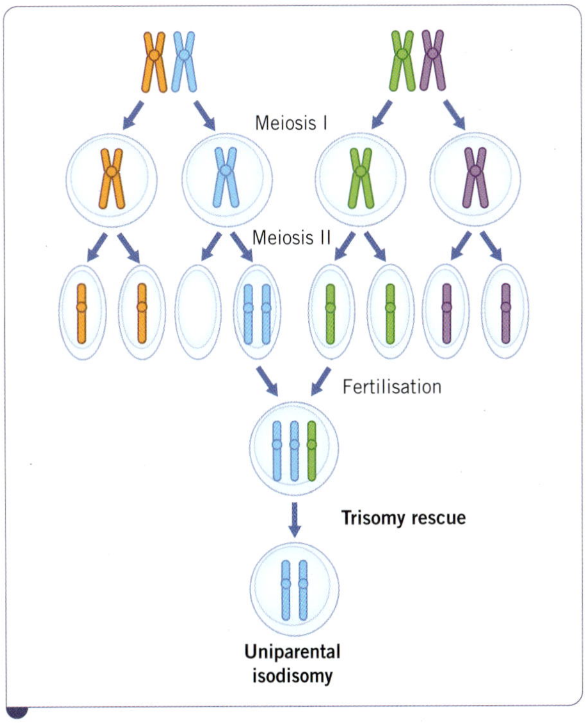


**그림 5-4.** 감수분열 2단계에서 비분리 현상으로 인해 이염색체의 생식세포가 생성되고 수정된 삼염색체의 접합자가 삼염색체 구조 과정에서 단친동종이염색체를 형성한다.

### 2) 삼염색체 구조

이염색체의 생식세포로부터 수정된 삼염색체의 수태물(conceptus)에서 접합후 체세포분열(post-zygotic mitosis) 동안 염색체 한 개를 소실하는 과정을 삼염색체 구조라고 한다(그림 5-3, 5-4). 이 과정에서 3분의 1 확률로 한쪽 부모로부터만 2개의 염색체가 남게 되는 UPD가 발생한다.

### 3) 단염색체 구조

단염색체 구조는 매우 드문 현상으로써, 단염색체의 수태물에서 염색체를 복제하여 이염색체 세포를 형성하는 과정이다.

## 2. UPD 종류

### 1) 이종이염색체(heterodisomy)

한쪽 부모로부터 유래한 2개의 상동염색체가 유전적으로 완전히 다른 이염색체를 의미한다. 감수분열 1단계에서 비분리 현상으로 인해 이염색체의 생식세포를 만들고 수정후 삼염색체 구조 과정에서 UPD가 형성되면 이종이염색체를 가진다(그림 5-3). 다른 드문 기전으로서 감수분열 1단계에서 비분리된 이염색체의 생식세포가 무염색체의 생식세포와 수정이 되는 경우에도 이종이염색체를 가지게 된다(그림 5-5).

### 2) 동종이염색체(isodisomy)

한쪽 부모로부터 유래한 2개의 상동염색체가 유전적으로 완전히 동일한 이염색체를 의미한다. 생식세포분열시 유전자 재조합이 발생하지 않은 염색체가 감수분열 2단계에서 비분리 현상으로 인해 이염색체의 생식세포를 만들고 수정후 삼염색체 구조 과정에서 UPD가 형성되면 동종이염색체를 가진다(그림 5-4). 다른 기전으로는 무염색체의 생식세포와 수정된 단염색체의 접합자가 단염색체 구조 현상이 발생하면 동종이염색체를 가진다.

### 3) 부분 이종/동종이염색체(partial hetero/isodisomy)

생식세포분열 시 유전자 재조합이 발생하는 경우, 감수분열 1단계 또는 2단계에서 비분리된 염색체가 유전자 재조합을 가지고 있으면 UPD의 염색체는 부분 이종/동종이염색체를 보인다(그림 5-6).

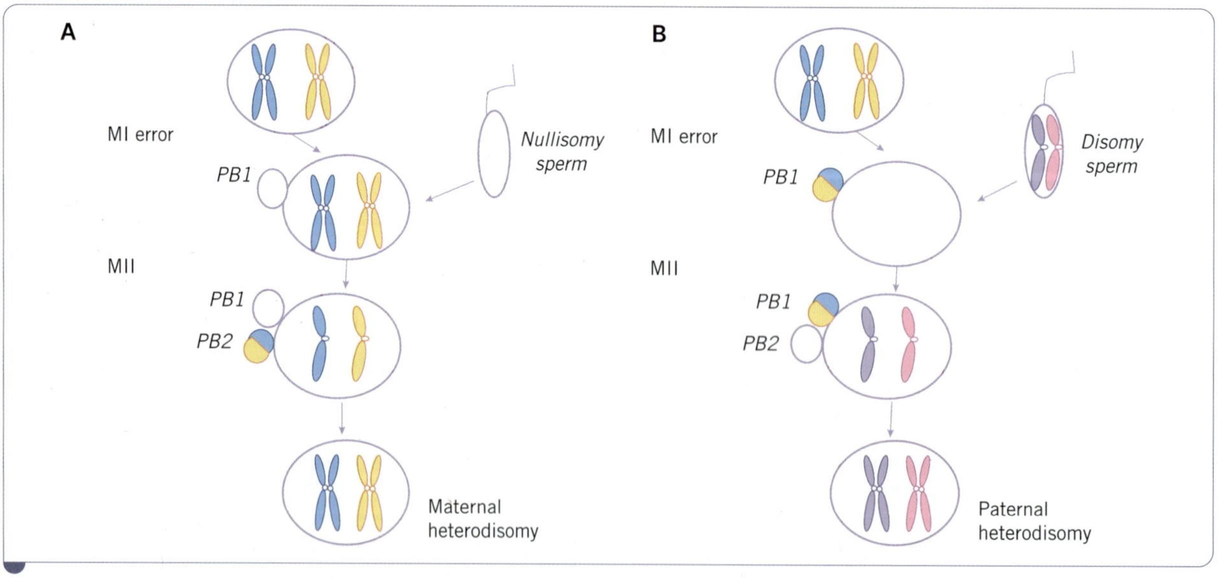


그림 5-5. 감수분열 1단계에서 비분리된 이염색체의 생식세포가 무염색체의 생식세포와 수정이 되어 모계 이종이염색체(A), 또는 부계 이종이염색체(B)를 형성한다.

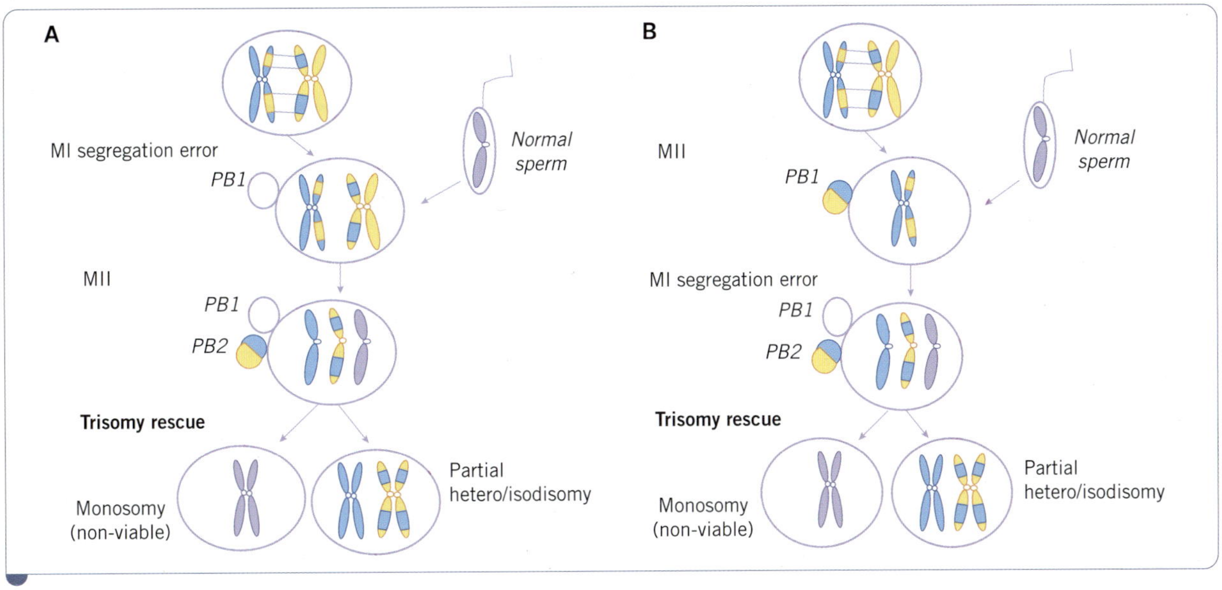


**그림 5-6.** 생식세포분열시 유전자 재조합이 발생한 후, 감수분열 1단계**(A)** 또는 감수분열 2단계**(B)**에서 비분리된 염색체가 유전자 재조합을 가지고 있으면 삼염색체 구조 과정 후 생성된 UPD의 염색체는 부분 이종/동종이염색체를 가진다.

## 3. UPD의 임상적 영향

### 1) 유전체 각인(genomic imprinting)

각인 유전자가 존재하는 염색체의 UPD일 경우 질환을 초래할 수 있다. 대표적으로 6, 7, 11, 14, 15, 20번 염색체가 부모의 유래에 따라 유전자발현에 차이를 보이는 각인 유전자를 포함하고 있는 것으로 알려져 있고, UPD와 관련된 임상 증상 또는 질환을 **표 5-2**에 정리하였다.

**표 5-2.** 단친성 이염색체증과 연관된 임상 질환

| Chromo-some region | Disomy | Disorder |
|---|---|---|
| 6q24.2 | Paternal | Diabetes mellitus, transient neonatal 1 |
| 7q32.2 | Maternal | Silver-Russell syndrome 2 |
| 11p15 | Paternal | Beckwith-Wiedemann syndrome |
| 11p15 | Maternal | Silver-Russell syndrome 3 |
| 14q32.2 | Maternal | Temple syndrome |
| 14q32.2 | Paternal | Kagami-Ogata syndrome |
| 15q11.2-q13 | Maternal | Prader-Willi syndrome |
| 15q11.2-q13 | Paternal | Angelman syndrome |
| 20q11-q13 | Maternal | Mulchandani-Bhoj-Conlin syndrome |
| 20q13.32 | Paternal | Pseudohypoparathyrodism, type 1 |

### 2) 상염색체 열성질환(autosomal recessive disorders)

상염색체 열성질환의 돌연변이를 가진 염색체가 동종이염색체(isodisomy)로 형성될 경우, 동형접합(homozygous)의 상염색체 열성질환를 나타내게 된다.

### 3) 섞임증

삼염색체의 접합자로 수정된 후 세포분열에서 삼염색체 구조가 일어나면 삼염색체 세포와 이염색체 세포가 형성된다. 삼염색체 구조가 일어나는 시기에 따라 삼염색체/이염색체 섞임증의 범위와 정도에 차이가 있다. 세포분열 초기 단계에 삼염색체 구조가 있으면 수태산물의 대부분이 이염색체 세포이지만, 후기 단계에서 구조 과정이 발생하면 태아는 삼염색체/이염색체 섞임증을 가질 수 있다. 섞임증이 있을 경우 염색체의 종류와 삼염색체를 가진 세포의 정도는 임상 결과와 표현형에 영향을 준다.

## 증례 3 | 근긴장저하로 내원하여 진단된 프라더-윌리증후군

### 1) 가족력 및 임상증상

여아는 임신 38주에 둔위분만으로 인해 제왕절개로 출생하였고, 출생 체중은 2.7 kg이었다. 약한 울음소리와 근긴장저하, 수유곤란으로 신생아중환자실에서 치료를 받다가 생후 1개월째 본원으로 전원 되었다. 가족력은 특이 사항이 없었다.

### 2) 진찰소견

입원당시 체중은 3.2 kg, 신장은 53.5 cm, 심박수 141회/분, 호흡수 40회/분 혈압 82/45 mmHg, 체온은 36.4도였다. 신경학적 검사상 모로반사와 파악반사, 흡철반사는 정상이었으나 근긴장저하 소견이 있어, 추정 진단은 저긴장영아증후군이었다.

### 3) 검사소견

저긴장영아증후군에 대한 유전자검사들을 시행하였다. 염색체 검사는 정상 핵형을 나타내었다. 척수성근위축증 관련 *SMN* 유전자검사는 정상 소견을 보였고, *SNRPN* 유전자 메틸화-PCR 검사에서 모계 동종 *SNRPN* 메틸화의 비정상 소견이 관찰되었다. 염색체 마이크로어레이검사에서 15번 염색체 장완에서 31.7 Mb 크기의 동형접합성 소견(보라색선)이 있었다. 이는 유전자 재조합을 가진 15번 염색체가 감수분열 1단계에서 비분리로 인해 부분 이종/동종이염색체의 UPD를 가진 것으로 해석된다.

### 4) 진단 및 치료경과

모계 단친성 이염색체증으로 인한 프라더-윌리증후군으로 진단하였고, 영양치료와 재활치료를 시작하였다.

### 5) 요약: 발병빈도, 유전방식, 발병기전, 유전상담 및 관리

프라더-윌리증후군의 발병빈도는 10,000~30,000명당 1명으로 추정된다. 프라더-윌리증후군의 발병 기전은 15번 염색체 장완 q12에 존재하는 부계 유래의 각인 유전자가 기능을 상실하는 것이 원인으로서, 다양한 유전학적 결함이 이 질환의 발병기전으로 작용한다. 가장 흔한 발병기전은 부계로부터 유래한 15번 염색체 장완 q11.2-q13의 결실로서 60~70%

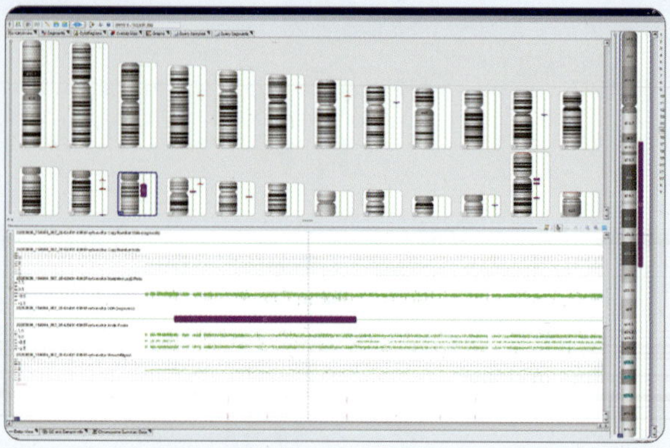

**그림 1.** 염색체 마이크로어레이검사. 15번 염색체 장완, 15q12-q22.2의 31.7 Mb 구간에서 동형접합성을 보이고 있다(보라색선).

를 차지하고, 두번째 기전으로 모계 단친성 이염색체증이 25~40%에서 관찰된다. 그 외 각인센터의 결실이나 돌연변이가 2% 정도로 알려져 있다. 15번 염색체 장완의 결실이나 모계 단친성 이염색체증은 대부분 de novo로 발생이며, 재발위험도는 1% 미만이다.

효과적인 치료법은 아직 없으며, 각 성장 시기에 따른 임상증상별로 평가하고 관리한다. 관리에 있어 주안점은 비만과 그에 따른 합병증, 성선기능저하, 지능저하의 개선이다. 영아기에는 영양섭취량을 유지하기 위한 영양방법과 상담이 필요하다. 소아기에는 일일 음식 섭취량을 엄격하게 관리하고 신체활동을 적극 권장한다. 성장 호르몬 치료는 키를 정상화하고, 근육량과 기동성을 높이며, 체지방량을 감소시키는 데 도움이 된다. 뇌신경 발달 문제, 안과 문제, 수면 문제, 척추측만증, 엉덩이 발육 부전 등 표준 치료가 필요하다. 주기적으로 발달, 성장, 피부, 치아, 발작, 수면과 행동 문제, 정신 증상 및 가족 요구 사항을 모니터링해야 한다. 남아는 매년 생식기 위치를 평가해야 하며, 십대 및 비만이나 급격한 체중 증가가 있는 사람들은 당화혈색소 및/또는 포도당 내성 검사를 평가해야 한다.

## IV. 유전체 질환(Genomic disorders)

유전체 질환은 임상적 영향을 미치는 유전체의 구조적 변이에 의해 발생하는 질환으로서 미세결실 또는 미세중복 등의 복제수변이(copy number variation, CNV)가 중요한 원인을 차지한다.

미세결실이나 미세중복은 발생 기전상 유전체의 특정 부위에서 호발하는 경향이 있기 때문에 특징적인 표현형을 나타내는 미세결실증후군(microdeletion syndrome) 또는 미세중복증후군(microduplication syndrome)이 유전체질환으로 많이 알려져 있다. 또한 복제수변이 구간내 연속된 여러 유전자의 영향을 함께 받기도 하기 때문에 인접유전자증후군(contiguous gene syndrome)인 경우도 있다.

본 장에서는 유전체의 구조적 변이를 초래하는 분자적 기전과 유전체질환의 유전학적 병인 기전 및 특성을 이해하고자 한다.

### 1. 유전체의 구조적 변이를 초래하는 분자유전학적 기전

유전체의 여러 가지 구조적 변이를 초래하는 분자적 기전은 아직 완전히 규명된 것은 아니지만, 재발성 유전체재배열(recurrent rearrangements)과 비재발성 유전체재배열(non-recurrent rearrangements)로 구분하여 각각의 중요한 기전을 알아본다.

#### 1) 재발성 유전체재배열

인간 유전체는 반복된 염기서열(repeat sequence) 부위가 약 50%를 차지하고 그중에 분절중복(segmental duplication, SD)과 low copy repeats (LCRs)가 있다.

SD는 크기가 1 kb 이상이면서 90% 이상의 염기서열 동질성을 가진 중복된 분절로서, 인간 유전체의 7%를 차지한다. LCRs은 SD와 동의어로 사용되기도 하지만, 95% 이상의 염기서열 동질성을 가진 복제 반복의 클러스터를 의미한다. LCRs은 10 kb 이상의 크기를 가지며, LCRs 구간은 SD들로 이루어져 있다.

동질성이 높은 LCRs이 10 Mb 이내에 서로 존재할 경우 불균형교차(unequal crossing over)가 일어나면서 nonallelic homologous recombination (NAHR)이 발생하기 쉽고, 이로 인해 유전체의 결실(deletion), 중복(duplication), 역위(inversion)의 결과가 생기고, 일정한 크기로 재발하는 복제수변이를 초래하게 된다(**그림 5-7**). LCRs 들이 존재하는 부위에서 결실 또는 중복의 복제수변이를 가진 유전체질환들이 자주 발생한다. 이러한 각각의 유전체질환은 환자마다 동일한 복제수변이를 가지며 특징적이고 공통적인 표현형을 나타낸다. **표 5-3**은 LCRs에 의한 대표적인 유전체질환들을 정리

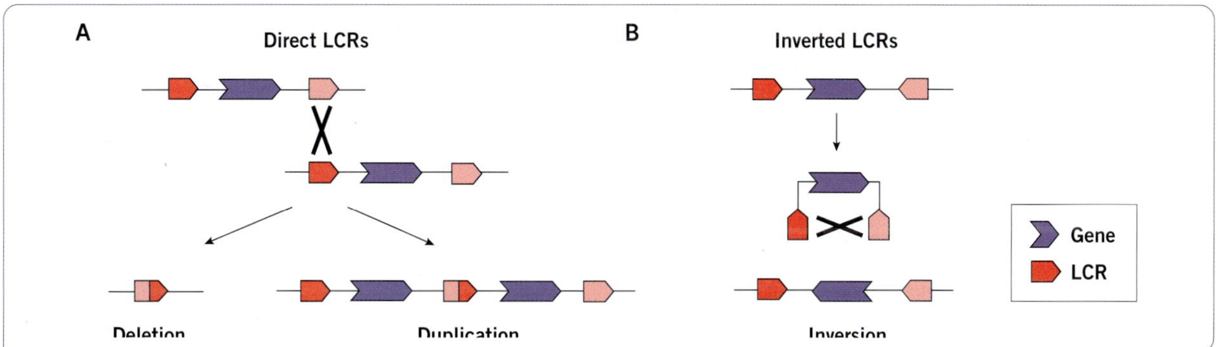


**그림 5-7.** 재발성 유전체재배열(recurrent rearrangements)의 기전. LCRs이 매개되어 불균형교차(unequal crossing over)가 일어나면서 nonallelic homologous recombination (NAHR)이 발생. **(A)** Direct LCRs은 NAHR에 의해 LCRs 사이의 유전체 구간이 각각 결실(deletion)과 중복(duplication)이 되고, **(B)** indirect LCRs은 NAHR에 의해 LCRs 사이의 유전체 구간이 역위(inversion)된다.

**표 5-3.** LCRs에 의한 대표적인 유전체질환

| Disorders | Location | Genomic rearrangement type | Size (Mb) |
|---|---|---|---|
| 1q21.1 deletion/duplication syndrome | 1q21.1 | Deletion/duplication | 0.8 |
| Williams syndrome | 7q11.23 | Deletion | 1.4 |
| 7q11.23 duplication syndrome | 7q11.23 | Duplication | 1.4 |
| Prader-Willi/Angelman syndrome | 15q11-q13 | Deletion | 4.6/5.5 |
| 16p11.2 deletion/duplication syndrome | 16p11.2 | Deletion/duplication | 0.6 |
| Smith-Magenis syndrome | 17p11.2 | Deletion | 3.4 |
| Potocki-Lupski syndrome | 17p11.2 | Duplication | 3.4 |
| HNPP (hereditary neuropathy with liability to pressure palsy) | 17p12 | Deletion | 1.3 |
| Charcot-Marie-Tooth disease type 1A | 17p12 | Duplication | 1.3 |
| 22q11.2 deletion syndrome/DiGeorge syndrome | 22q11.2 | Deletion | 1.5/2.5 |
| 22q11.2 duplication syndrome | 22q11.2 | Duplication | 1.5/2.5 |
| Cat eye syndrome | 22q11.2 | Triplication | 2.5 |

한 것이다.

LCRs의 NAHR이 발생하면 결실된 대립유전자와 중복된 대립유전자가 각각 생성되므로, 윌리엄스증후군(Williams syndrome)과 7q11.23 중복증후군, 22q11.2 미세결실 증후군(디조지증후군)과 22q11.2 중복증후군처럼 미세결실증후군에 대한 상보적인 미세중복증후군이 알려진 경우가 많다.

### 2) 비재발성 유전체재배열

일정한 유전체 위치에서 동일한 크기로 호발하는 복제수변이와는 달리, 개인마다 고유한 크기와 유전적 구성을 가진 복제수변이들도 존재한다. 이러한 비재발성의 유전체재배열이 발생하는 것은 nonhomologous end joining (NHEJ)과 fork stalling and template switching (FoSTeS)/microhomology-mediated break-induced replication (MMBIR)와 같은 기전이 작용한다.

유전체의 특정 부위에서 각각 다른 크기의 비재발성 복제수변이가 많이 존재하는 유전체질환에서는 환자들이 가지고 있는 복제수변이에서 공통되는 가장 작은 구간(smallest region of overlap, SRO) 내에 존재하는 유전자가 그 질환의 표현형을 일으키는 원인 유전자일 가능성이 높다.

## 2. 유전체질환의 유전학적 병인 기전

### 1) 유전자 용량 민감성

유전자의 용량에 민감성(gene dosage sensitivity)이 표현형에 영향을 주는 유전자가 복제수변이 구간에 포함되는 기전이 유전체질환의 주요한 병인으로 작용한다(**그림 5-8**).

기능소실(loss of function) 변이를 가지는 유전자가 홑배수로 존재할 경우 기능부전을 유발하는 것을 홑배수부전(haploinsufficiency)이라고 한다. 복제수소실을 가지는 많은 유전체질환에서 홑배수부전의 유전자를 포함하고 있다. 대표적으로 22q11.2 미세결실 증후군은 *TBX1* 유전자, 윌리엄스증후군은 *ELN* 유전자가 알려져 있다.

유전자수가 세 개 또는 그 이상 존재하여 표현형을 나타내는 유전자를 세배수민감(triplosensitivity)이라고 한다. 세배수민감 유전자를 포함한 복제수증가(copy number gain)를 가지는 유전체질환으로는 *RAI* 유전자의 Potocki-Lupski 증후군, *PMP22* 유전자 복제수증가에 의한 샤르코-마리-투스병

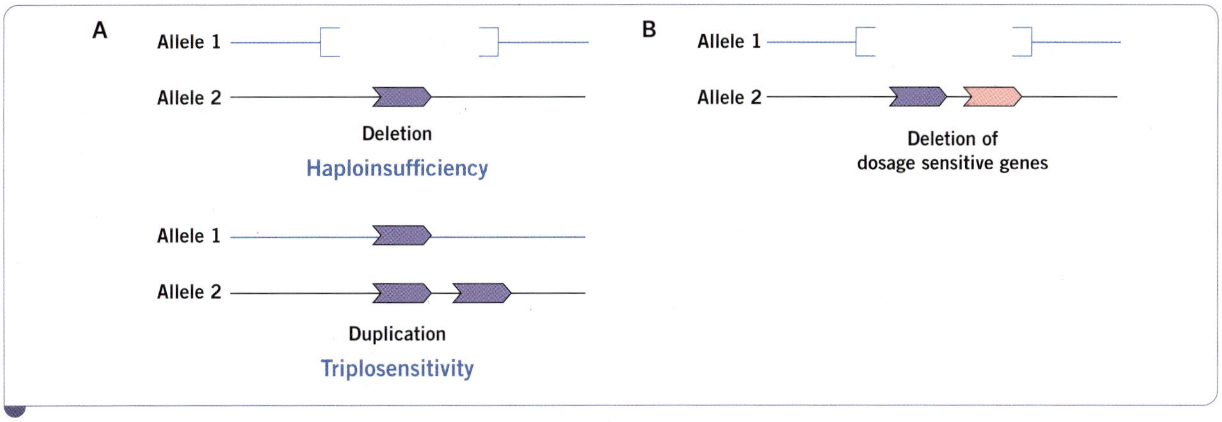


**그림 5-8.** 유전체질환의 유전학적 병인 기전. **(A)** 용량 민감성(dosage sensitivity): 홑배수부전(haploinsufficiency) 유전자가 복제수소실되거나 세배수 민감(triplosensitivity) 유전자가 복제수증가. **(B)** 2개 이상의 용량 민감성 유전자가 복제수소실 구간에 포함.

이 있다.

### 2) 인접유전자증후군

복제수변이 구간내에 용량 민감성을 가지는 유전자가 2개 이상 포함되어 있는 경우는 각각의 표현형을 함께 나타낼 수 있다(**그림 5-8**). 전형적인 예로는 16p13.3에서 바로 인접해 있는 *TSC2* 유전자와 *PKD1* 유전자를 포함한 복제수소실은 결절경화증(tuberous sclerosis)과 영아다낭콩팥병(infantile polycystic kidney disease)을 나타낸다. 다른 예로는 11p13에서 *WT1* 유전자와 *PAX6* 유전자를 포함한 복제수소실은 빌름스종양(Wilms tumor), 무홍채증(aniridia), 비뇨생식기기형(genitourinary anomalies), 정신지체(mental retardation)의 증상을 나타내어 WAGR 증후군이라고 한다. *RAI1* 유전자와 *PMP22* 유전자를 포함한 비재발성의 복제수증가를 드물게 볼 수 있고 이를 Yuan-Harel-Lupski 증후군이라고 한다.

### 3) 유전자중절, 유전자융합 및 발현조절요소

유전체질환에서 유전학적 병인 기전은 용량 민감성 외에 유전자중절(gene interruption), 유전자융합(gene fusion), 발현조절요소(expression regulatory element)가 관여할 수 있다.

유전체재배열 또는 복제수변이에 의해 홑배수부전을 나타내는 유전자의 일부가 중절되면 해당 유전자와 연관된 임상 표현형을 나타낼 수 있다. 유전체재배열에 의해서 또는 복제수변이의 양쪽 끝이 두 개의 유전자 각각을 중절시키면 두 유전자가 융합되어 새로운 기능의 유전자가 형성될 수도 있다. 또한 복제수변이 구간이 홑배수부전 유전자의 발현조절요소를 포함하면 임상적 영향을 줄 수 있다.

## 3. 유전체질환의 특성

용량 민감성 유전자의 복제수변이가 중요한 병인으로 작용하는 유전체질환으로 대표적인 윌리엄스증후군, 프라더-윌리/엔젤만 증후군, 스미스-마제니스 증후군, 22q11.2 미세결실 증후군 등은 임상 표현형이 잘 알려져 있다. 그러나 환자마다 표현형이 차이(phenotypic variability)가 있고, 가족내에서도 임상 소견의 차이를 보이기도 한다.

재발성의 복제수변이를 가지는데도 원인유전자가 밝혀져 있지 않은 유전체질환이 많고, 임상 표현형이 불완전투과도를 보이는 유전체질환도 있다. 많은 유전자를 포함한 복제수변이를 가지는 유전체질환은 복합적이고 비특이적인 임상증상을 나타낸다. 유전방식은 상염색체 우성이므로 자녀에서 재발 위험은 50%이지만, 질환에 따라 유전적성도(genetic fitness)가 다르다.

## 증례 4 | 심장기형과 안면기형으로 내원하여 진단된 22q11.2 미세결실 증후군(디조지증후군)

### 1) 임상증상

생후 5개월의 여자 환아로서 산전초음파에서 전방이상정렬 심실중격결손(anterior malalignment ventricular septal defect)이 관찰되었고 임신 38주에 체중 2,440 gm으로 정상 분만으로 출생하였다. 출생시 폐쇄항문(imperforate anus)이 확인되었고 경과 추적 중 안면기형이 관찰되어 협진 의뢰되었다. 가족력은 특이 사항이 없었다.

### 2) 진찰소견

전방이상정렬 심실중격결손의 심장기형과 무항문증이 확인되었고, 생후 5개월에 체중 10 백분위수, 신장 25 백분위수, 두위 25 백분위수였다. 좁은 눈꺼풀틈새, 낮은 콧잔등과 둥근 코끝, 갈린 목젖(bifid uvula)의 소견을 나타내어 임상적으로 22q11.2 미세결실 증후군이 의심되었다.

### 3) 검사소견

5개월 때 시행한 검사에서 WBC 12.2x103/uL, T 세포 41.9%, 칼슘 9.5 mg/dL, phosphorus 4.8 mg/dL, PTH 36.9 pg/mL을 보였다.

염색체 검사는 정상 핵형을 나타내었고, 염색체 마이크로어레이검사 결과 22q11.2에서 2.5 Mb 크기의 복제수소실이 검출되었고 이 복제수변이는 22q11.2 미세결실 증후군에서 알려진 구간과 일치하였다.

### 4) 진단 및 치료경과

임상 소견과 염색체마이크로어레검사 결과에 따라 22q11.2 미세결실 증후군으로 진단하였다.

출생 직후에 개방 항문 성형 수술을 했고, 5개월에는 심장수술을 시행하였으며, 유전상담과 함께 주기적으로 혈액검사를 추적하면서 전문적인 재활치료를 지속적으로 시행하고 있다.

### 5) 요약: 발병빈도, 발병기전, 유전상담 및 관리

22q11.2 미세결실 증후군의 유병률은 4,000~6,000명 중 한 명으로 추정된다.

22q11.2에는 LCRs 구간이 여러 개 존재하며, 다양한 LCRs이 매개되어 불균형교차(unequal crossing over)가 일어나면서 여러 가지 크기의 복제수변이가 만들어진다. 22q11.2 미세결실 증후군의 85%는 2.5 Mb 크기의 복제수소실을 나타내고, 나머지 15%는 1.5 Mb 또는 다른 크기의 복제수소실을 가지며, 모두 *TBX1* 유전자가 포함되어 있다. *TBX1* 유전자는 3번째와 4번째 인두낭(pharyngeal pouch)을 형성하는 데 중요한 역할을 하는데 *TBX1* 유전자의 홑배수부전 때문에 3번째와 4번째 인두낭과 연관된 심장기형, 비정상 얼굴 모양(Abnormal facial features), 흉선 발육부전(Thymus underdevelopment), 구개열(Cleft palate), 저칼슘혈증(Hypocalcemia) 등의 임상 증상을 나타낸다. 하지만 이러한 임상 소견은 환자마다 다양하게 표현되며, 그 외 소화기계 비뇨기계 골격계 이상, 면역결핍과 자가면역질환, 발달지연, 학습부진, 청력소실, 정신질환 등이 발현될 수 있다.

22q11.2 미세결실 증후군 환자의 90% 이상은 de novo 발생이고 10% 정도가 22q11.2 결실을 가진 부모에서 유래한다. 상염색체 우성 유전을 하기 때문에 22q11.2 미세결실 증후군 환자의 자녀는 50%에서 22q11.2 결실을 가질 수 있다. 22q11.2 미세결실 증후군 환자는 산전 유전상담과 검사가 필요하다.

22q11.2 미세결실 증후군의 관리는 해부학적 이상에 대한 수술, 증상의 완화를 목표로 하는 대증요법과 각종 부작용과 합병증을 완화시키기 위한 지지요법, 언어를 포함한 재활치료 등이 있다.

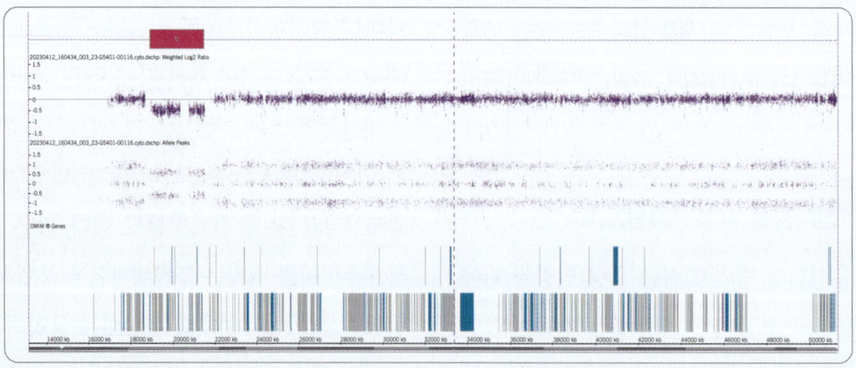

**그림 1.** 염색체 마이크로어레이검사. 22번 염색체 장완 22q11.2에서 2.5 Mb 크기의 복제수소실을 보였다.

## V. 유전체 각인 질환
(Disorders associated with genomic imprinting)

### 1. 유전체 각인

유전체 각인(genomic imprinting)은 후생적 현상의 하나이다. 각인 현상이 알려지기 이전에는 상동 염색체 상의 한 쌍의 유전자가 모두 동등하게 발현된다고 생각이 되었으나, 현재는 유전자가 아버지로부터 유전되는지, 어머니로부터 유전되는지에 따라 다른 임상적 특징이 나타날 수 있다는 것이 알려져 있다. 이러한 "부모-기원" 효과를 유전체 각인이라고 하며, CpG 부위에서 발생하는 DNA 메틸화가 주요 메커니즘이다. 메틸화는 인간 유전체의 극히 일부에서만 일어나는 과정으로, 배우자 형성을 통해 특정 DNA 서열에 적용된다. 모성 혹은 부성 한쪽에서 유래된 대립 유전자발현은 모든 체세포에서 발생할 수 있으며, 특정 조직이나 발달 단계에서도 발생할 수 있다. 현재까지 약 100개의 인간 유전자가 각인된 것으로 알려져 있으며, 관련된 영역은 차등 메틸화 영역(differentially methylated regions, DMRs)으로 알려져 있다. 이러한 DMRs은 각인된 영역에 존재하는 유전자들의 발현을 제어하는 각인 제어 영역(imprinting control regions, ICRs)을 포함하고 있다.

유전체 각인의 증거는 잘 알려진 유전학적 증후군 두 쌍에서 대표적으로 확인할 수 있다. 15q11-q13와 관련된 프라더-윌리증후군(Prader-Willi syndrome)과 엔젤만증후군(Angelman syndrome) 그리고 11p15와 관련된 베크위드-비데만증후군(Beckwith-Wiedemann syndrome)과 러셀-실버 증후군(Russell-Silver syndrome)이 그것이다.

#### 1) 프라더-윌리증후군

프라더-윌리증후군은 20,000명 출생아 중 1명의 빈도로 발생하며, 단신, 비만, 생식샘저하증 및 학습 장애를 특징으로 한다(그림 5-9).

프라더-윌리증후군 환자의 약 65% 내지 70%는 fluorescence in situ hybridization (FISH)를 포함한 기존의 세포유전학적 검사 기법들로 확인 가능한 염색체 15q11-q13의 약 2 Mb 크기의 결실에 의한다. 추가적인 유전학적 분석으로 결실 부위를 포함하는 염색체는 거의 대부분 아버지에게서 유래된 염색체라는 것을 알게 되었다. 염색체 결실이 확인되지 않는 프라더-윌리증후군의 나머지 25~30%는 15번 상동 염색체 한 쌍이 모두 어머니에서 유래되는 모계 단친성 이염색체증(uniparental disomy, UPD)에 의한다.

프라더-윌리증후군은 15q11-q13의 각인 영역에서 어머니로부터 물려받은 대립 유전자만 발현된다. 이 영역의 분자적 구조는 그림 5-10과 같다.

프라더-윌리증후군의 증상 및 징후는 각인 영역에 존재하는 여러 가지 유전자의 장애로 발생하게 된다. 정상적인 상황에서 아버지 염색체로부터 발현되는 이 부위의 각인 유전자들인 작은 핵 리보핵단백질 폴리펩타이드 N (*SNRPN*) 유전자 및 이와 인접한 유전자인 *MKRN3* 등이 있다. 이러한 각인 유전자들의 발현은 특정 ICR의 통제 아래에 있다. 프라더-윌리증후군의 DNA 분석과 다양한 미세 결실의 관찰을 통해 SNRPN의 첫번째 엑손과 프로모터 및 upstream reading frame (SNURF)에 걸친 약 4 Kb 부위를 ICR로 매핑하게 되었다. ICR의 3′ 말단은 아버지 유래로 발현되는 유전자들 발현과 긴 SNURF/SNRPN 전사체의 발현에 필요하다. 어머니 유래로 발현되는 유전자들은 아버지 쪽 대립 유전자에서는 발현하지 않고 침묵하게 되

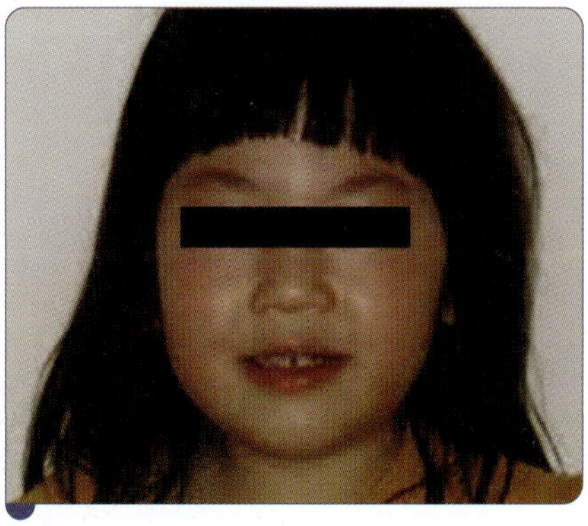

그림 5-9. 프라더-윌리증후군.

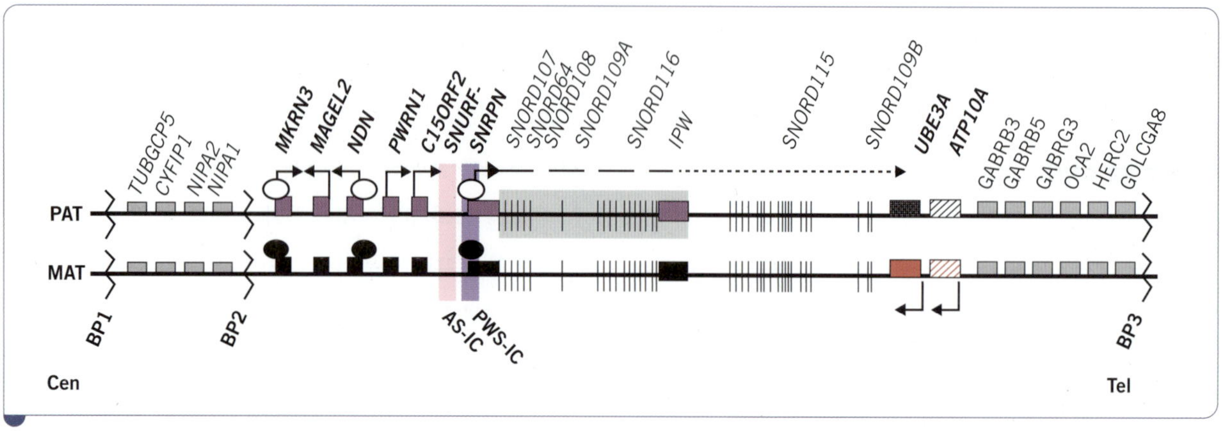


**그림 5-10.** 염색체 15q11-q13의 각인 영역.

는데, 아마도 SNURF/SNRPN에서 생성된 안티센스 리보핵산(antisense RNA)에 의한 것으로 여겨진다. ICR의 5′ 말단은 정상 세포에서 어머니 유래 발현에 필요하고 앤젤만 증후군 증상 및 징후에 관여하는 모계 대립 유전자들에서 메틸화된다.

### 2) 앤젤만 증후군

앤젤만 증후군은 약 15,000명 출생아 중 1명에서 발생하며, 뇌전증, 심각한 학습 장애, 불안정한 운동 실조 양상의 걸음걸이 등을 특징으로 한다(**그림 5-11**).

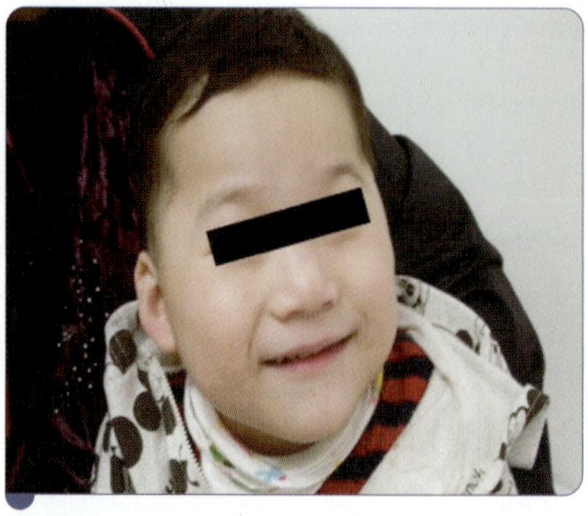

**그림 5-11.** 앤젤만 증후군.

앤젤만 증후군을 가진 환자의 약 70%는 프라더-윌리증후군과 동일한 15q11-q13 영역의 결실을 가지고 있는 것으로 나타났다. 그러나 앤젤만 증후군의 경우에 결실된 염색체는 어머니 유래 염색체에서 파생된 것이다. 이 외에 약 5%의 환자에서는 15번 염색체가 부계 UPD를 통해 발생한 것으로 확인된다. 또한, 프라더-윌리증후군과는 달리 앤젤만 증후군에서는 단일 유전자인 *UBE3A*의 변이를 통해서도 질환이 발생할 수 있는데, 환자의 약 10%에서 유비퀴틴 연결효소 유전자인 *UBE3A*의 병적 변이가 확인되며 이는 뇌에 존재하는 어머니 유래 15번 염색체에서 우선적으로나 독점적으로 발현되는 것으로 생각된다. *UBE3A*의 변이와 앤젤만 증후군의 임상적 특징들이 어떻게 연결되는지는 명확하게 밝혀져 있지는 않으나, *UBE3A*가 가장 강하게 발현되는 곳인 소뇌의 해마와 Purkinje 세포에서 중추 신경계 유비퀴틴 매개 단백질의 파괴가 동반될 수 있다. *UBE3A*는 다양한 양상의 미세결실을 가진 앤젤만 증후군 환자의 유전적 분석을 통해 SNURF/SNRPN의 약간 upstream에 매칭된 앤젤만 증후군 ICR의 통제를 받는다.

프라더-윌리증후군 환자의 약 2%와 앤젤만 증후군 환자의 약 5%가 ICR 자체의 이상을 가지고 있는데, 이 환자들은 각각의 증후군에서 가장 경한 표현형을 보이는 경향이 있다. 이 그룹의 환자들은 다음 임신 및 후손에서 질환의 재발 위험이 있다. 환자의 부모에서 변이에 대한 검사가 음성이라 하더라도, 생식샘섞임증으로 인한 재발 위험 또한 상당하다고 알려져 있다. 앤젤만 증후군 사례의 약 10%에서는 분자적 결함이 알려져 있지 않다.

### 3) 베크위드-비데만 증후군

베크위드-비데만 증후군은 잘 알려진 과성장 증후군이다. 1963년과 1964년에 처음 기술된 주요 임상적 특징은 거구증, 큰 혀, 복벽 결손 및 신생아 저혈당증이다. 이 외에도 편측과형성증(hemihyperplasia), 내장비대증, 신장 기형, 귀 모양 이상, 구개열, 빌름스 종양 및 간모세포종 등의 배아성 종양이 동반될 수 있다(그림 5-12).

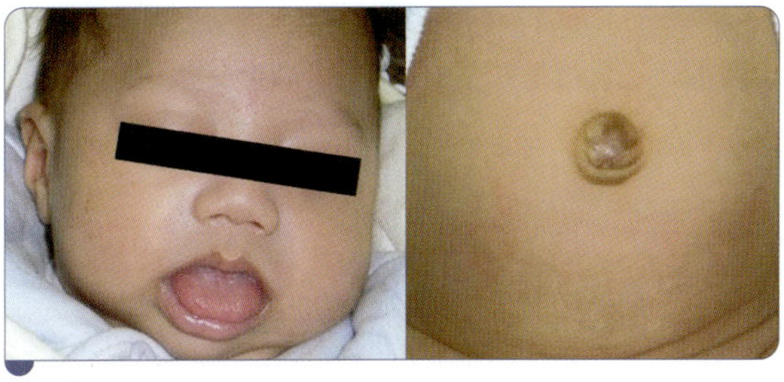

**그림 5-12.** 베크위드-비데만 증후군.

베크위드-비데만 증후군의 발생에 여러 가지 복합적인 분자 메커니즘이 관여하고 있음이 알려져 있다. 유전적 각인, 체세포섞임증 및 여러 유전자들이 관여하며, 모두 염색체 11p15에서 1 Mb영역 내에 위치한다. 이 영역 내에는 두 개의 독립적으로 조절되는 ICR이 존재한다. ICR1의 제어 하에 있는 DMR1 부위는 부계로부터 발현되는 *IGF2* (insulin-like growth factor 2)와 모계로부터 발현되는 H19를 포함한다. 중심체 쪽에 위치하며 ICR2의 제어 하에 있는 DMR2는 모계로부터 발현되는 *KCNQ1*과 *CDKN1C*, 그리고 부계로부터 발현되는 안티센스 전사체 *KCNQ1OT1*이 포함된다(그림 5-13).

메틸화의 조절 이상은 유전자발현 용량 변화를 유발하여 결과적으로 베크위드-비데만 증후군의 특징을 초래한다. DMR1에서 어머니로부터 유래된 대립유전자들에 대한 메틸화의 증가는 *H19* 발현 억제 및 *IGF2*의 발현을 증가시켜 아버지 유래 DMR1의 발현 양상이 두 배가 되는 것과 유사한 결과를 초래한다. 이는 약 7%의 베크위드-비데만 증후군 환자에서 발생하는 기전으로 대부분 산발적으로 발생한다. DMR2에서 어머니 유래 염색체의 메틸화의 소실은 전체 환자의 약 50%에서 확인되는 가장 흔한 이상으로, 아버지 유래 발현 유전자인 *KCNQ1OT1*의 발현 증가와 어머니 유래 발현 유전자인 *CDKN1C*의 발현 감소를 초래한다. 베크위드-비데만 증후군의 약 15%가 가족력이 있는데, 이 중 약 절반에서 *CDKN1C* 병적 변이가 원인이 된다. 이외에도, 11번 염색체의 부계 UPD (25%), 아버지로부터 파생된 염색체 11p15.5, 모계에서 유전된 11p15 부위의 재배열을 포함하는 균형 전좌 등이 원인으로 확인된다.

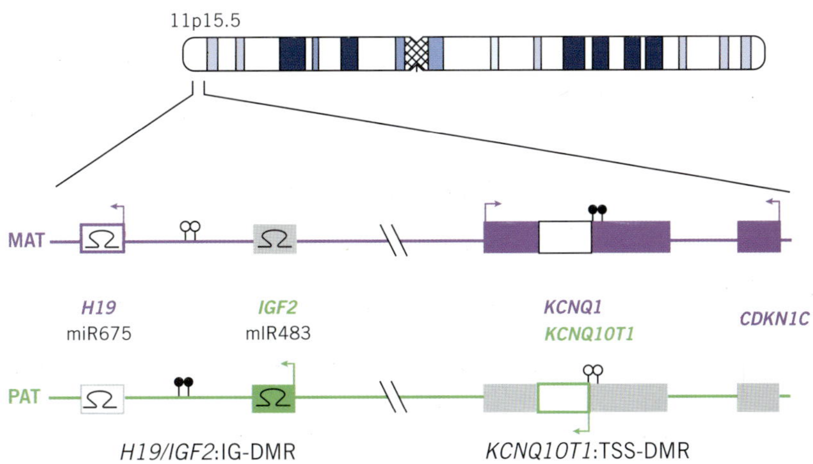


**그림 5-13.** 염색체 11p15.5의 각인 영역.

## 증례 5 | 호흡곤란으로 내원하여 진단된 베크위드-비데만 증후군(Beckwith Wiedemann syndrome) 신생아환자

### 1) 호흡곤란으로 내원

### 2) 가족력 및 임상증상

2년 전 유산병력이 있는 27세 산모에게서 재태 주수 37+6주에 첫아기로 출생하였으며, 출생 체중은 3,930 g (90~97%ile), 키는 48 cm (10~50%ile), 두위는 33.5 cm (10~50%ile)이었다. 산전 초음파에서 큰 혀와 부당중량아가 의심되어 제왕절개로 출생하였다. 아프가 점수는 7/8점이었고 호흡 곤란으로 신생아중환자실에 입실하였다. 출생 첫날 저혈당을 보였고 고농도 포도당 공급에도 생후 4일째까지 저혈당이 지속되었고, 호르몬 검사에서 고인슐린혈증성 저혈당증이 확인되었다.

### 3) 진찰소견

출생 후 검진에서 과체중과 거대 혀로 베크위드-비데만 증후군이 의심되었으며, 반신비대, 얼굴의 모반, 배꼽탈장, 외이의 이상은 없었다.

### 4) 검사소견

- 생후 4일 저혈당 시: insulin 5.3 μIU/mL; ketone 0.1 mmol/L; glucose 32 mg/dL
- Epigenetic analysis: DMR2 부위 *KCNQ1OT1*에서 메틸화 소실이 확인됨
- 뇌초음파 및 복부초음파: 정상
- 심장초음파: 심방중격결손 2.5 mm이 확인됨

### 5) 진단 및 치료경과

저혈당 조절을 위해 포도당 농도 증량 및 잦은 수유를 진행하였으나 조절이 잘 되지 않아 생후 31일에 diazoxide를 추가하였다. Diazoxide 투여 2일 뒤 포도당 주사 치료를 중단할 수 있었고 경구 수유만으로 혈당이 잘 유지되어 생후 38일째 퇴원하였다. 퇴원 후 1개월째 추적한 심초음파 검사에서 심방중격결손은 소실되었음을 확인하였으며, 생후 5개월에 시행한 발달 검사상 정상 발달을 보이고 있었다. 현재 주기적으로 베크위드-비데만 증후군과 관련하여 복부 소아 종양 발생을 확인하기 위한 초음파 검사를 시행 중이다.

### 6) 요약

(1) 베크위드-비데만 증후군은 약 15,000명당 한 명의 빈도로 발생하는 유전성 과성장 증후군으로 대표적인 유전체 각인질환이다.

(2) 베크위드-비데만 증후군에서 고인슐린혈증성 저혈당은 환자의 30~60%에서 관찰된다. 이 중 20%는 저혈당이 지속되어 내과적 치료가 필요하다. 베크위드-비데만 증후군 환자의 고인슐린혈증의 원인은 다양한데, 췌장 랑게르한스 섬의 비대가 원인으로 여겨지고 있다.

(3) 베크위드-비데만 증후군은 염색체 11p15에 위치한 두 군데의 각인 조절 부위에서 메틸화의 조절 이상 발생하여 초래되며, 본 환자에서처럼 DMR2에서 어머니 유래 염색체의 메틸화가 소실되는 경우는 전체 환자의 약 50%에서 확인되는 가장 흔한 이상이다. 메틸화 이상에 의해 발생한 베크위드-비데만 증후군은 산발적으로 발생하며, 형제 혹은 자손에서 같은 질환이 재발하지 않는다.

(4) 과성장 및 복부 소아 종양 발생 감시를 위한 주기적인 초음파 검사 및 소아과적 진료가 필요하며 반신비대가 동반된 환자에서는 진행 및 수술적 치료의 필요성에 대한 정기적인 정형외과적인 추적이 필요하다.

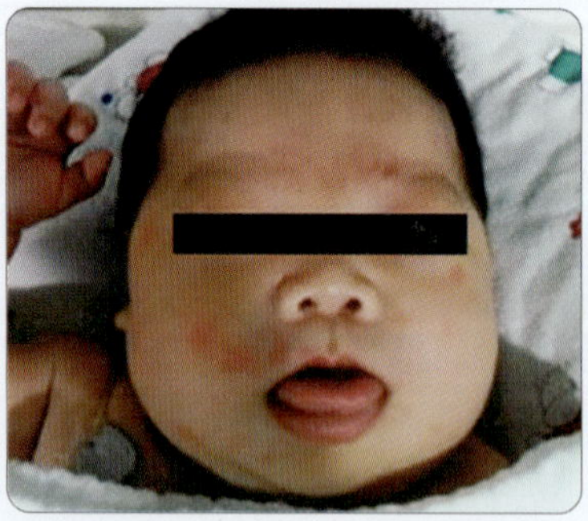

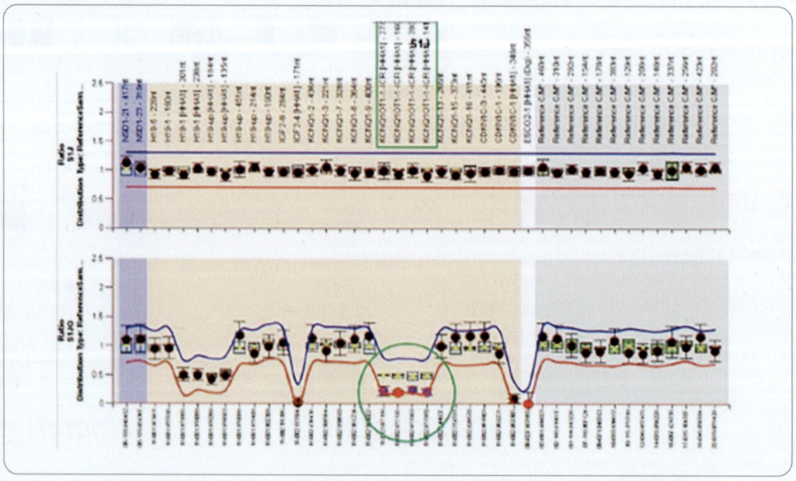

#### 4) 러셀-실버 증후군

러셀-실버 증후군은 뚜렷한 태아 및 출생 후의 성장 지연을 특징으로 하며, 이는 베크위드-비데만 증후군과는 정반대적인 특성이다. 머리 둘레는 상대적으로 정상이지만, 얼굴은 다소 작으면서 역삼각형 모양이며, 신체의 비대칭이 동반될 수 있다**(그림 5-14)**.

러셀-실버 증후군의 약 60% 정도의 사례가 각인 이상에 의한 것으로 여겨진다. 이 중에 약 50%는 11p15 위치의 각인 이상에 의한 결과이다. 아버지로부터 유래된 염색체에서 DMR1의 저메틸화는 *H19*의 발현 증가와 *IGF2*의 발현 감소를 유도하는데, 이는 베크위드-비데만 증후군과는 정반대되는 분자 및 생화학적 현상이다. 부계 유래 11p15 염색체의 중복에 의해 과성장과 베크위드-비데만 증후군의 임상 양상을 보이게 되는 것과는 반대로, 이 부위의 모계 유래 염색체의 중복은 성장 지연과 러셀-실버 증후군의 증상과 징후를 초래한다. 러셀-실버 증후군의 약 10%에서는 염색체 11번이 아닌 염색체 7번의 모계 UPD가 확인된다.

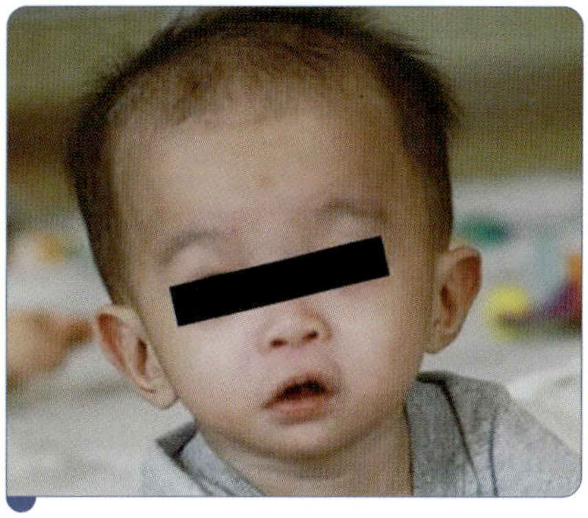

**그림 5-14**. 러셀-실버 증후군.

## VI. 성분화이상질환
**(Disorders of sex development)**

X 염색체와 Y 염색체에는 성 결정 및 분화와 관련된 여러 가지 유전자가 존재하여 생식샘, 중요내부생식기, 외부생식기가 분화와 발달을 하면서 성 결정 및 분화가 일어나게 된다. 최근 분자유전학적 검사 기법의 발달로 성 결정과 분화에 영향을 주는 많은 유전적 요인들이 알려지고 있다. 그러나 아직 성 분화 과정에 대한 정확한 이해는 불충분한 상태이다. 성 결정에 관련된 유전자 및 성염색체의 수적 또는 구조적 이상에 의해 여러 가지의 성분화이상질환이 발생한다.

### 1. 성 결정 및 성분화의 과정

#### 1) Y 염색체와 고환결정인자

Y 염색체는 상대적으로 작은 크기의 염색체로 소수의 유전자를 포함하는데 성 결정에 중요한 역할을 하는 *SRY* (sex determining region of the Y chromosome) 유전자는 Y 염색체의 단완(Yp11.2), 가성 상염색체 부위(pseudoautosomal region)에 위치하고 있다**(그림 5-15)**. *SRY* 유전자에는 고환결정인자(testicular determining factor, TDF)가 존재하여 성 분화에 관련된 다른 유전자들의 전사를 조절한다. *SOX9* 유전자를 활성

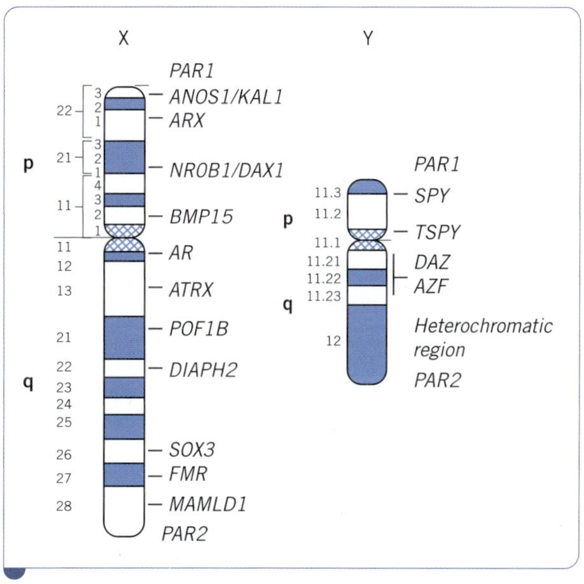


**그림 5-15**. X염색체와 Y염색체의 성 결정과 성분화에 관련된 유전자.

화하여 남성으로의 분화를 촉진하고, 여성으로의 분화와 관련된 *NR0B1* (*DAX1*) 유전자는 억제한다. 또한 Sertoli 세포의 분화를 유도하여 고환의 분화 및 정자 형성(spermatogenesis)에도 관여한다.

### 2) X 염색체

X 염색체의 이상에 대해 상대적으로 사람에서 유전적 질환을 일으키지 않는 경우가 있는데 이것은 X 염색체 불활성화에 의한 것으로 설명된다. 즉, 두 개의 X 염색체 중 한 개는 불활성화되어 발현되지 않게 되면서 X 염색체 연관 유전질환들이 발현되지 않는다. 그러나 불활성화는 X 염색체의 약 15% 정도는 불활성화되지 않는데 이를 "escape inactivation"이라고 한다. 주로 X 염색체 단완의 말단 부위에서 주로 일어나며 장완 말단 부위에서도 일부 발생된다. X inactivation center에 존재하는 *XIST* 유전자가 중요한 역할을 하는 것으로 보인다. Escape inactivation에 의한 염색체 불균형으로 인해 부분적인 X 염색체의 숫적 이상(aneuploidy)이 발생한다.

### 3) 성 결정 및 분화와 관련된 유전자

성 결정과 분화에는 성염색체와 상염색체에 분포하는 여러 가지 유전자들이 서로 상호 작용하여 진행된다(그림 5-16). 발생 초기 양능성 생식선(bipotential gonad)은 *SRY* 유전자에 의해 고환 또는 난소로의 분화 여부가 결정되는데 이를 성 결정(sex determination)이라고 한다. 이후 남성에서는 *SOX9* 유전자가 활성화되면서 FGF9의 발현을 촉진시키고 *WNT4* 유전자를 억제하고 *AMH* 유전자를 활성화하면서 고환의 분화와 뮐러관의 퇴화가 일어난다. 여성에서는 *SRY* 유전자가 존재하지 않아 *WNT4*, *RSPO1* 유전자가 활성화되면서 *SOX9* 유전자가 불활성화되어 난소의 분화가 일어난다. 고환과 난소가 분화되면 이후 남성과 여성의 내부 및 외부 생식기의 발달 과정이 일어나는데 이를 성 분화(sex differentiation)라고 한다. 성 분화 과정에는 고환과 난소에서 분비되는 호르몬 및 이와 관련된 유전자들의 상호 작용에 의해 순차적으로 진행된다(그림 5-16).

## 2. 성분화이상질환의 분류

성분화이상질환은 "염색체, 생식샘, 해부학적 생식기가 비전형적으로 발달한 선천적 상태"로 정의할 수 있다. 2006년 미국과 유럽 소아내분비학회에서 성분화이상질환의 분류와 용어에 대한 international consensus가 발표되었다. 개정된 분류 체계는 성분화이상질환에 대한 분자유전학적 원인과 단순화된 용어를 고려하여 제정되었다. 가성반음양(pseudohermaphroditism), 간성(intersex)과 같은 용어는 혼란이 되어 쓰지 않기로 하였으며 성발달이상(disorders of sex development, DSD)으로 통일하기로 하였다. 분자유전학의 발달로 성분화이상질환의 진단 및 분류에 많은 도움이 되고 있다. 성분화이상질환의 분류는 성염색체 이상에 의한 DSD, 46,XX DSD, 46,XY DSD의 세 가지 범주로 크게 분류할 수 있다.

### 1) 성염색체의 이상에 의해 발생하는 성분화이상질환

#### (1) 클라인펠터증후군

클라인펠터증후군(Klinefelter syndrome)은 남성 성선기능저하증의 가장 흔한 원인의 하나이며 출생 남아 약 1,000명당 1명에서 발생한다. 감수분열 과정에서 정자는 난자의 X 염색체 비분리에 의해 발생하는데 X 염색체의 35%는 부친, 65%는 모친에서 유래되며, 산모의 나이가 많을수록 호발한다. 47,XXY 핵형을 보이는 경우가 80~90% 정도를 차지하며 48,XXXY 혹은 모자이크 현상으로 46,XY/46,XXY 등도 있다. 불임, 여성형 유방, 고환기능저하, 소수에서 경도의 학습 장애가 나타난다. 치료는 테스토스테론 제제로 11~12세에 치료를 시작하여 2차 성징을 유도한다.

#### (2) 터너증후군

터너증후군(Turner syndrome)은 여아 신생아당 약 3,500명

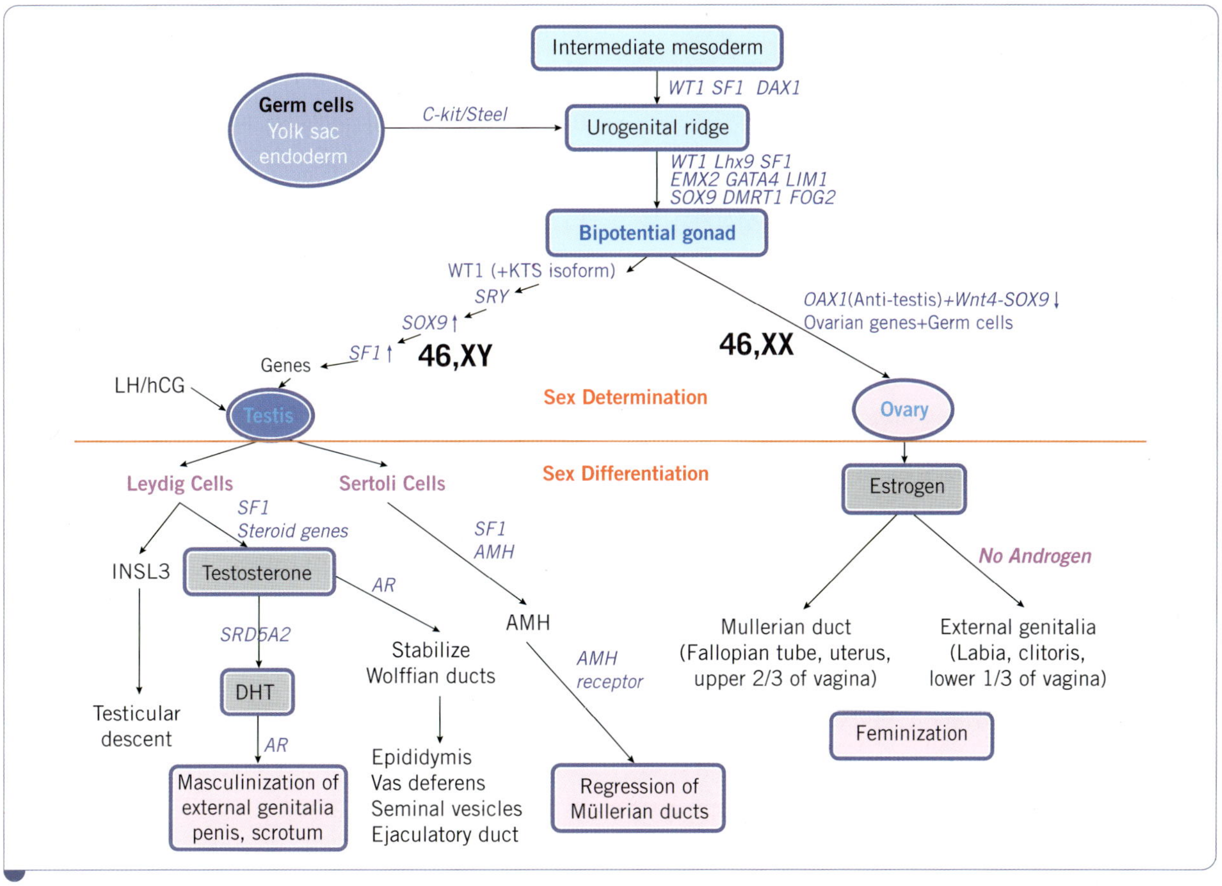


**그림 5-16.** 성 결정과 분화의 과정 및 이에 관련된 유전자.

당 1명의 빈도로 발생하고 산모의 연령과는 무관하다. 45,X의 핵형을 가지거나(57%), 그 밖에 45,X/46,XX 또는 45,X/46,XX/47,XXX의 모자이크 현상, 46,X del(Xq) 혹은 (Xp), r(X) 등의 변이형 등이 있다. 임상증상은 저신장과 2차 성징의 지연, 무월경, 손, 발 등의 림프부종, 익상경 등이다. 심장 기형은 대동맥축착이 약 15%에서 발견되며 약 1/3에서 비폐쇄성 이판성 대동맥판(bicuspid aortic valve)이 발견된다. 재발성 중이염이 75%에서 보이고 감각신경성 난청이 흔하다. 치료는 저신장에 대하여 성장호르몬을 투여해서 신장을 증가시킬 수 있으며 정상적인 목표 신장에 도달되지는 않는다. 2차 성징을 발현시키고 월경을 유도하기 위해 12~13세가 되면 에스트로젠을 투여하고 이어서 에스트로젠과 황체호르몬 주기 요법을 시행한다. Y 염색체를 포함하고 있는 경우 성선 종양이 발생할 수 있어 난소를 수술적으로 제거한다.

### (3) 혼합생식샘 발생장애

혼합생식샘 발생장애(mixed gonadal dysgenesis)는 한쪽 성선은 고환 조직을 가지고 다른 쪽에는 이형성 성선(dysgenetic gonad)을 가지는 경우로 정의된다. 체세포분열 과정에서 후기 지체에 의해 발생하며 대부분 45,X/46,XY의 핵형을 보인다. 여성 또는 남성의 표현형을 갖지만 약 2/3에서 여자로 양육되고 남성 표현형을 보이는 경우 애매한 외부 성기를 보인다. 성선 종양은 약 15~25%에서 발생하며 성선모세포종(gonadoblastoma), 정상피종(seminoma)이 흔하다. 성 결정은 내부와 외부 생식기 모습, 생식샘 종양의 위험성, 수태 능력 등을 고려하여 지정한다. 여성으로 키울 경우 종양 발생을 예방하고 종양에서 분비되는 안드로젠을 제거할 목적으로 성선을 절제한다. 남성으로 양육될 경우 사춘기 시기에 테스토스테론 치료를 고려한다.

### 2) 46,XX DSD

46,XX 핵형을 가지고 있으나 남성화된 외부 생식기를 보이는 경우로 내부 생식기는 자궁, 난소를 갖추고 있다. 안드로젠의 노출, 난소 발달의 이상, 비뇨생식기의 기형과 관련된 증후군 등으로 구분할 수 있다. 46,XX DSD 중 가장 많은 원인은 부신피질 내에서 코티솔 생합성의 이상에 의해 발생하는 선천부신과다형성이며, 산모가 임신 기간 중 테스토스테론에 노출된 경우에도 46,XX DSD가 발생할 수 있다.

#### (1) 선천성 부신과다형성증

부신피질 호르몬의 합성에 관여하는 효소의 결핍에 의해 발생하며 각 효소의 유전자 돌연변이에 따라 임상적 특징이 다르다. 상염색체 열성으로 유전된다. 부신피질에서 분비되는 안드로젠의 과다에 의해 외부 생식기가 남성화되는데 21-수산화효소, 11β-수산화효소, 3β-hydroxysteroid dehydrogenase의 결핍 등 3가지가 있다. 21-수산화효소 결핍증이 선천부신과다형성의 가장 흔한 원인으로 염분소실형, 단순남성화형, 비전형적형으로 분류된다. 혈장의 17α-hydoxyprogesterone과 21-deoxycortisol은 증가되고 부신의 안드로젠 합성의 과다로 치료하지 않을 경우 남성화가 진행된다. *CYP21A2* 유전자의 돌연변이로 인해 발생하며 신생아 선별검사에서 생후 3~5일경 17α-hydroxyprogesterone 검사를 시행하여 조기 진단할 수 있다. 치료는 하이드로코티손, fludrocortisone, 소금을 투여하고 남성화된 외부 생식기에 대해서는 수술적 교정이 필요할 수 있다.

#### (2) 46,XX 남성

20,000~30,000명 출생당 1명꼴로 발생하며 원인은 Y 염색체의 일부가 X 염색체로 전이되었거나, 일부 세포군에서 모자이크 혹은 Y 염색체의 조기 소실, 상염색체 유전자의 변이, X 염색체에 존재하면서 고환 발육을 저해하는 유전인자의 결손 등이다. 임상 증상은 작고 단단한 고환과 유방비대가 흔하고 무정자증과 낮은 테스토스테론 농도를 보인다.

#### (3) 난소고환 성발달이상

난소고환 성발달이상(ovotesticular DSD)은 난소와 고환이 양쪽에 각각 존재하거나 난소와 고환 조직이 모두 존재하는 성선을 가진 경우로 이전에는 진성 반음양(true hermaphroditism)으로 불리웠다. 약 2/3에서 46,XX의 핵형을 보이고 10%에서 46,XY의 핵형을 보인다. 외부 생식기의 모양은 남성에서 여성에 이르기까지 다양하며 3/4에서 유방비대증을 보이고 약 반수에서 월경도 있다.

### 3) 46,XY DSD

46,XY DSD는 남성의 핵형인 46,XY를 갖고 있으나 외형상 일부분 혹은 완전한 여성의 모습을 갖는 경우를 말하며 이전에는 남성 가성반음양(male pseudohermaphroditism)으로 불리웠다. 성선은 정상일 수 있으며 뮐러관억제인자를 분비하므로 자궁 및 나팔관은 없다. 원인적 분류는 고환 형성 과정의 변이, 안드로젠 합성의 장애, 안드로젠 작용의 장애, 기타 요인으로 성기 발달에 관련된 각종 증후군, 뮐러관억제인자의 생성, 분비 반응의 이상, 임신 기간 중 프로제스틴의 투여, 환경적인 요인 등으로 구분할 수 있다.

#### (1) 성선 발달 이상에 의한 46,XY DSD

고환의 결정과 분화에 관여하는 유전자의 돌연변이 또는 결손에 의해 발생하며 단순 성선이형성증(pure gonadal dysgenesis, Swyer 증후군), 고환쇠퇴증후군(testicular regression syndrome), Denys-Drash 증후군, Frasier 증후군, WAGR 증후군 등이 있다. 고환 발달의 정도에 따라 다양한 임상 양상을 보일 수 있어 완전한 여성형 외부생식기를 보이거나 애매한 외부생식기를 보일 수도 있다.

#### (2) 테스토스테론 생합성의 선천성 이상

테스토스테론의 합성에 관련된 효소의 결핍으로 인해 발생하는데 steroidogenic acute regulatory protein (STAR) 결핍, 3β-hydroxysteroid dehydrogenase 결핍, 17α-수산화효소 결핍 등의 부신피질 내 코티솔 생합성의 선천성 이상과 *LHCGR* 유전자의 돌연변이에 의한 라이디히 세포의 저형성, 5α-환원효소 결핍 등이 알려져 있다. 테스토스테론의 기저치는 낮으며 효소 차단 전의 생화학적 전구물질의 농도는 증가된다. hCG 자극검사를 시행하여 측정한 남성호르몬 농도는 사춘기 전이라도 고환의 능력을 평가하는 데 사용될 수 있다.

#### (3) 테스토스테론에 대한 작용의 장애

테스토스테론에 대한 표적 장기의 저항성에 의해 발생하며 46,XY DSD의 가장 흔한 원인이다. 안드로젠 불감성 증후군이 이에 해당되며 애매한 외부 생식기를 보이는 불완전형과 완전한 여성의 외부생식기를 보이는 완전형 안드로젠불감성증후군으로 분류할 수 있다. 안드로젠 수용체 유전자의 돌연변이에 의해 발생하여 진단을 위해 유전자 검사가 도움이 될 수 있다. 고환 조직을 가지고 있으나 자궁, 나팔관 등은 없다. 테스토스테론에 대한 저항성으로 황체호르몬이 증가한다. 완전형의 경우 여자로 양육되며 사춘기 때 여성화 현상이 나타나므로 고환의 제거는 2차 성징의 성숙이 완성될 때까지 미루는 것이 좋다. 성선은 사춘기 이후에 제거하며 이후에는 에스트로젠을 투여한다. 불완전형에서는 애매한 외부생식기를 보여 남성화 정도에 따라 성 결정을 한다.

### 4) 기타 분류되지 않은 성분화이상

남성에서는 지속성 뮐러관증후군, 요도하열증, 잠복고환 등이 있으며 여성에서는 Mayer-Rokintansky-Kuster-Hauser 증후군, GRES (genital-renal-ear-skeletal)증후군, MURCS (mullerian duct aplasia, renal agenesis, cervical somite dysplasia) 연관 등이 있다.

### 증례 6 | 음핵비대로 내원하여 진단된 안드로젠 불감성 증후군

**1) 내원 동기가 된 주 증상(주소): 음핵 비대**

**2) 발병 시 연령/성별: 3세/여아**

**3) 가족력: 없음**

**4) 임상증상**

재태연령 40주, 3.5 kg으로 자연분만으로 출생하였으며 여자로 키워져 오던 중 음핵비대가 발견되어 내원하였다.

**5) 진찰소견**

급성 병색은 관찰되지 않았으며 흉부 진찰상 정상적인 호흡음으로 천명이나 나음이 들리지 않았다. 복부는 부드럽고 팽만되지 않았으며 간비종대는 없었다. 성선은 만져지지 않았고 음핵비대가 관찰되었으며 Prader stage II에 해당하였다.

**6) 검사소견**

(1) 내분비학적 검사: 혈청 전해질은 Na/K 143/4.0 mEq/L였으며 호르몬 검사에서 17α-hydroxyprogesterone <0.1 ng/mL, LH <2.0 mIU/mL, FSH <2.0 mIU/mL, testosterone 0.13 ng/mL, dihydrotestosterone 0.36 ng/mL이었다.

(2) 영상 소견: 골반초음파에서 양측 서혜부에 성선 조직이 관찰되었으나 자궁은 보이지 않았다.

(3) 유전자검사: *AR* 유전자 검사에서 exon 4의 c.2107A>G (p.S703G)가 발견되었으며 American College of Medical Genetics and Genomics (ACMG) and the Association for Molecular Pathology (Richards S et al. 2015)의 가이드라인에서 likely pathogenic으로 분류되었다.

**7) 치료경과**

외부 생식기의 모양 및 현재까지 여아로 키워진 점을 고려하여 여아로 양육하기로 하였으며 질 성형술(clitoroplasty)을 시행하였다. 성선제거술은 사춘기가 진행된 후 시행하기로 하였으며 현재 연령 만 9세로 정상 성장 속도 보이고 있다.

다음 페이지에 계속 >>

8) 요약

(1) 원인: 안드로젠 수용체(AR) 유전자의 돌연변이로 인해 발생하며 X 염색체 열성으로 유전되는 안드로젠 불감성 증후군이다.

(2) 발생빈도: 46,XY DSD의 가장 흔한 원인 중 하나로 20,000~60,000명 출생당 1명꼴로 발생한다.

(3) 발병기전: 안드로젠 수용체의 이상으로 인해 테스토스테론에 대한 저항성이 있어 46,XY의 핵형을 갖지만 외부 생식기의 모양은 여성이거나 애매한 모양을 보인다.

(4) 임상증상: 완전한 여성형 외부 생식기를 보이는 완전형 안드로젠불감성 증후군과 애매한 외부 생식기를 보이는 부분형 안드로젠불감성 증후군으로 분류된다. 사춘기에는 여성의 2차 성징이 나타날 수 있다.

(5) 진단 및 검사 소견: 테스토스테론은 정상이거나 높으며 LH는 증가, FSH는 정상이거나 약간 증가된다. 영상 검사에서 자궁, 나팔관은 관찰되지 않는다.

(6) 치료 및 관리: 여성으로 키워질 경우 사춘기 이후에 성선제거술을 시행하고 에스트로젠을 투여한다. 남성으로 양육될 경우에는 사춘기 시기에 테스토스테론을 투여할 수 있으나 잘 반응하지 않을 수 있다.

## REFERENCE


1. Achermann JC, Domenice S, Bachega TA, et al. Disorders of sex development: effect of molecular diagnostics. Nat Rev Endocrinol. 2015;11(8):478-88.
2. Ahmed SF, Warne G, Quigley CA, Cools M. Pediatric endocrinology and inborn errors of metabolism. 2nd ed. New York: McGraw Hill; 2017. pp. 681-715.
3. Arboleda VA, Sandberg DE, Vilain E. DSDs: genetics, underlying pathologies and psychosexual differentiation. Nat Rev Endocrinol. 2014;10:603-15.
4. Azzi S, Abi Habib W, Netchine I. Beckwith-Wiedemann and Silver-Russell syndromes: from epigenetics to clinical practice. Med Sci (Paris). 2018;34(11):952-61.
5. Brenn P. Uniparental disomy: Origin, frequency, and clinical significance. Prenat Diagn. 2021;41:564-72.
6. Carrillo AA, Damian M, Berkovitz G. Pediatric endocrinology. 5th ed. New York: Informa; 2007. pp. 365-90.
7. Chan YC, Hannema SE, Achermann JC, Hughes IA. Williams textbook of endocrinology. 14th ed. Philadelphia: WB Saunders Co; 2019.pp. 867-936.
8. Cools M, Kohler B. Clinical pediatric endocrinology. 7th ed. Oxford: Wiley; 2019. pp. 105-31.
9. Eggermann T, Algar E, Lapunzina P, et al. Clinical utility gene card for: Beckwith-Wiedemann Syndrome. Eur J Hum Genet. 2014;22(3).
10. Eggermann T. Silver-Russell and Beckwith-Wiedemann syndromes: opposite (epi)mutations in 11p15 result in opposite clinical pictures. Horm Res. 2009;71 Suppl 2:30-5.
11. GeneReviews® [Internet]. 22q11.2 Deletion Syndrome [cited 2023 Jul 25]. Available from: https://www.ncbi.nlm.nih.gov/books/NBK1523/
12. GeneReviews® [Internet]. Prader-Willi Syndrome [cited 2023 Jul 25]. Available from: https://www.ncbi.nlm.nih.gov/books/NBK1330/
13. Gicquel C, Rossignol S, Cabrol S, et al. Epimutation of the telomeric imprinting center region on chromosome 11p15 in Silver-Russell syndrome. Nat Genet. 2005;37(9):1003-7.
14. Gogiel M, Begemann M, Schwerdtfeger A, et al. Epimutations at the KCNQ1 locus are a frequent, heritable cause of skewed X chromosome inactivation in females with intellectual disability. Clin Epigenetics. 2020;12(1):121.
15. Gravholt CH, Andersen NH, Conway GS, et al. Clinical practice guidelines for the care of girls and women with Turner syndrome: proceedings from the 2016 Cincinnati International Turner Syndrome Meeting. Eur J Endocrinol. 2017;177:G1-70.
16. Gravholt CH, Ferlin A, Gromoll J, et al. New developments and future trajectories in supernumerary sex chromosome abnormalities: a summary of the 2022 3rd International Workshop on Klinefelter Syndrome, Trisomy X, and XYY. Endocr Connect. 2023;12:e220500.
17. Gravholt CH, Viuff M, Just J, et al. The Changing Face of Turner Syndrome. Endocr Rev. 2023;44(1):33-69.
18. Haig D. Genomic imprinting and the theory of parent-offspring conflict. Semin Dev Biol. 1993;4(1):49-55.
19. Harel T, Lupski JR. Genomic disorders 20 years on—mechanisms for clinical Manifestations. Clin Genet. 2018; 93:439-49.
20. Hiort O, Birnbaum W, Marshall L, et al. Management of disorders of sex development. Nat Rev Endocrinol. 2014;10:520-9.
21. Hutson JM, Grover SR, O'Connell M, et al. Malformation syndromes associated with disorders of sex development. Nat Rev Endocrinol. 2014;10:476-87.
22. Kalsner L, Chamberlain S. Prader-Willi, Angelman, and 15q11-q13 Duplication Syndromes. Pediatr Clin North Am. 2015;62(3):587-606.
23. Kim JH, Kang E, Heo SH, et al. Diagnostic yield of targeted gene panel sequencing to identify the genetic etiology of disorders of sex development. Mol Cell Endocrinol. 2017;444:19-25.
24. Kim YM, Oh A, Kim KS, et al. Pubertal outcomes and sex of rearing of patients with ovotesticular disorder of sex development and mixed gonadal dysgenesis. Ann Pediatr Endocrinol Metab. 2019;24:231-6.

25. Kyriakou A, Dessens A, Bryce J, et al. Current models of care for disorders of sex development-results from an International survey of specialist centres. Orphanet J Rare Dis. 2016;11:155.
26. Lapunzina P. Aggregation of human diseases related to DNA methylation perturbations: methylators go together. Hum Genet. 2015;134(8):821-33.
27. Lee PA, Houk CP, Ahmed SF, Hughes IA. International Consensus Conference on Intersex organized by the Lawson Wilkins Pediatric Endocrine Society and the European Society for Paediatric Endocrinology. Consensus statement on management of intersex disorders. International Consensus Conference on Intersex. Pediatrics. 2006;118:e488-500.
28. Leon NY, Reyes AP, Harley VR. A clinical algorithm to diagnose differences of sex development. Lancet Diabetes Endocrinol. 2019;7:560-74.
29. Li D, Li H, Li X, et al. Human genomic imprinting disorders: Symptoms, causes, and treatments. Genomics Proteomics Bioinformatics. 2020;18(2):128-39.
30. Mai CT, Kucik JE, Isenburg J, et al. Selected birth defects data from population-based birth defects surveillance programs in the United States, 2006 to 2010: featuring trisomy conditions. Birth Defects Res A Clin Mol Teratol. 2013;97(11):709-25.
31. Monk D. Genomic imprinting in human development: a special emphasis on pluripotent stem cell differentiation. Stem Cell Rev. 2015;11(1):7-18.
32. Monk D. Genomic imprinting in the human placenta. Am J Obstet Gynecol. 2015;213(4 Suppl):S152-62.
33. Murrell A, Heeson S, Reik W. Interaction between differentially methylated regions partitions the imprinted genes Igf2 and H19 into parent-specific chromatin loops. Nat Genet. 2004;36(8):889-93.
34. Nussbaum RL, McInnes RR, Willard HF. Thompson & Thompson Genetics in Medicine. 8th ed. Amsterdam: Elsevier; 2016. pp.80-2.
35. Ono M, Harley VR. Disorders of sex development: new genes, new concepts. Nat Rev Endocrinol. 2013;9:79-91.
36. Peter DT, Sian E, Ruth C. Patterns of inheritance. In: Peter DT, Sian E, Ruth C. Emery's Elements of Medical Genetics and Genomics. 16th ed. Amsterdam: ELSEVIER; 2022. pp. 67-83.
37. Reddy UM, Goldenberg R, Silver R, et al. Stillbirth classification—developing an international consensus for research: executive summary of a National Institute of Child Health and Human Development workshop. Obstet Gynecol. 2009;114(4):901-14.
38. Rey RJ, Josso N. Endocrinology. 7th ed. Philadelphia: WB Saunders Co; 2015. pp. 2086-118.
39. Richards S, Aziz N, Bale S, et al. Standards and guidelines for the interpretation of sequence variants: a joint consensus recommendation of the American College of Medical Genetics and Genomics and the Association for Molecular Pathology. Genet Med. 2015;17:405-24.
40. Sperling MA. Sperling Pediatric Endocrinology. 5th ed. Amsterdam: ELSEVIER; 2021.
41. Wales JKH, Wit JM, Rogol AD. Pediatric endocrinology and growth. 2nd ed. Amsterdam: Elsevier Science Ltd.; 2003. pp. 157-79.
42. Wisniewski AB, Batista RL, Costa EMF, et al. Management of 46,XY differences/disorders of sex development (DSD) throughout life. Endocr Rev. 2019;40:1547-72.
43. Witchel SF, Lee PA. Pediatric endocrinology. 5th ed. Philadelphia: WB Saunders Co; 2020. pp. 123-73.
44. Witchel SF. Disorders of sex development. Best Pract Res Clin Obstet Gynaecol. 2018;48:90-102.
45. Wou K, Hyun Y, Chitayat D, et al. Analysis of tissue from products of conception and perinatal losses using QF-PCR and microarray: a three-year retrospective study resulting in an efficient protocol. Eur J Med Genet. 2016;59(8):417-24.
46. Zitzmann M, Aksglaede L, Corona G, et al. European academy of andrology guidelines on Klinefelter Syndrome Endorsing Organization: European Society of Endocrinology. Andrology. 2021;9:145-67.

CHAPTER 06

# 단일 유전자의 유전 양상

## Patterns of single gene inheritance

유한욱, 이진성

1장에서는 유전 질환의 세 가지 범주를 소개하고 간략하게 설명하였다- 단일 유전자, 염색체 및 다인자성 질환이 그것이다. 이 장에서는 2, 3장에서 언급한 유전자와 게놈의 전달 형태에 더하여 단일 유전자 질환의 전형적인 전달 양상의 기전을 자세히 설명하고자 한다. 즉, 가족 내 유전 질환의 다양한 유전 양상에 중점을 두고 있다. 이후의 7장에서는 하나 또는 여러 개 유전자 변이 간의 상호 작용이나 환경적 영향 등으로 인한 다인자성 질환의 복잡한 양상에 대해 살펴볼 것이다.

### I. 개요 및 개념(Overview and concepts)

#### 1. 유전자형 및 표현형(Genotype and phenotype)

상염색체 유전자 좌(여성의 X 염색체 유전자 좌 포함)의 경우, 유전자형은 두 개의 상동 염색체의 해당 유전자 좌에 위치하는 두 개의 상동 유전자로 구성된다(**그림 6-1**). 유전자형은 일배체형(haplotype)과 혼동해서는 안 되며 일배체형은 한쪽 염색체에 두 개 이상의 인접한 유전자 좌(loci)의 유전자형을 의미한다. 보다 광범위하게는 유전자형은 전체 게놈에 걸쳐 개인의 유전형을 구성하는 모든 대립유전자 쌍을 지칭할 수 있다. 표현형이란 3장에서 자세히 설명한 바와 같이 유전자형의 발현을 의미하며 형태학적, 임상적, 세포학적 또는 생화학적 특성으로 표현되는 것을 말하며 임상적으로 관찰할 수 있거나 혈액 또는 조직 검사 등을 통해 검출될 수 있다. 표현형은 질병의 유무 등과 같이 불연속적일 수도 있지만, 체질량 지수(BMI) 또는 혈당 수치와 같이 측정 가능한 수치가 될 수도 있다. 표현형은 물론 특정 개인에게 있어서 정상 또는 비정상일 수 있지만 이 장에서는 의학적 의미가 있는 질환 즉, 유전성 질환에 대해 집중하고자 한다.

어떤 사람이 한 유전자 좌에 동일한 대립유전자 한 쌍을 가지고 있으면 그 사람은 동형 접합체(homozygote)라고 하며 대립 유전자가 다른 경우 하나가 정상 대립 유전자인 경우, 그 사람은 이형 접합체(heterozygote)라고 칭할 수 있다. 복합형 접합체(compound heterozygote)는 두 가지 서로 다른 형태의 돌연변이 대립 유전자가 있는 경우를 의미하며 한쪽 유전자가 정상이고 다른 쪽이 돌연변이인 경우는 해당되지 않는다. 동형 접합체, 이형 접합체 및 복합 접합체라는 용어는 개인 또는 유전자형에 적용할 수 있다.

남자가 X 염색체에 위치한 유전자에 대해 비정상적인 유전자(allele)가 있는 특수한 경우에는 상응하는 대립유전자가 없으므로 이 경우는 동형 접합체나 이형 접합체 두 가지에 모두 해당하지 않으며 이런 경우는 반이형접합체(hemizygote)라고 정의한다. 미토콘드리아 DNA는 또 다른 특별한

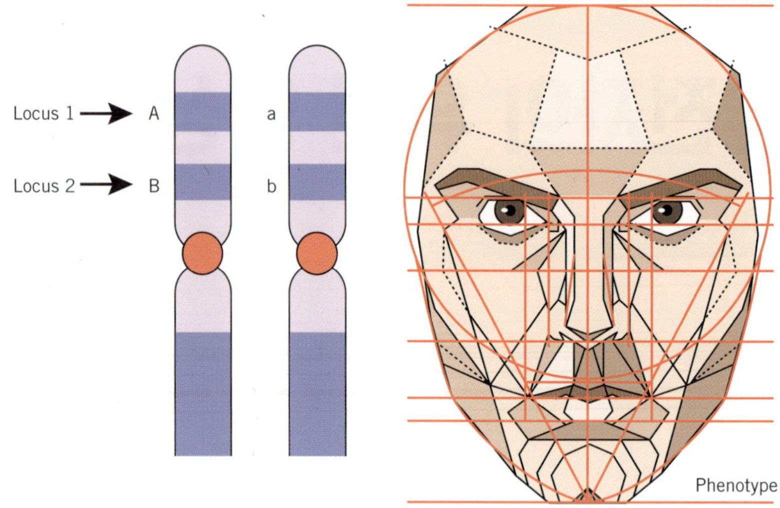


**그림 6-1. 유전형과 표현형.** 유전형(genotype)은 게놈에 입력되어 있는 정보를 의미한다. (좌측) 한 쌍의 동일한 염색체상의 locus 1과 locus 2가 각각 이형접합체인 경우를 예로 들면 locus 1에는 allele A와 a를 가지고 있고 locus 2에는 allele B와 b를 가지고 있음을 보여 준다. 이때 locus 1의 유전형은 Aa가 되고 locus 2의 유전형은 Bb가 된다. 아울러 상동 염색체 각각의 haplotype은 A-a, B-b에 해당한다. (우측) 표현형은 각 개인의 얼굴 모양이 차이가 나듯이 유전형에 의한 개인적인 신체적, 임상적, 세포학적 또는 생화학적 특성을 의미한다.

경우이다. 이배체 세포(diploid cell)는 각각의 유전자를 두 개씩 포함하게 되지만 미토콘드리아 DNA 분자와 미토콘드리아 게놈에 의해 조절되는 유전자는 세포당 수십 내지 수천 개씩이 존재하게 된다(2장 참조). 따라서 미토콘드리아 유전자의 경우는 동형 접합체, 이형 접합체, 반이형 접합체라는 용어는 사용하지 않는다.

단일 유전자 장애는 기본적으로 단일 유전자 좌의 대립 유전자에 의해 결정되는 장애이다. 알려진 단일 유전자 질환은 고인이 되신 Dr. Victor A. McKusick (1921~2008)의 고전적인 참고 문헌으로 수십 년 동안 의학 유전학자들에게 없어서는 안 될 저서인 'Mendelian Inheritance in Man'에 잘 기술되어 있다. 이들 질환들은 가족 내에서 고전적인 유전 양상(상염색체 열성, 상염색체 상염색체 우성, X-linked)을 따르며 따라서 멘델성 유전질환이라 불리는데 Gregor Mendel이 연구한 완두콩과 같이 특정한 짝짓기에 따라 자식들 중 예측 가능한 정해진 확률의 자손들이 나타나기 때문이다.

하나의 비정상적인 유전자 또는 유전자 쌍은 종종 여러 가지 다양한 표현형의 효과를 여러 장기에 다양한 표현형 효과를 일으켜 일생 동안 다양한 징후와 증상이 나타날 수 있다. 예를 들어, *VHL* 유전자에 돌연변이가 있는 사람은 뇌, 척수, 망막에 혈관모세포종이 생길 수 있으며 신장 낭종, 췌장 낭종, 신장 세포 암; 갈색세포종; 내이(inner ear)의 림프선 종양; 뿐만 아니라 부고환의 종양 또는 여성의 자궁의 넓은 인대 종양 등이 나타날 수 있는데 이 모든 질병 증상이 동일한 단일 돌연변이에서 유래될 수 있다. 이러한 배경에서, 이 질환은 pleiotropy (다면 발현)를 나타내는 것으로 알려져 있으며 (그리스어 pleion과 tropos에서 유래된 것으로, 더 많은 방식 등의 의미) 유전자 결함의 발현에 대해서는 pleiotropic이라 표현한다. 현재 많은 다면 발현성 질환의 경우, 유전자 결함과 다양한 증상 사이의 연관성은 아직 명확히 잘 이해되지 않고 있는 실정이다.

단일 유전자 장애는 어린이에게 더 많은 영향을 미치는데 심각한 단일 유전자 질환은 신생아 300명 중 1명의 빈도로 나타나며 소아 입원 환자의 약 7%를 차지한다. 단일 유전자 질환의 10% 미만이 사춘기 이후에 나타나며, 1% 정도가 결혼 적령기 이후에 발생한다 하더라도 멘델성 질

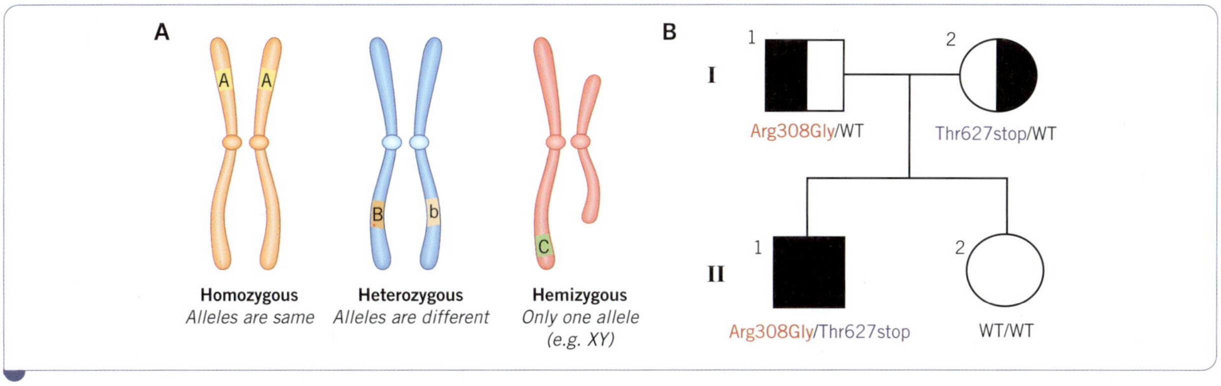


그림 6-2. 접합체의 종류(Types of zygosity). (A) 상동 염색체에 존재하는 유전자(allele)이 같은 형태일 경우는 동형 접합체(homozygote), 다른 경우는 이형접합체(heterozygote)라고 칭하며 남자의 X-염색체 상의 유전자와 같이 상동 염색체가 없어 한 개의 allele만 존재하는 상태의 유전자는 반이형 접합체(hemizygote)라 칭한다. (B) 예시된 가계도와 같이 상염색체 열성 유전 질환의 경우, 부모가 혈연 관계가 아닌 경우는 임상적으로 질환 관련 돌연변이가 각각 다른 형태를 보이는 경우가 대부분이며 이들 돌연변이가 자녀에게 유전되어 환자가 되는 경우(II-1) 질환 돌연변이들은 부모로부터 다른 형태의 돌연변이를 받아 구성되게 되는데 이런 상태를 복합적 접합체(compound heterozygote)라 정의한다.

환은 성인 의학에서 고려해야 할 중요한 질환이다. 거의 200여 가지에 달하는 멘델성 질환들의 표현형에는 심장병, 뇌졸중, 암, 당뇨병과 같은 일반적인 성인성 질환도 포함된다. 멘델성 질환들은 이렇게 많은 환자를 보이는 질환들의 원인이 되기도 하지만 개개인 환자들에게 중요한 것은 다른 가족 구성원의 건강에 대한 영향이나 유전적 검사의 가능성 및 치료 등과 관련한 선택 사항들이 있는지를 판단하기 위함이다.

## 2. 투과도와 발현도(Penetrance and expressivity)

일부 유전 질환의 경우, 질병을 유발하는 유전자형은 태어날 때 항상 비정상적인 표현형으로 완전히 발현된다. 그러나 임상적으로 일부 질환들에서는 같은 가족 간에도 동일한 유전형을 가졌음에도 전혀 발현되지 않거나 징후와 증상, 임상적 중증도, 또는 발병 연령 등이 확연히 다른 것을 관찰할 수 있다. 유전적으로는 이러한 임상적 차이를 설명하기 위해 특정한 용어를 사용한다.

Penetrance(투과도)는 돌연변이 유전자가 표현형으로 발현될 확률이다. 표현형의 발현 빈도가 100% 미만인 경우, 즉 관련 유전자형을 가진 사람 중 일부가 관련 유전자형이 완전히 발현되지 않는 경우 이 질환은 reduced 또는 incomplete penetrance라 지칭한다. Penetrance는 전부(all) 아니면 전무(nothing)의 개념이다. 이것은 특정 연령대에 특정 유전자형을 가진 사람들의 중증도와 상관없이 증상을 나타내는 비율이다.

일부 질환의 penetrance는 연령에 따라 달라진다. 즉, 태아기부터 성인기까지 언제든지 발생할 수 있다. 일부 질환은 태아에게 치명적이기도 하며, 다른 질환들은 태아기에 초음파 검사 등으로 진단될 수도 있지만 출생 시에 비로소 선천성으로 발견되는 경우도 있다. 다른 질환들은 일반적으로 소아기 또는 성인기에 주로 발생하는 양상을 보인다. 이러한 경우, 때로는 같은 가족 내에서도 동일한 질병을 가진 두 명의 환자의 발병 연령이 전혀 다를 수도 있다.

Penetrance와는 달리 expressivity는 표현형의 존재 여부가 아니라 동일한 질환 관련 유전자를 가진 사람들 간의 발현되는 표현형의 심한 정도를 나타낸다. 같은 유전자형을 가진 사람들 사이에 질환의 중증도가 다를 때 표현형(phenotype)은 다양한 발현(variable expression)을 보인다고 한다. 같은 가족 내에서도 동일한 돌연변이 유전자를 가진 두 사람은 일부 징후와 증상은 공통적일 수 있으나 다른 증상들의 발현 양상은 어떤 조직이나 장기가 영향을 받느냐에 따라 상당히 차이가 날 수 있다. 이러한 가족을 치료하는 의사로서 유의할 점은 질환과 관련된 미묘한 징후를 놓치지 않는 것이다. 결과적으로 질환 관련 유전자를 가지면서 가벼운 표현형을 나타내는 환자를 penetrant 되지 않은 경우로 오판하지 않도록 주의를 요한다.

Reduced penetrance와 variable expressivity현상을 설명하는 기전 중 일부는 그동안 알려진 것들도 있지만, 다른 것들은 분자유전학 등의 기술적 발전으로 이제야 조금씩 알려지고 있는 실정이며 다음과 같은 경우들을 고려해 볼 수 있다. 우선은 환경적 요인에 의한 것으로 이는 호르몬 등과 같은 내적 요인이나 acute intermittent porphyria (AIP) 등에서의 barbiturate 같은 약물로 인한 외적인 환경적 요인들이 작용할 수 있다. 체세포 돌연변이 여부도 중요한 요소로 작용할 수 있는데 망막모세포종(retinoblastoma)에서와 같이 기존의 *RB* 유전자에 유전적 돌연변이가 있다 하더라도 second-hit에 해당하는 체세포 돌연변이의 발생 유무에 따라 발병 여부가 결정될 수도 있다. 일부 만성 신경 질환들에서 관찰되는 triple nucleotide repeats에 의한 경우도 세대가 반복됨에 따라 증상이 심하게 나타나는 현상 등이 있을 수 있다. 일부 동물 시험에서 관찰되는 현상으로는 특정한 locus의 allele이 특정 돌연변이의 발현 여부에 밀접하게 관여하는 현상 등도 penetrance나 expressivity의 정도에 영향을 줄 수 있을 것으로 추정된다.

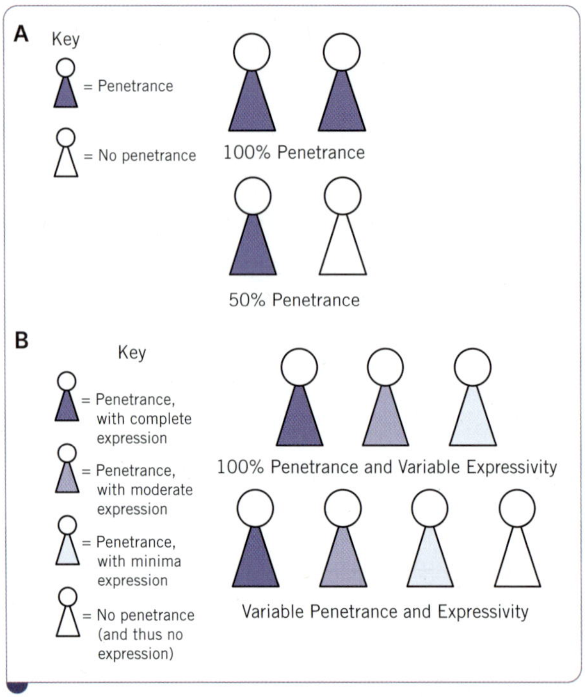


**그림 6-3.** Penetrance와 expressivity의 예시. **(A)** Penetrance는 특정한 유전형을 가진 사람에서 표현형이 있는지 없는지에 따라 결정된다. 같은 유전형을 가진 사람들 중 표현형을 나타내는 비율에(0~100%) 따라 penetrance rate가 결정된다. **(B)** 유전형이 표현형으로 어떻게 변환되는 지는 penetrance와 expressivity에 의해 결정된다. Penetrance와 expressivity는 모두 가변성이 있으므로 표현형이 있는 사람이라도 그 정도가 각각 다를 수 있고(위), 유전형을 가진 사람이 관련 형질이 있거나 없을 수 있어(아래) 그림과 같은 다양한 표현형을 관찰할 수 있다.

## II. 가계도(Pedigree)

### 1. 가족력 조사의 중요성

유전상담은 유전성 질환의 위험이 있는 환자와 가족이 질환의 예상되는 결과, 발병 가능성 및 유전 가능성 등을 알아보고 이들 질환이 예방할 수 있거나, 회피 또는 완화할 수 있는 방법에 대해 의학적 조언을 구하는 과정이라 할 수 있다. 이러한 목표를 달성하기 위해서는 정확한 진단과 가족력에 대한 상세한 정보가 필수적이다. 진단을 내리는 근거는 의학적 소견, 검사 및 조사의 결과에 따라 달라지나 진단 관련 정보는 가계도 분석을 통한 유전 형태의 파악 및 가족들에 대한 발생 위험도의 계산 등과 합쳐져 각 가족 구성원들이 적절하게 상담을 받을 수 있게 해 준다. 유전 질환의 가족력은 임상적으로 관찰할 수 있는 단일 유전자나 미토콘드리아 유전자 내의 돌연변이, contiguous gene syndrome, 염색체 이상 및 다인자성 유전 질환 등의 경우에 관찰할 수 있다. 따라서 가족력에 대한 정확한 기록은 유전적 평가의 필수적인 부분이며, 이 정보를 기록하는 가장 좋은 방법은 가계도를 작성하는 것이다.

## 2. 가계도 작성

가계도는 환자의 시각적 자료로 정보를 전달하기 위해 환자의 유전적 기록, 저널, 교과서 등에서 보편적으로 사용된다. 또한, 가계도는 재발 위험도 예측이나 가족 및 gene-mapping 연구의 연관성 분석에 필요한 계산의 기초 자료를 제공한다.

가계도에서 각 세대는 대문자 로마 숫자로 표시하고, 각 세대의 개인은 아라비아 숫자로 표기한다. 가계도가 보편적으로 사용됨에도 불구하고 각 정보를 기록하는 방법은 일상적인 임상 정보의 기록(임신, 자연유산, 인공유산 등)이나 인공 수정 분야(정자 공여를 통한 인공 수정, 공여 난자 및 대리모 등) 등에 있어서 아직도 많은 차이가 있다.

가계도의 세부 정보는 환자를 기준으로 부계와 모계 양측으로 3세대에 걸쳐 작성한다. 일반적으로 부계 혈통은 왼쪽에 배치하며, 모계 혈통은 오른쪽에 배치한다. 자식들은 출생 순서대로 왼쪽에서 오른쪽으로 나열한다. 모든 관련 정보가 상담자가 자발적으로 제공해야 할 수도 있으나 특별히 민감한 정보(예: 인공 유산 또는 혼외 임신 등)는 의도적으로 제공되지 않을 수 있다. 아울러 일부 유전 질환은 특정 민족 집단에서 더 많이 발생하는 경우도 있으므로 국제 결혼 여부 및 민족적 기원도 기록하도록 해야 하며 이런 정보가 진단의 단서가 될 수도 있다.

단일 유전자 질환은 가족 내에서 관찰되는 유전 양상이 특징적이다. 유전 양상을 파악하기 위한 우선적인 첫 번째 과정으로는 환자의 가족력에 대한 정보를 얻고 정해진 심볼을 이용하여 그림의 형태로 가계도라는 형식으로 요약하는 것이다(**그림 6-4**). 예시와 같이 확장된 가계도는 혈연 관계를 나타낸다(**그림 6-5**). 임상 증상이 있어 병원에 내원하여 처음으로 진단된 유전 질환 환자를 proband, propositus 또는 index case라 칭한다. 그리고 임상유전의에게 상담을 통하여 가족에 대한 정보를 제공해 준 사람을 consultand (상담의뢰자)라고 칭하며 환자 자신 또는 임상 증상이 없는 다른 가족이 해당될 수도 있다. 혹은 여러 경로

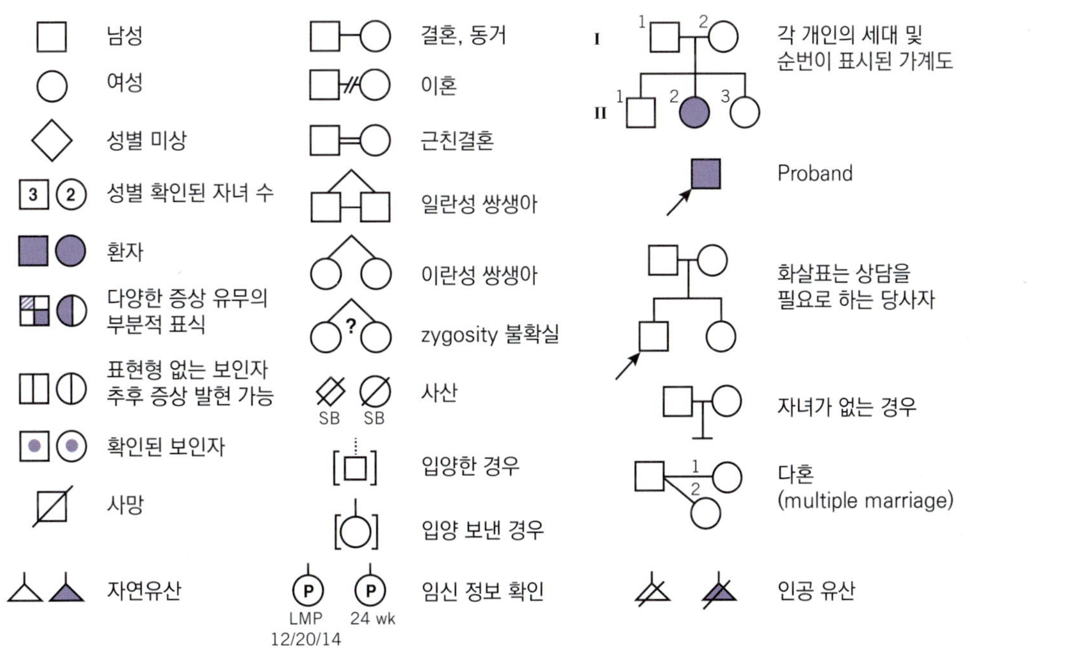


**그림 6-4.** 가계도에서 자주 쓰이는 심볼. 가계도 작성에 정해진 표기법이 없다 하더라도 위의 표기법이 유전상담 분야에 있어 일반적으로 권장되는 심볼이다.

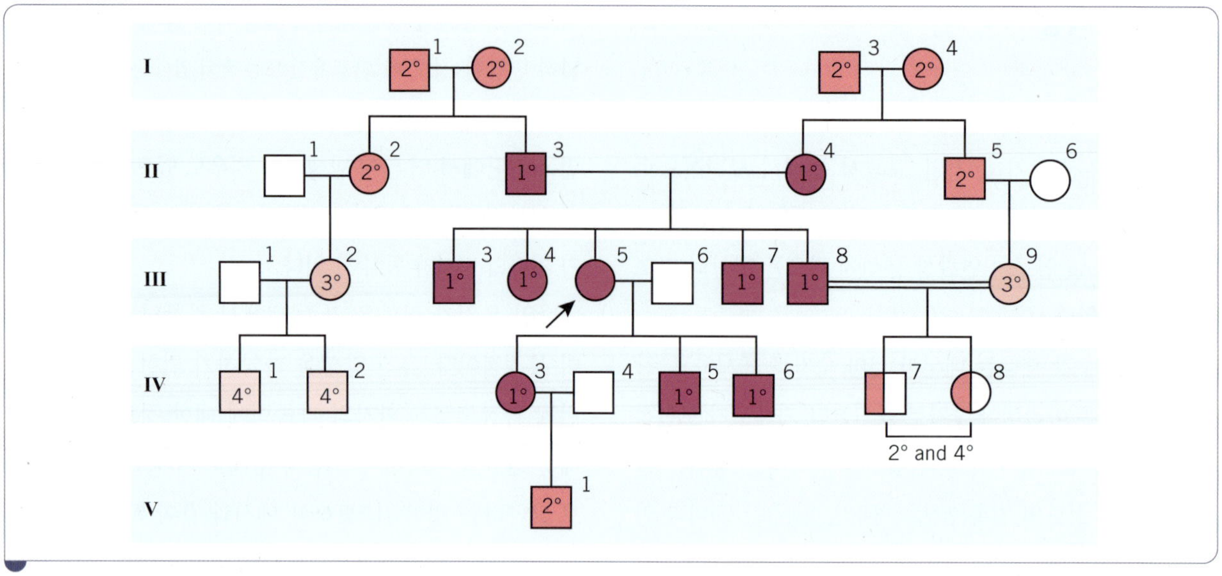


**그림 6-5.** 가계도상의 혈연 관계 분석. Proband, III-5 (화살표)는 유전질환의 isolated case를 의미하며 환자는 III-3, III-4, III-7, 및 III-8 네 명의 형제자매가 있다. 배우자는 III-6이며 3명의 자녀가 있다. (부부의 F1 progeny). Proband는 9명의 first-degree 친족(부모, 형제자매, 자녀), 9명의 second-degree 친족(조부모, 삼촌과 숙모, 조카 및 손자), 2명의 third-degree 친족(first cousins)과 4명의 fourth- degree 친족이 있다. IV-3, IV-5, 및 IV-6는 IV-1과 IV-2의 second cousin에 해당하며 부모가 근친 결혼을 한 IV-7과 IV-8은 proband와 이중으로 관련되어 있다. 아버지 쪽으로는 second-degree 친족이나 어머니 쪽으로는 fourth-degree 친족에 해당한다.

로 질환이 확인되는 경우는 한 가족에 여러 명의 proband가 있을 수도 있다.

형제나 자매는 sibs 또는 siblings (동기;同氣)라고 칭한다. 친척 관계는 우리나라에서 말하는 1촌, 2촌 등과는 약간의 차이가 있으며 first degree (proband의 부모, 형제자매 및 자녀), second degree (조부모 및 손주, 삼촌 및 숙모, 조카, 이복형제), 또는 third degree (예: first cousins) 등으로 구분하여 가계도상 두 사람 간의 가까운 단계 수에 따라 결정된다.

부부가 공통 조상이 한 명 이상이 있는 경우(보통 4촌 이내)는 근친 결혼(consanguineous marriage)이라 한다. Proband가 가족 중 유일한 환자인 경우, isolated case라 칭한다(**그림 6-5** 참조). Isolated case가 새로운 돌연변이로 인한 것으로 입증이 된 경우는 sporadic case라 칭한다. 다른 환자들과 비교하여 진단이 확실한 경우는 환자가 isolated case라 하더라도 다른 환자 가족의 유전 양상을 참고하여 상담에 적용할 수 있다. 따라서 환자에게 비슷한 증상을 보이는 친척이 없더라도 질환이 유전적이라는 것과 다른 가족 구성원들에 대한 위험도를 파악할 수 있다.

가계도 분석은 유전 질환의 유전 양상을 결정하는 데 필수적인 첫 단계이다. 그러나 여러 가지 상황으로 인해 개인의 유전 양상을 파악하기 어려울 수 있는 여러 상황이 있을 수 있다. 임신 초기에 태아에게 치명적인 영향을 미치는 질환이 있는 가족은 여러 번의 유산 경력이 있거나 임신 횟수가 적어 유전 형태가 불확실할 수 있다. 반대로, 발병 연령이 다양한 표현형의 경우는 돌연변이 유전자가 있음에도 불구하고 임상 증상이 없는 가족들이 있을 수도 있다. Reduced penetrance나 variable expressivity로 인해 돌연변이 유전자를 가진 가족들을 특정하기 어려울 수 있다는 점을 감안하더라도 임상 의사 입장에서는 정확한 가족 관계나 가족들의 건강 상태에 대한 정보가 부족한 경우에도 문제가 될 수 있다. 더구나 오늘날 대부분의 선진국에서 흔히 볼 수 있는 핵 가족 규모를 대상으로 할 때에는 환자가 가족 내에 단 한 명인 경우도 많아 유전 양상을 파악하는 데 더욱 어려움이 크다 할 수 있다.

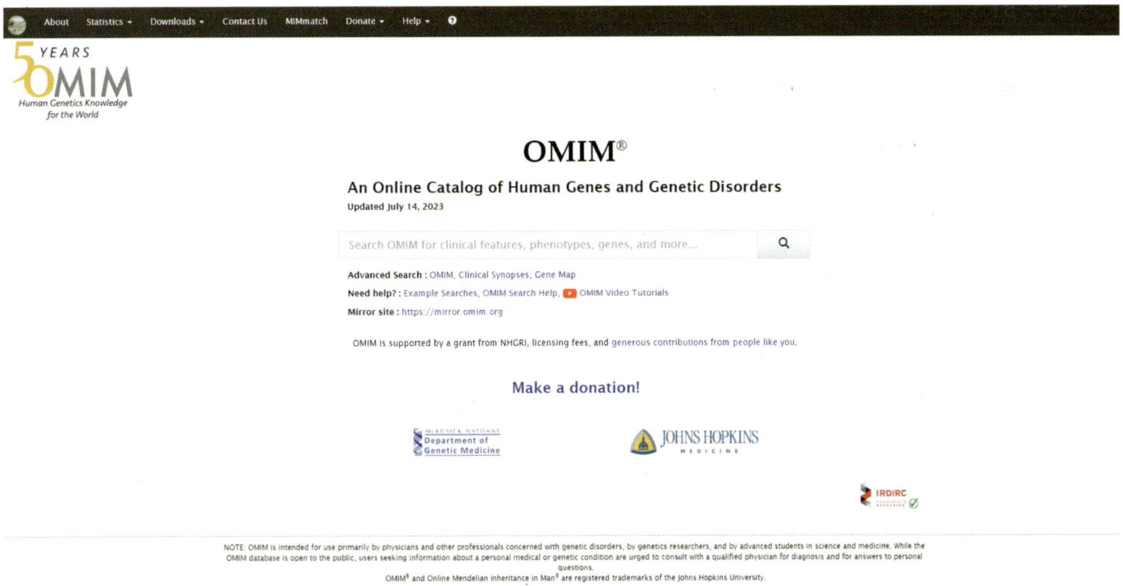


그림 6-6. OMIM의 홈페이지 화면.

## 3. 유전 질환 관련 정보 검색에 유용한 인터넷 사이트

### 1) Online Mendelian Inheritance in Man (OMIM);

(https://www.omim.org)

Dr. Victor A. McKusick은 1962년 Quarterly Review of Biology라는 잡지에 「On the X Chromosome of Man」이라는 논문을 발표하였다. 그 당시 약 60여 가지의 형질에 대한 X-linkage를 확인하고 X 염색체의 genetic map을 발표하였다. 4년 후인 1966년, Dr. McKusick은 우성 형질과 열성 형질을 추가하여 「Mendelian Inheritance in Man: Catalogs of Autosomal Dominant, Autosomal Recessive and X-linked Phenotypes」라는 책을 발간하였다. 이 초판에는 1,400개의 질병 항목이 있었으며 상염색체 유전자 좌는 지정되지 않았었다. 각 카탈로그에는 생의학 분야 논문에서 보고된 유전적 표현형에 대하여 일련 번호가 매겨진 항목으로 정리된 설명적인 개요와 참고 문헌이 포함되어 있었다. 추가로 유전자에 대한 설명이 증가함에 따라 MIM의 초점은 표현형과 유전자 간의 상관 관계로 집중되었다. 그 이후 수년 동안 Y-linked 및 미토콘드리아 관련 표현형과 유전자에 대한 사항이 추가되어 1998년에 마지막으로 출간된 12판에서는 부제가 'A Catalog of Human Genes and Genetic Disorders'로 변경되었다.

Dr. McKusick의 저서 『MIM(Mendelian Inheritance in Man)』의 온라인 버전인 『OMIM(Online Mendelian Inheritance in Man)』은 1985년 미국 National Library of Medicine과 Johns Hopkins 대학의 William H. Welch Medical Library가 협력하여 만들었다. 1987년부터 인터넷을 통하여 일반적으로 사용할 수 있게 되었으며 1995년에 국립 생명공학 정보 센터인 NCBI에서 월드 와이드 웹용(WWW)으로 OMIM을 개발하였다. OMIM은 인간 유전자 및 유전자 표현형에 대한 포괄적이고 권위 있는 개요서로, 무료로 제공되며 매일 업데이트된다. OMIM의 참조된 전체 텍스트 개요에는 알려진 모든 멘델성 질환과 16,000개 이상의 유전자에 대한 정보가 포함되어 있다. OMIM은 표현형과 유전자형 간의 관계에 중점을 두고 매일 업데이트되며, 관련 항목에는 다른 유전학 리소스에 대한 풍부한 인터넷 링크가 포함되어 있다.

OMIM의 내용은 지속적으로 검토되어 출간되는 생의

**OMIM Entry Statistics**

Number of Entries in OMIM (Updated July 14th, 2023) :

| MIM Number Prefix | Autosomal | X Linked | Y Linked | Mitochondrial | Totals |
|---|---|---|---|---|---|
| Gene description * | 16,196 | 767 | 51 | 37 | 17,051 |
| Gene and phenotype, combined + | 21 | 0 | 0 | 0 | 21 |
| Phenotype description, molecular basis known # | 6,256 | 379 | 5 | 34 | 6,674 |
| Phenotype description or locus, molecular basis unknown % | 1,392 | 112 | 4 | 0 | 1,508 |
| Other, mainly phenotypes with suspected mendelian basis | 1,642 | 102 | 3 | 0 | 1,747 |
| Totals | 25,507 | 1,360 | 63 | 71 | 27,001 |

**그림 6-7.** OMIM 데이터베이스에 수록된 자료.

학 문헌들을 기반으로 한다. 이미 데이터베이스에 있는 유전자를 포함하여 새로 발견된 유전자나 유전 질환들에 대한 내용을 포함한 멘델성 질환들에 대한 새로운 정보는 매일 검토된다. 질병 표현형과 관련된 유전자에 대한 설명, 실질적으로 새로운 생물학적 발견 및 질환과 관련된 유전자, OMIM에 없는 유전자 등에 대한 내용을 포함하는 논문을 우선적으로 선택하여 기존 데이터베이스에 추가할 것인지 여부를 검토하게 된다. 또한 다른 온라인 유전학 리소스에서도 관련 정보 및 논문을 확인하여 OMIM의 내용으로 타당한지 검색한다.

각 OMIM 항목에는 6자리 고유 번호가 부여되며 숫자 앞의 기호(*, #, %, + 또는 ^)는 표현형과 유전자 항목 간의 차이를 구분한다. OMIM 번호 앞에 * 표시는 유전자를 의미, # 표시는 생물학적 기전이 알려진 표현형에 대한 내용인 경우로 특정한 유전자 좌를 의미하지는 않으며, % 표시는 생물학적 기전이 알려지지 않은 멘델성 질환이나 locus를 나타내는 경우, + 표시는 염기 서열이 알려진 유전자와 표현형이 같이 포함되어 있는 경우, ^ 표시는 해당 항목이 데이터베이스에서 제거되었거나 표시된 대로 다른 항목으로 이동되어 더 이상 존재하지 않음을 의미한다. 대립 유전자 변이(allelic variant)는 MIM 번호 다음에 점을 찍고 4자리 숫자로 표기된다. 예를 들어 *CFTR* 유전자(CFTR, MIM 602421) variant의 경우, 602421.0001부터 602421.0138까지 각 변이의 번호가 부여되어 있다.

대부분의 유전자의 경우, 오직 선택된 돌연변이만 대립유전자 변이로 포함된다. 포함 기준은 최초로 발견되는 돌연변이, 독특한 표현형, 높은 빈도, 역사적 중요성, 특이한 돌연변이 기전, 특이한 병원성 기전 및 독특한 유전적 특성을 보이는 경우 등이다. 기타 다양한 유전자 다형성 등에 대한 정보는 dbSNP 데이터베이스에서 확인할 수 있다 (https://www.ncbi.nlm.nih.gov/snp/).

### 2) MedlinePlus Genetics (https://medlineplus.gov/about/general/genetics/aboutmedlineplusgenetics/)

MedlinePlus Genetics는 미국 국립의학도서관(NLM)의 소비자 건강 정보 리소스인 MedlinePlus의 일부이다. MedlinePlus Genetics는 일반인을 대상으로 유전 질환의 주요 특징과 관련 유전자 및 염색체의 정상 기능, 유전적 변이가 질환에 어떻게 기여하는지 등에 대한 정보를 제공하고 있다. 또한 MedlinePlus Genetics에는 DNA의 기초부터 정밀의학에 이르기까지 유전학적 주제를 아우르는 'Help Me Understand Genetics'라는 교육용 핸드북이 포함되어 있다. MedlinePlus Genetics는 원래 Genetics Home Reference라는 사이트의 내용을 2020년 10월 MedlinePlus에 통합하여 만들어졌다. 기초적인 내용부터 임상적 내용까지 일목요연하게 잘 정리되어 있어 빠른 시간 내에 찾아보기 좋은 사이

**그림 6-8.** MedlinePlus Genetics의 홈페이지 화면.

트로 생각된다.

### 3) NORD (National Organization for Rare Disorders) : (https://rarediseases.org/)

미국 희귀질환협회(NORD)는 1983년 Tourette syndrome 자녀를 가진 Abbey Meyers가 희귀질환 지원 단체의 개인 및 희귀질환 리더들과 함께 설립한 연구, 교육, 서비스 제공자 간의 네트워킹을 지원하고 자금을 후원하여 희귀질환을 앓고 있는 환자를 돕기 위한 미국의 비영리 단체이다. 이 단체의 홈 페이지에는 약 1,200개 이상의 희귀 질환에 대한 증상, 원인, 치료법, 임상시험, 환자 지원 단체와 같은 도움의 출처에 대한 정보가 포함된 희귀 질환 문헌 등을 찾아볼 수 있다.

## III. 상염색체 우성유전
### (Autosomal dominant inheritance)

약 25,000 종의 멘델방식으로 유전하는 표현형의 원인유전자들이 상염색체에 존재하며 약 50% 이상이 상염색체 우성방식으로 유전된다. 일부 상염색체 우성질환들의 발병률은 일부 특정 지역에서는 높은 것으로 알려져 있다. 이는 지리적으로 고립되어 있거나 인구의 이동이 적고 근친계수가 높기 때문으로 여겨진다. 예를 들어 가족성 고콜레스테롤혈증은 일반적으로는 발병빈도가 1/800로 알려져 있으나 남아프리카 일부 지역에서는 1/100의 높은 발생빈도를 보인다. 퀘벡 북동부의 Charlevoix와 Saguenay-Lac Saint Jean 지역에서는 근긴장성 근이영양증(myotonic dystrophy) 1형이 1/550 빈도로 발생한다. 북유럽 기원의 인구집단에서는 우성유전다낭콩팥병(autosomal dominant polycystic kidney disease) 등은 1/1,000의 빈도로 발생한다.

자손이 우성으로 유전되는 질환에 이환될 위험도와 중증도는 부모 중 한 명 또는 두 명 모두 환자인지, 그 특성이 엄밀한 우성인지 불완전한 우성인지에 따라 결정된다. 돌연변이 대립유전자를 A라고 하고 정상 대립 유전자를 a라고 표시한다면, 상염색체 우성질환에 이환된 자녀를 낳을 수 있는 경우는, 돌연변이 이형접합체(A/a)를 지닌 남녀 간의 결혼, 또는 더 흔한 경우는 돌연변이 이형접합체(A/a)와 정상 대립유전자를 가진 동형접합체(a/a) 간의 결혼이다.

A/a와 a/a 사이에 태어난 자녀는 환자인 부모의 비정상 대립유전자 A를 받을 확률이 50% 이고 정상 대립유전자 a를 받을 확률이 50%이다. A/a와 a/a 부모의 자식은 50%의 A/a와 a/a가 된다. 물론, 각 임신은 독립적인 사건이고, 이전의 임신의 결과에 좌우되지 않는다.

실제 임상진료에서, 우성 표현형의 동형접합체들은 거의 볼 수 없는데 그 이유는 동형접합체인 사람이 자식을 낳을 수 있는 결혼이 드물기 때문이다. 동형 접합제를 낳을 수 있는 경우는 이론적으로 A/a x A/a, A/A x A/a, A/A x A/A의 결혼이거나, 매우 드문 경우이지만 유전적으로 정상인 부모의 생식샘에서 새로운 돌연변이가 발생하여 유전되었을 경우이다. 그렇지만 실제로는 A/A 동형 접합체가 매우 드물고 일반적으로 증상이 너무 심각해서 일찍 사망하여 자녀를 낳을 수 없기 때문에(적합도[fitness]=0), 정상대립유전자 동형접합체(a/a)와 환자인 이형접합체(A/a)의 결혼, 또는 부부 모두 환자인 두 이형접합체(A/a)의 결혼만을 고려할 필요가 있다. 전자의 경우에는 자녀의 1/2이 이형접합체(A/a) 환자가 될 것이다. 두 이형접합체(A/a) 결혼의 경우에서 자녀의 3/4이 이환 되는데 이들 중 1/3(전체적으로는 1/4)은 동형접합체 환자로 증상이 매우 심하거나 조기에 사망할 것이다. 1/4은 정상일 것이다. 불완전 우성(incomplete dominant inheritance)이라는 용어는 부분적 우성(partial dominant inheritance), 또는 semidominant inheritance라는 용어로도 사용되는 유전학적 용어이다. 두개의 대립유전자의 합으로 증상이 더 심하거나 또는 다른 표현형(임상증상)이 나타나는 경우를 일컫는다. 반면에 순수우성유전(pure dominant inheritance) 질환은 돌연변이가 존재하는 대립유전자가 한 개이든 또는 두 개이든 간에 증상이 모두 동일한 경우를 말한다. 즉 대립유전자 양의 효과(dosage effect)가 없다. 실제 우리가 임상진료에서 경험하는 상염색체 우성 유전질환들은 대부분 불완전 우성유전방식을 보인다. 즉 2개의 돌연변이 대립유전자 동형접합체 환자가 한 개만이 돌연변이 대립유전자인 이형접합체 환자보다 증상이 심하다. 즉 양의 효과가 있다. 예를 들면 가족성 고콜레스테롤혈증(familial hypercholesterolemia)은 저밀도지질단백수용체(low density lipoprotein receptor, LDLR) 유전자인 *LDLR* 기능증가 돌연변이에 의해 발병한다. 이협접합체 환자의 발생빈도는 약 1/800 정도이나, 동형접합체 환자는 발생빈도가 백만 명당 한 명이다. 보통 저밀도지질단백질 콜레스테롤 농도가 500 mg% 이상으로 이형접합체 환자보다 훨씬 높다. 따라서 더 어린 나이에 심근경색증 등의 심혈관질환이 발생할 위험도가 높다. 또 다른 예로서는 연골무형성증을 들 수 있다. 연골무형성증은 섬유모세포성장인자수용체-3(fibroblast growth factor receptor 3, FGFR3) 유전자의 돌연변이에 의해 발생하는 상염색체 우성질환이다. *FGFR3* 유전자의 특정 염기서열의 과오돌연변이에 의하는데 97%가 p.Gly380Arg 변이이다. 연골무형성증환자의 80%는 가족력이 없이 새로운 돌연변이에 의해 발생한다. 일반적으로 아버지의 연령이 증가할수록 발생위험도가 높아진다. 전형적인 표현형으로는 짧은 팔다리를 동반한 불균형적 저신장, 큰 머리, 낮은 콧등, 튀어나온 이마, 척추만곡증 등이다. 대부분의 연골무형성증 환자는 정상적 지능을 가지며 그들의 신체적 역량 내에서 정상적인 삶을 살 수 있다. 연골무형성증 환자들끼리의 결혼은 드물지 않다. 동형접합체 연골무형성증 환아는 그 증상이 이형접합체 환아들보다 훨씬 심각하여서 대부분 출산 후 즉시 사망한다.

## 1. 상염색체 우성질환에서 새로운 돌연변이

어떤 집단에서 새로운 대립유전자들이 돌연변이에 의해 생겨나고 이는 선택에 의해 유지되거나 제거된다. 새로운 돌연변이가 생기면 집단 내에서 이 대립인자의 생존 여부는 그 유전자좌에 관련된 또 다른 대립유전자들을 가진 사람들과 비교할 때 새로운 돌연변이를 가진 사람의 적합도(fitness)에 달려 있다. 적합도는 정상집단과 비교해서 환자군에서 생식능력이 있는 나이까지 살아 있는 가족구성원의 수를 세는 것으로 측정된다. 많은 상염색체 우성질환에서 이 적합도가 감소된다. 상염색체 우성질환의 적합도와 새로운 돌연변이에 의해 발생된 질환을 지닌 환자의 수는 역비례한다. 질환이 환자의 생식 적합도를 감소시킨다면 이 병에 걸린 사람들의 대부분은 유전적으로 정상인 부모의 생식세포 내에서 새로 발생한 돌연변이 유전자를 받은 사람이었을 것이다. 일부 유전질환은 적합도가 0이다. 다시 말해서 환자는 자손을 출산하지 못한다는 것이다. 관찰되는 적합도가 0인 모든 유전질환은 후대에 유전될 수 없기 때문에 필연적으로 새로운 돌연변이에 의해 생긴 것이다. 예를 들면 *CHD7* 유전자의 돌연변이에 의한 CHARGE 증후군은 성선기능부전이 동반되어 생식능력이 없기 때문에 아주 드문 경우를 제외하고는 모두 새롭게 발생된 de novo 돌연변이들이다. 성인기에 발병하는 우성유전질환들은 정상적인 생식적합도를 보인다. 적합도가 정상이라면 환자들은 대부분 새로운 돌연변이가 생겨서 발병된 사람들이 아니다. 이들은 부모 어느 한쪽이 환자인 상태로 부모로부터 병을 유전받게 되었을 확률이 훨씬 높다.

## 2. 돌연변이 유전자의 표현형 발현의 다양성: 투과도(Penetrance), 발현도(Expressivity), 다면발현(Pleiotropy)

우성유전질환들은 임상적 표현형의 발현이 매우 다양하다. 그러나 임상적으로 돌연변이가 있는 대립유전자를 가지고 있으면서도 전혀 증상이 나타나지 않을 수 있으며, 증상이 발현하더라도 병의 심각성이나 발병시기 등, 발현양상이 매우 다양할 수 있다. 돌연변이 대립유전자의 표현형의 발현은 연령, 여러 유전자좌의 유전자변이와의 상호작용, 그리고 환경적인 영향에 의해 바뀔 수도 있다. 이런 표현형 발현의 다양성은 상염색체 우성질환에만 국한된 현상은 아니지만 정확한 진단과 가계도 해석상의 어려움을 초래한다. 이런 표현형 발현의 차이가 발생하는 데는 세 가지 뚜렷한 방식이 있는데 투과도감소(reduced penetrance), 발현다양성(variable expressivity), 다면발현(pleiotropy)이 그것이다. 투과도란 특정한 유전자의 돌연변이를 지닌 각 세대(generation)의 가족구성원 중 몇 %에서 표현형의 발현을 나타낼 것 인가에 대한 확률이다. 어떤 표현형의 발현빈도가 100%가 되지 못한다면, 즉 특정한 돌연변이 대립유전자를 가진 사람들의 일부가 완전히 그것을 발현하는 데 실패한다면, 그 대립유전자는 투과도감소를 보인다고 말한다. 즉 투과도는 '특정한 임상증상(표현형)이 표현되었다 또는 안 되었다'의 개념이다. 통계학적으로 그것은 특정한 돌연변이 대립유전자형을 가진 사람이 실제로 증상이 발현될 확률인데, 적어도 어떤 정도의 증상을 보여야 투과되었다고 여긴다. 연령에 따라 투과도가 변할 수도 있는데 이를 연령의존적 투과도(age-dependent penetrance)라 한다. 연령에 따른 가변적인 발현도 때문에 질환의 유전방식을 이해하는 데 어려움이 초래된다. 예를 들면 상염색체 우성질환인 신경섬유종증1형(neurofibromatosis type 1, NF1)의 경우에서 이런 현상이 자주 관찰된다. 신경섬유종증1형은 비교적 흔한 질환으로 신경계, 눈 및 피부의 병변을 나타낸다. 밀크커피색 반점과 피부의 색소침착 반점이 이 질환을 의심하는 데 유용한 초기소견이다. 대부분의 환자는 몸체에 직경 5 mm 이상의 반점을 6개 이상 지니고 있다. 신경섬유종증1형은 상염색체우성 유전질환의 특징인 발현다양성(variable expressivity), 다면발현(pleiotropy) 등을 보이는 대표적 질환이다. 투과도는 거의 100%이나 연령의존적이다. 발병빈도는 보고에 따라 다르나 약 1/2,500~3,500으로 비교적 흔하며 민족 간에 질환의 발병률에 큰 차이가 없다. 신경섬유종증1형의 전형적인 임상증상은 피부에 다수의 양성종양인 심경섬유종의 증식, 밀크커피색 반점(café au lait spot)으로 알려진 다수의 평평한 불규칙한 색소침착 병변의 존재(사춘기 이전의 경우 최대 지름이 5 mm 이상, 사춘기 이후 15 mm 이상인 커피색 반점이 6개 이상), 눈의 홍채에 리쉬결절(Lisch nodule)이라 불리는 작은 양성종양(hamartoma)의 증식, 덜 흔하지만 지적장애, 중추신경계 종양, 총상신경섬유종(plexiform neurofibroma) 등의 다양한 양상을 보인다. 즉 다면발현성 표현형(pleiotropic phenotype)을 보인다.

모든 성인 신경섬유종증1형 환자에서 어느 정도의 임상증상은 발현한다, 즉 투과도는 완전하여 거의 100%이다. 그러나 어떤 환자에서는 단지 밀크커피색 반점, 겨드랑이 주근깨(freckle), 리쉬결절의 증상만 있으나, 어떤 환자에서는 척수에 생명을 위협하는 양성 종양 또는 팔다리에 악성 육종이 발생한다. 따라서 신경섬유종증1형은 발현다양성(variable expressivity)을 보인다. 동일 친족 내에서도, 어떤 사람은 심각한 증상을 보이나 다른 사람에서는 가벼운 증상만 나타나는 경우가 있다.

임상증상은 유년기 동안 서서히 진전되기 때문에 진단은 소아에서 한층 더 어렵다. 예를 들면 신생아 기간 동안 이 질환에 이환된 전체 신생아의 50% 미만에서만 밀크커피색 반점이 나타난다. 따라서 투과도는 연령에 의존적이다. 신경섬유종증1형유전자에서는 매우 다양한 돌연변이가 발견된다. 발견된 모든 돌연변이는 그 유전자 산물인 뉴로파이브로민(neurofibromin)의 기능상실(loss-of-function)을 초래한다. 신경섬유종증1형의 약 50%의 증례는 유전이 아닌 새로운 돌연변이에 의한 것이다. 이는 산발적인 de novo 변이일 수도 있고 생식샘섞임증에서 기인한 것일 수도 있다.

신경섬유종증1형과 같이 우성유전을 하는 환자의 가족을 유전상담할 때 가장 중요한 유전학적 문제는 부모는 정상이고 자녀만 증상이 있을 때, 다음 임신에서의 위험도를 결정하는 것이다. 항상 생식샘섞임증과 체세포섞임증을 고려해야 하고 이에 의한 재발율도 질환마다 차이가 있는 것이 경험적으로 알려져 있다. 예를 들면 골형성부전증의 경우는 16%에 이를 정도로 높다.

투과도감소현상을 보이는 대표적인 질환은 손가락/발가락 결손증(ectrodactyly)의 한 유형인 갈림 손/발기형(split-hand/feet malformation, SHFM)이다. 기형은 손과 발이 발생하는 임신 6주 또는 7주에서부터 시작된다. 이 질환은 적어도 다음과 같이 6개의 유전자좌가 알려진 유전자좌 이질성(locus heterogeneity)이 있는 질환이다(**표 6-1**). 이 중 4가지 형태는 상염색체 우성 유전을 하는데 유전자의 돌연변이가 있는 사람의 1/3 정도만 증상이 나타난다.

**표 6-1. 손/발기형의 유전적이상**

| Type | Chromosomal location | Gene (s) | Inheritance |
|---|---|---|---|
| SHFM1 | 7q21 | *DLX5, DLX6, DSS1* | AD |
| SHFM2 | Xq26 | *FGF13, TONDU* | XLR |
| SHFM3 | 10q24 | *Dactylin, SUFU, BTRC* | AD |
| SHFM4 | 3q27 | *TP63* | AD |
| SHFM5 | 2q31 | *DLX1, DLX2* | AD |
| SHFM6 | 12p11 | *WNT10B* | AR |

SHFM: Split-hand/foot malformation; AD: Autosomal dominant; AR: Autosomal recessive; XLR: X-linked recessive

환자가 많은 대규모 가계에서는 조건부 확률(conditional probability)을 결정하는 수학적 방법인 베이시안 분석법(Bayesian analysis)을 이용하여, 상담의뢰인이 비정상의 아이를 가질 위험도를 산출할 수 있다.

## 3. 상염색체 우성유전의 특징

(1) 표현형은 대개 모든 세대에 나타나며, 환자는 환자인 부모를 가진다. 예외의 경우는, ① 유전자 표현형이 정상인 부모로부터 새로 돌연변이가 발생한 경우 ② 해당 유전자를 지녔으나 투과도가 낮아 증상이 발현되지 않았거나, 아주 경미하게 발현한 경우이다.

(2) 부모 중 한 명이 환자인 경우, 자식들이 질환을 유전받게 될 확률은 50%이다.

(3) 표현형이 정상인 부모는 비정상 형질을 유전하지 않는다. 그러나 투과도가 감소하여 증상이 나타나지 않았거나 표현형이 미묘하게 나타난 경우는 예외이다. 즉 유전될 수 있어서 상담에 주의를 해야 한다.

(4) 부모 중 한 명이 환자인 경우 그들의 성별이나 자식의 성별에 관계없이 형질을 유전한다. 일부에서 남자에서 남자로의 유전이 일어날 수 있고 남자는 정상인 딸을 가질 수도 있다.

(5) 산발적인 증례의 상당한 부분은 새로 발생한 de novo 돌연변이 때문이다. 적합도(fitness)가 작으면 작을수록 새로 발생한 돌연변이에 의할 가능성이 커진다. 그러나 항상 부모의 생식샘섞임증 또는 체세포섞임증을 고려해야 한다. 최근 차세대 염기서열분석이 보편화되면서 낮은 수준의 섞임증도 검출할 수 있다.

(6) 상염색체 우성방식으로 유전되는 질병들은 결체조직 유전질환, 골격계 유전질환, 피부유전질환들이 흔한 편이다. 상염색체의 미세중복/결실 증후군(예: 디조지증후군, 윌리암즈 증후군)들도 상염색체 우성방식으로 유전된다.

## 4. 상염색체 우성질환에서의 성별-제한적 표현형

일반적으로 상염색체 우성질환은 남녀 동일한 비율로 발생한다. 그러나 상염색체 우성유전을 하지만 오직 한쪽의 성에서만 표현되는 우성유전질환을 성별-제한적 표현형(sex limited phenotype)이라 한다. 예를 들면 가족성 남성-제한적 성조숙증(familial male-limited precocious puberty, FMPP)이다. 이는 과거에 가족성테스토스테론중독증(familial testotoxicosis)이라고 불리었던 상염색체 우성질환이다. 이 질환의 원인은 황체형성호르몬/사람융모생식샘 자극호르몬 수용체(LH/human choriogonadotropin receptor, LHCGR)유전자의 기능항진(gain of function)돌연변이에 의한다. 질환은 이형접합형의 여자에서는 증상이 나타나지 않는다(**그림 6-9**). 이는 여성은 난포자극호르몬수용체도 활성화되어야 사춘기를 유발할 수 있기 때문이다. 가계도 분석상 이 질환이 무증상 보인자인 모체로부터도 전해질 수 있지만, 이환 된 아버지로부터 아들에게 직접 전달될 수도 있음을 볼 때 X-연관성 유전이 아닌 상염색체 유전임을 보여 준다.

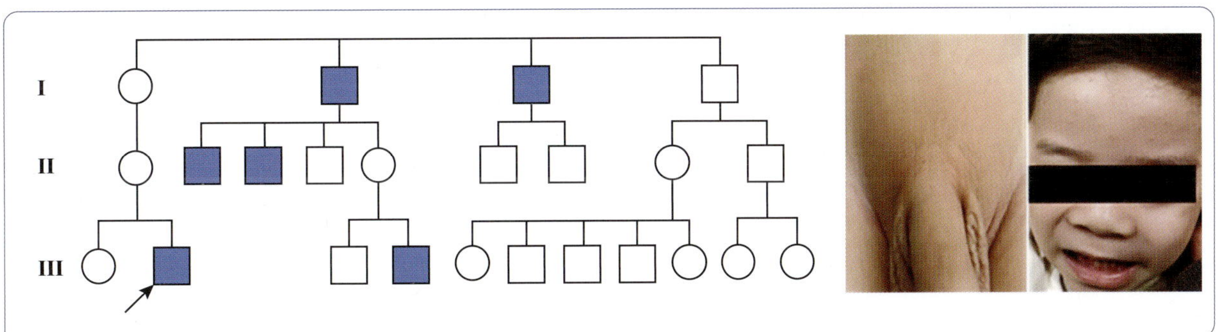


**그림 6-9**. 남성-제한적 성조숙증(famililal male-limited precocious puberty, FMPP) 가계도. 남성에게만 우성유전한다. 9개월 된 남아영아가 급성장, 음모, 여드름을 보인다. Luteinizing hormone/chorionic gonadotropin receptor(*LHCGR*) 유전자의 p.Thr577Ileu 기능항진 돌연변이가 원인이다.

**표 6-2. 상염색체 우성유전질환의 특징**

- 질환은 일반적으로 모든 세대에 나타나며(no skip in generation), 각 환자는 환자인 부모가 있다. (이 원칙의 예외는 정상인 부모의 생식세포에서 발생한 새로운 돌연변이(de novo mutation), 또는 생식세포내의 돌연변이 섞임증(gonadal mosaicism), 또는 돌연변이를 가지고 있지만 발현되지 않는, 투과성이 감소한 경우에는 부모가 정상이고 각 세대에 환자가 없을 수도 있다. (skip in generation)
- 부모 중 한 명이 환자인 가계의 자녀는 50%의 확률로 이환된다.
- 임상증상이 없는 정상인 가족구성원들은 표현형을 그들의 자녀에게 전달하지 않는다. (그러나 정상인 부모의 생식세포내의 돌연변이 생식샘섞임증[gonadal mosaicism], 또는 돌연변이를 가지고 있지만 발현되지 않는 투과성 감소인 경우에는 자녀의 재발 위험도가 증가한다.)
- 남자와 여자는 그들의 자녀에게 성별에 관계없이 남녀 균등하게 표현형을 전달한다. 특히, 남자에서 남자로의 전달(male to male transmission)이 일어날 수 있고, 남자는 정상인 딸을 가질 수 있다.
- 산발적인 증례의 대부분은 새로 발생한 de novo 돌연변이에 기인한다. 적합도(fitness)가 낮으면 낮은 질환일수록 새로운 돌연변이에 의해 발생할 확률이 높다.
- 근골격계 유전질환, 피부 및 결체조직의 유전질환, 염색체 미세결실 및 중복증후군 등이 상염색체 우성유전방식을 보인다.

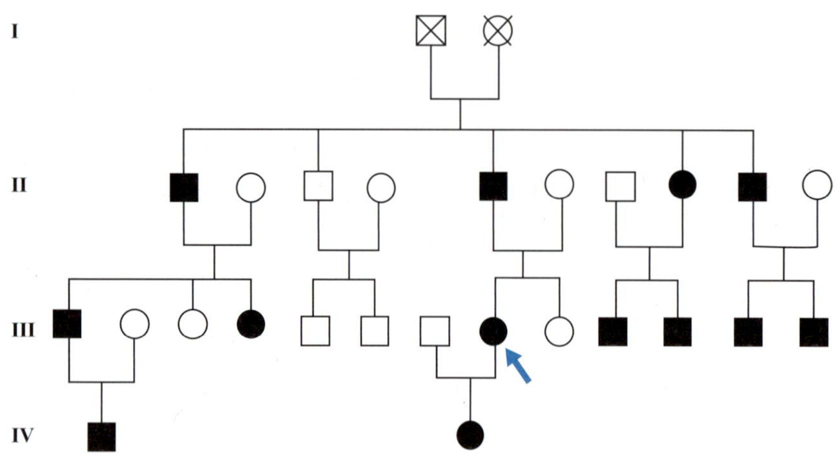


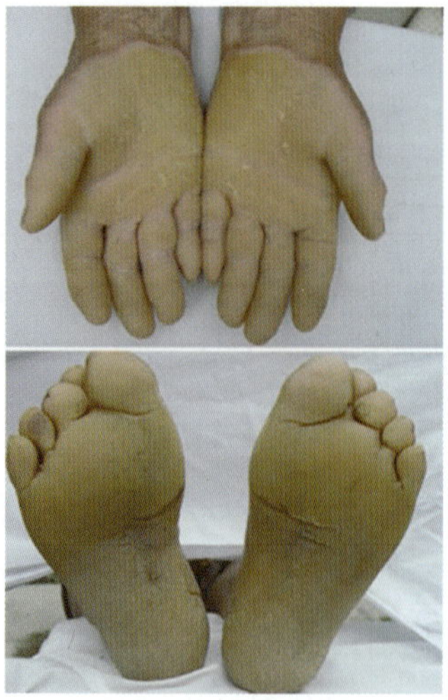

그림 6-10. *KRT9* 유전자 돌연변이에 의한 유전성 손발바닥각질피부증(epidermolytic palmoplantar keratoderma [EPPK, OMIM 144200]) 가계.

## 증례 7 | 우측하지 골절로 진단된 골형성부전증

1) 내원 동기가 된 주 증상: 우측 다리 경골 골절

2) 내원 시 연령/성별: 11개월/여자

3) 가족력

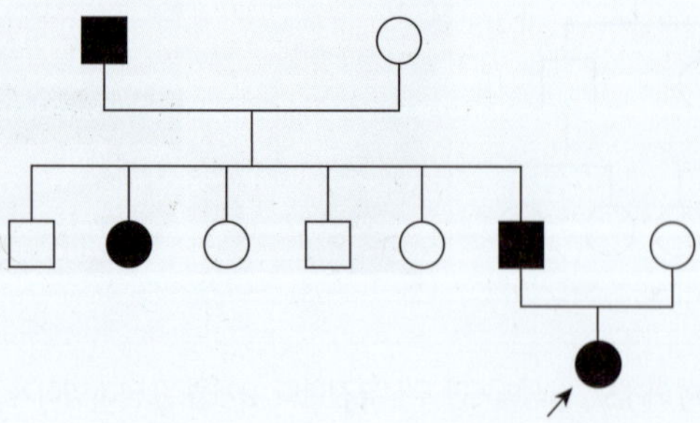

4) 임상증상

재태연령 41주, 3.5 kg, 제왕절개로 출생하였고 산전진찰상 특이소견 없었다. 할아버지는 청색 공막(blue sclera)이 관찰되어 골형성부전증이 의심되는 분이었고, 아버지와 고모가 골형성부전증을 진단받은 가족력이 있었다. 환아는 11개월경 잡고 서는 걸음마를 하다가 앉으려는 자세를 취하면서 우측 다리의 경골이 골절되어 응급실 내원하였다.

5) 진찰 소견

체중은 9.3 kg (50 백분위수), 신장은 73.8 cm (25~50 백분위수)이었고, 청색 공막(blue sclera)이 관찰되었다.

다음 페이지에 계속 >>

### 6) 검사소견

(1) 일반혈액 및 생화학 검사: 정상 칼슘 10.8 mg/dL (참고치; 8.8~10.8)과 약간 증가된 인 7.2 mg/dL (참고치; 3.8~6.5), 정상 ALP 282 IU/L (참고치; 145~420) 소견이 확인되었다.

(2) 내분비학 검사소견: 정상 PTH 10.0 pg/mL (참고치; 10~65), 증가된 osteocalcin 61.4 ng/mL (참고치; 5~25 mg/ml) 소견이 확인되었다.

(3) 영상학적 소견

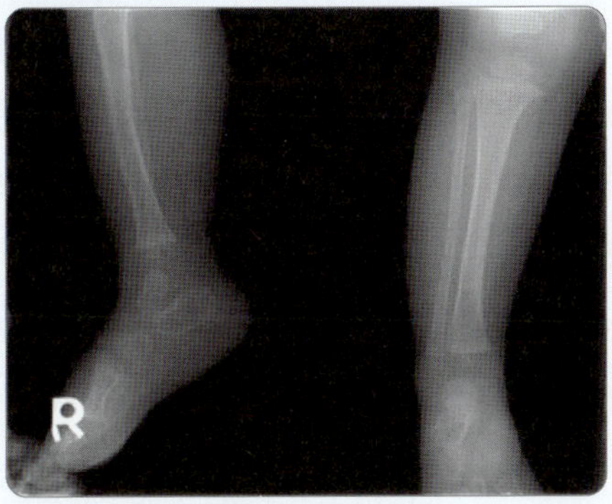


**그림 1.** 우측 하지 측방 및 전방 촬영: 우측 하지 경골에서 비스듬한 방향의 골절 소견이 관찰된다.

(4) 분자유전학 검사소견: *COL1A1* 유전자 검사에서 보고되지 않은 새로운 변이인 IVS39(-3)A>G (c.2830-3A>G)가 확인되었다.

### 7) 치료경과

환아는 생후 11개월 첫 골절 이후, 1개월마다 한 번씩 pamidronate 1 mg/kg를 투여하는 주사 요법을 시행하다가 39개월 이후부터는 4개월마다 3일 연속 투여하는 치료법으로 변경하였다. 생후 11개월 첫 진단 당시 Spine AP (L2-L4) BMD: 0.342 g/cm²로 T-score -6.5에 해당하였으나, 주사 요법 시행 6개월 후 추적검사에서 0.417 g/cm²로 T-score -5.9으로 호전 양상 확인되었고, 5년 후 추적검사에서는 Spine AP (L1-L4) BMD: 0.663 g/cm²으로 Z-score +0.3까지 증가된 것을 확인한 후 만 6세경 치료를 종료하였다. 저신장에 대해 만 9세부터 11세까지 recombinant human growth hormone 치료를 병합하여 최종 신장은 만 16세경 152.2 cm (10 백분위수)에 도달하였다.

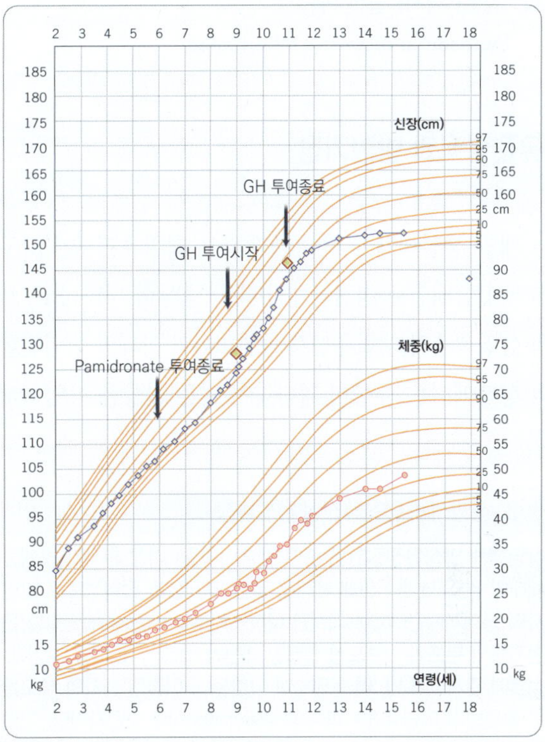


**그림 2.** 성장곡선

### 8) 요약

골형성부전증의 유병율은 6~7:100,000이다. 골형성부전증은 90% 이상의 환자에서 type 1 collagen의 pro α1(I)과 pro α2(I) chains 유전자(*COL1A1*과 *COLA2*)의 돌연변이가 원인이 된다. *COL1A1* 유전자에서 돌연변이 발생이 2배 정도 흔한다. 60%의 경우에는 가족력이 없다. 그러나 상당수(~16%)에서 체세포 및 생식샘세포 섞임증이 있음으로 산전유전상담에 주의를 필요로 한다. 상염색체 우성으로 유전되기 때문에 골절이 잦은 가족력이 있을 경우 생각해 볼 수 있는 질환이다. 골형성부전증은 환자마다 증상의 경중이 다양하다. 대개 4가지 유형으로 구분하는데 ① classic non-deforming OI with blue sclerae ② perinatally lethal OI ③ progressively deforming OI ④ common variable OI with normal sclerae이다. 쉽게 골절이 되는 특징을 비롯하여 골다공증, 척추측만증, 저신장, 청력장애, 근시를 포함한 시력의 문제 등이 동반될 수 있다. Bisphosphonate는 골밀도를 증가시키고 골 통증을 감소시키는 효과가 있는 것으로 증명된 치료이나 골 기형의 호전에 효과가 있는지는 아직 명확히 밝혀지지 않았다. 또한 치료를 위하여 비타민D와 칼슘 제제의 병합 요법을 시행할 수 있다. 연구되고 있는 치료방법으로는 RANK ligand 단일항체, 성장호르몬, 부갑상선호르몬 유사체(teriparatide), 골수 이식 등이다.

## Ⅳ. 상염색체 열성유전
(Autosomal recessive inheritance)

### 1. 유전형식과 발현기전

두 개의 상염색체에 각각 존재하는 대립유전자가 모두 돌연변이 상태인 동형접합체일 때만 증상이 나타나고, 하나의 상염색체의 대립유전자 돌연변이의 상태인 이형접합체의 상태에서는 증상이 나타나지 않는 질환을 상염색체 열성질환으로 정의하고 있다. 아주 예외적인 경우를 제외하고 대부분의 경우에는, 부모들이 이형접합체의 상태 즉 보인자들로, 증상이 없다. 보인자와 보인자인 부모 사이에서 태어난 자녀의 1/4은 정상이고, 1/2는 보인자이며, 1/4는 질병을 가지고 태어난다. 예외적인 경우로서는 자녀의 동형접합체 돌연변이가 부모 중 한 명만 보인자인 경우에도 발생할 수 있는데 이는 단친성 이염색체증(uniparental disomy, UPD) 때문이거나 매우 드물게 혈액에서 보인자가 아닌 부모 중 한 명의 생식샘섞임증(gonadal mosaicism) 때문이다.

**표 6-3. 상염색체 열성유전질환의 특징**

- 상염색체 열성유전질환은 근친 결혼이 아닌 이상 환자가 발생한 세대의 위의 세대나 아래 세대에 유전되지 않고, 전형적으로 발단자의 형제자매간(sibship)에서만 나타난다(skip in generation). 이환된 환자들의 분포가 가계도상 횡적인 패턴(horizontal pattern)을 보인다.
- 성별에 관계없이 남, 녀 동일하게 이환된다. 이환된 환자의 부모들은 돌연변이 대립유전자의 무증상(asymptomatic) 보인자이다. 이환된 사람의 부모들은 어느정도 혈족관계일 수 있다. 만일 질환의 원인이 되는 대립유전자형이 모집단에서 매우 드문 경우에서는 특별히 더 가능성이 높다.
- 매우 드문 현상이지만 특정 인구에서 특정 열성유전질환의 보인자빈도가 높다면 환자가 인척간이 아닌 보인자와 결혼하여 출산하면 자녀의 50%가 유전되는 가성우성유전(pseudo-dominant)형식을 보인다. 한국인의 경우에는 윌슨병이 그 예이다(**그림 6-11**).
- 예외적인 경우로서는 자녀의 동형접합체 돌연변이가 부모 중 한 명만 보인자인 경우에도 발생할 수 있는데 단친성 이염색체증(uniparental disomy, UPD) 때문이거나 매우 드물게 혈액에서 보인자가 아닌 부모 중 한 명의 생식샘섞임증(gonadal mosaicism) 때문이다.
- 유증상 발단자의 각 형제자매(sib)에서의 재발 위험도는 1/4이다. 무증상 형제의 2/3는 보인자이다.
- 생화학적 유전질환들, 특히 유전성 대사질환의 2/3는 상염색체 열성 유전방식으로 유전된다(**그림 6-12**).

상염색체 열성유전을 하는 질환들의 가계도의 특징은 다음과 같다.

(1) 성별에 관계없이 이환되며 남녀의 비는 같다.

(2) 여러 세대에 걸쳐서 환자가 분포되어 있는 우성질환

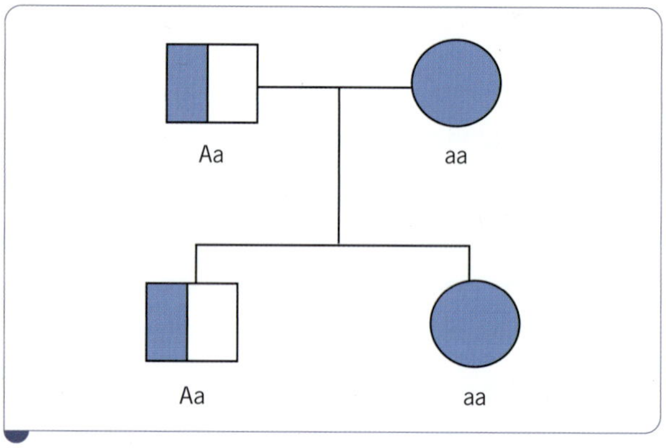


**그림 6-11.** 윌슨병 ATB7B 대립유전자 돌연변이 동형접합체 어머니와 보인자인 아버지 사이에서는 자녀의 1/2이 성별에 관계없이 이환되어서 마치 상염색체 우성유전하는 질환들의 가계도와 같다(pseudo-dominant inheritance).

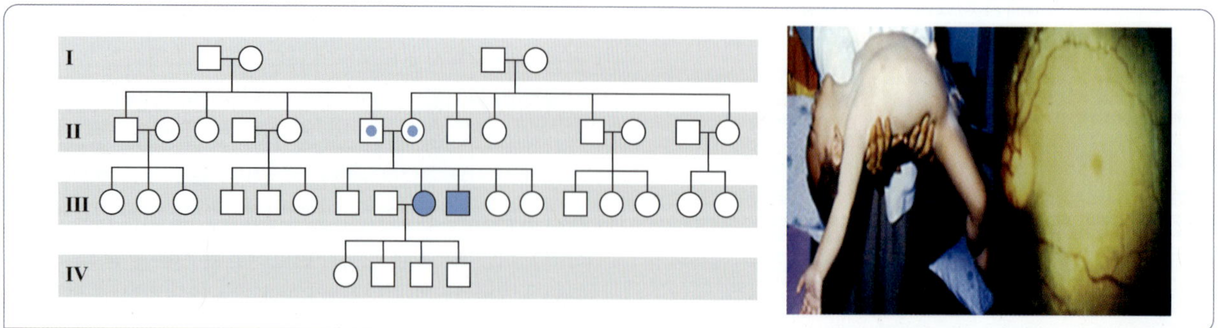


**그림 6-12.** *HEXA* 유전자 돌연변이에 의한 Tay-Sachs병.

에 비하여 열성질환은 한 세대에 국한되어 나타나는 경향을 보인다(skip in generation). 이를 우성질환의 수직적 유전(vertical pattern)과 비교하여 수평적 유전이라고 말한다(horizontal pattern).

(3) 환자의 형제에서 다시 질환에 이환된 환자가 태어날 확률은 1/4 (25%)이다. 매회 독립된 사건이기 때문이다.

(4) 환자의 앞으로 태어날 형제가 보인자일 확률은 2/4 (50%)이다. 그러나 이미 증상이 없는 형제가 있는 경우에는 이들 중 2/3 (67%)가 보인자이다. 그것은 위의 2/4에서 분모의 4에서 1명은 확실히 질병이 없기 때문에 제외하여 2/3이 되기 때문이다.

현재까지 1,500개 이상의 질병들이 상염색체 열성 유전되는 것으로 밝혀져 있다. 여기에는 대부분의 유전성 대사장애질환들(유전성대사질환의 2/3가 상염색체 유전방식으로 유전된다.)과 헤모글로빈의 이상들이 포함되어 있다. 대표적인 질환들을 보면 페닐케톤요증, 선천성부신증식증, 대부분의 뮤코다당체축적질환, 폼페병, 대부분의 당원병, 대부분의 요소회로대사 이상증 등이다.

상염색체 열성 질환은 남녀 간에 발병빈도의 차이가 없는 것이 대부분이나, 성별에 따라서 임상증상의 심한 정도가 달라지는 경우도 있다. 예를 들면 혈색소증(hemochromatosis)의 경우에는 몸 안에 철분이 축적되어 증상이 나타나는 질환으로 북유럽에서는 인구의 0.5%가 *HFE* 유전자 돌연변이 동형접합체, 즉 환자로 보고되고 있다. 그런데 그 증상이 남자에게서 더 심하게 나타나고, 여자는 가볍게 나타나는데, 그 기전은 여자들이 월경으로 철분의 소실이 더 많고, 술도 덜 먹으며, 철분의 섭취도 좀 더 적은 것 때문으로 보고되고 있다. 다행히 한국인에게는 유전성 혈색소증은 발생율이 매우 낮다.

**증례 8 | 고암모니아혈증으로 사망한 가족력이 있는 요소회로대사이상(carbamylphosphate synthetase, CPS1) 환자**

**1) 내원 동기가 된 주 증상(주소): 고암모니아혈증의 가족력**

**2) 발병 시 연령/성별: 8일/여아**

**3) 가족력**

상기 환자의 첫 번째 남자 형제가 원인 미상으로, 두 번째 여자 형제가 고암모니아혈증으로 일주일 내 사망하였다.

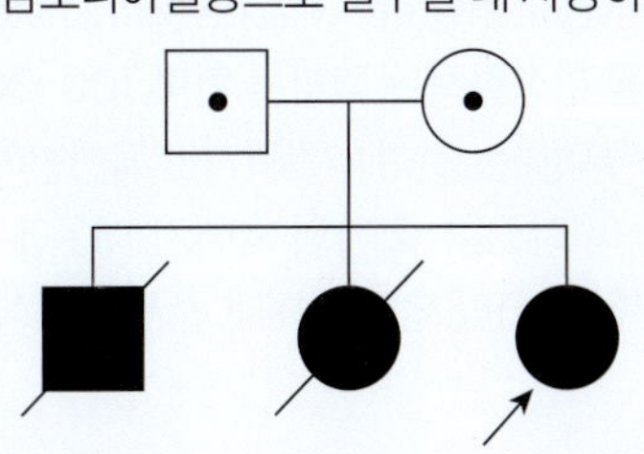

**4) 임상증상**

재태연령 37주 3일 출생체중 2.645 kg 출생 당시 특이 소견 없었던 환아로, 상기 병력으로 관찰하기 위해 입원하였다.

**5) 진찰 소견**

진찰 소견에서 내원 당시 급성 병색은 관찰되지 않았으며, 흉부 진찰상 정상적인 호흡음으로 천명이나 나음이 들리지 않았다. 복부는 부드럽고 팽만되지 않았으며 간비종대는 없었다. 다른 특이 소견 없었다.

**6) 검사소견**

(1) 일반혈액 및 생화학검사: 백혈구 13,600 /mm$^3$ (중성구 53.7%), 혈색소 13.3 g/dL, 적혈구용적률 39.1%, 혈소판 329,000 /mm3이었다. 생화학검사에서 칼슘 7.2 mg/dL, AST/ALT 41/12 U/L, 총 빌리루빈 3.0 mg/dL, 암모니아 85 umol/L이었다.

(2) 유전자 검사: *CPS1* 유전자 검사에서 exon 14내 c.1529del (p.G510Afs*14)와 intron 30의 c.3666+64T>G 복합 이형접합자이었다. 이를 확인하기 위해 간에서 cDNA 분석을 시행하여 c.3666에서 c.3667까지 intron 염기서열 내 60bp의 in-frame insertion을 확인하였고, 1228코돈에서 조기종결이 이뤄짐을 확인하였다. 각각 부모가 보인자였다. 4번째 태아 산전 분자유전학검사에서는 보인자로 확인되어 정상적으로 자연분만되었다.

**7) 치료경과**

(1) 상기 환자는 일주일 이내에 고암모니아혈증으로 사망한 형제가 있었던 가족력 때문에 신생아중환자실에 입원

다음 페이지에 계속 >>

시켜서 관찰하였고, 생후 1일 식이 진행하면서 점차 암모니아 상승 소견이 관찰되었다. 생후 2일에 556 μmol/L까지 증가하여 sodium benzoate 투여를 시작하였고 혈중 암모니아 수치가 지속적으로 증가되어 배꼽정맥을 통해 연속적인 정정맥 혈액투석여과(continuous venovenous hemodiafiltration, CVVHD) 시행하였다. 지속적인 고암모니아혈증과 글루타민혈증으로 경련 등의 대사성 뇌증 소견이 관찰되어 항경련제 투여를 시작하였고 뇌 자기 공명 검사에서도 좌우측반구의 경색이 광범위하게 발생하였다. 생후 36일경 지속적인 투석 치료에도 고암모니아혈증이 조절되지 않고, 폐부종, 패혈증으로 인공호흡에도 호흡곤란이 악화되어 생후 3주경 사망하였다. 이후 부모의 보인자 검사상 *CPS1* 유전자의 돌연변이가 발견되고 사망한 자녀들에서 확인한 후 유전상담을 통해 4번째 태아의 융모막검사(Chorionic villus sampling)검사로 보인자인 정상적인 환아를 성공적으로 출산하였다.

(2) 투여 약제/용량: 급성기 응급 치료의 목적은 암모니아 낮추기 위하여 sodium benzoate (250 mg/kg), phenylbutyrate, arginine/citrulline, 단백제한 및 고열량 지질, 탄수화물을 투여하나 첫 수 시간 이내에 내과적 치료에 반응하지 않고 의식변화가 진행하고 암모니아가 350 umol/L 이상 급격히 상승하는 환자는 상기 환자의 경우처럼 혈액투석을 통해 독성 대사산물을 제거해야 한다. 초기에 Carbaglu를 투여하여 고암모니아혈증이 개선되는지 확인해 본다.

### 8) 요약

(1) 원인: Carbamoyl phosphate synthetase 1 (CPS1) 결핍은 *CPS1* 유전자의 돌연변이로 발생하는 상염색체 열성질환이다. 요소회로대사이상증의 하나이다.

(2) 발생빈도: 보고에 따라 매우 다양하여 80,000~1,300,000명 출생당 1명꼴로 발생한다고 하나 확실하지 않다. 국내의 경우 오르니틴 카바밀트랜스퍼라제(OTC) 결핍, 아르기닌숙신산합성효소(ASS) 결핍, 다음의 빈도로 발생한다.

(3) 발병기전: CPS I은 미토콘드리아 효소로서 암모니아로부터 carbamyl phosphate를 형성하여 요소 회로의 첫 단계를 촉매한다. CPS I 효소결핍은 피리미딘합성 저해를 일으켜 소변 오로틱산(orotic acid) 배설이 감소한다. 혈장 시트룰린 농도가 감소하며 암모니아의 처리가 되지 않는다.

(4) 임상증상: 출생 시에는 정상으로 보이나 수유를 시작하면서 수유 곤란, 기면, 근긴장저하 또는 증가, 경련, 고체온이 발생하고 혼수로 진행된다. CPS I의 부분 결핍 때에는 후기에 간헐적인 의식소실, 보행장애, 정신 지체, 반신 마비 또는 사지 마비가 발생할 수 있다.

(5) 진단 및 검사 소견: 혈장 아미노산 분석에서 글루타민(glutamine), 알라닌(alanine)이 증가하고 aspartic acid가 증가할 수도 있으며, 시투룰린(citrulline)은 감소한다. 소변 유기산 분석에서 오로틱산 또는 우라실(uracil)이 증가되지 않으며 3-methylglutaconic acid의 배설이 증가된다. 간이나 장 점막 생검조직에서 효소를 측정하거나 유전자 분석으로 확진한다. 산전유전자 진단도 가능하다. 유전자가 비교적 크고 점돌연변이가 복합이형접합체로 존재하는 경우가 많아 정확한 유전자 진단이 어려운 경우가 있다. 이런 경우 간조직에서 mRNA 분리 후 보합 DNA를 합성하여 분석하는 것이 유전자진단에 도움이 된다.

(6) 치료 및 관리: sodium benzoate와 sodium phenylacetate를 각각 250 mg/kg의 용량으로 투여한다. sodium phenylbutyrate 250~600 mg/kg/일의 용량으로 투여하며 citrulline 150~600 mg/kg으로 투여한다. 단백질의 섭취를 제한하고 필수아미노산을 보충한다. N-carbamylglutamate는 N-acetylglutamate의 유사체로서 CPS 1을 활성화하는 역할을 하며 100~300 mg/kg의 용량으로 투여하는 것이 추천되지만 돌연변이 유전자형에 따라 반응이 다르다. 고가의 약이기 때문에 시도하는 데 경제적 부담이 크다. 간이식이나 간세포 이식으로 완치할 수 있다.

## 2. Hardy-Weinberg 법칙

유전자형(genotype)을 알면 대립유전자 빈도를 쉽게 알 수 있다. 대립유전자수를 세어 보면 되는 것이다. 그럼 역으로 대립유전자 빈도를 알면 유전자형의 빈도를 알 수 있을까? 몇 가지 조건을 가정한다면 쉽게 계산이 가능하며, 이것은 Hardy-Weinberg 법칙에 근거를 둔다. 다음과 같은 이차방정식으로 표시된다.

$$(p + q)2 = p2 + 2pq + q2$$

여기에서 p는 정상 대립유전자의 빈도이고, q는 비정

상 대립유전자의 빈도이다. 최근에는 특정 유전질환마다 유전자진단이 보편화되어 돌연변이 유전자형의 데이터가 축적되어 이것을 이용하여 발생빈도나 보인자의 빈도를 계산할 수 있다. 한국인에서 비교적 발생율이 높은 윌슨병을 예로 들어 보자. 윌슨병은 구리중독 대사질환으로 *ATP7B* 유전자의 돌연변이에 의한다. 한국인 윌슨병 환자는 다음과 같은 6가지 돌연변이 유전자형이 전체 환자의 58.3%를 차지한다. p.Arg778Leu, p.Ala874Val, p.Thr1029Ile, p.Leu1083Phe, p.Gly1186Ser, p.Asn1270Ser이다. 특히 p.Arg778Leu은 전체 돌연변이 유전자형의 1/3을 차지한다. 신생아대사질환 선별검사 여과지를 이용하여 6개 돌연변이 대립유전자 빈도를 14,835명에서 조사하였을 때 대립유전자빈도가 0.0067이었다고 한다. 그런데 6개 돌연변이 유전자형의 58.3%를 차지하기 때문에 윌슨병 돌연변이 전체 대립유전자 빈도(q)는 0.067 ÷ 0.583 = 0.0115 이 된다. 발병율은 q2임으로 0.0115 × 0.0115 = 0.00013225 (1/7,562)이고, 보인자 빈도는 2pq임으로 2 × 0.0115 × (1-0.00115) = 0.0227355 (1/44)으로 계산해 낼 수 있다.

그러나 Hardy-Weinberg 법칙이 성립하기 위해서는 다음과 같은 가정을 만족시켜야 된다. 인구집단이 충분히 크며, 결혼은 어느 유전자에 대해서도 무작위적이다. 대립유전자 빈도는 오랜 세월동안 변화하지 않는다. 돌연변이 빈도의 변화가 없고, 새로 유입되는 이민집단도 없으며, 결혼은 완전히 무작위로 행해진다.

## 3. Hardy Weinberg 법칙이 맞지 않는 경우들-사회계층화, 선택적 결혼 및 근친결혼

결혼이 무작위적으로 일어난다면 Hardy-Weinberg 법칙은 잘 적용된다. 그러나 여러 가지의 이유로 무작위적으로 일어나지 않게 되는데, 그 기전으로는 사회계층화(stratification), 선택적 결혼(assortative mating) 및 근친결혼(consanguineous marriage) 등이 있다.

### 1) 사회계층화(stratification)

사회계층화란 미국을 예로 설명하면, 미국사회는 백인, 흑인, 인디언, 아시아인들, 히스패닉 등으로 분화되어 있으며, 특정 그룹은 특정 그룹끼리만 결혼하는 현상이 나타나며, 그럴 경우 발병빈도는 크게 달라진다. 대표적으로 잘 알려진 예로 sickle cell disease가 있다. 미국 전체 인구의 10%를 차지하는 흑인들에서 대립유전자 빈도는 0.05이다. 그 외의 인종에서의 빈도는 거의 0이다. 따라서 미국 전체로 보면 대립유전자 빈도 q는 0.05 × 0.1 = 0.005이고 발병빈도는 q2 = 0.000025이다. 그런데 흑인끼리 결혼한다면 q2 = 0.0025가 되고 전체인구의 10 %이므로 0.0025 × 0.1 = 0,00025가 된다. 즉 흑인들끼리 결혼함으로써 그렇지 않았을 경우에 비하여 10배 많은 환자들이 발병하고 있는 것이다.

### 2) 선택적 결혼(assortative mating)

선택적 결혼은 대개는 자신과 닮은 사람을 선택하기 때문에 나타난다. 같은 피부색깔, 같은 언어, 비슷한 지적수준, 비슷한 운동능력, 비슷한 성향 등이 그러한 선택의 기준이 되고 있다. 대표적인 질환이 연골무형성증이다. 상염색체 우성질환으로 부모가 이형접합체라면 아이는 정상, 이형접합체 및 동형접합체가 가능한데, 동형접합체는 매우 심한 형으로 발현되어 조기에 사망하게 된다.

### 3) 근친결혼(consanguineous marriage)과 동종교배(inbreeding)

결혼하는 두 사람이 같은 조상의 후손이라면 이것을 근친결혼이라고 말한다. 근친결혼을 하면 두 부모가 희귀한 유전자돌연변이를 동시에 갖고 있을 확률이 근친결혼이 아닌 경우보다 더 높아진다. 더 희귀한 질병을 가진 자녀의 부모는 근친결혼일 가능성이 더 높아진다. 잘 알려진 예로서 유명한 인상파화가인 로트렉(Lautrec)이 있다. 부모가 사촌간이었던 로트렉은 경화성골질환(pyknodysostosis)이라는 희귀한 뼈질환을 앓았다. 또 다른 대표적인 질환이 Tay-Sachs disease이다. 이 질환의 발병빈도는 아슈케나지 유대인(Ashkenazi Jewish)에서는 1/3,600이지만 일반 인구에서는 1/360,000이다. q2= 1/3,600이므로 q = 1/60이 되고, 보인자의 확률은 2pq = 1/30이 된다. 일반 인구에서는 1/300이다. 즉 보인자의 빈도가 10배 높은 것이며, 이를 근거로 아슈케나지 유대인은 임신하면 Tay-Sachs병에 대한 산전 진단을 시행하고 있으며 실제 발병율을 감소시켰다.

상염색체 열성유전질환들의 유전자들은 대부분의 경우 질병을 가진 동형접합체의 상태보다는 이형접합체인 보인자의 상태로 있기 때문에 증상을 나타내지 않고 있다. 이러한 감춰진 상태는 다른 보인자를 만나서 동형접합체가 되기 전까지는 계속 보인자의 상태로 남아 있게 된다. 모든 사람들은 일반적으로 8개 내지 10개의 돌연변이의 보인자상태라고 알려져 있으며, 이들의 50% 정도는 동형접합체가 되면 치명적인 경우가 많다고 알려져 있다.

같은 조상을 가진 사람 사이의 결혼을 근친결혼이라고 말하는데, 임의적으로 5촌 이내의 결혼을 의미한다. 근친결혼으로 태어난 아이의 유전적 위험도는 일반적으로 상상하는 것만큼 크지는 않다. 사촌 간에 결혼했을 때, 비정상적인 아이가 태어날 확률은 (모든 열성질환뿐만 아니라 사산, 신생아사망 및 선천성기형을 포함한다) 3~5%로 일반인들의 2~3%에 비하여 2배 정도 된다. 7촌을 넘어가면 거의 의미 없는 수준이 된다.

동종교배지수(coefficient of inbreeding of child: F)는 태어날 아이가 동형접합체일 확률을 말한다. 결혼할 상대방이 같은 돌연변이를 가질 확률은 $(1/2)^n$으로 결정되는데, 여기서 n은 degree of relationship으로 우리의 촌수-1과 거의 비슷하다. 즉 부모, 형제, 자매, 이란성 쌍둥이는 1, 이복형제 자매와 삼촌-조카, 고모-조카 사이는 2, 사촌 사이는 3, double first cousin은 2, half first cousin 4, first cousin once removed 4, second cousin 5 등이다. 동종교배지수(coefficient of inbreeding of child; F)는 $1/2 \times (1/2)^n$가 된다.

## 4. 안정적인 대립유전자 빈도를 방해하는 요인

### 1) 유전적표류(genetic drift)

대규모의 인구집단에 비하여 소규모 인구 집단에서 우연히 일어나는 사건의 영향은 훨씬 크게 나타날 수 있다. 인구집단이 작은 경우에는 특정 돌연변이를 가진 사람들의 임신률이 증가하거나 생존률이 증가한다면(무작위적인 것이 아니고, 선택(selection)에 의한 것일 가능성이 크다), 특정 대립유전자 빈도를 당대 또는 다음 세대까지 변화시킬 가능성이 크다. 대규모 인구 집단에서는 이와 같은 비무작위적인 사건의 영향은 평균화되어 효과가 감소되지만 소규모 인구집단에서는 우연에 의하여 세대 간의 대립유전자 빈도가 변화할 수 있는 것이다. 이러한 현상을 유전적 표류(genetic drift)라고 말하며, 소규모 인구집단의 작은 유전자 pool에서 일어나는 대립유전자빈도의 변화를 설명하는 데 이용되고 있다.

### 2) 돌연변이와 선택(mutation and selection)

돌연변이와 선택(mutation and selection)이 대립유전자 빈도에 미치는 영향은 작위적인 결혼에 비하여 그 효과가 천천히, 변화의 폭도 작게 나타나며, 특히 상염색체 열성질환의 경우에는 더 그러하다. 새로 발생하는 돌연변이의 보인자 빈도는 기존의 다른 돌연변이 보인자빈도보다 낮아서 새로운 돌연변이가 전체 대립유전자 빈도에 미치는 영향은 거의 없다. 게다가 대부분의 해로운 열성의 대립유전자들은 보인자 속에 숨겨져 있어서, 선택의 영향을 받지 않으므로 선택은 이러한 열성유전자의 빈도에 영향을 미치지 못한다. 따라서 심한 질환들에게도 Hardy-Weinberg 법칙은 그대로 적용이 가능하다. 그러나 우성질환이나 성염색체 연관 질환 들에서는 특정한 대립유전자 빈도에 영향을 줄 수 있다.

발생한 돌연변이가 그 인구집단에서 어느 정도로 자리를 잡았나 알아보기 위한 개념으로 적합도(fitness) (F)와 선택상수(coefficient of selection) (S)가 있다. 적합도는 한 돌연변이가 그 집단 안에서 금방 사라지는지, 계속 지속되는지, 또는 주된 돌연변이가 되는지를 말해주는 지표이다. 한 인구집단에 있어서의 대립유전자 빈도는 돌연변이가 나타나는 빈도와 선택(selection)되는 수와의 균형이다. 만약 돌연변이율이 변화하거나 선택의 효과가 변화한다면 대립유전자 빈도는 변화할 것이라고 기대할 수 있다. 적합도(fitness)란 한 대립유전자가 다음 세대로 어느 정도 전달되는지를 보여주는 지표이다. 만약 어느 돌연변이가 다음 세대에 나타나는 정도가 일반적인 정상 형질과 같다면 적합도 F는 1이 될 것이며, 이 대립유전자가 치명적이어서 환자가 조기에 사망하거나 불임이 된다면 적합도 F는 0가 된다. 선택상수는 적합도와 반대되는 개념으로 1-F로 표현된다. 적합도는 생존률과 임신률에 의하여 결정된다.

### 3) 상염색체 열성질환에 있어서의 선택

상염색체 열성질환의 경우 소수인 동형접합체, 즉 질병의 상태에 있는 환자에서 선택이 가능하고, 대부분의 대립유전자는 보인자의 상태로 있기 때문에 선택이 인구집단의 발병빈도에 미치는 영향은 우성질환에 비하여 미미하다. 적극적인 산전진단으로 동형접합체 환자가 태어나는 것을 예방한다고 해도, 대부분의 대립유전자들은 정상 적합도를 가진 보인자에 의하여 다음 세대로 전달됨으로 이 대립유전자의 빈도를 줄이는 데는 많은 세대가 필요하다. 반대로 효과적인 치료법의 개발로 환자들이 정상적인 삶을 누릴 수 있게 되어 선택의 효과가 사라진다고 하여도(F의 증가), 질병의 빈도가 증가하는 것이 여러 세대에 걸쳐 천천히 일어난다.

## V. X-연관성 유전: 성염색체 열성유전

**(X-linked recessive inheritance)**

X 염색체에 존재하는 유전자에 의해 결정되는 표현형은 특징적인 성 분포와 쉽게 식별할 수 있는 유전 양식을 가진다. 대략 1,300개의 유전자(약 1,000개의 단백질을 부호화하는 유전자, 약 300개의 non-coding RNA 유전자)가 X 염색체 상에 위치하고 있고, 현재 그중 대략 500개 정도가 질환의 표현형과 관계 있다고 추정된다. 남자는 X 염색체가 한 개나 여자는 두 개이기 때문에, X-연관성 유전자좌의 돌연변이 대립유전자에 관하여 남자에게는 오직 두 가지의 가능한 유전형이 있고 여자에게는 세 가지가 있다. X-연관성 유전자좌의 돌연변이 대립유전자를 가진 남자는 그 대립유전자에 대해 반접합체(hemizygote)이고, 반면 여자는 정상 유전자형(wild-type), 또는 돌연변이 대립유전자의 동형접합체(homozygote)이거나 이형접합체(heterozygote)일 수 있다. 예를 들면 만약 XH가 혈액응고인자(coagulation factor) Ⅷ 유전자의 정상 대립유전자이고, Xh가 혈우병 A의 원인이 되는 돌연변이 대립유전자라면, 남자와 여자에서 예상되는 유전형은 다음과 같다(**표 6-4**).

**표 6-4.** X-연관성 유전자좌의 돌연변이 대립유전자의 성별에 따른 가능한 유전자형

| | 유전자형 | 임상증상 |
|---|---|---|
| 남자 | 반접합체 XH | 환자 |
| | 반접합체 Xh | 정상 |
| 여자 | 동형접합체 XH/XH | 정상 |
| | 이형접합체 XH/Xh | 대개 정상 |
| | 동형접합체 Xh/Xh | 환자 |

## 1. X-연관성 질환의 열성 및 우성 유전

X-연관성 "우성"과 "열성" 유전 양식은 이형접합체 여자에서 표현형에 근거하여 구분된다. 어떤 X-연관성 질환은 여자 보인자에서도 발현될 수 있는 데(우성) 반해, 대부분의 질환들은 일반적으로 발현되지 않는다(열성). 일반적으로 알려진 X-연관성 질환의 40%는 열성으로 분류한다. 보인자 여성은 증상이 전혀 없거나 증상이 나타나더라도 아주 경미하기 때문이다. 약 30%의 X 염색체 연관 유전질환에서

는 보인자 여자의 85% 이상에서 증상이 발현되어 우성으로 분류한다. 나머지 30%는 여자 보인자의 15~85%에서 증상이 발현되어 우성, 열성으로 분류하기 어렵다. 이를 X 염색체 연관 공동우성(co-dominant)질환으로 부르기도 한다. 대표적인 질환들은 알파갈락토시다제 A의 유전적 결핍에 의해 초래되는 파브리병(Fabry disease), 요소회로대사이상증의 하나인 오르니틴트랜스카바밀라제(ornithine transcarbamylase) 결핍증이다.

## 2. X-연관성 열성 유전질환에서의 유증상 이형접합체와 X 염색체의 불균형 불활성화

X-연관성 열성 대립유전자를 가진 보인자 여자에서 질환의 표현형이 나타나는 경우는 드문데, 증상이 발현되는 보인자 여자를 표현성 이형접합체(manifesting heterozygote), 또는 유증상 보인자(symptomatic carrier)라고 부른다. 표현성 이형접합체는, 파브리병, 색맹, 혈우병 A형(전형적인 혈우병, 혈액응고인자Ⅷ의 결함), 혈우병 B형(크리스마스병, 인자 IX의 결함), 듀센형 진행성근이영양증(Duchenne muscular dystrophy), 비스코트-올드리히 증후군(Wiskott-Aldrich syndrome), X-연관성 면역결핍, 몇몇 X-연관성 안과질환을 포함하는 많은 X-연관성 열성질환에서 관찰된다.

여자 이형접합체가 표현성 이형접합체가 되는 기전은 X 염색체 불활성화는 무작위적으로 일어나지만, 배아발달 초기에 염색체 불활성화가 확립되어지기 때문에 보인자 여자의 다양한 조직에 있는 정상 또는 돌연변이 대립유전자가 활성화된 상태로 남아 있는 세포들의 일부분은 상당히 가변적일 수 있다. 우연히 정상 대립유전자를 지닌 X 염색체가 양적으로 더 많이 불활성화되고 돌연변이 대립유전자를 지닌 X 염색체가 더 적게 불활성화되는 "불균형" 또는 "편향된" X 염색체 불활성화(unbalanced or skewed X-chromosome inactivation)가 발생한다면 보인자 여자는 질환이 발생하게 된다. 그러나 이러한 상황에서도 특정 유전자의 근본적인 생리적 기능 때문에 여자 이형 접합체는 무증상인 경우도 있다. 예를 들면, 이듀로네이트 설파타제(iduronate sulfatase)결핍에 의한 뮤코다당체축적증2형은 정상 대립유전자를 지닌 X 염색체가 활성화된 세포는 정상효소를 세 바깥으로 효소를 수송할 수 있고, 돌연변이 대립유전자를 지닌 X-염색체가 활성화된 세포라 하더라도 효소를 받아들임으로써 이상 세포들의 결함이 수정된다. 따라서 여자 이형접합체에서 편향된 정상 X-염색체 불활성화 현상이 있더라도 뮤코다당체축적증2형 투과도는 매우 낮다(증상이 전혀 없다). 반면에, 취약 X-염색체 증후군(fragile X syndrome)의 경우, 일반적으로 질환을 가진 남자보다 CGG 반복확장수가 적음에도 불구하고 여자 이형접합체에서도 경미한 발달지연을 동반할 수 있다.

X-염색체연관 면역결핍증 보인자 여성에서는 배아 발생 초기에는 활성화되었던 X-염색체에 존재하는 돌연변이 대립유전자를 가진 세포들이 점차 생존과 증식에 불리하여 양적으로 감소하고 정상 대립유전자만 활성화된 편향된 현상을 보여 여자 보인자는 무증상이다.

X-연관성 열성유전질환이 여자에게서 발병하는 다른 기전들로서는 보인자인 여자에서 다른 대립유전자 부위의 염색체 미세결실이 있는 경우이다. 여성 듀센형 진행성근이영양증환자가 그 예이다. 또한 돌연변이가 발생한 대립유전자가 모계 단친성이염색체(maternal uniparental disomy)로 여자 자녀에게 유전되었을 경우이다. 여성 취약 X-염색체 증후군이 예이다. 사실 X-염색체의 단친성이염색체 현상은 비교적 흔한 것으로 알려져 있다.

X-연관성 열성유전질환 환자의 가계도는 몇 가지 특징이 있다. X-염색체 연관성 열성 돌연변이는 전형적으로 그것을 받은 모든 남자에서 표현형적으로 표현되지만 여자에서는 X-연관성 열성 돌연변이의 동형접합체일 경우에만 표현된다. 그렇기 때문에, X-연관성 열성질환은 일반적으로 남자에게 제한된 것이고, 여자에서는 거의 발생하지 않는다.

혈우병 A와 B는 혈액의 응고 단계에 관여하는 혈액응고인자 VIII (factor VIII)또는 IX (factor IX)의 결핍으로 인하여 혈액의 정상적인 응고가 일어나지 못하는 전형적인 X-연관성 열성질환이다. 혈우병의 유전적 성질과 그 전달 양식은 고대부터 잘 알려져 있다. 혈우병 B의 보인자였던 영국의 빅토리아 여왕의 자손들에게서 발병하였기 때문에 "왕실 혈우병(royal hemophilia)"으로 알려지게 되었다. 혈우병 A 또는 B를 초래하는 돌연변이 대립유전자을 Xh라 하고 정상대립유전자를 XH라고 할 때, 만약 혈우병 환자인 남자가 정상 여자와 결혼하면 모든 자녀들은 그 아버지의 Y 염색체와 정상 어머니의 XH를 받아서 이환되지 않지만, 모든 딸들은 혈우병 대립유전자인 Xh를 받게 되어 결국 모두 필연적 보인자(obligatory carrier)인 XH/Xh가 된다. 환자인 아버지의 보인지 딸과 정상 남자와의 결혼을 가정해 보면 환자인 할아버지의 혈우병은 그 자신의 어떤 자녀에서도 나타나지 않으나, 그의 딸들의 아들에서 50%의 기능성으로 발병할 수 있다. 딸들에게서는 50%의 가능성으로 보인자가 된다. 따라서 X-연관 열성 대립유전자는 일련의 여자 보인자를 통하여 남자 자손에게서 표현되기 전까지 알지 못한 채 전달될 수 있다(표 6-5).

매우 드문 현상이지만 동형접합체 여자 환자가 발생하기도 하는데 예를 들면 비교적 흔한 X-연관성 질환인 색맹(color blindness)의 가계에서는 환자인 아버지와 보인자인 어머니 사이의 여자 자녀가 동형접합체로 증상을 나타낼 수 있다(그림 6-13). 그러나 대부분의 X-연관 질환은 매우 드물기 때문에 여자의 부모가 혈족관계가 아닌 이상 여자가 동형접합체 환자가 되는 매우 드물다.

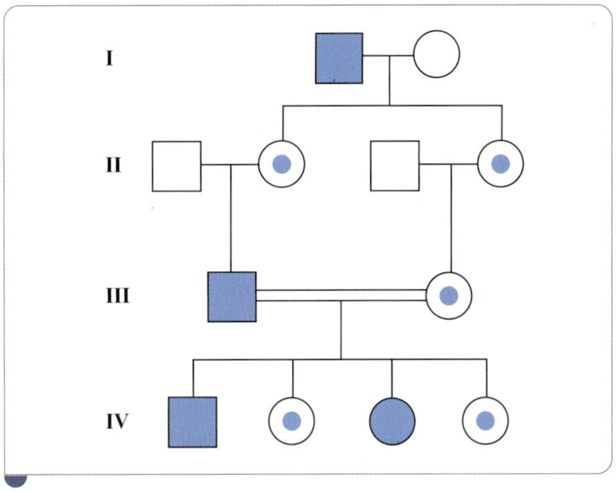


그림 6-13. X-염색체열성 유전하는 색맹(color blindness)의 경우 환자인 아버지와 보인자인 어머니 사이의 여자 자녀가 동형접합체로 증상을 나타낼 수 있다.

XY 남성에서 X 염색체에 관련된 유전자는 한 개만 가지고 있으므로 남성에서는 X 염색체 연관 돌연변이가 있는 경우 열성 유전 형식으로 모두 증상이 나타난다. 반면 여성에서는 X 염색체가 쌍으로 존재하기 때문에 남성처럼 증상을 나타내는 경우가 적다. X-연관성 열성 유전 방식에는 다음과 같은 특징이 있다.

① 남자는 여자보다 더 자주 그리고 더 심하게 증상이 나

표 6-5. X-연관성 열성유전질환인 혈우병 A형 가계의 유전자형에 따른 발생위험도

| 남자 환자와 정상 여자 | | 정상 여자 XH/XH<br>XH | <br>XH | 위험도 |
|---|---|---|---|---|
| 남자 환자 Xh/Y | Xh | XH/Xh | XH/Xh | 모든 여자 보인자 |
| | Y | XH/Y | XH/Y | 모든 남자 정상 |
| 정상 남자와 여자 보인자 | | 보인자 여자 XH/Xh | | |
| | | XH | Xh | 위험도 |
| 정상 남자 XH/Y | XH | XH/XH | XH/Xh | 1/4 정상 여자(XH/XH)<br>1/4 보인자 여자(XH/Xh) |
| | Y | XH/Y | Xh/Y | 1/4 정상 남자(XH/XY)<br>1/4 남자 환자(Xh/Y) |

타난다.

② 여성 보인자는 일반적으로 증상이 나타나지 않거나 만약 증상이 있어도 남자보다 더 약하게 나타난다.

③ 여성 보인자의 경우는 증상이 있는 아들을 가질 확률은 25%, 보인자 딸을 가질 확률은 25%, 그리고 정상 아이를 가질 확률이 50%이다.

④ 증상이 있는 남자는 자신의 모든 딸에게 X 염색체를 전달하므로 딸들은 모두 보인자가 되며 모든 아들에게는 자신의 Y 염색체만 전달하므로 아들은 모두 정상이다. (no male to male transmission)

일부 여자들에서도 남자들과 유사하게 X 염색체 연관 유전 방식으로 증상이 나타나는 경우가 있다. 이것은 드물지만 X 염색체 연관 유전 특성이 동형접합체로 존재하거나, 성염색체 이상(45,X 또는 46,XY 여성)이 존재하거나 편향된 X 염색체 비활성화에 의해 생길 수 있다. X 염색체 비활성화는 발달 초기 단계에서 일어날 수 있는데 무작위로 하나의 X 염색체에 있는 대부분의 유전자에서 비가역적으로 비활성화가 일어난다. 일부의 경우에서 정상 유전자를 가지고 있는 X 염색체가 비활성화되고 돌연변이가 있는 X 염색체가 활성화되는 경우 여성에서도 증상이 심하게 나타날 수 있다. 또는 돌연변이가 있는 염색체의 단친성 모계 X 염색체 이염색체(maternal uniparental disomy of X chromosome)에서도 발생할 수 있다.

가족력이 전혀 없는 가계에서 X-연관성 열성질환이 새롭게 발생하기도 한다. 이는 질환이 치명적일수록 남자에서 조기 사망함으로 결혼하여 자식을 낳을 적합도가 0에 근접한다. 그러나 혈우병환자는 정상 남자에 비해 단지 약 70% 정도로 자손을 가진다. 즉 이환된 남자의 적합도는 약 0.7이다. 돌연변이 대립유전자에 대한 선택성은 어린 남아에게 발병하는 근육질환인 듀센형 진행성근이영양증과 같은 X-연관성 질환에서 더욱 극적으로 나타난다. 이 질환은 일반적으로 남아가 걷기 시작할 무렵에 나타나서, 약 10대에 휠체어를 사용해야 하며, 일반적으로 30세를 넘도록 생존하지 못한다. 최근 유전자형에 근거한 맞춤치료 유전자치료제들이 승인을 받았지만 여전히 이환된 환자들이 결혼하여 자녀를 출산하는 데 어려움이 있다. 그럼으로 대부분의 산발적 증례들은 새로운 de novo 돌연변이이다. 많은 X-연관성 질환들의 산발적인 증례의 대부분은 새로운 돌연변이에 의해 발생한다. 치명적인 X-연관 열성유전질환의 발병률이 감소하지 않는 이유는 남자환자들이 조기 사망하여 자손이 없어서 사라진 돌연변이 대립유전자가 새로운 돌연변이 대립유전자에 의해 지속적으로 대체되기 때문이다. 그러나 혈우병의 경우는 생식력이 감소는 하지만 없어지는 것은 아님으로 새로운 돌연변이에 의해 발생하는 혈우병은 상대적으로 적다.

**표 6-6. X-성염색체 연관 열성유전의 특징**

- 성염색체 열성유전질환은 발단자인 남자환자의 외삼촌, 이종사촌 남자 또한 외삼촌의 외삼촌 등 남자에서만 발병한다. 이환된 환자들의 분포가 가계도상 모계가족구성원들에 존재하기 때문에 비스듬한 패턴(oblique pattern)을 보인다.
- 남자환자에서 다음 세대의 남자로 유전되지 않는다.(no male to male transmission) 남자환자에서 출생한 모든 여자자녀는 보인자가 된다.
- 보인자인 어머니가 낳은 딸의 1/2은 보인자이며 아들의 1/2은 환자가 된다.
- 여자 보인자가 증상을 보이는 기전으로는 1) 편향된 X 염색체의 비활성화 2) 정상 X 염색체의 대립유전자 미세결실 3) 단친성 모계 X 염색체 이염색체 이상 등이다.
- 대부분의 성염색체 열성유전질환은 돌연변이가 환자인 아버지, 보인자인 어머니로부터 유래하나 유전자의 크기가 큰 경우 de novo로도 발생할 수 있다.

## 증례 9 | 뒤뚱거리는 걸음걸이 때문에 내원하여 듀센형 진행성근이영양증으로 진단된 4세 남아

### 1) 내원 동기가 된 주 증상(주소): 뒤뚱거리는 걸음(waddling gait)

### 2) 진단 시 연령/성별: 4세/남아

### 3) 가족력

환아 엄마의 외삼촌 2명(II-1, II-2)이 20대 후반에 근이영양증에 의한 심근병으로 사망한 가족력이 있었다.

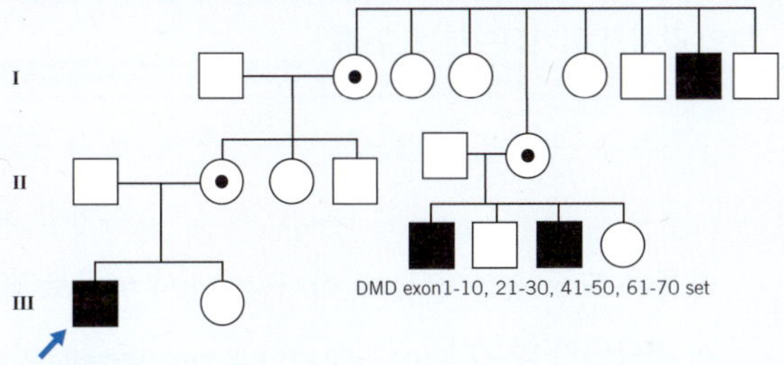


### 4) 임상증상

재태연령 40주, 출생 시 3.45 kg으로 출생하였다. 성장은 정상이었으나 발달지연의 병력이 있었다. 혼자 걷기가 만 24개월경 가능하였다. 걸음걸이가 뒤뚱거렸으며 달릴 때 더욱 그러하였다. 편도선절제를 위한 수술 전 검사에서 간기능 수치가 높다는 이야기를 들은 적이 있었다.

### 5) 진찰 소견

진찰소견에서 그림1 사진과 같이 하지 근육이 비대하였다. 계단은 혼자 오를 수는 있었으나 내려갈 때는 지지대를 잡고 내려왔다. 발달검사에서는 언어가 지연되어 경계선 인지장애가 의심되었다. 청진상에서는 심잡음은 들리지 않았다.

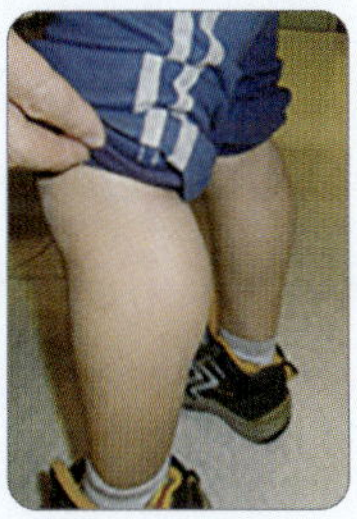

**그림 1.**

### 6) 검사소견

(1) 일반혈액 및 생화학검사: 생화학검사에서 AST/ALT 350/126 U/L, 총 빌리루빈 1.0 mg/dL, creatine kinase. 9,800 U/L, 심전도 검사와 심초음파검사는 정상이었다.

(2) 유전자 검사(**그림 2**): Dystrophin 유전자의 70개 exon에 대해 다중결찰중합연쇄반응법(multiplex ligation dependent probe amplification, MLPA)으로 결실, 중복변이 등을 검사하였다. 검사결과상 환아는 exon 44로부터 exon50의 결실이 관찰되었다.

### 7) 치료경과

환아는 진단 후 deflazacort를 0.9 mg/kg/day 용량으로 복용

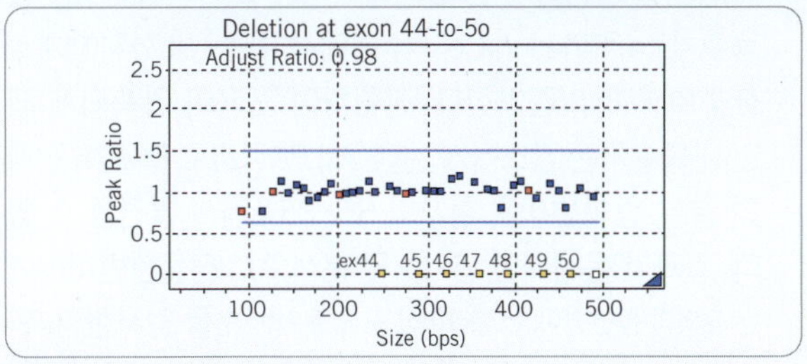


**그림 2.**

하며 재활치료를 시작하였다.

### 8) 요약

(1) 원인: Dystrophin 유전자(*DMD*)의 돌연변이에 의한다. 환자의 65~80%는 결실, 중복변이를 보이며 20~35%는 점돌연변이나 매우 작은 결실, 중복변이에 의해 질환이 초래된다.

(2) 발생빈도: 보고에 따라 매우 다양하나 듀센형 진행성근이영양증은 남아 신생아 3,000~4,000명 출생당 1명꼴로 발생한다.

(3) 발병기전: *DMD* 유전자돌연변이가 틀변형(out of frame)을 초래하는 변이이면 dystrophin 단백이 근육조직에 거의 발현하지 않거나 5% 미만으로 존재하게 된다. 듀센형 진행성근이영양증이 발생한다. 반면에 틀변형이 없는 in-frame돌연변이의 경우에는 dystrophin단백이 존재한다. 예후가 좋은 베커형 근이영양증이 발생한다.

(4) 임상증상: *DMD* 유전자의 돌연변이에 초래되는 질환들을 dystrophinopathies라 명명한다. *DMD* 유전자의 돌연변이는 듀센형 진행성근이영양증, 베커형 진행성근이영양증, *DMD*-연관 확장성심근병의 표현형을 보인다. 대립유전자이질성 질환으로는 근육질환은 발생하지 않고 지적장애가 동반되는 "Intellectual disability without muscle weakness"이 있다. 이는 대개 exon56-57의 in-frame 결실에 의한다.

듀센형은 아주 초기에는 무증상의 근육수치 상승을 보이는데 마치 간기능 이상을 시사하는 생화학적 검사소견을 보인다. 늦게 걷기 시작하고 걸음걸이가 뒤뚱거린다. 하지 근육의 가성비대가 있다. 근위부 근육이 주로 침범된다. 대개 10대 초반에 서지 못하고 이동식 의자에 의존적이게 된다. 10대 후반~20대 초반에는 거의 모든 환자에서 심근병의 소견이 나타난다. 대개는 30대 이전에 심근병에 의한 심부전증, 호흡기 감염 등으로 사망하게 된다.

다음 페이지에 계속 >>

(5) 진단 및 검사 소견: 전형적인 임상증상, 가족력에 근거하여 질환을 의심하게 된다. 가성비대가 있는 환자에서는 근육수치 creatine kinase가 수천에서 수만 U/L까지(대개 정상의 10배 이상) 증가한다. 진행하여 근육이 위축되게 되면 근육수치는 감소하게 된다. MLPA검사로 *DMD*유전자의 결실, 중복변이를 환자의 60~85%에서 발견할 수 있다. 결과가 음성이면 염기서열 분석으로 점돌연변이(대개는 무의미 돌연변이, 스플라이싱 오류 돌연변이)를 검사한다. 환자의 20~35%가 여기에 해당한다. 일단 유전자검사로 확진되면 어머니의 검사도 필요한데 대개 80%에서만 어머니가 보인자이다. 생식샘세포섞임증의 가능성도 고려해야 한다.

(6) 치료 및 관리: 스테로이드 복용이 근육의 퇴행속도를 줄일 수 있어서 대개 2세 이후부터(대개 4~8세) 처방한다. Prednisone (0.75 mg/kg/day, 최대 하루용량: 30~40 mg) 또는 deflazacort (0.9 mg/kg/day, 최대 하루용량: 36~39 mg)을 사용한다. 최근 유전자형에 근거해서 antisense oligonucleotide (ASO)를 사용하여 exon skipping therapy를 시도하고 있다. 지속적인 재활치료와 폐기능, 심기능, 근골격계 변형여부의 감시가 정기적으로 필요하다.

## VI. X-연관성 유전: 성염색체 우성유전
### (X-linked dominant inheritance)

X 염색체 연관 우성 유전질환은 XX 여성에서도 증상이 나타나며 일부 XY 남성에서는 심하거나 치명적인 증상을 보일 수 있다. 매우 드문 유전 형태로 저인산구루병(**그림 6-14**), 색소실조증(incontinentia pigmenti), 레트(Rett)증후군 등이 있다.

1) 남녀 모두에서 질환이 나타나지만, 일반적으로 X 염색체를 하나만 가지고 있는 남자에서 증상이 더 심하고, 여자는 2개의 X 염색체 중 하나는 대부분 정상 유전자를 가지므로 증상이 더 가볍다.
2) 아버지가 환자인 경우, 딸들은 모두 증상이 나타나고, 아들은 모두 정상이다. 즉, 아버지에게서 아들로 질환이 전달되지 않는다. (no male to male transmission)
3) 어머니가 환자인 경우 자식들의 50%에서 증상이 나타난다. X 염색체 연관 우성 유전질환의 가계도를 보면 여자 환자가 남자 환자 수의 2배 정도 된다.
4) 상염색체 우성 유전처럼 세대를 건너뛰지 않고 모든 세대에서 나타난다. (no skip in generation)

만약 딸이 X 염색체 연관 우성 유전질환을 가지게 되면 어머니의 임상양상을 잘 관찰해야 한다. 만약 어머니가 정상이라면 자식은 새로운 돌연변이일 가능성이 있고 다음 임신에서 재발 가능성은 적다. 그러나 임상적으로 어머니의 진단이 불확실한 경우에는 어머니의 유전학적 검사가 필요할 수 있다.

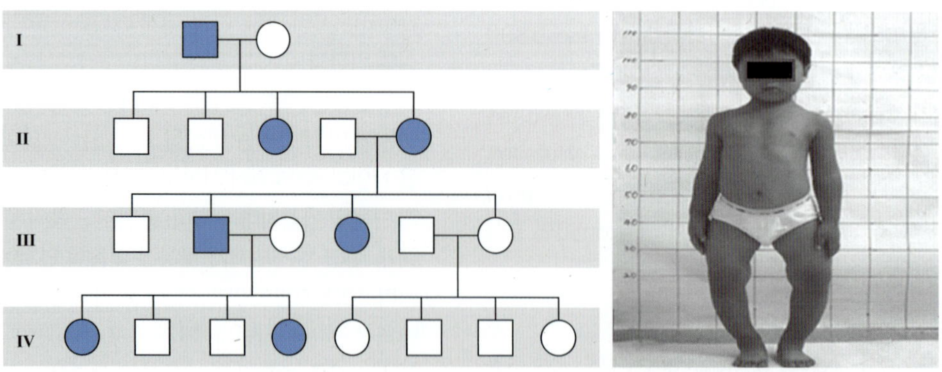


**그림 6-14.** 저인산구루병환자 및 가계도, *PHEX* 유전자의 돌연변이에 의해 초래된다.

### 5) 남자에 치명적인 X-연관성 우성질환

유일하게 여자에게서만 발현되는 드문 X-연관성 우성질환은 남자의 경우에는 돌연변이가 발생하면 너무 치명적이서 출생 전에 사망하기 때문에 가계도 분석상 여자로부터 여자에게로 유전되는 듯한 양상을 보인다. 이런 질환들의 전형적인 가계도는 환자인 여자에 의해 전달되어, 환자인 딸들, 정상인 딸들, 정상인 아들들이 같은 확률(1:1:1)로 나타난다(**표 6-7**).

전형적 레트증후군(classic Rett syndrome)은, 대개 반접합체(hemizygous) 남자에서는 치명적인 X-연관성 우성질환으로 유일하게 여자에서만 발생하는 대표적인 질환이다. 전형적 레트증후군은, 정상적 태아기 및 신생아기의 성장과 발달을 보이나 출생 후, 신경계 증상의 급속한 발병과 소뇌증, 6~18개월 사이의 성장과 발달 소실, 퇴화 등 이 질환의 특징이다. 환자인 여아는 경직과 운동실조가 생기고 자폐적인 양상과 격렬한 울음을 동반하는 과민성 행동을 보인다. 목적 없이 손과 팔을 비틀거나 퍼덕이는 특징적인 동작을 한다. 때로는 격렬한 과호흡을 보이기도 한다. 머리의 성장은 느려져서 소뇌증이 생긴다. 경련이 흔히 일어난다(~50%). 그러나 인지능력이 소실, 신경계증상의 악화가 몇 년 후에 멈추기도 한다. 그 후에 환자는 심한 신경학적 결함은 있지만 안정적으로 수십 년 동안 살 수도 있다. 전형적 레트증후군의 대부분의 증례는 메틸-CpG 결합 단백질(methyl-CpG-binding protein)로 알려진 DNA-결합 단백질을 부호화하는 X-연관성 유전자인 *MECP2* 유전자의 de novo 돌연변이에 의해 발병한다. 질환의 기전은 밝혀지지 않았지만, 발달하는 뇌에서 일단의 유전자들의 발현조절의 이상에 의한 것으로 여겨지고 있다. 대부분의 여자 이형접합체는 전형적인 레트증후군 양상을 보인다. 전형적 레트증후군으로 생존가능한 남자환자들은 47,XXY 클라인펠터(Klinefelter)증후군 환자 또는 남성을 결정하는 *SRY* 유전자가 Y에서 X 염색체로 전위된 46,X,der(X)이거나 대부분의 세포에서는 돌연변이가 없는 섞임증의 경우로 극히 드문 경우이다. 정상적으로 보이는 어머니의 자녀에서 전형적 레트증후군이 재발하는 경우는 어머니가 *MECP2* 유전자의 돌연변이를 가지고 있으나 편향된 X-염색체로 무증상이거나 생식샘섞임증(gonadal mosaicism) 때문이다.

**표 6-7.** X-연관성 우성유전의 특징

- 남자인 환자의 딸은 모두 환자이며 아들은 정상이다.
- 엄마인 환자의 자녀 중 여자의 50%, 남자의 50%는 환자가 되는데 이는 상염색체 우성유전과 비슷하다.
- 가계도 분석상 여자 환자의 수가 남자 환자 수의 2배가 되나 여자는 증상이 경미한 반면에 이환된 남자는 증상이 심하다.
- 대표적인 질환으로는 저인산구루병, 색소실조증(incontinentia pigmenti) 증후군, 레트증후군이 있다.
- 남자에 치명적이어서 아이가 태어나지 못하는 경우는 마치 여자에서 여자에게로 유전되는 듯한 가계도 양상을 보인다. 환자인 엄마는 1/3은 환자인 딸, 1/3은 정상인 딸, 1/3은 정상인 아들을 출산할 확률을 지닌다. 생존한 남자 환자는 47,XXY이거나 체세포섞임증(somatic mosaicism)의 경우이다.
- 정상남자는 생식샘에 국한된 섞임증으로 딸에게 질환을 유전시킬 수 있다.

또 다른 남자는 치명적인 X-연관성 우성유전질환의 예로서는 색소실조증(incontinentia pigmenti)이 있다. 이 질환의 임상적 특징은 출생 시 피부에 습포(blister)가 동반되고 나이가 들면서 이 피부병변은 굳어지면서 사마귀처럼 바뀌기도 한다. 결국에는 색소과침착과 탈색소가 섞여 있는 마블케익과 모양을 보인다. 치아모양의 기형과 치아 숫자가 적고 탈모, 손톱과 발톱의 기형을 보인다. 망막의 박리가 동반되기도 한다. 소뇌증 및 경련, 지적 및 발달지연 등의 신경증상이 동반된다. 이 질환은 *IKBKG* 유전자의 기능상실 돌연변이에 의해 발생한다. 2/3의 환자는 가족력이 없이 산발적(de novo)으로 발생한다. 이 환자들은 여자 이형접합체 환자이다. 남자환자는 치명적이어서 출생하지 못한다(**그림 6-15**). 문헌에 보고된 모든 생존한 남자 환자들은 47,XXY 클라인휄터 증후군이거나 체세포섞임증(somatic mosaicism)에 의한 경우이다. 따라서 엄마 환자는 1/3은 환자인 딸, 1/3은 정상인 딸, 1/3은 정상인 아들을 출산하게 된다. 아버지가 무증상의 생식샘섞임증(gonadal mosaicism)이거나 체세포섞임증(somatic mosaicism)에 의한 환자라면 아들은 정상이지만 딸은 환자가 될 수 있다.

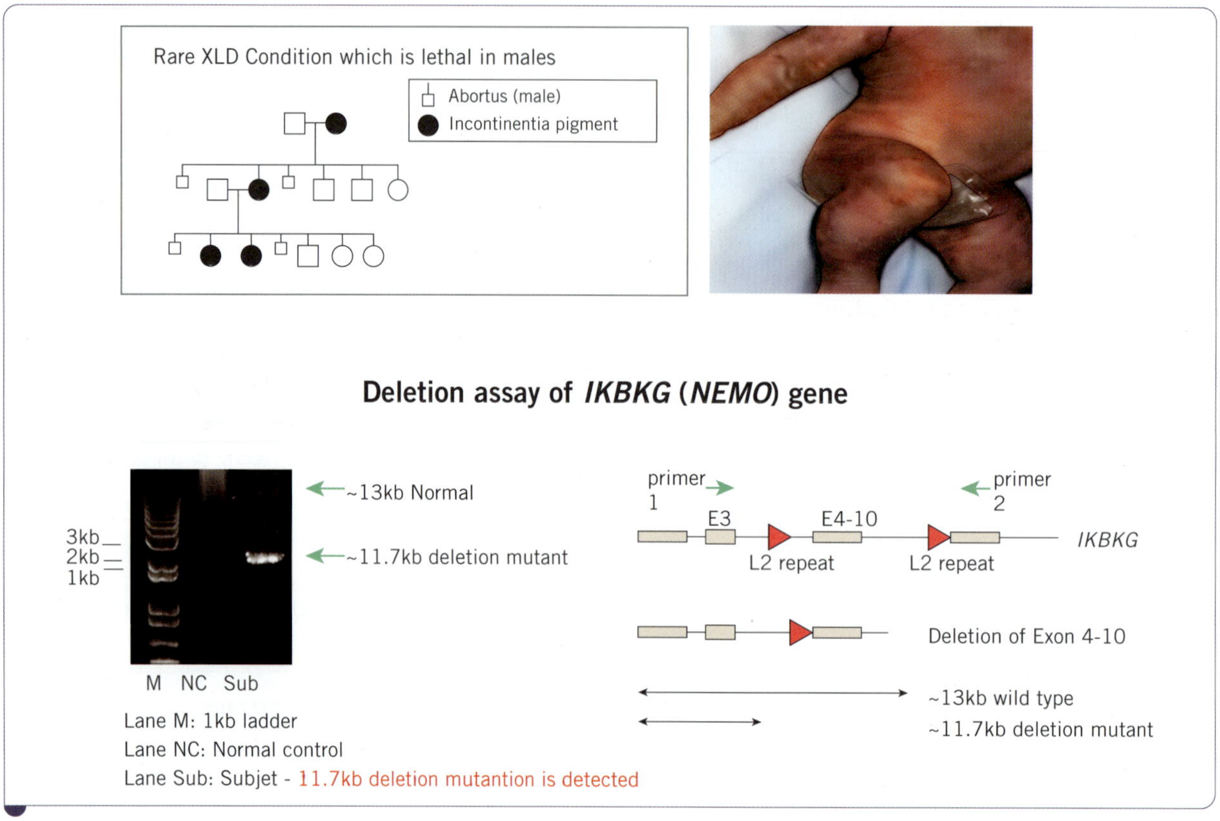


**그림 6-15.** 색소실조증여아의 가계도, 이환된 남아는 치명.

## 증례 10 | 하지의 내반고 때문에 내원하여 비타민D 저항성 구루병으로 진단된 6세 남아

**1) 내원 동기가 된 주 증상(주소): 하지의 내반고(cox vara)**

**2) 진단 시 연령/성별: 8세/남아**

**3) 가족력:**

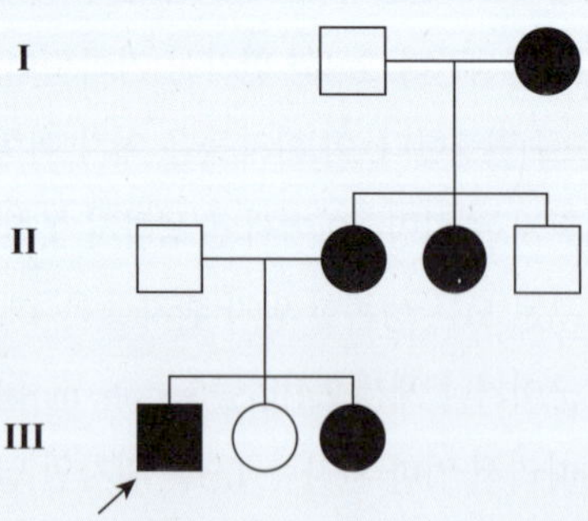


환아의 여동생, 어머니, 이모, 외할머니 모두 키가 작았다. 특히 하지가 작은 불균형 저신장(disproportionate short stature)이었다. 외할머니는 청력장애 및 심한 치아결손이 있었다. 심한 퇴행성 관절염으로 보행이 불가능하였다.

**4) 임상증상**

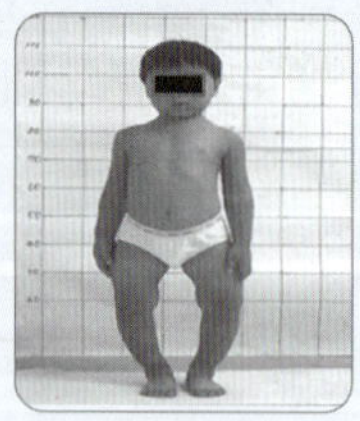

재태연령 40주, 출생체중 3.25 kg 출생하였다. 키가 작았으며, 혼자 걷기가 만 14개월경 가능하였다. 걸음걸이가 뒤뚱거렸으며 달릴 때 더욱 그러하였다. 내반슬 변형, 안장 걸음 및 발에 걸려 넘어지는 회수가 잦아 내원하였다.

**5) 진찰 소견**

신장이 100 cm (< -2SDS)로 매우 작았다. 두경부의 대천문은 폐쇄되었으며 간, 비장 비대 등은 보이지 않았다. 대칭적 흉벽이었으며 구루병 염주(rachitic rosary), Harrison's groove 등의 소견은 보이지 않았다. 슬관절의 내반 소견을 보였고 하지의 내반고가 매우 심하였다. 걸음걸이는 뒤뚱거리는 waddling gait를 보였다. 손목은 두꺼웠다. 치아검진에서는 많은 수의 충치가 관찰되었다.

다음 페이지에 계속 >>

### 6) 검사소견

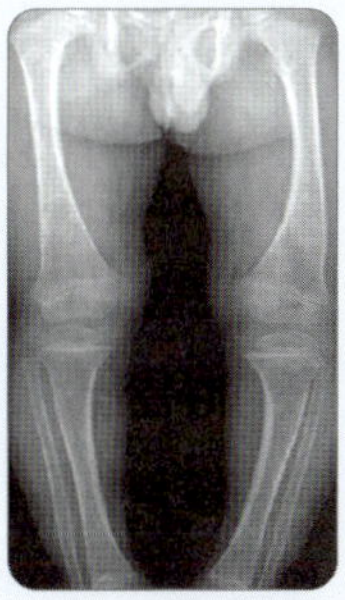

(1) 생화학검사: 혈액 검사상 혈청 칼슘(Total Ca) 9.0 mg/dL (8.7~10.6), 혈청 인(phosphorus) 1.8 mg/dL(2.5~4.7), ALP 1,860 IU/L (104~350), 혈청 25-OH-cholecalciferol 9.14 ng/mL (8~52), 혈청 1,25-OH-cholecalciferol 28.4 ng/mL (30~100), 부갑상선 호르몬 52 pg/mL (15~65)이었다. 신세뇨관 인산재흡수치(tubular reabsorption of phosphate, TRP)는 70%(정상>85%), 신세뇨관 최대인산재흡수치/사구체여과율비(renal tubular maximum reabsorption of phosphate to glomerular filtration rate, TmP/GFR)가 2.1 mg/dL (정상: 3.8~5.0 mg/dL)을 보여서 인산의 신세뇨관을 통한 과도한 배설(renal phosphate wasting)을 시사하였다.

(2) 분자유전학 검사: 환아 어머니의 *PHEX* 유전자의 생어염기서열분석에서 368번째 정상코돈인 트립토판 아미노산이 종결코돈으로 치환되는 p.Try369Ter의 보인자임을 확인하였다. 환아는 이 돌연변이의 반접합체(hemizygote)이었다.

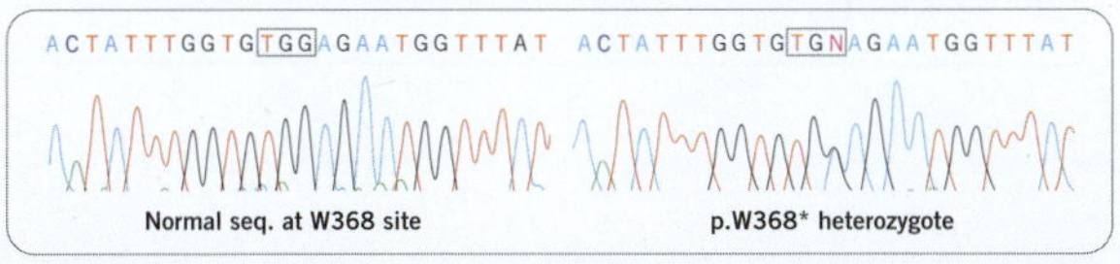


(3) 영상검사: 슬관절의 내반 소견을 보였으며 근위 대퇴, 대퇴 원위 및 근위 경골, 완관절의 방사선 사진상 전형적 구루병의 소견을 보였다. 불규칙한 음영과 넓어진 골단판, cupping 소견이 보였으며 골막 기원의 골 음영이 저명하게 관찰되었다.

### 7) 치료경과

환아는 alfacalcidiol (1-α-OH D3)을 매일 30~50 ng/kg 1회 복용하고 있으며, 경구용 인산을 매일 30 mg/kg 용량으로 4~6회 나누어 복용하고 있다. 연간 성장속도는 5.3 cm로 정상이나 여전히 심한 저신장을 보인다. 혈청인산 수치는 2.0~2.3 mg/dL, alkaline phosphatase는 750~850 IU/L를 보였다. 매년 촬영하는 신장 초음파소견에서는 석화화는 없었다. 하지 및 상지 영상소견에서는 구루병소견은 호전되었으나 내반슬은 여전하였다. 향후 성장판의 핀고정술(emi-epiphysiodesis)과 burosumab 투여를 고려하고 있다.

### 8) 요약

(1) 원인: 성염색체 우성유전을 한다. X-염색체 단완(Xp22.1)에 위치하는 *PHEX* 유전자의 기능상실 돌연변이에 의한다.

(2) 발생빈도: 유병율은 보고마다 다르나 20,000~60,000명 당 1명의 빈도를 보인다. 국내에는 약 200명 미만의 환자가 보고되어 있어서 미진단 사례가 상당수 있으리라 생각된다.

(3) 발병기전: *PHEX* 유전자의 기능상실돌연변이(loss of function mutation)에 의해 활성화된 FGF23이 증가한다. 이는 신세뇨관에서 인산의 재흡수를 억제하고 신장의 비타민D 1α-hydroxylase 발현을 억제하여 비타민D 저항성을 초래한다.

(4) 임상증상: 남자에서 더 증상이 심하다. 비대칭적 저신장, 안장걸음, 내반슬, 외반슬 등이 초기증상이다. 두개골 조기 융합이 동반될 수도 있다. 성인기에는 조기치아소실, 관절염, 골절, 청력장애가 동반된다.

(5) 진단 및 검사 소견: 생화학적 검사소견으로는 저인산혈증이 특징적이다. 혈청 칼슘은 대개 정상소견을 보인다. Alkaline phosphatase는 상승한다. 부갑상선 호르몬, 25 (OH)D3, 1,25 (OH)2D3농도는 대개 정상이다. 그러나 신세뇨관 인산재흡수치(tubular reabsorption of phosphate, TRP)가 85% 미만으로 감소하고 신세뇨관 최대인산재흡수치/사구체여과율비(renal tubular maximum reabsorption of phosphate to glomerular filtration rate, TmP/GFR)도 감소한다. 인산의 신세뇨관을 통한 과도한 배설(renal phosphate wasting)을 증명하여야 한다. FGF23는 상승한다. 확진에는 *PHEX* 유전자의 돌연변이를 확인하는 것이 도움이 된다. 생어염기서열 분석에서 음성인 경우에는 Multiplex ligation-dependent probe amplification (MLPA) 방법을 이용한 유전자 검사도 필요하다. 환자의 1/3~1/4의 경우에는 유전자의 결실 및 중복이 있을 수 있기 때문이다.

(6) 치료 및 관리: 다학제간(소아청소년과, 소아정형외과, 치과, 재활의학과, 이비인후과, 의학유전학과) 접근이 필요하다. 전통적인 치료방법은 alfacalcidiol (1-α-OH D3)을 매일 30~50 ng/kg 1회 복용, 또는 calcitriol (1, 25 OH2 D3) 20~30 ng/kg/일을 2~3회 나누어 복용한다. 이와 함께 경구용 인산을 소아의 경우 매일 20~40 mg/kg 용량으로 4~6회 나누어 복용하며, 성인의 경우에는 750~1,000 mg을 4~6회 나누어 복용한다. 환자는 정기적으로 성장 및 여러 생화학적지표, 영상소견(신장초음파 포함)들을 감시해야 한다. 최근에는 FGF23에 단일항체치료제, Burosumab이 소아와 성인에서 치료제로 사용 승인되었다.

## REFERENCE

1. Bennett RL, French KS, Resta RG, et al. Standardized human pedigree nomenclature: update and assessment of the recommendations of the National Society of Genetic Counselors. J Genet Counsel. 2008;17(5):424-33.
2. Alfred G. Knudson Jr. Mutation and Cancer: Statistical Study of Retinoblastoma. Proc Natl Acad Sci. 1971;68(4):820-3.
3. Online Mendelian Inheritance in Man. OMIM. Available from: http://omim.org.
4. Rimoin D L, Pyeritz R E, Korf B R. Emery and Rimoin's essential medical genetics, Oxford: Academic Press; 2013.
5. Scriver CR, Beaudet AL, Sly WS, et al. The metabolic and molecular bases of inherited disease. 8th ed. New York: McGraw-Hill; 2000. Updated online version Available from: http://genetics.accessmedicine.com/.
6. Nussbaum R L, Mcinnes R R, Willard H F. Thompson & Thompson Genetics in Medicine. 8th ed. Amsterdam: Elsevier; 2015. pp. 107-22.
7. Strachan T, Read A P. Human Molecular Genetics. 5th ed. New York: CRC Press; 2019. pp. 137-60.
8. Zschocke J. Dominant versus recessive: molecular mechanisms in metabolic disease. J Inherit Metab Dis. 2008;31:599-618.

CHAPTER 07

# 단일유전자 질환의 유전형식: 비전형적 멘델유전

Patterns of single gene inheritance: Non-traditional Mendelian inheritance

나지훈, 유한욱, 이영목

## I. 가성상염색체 우성유전 (Pseudo-autosomal dominant inheritance)

### 1. 개요

X 또는 Y 염색체에 변이가 있을 경우 성별에 따른 독특한 유전양식을 보인다. 변이가 실제로는 성염색체에 있음에도 마치 상염색체에 문제가 있는 것과 같이 상염색체 우성 유전양식을 보이는 경우를 가성상염색체 우성유전이라고 한다.

### 2. 가성상염색체 구역(Pseudoautosomal region, PAR)

제1감수분열의 전기에서 중기까지, 모든 염색체는 염색분체가 복제된 상태로 각각의 상동염색체와 접합하여 사분염색체를 만든다. 남성의 정자 발생을 위한 감수분열 과정에서는 X 염색체와 Y 염색체가 각각 하나뿐이라 짝지을 상동염색체가 없는데, 이때는 X와 Y 염색체가 상동염색체인 것처럼 짝을 이루어 감수분열이 진행된다. 감수분열 때 X와 Y가 짝을 이룰 수 있는 것은 두 염색체의 짧은 팔과 긴 팔의 끝 아주 일부 영역에서 염기서열이 매우 유사한 상동 유전 정보를 가지고 있기 때문이다. 이 상동 영역을 가성상염색체 구역(pseudoautosomal region, PAR)이라고 부른다. X와 Y 염색체의 짧은 팔 맨 끝 부분에 2.6 Mbp의 PAR1 (Xp22와 Yp11), 긴 팔 맨 끝 부분에 320 kbp의 PAR2 (Xq28와 Yq12)가 있다. 각 영역에 들어 있는 유전자는 그림 7-1과 같다. PAR 구역에 있는 유전자들은 남녀 모두 원래 한 쌍씩 가지고 있기 때문에 여성에서 유전자 용량 보정의 필요가 없어서 X 비활성화에서 대개 제외된다(그림 7-1).

### 3. 가성상염색체 유전

그림 7-2의 가계는 남녀 모두에게서 발병하고 있으므로 Y 염색체 질환일 수는 없을 것이다. 또한 아버지에게서 아들로 유전이 관찰되므로 X 염색체 질환일 수는 없다. 그렇다면 질환의 변이가 상염색체에 있을 것으로 추정해야 마땅하다. 그러나 이 가계도는 성염색체에 있는 short-stature homeobox (*SHOX*) 유전자의 이상에 의한 레리-와일 연골골형성이상증(Léri-Weill dyschondrosteosis)의 유전 예를 보여주고 있으며, 이렇게 질환 변이가 성염색체에 있는데도 마치 상염색체의 우성유전 질환인 것처럼 보이는 유전양상을 가성상염색체 유전이라고 하며 우성 유전방식을 보인다.

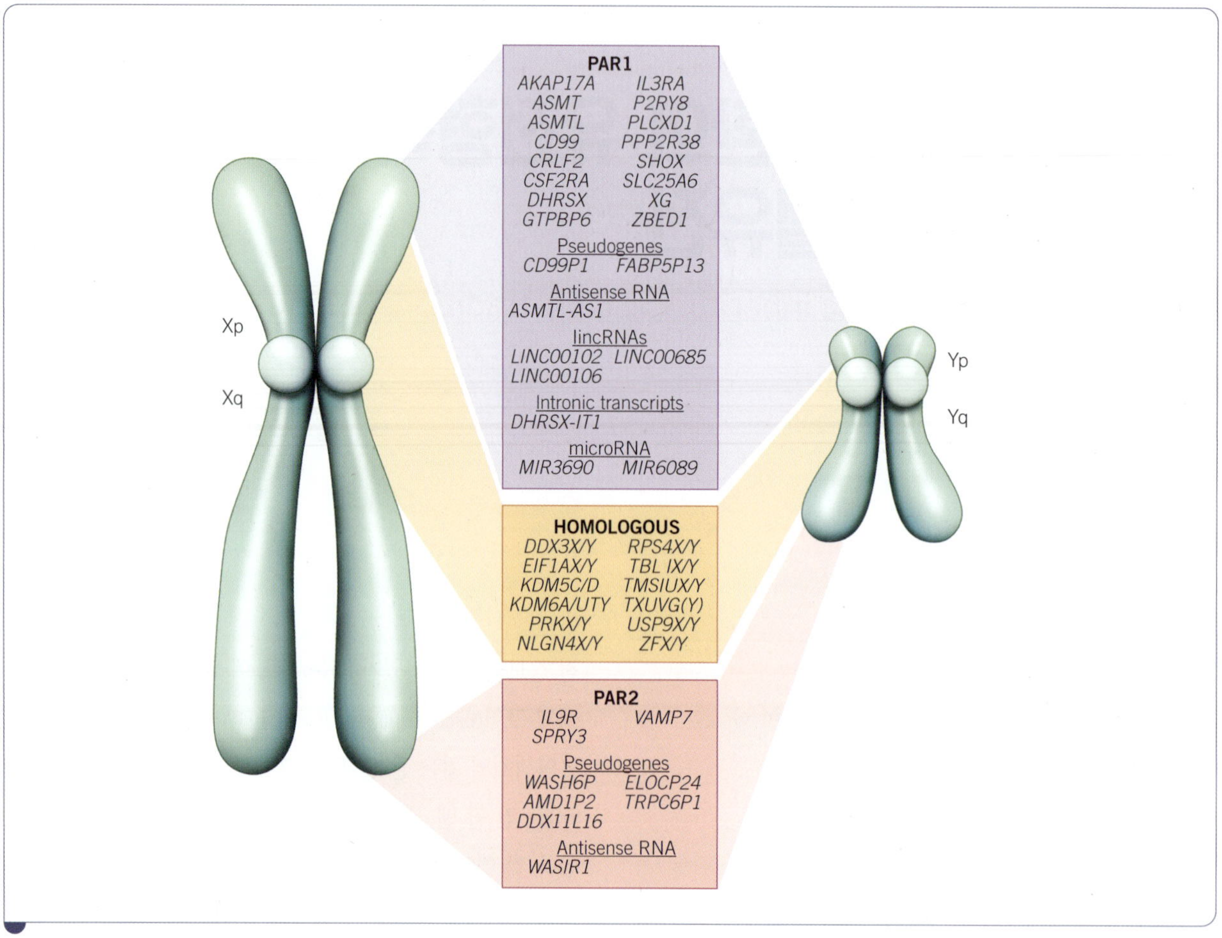


**그림 7-1.** 성염색체의 가성상염색체 구역에 존재하는 비활성화되지 않는 유전자들.

여성이 이환된 경우에는 X 염색체를 통해 성별 상관없이 다음 세대의 절반이 이환된다. 남성이 이환된 경우 감수분열시의 재조합 여부에 따라 X 염색체를 통해 받은 변이가 Y 염색체를 통해 다음 세대에 넘어가거나, 반대의 경우가 있을 수 있다**(그림 7-2)**.

가성상염색체 유전양상이 잘 규명되어 있는 것은 PAR1 구역에 위치한 *SHOX* 유전자뿐이다. X 염색체 우성질환도 남녀 모두에서 이환될 수 있지만, X 염색체 연관 우성 유전질환은 아버지에서 아들로 유전이 일어나지 않으며, 이환된 여성이 많다는 점에서 가성상염색체 유전과 다르다. 또한 X 염색체 우성질환은 용량 효과로 인해 대개 남성에서 더 심하게 나타나지만, PAR 구역에 있는 유전자들은 원래 남녀 모두 한 쌍씩 가지고 있기 때문에 남녀 모두 비슷한 양상을

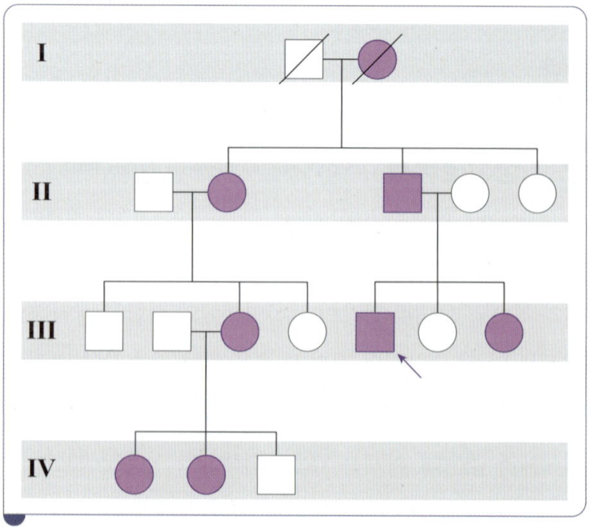


**그림 7-2.** 가성상염색체 유전방식을 보이는 레리-와일 연골골형성이상증(Léri-Weill dyschondrosteosis) 환자의 가계도. 남자-남자 유전이 가능하여 마치 상염색체 우성유전하는 질환의 가계도와 비슷하다.

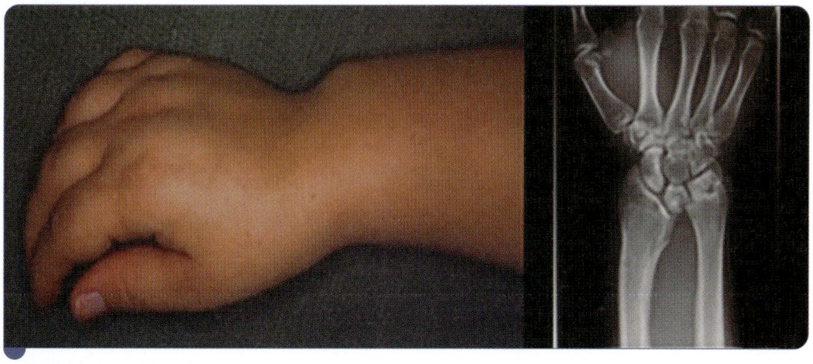

**그림 7-3.** 레리-와일 연골골형성이상증(Léri-Weill dyschondrosteosis) 환자에서 보이는 손목의 마델룽 변형(Madelung's deformity).

보인다. *SHOX* 유전자는 6개의 엑손으로 구성되고 코딩서열크기는 3.8 kb 정도로 작다. 임상표현형은 세 가지인데 레리-와일 연골골형성이상증(Léri-Weill dyschondrosteosis), 랑게르전완부이형성증(Langer mesomelic dysplasia), 특발성 저신장(idiopathic short stature)이다. 이들은 PAR1에 있는 *SHOX* 유전자의 반수부족(haploinsufficiency)에 의해 생긴다. 저신장, 중간지절 형성부전(mesomelia), 마델룽 변형(Madelung's deformity)을 특징으로 한다. 증상이 경미한 경우 특발성 저신장으로 보이기도 한다. 신장은 3백분위수 미만, 중간지절 형성부전으로 인해 아래팔과 종아리가 짧다. 손목의 마델룽 변형은 노뼈, 자뼈, 손뼈의 비정상적인 배치로 자뼈의 먼 쪽 끝이 등쪽으로 아탈구가 생겨 포크 모양으로 되는 것을 말한다. 이는 노뼈 먼 쪽 뼈 끝이 삼각화되고, 자뼈쪽 등쪽으로 휘는 것을 동반한다**(그림 7-3)**. 80~90%는 SHOX의 이형접합 결실변이에 의해, 10~20%는 이형접합 점변이에 의해 발생한다. 결실은 염색체 마이크로어레이나 MLPA 방법으로 검사할 수 있으며, 염기서열의 변이는 생어염기서열 분석으로 확인한다.

## II. 섞임증(Mosaicism)

섞임증이란 개체나 조직에서 유전적으로 서로 다르지만 단일 접합체(single zygote)에서 유래된 적어도 두 개 이상의 세포 계열(cell line)이 존재하는 것을 말하다. 한편, 키메리즘(chimerism)은 매우 드문 섞임증의 형태로 두 개의 수정란이 하나로 융합된 결과로 완전히 다른 성질의 세포주가 공존하는 것이다. 예를 들면, 반은 남성 핵형, 반은 여성 핵형을, 또는 반은 13번 삼염색체증(trisomy 13)과 반은 18번 삼염색체증(trisomy18)을 들 수 있다. 그러나 같은 사람에서 46,XY와 46,XX 핵형이 동시에 존재하는 경우는 양수 검사나 융모막 검사에서 볼 수 있으나 대부분 모체 세포의 혼입으로 인한 것이며 진성키메리즘은 극히 드물게 보고된다. 모든 사람들이 자신이 모두 정확하게 동일한 유전자와 염색체를 가진 세포로 구성되어 있다고 생각하지만, 사실 이것은 너무 단순화된 생각이다. 예를 들어서 여자에서의 부계에서 받은 X 염색체가 활성화되거나 또는 모계에서 받은 X 염색체가 활성화되는 두 가지 다른 체세포의 개체군을 만드는 X 염색체 불활성화에 대한 섞임증이 있음은 이미 기술하였다. 좀 더 일반적으로 말하면, 출생 전 또는 출생 후에 단일 세포에서 일어나는 돌연변이들에 의해 원래의 접합체와 유전적으로 다른 세포의 클론이 생길 수 있는데, 그 이유는 어떤 세포에서 돌연변이가 한 번 발생하면 그 돌연변이는 그 세포의 모든 복제 자손들(clonal descendants)에 존속하기 때문이다. 염색체의 수적 및 구조적 이상들의 섞임증은 임상적으로 중요한 현상이다. 체세포 돌연변이(somatic mutation)는 많은 종류의 암에서 주요 원인이다. 체세포(somatic cell) 단일유전자 돌연변이에 대한 섞임증의 대표적인 예는 부분 신경섬유종증(segmental neurofibromatosis)이다. 차세대 염기서열분석이 보편화되면서 최근 다양한 멘델유전질환에서 체세포섞임증이 보고되고 있다. 특히 발달지연, 자폐스펙트럼 환아들의 약 3% 정도에서 특정유전자 변이 대립유전자 섞임증이 보고된다. 전형적 멘델유전병에서의 체세포섞임증은 임상증상을 변형화(modification)시키고 위험도 평가를 어렵게 하여 유전상담이 쉽지 않다. 생식계열 세포(germline)에서의 단일유전자 돌연변이에 대한 섞임증은 부모에서 태어난 2명 또는 그 이상의 자녀에서 발생하며, 높은 투과도를 보인다. 상염색체 우성질환인 골형성부전증(osteogenesis imperfecta)이 대표적인 질환이다.

섞임증 개체에서 돌연변이를 가지고 있는 세포 집단은 이론적으로 세 가지로 나눌 수 있는데 생식세포에는 없고 체내의 일부 조직에 존재하는 경우(체세포섞임증[somatic mosaicism])와 오직 생식세포에만 국한되어 존재하고 그 밖의 다른 어느 곳에도 없는 경우(생식샘섞임증[germline mosaicism]), 또는 발생학적 발달 동안에 돌연변이가 일어남에 따라 체세포 계통과 생식계열 모두에 존재하는 경우가 있을 수 있다. 특정 돌연변이에 대한 섞임증이 오직 체세포 조직이나 생식계열에만 있는지 또는 양쪽 모두에 존재하는지는(이런 경우 gonosomal mosaicism이라 한다), 배아발생 동안에 돌연변이가 체세포로부터 생식계열 세포가 분리되기 이전에 발생했는지 또는 분리된 이후에 발생했는지에 따라 결정된다(그림 7-4). 만약 분리 이전이라면, 체세포와 생식계열 계통 양쪽 모두 섞임증이 될 것이고, 이 돌연변이는 모자이크 형태로 체세포에 발현될 뿐만 아니라 자손에게 전해질 수 있다. 분리된 이후에 발생한 돌연변이는 오직 생식계열에서만 존재하거나 또는 체세포 조직의 일부분에서만 존재한다. 예를 들어 만약 돌연변이가 생식계열전구세포에서 발생하였다면, 생식세포의 한 부분은 돌연변이를 가지게 될 것이다. 감수분열(meiosis) 이전에 생식계열의 세포는 여자에서 약 30회, 남자에서는 수백 번의 유사분열(mitotic division)이 일어남으로, 생식세포 발달의 유사분열 단계 동안에 돌연변이가 발생할 위험도가 증가한다.

특정 돌연변이 섞임증이 오직 생식계열 또는 체세포조직에만 존재하는지를 확인하기는 어렵다. 왜냐하면 쉽게 접근 가능한 체세포 조직(예: 말초 백혈구세포, 피부 또는 구강점막 세포)에서 돌연변이를 발견하지 못하였다고 해서, 생식계열을 포함한 신체의 어느 곳에도 돌연변이가 존재하지 않는다고 확신할 수 없기 때문이다. 그러나 전술한 바와 같이 차세대 염기서열분석법으로 심층적 분석을 하면 아주 낮은 비율의 섞임증도 발견할 수 있다. 특히 여러 조직을 사용하

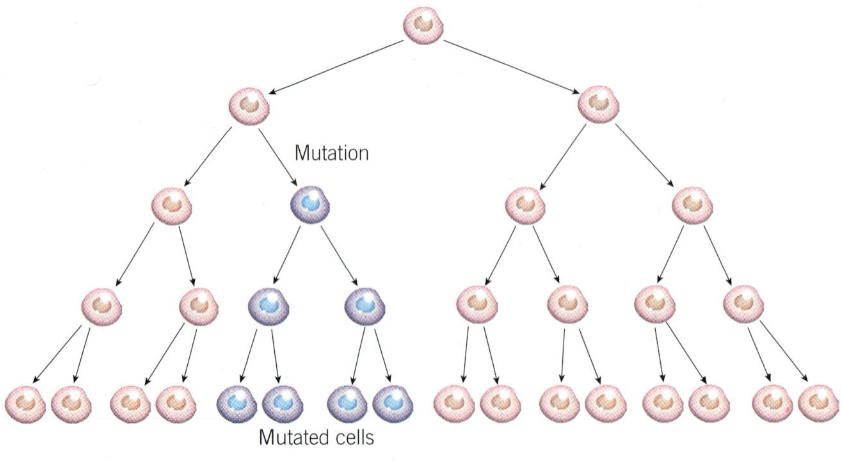


그림 7-4. 체세포섞임증 발생시기.

여 분석하는 것이 진단에 도움이 된다. 그러나 체세포섞임증의 범위를 한정하는 것은, 태아의 경우 더욱 어렵다. 돌연변이 대립유전자는 태아 자체에는 없고 오직 배아 밖 조직(태반)에서만 존재할 때 더 어려워진다.

## 1. 체세포섞임증(Somatic mosaicism)

배아기에 발생하는 돌연변이는 형태학적으로 이상을 초래한다. 돌연변이가 발생한 배아기 시점과 시발된 체세포의 계통에 따라, 분절적(segmental) 또는 여기저기에 부분형(patchy)으로 나타난다(그림 7-5, 7-6). 예를 들면 신경섬유종증1형은 종종 분절적으로 발생하여 신체의 한 부분에만 영향을 미친다. 이는 임신 후에 발생한 돌연변이의 섞임증에 기인한다. 이러한 환자는 정상인 부모를 가지지만 분절형 신경섬유종증1형 환자는 전형적인 환자를 낳을 위험도가 증가할 수 있는데 이는 돌연변이가 생식계세포와 체세포계열이 분리되기 전에 발생하는 경우이다.

## 2. 생식샘섞임증(Germline mosaicism)

부모가 완전히 정상(유전자 분석상 보인자가 아닌 정상인)인 상태에서 한 자녀에게 발생한, 새로운 돌연변이에 의해 발

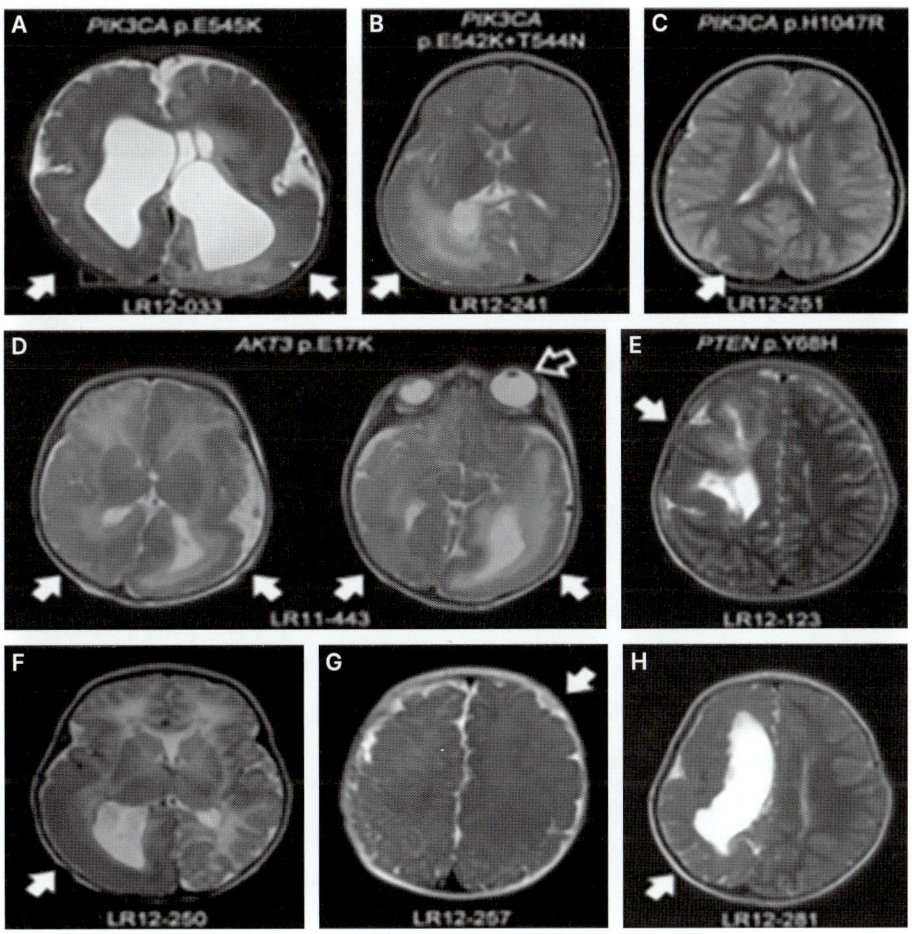


그림 7-5. PIK3CA-Related Overgrowth Spectrum (PROS): *AKT3*, *PIK3CA*, *MTOR* 유전자 돌연변이 대립유전자 체세포의 부분적 섞임증에 의한 대뇌피질기형.

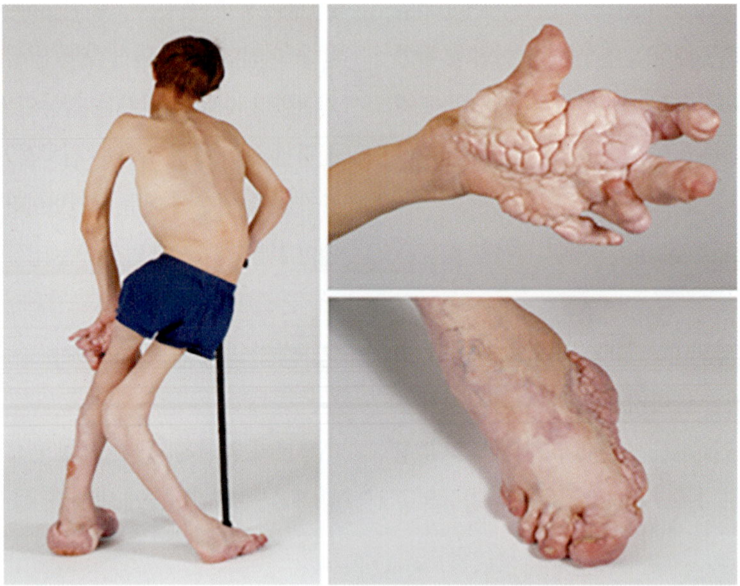

**그림 7-6.** PIK3CA-related overgrowth spectrum (PROS); *AKT1*유전자 기능증가 돌연변이 대립유전자 체세포의 부분적 섞임증에 의한 프로테우스(Proteus) 증후군.

생한 상염색체 또는 X-연관성 질환이 다시 다음 번 임신에서 재발할 가능성은 매우 낮다. 왜냐하면 자연적 돌연변이가 발생할 확률은 일반적으로 드물고($1/10^4$–$1/10^6$), 동일한 가족에서 동일한 유전자에 독립적으로 돌연변이가 두 번 발생할 가능성은 매우 낮다($1/10^8$–$1/10^{12}$). 그러므로 유전상담할 때에 재발할 확률이 매우 낮다고 이야기할 수 있다. 그러나 부모는 유전학적 분석상 정상이라 하더라도 2명 이상의 자녀가 이환되는 드문 경우들이 존재한다. 그리고 질환에 따라 이런 현상, 즉 생식샘섞임증이 더 잘 발생한다. 생식샘섞임증의 대표적인 예로서 상염색체 우성질환인 골형성부전증(osteogenesis imperfecta)을 들 수 있다**(그림 7-7A)**. 제1형 콜라겐 유전자(*COL1A1*과 *COL1A2* 유전자)의 돌연변이에 의해 비정상 콜라겐이 형성됨으로 잦은 골절, 작은 키, 치아발달 장애, 푸른 공막, 청력장애 등이 동반된다. 임상적으로는 영아기에 흉부압박골절에 의해 호흡부전으로 사망하는 치사형으로부터 뼈의 변형을 거의 초래하지 않는 경미한 임상형까지 매우 다양하며 4가지 유형으로 대별한다. 약 16%의 환자에서 생식샘, 또는 체세포섞임증이 있어서

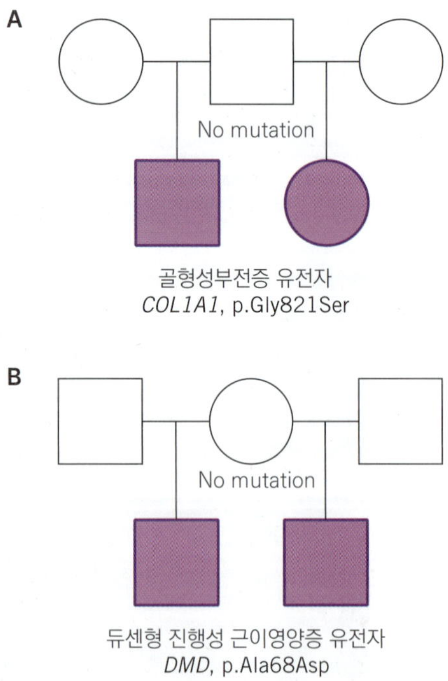


**그림 7-7.** **(A)** 생식샘섞임증에 의한 정상적인 아버지로부터의 골형성부전증의 재발, **(B)** 정상적인 어머니로부터의 듀센형 진행성근이영양증의 재발.

부모가 유전자 검사상 정상이더라도 이 질환에 이환된 한 자녀가 있을 때 재발할 확률은 5%에 이른다. 또 다른 대표적인 생식샘섞임증이 잘 발생하는 질환들은 혈우병 A형과 B형, 듀센형 진행성근이영양증 등이다. 특히 듀센형 진행성근이영양증에서 생식샘섞임증 현상이 잘 발생한다. 유전학적으로 보인자가 아닌 어머니의 자녀가 환자라면 생식샘섞임증의 가능성이 15~20%이다(**그림 7-7B**). 따라서 적극적인 산전진단이 필요하다.

그러나 연골무형성증(achondroplasia) 같은 다른 우성질환에서 거의 보이지 않는다. 이는 아버지 나이가 증가함에 따라 정자에 de novo 돌연변이가 증가함에 재발 위험도가 증가한다.

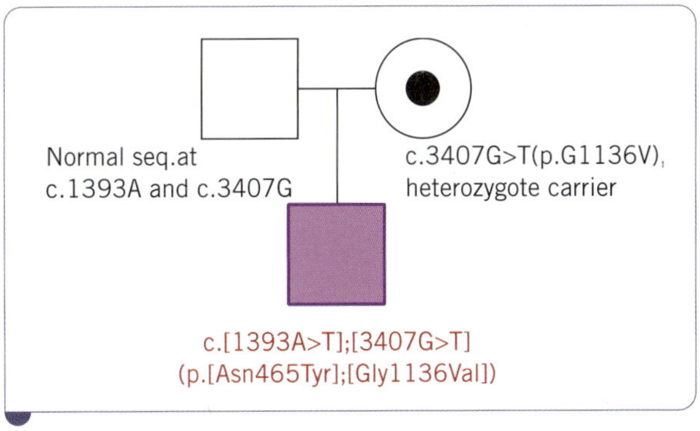


**그림 7-8.** 상염색체 열성유전하는 carbamoyl phosphate synthetase (CPS) 효소결핍에 의한 고암모니아혈증 동반하는 요소회로대사 이상의 가계, 생물학적인 아버지의 정자 유전자 분석상 *CPS* 유전자의 p.Asn465Tyr 돌연변이가 검출되었다.

새로운 돌연변이에 의해 질환이 발생되었다고 믿고 있는 자녀를 가진, 표현형과 유전자형이 정상인 부모들에게도 항상 생식샘섞임증에 의한 재발 위험도가 있음을 알려주어야 한다. 질환마다 차이가 있으나 일반적으로는 경험적 위험도(empirical risk)에 근거하면 약 3~4% 정도의 재발 위험도를 가진다. 그러나 정확한 재발 위험도는 평가하기 어려운데 그 이유는 돌연변이를 가지고 있는 생식 세포(gamete) 비율의 정도에 달려 있기 때문이다(**그림 7-8**).

## 증례 11 | 체세포섞임증으로 경미한 임상경과를 보인, 전형적 표현형과 연관된 돌연변이를 지닌 파브리병환자

**1) 내원 동기가 된 주 증상(주소): 전신성 부종과 단백뇨**

**2) 진단 시 연령/성별: 34세/남자**

**3) 가족력: 특이소견 없음**

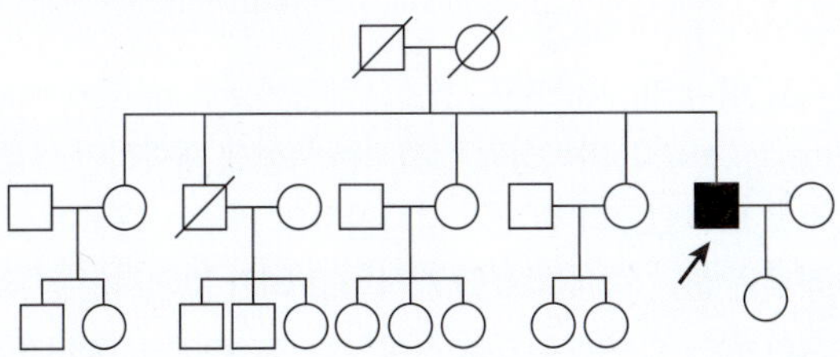

**4) 임상증상**

34세에 단백뇨로 모 대학병원에 입원하여 신장조직검사 시행하였으며 그 당시 검사소견은 아래와 같이 광학현미경소견상 사구체 족세포의 부종과 액포가 있으며 전자현미경소견상 족세포융기의 마모와 라메라구조의 축적물이 관찰되었다. 이 당시 파브리병을 의심하였다.

그후 17년간 추적관찰이 되지 않다가 51세에 파브리병에 대한 진료와 효소대체요법원하여 내원하였다.

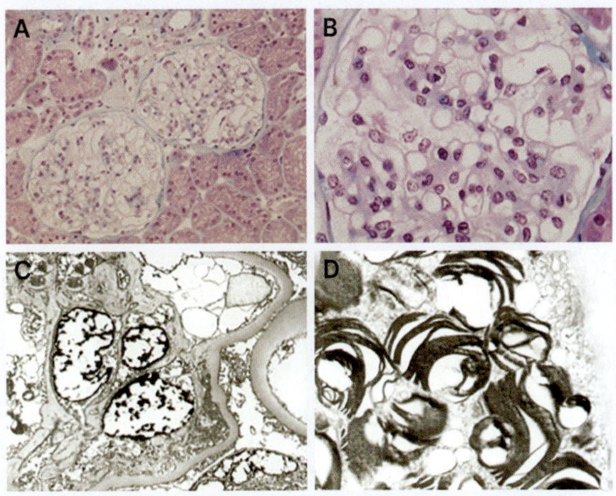


**5) 진찰 소견**

부종은 없었으며 맥박은 56회/분으로 서맥이었으나 규칙적이었고 특별한 심잡음은 없었다. 피부의 혈관각화종은 없었다. 발한은 정상적이었다. 청력도 정상이며 이명은 없었다. 신경학적 검사도 정상이었다.

다음 페이지에 계속 >>

### 6) 검사소견

(1) 생화학검사: 소변알부민은 166.2 mg/gCr, 24시간 단백뇨 175 mg으로 미세알부민뇨를 보였다. 혈청 크레아티닌 0.9 mg/dL, 사구체여과율(eGFR)은 101 mL/min으로 정상이었다. 심초음파상 경도의 좌심실비대가 있었으며 심전도 검사상 제1도 방실차단소견이 관찰되었다. 백혈구의 α-galactosidase A 효소 수치는 5.3 nmol/hr/mg (정상치, 25~126)으로 감소하였다.

(2) 분자유전학 검사: *GLA* 유전자 염기서열분석에서 p.Gly247Arg 돌연변이를 확인하였으며 이 돌연변이는 전형형 파브리병(classic Fabry disease) 표현형을 나타내는 것으로 보고되었다. 외동딸의 보인자상태를 확인하기 위하여 *GLA* 유전자 분석을 하였으니 정상이었고 아버지는 생물학적으로 친아버지인 것을 유전자 분석으로 확인하였다. 생어염기서열분석 재검토 결과 체세포섞임증이 의심되어 혈액의 백혈구, 구강점막세포, 소변의 세포에서 차세대 염기서열분석법으로 *GLA* 유전자 p.Gly247Arg 돌연변이의 섞임증비율을 분석하였다. 혈액은 84%, 구강점막세포는 58%, 소변세포는 58%의 섞임증비율을 보였다.

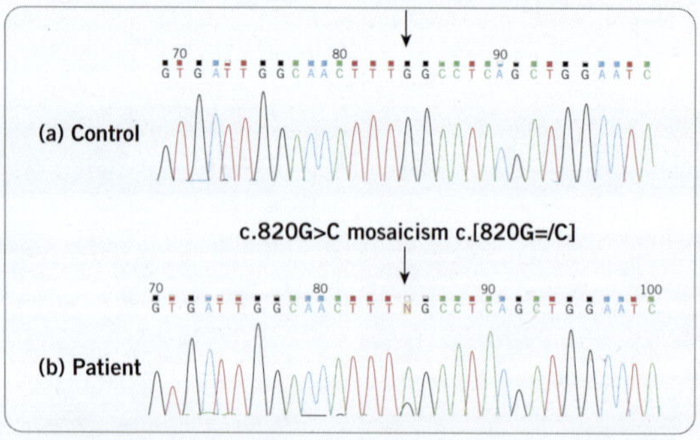


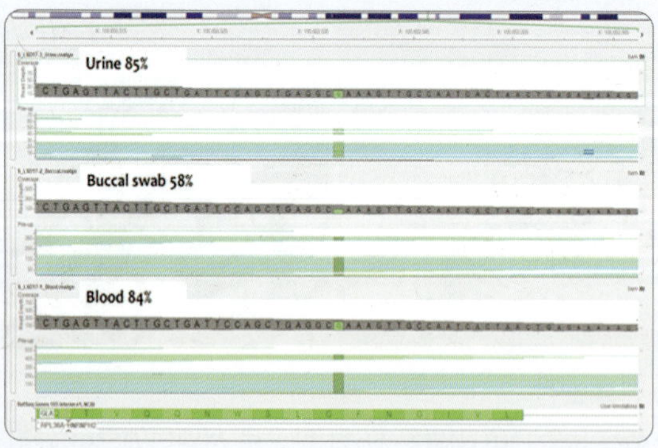


### 7) 치료경과

환자는 human recombinant α-galactosidase A를 이용한 효소대체요법을 매 2주마다 시해하기 시작하였다. 환자의 딸은 체세포 돌연변이 유전자형을 물려받지 않아서 정상 소견을 보였다.

### 8) 요약

(1) 원인: X-염색체 연관 유전을 하는 유전성 리소솜축적질환으로서 glycosphinglolipid 대사장애이다. Xq22.1에 위치한 α-galactosidase A (α-Gal A) 유전자(*GLA*) 변이에 의한 α-galactosidase A 효소결핍에 발생한다.

(2) 발생빈도: 발생빈도는 교과서적으로는 전형적 파브리병이 남자 1/40,000 빈도로 발생한다고 하나 최근 신생아 유전성 대사질환의 선별검사의 결과는 놀랄 만하게도 이 질환이 그리 드물지 않은 질환으로 보고되고 있다. 비전형, 지발형을 포함하면 발생빈도는 신생아 남아 약 1,500명당 1명의 빈도로 알려져 있다.

(3) 발병기전: α-galactosidase A 효소결핍에 의한 globotriaosylceramide(Gb3 or GL3), lyso-Gb3의 세포내 축적이 원인이다. 이는 여러 가지 기전(축적 그 자체, 염증반응, 산화스트레스, 자가포식장애)으로 세포, 조직, 장기의 손상을 유발한다.

(4) 임상증상: 일반적인 증상은 소아기에는 매우 심한 신경병성 통증으로 손가락, 발가락 끝이 화끈거리고 바늘로 찌르는 듯한 통증, 복통, 소화장애 등의 소화기 증상이 특징이다. 청소년기에는 원인 불명의 단백뇨, 저한증(무한증), 혈관각화종(angiokeratoma) 등의 증상과 성인이 되면 만성 신부전, 좌심실 비대, 부정맥, 청력소실, 뇌경색 등 매우 다양한 증상이 나타난다.

(5) 진단 및 검사 소견: 파브리병의 진단은 일단 임상적으로 이 병을 의심하여야 한다. 가족력이 있는 경우는 환자의 약 70~80%의 경우이다. 파브리병이 의심되는 경우에 백혈구에서 α-galactosidase A 농도를 측정하고 유전자 분석으로 확진한다. 특히 여자 보인자인 경우에는 *GLA* 유전자 분석이 필수적이다.

(6) 치료 및 관리: 2001년도 효소대체요법(enzyme replacement therapy, ERT)이 가능하기 전까지는 증상에 대증적인 치료가 주를 이루었으나 현재는 남자환자의 경우는 증상이 있는 경우는 진단 즉시 치료를 시작하고 여자 보인자의 경우는 증상 있는 경우에 치료를 시작한다. agalsidase beta (Fabrazyme®, Sanofi Genzyme, Cambridge, MA, USA), agalsidase alfa (Replagal®, Takeda, formerly Shire HGT, Inc, Lexington, MA, USA), Fabagal®, an agalsidase beta manufactured by ISU Abxis (Seongnam-si, Gyeonggi-do, South Korea)라는 유전자 재조합술로 만든 효소치료제가 사용 가능하다. 유전자형이 약물학적도우미(pharmacological chaperone)에 반응하는 돌연변이이면 migalastat (Galafold®, Amicus Therapeutics, Philadelphia, PA, U.S.A.)라는 경구용제제를 투여할 수도 있다.

## III. 유전체 각인현상으로 인한 부모유래 영향 (Parent of origin effect)

단일유전자에 의한 유전질환은 멘델법칙에 따르면, 상염색체 유전자의 돌연변이 대립유전자는 부모의 성별에 관계없이 자녀에게 동일하게 표현형에 영향을 주는 것으로 여겨졌다. 그러나 프라더-윌리증후군(Prader-Willi syndrome)과 엔젤만증후군(Angelman syndrome)과 같은 몇몇 유전질환에서, 임상증상의 발현이 돌연변이 대립유전자가 아버지로부터 유전되었는지 또는 어머니로부터 유전되었는지에 따라 전혀 다르게 나타난다. 이는 유전체 각인(genomic imprinting) 현상으로 설명한다(그림 7-9, 표 7-1).

유전체 각인이란 인간 유전체의 특정 부분들은 부계, 모계 유래에 따라 차별적으로 메틸화되어 있음이 알려져 있다. 이를 차별적 메틸화구역(differentially methylated region, DMR)이라 한다. 유전체 전구간에 약 200개 정도 존재하는 것으로 알려져 있다. 이 구역에 위치하는 유전자들은 부계, 또는 모계 유래 대립유전자의 발현만이 필요하다(그림 7-10, 7-11).

프라더-윌리증후군과 엔젤만증후군은 15번 염색체의 결실과 단친성 이염색체증(uniparental disomy)에 기인한다(그림 7-12, 표 7-2). 그러나 부친으로부터 온 유전자 결실 시에는 프라더-윌리증후군, 모친의 유전자 결실 때에는 엔젤만증후군으로 나타난다. 즉, 부모 중 어느 쪽에서 온 염색체인가에 따라 전혀 다른 증상을 보인다.

프라더-윌리증후군은 출생 후 1~2세경까지는 식욕이 별로 없어서 체중 증가가 부진하나 그 이후 급격히 먹는 것에 관심이 많아지고 체중이 증가한다. 따라서 신생아시기의 진단은 근긴장도저하, 식욕부진, 하얀 피부, 잠복고환, 아몬드

**표 7-1. 유전체 각인현상으로 인한 부모유래 영향을 받는 여러 질환들의 가계도 특성**

- 부모, 누구에게서 대립유전자를 전달받았느냐에 따라 질환 발현 양상, 유무가 결정된다.
- 성별에 관계없이 남녀 동일하게 이환된다.
- 어느 특정 부모로부터 유전될 때는 우성유전양상을 보인다.
- 모든 세대 간에 환자가 발생하지 않을 수도 있다(skip in generation).

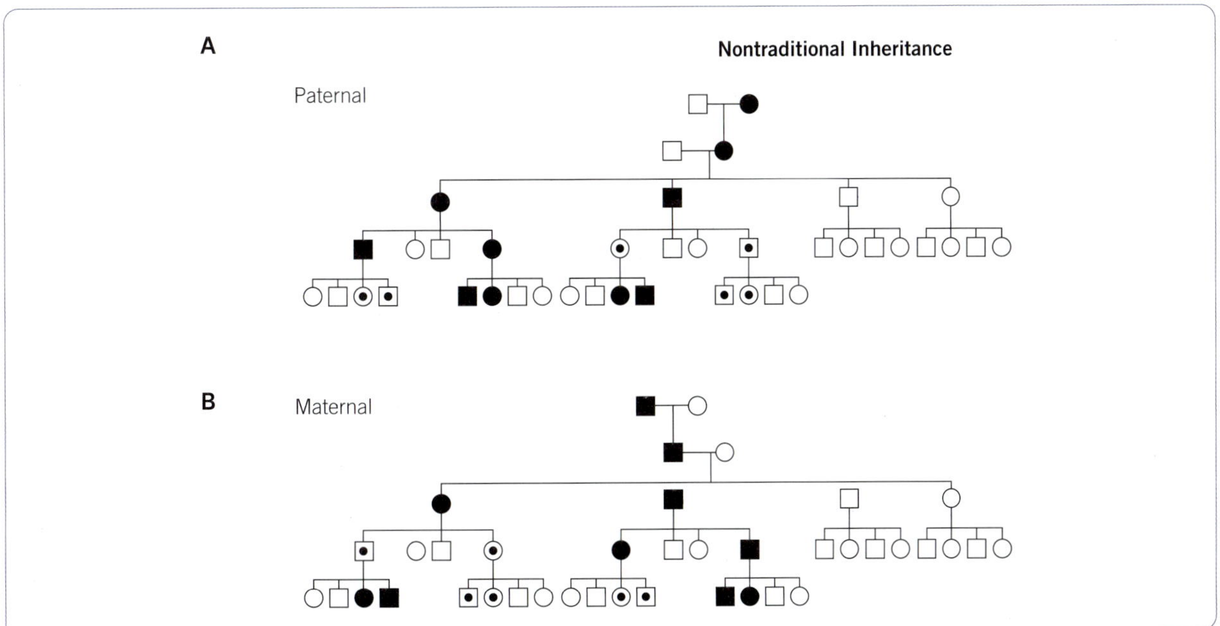


그림 7-9. 유전체 각인현상으로 인한 부모유래 영향을 받는 여러 질환들의 가계도. (A) 부계에 유전체각인 된 질환의 가계도와 (B) 모계에 유전체각인된 질환의 가계도.

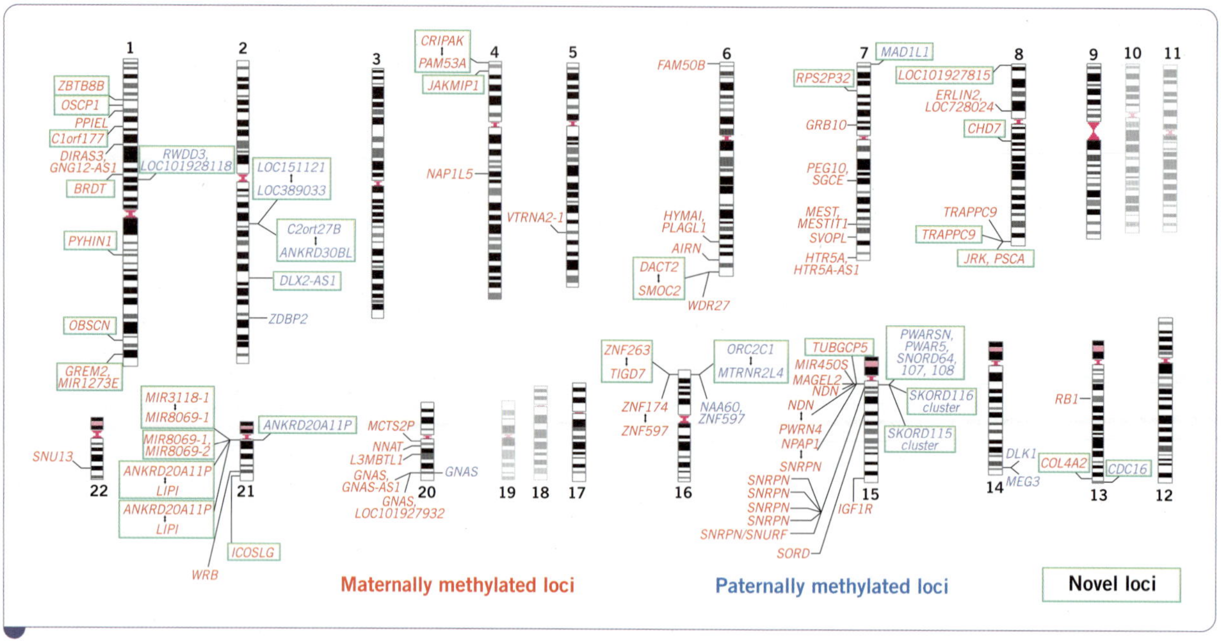


그림 7-10. 전 염색체에 걸쳐 존재하는 차별적 메틸화구역(differentially methylated region, DMR).

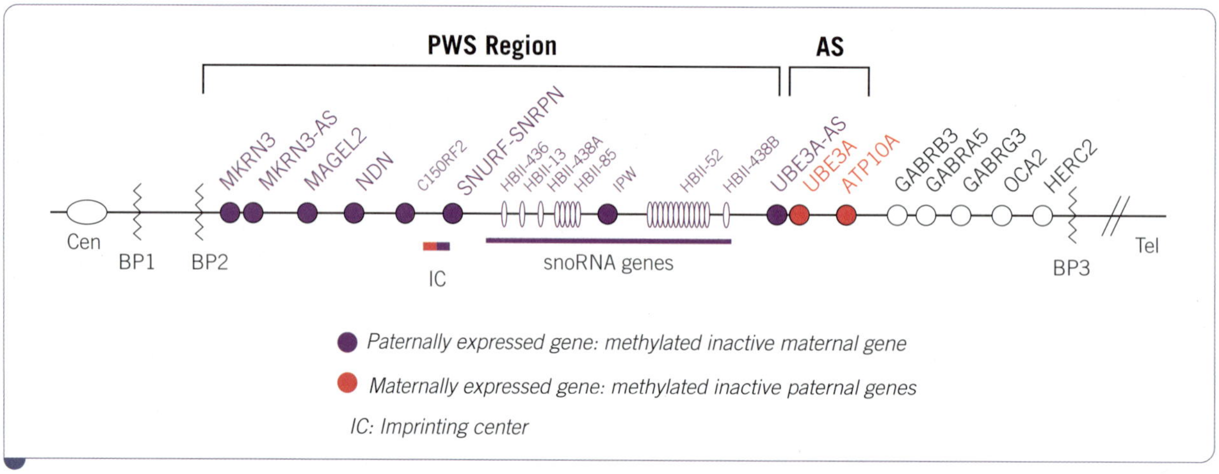


그림 7-11. 염색체 15번 장완부위(15q11-q13)에 존재하는 유전자들의 부모유래 대립유전자에 따른 차별적 메틸화 양상.

형태의 눈, 금발의 모발 등으로 의심하게 된다. 2세 이후에는 발달 및 지적 장애, 비만 등으로 내원하여 진단된다. 완전한 사춘기로 진행이 되지 않으며 성선 기능부전, 저신장, 중추성 부신피질자극호르몬 결핍, 고도의 병적 비만, 2형당뇨병 등의 내분비, 대사질환이 동반된다. 강박적인 행동, 먹는 것에 관한 지나친 집착 때문에 여러 가지 행동장애도 동반된다. 유전자형과 표현형과의 연관성은 뚜렷하지 않으나 모체유래 15번 염색체 단친성 이염색체증(maternal uniparental disomy of chromosome 15)은 어머니의 출산연령이 높을수록 위험도가 증가한다. 반면에 앤젤만 증후군은 심한 발달 지연, 특히 언어가 전혀 발달하지 않아서 병원에 방문하게 된다. 전반적인 발달 지연이 있고 걸음도 늦게 시작하지만 운동실조성 걸음걸이를 보인다. 두위는 작고 뒷머리가 납작하다. 하악골이 커져서 턱과 입이 크다. 항상 기분이 좋으며 특히 물 놀이를 좋아한다. 눈의 사시가 동반되기도 하고 경련이 발생하기도 한다. 분자유전학적 원인은 프라더-윌리증후군의 70%는 부계 유래 15번 염색체 장완(15q11.2-q13)의 미세결실, 20~30%는 모계 유래 단친성 이염색체증, 2.5%는 각인중추염기서열의 돌연변이에 기인한다. 앤젤만증후군은 70%가 모계유래 15번염색체 장완(15q11.2-q13)의 미세결실, 7~10%는 부계 유래 단친성 이염색체증이다. 중요한 것은 앤젤만증후군의 10%에서 *UBE3A* 유전자의 돌연변이가 발견되는데 이는 어머니가 보인자일 가능성이 커서 다음 임신에서도 재발할 위험도가 커서 자세한 유전적인 상담과 가족검사가 필요하다(**그림 7-12, 표 7-2**).

분자유전학적 진단의 순서는 먼저 의심되는 환자에서 메틸화 특이 다중결찰의존 탐색자 증폭법(methylation specific multiplex ligation dependent probe amplification, methylation specific-MLPA)을 먼저 시행함으로 진단되거나 염색체 마이크로어레이나 형광제자리부합법(fluorescence in situ hybridization, FISH)을 추가적으로 시행할 수도 있다.

이 외에도 유전체 각인현상으로 인한 부모유래 영향을 받는 여러 질환들이 알려져 있다(**표 7-3**). 예를 들면 가족성 성조숙증을 유발하는 *MKRN3* 유전자와 *DLK1* 유전자는 부계에서 유래된 대립유전자에 돌연변이가 발생할 때 질환이 발생한다. 즉 부계 대립 유전자의 활성화가 정상 사춘기발달을 유지하는데 중요하고 모계 대립유전자는 불활성화 되어 있다. 또 다른 질환은 가성부갑상선기능저하증으로 부갑상선호르몬, 갑상선호르몬 등 여러 펩타이드호르몬에 저항성을 보이는 질환이다. 이는 신장의 세뇨관등 특

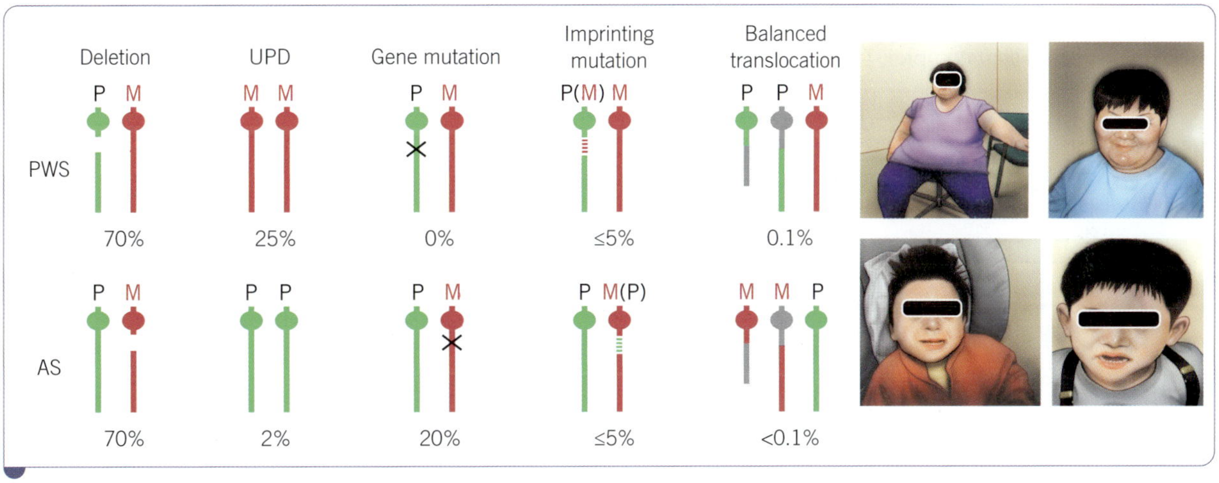


**그림 7-12.** 프라더-윌리증후군(PWS)과 엔젤만증후군(AS)의 분자유전학적 발병기전.

**표 7-2. 프라더-윌리증후군(PWS)과 엔젤만증후군(AS)의 분자유전학적 발병기전 요약**

| Mechanism | Prader-Willi syndrome | Angelman syndrome |
|---|---|---|
| 15q11.2-q13 deletion | ≈70% (paternal) | ≈70% (maternal) |
| Uniparental disomy | ≈20~30% (maternal) | ≈7% (paternal) |
| Imprinting center mutation | ≈2.5% | ≈3% |
| Gene mutations | Rare (small deletions within snoRNA gene cluster) | ≈10% (*UBE3A* mutations) |
| Unidentified | <1% | ≈10% |

snoRNA, Small nucleolar RNA.

**표 7-3. 유전체 각인현상으로 인한 부모유래 영향을 받는 질환들**

| 질환 | 메칠화로 불활성화된 대립유전자의 부모유래 기원 | 염색체부위 |
|---|---|---|
| 프라더-윌리증후군 | 모계 | 15q11-13 |
| 엔젤만증후군 | 부계 | 15q11-13 |
| 가족성 중추성 성조숙증, *MKRN3* | 모계 | 15q11.2 |
| 가족성 중추성 성조숙증, *DLK1* | 모계 | 14q32 |
| 일시적 신생아 당뇨병 | 모계 | 6q24 |
| 베크위드-비데만 증후군 | | 11p15.5 |
| 실버-럿셀 증후군 | | 11p15.5, 7번 염색체 모계 단친성 이염색체증 |
| 템플증후군 | 14번 염색체 모계 단친성 이염색체증 | 14q32 |
| 카가미-오가타 증후군 | 14번 염색체 부계 단친성 이염색체증 | 14q32 |
| 가성부갑상선 기능저하증 | 부계 | 20q13 |
| 유전성 부신경절종(paraganglioma), *SDHD* | 모계 | 11q23.1 |

정 조직에서 모계 유래된 *GNAS* (guanine nucleotide binding protein, alpha stimulating) complex 대립유전자의 돌연변이나 발현저하에 의해 발생한다. 즉 부계 대립유전자는 비활성화되어 있다. 부갑상선호르몬이 상승되어 있는데도 혈장 칼슘은 매우 낮다. 저신장, 지적 장애, 비만, 둥근 얼굴, 손가락 뼈 이상의 임상증상이 있는 경우 Albright Hereditary Osteodystrophy (AHO)라고 한다.

## 증례 12 | 저신장과 비만으로 내원하여 진단된 프라더-윌리증후군

**1) 내원 동기가 된 주 증상(주소): 저신장 및 비만**

**2) 진단 시 연령/성별: 5세/여아**

**3) 가족력: 특이소견 없음**

**4) 임상증상**

재태연령 40주, 2,800 g, 자연분만으로 출생하였으며 출생 당시 청색증 있어 2~3일간 산소치료 시행 받았다. 잘 빨지 못하여 식이 진행 되지 않아 타원에서 위관 영양 시행하였다. 생후 6개월에 근 긴장도 저하로 목 가누기를 수행하지 못하였으며 이후 언어발달도 잘 되지 않아 2세 3개월에 병원 방문하였다. 당시 체중 13.5 kg (95 백분위수)과 신장 87 cm (50 백분위수)이었다.

**5) 진찰 소견**

진찰 소견상 피부는 하얗고 모발은 옅은 갈색이었다. 눈 및 안검은 아몬드 모양이었다. 이마의 폭이 좁았다. 심부건반사는 양성이었으나 전반적인 근긴장도 저하가 있었다.

**6) 검사소견**

일반혈액 및 생화학 검사에서는 총콜레스테롤 226 mg/dL, 저밀도지질단백 콜레스테롤 110 mg/dL로 상승된 소견 이외에는 다른 특이소견은 없었다. 내분비학 검사에서 IGF-1 53.3 ng/mL (참고치; 30~174), IGFBP-3 4594 ng/mL (참고치; 1500~3400)로 정상 소견 보였다. 성장호르몬 자극검사로 L-dopa와 insulin tolerance 검사를 시행하였으며 모두 자극이 되었다. 갑상선 기능검사도 정상이었다. 분자유전학검사상 methylation PCR 분석상 모체 유래 분절만 관찰되고 형광제자리부합법(FISH) 검사상에서 46,XX,del(15)(q11.2q13). ish del(15)(q11.2q13) 이 증명되어 부계 유래 15번 장완근위부 미세결실에 의한 프라더-윌리증후군으로 진단되었다.

다음 페이지에 계속 >>

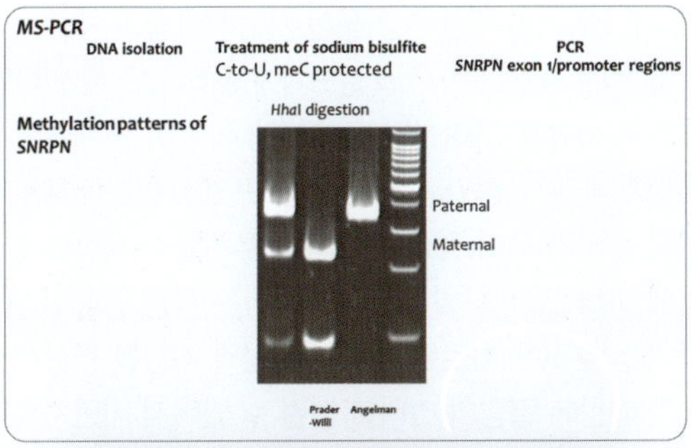


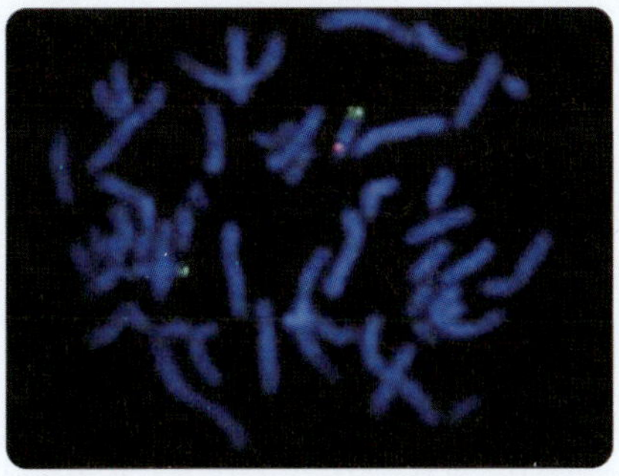

FISH : 46,XX,del(15)(q11.2q13).ish del(15)(q11.2q13)

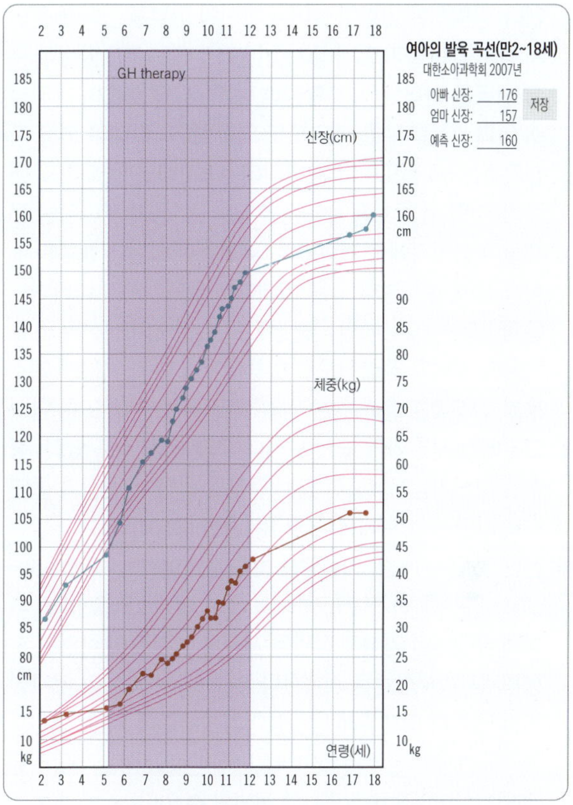


### 7) 치료경과

만 5세 2개월에 성장호르몬(0.3 mg/kg/주 피하주사)을 보충하기 시작하여 IGF-1 300~600 ng/ml와 IGFBP-3 3000~5000 ng/ml의 범위를 유지하였고, 투여 첫 1년간 성장속도 12 cm/년으로 좋은 반응을 보였으며 이후에 8 cm/년으로 유지되었다. 만 10세경에 breast Tanner II, pubic hair Tanner I소견을 보였으며, 12세 2개월에 성장 호르몬 치료를 중단하였고 이후 성장속도 2 cm/년 소견 보였으며, 13세 5개월에 초경을 시작하였으며 최종 성인키에 도달하였다. 경도의 흉추및 요추의 측만증이 있었다. 생리는 거의 하지 않았으면 BII, PII 정도이고 19세에 시행한 요추 DEXA검사에서 Z-score -1.8을 보였다.

### 8) 요약

(1) 원인: 아버지로부터 유래한 15번 염색체의 장완 근위부(15q11q13)의 미세결실이 원인인 경우가 75% 정도를 차지하며 대부분 자연발생적으로 생겨난다. 부모로부터 각각 한 개씩 유전되어야 할 15번 염색체 두 개가 모두 어머니로부터만 유래되는 단친성 이염색체증(maternal UPD [15])은 25%를 차지한다. 어머니 나이가 증가할수록 위험도가 증가한다. 나머지 드문 원인으로는 15번 염색체의 장완 근위부의 각인(imprinting) 과정에서 돌연변이가 발생한 경우이거나 염색체의 불균형 전좌 등의 구조이상에 의한다.

(2) 발생빈도: 프라더-윌리증후군은 1956년 Prader, Labhart, Willi에 의해 처음 보고된 15번 염색체 이상 질환이다. 이 질환은 신생아 초기에 비만, 저신장, 성선기능저하증, 정신지체, 근긴장저하 등을 특징으로 하며 출생아 10,000명 내지 15,000명 중 1명의 빈도로 발생하고, 남녀 간의 유병율은 비슷하다.

(3) 발병기전: 발병기전은 명확하지 않으나 부계 유래 *SNURF-SNRPN* transcripts를 비롯한 여러 활성된 부계 유전자들의 결핍(haploinsufficiency)에 의한 시상하부 및 여러 중추신경계 기능변화 때문으로 여겨진다.

(4) 임상증상: 신생아기에는 축 늘어져 있고, 울음이 약하거나 거의 울지 않는다. 출생 초기에는 젖을 잘 빨지 못하고 먹는 일에 관심을 보이지 않는다. 얼굴의 특징은 좁은 이마, 아몬드 모양의 눈, 아래로 처진 작은 세모형의 입 모양, 얇은 윗입술, 작은 턱, 진하고 끈적끈적한 타액의 증가 등이며, 손과 발도 작은 편이다. 또한 남아인 경우 음경이나 고환이 작고 잠복고환이 있으며, 여아인 경우 소음순과 음핵이 작은 것이 특징이다. 2~3세에는 식욕이 증가되면서 몸무게가 과도하게 증가하는 특징을 보인다. 아동들은 이 시기에 말하기 시작하게 되고, 음식에 대해 끊임없이 갈망하게 되면서 음식을 훔치고 숨기는 행동과 이식증(pica)을 보

다음 페이지에 계속 >>

인다. 강박적인 경향이 있어서 자신의 피부를 심하게 뜯어서 상처를 만들기도 하며 사소한 좌절에도 분노발작과 문제 행동을 나타낸다. 수면장애, 수면 시 무호흡이 나타날 수 있다. 지능지수는 45~105의 범위를 나타내며 평균 지능지수는 65 정도이다. 성인기에는 비만과 관련되어 수면장애, 수면 시 무호흡이 있을 수 있다. 아동기에 나타난 문제들이 성인기에도 계속되어 나타날 수 있는데 행동문제, 학습 장애, 분노발작 등은 10대에서 두드러지게 나타나는 문제이다. 시상하부의 기능부전으로 인하여 성선자극 호르몬의 분비가 정상적으로 이루어지지 않기 때문에 왜소음경, 잠복고환 등의 성선기능저하증을 보인다. 또한 남녀 모두에서 사춘기가 늦게 오거나 오지 않을 수도 있다. 중추성 부신기능저하증이 있는 경우도 있다. 저신장과 골연령의 지연은 90%에서 나타나는 흔한 증상이다.

(5) 진단 및 검사 소견: 의심되는 환자에서 methylation specific MLPA를 하거나 methylation specific PCR-RFLP후 부계 유래15번 염색체 장완을 시사하는 분절이 확인된 후 형광제자리부합법을 시행한다. del(15)(q11.2q13)이 없다면 15번 염색체 모계유래 단친성이염색체증에 의한 것이다. SNP를 이용한 염색체 마이크로어레이로도 결실과 모계유래 단친성이염색체증 모두를 진단할 수 있다.

(6) 치료 및 관리: 생후 첫 한 달간 주의해야 할 것은 축 늘어진 신생아에게 영양을 적절하게 공급해 주는 것이다. 두뇌발달을 위해 적절한 양의 지방 섭취는 반드시 꼭 필요하며, 아동의 몸무게는 전문적인 영양사의 관리와 조절이 필요하다. 근긴장저하증은 차츰 호전되며, 이러한 근긴장저하증을 극복하는 데에는 물리치료가 도움이 된다. 조기 성장호르몬치료가 인지 및 근긴장도개선에 도움이 된다는 연구결과도 많다. 중추성 성선 기능저하증의 치료는 논란이 많은데 사춘기 이후 골밀도가 현저히 감소해 있다면 성호르몬 치료를 고려한다. 2~5세에 식욕이 증가되면서 몸무게가 빠르게 증가되는 특징을 보인다. 신진대사율과 에너지 소비가 적어 정상의 키와 몸무게를 유지하는 정상아동에 비해 프라더-윌리증후군 환아는 적은 열량이 필요하다. 성장호르몬 치료는 근육의 형성과 기능을 향상시킬 수 있기 때문에 열량의 소비를 높일 수 있어서 비만치료에 이용될 수 있다. 수면 시 무호흡과 호흡저하증은 몸무게를 감소시키면 증상이 호전될 수 있다. 성장호르몬 치료 시에 주의를 요한다. 지적 및 발달장애 개선을 위해서는 치료 프로그램들이 조기에 시작되어야 한다. 물리치료, 작업치료, 언어치료도 필요하다. 프라더-윌리증후군 환아는 출생 시 신장은 정상이지만 80~100%에서 저신장의 특징을 보인다. 아동기 초기부터 점차 성장속도가 감소되어 성인기에 부모의 평균키에 미치지 못하는 특징을 보인다. 일부 환자에서는 성장호르몬의 분비감소가 현저하다. 이는 비만의 이차적인 증상이 아니고 시상하부의 기능부전으로 인하여 초래된다. 성장 호르몬 치료는 성장호르몬 결핍이 없는 환자에서도 근력 증가, 에너지 소비 증가, 골조직 강화, 및 체내 지방이 감소하여 체중이 감소하고, 키가 크는 효과가 있다는 것이 알려져 모든 환자에서 투여가 권고된다. 단지 명백한 2형 당뇨병이 있거나 수면 무호흡, 심한 척추측만증 등이 있는 경우에는 주의를 요한다. 현재 여러 비만 치료제들의 효과를 프라더-윌리증후군 환자에서 시험하였으나 확실히 효과가 있는 비만치료제는 없는 상황이나 많은 연구들이 진행되고 있다. 후성유전체를 겨냥한 유전자치료의 가능성도 연구되고 있다.

## IV. 다염기서열반복 변이(Dynamic mutation): 불안정한 반복서열의 확장에 의한 질환

1991년 취약 X-염색체 증후군(fragile X syndrome)이 fragile X messenger ribonucleoprotein 1 (FMR1)을 부호화하는 *FMR1* 유전자의 5′ upstream의 CGG 반복염기서열 확장에 의함이 처음 밝혀진 후 30여 년이 지난 현재 약 45종 이상의 질환들이 다핵산(삼핵산~육핵산) 반복염기서열의 확장에 의함이 알려져 있다**(그림 7-13)**. 대부분 신경계의 증상을 나타내는 질환들이다. 이들 질환들은 일반적으로 질병의 다핵산 확장 돌연변이가 윗세대에서 아랫세대로 전달될수록 증폭이 증가하여 질병이 조기에 발병하거나 중증도에 있어 보다 심한 증상의 발현을 나타내는데 이러한 유전 패턴을 '기대(anticipation)'라고 한다. 부모 유래 영향도 있어서 헌팅톤병의 경우 부계에서 확장된 대립유전자를 받을 경우 더 불안정하여 더 많이 확장된다. 근긴장성 이영양증은 반대로 모계에서 확장된 대립유전자를 받을 경우 크게 확장되어 심한 경우 선천성 근긴장성 이영양증을 유발하기도

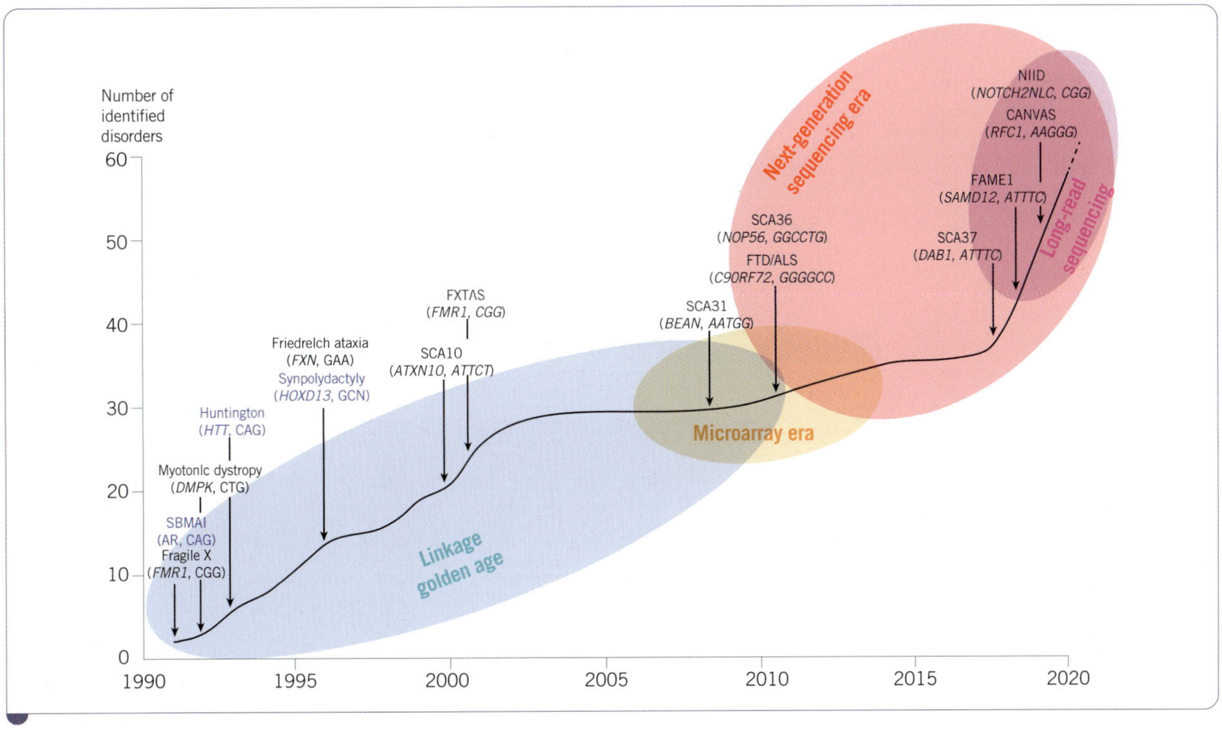


**그림 7-13.** 불안정한 반복서열의 확장에 의한 질환들의 발견 역사.

한다.

DNA상에 직렬로 배열된 주로 3개(혹은 그 이상)의 뉴클레오타이드 반복 단위로 구성된 원인 유전자의 특정 부분이 불안정하게 확장됨에 의한다. 반복 단위는 CAG (glutamine)가 가장 흔하며, 이외에도 CCG, CTG, GCG 또는 GAA의 반복서열이 관련되어 있고, 네 개의 핵산 단위, 다섯 개의 핵산 단위, 혹은 그 이상의 핵산 단위로 반복되는 질환들이 있어, '삼핵산 반복서열 질환'보다 '불안정한 반복서열의 확장에 의한 질환'으로 부르는 것이 보다 정확한 명칭이다 **(그림 7-14)**. 일반적으로, 기대현상을 보이는 질환들과 관련된 모든 유전자들은 다형성(polymorphic)이다. 즉, 정상인의 DNA에도 반복되는 염기서열이 존재하며 반복 단위의 반복수가 개개인에 따라 다양하지만, 정상인에서는 그 반복수가 세대를 거듭하더라도 정상적인 다형성의 범위를 벗어나지 않는다. 하지만 환자의 경우에는, 반복 단위의 반복수가 정상인에 비해 수배에서 수백 배까지 증가되어 있다. 반복서열의 반복수 증가 정도는 증상이 발현하는 나이와 질환의 중증도에 밀접하게 관련되어 있고, 세대를 거듭할수록 반복수가 점차 증가할 수 있다. 전돌연변이(premutation)를 보유한 보인자의 경우, 반복서열의 반복수가 정상과 환자의 중간 정도를 나타내며 보인자 자신은 증상이 없지만 예외적으로 취약 X-염색체 전돌연변이 여자는 조기 난소기능부전, 남자는 진전과 운동실조증이 동반되어 보인자라기보다는 전돌연변이라 부른다. 또한 다음 세대에 전달될 때 반복수가 증폭될 수 있어 자손에서의 질환의 발현에 영향을 미칠 수 있다. 각각의 질환은 매우 드문 질환이기는 하나, 많은 질환에서 상염색체 우성의 유전 양상을 보이기 때문에 유전자 변이를 보유한 환자의 경우, 자손의 50% 정도가 같은 질병에 이환될 수 있다. 그러나 헌팅턴병이나 근긴장성이영양증 등의 질환들은 발병시기가 대부분 성인기로 자녀가 태어난 후에야 증상이 발생하고 질병에 이환 되었음을 알게 되기 때문에 질환의 가족력이 있는 경우 임신 전 유전상담이 중요하다.

원인 유전자의 반복된 염기서열의 위치는 각 질환마다

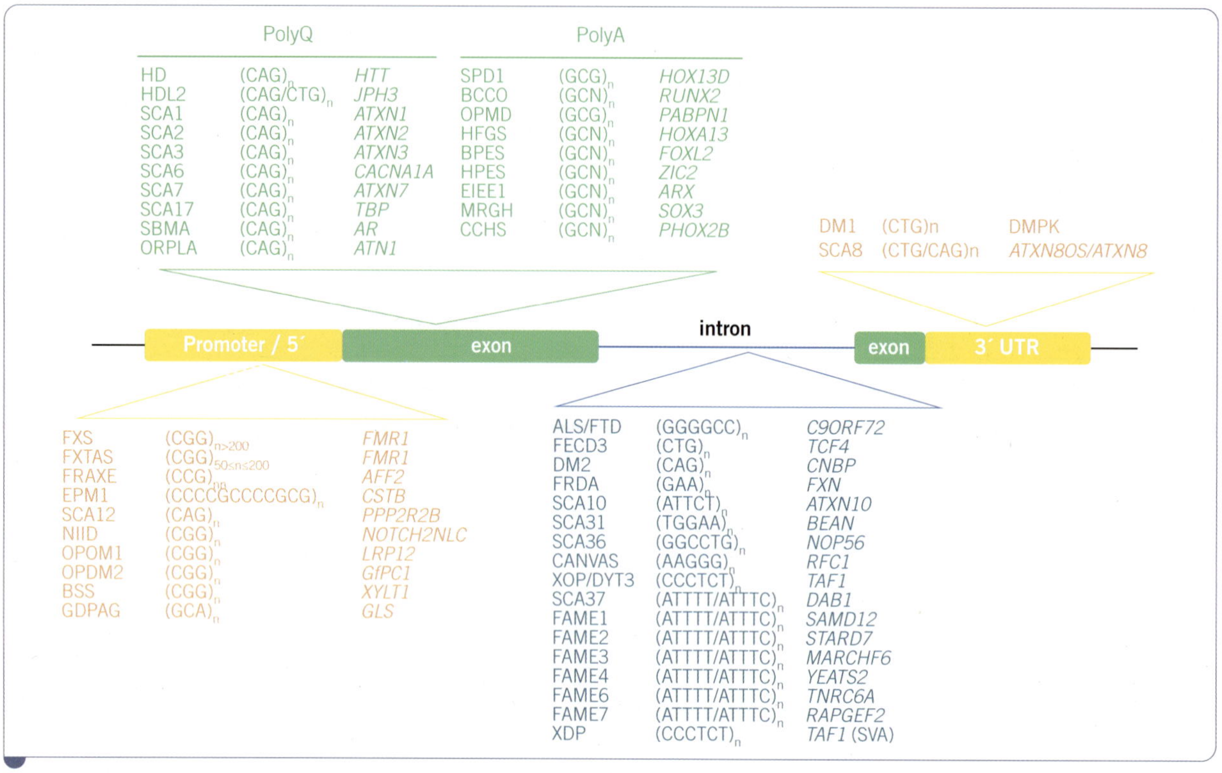


**그림 7-14.** 반복서열의 확장에 의한 질환들과 반복서열이 존재하는 위치.

다양하다. 헌팅턴병에서와 같이 비정상적 반복염기서열이 단백질 암호화(coding) 부위에 있을 때에는 CAG의 확장에 의한 기능의 증가와 함께 비정상 단백질을 초래한다. 돌연변이 헌팅틴 단백은 비정상적 단백질 응집, 전사 조절 장애, 미토콘드리아 기능 장애, 흥분독성 및 비정상적인 세포 수송을 통해 질병을 유발하며 뇌의 신경 세포 손실을 유발한다. 취약 X-염색체 증후군의 경우, *FMR1* 유전자의 5′-비번역영역(UTR)에 CGG 서열의 비정상적 반복이 위치하며, 프로모터 영역의 메틸화 및 전사 억제에 따른 유전자의 기능 억제를 초래한다. 근긴장성이영양증1형의 경우 *DMPK* 유전자의 3′-비번역영역(UTR)에 CTG 반복수가 확장되는데, 이 확장은 RNA 전사물을 핵 내부에 잔존시킴으로써 다른 유전자의 전사 조절 장애를 일으킨다.

분자유전학적 진단은 대립유전자의 확장크기가 비교적 작은 질환들(예: 헌팅톤병, 척수 소뇌성 운동실조증, 척수연수 근위축증)은 중합효소연쇄반응-모세관전기영동 방법으로 확장크기를 정확히 측정할 수 있다. 그러나 확장크기가 큰 질환들의 경우(예: 취약 X-염색체 증후군, 근긴장성 이영양증)에는 서던블라팅(Southern blotting) 등 모든 크기의 반복수 확장을 검출할 수 있고 메틸화 상태를 결정할 수 있어 가장 정확한 진단법이지만, 시간과 비용이 많이 들고 방법이 복잡하다. 따라서 취약 X-염색체 증후군의 경우 형광-중합연쇄반응 방법이나 상품화되어 있는 long PCR-based FMR1 kit를 사용할 수 있다.

## 1. 헌팅톤병(Huntington disease, HD)

헌팅톤병은 불안정한 반복서열의 확장에 의해 발병하는 폴리글루타민 질환이다. 헌팅톤병은 영국계 미국인에서 1872년 처음으로 기술되었다. 신경병리학적으로는 줄무늬체(striatum)와 피질의 변성을 특징으로 한다. 중년에 처음 증상이 나타나서 운동장애, 무도병, 근육긴장이상, 성격변화,

인지기능의 점진적인 상실과 같은 특징적인 표현형을 보이다가 결국에는 사망한다.

오래 전부터 헌팅톤병은 전형적인 상염색체 우성질환으로 생각되었다. 이 질환은 각자 손에 50%의 위험도를 가지고 세대에서 세대로 유전되며 동형접합체인 경우 질환이 더욱 빠른 경과를 보이기도 하지만 반드시 그러하지는 않다. 단순 상염색체 우성 유전질환에서는 관찰되지 않는 몇 가지 특이점이 있다. 첫째, 질환의 발병 연령이 다양하다. 돌연변이 대립유전지를 갖고 있는 사람의 오직 50% 정도만이 40세의 연령까지 증상을 보인다. 둘째로, 여러 세대를 걸쳐 돌연변이 대립유전자가 전달될 때 발병 연령이 점점 빨라지는, 기대현상(anticipation)이 나타난다. 단, 이 현상은 이환된 어머니가 아닌 이환된 아버지로부터 전달될 때만 나타난다.

헌팅톤병의 유전적 특이성은, 돌연변이의 원인이 헌팅틴(huntingtin)이라고 불리는 아직 기능이 알려져 있지 않은 단백질을 부호화하는 유전자의 코드화 영역에서 글루타민 아미노산을 지정하는 코돈인 CAG 삼핵산이 비정상적으로 확장되어 이것이 신경계독성을 보인다고 여겨진다. 정상인 사람은 헌팅틴 대립유전자 2개가 모두 9~35개 사이의 CAG 반복서열을 가지며, 평균은 18 또는 19이다. 헌팅톤병 환자는 대체로 40개 또는 그 이상, 평균 46개 전 후의 반복수를 가진다(그림 7-15). 경계영역(gray zone)의 반복수인 36~39개의 경우는, 증상이 있을 수 있으나 상당히 고령의 연령 때까지 아무런 징후가 없는 소수의 사람들도 발견할 수 있다. 그러나 일단 39개를 초과하는 확장이 있으면 질환은 항상 발생하며 확장이 크면 클수록 발병 시기도 점점 더 빨라진다.

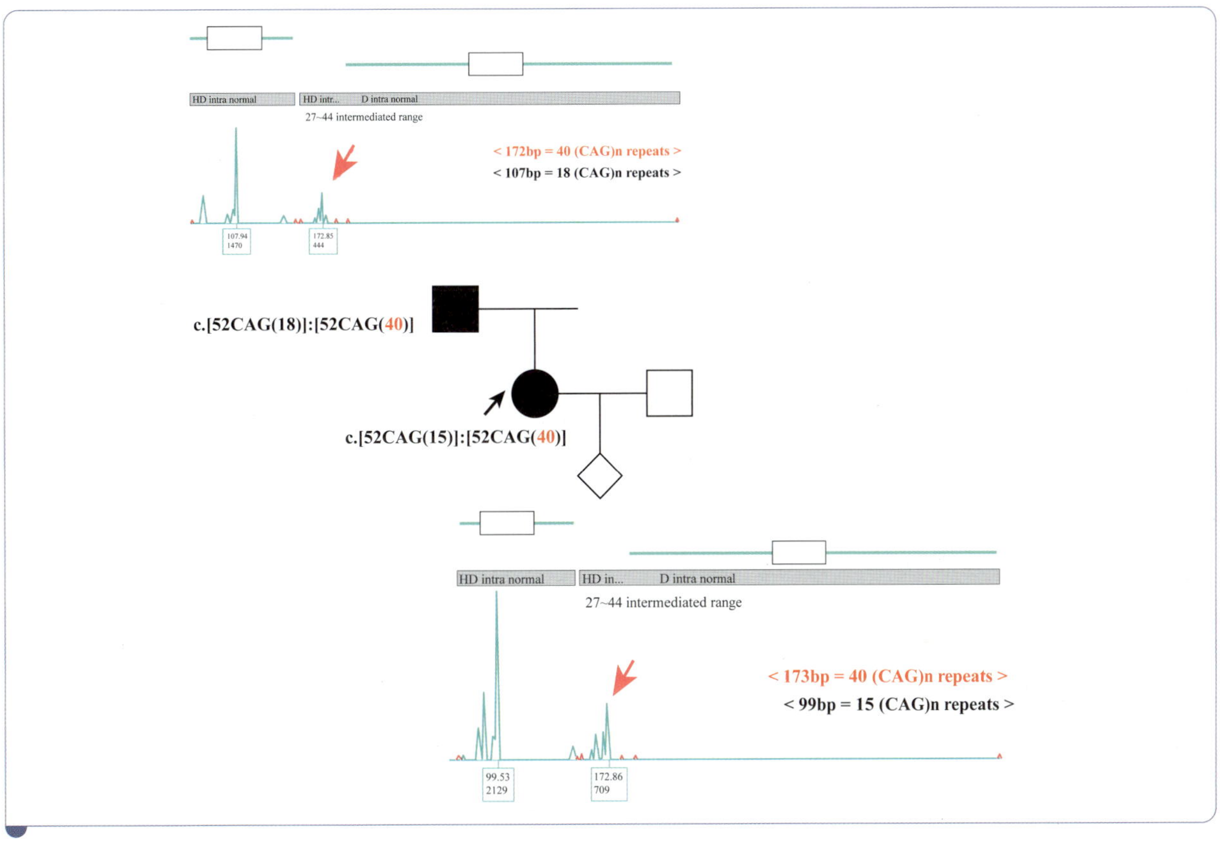


**그림 7-15.** 헌팅톤병 가족의 분자유전학적 검사. 헌팅틴유전자의 CAG 반복확장(40 copy, 다행히 더 이상의 확장이 없이 아버지와 동일하다)이 있다.

환자는 이환된 부모로부터 직접적인 상염색체 우성유전 형식으로 확장된 반복을 유전받는 것이다. 그렇지만 안정된 확장 돌연변이와는 다르게 반복의 크기는 다음 세대로 전달되는 동안 증폭되어, 그다음 세대들에서는 더 일찍 발병한다. 한편, 40~50개 범위의 반복수를 갖고 있는 경우는 늦은 나이까지 발병하지 않을 수 있는데, 이것은 연령 의존성 투과도(age-dependent penetrance) 때문이다. 때로는 정상인으로 정상 반복수 상한값(29~35 CAG 반복)의 대립유전자를 지니고 있는 경우 감수분열 과정에서 반복이 40회 또는 그 이상으로 증폭될 수도 있다. 정상범위 상한의 CAG 반복 대립유전자는 질환을 야기하지는 않지만 질환을 유발할 수 있는 범위로 증폭될 수 있기 때문에 이를 전돌연변이(premutation)라고 한다. 헌팅톤병에서 반복의 증폭은 부계 전달 치우침(parental transmission bias)을 보인다. 즉 부계를 통해 유전될 때 더 불안정하여 반복확장 수가 증가한다. 이는 남성의 배우자형성(gametogenesis) 시기에 발생한다. 따라서 부계를 통해 유전될 때 발병연령도 빠르고 증상이 더 심하다. 소아청소년기에 발생하는 헌팅톤병은 항상 부계로부터 유전된다. 확장된 반복은 체세포의 유사분열 동안에도 계속 불안정하며, 그 결과 동일 환자의 다른 조직에서의 반복수에 대한 다양한 체세포섞임증을 초래한다.

헌팅톤병 환자가 조상효과(founder effect) 때문에 특정지역에 발병율인 높은 경우가 알려져 있는데 예를 들면 베네쥬엘라의 Maracaibo 호수 지역에 살고 있는 사람들이다. 이들 환지들은 모두 19세기 초에 헌팅톤병 돌연변이 유전자를 모집단에 도입시킨 조상의 후손들이다.

## 2. 척수구근 근위축증과 그 밖의 폴리글루타민 질환들

헌팅톤병과 더불어 다른 신경계질환들, 예를 들면 X-연관성 열성 척수구근 근위축증(spinobulbar muscular atrophy)과 다양한 상염색체 우성 척수소뇌성 운동실조증(spinocerebellar ataxia)과 같은 질환들은 폴리글루타민(polyglutamine)을 부호화하는 CAG의 확장(expansion)에 의해 발생한다(그림 7-16). 이들 질환들은, 관련 유전자, 반복의 정상범위를 벗어난 확장에 의해서 임상증상이 나타난다. 일반적을 확장의 크기가 클수록 발병연령이 빠르다. 헌팅톤병에서 보이는 부모전달 치우침은 없다.

## 3. 취약 X-염색체 증후군(Fragile X syndrome, FXS)

취약 X-염색체 증후군은 중등도의 지적장애를 보이는 가장 흔한 유전적 지적장애의 한 원인이다. 남자의 지적장애 원인 중 다운 증후군 다음으로 흔하다. 취약 X-염색체 증후군이라는 이름은, 유사분열과정에서 염색질(chromatin)이 적절하게 응축되지 못하는 "취약 부위(fragile site)"인 Xq27.3에서의 X 염색체상의 모양에서 유래되었다(그림 7-17). 취약 X-염색체 증후군은 여자에서 50~60%에서 유증상을 보이는 X-연관성 유전질환이다. 신생아 남아 4,000명 출생 중 적어도 1명의 빈도로 발생하며, 너무 흔하기 때문에 남자와 여자 모두에서 지적장애의 감별진단에 포함시켜야 한다. 얼굴이 길고 귀가 크다. 소아기에는 행동이 부산하며 주의 집중이 잘 안되고 언어지연이 있다. 성장은 잘 되어서 비교적 부모 키에 비해 큰 편인 경우가 많다. 자폐스펙트럼양상을 보이기도 한다. 사춘기 이후에는 남자의 경우 고환이 정상인보다 크다.

취약 X-염색체 증후군의 분자유전학적 검사는 매우 중요한데 이는 유전자 검사결과의 정확한 해석이 유전상담에 필수적이기 때문이다. 취약 X-염색체 증후군은 fragile X messenger ribonucleoprotein 1 (FMR1)을 부호화하는 *FMR1* 유전자의 5′-비해독부위(untranslated region)의 CGG 반복염기서열 확장이 발생함으로 유발된다. 이 단백질은 RNA결합 단백으로 고환과 뇌에서 풍부히 발현된다. 정상인은 *FMR1* 유전자의 5′ upstream의 CGG 반복염기서열이 6~52이다. CGG 반복염기서열이 55~200인 경우를 전돌연변이(permutation)라 하는데 전돌연변이는 어머니로부터 자녀에게 전달될 때 불안정하여 전돌연변이 크기가 많이 증

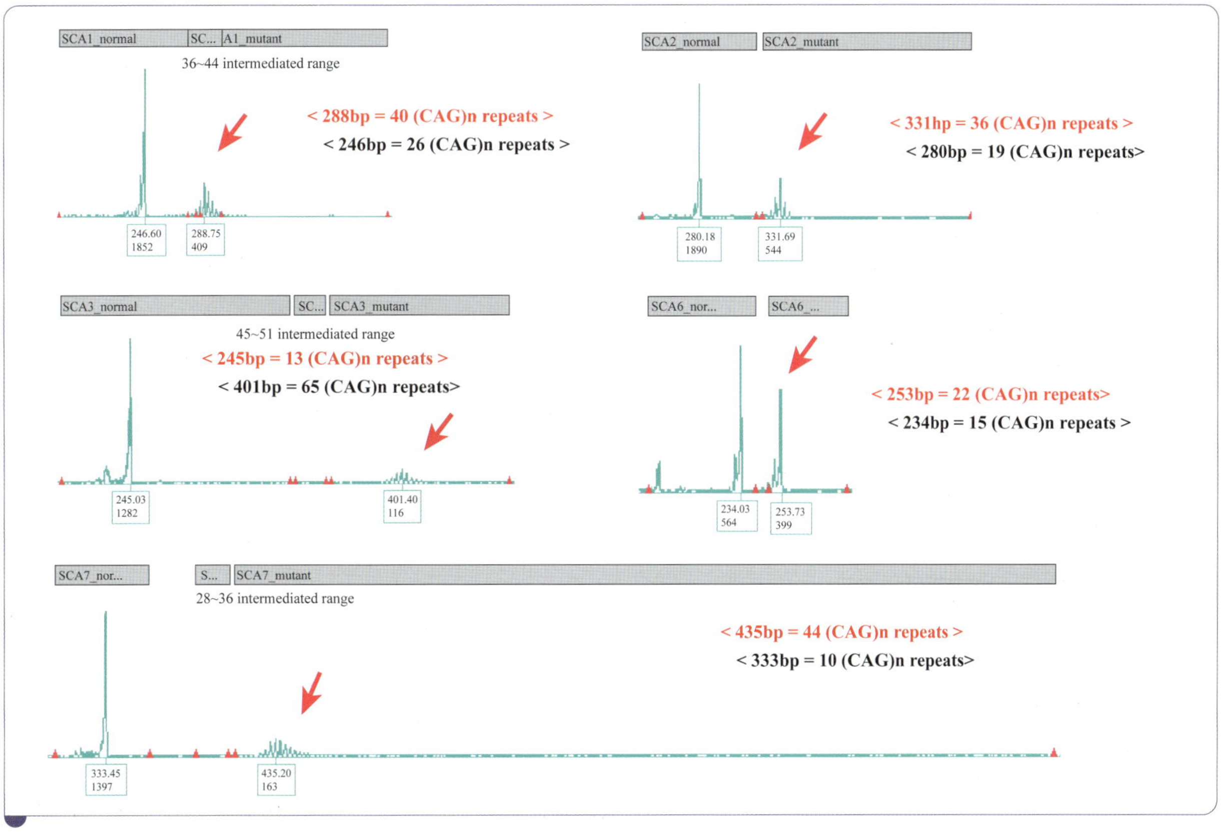


**그림 7-16.** 여러 CAG 반복확장 척수소뇌성 운동실조증의 분자유전학적 진단.

폭될 위험을 가지는데, 여성의 배우자형성(gametogenesis)시기에 발생한다. 최근에는 CGG 반복염기서열 중간에 AGG 반복염기서열이 중간에 끼어 있으면 CGG 증폭이 100 미만인 전돌연변이가 완전돌연변이로 확장되는 것을 억제함이 알려져 있다. CGG 반복염기서열이 200 이상인 완전돌연변이(full mutation)로 확장되면 *FMR1* 유전자의 promoter의 사이토신이 과메틸화되어서 *FMR1* 유전자의 발현을 억제한다(**그림 7-18**). CGG 반복염기서열이 200 이상인 완전돌연변이(full mutation)로 확장되어 자손에서 취약 X-염색체 증후군으로 진행될 위험성 외에도 전돌연변이를 지닌 전돌연변이 보인자는 성인이 되어(대개 60~65세) 발병하는, 취약 X-염색체 연관성 진전 및 운동실조(fragile X-associated tremor/ataxia syndrome, FXTAS)로 알려진 소뇌기능장애와 인지능력 소실을 보일 수 있어서 주의를 요한다. 남자 전돌연변이 반접합체의 40%에서 발생하나 여자 이형접합체 전돌연변이에서는 16~20%에서 발생한다. 여자 전돌연변이 보인자의 20%는 40세 이전에 취약 X-염색체 연관성 일차성 난소기능부전(fragile X-associated primary ovarian insufficiency, FXPOI)을 경험한다.

**그림 7-17.** 엽산이 결핍된 배지에서 배양 후 염색체 검사를 하면 보이는 X-염색체 장완 Xq27.3 취약부위.

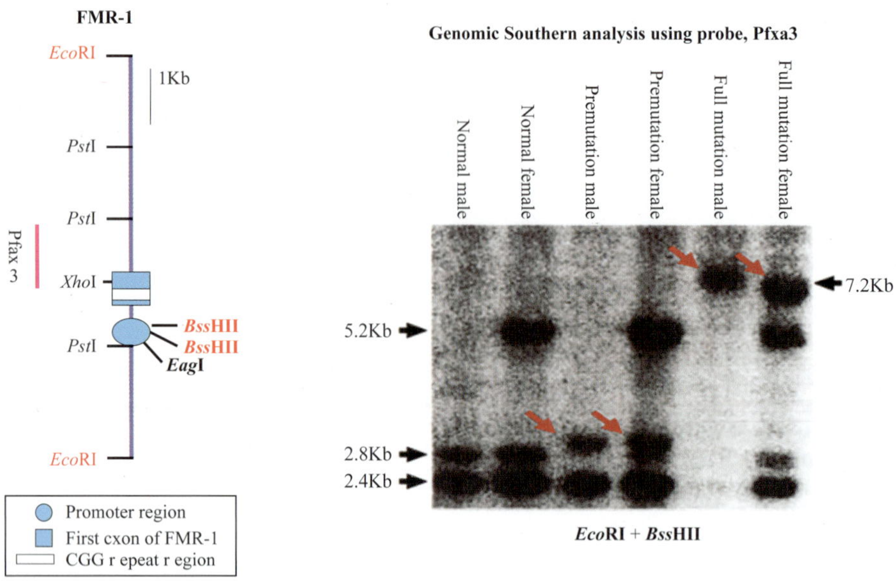


**그림 7-18.** 전통적인 genomic Southern blot으로 *FMR1* 유전자의 다양한 메틸화패턴을 알 수 있다.

## 증례 13 | 지적장애와 가족력으로 내원하여 진단된 fragile-X 증후군 남아

### 1) 내원 동기가 된 주 증상(주소): 지적장애

### 2) 진단 시 연령/성별: 12세/남아

### 3) 가족력

환아의 남자 동생(9세)과 이종사촌 남아(6세)도 지적장애가 있었으며 주의력결핍 및 과행동이 관찰되었다. 어머니는 40세로서 지능은 정상이며 월경주기도 정상이었다. 가계도는 그림 1 참조

### 4) 임상증상

재태연령 39주, 3,200 g, 자연분만으로 출생하였으며 출생당시 큰 문제없었다. 걷기는 1세경 시작하였으나 3세 이후에도 언어발달 잘 되지 않아, 자폐스펙트럼 질환이 의심되었다. 이후 언어치료를 시작하였다. 6세경 시행한 한국판 웩슬러 아동용 지능검사에서 지능이 48로 중등도의 지적 장애를 보였다. 중이염이 자주 걸렸던 과거력이 있으나 청력은 정상이었다. 환자는 과잉행동과 때로는 공격적이고 자해적인 행동을 보였다.

### 5) 진찰 소견

진찰 소견상 체중 50.5 kg (75 백분위수)과 신장 164 cm (95 백분위수)이었다. 이는 부모 중간키 170 cm (25백분위수)에 비하면 과성장(overgrowth) 상태였다. 귀는 큰 편이고 얼굴은 길었다. 턱이 튀어나와 있었다. 고환은 12 mL이었고 음모는 1단계였다.

### 6) 검사소견

일반혈액 및 생화학 검사에서는 다른 특이소견은 없었다. 뇌핵자기공명영상, 뇌파검사 등은 정상이었다. 골연령은 12년 6개월로 역연령에 비해 경도의 증가가 있었다. 내분비학 검사에서 황체형성호르몬 2.5 mIU/mL, 난포자극호르몬 3.8 mIU/mL, 남성호르몬 0.4 ng/mL로 사춘기 2단계를 시사했다. 일반염색체 검사는 46,XY로 정상이었다. AmplideX® Fragile X Dx (Asuragen, Austin, Texas, U.S.A.)을 이용한 분자유전학적 검사에서 환아의 어머니는 *FMR1* 유전자의 CGG 확장이 75인 이형접합체 전돌연변이(premutation)를 보였고 환아는 281, 환아의 남동생은 280으로 완전돌연변이(full mutation)를 나타냈다 (그림 1).

### 7) 치료경과

주의력결핍 및 과잉행동으로 소아정신과에서 methylphenydate를 처방하였다. 특수교육을 병행하고 있다.



다음 페이지에 계속 >>

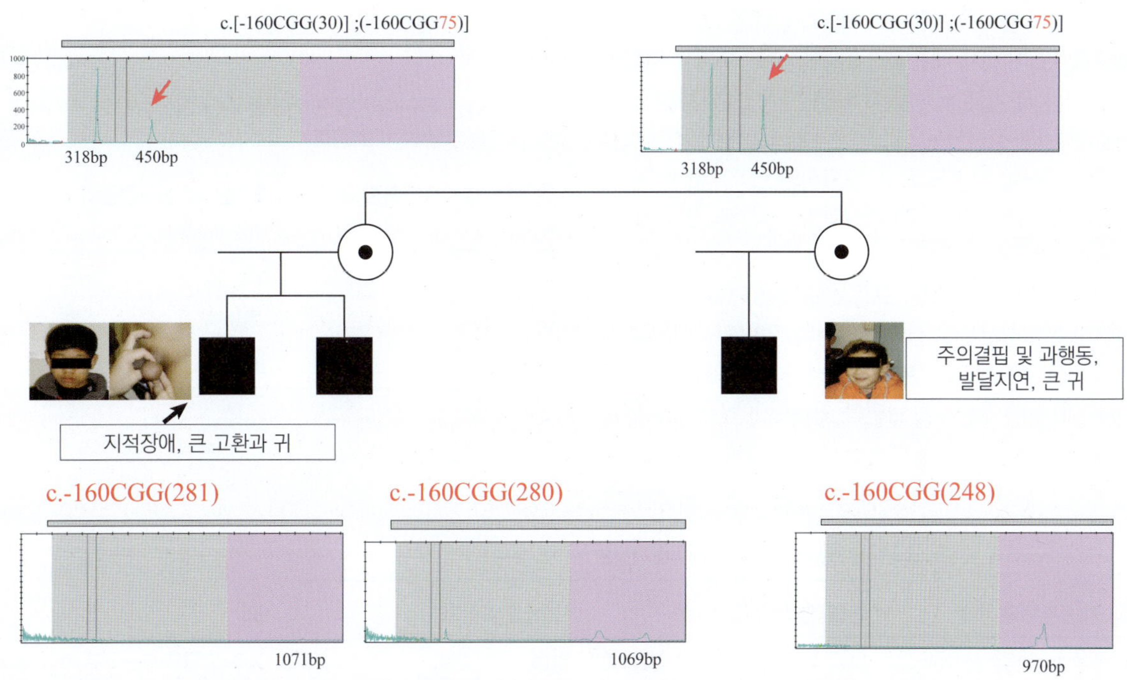


**그림 1.** 증례 13의 가계도와 환자, 분자유전학적 진단 검사결과.

### 8) 요약

(1) 원인: 취약 X-염색체 증후군은 fragile X messenger ribonucleoprotein 1 (FMR1)을 부호화하는 *FMR1* 유전자의 5′-비해독부위(untranslated region)의 CGG 반복염기서열이 200 이상으로 확장되어 발생한다.

(2) 발생빈도: 분자유전학적 검사에 근거한 유병율은 신생아 남아 10만 명당 16~25명 정도, 즉 남아 4,000명당 적어도 1명의 빈도이다. 자폐스펙트럼질환을 지닌 환자의 2~3%가 취약 X-염색체 증후군이다.

(3) 발병기전: FMR1 단백질은 RNA결합 단백으로 고환과 뇌에서 풍부히 발현된다. 정상인은 *FMR1* 유전자의 5′ upstream의 CGG 반복염기서열이 6~52이다. CGG 반복염기서열이 55~200인 경우를 전돌연변이(permutation)라 하는데 전돌연변이는 어머니로부터 자녀에게 전달될 때 불안정하여 전돌연변이 크기가 많이 증폭될 위험을 가지는데, 여성의 배우자형성(gametogenesis)시기에 발생한다. 최근에는 CGG 반복염기서열 중간에 AGG 반복염기서열이 중간에 끼어 있으면 CGG 증폭이 100 미만인 전돌연변이가 완전돌연변이로 확장되는 것을 억제함이 알려져 있다. CGG 반복염기서열이 200 이상인 완전돌연변이(full mutation)로 확장되면 *FMR1* 유전자의 promoter의 사이토신이 과메틸화되어서 *FMR1* 유전자의 발현을 억제한다. CGG 반복염기서열이 200 이상인 완전돌연변이(full mutation)로 확장되어 자손에서 취약 X-염색체 증후군으로 진행될 위험성 외에도 전돌연변이를 지닌 전돌연변이 보인자는 성인이 되어(대개 60~65세) 발병하는, 취약 X-염색체 연관성 진전 및 운동실조(fragile X-associated tremor/ataxia syndrome, FXTAS)로 알려진 소뇌기능장애와 인지능력 소실을 보일 수 있어서 주의를 요한다.

(4) 임상증상: 지적장애 이외에도 강박증, 과잉행동, 집중력 결핍, 기분 변동, 자폐증 등이 동반되기도 한다. 평균지능은 40~45이다. 외모상 특이한 기형은 없으나 얼굴이 길고 귀가 큰 편이다. 성장은 평균 이상이어서 비교적 키가 크다. 관절의 과신전, 사시, 잦은 삼출성 중이염 등이 문제가 되기도 한다. 경련이 있을 수도 있다. 성장하면서 턱과 코가 커지며, 특히 사춘기 이후 고환의 크기가 커진다. 성인기에 심장의 승모판탈구, 대동맥 확장 등이 동반될 수 있다. 불안감이 항상 있다.

(5) 진단 및 검사 소견: 원인 불명의 지적 장애, 발달 지연, 학습 장애가 있는 경우, 자폐증과 유사한 증상을 보이는 경우, 진단되지 않은 지능 장애가 있는 경우, 취약 X-염색체 증후군의 가족력이 있는 경우 중합효소연쇄반응 방법, 서던블롯 등으로 *FMR1* 유전자의 5′-비해독부위(untranslated region)의 CGG 반복염기서열 확장정도를 분석한다. 이 부

다음 페이지에 계속 >>

위의 메칠화 분석을 시행하여 메틸화 상태를 파악한다.

(6) 치료 및 관리: 현재 대증적인 치료 이외에 특별한 치료약제는 없다. 조기에 시작한 지속적인 인지 및 재활치료가 도움이 된다. 정신행동의학적 문제가 있으면 정신과학적 약물이 도움이 되기도 한다. 정기적인 안과, 이비인후과, 심장내과, 치과, 정형외과, 정신과의 다학제적 진료 및 추적관리가 필요하다.

(7) 유전상담: 가족력이 없는 모든 산모에서 *FMR1* 유전자의 전변이 선별검사는 추천되지 않는다. 일반인구에서의 전변이 빈도에 관한 메타 분석에서 남자 117:100,000, 여자 344:100,000의 빈도를 보인다. 가족력이 있는 경우 반드시 검사가 필요하다.

**표 1.** *FMR1* 유전자 전돌연변이를 지닌 여성환자의 조기난소기능부전증의 위험도

| 전돌연변이 CGG 확장 크기 (여성) | 조기난소기능부전증의 위험도 (odd ratio) |
|---|---|
| 59~79 | 6.9 |
| 80~99 | 25.1 |
| >100 | 16.4 |

**표 2.** 부모 FMR1 유전자 CGG 확장에 따른 자녀의 발병위험도 및 유전상담

| | 유전받은 *FMR1* CGG 확장정도 | | |
|---|---|---|---|
| **유전시키는 부모의 상태** | **반형접합체남자** | **이형접합체여자** | **기타** |
| 애매한(intermediate, gray) CGG 확장(45~54)을 지닌 어머니 | CGG 확장이 <~55이면 질환위험도 없음 | | ~16%의 경우에는 1~2 확장 정도로 별 차이가 없다. CGG확장이 <50 보다 ~50-54인 경우가 더 불안정하다. |
| | CGG 확장이 전돌연변이 수준의 확장 | | |
| | 취약 X-염색체 연관성 진전 및 운동실조(fragile X-associated tremor/ataxia syndrome, FXTAS) 위험도증가 | 취약 X-염색체 연관성 일차성 난소기능부전(fragile X-associated primary ovarian insufficiency, FX-POI), FXTAS 및 정신과적 문제 위험도 증가 | |
| 전돌연변이(CGG 확장 55~200)를 지닌 어머니 | CGG 확장이 전돌연변이 수준의 확장으로 남아 있는 경우 | | 어머니의 전돌연변아 CGG확장 수가 증가할수록 완전돌연변이로 확장될 위험도가 증가한다. 전돌연변이 CGG확장수가 <100인 경우 AGG간섭이 확장억제 안정성에 기여한다. |
| | FXTAS위험도 증가 | FXTAS, FXPOI, 정신과적 문제 위험도 증가 | |
| | CGG 확장이 완전돌연변이 수준으로 확장된 경우 | | |
| | 취약 X-염색체 증후군 환자 | 50% 위험도의 지적 장애, 50%는 정상 | |
| 완전돌연변이(CGG확장>200)를 지닌 어머니 | 취약 X-염색체 증후군 환자 | 50% 위험도의 지적 장애, 50%는 정상 | |
| 전돌연변이(CGG확장 ~55-200)를 지닌 아버지 | 정상 | FXTAS, FXPOI, 정신과적 문제 위험도 증가 | 아버지로부터 유전된 전돌연변이 확장은 안정적이어서 완전돌연변이로 확장되는 경우는 없다. 딸에게 전달된 전돌연변이 CGG 확장수가 약간 감소하는 경우도 있다. |

## 4. 제1형 근긴장 근디스트로피(Myotonic dystrophy, DM1)

제1형 근긴장 근디스트로피는 DMPK (dystrophia myotonica protein kinase) 유전자의 3′-비해독부위(untranslated region)에 존재하는 CTG 삼핵산 반복염기서열의 확장에 의해 초래된다. 정상인은 CTG반복수가 5~30이나 35~54가 되면 전돌연변이 보인자로서 일반적으로는 무증상이나 자녀에게서 우성 유전방식으로 유전되어 50%에서 반복수가 증폭될 수 있다. 특히 어머니를 통해 유전될 때 더 크게 증폭되는 모계전달치우침 현상이 있다. 특히 수천 반복수 이상으로 확장되면 출생 시부터 이미 증상이 있는 선천성 근긴장성 이영양증(myotonic dystrophy congenita)이 발생한다. 경미한 증상을 보이는 환자는 대개 50~80으로 100개 이내의 반복수를 보인다. 다른 반복염기서열 확장질환과 동일하게 반복염기서열 확장이 크면 클수록 임상증상이 더 어린 나이에 발생한다.

임상증상은 여러 신체장기를 침범함으로 나타나는데 제일 중요한 증상은 성인에서는 근긴장이상증(myotonia)이다. 주먹을 꽉 쥐었다가 다시 펴는 데 시간이 걸린다. 간단히 주먹을 쥐었다 폈다 하는 검사만으로도 의심할 수 있다. 안면근육도 긴장되어 표정이 없다. 부정맥, 백내장, 2형당뇨병, 성선기능부전증, 남자에서는 조기 탈모 등이 동반되는 전신질환이다. 신생아형은 양수과다증, 출생 후 호흡곤란, 지적 및 운동발달지연이 동반되고 입을 항상 벌리고 있으며 음식물을 씹기가 힘들다. 진단은 종래에는 근전도, 근육효소증가, 근조직생검 등을 이용하였으나 최근에는 분자유전학적으로 진단한다. 작은 증폭은 중합효소연쇄 반응 후 모세관 전기영동법으로 진단할 수 있으나 큰 증폭은 유전체-서던블롯(genomic Southern blot) 또는 중합효소연쇄반응 후 서던블롯 등의 기법을 사용한다. 정상인은 5~34 CTG 반복수를 보이는 대립유전자를 지니나, 전돌연변이 보인자는 35~49 반복수 대립유전자의 이형접합체로서 다음세대

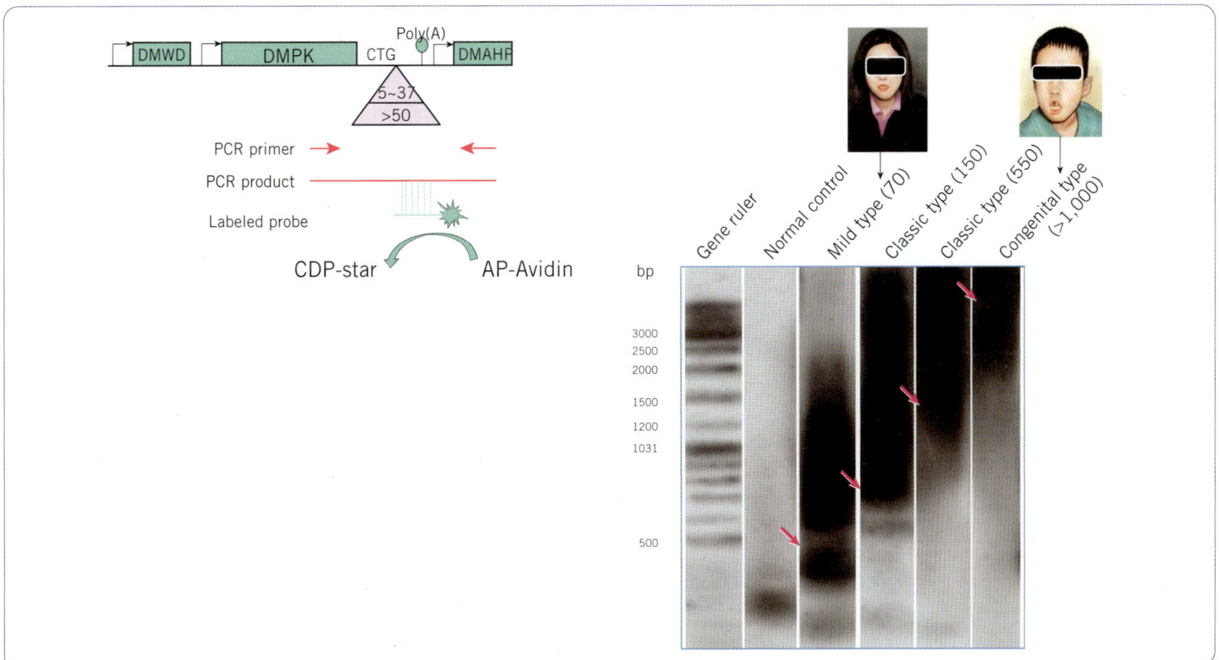


**그림 7-19.** 제1형 근긴장 근디스트로피 가계의 분자유전학적 진단. 어머니는 경도의 *DMPK* 유전자의 CTG 반복확장을 지닌 유증상보인자(근긴장, 무표정 안면)이고 자녀는 CTG 반복확장이 1,000개 이상 증가한 선천성 근긴장성 이영양증으로 출생 시 호흡부전, 양수과다 보였고 근긴장안면, 입벌림("tented mouth")을 보인다. 모계로부터 증폭된 대립유전자를 받을 때 불안정하여 크게 확장된다.

에 유전될 경우 증폭 위험성이 커진다. 특히 여자 보인자의 경우 그러하다. 완전 투과변이 대립유전자(full penetrance allele)는 50 반복수 이상을 이형접합체로 지닌 경우이다(그림 7-19).

감별해야 할 질환들로서는 제2형 근긴장 근디스트로피(myotonic dystrophy type 2, DM2)가 있다. 이 질환은 제1형 근긴장 근디스트로피과 임상증상이 아주 유사하여서 만약 1형이 유전자 검사상 배제되었다면 2형 검사가 필요할 수 있다. 분자유전학적 진단은 *CNBP* 유전자 intron2에 존재하는 CCTG 사핵산 반복염기서열의 확장을 확인하는 것이다.

## V. 미토콘드리아 유전(Mitochondrial inheritance)

미토콘드리아 질환(mitochondrial disease)은 소아기에 나타날 수 있는 대표적인 대사성 질환으로써, 임상적, 생화학적, 유전적 복잡성을 지닌다. 미토콘드리아의 이상은 여러 장기에 걸쳐 나타날 수 있으나, 특히 신경 이상과 근육의 이상이 주된 증상으로 나타난다. 이러한 미토콘드리아 질환의 유전적인 특징은, 이 질환은 핵 유전자(nuclear gene) 또는 미토콘드리아 DNA (mitochondrial DNA, mtDNA)의 돌연변이의 결과로 인해 생길 수 있다는 점이다. '핵 유전자 연관' 미토콘드리아 질환은 멘델 유전방식을 따르고, '미토콘드리아 DNA' 연관 미토콘드리아 질환은 일반적으로 모계유전을 따른다는 점에서 차이가 있다. 이 장에서는, 미토콘드리아 DNA 연관 미토콘드리아 질환의 전반적인 특징과 유전방식, 그리고 대표적인 증후군과 그 증례에 대해서 서술한다.

### 1. 미토콘드리아의 기능

미토콘드리아의 가장 중요한 기능은 전자-수송 사슬(electron-transport chain)과 산화적 인산화(oxidative-phosphorylation) 과정을 통하여 아데노신 삼인산(ATP)을 생성하는 것이다. 미토콘드리아는 구조적으로 외막(outer membrane), 내막(inner membrane), 막간 공간(intermembrane space) 및 기질(matrix)의 4가지의 구획으로 이루어져 있다(그림 7-20). 미토콘드리아는 ATP 생성뿐만 아니라, 피루브산 산화, 크렙스 회로, 아미노산, 지방산, 스테로이드의 대사와 같은 여러 기능들을 수행한다. 미토콘드리아 호흡사슬(mitochondrial respiratory chain)은 미토콘드리아 내막에 위치되어 있으며, 5개의

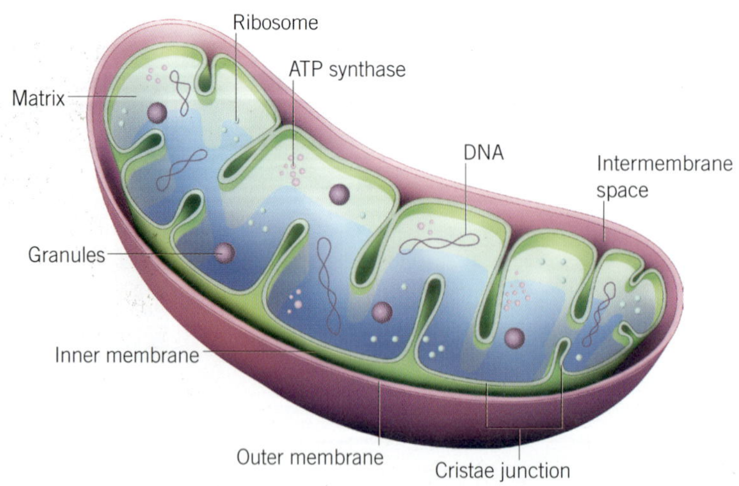


그림 7-20. 미토콘드리아의 구조(Structure of mitochondria).

단백질 복합체로 이루어져 있다(complex I, II, III, IV, V). 이와 같은 미토콘드리아 호흡사슬은 유비퀴논(ubiquinone, coenzyme Q10)과 사이토크롬 C (cytochrome c)라는 두 개의 작은 전자운반체들을 필요로 한다. 미토콘드리아는 또한, 세포에서 핵 이외에 자신의 DNA를 포함하는 유일한 세포 소기관이다. 이와 같이 미토콘드리아는 정상적인 세포 기능과 유지에 필요한 세포 에너지를 생성하는 중요한 기능을 담당하고 있다.

## 2. 미토콘드리아 유전의 특성

인간의 미토콘드리아 DNA는 37개의 유전자를 포함하는 16,569 염기쌍(base pair)의 이중가닥의 원형 분자로 구성되어 있다. 이 중에서 24개의 유전자는 미토콘드리아 DNA의 번역에 관여하고, 나머지 13개의 유전자는 미토콘드리아 호흡사슬의 소단위를 암호화한다. 미토콘드리아의 유전은 모계유전, 이종 조직성(heteroplasmy), 복제분리(replicative segregation)라는 세 가지 주요한 측면에서 멘델 유전학과는 다른 특성이 있다. 일반적으로 미토콘드리아는 난자에서 유래하기 때문에, 어머니가 자식에게 미토콘드리아 유전자의 돌연변이를 전달할 수 있으며, 딸자식만이 미토콘드리아 유전자의 돌연변이를 후대에 전할 수 있다. 일부의 경우, 골격근에 있는 미토콘드리아 DNA의 부계유전에 대한 증거가 있다. 미토콘드리아의 각 세포에는 일반적으로 수천개의 미토콘드리아 분자가 있으며, 미토콘드리아의 병원성 돌연변이(pathogenic variant)는 유전체 전체에 존재하는 것이 아니고, 일부에만 존재한다. 결과적으로, 세포와 조직은 정상적인 미토콘드리아 DNA (wild-type mtDNA)와 돌연변이 미토콘드리아 DNA (mutant mtDNA)를 모두 포함하게 되는데, 이러한 현상을 이종 조직성(heteroplasmy)이라고 한다. 이러한 이종 조직성은 미토콘드리아 유전의 대표적인 특징이라고 할 수 있다. 세포나 조직에서 돌연변이 미토콘드리아 DNA의 비율이 높을수록, 산화기능장애(oxidative dysfunction)가 발생하기 쉽고, 각 장기의 기능장애가 발생하기 쉬운 경향이 있다. 뇌, 심장, 골격근, 망막, 세뇨관, 내분비선과 같이 산화대사에 크게 의존하는 조직에서는 증상이 나타날 수 있는 역치가 낮기 때문에, 낮은 이종 조직성에서도 증상이 나타날 가능성이 높다. 이와 같이, 이종 조직성에 대한 이해는 미토콘드리아 돌연변이를 이해하는 중요한 단계이다. 또한, 세포 분열 단계에서 미토콘드리아의 무작위적인 재분포가 이루어지므로, 딸세포가 받게되는 미토콘드리아 돌연변이의 비율이 다양해질 수 있는데, 이러한 특징을 복제분리라고 한다.

## 3. 미토콘드리아 DNA 연관 증후군

### 1) 멜라스 증후군(MELAS syndrome)

MELAS는 mitochondrial encephalomyopathy with lactic acidosis and stroke-like episodes의 약자이다. 뇌졸중양 사건(stroke-like episode)는 반복적인 두통으로 시작해서, 동측 반맹(homonymous hemianopia), 사분면맹(quadrantanopia), 전맹(total blindness)과 같은 피질성 시력상실(cortical vision loss), 발작(seizure) 등으로 나타날 수 있다. '뇌졸중양'이라는 명칭을 쓰는 이유는, 뇌영상에서 이환된 부분이 일반적인 혈관 분포와 일치하지 않기 때문이다. 발작은 일반적으로 편측으로 나타나지만, 발작이 진행됨에 따라서 전신경련발작으로 발전할 수 있다. 질병이 진행함에 따라서 심각한 뇌병변으로 진행할 수가 있으며, 저신장, 인지저하, 학습장애, 운동 불내성, 위장관 운동장애, 당뇨병, 청력장애 등의 합병증들이 나타날 수가 있다. 그러나, 멜라스 증후군 환자의 지적 능력은 정상에서 심각한 정신지체까지 매우 다양하다. 이 질환의 유전적 원인으로는 미토콘드리아의 m.3243A>G의 병원성 변이가 전체 멜라스 증후군의 약 80%를 차지하며, 대부분 모계유전이지만, 새로운 돌연변이(de novo mutation)도 가능할 수 있다. 또한, m.3271T>C의 병원성 변이가 약 10%를 차지한다고 보고되어 있다. 멜라스 증후군의 유병률은 약 4,000명 중에 1명으로 추정된다.

## 증례 14 | 발달지연으로 내원하여 진단된 멜라스증후군 여아

1) 내원 동기가 된 주 증상(주소): 발달지연

2) 발병 시 연령/성별: 18개월/여아

3) 가족력:

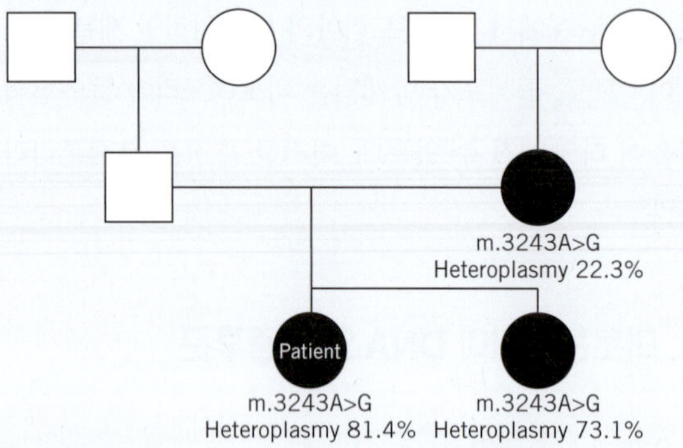


4) 임상증상

환아는 재태연령 38주, 3,290 g, 제왕절개로 태어났으며 주산기에 특이병력이 없었다. 그러나, 목가누기를 생후 6개월경에 시작하였고, 생후 12개월 때 잘 걷지 못하였으며, 생후 18개월 때 비로소 벽을 기대고 걸을 수 있었다. 그 이후에도 스스로 걷는 것이 잘 되지 않아, 재활치료를 받고 있었다. 2세가 되어도 잘 걷지 못하고, 또래에 비해서 키도 작았다.

5) 진찰 소견

진찰 소견에서 내원 당시 급성 병색은 관찰되지 않았으며, 흉부 진찰상 정상적인 호흡음으로 천명이나 나음이 들리지 않았다. 복부는 부드럽고 팽만되지 않았으며 간비종대는 없었다. 다른 특이 소견 없었다.

6) 검사소견

(1) 일반혈액 및 생화학 검사: 시행한 혈액검사에서 혈청 젖산 수치가 8.7 mmol/L (정상치: 0.5~2.2 mmol/L)으로 젖산산증(lactic acidosis)의 소견이 나타났다.

(2) 뇌영상 검사: 시행한 뇌 MRI T2 axial 소견에서 전반적인 뇌의 위축과 함께 양측 후두엽과 양측 미상핵(caudate nucleus)에 높은 신호 강도가 발견되었으며, 후두엽에 조준한 자기공명분광분석(Magnetic resonance spectroscopy, MRS)상에서 젖산최고점(lactate peak)이 관찰되었다(그림 1).

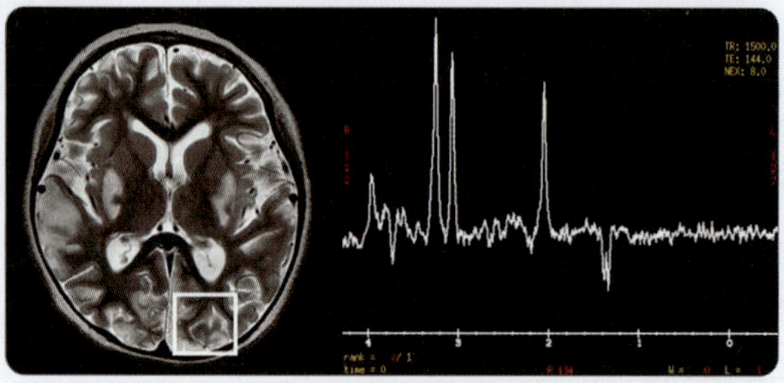

**그림 1.** 증례 1 환자의 뇌 MRI 및 MRS

(3) 유전자검사: 시행한 유전자검사상에서 미토콘드리아의 m.3243A>G의 병원성 변이가 발견되어, 멜라스증후군으로 진단되었다. 환자의 혈액에서 검사한 이종 조직성은 81.4%였다. 가족유전자 검사를 진행하였는데, 어머니에게서도 m.3243A>G의 병원성 변이가 발견되었으며, 이종 조직성은 22.3%였다. 환아의 여동생에게서도 m.3243A>G의 병원성 변이가 발견되었으며, 이종 조직성은 73.1%였다. 어머니는 지능은 평균 이상이었지만, 평소에 당뇨와 난청이 있어 불편함이 있었는데, 이러한 증상들이 멜라스증후군과 연관이 되어 있다는 사실을 가족유전자 검사를 통하여 추가적으로 발견되었다. 환아의 여동생은 정상발달 중이었으며, 다른 증상은 나타나지 않았다.

7) 치료경과

환자는, 고용량 멀티비타민 요법 및 코엔자임Q10, 엘-카르니틴 병합요법 등을 시행받았다. 시간이 지남에 따라서, 환아는 반복적인 발작, 부분 뇌전증지속상태와 같은 뇌졸중양 사건이 빈번하게 발생하여 급격하게 뇌병변의 범위가 점차 늘어갔으며, 뇌의 위축도 빠르게 진행되었다. 또한, 당뇨병이 7세경부터 발생하였고, 혈당이 잘 조절되지 않아, 당뇨병성 케토산증, 신장기능의 저하로 인한 전신 부종 및 전해질 불균형과 같은 심각한 합병증으로 중환자실에서의 집중 치료와 신장대체요법(renal replacement therapy)을 수차례 받았다. 또한, hypertrophic cardiomyopathy, Wolff-Parkinson-White syndrome로 인하여 항부정맥 및 항고혈압약제로 조절하고 있다. 현재 환자는 9세로 침상 의존(bedridden) 및 심각한 정신지체 상태이다.

### 2) 리 증후군(Leigh syndrome)

리 증후군은 멜라스 증후군과 더불어 미토콘드리아 질환 중에서 가장 흔한 질환 중 하나로서 일반적으로 미토콘드리아 DNA-연관 리 증후군(mtDNA-associated Leigh syndrome)과 핵 유전자-암호화 리 증후군(nuclear gene-encoded Leigh syndrome)으로 나뉠 수 있다. 그중에서 미토콘드리아 DNA-연관 리 증후군은 *MT-ATP6*, *MT-CO3*, *MT-ND1*, *MT-ND2*, *MT-ND3*, *MT-ND4*, *MT-ND5*, *MT-ND6*, *MT-T1*, *MT-TK*, *MT-TL1*, *MT-TL2*, *MT-TV*, *MT-TW*의 미토콘드리아 유전자 돌연변이가 원인이며, 일반적으로 모계유전을 따른다. 미토콘드리아 DNA-연관 리 증후군은 돌연변이 미토콘드리아 유전자 자체의 병원성뿐만 아니라 이종 조직성에 따라 표현형의 중증도가 달라질 수 있다. 임상적인 특징으로는, 신경발달퇴행을 동반한 운동 및 지적 발달지연, 뇌간 및 기저핵 질환의 징후 및 증상(예: 호흡이상, 안진, 눈마비, 시신경 위축, 운동 실조, 근긴장이상), 발작, 진행성 신경계질환 등이 있을 수 있다. 증상은, 신생아 시기에서도 발생할 수 있으나, 일반적으로 생후 12개월에서 3세경에 호발한다. 리 증후군의 유병율은 3만~4만 명 중에 1명으로 추정되며, 그중에서 미토콘드리아 DNA 연관 리 증후군은 10만 명 중에 1명으로 추산된다.

### 3) 머프 증후군(MERRF syndrome)

MERRF (myoclonus epilepsy with ragged red fibers) 증후군은 근간대성 근경련을 주로 첫 증상으로 발병하여, 전신 뇌전증, 운동 실조, 쇠약, 운동 불내성, 치매, 청력상실, 저신장, 시신경 위축, 비후성 혹은 확장성 심근병증, Wolff-Parkinson-White 증후군과 같은 심장 부정맥, 말초신경병증, 당뇨병, 색소성 망막병증 등의 다양한 증상이 나타날 수 있는 미토콘드리아 질환이다. 미토콘드리아 유전자 *MT-TK*의 m.8344A>G의 병원성 돌연변이가 머프 증후군의 약 90% 이상을 차지하는 것으로 알려져 있으며, 모계유전을 따른다. 발병은 소아기부터 성인까지 발생할 수 있으며, 보통 정상적인 초기발달을 한 후에 증상이 나타나는 것으로 알려져 있다. 머프 증후군의 유병율을 대략 20만~30만 명 중에 1명으로 추정된다.

### 4) 레버씨 시신경 위축증(Leber hereditary optic neuropathy, LHON)

레버씨 시신경 위축증은 시신경병증으로 인하여 통증이 없는 진행성 시력상실(progressive visual loss)의 증상으로 나타나며, 일반적으로 20세에서 30세의 젊은 남성에게 나타나는 미토콘드리아 질환이다. 이 질환의 유전은 미토콘드리아 유전자 MT-ND4의 m.11778G>A의 병원성 돌연변이, 미토콘드리아 유전자 *MT-ND1*의 m.3460G>A의 병원성 돌연변이, *MT-ND6*의 m.14484T>C의 병원성 돌연변이가, 이 질환을 일으키는 대표적인 세 가지 원인유전자로서 약 90% 이상을 차지한다고 알려져 있으며, 일반적으로 모계유전을 따른다. 레버씨 시신경 위축증의 유병율은 약 4만 명 중에 1명으로 추정된다.

## VI. 두개유전자, 소수 유전자에 유전되는 질환들

### 1. 두개유전자(Digenic)의 돌연변이 이형접합체에 의해 유전되는 질환

서로 다른 두개유전자 각각의 이중이형접합체(double heterozygote)에 의해 상염색체 열성 질환이 발생할 수 있는데 이러한 대표적인 질환은 갑상선 호르몬 합성장애에 의한 선천성 갑상선기능저하증이다. 다른 형태는 서로 다른 두개유전자의 이중이형접합체가 서로 부가적인 영향을 끼쳐 질환을 유발시키는 경우인데 대표적인 질환이 망막색소변성증의 한 질환인 photoreceptor-specific 유전자인 *ROM1*과 peripherin 유전자인 *RDS* 유전자의 이중이형접합체에 의한 망막색소변성증이다. 이러한 두개유전자의 이중이협접합체는 상염색체 우성유전하는 질환에서 임상증상과 경과를 변형시키는 기전 중의 하나로 여겨진다(그림 7-21).

## 증례 15 | 간대성 발작이 동반된 머프증후군

1) 내원 동기가 된 주 증상(주소): 40분간의 왼쪽 다리의 간대발작

2) 발병 시 연령/성별: 4세/남아

3) 가족력:

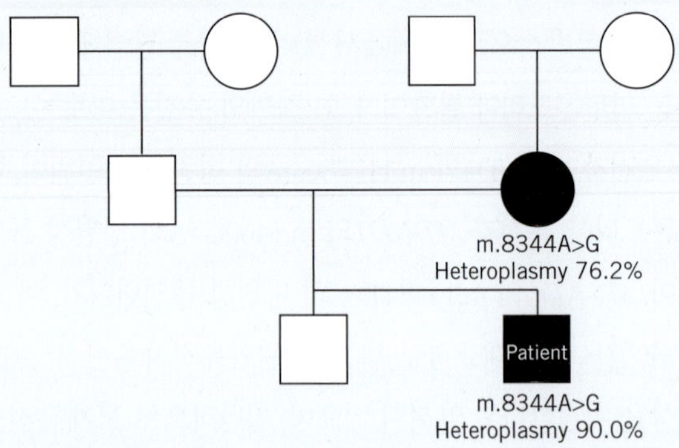


### 4) 임상증상

재태연령 38주, 3,000 g 제왕절개로 태어났으며, 특이 병력 없이 정상 발달하던 4살된 남자 환아가 40분간의 왼쪽 다리의 간대발작을 주소로 내원하였다. 이후에도 근간대발작이 지속적으로 발행하여 항경련제를 시작하였다.

### 5) 진찰 소견

진찰 소견에서 내원 당시 급성 병색은 관찰되지 않았으며, 흉부 진찰상 정상적인 호흡음으로 천명이나 나음이 들리지 않았다. 복부는 부드럽고 팽만되지 않았으며 간비종대는 없었다. 다른 특이 소견 없었다.

### 6) 검사소견

혈액검사에서 혈청 젖산 수치가 6.2 mmol/L으로 체크되어 젖산산증의 소견을 보였다. 시행한 뇌파검사(electoencephalography, EEG)상에서도, 근간대발작 시에 이와 연관되는 전신 발작파형이 빈번하게 관찰되었다. 유전자 검사상, 미토콘드리아의 m.8344A>G의 병원성 변이가 발견되었으며, 혈액에서의 이종 조직성은 90.0%였다. 부모 유전자 검사에서, 환아 어머니에게서 미토콘드리아의 m.8344A>G의 병원성 변이가 발견되었으며, 76.2%의 이종 조직성이 발견되었다.

### 7) 치료경과

이후 2년간 거의 매일 같이 근간대발작이 나타났으며, 이를 조절하기 위해 여러 가지 항경련제를 시도하였으나 큰 차도는 없었다. 환아는 점차 운동실조 및 하지의 쇠약 증세가 나타나게 되었다. 환아는 점차적으로 운동실조와 전신 쇠약 증세가 서서히 진행되었으며, 7세 경에는 조금만 걸어도 숨이 차게 되었다. 이에 시행한 흉부X선사진에서 심한 심근비대가 관찰되었으며, 확장성 심근병증으로 진단되었다. 당시, 심초음파상 좌심실 구출율은 21%까지 떨어지게 되어, 심부전에 관련해서 진료를 받게 되었다. 환아의 경련은 점차 악화되어 근간대경련 뿐만 아니라 무긴장발작(atonic seizure)도 빈번하게 하게 되었다(그림 2).

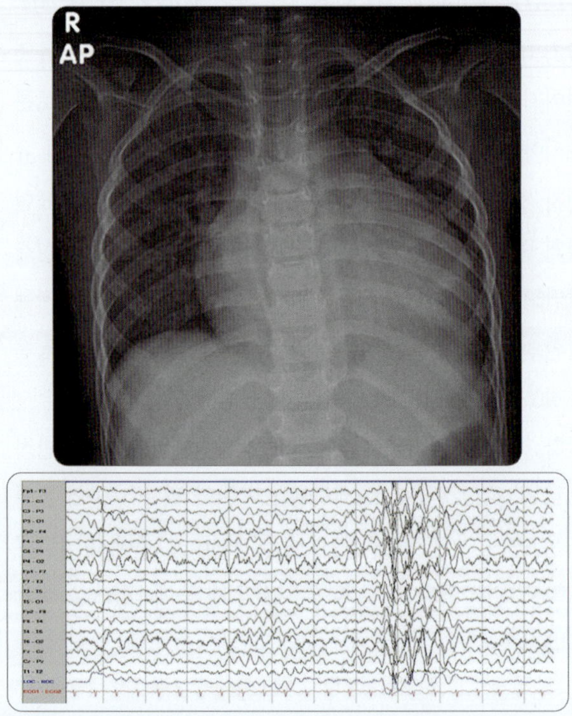


**그림 2.** 증례 2 환자의 흉부X선사진 및 뇌파검사 소견

### 8) 요약

(1) 원인: 미토콘드리아 유전자 *MT-TK*의 m.8344A>G의 병원성 돌연변이가 머프증후군의 약 90% 이상을 차지하는 것으로 알려져 있으며, 모계유전을 따른다.

(2) 발생빈도: 유병율은 대략 20만~30만 명 중에 1명으로 추정된다.

(3) 발생기전: 주로 m.8344A>G의 병원성 돌연변이로 인하여, *tRNA* 유전자(*MT-TK*)의 돌연변이를 초래하여 미토콘드리아 호흡 사슬 복합체의 기능 저하가 초래된다고 생각된다.

(4) 임상증상: 근간대성 근경련을 주로 첫 증상으로 발병하여, 전신 뇌전증, 운동 실조, 쇠약, 운동 불내성, 치매, 청력 상실, 저신장, 시신경 위축, 비후성 혹은 확장성 심근병증,

다음 페이지에 계속 >>

심장 부정맥, 말초신경병증 등의 다양한 증상이 동반 가능하다.

(5) 진단 및 검사 소견: 혈청 젖산 수치의 상승이 빈번하게 나타나며, 혈청 크레아틴 키나아제(CK)가 상승할 수 있다. MRS 상에서 높은 신호강도가 나타날 수 있다.

(6) 치료 및 관리: 고용량 멀티비타민 요법 및 코엔자임 Q10, 엘-카르니틴 병합요법 등을 시행함과 동시에 뇌전증이 동반된 경우에 (근간대 뇌전증이 동반)뇌전증에 준한 약물치료를 병행한다. 심근 비대 및 부정맥에 대한 관리가 중요하다.

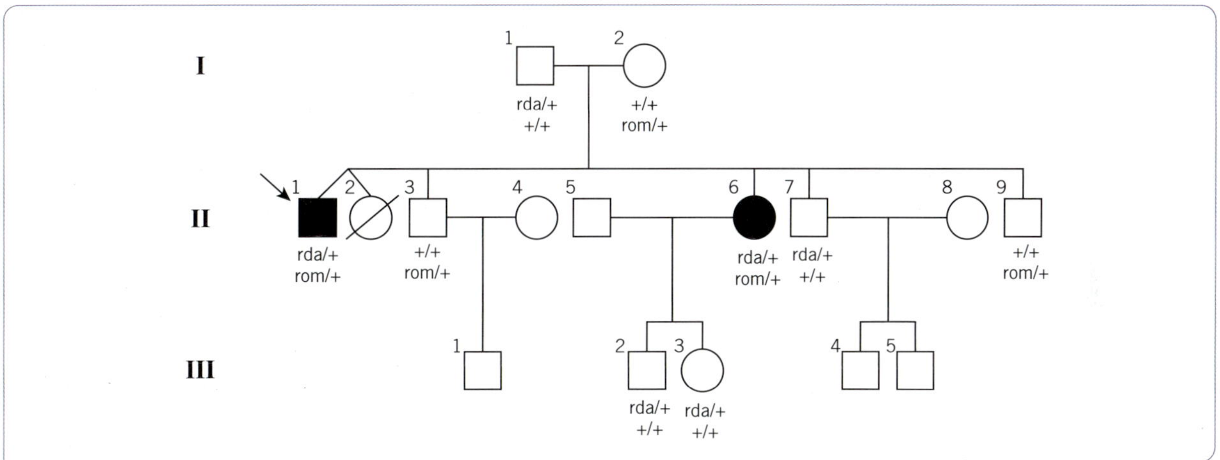


그림 7-21. Photoreceptor-specific 유전자인 *ROM1*과 peripherin 유전자인 *RDS* 유전자의 이중이형접합체에 의한 망막색소변성증 가계도.

이러한 질환들이 여러 개 알려져 있는데 Bardet-Biedl 증후군, 안면견갑상완형 근이영양증(facioscapulohumeral muscular dystrophy, FSHD) 등이다.

## 2. 소수 유전자(Oligogenic)의 돌연변이의 이형접합체에 의한 질환

과거에는 단일 유전자 돌연변이에 의한 멘델유전질환이라 여겨 왔던 질환들이 2개 이상의 유전자들의 변이에 의한 부가적인 영향으로 발생함이 알려지고 있다. 이는 복합형질로서 다유전자에 의해 발생하는 질환과 전통적 단일유전자이상에 의한 멘델유전질환의 중간쯤에 위치한다고 볼 수 있다. 즉 멘델유전질환과 다인자성 질환사이의 경계가 모호한 질환들이 알려지고 있는 것이다. 대표적인 질환이 선천성 성선기능 부전증이다. 이차성징의 발현이 없거나, 있어도 정상 성인에 도달하지 못한다. 최근 차세대 염기서열분석법이 보편화되면서 선천성 성선기능부전증의 분자유전학적 병인 기전들이 알려지고 있다. 최소 10개 이상의 유전자들이 관련된 것으로 알려져 있다. 그러나 이들 유전자들의 돌연변이가 단순히 사춘기가 지연되는 정상인을 포함해서 다양한 형태의 성선기능부전증에서 보고되는데 환자일수록 더 많은 유전자의 돌연변이가 발생하고 단순히 사춘기가 지연되는 정상인에서는 1개 이상의 유전자에 돌연변이가 발생하는 경우는 매우 드물다는 것이다(그림 7-22).

## 3. 기타: 원인 유전자가 X-염색체에 위치하지만 보인자 여성에서만 발현하는 질환

최근 X-염색체 장완(Xq22.1)에 위치한, protocadher-

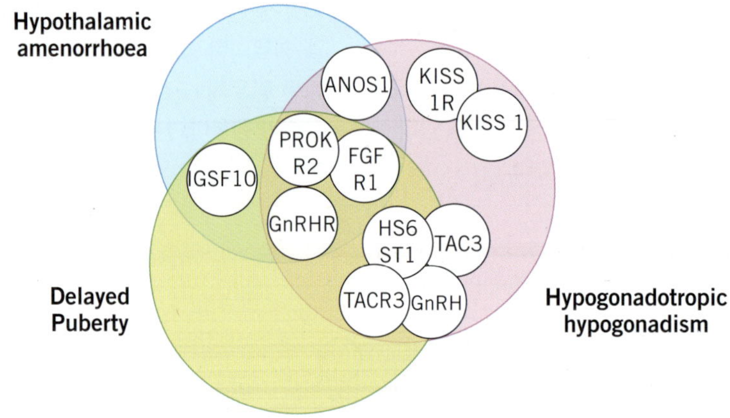


**그림 7-22.** 선천성 성선기능부전증, 사춘기지연, 시상하부성무월경증의 원인이 되는 유전자들의 분포.

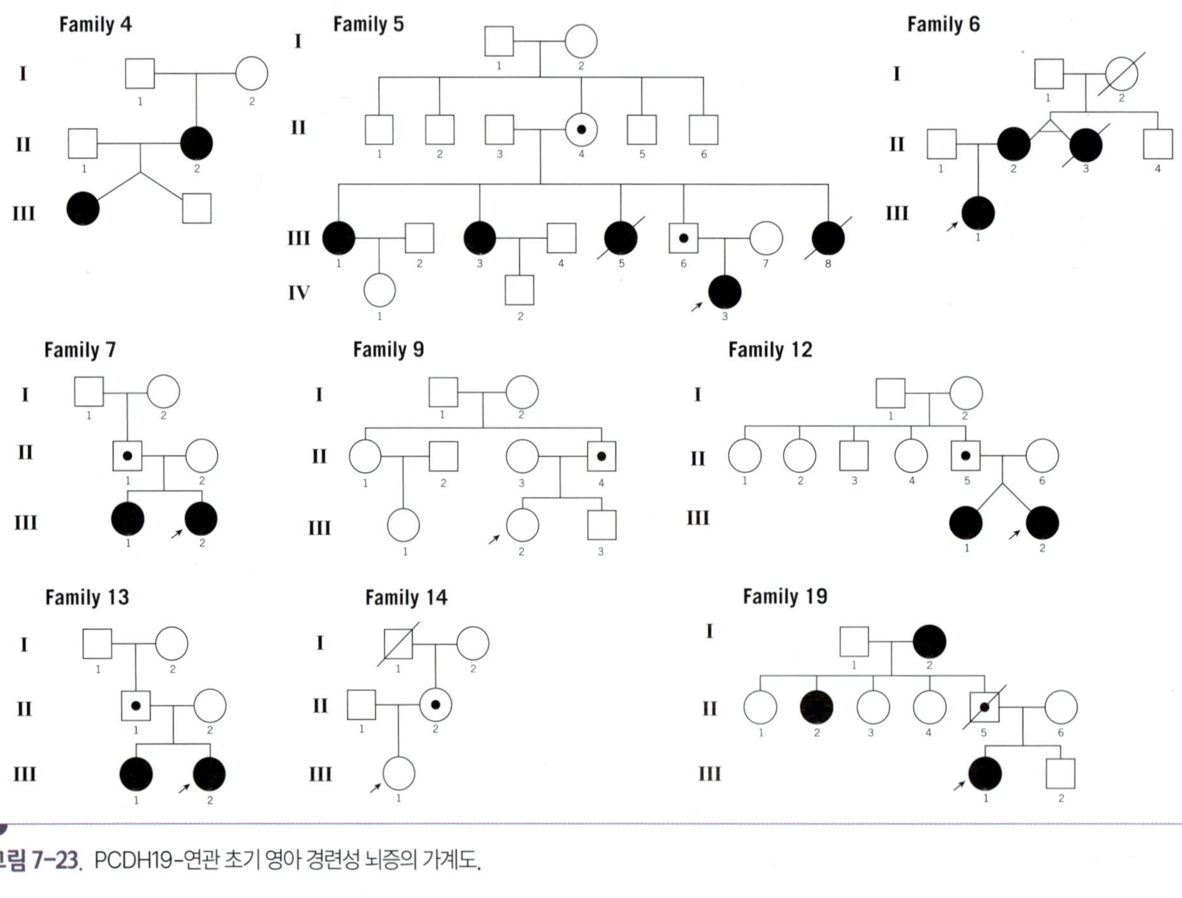


**그림 7-23.** PCDH19-연관 초기 영아 경련성 뇌증의 가계도.

in-19을 부호화하는 *PCDH19* 유전자의 돌연변이가 발생할 때 보인자인 여자환자에서만 경련, 지적 장애가 발현하고 남자는 돌연변이 반접합체이지만 무증상(rescued)인 질환인 PCDH19-연관 초기 영아 경련성 뇌증(PCDH19-related early infantile epileptic encephalopathy)이 보고되었다.

## REFERENCE


1. Abreu AP, Dauber A, Macedo DB, et al. Central precocious puberty caused by mutations in the imprinted gene MKRN3. N Engl J Med. 2013;368(26):2467-75.
2. Belin V, Cusin V, Viot G, et al. SHOX mutations in dyschondrosteosis (Leri-Weill syndrome). Nat Genet. 1998;19(1):67-9.
3. Butler MG, Miller JL, Forster JL. Prader-Willi Syndrome - clinical genetics, diagnosis and treatment approaches: an update. Curr Pediatr Rev. 2019;15(4):207-44.
4. Depienne C, LeGuern E. PCDH19-related infantile epileptic encephalopathy: an unusual X-linked inheritance disorder. Hum Mutat. 2012;33(4):627-34.
5. Depienne C, Mandel JL. 30 years of repeat expansion disorders: What have we learned and what are the remaining challenges?. Am J Hum Genet. 2021;108(5):764-85.
6. Gravholt CH, Viuff M, Just J, et al. The changing face of Turner syndrome. Endocr Rev. 2023;44(1):33-69.
7. Jansen LA, Mirzaa GM, Ishak GE, et al. PI3K/AKT pathway mutations cause a spectrum of brain malformations from megalencephaly to focal cortical dysplasia. Brain. 2015;138(Pt 6):1613-28.
8. Joshi RS, Garg P, Zaitlen N, et al. DNA methylation profiling of uniparental disomy subjects provides a pap of parental epigenetic gias in the human genome. Am J Hum Genet. 2016;99(3):555-66.
9. Koga Y, Povalko N, Inoue E, et al. Therapeutic regimen of L-arginine for MELAS: 9-year, prospective, multicenter, clinical research. J Neurol. 2018;265(12):2861-74.
10. Lindhurst MJ, Sapp JC, Teer JK, et al. A mosaic activating mutation in AKT1 associated with the Proteus syndrome. N Engl J Med. 2011;365(7):611-9.
11. Lupski JR. Digenic inheritance and Mendelian disease. Nat Genet. 2012;44(12):1291-2.
12. Margolis SS, Sell GL, Zbinden MA, Bird LM. Angelman syndrome. Neurotherapeutics. 2015;12(3):641-50.
13. Na JH, Lee MJ, Lee CH, Lee YM. Association between epilepsy and Leigh syndrome with MT-ND3 mutation, particularly the m.10191T〉C point mutation. Front Neurol. 2021;12:752467.
14. Na JH, Lee YM. Heteroplasmic mutant load differences in mitochondrial DNA-associated Leigh syndrome. Pediatr Neurol. 2023;138:27-32.
15. Ng YS, Turnbull DM. Mitochondrial disease: genetics and management. J Neurol. 2016;263(1):179-91.
16. Rahman S. Mitochondrial disease in children. J Intern Med. 2020;287(6):609-33.

CHAPTER 08

# 유전자형과 표현형의 연관성

## Correlation of genotype and phenotype

유한욱

의학유전학에서 매우 중요한 점은 임상유전학 전문가 의사가 정확하게 임상증상(임상표현형)을 표준화된 언어로 기술하는 것이다. 일반적으로 human phenotype ontology (HPO)에 근거하여 기술함이 원칙이다. 임상표현형에 근거하여 문제가 있는 유전자(morbid gene)를 상정할 수 있다. 그러나 차세대 염기서열분석이 보편화됨으로써 기존에 알고 있던 특정 유전질환의 표현형이 확대되고(phenotype expansion), 때로는 두 개 이상의 서로 다른 유전자에 돌연변이가 발생함으로 전혀 표현형이 다른 두 질환이 혼합(phenotype blending)되어 임상적 진단이 어려운 경우도 있다. 물론 단일 유전자의 다양한 변이가 발견되는데 때로는 질환과의 연관성이 애매한 variant of unknown significance (VUS)가 발견되기도 한다. 이러한 모든 현상들이 표현형과 유전자형을 연관성을 해석하는 데 어려움을 초래한다. 최근에는 특정 표현형이 가계도 분석상 단일유전자질환이 의심되면 유전체를 먼저 분석하고 결과가 나오면 환자에게 돌아가 임상 표현형을 자세히 분석하는 reverse phenotyping 경향도 있다.

### I. 대립유전자 이질성(Allelic heterogeneity)

대립유전자 이질성이란 특정 멘델유전질환의 원인인 단일 원인 유전자에 여러 염기서열 돌연변이가 존재하는 것을 의미한다. 예를 들면 리소솜 효소인 알파갈락토시다제 A 결핍에 의한 X-염색체 연관 질환인 파브리병(Fabry disease) 환자에서는 2023년 현재, 알파갈락토시다제 A 유전자의 1,100종 이상의 돌연변이들이 보고되어 있다. 유전자형에 따라 임상증상이 심하고 소아기부터 임상증상이 발현하는 전형적 파브리병(classic Fabry disease)과 증상 발현이 늦게 나타나는 비전형적, 지발형 파브리병(non-classic, later-onset Fabry disease)을 구분할 수 있으나 항상 쉬운 일은 아니다. 넌센스변이, 결실, 삽입변이에 의한 틀이동변이, 스플라이싱 변이에 의해 단백생성이 되지 않는 경우는 증상이 심한 전형적 파브리병의 가능성이 크고 단순 과오 점돌연변이 등은 지발형 파브리병일 가능성이 크나 항상 그러한 것은 아니다(그림 8-1). 또 다른 예로서는 고셔병(Gaucher disease, GD)의 예를 들 수 있는데 고셔병은 상염색체 열성유전질환으로 베타 글루코세리브로사이다제(glucocerebrosidase) 결핍에 의한다. 원인유전자인 acid-beta glucosidase gene (*GBA*)에 수백종의 염기서열 변이가 보고되어 있으나 임상표현형과 관계된 주요 돌연변이는 p.Arg270Serine인데 이 대립유전자는 신경병형 고셔병(neuronopathic GD)을 유발하지 않아서 신경계 보호대립유전자로 알려져 있으니 아시아 환자에서는 거의 발견되지 않고 서양인 및 유태인환자들의 주된 대립유전자이다. 따라서 아시아계환자는 신경형 고셔병(GD2,

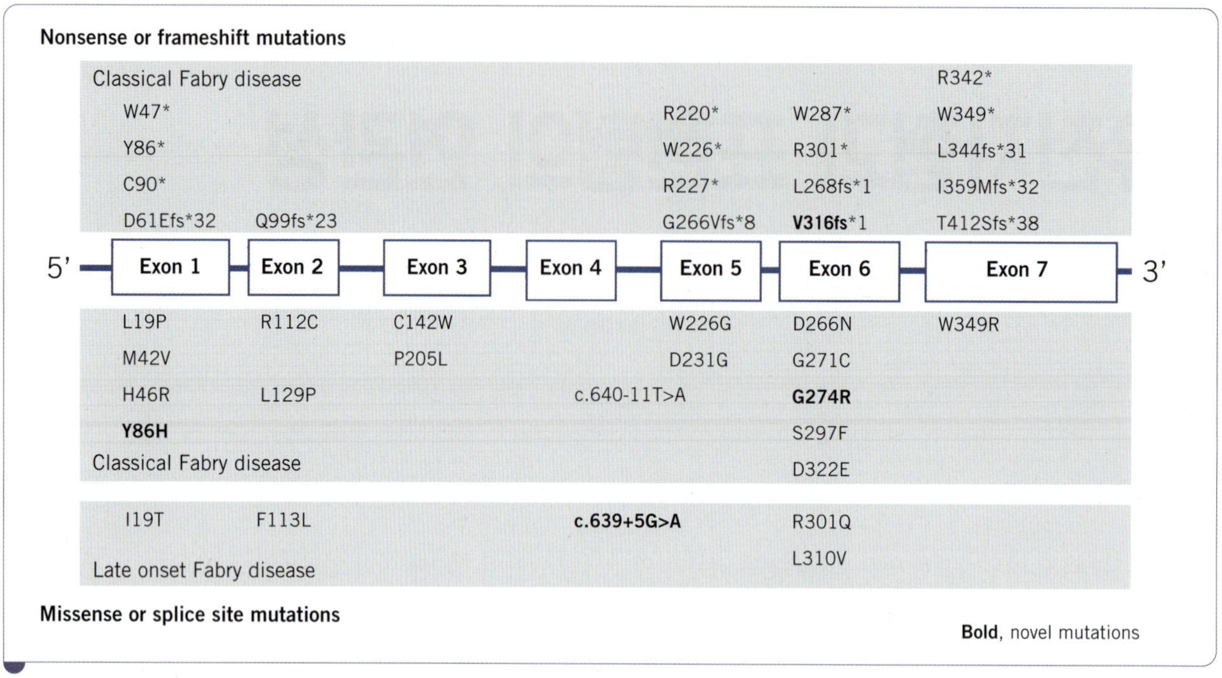


**그림 8-1.** 한국인 파브리병 환자의 *GLA* 유전자 돌연변이 대립유전자 이질성.

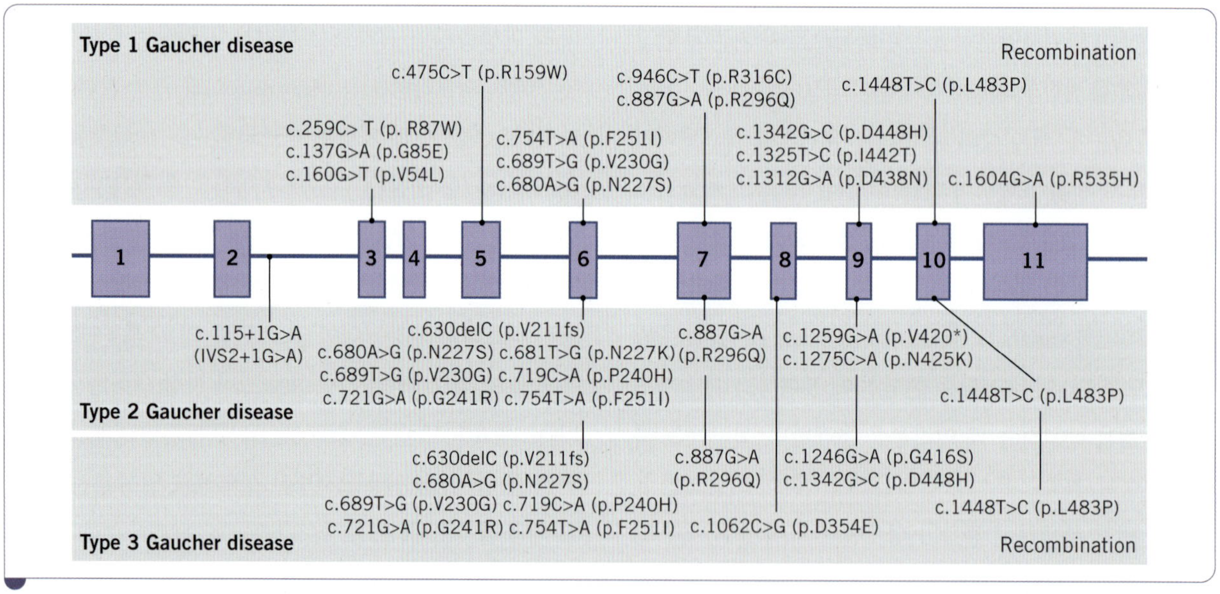


**그림 8-2.** 한국인 고셔병 환자의 *GBA* 유전자 돌연변이 대립유전자 이질성.

GD3)이 더 흔하고 서양인에서는 비신경형 고셔병(GD1)이 흔하다. 그러나 *GBA*유전자의 보인자들은 조기 파킨스병의 발현 위험도가 높아진다**(그림 8-2)**.

그러나 이와 같은 대립유전자 이질성은 돌연변이의 조상효과(founder mutation)에 의해서 소실되어 오히려 대립유전자 동질성을 보일 수 있다. 이러한 경우 소수의 돌연변이 대립유전자를 분석함으로써 매우 쉽게 유전자진단을 할 수 있다. 한국인에서 비교적 대립유전자 동질성을 보이

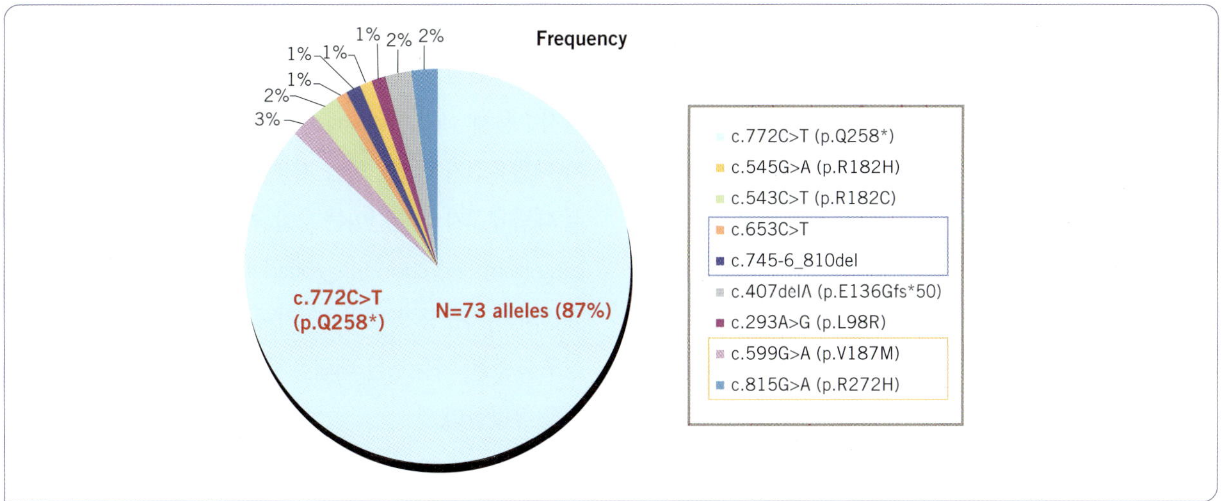


**그림 8-3.** 조상효과에 의한 한국인 선천성 지질성부신증식증 *STAR* 돌연변이 대립유전자 동질성.

는 질환들은 steroid acute regulatory protein (StAR) 기능장애에 의한 선천성지질성 부신증식증의 경우 *STAR*유전자의 p.Q258* 대립유전자 빈도가 87%에 이른다**(그림 8-3)**. Ashkenazi 유태인에 호발하는 Tay-Sachs병은 *HEXA*유전자의 3종류 돌연변이 대립유전자가 95% 정도를 차지한다. 이 세 종류 돌연변이 대립유전자를 이용하여 출산을 계획하는 부부의 보인자 선별검사를 시행하여 적절한 산전유전상담을 함으로써 실제로 이 질환의 유병율을 감소시켰다.

## II. 유전자좌 이질성(Locus heterogeneity)

일반적으로 멘델유전질환에서 유전자좌의 이질성이란 임상표현형을 서로 구분할 수 없는 동일한 질환의 유전학적 원인이 여러 다른 유전자들의 돌연변이에 의해 발생하는 경우를 말한다. 즉 멘델유전질환 표현형 한 개가 여러 유전자좌에 있는 유전자들의 변이에 의해 발생할 수 있다는 것이다. 물론 환경적요인으로도 마치 멘델유전병과 유사한 증상을 보일 수 있다. 이러한 현상을 phenocopy라고 부른다. 잘 알려진 phenocopy의 예는 심전도 상의 long QT는 amiodarone 등과 같은 약제들에 의해 유발되기도 하지만 멘델유전질환 long QT syndrome은 *KCNQ1*, *KCNH2*, *SCN5A* 등 15개 정도의 유전자들이 원인 유전자이다. 임상가는 항상 phenocopy를 감별해야 한다.

유전자좌 이질성 있는 질환들은 과거에는 생어염기서열 분석방법으로 진단하였는데, 이는 여러 유전자들을 각각 하나씩 분석해야 해서 시간과 비용이 많이 소요되었다. 지금은 차세대 염기서열분석을 이용한 유전자패널검사로 한 번에 여러 개의 다른 유전자좌에 있는 유전자들을 분석한다. 대표적인 질환들은 망막색소변성(56개 이상의 유전자), 누난증후군 및 라소패디(rasopathy, 15개 이상의 유전자)**(그림 8-4)**, 비대심근병증, 확장성 심근병증, 호르몬 합성장애에 의한 갑상선기능저하증, 유전성 청력장애(증후군성, 비증후군성) 등으로 많은 질환들이 있다.

## III. 임상표현형의 이질성(Clinical heterogeneity)

임상표현형의 이질성이란 동일한 유전자에 서로 다른 위치에 있는 대립유전자 돌연변이 형이 전혀 다른 표현형을 보이는 유전질환을 유발함을 말한다. OMIM (online Mendelian inheritance in man, https://www.omim.org/)에 의하면 2023년도 현재 약 6,300개의 멘델유전 표현형의 원인 유전자로서 약 4,300개가 등록되어 있다. 유전자 개수에 비해 표현형의 수가 많은 이유가 임상적 표현형의 이질성 때문이다. 실제 70% 유전자의 변이는 한 개의 표현형을, 18% 유전자의 변이는 두 개, 7% 유전자의 변이는 세 개, 5% 유전자의 변이는 네 개의 서로 다른 임상표현형을 보인다.

대표적인 임상표현형 이질성의 예로서는 *RET* 유전자의 서로 다른 대립유전자 돌연변이는 선천성 거대결장, 또는 다발성 내분비신생물 2형과 같이 임상적으로 아주 이질적인 질환을 유발한다. 안드로젠수용체유전자의 서로 다른 대립유전자변이는 안드로젠무감각증후군이라는 내분비질환을, 또는 척수구근 근위축증(spinobulbar muscular atrophy)이라는 신경질환을 유발한다. Lamin을 부호화하는 *LMNA* 유전자의 서로 다른 대립유전자 돌연변이는 근이영양증, 지방위축증, Hutchinson-Gilford progeria라는 조로증을 유발한다.

때로는 대립유전자 돌연변이가 유전자의 기능을 증가시키거나(gain of function), 상실시킴으로(loss of function) 상반되는 임상표현형의 이질성을 보인다. 대표적인 예로서는 칼슘감지수용체(calcium sensing receptor) 유전자 *CASR*의 기능증가 대립유전자 돌연변이는 지속적인 저칼슘혈증을, 기능상실 대립유전자 돌연변이는 고칼슘혈증을 유발한다. Luteinizing hormone/chorionic gonadotrophin receptor (LHCGR) 유전자의 기능증가 대립유전자 돌연변이는 남자에 국한된 성조숙증을, 기능소실 대립유전자 돌연변이는 성선기능부전을 유발한다.

## IV. 임상진료에서 유전자형-표현형 연관성의 중요도

어느 특정 질환의 분자유전학전인 진단(유전자형의 규명)은 임상가에게는 질환의 진단을 확정한다는 의미가 가장 크지만 표현형과의 연관성을 알 수 있다면 환자의 예후, 치

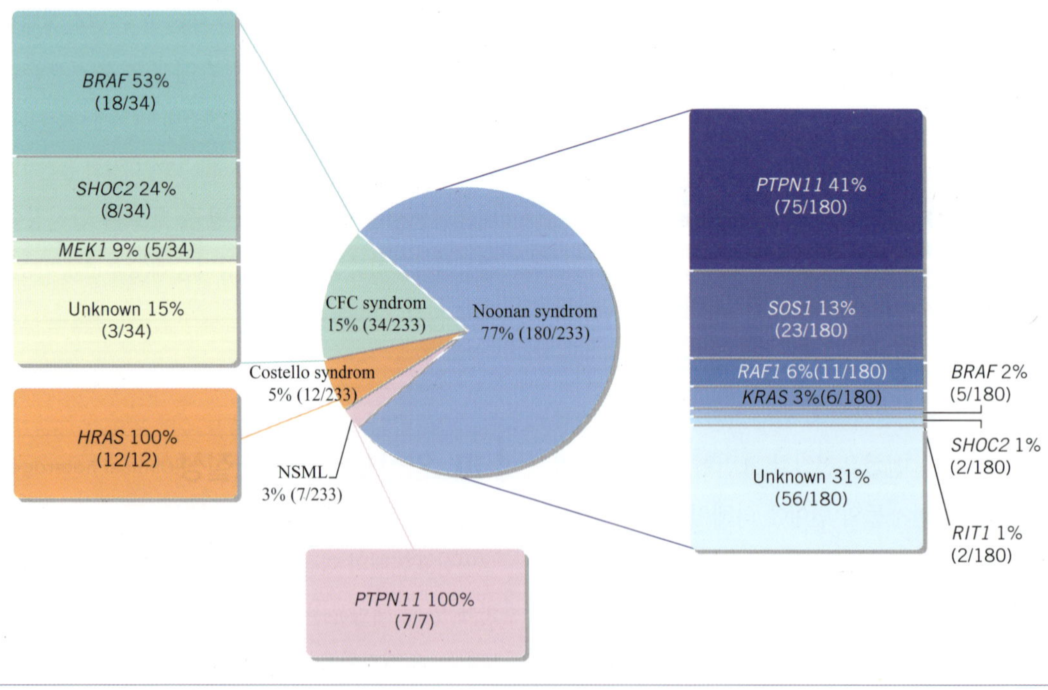


**그림 8-4.** 누난증후군을 포함한 한국인 Rasopathy질환들의 유전자좌 이질성.

료방침, 유전상담 등에 응용할 수 있을 것이다. 그러나 불행하게도 많은 유전질환에서 유전자형과 표현형과의 연관성이 반드시 일치하지 않는 데 어려움이 있다. 동일한 유전자형을 가진 여러 다른 환자들, 또는 가족 내에서조차 임상증상의 경중이 다를 수 있다. 이를 가족간, 가족내 표현형 이질성(inter, intra familial phenotype heterogeneity)이라 한다. 환경에 의한 후성유전체적 변화, 표현을 수정시킬 수 있는 단일염기다형성(modifying SNP)의 존재 등으로 그 기전을 설명한다.

그러나 일반적으로 대립유전자 이질성이 있는 질환들에서는 단백질이 생성되지 않는 과오변이, 결실 또는, 삽입변이, 스플라이싱 변이는 증상이 심하고 단순 점돌연변이 등은 증상이 경하다. 반복염기서열 확장질환(repeat expansion disorder)의 경우는 확장이 클 수로 발병연령이 빠르다. 또한 부모 중 누구에게서 확장변이가 유래되었느냐에 따라 확장 크기가 달라져서 증상이 심할 수 있다.

유전좌 이질성이 있는 질환의 경우도 특정 유전자좌의 돌연변이와 임상상을 연관지어 볼 수 있다. 누난증후군의 경우 *RAF1*, *RIT1* 유전자의 돌연변이는 비대심근병증이 호발하는 누난증후군일 가능성이 높고, *SOS1* 유전자 돌연변이의 경우 신장, 지능의 면에서 예후가 좋다.

임상표현형 이질성의 평가는 점점 더 복잡해지고 있다. 한 환자에서 2개 이상의 유전병이 존재하여 표현형이 혼합(phenotype blending)될 수 있기 때문이다. 임상표현형 이질성이 잘 설명되지 않는 경우 이러한 가능성을 항상 염두에 두어야 한다.

## REFERENCE


1. Choi JH, Lee BH, Heo SH, et al. Clinical characteristics and mutation spectrum of GLA in Korean patients with Fabry disease by a nationwide survey: Underdiagnosis of late-onset phenotype. Medicine (Baltimore). 2017;96(29):e7387.
2. Kang E, Kim YM, Kim GH, et al. Mutation spectrum of STAR and the founder effect of p.Q258* in Korean patients with congenital lipoid adrenal hyperplasia. Mol Med. 2017; 23:149-54.
3. Kim YM, Choi JH, Kim GH, et al. The GBA p.G85E mutation in Korean patients with non-neuronopathic Gaucher disease: founder and neuroprotective effects. Orphanet J Rare Dis. 2020;1:318-27.
4. Lee BH, Kim JM, Jin HY, et al. Spectrum of mutations in Noonan syndrome and their correlation with phenotypes. J Pediatr. 2011;159(6):1029-35.

CHAPTER 09

# 다빈도 다요인 질환의 복합 유전

Complex inheritance of common multifactorial disorders

곽수헌, 최무림

## I. 복합질환의 연구
(Investigation of complex disease)

### 1. 복합질환의 정의와 특징

#### 1) 복합질환의 특징과 예시

복합질환은 단일유전자 변이에 의해 질환이 결정되지 않고 다양한 유전 인자와 환경 인자, 및 그 상호작용에 의해 발병 위험이 결정되는 질환을 의미한다. 복합질환은 다요인(multi-factorial) 질환으로 불리기도 하며 당뇨병, 고혈압, 비만, 심혈관질환, 우울증, 조현병, 자폐증 등 많은 다빈도만성질환(common complex disease)이 이에 해당한다. 이러한 유전 양식은 특정 질환에 국한되지 않고 키, 몸무게, 혈당, 혈압 같은 다양한 정량적 연속 형질에도 적용된다.

복합질환은 여러 가지 유전 인자, 환경 인자의 복잡한 상호작용에 의해 질환 위험이 결정되기 때문에 원인이 되는 인자들을 밝혀내는 것이 쉽지 않다. 임상적으로 복합질환은 단일유전자질환에 비하여 인구집단 내 유병률이 높고 나이가 증가함에 따라 발병률이 증가하는 경향이 있다. 하지만 소아청소년기에 발병하는 경우도 있다. 유전, 환경 인자가 얼마나 강한지에 따라 질환의 발병 시기, 중증도가 달라진다. 병태생리적으로는 여러 가지 분자생물학적 경로가 질환 혹은 형질의 발현에 관여한다. 예를 들어 2형당뇨병의 경우 췌장에서 인슐린과 글루카곤의 분비, 근육과 지방에서 포도당의 이용, 간에서 포도당 신생합성, 신장에서 포도당 재흡수, 중추신경의 식욕 조절 등이 병태생리에 복합적으로 작용한다. 각각의 경로와 관련된 다양한 유전 인자 및 환경 인자에 의해 혈당 수준 및 질환 발병 여부가 결정된다.

#### 2) 유전 인자와 환경 인자의 구분

복합질환에서 유전 인자와 환경인자의 영향을 구별하는 것은 쉽지 않다. 가족내 특정 형질이나 질환이 군집(cluster) 되어 있는 경우 유전 인자의 영향일 가능성이 있으나 한편으로는 가족내 공유되는 환경적 인자가 원인이 되는 경우도 있다. 또한 동일한 유전적 인자를 갖고 있다 하더라도 환경적 인자에 의한 그 형질과 질환의 특성이 달라지는 경우도 있다. 예를 들어 미국 애리조나 주에 거주하는 피마 인디언의 경우 수백 년 동안 유전 인자가 크게 변화하지 않았음에도 불구하고 지난 수십 년 동안 환경적 요인의 변화에 의해 비만율이 5배 이상 증가하였다. 흥미로운 것은 그렇다고 피마 인디안 모두가 비만한 것은 아니며 유전 인자와 환경 인자의 상호작용에 의해 비만도가 결정될 수 있다는 것이다.

### 3) 복합질환 유전 인자 이해의 필요성

복합질환의 중요성은 그 유병률이 높기 때문에 보건, 사회, 경제학적으로 미치는 영향이 크다는 데 있다. 또한, 복합질환은 대부분 그 원인이 잘 알려져 있지 않고 사람마다 주요 원인과 병태생리가 다를 수 있다. 따라서 그 유전 인자들을 정확히 이해하는 것은 질환의 기전을 이해하여 새로운 치료제 개발, 질환의 예측과 예방 등에 널리 사용될 수 있다. 1960년대 이후 복합질환의 유전 요인을 규명하기 위한 많은 연구와 노력들이 있었으나 유전체연관연구(genome-wide association study, GWAS)가 나오기 전까지 대부분 성공적이지 않았다. 본 단원에서는 복합질환의 통계유전학적 모델과 이를 토대로 수행되었던 linkage analysis, association test, GWAS 등에 대하여 살펴보고자 한다. 또한 이러한 유전 인자에 대한 연구가 어떻게 임상적으로 활용될 수 있는지 다유전자 위험점수(polygenic risk score) 등에 대하여 살펴보고자 한다.

## 2. 복합질환의 통계유전학적 이해

### 1) 여러 유전자에 의해 결정되는 정량적 연속 형질의 분포

여러 유전자에 의해 결정되는 형질은 대부분 정규 분포를 따른다. 키, 몸무게, 혈당, 혈압 등이 이에 해당하며 평균값에 가장 많은 사람이 몰려 있고 이를 기준으로 높은 값과 낮은 값을 갖는 사람들이 대칭적으로 존재하는데 양 극단으로 갈수록 그 빈도가 감소하게 된다. 이러한 형질의 정규분포를 어떻게 여러 유전자 변이로 설명할 수 있을까? 공복혈당을 예로 생각해 보자. 만약 공복혈당을 결정하는 유전자 변이 1개 존재한다고 가정해 보자. 이중 대립 유전자 A는 공복혈당이 110 mg/dL가 되도록 하고 대립 유전자 a는 공복혈당이 90 mg/dL가 되도록 한다고 할 때, Aa, aA 유전형을 가진 사람은 공복혈당이 100 mg/dL, aa유전형을 가진 사람은 공복혈당이 90 mg/dL, AA 유전형을 가진 사람은 공복혈당이 110 mg/dL가 될 것이며 그 분포는 **그림 9-1 A**와 같을 것이다. 만약 공복혈당을 결정하는 유전자가 2개이며 대립 유전자 B, b가 각각 공복혈당이 110 mg/dL, 90 mg/dL가 되도록 한다고 할 때 A/a, B/b 유전형에 따른 혈당의 분포는 **그림 9-1 B**와 같게 된다. 더 나아가 공복혈당을 결정하는 유전자가 3개일 경우, A/a, B/b, C/c 유전형에 따른 공복혈당 분포는 **그림 9-1 C**와 같이 되며 관여하는 유전자 변이가 많을수록 점차 그 분포가 **그림 9-1 D**와 같은 정규 분포가 될 것이다.

통계적유전학적 증명에 따르면 만약 특정 형질을 결정하는 변이가 충분히 많고 각 변이들이 독립적으로 부가효과(additive effect)가 있다면 그 형질의 분포는 정규 분포를 따르게 된다. 이렇게 여러 유전자 변이의 영향이 합쳐져서 하나의 형질을 결정한다는 것이 다유전자이론(polygenic theory)이며 이는 복합질환을 이해하는 중요한 유전적 모델이다.

### 2) 여러 유전자에 의해 이분법적으로 나뉘는 정성적 질환

공복혈당, 혈압, 체중 같은 정량적 형질은 앞서 살펴본 다유전자이론을 통해 이해할 수 있다면 당뇨병, 고혈압, 비만 같이 이분법적으로 나뉘는 정성적 질환은 어떻게 설명할 수 있을까? 당뇨병의 경우 혈당 분포의 특정 값(공복혈당 126 mg/dL 이상)을 넘게 되면 병으로 진단한다. 고혈압, 비만도 마찬가지로 특정 혈압, 특정 체질량지수를 넘어서면 질병 상태로 진단한다. 즉, 질환의 주요 특징을 규정하는 연속 형질의 정규분포를 질환의 확률분포 혹은 감수성(liability)으로 이해할 수 있고, 특정 임계치(threshold)를 넘게 되면 질병으로 진단한다. 이렇게 이분법적으로 나뉘는 정성적 질환의 위험도를 다유전자의 조합에 의한 확률분포와 역치로 이해하는 것을 역치이론(threshold theory)이라고 한다.

### 3) 유전율의 이해

유전율(heritability, $H^2$)은 특정 형질 혹은 질환 발현의 차이가 얼마나 유전 인자의 차이에 의해서 결정되는지를 나타내는 지표이다. 정규분포를 따르는 형질은 크게 평균과 분산을 통해 그 분포를 요약할 수 있다. 분산의 중요한 특징

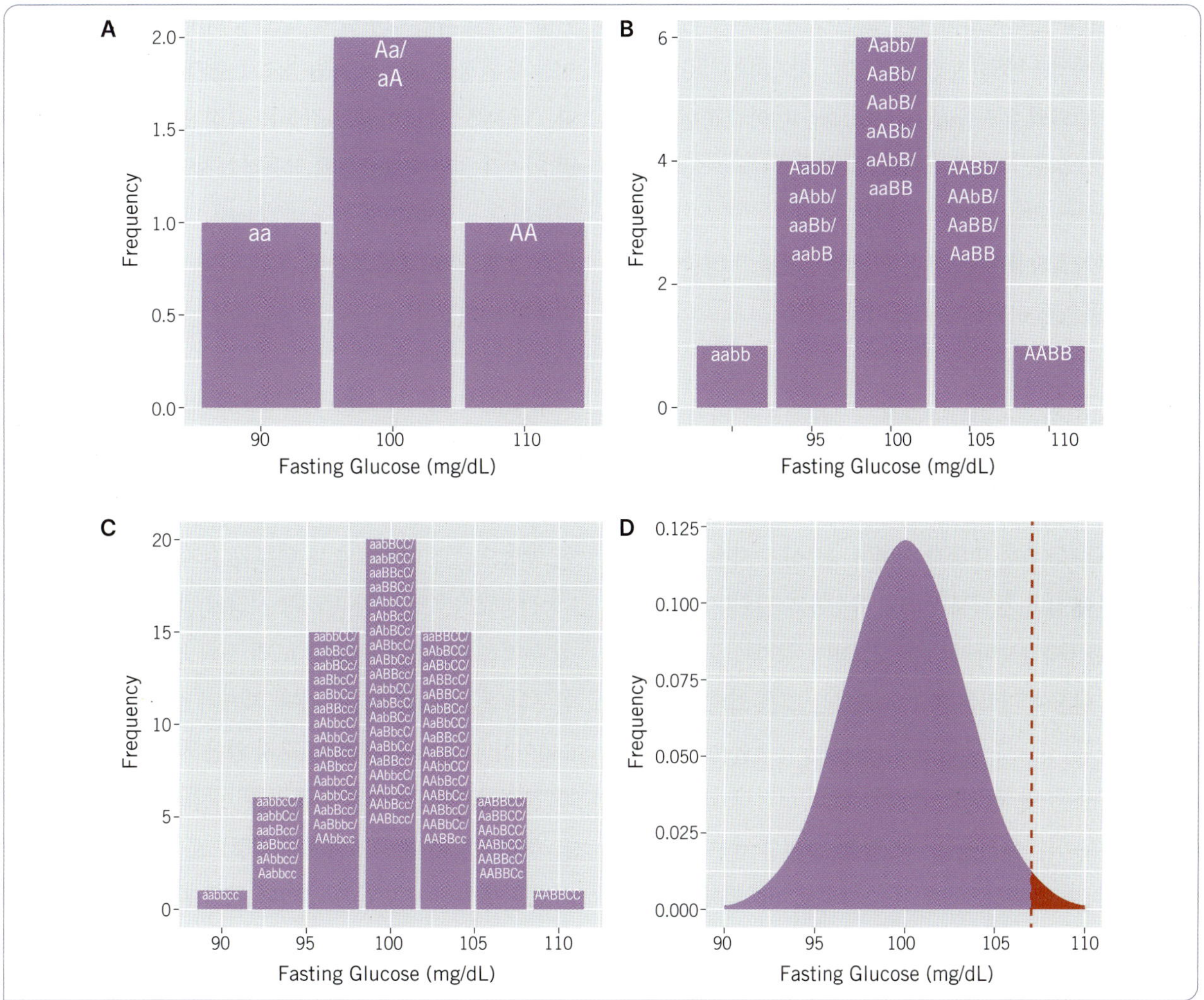


**그림 9-1.** **복합질환의 다유전자 이론과 통계유전학적 모델.** 대립유전자 A, B, C가 공복혈당 110 mg/dL, a, b, c가 공복혈당 90 mg/dL가 되도록 한다고 가정할 때 유전좌위의 개수에 따른 유전자형과 혈당 분포의 관계. 유전좌위가 **(A)** 1개, **(B)** 2개, **(C)** 3개, **(D)** 여러 개일 경우. 유전좌위가 여러 개일 경우(D) 정량적 연속 혈질의 특정 임계치(빨간 점선)를 넘게 되면 질환으로 진단하게 된다.

은 서로 다른 인자들이 독립적으로 작용할 때 그 인자들의 분산 합이 전체 분산이 된다는 것이다. 따라서 특정 형질 혹은 질환이 유전 인자와 환경 인자에 의해 결정된다고 가정하면, 해당 형질의 분산($V_P$)은 유전 인자의 분산($V_G$)과 환경 인자의 분산($V_E$)을 합한 값이 되며 다음과 같은 수식으로 표시할 수 있다.

$$V_P = V_G + V_E$$

여기서, 유전 인자에 의한 영향($V_G$)은 각 유전좌위의 대립형질 및 서로 다른 유전좌위의 유전형이 서로 부가효과(additive effect, $V_A$)를 가지는 경우가 대부분일 것으로 생각되지만, 동일 유전좌위에서 우성효과(dominant effect, $V_D$)를 가질 수도 있으며 서로 다른 유전좌위 간에 상호작용(interaction effect, $V_I$)을 하기도 한다. 이에 유전적 인자의 분산($V_G$)은 다음과 같이 나타낼 수 있다.

$$V_G = V_A + V_D + V_I$$

이에 특정 형질의 분산($V_P$)은 다음과 같이 다시 나타낼 수 있다.

$$V_P = V_A + V_D + V_I + V_E$$

유전율은 유전적 차이(즉, 유전 인자에 의한 분산)가 전체 형질의 차이(즉, 전체 형질의 분산) 중 얼마나 차지하는지로 표현된다. 이를 광의의 유전율(broad heritability, $H^2$)이라고 한다.

$$H^2 = \frac{V_G}{V_P}$$

이 중 부가효과를 갖는 유전 인자의 영향만 반영한 것을 협의 유전율(narrow heritability, $h^2$)이라고 한다.

$$h^2 = \frac{V_A}{V_P}$$

자연선택은 유전 인자의 부가효과(additive effect, $V_A$)에 의해 대부분 결정되기 때문에 협의 유전율은 동물이나 식물의 형질 개량을 위한 인위적 선택에 중요하게 사용된다. 또한 친척 간에 닮은 정도도 협의의 유전율과 관련이 있다.

유전율은 0과 1사이의 값을 갖으며 1에 가까울수록 유전 인자가 형질에 미치는 영향이 크다는 것을 의미한다. 유전율이 높은 것으로 알려진 키의 협의 유전율($h^2$)은 0.8 정도이며 생존 및 번식과 관련된 주요 형질의 유전율은 0.2~0.3 정도이다. 유전율을 이해할 때 주의할 점은 어떤 형질이 부모에게서 자식에게 전달될 확률로 이해되어서는 안 된다는 것이다. 유전율은 인구집단에서 나타나는 형질의 차이 중 어느 정도가 유전적 차이로 설명되는지를 보여주는 지표이다. 또한 유전 인자와 환경 인자가 얽혀 있는 경우들이 있다. 예를 들어 특정 인종이 사회 경제적으로 불리한 환경에 노출되는 경우들이 있는데, 이때 인종 특이적인 변이들과 환경적 요인을 독립적으로 평가하기 어려울 수 있다. 그럼에도 불구하고 유전율은 특정 형질이나 질환에 유전 인자가 얼마나 중요하게 작용하는지를 평가하는 중요한 지표이다. 그동안 연구를 통해 당뇨병, 비만, 고혈압, 조현병, 자폐증 등 많은 복합질환에 유전 인자가 강하게 작용하고 있음이 밝혀졌다.

### 4) 유전자 변이가 질환에 미치는 통계적 영향력: 상대위험도와 우도비

유전자 변이가 특정 질병에 미치는 영향을 살펴보기 위한 방법으로 전향적코호트 연구와 환자대조군 연구가 있다. 전향적코호트는 연구 시작 시점에 질환이 없는 사람들을 추적하여 유전자 변이에 따라 질환 발병이 달라지는지 연구한다. 이때 사용되는 통계 지표가 상대위험도(relative risk)이다. 이는 특정 변이를 갖지 않은 사람들을 추적했을 때 질병이 생기는 위험을 특정 변이를 갖지 않은 사람들을 추적했을 때 질병이 생기는 위험으로 나눈 값이다. 환자대조군 연구는 단면적 연구이며 통계 지표로 우도비(odds ratio)를 사용한다. 우도비는 특정 유전자 변이를 갖고 있는 사람 중 질병을 갖고 있는 사람과 그렇지 않은 사람의 비를 특정 유전자 변이가 없는 사람 중 질병을 갖고 있는 사람과 그렇지 않은 사람의 비로 나눈 값이다. 복합질환 유전체 연

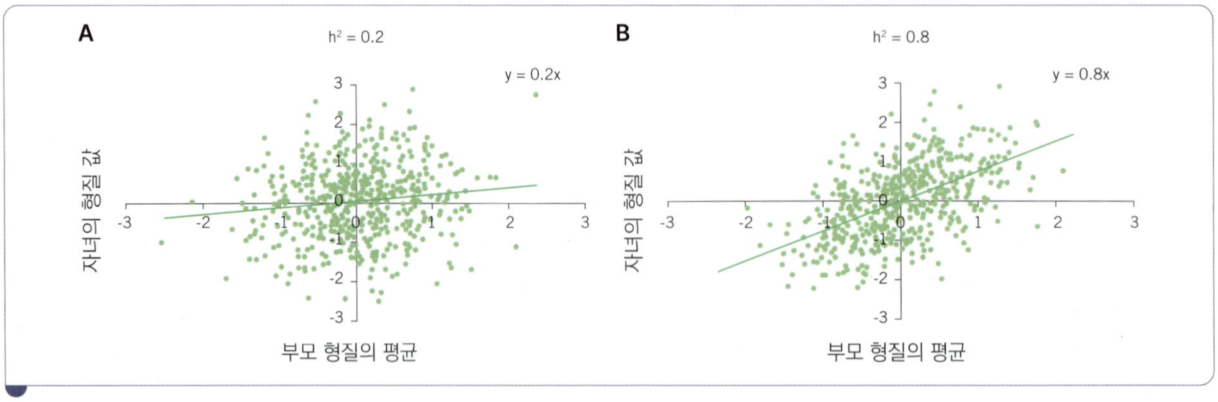


**그림 9-2.** 부모 형질의 평균과 자녀의 형질 값의 상관관계를 이용한 유전율의 추정. **(A)** 유전율이 0.2인 경우와 **(B)** 0.8인 경우 상관계수와 형질 값의 분포. 유전율이 높을수록 부모의 형질 평균이 자녀의 형질 값을 더 잘 예측함을 보여준다.

구에서는 우도비를 사용하는 경우가 많다. 그 이유는 상대위험도를 계산하기 위해서는 기저에 질환이 없던 사람들을 장기간 추적한 전향적코호트가 필요한 반면 우도비는 단면 연구인 환자대조군 연구로 쉽게 분석이 가능하기 때문이다.

## 3. 가족 내 군집화 및 쌍둥이를 이용한 연구

### 1) 가족 내 군집화와 가족내위험비

유전성이 높은 질환은 가족 내에 군집화(clustering)하여 발현하는 경향이 있다. 가족 내에 특정 질환을 갖고 있는 사람이 있을 경우, 그 친척에서 동일한 질환이 나타날 확률이 일반인에 비하여 얼마나 높은지를 위험비(recurrence risk ratio, $\lambda_R$)로 나타낸다. $\lambda_R$이 1인 것은 특정 질환의 위험이 일반인구 집단과 같다는 것 의미하며 2~3인 것은 친척들의 질환 위험이 일반인구 집단에 비하여 2~3배 높다는 의미이다. 형제를 대상으로 한 가족내 위험비를 형제위험비(sibling risk ratio, $\lambda_S$)라고 한다. 1형당뇨병의 $\lambda_S$는 35 정도이며 2형당뇨병의 $\lambda_S$는 2~3 정도로 알려져 있다. 가족내 특정 질환이 군집화되었다고 반드시 유전성이 있는 것은 아니며 가족내 공유되는 환경적 인자가 중요하게 작용하는 경우도 있다.

**표 9-1.** 다양한 복합질환의 형제위험비($\lambda_S$)

| 질환 | $\lambda_S$ |
|---|---|
| 1형당뇨병 | 35 |
| 2형당뇨병 | 2~3 |
| 크론병 | 25 |
| 다발성경화증 | 24 |
| 조현병 | 12 |
| 자폐증 | 150 |
| 양극성장애 | 7 |

### 2) 일란성 쌍둥이와 이란성 쌍둥이의 비교

이란성 쌍둥이는 유전자의 약 50%를 공유하지만 일란성 쌍둥이는 유전자가 완전히 일치한다. 따라서 특정 질환이 유전성이 높다면 동일 성별 이란성 쌍둥이에서 발병 일치율보다 일란성 쌍둥이에서 일치율이 높다. 이러한 특성을 이용하여 유전율을 일란성 쌍둥이와 이란성 쌍둥이의 연속 형질 상관계수 차의 2배로 계산할 수 있다. 즉 r을 연속 형질의 쌍둥이 간 상관관계라고 하면 유전율 $h^2$는 다음과 같이 나타낼 수 있다.

$$h^2 = 2 \times (r_{MZ} - r_{DZ})$$

특정 질환이 전적으로 유전 인자에 의해 결정된다면 일란성 쌍둥이에서는 상관계수($r_{MZ}$)가 1이 될 것이고 이란성 쌍둥이에서는 상관계수($r_{DZ}$)가 0.5가 될 것이기 때문에 $h^2$는 1이 된다. 반면에 유전 인자가 전혀 관여하지 않는다면 이란성 쌍둥이와 일란성 쌍둥이에서 상관계수 차이가 없기 때문에 $h^2$는 0이 된다. 쌍둥이는 가족내 동일한 환경적 인자를 공유하기 때문에 어릴 때 서로 분리되어 성장한 쌍둥이를 연구하면 보다 정확히 유전성을 평가할 수 있다. 다만 이런 경우는 흔하지 않으며 임신 중 태내 환경을 공유한다는 한계가 있다.

### 3) 입양아 분석을 통한 유전적 요인과 환경적 요인의 구별

다른 연구 방법으로 입양되어 다른 환경에서 자라난 형제를 분석하는 것이 가능하다. 입양된 사람들을 조사하여 그들이 갖고 있는 특정 질환이 생물학적 친부모에게도 있는지 혹은 입양된 가족의 부모에게도 있는지 살펴볼 수 있다. 또한 특정 질환을 갖은 부모의 자식이 다른 가족으로 입양되었을 때 입양된 자식에서 동일한 질환이 발병하는지를 살펴볼 수 있다.

# II. 복합질환의 연구에 있어서 linkage와 association (Investigation of complex disease using linkage vs association)

복잡질환은 여러 유전적 요인과 환경적 요인이 상호작용하여 발생하는 질환으로, 그 유전적 연관성을 밝히는 것은

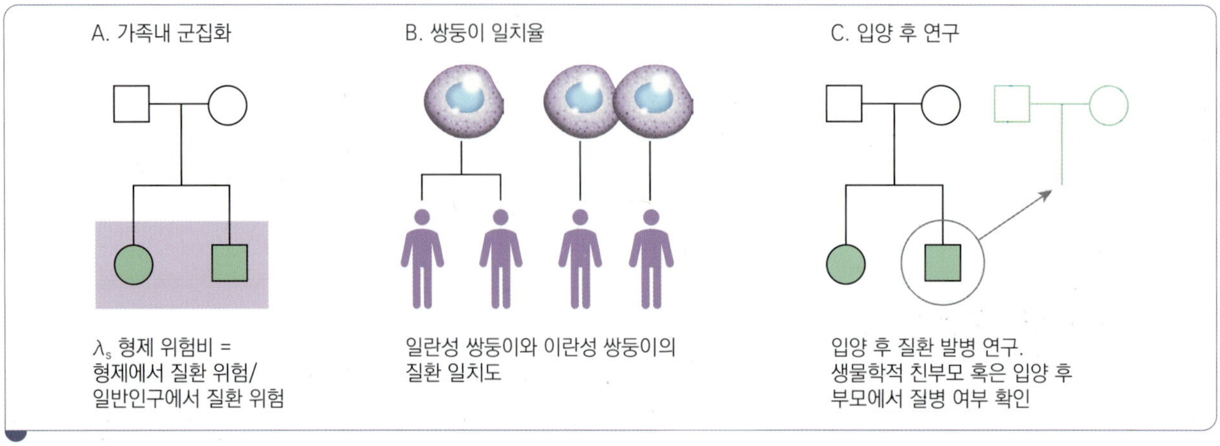


**그림 9-3. 복합질환에서 유전 인자의 중요성을 결정하기 위한 다양한 방법. (A)** 가족내 군집화를 형제위험비($\lambda_s$)로 평가할 수 있다. **(B)** 일란성 쌍둥이와 이란성 쌍둥이에서 질환 일치도를 비교할 수 있다. **(C)** 입양 후 질환 발병을 평가하여 생물학적 친부모와 입양된 가족의 부모 중 어느 쪽에 질병이 더 많은지 평가할 수 있다.

큰 도전이었다. Linkage analysis는 복합질환에서 유전적으로 매우 복잡한 특징을 가지고 있는 특정 염색체 영역(locus)을 찾아내기 위하여 사용되는 유전학적 분석 방법이다.

Linkage analysis는 가족 기반 연구(designed for family-based studies) 시 단일 유전자 질환의 연구에서 주로 사용되었으며, 초기 유전학 연구에서 널리 사용되었다. 즉, 복합질환의 단일유전자 희귀질환 모형 연구에 사용되었다. 그 예로 본 단원에서 다룰 혈압 조절 유전자를 찾기 위하여 극심한 고혈압, 저혈압을 보이는 희귀질환의 원인 유전자를 linkage analysis로 찾은 연구를 소개할 것이다. 복잡성이 높은 질환에서는 단일 유전자의 영향이 작기 때문에 linkage analysis 만으로는 한계가 있으며, 최근에는 genome-wide association study (GWAS)와 같은 다양한 유전자 분석 기술을 활용하여 복합성 질환의 유전적 기여를 조사하는 것이 보다 효과적인 방법으로 인정되고 있다.

## 1. Linkage analysis 방법

Linkage study는 가족 기반 연구에서 유전적으로 복잡한 질환과 관련된 유전자를 찾기 위해 사용되는 방법이다. 주로 질병력이 있는 가족 구성원들의 유전자 데이터를 분석하여 특정 유전자 또는 염색체 영역과 질병 발생 사이의 연관성을 탐색한다. 다음은 linkage study의 자세한 과정이다 (그림 9-4).

### 1) 가족 구성원 모집

연구에 참여할 가족들을 선별한다. 특히 질병력이 있는 구성원, 질병력이 없는 구성원들을 모두 포함하여 다양한 세대와 세대 간의 관련성을 가진 가족을 모집한다.

### 2) 표본 및 유전자 데이터 수집

각 가족 구성원으로부터 혈액 또는 유전자 샘플을 수집한다. 이 샘플은 DNA 추출을 통해 유전자 분석을 위한 유전체 데이터를 얻기 위해 사용한다.

### 3) 유전자 지도 작성

수집한 가족 구성원들의 유전자 데이터를 사용하여 유전자 지도를 작성한다. 유전자 지도는 다양한 염색체 영역에 위치한 유전자 변이들과 그들 간의 상대적인 위치를 보여주며, 일반적으로 single nucleotide polymorphism (SNP) 마커들을 사용하여 유전자 지도를 구축한다.

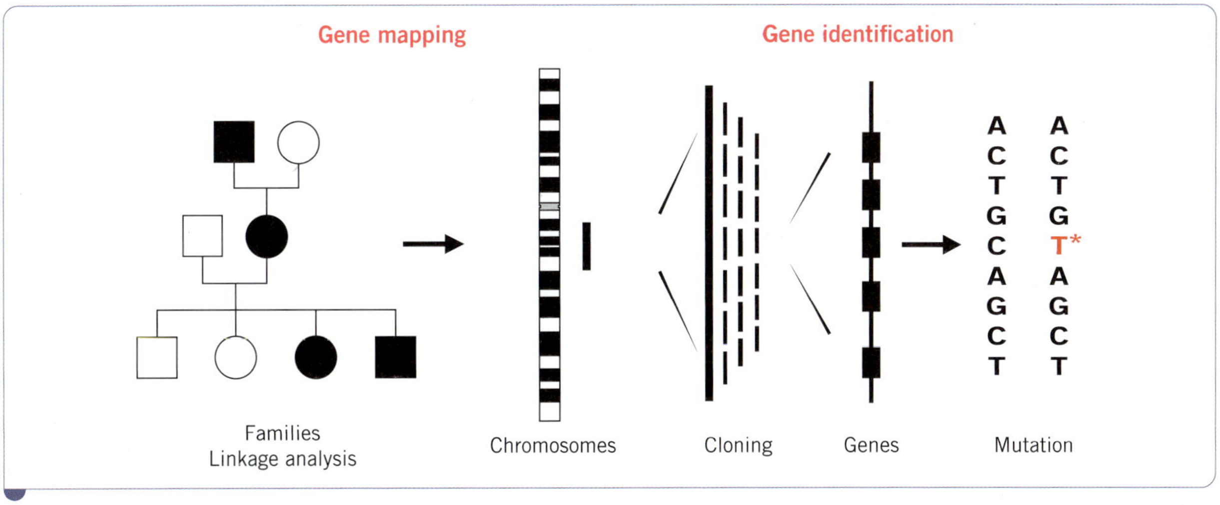


그림 9-4. Linkage analysis 전체 과정의 모식도.

#### 4) 유전자 분석

가족 구성원들의 유전자 데이터를 분석하여 특정 유전자 또는 염색체 영역과 질병 발생 사이의 연관성을 조사한다. 이를 위해 유전자 분석 방법 중 하나인 LOD (logarithm of the odds) score라는 지표를 사용한다. LOD score는 특정 유전자 또는 염색체 영역과 질병 발생 사이의 연관성 정도를 평가하는 통계적 척도가 된다.

#### 5) LOD score 평가

유전자 분석 결과로부터 LOD score를 계산한다. LOD score는 통계적 가설 검정을 통해 특정 유전자 또는 염색체 영역과 질병 발생 사이의 연관성이 있는지 여부를 판단하게 한다.

#### 6) 연관성 지역 식별

LOD score가 통계적으로 유의미한 값을 가지는 유전자 또는 염색체 영역을 식별한 후 해당 질병과 관련된 유전적 기여를 나타낼 수 있는 유망한 후보 유전자들을 선택한다.

#### 7) 후속 연구

linkage study를 통해 식별된 연관성 지역과 유전자들은 이후 유전자 기능 연구, 유전자 돌연변이 분석, 유전자발현 조사 등의 추가 연구를 통해 질병 유발 메커니즘과 관련된 유전적 요인을 더 깊이 이해하고 밝히는 데 활용된다.

Linkage study는 가족 구성원 간의 유전적 관련성을 이용하여 유전적으로 복잡한 질환과 관련된 유전자를 찾는 데 유용한 방법으로, 이를 통해 유전적 기여가 큰 질환의 발생 메커니즘을 이해하고, 이를 기반으로 예방, 진단 및 개인 맞춤형 치료 전략을 개발하는 데 기여할 수 있다.

## 2. Linkage analysis 원리

이번 장에서는 linkage 방법의 통계적 원리에 대해 설명하겠다. Linkage study는 가족 구성원들의 유전자 데이터와 질병 발생 여부를 분석하여 특정 유전자 또는 염색체 영역과 질병 사이의 연관성을 평가하는 방법으로 이를 위해 LOD score라는 통계적 척도가 사용된다. 다음은 보다 자세한 linkage analysis의 통계적 원리이다.

#### 1) 유전적 연관성 가설 검정

Linkage 방법의 첫 번째 단계는 특정 유전자 또는 염색체 영역과 질병 사이의 유전적 연관성을 검정하는 것이다.

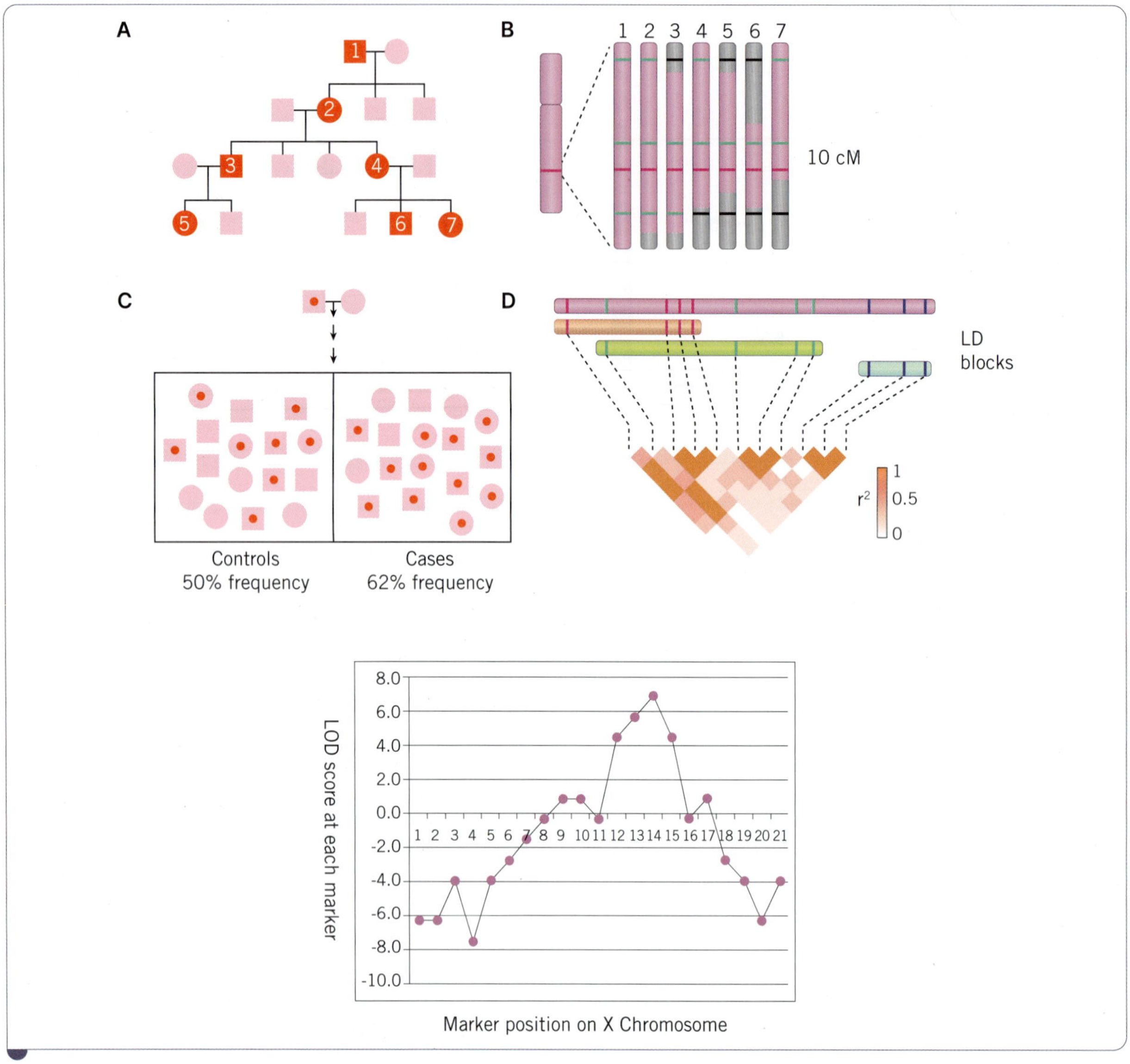


**그림 9-5.** Linkage analysis를 통하여 질병 연관 위치를 식별하고 LOD score로 나타내는 과정의 모식도.

이는 귀무 가설(null hypothesis, H0)과 대립 가설(alternative hypothesis, H1)을 수립하여 진행된다. 귀무 가설은 특정 영역과 질병 사이의 유전적 연관성이 없다는 가정이며, 대립 가설은 유전적 연관성이 있다는 가정이다.

### 2) 유전자 연관성 모델링

LOD score를 계산하기 위해서는 특정 질환의 유전 모델을 정의해야 한다. 일반적으로 autosomal dominant, autosomal recessive, X-linked, 또는 multifactorial 모델 등을 사용한다. 이는 연구 대상 가족 가계도를 분석, 그 결과에 따라 유전변이의 전달 방식을 고려하여 설정된다.

### 3) LOD score 계산

특정 유전자 또는 염색체 영역과 질병 사이의 연관성 정도를 나타내는 통계적 척도로서, 보통 우도 비율 검정법(likelihood ratio test)을 통하여 도출된다. 즉, 관찰된 유전자 연관성 데이터에 대하여, 예상되는 연관성 없는 모델에 비해 연관성 있는 모델의 우도(likelihood) 비율을 계산한다.

#### 4) LOD score 계산 방법

LOD score는 로그 확률비(logarithm of the odds ratio)로 계산된다. 유전자 간의 연관성이 독립적으로 전파되는 경우 LOD score는 0에 가까운 값을 가지며, 연관성이 높을수록 양수로 증가한다.

#### 5) 유의성 검정

계산된 LOD score는 통계적 유의성 검정을 통해 평가된다. LOD score에 대한 통계적 유의성은 특정 LOD score 임계값에 대해 비교되며, 일반적으로 LOD score 3 이상은 특정 유전자 또는 염색체 영역과 질병 사이의 유의한 연관성을 나타낸다.

#### 6) 유전자 위치 식별

계산된 LOD score를 통해 유전자 또는 염색체 영역의 위치를 식별할 수 있다. LOD score가 유의한 값을 가지는 영역은 해당 질환과 관련된 유전자의 위치를 나타낸다.

Linkage study에서 LOD score는 유전자와 질병 사이의 연관성을 평가하는 중요한 통계적 지표이다. 높은 LOD score는 특정 유전자 또는 염색체 영역과 질병 사이의 강한 연관성을 나타내며, 이는 해당 유전자가 질병의 유전적 기여를 나타낸다는 가능성을 시사하며 후속 연구를 통한 질병 발생의 원인이 되는 유전자, 유전변이의 발견을 위한 척도가 된다.

## 3. Linkage analysis 예시

이 장에서는 위에서 설명한 linkage analysis를 이용하여 고혈압, 저혈압 질환 유발 유전자를 다수 밝혀낸 Richard P. Lifton의 발견에 대해서 설명할 것이다. Lifton은 1980~1990년대에 고혈압과 저혈압과 관련된 유전적 기여와 관련하여 많은 중요 발견을 이루어 낸 유전학자이다. Lifton과 그의 연구팀은 가족 기반 연구를 통해 고혈압 및 저혈압이 유전적인 요인에 의해 결정될 수 있다는 가설을 상정하였다. 이를 검증하기 위해 극심한 고혈압, 저혈압을 보이는 다수의 가족들을 조사하였고, 그들의 혈압 수준과 유전자 데이터를 수집했다.

고혈압과 관련된 첫 번째 발견은 "Liddle syndrome"이라고 불리는 질환에서 이루어졌다. Lifton 박사는 Liddle syndrome을 보이는 대가족을 대상으로 가족 구성원들의 유전자를 분석하여 이 질환의 원인이 염분 및 물의 재흡수를 조절하는 체액 평형 조절 체계에 영향을 미치는 유전자(SCNN1G) 돌연변이에 의해 발생하는 것을 밝혀냈다. 실제 해당 돌연변이에 의하여 신장에서 효과적인 염분 및 물의 배설을 방해하여 혈압을 증가시킨다는 기전을 이해하였다. 저혈압과 관련된 발견은 "Gitelman syndrome"과 "Bartter syndrome"에서 이루어졌다. 이들은 신장에서의 이온 교환(*SLC12A3*)과 알도스테론 조절(*KCNJ1*)에 영향을 미치는 유전자 돌연변이에 의해 유발되는 증후군으로 역시 질환 가족력이 있는 대가족의 linkage analysis를 사용하여 해당 발견을 하였다.

Lifton 박사의 연구는 고혈압과 저혈압을 유발하는 유전적 기전을 보여주는 중요한 발견으로 인정받았으며 혈압 조절 메커니즘에 대한 깊은 이해를 제공하였다. 특히 혈압 조절이라는 복잡한 형질의 유전적 이해를 위하여 혈압 조절의 극심한 양 극단에 위치한 희귀질환 환자 대상의 성공적인 연구인 것에 큰 의의가 있다.

## 4. Linkage analysis 한계

Linkage 방법은 과거에 질환과 관련된 유전자를 발견하는 데 널리 사용되었지만, 최근에는 다음과 같은 한계점으로 인해 더 많이 사용되지 않는 경향이다.

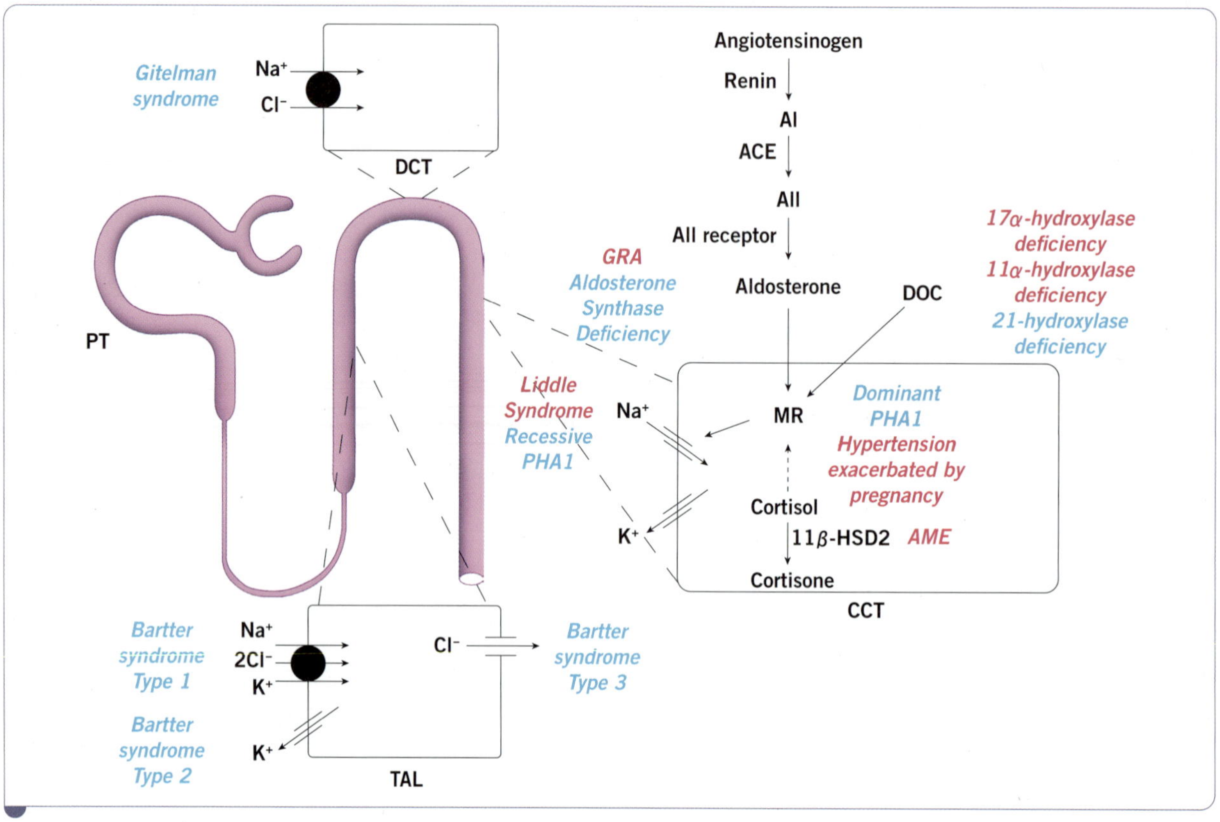


**그림 9-6.** Linkage analysis를 여러 질환 가족에게 이용하여 혈압 조절 유전자를 발견한 연구 결과.
(출처: https://www.sciencedirect.com/science/article/pii/S0092867401002410)

### 1) 큰 샘플 크기 요구

Linkage 방법은 가족 구성원들의 유전자 데이터를 활용하기 때문에 질병력이 있는 대가족의 참여가 필요하다. 그러나 샘플의 크기가 작으면 통계적 검정력이 낮아지며, 연관성을 확인하기 어렵다.

### 2) 유전적 다양성

많은 복잡한 질환은 다양한 유전적 요인의 조합에 의해 발생하며 이는 유전적 다양성과 이질성으로 표현된다. 즉 하나의 유전자나 염색체 영역만으로는 질병의 전체 유전적 기여 전체를 설명하기 어렵다. Linkage 방법은 단일 유전자 또는 염색체 영역의 연관성을 검사하는 데 특화되어 있기 때문에 복잡한 질환의 모든 유전적 기여를 다루기에는 한계가 있다.

### 3) 정확한 유전자 맵핑의 어려움

유전자의 위치는 LOD score를 사용하여 추정되나 LOD score는 연관성 정도를 추정하기 위한 통계적 척도이며, 정확한 위치를 나타내지는 않는다. 따라서 연관성 영역 내에 많은 유전자들이 존재하며, 실제 유전자를 식별하는 데 정확성과 해석의 어려움이 있을 수 있다.

### 4) GWAS의 우세

최근에는 GWAS 방법이 linkage analysis를 대체하였다. GWAS는 수천 개 이상의 유전자 변이를 동시에 조사하여 질병과의 연관성을 탐색하는 방법으로 가족력이 필요 없고 다양한 유전적 요인을 다룰 수 있으며, 보다 정확한 유전자 위치를 식별할 수 있어서 현재는 유전 연구에서 주로 사용되는 방법이다.

요즈음 linkage analysis의 사용이 줄어드는 이유는 GWAS의 발전으로 인해 더 많은 유전적 요인을 다루게 되었고, 대규모 샘플 크기를 이용하여 더 정확한 유전자 위치 식별을 제공하기 때문이다. 또한, linkage analysis는 비교적 제한된 유전적 다양성을 가진 단일 유전자 또는 염색체 영역의 연관성을 다루는데 특화되어 있기 때문에, 복잡한 질환의 유전적 기여를 이해하기에는 한계가 있다.

## III. 복합질환의 연구에 있어 전장유전체연관성분석(Investigation of complex disease using genome-wide association study [GWAS])

전장유전체연관성분석(genome-wide association study, GWAS)은 전장유전체 수준으로 유전변이의 통계적 조사를 통해 질병과 연관된 유전 변이를 탐색하는 방법이다. 이를 통해 질병 발생 메커니즘을 이해하고, 예방, 진단, 치료 방법의 개발에 도움을 주게 된다. GWAS는 대규모 샘플 크기와 통계적 분석을 통해 신뢰할 수 있는 결과를 도출할 수 있어 복합질환의 유전 연구에서 중요한 역할을 하고 있다. 특히 최근의 polygenic risk score (PRS)법의 발전을 통하여 개인 맞춤형 의학과 유전적 위험 평가 등에 이용할 수 있으며, 질병의 유전적 원인을 파악하여 인간 건강에 대한 이해를 높이는 데 기여하고 있다.

### 1. GWAS 분석을 위한 SNP 어레이 소개와 GWAS 분석 방법

GWAS 실험에서 전장유전체 수준의 분석을 위하여 대규모의 SNP에 대한 분석이 필요하다. 이를 위하여 주요 염색체 마이크로어레이검사(microarray, genotyping array, SNP array, chip 등으로 불리기도 함)를 회사에서 개발, 판매하고 있다(그림 9-7). 이 SNP 어레이는 대규모 유전자 변이 분석을 가능하게 하는 도구로, 수천 개에서 수백만 개 정도의 SNP을 동시에 조사할 수 있다. 어레이상의 각 마커는 각 SNP 위치를 나타내며, 대상자 DNA의 수십만 개 이상의 유전변이를 한 번에 분석할 수 있도록 설계되었다. 각 SNP array는 특정 회사나 연구 그룹에 의해 개발되며, 그 선택은 연구의 목적과 대상 질병에 따라 달라질 수 있다. 예를 들어, 일부 SNP array는 특정 질병에 관련된 SNP를 중점적으로 조사하거나, 특정 인구 그룹의 유전 다양성을 고려하여 설계되기도 한다(예: 한국인 특이적 SNP을 추가한 한국인칩, KoreanChip).

GWAS는 다음과 같은 단계로 진행된다.

#### 1) 샘플 모집 및 표본 준비

연구 대상 질병을 가진 환자와 건강한 대조군을 포함한 대규모 샘플을 모집한다. 각 개인의 유전자 데이터와 질병 유무에 대한 정보가 함께 수집된다.

#### 2) 조절 변수

GWAS에서는 다양한 조절 변수를 고려하여 분석한다. 이는 외부 요인이 유전적 연관성 평가에 영향을 미칠 수 있기 때문이며, 나이, 성별, 인구 구조, 환경 요소 등의 변수를 조절하여 정확한 연관성을 평가한다. 특히 GWAS 분석은 매우 민감한 분석이기 때문에 위양성 신호를 미연에 제거하기 위하여 친족관계 참여자 제거, 타 인종 참여자 제거 등과 같은 초기 필터링 과정이 매우 중요하다.

#### 3) 유전자 변이와 질병 연관성 분석

각 SNP과 질병 간의 연관성을 평가하기 위해 통계적 분석이 수행된다. 주로 유전 모델(예: heterozygous/homozygous model, dominant/recessive model)을 사용하여 각 SNP의 유전적 연관성을 계산한다. GWAS는 주로 환자-대조군 또는 코호트 디자인을 사용하여 질병과 정상 집단 간의 유전적 차이를 분석하기에 각 SNP의 유전형을 측정하고, 각 유전형과 질병 발생 혹은 특정 형질과의 연관성을 분석한다. 일반적으로 로지스틱 회귀 모델이나 선형 회귀 모델과 같은 통계 분석 방법을 사용하여 유전적 연관성을 검정한다.

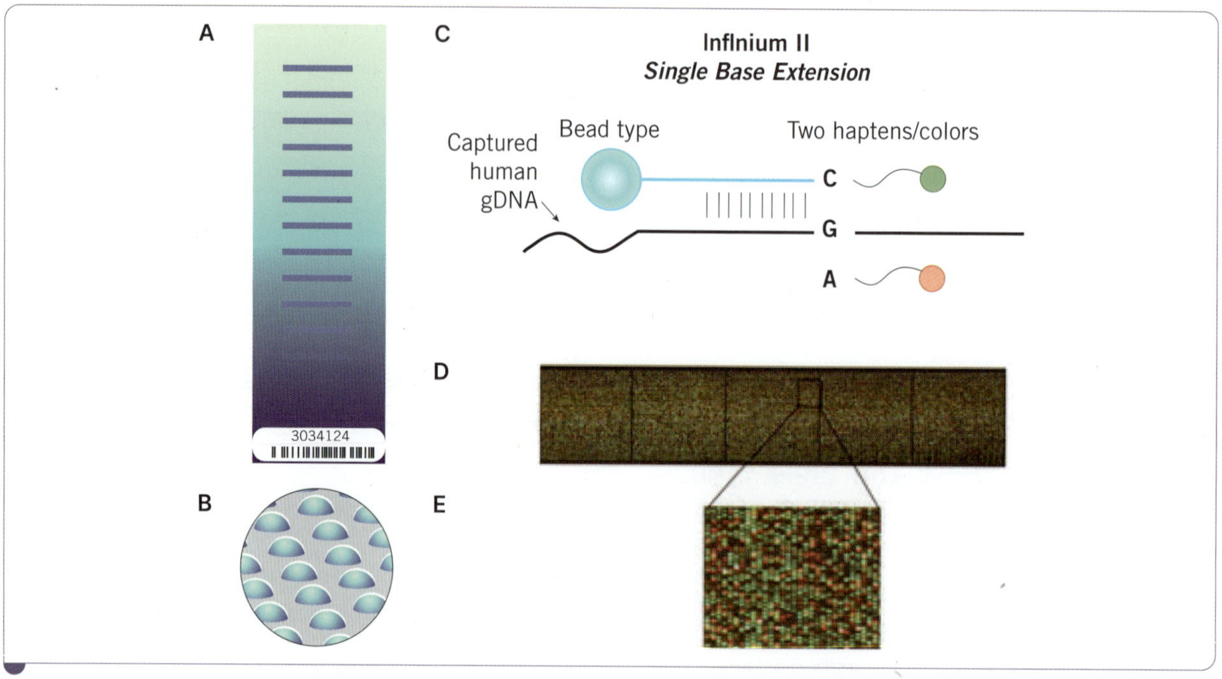


**그림 9-7.** SNP 어레이의 구조와 SNP typing 단계의 모식도.

### 4) 통계적 보정과 유의성 검정

GWAS 분석은 워낙 많은 SNP을 분석하기에 위양성 신호를 없애는 것이 중요하다. 특히 다중 교정문제를 다루기 위해 통계적 보정이 필요하다. 주로 Bonferroni 보정, false discovery rate (FDR) 등의 방법을 사용하여 유의성 임계값을 보정하고 그 후 유의한 연관성을 가진 SNP을 선택한다.

### 5) 통계적 강도 및 효과 크기

특정 변이 유무에 따른 복잡질환 위험도의 효과 크기를 평가해야 한다. 일반적으로 odds ratio (OR)나 베타 계수와 같은 통계적 지표를 사용하여 질병과 유전자 변이 사이의 연관성 강도를 측정한다.

### 6) 결과 해석과 후속 분석

유의한 SNP을 통해 질병과 연관된 유전적 요인을 확인한 후, 해당 SNP의 기능과 연결된 생물학적 과정을 연구한다. 추가적인 분석과 실험을 통해 유전적 메커니즘을 파악하고, 이를 이용해 예방, 진단, 치료 방법을 개발하는 데 활용한다.

GWAS는 대규모 샘플과 통계적 분석을 통해 유전자 변이와 질병 사이의 연관성을 탐색하는 과정으로, 질병의 유전적 기반이나 생물학적 이해를 높이는 데 기여한다.

## 2. GWAS 분석 예시: 조현병

많은 종류의 질병, 형질들이 GWAS의 대상이 되어 왔다. 이 장에서는 그중 조현병(schizophrenia) 질환을 예시로 설정하고 대상 GWAS 연구의 발전에 대하여 설명하겠다. 조현병은 복잡한 유전적 기반을 가지고 있는 정신질환 중 하나로서 GWAS의 발전에 힘입어 많은 유전적 이해가 있어 왔다(**표 9-2**).

**표 9-2**를 보면 2008년 조현병 대상 첫 GWAS 연구가 보고되었으며, 이는 479명의 환자와 2,937명의 대조군을 이용한 연구이다. 이를 통하여 3개의 유전좌위가 조현병과 통계적으로 유의하다는 결과가 도출되었다. 점점 시간이 흘러 몇 가지 경향성이 눈에 띈다.

**표 9-2.** 조현병 GWAS 분석 방법의 변화.

| First author | Date | Journal | Discovery (Case/Control) | Replication (Case/Control) | # of sig. loci |
|---|---|---|---|---|---|
| O'Donovan MC | 7/30/2008 | *Nat Genet* | 479/2,937 | 4,143/6,515<br>1,782/1,865 (EA) | 3 |
| Purcell SM | 7/1/2009 | *Nature* | 3,322/3,587 | 4,692/15,493 | 4 |
| Shi J | 7/1/2009 | *Nature* | 2,681/2,653<br>1,286/973 (AA) | 5,327/16,424 | 2 |
| Stefansson H | 7/1/2009 | *Nature* | 2,663/13,498 | 10,282/21,093 | 7 |
| Ripke S | 9/18/2011 | *Nat Genet* | 9,394/12,462 | 8,442/21,397 | 25 |
| Yue WH | 10/30/2011 | *Nat Genet* | 746/1,599 (CHN) | 4,027/5,603 (CHN) | 2 |
| Shi Y | 10/30/2011 | *Nat Genet* | 3,750/6,468 (CHN) | 4,383/4,539 (CHN) | 2 |
| Ripke S | 8/25/2013 | *Nat Genet* | 13,833/18,310 (various) | 7,413/19,762 (various) | 27 |
| Ripke S | 7/22/2014 | *Nature* | 33,638/43,456<br>1,836/3,383 (EA) | 1,513/66,236 | 98 |
| Li Z | 10/9/2017 | *Nat Genet* | 35,476/46,839<br>7,699/18,327 (CHN) | 4,384/5,770 (CHN) | 222 |
| Trubetskoy V | 4/8/2022 | *Nature* | 67,390/94,015 (multi) | 1,979/142,626 | 342 |

AA: 아프리카 흑인, CHN: 중국인, EA: 동아시아인). 괄호로 그 민족이 특정되지 않은 경우는 모두 유럽인임.

1) 연구 규모의 대형화: 많은 환자와 대조군의 모집, SNP 어레이 분석 가격의 하락, 기존 GWAS 연구 데이터의 통합 분석(메타분석, meta-analysis) 등을 통하여 분석 규모가 커지고 있다.
2) 통계적으로 유의한 시그널의 수 증가: GWAS는 통계적 분석법이고 연구 규모에 따라 그 결과가 매우 민감히 반응한다. 연구 규모가 커짐에 따라 각 연구에서 도출되는 통계적으로 유의한 시그널의 수도 빠르게 증가하고 있다.
3) 연구 대상 민족의 다양화: 초창기에는 대부분 유럽인이 연구 대상이었으나 시간이 가며 동아시아인, 중국인, 아프리카인 등으로 대상이 다변화되고 있으며, 최근에는 다민족(multi-ethnic) GWAS 연구가 주를 이루고 있다(**그림 9-8**).

조현병 대상 GWAS 연구의 발전은 질병의 유전적 기여를 이해하는 데 많은 진전을 이루었으며, 새로운 진단 방법과 치료 전략을 개발하는 데 도움을 주고 있다. 그러나 아직은 조현병 발병의 유전적 기반이 완전히 해명되지 않았으며, 추가적인 연구와 장기적인 노력이 필요할 것이다. 이를 위하여 최근에는 조현병을 비롯한 여러 복합질환 연구를 위하여 다양한 추가 분석들이 도출되어 사용되고 있다. 다음 장에서는 이러한 최근의 경향에 대하여 다루겠다.

## 3. GWAS 분석의 현황과 전망: Polygenic risk score

Polygenic risk score (PRS)는 개인별 여러 유전변이들의 합산된 유전적 위험 점수를 나타내는 지표이다. 많은 유전변이들이 각기 다양한 정도로 질병과 관련되었다고 가정한다면, 이들을 모두 합산하여 개인의 전체적인 유전적 위험을 평가하는 것이 PRS의 핵심 아이디어이다. PRS의 계산은 일반적으로 다음과 같은 단계로 이루어진다.

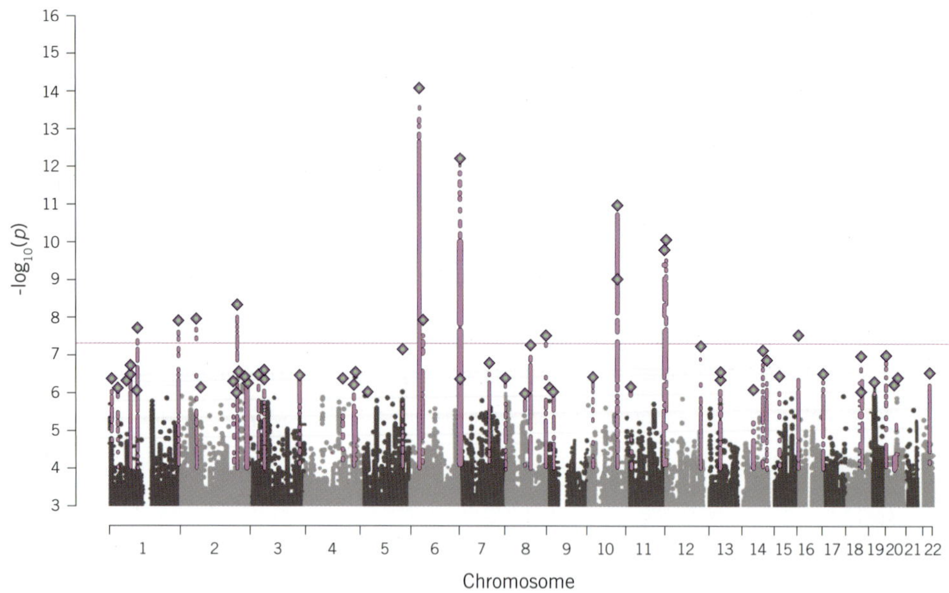


**그림 9-8.** 조현병 대상 GWAS 연구에서 도출된 맨하튼 그림의 예시.

### 1) 유전적 변이 선택

먼저, 이전의 GWAS 결과에서 질병과 관련된 유전적 변이를 선택한다. 분석 방법에 따라 특정 GWAS 결과의 가장 높은 결과를 가지는 몇 개의 변이만 선택할 수도 있고, 혹은 전체 유전체상의 모든 변이를 선택할 수도 있다.

### 2) 가중치 할당

선택한 SNP 각각에 대한 유전적 위험성 가중치를 할당한다. 이 가중치는 이전 GWAS 연구에서 도출된 크기에 기반하여 설정하며 각 SNP의 통계적 지표(예: odds ratio, beta 값)를 사용하여 가중치를 할당한다. 높은 연관성을 가진 SNP일수록 더 높은 가중치를 받게 된다.

### 3) 가중치 합산

선택한 SNP들의 유전적 위험성 가중치를 개인의 유전자 변이 정보와 곱하여 합산한다. 예를 들어, 어떤 SNP의 표준 유전형이 A, 대립유전형이 C이고, 특정 형질에 대한 GWAS 결과 C를 가질 때 OR=1.4라고 하자. 어떤 개인의 유전형이 AA라면 1.4×0=0점 할당, AC라면 1.4×1=1.4점 할당, CC라면 1.4×1.4=1.96점이 할당되는 것으로 이를 분석 대상 SNP들에서 모두 합산한다.

### 4) 유전적 위험 예측

가중치로 합산된 PRS는 개인의 유전적 위험 예측을 제공한다. PRS가 높을수록 해당 질병에 걸릴 위험이 높아진다는 뜻으로 PRS는 보통 연속적인 점수로 표현되며, 상위 백분위로 분류되어 개인의 질병 위험을 평가할 수 있다.

PRS는 개인의 유전적 위험성을 예측하는 데 사용되며, 질병 예방, 진단, 치료 등 다양한 분야에서 응용될 수 있다. 하지만 PRS는 단독으로 진단이나 예측에 사용되는 것이 아니라, 다른 임상적 정보와 결합시켜 체계적인 평가가 이루어져야 한다. 또한, PRS는 현재까지 연구된 유전적 변이들을 기반으로 하기 때문에, 더 많은 GWAS 분석이 추가될수록 예측력이 개선될 수 있다. 마지막으로, 현재까지 수행된 GWAS 연구는 대부분 유럽인 대상이며 그렇기에 여기서 도출된 값을 한국인에게 직접 대입하면 그 예측력이 감소한다. 그렇기에 대규모의 한국인, 동아시아인 대상의 GWAS 연구가 선행되어야 할 것이다.

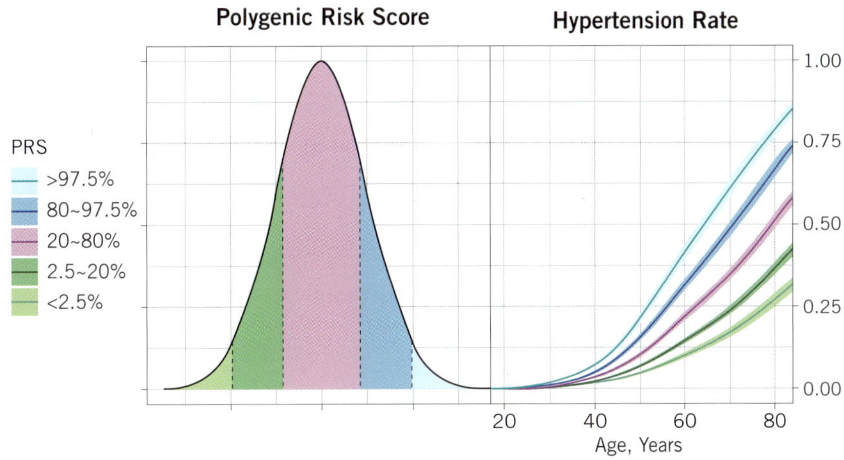


그림 9-9. 복합질환 대상에 대한 PRS 분포(왼쪽)과 PRS에 따른 복합질환 발현 정도.

## 4. GWAS 분석의 현황과 전망: 대규모 바이오뱅크

최근 각국에서는 대규모 유전형-표현형 코호트를 구축하고 데이터를 공개하고 있으며, 이들은 최근의 복합질환 유전 연구에 큰 도움이 되고 있다. 영국의 UK biobank가 가장 좋은 예시가 될 것이다. UK Biobank는 의생명학 연구를 위하여 구축되었으며, 50만 명 이상의 참여자로부터 수집된 생체 샘플, 유전체 데이터, 생리적 측정값, 임상 정보 등의 광범위한 정보를 보유하고 있다. 이러한 대규모 바이오뱅크 데이터는 GWAS 분석에 매우 유용하게 사용될 수 있다.

먼저, UK Biobank와 같은 대규모 바이오뱅크는 수십만 명 이상의 많은 참여자들로부터 유전체 데이터를 보유하고 있으며, 이는 GWAS 연구에서 유용한 통계적 파워(power)를 제공하고 있다. 큰 샘플 크기는 통계적으로 유의한 연관성을 감지하는 데 도움이 되며, 더 정확한 결과와 신뢰할 수 있는 연구 결과를 얻을 수 있게 한다. UK Biobank 데이터는 유전체 데이터뿐만 아니라 생리학적 측정값, 임상 정보, 영상 데이터 등 다양한 데이터 유형을 포함하고 있기에 이 다양한 데이터 유형을 GWAS와 결합하여 질병과의 연관성을 더 깊게 이해할 수 있다. 예를 들어, 유전자 변이와 혈압 측정값, 심혈관 질환과 관련된 임상 정보를 함께 분석하여 유전적 기여와 질병 발생 사이의 관계를 탐구할 수 있게 된다. 또한 UK Biobank 데이터는 장기적인 추적이 가능한 장점을 갖고 있다. 참여자들은 연구의 시작 시점부터 다양한 시점까지 추적되며, 장기적인 결과와 질병 발생 패턴을 파악하는 데 유용한 자료를 제공한다. 이를 통해 유전적 기여와 질병 발생 간의 장기적인 관계를 평가하고, 질병 예방 및 치료에 대한 정보를 얻을 수 있다. UK Biobank는 엄격한 품질 관리 프로토콜을 따르고 있다. 유전체 데이터, 표현형 데이터의 수집, 저장, 유지 보수 등의 과정에서 품질 관리를 철저히 하여 데이터의 정확성과 일관성을 유지한다.

실제 이러한 UK Biobank를 이용한 결과들은 질병의 유전적 기여, 새로운 유전적 변이의 발견, 진단 및 예측 모델의 개발 등 다양한 연구 분야에서 활용될 수 있으며 그 쓰임새가 계속적으로 증가하고 있다.

## 5. GWAS 분석의 현황과 전망: 희귀변이 연관분석

최근 GWAS 동향의 하나가 기존의 common variant를 이용한 분석에서 더 나아가 희귀변이를 이용하기 시작한 것이다. 기존의 common variant GWAS는 많은 유전자들과 질병 사이의 연관성을 탐색하는 데에 성공하였고, 많은 질병과 관련된 유전적 변이들을 밝히는 데에 큰 기여를 했다. 그러나 common variant는 많은 사람들에게 공통적으로 나타나기 때문에 이들이 질병의 전체적인 유전적 기여를 설명하는 데에는 한계가 있다. 특히, 드물게 발생하는 질병이나 복잡한 질환의 유전적 기반을 밝히는 데에도 한계가 있다. 이에 따라 최근에는 희귀변이를 이용한 GWAS 방법이 점점 더 사용되고 있다. 희귀변이 GWAS는 common variant 보다 희귀하지만 그 생물학적 영향이 더 크다고 알려져 있기에 질병에 대한 새로운 유전적 기여를 탐색하기 위해 효과적이다. 희귀변이 GWAS도 대부분 특정 유전체 영역 또는 전장유전체를 대상으로 수행된다. 또한, 희귀변이 GWAS는 그 변이의 빈도가 낮기에 어느 정도의 통계적 유의성을 달성하기 위하여 common variant GWAS보다 더 큰 통계적 파워를 필요로 하고, 이를 위하여 더 큰 표본 크기를 필요로 하기도 한다. 마지막으로, 희귀변이를 탐지하기 위해서는 기존의 SNP 어레이 방법보다 전장엑솜 염기분석법(whole exome sequencing)이나 전장유전체 염기분석법(whole genome sequencing)이 사용되어야 한다.

희귀변이 GWAS는 질병의 드물게 발생하는 변이들을 탐색하고, 이들이 질병의 발생과 관련된 유전적 기여를 평가하는 데에 중요한 역할을 한다. 또한, 도출된 데이터는 기존의 PRS의 개발에도 활용될 수 있다. 이를 통해 우리는 질병의 유전적 기반을 보다 종합적으로 이해하고, 예방 및 치료 전략에 활용할 수 있게 된다.

## 6. GWAS 분석의 한계점

GWAS 분석법은 유전적 변이와 질병 사이의 연관성을 탐색하는 데에 많은 이점을 가지고 있지만, 다음과 같이 몇 가지 한계점도 가지고 있다.

### 1) 연관성의 해석

"Association does not imply causation"이라는 말에서도 알 수 있듯 GWAS에서 도출된 유전적 변이와 질병 사이의 연관성 자체가 인과 관계를 나타내지 않는다. GWAS는 통계적 연관성을 기반으로 하기 때문에, 유전적 변이가 실제 질병의 원인인지를 명확하게 구분하기 어렵고, 따라서 유전적 변이의 기능과 질병 발생 메커니즘을 좀 더 깊이, 필요하다면 실험을 통하여 연구해야 한다.

### 2) 유전적 기여의 크기

대부분의 GWAS에서 발견되는 유전적 변이들은 질병 발생에 대한 상대적인 위험을 나타내는 것으로 해석된다. 그러나 이러한 유전적 기여의 크기는 일반적으로 작을 수 있으며 유전적 변이들로만 질병 예측이나 개인화 치료를 정확하게 수행하기에는 한계가 있다.

### 3) 미확인된 유전적 변이들

GWAS는 주로 common variant들을 대상으로 하기에 드물게 발생하는 질병이나 특정 인구 그룹에서 나타나는 변이들은 GWAS에서 놓칠 수 있다. 또한, 기술의 한계나 유전체의 복잡성으로 인해 발견되지 않은 유전적 변이들도 존재할 수 있다.

### 4) 유전적 변이의 기능 예측의 어려움

GWAS에서 식별된 유전적 변이들의 기능을 정확하게 예측하는 것은 매우 어려우며, 완전히 새로운 과업이다. 많은 유전적 변이들이 비단 단일 염기서열의 변화로만 표현되지 않으며, 유전자의 조절 및 표현 변화, 단백질 구조 및 기능 등에 영향을 미칠 수 있다. 이러한 기능 예측의 어려움은 GWAS 결과를 실제로 의학적으로 활용하는 데에 제약을 주고 있다.

### 5) 유전적 변이 간의 작용과 환경 요인

GWAS는 주로 유전적 변이와 질병 사이의 단일 유전자

연관성을 분석하지만 질병은 다양한 유전적 변이와 환경 요인들의 복잡한 상호작용의 결과이다. 이러한 상호작용을 모두 고려하고 분석하는 것은 매우 어려운 일이다.

이러한 한계점들은 GWAS의 결과를 해석하고 적용하는 과정에서 고려되어야 한다. 더 나아가, GWAS 결과를 보완하기 위해 다양한 접근법들과 연구 방법들이 개발되고 있기에, 유전체 연구의 발전과 함께 GWAS의 한계를 극복하는 노력은 계속되고 있다.

## IV. 복합질환의 유전적 구조 (Genetic architecture of complex disease)

### 1. 복합질환의 유전적 구조에 대한 가설

유전적 구조는 질환 혹은 형질을 결정하는 유전자 변이의 개수와 빈도, 질환에 미치는 영향력, 투과도(penetrance) 등이 어떻게 구성되어 있는지를 뜻한다. 전통적으로 복합질환에 대한 유전적 가설은 크게 '다빈도 질환 다빈도 변이(common disease common variant)' 가설과 '다빈도 질환 희귀변이(common disease rare variant)' 가설이 대립하였다. 전자는 질환에 미치는 영향력이 적은 다빈도 변이 다수가 만성 복합질환의 주요 유전적 원인일 것이라고 주장하며, 후자는 영향력이 크고 투과도가 높은 소수의 희귀변이가 만성 복합질환의 주요 유전적 원인일 것이라고 주장한다. 한 때 이 두가설은 첨예하게 대립하였으나 근래에는 GWAS 결과와 보다 일치하는 '다빈도 질환 다빈도 변이' 가설이 힘을 얻고 있다. 하지만 두 가설이 양립이 가능한 경우도 있으며 최근에는 희귀변이도 일부 만성 복합질환에 기여하다는 시각도 증가하고 있다.

### 2. 다빈도 변이의 유전율 설명의 한계

초기 GWAS 연구 결과를 살펴보면 인구집단 내에서 복합질환과 관련된 유전자 변이는 대부분 5% 이상의 다빈도 변이였으며 질환에 미치는 영향(오즈비)이 1.4를 넘는 경우가 드물었다. 예를 들어 2형당뇨병의 경우 수천명 유럽인을 대상으로 시행된 초기 GWAS 결과 가장 강력한 영향력을 갖는 변이는 *TCF7L2* 유전자의 인트론에 존재하였는데 그 변이의 빈도는 20~30% 정도였고 당뇨병 발병의 오즈비는 1.4 였다. 이후 GWAS 연구들은 그 규모를 지속적으로 확대하였으며 질환 관련 유전자 변이 발굴에 있어서 가장 중요한 것은 샘플 수라는 것이 밝혀졌다. **그림 9-10**에서 보듯이 GWAS의 규모가 커질수록 발굴되는 유전자 변이의 수도 비례하여 증가하였다. 다만 발굴되는 변이가 갖는 영향력은 점차 감소하였다. 초기 2형당뇨병 GWAS 이후 발견된 유전자 변이들의 오즈비는 대부분 1.3을 넘지 않았으며 GWAS의 규모가 커질수록 오즈비가 1.1~1.2 정도로 더 낮은 변이들이 주로 발견되었다.

이러한 다빈도 변이들이 특정 질환 혹은 형질의 유전율을 얼마나 설명할 수 있을까? GWAS 연구의 초기 결과들을 토대로 분석한 바에 의하면 복합질환이 갖고 있는 전체 유전율의 일부만이 다빈도 변이들에 의하여 설명이 가능하였다. 2형당뇨병 관련 초기 규명된 18개 다빈도 변이의 영향력을 모두 합쳐도 전체 유전율의 6%밖에 설명이 되지 않았고 크론병 관련 32개 다빈도 변이의 영향력을 모두 합치면 전체 유전율의 20% 정도를 설명할 수 있었다. 일반적으로 변이의 빈도가 낮을수록 질환에 미치는 영향력은 증가한다. **그림 9-11**에서 보듯이 아주 희귀한 변이들은 대부분 단일 유전자 질환을 일으키는 원인 변이이며 그 변이 유무에 따라 발병 여부가 결정되기 때문에 오즈비가 수십 배 이상 증가한다. 다빈도 변이들은 영향력이 낮지만 그러한 변이들이 상당히 많이 존재하는 것으로 알려져 있다. 그 사이에 저빈도 변이들도 있으며 이들은 중간 정도의 영향력을 갖는다. GWAS 연구 결과 다빈도이면서 영향력이 매우 큰 변이는 거의 존재하지 않는 것으로 밝혀졌고 희귀하지만 영향력이 작은 변이들은 현재 연구 방법으로는 발굴하기가 쉽지가 않다.

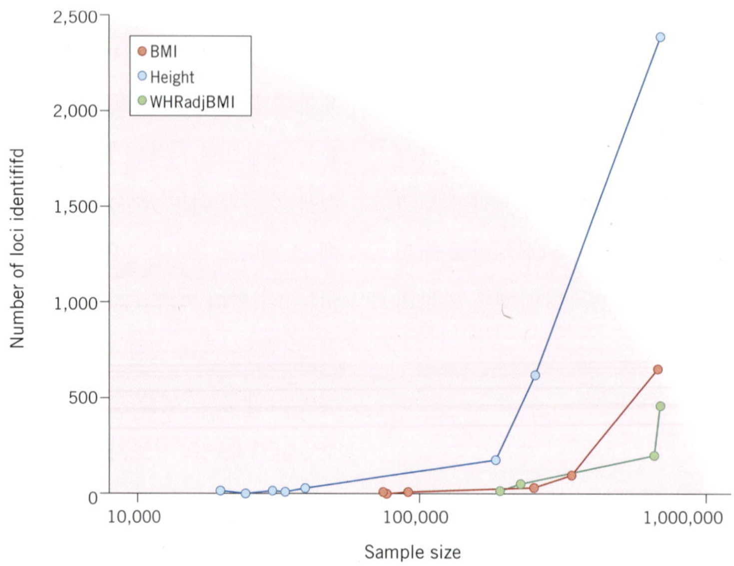


**그림 9-10. GWAS 연구 대상수에 따른 발굴되는 유전자 변이의 수.** GWAS 연구의 크기가 커질수록 발굴할 수 있는 유전자 변이의 수도 증가하는데 특정 임계 값 이후로는 변이의 수가 급격히 증가함을 보여준다. 또한 키가 가장 유전율이 높음을 시사한다.

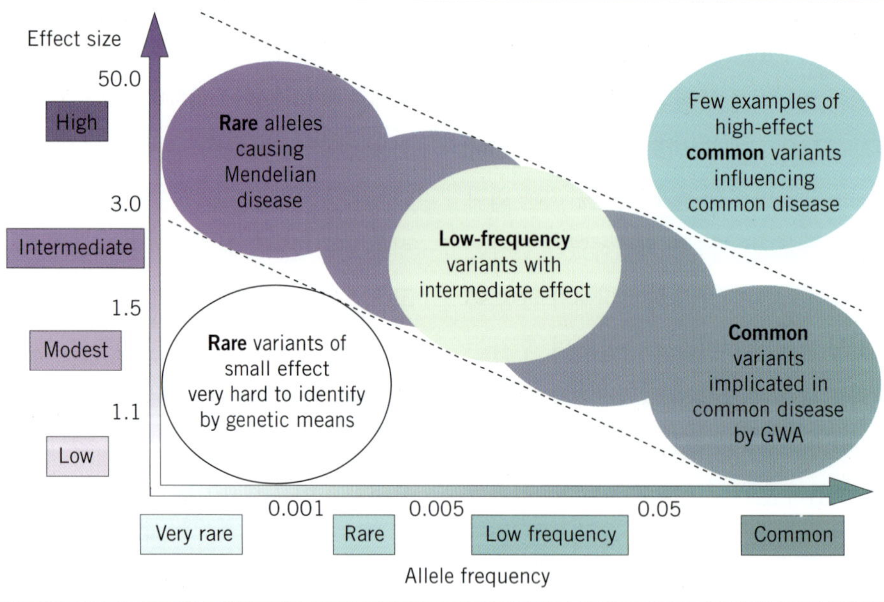


**그림 9-11. 유전자 변이의 빈도와 질환에 미치는 영향력의 관계.** 질환과 관련된 유전자 변이는 주로 왼쪽 위에서 오른쪽 아래로 내려오는 대각선 사이에 존재한다.

GWAS의 초기 성공 이후 다빈도 변이로 설명되지 않는 유전율에 대한 연구들이 지속되었다. 그중 한 가지 방법은 GWAS 연구의 규모를 점점 더 확대하여 더 많은 다빈도 변이를 찾고자 하는 것이었고 다른 한 방법은 전엑솜 서열분석을 이용하여 희귀 변이를 찾고자 하는 것이었다. 또한 희귀하지는 않지만 변이의 빈도가 낮으면서 영향력도 중간 정도되는 저빈도 변이들을 찾기 위한 노력도 진행되었다.

GWAS 연구의 규모 확대 관련해서는 인종별 GWAS 컨소시엄을 통합하는 방향으로 연구가 지속되었다. 키와 관련된 가장 최근의 GWAS 연구는 540만 명을 연구대상으로 하여 7,200여 개의 변이를 찾았으며 이들은 키 변이의 약 40%를 설명할 수 있었다. 2형당뇨병 관련된 GWAS 연구도 5대 인종 250만 명 이상을 대상으로 하여 1,200여 개의 변이를 규명하였으며 이들 변이는 2형당뇨병 유전율의 20% 이상을 설명할 수 있을 것으로 기대된다.

## 3. 희귀변이의 역할

### 1) 희귀변이에 대한 연구 방법

희귀변이는 GWAS 어레이를 통해 분석하기가 쉽지 않기 때문에 전엑솜 혹은 전유전체 서열분석을 이용한 연구들이 시도되었다. 하지만 이러한 서열분석기법은 GWAS에 비하여 5배에서 10배 이상 비용이 더 들기 때문에 대규모 시료를 이용한 연구들이 제한적이었다. 최근까지 가장 큰 규모의 전엑솜 서열분석을 이용한 2형당뇨병 연구는 5만 명 정도를 대상으로 하고 있어서 가장 큰 규모의 GWAS 연구보다 50분의 1 정도의 규모이다. 또한 희귀변이 빈도 연구를 위해서는 다빈도변이 연구 보다 대상수가 더 많이 필요하다는 점을 고려하면 아직까지 희귀변이에 대한 연구는 제한적이라고 볼 수 있다. 다행히 UK Biobank, All of US 같은 대규모 코호트에서 전엑솜, 전유전체 서열분석이 진행되어 그 결과가 연구자들에게 공개되고 있다.

### 2) 2형당뇨병의 예

2형당뇨병의 유전적 구조를 규명하기 위한 2016년 연구에서는 약 1만5천 명에서 전엑솜, 전유전체 염기서열을 분석하였다. 하지만 서열분석 결과에서 당뇨병의 위험을 증가시키는 변이들은 대부분 다빈도 변이였으며 저빈도 혹은 희귀변이의 수는 많지 않았다. 연구에서 관찰된 결과와 2형당뇨병의 유전적 구조에 대한 다양한 시뮬레이션을 비교해 본 결과 2형당뇨병은 저빈도, 희귀변이가 전체 유전율의 25% 미만밖에 설명하지 못한다는 다빈도 변이 모델과 가장 유사하였다(그림 9-12). 따라서 대규모 서열분석 연구가 2형당뇨병의 유전율을 추가로 규명하기 위해 필요할 것인지에 대한 의문을 제기하게 되었다.

### 3) 조현병의 예

조현병은 중증 정신질환 중 하나로 이환 시 평균 수명이

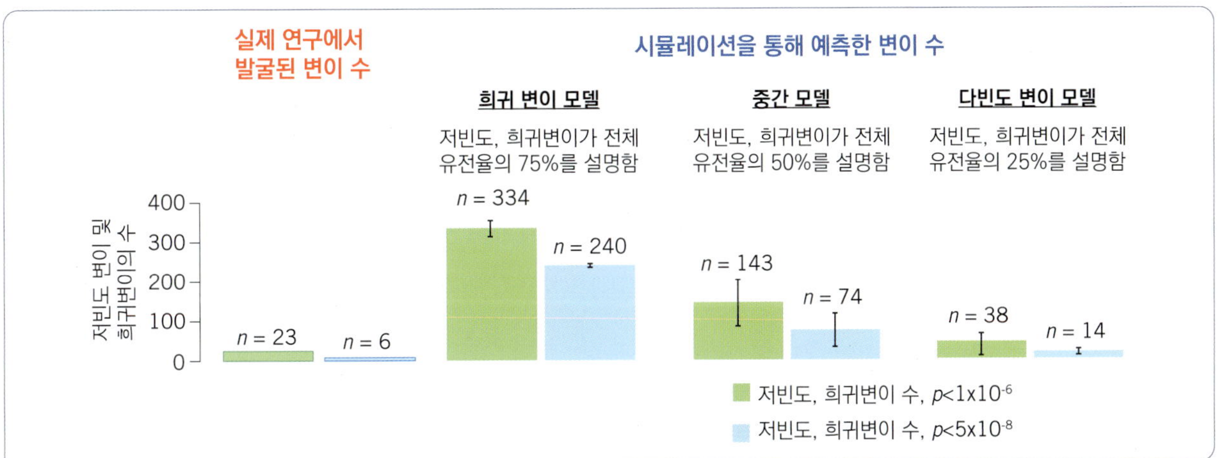


**그림 9-12.** 당뇨병 서열분석 결과 관찰된 저빈도, 희귀변이 수는 시뮬레이션 시 저빈도, 희귀변이가 전체 유전율의 25% 미만을 설명하는 다빈도 변이 모델과 가장 유사하다.

일반인에 비하여 15~20년 정도 감소하는 것으로 알려져 있다. 또한 그 빈도도 인구집단에서 1% 내외로 알려져 있다. 조현병도 유전율이 높아 그 유전 인자에 대한 연구가 활발히 진행되어 왔다. Psychiatric Genetic Consortium등 국제 공동연구 결과 조현병에서도 다빈도 변이가 270개 이상 발굴되었다. 흥미로운 것은 전엑솜 서열분석을 이용한 희귀변이 연구 결과 8개의 희귀 복제수변이(copy number variation)가 발굴되었으며 적어도 9개 이상의 유전자에 기능소실(loss-of-function) 희귀변이들이 집중되어 있는 것으로 밝혀졌다. 즉 질환의 중증도 및 특성에 따라 희귀변이가 차지하는 역할이 다를 수 있음을 시사한다.

## V. 다빈도 다요인 질환의 예
(Example of common multifactorial disease)

### 1. 관상동맥질환의 유전성

관상동맥질환은 심장에 영양분과 산소를 공급하는 관상동맥이 동맥경화에 의해 좁아지거나 막히는 병이다. 이로 인해 심장근육에 충분한 혈류가 공급되지 않아 협심증, 심근경색, 돌연사 등이 발생하는 위중한 질환이다. 한국인에서 관상동맥질환의 유병률은 3% 정도로 보고되고 있는데 인구 고령화 등으로 그 유병률이 증가할 것으로 보인다. 또한 심장질환으로 인한 사망률의 약 60%가 관상동맥질환에 기인한 것으로 알려져 있다.

관상동맥질환은 다양한 유전 인자와 환경 인자가 상호작용하여 발병 확률을 결정하는 대표적인 만성 복합질환이다. 관상동맥질환의 유전성은 가족내 군집화를 통해 잘 밝혀진 바 있다. 가족내 관상동맥질환을 앓고 있는 사람이 있을 경우 직계가족에서 관상동맥질환의 위험이 증가하는 것이 알려져 있다(**표 9-3**). 예를 들어 관상동맥질환을 앓고 있는 사람(지표 환자)이 남성일 경우, 관상동맥질환의 위험은 직계 남성의 경우 3배, 직계 여성의 경우 2.5배 증가한다. 또한 지표 환자가 여성인 경우, 관상동맥질환의 위험은 직계 남성에서 7배 증가한다. 이러한 차이는 여성에서 관상동맥질환의 감수성 역치가 높기 때문이며 성별에 따라 발병을 결정하는 유전 인자의 역치가 상이할 경우, 그 역치를 성별 특이역치(sex specific threshold)라고 지칭한다. 지표 환자가 젊은 나이에 발병할수록 직계 가족의 관상동맥 위험도는 더욱 증가하게 된다.

**표 9-3.** 관상동맥질환의 직계 가족 위험비

| 지표환자 | 직계 가족의 위험비(risk ratio λ) |
|---|---|
| 남성 | 남성 직계 가족: 3배 |
| | 여성 직계 가족: 2.5배 |
| 여성 | 남성 직계 가족: 7배 |
| 55세 미만 여성 | 남성 직계 가족: 11.4배 |
| 55세 미만 여성 2명 | 직계 가족: 13배 |

또한 쌍둥이 연구에 따르면 일란성 쌍둥이에서 이란성 쌍둥이에 비하여 관상동맥질환의 일치율이 높으며 질환의 위험비(recurrence risk ratio, λ)도 더 높다고 알려져 있다(**표 9-4**). 이러한 가족내 군집화와 높은 직계가족의 위험비, 그리고 일란성 쌍둥이에서의 높은 일치율은 관상동맥질환의 유전율이 높다는 것을 의미한다.

**표 9-4.** 관상동맥질환의 쌍둥이 일치율과 위험비

| 쌍둥이 성별 | 일란성 쌍둥이에서 일치율 | 일란성 쌍둥이에서 질환 위험비 | 이란성 쌍둥이에서 일치율 | 이란성 쌍둥이에서 질환 위험비 |
|---|---|---|---|---|
| 남성 | 0.39 | 6~8배 | 0.26 | 3배 |
| 여성 | 0.44 | 15배 | 0.14 | 2.6배 |

## 2. 관상동맥질환 관련 단일 유전자 질환

**(가족성 고콜레스테롤 혈증)**

관상동맥질환은 여러 유전 인자와 환경 인자가 복합적으로 작용하지만 드물게 단일 유전자 변이에 의해 질환 감수성이 결정되기도 한다. 가장 대표적인 예가 가족성 고콜레스테롤혈증(familial hypercholesterolemia)이다. 이 질환은 LDL 콜레스테롤 수용체(LDLR) 변이에 의해 높은 혈중 LDL 수치(보통 190 mg/dL 이상)를 갖게 되고 이것이 조기 관상동맥질환으로 이어지는 병이다. 일반 인구에서 가족성 고콜레스테롤혈증은 가장 흔한 단일 유전자 질환으로 알려져 있는데 300명 혹은 500명 중에 1명이 이러한 변이를 갖고 있다. *LDLR* 유전자 외에도 *ApoB*, *PCSK9* 유전자의 변이도 가족성 고콜레스테롤혈증을 일으킨다. 이는 복합질환 내에 유사한 표현형을 갖는 단일 유전자 질환이 포함되어 있을 수 있기 때문에 이들에 대한 정확한 진단과 치료가 필요함을 시사한다.

### 증례 16 | 관상동맥질환(급성심근경색)

**1) 내원 동기가 된 주 증상(주소): 30분 전 운동 시 발생한 좌측 흉통 및 호흡곤란**

**2) 발병 시 연령/성별: 59세/남자**

**3) 가족력:**

아래 가계도와 같이 가족 중 관상동맥질환을 앓은 사람들이 다수 있었다.

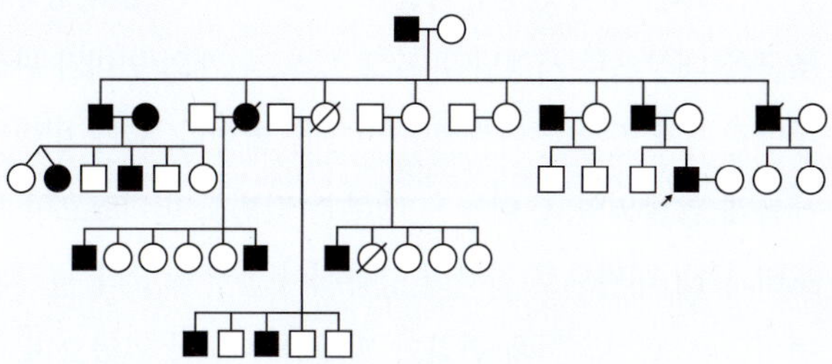

**4) 임상증상**

평소 고혈압, 당뇨병, 고콜레스테롤혈증으로 치료 중이었던 환자는 한두 달 전부터 달리거나 등산을 할 때 왼쪽 앞가슴에 묵직한 통증을 느꼈으나 쉬면서 안정을 취하면 호전되었다고 한다. 하지만 최근 그 빈도와 강도가 심해지는 듯하였으며 가끔은 가만히 앉아 있을 때도 통증이 느껴졌다고 한다. 지난 30년간 하루 한 갑 정도 담배를 피웠으며 일주일에 2~3일 정도 소주 1병 술을 마셨다고 한다. 전날 과도한 음주 후 새벽 운동을 위해 달리기를 하다가 30분 전부터 왼쪽 앞가슴에 짓누르는 듯한 뻐근한 통증이 느껴졌다. 평소와 달리 안정을 취해도 호전되지 않았으며 숨이 차고 식은땀이 났다고 한다. 이에 구급차를 이용하여 응급실에 왔다.

**5) 진찰 소견**

혈압 110/62 mmHg, 맥박수 95회/분, 호흡수 23회/분, 체온 37.3℃

키 170 cm, 체중 85 kg

급성병색이었으며 식은땀을 흘리고 있었다. 경정맥이 팽만되어 있었으며 흉부 진찰 결과 양측 폐 아래 부분에서 수포음이 들렸다.

**6) 검사소견**

1. 일반혈액 및 생화학검사:
   - 백혈구 13,100 /mm$^3$
   - 혈액요소질소/크레아티닌 12/0.6 mg/dL
   - LDL 콜레스테롤 165 mg/dL
   - 당화혈색소 8.7% (참고치, < 6.5)
   - 크레아티닌산화효소 MB 10.5 ng/mL (참고치, <5)
   - 트로포닌 T 144 ng/L (참고치, <14)
   - 뇌나트륨배설펩타이드 950 pg/mL (참고치, <100)
2. 심전도: ST 분절 상승
3. 심초음파: 왼심실박출률: 38% (참고치, ≥55)
   왼심실 앞벽에 국소벽운동장애 있음
4. 심혈관조영술: 좌전하행관상동맥 90% 협착

**7) 치료경과**

좁아진 관상동맥을 넓히고 스텐트를 삽입하는 관상동맥중재술을 받았으며 항혈전제를 복용하기 시작하였다. 또한 베타차단제, 안지오텐신수용체차단제, 스타틴을 복용하기 시작하였다. 그외 금연, 금주, 체중 감량을 통해 관상동맥질환의 위험인자를 관리해 나아가기 시작하였다.

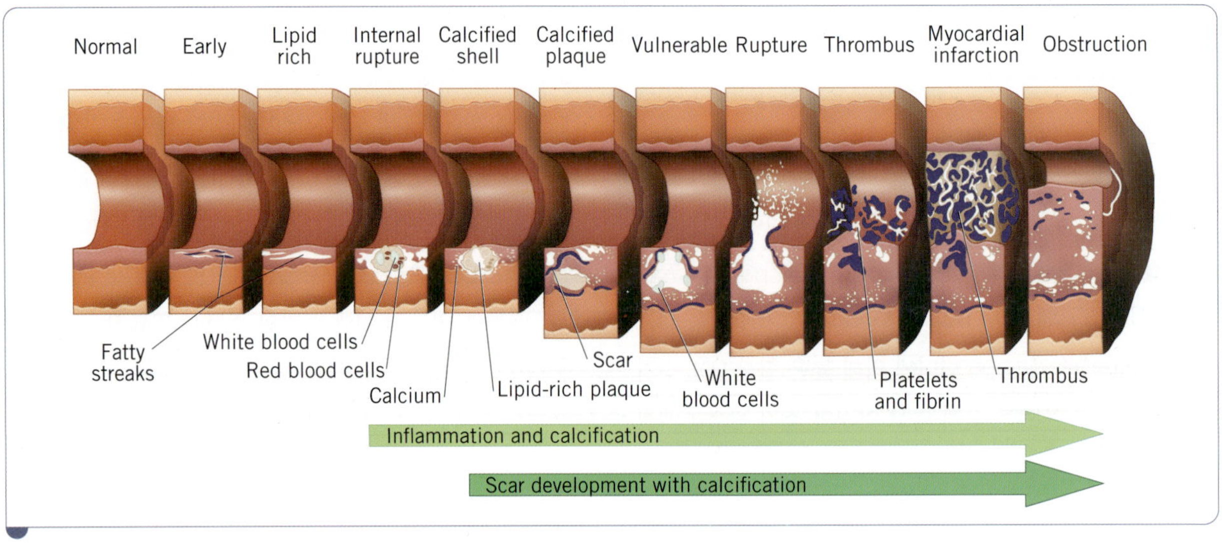


**그림 9-13.** 관상동맥질환의 다양한 병태생리 및 관련 혈관 이상의 단면도.

## 3. 관상동맥질환의 병태 생리와 다유전자 변이

관상동맥질환은 관상동맥에 생기는 여러 단계의 변화에 의해 나타난다. 혈중 지질의 농도, 혈관 내피세포의 기능, 혈압 관련 안지오텐신전환효소, 혈액응고 과정, 섬유화, 만성 염증, 비만, 혈당, 흡연 등 다양한 요인들이 상호작용하여 관상동맥질환을 일으킨다(**그림 9-13**). 따라서 각각의 병태생리 경로에 관련된 다양한 유전자 변이들이 부가효과(additive effect)를 나타낸다. 또한 앞서 살펴보았던 다유전자이론(polygenic theory)과 역치이론(threshold theory)이 적용될 수 있는 예이기도 하다.

## 4. 관상동맥질환의 GWAS

2022년 시행된 역대 최대 규모의 관상동맥질환 GWAS 연구는 18만 명의 관상동맥질환 환자와 116만 명의 정상대조군을 대상으로 시행되었다. 그 결과 241개의 변이가 관상동맥질환과 밀접한 연관성이 있음을 밝혔다. 30개 변이가 새롭게 발굴되었고, 이들은 대부분 다빈도 변이였으며 우도비가 1.1 미만으로 각각의 영향력이 높지 않았다. 발굴된 변이들은 후성유전체 변화와 밀접한 관련이 있었으며 주로 대동맥, 혈관내피세포, 간, 지방조직, 췌도, 단핵구 등에서 주요 기능을 할 것으로 평가되었다. 규명된 변이들을 이용하여 polygenic risk score (PRS)를 구성하면 PRS 1 표준편차 증가 시마다 관상동맥질환의 위험이 1.6배 증가하였으며 PRS 상위 10% 값을 갖는 사람들은 하위 10% 사람들에 비하여 관상동맥질환의 위험이 약 5.7배 증가하였다.

## REFERENCE


1. Aragam KG, Jiang T, Goel A, et al. Discovery and systematic characterization of risk variants and genes for coronary artery disease in over a million participants. Nat Genet. 2022;54(12):1803-15.
2. Fuchsberger C, Flannick J, Teslovich TM, et al. The genetic architecture of type 2 diabetes. Nature. 2016;536(7614):41-7.
3. Kullo IJ, Lewis CM, Inouye M, et al. Polygenic scores in biomedical research. Nat Rev Genet. 2022;23:524-32.
4. Legge SE, Santoro ML, Periyasamy S, et al. Genetic architecture of schizophrenia: a review of major advancements. Psychol Med. 2021;51(13):2168-77.
5. Lifton RP, Gharavi AG, Geller DS. Molecular mechanisms of human hypertension. Cell. 2001;104(4):545-56.
6. Manolio TA, Collins FS, Cox NJ, et al. Finding the missing heritability of complex diseases. Nature. 2009;461(7265):747-53.
7. Nussbaum RL, McInnes RR, Willard HF. Thompson & Thompson genetics in medicine. 8th ed. Amsterdam: Elsevier; 2016, pp. 133-53.
8. Ripke S, O'Dushlaine C, Chambert K, et al. Genome-wide association analysis identifies 13 new risk loci for schizophrenia. Nat Genet. 2013;45:1150-9.
9. Strachan T, Read A. Human molecular genetics. 5th ed. Milton Park, Abingdon: Taylor & Francis Group; 2019. pp. 150-5, 573-7.
10. Tam V, Patel N, Turcotte M, et al. Benefits and limitations of genome-wide association studies. Nat Rev Genet. 2019;20(8):467-84.
11. Uffelmann E, Huang QQ, Munung NS, et al. Genome-wide association studies. Nat Rev Methods Primers. 2021;1:59.
12. Visscher PM, Hill WG, Wray NR. Heritability in the genomics era-concepts and misconceptions. Nat Rev Genet. 2008;9(4):255-66.

CHAPTER 10

# 집단 유전학: 인구 집단의 유전적 변이

## Human population genetics: Genetic variation in populations

김만진, 김영은, 손영배, 전종관

유전학이 개인의 유전자와 유전형, 개인의 질병 발생이 주 관심사라면 집단유전학은 인구 집단(population) 내 유전적 변이(genetic variation)의 분포(distribution) 및 특성(characteristics)에 대한 연구를 기반으로 유전자와 유전형의 빈도가 변화하고 유지되는 이유를 밝혀 향후의 추이를 예측하는 학문이다. 유전형의 빈도나 분포를 변화시키는 유전적 요인과 환경적, 사회적 요인에 대해 연구하며 집단의 역사와 유전적 구조, 집단 간, 세대 간 유전자의 흐름, 흔한 질환의 유전적 감수성을 밝히기 위한 이론과 방법을 제공한다. 이를 통하여 유전 질환 예방을 위한 계획을 세우는 데 도움을 주며 인간 진화의 이해를 높이고 다양한 환경적 변화에 대한 인간의 생물학적 진화의 경향을 예측한다.

### I. 대립유전자형(Allele)과 유전형(Genotype)의 빈도

부모로부터 유전자를 받지만 자손이 같은 표현형을 보이지 않는 것은 다른 유전형을 가지고 있기 때문이다. 유전형의 차이를 보이는 것은 특정 유전자에서 대립유전자형이 다르다는 것을 의미한다. 따라서 대립유전자형의 빈도를 확인함으로써 집단 간의 유전형의 차이를 확인할 수 있다. 특정 인구 집단에서 개인의 유전형을 모두 합한 것을 유전자 집합(gene pool)이라고 한다.

유전형과 대립유전자형의 빈도는 다음과 같이 계산한다.

임신 중 고혈압 질환에서 안지오텐신(angiotensinogen) 유전자의 촉진자(promotor) 위치(-6)의 유전형이 대조군과 비교하여 차이가 있는지 분석하였다. 이 위치에는 G와 A의 두 대립유전자형이 있어 GG, AG, AA 세 가지 유전형이 있다.

위의 유전형의 빈도로 대립유전자형의 빈도를 계산하면,

G allele = 9×2+95 = 113

A allele = 201×2+95 = 497

G allele frequency = 113/(113+497) = 0.185

A allele frequency = 497/(113+497) = 0.815

대립유전자형의 빈도를 이용하여 예측된(expected) 유전형의 빈도를 계산할 수 있다.

자간전증(preeclampsia) 환자가 142명이면

GG genotype frequency ($p^2$) : $142 \times (0.185)^2 = 4.86$

**표 10-1.** 자간전증 산모에서 안지오텐신 유전자(-6)의 유전형

| | GG | AG | AA | Total |
|---|---|---|---|---|
| Preeclampsia | 4 | 43 | 95 | 142 |
| Control | 5 | 52 | 106 | 163 |
| Total | 9 | 95 | 201 | 305 |

AG genotype frequency (2pq) : $142 \times 2 \times (0.185) \times (0.815)$ $= 42.82$

AA genotype frequency ($q^2$) : $142 \times (0.815)^2 = 94.32$

관측된 유전형의 빈도와 예측된 유전형의 빈도가 차이가 없다면 다음에 설명할 하디-와인버그 법칙을 만족한다고 할 수 있다.

## II. 하디-와인버그 법칙 (Hardy-Weinberg equilibrium)

하디-와인버그 법칙은 영국의 수학자인 하디(Godfrey Harold Hardy, 1877~1947)와 독일의 산부인과 의사인 와인버그(Wilhelm Weinber, 1862~1937)가 1908년 동시에 발표하여 두 사람 이름을 병기하여 불리고 있다. 19세기 후반, 서구 사회에서 우성 유전자는 계속 늘어나고 열성 유전자는 줄어든다는 유전자 탐식(gene eating)이란 주장이 널리 퍼져 있었다. 하디-와인버그 법칙은 이들의 주장이 잘못되었다는 것을 밝혔으며 이후 집단유전학 연구에 중요한 이정표를 제시하였다.

하디-와인버그 법칙의 두 가지 중요한 내용은 다음과 같다.

**1.** 특정 유전자 부위에 대하여 무작위 교배(random mating)가 일어나고 전제 조건을 만족하는 집단에서는 대립유전자의 빈도를 알면 유전형의 빈도를 알 수 있다. 전제 조건이란 충분히 큰 집단, 무작위 교배, 의미 있는 돌연변이의 발생이 없으며, 유전형에 대한 선택도 없으며 유전형이 전혀 다른 집단의 유입이 없는 것을 말한다.

유전형의 빈도를 알면 대립유전자형의 빈도를 계산할 수 있다. 하지만 반대로 대립유전자형의 빈도만 알고 있더라도 유전자가 동형접합자(homozygote)와 이형접합자(heterozygote)에 어떤 비율로 분포되어 있는지 모르기 때문에 계산할 수 없다. 하지만 특정 조건을 만족하는 즉, 하디-와인버그 평형에 도달한 상태이면 이들은 다음과 같은 관계를 가진다.

p: A 대립유전자의 빈도

q: a 대립유전자의 빈도

AA 유전형의 빈도: $p^2$

Aa 유전형의 빈도: 2pq

aa 유전형의 빈도: $q^2$

유전형의 빈도는 $(p+q)^2 = p^2+2pq+q^2$의 형태로 나타난다.

만일 3개의 대립유전자형이 있으면, $(p+q+r)^2$의 형태로 유전형이 이고, 그 이상일 경우 $(p1+p2+p3+p4+\cdots+pn)^2$으로 나타난다.

**2.** 전제 조건을 만족하는 집단에서 하디-와인버그 평형에 도달했다면 유전형의 빈도는 세대가 지나더라도 변하지 않는다.

| 부 | 모 | | 자손 AA | 자손 Aa | 자손 aa |
|---|---|---|---|---|---|
| AA | AA | $p^2 \times p^2 = p^4$ | $p^4$ | | |
| AA | Aa | $p^2 \times 2pq = 2p^3q$ | $p^3q$ | $p^3q$ | |
| Aa | AA | $2pq \times p^2 = 2p^3q$ | $p^3q$ | $p^3q$ | |
| AA | aa | $p^2 \times q^2 = p^2q^2$ | | $p^2q^2$ | |
| aa | AA | $q^2 \times p^2 = p^2q^2$ | | $p^2q^2$ | |
| Aa | Aa | $2pq \times 2pq = 4p^2q^2$ | $p^2q^2$ | $2p^2q^2$ | $p^2q^2$ |
| Aa | aa | $2pq \times q^2 = 2pq^3$ | | $pq^3$ | $pq^3$ |
| aa | Aa | $q^2 \times 2pq = 2pq^3$ | | $pq^3$ | $pq^3$ |
| aa | aa | $q^2 \times q^2 = q^4$ | | | $q^4$ |

다음 세대(단, $p+q = 1$)

AA: $p^4+p^3q+p^3q+p^2q^2 = p^2(p^2+2pq+q^2) = p^2(p+q)^2 = p^2$

Aa: $p^3q+p^3q+p^2q^2+p^2q^2+2p^2q^2+pq^3+pq^3 = 2pq(p^2+2pq+q^2) = 2pq(p+q)^2 = 2pq$

aa: $p^2q^2+pq^3+pq^3+q^4 = q^2(p^2+2pq+q^2) = q^2(p+q)^2=q^2$

## III. 하디-와인버그 법칙에 영향을 주는 요인

### 1. 재조합(Recombination)

상동염색체(homologous chromosome)의 비자매염색분체(nonsister chromatid) 간 감수분열 교차(meiotic crossing over)가 일어나 부모로부터 각각 하나씩 물려받은 상동염색체 간의 유전물질의 재조합이 일어난다. 그래서 감수분열 후 생성된 생식세포(난자 또는 정자)는 서로 다른 유전적 특성을 갖게 된다. 유전자 재조합은 인류의 진화를 가능하게 하는 자연적 현상이지만 재조합 과정에서 이상이 일어나면 감수분열 1기의 염색체 분리 이상(missegregation)을 유발하고 염색체의 수적 또는 구조적 이상으로 인한 질병을 유발한다(예: 다운증후군 [47,XY,+21]).

### 2. 돌연변이(Mutation)

돌연변이에 의한 대립유전자는 유전물질의 영구적 변형으로 유전변이의 원인이 된다. 돌연변이는 다양한 원인에 의해 발생하는데 염기서열의 영구적 변화, DNA 복제 오류(replication error)나 DNA 손상복구 실패가 주 원인이다. DNA 중합효소(polymerase)가 DNA 이중 나선을 복제할 때 천만 개의 염기 중 한 개 정도의 복제오류가 발생하지만 DNA 중합효소의 3′→5′ 핵산말단 분해효소(exonuclease)에 의해 99.9% 이상의 복제오류가 교정된다. 하루에 세포당 1만~1백만 개의 염기가 화학물질, 자외선, 방사능 물질에 노출에 의한 화학적 반응에 의해 돌연변이가 되는데 표현형에 이상을 일으키지 않는 경우도 있지만 유전병이나 영구장애를 초래하기도 한다. 표현형에 미치는 영향에 따라 특정 인구집단 내에서 돌연변이를 가진 개체가 완전히 소실, 일정 수준 유지 또는 급증할 수 있다. 돌연변이율(mutation rate, μ)은 세대를 거치면서 특정 돌연변이가 일어날 확률로 특정 인구집단 내 돌연변이 빈도는 새로운 돌연변이의 발생과 돌연변이 소실의 균형 상태를 반영한다.

우성유전자에서 돌연변이가 생기면 다음 세대의 대립유전자 빈도를 변화시키지만, 열성유전자는 이형접합자의 빈도가 동형접합자의 빈도에 비하여 훨씬 높아 돌연변이 유전자는 대부분 질병이 없는 이형접합자를 통해서 유전된다. 상염색체 열성질환인 페닐케톤증의 질병 대립유전자형의 빈도(q)가 1%라고 하면 환자는 10,000명 중 1명에서 발생하고(q2), 대부분의 질병 유전자는 2% 즉 10,000명 중 200명이 이형접합자(2pq)를 통해서 다음 세대에 전달된다. 그러므로 식이요법 등의 치료를 하여 적합성이 증가한다고 할지라도 질병유전자가 크게 증가되지 않을뿐더러 치명적인 질병이라 할지라도 인구집단 내에서 완전히 소실되기는 어렵다. 반면에 치명적인 상염색체우성질환의 경우는 이형접합자의 형태로도 질병이 발생하여 다음 세대로 전달되지 못하는 경우가 대부분이어서 부모로부터 유전되어 발생하기 보다는 새로운 돌연변이 발생이 원인인 경우가 많다. 새로운 돌연변이로 질병이 발생했다면 다음 임신에서 재발위험이 일반인에 비하여 높지 않다. 반성열성 질환(X-linked recessive)은 3분의 1의 질병유전자가 반접합체(hemizygous)인 남성에 존재하고 이들만 선택적 불이익(selection disadvantage)이 나타나기 때문에 상염색체열성질환에 비하여 새로운 돌연변이로 발생하는 비율이 높다. 예를 들어 혈우병 A의 85%는 부모로부터 유전되고, 15%는 새로운 돌연변이로 발생한다.

인간의 생존에 무해하거나 긍정적인 영향을 미치는 돌연변이는 세대를 거쳐 집단 내에서 그 빈도가 증가하며 전통적으로 특정 인구집단 내에서 2% 이상의 빈도를 보이면 유전적 다형성(genetic polymorphism)이라고 한다. 만일 특정 유전자가 다음 세대로 전달되지 못하면 '유전적으로 치명적(genetic lethal)'이라고 한다.

### 3. 선택(Selection)

특정 형질이 인간의 생존과 종족 번식에 유리하면 그 형질의 빈도는 특정 인구 집단 내에서 세대가 지날수록 증가할 것이다. 많은 유전병은 선택적 불이익으로 다음 세대에 전달되는데 불리하나 치료법의 개발과 같은 환경적인 변화는 질병 유전형의 빈도를 증가시킬 수 있다.

돌연변이와 선택의 영향은 유전양식(mode of inheritance)에 따라 차이가 있어 상염색체열성질환에 비하여 우성질환이 더 크게 받는다. 이유는 우성 유전자에서 돌연변이가 생기면 이형접합자 상태로 질병이 나타나 대립 유전자의 빈도를 변화시키지만, 상염색체 열성질환은 두 개의 질병 대립유전자를 가지고 있는 동형접합자에서만 발생하여 적합성이 저하(후손의 감소) 또는 소실(조기사망)되는데 이들의 수는 극히 적고 대부분의 질병 대립유전자는 질병이 발생하지 않는 이형접합자의 형태로 후손에게 전달되기 때문이다. 반면, 상염색체우성질환인 망막모세포종(retinoblastoma)과 같이 치료법의 개선으로 예후가 좋아진 경우는 집단 내 환자 수가 증가할 수도 있다. 반성열성질환인 혈우병에서 응고인자의 도입은 생존율을 높여 집단 내 혈우병의 빈도를 높일 수 있다. 집단 내 유전 질환의 증가 속도는 치료법 개발 전에는 자녀를 가질 수 없던 상염색체우성질환의 경우 치료법 개발로 완치된다면 단 한 세대만에 빈도가 두 배로 증가할 수 있고 반성열성질환의 경우는 4세대가 지나야 두 배가 된다. 반면 상염색체열성질환은 훨씬 더 많은 세대가 필요하다.

어떤 질병의 이형접합자가 정상 또는 비정상 동형접합자보다 특정 환경에 더 적합할 때 이형접합자 이익(heterozygote advantage)이 있다고 한다. 가장 잘 알려진 예로는 말라리아가 풍토병인 일부 서부아시아지역에서 상염색체 열성 질환인 낫적혈구성빈혈(sickle cell anemia) 돌연변이 이형접합자가 말라리아에 저항성을 보여 다른 지역에 비하여 그 돌연변이 빈도가 증가하게 된다(15%). 즉 낫적혈구병 동형접합자는 치명적 빈혈증상으로 성인이 되기 전에 사망하므로 적합성이 0에 가깝고, 정상 동형접합자는 말라리아에 감염될 가능성이 높아 적합성이 감소하는 반면 이형접합자인 개체는 말라리아원충(Plasmodium falciparum)이 적혈구에서 원활한 산소공급을 받을 수 없어 말라리아에 잘 걸리지 않는다는 이점이 있다. 이러한 이형접합자 이익은 말라리아가 박멸된 곳에서는 더 이상 관찰되지 않으며 미국으로 이주한 흑인 후손의 돌연변이 빈도는 서부아프리카의 원주민에 비해 세대가 지날수록 낮아지고 있다(10세대 후 1/3에서 1/10로 감소). 말라리아 감염에서의 이형접합자의 이점은 β-thalassaemia나 glucose-6-phosphate dehydrogenase deficiency같은 혈액질환의 돌연변이에서도 발생한다.

적합성(fitness, f)은 특정질병을 가진 사람의 자녀 수를 대조군과 비교한 측정치로서 생존력(survival)과 번식력(fertility)에 의해 결정된다. 선택계수(coefficient of selection, s)는 불리한 유전자형의 선택적 불이익의 정도를 말한다. 즉 표준적인 적합성을 1.0으로 볼 때 상대적인 적합성(relative fitness)이 0.96이라면 0.04가 선택계수이다($s = 1 - f$). 즉 한 세대에서 4%의 선택적 불리함(selective disadvantage)이 있다고 말한다. 돌연변이형이 정상 대립유전자형과 같은 빈도로 자손에게 관찰된다면 $f = 1$, $s = 0$ 이고 후손에 전달되지 않아 집단 내에서 소실되는 경우는 $f = 0$, $s = 1$이다.

## 4. 이주(Migration)

어떤 인구 집단이 유전적 구성이 전혀 다른 인구 집단의 거주 지역으로 이주하여 혼인을 통해 혼합(admixture)과 유전자확산(gene flow)의 과정을 거쳐 유전형의 빈도가 점진적으로 변화하게 된다.

염색체 3p21에 위치하는 *CCR5 cytokine receptor* 유전자는 특정 인간면역결핍바이러스(human immunodeficiency virus, HIV)의 인체 내 침투를 용이하게 해주는 세포표면 사이토카인 수용체(cytokine receptor)를 생산하는데 이 유전자의 32 bp가 소실된 돌연변이(ΔCCR5)는 단백질의 기능을 상실하게 하므로 ΔCCR5 동형접합자는 HIV-1 감염에 저항성을 가진다. 이 돌연변이는 서유럽과 러시아인에서는 10%의 빈도를 보이는 반면 아프리카나 극동지역에서는 발견되지 않는 것으로 보아 백인에서 발생한 돌연변이가 동쪽으로 이주함에 따라 점진적으로 전파되었음을 보여준다.

노예상을 통해 아프리카 흑인이 북미 지역으로 유입된 것이라든지 스탈린 시대 연해주 지역에 살던 고려인을 중앙아시아 지역으로 강제 이동시켜 중앙아시아 지역에 이전에는 없던 고려인의 유전형이 섞여 있는 것도 그 예라고 하겠다.

## 5. 비무작위 교배(Nonrandom mating)

층화(stratification), 동류혼(assortive mating), 근친혼(inbreeding)과 같은 비무작위 혼인은 인구집단 내에 유전적 다양성의 정도(heterozygosity)를 감소시킨다.

층화란 백인, 흑인, 동양인, 아메리칸 인디언, 히스패닉, 이슬람교의 수니, 시아파, 유대인, 인도의 카스트 계급 등 역사적, 문화적 또는 종교적 이유로 상대적으로 분리된 집단을 말한다. 층화가 유전자변이의 빈도에 미치는 영향을 보면 미국과 같이 다인종이 섞여 살지만 같은 인종끼리 결혼이 많으면 상염색체열성질환의 빈도를 증가시킬 수 있다. 미국에서 상염색체 열성유전 질환인 낫적혈구빈혈증의 예를 들어 보면, 베타글로빈 유전자의 돌연변이 발생이 흑인(10%)에서 q=0.05의 빈도로 나타나고 백인(90%)에서는 q=0으로 전체로는 q = 0.005 (0.05/10)의 빈도로 나타난다. 따라서 만약 무작위 결혼이 이루어진다면 전체 집단을 대상으로 보면 $q^2$ = 0.000025 (1/40,000)의 빈도로 나타날 것이다. 그러나 흑인끼리 결혼을 하게 되므로 이 경우에는 $q^2$ = 0.0025(1/400)이 되고 전체의 10%를 이루고 있으므로 전체 집단에서 1/4,000의 빈도로 발생한다. 즉 약 10배의 질병 발생 빈도가 증가한다.

동류혼이란 외형이나 성격, 언어, 지능 등이 비슷한 사람끼리 결혼하는 경우를 말하는데, 이러한 특성도 유전적인 성향에서 비롯될 가능성이 높기 때문에 동류혼도 유전병의 빈도를 증가시킬 수 있다. 교사, 의사, 변호사, 예술가, 운동 선수 등이 서로 결혼하는 경우가 이에 해당된다.

근친혼일 경우 상염색체열성질환의 보인자끼리 혼인하여 유전병을 가진 자녀를 출산할 가능성이 높아진다. 북미의 아슈케나지(Ashkenazi) 유대인들은 지질침착으로 신경계가 파괴되는 대사질환인 테이-삭스병(Tay-Sachs disease, GM2 gangliosidosis type 1, 상염색체 열성질환)의 빈도가 1/3,600명으로 다른 인종집단보다 100배나 높다. 근친계수(inbreeding coefficient, F)는 무작위 혼인에 비교하여 근친혼으로 인한 이형접합자의 감소(%)를 나타내며 $F=(2pq-H_1)/2pq$로 계산한다. $H_1$을 다음 세대의 이형접합자라고 할 때 $H_1=f(A_1A_2)=2pq(1-F)$이므로 다음 세대에는 (1-F)%의 이형접합자가 남는다. 근친혼의 극단적인 형태가 자가 수정(self-fertilization)이고 매 세대가 지날 때마다 이형접합자의 수는 반으로 줄어든다.

## 6. 유전적 부동(Genetic drift)

규모가 작은 인구집단에서는 무작위 교배를 하더라도 큰 인구 집단에서는 일어나기 어려운 대립유전자의 빈도가 소멸(extinction)되거나 우세(dominant) 유전자로 고정되는 방황변이(fluctuation) 현상이 나타날 수도 있다. 즉 세대가 지날수록 대립유전자의 빈도가 처음 빈도에서 벗어나서 특정 대립유전전자로 고정되거나 그 집단에서 사라지기도 하는데 어느 방향으로 가는지는 무작위적이기 때문에 예측하기 어려우며 인구수가 적을수록 유전적 부동의 효과는 크다.

그 외 창시자 효과(founder effect)도 하디-와인버그 법칙에 영향을 주지만 이에 대해서는 다음 장(V. 인종 간 다양한 유전질환 빈도의 차이)에서 자세히 설명하도록 한다.

# IV. 연관불균형과 일배체형 추론
(Linkage disequilibrium and haplotype inference)

연관불균형(linkage disequilibrium, LD)은 두 개 이상의 염색체 위치에서 염기의 비임의적인(non-random) 연관성을 의미한다. 이 용어는 1960년에 처음 사용되었으며, 주로 인구 유전학자들의 관심사가 되었다. 1980년대에는 연관불균형의 유용성이 인식되어 연구 관심이 크게 증가했다. 연관불균형은 진화 생물학과 인간 유전학에서 중요한 역할을 수행한다. 전체 유전체와 유전자 영역에서 인구 역사와 유전적 변화에 영향을 미치며, 지역적 재결합률에 따라 다양한 요소들이 연관불균형에 영향을 미치게 된다. 이러한 인구 유전학적 이론은 진화 역사와 유전자 매핑에 널리 활용되고 있다.

## 1. 연관균형, 연관불균형의 개념

이해를 돕기 위해, 두 개의 대립유전자에 대한 연관균형과 연관불균형에 대해 생각해보자. 여기서 대립유전자 A와 대립유전자 B는 한 개체의 정조 세포(spermatogonium)의 한쪽 염색체에 위치하며, 이러한 염색체는 아버지로부터 유전된 것이다. 또한, 어머니로부터 받은 염색체에는 대립유전자 a와 대립유전자 b가 존재한다고 가정한다. 이제 정조 세포는 생식세포 생성(gametogenesis) 과정을 거쳐 정자(sperm)로 분화되는데, 이때 감수분열이 일어난다. 감수분열은 유전적 재조합 과정인 교차오버(crossing over)를 동반하게 된다. 이로 인해 대립유전자 A와 B는 동일한 상동염색체에 존재하거나 서로 다른 상동염색체로 분리될 수도 있다. 따라서, 그림 10-1과 같이 이론적으로 정계 세포(spermatids)에는 총 4가지 조합이 가능하게 된다.

이 경우, 가능한 4가지 조합인 AB, ab, aB, Ab가 동일한 빈도로 관찰되면 연관균형(linkage equilibrium)에 있다고 말할 수 있다. 그렇지 않은 경우, 우리는 이를 연관불균형(linkage disequilibrium)이라고 부른다. 다시 말해, 연관불균형은 서로 다른 염색체의 등장 확률이 비임의적으로 연관되어 있는 상태를 의미한다.

## 2. 연관불균형의 계산

그렇다면 연관불균형의 정도를 어떻게 계산할 수 있을까? 실제로 모든 인간의 감수분열을 관찰하여 random as-

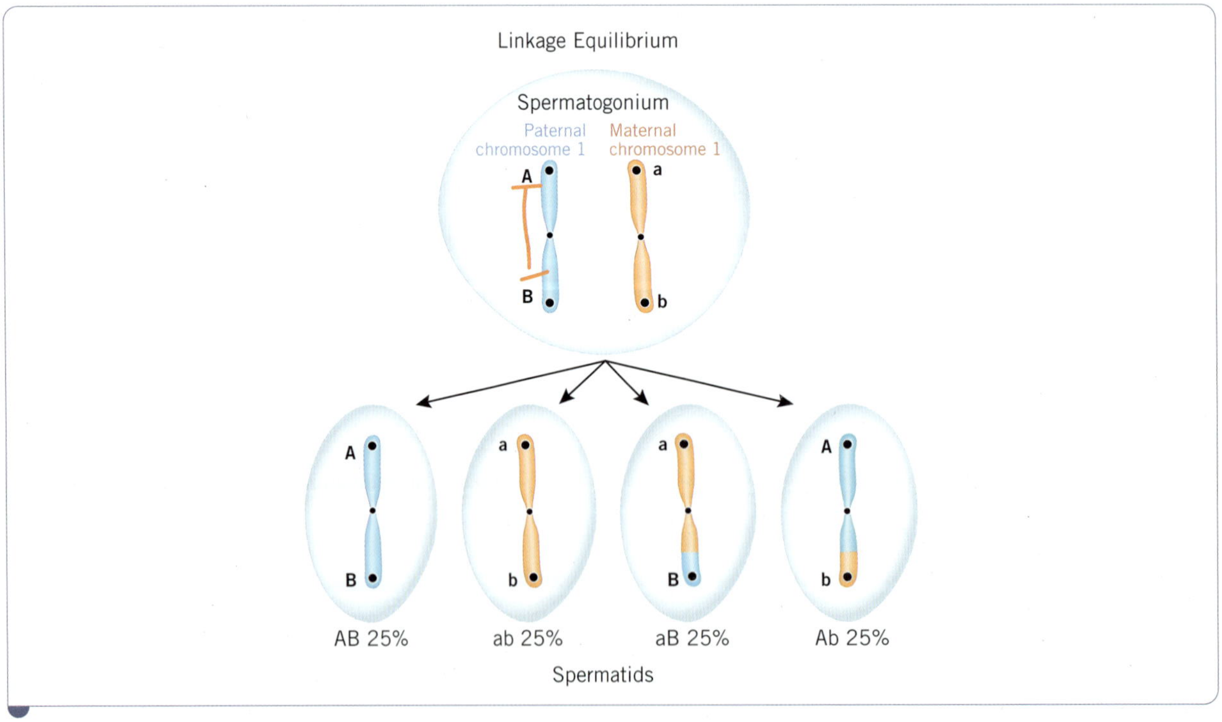


그림 10-1. 연관균형의 개념.

sociation이 되는지 확인하는 것이 불가능하기 때문에 인구 집단에서 각각의 대립유전자가 관찰되는 빈도를 이용해 연관불균형의 정도를 추정하게 된다. 만약 두 개의 염색체 위치에 A, a와 B, b 대립유전자의 빈도가 각각 $P_A$, $P_a$, $P_B$, $P_b$라면, 네 가지 가능한 유전형이 존재한다. AB, Ab, aB, 그리고 ab가 그것이다. 만약 두 개의 염색체 위치가 완전한 연관균형 상태라면, $P_{AB}=P_AP_B$가 될 것이다. 그렇다면 실제로 AB가 같이 관찰되는 확률과 $P_AP_B$와의 차이가 무작위 관련성에서의 벗어남 정도 D라 하면 D는 다음과 같이 구해질 수 있다. $D=P_{AB}-P_AP_B$ 연관균형 상태에서는 D=0이 된다. 연관불균형의 측정 지표로서, D는 두 대립유전자의 빈도에 영향을 받기 때문에 다음과 같은 측정치가 더 선호된다.

D'=D/Dmax, 여기서 Dmax는 주어진 대립유전자 빈도에서 D가 가질 수 있는 최대값을 의미한다. D'의 최대값은 1이다.

$r^2=D^2/(P_AP_aP_BP_b)$. $r^2$는 두 개의 염색체 위치 간의 제곱 상관이다. $r^2$의 최대값은 1이다.

### 3. 일배체형 추론

일배체형 추론은 다양한 유전자 또는 염색체 위치의 대립유전자들로 구성된 일배체형들을 연구 대상에서 직접 유추하는 과정을 의미한다. 이러한 추론은 유전적 연관성을 파악하고 유전적 요인들이 질병과 관련되어 있는지를 확인하는 데 유용하다. 일배체형 추론은 유전체의 다양한 지역에서 나타나는 유전적 다양성을 이해하는 데 도움을 주며, 특히 진화, 인류 유전학, 복잡한 질병의 유전적 기원 연구 등 다양한 분야에서 핵심적인 도구로 사용된다. 이러한 추론은 현대 유전학의 발전과 DNA 염기서열분석 기술의 혁신적인 발전에 의해 더욱 확대되고 있으며, 이로 인해 더 정확하고 포괄적인 유전적 정보를 추출하는 데에 큰 도움을 주고 있다.

일배체형 추론은 대개 생물정보학 도구를 이용하여 이루어지며, HaploView, PHASE 등이 널리 사용된다. 자세한 사용방법에 관해서는 다음 사이트를 참고한다.

- HaploView: https://www.broadinstitute.org/haploview/haploview
- PHASE: https://stephenslab.uchicago.edu/phase/download.html

## V. 인종 간 다양한 유전 질환 빈도의 차이
(Ethnic differences in the frequency of various genetic diseases)

대립유전자의 빈도는 때로 각 인구집단에서 서로 다르게 나타난다. 어떤 인구집단에서는 특정한 변이 대립유전자가 자주 나타나고, 다른 인구 집단에서는 같은 대립유전자 변이가 거의 관찰되지 않기도 한다. 특히 유전 질환을 일으키는 대립유전자의 빈도 차이는 특정 인구 집단에서 특정 유전 질환의 발생 위험도가 달라지는 원인이 되므로 의학유전학자나 유전상담사들에게는 중요한 자료가 된다. 가장 잘 알려진 예로는 아시케나지 유태인에서 나타나는 테이-삭스병, 아프리카계 미국인들의 낫적혈구병, 백인들에게 나타나는 낭성섬유종과 페닐케톤뇨증 등이 있다(표 10-2).

Rh 혈액형은 대립유전자 빈도의 차이를 보이는 예이다. Rh 혈액형은 신생아 용혈성 질환과 수혈부적합성에서 결정적 역할을 하므로 임상적으로 매우 중요하다. 간단히 말하면, 인구 집단은 적혈구 표면에 Rh D 항원을 가지는 Rh 양성과 Rh D 항원이 없는 Rh 음성으로 나뉜다. Rh 음성 표현형은 상염색체 열성형태로 유전된다. Rh 음성 인구의 빈도는 인종 간에 큰 차이를 보인다(표 10-2). Rh 혈액형이 임상적으로 중요한 이유는 Rh 음성인 사람이 Rh 양성 적혈구에 노출되면, 항 Rh 항체가 쉽게 생성되기 때문이다. 임신기간 동안은 정상적으로 소량의 태아 혈액이 태반 장벽을 통과하여 모체 혈액으로 유입된다. 만약 산모가 Rh 음성이고 태아가 Rh 양성인 경우, 산모의 체내에서 생성된 항 Rh 항체가 태아 혈액으로 이동되어 Rh 양성인 태아 적혈구에 결합

표 10-2. 다양한 인구집단에서의 상염색체 질환의 발병률, 대립유전자 빈도 및 이형접합체 빈도

| 질환 | 인구집단 | 발병률 | 대립유전자 빈도 | 이형접합체 빈도 |
|---|---|---|---|---|
| 상염색체 열성 | | $q^2$ | q | 2pq |
| 낫적혈구빈혈 | 아프리카계 미국인 | 1/400 | 0.05 | 1/11 |
| | 스페인계 미국인 | 1/40,000 | 0.005 | 1/101 |
| Rh 음성 혈액형 | 미국 백인 | 1/6 | 0.41 | 약 1/2 |
| | 아프리카계 미국인 | 1/14 | 0.26 | 약 2/5 |
| | 일본인 | 1/200 | 0.071 | 약 1/8 |
| 페닐케톤뇨증 | 스코틀랜드 | 1/5,300 | 0.014 | 1/37 |
| | 핀란드 | 1/200,000 | 0.002 | 1/250 |
| | 일본 | 1/109,000 | 0.003 | 1/166 |
| 상염색체 우성 | | $2pq + q^2$ | q | |
| 가족성 고콜레스테롤혈증 | 캐나다 퀘벡 | 1/122 | 0.004 | - |
| | 남아프리카 | 1/70 | 0.007 | - |
| | 미국 | 1/500 | 0.001 | - |
| 근긴장성 이영양증 | 캐나다 퀘벡 | 1/475 | 0.0011 | - |
| | 유럽 | 1/25,000 | 0.00002 | - |

해 신생아 용혈성 질환을 일으키는데, 이는 즉각 치료하지 않으면 치명적일 수 있는 심각한 질환이다. 따라서, Rh 음성인 산모는 Rh 양성인 태아 적혈구에 의해 항 Rh 항체가 생성되는 것을 최소화하기 위해 임신 28~32주에 Rh 면역글로불린 주사를 맞아야 한다. Rh 면역글로불린은 모체가 항 Rh 항원에 감작되기 전에 Rh 양성인 태아의 세포를 제거해 준다. Rh 면역글로불린은 임신 이외에도 유산, 임신 중절, 융모막 생검이나 양수 천자와 같이 Rh 양성 세포가 산모의 혈액으로 들어갈 수 있는 다양한 상황에서 투여한다. Rh 혈액형과 신생아 용혈성 질환에서의 병태생리를 발견한 것은 유전학이 의학에 미친 큰 공헌의 하나이다. 신생아 용혈성 질환은 예전에는 가장 흔한 유전 질환 중 하나였지만, 산과 영역에서 위험이 있는 산모를 미리 선별하여 예방적 처치가 보편화되면서 이제는 아주 드문 질환이 되었다.

어떻게 대립유전자나 대립유전자 빈도가 인종마다 다르게 나타나는지를 설명하기 위해서는 많은 요인들을 고려해야 한다. 하나는 유전자 고립에 의해 유전자 흐름이 막히는 경우이다. 이렇게 되면 한 집단 내에서 발생한 유전 변이가 교배를 통해 다른 집단으로 확산되지 못한다. 또 다른 요인으로는 유전적 부동(genetic drift)을 꼽을 수 있다. 다음에서 이와 관련된 예를 살펴보겠다.

## 1. 창시자효과(Founder effect)

서로 다른 인종에서 유전 질환의 발병률이 달라질 수 있음을 보여주는 극단적인 예 중 하나로 베네수엘라의 마라카이보 호수 근처에 사는 원주민에서 헌팅턴병의 높은 발병률을 들 수 있다. 이는 원주민에서 발생한 돌연변이가 유전적으로 고립되어 나타난 현상이다. 이외에도 유전적 고립에 의한 창시자 효과로 특정 인구 집단에서 특정 유전 질환의 발병률이 높은 예는 세계 여러 곳에서 관찰된다. 예를 들어 캐나다의 프랑스계 캐나다인의 경우 다른 인구집

단에서는 드물게 발생하는 유전 질환이 비교적 높은 빈도로 나타난다. 퀘벡 근처에 격리된 특정 지역에 사는 이들에게서 상염색체열성 질환으로 간부전과 신기능 장애를 일으키는 타이로신혈증 1형의 발생률이 다른 인구 집단에 비해 월등히 높다(1/685 vs. 1/100,000). 이는 창시자 효과에 의한 것으로, 이 지역의 변이 대립유전자의 기원은 100% 동일하다. 이와 같이 창시자 효과와 유전 부동으로 특정 인구 집단에 특정 변이 대립유전자가 존재하고, 그들만의 질병이 증가하거나 감소하는 현상을 설명할 수 있다. 오늘날의 인류는 과거에 비해 이동이 용이해져 유전자 흐름(gene flow)의 기회가 많아졌으므로 유전 부동의 효과는 점차 감소할 것으로 보인다.

## 2. 이형접합체 이점(Heterozygote advantage)

어떤 변이 대립유전자가 환경적 영향에 의해 특정 질병에서 이형접합체의 적합도를 높여주는 경우, 이를 이형접합체 이점(heterozygous advantage)이라고 한다. 심지어는 변이 대립유전자 동형접합체가 심각한 질병을 초래한다고 하더라도 이형접합체가 약간의 이점이 있다면 변이 대립유전자의 빈도가 증가할 수 있는데, 이는 인구집단 내에서 이형접합체가 동형접합체에 비해 수적으로 우세하기 때문이다. 이렇게 유전자 풀로부터 특정 대립유전자를 제거하려는 힘과 유지하려는 힘에 동시에 선택압(selective force)이 작용하는 경우를 균형적 다형태(balanced polymorphism)라고 한다. 가장 잘 알려진 이형접합체 이점 현상의 예로는 낫적혈구빈혈 유발 변이 이형접합체에서 관찰되는 말라리아 저항성이다. 낫적혈구빈혈을 일으키는 베타글로빈 변이 대립유전자는 서아프리카의 특정 지역에서 가장 높은 빈도를 나타내는데, 이 지역에서는 이형접합체가 말라리아에 대한 저항성이 비교적 높아 정상 및 질병 유발 변이 동형접합체보다 생존에 더 적합하기 때문이다. 말라리아가 풍토병인 지역에서는 정상 동형접합체는 말라리아에 더 잘 걸려 사망할 위험도가 높아지고, 변이 동형접합체는 낫적혈구빈혈이라는 치명적 혈액 질환이 발생한다. 반면 낫적혈구 베타글로빈 변이 이형접합체인 사람의 적혈구에는 말라리아는 기생할 수 없고, 낫적혈구 빈혈은 일으키지는 않으므로 생존에 유리해지고 생식력이 증가해 변이 대립유전자의 빈도가 예측되는 것보다 증가하게 된다. 이와 같이 낫적혈구 대립유전자 빈도의 급격한 변화는 선택압의 변화로 인해 일어난 것이라고 생각된다. 낫적혈구빈혈에서와 같이 이형접합체 이점은 하디-와인버그 평형의 기본적인 가정 중 하나인 선택에 의해 대립유전자 빈도가 의미 있게 변화하지 않아야 한다는 가정을 위반할 때 대립유전자와 유전형이 기대했던 것과 달라진다는 점을 설명하고 있다.

그러나 오늘날 말라리아 풍토병 지역에서 질병을 옮기는 모기를 근절하기 위한 많은 노력을 기울이고 있고, 낫적혈구 이형접합체는 말라리아 풍토병 이외의 다양한 지역에서 살고 있다. 실제로 미국 내 아프리카계 미국인들에서 낫적혈구 대립 유전자의 빈도는 원래의 수 세대 전의 인구 집단의 높은 수준보다 이미 많이 감소되었다. 물론 미국 내 아프리카계 미국인 집단에서 낫적혈구 빈혈의 감소에는 다른 인구집단으로부터 유전자들이 이들 집단의 유전자풀로 혼합되어 들어온 데에도 원인이 있다. 낫적혈구 빈혈 이외에도, 지중해빈혈(thalassemia) 유전자도 말라리아 내성과 관련하여 특정 인구집단에서 높은 빈도를 유지하는 것으로 생각된다.

# VI. 유전과 조상(Genetics and ancestry)

약 20,000개의 코딩 유전자의 염기서열과 염색체상의 위치, 순서가 모든 인간에서 거의 동일하지만, 각 개인은 단일 염기쌍(single base pairs, SNPs)에서 수백 킬로베이스의 유전체 변이(genomic variant, CNV)에 이르기까지 수천만 개의 다른 대립유전자를 가지고 있어 개인 간의 광범위한 다형성을 이룬다. 한 인구 집단에서 발견되는 많은 대립유전자는 전 세계적으로 비슷한 빈도로 모든 인구 집단에서 발견된다.

폭발적인 인구 증가를 거쳐 오늘날의 인류는 70억 명이 넘지만, 인류는 훨씬 더 작은 소그룹 개체군에서 파생되었다. 실제로 아주 최근까지도 인류는 서로 다른 지역 집단이나 인종 집단으로 존재했기 때문에, 인종적 특성이나 지리적으로 격리된 다른 소그룹 간의 짝짓기는 제한적이었다. 이러한 작은 격리된 마을에 사는 사람들의 무작위 돌연변이는 여러 대립유전자를 발생시켰다. 이들 중 대부분은 선택적 장점이나 단점은 없을 것으로 예상되므로 선택에서 중립적으로 작용할 것이다. 이러한 선택적으로 중립적인 유전자 표지자는 유전학자들과 인류학자들에게 인간의 역사를 추적하는 수단이 될 수 있다. 유전 부동, 환경적 요인에 의한 선택, 이주와 근교배로 인한 유전자 흐름의 상호작용은 유전체 주변에 서로 다른 영향을 미친다. 그 결과 많은 소그룹들 간의 대립유전자의 빈도가 같아지거나, 인구 집단 간에 빈도의 큰 차이가 날 수도 있고, 특정 대립유전자가 한 인구 집단에만 한정될 수도 있다.

세계의 서로 다른 지역에서 발생하는 인구 집단 간에 빈도가 크게 다른 대립유전자를 조상 정보 표지자(ancestry informative markers, AIM)라고 한다. 실제로 광범위하게 분리된 지리적 기원(예: 유럽인, 아프리카인, 극동아시아인, 중동인, 아메리카 원주민 및 태평양 제도인)에서 파생된 인구 집단간에 빈도가 다른 조상 정보 표지자 세트가 존재한다. 이러한 조상 정보표지자는 인구 이주 패턴을 도식화하고, 인구 사이의 역사적 혼합을 정리하거나, 식별 가능한 인구 하위 그룹 간의 유전적 다양성 정도를 결정하기 위한 지표로 유용하다. 유전체 전체에 걸쳐 폭넓게 존재하는 수십만 개의 조상 정보 표지자에 대한 연구는 유럽, 아프리카, 아시아 및 아메리카의 유대인 공동체를 포함하여 다양한 인구 그룹 간의 유전체 차원의 관계를 구별하고 결정하는 데 사용되었다. 인구 집단을 구별할 수 있는 서로 다른 대립유전자 빈도를 가진 변이는 수백만 개가 있지만, 수백 또는 수천 개의 단일염기다형성(SNP) 유전형 분석만으로도 서로 다른 조상으로부터 기원한 유전체의 비율을 식별할 수 있다. 이를 통해 해당 개인의 서로 다른 대륙 인구 집단의 조상을 추정하고 조상의 지리적 기원을 추론할 수 있다. 현재 수십 개의 회사에서 소비자에게 조상 찾기 서비스를 제공하고 있다. 이와 관련하여 개인에 대한 정보의 과학적, 의학적 또는 인류학적 가치에 대해 의견이 분분하지만, 조상 찾기 검사의 유용성은 가족의 역사에 관심이 있는 사람들로부터 많은 관심을 끌고 있다.

실질적으로 의료현장에서 유전적 조상의 중요성은 서로 다른 인구 집단에서 서로 다른 빈도를 보이는 대립유전자 변이가 임상적으로 다양한 표현형을 반영한다는 점이다. 이 연구 영역은 아직 초기 단계이지만, 질병의 예후를 예측하는 데 유전적 조상 평가를 포함하면 인종 또는 민족적 정체성에만 의존하는 것에 비해 유용한 정보가 될 수 있다. 예를 들어, 조상 정보 표지자 패널로 검사해보면 아프리카계 미국인 중 실제로 아프리카에서 기원한 유전형질을 가진 비율이 10% 미만에서 95% 이상까지 광범위한 차이를 보인다는 것을 알 수 있다. 조상의 영향을 받아 유전적으로 결정된 형질의 경우, 유전자 기능에 영향을 줄 수 있는 특정 단일염기다형성의 효과는 원인 유전자가 아프리카에서 기원했는지 유럽에서 기원했는지에 따라 달라질 수 있다. 이 점에 대한 실례로, 아프리카계 미국인 천식 그룹의 질병 중증도를 분류하기 위한 폐 기능 연구에서 환자의 전반적인 폐 손상 정도에 대한 예측 시 본인이 생각한 인종적 특성만으로 설명할 때보다 유전적 조상을 고려할 때 더 정확했다.

임상에서의 잠재적 가능성 외에도 조상 정보 표지자 검사는 유전 질환의 원인이 되는 특정 유전자 및 변이와 다른 인종 또는 지리적 그룹 간에 발병률이 현저하게 다른 기타 복잡한 특성을 식별하기 위한 연구에도 유용하다. 전 세계 여러 인구 집단에서 건강 및 질병과 관련된 대립유전자의 빈도를 알면 개인의 유전적 조상에 근거한 질병의 발병 가능성을 추측하는 데 유용하다. 정밀 의료(precision medicine)의 확장과 함께 조상 정보 표지자를 포함한 정확한 유전형을 분석함으로써 질병에 기여하는 변이를 분석하고 활용할 수 있기를 기대한다.

## VII. 인구집단 대상 유전체 서열분석 프로젝트

**(Genome sequencing project in population)**

차세대 염기서열분석을 활용한 유전체분석이 활발하게 시행되면서 인간 유전체에 대한 이해가 증진되고, 유전 질환의 원인과 기전 및 다양한 형질에 관여하는 유전적 요인들이 다방면으로 밝혀지고 있다. 이러한 지식은 질병을 예방하고 진단에 도움을 줄 뿐만 아니라 유전자치료제 및 신규 약물 등 치료법 개발을 촉진하여, 궁극적으로 정밀의료(precision medicine)의 실현에 바탕이 된다. 이에 최근 국가 주도하에 대규모 일반인구집단 및 다양한 질환군을 대상으로 유전체 데이터베이스를 구축하고 이를 분석하는 프로젝트가 진행되고 있다. 대표적으로 영국의 UK biobank (https://www.ukbiobank.ac.uk/), 100,000 Genomes Project (https://www.genomicsengland.co.uk/initiatives/100000-genomes-project), 미국의 All of US Research Program (https://allofus.nih.gov/)가 있으며, 한국에서도 국가 통합 바이오 빅데이터 구축 사업(https://bighug.kdca.go.kr/bigdata/)이 진행 중이다.

영국의 UK biobank는 국가 주도로 설립된 유전체 은행으로 영국 전역의 40~69세 성인 500,000명의 인체 유래물, 유전 정보 및 임상 양상을 전향적으로 구축한 개방형 데이터베이스이다. 이곳에는 대상자들의 혈액, 소변, 타액과 같은 인체자원을 포함하여 생체지표(biological measure), 생활양식(lifestyle indicator), 혈액과 소변 검사결과, 영상검사 결과가 등록되어 있다. 또한 모든 대상자에게 array 기법을 이용한 genome-wide genotyping을 시행하였으며 이 중 488,377명의 유전체 정보를 최종적으로 확보하여 분석하였다.

영국에서 진행 중인 또 하나의 국가 주도 유전체 코호트 사업은 보건복지부 산하 Genomic England에서 진행하는 100,000 Genome Project가 있다. 이는 2012년에 시작된 계획으로 암, 희귀질환 및 감염질환 환자를 대상으로 전장유전체검사(whole genome sequencing)를 시행하는 것을 목표로 한다. 2018년 12월 10만 번째 대상자의 WGS 시행이 완료되었으며, 이 중 희귀질환 환자 2,183 가계(4,660명)에 대한 분석 결과가 우선 발표되었다. 멘델 유전 질환의 진단율은 35%, 복합유전 질환의 진단율은 11%였으며 특히 지능저하(intellectual disability), 청각장애(hearing disorder), 시각장애(vision disorder)의 진단율이 40~55%로 높게 나타났다.

미국은 2015년 1월에 정밀의료계획(Precision Medicine Initiative) 추진을 발표하였으며 이에 따른 목표 달성 전략 중 하나로 All of Us Research Program을 구상하여 진행하고 있다. 이 프로젝트는 미국 전역의 18세 이상 성인 100만 명을 등록하고 최소 10년간 추적 관찰하여 인체유래물 기증 전장유전체검사 및 의료정보 확보뿐만 아니라 생활습관, 사회경제적 요인, 환경적 요인 등에 대한 데이터베이스를 구축하는 것을 목표로 한다. 2018년 5월에 대상자 모집을 시작한 이후 2023년 4월까지 628,000여 명의 대상자가 참가하였다. 향후 이 데이터베이스는 연구 목적 및 정밀의료분야의 발전을 위해 다방면으로 활용될 예정이며, 참가자들은 본인의 유전성 암과 유전성 심질환 등에 대한 유전체 분석 결과와 다양한 약물 반응에 대한 유전정보를 제공받는다.

한국에서는 보건복지부, 과학기술정보통신부, 산업통상자원부, 질병관리청의 추진으로 국가 통합 바이오 빅데이터 구축 사업이 시작되었다. 이는 100만 명 규모의 임상정보, 유전체정보, 생애기록 등을 통합적으로 수집하여 데이터베이스를 구축하는 프로젝트로 한국인 유전체에 대한 이해를 증진하고 질병의 예측 및 진단에 활용하기 위한 목적이다. 이를 위해 2020년 6월부터 시범사업을 시작하여 희귀질환자 및 그 가족을 포함하여 15,000명의 참여자를 모집하고 전장유전체검사를 시행하였다. 향후 단계별 계획을 통해 난치성질환, 암 환자를 비롯하여 일반인을 대상으로 한국인의 건강정보 및 유전정보를 확보하여 데이터베이스를 구축할 예정이다.

## REFERENCE


1. 이종극. 질병 유전체 분석법. 서울: 월드사이언스; 2015. pp. 211-30.
2. 질병관리청[인터넷]. 국가 통합 바이오 빅데이터 구축 사업 [cited 2023 Apr 25]. Available from: https://bighug.kdca.go.kr/bigdata/
3. 100,000 Genomes Project Pilot Investigators, Smedley D, Smith KR, et al. 100,000 Genomes Pilot on Rare-Disease Diagnosis in Health Care - Preliminary Report. N Engl J Med. 2021;385(20):1868-80.
4. All of Us Research Program Investigators, Denny JC, Rutter JL, et al. The "All of Us" Research Program. N Engl J Med. 2019;381(7):668-76.
5. Barrett JC, Fry B, Maller J, Daly MJ. Haploview: analysis and visualization of LD and haplotype maps. Bioinformatics. 2005;21(2):263-5.
6. Bycroft C, Freeman C, Petkova D, et al. The UK Biobank resource with deep phenotyping and genomic data. Nature. 2018;562(7726):203-9.
7. Corona E, Chen R, Sikora M, et al. Analysis of the genetic basis of disease in the context of worldwide human relationships and migration. PLoS Genet. 2013;9(5):e1003447.
8. Genomics England [Internet]. The 100,000 Genomes Project [cited 2023 Apr 25]. Available from: https://www.genomicsengland.co.uk/initiatives/100000-genomes-project
9. Kumar R, Seibold MA, Aldrich MC, et al. Genetic ancestry in lung-function predictions. N Engl J Med. 2010;363(4):321-30.
10. National Institute of Health [Internet]. All of Us Research Program [cited 2023 Apr 25]. Available from: https://allofus.nih.gov/
11. Nielsen R, Slatkin M. An introduction to population genetics. Sinauer Associates, Inc.: Sunderland, MA; 2013.
12. Nussbaum R, Mcinnes RR, Willard HF. Thompson & Thompson Genetics in Medicine E-Book. 8th edition. Amsterdam: Elsevier - OHCE; 2015.
13. Royal CD, Novembre J, Fullerton SM, et al. Inferring genetic ancestry: opportunities, challenges, and implications. Am J Hum Genet. 2010;86(5):661-73.
14. Slatkin M. Linkage disequilibrium--understanding the evolutionary past and mapping the medical future. Nat Rev Genet. 2008;9(6):477-85.
15. Stephens M, Smith NJ, Donnelly P. A new statistical method for haplotype reconstruction from population data. Am J Hum Genet. 2001;68(4):978-89.

CHAPTER 11

# 질환에서 원인유전자 규명

## Identification of genetic basis of human disease

김종원, 최무림

의학 유전학에서 가장 중요한 주제 중의 하나가 질병에서 관련 유전자를 규명하는 것이다. 질병 관련 유전자를 발굴하는 방법은 생화학이나, 분자 생물학 분석, 세포유전 분석을 이용한 사례들이 1960~1980년대에 성공한 사례들이 있으나, 이들 방법은 극소수 역사적 사례에 국한된다. 이제까지 질환 관련 유전자를 규명한 것은 대부분 환자들을 대상으로 연관분석(linkage analysis)과 연합분석(association analysis)을 통해서 이루어졌고, 전장유전체 염기서열분석(whole genome sequencing analysis)이 보편화되는 현재도 이들 분석 원리가 기본 원리로서 응용 발전하고 있다.

## I. 연관분석과 연합분석의 유전적 배경 (Genetic basis for linkage analysis and association)

### 1. 연관분석(Linkage analysis)과 연합분석(Association analysis) 용어의 번역 문제

Linkage analysis와 association analysis는 유전학 분석의 커다란 두 가지 전혀 다른 접근을 하는 방법임에도 연구자마다 이들 용어를 편의적으로 번역을 함으로써, 많은 혼란을 초래하고 있다. 우리나라 과학기술용어에 대한 번역의 표준으로는 대한의학협회가 주도하는 의학용어 사전과 한국과학기술한림원이 주도하는 과학기술표준 영어가 있다. 그런데, linkage analysis와 association analysis 용어는 두 사전에 모두 나타나지 않는다. 차선으로 linkage라는 용어를 찾아보면 대한 의협 의학용어 사전과 한국과학기술한림원에서 펴낸 과학기술표준영어집에는 찾을 수가 없다. Linkage map은 두 사전 모두에서 "연관 지도"로 번역이 되어 있다. 인간유전체 사업으로 인간 전체 유전체 염기서열이 밝혀지기 전에 linkage map은 linkage analysis를 수행하기 위해 반드시 참고해야 하는 인간유전체 지도였다. 따라서, 이들 용어를 기준으로 하면 linkage analysis는 연관분석으로 번역하는 것이 타당하다고 판단한다. 또한 association은 의학용어사전에서는 1. 연합, 2. 연상, 3. 연관(번호순서는 의학용어집의 번호순서임) 세 단어로 번역이 되어 있으며, 과학기술표준영어집에는 '연합', '회합', '연상', '연관'(무순)으로 번역이 되어 있다. 그러나, association의 단어의 전후 맥락상 유전학분야에서 사용하는 용어로서 어떤 용어가 더 적절한 지에 대한 추정을 할 수 있는 근거는 없었다. 따라서, 저자는 linkage map의 표준 용어가 "연관지도"로 제안되고 있는 상황에서 association analysis의 표준 용어는 "연합분석"으로 번역하는 것이 적절하다고 판단하고, 본 교과서의 원고는 linkage analysis는 연관분석으로 association analysis는 연합분석으로 번역하여 사용한다.

## 2. 유전자 재조합(Genetic recombination), 유전 거리(Genetic distance), 물리적 거리(Physical distance)

유전자 재조합은 두 개 이상의 DNA 분자 사이에 유전 물질이 교환되는 과정을 말하며, 성적인 생식을 통해 진행이 된다. 그것은 정자와 난자와 같은 생식 세포의 형성 중에 일어나는 교차라고 불리는 과정을 통해 발생한다. 교차하는 동안, 상동 염색체들은 쌍을 이루고, DNA의 조각들은 그들 사이에서 교환된다. 이러한 유전 물질의 교환은 자손의 염색체에 대립 유전자의 새로운 조합을 초래한다.

유전자 재조합은 부모로부터 물려받은 유전 물질을 섞고 새로운 유전자 조합을 만들어 모집단 내에서 유전적 다양성을 생성하는 데 중요한 역할을 한다. 이 과정은 자손들이 변화하는 환경에 유리한 특성과 적응력을 물려받을 가능성을 증가시킨다. 유전자 재조합은 또한 개인의 독특한 유전자 프로파일을 만드는 데 기여하고 모집단의 유전적 변화를 유지하는 데 도움을 준다(그림 11-1).

마커 사이에 발생한 유전적 변화 또는 재조합 이벤트 수에 대한 확률을 기준으로 두 유전체 위치의 거리를 측정하는 것이 유전 거리이다. 센티모건(cM)은 두 개의 유전자 표지 또는 위치 사이의 유전자 재조합 빈도를 측정하는 데 일반적으로 사용되는 유전 거리의 단위이다. 그것은 재조합 빈도의 척도로 센티모건의 개념을 도입한 토마스 헌트 모건의 이름을 따서 명명되었다. 1 cM은 감수 분열 중에 두 개의 위치 사이에서 재조합 될 확률이 1%를 나타내는 유전 거리이다.

유전 거리는 연구자들이 재조합 빈도에 기초하여 유전자 표지 사이의 물리적 거리를 추정할 수 있게 해주기 때문에 유용한 측정치이다. 두 위치 사이의 재조합 빈도가 높을수록 유전적 거리가 더 멀다는 것을 의미하며, 이는 동일한 염색체에서 위치가 물리적으로 멀리 떨어져 있을 가능성이 더 높다는 것을 의미한다. 반대로, 재조합 빈도가 낮을수록 유전적 거리가 작다는 것을 의미하며, 이는 유전적 위치가 더 가깝다는 것을 의미한다.

센티모건으로 측정된 유전적 거리는 위치 간의 물리적 거리, 게놈의 특정 영역에서의 재조합 속도, 재조합 빈도에 영향을 줄 수 있는 유전자 수식어의 존재 등 다양한 요인에 의해 영향을 받는다. 센티모건의 유전적 거리와 염기쌍의 물리적 거리 사이의 관계는 재조합 비율의 변화로 인해 게놈의 다른 영역에 걸쳐 달라질 수 있다는 것을 주목하는 것이 중요하다.

유전적 거리와 센티모건은 특히 유전자 연결 지도를 구성하고 전장유전체 연합분석(genome wide association study, GWAS)을 수행하는 데 있어 유전자 매핑에서 중요한 역할을 한다. 유전자의 유전 패턴을 이해하고, 특정한 특성이나 질병과 관련된 유전체 영역을 식별하고, 마커 사이의 유전자 재조합 가능성을 추정하는 데 유전 거리 정보는 중요하다. 유전 거리를 정량화함으로써, 연구자들은 유전체의 구성과 구조에 대한 통찰력을 얻고 유전자와 DNA 서열의 상대적인 위치에 대한 추론을 할 수 있다.

물리적 거리(physical distance)는 유전체의 DNA 염기서열의 거리를 표현한다. 이것은 인간유전체사업(human genome project) 결과 얻어진 유전체 염기서열의 위치 정보로부터 두

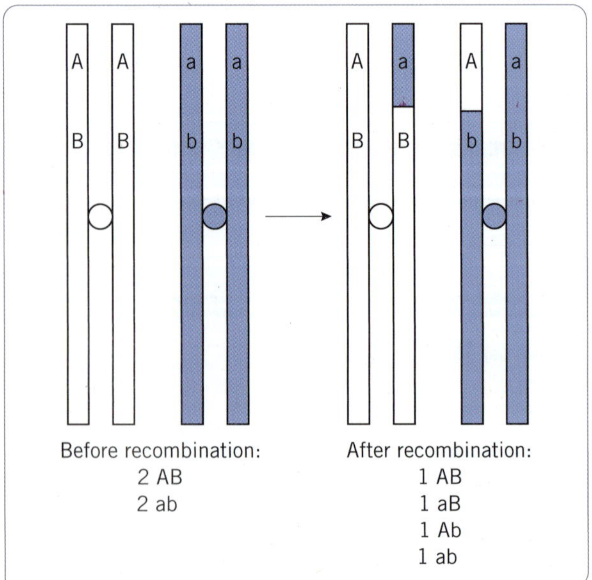


**그림 11-1. 유전자 재조합.** 부계와 모계 염색체는 감수분열 과정에서 cross over가 일어나서 재조합이 일어난다.

유전자 자리(loci) 사이의 물리적 거리를 계산할 수 있다.

유전 거리와 물리적 거리의 주요 차이점은 그것들이 제공하는 정보와 그것들이 구성되는 방식에 있다. 물리적 지도는 DNA 서열 사이의 실제 위치와 거리를 포함하여 게놈의 물리적 구조에 대한 정확한 정보를 제공한다. 반면에, 유전자 지도는 유전자 재조합의 빈도에 기초하여 유전자의 상대적 위치에 대한 정보를 제공한다. 물리적 지도가 실제 DNA 서열을 기반으로 하는 반면, 유전자 지도는 유전자 재조합 확률을 기반으로 한다.

물리적 지도(physical map)와 유전자 지도(genetic map)는 모두 유전체 분석에서 귀중한 도구이며 다른 응용 프로그램을 가지고 있다. 물리적 지도는 특정 유전자를 확인하고, 염색체 재배열을 연구하고, 게놈의 구조를 이해하는 데 유용하다. 유전자 지도는 유전자와 유전적 특성을 매핑하고, 유전 패턴을 연구하고, 특정 표현형이나 질병과 관련된 유전체 영역을 식별하는 데 사용된다. 실제로, 두 가지 유형의 지도는 서로를 보완하며 종종 게놈에 대한 포괄적인 이해를 제공하기 위해 함께 사용된다.

## 3. 연관불균형(linkage disequilibrium, LD)과 LD 매핑(LD mapping)

연관불균형은 모집단 내에서 두 개 이상의 유전적 변형(단일 뉴클레오티드 다형성[SNP] 또는 마이크로 위성표지자와 같은) 사이의 비무작위(non-random) 연관 관계를 나타낸다.

즉, 특정 대립 유전자나 유전자 표지가 우연히 예상했던 것보다 더 자주 함께 유전되는 경향을 설명한다. 연관불균형은 염색체에서 서로 가까운 곳에 위치한 유전자 변이들이 낮은 재조합 사건의 결과로 함께 유전되는 경향이 있기 때문에 발생한다.

LD는 연구자들이 인근 SNP의 정보를 활용하여 인과적 변이(causal variant)를 식별할 수 있기 때문에 LD 매핑에서 중요한 역할을 한다. 질병과 관련된 SNP가 확인되면, 원인 변이를 가진 LD의 다른 근처 SNP도 특성 또는 질병과 연관성을 보일 가능성이 높다. 이것은 LD가 염색체를 따라 짧은 거리에 걸쳐 확장되는 경향이 있기 때문이다.

LD 매핑은 LD 패턴을 사용하여 실제 기능을 하는 인과적 변이 혹은 유전자에 대한 검색 범위를 좁힌다. 질병과 관련된 SNP가 확인되면 연구자는 LD 정보를 사용하여 원인 변이가 포함된 LD의 영역 또는 블록을 식별할 수 있다. 그런 다음 이 영역에 초점을 맞춤으로써 미세 매핑 또는 기능 연구와 같은 추가 분석을 수행하여 연관성을 담당하는 특정 변형을 정확히 파악할 수 있다.

연합분석 특히, GWAS의 LD 매핑은 복잡한 특성과 질병과 관련된 수많은 유전적 변형을 식별하는 데 중요한 역할을 한다. 그것은 다양한 조건의 유전적 기초에 대한 귀중한 통찰력을 제공하고 근본적인 생물학적 메커니즘을 이해하는 데 도움이 되고 있다. 그러나 LD 매핑은 관련 변이와 형질 또는 질병 사이의 인과 관계를 확립하기 위한 출발점을 제공한다는 점에 유의해야 한다.

### 1) LD 계수(LD Coefficient) 및 LD 계수 계산 방법

연관 평형(linkage equilibrium)은 모집단에서 두 개 이상의 유전형 사이의 연관불균형(LD)이 없는 것을 말한다. 연관 평형에서, 다른 위치에 있는 대립 유전자 또는 유전자 표지는 서로 독립적으로 분리되며, 이는 유전이 상관 관계가 없다는 것을 의미한다.

LD 통계량 또는 LD 측도라고도 하는 LD 계수는 두 유전형 사이의 연결 불균형 정도를 정량화한다. 서로 다른 위치에 있는 대립형질 사이의 비무작위 연관성의 강도와 범위를 나타내는 수치 값을 제공한다.

LD 계수를 계산하는 방법은 여러 가지가 있으며 일반적으로 사용되는 측도를 r-제곱($r^2$) 통계량이라고 한다. r 제곱 값의 범위는 0~1이며, 여기서 0은 완전한 연관 평형(LD 없음)을, 1은 완전한 연관불균형(강한 LD)을 나타낸다.

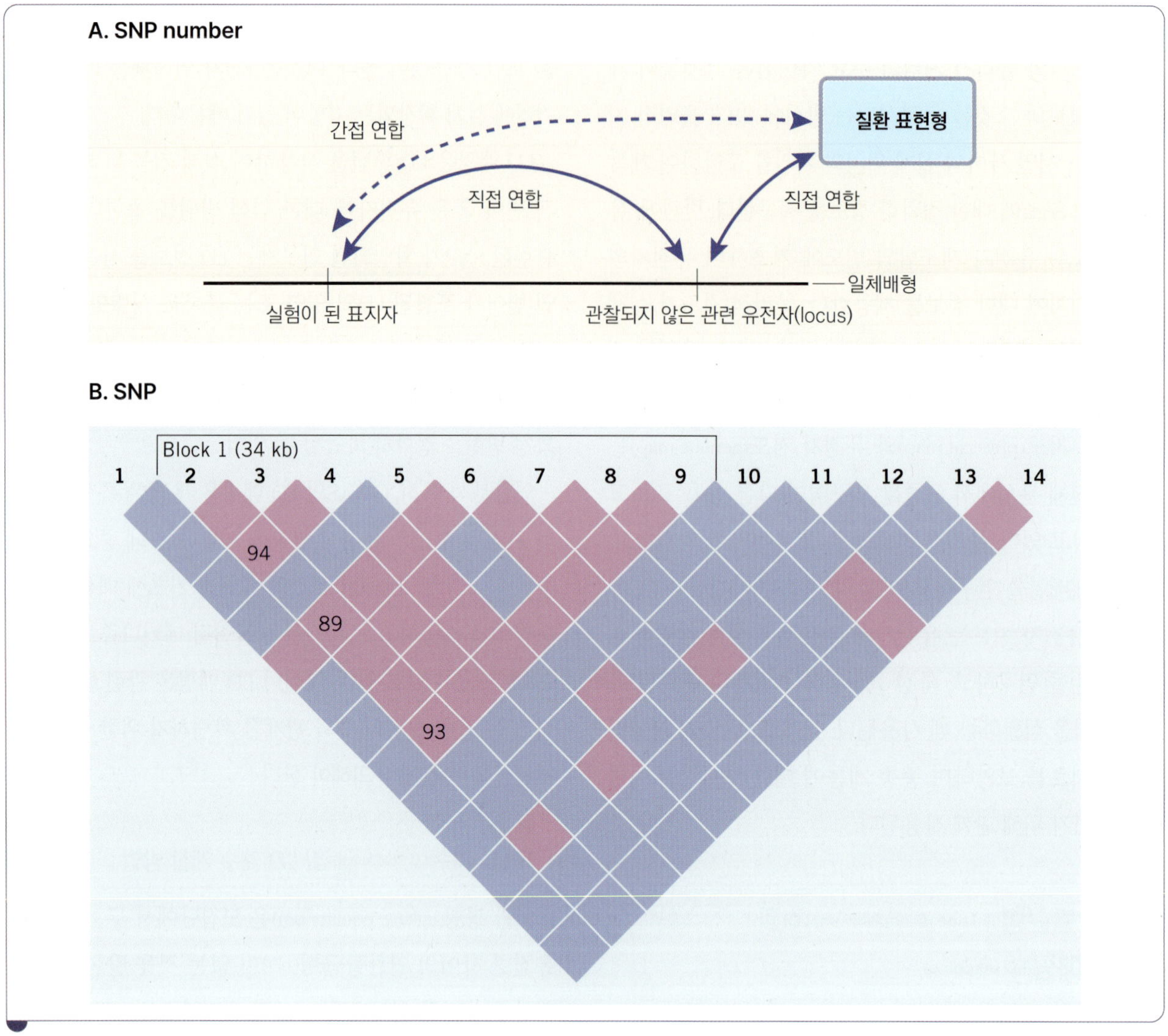


**그림 11-2. (A)** LD mapping의 원리. 표지자와 실제 기능적 변이 사이에 LD가 있다면 표지자에서도 연합 관계가 발견된다. **(B)** Linkage disequilibrium (LD) block. 특정 표지자 SNP에서 옆에 있는 SNP는 높은 LD를 보이므로 일종의 block 형태로 보인다. Block 안의 숫자는 LD 계수이다. 대개 LD 계수가 0.8 이상이면 고 LD 계수(high LD coefficient)로 간주하고 block으로 구성한다. 기능의 변화를 일으키는 기능적 변이(functional variant)는 이 block 안에 있을 확률이 높다.

### 2) r 제곱 통계량을 사용하여 LD 계수를 계산하려면 일반적으로 다음 단계를 따른다.

(1) 유전자형 데이터 선정과: 관심 있는 두 유전자 자리(locus) 변이에 대한 빈도를 대상 집단에서 수집한다. 유전자형은 모든 유전자 수(예: AA, AB, BB) 또는 특정 유전자의 대립유전자 수를 나타내는 숫자 코드(예: 0, 1, 2)로 나타낼 수 있다.

(2) 유전좌별 변이 빈도를 계산: 샘플의 각 변형 위치에서 대립 유전자의 주파수를 결정하다. 이 작업은 각 대립 유전자의 발생 횟수를 세고 전체 대립 유전자 수로 나누어 수행할 수 있다.

(3) 예상되는 하플로타입(haplotype) 빈도 계산: 관찰된 대립 유전자 빈도를 기반으로 두 유전자 자리 변이에 의해 형성된 서로 다른 하플로타입(대립유전자 조합)의 예상 빈도를 계산한다. 이 단계는 하디-와인버그 평형(Hardy-Weinberg Equilibrium, HWE)에 대한 기본 가정에

따라 달라진다.

(4) 관찰된 하플로타입 빈도를 계산하다. 각 하플로타입의 발생 횟수를 세고 전체 하플로타입 수로 나누어 표본에서 관측된 하플로타입의 빈도를 결정한다.

(5) LD 계수 계산: r 제곱 값은 다음 공식을 사용하여 계산할 수 있다.

$$r^2 = (D - p_1q_1)(D - p_2q_2) / (p_1q_1p_2q_2)$$

여기서 D는 예상 하플로타입 빈도와 관측 하플로타입 빈도 사이의 관측된 차이를 나타내며, $p_1$, $p_2$, $q_1$ 및 $q_2$는 두 유전자 변이에서 대립 유전자 빈도이다.

r-제곱의 범위는 0과 1 사이이다. r-제곱 값이 클수록 변형 간 LD가 강하며 0에 가까운 값은 LD가 약하거나 없음을 나타낸다.

LD 계수를 계산하는 데 D-프라임(D') 및 상관 계수(r)와 같은 다른 방법과 척도를 사용할 수 있다. 이러한 측정은 LD 패턴에 대한 약간 다른 통찰력을 제공할 수 있으며, 측정의 선택은 특정 연구 질문과 조사 중인 유전형의 특성에 따라 달라진다. 그러나 최근에는 LD 계수는 r 제곱 값을 사용하는 것이 일반적이다.

## II. 연관분석을 이용한 유전자 매핑 (Human disease gene mapping by linkage analysis)

### 1. 연관분석의 원리

연관분석의 기본 원리는 특정한 특성이나 질병과 함께 유전되는 유전체 영역을 식별하는 것이다. 이것은 특정 표현형(trait)이나 질병이 분리(segregation)되어 있는 가족을 대상으로 한다. 질병 유전자 근처에 위치한 유전자 표지 즉, 단일염기다형성(single nucleotide polymorphism, SNP) 혹은 마이크로위성 표지자(microsatellite marker) 등 다형성 DNA 서열 표지자의 유전 패턴을 분석함으로써, 연관분석은 질병 유전자가 특정 염색체에 위치하는지 여부와 위치가 대략적인 경우 위치를 결정하여 질환 원인 유전자(causative gene)를 발견하는 것이다.

연관분석의 기본 개념은 두 유전자가 염색체 상에 더 가까이 위치할수록 함께 유전될 가능성이 높다는 사실이다. 염색체에 있는 두 유전자 사이의 물리적 거리가 멀수록 감수 분열 동안 그들 사이의 재조합(recombination)의 빈도가 증가한다. 재조합은 생식세포에서 부모의 유전 물질을 섞는 과정이다. 두 유전자 사이의 재조합 빈도는 그들 사이의 물리적 거리에 비례하며, 재조합 빈도를 바탕으로 한 유전적 거리(genetic distance)는 대개 센티모건으로 표현한다. 1 cM은 1%의 재조합 확률을 보이는 유전적 거리를 표현한다. 유전 분석기술의 발달로 염기서열의 직접 분석을 통해 물리적 거리와 비교하면 인간의 1 cM은 평균 1 mega base-pair (Mbp)에 해당하나, 염색체의 종류나 염색체 내의 위치, 남성과 여성에서 서로 달라진다. 따라서, 전장유전체 지도가 만들어지기 전에는 각 염색체별, 남녀별로 만들어진 연관 지도(linkage map)를 이용하여 유전 표지자의 선정과 유전적 거리의 계산을 수행하였다.

### 2. 연관분석의 수행

고전적인 연관분석의 진행은 다음과 같다.

#### 1) 유전도(heritability)의 평가

연구 대상으로 할 표현형이나, 질환이 유전적 요인이 존재하는 지, 혹은 유전적 요인이 얼마나 강한지 평가하는 것은 유전도(heritability)를 통해서 평가한다. 유전도는 쌍둥이 연구나 전장유전체 연합분석(GWAS)을 통해 유전도 수치를 얻을 수 있다.

#### 2) 유전 분리(genetic segregation)의 평가

단일 유전자 질환에서 유전 양식(inheritance pattern)을 아는 것이 필요하다. 우성 유전 vs 열성 유전, 상염색체 유전 vs 성염색체 유전 등의 유전 양식을 알고 있어야 연관분석의 계산 방식을 정할 수 있다. 유전 양식을 알 수 없는 경우는 비모수(nonparametric) 연관분석을 할 수 있으니, 유전 양식의 정보를 갖고 있는 경우에 연관분석이 더 효과적이다.

### 3) 가족 검체의 수집

대상 표현형 혹은 질환의 환자 가족의 검체 수집은 가족의 크기가 클수록, 가족 중 이환자가 많을수록 유리하다. 일반적으로 핵가족 여러 가족을 모으는 것보다는 단일 대가계 가족이 연관분석에서는 더 유리하다.

### 4) 분석 대상의 유전형 결정

유전 표지자 정보를 얻기 위해 연관분석에 사용되는 주요 기술은 제한 단편 길이 다형성(RFLP) 분석, 마이크로 위성 마커 분석, 단일 뉴클레오티드 다형성(SNP) 분석을 사용한다.

RFLP 분석은 특정 DNA 서열을 인식하고 다른 크기의 조각을 생성하는 제한 효소로 게놈 DNA를 소화하는 것을 포함한다. 결과 조각은 겔 전기영동으로 분리하고 자동 방사선 촬영으로 시각화할 수 있다. 다양한 가족 구성원의 특정 DNA 조각의 존재 또는 부재는 마커 위치에서 유전자형을 추론하는 데 사용될 수 있다. RFLP 분석은 연관분석에 사용된 첫 번째 방법이며 일부 연구에서 여전히 사용된다.

마이크로 위성 마커 분석은 인간 게놈에서 다형성인 짧은 탠덤 반복 시퀀스(short tandem repeat, STR)를 증폭하고 유전자형화하는 것을 포함한다. STR은 일반적으로 길이가 2~10개의 염기쌍이며 반복 영역의 측면에 있는 프라이머를 사용하는 중합효소 연쇄반응(PCR)에 의해 증폭될 수 있다. 생성된 PCR 생성물은 겔 전기영동에 의해 분리하여 유전자 형을 결정한다. PCR 산물의 크기는 마커 위치의 반복 단위 수를 반영하며, 크기에 따라 다른 대립 유전자를 구별할 수 있다. 마이크로 위성 마커 분석은 SNP chip이 보편화되기전에 연결 분석에 흔히 사용되었던 방법이다.

SNP 분석은 인간 게놈에서 다형성인 단일 뉴클레오티드 변이를 유전자형화하는 것을 포함한다. SNP는 인간 게놈에서 가장 풍부한 유전적 변이의 유형이며 PCR 기반의 분석 또는 마이크로어레이 플랫폼과 같은 다양한 기술을 사용하여 유전자형을 만들 수 있다. *SNP* 유전자형은 마이크로 위성 마커 유전자형보다 빠르고 효율적이지만 동일한 수준의 분해능을 얻기 위해서는 더 많은 수의 마커가 필요하다. 최근에 SNP chip의 가격이 저렴해지고, 분석이 자동화되고, 단 시간 내에 결과를 얻을 수 있으므로 현재는 SNP를 이용한 연관분석이 일반적인 분석방법이 되고 있다.

### 5) 연관분석의 통계분석

연관분석은 일반적으로 여러 구성원이 특정 질병의 영향을 받는 대가족의 데이터를 사용하여 수행된다. 연구자들은 통계적 방법을 사용하여 특정 마커가 질병을 유발하는 유전자와 연결될 가능성을 계산한다. 게놈 전체에 걸쳐 많은 다른 유전자 표지를 조사함으로써, 연구자들은 질병을 일으키는 유전자의 위치를 염색체의 특정한 부분으로 좁힐 수 있다.

연관분석에서 마커와 질병 유전자 간의 연관성(linkage)은 LOD 점수(LOD score)를 계산하여 측정할 수 있다. LOD는 Logarithm of the Odds의 약자로서 LOD 점수는 표지자와 질병 유전자가 멀리 떨어져 있는 경우(즉, 연결되어 있지 않은 독립적인 경우)에 비해 밀접하게 위치한 경우에 특정 유전 패턴을 관찰할 가능성을 정량화하는 통계 측정이다. LOD 점수가 3 이상이면 보통 연관성의 중요한 증거로 간주되는데, 이는 두 유전자가 동일한 염색체에서 함께 가까이 있을 가능성이 높다는 것을 나타낸다.

### 6) 미세 맵핑(fine mapping)

일단 후보 영역이 확인되면, 연구자들은 질병의 원인이 되는 특정 유전자 또는 유전자를 식별하기 위해 미세 맵핑(fine mapping)을 진행한다. 미세 맵핑은 특정 특성 또는 질병의 원인이 되는 특정 유전형 또는 돌연변이를 식별하는데 사용되는 유전 분석 방법이다. 미세 매핑의 목표는 원인 변이체를 포함하는 게놈의 영역을 좁히는 것이며, 그런 다음 추가적으로 분석하여 특정 유전적 변화를 식별할 수 있다. 미세 매핑 프로세스에는 다음과 같은 여러 단계가 포함된다.

(1) 넓은 염색체 영역의 식별: 미세 매핑의 첫 번째 단계는 관심 있는 특성이나 질병과 관련된 게놈의 광범위한 영역을 식별하는 것이다. 이것은 일반적으로 유전자 연관분석에서 확인된 구간이나 뒤에 기술할 GWAS 또는 다른 유전자 방법을 사용하여 확인된 유전체 범위이다.

(2) 후보 유전자의 식별: 일단 광범위한 지역이 확인되면, 연구자들은 그 특성이나 질병에 책임이 있을 수 있는 후보 유전형을 식별하기 위해 다양한 방법을 사용한다. 연구 대상 형질이나 질병을 가지고 있는 사람들의 DNA 염기서열과 대조군(가계내 이환되지 않은 사람 등) DNA 염기서열을 비교하거나, 특정 조직에서 유전자의 발현 정보를 이용하는 것들이 대표적인 방법이다.

(3) 유전자형: 후보 유전자(들)의 변이(들)가 확인된 후, 연구자들은 많은 사람들의 해당 유전자에서 연구 대상 형질 또는 질병과 가장 강하게 연관되어 있는지 확인한다.

(4) 통계 분석: 해당 유전자 변이들의 분석에서 생성된 데이터를 통계 분석하여 어떤 변이체가 원인일 가능성이 가장 높은지 결정한다. 여기에는 하플로타입 분석, 로지스틱 회귀 분석 및 기타 통계적 기법을 포함한 다양한 방법이 포함될 수 있다. 최근에 gnomAD database, 영국의 UK Biobank database, 미국의 All of Us research program, 한국의 국가바이오 빅데이터들의 자료를 이용하면, 일반 인구집단의 유전자 형에 대한 정보와 통계분석을 쉽게 할 수 있으므로 이들 database를 이용하는 것이 편리하다.

(5) 검증: 마지막으로, 후보 변이는 추가 기능 유전 분석, 분자생물학 분석 등을 통해 검증되어 형질 또는 질병과의 연관성을 확인한다. 이것은 추가 관련 인구집단에서 유전형 분석이나, 유전자발현 또는 단백질 기능 분석, 질병의 동물 또는 세포 모델 수행을 포함할 수 있다.

## 3. 연관분석의 사례

### 1) 헌팅턴병

1983년 헌팅턴병 유전자의 위치를 확인하기 위해 연관분석이 사용되었다. 헌팅턴병이 발병한 가족들에 대해 유전 표지자의 유전형을 분석하여 헌팅턴병과 연관된 4번 염색체의 영역을 확인할 수 있었다. 이것은 연관분석이 사람에게도 적용 가능하다는 것을 보여준 최초의 사례로서 연관분석이 단일유전자 질환에서 원인유전자발굴의 기본 방법으로 이용되는 중요한 계기를 마련하였다. 이는 뇌의 발달과 기능에 관여하는 단백질을 암호화하는 헌팅턴병 유전자의 확인으로 이어졌다.

### 2) 낭포성 섬유증(cystic fibrosis)

연관분석은 1985년 낭포성 섬유증 유전자의 위치를 확인하기 위해 처음 사용되었다. 낭포성 섬유증 환자와 가족들의 유전 표지자의 유전형을 분석하여 7번 염색체에 위치한 낭포성 섬유증 유전자(CFTR)의 식별로 이어졌다. 낭포성 섬유증은 연관분석을 이용한 최초의 유전자 식별이 된 최초의 사례로서, 헌팅턴병과 함께 연관분석의 기념비적인 성과라 할 수 있다.

### 3) 유방암

*BRCA1*, *BRCA2* 등 유방암의 위험을 증가시키는 여러 유전자를 확인하기 위해 유방암 발병률이 높은 가족들의 유전 표지자의 유전형을 분석했고 17번과 13번 염색체에서 그 질병과 연관된 영역을 확인하여 *BRCA1*과 *BRCA2* 유전자를 식별하였다.

### 4) 알츠하이머병

알츠하이머 치매가 많이 발생한 가족들의 유전 표지자

의 유전형을 분석하여 질병과 연관된 염색체의 여러 영역을 확인하였다. 이를 통해 알츠하이머 병 환자의 뇌에 축적되는 단백질인 베타 아밀로이드의 생산에 관여하는 아밀로이드 전구체 단백질(APP) 유전자를 포함한 presenilin 1 (PS-1), Presenilin 2 (PS-2), Apolipoprotein E 등 여러 유전자를 확인하였다. 이외에도 단일유전자 질환의 질환 원인 유전자로 1,000여 개 이상의 유전자가 연관분석으로 식별되었다.

## 4. 연관분석의 한계

연관분석은 인간 유전학 연구에서 강력한 도구로서 많은 단일유전자 질환의 질환 유전자 식별에 기여했지만 그 사용에는 몇 가지 제한이 있다.

### 1) 소규모 가족

연관분석은 이환된 사람이 많은 대가족에서 가장 효과적이다. 영향을 받는 개인이 한 명 또는 소수인 가계에서는 유전자 표지의 명확한 유전 패턴을 식별하는 것이 어려운 경우가 많다.

### 2) 대립형질 이질성(allelic heterogeneity)

연관분석은 한 가족의 모든 영향을 받는 개인이 질병을 유발하는 동일한 유전적 돌연변이(allelic homogeneity)를 가지고 있다고 가정한다. 그러나 동일한 질병 표현형을 일으킬 수 있는 여러 개의 다른 돌연변이가 한 가계 내에 있을 수 있다. 이는 대립 유전자 이질성(allelic heterogeneity)으로 알려져 있으며 연관분석만으로는 특정 질병을 유발하는 돌연변이를 식별하는 것을 더 어렵게 만들 수 있다.

### 3) 유전적 복잡성(genetic complexities)

심장병과 당뇨병과 같은 많은 흔한 질병들은 다양한 유전적 요인과 환경적 요인들의 상호작용에 의해 야기된다. 이러한 경우, 연관분석은 질병에 대한 유전적 기여의 복잡한 특성으로 인해 유전자 표지의 명확한 유전 패턴을 식별하지 못할 수 있다. 특히 유방암과 같이 흔한 질환인 경우 찾고자 하는 유전적 원인으로 인한 환자와 함께, 표적 유전자 이외 유전자 혹은 환경적 요인으로 인한 환자가 섞여 있는 가계의 경우 표적이 되는 유전자를 찾기 매우 어렵게 만든다. 이때, 표적이 되는 유전자 이외 원인으로 표현형이 생기는 경우를 표현형 모사(phenocopy)라고 한다.

### 4) 질환 관련 유전자의 유전 강도가 낮은 경우

단일 유전자 질환에서는 유전 변이가 대개 질환을 일으킨다고 가정한다. 그러나, 해당 변이가 유전질환이나 표현형을 일으키는 데, 제한적인 영향을 미치거나, 영향을 미치기는 하나, 그 강도가 약한 경우에는 이들을 식별하는 데, 많은 가계들의 수집이 필요하며, 경우에 따라서는 100만 가계 이상이 필요할 수도 있다. 이것은 현실적으로 가능한 수집이나 연구가 아니다. 따라서, 해당 유전자가 대상이 되는 표현형에 대한 강도가 강하지 않은 경우는 가계 분석에 의한 관련 유전자발굴은 현실적으로 가능하지 않다.

연관분석을 이용한 질환 유전자발굴은 사례가 점차 줄어들고 있다. 이에 대한 원인은 몇 가지로 생각할 수 있다. 우선 전장엑솜 염기서열분석(whole exome sequencing), 전장유전체 염기서열분석(whole genome sequencing)과 같은 유전체 분석을 통해, 후보가 되는 유전자들의 돌연변이 유무를 확인함으로써, 직접 원인유전자 식별과 돌연변이 발굴을 할 수 있게 되었다. 또한 질환 분석의 대상이 되는 가계의 규모가 문제가 된다. 우선 가계의 수집이 상대적으로 용이한 대부분의 단일유전자의 원인유전자가 규명이 됨에 따라, 점점 더 희귀한 질환 혹은 표현형의 가계는 찾기가 어려워졌다는 점과 점차 세계적으로 핵가족화되는 경향으로 인해 분석대상이 되는 가계의 규모가 작아지게 되는 것이 원인으로 생각할 수 있다. 그럼에도 연관분석의 원리의 이해는 유전상담에서 질환의 원인유전자를 확정하지 못하는 경우에도 태아 혹은 다음 임신에 대한 이환의 유전적 확률 계산과 평가에 도움이 된다.

## III. 연합분석을 이용한 유전자 맵핑
(Human disease gene mapping by association)

### 1. 연합분석의 원리

연합분석은 특정 표현형(trait) 또는 질병을 가진 실험군의 특정 유전좌(locus)의 대립유전자 빈도와 특성 또는 질병이 없는 대조군의 대립유전자 빈도를 비교하여 분석하는 방법이다. 연합분석을 유전체 전체에 걸친 유전좌를 선정하여 각각의 유전좌에 대한 대립유전자들의 빈도 차이를 비교하여 분석하는 것이 GWAS이며, 현재 질병관련 유전자를 규명하는 것에 가장 널리 쓰이는 방법이다.

연합분석은 대개 다인자 질환에서 개별 유전자로는 질환을 결정적으로 초래하지 않고, 질환의 이환 가능성을 높이는 이환 유전자(susceptible gene)들을 찾기 위한 방법으로 사용되고 있다. 특히 흔한 대립유전자들이 흔한 질환을 일으킬 것이라는 흔한질환-흔한변이 가설(common disease-common variant hypothesis, CD-CV 가설)로 설명할 수 있는 질환은 연합분석이 효과적이다.

연합분석은 특정 특성 또는 질병과 관련된 유전형을 식별하는 강력한 도구가 될 수 있으나, 연합분석이 반드시 인과 관계를 의미하는 것은 아니며, 식별된 변형의 기능적 관련성을 확인하고 관찰된 연관성의 기초가 되는 메커니즘을 결정하기 위해 추가 연구가 필요하다.

### 2. 연합분석의 수행

#### 1) 적합한 연구 모집단(발굴 집단, Discovery group)의 선택

관심 있는 특성 또는 질병을 가진 개인과 특성 또는 질병이 없는 개인의 대조군을 포함하는 연구 모집단을 선택한다. 연구 모집단은 유전적 연관성을 탐지하기에 충분한 통계적 힘을 제공할 수 있을 정도로 충분히 커야 한다. 대조군은 연구 모집단과 같은 종족에서 선정되어야 한다. 예를 들면, 실험군은 한국인이고, 대조군은 유럽인이라면, 계층화의 영향으로 틀린 결과를 얻게 된다. 최근까지 당뇨, 심장병, 치매, 암, 자가면역질환 등 많은 질환이 연합분석으로 통해 관련 이환 유전자를 밝혀내고 있어, 만약 추가로 새로운 유전자들을 발굴하려면, 수천 명 이상의 환자 집단을 선택해야 한다.

#### 2) 유전자 표지자 선택과 유전자형

관심 형질 또는 질병과 관련이 있는 것으로 알려진 유전자 표지자를 선택한다. 연합분석의 초기에는 마이크로 위성 표지자를 사용하는 경우도 있었으나, 현재는 단일 뉴클레오티드 다형성(SNP)이 쓰는 것이 자동화도 쉽고, 비교적 정확한 결과를 얻을 수 있으므로 일반적이다. 그리고 유전 표지자는 연구 집단에서 유전자형으로 지정되며, 각 유전형의 빈도는 사례 및 대조군 그룹 모두에서 결정된다. 그런데, 최근 GWAS가 일반적이므로 연구자가 유전자 표지자를 선택하거나, 유전자 형에 대해 조사하기보다는 GWAS 용 DNA chip을 사용하여 질환의 대상이나, 연구 모집단의 차이를 고려하지 않고 연합분석을 진행한다. 이 경우 종족 특이 정보를 보다 많이 반영한 종족별 DNA chip이 개발되어 사용되기도 한다. 국내에서 한국인 유전정보를 기반으로 한 한국인칩을 만든 것이 한 사례이다.

#### 3) 통계 분석

각 유전자 변이 빈도는 로지스틱 회귀 분석 또는 카이-제곱 검정과 같은 통계적 방법을 사용하여 사례 그룹과 대조군 그룹 간에 비교한다. 이 분석은 두 그룹 사이에 유전적 변이의 빈도에 통계적으로 유의한 차이가 있는지 여부를 확인한다. GWAS의 경우는 대개 100만 개 정도 SNP에 대한 각 유전좌(locus) 별로 비교하게 되므로 통계적 유의 검증이 증가하여 $p$ value 0.05 수준에 대한 기준 조정이 필요하다. 이때, Bonferroni 교정이 일반적이며, GWAS에서 $p<5X\ 10^{-8}$을 유의수준으로 한다. 다만, 연구 대상 질환 혹은 표현형이 빈도가 드문 경우는 충분한 수의 연구 집단을 수집하기 어려우므로 $p<5X\ 10^{-8}$에 해당하는 유전자를 확보하기

어렵다. 이런 경우는 질환의 빈도나, 유전도를 감안하여 상위 일정 수의 유전좌를 유의한 군으로 선택할 수 있다.

- **Imputation의 수행**

GWAS를 위해 DNA chip을 사용하는 경우, 실험과정에서 일부 검체나 일부 SNP에 대해서 유전형 결과 값을 얻지 못할 경우가 있다. 또한 선택한 chip에서 관심의 대상이 되는 locus SNP가 없을 수도 있다. 또한 GWAS DNA chip의 종류에 따라 유전적 위치는 매우 가까우나, 서로 다른 SNP들이 사용되는 경우도 있다. 이런 경우에 관심이 되는 SNP의 유전형 정보를 얻을 수 있는 방법이다. 이것을 해당 인구집단에 대해 모든 SNP에 대해 참조 SNP 정보가 있다면, 이를 바탕으로 얻고자 하는 locus SNP 정보를 추정하는 방법이다. 일반적으로 유전형 빈도가 흔할수록 정확성이 높아지는데, 최근에는 여러 종족의 더 많은 사람들의 참조 SNP 정보가 쌓임에 따라 드물게 locus SNP에 대해서도 정확도가 향상되고 있다. 따라서, imputation을 수행하면, 실제 수행한 유전형 숫자보다 훨씬 많은 수의 locus SNP 유전형을 얻을 수 있으므로, GWAS 통계분석이 더 효과적으로 유의한 결과를 얻을 수 있다.

#### 4) 검증(validation)

초기 발굴 집단과 독립적인 추가 모집단에서 이 결과는 검증이 되어야 한다. 검증이 되지 않은 GWAS 결과는 객관적으로 인정받기 어렵다. 검증은 발굴집단에서 유의하게 선택된 표지자들에 대해 검증 집단에서 진행이 된다. 최근에 GWAS를 위한 DNA chip 가격이 떨어짐에 따라 연구집단을 선정할 때, 검증 집단까지 포함하여 선택한 후에 이 중 일부를 발굴집단의 결과로 이용하고, 나머지 발굴 집단에 속하지 않은 대상을 검증 집단으로 결과를 검증하는 것이 보편화되고 있다. 이외에도 기능적인 관련성을 검증하기 위한 실험 등이 동반될 수 있다.

그렇지만, 최근까지 이루어진 유전 연구는 흔한질환-드문변이 가설(common disease-rare variant hypothesis)도 흔한 질환에서 기여하는 것이 밝혀지고 있다. 그동안 GWAS가 당뇨병, 심장병, 암 및 키를 포함한 광범위한 질병과 특성과 관련된 유전자들을 규명하고 있지만, 전장 엑솜 염기서열분석을 추가하거나, 혹은 전장유전체 염기서열분석 등의 방법을 사용하는 것은 GWAS가 흔한 질환-드문변이 가설에 따르는 관련유전자를 규명하는 것에는 한계가 있기 때문이다.

## 3. 연합분석의 예

#### 1) 제2형당뇨병

대규모 게놈 전체 연관 연구(GWAS)를 통해 *TCF7L2*, *KCNJ11* 및 *PPARG* 유전자의 변형을 포함하여 제2형당뇨병과 관련된 여러 유전자가 발견되었다. 이러한 변이는 인슐린 분비와 포도당 대사에 영향을 미친다.

#### 2) 조현병

6번 염색체의 MHC 영역 등 여러 유전자들이 발견되었다. 특히 *CACNA2D2* 유전자의 변이는 아시아인종에서만 유의하게 보고되고 있으므로 조현병에서 인종 간 관련유전자의 차이가 나는 것이 발견되었다. 따라서, 여러 인종의 메타 분석과 단일 인종의 집중 분석이 모두 필요하다는 결과를 보여주고 있다.

#### 3) 크론병

GWAS는 면역 기능과 세균 인식 조절에 관여하는 *NOD2* 유전자, *IL23R* 유전자 등 여러 유전자가 관련되어 있음을 보여주고 있다.

연합분석의 질환에 따른 문헌 발표 성과들은 GWAS catalog (https://www.ebi.ac.uk/gwas/)에서 찾아볼 수 있다.

## 4. 멘델 무작위화(Mendelian randomization, MR)

연합분석의 결과는 질환과 유전자 사이에 연합(association)이 있다는 것을 말할 뿐이지, 질환의 인과성이 있다고 하는 것은 아니다. 따라서, 연합분석으로 확인된 유전자가 질환의 원인으로서 작용하는 인과성을 확인하는 과정이 필요하다. 이것은 발굴된 유전자의 발현 조절이나, 돌연변이 조작 실험 등을 통해, 생화학적 경로의 이상이나 표지단백 혹은 대사물의 변화를 측정하는 등 실험실적인 방법이 직접적이고 효과적이기는 하나, 시간과 노력이 많이 드는 과정이다. 대신에 통계적으로 이를 확인하는 방법이 멘델 무작위화이다.

멘델 무작위화는 유전적 변형을 도구 변수(instrumental variables)로 사용하여 노출(예: 수정 가능한 위험 인자)과 결과(예: 질병) 사이의 인과 관계를 추론하기 위해 사용하는 통계 방법이다. 이 방법은 유전법칙을 발견한 현대 유전학의 창시자인 그레고르 멘델의 이름을 따서 지어졌다.

멘델 무작위화는 유전적 변이를 무작위로 할당되고 환경적 요인이나 생활 방식의 선택에 영향을 받지 않는다는 사실에 기초한다. 이는 유전적 변이를 관심 노출의 대용물로 사용할 수 있고, 유전적 변이와 결과 사이의 관계를 이용하여 인과관계를 추론할 수 있다는 것을 의미한다.

멘델 무작위화의 분석 과정은 다음과 같다.

#### 1) 유전 변이 식별

GWAS 과정에서 얻어진 유전자 변이를 선정한다.

#### 2) 유전자 다면 발현(pleiotrophy) 확인

선정된 유전적 변이는 표현형 혹은 질환에 다양한 효과(즉 비특이적 영향)를 나타내는 다면발현특성 여부를 평가한다. 다중 발현특성이 인과 효과의 추정치를 편향시킬 수 있다.

#### 3) 도구 변수의 가정을 확인

도구 변수의 가정은 유전자 변이가 유효한 도구 변수인지 확인하기 위한 것이다. 가정은 다음과 같다. 유전자 변이는 노출과 관련되어야 한다. 유전자 변이는 결과에 영향을 미치는 교란 요인과 관련되어서는 안 된다. 그리고 유전자 변이는 노출을 통해서만 결과에 영향을 주어야 한다.

#### 4) 인과적 영향의 추정

유전자 변이와 결과 사이의 관계는 결과에 대한 노출의 인과적 영향을 추정하는 데 사용된다. 이를 통해 해당 유전자와 결과 노출에 대한 인과적 영향을 확인한다.

멘델 무작위화는 흡연, 알코올 소비, 체질량 지수 및 혈압과 같은 광범위한 노출이 심장 질환, 암 및 당뇨병을 포함한 다양한 결과에 미치는 인과적 영향을 연구하는 데 사용되고 있다. 이를 통해 어떤 유전자나 대사과정이 질환에 영향을 미치는지 단서를 제공한다. 이 방법은 노출과 결과 사이의 인과 관계에 대한 중요한 통찰력을 제공할 수 있으며 공중 보건 정책과 개입을 알리는 데에도 도움이 될 수 있다.

## 5. 표현체 전장유전체 연합 연구 (Phenome wide association study)

표현체 연합 연구(PheWAS)는 유전형과 인간 질병의 전체 스펙트럼에 걸쳐 광범위한 표현형 또는 특성 사이의 관련성을 밝히는 것을 목표로 하는 유전체학 연구의 강력한 접근법이다. 전통적인 GWAS는 일반적으로 특정 표현형 또는 질병에 초점을 맞추고 있지만, PheWAS는 여러 표현형의 유전적 기반을 동시에 포괄적으로 탐구할 수 있다. 이 설명에서는 PheWAS의 개념, 방법론 및 잠재적 응용에 대해 더 깊이 탐구할 것이다.

#### 1) 배경

GWAS는 단일 표현형 또는 제한된 표현형 집합을 대상으로 한다. 반면에 PheWAS는 대규모 인구에 대한 포괄적인 의료 정보를 포함하는 전자 건강 기록(EHR) 데이터를 활용한다. 이러한 데이터를 활용함으로써 연구자들은 유전형과 광범위한 표현형 간의 연관성을 탐구할 수 있다.

### 2) 방법론

PheWAS는 연구자들이 기존의 유전자 데이터와 EHR을 분석하는 후향적 연구 설계를 따른다. PheWAS의 진행은 다음과 같이 요약할 수 있다.

(1) 유전형: 대개 단일 뉴클레오티드 다형성(SNP)과 같은 유전형을 이용한다.

(2) 표현형 정의: 포괄적인 표현형 세트는 진단, 약물, 실험실 결과 및 기타 관련 임상 데이터를 포함하여 EHR의 정보를 사용하여 정의한다. 이러한 표현형은 생리적 특성과 생물학적 표지뿐만 아니라 일반적인 질병에서 희귀한 조건까지 다양할 수 있다.

(3) 표현형 연합분석: 관심 있는 각 표현형에 대해 유전적 변형과 표현형 간의 연관성을 평가하기 위해 통계 분석이 수행된다. 이 분석은 일반적으로 로지스틱 회귀 분석 또는 기타 적절한 통계 모형을 사용하여 연령, 성별 및 인구 구조와 같은 잠재적인 교란 요인을 조정한다.

(4) 다중 테스트 수정: 동시에 테스트된 표현형의 수가 많기 때문에 거짓 양성 연관성을 제어하기 위해 여러 테스트 수정 방법이 사용된다. 이러한 수정은 중요한 연관성이 단순한 우연한 발견이 아님을 보장하는 데 도움이 된다.

(5) 시각화 및 해석: 마지막으로, 결과는 유전적 변형과 표현형 사이의 중요한 연관성을 식별하기 위해 시각화되고 해석된다. 여기에는 다양한 표현형 및 유전형 간의 연관 결과를 표시하는 PheWAS 플롯 또는 Manhattan 플롯을 생성하여 표현할 수 있다.

### 3) 장점 및 응용 프로그램

PheWAS는 다음과 같은 장점들이 있다.

(1) 표현형 발견: PheWAS는 연구자들이 이전에 고려되지 않았던 유전형과 표현형 사이의 새로운 연관성을 발견할 수 있게 해준다. 다양한 질병과 특성의 기초가 되는 유전적 구조에 대한 포괄적인 관점을 제공한다.

(2) 다면 발현과 유전적 중첩: PheWAS는 단일 유전형이 여러 표현형에 영향을 미치는 유전형의 다면 발현 효과를 조명할 수 있다. 이것은 겉으로 보기에 뚜렷한 질병과 특징 사이의 공유된 유전자 구조를 이해하는 데 도움이 된다.

(3) 약물 용도 변경: PheWAS는 특정 질병과 관련된 유전형 또는 기존 약물 또는 치료법에 반응할 수 있는 표현형을 식별함으로써 약물 용도 변경 노력을 도울 수 있다. 이것은 새로운 치료법의 개발을 가속화할 수 있다.

(4) 멘델 무작위화: PheWAS는 인과관계를 추론하기 위한 도구 변수로 유전형을 활용하는 방법인 멘델 무작위화를 사용하여 표현형 간의 인과관계를 조사하는 데 사용될 수 있다.

(5) 정밀 의학: PheWAS는 여러 표현형에 걸쳐 치료 반응 또는 질병 진행을 예측할 수 있는 유전형을 식별함으로써 정밀 의학 접근을 가능하게 한다.

### 4) 한계와 과제

PheWAS는 또한 고려해야 할 특정한 한계와 과제가 있다.

(1) 표본 크기 및 통계 검정력: PheWAS는 유전형과 광범위한 표현형 간의 연관성을 동시에 검사하는 것을 포함한다. 이를 위해서는 특히 희귀한 표현형을 분석하거나 적당한 효과 크기를 조사할 때 충분한 통계적 검정력을 얻기 위해 큰 표본 크기가 필요하다. 포괄적인 표현형 데이터로 충분히 크고 다양한 모집단을 얻는 것은 어려울 수 있다.

(2) 전자 건강 기록(EHR)의 품질 및 가용성: PheWAS는 표현형 정의를 위해 EHR에 크게 의존한다. 그러나 EHR 데이터의 품질, 정확성 및 완전성은 의료 시스템 및 기관에 따라 다를 수 있다. 일관성 없는 코딩 관행, 결측 데이터 및 데이터 수집 방법의 변화는 분석에 노이즈와 편향을 초래할 수 있다.

(3) 표현형의 정의 및 분류: 표현형을 정확하게 정의하고 분류하는 것은 PheWAS에서 복잡한 작업이다. EHR의 표현형은 종종 특수성이 부족하거나 이질적인 조건을 나타낼 수 있는 진단 코드를 기반으로 한다. 표현형 오분류, 모호성 또는 진단의 가변성은 식별된 연관성의 유효성에 영향을 미칠 수 있다.

(4) 다중 검사 및 거짓 양성: PheWAS는 많은 수의 유전형과 여러 표현형 사이의 연관성을 동시에 검사하는 것을 포함한다. 이러한 다중 검사 부담은 우연으로 인한 거짓 양성 연관성의 확률을 증가시킨다. Bonferroni 또는 false discovery rate correction과 같은 적절한 다중 테스트 보정 방법을 이러한 false positive에 대한 제어에 적용해야 하다.

(5) 모집단 계층화 및 교란 요인: 모집단 계층화는 서로 다른 조상 또는 민족 집단 간의 모든 변이 빈도 및 LD 패턴의 차이를 의미한다. 제대로 설명되지 않으면 인구 계층화는 PheWAS에서 가짜 연관성으로 이어질 수 있다. 또한 연령, 성별 및 환경 요인과 같은 교란 요인을 신중하게 고려하고 잘못된 연관성을 방지하기 위해 분석에 고려해야 한다.

(6) 복제 및 검증: PheWAS의 탐색적 특성을 고려할 때, 독립적인 코호트 또는 모집단에서 관련성의 복제 및 검증은 결과를 확인하는 데 중요하다. 서로 다른 데이터 세트에서 복제하면 식별된 연결의 견고성과 일반화 가능성을 보장할 수 있다.

(7) 해석 및 인과관계: PheWAS는 유전적 변이와 표현형 사이의 통계적 연관성을 확인할 수 있지만 인과관계를 확립하지는 않는다. 인과 관계, 유전적 다면발현 또는 교란 요인을 구별하려면 신중한 해석이 필요하다.

(8) 생물학적 해석 및 기능 검증: PheWAS 연구 결과는 확인된 연관성의 근본적인 메커니즘과 생물학적 관련성을 이해하기 위해 추가적인 생물학적 조사와 기능 검증이 필요할 수 있다. 여기에는 실험 연구, 기능 유전체학 또는 경로 분석이 포함될 수 있다.

(9) 윤리적 및 개인 정보 보호 고려 사항: PheWAS는 대규모 게놈 및 건강 데이터의 사용에 의존하여 개인 정보 보호, 데이터 보안 및 윤리적 고려 사항과 관련된 우려를 제기하다. 환자 개인 정보를 보호하고 데이터 기밀성을 보장하는 것은 PheWAS 연구에서 해결해야 하는 중요한 과제이다.

이러한 한계와 도전에도 불구하고, PheWAS는 여러 표현형의 유전적 기반을 탐구하고, 새로운 관련성을 밝히고, 추가 연구를 위한 가설을 생성하기 위한 귀중한 접근법을 제공한다. PheWAS 결과의 유용성과 신뢰성을 극대화하기 위해서는 적절한 연구 설계, 엄격한 통계 분석, 신중한 해석 및 검증 노력이 필수적이다.

## 6. 연관분석과 연합분석

### 1) 연관분석과 연합분석 비교

연관분석 및 연합분석은 질병 또는 다른 특성과 관련된 유전자 혹은 유전 변이를 발견하기 위해 사용하는 주 된 방법이나, 두 방법은 근본적으로 개념이나 접근 방법에서 차이를 보인다. 연관분석은 가계내에서 특정 형질이 유전(inheritance)이 되는 유전체 조각(genomic segment)을 찾고자 하는 작업이다. 따라서, 가계가 클수록, 가계내 이환자가 많을 수록, 대상 가계가 많을수록 유전체 조각의 범위를 좁혀 나갈 수 있다. 반면에 연합분석은 특정 형질에서 실험군과 대조군 사이에 특정 유전좌에서 대립유전자의 빈도 차이를 보고자 하는 것이다. 그러므로 실험군이나, 대조군 내에서 질환과 관계없이 같은 대립유전자를 같이 가지고 있을 경우, 즉 같은 가계내의 유전(inheritance) 관계를 가지고 있는 대상자는 그 가계내에 한 명만 선택하고 나머지는 제외해야 한다. 대립유전자의 빈도차이가 유의하기 위해서는 실험군과 대조군의 숫자가 많을수록 유리해진다. 따라서, 다음과 같은 측면에서 차이를 보인다.

(1) 연구 대상: 연관분석은 일반적으로 특정 질병의 발병률이 높은 가족 또는 모집단에 대해 수행되는 반면,

연합분석은 일반적으로 환자-대조군 또는 코호트 연구에 대해 수행된다.

(2) 유전 양식(inheritance pattern): 연관분석은 대상이 멘델 방식으로 유전되고 단일 유전자 또는 소수의 유전자가 주요한 영향을 미치는 것으로 가정한다. 따라서, 연관분석은 열성 vs. 우성, 상염색체 vs. 성염색체 방식이 어떤 방식을 따르는지 연관분석전에 아는 것이 중요하다. 유전 양식을 모르는 상태에서 연관분석을 진행할 수 있으나, 이런 경우 통계의 유의성이 떨어진다. 대조적으로, 연합분석은 효과 크기가 작고 복잡한 특성을 가진 흔한 변이들이 연합되어 있는 것을 보고자 한다. 따라서, 유전양식에 대한 가정이 필요하지 않다. 다만 개별 유전 변이별로 우성, 열성 등을 가정한 분석을 하게 되기도 하나, 일반적으로는 해당 대립유전자의 용량 의존(allele dose dependent)으로 가정하여 분석한다.

(3) 통계 분석: 연관분석은 통계적 방법을 사용하여 유전자 표지와 관심 형질 간의 연관성을 LOD score로 평가하지만, 연합분석은 로지스틱 회귀 분석 또는 카이-제곱 검정과 같은 통계 모델을 사용하여 특정 유전 변이체와 형질 간의 관련성을 p value와 우도비(odd ratio)로 평가한다.

(4) 한계: 연관분석은 질병 발생률이 높은 대가족을 필요로 하기 때문에 제한적이며, 효과 크기가 작은 변이체를 놓칠 수 있다. 연합분석은 교란 요인(confounding variable) 및 모집단 계층화(stratification)의 영향을 받을 수 있다.

요약하면, 연관분석과 연합분석은 질병 또는 다른 특성과 관련된 유전적 변형을 식별하기 위해 함께 사용될 수 있는 보완적인 방법이다. 연관분석은 희귀한 멘델성 질환에 적합하며, 연합분석은 흔한 복합 질환(common complex disease)에 적합하다.

### 2) 전장유전체 염기서열분석과 질병 원인유전자 분리

전장유전체 염기서열분석(WGS)은 유전자형 배열을 사용하여 이전에는 검출하기 어려웠던 희귀 질환의 돌연변이를 식별할 수 있게 함으로써 인간 유전학의 원인유전자 분석에 중대한 영향을 미쳤다.

WGS는 개별 연구 참가자 또는 가족에게 고유할 수 있는 희귀한 변이를 포함하여 유전체 전체에서 수백만 개의 유전변이를 식별할 수 있다. 이러한 희귀 변이는 질병 위험에 큰 영향을 미칠 수 있지만, 일반적으로 공통 유전 변이에 초점을 맞춘 유전형 배열에서는 잘 표현되지 않는 경우가 많다.

연관분석에 WGS 데이터를 사용하여 연구자들은 질병 또는 특정 위험과 관련된 희귀 유전형을 식별할 수 있다. 그러나 WGS 데이터의 분석은 강력한 정도 관리의 필요성과 WGS에 의해 생성된 많은 양의 데이터를 처리할 수 있는 분석 방법의 개발을 포함하여 많은 과제를 제시한다.

연합분석에 대한 WGS의 또 다른 중요한 영향은 유전자 기반 연합분석을 수행하는 능력으로, 유전자 내 유전형 그룹과 질병 또는 특성 위험 사이의 관련성을 검증할 수 있다. 이 접근법은 질병 발생에 관여하는 유전자 또는 경로를 식별하는 데 도움이 될 수 있으며, 특히 질병 위험에 큰 영향을 미치는 희귀 변이를 식별하는 데 유용하다.

전반적으로, WGS는 유전자형 배열을 사용하여 이전에 탐지하기 어려웠던 희귀하고 희귀 유전형을 식별할 수 있게 함으로써 인간 유전학의 연합분석에 중요한 영향을 미치고 있다. WGS는 염기서열분석 기술이 지속적으로 개선되고 가격이 저렴해짐에 따라 연합분석에서 계속해서 핵심적인 역할을 할 것으로 예상된다.

## IV. 연관분석과 연합분석의 사례를 통한 이해

(From gene mapping to the discovery of novel gene in Mendelian disorder and complex disease)

### 1. 연관분석의 예

14살 남아가 잘 넘어지고, 어릴 때부터 청력장애가 있었고, 11살부터 시력 장애가 시작된 것을 주 증상으로 유전클리닉을 방문하였다. 이 환자의 지능은 정상이었고 말초 감각은 정상이었다. 이러한 임상증상을 보이는 경우, 일단 유전성 말초신경병증의 범주에 속한다고 할 수 있으나, 이러한 특징적인 임상 양상의 조합을 가진 질환은 방문 당시에 기술된 바가 없다. 질환은 이 환아의 가족력을 조사한 결과 다음과 같은 가계도를 보였다(그림 11-3).

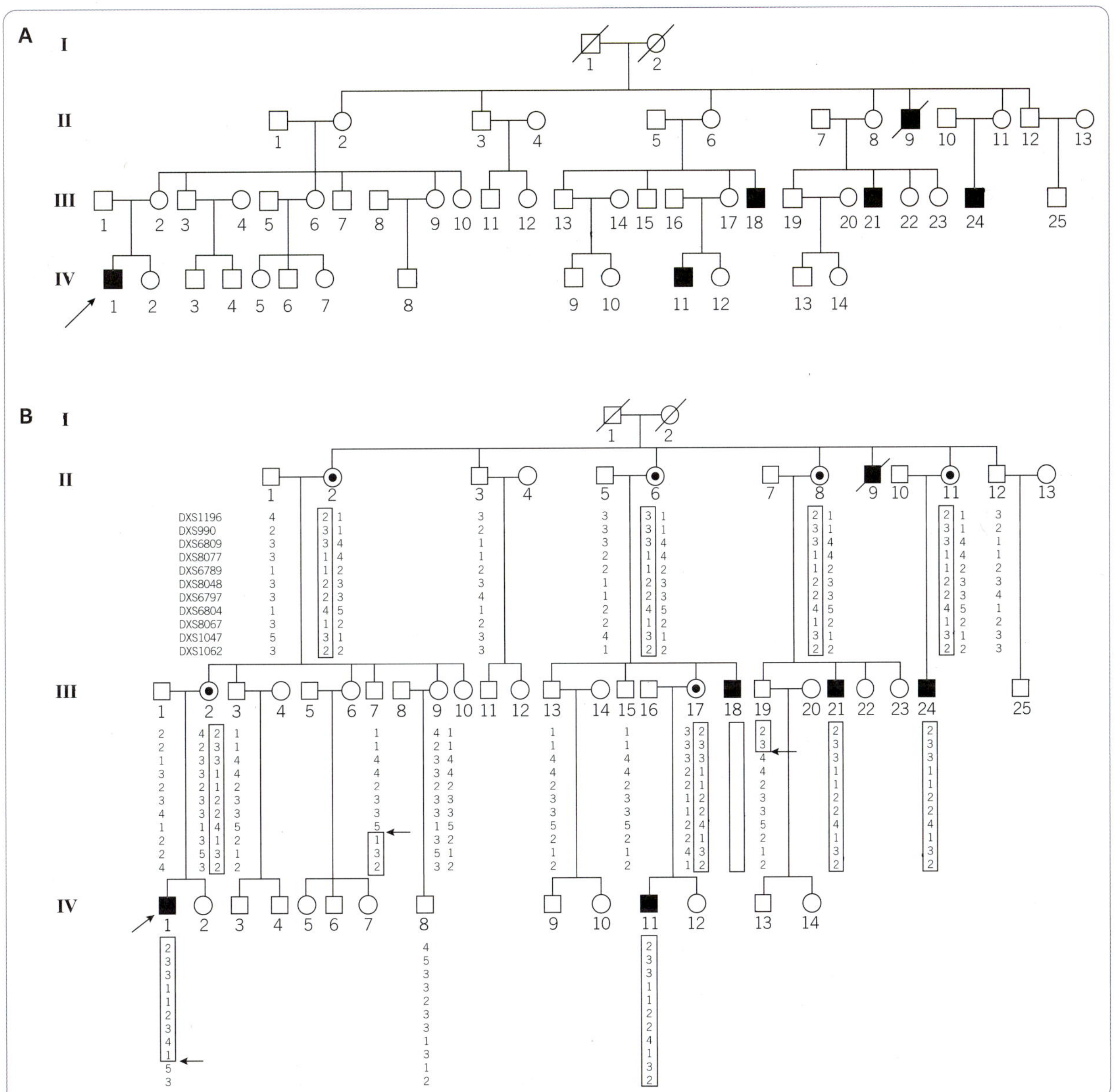

그림 11-3. 환자의 가계도. (A) 전체 가계도, (B) 수집된 검체로부터 구성한 일체배형(Haplotype).

가족 내 이환된 환자의 병력을 청취한 결과, 모두 10세를 전후로 해서 운동 근육의 약화가 있었고, 어릴 때부터 청력 장애와 10세 전후 시각 장애를 같이 가지고 있었다. 이환된 환자들은 모두 남성이고, 모계를 통해 연결되어 있으므로 단일유전자 질환으로 추정되며, 유전 양식을 성염색체 열성으로 추정이 된다. 이들 가계 구성원들의 말초 혈액을 채취하여 DNA를 분리하여 연관분석을 시도하였다. 이 가계는 성염색체 열성이므로 상염색체에 대한 분석은 처음부터 필요하지 않다. 따라서, X 염색체 전체에 걸쳐 일정 간격의 48개 마이크로 위성 표지자 분석을 실시하였다. X 염색체는 대략 185~195 cM으로 보고되고 있으므로 평균 3.8~4.2 cM 간격의 표지자를 이용한 연관분석을 진행하는 것이다. 즉, 이 가계에서 최대 4.2% 이내 재조합 확률을 가지는 간격의 표지자를 사용함으로써, 유전자 위치를 정하기 위한 충분한 해상도를 가진 표지자를 선택한 것이다. 마이크로 위성 표지자 분석을 하여 X 염색체 연관 열성 방식으로 LOD 점수를 계산한 결과 중 유의한 결과를 보인 지역을 포함한 지역의 LOD 점수는 **표 11-1**과 같다.

이 표에서 DXS6089 (61.88 cM) 표지자부터 DXS6804 (68.74) 표지자까지 LOD score (recombination fraction Θ = 0인 수치)가 최소 3.62 이상을 보였다. LOD 점수는 3 이상일때, 결정적으로 (definitely) 표지자와 원인유전자가 연관되어 있다고 판단한다. 그보다 더 가까운 DXS990 (60.62 cM) 표지자 이전 지역과 DXS8067 (75.79 cM) 표지자 이후 지역에서는 -∞ 로서 가계 내 recombination이 일어나서 연관 배제 (linkage exclusion)를 할 수 있다. 연관 배제 기준은 -2 이하이다. 따라서, 유의하게 나타난 부위의 경계는 최대 DX990 (60.62 cM)부터 DXS8067 (75.79 cM)까지 이르는 15.2 cM 길이의 유전체 조각 내에 이 환자의 원인유전자가 있음을 확인했다. 이 유전체 조각에서 일체배형을 구하면 **그림 11-4**와 같다. 일체배형을 구하면 일체배형 구간에서 이환자들 모두 공통적으로 가지고 있는 구간으로 좁혀서 유전자 위치 범위를 좁힐 수 있다(**그림 11-4**).

이 구간에서 유전성 말초 신경병증을 초래하는 유전자

**표 11-1.** Two-point lod scores from the family.

| Maker (position in cM) | Chromosome band | Lod score at Θ .00 | 0.05 | .10 | .15 | .20 | .25 | .30 | .40 |
|---|---|---|---|---|---|---|---|---|---|
| DXS986 (57.37) | Xq21.1 | - ∞ | 0.70 | 1.25 | 1.40 | 1.37 | 1.23 | 1.01 | 0.41 |
| DXS1196 (57.91) | Xq21.31 | - ∞ | 3.26 | 3.16 | 2.91 | 2.58 | 2.19 | 1.75 | 0.75 |
| DXS990 (60.62) | Xq21.32 | - ∞ | 2.98 | 2.90 | 2.68 | 2.37 | 2.01 | 1.60 | 0.67 |
| DXS6809 (61.88) | Xq21.33 | 4.34 | 3.98 | 3.60 | 3.20 | 2.77 | 1.82 | 1.33 | 0.76 |
| DXS8077 (62.52) | Xq21.33 | 3.62 | 3.36 | 3.09 | 2.81 | 2.50 | 2.17 | 1.81 | 0.99 |
| DXS6799 (64.41) | Xq21.33 | 3.62 | 3.21 | 2.77 | 2.31 | 1.83 | 1.31 | 0.76 | -0.29 |
| DXS8048 (66.58) | Xq22.3 | 3.62 | 3.21 | 2.77 | 2.31 | 1.83 | 1.31 | 0.76 | -0.29 |
| DXS6797 (67.12) | Xq22.3 | 4.94 | 4.53 | 4.10 | 3.64 | 3.15 | 2.63 | 2.09 | 0.89 |
| DXS6804 (68.74) | Xq23 | 4.94 | 4.54 | 4.11 | 3.66 | 3.18 | 2.66 | 2.11 | 0.92 |
| DXS8067 (75.79) | Xq24 | - ∞ | 1.94 | 1.84 | 1.59 | 1.26 | 0.87 | 0.43 | -0.31 |
| DXS1047 (82.07) | Xq26.1 | - ∞ | 0.78 | 1.15 | 1.25 | 1.24 | 1.15 | 1.01 | 0.59 |
| DXS1062 (82.84) | Xq26.3 | - ∞ | 0.50 | 0.65 | 0.67 | 0.63 | 0.55 | 0.44 | 0.16 |

Note - Two-point linkage was analyzed by using the MLINK program from the LINKAGE software package version 5.1 given X-linked inheritance with complete penetrance. The chromosome bands for the public genome database (July 2003 build of the UCSC Genome Browser). (Neurology 2005;64:1964 인용)

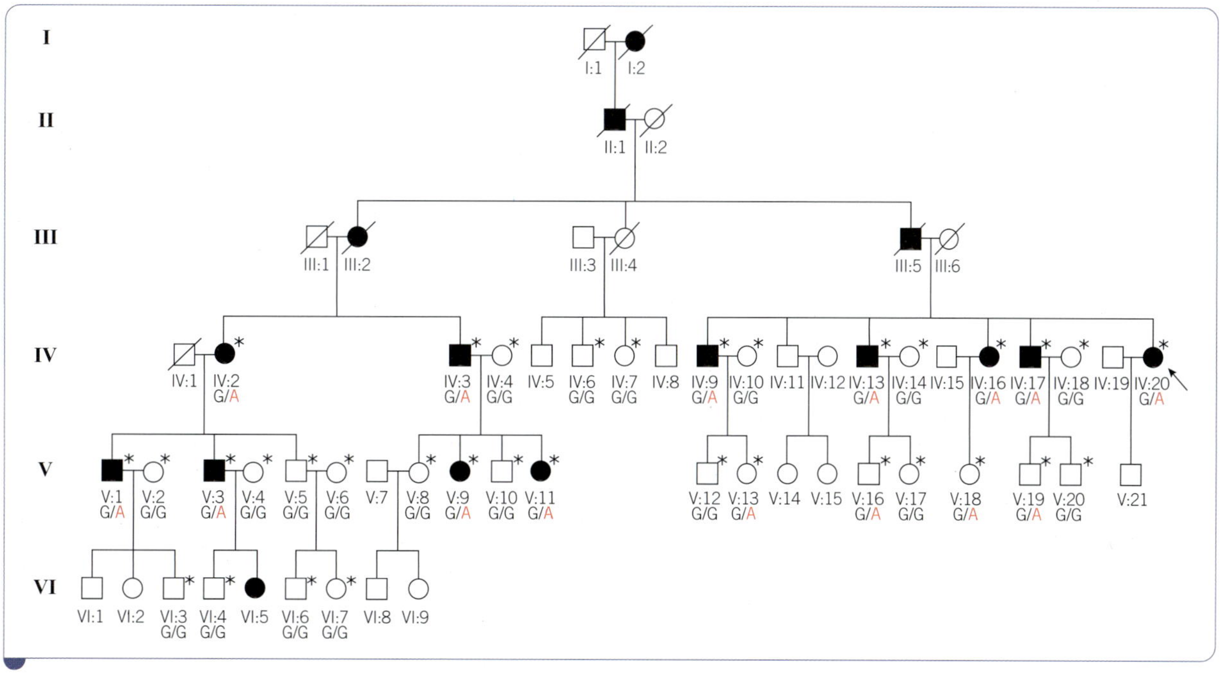


**그림 11-4.** 청력 장애가 생기는 환자의 가계도.

가 규명되어 있는지 문헌 및 Online Mendelian In Man과 같은 데이터베이스를 조회한 결과, 발견할 수 없었으므로, 이를 새로운 질환으로 정의하고, 유전성 말초신경병증인 Charcot-Marie-Tooth disease의 X 염색체에서 5번째로 발견된 질환으로 CMTX5로 명명하였다.

이 가계의 경우는 한 가계가 대가족으로서 5명의 이환자 검체를 얻을 수 있었으므로 한 가계에서 연관분석에서 유의한 결과를 얻을 수 있었다. 그러나, 핵가족인 경우, 한 가계에서는 1 이하의 LOD 점수를 얻는 경우도 흔하다. 특히, 상염색체 열성 질환의 경우, 한 가계에서 얻을 수 있는 LOD 점수는 매우 낮다. 이런 경우는 같은 질환을 가진 많은 가계를 분석해서 각각의 가계에서 같은 유전자 자리(표지자)의 LOD 점수를 더해서 LOD 점수가 3이상이 되는 지 확인할 수 있다. LOD 점수에서 logarithm을 사용하는 것은 log 값을 취함으로써, 곱하기가 아닌 더하기로 계산할 수 있는 것이다. 이 경우는 문헌에 발표된 LOD 점수에 연구자의 가계에서 얻은 LOD 점수를 더 하여 계산할 수 있는 것이다. 따라서, 연관분석으로 유전자를 분리한 최초의 질환인 낭성섬유증인 경우, 2,000여 가계의 연관분석이 실시되었다.

또한 SNP 분석이 보편화 되기 전에는 마이크로 위성 표지자를 이용하였으나, SNP DNAchip 이 연합분석으로 널리 쓰이면서, 마이크로 위성 표지자 대신 SNP 표지자를 이용한 연관분석이 가능하게 되었다. SNP DNA chip은 유전형 판독을 자동화할 수 있고, 단 시간내에 결과를 얻을 수 있으므로 현재는 연관분석은 SNP DNA chip을 주로 사용한다. 다음은 20대에 청력장애가 오는 환자들이 있는 가계의 연관분석 사례이다.

**표 11-2**에서 LOD 점수는 그림 3의 가계에서 상염색체 우성으로 가정하고, LOD 값은 구한 결과, 5q31에서 3.01로 나왔다. 그러나, 본 가계에서 상염색체 우성 질환에서는 불완전 투과도(incomplete penetrance)가 문제가 되어 유전 양식을 상염색체 우성으로 한정하지 못할 수 있다. 이런 경우, 유전 양식을 제한하지 않는 비모수 연관분석(nonparametric linkage analysis)을 시행할 수 있다. 표 2에서 NPL Z 점수가 비모수 연관분석 점수인데, NPL Z 점수가 3 이상일 때, 연관이 되

**표 11-2. 그림 11-4의 가계에 대한 SNP DNA chip을 이용한 연관분석의 결과**

| Chromosome region | Peak SNP | Position (cM)[a] | Position (Mb) | NPL Z | LOD[b] | Peak region (cM) | Peak region (Mb, hg18) |
|---|---|---|---|---|---|---|---|
| 5p13-p14 | rs2034586 | 48.70 | 30.08 | 3.66 | -8.99 | 16.38~60.61 | 6.12~38.07 |
| 5q31 | rs1016344 | 136.60 | 134.60 | 3.66 | 3.01 | 135.86~152.10 (135.86~165.02)[c] | 133.44~148.71 (133.44~160.43)[c] |
| 10p15 | rs713588 | 17.89 | 5.93 | 3.58 | -9.27 | 4.44~32.09 | 1.96~13.10 |
| 12q22-q23 | rs1030048 | 108.27 | 96.16 | 3.73 | -5.98 | 103.49~112.36 | 92.21~99.96 |

[a] Genetic distance from the p-terminus according to the deCODE high-resolution map.
[b] Scores obtained on simulation analyses yielding the maximum value on 5q31 (see text for detail).
[c] The peak region of 5q31 in parenthesis means the interval corresponding to the region with LOD >3.0.
doi:10.1371/journal.pone.0079063.t001

어 있다고 해석하며, 이 표에서는 유전체 네 곳이 연관되어 있다고 해석할 수 있다.

연관분석과 일체배형으로 구간을 정한 후에는 미세 맵핑을 시행한다. 과거에는 미세 맵핑에서 여러 가계에서 구한 일체배형 구간에서 후보 유전자를 염기서열분석해서 원인유전자를 식별했으나, 최근에는 유전체 염기서열(genome sequencing) 분석을 이환자들을 한꺼번에 시행하여 해당 구간의 유전자들 중에 돌연변이 여부를 확인하고, 후보 유전자의 예상 발현, 기능 등 관련 정보를 참조하여 후보 유전자 우선순위를 정해 원인유전자를 정한다. 앞의 CMTX5 질환의 사례에서는 해당 구간에 약 150개 유전자들이 있는 것으로 확인할 수 있는데, 이들 염기서열 분석에서 *PRPS1* 유전자에서 missense pathogenic variant를 발견하였다. 그러나, 한 가계에서 발견된 유전자 돌연변이가 이 질환의 돌연변이로 확정하기에는 충분하지 않다. 현재에도 단일유전자 질환의 원인유전자로 확정하기 위해서는 같은 증상을 보이는 독립적인 두 가계 이상에서 같은 유전자에서 돌연변이를 보여주어야 한다. CMTX5 사례에는 이전에 유사한 증상으로 보고된 서양인 환자에서 동일한 유전자인 *PRPS1* 유전자에서 돌연변이를 발견했다. 그리고, 이 유전자가 CMTX5 질환의 원인유전자임을 확인하기 위한 기능 분석을 시행했다. *PRPS1*은 DNA 핵산 대사와 관련 있는 효소인데, 이 유전자의 기능 결손이 된다면, 대사물인 요산이 감소할 것이다. 두 가계의 이환자들에서 모두 요산이 낮은 수준임을 확인하였고, *PRPS1* 효소 수치가 감소하고, 가계 내에 비이환자에서는 정상 효소 수치를 보이는 것을 확인하여 CMTX5 질환에서 *PRPS1* 유전자가 원인유전자임을 확정하였다.

## 2. 연합분석의 예

### 1) 키와 GWAS

키는 연합분석의 좋은 예이다. 표현형에서 키는 여러 인자와 환경이 상호작용하며, 측정이 간단하고, 평가가 정확하고 여러 종족에서 각각 측정이 되어 측정 집단 간 오차 범위가 크지 않다. 그러므로 단일 종족과 여러 종족에 결과 연합분석의 좋은 사례가 된다. 키의 연합분석은 발굴단계에서 유럽 인종 4,921명 참여자에서 *HMGA2* 유전자가 확인되었고($p<4X\ 10^{-8}$) 검증 단계에서 4개 독립된 성인집단 총 19,064명과 6,827명의 소아집단에서 연합되어 있음을 확인하였다. 발굴단계와 검증단계를 합한 전체집단의 p value는 $4x\ 10^{-16}$이었으며, 대상자들에서 이 유전자 하나가 키에 기여하는 기여도는 4 mm로 대상집단의 키의 변이에서 0.3%를 설명하였다. 키의 유전도(heritability)는 연구에 따라 0.7~0.88를 보이는 유전자 영향이 매우 높은 표현형이다. 그런데, 초기 GWAS 결과에서 문제가 된 것은 유전도에서

5%만 GWAS로 설명되었기 때문에 "실종된 유전도(missing heritability)"가 문제가 되었다. 실종된 유전도에 대한 원인은 여러 가지가 제시되었지만, 실행 가능하고, 직접적인 설명은 많은 작은 기여를 하는 유전자들이 참여자들 숫자가 적어서 발견되지 않았다는 것이다. GWAS에서 유의수준을 5X $10^{-8}$ 이하로 맞추면서, 더 많은 관련유전자를 확인하기 위해서는 대상자 집단을 확대하는 노력이 필요하다. 키에 대한 연합분석 연구를 위해 진행된 281개 GWAS 결과를 통합하여 540만 명의 참여자(이 중 유럽인종은 약 사백만 명)를 대상으로 하여 12,111개 변이를 발견하였다. 이것은 전장유전체의 21%를 차지하는 영역이다. 그럼에도 유전자는 40%만 설명할 수 있다는 것과 함께 이 결과에서 흥미로운 것은 유럽인종의 경우 250만 명을 넘어서는 경우, 추가 발굴되는 유전자(SNP)의 기여도는 그렇게 크지 않다는 것이다. 이 결과가 주는 의미는 한 인종집단에서 연구대상자가 일정 수를 넘기면, 연합분석에서 추가로 규명되는 유전자는 미미하다는 의미와 함께, 이제까지 대상자 수집이 낮은 종족 즉, 이 연구에서는 아프리카 인종이나, 남아시아 인종 등을 추가하는 것이 유전도를 설명하는 데 더 큰 기여를 할 것이라는 것이다.

### 2) 만성골수성 백혈병과 GWAS

이제까지 많은 질환이 GWAS를 통해 관련 유전자를 규명했지만, 아직도 많은 질환이 GWAS 분석이 전혀 되어 있지 않거나, 충분히 연구가 되지 않은 상태이다. 이런 질환인 경우, 국내에서도 GWAS의 주도적 역할을 하면서, 관련 유전자들을 밝힐 수 있는 기회가 생긴다. 그런 예로서 만성골수성 백혈병을 설명한다.

만성골수성 백혈병(CML)은 매년 10만 명 중 0.4~1.75명 정도로 발생하는 희귀질환으로 분류된다. 따라서, 발생빈도가 드문 질환인 경우, 통계적으로 유의한 수준인 $p<5X\ 10^{-8}$의 유전자를 얻을 만큼 충분한 숫자의 환자를 확보하기 어렵다. 이런 경우, 발굴단계에서 $p<5X\ 10^{-8}$ 수준의 유전자를 얻지 못한다 하더라도, 발굴단계에서 상위를 차지하는 유전자들 중 실제로 유의한 관련 유전자들이 있을 것으로 추정하며, 이런 상위유전자들을 발굴 집단과 다른 인종에서 확인하는 검증할 수 있다. CML을 발굴 단계에서 GWAS의 유의 수준까지 결과를 얻지 못했지만, 상위 유전자들에 대해 서양인 환자들에서 검증을 하였다. 이 결과를 통해, 6q25.1 구간의 rs6931104 SNP이 서양인에도 유의하게 검증되었다. Re6931104 SNP은 protein noncoding sequence로 그 근처에는 10여 개 이상 유전자가 위치하므로 이들 유전자중에 CML의 암 발생과 관련 있는 유전자를 규명하는 것이 필요하다. 이것은 e-QTL (expression Quantitative Trait Loci) 분석이나, s-QTL (splicing QTL), m-QTL (methylation-QTL) 등을 이용하여 관련 유전자를 찾는 것이 일반적이다. e-QTL 분석을 통해 이 중 *RMND1* 유전자가 CML의 암 발생에 기여하는 것을 밝힐 수 있었다.

## V. 차세대 염기서열 분석에 의한 희귀 유전질환의 새로운 유전자 규명

**(Novel gene identification of rare genetic disease by next generation sequencing [NGS])**

Next generation sequencing (NGS) 방법의 발전은 질병의 유전적 이해를 높이는 데 큰 기여를 하고 있다. 지난 15년간 전장엑솜검사(whole exome sequencing, WES)이나 전장유전체검사(whole genome sequencing, WGS)를 통한 다양한 질환 대상, 다양한 규모의 연구가 진행되어 왔고, 천여 건이 넘는 유전형-표현형 관련성이 새롭게 발견되었다. 이는 "유전체 혁명"이라고 불릴 정도로 많은 질환에 대한 큰 유전적 이해를 가져다 주었으며, 이를 이용한 임상적, 산업적인 응용도 활발히 이루어지고 있다. 이 단원에서는 WES, WGS과 같은 NGS 기반의 분석법이 어떻게 희귀질환의 유전적 원인 유전자 발견에 도움을 주었으며, 어떤 단계를 거쳐 그런 분석이 가능할지, 그리고 이러한 분석법의 전망은 어떨지에 대하여 다루겠다.

## 1. NGS에 의한 질환유전자 발견의 초창기 노력

21세기 초 크게 두 가지 기술적인 진보가 NGS에 의한 질병 연구를 촉발시켰다. 2003년 Human Genome Project (HGP)의 성공적인 수행으로 인간 유전체의 기본 지도가 구축되었고, 그와 동시에 NGS의 기술의 상용화로 2007년 처음으로 개인의 유전체가 해독되었다. 이를 바탕으로 Jonathan Rothberg가 현재는 사용되지 않지만 처음으로 상용화된 454라는 기술을 개발하였고, 이를 이용하여 DNA의 이중나선 구조를 해독하여 노벨상을 수상한 유전학자인 James Watson의 개인 유전체를 해독하여 그 데이터를 CD로 전달해 준 사건은 NGS에 의한 개인 유전체 시대의 신호탄이 되었다. 그 직후 현재도 주요 NGS 방법으로 사용되고 있는 Illumina사의 기술이 상용화되어 중요한 선구자적 연구들이 도출되기 시작했다. 2008년에는 백혈병 환자의 암조직과 정상피부조직을 WGS 분석하여 최초의 NGS 기반 암유전체 논문이 보고되었으며, 중국인의 전장유전체 해독, 아프리카인의 전장유전체 해독 결과도 보고되었다. 그 다음 해에는 당시 가격이 몹시 비쌌던 WGS을 보완하기 위하여 WES 기법이 보고되었다. 건강인의 WES 해독 결과와, 희귀질환 환자 개인의 WES 해독 결과가 2009년에 보고되었다. 2010년에는 이러한 WES 방법을 이용하여 희귀질환의 원인유전자를 발견할 수 있음을 보고하였고, 이 논문은 그 후 13년간 활발히 진행될 NGS 기반 희귀질환 원인유전자 발견의 기폭제가 되었다.

## 2. 희귀질환 유전 연구를 위한 전장엑솜분석 사용의 의의

WES은 전체 유전체 중 단백질을 만드는 부분은 약 1%밖에 되지 않으나 실제 질병 유발 변이들의 대부분이 단백질 코딩 부분에서 발견된다는 개념에 기반한 분석법이다. WES 기반 돌연변이 발견은 다음과 같은 여러 방식으로 의학 연구에 상당한 영향을 미쳤다. 일례로, WES 기반 분석에 의하여 천여 개가 넘는 질환의 원인 유전자가 밝혀졌다 **(그림 11-5)**.

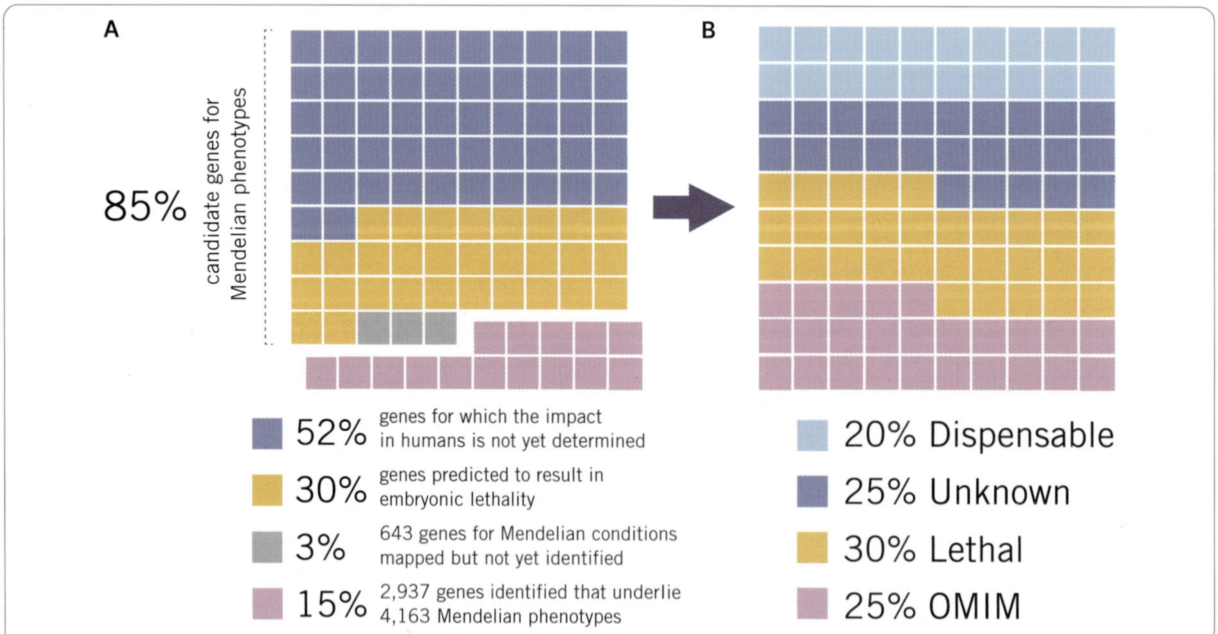


**그림 11-5.** WES을 비롯한 NGS 기반 유전질환 연구에 의하여 증대된 유전자의 이해도. **(A)** 2015년 당시, **(B)** 2023년 현재.

### 1) 질병 유발 변이 식별

WES는 희귀질환과 복합질병 모두에서 질병 유발 변이 식별에 혁명을 일으켰다. 유전체의 단백질 코딩 영역을 시퀀싱하여 WES는 다양한 유전적 장애를 일으키는 병원성 돌연변이를 정확히 찾아낼 수 있도록 한다.

### 2) 새로운 질병 유전자 발견

WES는 이전에 알려지지 않았거나 특정 조건과 관련되지 않은 새로운 질병 유전자를 발견할 수 있게 했다. 영향을 받은 개인과 그 가족의 엑솜을 분석함으로써 연구자들은 다양한 질병과 관련된 새로운 유전자를 식별할 수 있다.

### 3) 맞춤형 의학

WES는 개별 수준에서 질병을 유발하는 돌연변이를 식별함으로써 각 환자의 특정 유전적 프로필을 기반으로 맞춤형 치료 전략을 제시할 수 있다. 이로 인해 질병의 근본적인 유전적 원인을 표적으로 하여 치료를 개인화할 수 있는 정밀 의학 접근 방식이 개발되고 있다.

### 4) 유전상담 및 가족 계획

WES는 질병의 원인이 되는 특정 돌연변이를 식별하게 하여 정확한 유전상담, 위험 평가 및 가족 계획 결정을 가능하게 하고 있다.

### 5) 유전자 발견 및 기능 연구

WES는 희귀하고 새로운 변이를 식별하게 하여 기능적 의미와 질병 병리학에 미치는 영향을 조사할 수 있다.

### 6) 데이터 공유 및 협업

WES의 광범위한 사용으로 인해 대규모 게놈 데이터 세트가 축적되었다. 가장 좋은 예시로서 Exome Aggregation Consortium (ExAC) 및 Genome Aggregation Database (gnomAD, https://gnomad.broadinstitute.org/), 한국인의 경우 Korean Variant Archive (KOVA, https://www.kobic.re.kr/kova/)와 같은 데이터 공유 플랫폼이 구축되었다. 이러한 리소스를 통해 연구자들은 엑솜데이터에 접근, 분석하여 다양한 환자집단에 대한 결과 검증을 용이하게 할 수 있다.

전반적으로 WES 기반 돌연변이 발견은 질병을 유발하는 변이 발견을 가능하게 하고, 유전병에 대한 이해를 넓히고, 개인화된 치료법을 추진하여 의학연구를 변화시켰고 현재 가장 중요한 유전분석 방법으로 사용되고 있다(**그림 11-6**). 환자 치료, 유전상담 및 가족 계획을 개선시키고, 동시에 연

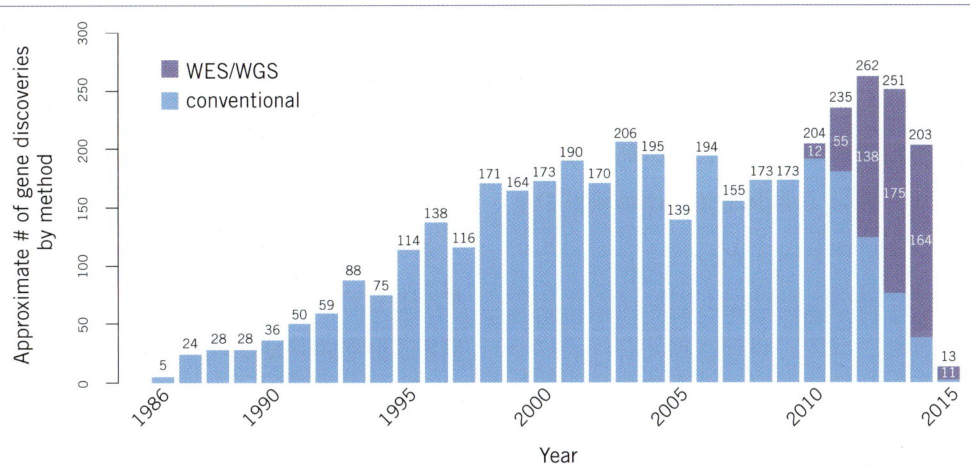


**그림 11-6.** 2010년 WES/WGS을 비롯한 NGS 기반 방법이 현재는 유전질환 연구의 주요 방법이 되었다.
(Chong et al., 2015 Am J Hum Genet)

구자 간의 협업, 데이터 공유를 촉진하여 유전체학 자체와 의료에 미치는 영향을 증가시켰다.

## 3. 희귀질환 유전 연구를 위한 전장엑솜분석 사용의 장단점

WES에는 다음과 같이 요약된 몇 가지 장점과 단점이 있다. 먼저 장점들은 다음과 같다.

### 1) 집중적 영역 분석

WES는 전체 유전체 중 상대적으로 작은 부분을 나타내는 게놈의 단백질 코딩 영역을 대상으로 하기에 이를 통해 보다 집중적인 분석이 가능하고 전체 게놈 시퀀싱에 비해 비용과 계산 부담이 줄어들게 한다.

### 2) 질병 중심 접근법

WES는 엑솜상의 유전변이에 의한 희귀 유전 질환을 조사하는 데 특히 유용하기에 원인 변이를 식별하는 데 도움이 되고 질병 메커니즘에 대한 통찰력을 제공한다.

### 3) 확립된 분석 파이프라인

WES는 지난 10년간 연구 및 임상 환경에서 널리 사용되었으며 강력한 분석 파이프라인 및 데이터베이스를 계속적으로 데이터 해석에 사용할 수 있다.

### 4) 비용 효율성

비록 그 차이가 계속적으로 줄어들고 있긴 하지만 WES는 WGS에 비해 더 저렴하다.

그에 비하여 WES의 한계점은 다음과 같다.

### 5) 제한된 적용 범위

WES는 유전체의 코딩 영역만 분석하기에 잠재적인 조절 영역, 인트론과 질병 발병에 기여할 수 있는 noncoding 변이들을 누락할 수 있다. 또한 유전체상의 구조적 변이(structural variant, SV)를 감지하지 못할 수 있다.

### 6) 엑손 커버리지 불균형 문제

WES을 위한 캡처 어레이(capture array)가 회사, 모델에 따라 다양하기에 데이터의 질과 커버리지가 다양하며 특히 데이터를 통합해야 할 때 문제를 일으킬 수 있다.

### 7) 변이 기능 해석 문제

이는 WES, WGS 모두에서의 문제이다. 검출된 많은 변이에서 병원성 변이를 식별하는 것은 어려운 문제로, 질병을 유발하는 변이를 중요하지 않은 변이와 구별하려면 철저한 변이 기능 예측, 빈도 데이터, 진화적 보존성 등의 다각적인 고려가 필요하다.

NGS 기반 분석 방법의 선택은 연구 목표, 사용 가능한 연구비, 샘플 수 및 대상 질환의 유전적 조건의 특성과 일치해야 하기 때문에 특정 연구에 WES을 사용할지 여부를 결정할 때 이러한 장단점을 고려하는 것이 중요하다.

## 4. 희귀질환 유전 연구를 위한 전장엑솜분석 사용 방법

WES을 사용하여 희귀 질환 유전 연구를 수행하려면 몇 가지 세부 단계가 필요하며, 각 단계에 대한 자세한 설명은 다음과 같다(그림 11-7).

### 1) 연구 설계 단계

희귀 질환 표현형에 따라 영향을 받는 개인에 대한 포함 기준을 정의한다. 환자만 분석을 할지, 혹은 해당 가족에 추가 환자가 있을 때에 함께 분석을 할지, 혹은 건강한 부모 등 건강한 친족도 분석을 할지 여부 등이다.

### 2) 샘플 수집 및 DNA 추출

환자/대조군 등의 가족 구성원으로부터 생물학적 샘플(예: 혈액, 조직)을 수집한 후 표준 프로토콜을 사용하여

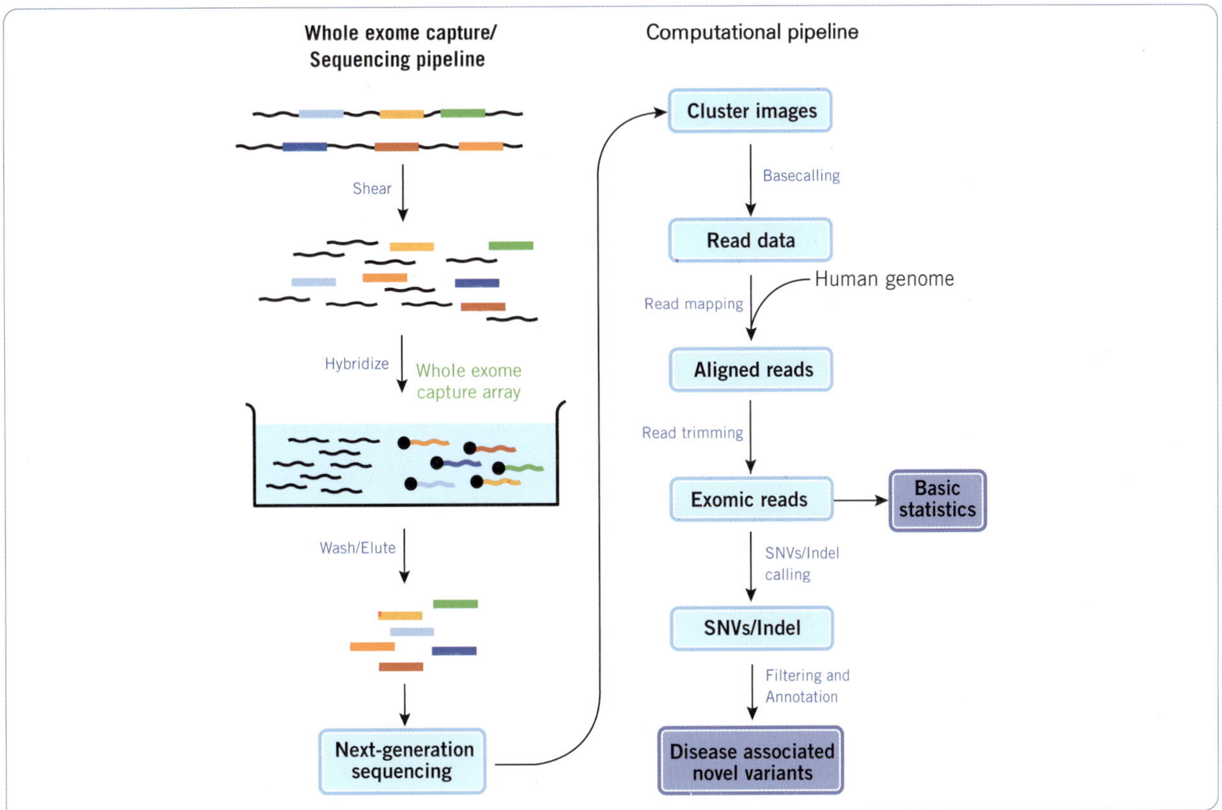


**그림 11-7.** WES 실험 단계.
(Goh and Choi, 2012 Genomics and Informatics)

DNA를 분리한다.

### 3) DNA 절단

초음파를 통한 물리적 방법, 또는 제한 효소를 이용한 방법 사용하여 무작위한 상태로 DNA를 작은 조각(보통 200~300 bp)으로 자른다.

### 4) 엑솜 캡처

주요 회사에서 시판하는 엑솜 캡처 키트를 선택한 후 엑손 서열을 포함하는 DNA 조각의 양을 상대적으로 풍부하게 하는 엑솜 캡쳐 단계를 수행한다.

### 5) 라이브러리 준비

캡쳐된 DNA에 어댑터 시퀀스를 추가하며 end-repair, adapter ligation 및 PCR 증폭을 포함한 표준 프로토콜에 따라 DNA 라이브러리를 준비한다.

### 6) 시퀀싱

Illumina와 같은 시퀀싱 플랫폼을 사용하여 준비된 DNA 라이브러리를 해독한다.

### 7) 데이터 분석

이 장에서는 편의상 Illumina 파이프라인에서 도출된 데이터 분석 단계를 설명할 것이며, 초기 리드 생성과 리드 필터링 단계는 생략한다. 즉 필터링된 FASTQ 파일 형식의 리드에서 분석이 시작된다.

(1) 정렬(alignment): Burrows-Wheeler Aligner (BWA)와 같은 정렬 알고리즘을 사용하여 리드를 참조유전체에

매핑한다.

(2) 변이 생성(variant calling): Genome Analysis Toolkit (GATK)과 같은 도구를 사용하여 유전 변이(예: SNV, insertion, deletion)를 식별한다.

(3) 변이 필터링/주석(annotation): 여러 필터를 적용하여 잠재적으로 질병을 유발할 수 있는 변이의 우선 순위를 지정함. dbSNP, 1,000 Genomes Project 또는 gnomAD와 같은 공용 데이터베이스와 데이터를 비교하여 건강한 개인에게서도 존재할 수 있는 일반적인 변이를 필터링한다. 유전 방식, 인구 빈도, 기능적 영향 및 질병별 데이터베이스의 존재도 중요한 고려 대상이다. 변이의 주석 과정은 ANNOVAR, SnpEff 또는 VEP와 같은 도구를 사용 가능하다. 이것은 단백질 구조, 기능 및 알려진 질병 연관성에 대한 잠재적 영향에 대한 통찰력을 제공한다.

(4) 우선 순위 지정 및 해석: 예측된 병원성, 유전 패턴 및 희귀질환 표현형과의 관련성을 기반으로 식별된 변이를 평가한다. ClinVar 또는 OMIM과 같은 다양한 데이터베이스를 사용하고 유전자 기능 및 발현 패턴을 고려하여 잠재적 질병 유발 변이로서의 우선 순위를 지정한다.

### 8) 검증 및 기능 연구

통상적으로 Sanger 시퀀싱과 같은 추가 실험을 통하여 선택된 변이를 검증하며 환자, 혹은 건강한 가족 구성원들에게서 해당 변이가 잘 분리되고 있는지의 여부를 평가한다. 또한 가능한 경우 기능 연구를 수행하여 변형의 기능적 결과를 실험적으로 조사한다. 여기에는 세포 배양 분석, 동물 모델 또는 기능적 유전체학 접근법과 같은 in vitro, in vivo 실험이 포함될 수 있다.

위에 설명한 단계는 WES 방법의 일반적인 실험적 개요를 제공하며 특정 연구 목표, 사용 가능한 리소스, 시퀀싱 기술 및 생물정보학 도구의 발전에 맞게 조정할 수 있다는 점에 유의해야 한다. 유전학, 생물정보학 및 분자생물학 전문가와의 협업은 WES를 사용한 희귀 질환 유전 연구의 성공적인 수행에 매우 중요하다.

## 5. 전장엑솜분석와 전장유전체검사의 비교

전체 엑솜 시퀀싱(WES) 및 전체 게놈 시퀀싱(WGS)은 게놈 연구 및 임상 적용에 사용되는 두 가지 강력한 기술로서, 다음은 두 가지의 실험 방식을 비교한 것이다.

### 1) 시퀀싱 범위

#### (1) WES

전체 게놈의 약 1~2%만 구성하는 엑솜으로 알려진 유전체상의 단백질 코딩 영역을 대상으로 한다.

#### (2) WGS

코딩 영역, noncoding 영역을 포함한 전체 게놈을 다루기에 특정 유전자의 인트론 영역, 조절 영역에 위치한 변이를 찾기에 유용하다.

### 2) 시퀀싱 깊이(depth)

#### (1) WES

표적 영역을 비교적 높게 커버하며(일반적으로 80~100x 이상) 표적 외 영역의 적용 범위는 제한적이다.

#### (2) WGS

전체 유전체에 걸쳐 균일한 커버리지를 제공한다(일반적으로 30x).

### 3) 변형 감지

#### (1) WES

주로 SNV (단일 뉴클레오티드 변이체) 및 작은 삽입 및 결실(indels)을 포함하여 엑솜 내의 변이체 검출에 중점을 두게 된다.

(2) WGS

SNV, indel에 더하여 구조적 변이(copy number variation 등을 포함하는 각종 structural variation)를 감지할 수 있다.

### 4) 비용 및 데이터 분석

(1) WES

유전체의 일부만을 분석하므로 일반적으로 WGS에 비해 저렴하며 데이터의 양도 적기 때문에 데이터 분석에 대한 부담이 상대적으로 적다.

(2) WGS

시퀀싱 범위가 더 넓기 때문에 WES보다 비싸며, 더 큰 데이터 볼륨을 생성하므로 데이터 저장, 처리 및 분석에 더 많은 계산 리소스와 시간이 필요하다.

### 5) 발견 가능성

(1) WES

연구자들이 알려진 질병 관련 유전자에 집중할 수 있도록 하는 표적 유전자 발견 노력에 적합하며, 일례로 희귀 유전 질환에서 질병을 유발하는 변이를 찾는 데 중요한 역할을 했다.

(2) WGS

새로운 질병 유전자, 조절 요소, 비암호화 RNA 및 기타 게놈 특징을 식별할 수 있는 광범위한 발견 플랫폼을 제공하기에 희귀질환 연구를 위한 희귀변이뿐만 아니라 GWAS를 위한 높은 빈도의 변이를 분석하기에도 용이하다.

요약하면 WES는 엑솜에 초점을 맞추고 표적 유전자 조사에 적합하지만 WGS는 게놈에 대한 보다 포괄적인 분석을 제공한다. 두 기술 사이의 선택은 연구 목표, 예산 및 연구 대상 질병의 특성에 따라 다를 수밖에 없다.

## 6. Long-read 전장유전체검사

Long-read WGS는 현재 Illumina사의 방법이 150~300 bp 정도의 길이의 리드(read)를 생성한다면 이에 비하여 수천-

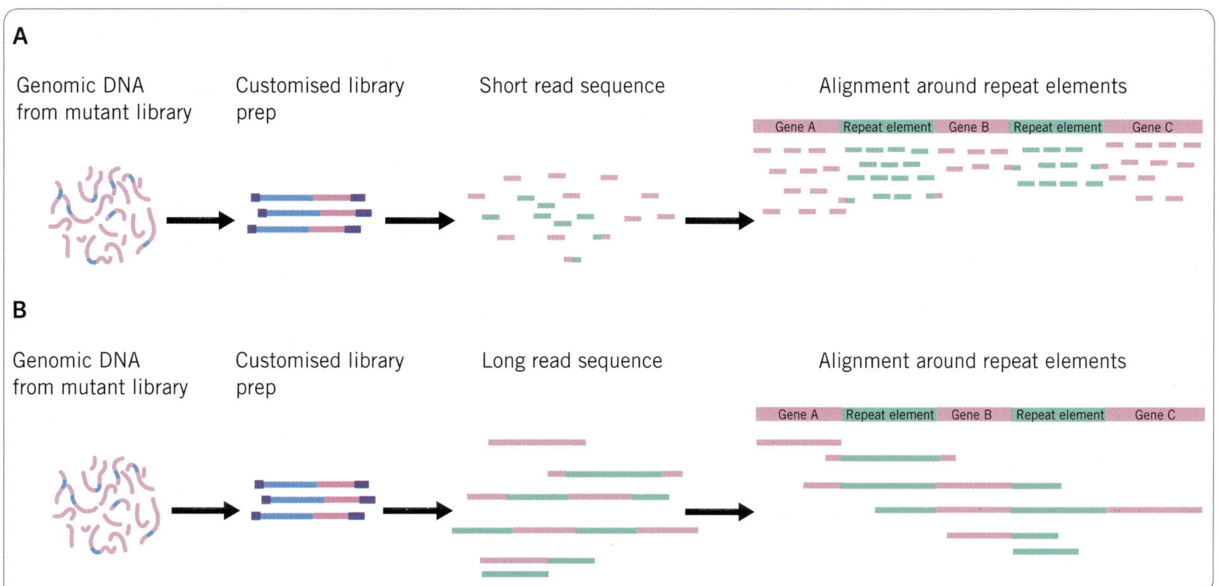


그림 11-8. Long-read 시퀀싱 방법과 short-read 시퀀싱 방법의 차이점.
(Yasir et al, 2022 Sci Reports).

수만 개의 염기쌍에 이르는 더 긴 리드를 생성하게 해 주는 시퀀싱 방식이다. 이 방법은 구조 변이 검출(비교적 큰 삽입, 삭제, 복제, 역위, 전좌)을 할 수 있으며, 복잡한 유전체 영역 해독(반복 영역, 분절 중복 및 GC 함량이 높은 영역)에 특히 효과적이다. 이러한 장점을 이용하여 여러 종의 참조 유전체 구축에도 유용하게 기여하고 있다(그림 11-8). 최근에는 인간의 유전체 중 특히 해독이 어려웠던 중심체(centromere) 부분을 long-read WGS 방법을 이용하여 해독하여 인간 유전체의 완벽한 해독을 이끌어내기도 했다.

질병 연구의 측면에서는 구조 변이 연구의 강점을 이용하여 암과 같은 질환의 구조적 변이를 검출하는 데 강점을 보이고 있으며, 전사체 연구에서도 새로운 isoform을 발견하거나 새로운 lncRNA 검출과 같은 작업이 가능하다.

Long-lead 시퀀싱 기술은 short-Read 기술에 비해 더 높은 에러율과 높은 비용과 같은 단점이 있으나, 여전히 진화하고 있으며 추후 복잡한 게놈 영역 이해, 구조 변이를 감지 등의 분야에서 강점을 보이고 있는 방법이다.

## REFERENCE


1. Hartwell L, Goldberg M, Fishcer J, Hood L. Genetics: from genes to genomes. 6th ed. Chicago: McGraw Hill; 2018.
2. Kim DH, Lee ST, Won HH, et al. A genome-wide association study identifies novel loci associated with susceptibility to chronic myeloid leukemia. Blood. 2011;117(25):6906-11.
3. Kim HJ, Hong SH, Ki CS, et al. A novel locus for X-linked recessive CMT with deafness and optic neuropathy maps to Xq21.32-q24. Neurology. 2005;64(11):1964-7.
4. Kim HJ, Sohn KM, Shy ME, et al. Mutations in PRPS1, which encodes the phosphoribosyl pyrophosphate synthetase enzyme critical for nucleotide biosynthesis, cause hereditary peripheral neuropathy with hearing loss and optic neuropathy (cmtx5). Am J Hum Genet. 2007;81(3):552-8.
5. Kim HJ, Won HH, Park KJ, et al. SNP linkage analysis and whole exome sequencing identify a novel POU4F3 mutation in autosomal dominant late-onset nonsyndromic hearing loss (DFNA15). PLoS One. 2013;8(11):e79063.
6. Strachan T, Read A. Human Molecular Genetics. 5th ed. Florida: CRC Press; 2019.
7. Weedon MN, Lettre G, Freathy RM, et al. A common variant of HMGA2 is associated with adult and childhood height in the general population. Nat Genet. 2007;39(10):1245-50.
8. Woo YM, Kim S, Park JH, Lee NY, Kim JW, Kim DDH. Evidence that 6q25.1 variant rs6931104 confers susceptibility to chronic myeloid leukemia through RMND1 regulation. PLoS One. 2019;14(6):e0218968.
9. Yang J, Benyamin B, McEvoy BP, et al. Common SNPs explain a large proportion of the heritability for human height. Nat Genet. 2010;42(7):565-9.
10. Yengo L, Vedantam S, Marouli E, et al. A saturated map of common genetic variants associated with human height. Nature. 2022;610(7933):704-12.

CHAPTER 12

# 유전질환의 분자유전학적 기초

## The molecular basis of genetic disease

정선용, 신영림

유전질환(genetic disease)이라는 용어는 선천적으로 물려받았거나 또는 후천적으로 획득한 유전자의 구조와 발현에 영향을 끼치는 변경으로 인해 발생되는 질환을 말한다. 이 장에서는 단일유전자 질환(monogenic 또는 single-gene disorder)의 원인에 대한 유전학적, 생화학적 기전에 대해 설명하고자 한다.

유전질환은 필수 유전자(essential gene)의 DNA에 생긴 변이(variation)로 인한 그 유전 산물인 전령리보핵산(messenger RNA; mRNA)과 단백질의 양적, 기능적 변화에 의해 발생한다. 가끔 유전자의 구조적 또는 조절적 기능에 영향을 미치는 비부호화 RNA (noncoding RNA; ncRNA)에서의 변이에 의해서도 발생될 수 있다. 비록 대부분의 알려진 단일유전자 질환은 단백질의 기능에 영향을 끼치는 돌연변이에 의해 일어나게 되나, 예외적으로 마이크로 RNA (microRNA; miRNA)와 전달리보핵산(transfer RNA; tRNA)을 부호화(coding)하는 사립체(mitochondria) 유전자의 경우도 있다.

Online Mendelian Inheritance in Man (OMIM; www.omim.org) 사이트는 1995년부터 인간의 유전자와 유전적 표현형(genetic phenotype)에 대한 정보를 제공해오고 있으며, 2023년 기준으로 분자적 기초(molecular basis)가 밝혀진 표현형 약 7,400개와 표현형의 원인 돌연변이(phenotype-causing mutation)가 밝혀진 유전자 약 4,800개에 대한 정보를 망라하고 있다. 이 중 대부분은 단일 유전자 질환 및 형질(single gene disorder and trait)에 관한 것이다. 또한, Human Gene Mutation Database (HGMD; www.hgmd.cf.ac.uk)에서는 인간 유전질환 관련의 약 410,000개의 돌연변이 정보를 제공하고 있다. 이처럼 다양한 유전질환에 대한 분자적 결함이 계속 발견되어 보고되고 있지만, 아직 그 발병기전을 완전히 이해하지 못하는 유전질환이 많이 있다. 예로, 낫적혈구병(sickle cell disease)은 가장 먼저 알려진 유전질환 중 하나이나 65년 이상 지난 지금까지도 질환 발생의 분자적 기전에 대해 완전히 이해하지 못하고 있다.

유전질환의 발병기전을 이해하려면, 돌연변이에 의한 유전자 산물(gene product)의 기능 변화로 초래되는 분자적(molecular), 생화학적(biochemical) 수준에서의 이해가 필요하다. 돌연변이는 유전자 산물인 단백질의 기능 소실, 획득 또는 변환을 초래하게 되며, 이로 인해 해당 단백질의 기능/활성이 소실되는 경우(amorph 또는 null allele), 정상적인 기능/활성에 대한 길항 또는 억제작용을 하는 경우(antimorph), 정상 기능/활성을 증가시키는 작용을 하는 경우(hypermorph), 정상 기능/활성을 감소시키는 작용을 하는 경우(hypomorph) 등이 나타나게 된다.

유전질환에 대한 분자병리(molecular pathology)에 대한 지식은 유전자 산물인 단백질의 정상 기능에 대한 이해를 도울 뿐만 아니라, 합리적 치료와 대처에 있어 중요한 기초가 된다. 이 장에서는 단일유전자 질환의 분자적 발병 기전에 대한 이해를 돕기 위해, 돌연변이가 단백질 기능에 미치는 영향, 특정 돌연변이에서 일반적인 변이와 다른 양상의 변이 단백질이 발생되는 기전과 돌연변이가 생물학적 정상 단백질의 생성 저해에 관여하는 기전 등에 대해 설명하고자 한다.

## I. 유전자 돌연변이가 단백질 기능에 미치는 영향(The effect of mutations on protein function)

유전자의 돌연변이는 단백질 부호화(coding) 부위와 단백질 비부호화(non-coding) 부위(유전자발현조절 부위, 인트론 부위, 5′, 3′의 비부호화 부위 등)에서 발생할 수 있다(**그림 12-1**). 단백질 부호화 부위에서의 돌연변이는 해당 단백질의 비정상(abnormal)을 초래하게 되고, RNA 안정성(RNA stability) 변화 또는 RNA 잘라이음(RNA splicing) 이상에 영향을 주는 돌연변이는 경우에 따라 비정상 단백질 또는 정상(normal) 구조의 단백질이 생성될 수 있다. 유전자발현조절 부위(gene regulation) 또는 유전자 용량(dosage)에 영향을 미치는 돌연변이는 정상 구조의 단백질을 생성한다.

이러한 유전자 돌연변이는 다음 4가지의 영향 중 한 가지로 질환의 원인이 된다(**그림 12-1**). 지금까지 밝혀진 가장 많이 나타나는 결과로는 돌연변이 단백질의 기능소실(loss-of-function)이다. 그 외에 유전자의 종류와 변이의 위치에 따라 돌연변이 단백질의 기능획득(gain-of-function), 새로운 성질(novel property) 획득, 잘못된 시기의 유전자발현(이시성, heterochronic expression) 또는 잘못된 장소(조직, 세포)에서의 유전자의 발현(이소성, ectopic expression)의 결과로도 나타난다.

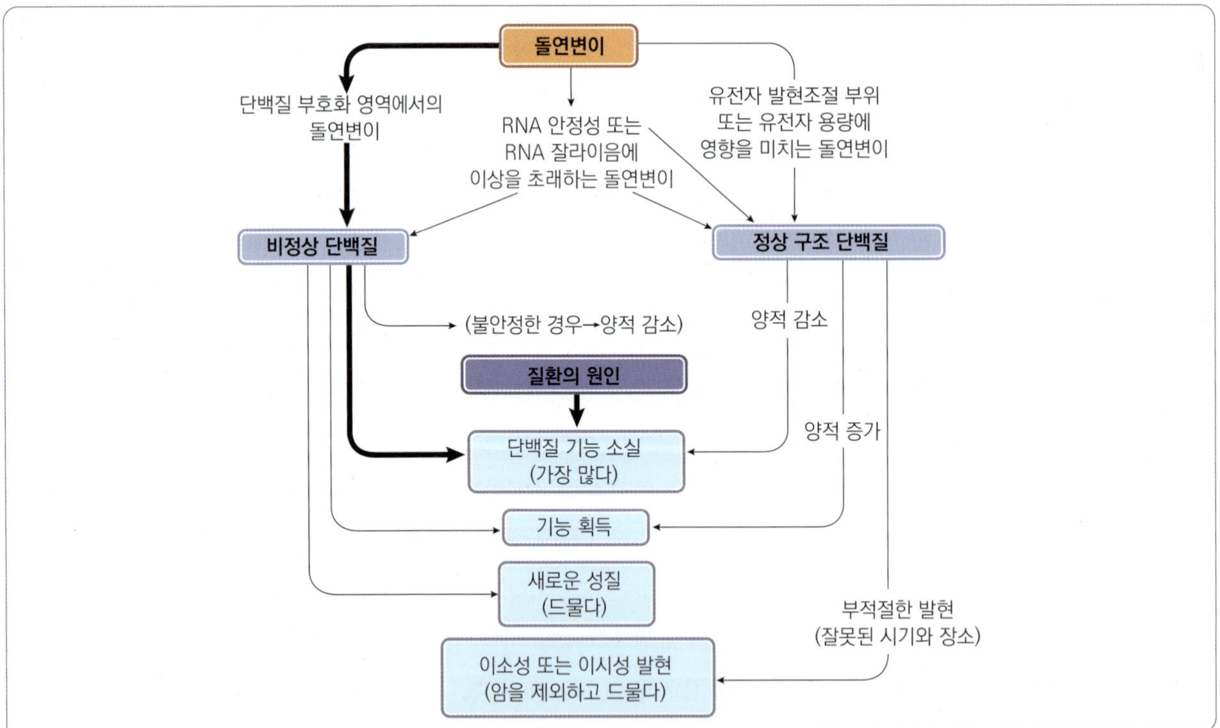


**그림 12-1. 돌연변이가 질환을 초래하는 기전에 대한 개요.** 유전자 부호화 부위(coding region)에서의 돌연변이는 구조적으로 비정상적인 단백질을 만들게 되고, 그 결과로서 기능소실(loss-of-function), 기능획득(gain-of-function), 또는 새로운 성질(novel property) 획득의 영향으로 인해 질환이 유발된다. 비부호화 부위(non-coding region)에서의 돌연변이는 mRNA 안정성 변화와 RNA 잘라이음(RNA splicing) 이상을 초래하거나, 유전자발현조절 부위(gene regulation) 또는 유전자 용량(dosage)에 영향을 끼치게 된다. 유전자 조절 부위에서의 돌연변이는 유전자가 발현하는 시기와 장소의 변화 또는 mRNA의 발현양을 변화시킨다. 부호화 부위 및 조절 영역에서 돌연변이는 단백질의 발현양을 감소시킬 수 있다.

## 1. 기능소실 돌연변이(Loss-of-function mutation)

기능소실 돌연변이는 해당 단백질의 기능/활성을 감소시키거나 유전자 산물의 완전한 소실을 초래한다. 기능소실 돌연변이는 유전자 부호화 부위, 조절 부위, 그 외 중요한 부위에서의 염기 치환(nucleotide substitution), 결손(deletion), 삽입(insertion), 재배열(rearrangement) 등에 의해 발생될 수 있다. 우성 유전질환에서 한쪽 대립유전자의 이형접합(heterozygous) 돌연변이가 반가불출분성성(haploinsufficiency)을 유발하게 되어 기능소실 효과가 나타날 수 있으며, 열성 유전질환(recessive inheritance disease)에서 특히 효소(enzyme)를 부호화하고 있는 유전자의 경우 일반적으로 두 개 대립유전자 모두에서 동형접합(homozygous) 또는 복합이형접합(compound heterozygous)의 삭제돌연변이(null mutation)에 의해 기능소실 효과가 나타난다**(그림 12-2)**.

유전자 결손에 의한 유전자 용량(dosage)의 감소로 발생되는 기능상실의 대표적인 예로는, α-글로빈(α-globin) 유전자의 소실(loss)에 의해 발생되는 α-지중해빈혈(α-thalassemia), 염색체 소실 질환(chromosome-loss disease)인 터너증후군(Tuner syndrome), 암억제유전자(tumor suppress gene)의 후천적 체세포돌연변이에 의한 망막모세포종(retinoblastoma) 등이 있다. 많은 유전자에서 발견되는 완전한 기능소실 돌연변이로는, 주요 혈색소(hemoglobin) 단백질 중의 하나인 β-글로빈(β-globin)의 양이 감소되어 발생되는 혈색소병증(hemoglobinopathy)인 β-지중해빈혈(β-thalassemia)을 예로 들 수 있다.

기능소실 돌연변이로 초래되는 질환의 중증도는 일반적으로 기능소실의 정도와 연관되어 있다. 많은 예에서 보듯이 돌연변이 단백질에 원래의 기능이 조금이라도 남아 있으면 질환의 중증도는 낮아질 수 있다.

또한, 기능소실 돌연변이 중에 우성음성적 효과(dominant negative effect)를 초래하는 돌연변이가 있다. 이는 우성 유전질환에서 한쪽 대립유전자의 이형접합 돌연변이에 의해 생성된 이상 단백질이 야생형(wild-type) 대립유전자의 정상 단백질의 기능을 저해함으로써 돌연변이 표현형이 나타나는 것을 말한다**(그림 12-2)**. 이런 돌연변이는 보통 비기능적인(non-functional) 유전자 산물을 생성하며, 야생형 대립유전자에 대해 상대적으로 우성의 표현형을 나타낸다. 즉, 야생형 대립유전자가 있음에도 불구하고 돌연변이 형질의 발현을 주도하여 우성 효과(dominant effect)의 특징을 보이며, 결

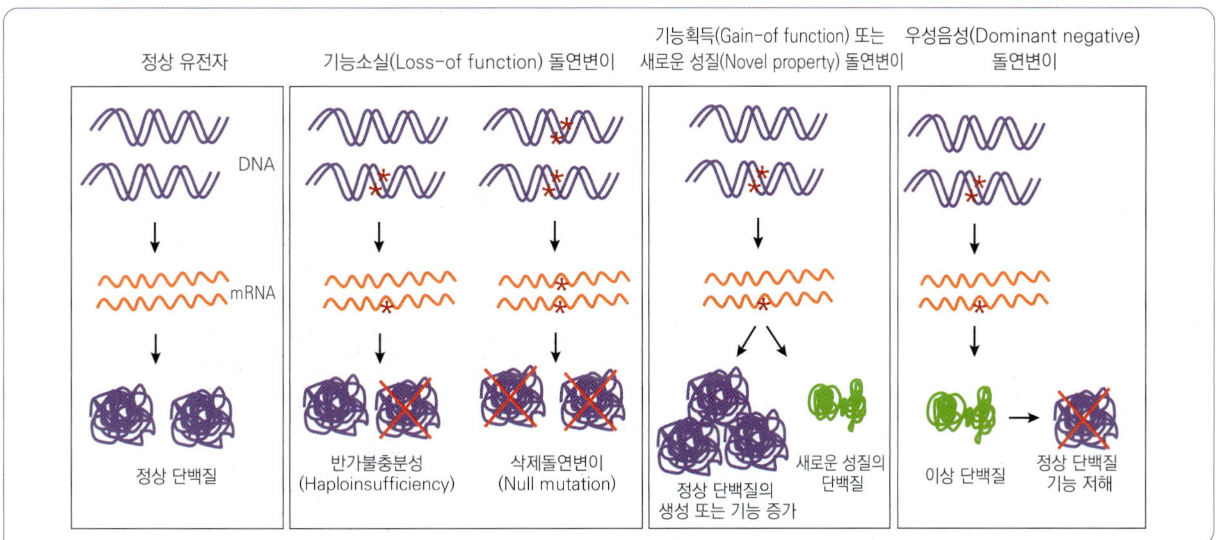


**그림 12-2.** 유전자 돌연변이에 의해 발생되는 기능소실(loss-of function), 기능획득(gain-of-function), 새로운 성질(novel property) 획득, 우성음성(dominant negative) 돌연변이에 대한 개요.

과적으로 기능소실 표현형을 나타내는 점에서 음성적 효과(negative effect)를 보이는 것이다.

이러한 우성음성 돌연변이(dominant negative mutation)의 대표적인 예로 I형 프로콜라겐(type I procollagen)의 pro-α1과 pro-α2 사슬(chain)을 각각 부호화하는 *COL1A1*, *COL1A2* 유전자의 돌연변이에 의해 발생되는 우성 유전의 골형성부전증(osteogenesis imperfecta, OI)을 들 수 있다(13장 참고). I형 프로콜라겐은 2개의 pro-α1 사슬과 1개의 pro-α2 사슬로 이루어진 3중 나선(triple helix) 구조로 이루어 있다. *COL1A1*과 *COL1A2* 유전자의 돌연변이의 종류에 의해 질환의 중증도가 다르게 표형형이 나타난다. *COL1A1* 유전자 삭제돌연변이(null mutation)에 의해 정상의 1형 프로콜라겐이 50%가 존재하는 경우에는 비교적 가벼운 증상을 나타내는 I형 골형성부전증이 발생하나, *COL1A1* 유전자에 구조적으로 결함이 있는 돌연변이의 경우는 정상적인 I형 프로콜라겐이 25%만 만들어지게 되어 중증의 표현형이 나타나게 된다. 이러한 현상은, *COL1A1* 유전자의 한쪽 대립유전자의 구조적 결함에 의해 생성된 돌연변이 pro-α1 사슬이 정상의 pro-α1과 pro-α2 사슬로 구성되는 1형 프로콜라겐 단백질 형성을 방해하는 우성음성적 효과에 의한 것이다.

## 2. 기능획득 돌연변이(Gain-of-function mutation)

어떤 돌연변이는 단백질의 정상 기능/활성을 증가/강화시킴으로써 생화학적 표현형을 변화시킬 수 있다. 생체에서 유전자 산물의 양이 많은 것이 반드시 좋은 것만은 아니며 질환 발생의 원인이 될 수 있다. 특정 유전질환이 기능획득 돌연변이에 의한 것인지 인지하는 것은 매우 중요한데, 이는 기능소실 돌연변이를 포함한 다른 기전으로 인한 질환과는 치료를 위한 접근 방법이 다르기 때문이다.

기능획득 돌연변이는 크게 두 가지로 구분할 수 있다. 유전자의 발현 증가 또는 유사한 유전자의 발현 증가로 인한 단백질의 생성량이 증가되는 경우와 유전자가 부호화하는 단백질의 특정한 정상 기능이 향상되는 경우이다(**그림 12-2**).

### 1) 정상 단백질의 생성을 증가시키는 돌연변이

어떤 돌연변이는 해당 단백질이 정상적으로 존재하는 세포내에서 단백질의 생성을 증가시킴으로써 질환을 초래한다. 이러한 유형의 가장 흔한 돌연변이는 염색체 전체 또는 일부의 중복(duplication)에 의해 유전자 용량(dosage)의 증가로 나타나게 된다. 예로 21번 삼염색체증(trisomy 21)의 다운증후군이 있다. 단일 유전자 용량의 증가로 발생하는 중요한 질환으로는 아밀로이드 전구단백질(βAPP) 유전자의 중복으로 인해 발생하는 가족성 알츠하이머병과 말초 마이엘린 단백질 22 (peripheral myelin protein 22, PMP22) 유전자의 중복에 의해 말초신경변성을 초래하는 샤르코마리투스병 1A형(Charcot-Marie-Tooth disease type 1A) 등이 있다.

### 2) 단백질의 정상 기능(normal function)을 향상 또는 강화시키는 돌연변이

드물게, 단백질 부호화 부위에서의 돌연변이가 한가지 또는 여러 가지의 정상 기능을 수행하는 단백질 분자의 효능을 증가시키는 경우가 있다. 예로서, 가족성 적혈구과다증(familial erythrocytosis)과 연관된 Hemoglobin Kempsey를 들 수 있다. 이 질환에서 혈색소(hemoglobin) 유전자의 과오돌연변이(hemoglobin β-chin의 p.Asp99Asn)는 혈색소를 계속 높은 산소 친화 상태로 유지하게 되고 그 결과로서 조직으로의 산소전달이 줄어들게 된다. 이러한 정상 단백질 기능이 증가되는 유형의 돌연변이는 완전히 새로운 기능을 획득하는 새로운 성질 돌연변이와는 구별되어야 한다.

## 3. 새로운 성질 돌연변이(Novel property mutation)

몇몇 질환에서 돌연변이에 의한 아미노산 배열의 변화가 단백질의 정상 기능에 영향을 미치지 않더라도 돌연변이 단백질이 새로운 성질(novel property)을 획득함으로써 질환이 유발하게 된다. 대표적인 예로 아미노산 치환으로 유발되는 낫적혈구병이 있다. 이 돌연변이에 의한 낫혈색소(sickle hemoglobin)는 산소 수송(oxygen transport) 능력에는 영향이 없으나, 정상 혈색소와는 달리 탈산소화(deoxygenation) 되었을 시에 낫 혈색소 사슬이 서로 응집하여 적혈구를 변형시키는 비정상의 중합체 섬유(polymeric fiber)를 형성하게 된다. 새로운 성질 돌연변이는 매우 드문데, 이는 대부분의 아미노산 치환은 진화를 통해 최적화된 단백질의 기능과 안정성에 중립적(neutral)이거나 불이익을 발생시키기 때문이다.

새로운 성질 돌연변이에 대한 명확한 이해를 위해 혈색소 β-글로빈의 아미노산 치환 돌연변이 p.Glu6Val에 의해 새로운 생리적 성질을 획득한 Hb S 돌연변이에 대해 자세히 알아보자. 이 돌연변이의 동종접합체(homozygote)는 낫적혈구병의 원인이 된다. 이 질환은 적도 부근의 아프리카에서 가장 흔하고, 그다음으로 지중해 지역과 인도 및 이들 지역 주민들이 이주한 국가에서 주로 발생하는 특징적인 지역적 분포를 보인다. 아프리카계 미국 흑인 약 600명 중 1명이 이 질환을 가지고 태어나며, 길게 생존하는 경우가 더 많지만 초기 아동기에 치명적일 수 있다. 낫적혈구 소인(sickle cell trait)을 가진 이형접합체(heterozygote)는 대개 임상적으로는 정상이지만 적혈구가 체외에서 매우 낮은 산소 분압에 노출되었을 때 낫 모양(sickle shape)으로 변한다. 일어날 가능성이 드물지만, 이형접합체가 기내압이 낮은 비행기를 타고 높은 고도로 비행할 경우 비장경색(splenic infarction)의 위험성이 증가할 수 있다. 아프리카계 미국인의 약 8%가 이형접합체 상태(heterozygous state)이지만, 낫 적혈구 대립유전자(sickle cell allele) ($\beta^s$) 빈도가 높은 지역(예: 서중부 아프리카)에서는 신생아의 25%까지 이형접합체이다.

낫적혈구병의 분자병리 및 세포병리에 대해 그림 12-3에 기술하였다. Hb S 돌연변이 β-글로빈 소단위(subunit)를 가지고 있는 혈색소 분자는 산소와 결합하는 능력은 정상적이지만(중합체가 아닌 경우), 탈산소화 혈액에서는 정상 혈색소의 약 1/5 정도의 용해성을 나타낸다. 낮은 산소압 상태의 조건하에서 탈산소혈색소 S(deoxyhemoglobin S)의 상대적인 불용성 때문에 낫 혈색소 분자(sickle hemoglobin molecular)는 막대 모양의 중합체(polymer)나 섬유(fiber)로 뭉치게 된다. 이러한 분자 막대(molecular rod)는 적혈구들을 낫 모양으로 일그러뜨리게 되어 모세혈관을 통해 일렬로 이동하는 것이 불가능하게 되며, 이로 인해 혈액 흐름이 막히고 국소 허혈(local ischemia)이 발생되게 된다.

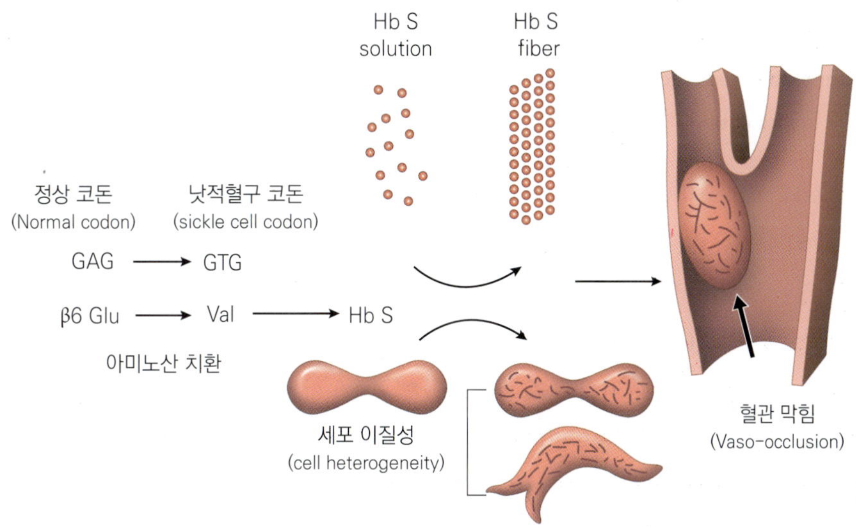


그림 12-3. 낫적혈구병(Sickle cell disease)의 발병 기전.

(출처: Ingrarn V. Sickle cell disease: molecular and cellular pathogenesis; in Bunn HF, Forget BG, Hemoglobin: Molecular, Genetic, and Clinical Aspects. Philadelphia, WB Saunders, 1986).

### 4. 비정상적 시간(Heterochronic) 또는 장소(Ectopic)에서의 유전자발현과 연관된 돌연변이

어떤 유전자 돌연변이는 해당 단백질이 비정상적인 시기에서의 발현(이시성, heterochronic expression) 또는 잘못된 장소에서의 발현(이소성, ectopic expression)을 초래하게 된다. 이러한 돌연변이는 유전자 조절 부위(regulatory region)에서 일어날 수 있다. 암(cancer)에서 세포증식(cell proliferation)을 촉진시키는 유전자, 즉 종양유전자(oncogene)가 원래는 발현되지 않는 세포에서 비정상적으로 발현된다는 것은 잘 알려져 있다. 혈색소 조절요소(regulatory element)에서의 일부 돌연변이는 태아기(fetal life)에서만 발현되는 γ-글로빈(γ-globin) 유전자의 발현이 성인에서 지속적으로 일어나도록 한다. 이러한 γ-글로빈의 돌연변이(Hb F)는 양성(benign) 표현형의 유전성 태아혈색소지속증(hereditary persistence of fetal hemoglobin, HPFH)을 일으킨다.

## II. 드문 경우의 특정 돌연변이에서 일반적인 변이와 다른 양상의 변이단백질이 발생되는 기전

**(The mechanism of the production of unusual mutant proteins in rare cases)**

Human Gene Mutation Database (HGMD, www.hgmd.cf.ac.uk) 자료에 따르면 인간의 단일유전자질환에서 발견되는 돌연변이 중에서 가장 많이 보고된 것은 염기치환(nucleotide substitution)에 의한 과오돌연변이(missense mutation)와 무의미돌연변이(nonsense mutation)이다. 유전자의 염기 치환은 이들 두 가지 돌연변이뿐만 아니라 침묵돌연변이(silent mutation)를 유발시킬 수 있다. 침묵돌연변이는 염기가 다른 것으로 바뀌었나 유전부호(genetic code)의 wobble codon의 존재로 인해 아미노산에는 변화가 없는 돌연변이를 말한다. 하지만, 침묵돌연변이가 단백질 생성에 큰 영향을 발생시키는 경우가 있다.

그림 12-4에 침묵돌연변이가 RNA 잘라이음 오류 돌연변이(RNA splicing error mutation)로 나타나는 예를 기술하였다. 염기 'C'가 'T'로 치환되었지만 아미노산(Gly)에 변화가 없는 침묵돌연변이로서 단백질에는 아무런 영향이 없을 것으로 예상되었으나, 실제로는 잘못된 RNA 잘라이음의 발생으로 인해 틀이동돌연변이(frameshift mutation)가 발생하게 된다. 염기 치환으로 인해 생성된 'GT' 서열이 새로운 RNA 잘라이음 공여체 부위(splicing donor site)로 작용하게 되고, 이로 인해 원래의 잘라이음 공여체 부위가 아닌 새로 생긴 위치에서 RNA 잘라이음이 발생하게 된다. RNA 잘라이음 수용체 부위(splicing accepter site)의 'AG' 서열에서도 이러한 돌연변이가 나타날 수 있다. 유전자에 수많은 'GT', 'AG' 서열이 존재하기 때문에 이러한 예외적인 경우가 발생되기 위해서는 돌연변이가 일어난 부위에 잘라이음 공여체나 수용체 주위에 보존된 RNA 잘라이음 요소 공통서열(consensus sequence)이 존재해야 된다. 따라서 이러한 변이는 특정 염기 치환의 경우에서 나타나는 매우 드문 현상이다. 하지만, 아미노산 배열에 변화가 없는 침묵돌연변이가 반드시 무해한 것은 아니라는 것을 인식할 필요가 있다.

일반적인 돌연변이와 다른 양상의 돌연변이 단백질이 발생되는 또 다른 예로서, 침묵돌연변이와 무의미돌연변이가 엑손 건너뛰기(exon skipping)로 나타나는 경우에 대해 기술하였다. 그림 12-5A의 침묵돌연변이(silent mutation)의 예에서, 뉴클레오타이드 'C'가 'T'로 치환되었으나 아미노산(His)에 변화가 없는 침묵돌연변이로서 단백질에는 아무런 영향이 없을 것으로 예상되었으나, 실제로는 '엑손(exon) 2'가 빠지고 엑손 1과 3이 연결된 mRNA가 만들어지고 결과적으로 엑손 2가 없는 예상보다 짧은 단백질이 만들어지게 된다. 그림 12-5B의 무의미돌연변이(nonsense mutation)의 예에서, 염기 'C'가 'A'로 치환되어 아미노산 Histidine (His)이 종결 부호(stop codon)로 바뀌는 무의미돌연변이에 의해 돌연변이가 발생한 엑손 2 뒷부분과 엑손 3 이후가 없는 짧아진 단백질이 생성될 것으로 예상되었으나, 실제로는 '엑손(exon) 2'가

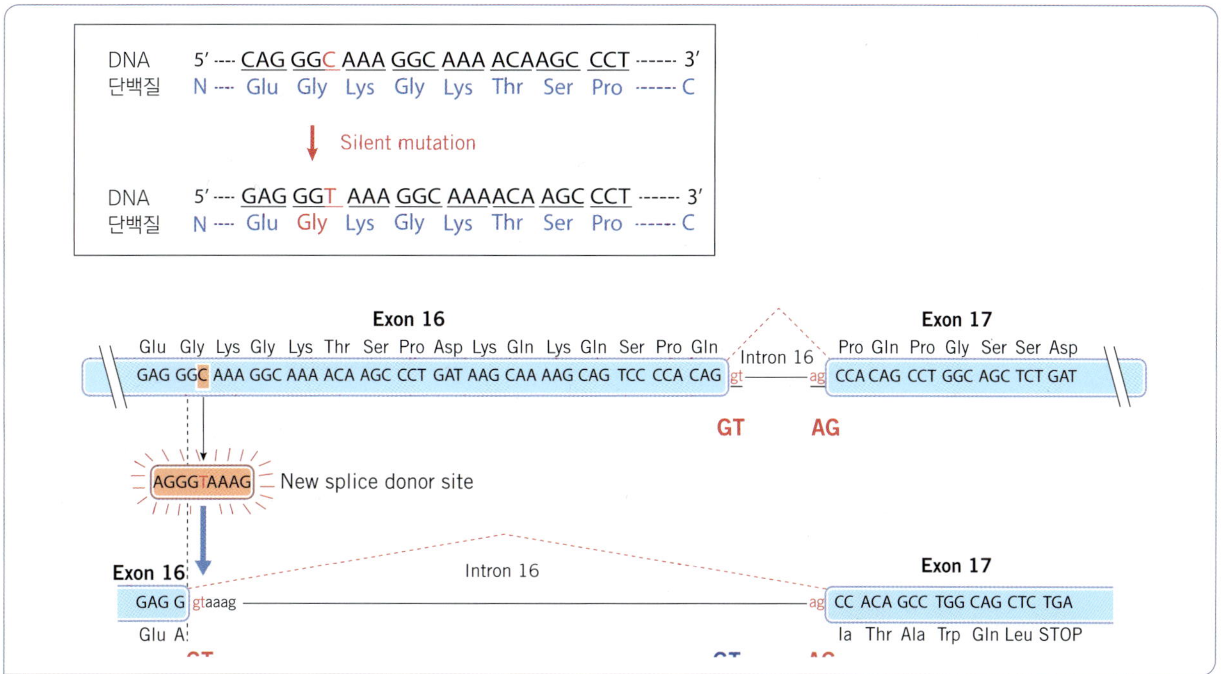


**그림 12-4.** 침묵돌연변이(silent mutation)가 RNA 잘라이음 오류 돌연변이(RNA splicing error mutation)으로 나타나는 예.

빠지고 엑손 1과 3이 연결된 mRNA가 만들어지고 결과적으로 엑손 2가 없는 단백질이 만들어지게 된다.

이와 같이 침묵돌연변이와 무의미돌연변이가 엑손 건너뛰기로 나타나게 되는 기전은 '엑손 잘라이음 촉진(exonic splicing enhancer, ESE) 모티프(motif)'와 '엑손 잘라이음 억제(exonic splicing silencer, ESS) 모티프'로 설명할 수 있다. ESE, ESS 모티프와 이에 결합하는 ESE 결합단백질(binding protein), ESS 결합단백질은 대체 잘라이음(alternative splicing)에 필요한 요소들이다. 대체 잘라이음은 유전자의 mRNA 잘라이음 시에 특정 엑손의 연결 조합(assembly)을 다르게 함으로써 동일 유전자 유래의 다양한 단백질이 생성되는 현상을 말한다. 대체 잘라이음에 의해 조직(세포) 특이적으로 서로 다른 엑손 조합의 단백질이 발현하는 경우가 많다.

**그림 12-6A**의 ESE 모티프의 경우, ESE 결합단백질이 발현하는 세포에서는 '잘라이음을 촉진'하는 ESE 모티프에 ESE 결합단백질이 결합함으로써 엑손 1-2-3이 연결된 RNA 잘라이음이 만들어지게 되나, ESE 결합단백질이 발현하지 않는 세포에서는 ESE 모티프가 위치하는 엑손 2는 RNA 잘라이음 시에 엑손 간의 연결에서 빠지게 된다. **그림 12-6B**의 ESE 모티프의 경우는 ESE 모티프와 반대의 현상으로 나타난다. 즉, ESS 결합단백질이 발현하는 세포에서는 '잘라이음을 억제'하는 ESS 모티프에 ESS 결합단백질이 결합함으로써 엑손 1-3이 연결된 RNA 잘라이음이 만들어지게 되고, ESS 결합단백질이 발현하지 않는 세포에서는 엑손 1-2-3이 연결된 RNA 잘라이음이 만들어진다. 하지만, ESE 모티프나 ESS 모티프 서열에 돌연변이가 발생하게 되면 ESE 또는 ESS 결합단백질이 세포내에 존재할 지라도 이들 단백질이 모티프에 결합할 수 없게 되고, 그 결과는 ESE 또는 ESS 결합단백질이 없는 세포에서와 동일한 RNA 잘라이음이 만들어지게 된다(**그림 12-6**).

**그림 12-5**에서 침묵돌연변이와 무의미돌연변이가 엑손 건너뛰기로 나타나게 되는 것은 이들 돌연변이가 발생된 위치가 마침 ESE 모티프였기 때문이다. 즉, ESE 모티프 서열 상에서의 돌연변이로 인해 ESE 모티프에 ESE 결합단백질이 결합할 수 없게 되고, 그 결과로서 '엑손 2'에서 엑손 건너뛰기(exon skipping)가 발생하게 된 것이다. ESE 모티프나 ESS

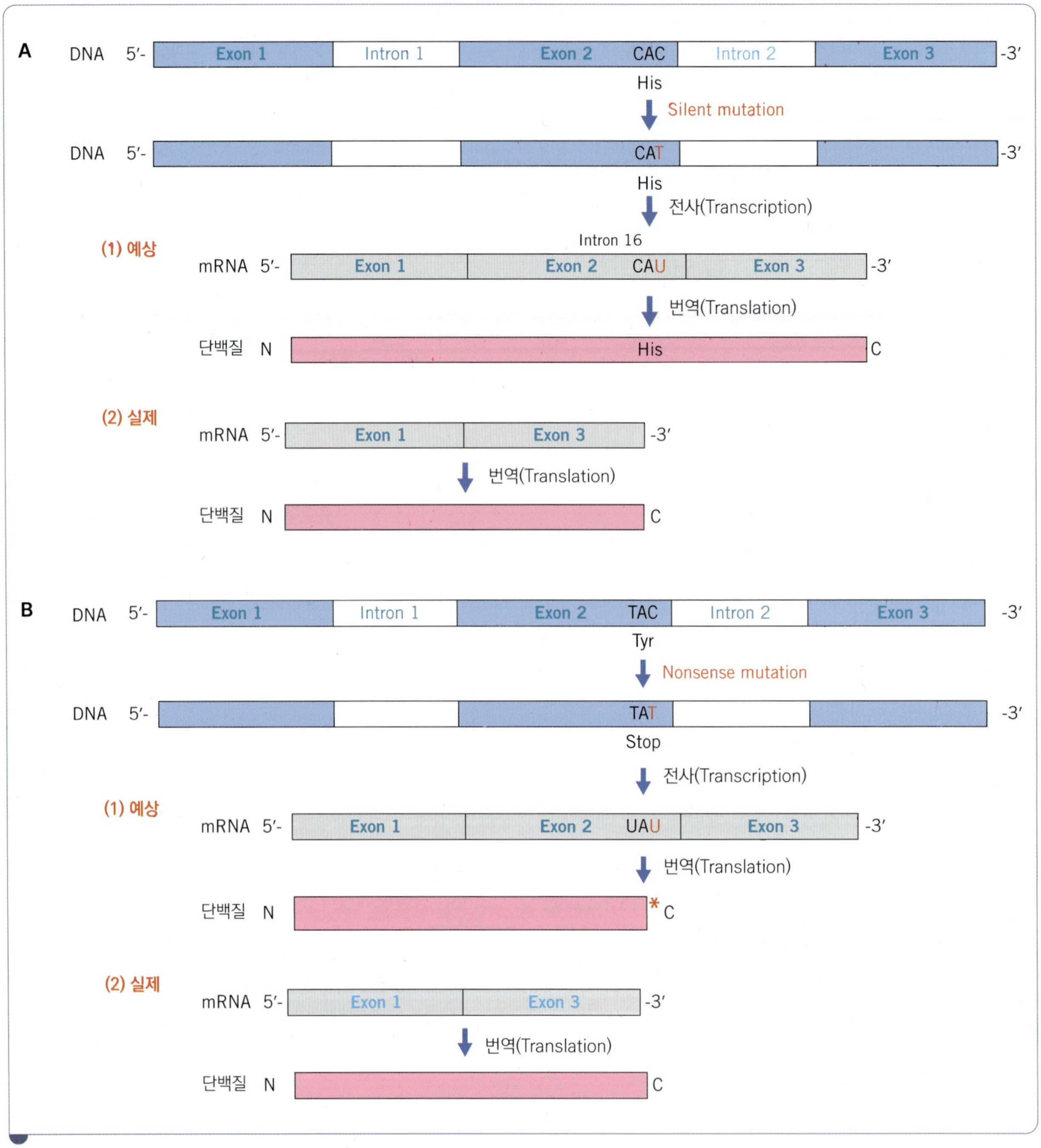


**그림 12-5.** 침묵돌연변이(Silent mutation)와 무의미돌연변이(nonsense mutation)가 엑손 건너뛰기(exon skipping)로 나타나는 예. **(A)** 침묵돌연변이가 엑손 건너뛰기로 나타나는 예, **(B)** 무의미돌연변이가 엑손 건너뛰기로 나타나는 예.

모티프에서 돌연변이가 발생하였을 경우에는 염기 치환에 따른 개개의 아미노산에 대한 영향(침묵돌연변이, 무의미돌연변이, 과오돌연변이)을 조사하기보다, 돌연변이 발생 엑손의 RNA 잘라이음의 변화를 조사할 필요가 있다.

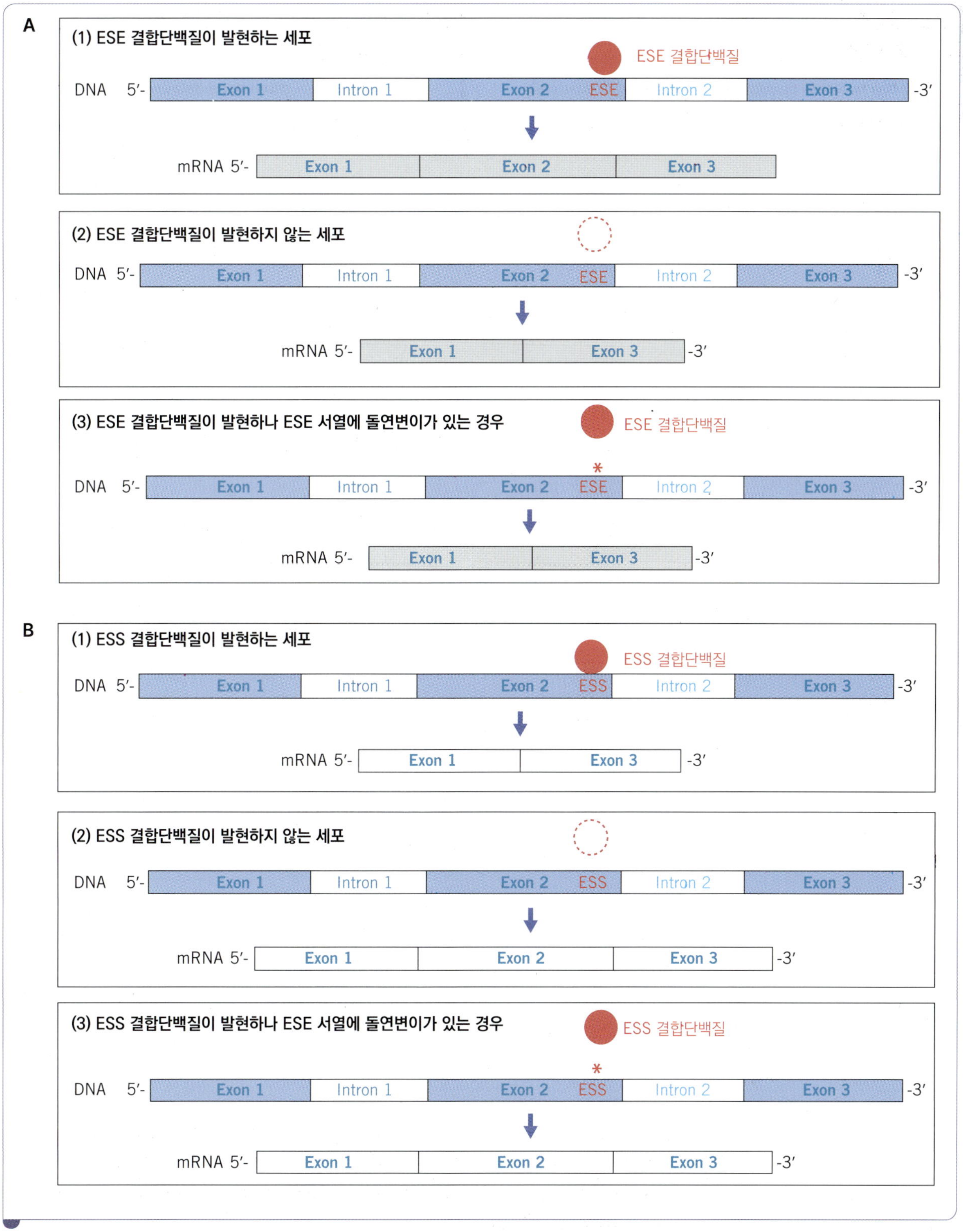


**그림 12-6.** 엑손 잘라이음 촉진(exonic splicing enhancer, ESE) 모티프와 엑손 잘라이음 억제(exonic splicing silencer, ESS) 모티프의 역할과 이들 모티프의 DNA 상의 돌연변이(*)에 의한 엑손 잘라이음의 오류. **(A)** Exonic splicing enhancer (ESE) motif. **(B)** Exonic splicing silencer (ESS) motif.

## Ⅲ. 돌연변이가 생물학적 정상 단백질 생성 저해에 관여하는 기전

**(How mutants disrupt the formation of biologically normal proteins)**

돌연변이는 정상 단백질의 생성 과정에 관여하여 생물학적으로 정상적인 단백질의 생성을 저해할 수 있다. 생물학적으로 정상적인 활성이 있는 단백질이 생성되기 위해서는 유전정보(단백질 서열 정보)가 DNA 상의 염기서열(nucleotide sequence)로부터 mRNA로 전사(transcription)되고, 이어서 폴리펩타이드(polypeptide)로 번역(translation)된 후, 성숙(maturation) 단계를 거쳐야 한다(2장 참조). 이 중 어느 단계에서도 돌연변이에 의해 정상적인 단백질 생성에 지장이 생길 수 있다(**표 12-1**).

## Ⅳ. 유전질환에서 유전형과 표현형의 상관관계의 특성

**(The genotype–phenotype relationship in the genetic disease)**

### 1. 유전질환에 관련된 이질성의 종류

유전질환에서 볼 수 있는 임상형의 다양성은 대립유전자 이질성(allelic heterogeneity), 유전자좌 이질성(locus heterogeneity), 조절 유전자(modifier gene)의 효과로 설명할 수 있다.

#### 1) 대립유전자 이질성(allelic heterogeneity)

같은 표현형이 한 개의 유전자 자리에 있는 여러 개의 대립유전자에서 일어나게 되는 가장 일반적인 유전적 이질성

**표 12-1. 정상 단백질 생성의 여덟 단계에서 돌연변이가 관여하는 기전**

| 단계 | 질환의 예시 |
|---|---|
| 전사(Transcription) | • 지중해 빈혈(Thalassemia): 글로빈(globin) 유전자의 결손(deletion), 조절 부위나 잘라이음 부위(splicing site)에서의 돌연변이에 의한 글로빈 mRNA의 양적 감소나 부재<br>• 유전성 태아혈색소 지속증(Hereditary persistence of fetal hemoglobin, HPFH): 출생 후에 한 개 또는 여러 개의 $\gamma$-글로빈($\gamma$-globin) 유전자 전사의 증가 |
| 번역(Translation) | • 지중해 빈혈(Thalassemia): 글로빈(globin) 유전자의 무의미돌연변이(nonsense mutation)나 틀이동돌연변이(frameshift mutation)에 의한 비기능적(nonfunctional) mRNA 생성 또는 mRNA의 빠른 분해(degradation) |
| 폴리펩티드접힘(Polypeptide folding) | • 혈색소병증(Hemoglobinopathy): 아미노산 치환 돌연변이에 의해 생성된 비정상 혈색소 또는 결손(deletion)으로 인한 미성숙(premature) 상태에서 분해(degradation) 되는 불안정한 글로빈(예: Hb Hammersmith) |
| 번역 후 수정 (Post-translational modification) | • 용해소체축적병(lysosomal storage disease)인 I-세포 질환(I-cell disease): 용해소체 효소(lysosomal enzyme)의 만노스(mannose) 잔기에 인산기(phosphate group)의 결합 실패. 효소가 용해소체로 들어가기 위해서는 만노스-6-인산기(mannose-6-phosphate) 잔기의 결합이 필요 |
| 단량체의 완전체 단백질로의 조립(Assembly of monomers into a holomeric protein) | • 골형성부전증(Osteogenesis imperfecta): 프로콜라겐 사슬(procollagen chain)에서의 아미노산 치환 돌연변이로 인한 정상적 콜라겐 3중 나선(collagen triple helix) 조립(assembly) 저해 |
| 폴리펩타이드 또는 단백질의 세포내 국재화(Subcellular localization of the polypeptide or the holomer) | • 가족성 고콜레스테롤혈증(Familial hypercholesterolemia): 저밀도 지질단백질(low density lipoprotein, LDL) 수용체(receptor)의 카복실 말단(carboxyl terminus)에서의 돌연변이로 인한 수용체의 클라트린-피복 오목(clathrin-coated pit)에서의 국재화(localization), 세포 표면에서의 내재화(internalization), 재활용(recycling) 불가 |
| 폴리펩타이드에 보조인자 또는 보조분자족의 결합(Cofactor or prosthetic group binding to the polypeptide) | • 호모시스틴뇨증(Homocystinuria): 시스타티오닌 합성 주효소에 보조인자(cofactor)인 피리독살인산(pyridoxal phsphate) 결합의 감소 및 부재 |
| 생물학적으로 정상적인 단백질(Biologically normal protein) | • 세포에서 생물학적으로 정상적인 단백질의 기능을 가지기 위해서는 적절한 접힘(folding), 조립(assembly), 국재화(localization)된 단백질이 정상적인 양이 있어야 함 |

이다. 많은 경우, 특정한 대립유전자와 특정한 임상양상 사이에 분명한 유전자형-표현형 상관관계를 보인다. 임상에서 대립유전자의 효과를 가장 잘 설명하는 것은 변이단백질에 더 많은 잔류 기능을 주는 대립유전자는 주로 질환과 관계된 임상 증상이 경하게 나타나게 된다는 것이다. 그러나 일부에서는 거의 기능이 없는 대립유전자와 함께 있는 경우 증상이 한가지만 나타나거나 하위 증상만 보이는 경우도 있다. 예를 들어 낭포성 섬유증 유전자인 *CFTR*의 일부 특정한 변이가 있는 경우 낭포성 섬유증의 증상은 나타나지 않고 임상적으로 전혀 다른 선천 정관 결손으로만 증상이 나타나는 경우가 있다. 그리고 표현형에서 대립유전자에 기반한 변이는 돌연변이에 의해 가장 교란되는 단백질의 특정한 특성을 반영할 수 있다. 이는 Hb Kempsey에서 고산소친화력 구조에서 혈색소를 유지시키는 β-글로빈 대립유전자가 말초로 산소 공급이 줄어들었을 때 조혈기관에서 적혈구가 부적절하게 생성된 것으로 잘못 인식하게 되어 다세포혈증을 일으키게 되는 것으로 설명될 수 있다.

#### 2) 유전자좌 이질성(locus heterogeneity)

유전자좌 이질성은 특정한 임상 증상이 여러 유전자자리에서의 돌연변이에 의해서 발생하는 경우를 말한다. 지중해빈혈의 경우 β-글로빈 사슬의 돌연변이 또는 α-글로빈 사슬의 돌연변이로 인해 발생된다.

#### 3) 조절 유전자(modifier genes)의 효과

아주 잘 알려진 유전자형-표현형 관련성이 일부 특정환자에서 발견되지 않는 경우가 있는데 이는 환경 요인이나 조절 유전자의 작용에 의해 증상이 다르게 나타나기 때문이다. 현재 아직까지 소수의 조절 유전자만 알려져 있는데 그중 한 예로 β-글로빈 유전자의 돌연변이에 의한 β-지중해빈혈 동형접합체가 α-글로빈 유전자의 α-지중해 빈혈 변이도 유전된다는 것을 확인할 수 있다.

## 2. 기능소실 및 기능획득 돌연변이와 표현형의 상관관계

#### 1) 동일 유전자에서 기능소실 및 기능획득 돌연변이는 각각 다른 임상양상을 보일 수 있다.

비대립유전자 상동 재조합은 정확히 같은 수의 미세결실과 미세중복을 생성할 수 있는데 예를 들어, 16p11.2 미세결손은 비만과 관련이 있는 반면, 같은 부위의 상호 미세중복은 저체중과 관련이 있다. 그렇지만 대부분은 동등한 상호관계를 보이는 경우는 거의 없다.

외부 신호를 세포 내부로 전달하는 체계에서 기능소실 돌연변이가 있는 경우는 신호를 전달할 수 없고 기능획득 돌연변이를 가지는 경우에는 리간드가 없는 경우에도 신호를 보낼 수 있다. 황체 형성 호르몬과 생식샘자극호르몬 수용체(LHCGR)의 기능 소실인 경우 이 호르몬에 조직이 반응할 수 없어서 46,XY 배아가 여성화로 표현될 수 있고 반면 수용체의 기능 증가인 경우에는 유아기부터 성조숙증이 나타날 수 있다.

GSα 소단위를 부호화하는 *GNAS1* 유전자에서 기능 획득 돌연변이로 인해 발생하는 McCune-Albright 증후군은 특정 세포 계통에서 활성화되는 모자이크 상태가 되는데 이 유전자에는 복잡한 각인 양상을 보인다. 기능 소실 표현형인 Albright 유전성 골이영양증은 모계 대립유전자가 비활성화된 경우에만 나타나고 기능획득일 때는 McCune-Albright 증후군으로 표현형이 나타난다.

ROR2 희귀수용체에서 기능 소실인 경우는 Robinow 증후군을 일으키고 기능 획득인 경우에는 짧은가락증 B1형을 초래한다. *RET* 유전자는 Wnt 신호에 반응하는 막경유 수용체 타이로신 인산화효소를 부호화한다. 이 유전자의 여러 가지 기능 소실 돌연변이는 히르슈스프룽병(Hirsprung disease)의 원인 중 하나이고 이 유전자의 매우 특정한 과오돌연변이는 가족성 갑상선 수질암과 더 광범위한 2형 다발 내분비샘종양과 같이, 완전히 다른 질환군에서 관찰되는데 이 변이는 기능획득 돌연변이로 리간드에 과도하게 반응하

표 12-2. 동일 유전자에서 기능소실 및 기능획득 돌연변이에 의해 서로 다른 질환이 나타나는 예

| Gene Name | Location | Loss (-) or gain (+) | Diseases | Symbol | OMIM No. |
|---|---|---|---|---|---|
| *PAX3* | 2q35 | - | Waardenburg syndrome type I | WS1 | 193500 |
| | | + | Alveolar rhabdomyosarcoma | PAX3 | 268220 |
| *RET* | 10q11.2 | + | Multiple endocrine neoplasia type IIA | MEN2A | 171400 |
| | | + | Multiple endocrine neoplasia type IIB | MEN2B | 162300 |
| | | + | Familial medullary thyroid carcinoma | FMTC | 155240 |
| | | - | Hirschsprung disease | HSCR | 142623 |
| *PMP22* | 17p11.2 | - | Charcot-Marie-Tooth neuropathy type IA | CMT1A | 118220 |
| | | + | Tomaculous neuropathy | HNPP | 162500 |
| *GNAS1* | 20q13.2 | - | Albright hereditary osteodystrophy | PHP1A | 103580 |
| | | + | McCune-Albright syndrome | MAS | 174800 |
| *AR* | Xq12 | - | Testicular feminization syndrome | TFM | 300068 |
| | | + | Spinobulbar muscular atrophy | SBMA | 313200 |
| *ROR2* | 9q22.31 | + | Brachydactyly type1 | BDB1 | 113000 |
| | | - | Robinow syndrome | RRS1 | 268310 |
| *LHCGR* | 2p16.3 | + | Percocious puberty | | 176410 |
| | | - | Leydig cell hypoplasia | LCH | 238320 |

거나 본질적으로 활성되어 있거나 리간드가 없는 경우에도 이합체로 되는 수용체 분자를 생성하게 된다.

동일 유전자에서의 기능소실 및 기능획득에 의해 서로 다른 질환을 보이는 대표적인 예를 표 12-2에 설명하였다.

### 2) 기능소실과 기능획득 상태는 각각 다른 돌연변이 분포를 가진다.

유전자의 기능 소실로 임상 증상이 발생하는 경우 유전자 산물을 비활성화하는 어떤 변화가 동일한 임상 결과를 보일 것으로 예상할 수 있으며 유전자의 결실이나 파괴와 같은 효과를 내는 점돌연변이를 찾아낼 수 있다. 이와는 대조적으로 기능 획득은 특별한 현상으로 유전자의 매우 특정한 변화만이 기능 획득을 유발할 수 있다. 대립유전자 이질성을 이해하는 게 중요한데 예를 들어, 불안정한 삼핵산 반복(trinucleotide repeat)에 의해 유발되는 질병 중, 취약 X-염색체 증후군과 프리드라이히 운동실조증은 때때로 각각의 유전자에 다른 유형의 돌연변이로 인해 생기며 이는 기능 소실을 보이는 반면, 헌팅턴병과 근긴장성 이영양증은 다른 유형의 돌연변이는 관찰되지 않고 모두 기능 획득을 나타낸다.

### 3) 대립유전자의 동질성이 항상 기능 획득으로 인한 것은 아니다.

일반적으로 대립유전자 이질성은 기능 소실 표현형의 특징이나 대립유전자 동질성이 항상 기능 획득에 의한 것은 아니다. 낫적혈구 질환처럼 표현형이 유전자 산물 자체와 직접적으로 관련되기도 하고 취약 X-염색체 증후군 환자들의 (CGG)n 확장 같은 특정한 분자 기전에 의해서 염기 서열의 변화가 생길 가능성이 더 많아진다. 또 유리한 이형 접합체를 선택함으로 창시자 효과(founder effect)를 강화시키

고 특정 돌연변이를 초래할 수 있다.

### 4) 다양한 정도의 기능 소실은 대립유전자의 표현형 계열을 만든다.

한 유전자에서의 다른 돌연변이들은 기능의 부분적 또는 전체적 소실을 초래하여 대립유전자 계열을 만들 수 있다. 때로는 그 효과가 정량적으로 나타나기도 하는데 즉, 구조적으로 정상적인 단백질의 양이 감소되거나 완전 소실되는 것에 따라 표현형이 다르게 나타난다. 증상이 가벼운 질환인 경우는 일차 전사물의 정확한 잘라이음을 감소시키는 돌연변이가 일반적인 원인이다. 이들은 β+-지중해 빈혈을 유발하는 β-글로빈 유전자의 c.92+6T>C 돌연변이와 같이, 정상적인 잘라이음 부위를 약화시킬 수 있다. β-글로빈 유전자의 돌연변이 c.93-21G>A와 c.316-106C>G 또는 경증 낭포성 섬유증 돌연변이 c.3849+12191C>T에서 볼 수 있는 것처럼 약한 잠재 잘라이음 부위를 활성화하는 것은 비능률적인 잘라이음을 초래할 수 있다. 아니면 돌연변이 유전자가 기능이 감소되었지만 남아 있는 단백질을 부호화하기도 한다. 디스트로핀이 완전히 없는 경우 심한 듀센형 진행성근이영양증가 발생하게 되고 디스트로핀이 부분적으로 기능을 할 때는 경증의 베커 형태로 나타난다. X-연관 hypoxanthine guanine phosphoribosyltransferase (*HPRT*) 유전자돌연변이로 인한 기능 소실이 점점 더 커질수록 임상 증상도 더 심해지게 된다.

### 5) 기능 소실 변화

상대편의 정상적인 기능을 방해하는 변이인 경우는 우성(우성-음성) 상태가 될 수 있다. 만약 변이가 단순한 기능 소실을 유발한다면 이 유전양상은 특정 세포나 조직이 50% 정도로 기능이 감소하는 데 얼마나 견디는지에 따라 달라진다. 낭포성 섬유증 같은 경우 남아 있는 유전자 기능이 50% 이상인 경우는 영향을 주지 않아 단순 열성 유전 양상을 보이며 기능 소실 돌연변이의 이형 접합 보인자는 정상이다. 반수체기능부전(haploinsufficiency)인 경우는 유전자 기능이 50% 소실이 되면 질환이 발생하게 된다. 이 경우 한 개의 기능소실 변이를 가지는 이형 접합체인 경우 질환이 발생하게 되고 우성으로 유전하게 된다. 소수의 유전자에서 용량에 민감한 경우가 있다. 유전자의 한 복제만 작용하는 세포에서는 많은 양을 필요로 하는 유전자 산물의 요구를 충족시킬 수 없다. 이에 대한 예로 엘라스틴을 들 수 있는데 엘라스틴 유전자의 결실 또는 기능 소실 돌연변이를 이형접합체로 가진 사람들에서 일정한 양의 엘라스틴(피부 및 폐 등)만 필요한 조직에는 영향을 주지 않지만 더 많은 양의 엘라스틴이 필요한 대동맥에서는 자주 판막위대동맥협착증 같은 증상이 보이게 된다. 그러나 또 어떤 유전자의 기능은 유전적으로 용량에 민감하기도 한다. 열성 유전하는 경우 잔여기능에 따라서 중등도가 결정될 수 있고 그래서 유전형-표현형 연관성을 보일 수 있다. 때때로 어느 정도 유전자 기능이 남아 있는지에 따라 다른 질환으로 분류될 정도로 완전히 다른 표현형을 보일 수도 있다. *DTDST* 황산염 수송체 유전자의 돌연변이는 중증도에 따라 각기 다른 상염색체 열성 골격 형성이상을 나타내는데 이들은 중증도의 증가 순서대로 diastrophic dysplasia, multiple epiphyseal dysplasia 4, atelosteogenesis II와 achondrogenesis type 1B 질환으로 발현된다. 세포외 기질은 헤파란 설페이트(heparan sulfate) 및 콘드로이틴 설페이트(chondroitin sulfate)와 같은 황산화 프로테오글리칸(sulfated proteoglycans)이 풍부하게 존재하고 설페이트 수송의 결함은 골격 발달을 방해한다.

단백질이 여러 기능을 가지고 있는 경우, 각기 다른 변이체들은 다른 기능의 소실 또는 획득을 보여주며 다른 표현형을 나타낸다. 예를 들어 *p63* 유전자의 돌연변이는 이와 관련된 복잡한 분자병리학적인 특성을 가지고 있다. *p63*은 여러 기능적 도메인을 가지고 있는 전사 인자이며 항상 전사인자와 함께 DNA 결합 도메인과 전사촉진 도메인이 존재한다. 활성 형태는 ISO 도메인을 통해 형성된 사합체이다. SAM (sterile alpha motif) 도메인은 추가적인 단백질-단백질 상호작용을 매개하며, 주요 TA 도메인의 활성을 조절하는 전사촉진억제 TID (transactivation-inhibitory) 도메인도 있다. *TP63* 유전자는 최소 4개의 대체 전사 시작 부위와 광범위한 대체 잘라이음의 결과로 다양한 *p63* 동형단백질(isoform)을 부호화한다. 엑손 1-3이 결여된 동형단백질은 전사촉진 도메인이 결여된 단백질을 부호화한다. 이들은 아마도 *p63*과 아마도 *p53*에 의한 신호 전달의 우성-음성 억제제로 작용할 것이다.

거의 모든 EEC 증후군(ectrodactyly-ectodermal dysplasia-clefting syndrome) 환자는 DNA 결합 도메인에 과오돌연변이가 있으며 특정 변이는 이 증후군의 특정 하위 표현형과 관련이 있다. EEC 증후군의 사지 이상이 없는 거의 모든 AEC 증후군(Ankyloblepharon-ectodermal dysplasia-clefting syndrome) 환자는 SAM 도메인에 과오돌연변이가 있다. 절단 돌연변이는 어느 상태에서도 보이지 않으며, 이는 그 효과가 기능 획득으로 인한 것일 수 있음을 시사한다. 드문 ADULT, LMS 및 SHFM4 상태는 각각 고유한 돌연변이 패턴을 가지고 있으며 그중 일부는 단백질을 절단할 것으로 예측된다.

## 3. 유전자형-표현형 상관관계

유전적 상호작용의 복잡성을 고려할 때 분자 병리학은 아직 불완전하다. 대부분의 유전 질환에서 임상적 특징은 긴 인과 관계의 최종 결과이며 항상 유전자형-표현형 상관관계를 찾기가 어렵다. 매우 특정한 서열 변화가 필요한 기능 획득 상태는 타당한 유전자형-표현형 상관관계를 보이는 경우가 많다. 인간에서 대부분의 병적인 기능 획득 변이는 드물고 동형접합 개체는 훨씬 더 드물게 보이는데 연골무형성증이나 근친결혼의 결과에서처럼 선택교배인 경우 나타날 수 있다. 일부에서는 동형접합체가 더 극단적인 표현형을 가지고 있기도 하지만 이형접합체와 유사한 경우도 많다. 아주 가끔 다른 특정 서열 변화로 인해 유전자가 기능의 다른 측면을 얻을 수 있다. 이러한 경우 매우 적절한 유전자형-표현형 상관관계를 볼 수 있다. 고전적인 예로 섬유모세포 성장 인자 수용체 돌연변이를 들 수 있는데 FGFR2의 특정 돌연변이는 크루종병(Crouzon syndrome) 또는 아페르 증후군(Apert syndrome)을 일으키지만 다른 특정 변화는 파피퍼증후군(Pfeiffer syndrome) 등의 또 다른 이상을 유발한다.

최근까지 특정 질병에 관심이 있는 연구자들은 해당 질병이 있는 개인이나 가족을 수집하고 한 개 이상의 후보 유전자를 염기서열분석하고 발견된 변이를 보고했다. 그리고 제한된 수의 건강한 대조군을 검사하여 변이가 일반적인 모집단 다형성인지 아닌지 확인하였다. 이것은 변이에 대한 표현형 중심의 관점을 가지게 되었다. 대개는 병원성 변이는 드물고(빈도 <0.1%) 기본 연구 설계로는 소수의 변이를 보유하는 건강한 개인이나 또는 동일한 유전자의 변이가 다른 표현형을 유발하는 개인의 경우를 식별할 수 없었다. 게다가 변이를 찾는 것이 어려웠던 과거에는 때때로 실험실에서 환자에게서 발견된 변이를 병원성으로 분류하는 게 다소 용이하였고 그러한 발견을 출판하는 데 너무 무비판적이었다. 그러나 엑솜 및 게놈의 대규모 염기서열분석이 가능한 현재에는 변이에 대한 유전자형 중심의 관점을 가진다. 수만 명의 건강한 개인의 엑솜 또는 게놈 염기서열을 가지고 있으므로 그들 중 병원성이라고 생각했던 변이가 있는지 확인할 수 있다. 그래서 다음과 같이 결론에 도달하였다. 즉, 질병 돌연변이 데이터베이스에서 추정되는 많은 병원성 변이들은 실제로 무해하며 건강한 개인에서 유사한 빈도로 존재하며, 진정한 병원성 변이들의 발현은 이전에 흔히 생각했던 것보다 낮으며, 다수의 유전자에 대해 두 대립유전자(동형접합체 또는 복합 이형접합체)의 기능 소실 돌연변이를 정상적인 건강한 개인에게서 볼 수 있다는 것이다.

진정한 병원성 변이들의 투과도를 과대평가하는 경향은 2013년 Flannick과 동료들이 연구한 MODY (maturity-onset diabetes of youth) 당뇨병의 연구에서 잘 설명되고 있다. MODY 당뇨병은 식이요법이나 생활방식과 관련이 없는 멘델 우성 유전되는 제2형 당뇨병이며 일반적으로 25세 이전에 나타난다. 적어도 7개 유전자(*HNFIA*, *GCK*, *HNF4A*, *HNF1B*, *PDX1*, *INS*와 *NEUROD1*) 중 하나에서 이형 접합 돌연변이로 인해 발생된다. Flannick과 동료들은 잘 연구된 인구 코호트에 속한 4,003명에게서 이러한 유전자의 변이를 확인했다. 이들 변이 중에 21개는 드물고 보존 부위에 영향을 미치며 변이 단백질의 기능이 손상될 것으로 예상되어지고 그중 6개는 MODY의 원인으로 잘 알려져 있는 변이였다. 그러나 이 유전자의 변이를 가진 개인들은 임상양상이 잘 기술되었는데 이들 중 누구도 명백한 MODY 당뇨병으로 진단된 사람은 없었고 대다수는 중년의 나이까지 정상 혈당을 유지하였다.

평균적으로 건강한 사람은 약 100개의 기능 소실 변이들을 가지고 있는 것으로 추정된다. 이들 중 일부는 표현형적으로 정상 이형접합체에서 진짜 열성 대립유전자이지만 평균적으로 약 20개 유전자는 동형접합체로 불활성화되었으며 분명히 일부 유전자는 정상적인 발달이나 건강에 필수적인 역할을 하지 않는다.

## 4. 대규모 표현형 데이터베이스의 개발

대규모 표현형 데이터베이스의 개발은 분자 병리학의 발전에 아주 중요하다. 유전자형-표현형 상관관계는 정확한 묘사에 의존한다. 유전자형의 경우 단순히 DNA 서열을 나타내지만 표현형의 경우는 명확하지 않을 수 있다. 대부분의 유전자형-표현형 상관관계는 OMIM 데이터베이스의 항목에 따라서 표현형을 설명한다. 환자들에게 정확한 OMIM 표시를 적용할 수 있다는 것은 임상 유전학의 중요한 부분이다. 정확한 진단을 내린다는 것은 환자나 그의 부모에게는 다른 사람들이 그들의 상태를 이해할 수 있게 되었고 진단을 위한 장기간의 방랑을 끝낸다는 것이며 사회적 또는 교육적 지원에 접근하기 쉬워졌고 같은 질환을 가진 환자의 가족모임에 참여할 수 있고 증상이나 예후, 관리에 대한 정보를 얻고 같은 질환의 환자들을 분석하여 분자병리에 대한 내용을 밝히는 데도 도움이 될 수 있다는 것이다.

### 증례 17 | 듀센형 진행성근이영양증로 진단된 4세 남자

**1) 주요 증상**

4세 남아가 잘 걷지 못해서 내원하였다. 환아는 정상 자연분만으로 체중은 3.5 kg으로 태어났고 최근까지 건강히 지냈다고 하였다. 환아는 생후 20개월경에 혼자 걷기 시작하였으나 뒤뚱거리고 자주 넘어지는 편이었는데 최근 들어 계단 오르기를 힘들어하고 앉았다 일어나는 것을 어려워하는 증상을 보였다. 현재 단어를 말할 수는 있지만 문장으로 말하기는 아직 한정되어 있었다. 신체 진찰에서 장딴지 근육이 딱딱하게 커져 있는 것을 볼 수 있었다. 혈액 검사에서 AST/ALT가 120/175 U/L, 근육 CK 효소수치가 25,600 U/L (정상치 <365 U/L)로 증가되어 있었다. 근조직검사에서 디스트로핀 단백질양이 <1%로 거의 측정되지 않았다. 유전자 검사에서 Xp21에 위치한 *DMD* 유전자의 엑손 18~37까지 결실이 관찰되어 듀센형 진행성근이영양증으로 진단되었다.

**2) 요약: 듀센형 진행성근이영양증과 베커형 근이영양증의 유전형 표현형 연관성**

근디스트로피병들은 X 염색체 연관으로 유전되는 근육 질환으로 경한 증상부터 심한 증상까지 다양하게 나타나며 듀센형 진행성근이영양증, 베커형 근이영양증과 DMD 관련 확장성심근병증이 속해 있다.

듀센형 진행성근이영양증(Duchenne muscular dystrophy, DMD)은 주로 소아연령에서 운동발달이 지연되어 혼자 걷지 못하고 제대로 서지 못하는 증상으로 나타난다. 특징적인 장딴지비대도 자주 관찰된다. 몸쪽 근력 약화로 인해서 뒤뚱걸음을 보이며 계단 오르기, 달리기, 뛰어오르기 등이 어려워지면서 대부분 급격히 증상이 진행되어 13세경에는 휠체어에 의존하게 되는 경우가 많다. 18세 이후에는 심근병증도 나타나게 되어 대부분 30대 이전에 호흡기계 합병증과 진행되는 심근병증으로 사망하게 된다.

베커형 근이영양증(Becker muscular dystrophy, BMD)은 골격근육 약화 증상이 늦게 발병한다. 몸쪽 근육이 약해지며 장딴지비대도 나타난다. 활동할 때 경련통이 나타날 수 있고 팔꿈치 굴곡구축이 보이기도 한다. 경한 근육 증상을 보임에도 불구하고 확장성 심근병증에 의한 심부전으로 사망하게 되는데 평균 사망 연령이 40대 중반이다.

진단은 임상 증상과 혈액에서 CK 증가 수치를 확인하고 남

다음 페이지에 계속 >>

자에서 유전자 검사에서 *DMD* 유전자의 이형접합 병적 변이를 발견하여 진단할 수 있다. 대부분에서 1개 이상의 엑손이 결실되기 때문에 첫 번째 검사로는 *DMD* 유전자 대상 결실/중복 분석을 시행하고 만약 여기에서 변이가 발견되지 않으면 염기서열분석을 시행한다.

병적 변이를 발견하였더라도 유전자 검사로 DMD와 BMD를 구분하기가 어려운데 예를 들어 엑손 3~7번의 결실은 양측 질환 모두에서 발견되었다. 해독틀을 변경시키지 않은 병적 변이는 대부분 경한 *BMD*를 일으키지만 해독틀에 변경이 생기는 경우 더 심한 DMD 양상으로 나타나게 된다.

DMD에서는 매우 큰 결실로 인해서 디스트로핀 발현이 거의 일어나지 않는다. 해독틀에 장애를 일으키는 병적 변이에는 중단 변이, 잘라이음변이, 결실 또는 중복 등이 속한다. BMD 질환에서는 일부 디스트로핀을 생성하는데 이들은 틀안 엑손의 결실 또는 중복, 일부 잘라이음 변이, 그리고 비절단형 한 개의 염기서열변화에 의해 생기게 된다. 정상 디스트로핀 단백질보다 짧지만 부분 기능은 유지하고 있기 때문에 경한 BMD 증상으로 나타나게 된다.

치료는 심근병증이 있는 경우 ACE 억제제를 사용하거나 필요시 이뇨제와 산소 투여를 시행한다. 척주측만증에 대한 교정 및 수술적 치료를 시행할 수 있다. 코티코스테로이드 치료가 5~15세 사이의 듀센형 진행성근이영양증 환자들에서 근력을 강화시키는데 효과가 있을 수 있다. 합성 안티센스 올리고뉴클레오타이드를 이용하여 *DMD* 유전자의 특별한 exon skipping 변이를 발견하는 경우 복원하는 치료 방법이 개발되었다.

## V. 질환 예시(혈색소병증, hemoglobinopathy)

임상적으로 중요한 혈색소병증은 이환율도 높고 이 질환의 유전적 변이의 보유자가 WHO에 따르면 전 세계 인구의 5% 이상으로 추정된다.

### 1. 혈색소

#### 1) 혈색소의 구조와 기능

혈색소는 척추동물의 적혈구에서 산소 운반체의 역할을 한다. 각 혈색소 분자는 4개의 소단위로 구성되어 있는데 이는 2개의 α-글로빈 사슬과 2개의 β-(또는 β 유사) 글로빈 사슬이다. 각 소단위는 폴리펩티드 사슬인 글로빈과 보결분자단인 헴(heme)으로 구성되며 헴은 산소 수송 능력을 부여하는 산소와 결합한 철 함유 색소이다. 성인 혈색소인 Hb A는 α2β2 구조를 가지고 있는데, 이 구조에서는 4개의 사슬이 공모양의 사합체를 형성한다. 글로빈의 3차 구조를 방해하는 돌연변이로 인해서 병적인 결과를 초래하게 되며, 고도로 보전된 아미노산을 대체하는 돌연변이나 분자 내부에서 물을 차단하는 소수성 껍질을 형성하는 무극성 아미노산 잔기 중 하나가 치환되는 돌연변이는 혈색소병증을 일으킬 가능성이 많다. 모든 단백질에서와 같이 글로빈은 기능에 영향을 주지 않고는 돌연변이가 발생할 수 없는 민감한 영역과 변이가 더 자유롭게 일어날 수 있는 둔감한 영역을 가지고 있다.

#### 2) 글로빈 유전자

α2β2 구조를 가진 Hb A 외에도 5개의 다른 정상 인간 혈색소가 있으며, 각각은 2개의 α- 또는 α-유사 사슬과 2개의 비α-사슬로 구성된 Hb A와 같은 사합체 구조를 가지고 있다. α- 및 α-유사 사슬에 대한 유전자들은 16번 염색체에 일렬 배열로 모여 있다. 각각의 상동기관에는 α1과 α2로 지정된 두 개의 동일한 α-글로빈 유전자가 있다. 11번 염색체에 위치한 β- 및 β-유사 글로빈 유전자는 공통 조상 유전자에서 발생한 가족 구성원으로 β-글로빈과 δ-글로빈은 146개의 아미노산 중 단지 10개만 다르게 구성되어 있다는 것으로 긴밀한 진화관계를 보여주고 있다.

다양한 글로빈 유전자는 발달 및 성장 과정 중에 그 발현들이 변화하는데 이러한 과정을 글로빈 전환이라고 한다(그림 12-7). α- 및 β-글로빈 유전자군집에 있는 유전자들은 동일한 전사 방향으로 배열되어 있으며, 놀랍게도 각 클러스터에서 유전자들은 발달과정 중에서 발현되는 순서

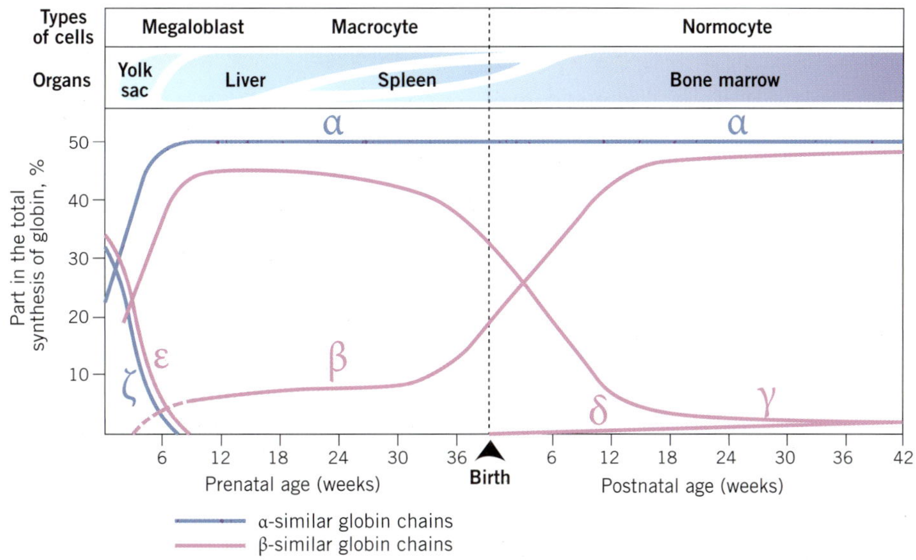


**그림 12-7.** 인간 태아와 유아에서의 적혈구 생성 발달. 혈색소 합성을 담당하는 세포의 종류, 관련된 기관, 연속 단계에서 합성되는 글로빈 사슬의 종류.

와 동일하게 위치한다. 글로빈 합성의 시간의 전환은 적혈구 생성의 주요 부위의 변화를 가져온다. 그래서 3개의 배아 글로빈은 임신 3~8주 사이에 난황낭에서 만들어지지만 약 5주째에 혈구형성은 난황란에서 태아의 간으로 이동하는 것으로 시작한다. 태아기 동안 내내 우세한 혈색소인 Hb F (α2γ2)는 출생 시 전체 혈색소의 약 70%를 구성하지만 성인이 되면서 Hb F는 개인에 따라 전체 혈색소의 1~5% 정도에서만 존재하게 된다. β-사슬 합성은 출생시에 가까울수록 많아지게 되어 생후 3개월경에는 거의 모든 혈색소는 성인형인 Hb A (α2β2)으로 된다.

β-글로빈 유전자의 발현은 촉진자와 두 개의 증강인자에 의해 부분적으로 조절되며 ε-글로빈 유전자의 약 6 kb 상류에서 시작하는, 유전자자리 조절 부위(locus control region, LCR)라고 불리는 약 20 kb 도메인이 중요하게 관여한다. 이 LCR은 임상적으로 중요한데 LCR이 결실된 환자들에서는 β-글로빈의 유전자들이 발현되지 않고 LCR의 구성요소가 β-글로빈 군집의 질환에서 유전자치료에 필수적인 요소가 되며 β-지중해빈혈을 가진 환자들에서 γ-글로빈 유전자의 발현을 상향 조절하여 Hb F (α2γ2)가 Hb A (α2β2)를 대신할 수 있게 되었다.

4개의 α-글로빈 유전자와 2개의 β-글로빈 유전자가 존재하는데 이러한 α-글로빈과 β-글로빈의 유전자 용량과 발달과정 중에서 유전자발현의 양상이 혈색소병증을 이해할 때 중요하다. 즉, 단일 β-글로빈 유전자 돌연변이는 β-사슬의 50%에 영향을 미치는 반면 단일 α-사슬 돌연변이는 단지 25%의 α-사슬에만 영향을 미치기 때문에 β-글로빈 유전자의 돌연변이가 질병을 일으킬 가능성이 더 높다. 반면에 β-글로빈 돌연변이는 출생 전에는 나타나지 않고 γ-글로빈이 출생 전에 주요 β-유사 글로빈으로 대신하는데 반해서 α-사슬은 임신 6주경 혈색소의 유일한 α-유사 요소이기 때문에, α-글로빈 돌연변이는 태아 및 출생 후 시기에 모두 심각한 질병을 유발하게 된다.

## 2. 혈색소병증(The hemoglobinopathies)

혈색소의 유전성 질환은 구조적 변형에 의한 혈색소병증, 지중해빈혈, 그리고 태아 혈색소의 유전적인 지속 이렇게 3개로 분류될 수 있다.

### 1) 구조적 변형에 의한 혈색소병증

대부분 변형 혈색소는 글로빈 구조 유전자 중의 하나에서 점 돌연변이로 인해 발생하게 되는데 용혈 빈혈을 일으키거나 산소 운반을 변경시키고 또는 지중해빈혈에서처럼 글로빈 사슬의 양을 감소시킨다.

#### (1) 용혈 빈혈을 일으키는 변이

낫적혈구병은 세계 여러 지역에서 임상적으로 매우 중요한 질환으로 β-글로빈의 6번째 아미노산의 유전자부호에서 글루탐산이 발린으로 바뀌어지는 단일 뉴클레오타이드의 치환에 의해서 생기게 되는데(GAG → GTG: Glu6Val in HBB, Hb S) 이 돌연변이의 동형접합체가 주요 원인이다. 이 질환은 적도 아프리카에서 가장 자주 발생하고 드물게는 지중해 지역과 인도 및 이 지역 사람들이 이주한 국가에서 발생되는 특징적인 지리적 분포를 보인다. 아프리카계 미국인 600명 중에 약 1명이 이 질환을 가지고 태어나며 이 질병은 유아기에 치명적일 수 있지만 대부분은 더 오래 생존한다. 낫적혈구병은 낮은 산소분압 상태에서 적혈구의 형태가 비정상적으로 변하는(즉, 낫 모양을 가지는) 특징을 가지는 중증의 상염색체 열성 용혈 질환이며 낫적혈구 형질을 가지고 있는 이형접합체는 일반적으로 임상적으로는 정상이지만 매우 낮은 산소압에 노출될 때는 낫적혈구로 될 수 있다. 드물게 이형접합체는 특히 높은 고도에서(예: 기내 압력이 감소된 비행기 안) 또는 운동 경기에서 아주 심하게 경쟁하며 운동할 때 비장 경색증이 생길 위험이 있다.

돌연변이 β-글로빈 소단위를 가지고 있는 혈색소 분자는 산소와 결합하는 중요한 기능은 정상이지만(중합되지 않은 경우에) 산소가 제거된 혈액에서는 정상 혈색소처럼 용해되는 것은 단지 1/5에 불과하다. 낮은 산소 분압의 상태에서는 탈산소혈색소 S가 용해되지 않아서 낫혈색소 분자들이 막대모양의 중합체나 섬유 형태로 응집되게 된다. 이 분자 막대는 α2β2 S 적혈구를 낫 모양으로 일그러뜨려 정상적인 적혈구처럼 모세혈관을 통해 한 줄로 이동하지 못하게 되어 결국 혈류를 차단하고 국소 허혈을 유발한다. 또한 적혈구 막을 파괴하고 유리 혈색소를 방출하여서 산화질소처럼 혈관확장제의 기능을 방해하여 허혈을 더 악화시킨다.

낫적혈구병의 임상 중증도를 결정하는 강력한 조절인자는 환자의 Hb F (α2γ2) 양이며 Hb F가 많을수록 이환율과 사망률이 낮아진다. Hb F는 출생 후 적절한 산소 운반체로 작용하며 탈산소혈색소 S의 중합을 억제한다. β-지중해빈혈에서도 Hb F의 양의 변화에 따라 증상의 중증도도 달라지는 것으로 알려져 있다. 또 조절인자로 *BCL11A*와 *MYB* 유전자가 있는데 이들은 정상적으로 γ-글로빈 유전자의 발현을 억제시켜 출생 후에 Hb F 생성을 차단하는 조절 인자이다. 따라서 출생 후 BCL11A 활성을 억제하여 Hb F의 발현을 증가시키는 약물로 인해 낫적혈구병 및 β-지중해빈혈 환자들의 치료에 큰 도움이 될 수 있다.

불안정 혈색소는 주로 성숙 적혈구에서 혈색소 사합체의 변성을 유발하는 점 돌연변이에 의해 생기게 되는데 변성된 글로빈 사합체는 녹지 않고 침전되어서 적혈구 세포막의 손상을 유발하고 성숙된 적혈구의 용해의 원인이 되는 하인츠소체(Heinz bodies)를 형성한다. 불안정 혈색소 Hb Hammersmith (β-사슬 Phe42Ser)의 아미노산 치환은, 보존이 잘 된 아미노산에서의 돌연변이로 심각한 질환을 유발하게 된다. 또한 산소 친화력이 낮아 이형 접합체에서 청색증을 유발한다.

#### (2) 산소 운반을 변경시키는 변이들

산소 운반을 변경시키는 변이들에 의해서 산소의 친화력을 증가나 감소시키거나 또는 가역적 산소공급이 불가능한 글로빈의 한 형태인 메트혈색소(methemoglobin)를 형성하게 된다. 산소혈색소는 가역적인 산소공급을 할 수 있는 혈색소의 형태이며 헴 철은 환원(또는 제1철) 상태로 존재한다. 이러한 헴 철은 자발적으로 제2철 형태로 산화되는 경향이 있고 그 결과로 생성된 분자는 메트혈색소라고 하는데 가역적인 산소화를 할 수 없다. 만약 혈액 내에 메트혈색소의 많은 양이 축적되면 청색증이 발생한다.

β-글로빈 돌연변이 Hb Kempsey에서 보이는 것처럼 산소

친화성이 변경된 혈색소의 경우 사슬 사이에서 정상적인 산소 이동을 억제하여 혈색소를 높은 산소 친화 상태로 "고정"하여 조직으로의 산소 전달을 감소시키고 적혈구 증가증을 유발한다.

### 2) 지중해빈혈

지중해빈혈은 돌연변이가 α-글로빈 또는 β-글로빈 사슬의 합성이나 안정성을 감소시켜 α:β 사슬 비율의 불균형이 일어나서 생기게 되며 α-지중해 빈혈 또는 β-지중해 빈혈을 유발한다. 지중해 빈혈은 지중해, 중동과 아프리카 일부, 인도와 아시아 등에 특징적으로 분포한다.

#### (1) α-지중해빈혈

α-글로빈 생성의 유전적 이상으로 태아 및 성인 혈색소의 형성을 방해하여 자궁내에서와 출생 후 증상이 나타난다. 결합할 α-글로빈 사슬이 생성이 안되어 β-글로빈 군집의 사슬이 동종사합체 혈색소를 자유롭게 형성한다. γ4 조성을 가진 혈색소는 Hb Bart's로 알려져 있으며 β4 사합체는 Hb H라고 한다. 이들 혈색소는 정상적인 조건에서 조직에 산소를 방출할 수 없기 때문에 중증 α-지중해빈혈과 높은 Hb Bart's (γ4)를 가지고 있는 영아는 심한 자궁내 저산소증을 겪고 전신에 대량의 체액이 축적되는 태아수종을 가지고 태어난다. 가장 일반적인 변이는 유전자 결실로 16번 염색체에 2개의 동일한 α-글로빈 유전자가 존재하고 인트론 서열도 유사하여 한 염색체 α1 유전자와 다른 염색체 α2 유전자 부위 사이의 상동재조합에 의해서 정렬이 어긋나게 되어 α-글로빈 유전자의 결실이 잘 일어나게 된다.

#### (2) β-지중해빈혈

β-지중해빈혈에서는 β-글로빈 생성이 감소되어 저색소성 소적구성 빈혈을 일으키고 α-사슬의 과잉으로 글로빈 생성의 불균형을 초래한다. 과도한 α-사슬은 세포막을 손상시키기 때문에 적혈구 전구체(비효율적인 적혈구 생성 유발)와 성숙한 적혈구(용혈 유발) 모두에서 녹지 않고 침전된다. 그러나 α-글로빈과 달리 β-글로빈은 출생 후 수개월 동안에는 일반적으로 서서히 β-글로빈이 주요 비-α 사슬로서 γ-글로빈을 대체하고, 성인 혈색소, Hb A의 합성이 되기 때문에 이때까지는 증상이 없다가 점차 Hb A가 감소하면서 나타나기 시작한다.

α-지중해빈혈와 대조적으로 β-지중해빈혈은 일반적으로 결실보다는 단일 염기쌍 치환으로 인해 발생한다. 두 개의 β-지중해빈혈 대립유전자를 가지고 있는 동형접합체에서 더 중증 빈혈을 특징으로 하는 상태인 대지중해 빈혈을 가지게 되며 평생 치료가 필요하다.

β-지중해빈혈 대립유전자에서 β-글로빈 생성이 거의 안되어 Hb A가 존재하지 않는 경우, 그 상태를 β0-지중해빈혈이라고 하며 일부 Hb A가 전재하면 β+/- 지중해 빈혈이라고 하며 질환의 중증도는 존재하는 두 대립유전자의 결합효과에 달려 있지만 예후는 나쁘다. 동형접합체 β-지중해빈혈을 가진 영아는 출생 후 Hb F 생성이 감소하면 일반적으로 2세 이전에 빈혈이 나타난다. 현재, 지중해 빈혈의 치료는 빈혈을 교정하고 수혈에 의해 골수를 증가시키고 킬레이트제의 투여에 의해 철 축적을 조절하는 것이며 골수 이식은 효과적이지만 HLA가 일치하는 가족을 찾을 수 있는 경우에만 선택적으로 시행할 수 있다. 하나의 β-지중해빈혈 대립유전자의 이형접합체 보인자는 임상적으로 양호하며 소지중해 빈혈으로 진단한다. 이 환자들은 저색소성, 소적혈구 적혈구를 가지고 있으며 초기에 철분 결핍으로 오진될 수 있는 경미한 빈혈이 있을 수 있다. 소지중해빈혈의 진단은 혈색소 전기영동에서 일반적으로 Hb A 2 (α2δ2)의 증가를 나타내는 경우에 할 수 있다.

β-지중해빈혈의 임상 중증도는 때때로 조절유전자로 작용하는 α-지중해빈혈 대립유전자의 존재에 의해 조절될 수 있는데 β-지중해빈혈에서 α-사슬이 상대적으로 과잉되면서 발생하는 글로빈 사슬 합성의 불균형을 α-지중해빈혈과 연관이 있는 HBA1 또는 HBA2의 병적변이로 인해 α-사슬 생성을 감소시킴으로 증상을 완화시킬 수 있다.

β-글로빈 유전자 복합체의 돌연변이는 대부분 β-글로빈

의 생성을 저해하여 단순 β-지중해빈혈을 유발한다. 단순 β-지중해빈혈은 주로 점 돌연변이로 인해 발생되며, 일부 혈색소 구조적 변형은 Hb E에 의한 예처럼 β-글로빈 mRNA의 생성 과정을 저해한다. Hb E는 돌연변이는 β-글로빈 변이(Glu26Lys)이며 잠재 잘라이음 부위를 활성화시켜서 정상 잘라이음을 손상시킨다. 다른 표현형에서는 복합 지중해빈혈의 원인이 되는 큰 결실로 인해서 β-글로빈 유전자군집에서 β-글로빈 유전자와 하나 이상의 다른 유전자(또는 LCR)가 제거되어 β-글로빈과 하나 이상의 다른 β 유사 사슬의 발현이 감소한다. 이러한 질환은 삭제된 유전자에 따라 이름이 정해지게 된다(예: (δβ)0-지중해빈혈 또는 (αγδβ)0-지중해빈혈 등).

### 3) 태아 혈색소의 유전적인 지속

γ-글로빈에서 β-글로빈으로 합성하는 주산기 전환이 손상되어 생기며 β- 또는 α-글로빈 유전자군집이나 γ촉진자 유전자 부위의 돌연변이들에 의하거나 일부 결실이 원인이 된다. 이는 δ- 및 β-글로빈 유전자가 없는 대신 성인시기까지 γ-글로빈 유전자의 지속적인 발현을 유도하여 효과적인 산소 운반체인 Hb F를 생성하여 지중해빈혈을 유발하지 않고 태아 혈색소의 유전적 지속(즉, 성인기내내 γ-글로빈 유전자발현의 지속)이라고 하는 경한 임상 양상을 보이게 된다.

## 증례 18 | α-지중해빈혈

### 1) 주요 증상

28세 산모가 산전 진찰을 위해서 산부인과를 방문하였다. 산모는 2회 임신력이 있으며 그중 한번은 원인을 알 수 없이 임신 8주경에 자연 유산되었다. 3번째 임신 동안 산모는 임신성 당뇨병 소견이 있었고 식사요법으로 혈당을 잘 조절하였다. 환자와 배우자는 모두 필리핀 사람이었다. 출산 수주 전에 산전 초음파 검사에서 태아가 심낭삼출을 가지고 있는 것이 발견되었다. 그리고 태아 곤란소견이 있어서 재태기간 35주2일에 제왕절개로 남아를 출산하였다. 신생아의 아프가점수는 1분에 6점, 5분에 7점이었다. 체중은 1.9 kg이었고 심한 작은적혈구저색소빈혈 소견을 보였다. (Hb 8.3 g/dL, MCV 130 fl, MCH 31 pg, 혈소판 14 X 109/L) 고성능액체색층분석(HPLC)을 통하여 신생아의 혈색소를 검사하여 Hb Bart's (γ4)가 87% 존재하는 것을 확인하였다. 신생아는 전신이 부어 있었고 황달과 간비장비대를 보였고 잠복고환과 요도하열증이 있었다. 심부전과 폐고혈압 등의 소견으로 4일간 기계호흡을 하였고 비대심근병증 소견을 보였다. 환아는 출생 직후와 이후 1개월 동안 5회 이상의 수혈을 받았다. 유전자 검사에서 환자의 엄마와 아빠 모두 α-지중해빈혈 결실 보인자(--/αα)였고 환자는 한 개의 α글로빈을 가지지 못한 (--/--) 유전자 형인 Hb Bart 증후군으로 진단되었다.

### 2) 요약

(1) 원인 및 증상: α-지중해빈혈은 임상적으로 혈색소 Bart 태아수종(Hb Bart 증후군)과 혈색소 H질환(HbH병)으로 구분된다. Hb Bart 증후군은 α-글로빈 유전자 4개 모두 결실 또는 불활성화되어 생기며 (--/--) 증상은 주로 출생 직후 심한 빈혈로 인한 전신 부종과 흉막과 심막 삼출, 심부전 증상이 동반되고 골수 외 적혈구형성, 간비장비대를 보인다. 주로 신생아 시기에 사망하게 된다. Hb H병은 3개의 α-글로빈 유전자가 결실 또는 불활성화 되어 1개만 있는 경우(--/-α)이며 다양한 임상양상을 보인다. 주로 1세 전에 증상이 나타나는데 일부는 성인이 될 때까지 증상이 나타나지 않거나 무증상인 경우도 있다. 대부분 환자는 비장비대, 경한 황달과 때때로 지중해빈혈 양상의 골변형이 동반된다. 담석이 생기거나 감염이나 산화제 약물 투여에 의한 급성 용혈 증상이 보일 수 있다.

(2) 진단: 적혈구 모양과 수, 혈색소 분석, 그리고 *HBA1*과 *HBA2* 유전자 검사를 통해 α글로빈 대립유전자의 결실 여부를 확인하여 진단한다.

(3) 치료: Hb Bart 증후군은 자궁내 수혈과 출생 후 적절한 수혈 치료, 그리고 드물게는 조혈 줄기세포 이식을 시행하기도 한다. Hb H 병은 급성 용혈성 빈혈이나 골수무형성 위기일 때는 적혈구 수혈이 필요할 수 있다.

## REFERENCE


1. Bauer DE, Orkin SH. Update on fetal hemoglobin gene regulation in hemoglobinopathies. Curr Opin Pediatr. 2011;23(1):1–8.
2. GeneReviews® [Internet]. Alpha-Thalassemia [cited 2023 Jul 10]. Available from: https://www.ncbi.nlm.nih.gov/books/NBK1435/
3. GeneReviews® [Internet]. Beta-Thalassemia [cited 2023 Jul 10]. Available from: https://www.ncbi.nlm.nih.gov/books/NBK1426/
4. GeneReviews® [Internet]. Sickle Cell Disease [cited 2023 Jul 10]. Available from: https://www.ncbi.nlm.nih.gov/books/NBK1377/
5. Marini JC, Forlino A, Cabral WA, et al. Consortium for osteogenesis imperfecta mutations in the helical domain of type I collagen: regions rich in lethal mutations align with collagen binding sites for integrins and proteoglycans. Hum Mutat. 2007;28(3):209–21.
6. Nussbaum RL, McInnes RR, Willard HF. Thompson & Thompson Genetics in Medicine. 8th ed. Amsterdam: Elsevier; 2016.
7. Sankaran VG, Lettre G, Orkin SH, et al. Modifier genes in Mendelian disorders: the example of hemoglobin disorders. Ann N Y Acad Sci. 2010;1214:47–56.
8. Steinberg MH, Sebastiani P. Genetic modifiers of sickle cell disease. Am J Hematol. 2012;87(8):795–803.
9. Strachan T, Read A. Human Molecular Genetics. 4th ed. New York: Garland Science; 2010.
10. Strachan T, Read A. Human Molecular Genetics. 5th ed. New York: Garland Science; 2019.
11. Weatherall DJ, Clegg JB, Higgs DR, et al. The hemoglobinopathies. In: Scriver CR, Beaudet AL, Sly WS, et al. The Metabolic and Molecular Bases of Inherited Disease, 7th ed. New York: McGraw-Hill; 2001. pp. 4571–636.
12. Weatherall DJ. The role of the inherited disorders of hemoglobin, the first "molecular diseases," in the future of human genetics. Annu Rev Genomics Hum Genet. 2013;14:1–24.

CHAPTER 13

# 유전질환의 분자, 생화학적, 세포유전학적 기초

## The molecular, biochemical, and cellular basis of genetic disease

이범희, 전종근

## I. 다양한 종류의 단백질 돌연변이로 인한 질환(Diseases due to mutations in different classes of proteins)

### 1. 단백질 합성 단계

DNA에서 단백질이 만들어지는 과정은 다음과 같이 크게 8단계의 과정을 거치게 된다. 유전자의 돌연변이는 유전자가 가진 고유의 기능에 따라 아래 8단계의 과정 중에 최소 한 단계 이상의 과정에 이상을 일으켜 유전질환을 일으키게 된다.

#### 1) 유전자 돌연변이가 단백질 기능에 영향을 미치는 8단계

(1) 전사(transcription)
(2) 번역(translation)
(3) 폴리펩타이드 접기(polypeptide folding)
(4) 번역 후 수식(post-translational modification)
(5) 단량체에서 복합체로의 집합(assembly of monomers into a holomeric protein)
(6) 폴리펩타이드의 세포 분획 위치(subcellular localization of the polypeptide or the holomer)
(7) 조효소 결합(cofactor or prosthetic group binding to the polypeptide)
(8) 올바르게 접히고, 집합되고, 세포 분획에 위치한 단백의 적절한 양 합성 및 기능 구현(function of a correctly folded, assembled, and localized protein produced in normal amounts)

### 2. 단백질의 기능에 따른 분류와 질환

단백질은 세포내외의 소기관에서 다양한 기능을 가지게 되는데(그림 13-1), 유전자의 돌연변이는 단백질의 기능에 따라 각기 다른 유전질환을 일으키게 된다.

유전자의 이상에 의해 발생하는 단백질의 고유 기능에 따라 표 13-1과 같이 대표적인 질환군으로 구분될 수 있다.

### 3. 단백질의 발현 양상에 따른 분류

단백질은 인체 내 조직 발현양상에 따라 다음과 같이 2개의 질환군으로 구분된다.

#### 1) 살림 단백질(housekeeping proteins)

거의 모든 세포내에서 발현되며, 세포의 구조와 기능의 유지에 관여한다. 이러한 단백은 거의 모든 세포내 발현하

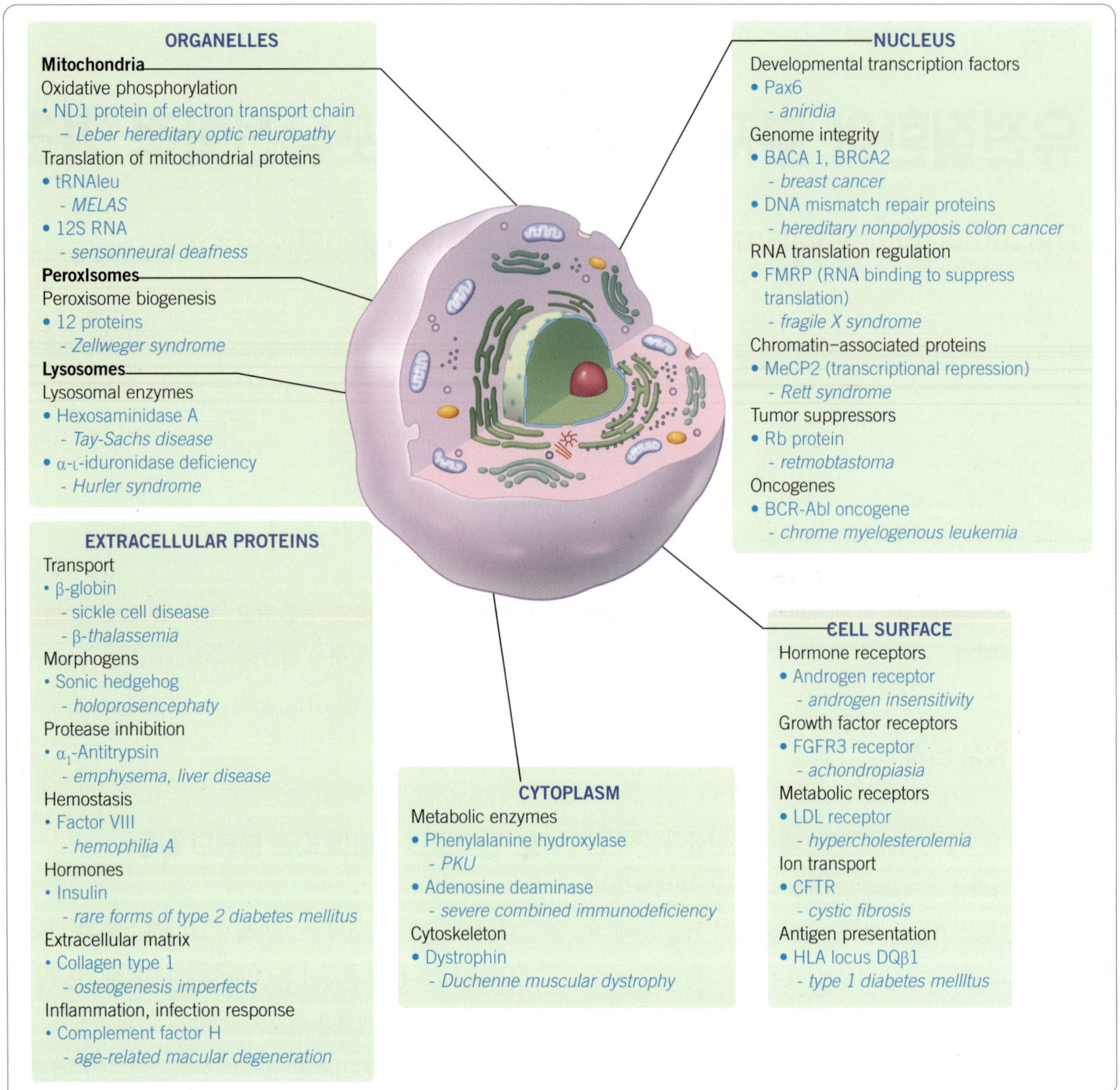


**그림 13-1.** 단백질의 세포내외에서 기능을 수행하는 구획 및 대표적 질환.

CFTR, Cystic fibrosis transmembrane regulator; FMRP, fragile X mental retardation protein; HLA, human leukocyte antigen; LDL, low-density lipoprotein; MELAS, mitochondrial encephalomyopathy with lactic acidosis and strokelike episodes; PKU, phenylketonuria.

지만, 실제로 증상의 발현은 하나 혹은 소수의 기관에 국한되는 경향을 보인다. 대표적인 예가 리소좀 축적 질환인 고쉐병(Gaucher disease)으로 결핍이 되는 단백질은 beta-glucocerebrosidase (GBA)이다. GBA은 Housekeeping 단백질이지만, 단백질의 결핍에 의해서 발생하는 주요 증상은 간, 비장 종대, 신경학적 퇴행, 경련 등의 증상이 나타나게 된다.

### 2) 특질 단백(specialty proteins)

하나 혹은 일부 세포 유형에서만 발현하여, 세포 고유의 기능을 발현하는데 기여한다. 가령 ATP7B는 주로 간조직에서 발현하여, ATP7B 단백의 결함이 생겨 발생하는 윌슨병의 경우, 대부분의 환자가 간기능 이상 소견을 보인다. 그러나, 일부 윌슨병 환자들은 간기능 외에도 신경 증상의 이

### 표 13-1. 단백질 기능에 따른 유전질환

| 기능 | 돌연변이에 의해 초래되는 기능이상 단백(질병) | 유전방식 |
|---|---|---|
| 효소 | | |
| 아미노산 | phenylalanine hydroxylase(페닐케톤요증) | 상염색체열성 |
| 탄수화물 | galactose-1-phosphate uridyl transferase(갈락토스혈증) | 상염색체열성 |
| 유기산 | methylmalonyl-CoA mutase(메틸말로닐산혈증) | 상염색체열성 |
| 지질 | medium chain acyl CoA dehydrogenase(MCAD 결핍증) | 상염색체열성 |
| 글리코스핑고리피드 | hexosaminidase A(Tay-Sachs병) | 상염색체열성 |
| 퓨린 | adenosine deaminase(중증복합면역결핍증) | 상염색체열성 |
| 포르피린 | porphobilinogen deaminase(급성간헐성 포르피리아) | 상염색체우성 |
| 이동과 축적 | | |
| 기관 간(interorgan) | hemoglobin(지중해성빈혈) | 상염색체우성/열성/성염색체열성 |
| 소기관막 | lysosomal cystine transport protein(cystinosis) | 상염색체열성 |
| 세포내이동 | copper transport protein(멘케병) | 성염색체열성 |
| 상피세포막 | protein involved in chloride transport(낭성 섬유화증) | 상염색체열성 |
| 세포, 기관의 구조 | | |
| 세포외 | type I, II collagen(골형성부전) | 상염색체우성,열성 |
| | type III collagen(엘러스단로스 증후군) | 상염색체우성 |
| 세포막, 세포뼈대 | | |
| | red cell membrane skeleton protein, spectrin(구상적혈구증) | 상염색체우성 |
| | dystrophin(Duchenne/Becker 형 근이양증) | 성염색체열성 |
| 소기관 | protein required for peroxisome biogenesis(Zellweger 증후군) | 상염색체열성 |
| 항상성 | | |
| 면역체계 | proteins of the complement system(C3 결핍) | 상염색체우성,열성 |
| 지혈 | factor VIII(혈우병A) | 성염색체열성 |
| 단백분해효소억제 | alpha1 antitrypsin(간질환, 폐기종) | 상염색체열성 |
| 발달관련 유전자발현(Developmental gene expression) | | |
| 전사인자 | PAX6, a homeodomain transcription factor(aniridia, 무홍채증) | 상염색체우성 |
| | WT1, zinc finger transcriptional factor(Wilms' tumor, 윌름종양) | 상염색체우성 |
| 신호전달물질 | sonic hedgehog(holoprosencephaly, 통앞뇌증) | 상염색체우성 |
| 수용체 | FGFR3 receptors(achondroplasia, 연골무형성증) | 상염색체우성 |
| 리보솜 단백 | S19 ribosomal protein(Diamond-Blackfan 빈혈) | 상염색체우성 |
| 성장과 분화의 조절 | | |
| 종양억제 | TP53 protein(Li-Fraumeni 증후군) | 상염색체우성 |
| 암유전자 | c-abl proto-oncogene(만성골수성 백혈병) | 체세포돌연변이 |
| | The Ret receptor tyrosine kinase(MEN2, 다발내분비샘종양 2형) | 상염색체우성 |
| 세포간 대사 및 communication | | |
| 세포-세포 체널 | connexin 43 gap junction protein(심장기형) | 상염색체우성,열성 |
| | connexin 26 gap junction protein(비증후군성 난청) | 상염색체우성,열성 |
| 광수용체 | rhodopsin(retinitis pigmentosa, 망막변성) | 상염색체우성,열성 |

다음 페이지에 계속 >>

| 기능 | 돌연변이에 의해 초래되는 기능이상 단백(질병) | 유전방식 |
|---|---|---|
| 호르몬 | growth hormone(왜소증) | 상염색체우성,열성 |
| 호르몬 수용체 | | |
| | vitamin D receptor, DNA binding protein (vitamin D dependent rickets type II, 비타민D의존성 구루병) | 상염색체열성 |
| | androgen receptor(testicular feminization, 고환여성화증후군) | 성염색체열성 |
| | vasopressin V2 receptor(diabetes insipidus, 요붕증) | 성염색체열성 |
| 신호전달체계 | | |
| | defective cyclic AMP response to vasopressin(diabetes insipidus, 요붕증) | 성염색체열성 |
| 수용체 | low density lipoprotein receptor(familial hypercholesterolemia, 가족성 고콜레스테롤혈증) | 상염색체우성 |

상을 보이는데, ATP7B는 뇌조직에서는 발현이 미미한 것으로 알려져 있는바, 뇌 조직 내의 구리 침착, 신경 전달 물질 대사 이상, 기저핵 손상 등이 원인으로 제시되고 있다. 따라서, 단백의 세포 혹은 조직 발현 양상이 질환의 증상과 일치하지 않는 경우도 있음을 이해하여야 한다.

## II. 효소 결함으로 인한 질환 (Diseases due to enzymatic defect)

효소는 전구물질로부터 산물을 생성하는 데 필요한 촉매제이다. 효소의 결핍에 의해 발생하는 일종의 효소병증(enzymopathy)은 크게 다음과 같이 나눌 수 있다.

### 1. 효소병증의 종류(표 13-2)

표 13-2. 효소병증의 종류

| 효소병증(Enzymopathy) | 질환명 |
|---|---|
| 아미노산 대사 장애 (aminoacidopathy) | 페닐케톤뇨증(phenylketonuria)<br>티로신혈증(tyrosinemia)<br>요소회로대사이상증 (urea cycle disorder) |
| 리소좀축적질환 (lysosomal storage disease) | 고쉐병(Gaucher disease)<br>파브리병(Fabry disease)<br>폼페병(Pompe disease)<br>니만픽병(Niemann Pick disease)<br>뮤코다당질축적증 (mucopolysaccharidoses) |
| 번역후 수식 (post-translational modification) | I-세포병 (I cell disease, Mucolipidosis 1) |
| 조효소 결합 혹은 대사 장애 | 호모시스틴뇨증(homocystinuria)<br>비전형적 페닐케톤뇨증 (phenylketonuria) |
| 효소 길항제 | α1항트립신결핍 (α1-antitrypsin deficiency) |
| 생합성 경로 장애 | 포르피린증(porphyria) |

### 2. 효소병증의 전반적 특성

- 효소병증은 대부분 상염색체 열성 혹은 성염색체 연관성 유전을 보인다.
- 대부분의 효소는 인체내 필요한 최소양보다 훨씬 더 많은 양을 생산한다. 따라서, 약 50% 정도의 효소능의 감소가 있는 보인자는 증상이 없다. 많은 효소들은 정상에 비해 90% 이상 효소능이 감소되어도 전구물질의 처리에 문제가 없어, 치료 목표를 대게 정상대비 10% 이상 도달로 잡는 경우도 있다.
- 효소병증의 질병 발생의 근간은 전구물질의 축적과 산물의 부족이 모두 기여한다. 전구물질이 작은 크기

일 경우에는 다양한 조직에 전구물질이 퍼져서, 결핍된 효소와 연관성이 부족한 조직에 손상이 생기게 된다(예: 페닐케톤뇨증에서 인지저하의 발생). 이에 반해 전구물질이 크기가 큰 경우에는 전구물질이 축적된 조직에 증상이 발현한다(예: 고셔병에서 리소좀에 전구물질 축적으로 인한 간비종대).

- 단일유전질환이라 하더라도 질환에 따라 다양한 효소의 결핍을 유발하여 다양한 증상이 발생한다. 가령, 테트라하이드로 바이오프테린(tetrahydrobiopterin, BH4) 대사에 문제가 있는 경우, 페닐알라닌 대사뿐만 아니라, 신경전달물질 대사에 관련된 효소의 기능에도 지장을 주게 된다. 뮤코리피드증의 경우 다양한 효소에 6-인산 만노스를 결합시키지 못해 다양한 효소의 기능에 장애를 일으킨다.
- 서로 다른 효소의 결핍이 있다고 하더라도, 표현형의 동일성을 보이는 경우(예: 뮤코다당증)가 있는 반면, 한 효소의 결핍 정도에 따라 표현형의 차이를 보이는 경우도 있다. 가령, HPRT(hypoxanthine-guanine phosphoribosyltransferase)의 경미한 결핍은 요산의 상승만 유발하나, 결핍이 심할 경우 신경학적 증상이 동반된 레시니한 증후군(Lesch-Nyhan syndrome)이 발생한다.

### 1) 아미노산대사장애

#### (1) 페닐케톤뇨증(phenylketonuria)

페닐알라닌은 아래 **그림 13-2**처럼 페닐알라닌수산화효소(phenylalanine hydroxylase, PAH)에 의해서 티로신으로 변환된다. 티로신은 도파민과 세로토닌의 생합성에 필요한 전구물질로 신경전달물질 생성에 필요하다. 페닐알라닌수산화효소는 올바른 기능을 수행하기 위해서는 테트라하이드로 바이오프테린(tetrahydrobiopterin, BH4)이 조효소로 필요하고, BH4는 pterin-4a-carbinolamine dehydratase (PCD), dihydropteridine reductase (DHPR)와 같은 효소의 연쇄반응으로 생성되게 된다. BH4는 또한 아래 그림과 같이 신경전달물질의 생합성에도 필요한 조효소이다.

따라서, 페닐케톤뇨증은 페닐알라닌의 대사 이상에 의해 발생하는 질환군으로, 페닐알라닌수산화효소 자체의 결핍(전형적 페닐케톤뇨증, classical phenylketonuria)에 의해서 발생할 수도 있으나, 페닐알라닌수산화효소의 조효소(BH4)의 생합성의 이상(비전형적 페닐케톤뇨증, atypical phenylketonuria)에 의해서도 발생할 수 있다. 특히 비전형적 페닐케톤뇨증은 페

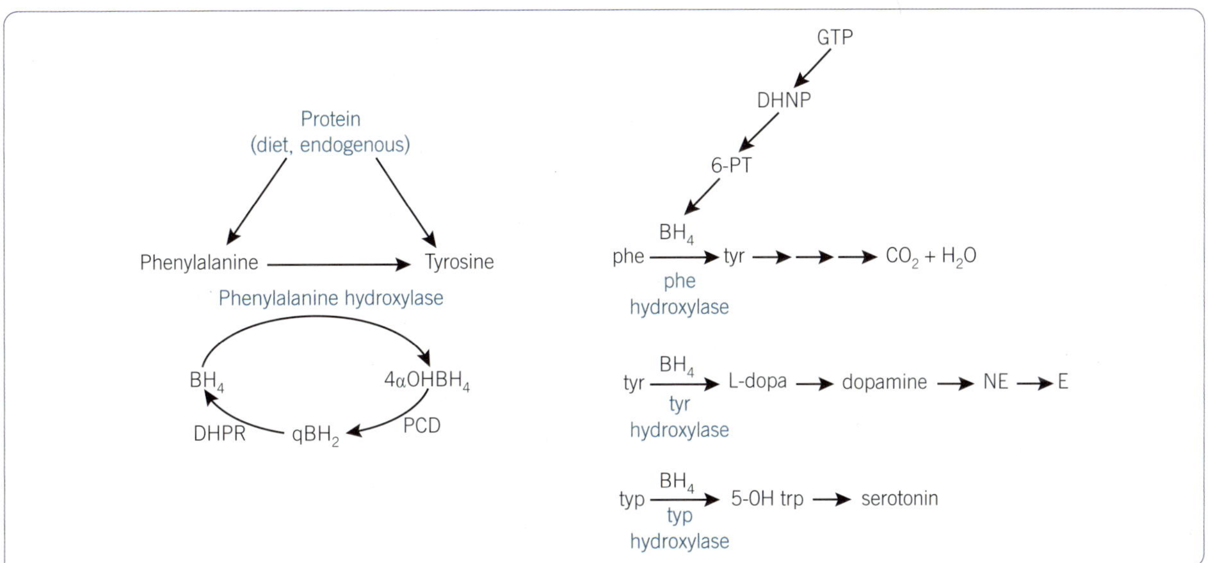


**그림 13-2.** 페닐케톤뇨증의 유전학적 다형성(genetic heterogeneity).

닐알라닌의 증가 외에 BH4 대사의 중간 산물의 축적(테리딘, pteridine)을 동반하게 된다.

페닐알라닌이 몸에 장기적으로 축적되면, 신경발달에 문제를 일으키게 되어 인지저하를 야기하며, 특히 비전형적 페닐케톤뇨증의 경우 신경전달물질 생합성 장애로 근긴장도 이상, 경련, 운동장애, 침흘림 증가, 삼킴 장애 등의 신경학적 증상이 좀 더 흔하다.

치료적인 측면에서 전형적 페닐케톤뇨증은 페닐알라닌 제한 식이가 표준 치료이나, 일부 효소의 잔존 기능이 남아 있는 경우 조효소(BH4)의 투여가 도움이 된다. 비전형적 페닐케톤뇨증은 BH4의 투약으로 페닐알라닌 수치가 정상화되는 경우가 많으며(일부 환자에서는 페닐알라닌 제한 식이도 필요하다), 도파민, 세로토닌과 같은 신경전달물질의 보충이 필요하다.

### 2) 리소좀축적질환

리소좀은 다양한 세포내 고분자물질을 가수분해 작용을 이용하여 분쇄하고, 필요 시 세포내 재활용하는 역할을 한다. 리소좀 내에서 가수분해 효소에 결핍이 생기는 경우 리소좀축적질환이 발생하고, 리소좀축적질환이라고 명한다.

리소좀축적질환은 결핍된 효소의 종류와 결핍의 정도에 따라 질환의 표현형이 다르다. 일부질환의 경우 효소대체요법, 전구물질생성억제치료, 샤프론제제(chaperone), 조혈모세포이식, 유전자치료 등 다양한 치료가 시도 혹은 이루어지고 있으며, 이를 통해 질환의 임상 경과의 호전을 기대할 수 있는 질환군으로 인식되고 있다.

### 3) 번역후 수식(post-translational modification)

일부 단백은 염기서열 내에 세포내 단백의 위치 정보가 존재하지만, 일부 단백은 번역 후 수식 후 세포내 기관으로 보내지게 된다. 번역 후 수식이 문제가 되면, 해당 단백은 적절한 기능의 수행을 위해 필요한 세포내 기관으로 보내지지 못하고, 결국 해당 단백의 기능 부전이 생기게 된다. 대표적인 질환이 뮤코리피드증 2형(mucolipidosis II, I-cell disease)인데, 이 질환은 다양한 리소좀 효소의 만노스 잔기에 인산을 전달해주는 과정에 결핍이 생겨, 결국 다양한 리소좀 효소의 기능 부전을 일으킨다.

### 4) 조효소 결합 혹은 대사 장애

전형적 호모시스틴뇨증(classical homocystinuria)은 시스타티오닌 합성효소(cystathionine synthase)의 결핍에 의해 발생되는 상염색체 열성 질환이다. 이 질환은 말판증후군과 비슷한 증상을 보이는데, 큰 키, 긴 뼈의 길이, 수정체의 탈구를 보이나, 인지 장애, 혈관의 혈전색전증, 혈중 호모시스테인의 증가가 말판증후군과 구분되어지는 증상이다.

아래 그림 13-3과 같이 혈중 호모시스틴은 전형적 호모시스틴뇨증외에도 엽산(folic acid), 비타민 B6, B12의 결핍에 의해서도 증가될 수 있으며, 메치오닌 대사 장애에 의해서도

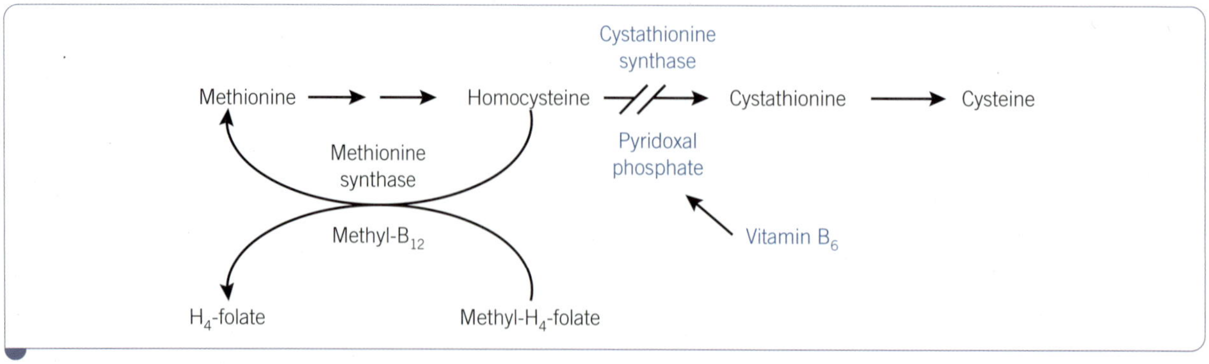


그림 13-3. 호모시스테인 대사 경로.

발생할 수 있다.

시스타티오닌 합성효소가 결핍되는 경우, 일부 환자에서는 고용량의 비타민 B6를 투약하면 혈중 호모시스테인 수치가 감소되는 경우가 있는데, 이는 위 **그림 13-3**처럼 비타민 B6의 대사물질인 인산피리독살(pyridoxal phosphate)이 시스타티오닌 합성효소의 조효소로 작용하기 때문인다. 고용량의 비타민 B6를 투약하면 돌연변이로 인해 조효소와의 결합력이 감소된 합성효소의 구조적 개선이 이루어져 효소의 잔존능이 증가하게 된다.

### 5) 효소 길항제

α1항트립신(α1Antitrypsin)은 단백질분해효소억제제로서 다양한 단백질분해효소들을 억제하는데, 특히 호흡기의 중성백혈구에서 분비되는 엘라스티아제를 억제한다.

α1항트립신 결핍증은 폐기종과 같은 만성폐쇄성폐질환 및 간경화가 동반된다. 폐조직에서 α1항트립신의 결핍은 엘라스티아제에 대한 폐조직의 노출을 높여 폐조직의 손상을 유발하며, 간조직에서 돌연변이 α1항트립신은 새로운 단백 기능을 형성하는데, 돌연변이 단백은 서로 엉겨 붙어 입체 형태적 변화(conformational change)를 통해 간조직의 손상을 유발한다.

### 6) 생합성 경로 장애

생합성 경로 장애의 대표적인 질환군이 포르피린증(porphyrias)이다. **그림 13-4**과 같이 혈색소(hemogolbin)의 전구물질인 헴(heme)의 생합성 장애로 전구물질의 축적 및 헴의 부족에 의해 다양한 증상이 나타나고, 크게 피부형 포르피린증과 급성 포르피린증으로 구분한다(**그림 13-4**). 피부형 포르피린증의 경우 햇빛에 노출될 경우, 피부 가려움, 따가움의 증상을 보이고, 물집이 발생한다. 급성 포르피린증은 스트레스, 약물 등의 악화인자에 노출 시 복통, 흉통, 소화 장애, 진한 소변, 근육통, 감각 이상, 근력 저하 등의 증상이 발생한다.

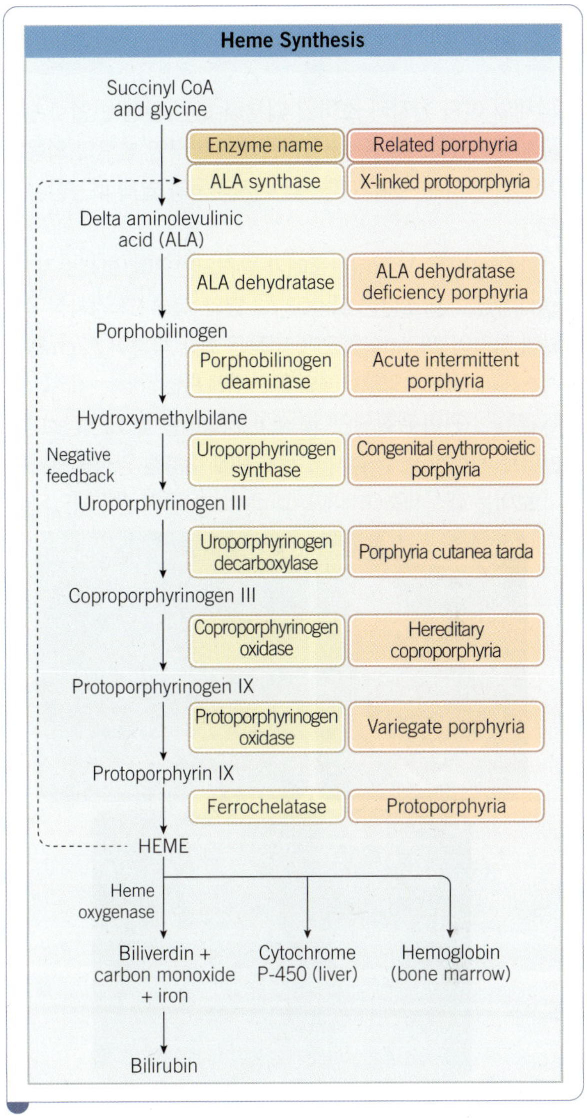


**그림 13-4**. 헴(Heme) 생합성 경로 및 포르피린증.

## 증례 19 | 리소좀 효소결함으로 의한 고쉐병

24세의 여자 환자가 소아기 때부터 보인 만성 빈혈로 병원을 방문하였다. 환자는 비혈연관계의 한국인 부모의 외동 딸이었다. 환자는 소아기 때부터 어지러움과 쉽게 피곤함을 느꼈다.

환자는 방문 시 간비장종대가 발견되었으며, 혈색소가 9.4 g/dL이였고, 혈소판은 61x103 /μL였다. 복부 CT 검사상 간은 최대 직경이 23 cm이었으며, 비장은 최대 직경이 21 cm였다. 엑스레이 촬영상 양대퇴골의 말단부에 Erlenmeyer flask deformity 소견이 관찰되었다(**그림 1**). 지속되는 혈소판 감소증과 빈혈로 시행한 골수 검사상 세포질에 주름진 양상의 침착물이 보이는 대식세포(고쉐세포, Gaucher cells)들이 발견되었다.

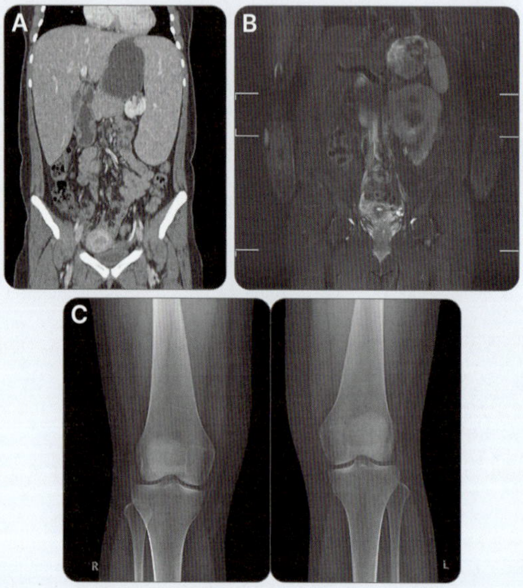


**그림 1.** **(A)** 치료 전 간비장종대, **(B)** 치료 후 간비장종대 소실, **(C)** Erlenmeyer flask deformity.

고쉐병이 의심되어 말초혈액의 백혈구에서 시행한 GBA 효소능은 3.7 nmol/h/mg (정상범위, 24.0~53.9 nmol/h/mg)로 감소되어 있었고, *GBA* 유전자 검사상 c.1342G>C (p.Asp448His)와 c.1448T>C (p.Leu483Pro)의 복합이형접합자(compound heterozygote) 돌연변이가 발견되어 고쉐병으로 확진되었다(**그림 2**).

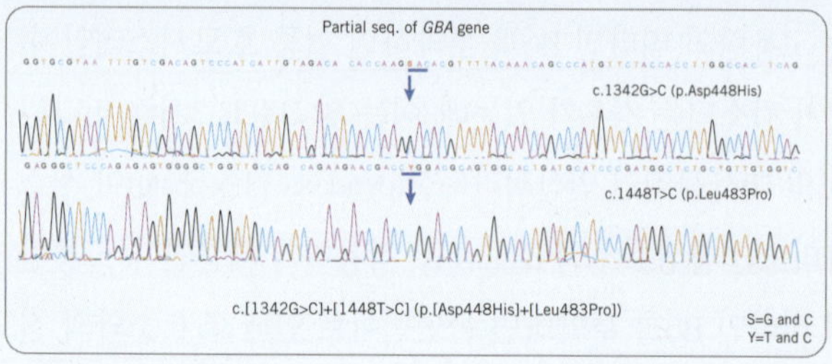


**그림 2.** *GBA* 유전자의 (p.[Asp448His]+[Leu483Pro]) 복합이형접합자 돌연변이.

확진 후 환자는 효소대체요법을 받았으며, 치료 1년 후 빈혈과 혈소판 감소증이 소실되었다. 치료 후 시행한 복부자기공명영상에서 간비장종대가 소실되었다(**그림 1**).

### 1) 고찰

고쉐병은 가장 대표적인 리소좀 축적 질환으로 스핑고리피드(sphingolipid) 대사 중 glucosyl-ceramide를 가수분해하는 효소인 글루코세레브로시다아제(Glucocerebrosidase, GBA)의 결핍에 의해 발생한다(**그림 3**).

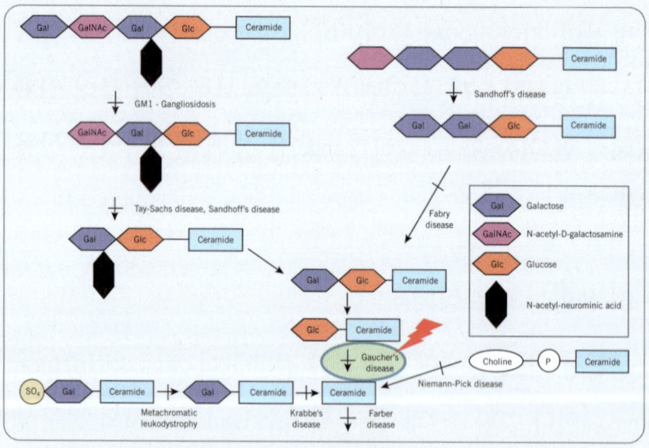


**그림 3.** 스핑고리피드 대사 및 고쉐병.

대표적인 증상은 간비종대, 빈혈, 혈소판감소, 골격계 이상이며, 이외 신경학적 증상이 일부 환자에서 보이기도 한다. 현재 고쉐병의 치료는 재조합 효소를 투여하는 효소대체요법, 전구물질억제요법, 샤프론제제 등이 사용되고 있다.

## III. 수용체 단백질 이상으로 인한 질환
**(Diseases due to receptor protein defect)**

수용체 단백의 이상에 의해 발생하는 유전질환의 대표적인 예는 가족성 고콜레스테롤혈증(familial hypercholesterolemia), 연골무형성증(achondroplasia)과 두개골조기유합증(craniosynostosis) 등이 있다.

### 1. 가족성 고콜레스테롤혈증

가족성 고콜레스테롤혈증은 혈중 콜레스테롤과 중성지방(트리글리세라이드, triglyceride)이 증가되는 특징을 보이는 질환이다. **표 13-3** 및 **그림 13-5**와 같이 콜레스테롤대사에 관련된 4개의 단백들 중 하나의 결함에 의해 발생하며, 이 중 LDL 수용체 유전적 이상에 의해 발생하는 고콜레스테롤혈증이 수용체 단백의 결함에 의해 발생하는 대표적인 예이다.

저밀도 지단백질(low-density lipoprotein, LDL)의 수용체는 아포단백질(apoprotein) B-100에 결합한다. 저밀도 지단백질 수용체의 유전적 결함은 저밀도 지단백질과의 결합이 떨어지게 하여 세포내로 흡수가 떨어지고, 혈중 저밀도 콜레스테롤 농도가 올라가게 된다. 또한 아포단백질 B-100 생성의 유전적 결함도 혈중 저밀도 콜레스테롤 농도를 상승시키게 한다. 한편, 저밀도 지단백질 수용체와 아포단백질 B-100 결합체는 ARH수용체와 결합하여 클라스린 피막 홈(clathrin-coated pit)에서 세포내로 들어간다. 따라서, ARH수

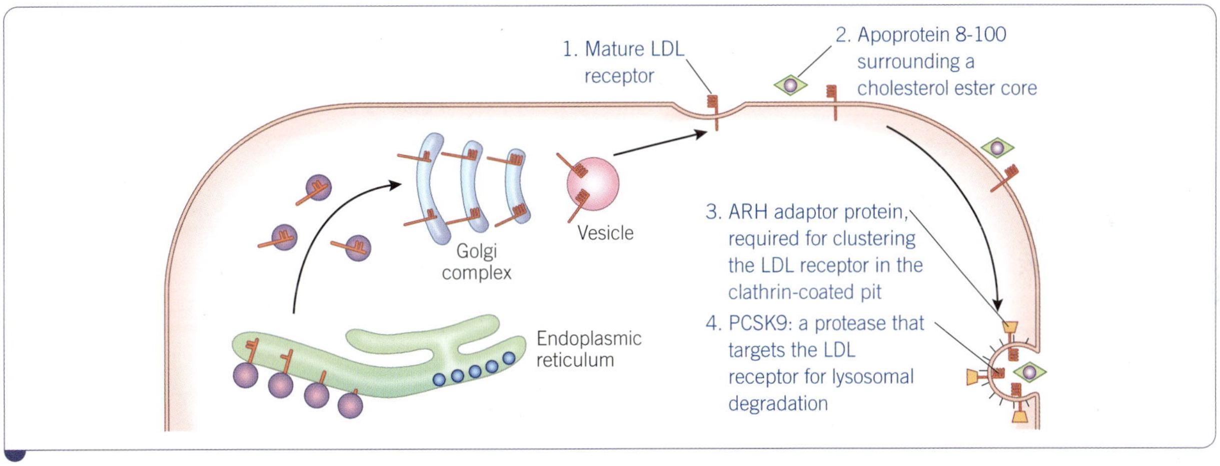


**그림 13-5.** 저밀도 콜레스테롤의 대사 과정.

**표 13-3.** 가족성 고콜레스테롤혈증의 종류, 원인 유전자, 유전방식 및 저밀도 콜레스테롤 농도

| Mutant Gene Product | Pattern of Inheritance | Effect of Disease-Causing Mutations | Typical LDL Cholesterol Level (Normal Adults: 120 mg/dL) |
|---|---|---|---|
| LDL receptor | Autosomal dominant | Loss of function | Heterozygotes: 350 mg/dL<br>Homozygotes: 700 mg/dL |
| Apoprotein B-100 | Autosomal dominant | Loss of function | Heterozygotes: 270 mg/dL<br>Homozygotes: 320 mg/dL |
| ARH adaptor protein | Autosomal recessive | Loss of function | Homozygotes 470 mg/dL |
| PCSK9 protease | Autosomal dominant | Gain of function | Heterozygotes: 225 mg/dL |

용체의 유전적 결함으로 기능저하가 생기는 경우에도 저밀도 콜레스테롤이 상승하게 된다. 반면, PCSK9 단백분해효소는 저밀도 지단백질 수용체가 리소좀 분해를 유도하여, 저밀도 지단백질 수용체의 재활용을 억제한다. 따라서, PCSK9 단백분해효소의 기능 항진 변이는 저밀도 콜레스테롤의 분해를 억제하게 된다.

## 2. 연골무형성증

연골무형성증은 Fibroblast growth factor receptor 3 (FGFR3)의 기능 항진 돌연변이에 의해 질환이 발생하는데, 그림 13-6 처럼 수용체의 기능 항진은 STAT1을 매개하는 신호전달체계의 기능 항진과 MAPK신호전달체계의 기능 항진을 유도하여, 역설적으로 세포의 성장 및 분화를 저해하게 된다.

최근 c형 나트륨 이뇨 펩디드(c-type natriuretic peptide) 유사체가 과도하게 항진된 MAPK 신호체계의 활성도를 억제하여 연골무형성증 환자의 신장 개선에 도움이 됨이 밝혀졌다.

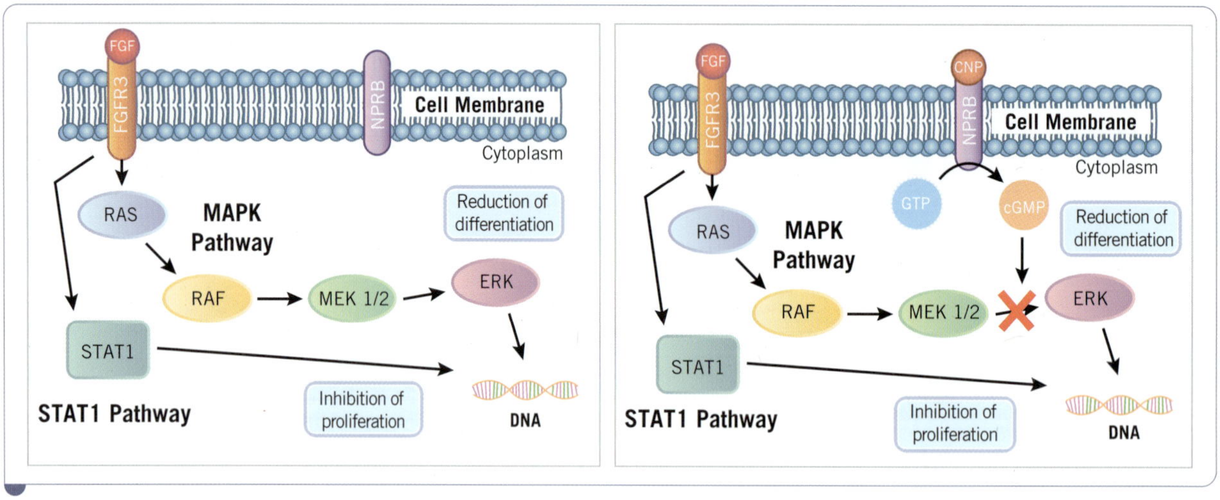


그림 13-6. 연골무형성증의 발병 기전 및 c형 나트륨 이뇨 펩디드의 치료 작용 기전.

### 증례 20 | 산전 초음파 이상으로 진단된 연골무형성증 환자

재태 연령 39주에 태어난 남아가 짧은 팔과 다리 소견으로 유전적 검사를 위해 의뢰되었다. 환아의 부모는 모두 정상 범위의 신장이었고, 상지나 하지 길이의 이상 소견은 없었다.

환아는 태아기 22주부터 팔다리가 짧은 소견이 보였고, 상대적으로 튀어나온 이마와 낮은 코의 소견도 보였다.

출생 후 검진 상 환자는 두위는 97 퍼센타일이 넘었고, 키는 3퍼센타일 미만이었다. 이마는 튀어나왔고, 코 등은 낮았으며, 팔과 다리의 길이가 몸통에 비해 현저히 짧은 소견이었다(그림 1).

연골무형성증의 의심하에 *FGFR3* 유전자 검사를 시행하였

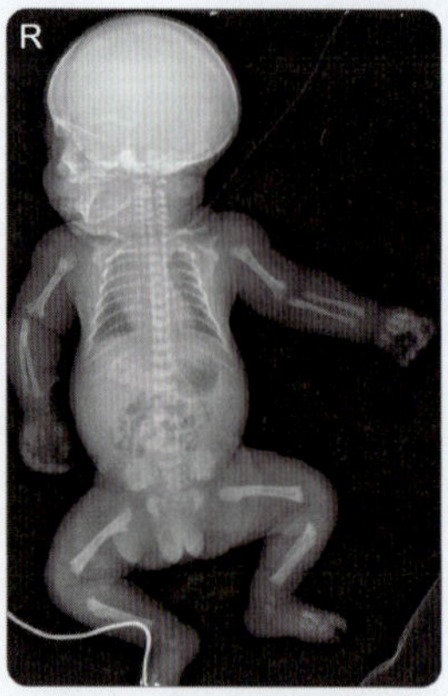


그림 1. 튀어나온 이마뼈, 사지의 짧은 근형부, 골간단이형성, 넓은 척추 원반, 좁은 골반.

다음 페이지에 계속 >>

고, **그림 2**와 같은 돌연변이가 발견되어 확진되었다.

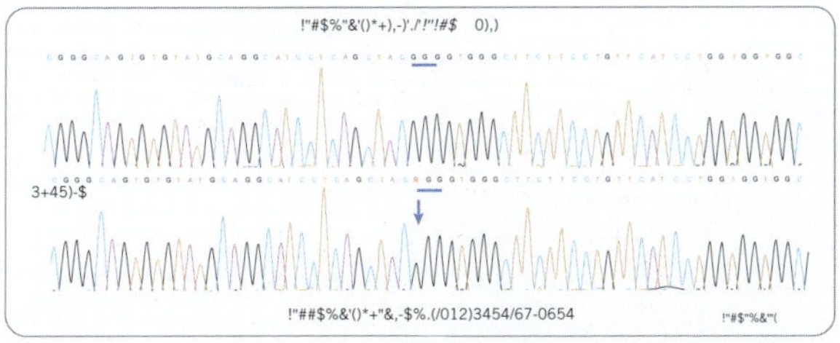

**그림 2.** *FGFR3* 유전자의 c.1138G>A(p.Gly380Arg) 이형접합자 돌연변이.

**1) 고찰**

연골무형성증은 26,000~28,000명당 1명의 빈도로 발생하는 질환이고, 상염색체 우성 유전을 한다. 투과도는 거의 100% 유전자 돌연변이를 가진 경우 대부분 표현형이 발현된다. 연골무형성증은 적응도(fitness)가 높은 질환으로 환자끼리 부부가 되는 경우 25%의 확률로 동형접합자의 환자를 출산할 수 있으며 이럴 경우 동형접합자 환자는 매우 치명적인 경과를 가진다(incomplete/partial dominance).

연골무형성증은 다학제 진료를 요한다. 성장, 골격계 이상, 두위 크기 변화, 수두증, 두개경추 부위 이상 및 경추 신경 압박소견에 대한 주의 깊은 관찰이 필요하고, 골격계, 신경계, 청력, 수면, 인지 등에 대한 다학제적 관리가 필요하다. 저신장에 대하여 사지 연장술을 고려할 수 있으며, 성장호르몬의 치료 효과는 제한적인 것으로 알려져 있다. 최근 c형 나트륨이뇨 펩디드(c-type natriuretic peptide) 유사체(Vosoritide®)가 연골무형성증에서 성장 개선의 효과가 알려져 미국 식품의약기구에서 사용 허가를 취득하였다.

## IV. 수송체 결함으로 인한 질환 (Diseases due to transporter defects)

### 1. 개요

체내에서는 많은 분자가 세포를 둘러싸고 있는 세포막을 통과할 수 있다. 이러한 분자들은 특정 수송 시스템으로 인해 기능을 수행할 수 있는데, 이러한 시스템에는 세포막의 특수 수용체와 특수 운반체 단백질이 포함된다. 수용체는 분자를 인식하고 세포막에서 분자를 받아들인 후, 분자는 운반 단백질의 뒷면에 있는 세포막을 통과하게 된다. 현재 수십 가지의 질병이 수송 시스템의 결함으로 인해 발생하는 것으로 알려져 있다. 아미노산 수송에 알려진 가장 흔한 결함이자 신장 결석의 중요한 원인인 시스틴뇨증이 수송 질환의 한 예이다. 수송체 결함은 여러 질환에서 보일 수 있는 이질적인 질환의 유형으로, 일반적으로 다양한 조직과 기관침범에 따른 특이적 양상이 발생한다. 이 장에서는 잘 알려진 몇 가지 수송체 결함질환에 대해 알아보고자 한다.

### 2. 낭포성 섬유증(Cystic fibrosis)

낭포성 섬유증은 수명이 짧아질 수 있으며, 여러 장기에 이상을 초래하는 단일 유전자 질환으로, 기관지 확장증과 세기관지 확장증을 일으키는 만성 기도 감염, 외분비 췌장 기능 부전증, 비정상적 땀샘 기능과 비뇨생식계 기능 부전을 특징으로 한다. 낭포성 섬유증은 전 세계적으로 약 10만 명 이상이 보고되며, 서양에서는 신생아 2,500~3,000명당 한 명꼴로 발생하는 것으로 추정된다. 낭포성 섬유증은 7번 염색체에 있는 낭포성 섬유증 막전도 조절인자(cystic fibrosis transmembrane conductance regulator, CFTR) 단백질을 암호화하는 단일 대형 유전자(large gene)의 돌연변이로 인해 발생한다.

CFTR(또는 ABCC7)은 비정형 중앙 조절 도메인을 가진 ABC 수송체로, 상피 세포의 정단 원형질막(plasma membrane)에서 발현되는 cAMP-활성 염화물(Cl-)/중탄산염($HCO_3^-$) 통로(channel)의 기능을 한다. 현재까지 2,100개 이상의 CFTR 변이가 보고되었지만, 전 세계 낭포성 섬유증 환자의 약 80%에서 단일 돌연변이(F508del)가 발생한다. **그림 13-7**에 표시된 대로 현재 6가지 분류 돌연변이들이 보고되어 있다.

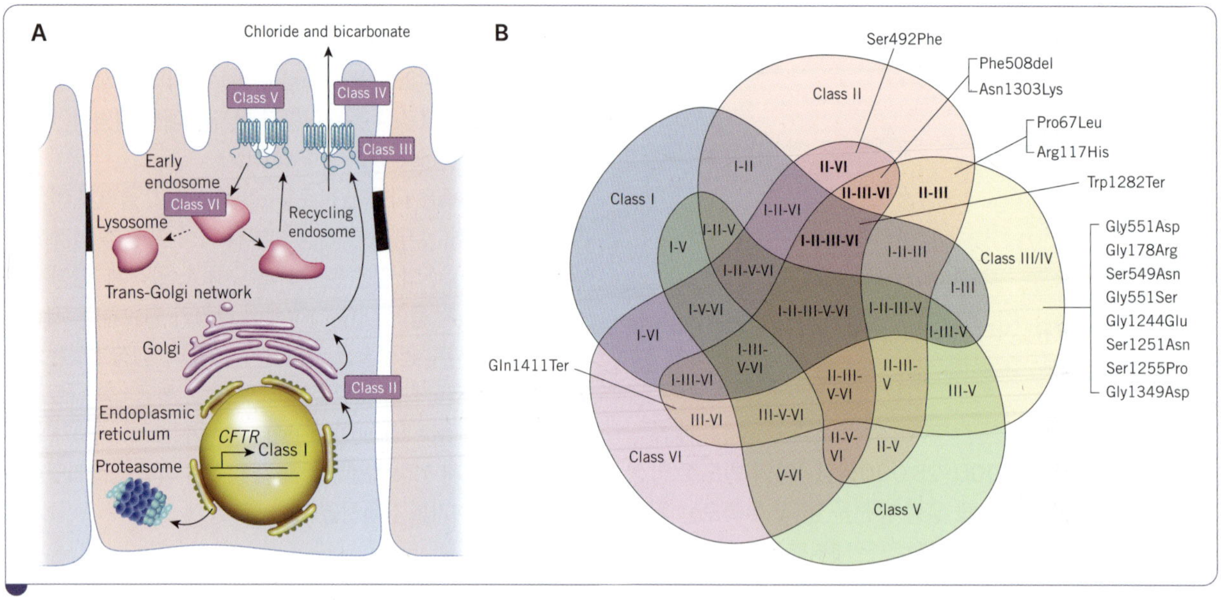


**그림 13-7.** *CFTR* 병적돌연변이의 분류와 기능에 미치는 효과. **(A)** *CFTR* 돌연변이는 일반적으로 CFTR 단백질 발현과 기능에 미치는 영향에 따라 분류됨. 클래스 I 돌연변이는 전장 단백질이 생성되지 않으며, 이러한 단백질 중 다수는 조기 절단 코돈으로 짧고 불안정한 mRNA와 전장 CFTR의 부재로 이어짐; 클래스 II 돌연변이는 잘못 접힌 CFTR을 생성하여 성숙 실패 및 세포 표면으로의 이동을 초래함; 클래스 III 돌연변이는 CFTR이 세포 표면에 정확히 위치하나 화학적 신호에 반응하여 열리지 않음(비정상 gating); 클래스 IV 돌연변이는 이온 기공을 통한 전도도를 감소시킴; 클래스 V 돌연변이는 CFTR의 양을 감소시키고, 클래스 VI 돌연변이는 반감기가 짧은 불안정한 CFTR을 생성하며, 클래스 IV-VI는 이온을 운반하는 능력을 어느 정도 유지하므로 잔류 기능 돌연변이라고 할 수 있음. **(B)** 일부 돌연변이는 명확하게 한 클래스에 속하지만 다른 돌연변이는 여러 기능적 결함을 유발함.

낭포성 섬유증은 임상적으로 두껍고 끈적끈적한 점액에 의한 기도 폐쇄와 점액 섬모 청소율(mucociliary clearance) 장애로 인해 만성 폐 감염, 특히 녹농균에 의한 만성 폐 감염이 흔하며, 결국 호흡기 기능 장애로 인한 이환율과 사망률의 주요 원인이 된다.

낭성 섬유증의 진단은 유전자 분석이 1차적인 진단방법으로는 이용되지는 않으며, 임상적 특징(**그림 13-8**)과 진단용 땀 염화(Cl-)검사 또는 전기생리학적 검사가 선별검사로 이용된다. 땀에서 Na+과 Cl- 검사치는 연령별로 다르지만, 성인에서는 60 mmol/L 이상이면 낭성 섬유증과 다른 폐질환을 감별할 수 있고, 30~59 mmol/L 사이의 농도는 중간 범위, 30 mmol/L 미만의 농도는 정상으로 간주할 수 있다.

낭포성 섬유증의 치료는 질환의 중등도와 발생 부위에 따라 다르며 경과 관찰을 세밀하게 관찰하는 것이 중요하다. 폐에서 발생한 경우에는 항생제 및 점액을 묽게 만드는 약제를 복용하고 물리치료를 시행한다. 낭포성 섬유증

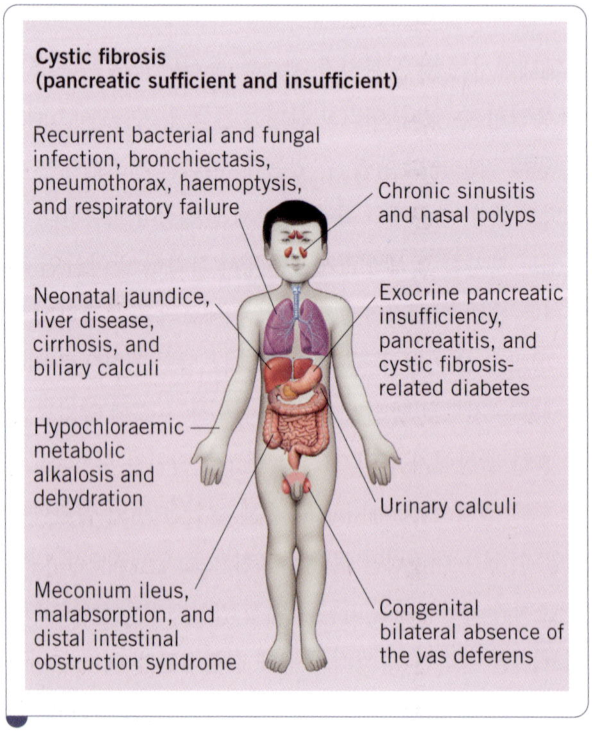


**그림 13-8.** 낭포성 섬유증의 임상 증상.

**표 13-4.** 기도 확보 보조제로 허가된 점액 활성제

| | 특성 | 투여 | 임상적 효과 |
|---|---|---|---|
| Dornase alfa | Recombinant human deoxyribonuclease; breaks down polymerised DNA produced by degrading neutrophils | No specific timing with airway clearance; no differences with daily, twice daily, or alternate day regimens | FEV1 improvement; reduced pulmonary exacerbations; little evidence in less than 6 years |
| Hypertonic saline (3% or 7%) | Osmotic agent; airway surface liquid hydration | Before or during airway clearance; tolerability testing required for bronchospasm; bronchodilator pretreatment recommended | No change or improvement in FEV1; reduced pulmonary exacerbations; symptom resolution; quality of life improvement; FEV0·5 and LCI2·5 improvement |
| Mannitol | Osmotic agent; airway surface liquid hydration | Available in dry powder; before or during airway clearance techniques; tolerability testing needed for bronchospasm | FEV1 improvement; reduced pulmonary exacerbations; low efficacy in children |

약어: FEV1=forced expiratory volume in 1 seconds. FEV0·5=forced expiratory volume in 0·5 seconds. LCI=lung clearance index

에 대한 기도 개방의 보조제로 허가된 점액 활성제는 **표 13-4**와 같다.

## 3. 시스틴뇨증(Cystinuria)

시스틴뇨증은 요로 결석의 가장 흔한 유전적 질환으로서, 신장 근위세뇨관과 b0,+수송체에 의해 매개되는 위장관에 위치해 있는 상피 세포의 정단막을 가로질러 통과하는 시스틴과 이염기성 아미노산(오르니틴, 라이신, 아르기닌) 수송체 결함으로 인해 발생하게 된다. 시스틴뇨증의 전 세계 유병률은 1:7,000명으로 보고되며, 모든 신장 결석증의 1~2%, 소아 신장 결석증의 6~8%가 시스틴뇨에 의해 발생하는 것으로 추정된다.

시스틴 수송체 시스템 b0,+는 이황화 다리로 연결된 2개의 서브 유닛으로 구성된 이형이합체이다. 무거운 서브유닛인 rBAT는 염색체 2번의 *SLC3A1* 유전자에 의해 생성되는 당화 단백질이며, 가벼운 서브 유닛 b0,+ AT는 염색체 7번의 *SLC19A9* 유전자에 의해 암호화된다. b0,+ AT 단백질(중성 및 이염기성 아미노산 수송체)이 수송 통로인 반면, rBAT 단백질(염기성 아미노산 수송체와 관련)은 b0,+ AT 단백질의 활성을 조절한다. 세포 내 시스틴 수송은 포도당과 같은 다른 중성 아미노산 및 용질과 달리 나트륨과 무관한 방식으로 매개되지만, 정단 및 기저막의 나트륨 의존성 아미노산 수송체는 이염기성 아미노산의 세포 내 수송을 주로 담당한다. 흡수 후 이황화 결합으로 연결된 2개의 시스테인 분자로 구성된 아미노산인 시스틴은 세포 내에서 가수분해되어 2개의 시스테인 분자로 분해된 다음 기저막을 통해 세포 밖으로 배출된다**(그림 13-9)**.

시스틴뇨증의 경우 모든 연령대에서 요로결석이 발생할 수 있지만, 가장 흔하게 발생하는 시기는 주로 20세경이다. 환자의 75%에서 양측성 결석이 발생하며, 일반적으로 남성은 여성보다 더 심한 임상경과를 보이며, 결석의 수도 더 많게 된다. 시스틴 결석 형성은 폐쇄성 요로 병증 및 신우신염과 같은 합병증을 유발할 수 있으며, 환자의 최대 70%에서 만성 신장 질환이 발생할 수 있다.

시스틴뇨증의 생화학적 소견은 소변에서의 시스틴과 이염기성 아미노산의 과분비가 특징적이다. 시스틴은 네 가지 아미노산 중 가장 용해도가 낮기 때문에 요로에서 쉽게 결정화될 수 있으며 그 결과 신장과 방광에 시스틴 결석이 형성될 수 있고, 드물게 방광에도 결석이 형성될 수 있다.

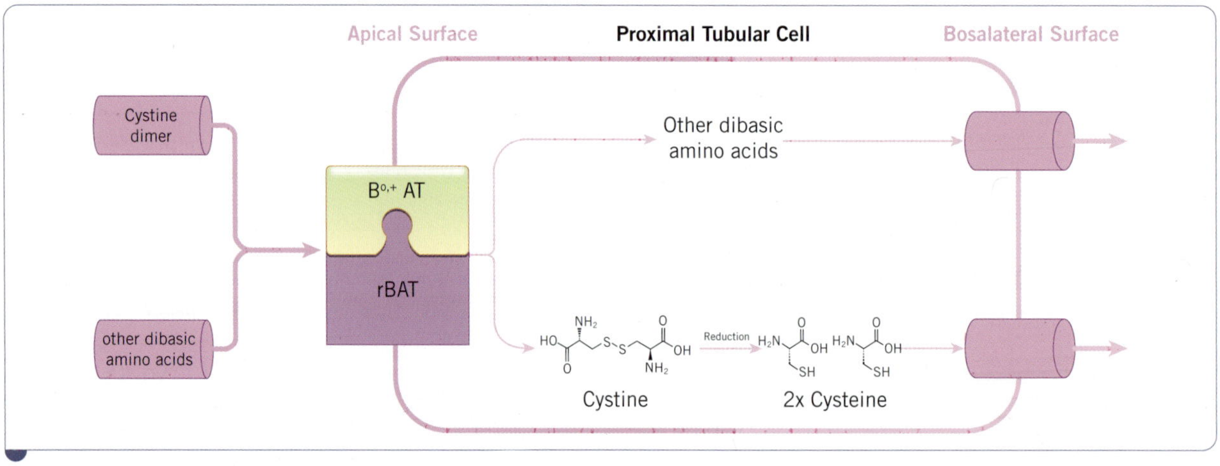


**그림 13-9.** 근위 세뇨관에서 시스틴 및 기타 이염기성 아미노산의 수송.

시스틴뇨증은 상염색체 열성질환이지만, 환자의 약 5%에서는 돌연변이가 확인되지 않거나 돌연변이 대립 유전자가 하나만 있어도 발생하게 된다. 유전자형 분석에 따라 시스틴뇨증은 A형(*SLC3A1* 돌연변이) 또는 B형(*SLC7A9* 돌연변이)으로 분류가 된다. 시스틴뇨증 A형 이형접합체는 정상적인 아미노산 소변 양상을 보이나, 시스틴뇨증 B형 이형 접합체 환자는 일반적으로 시스틴 및 이염기성 아미노산 소변 배설이 증가하고 신결석증이 발생할 수 있어 상염색체 우성 형질로 간주될 수가 있다.

진단은 시스틴 결석 환자에서 이염기성 아미노산의 소변 배설이 증가하거나 관련 유전자 2개 중 1개의 대립 유전자에서 돌연변이가 확인되면 시스틴뇨로 진단할 수 있다. 요로 결석이 없는 경우에도 24시간 소변 샘플에서 소변 시스틴 배설량이 1,300 mmol/g 크레아티닌(150 mmol/mmol 크레아티닌)을 초과하거나, 소변을 통한 COLA(시스틴, 오르니틴, 라이신, 아르기닌) 배설량의 합이 5,900 mmol/g 크레아티닌(670 mmol/mmol 크레아티닌)을 초과하면 시스틴뇨증이 있는 것으로 간주할 수 있다.

시스틴뇨증 치료의 주요 목표는 요중 시스틴의 용해도를 개선하여 시스틴 결석 형성을 예방하는 것이다. 치료 방법에는 주로 식이요법, 요중 시스틴 농도를 낮추는 요법, 시스틴을 더 잘 녹는 시스테인으로 환원시키는 약물 등이 포함된다. 초기 관리에는 항상 수분 공급과 소변 알칼리화가 포함되어야 한다. 보수적 치료에 반응하지 않는 경우 D-페니실라민과 같은 추가 약물, 알파-MPG(메르카토프로피오닐글리신 또는 티오프로닌) 및 캡토프릴을 사용할 수 있다.

## 4. X-연관 크레아티닌 결핍증(X-linked creatine deficiency)

크레아틴 수송체 결핍증은 Xq28.1에 위치하는 *SLC6A8* 유전자에 의해 생성되는 크레아틴 수송체(creatine transporter) 단백질의 병원성 변이에 의해 발생하게 되는 드문 X-연관 크레아틴 수송 장애질환이다. X-연관 크레아틴 결핍증은 크레아틴 수송결함에 의해 신경 발달 장애를 흔히 동반하게 된다.

크레아틴(2-메틸구아니디노에탄산)은 질소성 유기산으로 특히, 골격근과 뇌에서 세포 아데노신 삼인산(ATP) 생성을 보충하는 중요한 역할을 하는 것으로 가장 잘 알려져 있다. 크레아틴은 주로 간에서 합성되므로 뇌, 심장, 골격근에 크레아틴이 존재하려면 크레아틴 수송체를 이용한 적극적인 수송이 필요하며, 크레아틴 저장의 대부분(~95%)은 골격근에 존재한다.

인간의 내인성 크레아틴 생산을 위해서는 두 가지 효소인 L-아르기닌: 글리신 아미디노전달효소(AGAT; EC:2.1.4.1)

와 구아니디노아세테이트 N-메틸전환효소(GAMT; EC:2.1.1.2)의 조율된 활성화가 필요하다(**그림 13-10**). AGAT는 아미디노기가 아르기닌에서 글리신으로 이동하는 것을 촉매하여 구아니디노아세테이트(guanidinoacetate)를 형성하고, 구아니디노아세테이트가 GAMT에 의해 메틸화되어 크레아틴을 형성한다. 순환 크레아틴은 조직에 흡수되어 *SLC6A8* 유전자에 의해 생성되는 크레아틴 수송체를 통해 신세뇨관으로 재흡수된다. 크레아틴은 몇 가지 중요한 "이차적" 생리적 기능을 담당하게 되는데, 특히 신경 조절제 또는 신경 전달물질로도 작용할 수 있다.

임상증상으로 근육 긴장 저하, 언어 지연, 발작, 지적 장애, 행동 이상(자폐증 및 자기 공격적 행동)을 보일 수 있다.

진단적 방법으로 뇌의 양성자 자기공명분광법(magnetic resonance spectroscopy)을 이용해 신경 대사물질을 측정하게 되며, 다음 세 가지 주요 신호가 포함된 스펙트럼을 생성하는데 즉, 신경 마커(N-아세틸 아스파르트산염, NAA), 세포막 마커(콜린, Cho), 크레아틴과 포스포 크레아틴(Cr)의 조합을 나타내는 신호이다(**그림 13-11**). 양성자 자기공명분광법에서 크레아틴과 포스포크레아틴의 결합 피크가 뚜렷하게 부족하거나 현저하게 감소하는 것이 관찰되며, 이는 진단에 매우 민감하고 특이적이다.

크레아틴 수송체 결핍증 환자의 혈중 크레아틴, 크레아티닌 수치는 정상인 경우가 많으며 크레아틴을 보충하면 수치가 높아진다. 대부분의 환자는 소변에서 크레아틴과 포스파티딜 크레아틴 수치가 정상 또는 높게 나타나는데, 이는 대부분의 환자의 비뇌조직에 크레아틴과 포스포크레아틴이 존재하기 때문이다.

치료는 AGAT와 GAMT 결핍의 경우 크레아틴 모노하이드레이트를 경구 보충제를 복용하고, 특히 GAMT 결핍은 저단백질 식단을 통해 아르기닌을 제한해야 하며 식단, 오르니틴 보충제 및 벤조산염(히푸르산 형성 및 배설을 통해 글리신 수치 감소)을 섭취하여 구아니디노아세테이트 합성 및 관련 독성을 줄여야 한다. 크레아틴 수송체 결핍의 경우는 현재 명확한 치료법은 없지만, 전임상연구가 진행 중이다.

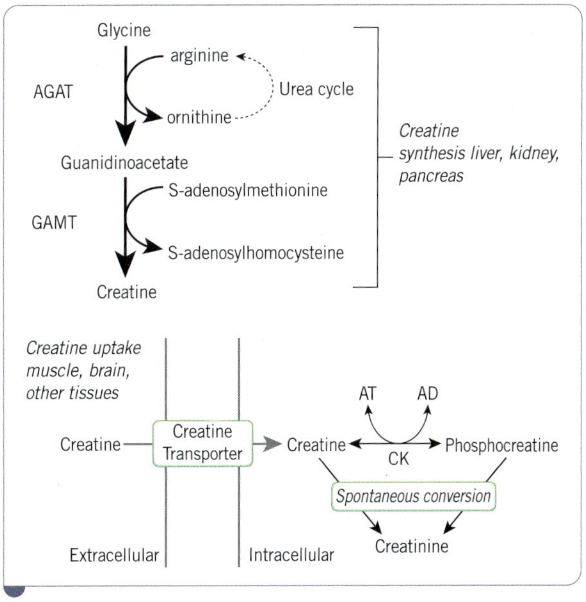


**그림 13-10.** 생합성, 세포에 의한 흡수, 인산 이동 및 크레아티닌으로의 전환을 포함한 크레아틴 대사 경로.
AGAT: 아르기닌 글리신 아미디노트랜스퍼라제; GAMT: 구아니디노아세테이트 메틸 트랜스퍼라제; CK: 크레아틴 키나아제.

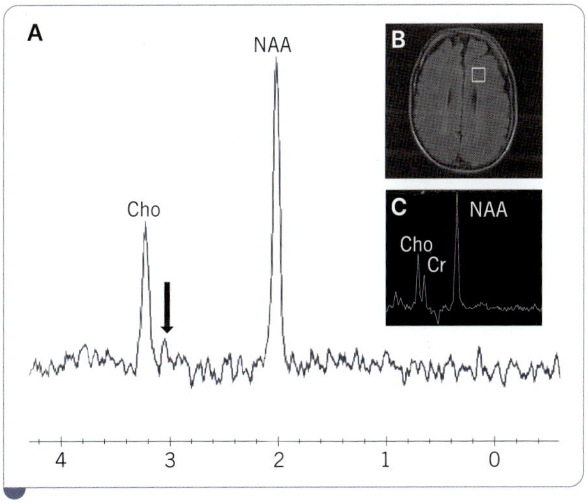


**그림 13-11.** 크레아틴 수송체(CRTR) 결핍증으로 진단된 남성 환자의 자기공명영상 및 양성자 자기공명 분광법 소견. **(A)** 전두엽 백질에서 긴 에코 시간(288 ms) 양성자 자기공명 분광법 소견(이미지의 흰색 상자). 자기공명 분광법상 두꺼운 화살표로 표시된 크레아틴 신호의 부재/감소를 보여준다. N-아세틸 아스파르트산염(NAA)과 콜린(Cho)은 정상 농도가 관찰된다. **(B)** 축 방향, FLAIR (fluid attenuated inversion recovery) 이미지로 비특이적 고강도 신호가 나타나며, 전체 자기공명영상에서 경미한 뇌 용적감소가 관찰된다. **(C)** 정상 농도의 NAA, Cho, 크레아틴 및 포스포크레아틴(Cr) 신호를 보이는 정상 소아의 전두엽 백질 내에서 긴 에코 양성자 자기공명 분광법 소견.

## 증례 21 | 저신장 및 언어발달지연으로 내원하여 진단된 X-연관크레아틴 결핍증병

### 1) 가족력 및 임상증상

(1) 가족력: 어머니의 외사촌 아들이 언어 지연과 저신장 이력 있다.

<가계도 분석>

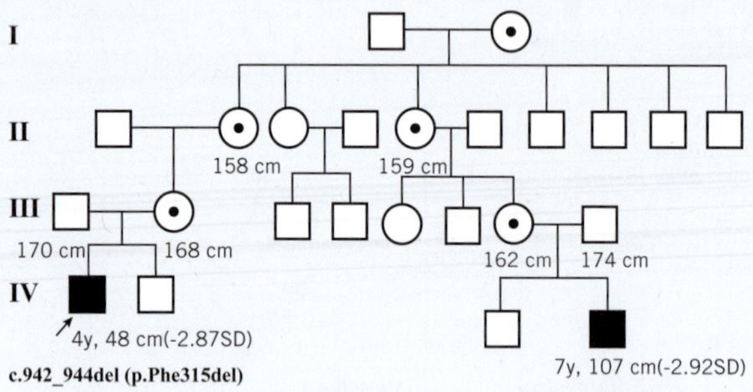


(2) 임상증상: 저신장, 언어발달지연, 자폐 스펙트럼 장애

### 2) 진찰소견

4.8세 남아로 키 48 cm(키 SDS-2.87), 체중 13 kg(체중 SDS-3.33)로 저신장, 저체중을 보이고, 특징적 얼굴 외형(긴얼굴모양, 넓은 이마모양), 근력약화가 관찰된다.

### 3) 검사소견

(1) 뇌자기공명분광영상(MR spectroscopy)소견: 두정엽과 우측 측두엽 모두에서 크레아틴 최고 수치가 2.42 ppm으로 감소했다.

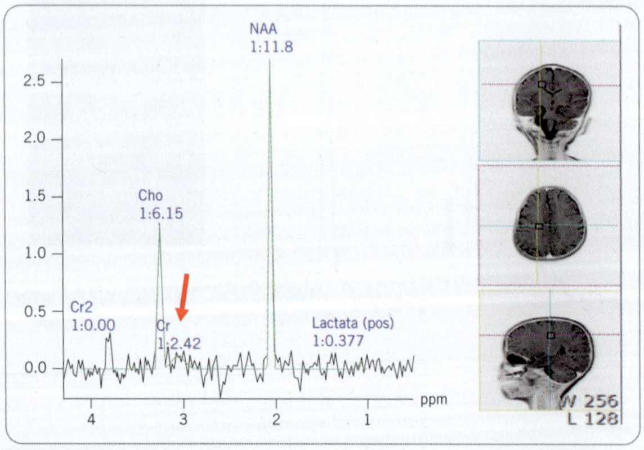


**그림 1.** 뇌 자기공명분광법 검사에서 크레아틴 신호 최고치가 감소하였으며, 이는 기준선에서 두정엽과 우측 측두엽 모두에서 굵은 빨간색 화살표로 표시되었다. N-아세틸 아스파르트산염(NAA)과 콜린(Cho)의 농도는 정상 범위 내에 있다.

(2) 소변검사결과: 증가된 크레아틴/크레아티닌 비율(43.9, 참조; 0.017~0.720)

(3) 유전자검사: *SLC6A8* 유전자돌연변이 c.942_944(p.F315del)

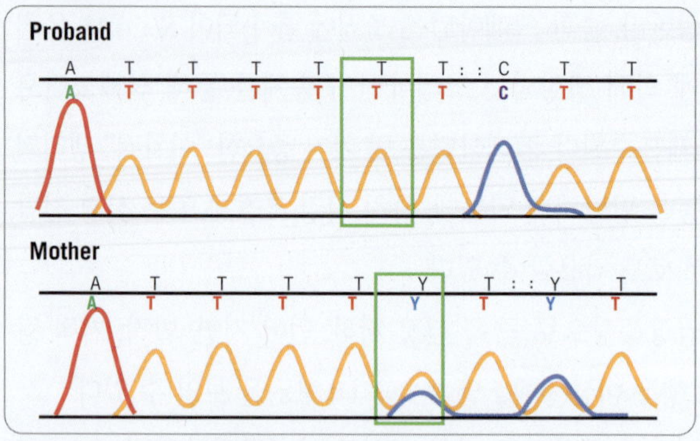


**그림 2.** 환자는 반접합자(hemizygote)이고 엄마는 이형접합자(heterozygote)로 보인다.

### 4) 진단 및 치료경과

(1) 진단명: X-연관 크레아틴 결핍증

(2) 치료경과: 진단 후 경구용 아르기닌(400 mg/kg/일), 글리신(150 mg/kg/일), 크레아틴(400 mg/kg/일)을 투여, 성장호르몬 결핍증이 동반되어 성장호르몬 주사 치료

### 5) 요약

(1) 발병빈도: 정확한 유병률은 알려져 있지 않으며, 원인불명의 X 염색체 연관 지적장애의 1~2%를 차지하며 현재 전 세계적으로 150명 정도 보고가 됐다.

(2) 유전방식: X 염색체 연관 열성유전

(3) 발병기전: 뇌 크레아틴 결핍 증후군은 뇌에서 크레아틴을 운반하는 데 관여하는 크레아틴 수송체(transporter) 유전자(*SLC6A8*) 결함으로 발생하게 되며, 이로 인해 뇌의 크레아틴 결핍이 신경학적 증상과 연관이 있다.

(4) 유전상담 및 관리: 본 증례는 X 염색체 연관 열성 유전하게 되는 질환으로써 모체로부터 유전이 되며, 엄마는 보인자로 무증상을 보이며, 아들에게 유전될 확률은 50%, 딸의 경우는 보인자가 될 확률 50%, 정상 아들, 딸의 경우는 각각 50%이다.

## V. 구조적 단백질 결함으로 인한 질환
(Diseases due to structural protein defects)

### 1. 개요

구조 단백질은 세포의 형태와 움직임부터 뼈, 연골, 모발, 근육과 같은 주요 구조를 지지하는 기능에 이르기까지 다양한 기능을 담당하는 단백질의 범주이다. 이 그룹에는 콜라겐, 액틴, 미오신, 케라틴과 같은 단백질이 포함된다. 포유류에 가장 풍부한 구조 단백질인 콜라겐은 몸 전체에 존재하는데, 특히 피부, 인대, 힘줄과 같은 결합 조직에서 인장 강도와 탄력을 제공한다. 콜라겐은 구조적 지지 외에도 세포 표면 수용체 및 기타 중간 분자와 상호 작용하여 세포 및 조직 형태의 변화와 관련된 성장 및 이동과 같은 세포 과정을 조절할 수 있다. 구조 단백질은 세포 골격의 기본 틀을 형성하게 되는데, 세포 골격은 미세 필라멘트, 중간 필라멘트, 미세소관의 세 가지 유형의 필라멘트로 구성되며, 각 필라멘트는 서로 다른 구조 단백질로 이루어져 있다. 미세 필라멘트는 액틴이 길고 반복적인 구조로 자가 중합될 때 형성된다. 이러한 액틴 필라멘트는 세포의 형태와 조직에 기여하며, 미오신과 함께 작용할 때 세포의 이동과 분열에도 기여할 수 있다. 중간 필라멘트의 구성은 세포 유형에 따라 다르며, 다양한 중간 필라멘트를 코딩하는 약 70개의 서로 다른 유전자가 알려져 있다. 상피 세포의 중간 필라멘트에는 케라틴이, 말초 신경세포에는 페리페린이, 근육 세포의 육종에는 데스민이 포함되어 있다. 이러한 필라멘트의 주요 구조적 기능은 세포를 강화하고 조직내부로 구조화하는 것이다. 미세소관은 튜불린이라는 구조 단백질로 구성되며, 이는 세포 소기관의 위치를 포함하여 세포질 조직에 기여하는 미세소관을 형성하기 위해 스스로 조립이 된다.

구조 단백질은 널리 퍼져 있기 때문에 이러한 단백질을 코딩하는 유전자에 돌연변이가 생기면 심각한 영향을 미칠 수 있다. 예를 들어 콜라겐을 코딩하는 유전자에 돌연변이가 생기면 뼈가 약해지고 결합 조직에 기형이 생기는 골형성부전증이라는 질환이 발생할 수 있다. 이 장에서는 대표적인 몇 가지 구조 단백질 결함질환에 대해 알아보고자 한다.

### 2. 듀센형 진행성근이영양증
(Duchenne muscular dystrophy)

듀센형 진행성근이영양증은 중증, 진행성, 근육 소모성 질환으로서, 진행성 근이영양증 중 가장 빈도가 높은 유전성 질환이다. 듀센형 진행성근이영양증은 남자 출생아 5,000~6,000명당 1명의 빈도로 발생하는 X-연관 열성 질환이다.

듀센형 진행성근이영양증은 디스트로핀의 근육 동형체(Dp427m)의 생성을 방해하는 *DMD*유전자의 돌연변이로 인해 발생한다. 디스트로핀은 근육 세포막의 안쪽 표면에 국한되어 위치하며 코스타메라(costameres)와 세포와 세포가 접촉하는 부위에 풍부하게 존재한다. 디스트로핀은 α-액티닌의 액틴 결합 도메인과 상동성을 갖는 N-말단(NTD)영역, 스펙트린 유사반복으로 구성된 중앙 막대영역, 시스테인이 풍부한(CRD) 영역 및 C-말단(CTD) 영역의 네 가지 주요 도메인으로 구성된다(그림 13-12).

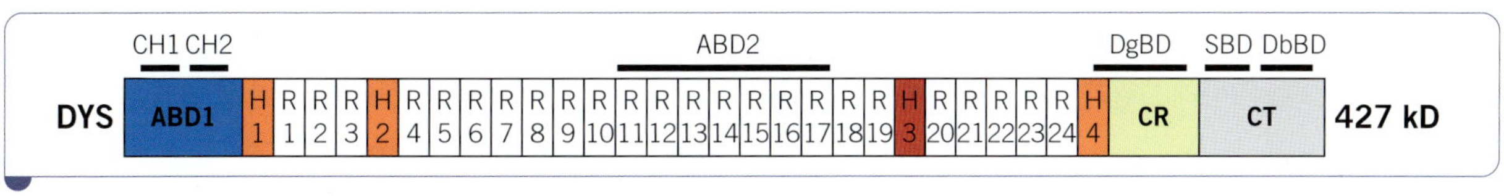


그림 13-12. 디스트로핀 기능적 도메인.

디스트로핀 단백질은 4개의 주요 기능성 도메인을 가지고 있다. N-말단 액틴-결합 도메인(ABD1)은 2개의 칼포닌-상동성(CH) 모티프를 포함한다. 중심 막대 도메인은 프롤린이 풍부한 힌지(H1 - H4, 주황색)에 의해 중단되는 24개의 스펙트린 유사 반복(R1-R24, 흰색)으로 구성된다. 두 번째 액틴 결합 도메인(ABD2)은 R11-R17에 걸쳐 있다. 시스테인이 풍부한 도메인(CR)과 H4의 일부는 β-디스트로글리칸(DGBD)의 결합 부위를 형성한다. C-말단(CT)은 신트로핀(SBD)과 디스트로브레빈(DbBD)의 결합 부위를 포함한다. 디스트로핀의 N-말단 액틴 결합 도메인과 스펙트린 유사 반복 11~15번은 코스타메릭 F-액틴에 결합하여 근육 수축 시 충격 흡수를 돕는다.

듀센형 진행성근이영양증 환자의 돌연변이 중 약 60~70%는 결실, 5~15%는 중복, 20%는 점 돌연변이, 작은 결실 또는 삽입의 양상을 나타낸다. 특히, 듀센형 진행성근이영양증에서 프레임 이동 돌연변이 또는 넌센스 돌연변이는 단백질 번역의 조기 절단을 유발하여 기능을 하지 않고 불안정한 디스트로핀을 생성되게 된다.

듀센형 진행성근이영양증의 초기 임상 증상은 2~3세경에 계단을 오르기가 어렵고 뒤뚱거리며 자주 넘어지는 소견을 보인다. 대부분의 환자는 10~12세경에 휠체어에 의존하게 되며 20세경에 인공호흡기가 필요하게 된다. 관리 향상과 심폐 기능 장애에 대한 개선된 치료법으로 인해 최적의 치료를 받으면 40대 이상까지 환자는 생존할 수 있다. 여성 보인자의 경우는 일반적으로 무증상이지만 드물게 베커형 근이영양증과 유사한 경미한 증상을 보일 수 있다. 보인자의 약 2.5~19%는 골격근 증상이 나타나고, 7.3~16.7%에서는 확장성 심근병증을 보이지만, 호흡기 결함은 일반적으로 발생하지 않는다.

듀센형 진행성근이영양증의 진단은 빈도가 높은 순서대로 *DMD* 유전자 돌연변이를 검사하는 것이 효율적이며, 유전자 진단 알고리즘은 아래 그림과 같다(**그림 13-13**).

## 3. 골형성부전증(Osteogenesis imperfect)

골형성부전증은 희귀 유전성 골격 이형성증으로 출생아 15,000~20,000명 중 1명꼴로 발생하며, 임상적으로 뼈의 취약성, 골격 기형, 작은 키가 특징이다. 골형성부전증 환자의 약 90%는 각각 제1형 프로콜라겐의 프로-1(I) 및 프로-2(I) 사슬을 암호화하는 2개의 유전자 중 1개, 즉 *COL1A1* 또는 *COL1A2*의 원인 변이에 대해 이형접합을 보인다.

제1형 콜라겐은 뼈, 피부, 힘줄의 세포외 기질을 구성하는 주요 단백질 성분으로 주로 조골세포, 피부 섬유아세포 및 힘줄 세포에서 분비된다. 콜라겐 삼중 나선은 비교적 단순한 구조임에도 불구하고, 콜라겐 I형 생합성은 매우 복잡하며 여러 가지 단계가 필요하고 번역 후 변형, 접힘을 위한 단백질의 앙상블이 필요하며, **그림 13-14**에 자세히 설명되어 있다. 세포질에서는 프로콜라겐 타입 I이 소포체 내강으로 이동하게 되며, 거친 소포체에서는 프로콜라겐 타입 I이 C- 및 N-말단 프로펩티드와 주로 Gly-Xaa-Yaa 반복의 삼중체로 구성된 큰 '삼중 나선' 도메인을 포함하고 있다. 거친 소포체에는 *COL1A1*로 코딩된 2개의 1(I)-콜라겐 사슬이 있으며, 콜라겐 사슬 2개와 *COL1A2*에 의해 코딩된 2(I)-콜라겐 사슬 1개가 정렬되어 있다. C-프로펩타이드 간의 상호작용은 올바른 정렬을 유지하기 위해 사슬 간 이황화결합에 의해 안정화되어 있으며, 단백질 디설파이드 이성질화 효소는 사슬 간 이황화결합의 형성과 관련되어 있다. 이후2개의 프로-1 사슬과 1개의 프로-2 사슬이 C-에서 N 방향으로 조립되어 삼중 나선을 형성한다. 골지 장치에서는 접힌 후 프로콜라겐 분자는 골지 장치와 원형질막을 통해 세포 외 기질로 운반된다. 세포외 기질에서 N-및 C-터미널 프로펩타이드의 절단이 일어나고 콜라겐 분자가 응집하여 피브릴을 형성하여 콜라겐 타입 I 섬유로 수렴이 된다.

골형성부전증은 뼈의 표현형 외에도 다른 결합 조직의 기능에 영향을 줌으로써 불완전 상아질 형성, 청력 손실, 관절 과운동성, 청색 공막, 인대 과이완, 심장/호흡기 결함 등의 다양한 임상증상이 나타나게 된다. 골형성부전증 환

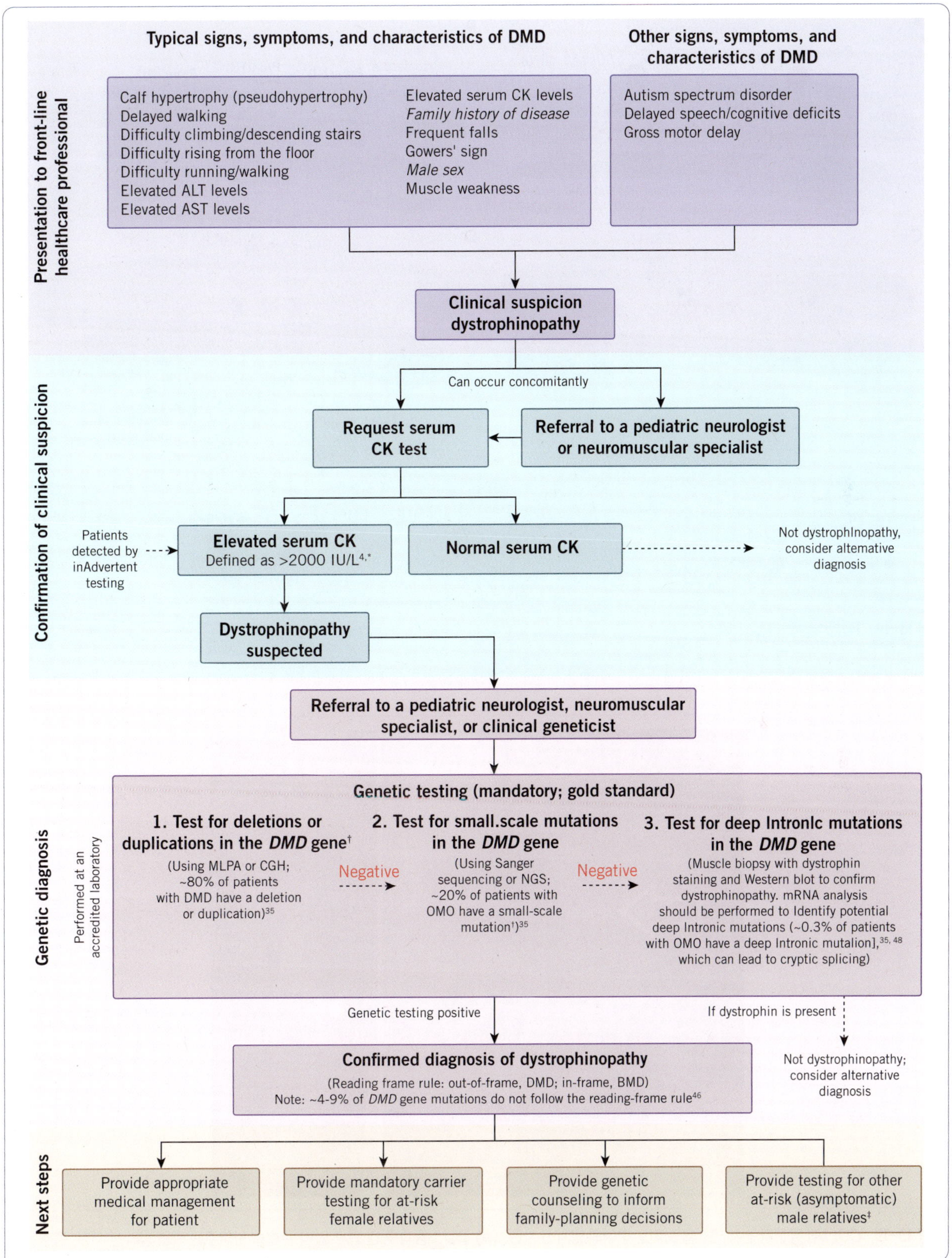


**그림 13-13.** 듀센형 진행성근이영양증의 확정 진단을 위한 진단적 알고리즘.

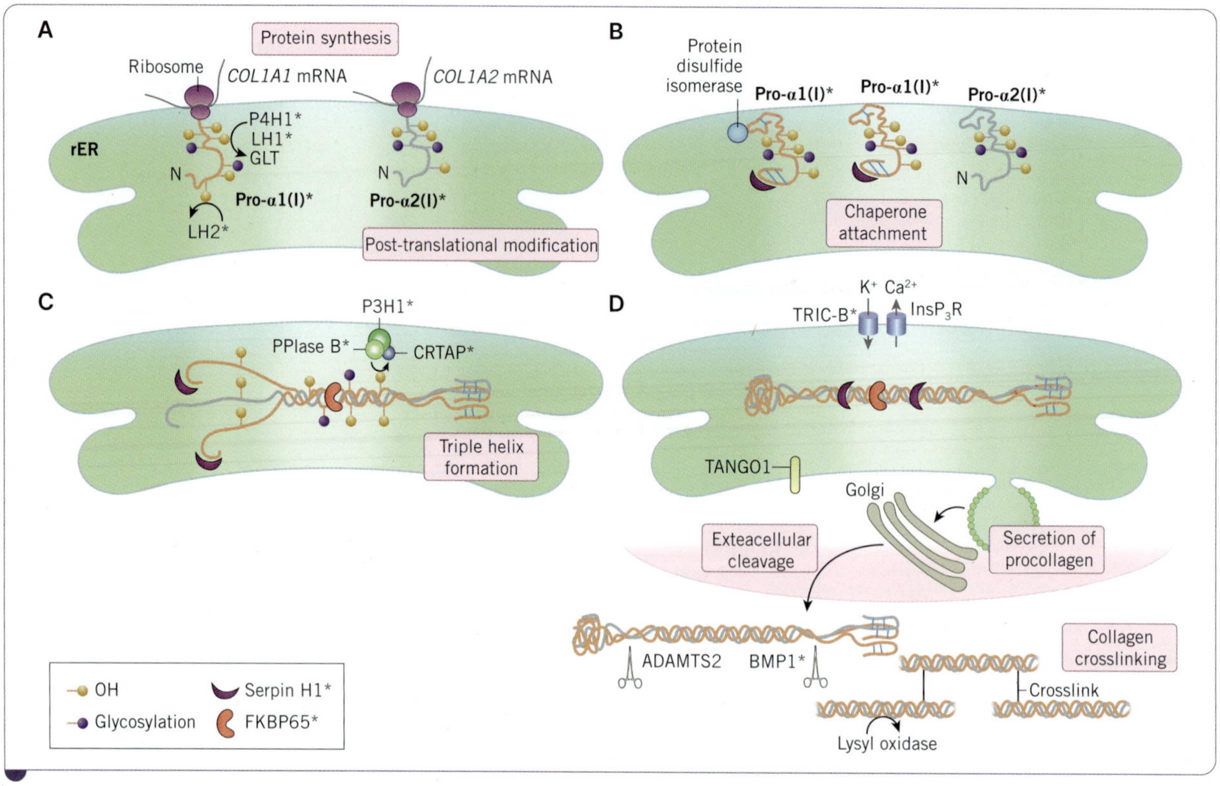


**그림 13-14.** 1형콜라겐 합성 및 처리.

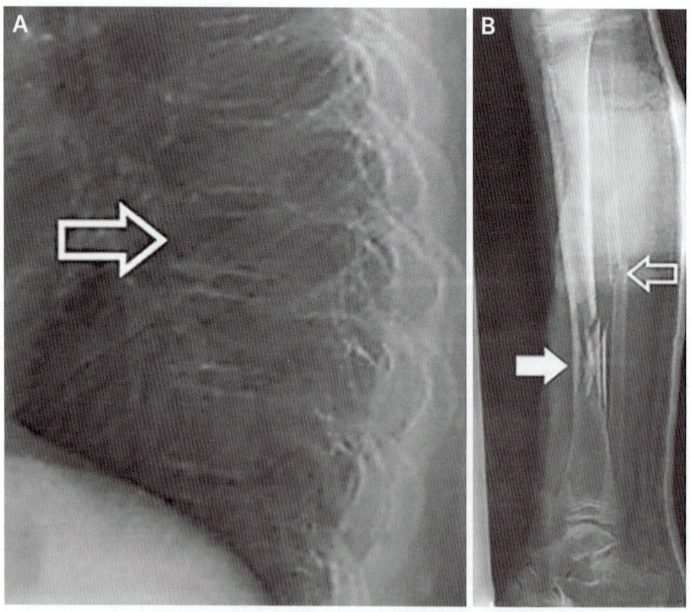


**그림 13-15.** *COL1A1* 유전자 전체 결실을 보이는 여아의 방사선 사진. **(A)** 골감소증과 중간 흉추 압박 골절을 보여주는 측면 방사선 사진. 흉추 압박 골절(열린 화살표)을 보여주는 측면 방사선 사진. 인접한 척추체와 비교하여 전반적으로 높이가 감소한 것과 약간의 쐐기 모양을 관찰할 수 있다. **(B)** 비스듬한 중간 지골 비골 골절(열린 화살표) 및 공동 경골 골절(화살표).

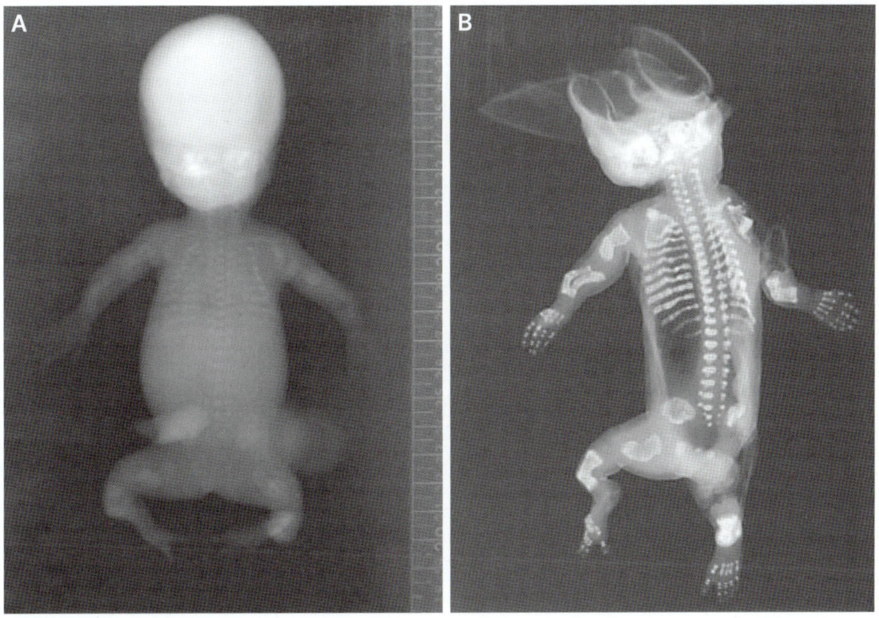

**그림 13-16.** **골형성부전증 II-A형.** 종아리 뼈의 골화가 감소된 골감소증 및 심한 골격 변형. 갈비뼈는 넓고 연속 골절을 보인다. 긴 뼈는 여러 골절을 보이며 짧아지고 변형되고, 넓어진 양상이다.

자들의 영상학적 소견은 다음 그림과 같다(**그림 13-15, 13-16**).

골형성부전증 I-IV형은 α1(I) 및 α2(I) 사슬을 각각 암호화하는 *COL1A1* 또는 *COL1A2* 유전자의 구조적 및 양적 결함으로 인해 발생하는 우성 유전성질환으로 임상 양상이 경증에서 중등도, 중증까지 다양하며, 특히 골형성부전증 유형 II는 주산기 시기에 치명적인 결과를 초래한다(**표 13-5**).

골형성부전증 치료의 경우, 소아 및 일부 성인 골다공증 환자의 약물 요법으로 비스포스포네이트(bisphosphonate) 투여가 포함되는데, 이는 골 질량을 증가시키지만 골다공증 뼈의 물질적 특성을 개선하지 못하는 한계점이 있다. 테리파라타이드(teriparatide)는 뼈 동화 작용을 유도하는 제1형 골다공증 성인 환자에게 사용할 수 있는 옵션이지만, 제1형 콜라겐 외에 다른 콜라겐의 혈청 바이오마커가 증가하면 세포외기질(ECM) 구성에 더 광범위한 변화가 발생할 가능성이 높아진다.

## 4. 섬유성 연골형성증(Fibrochondrogenesis)

섬유성 연골형성증은 중증 상염색체 열성질환으로서, 짧은 사지 골격 이형성증이 특징이다. 섬유 연골형성증은 XI 프로콜라겐(COL11A1)의 프로α1(XI) 사슬을 암호화하는 유전자의 돌연변이로 인해 발생한다. 기능성 XI형 콜라겐 분자는 세 개의 서로 다른 폴리펩타이드인 proα1(XI), proα2(XI), proα3(XI) 사슬로 조립된 이종 삼중 단백질이다. proα1(XI) 및 proα2(XI) 사슬은 각각 *COL11A1* 및 *COL11A2*유전자에 의해 생성되며, proα3(XI) 사슬은 *COL2A1*유전자에 의해 생성되는 변이체이다.

방사선 사진상 긴 뼈는 짧고 끝이 넓고, 척추체는 편평하고 옆에서 보면 뒤쪽 끝이 저형성이고 앞쪽 끝이 둥근 독특한 꼬집음 모양을 하고 있으며, 갈비뼈는 일반적으로 짧고 넓으며 양쪽 끝에 골간단 함몰 소견이 관찰된다(**그림 13-17**). 연골 조직소견으로는 연골세포의 섬유아세포 모양과 투과전자현미경 소견상 닳고 불규칙한 콜라겐 섬유소가 관찰된다(**그림 13-18**).

## 표 13-5. 골형성부전증의 유전적 분류

| Mutated gene | Encoded protein | Osteogenesis imperfecta type based on the genetic classification | Inheritance | OMIM | Clinical characteristics |
|---|---|---|---|---|---|
| Impairment of collagen synthesis and structure | | | | | |
| *COL1A1* or *COL1A2* | Collagen α1(I) (COL1A1) or α2(I) (COL1A2) | I, II, III or IV* | AD | • 166200<br>• 166210<br>• 259420<br>• 166220 | Classic phenotype (see BOX 1) |
| Compromised bone mineralization | | | | | |
| *IFITM5* | Bone-restricted interferon-induced transmembrane protein-like protein (BRIL; also known as IFM5) | V | AD | 610967 | Normal-to-severe skeletal deformity, intraosseous membrane ossifications, radiodense band and radial head dislocation, normal-to-blue sclerae and sometimes hearing loss |
| *SERPINF1* | Pigment epithelium-derived factor (PEDF) | VI | AR | 613982 | Moderate-to-severe skeletal deformity, the presence of osteoid, fish-scale appearance of lamellar bone pattern and childhood onset |
| Abnormal collagen post-translational modification | | | | | |
| *CRTAP* | Cartilage-associated protein (CRTAP) | VII | AR | 610682 | Severe rhizomelia with white sclerae |
| *P3H1* (previously known as *LEPRE1*) | Prolyl 3-hydroxylase 1 (P3H1) | VIII | AR | 610915 | |
| *PPIB* | Peptidyl prolyl cis-trans isomerase B (PPIase B) | IX | AR | 259440 | Severe bone deformity with grey sclerae |
| Compromised collagen processing and crosslinking | | | | | |
| *SERPINH1* | Serpin H1 (also known as HSP47) | X | AR | 613848 | Severe skeletal deformity, blue sclerae, dentinogenesis imperfecta, skin abnormalities and inguinal hernia |
| *FKBP10* | 65 kDa FK506-binding protein (FKBP65) | XI | AR | 610968 | Mild-to-severe skeletal deformity, normal- to grey sclerae and congenital contractures |
| *PLOD2* | Lysyl hydroxylase 2 (LH2) | No type | AR | 609220 | Moderate-to-severe skeletal deformities and progressive joint contractures |
| *BMP1* | Bone morphogenetic protein 1 (BMP1) | XII | AR | 614856 | Mild-to-severe skeletal deformity and umbilical hernia |
| Altered osteoblast differentiation and function | | | | | |
| *SP7* | Transcription factor SP7 (also known as osterix) | XIII | AR | 613849 | Severe skeletal deformity with delayed tooth eruption and facial hypoplasia |
| *TMEM38B* | Trimeric intracellular cation channel type B (TRIC-B; also known as TM38B) | XIV | AR | 615066 | Severe bone deformity with normal-to-blue sclerae |
| *WNT1* | Proto-oncogene Wnt-1 (WNT1) | XV | • AR<br>• AD | 615220<br>Unknown | Severe skeletal abnormalities, white sclerae and possible neurological defects |
| *CREB3L1* | Old astrocyte specifically induced substance (OASIS; also known as CR311) | XVI | AR | 616229 | Severe bone deformities |
| *SPARC* | SPARC (also known as osteonectin) | XVII | AR | 616507 | Progressive severe bone fragility |
| *MBTPS2* | Membrane-bound transcription factor site-2 protease (S2P) | XVIII | XR | Unknown | Moderate-to-severe skeletal deformity, light blue sclerae, scoliosis and pectoral deformities |

AD, autosomal dominant, AR, autosomal recessive; OMIM, Online Mendelian Inheritance in Man (OMIM) database (https://www.omim.org); XR, X-linked recessive.
*Classic types of osteogenesis imperfecta, as outlined in BOX 2.

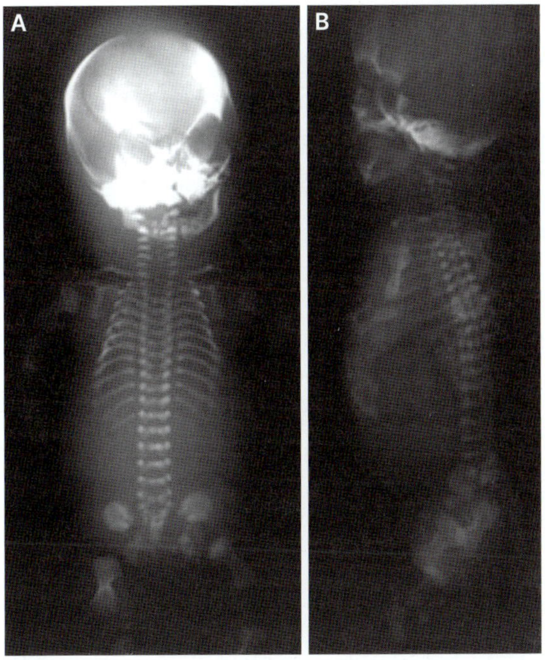


그림 13-17. 섬유성 연골형성증의 방사선 사진. (A) 임신 32주 태아의 척추 앞-뒤 모습. (B) 측면 모습. 넓은 골간단과 짧은 긴 뼈, 골간단 함몰이 있는 짧은 갈비뼈, 저형성 후방 및 둥근 앞쪽 끝이 있는 평평한 척추체.

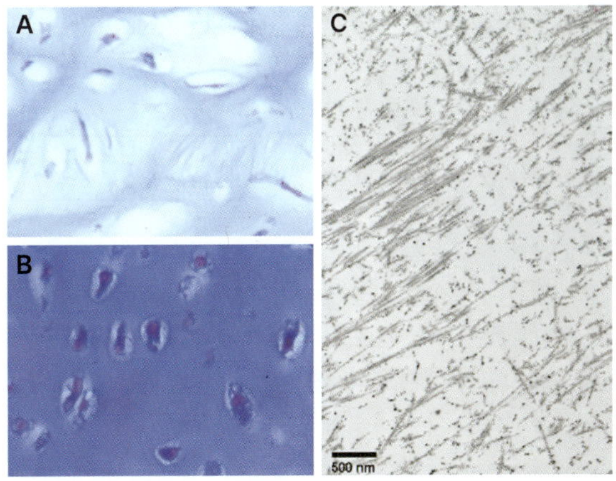


그림 13-18. 원위 대퇴골 연골의 조직학적 분석. (A), (B) 광학 현미경 소견. 석회질 제거 후 연골을 파라핀에 묻힌 후 von Kossa trichrome 염색을 하였을 때, 섬유성 연골형성증(A, 임신 32주)에서는 (B, 임신 28주)에서는 관찰되지 않는 섬유아세포 연골세포와 섬유질 세포간 기질이 확인됨(배율 40X). (C) 닮고 불규칙한 콜라겐 섬유소를 보여주는 투과 전자 현미경 소견.

## 증례 22 | 저신장으로 내원하여 진단된 1형 섬유성 연골이형성증(Fibrochondrogenesis type I) 병

### 1) 가족력 및 임상증상

특별한 가족력은 없으며, 5세 11개월 남아로 불균형 저신장(키 SDS -2.66)을 보인다.

<가계도 분석>

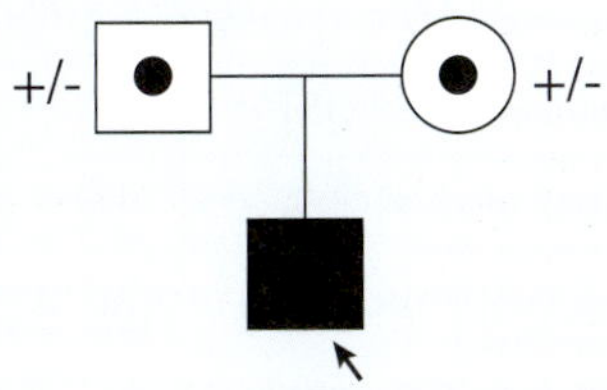


### 2) 진찰소견

특징적인 얼굴 외모(오른쪽 눈의 안검하수, 양안격리증, 소인두증, 긴 인중, 낮은 귀와 회전, 전위된 콧구멍, 삼각형 얼굴형), 물갈퀴 목, 좁은 흉곽, 안쪽으로 구부러진 양측 손목 관절, 짧은 팔길이.

### 3) 검사소견

(1) 방사선 사진: 척추는 비교적 곧고 갈비뼈는 넓고 끝 부분에 골간단 함몰(metaphyseal cupping)이 관찰되며, 특히 요추의 척추 몸통(vertebral body)이 평평하게 보인다.

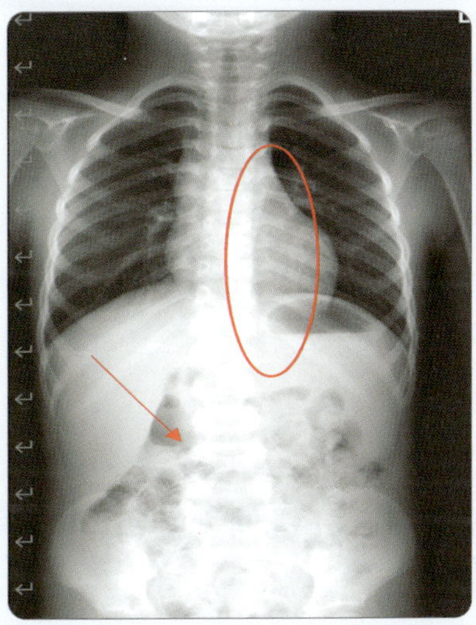

그림 1. 척추 전후방향뷰. 갈비뼈는 넓고 끝부분에 골간단 함몰(metaphyseal cupping) 모양(빨간색 원)이 관찰되며, 요추 척추몸통이 평평한 양상으로 보인다(빨간색 화살표).

다음 페이지에 계속 >>

(2) 유전체검사: *COL11A1* 유전자변이: c.[3478C>G(p.Pro-1160Ala)]; c.[2771C>T(p.Pro924Leu)]

c.3478C>G (p.P1160A)

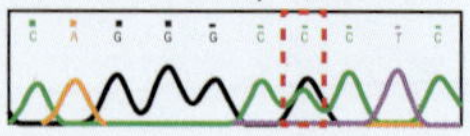

c.2771C>T (p.P924L)

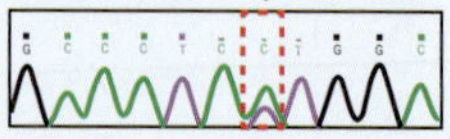

### 4) 진단 및 치료경과

1형 섬유성 연골이형성증(Fibrochondrogenesis type I)으로 진단 후 성장호르몬 주사 치료 시작 및 동반가능한 안과 및 청력이상 여부 확인을 위한 모니터링을 개시했다.

### 5) 요약

(1) 발병빈도: 정확한 유병률은 알려져 있지 않으며, 현재까지 전 세계적으로 20여 명 환자가 보고됐다.

(2) 유전방식: 상염색체열성질환

(3) 발병기전: 11형 콜라겐(type XI collagen)의 α1 chain을 인코딩하는 염색체 1p21.1에 위치하는 *COL11A1* 유전자돌연변이로 발생함. *COL11A1* 유전자의 돌연변이는 11형콜라겐의 조립을 손상시켜 비정상적인 콜라겐 분자를 생성하며, 결함이 있는 콜라겐은 결합 조직을 약화시켜 골격 전체의 뼈 형성을 손상시킨다.

(4) 유전상담 및 관리: 본 증례의 경우 혼합 이형접합자(compound heterozygotes)로 발생하는 상염색체열성 질환으로, 부모는 무증상의 보인자 혹은 이형접합자(heterozygote)로서 이들 자녀의 경우 성별에 관계없이 환자일 확률 25%, 정상 25%, 보인자 50%에 해당된다.

## VI. 신경퇴행성 질환(Neurodegenerative diseases)

### 1. 개요

뉴런은 의사소통에 중요한 역할을 하며 인간 두뇌의 적절한 기능에 핵심적인 역할을 한다. 대부분의 뉴런은 뇌에서 시작되지만, 신체의 여러 곳에 존재를 하게 되며 어린 연령기간 신경 줄기 세포는 대부분의 뉴런을 생성하며, 성인이 되면 그 수가 현저히 감소한다. 신경세포가 불멸하는 것은 아니지만 신경세포, 신경세포 구조 및/또는 신경퇴행으로 알려진 신경세포의 점진적인 소실은 여러 뇌 질환 병태생리학의 핵심이다. 신경 퇴화는 시냅스, 신경 네트워크의 기능 장애 및 뇌에 생화학적으로 변형된 단백질 변종의 침착과 관련이 있다. 신경 퇴행을 특징으로 하는 질환을 통칭하여 신경 퇴행성 질환이라고 한다.

가장 흔한 신경 퇴행성 질환에는 알츠하이머병, 파킨슨병, 헌팅턴병, 근위축성측색경화증, 척수 소뇌 운동 실조증, 부신백질이영양증 등이 있다. 신경 퇴행성 질환은 매우 심각하거나 경우에 따라 생명을 위협할 수도 있지만, 이는 전적으로 질환의 유형과 단계에 따라 달라진다. 뇌는 신체 기능의 여러 측면을 제어하기 때문에, 신경 퇴행성 질환은 결과적으로 인체 기능의 여러 측면에 영향을 미칠 수 있으며, 이 장에서는 몇 가지 일반적인 신경 퇴행성 질환에 대해 간략하게 알아보고자 한다.

### 2. 알츠하이머병(Alzheimer's disease)

알츠하이머병의 병태생리에 대한 최근 연구에 따르면 아밀로이드 베타(Aβ)와 타우(tau) 단백질의 축적이 알츠하이머병 진행의 핵심이다. 뇌에 아밀로이드 베타를 함유하는 플라크의 형성이 알츠하이머병의 고전적 특징으로 알려져 있고, 이는 고인산화 타우로 구성된 신경섬유소 엉킴(neurofibrillary tangles)과 연결되어 있다. 플라크 형성은 해마 회로를 방해하여 단기 기억을 장기 기억으로 통합하지 못하게 한다. 알츠하이머병에는 광범위한 신경세포 손실, 시냅스 연결 결함, 기억력을 포함한 뇌 기능에 필요한 필수 신경전달물질 시스템 손상을 초래한다. 따라서 초기 알츠하이머병에서 가장 흔한 임상 증상은 선택적 기억 장애이며, 해마와 내측 측두엽 의존적 기능(예: 일화 기억) 등도 종종 영향을 받는다. 이외에도 수행 기능 장애, 판단력 및 문제 해결 능력 저하는 추가적인 임상 증상으로 일반적으로 초기에 나타난다.

## 3. 파킨슨병(Parkinson's disease)

파킨슨병은 진행성 신경 퇴행성질환으로 떨림, 근육 경직, 불안정한 보행, 균형 및 조정 장애를 유발하는 질환이다. 유전적 및 비유전적 원인 모두에 의해 파킨슨병이 유발되게 된다. 연령은 파킨슨병의 주요 위험 요인으로 알려져 있다. 또한 정확한 메커니즘은 아직 불분명하지만 과도한 카페인 섭취, 흡연, 환경 독소 노출과 같은 몇 가지 다른 요인도 파킨슨병을 유발하는 것으로 알려져 있다.

파킨슨병의 병리 생리학에는 주로 전두엽 피질 위축과 뇌실 비대가 포함된다. 그러나 파키슨병 뇌에서 관찰되는 가장 특징적인 형태학적 변화는 도파민성 뉴로멜라닌(neuromelanin) 함유 뉴런의 사멸로 인한 흑질치밀부(substantia nigra pars compacta)의 색소 침착 소실이다. 파킨슨병에서 이러한 심각한 세포 손실은 흑질선조체 경로(nigrostriatal pathway)의 기능 장애를 초래하여 선조체(striatum) 내 도파민 농도가 감소하고 결과적으로 주요 운동 증상을 야기한다.

파킨슨병 진행에 중요한 역할을 하는 메커니즘으로는, α-시누클레인 오접힘 및 응집, 미토콘드리아 기능 장애, 기능 장애 단백질 제거 시스템, 유비퀴틴-프로테아좀 시스템, 자가포식- 리소좀 시스템 및 신경 염증 등이 보고가 된다.

현미경 상, 신경 세포체 내에 루이체가 존재하고 dystrophic neurites가 동반되는 것이 파킨슨병의 특징이다. 루이체는 인산화되어 중추신경계의 다른 영역으로 퍼지게 된다. 타우 단백질의 비정상적인 과인산화는 신경섬유소 엉킴(neurofibrillary tangles)으로 진행되며, 파킨슨병 하위 환자그룹에서는 신경섬유소 엉킴과 아밀로이드-베타 플라크가 광범위하게 존재하게 된다.

## 4. 근위축성측색경화증(Amyotrophic lateral sclerosis)

운동신경질환 또는 루게릭병이라고도 불리는 근위축성측색경화증은 신경 세포와 척수에 발생하는 진행성 질환으로, 근육 약화와 마비, 운동 신경세포 기능저하가 진행된다. 운동 뉴런이 손상되거나 사멸하면 뇌로 보내야 할 신호가 더 이상 전달되지 않게 된다. 30개가 넘는 다양한 유전자가 근위축성측색경화증과 관련이 있지만, 네 가지 주요 유전자(*C9orf72, TARDBP, SOD1, FUS*)의 돌연변이가 근위축성측색경화증 환자의 70% 이상을 차지한다. 이 네 가지 유전자는 DNA 복구, 항상성, 미토콘드리아 기능 및 신경교 세포 기능과 같은 주요 운동 기능 측면에 관여하는 단백질을 암호화하며, 이러한 기능 장애의 조합은 근위축성측색경화증에서 관찰되는 운동 신경세포의 퇴행에 기여하는 것으로 여겨진다.

신경세포 내 단백질 응집체의 축적은 근위축성측색경화증의 병리학적인 특징이다. 대부분의 근위축성측색경화증 환자에서 가장 많이 관찰되는 단백질은 TAR DNA 결합 단백질이지만, 슈퍼옥사이드 디스뮤타제-1(superoxide dismutase-1)이나 신경섬유(neurofilament)와 같은 다른 단백질의 응집체를 형성될 수 있다. 하지만, 단백질 응집체 또는 단백질 복합체가 신경세포 손상에 선행하는지 또는 후행 하는지는 아직까지 불분명하다.

## 5. X-연관 부신백질이영양증
(X-linked adrenoleukodystrophy)

X-연관 부신백질이영양증은 가장 흔한 퍼옥시좀 대사질환으로, 매우 긴 사슬 지방산(very long-chain fatty acids ≥ C22)의 퍼옥시좀 베타 산화효소가 손상되어 발생되며, 그 결과 혈장 및 뇌의 백질, 척수 및 부신 피질을 포함한 모든 조직에 매우 긴 사슬 지방산이 축적이 되는 질환으로서, X-염색체에 위치한 *ABCD1* 유전자의 돌연변이로 인해 발생하게 된다. *ABCD1* 유전자에 의해 생성된 부신백질이영양증 단백질(adrenoleukodystrophy protein, ALDP)은 퍼옥시좀이라고 하는 세포 구조의 막에 위치하게 된다. 부신백질이영양증의 발생률은 신생아 17,000명 중 1명꼴로 발생하는 것으로 추정된다.

매우 긴 사슬 지방산은 ELOVL1에 의해 장쇄 지방산으로

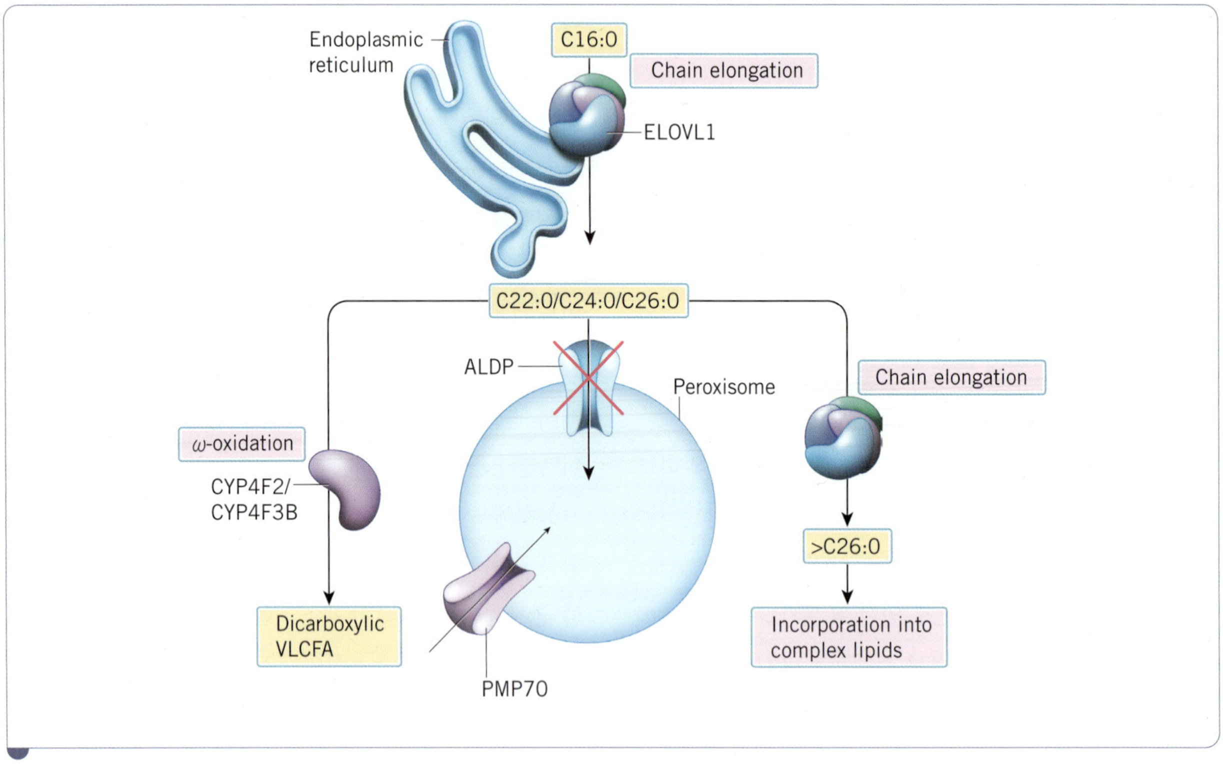


**그림 13-19. 매우 긴 사슬 지방산 항상성 유지의 핵심 효소.** 매우 긴 사슬 지방산은 인간에 존재하는 엘로브엘1 (EOVL1)에 의해 합성됨. 부신백질이영양증 단백질(adrenoleukodystrophy protein, ALDP)이 결핍되면 퍼옥시좀 수입이 손상되고 β-산화를 손상시킴. 그 결과 세포질 매우 긴 사슬 지방산의 수치가 상승하면 엘로브엘1에 의한 지방 산 사슬 연장, 그리고 복합 지질로의 매우 긴 사슬 지방산의 통합이 강화됨. CYP4F2/CYP4F3B에 의한 ω-산화는 디카르복실산-매우 긴 사슬 지방산이 PMP70을 통해 퍼옥시좀으로 운반되면서 가능한 탈출 경로를 제공함.

부터 합성이 되는데, X-연관 부신백질이영양증의 경우 부신백질이영양증 단백질(adrenoleukodystrophy protein, ALDP)이 결핍됨으로써 퍼옥시좀 내부로의 유입과 β-산화의 손상이 초래가 된다(그림 13-19).

### 1) 대뇌 부신백질이영양증(소아, 청소년 및 성인)

부신백질이영양증 남성은 뇌의 탈수초성 병변이 발생할 위험이 있다. 발병은 3세 이전에 보고된 적은 없으며, 청소년기(4~7%) 및 젊은 성인에서는 드물게 보고가 된다. 자기공명영상(MRI)상 백질 병변은 증상보다 먼저 나타나며 일반적으로 후두부 백색질과 뇌실 주변으로 확장되기 전에 뇌량 팽대부(splenium of the corpus callosum)에서 시작된다. 대뇌 부신백질이영양증의 약 15%에서 대뇌 피질의 기저부에서 병변이 시작하여 전두엽 백질로 확장되게 된다. 환자의 1~2%의 경우, 소뇌 백질에서 병변이 시작될 수 있다. 병변의 앞쪽 가장자리 바로 뒤에 가돌리늄리늄 강화 소견이 나타난다(그림 13-20). 특히 부신백질이영양증의 가족력이 없고 부신 기능 부전의 임상 증상이 없는 경우 진단이 늦어지는 경우가 많다. 병변이 진행되면 피라미드관 징후, 중추 시각 장애 및 때때로 발작이 발생한다. 대뇌 부신백질이영양증은 지속적으로 질환이 진행되는 퇴행성질환으로, 치료를 하지 않을 경우 증상 발병 후 평균 2년이 지나면 심각한 장애와 사망에 이르게 된다. 여성에게 대뇌 부신백질이영양증의 증상이 나타나는 경우는 극히 드물지만, 일부 사례에서는 증상발현에 관한 보고가 있으며, 이는 비임의적 X 염색체 비활성화와 관련이 있을 수 있다. 대뇌 탈수초화를 시사하는 자기공명영상 이상소견은 부신백질이영양증 여성에게는 드물게 나타난다.

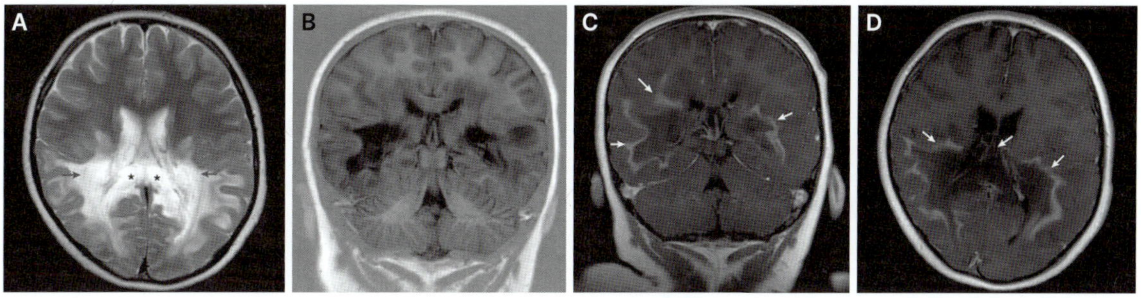


그림 13-20. 대뇌 부신백질이영양증으로 진단된 6세 남아의 뇌 자기공명영상 소견. 백질 두정엽 후두부 백질(화살표)과 뇌량 팽대부(별표)을 포함하는 광범위한 백질 병변소견. (A) T2 강조 영상에서 증가된 신호강도. (B) T1 강조 영상에서 신호가 감소된 병변소견. (C) 병변의 앞쪽 가장자리 바로 위 광범위한 가돌리늄 증강소견(화살표). (D) 가돌리늄 투여 후 축 방향 T1 가중치 영상소견.

### 2) 부신백질이영양증 척수신경병증

부신백질이영양증의 만성 진행성 척수신경병증의 징후와 증상은 구체적이지 않다. 일반적으로 환자들은 서서히 진행되는 보행 장애를 나타낸다. 경련성 마비 및 감각 실조증, 절박뇨를 동반한 신경인성 방광 기능 장애도 발생한다. 신경학적 검사에서 경련과 마비, 바빈 스키 징후가 있는 활발한 반사, 두드러진 척수 뒤기둥 기능장애(dorsal column dysfunction)가 나타난다. 신경성 방광 기능 장애는 대부분의 환자에서 발생하며, 처음에는 절박성 요실금 증상으로 나타나고 이후 완전한 요실금까지 진행된다. 척수신경병증의 진행은 수년 또는 수십 년에 걸쳐 진행되며, 대부분의 환자는 발병 후 6년이 지나 보조기 없이는 보행할 수 없게 된다.

### 3) 부신백질이영양증 말초신경병증

부신백질이영양증 환자의 신경전도 연구에서는 말초신경병증, 일반적으로 감각운동 축삭 신경병증이 발견되는 경우가 많다. 탈수초성 신경병증의 기준을 충족하는 말초신경병증 및 소신경섬유 신경병증도 흔히 보고된다. 일반적으로 말초신경병증의 징후(진동감각 상실 등) 등은 간과될 수가 있다.

### 4) 진단 및 치료

부신백질이영양증은 뚜렷한 임상증상 및 방사선학적 특징을 보이는데, 원발성 부신기능부전과 신경학적 징후의 조합은 부신백질이영양증 진단의 단서가 된다. 부신백질이영양증이 의심되는 경우 생화학검사 및 유전자검사를 통해 진단을 확인할 수 있다. 성인 남성과 소아 남아의 경우 혈장 내 매우 긴 사슬 지방산(very long-chain fatty acids) 수치가 상승하면 부신백질이영양증을 정확하게 진단할 수 있다. 하지만, 부신백질이영양증 여성의 10~15%에서는 혈장 및 섬유아세포에서 매우 긴 사슬 지방산(very long-chain fatty acids) 수치가 정상일 수 있다. 따라서 부신백질이영양증이 의심되는 여성에서는 반드시 *ABCD1* 유전자 돌연변이 분석검사가 권장된다. 부신백질이영양증 남성 환자의 70%는 주로 부신기능저하로 인해 경구용 부신 스테로이드 복용이 필요하다. 하지만 이로 인한 신경학적 질환의 경과는 변경시키지 못한다. 명백한 신경 증상이 발현된 소아 환자의 경우에는 로렌조 오일(Lorenzo oil)을 잘 섭취하면 혈중 매우 긴 사슬 지방산(very long-chain fatty acids) 농도가 정상으로 유지되더라도 신경학적 증상의 진행이나 뇌 자기공명영상의 진행을 예방하지는 못한다. 골수 이식의 경우는 병변이 진행되기 전에 골수 이식을 하게 되는 경우 충분한 치료효과를 기대할 수 있다.

## 증례 23 | 진행하는 불안정성 및 구음장애 증상으로 내원하여 진단된 부신백질이영양증(Adrenoleukodystrophy)병

### 1) 가족력 및 임상증상

52세 남자로 하지의 양측 강직과 반사항진증, 근력약화, 감각기능장애, 비뇨기 기능 장애가 동반됐다. 가족력상 남동생(II-3)은 50세로, 16년 동안 보행 장애와 인지 장애, 불안정성, 구음 장애를 앓고 있었다. 34세에 왼쪽 하지의 근력 약화가 발생하였고, 점차 진행되는 양상과 함께 37세에는 휠체어에 의존하게 됐다. 남동생(II-6)은 44세로 1년간 진행된 어지럼증, 불안정성, 구음장애 증상을 보이고 도움 없이 서거나 걷는 데 어려움을 겪고 있었다. 또 다른 남동생(II-5)은 이른 나이에 시작된 보행 및 구음장애가 동반되었고, 14세에 조기 사망했다.

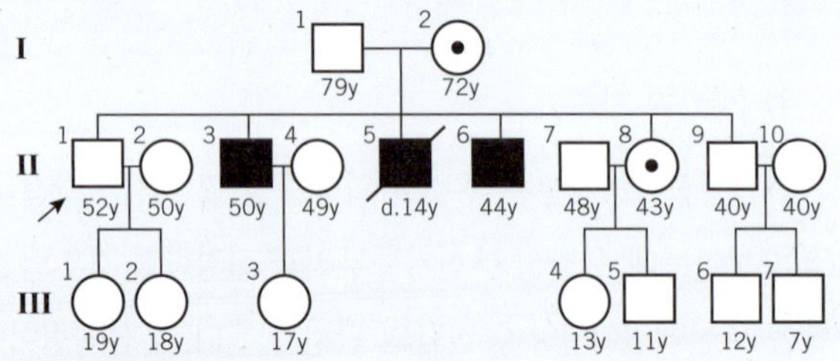


### 2) 진찰소견

신경학적 검사상 상지와 하지의 운동조절 실조가 관찰되었고 일직성 보행에 어려움이 있었다. 안구 운동 검사에서 자발적인 오른쪽 박동 수평 안진이 발견되고, 과측성 안진, 양측의 비정상적인 안구의 추적운동을 보였다.

### 3) 검사소견

(1) 생화학적검사: 장쇄지방산(very long-chain fatty acids) 수치 증가
- C26:0 3.96(μmol/L, normal range ≤1.3)
- C24:0/C22:0 ratio 2.10(normal range ≤1.39)
- C26:0/C22.0 ratio 0.129 0(normal range ≤0.023)

(2) 뇌자기공명(MRI) 영상소견

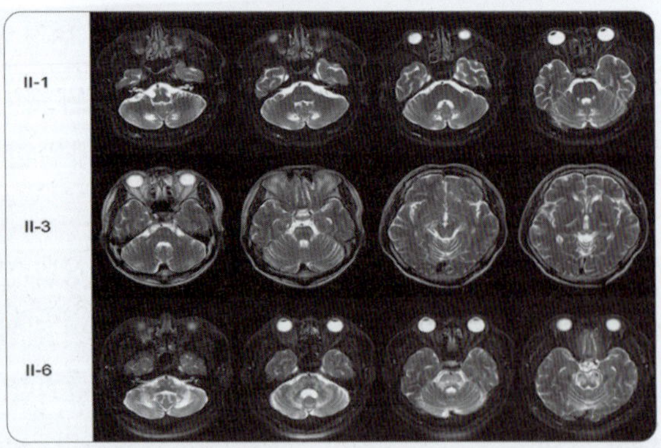


**그림 1.** 환자들의 뇌자기공명(MR) 영상. 발단자(II-1)는 상아질 핵(dentate nuclei)과 주변 소뇌 백질에서 대칭적인 T2 강조 고강도(hyperintensities)를 보였다. 첫째 남동생(II-3)은 뇌간 및 소뇌 위축과 함께 비대칭적인 T2강조 고강도(hyperintensities)가 중간 소뇌다리(cerebellar peduncles), 대뇌다리(cerebral peduncles), 내부 캡슐의 후부 사지(posterior limbs of the internal capsules) 및 전두엽의 뇌실 주위 백질에서 확인됐다. 셋째 남동생(II-6)은 중뇌, 교뇌, 중간 소뇌다리와 소뇌에서 T2강조 고강도를 보였다.

(3) 유전검사: *ABCD1* 유전자분석

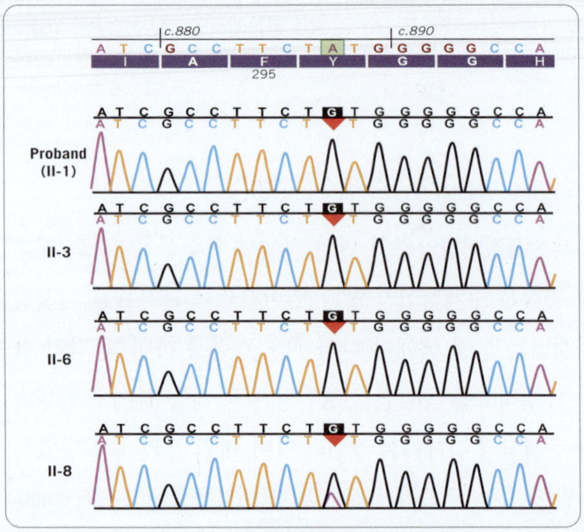


**그림 2.** 생어 시퀀싱을 통해 이환된 구성원(II-1, II-3 및 II-6)의 *ABCD1* 유전자(NM_000033.4)의 과오돌연변이(c.887A>G, p.Tyr296Cys)가 확인됨. 무증상 여성 보인자(II-8)에서도 동일한 변이가 이형접합 상태로 확인됨.

### 4) 진단 및 치료경과

부신백질이영양증(Adrenoleukodystrophy)으로 진단 후 가계내 유전상담을 시행했다. 증상지지 요법에도 불구하고 시간이 지남에 따라 점차 서서히 진행하는 신경학적 증상(하지 양측 강직, 근력약화, 감각기능장애 등)을 보였다.

### 5) 요약:

(1) 발병빈도: 남아 출생 14,000~17,000당 1명

(2) 유전방식: X 염색체 연관 열성 유전

(3) 발병기전: 부신백질이영양증은 불충분하게 분해된 장쇄지방산이 다양한 조직과 체액에서 비정상적으로 축적되면서 장쇄지방산-CoA 에스테르의 세포 내 농도가 증가하게 되고 이로 인해 일반적으로 농축되지 않는 다른 복합 지질에 장쇄지방산의 통합을 촉진하게 됐다. 이는 회백질과 백질 부위에 따라 다르기 때문에 장쇄지방산 분포의 중요한 부위별 편차에 영향을 미치게 되며 대개 중추신경계 내에 국

다음 페이지에 계속 >>

한되어 발생하고, 특히 희돌기아교세포 특이 지질과 염증에 취약한 부위 사이의 관계가 존재할 것으로 추정된다.

(4) 유전상담 및 관리

① 유전상담: X 염색체 연관 열성 유전의 경우 남성에게 비정상 X 염색체 연관 유전자가 있을 경우, 딸은 모두 100%보인자가 된다. 여성이 보인자이고 남성의 유전자가 정상이면 아들이 모계로부터 비정상 유전자를 물려 받아 질환이 발생할 확률은 50%이며, 딸의 경우는 보인자가 될 확률 50%, 정상일 확률 50%이다. 부신백질이영양증 보인자 여성에 대한 진단은 어려울 수가 있는데, 이형접합자 여성은 부신백질이영양증발병 위험이 높지 않지만 연령이 증가함에 따라 부신척수신경병증(adrenomyeloneuropathy) 및 원발성 부신피질 기능 부전 발병 위험이 증가한다. 따라서 잠재적 보인자에서의 돌연변이 검출의 경우 실제 환자의 사례와 동일하게 유전자변이 검출방법이 적용된다. 따라서 우선 발단자의 돌연변이 또는 보인자를 대상으로 먼저 돌연변이를 확인하는 것이 중요하다.

② 관리: 근본치료는 없으며 증상지지요법이 시행되고 있다. 조혈모줄기세포이식의 경우 뇌자기공명(MR)상 염증성 탈수초와 관련된 초기단계의 소아 뇌부신백질이영양증 남성의 경우 적응증이 됐다. 남아 고위험군 뇌부신백질이영양증 조기이상 발견을 위해 권장되는 뇌 자기공명 검사 시행 간격은 12개월~3세는 매년, 3~12세는 매 6개월마다, 12세 이상인 경우 매년 검사를 권고하였다.

## REFERENCE


1. Aartsma-Rus A, Hegde M, Ben-Omran T, et al. Evidence-Based Consensus and Systematic Review on Reducing the Time to Diagnosis of Duchenne Muscular Dystrophy. J Pediatr. 2019;204:305-13.
2. Amaral MD. Using the genome to correct the ion transport defect in cystic fibrosis. J Physiol. 2023;601:1573-82.
3. Amberger JS, Bocchini CA, Schiettecatte F, Scott AF, Hamosh A. OMIM.org: Online Mendelian Inheritance in Man (OMIM®), an online catalog of human genes and genetic disorders. Nucleic Acids Res. 2015;43(Database issue):D789-98.
4. Arseni L, Lombardi A, Orioli D. From Structure to Phenotype: Impact of Collagen Alterations on Human Health. Int J Mol Sci. 2018;19:1407.
5. Bissell DM, Anderson KE, Bonkovsky HL. Porphyria. N Engl J Med. 2017;377(9):862-72.
6. Blau N, Hennermann JB, Langenbeck U, Lichter-Konecki U. Diagnosis, classification, and genetics of phenylketonuria and tetrahydrobiopterin (BH4) deficiencies. Mol Genet Metab. 2011;104 Suppl:S2-9.
7. Chillarón J, Font-Llitjós M, Fort J, et al. Pathophysiology and treatment of cystinuria. Nat Rev Nephrol. 2010;6:424-34.
8. Choi JH, Kim HS, Oh EH, et al. Cerebello-brainstem dominant form of X-linked adrenoleukodystrophy with intrafamilial phenotypic variability. Front Neurol. 2022;13:999419.
9. Clark JF, Cecil KM. Diagnostic methods and recommendations for the cerebral creatine deficiency syndromes. Pediatr Res. 2015;77:398-405.
10. Engelen M, Kemp S, de Visser M, et al. X-linked adrenoleukodystrophy (X-ALD): clinical presentation and guidelines for diagnosis, follow-up and management. Orphanet J Rare Dis. 2012;7:51.
11. Goldstein JL, Brown MS. Molecular medicine: the cholesterol quartet. Science. 2001;292:1310-2.
12. Guiraud S, Aartsma-Rus A, Vieira NM, et al. The Pathogenesis and Therapy of Muscular Dystrophies. Annu Rev Genomics Hum Genet. 2015;16:281-308.
13. Janciauskiene SM, Bals R, Koczulla R, Vogelmeier C, Köhnlein T, Welte T. The discovery of α1-antitrypsin and its role in health and disease. Respir Med. 2011;105(8):1129-39.
14. Jovanovic M, Guterman-Ram G, Marini JC. Osteogenesis Imperfecta: Mechanisms and Signaling Pathways Connecting Classical and Rare OI Types. Endocr Rev. 2022;43:61-90.
15. Kamil G, Yoon JY, Yoo S, et al. Clinical relevance of targeted exome sequencing in patients with rare syndromic short stature. Orphanet J Rare Dis. 2021;16(1):297.
16. Kamil G, Yoon JY, Yoo S, et al. Clinical relevance of targeted exome sequencing in patients with rare syndromic short stature. Orphanet J Rare Dis. 2021;16(1):297.
17. Kathiresan S, Melander O, Guiducci C, et al. Six new loci associated with blood low-density lipoprotein cholesterol, high-density lipoprotein cholesterol or triglycerides in humans. Nat Genet. 2008;40(2):189-97.
18. Kemp S, Huffnagel IC, Linthorst GE, et al. Adrenoleukodystrophy - neuroendocrine pathogenesis and redefinition of natural history. Nat Rev Endocrinol. 2016;12:606-15.
19. Levin MD, Bianconi S, Smith A, et al. X-linked creatine transporter deficiency results in prolonged QTc and increased sudden death risk in humans and disease model. Genet Med. 2021;23:1864-72.
20. Marini JC, Forlino A, Bächinger HP, et al. Osteogenesis imperfecta. Nat Rev Dis Primers. 2017;3:17052.
21. National Library of Meicine [Internet]. GeneReviews® [cited 2023 May 19]. Available from: https://www.ncbi.nlm.nih.gov/books/NBK1116/

22. Nussbaum RL, McInnes RR, Willard HF. Thompson & Thompson genetics in medicine. 8th ed. Amsterdam: Elsevier; 2016, pp. 215-56.
23. Peterson AS, Fong LG, Young SG. PCSK9 function and physiology. J Lipid Res. 2008;49(6):1152-6.
24. Rafeeq MM, Murad HAS. Cystic fibrosis: current therapeutic targets and future approaches. J Transl Med. 2017;15:84.
25. Rimoin DL, Pyeritz RE, Korf B. Emery and Rimoin's essential medical genetics. Cambridge : Academic Press (Elsevier); 2013.
26. Saravakos P, Kokkinou V, Giannatos E. Cystinuria: current diagnosis and management. Urology. 2014 ;83:693-9.
27. Savarirayan R, Tofts L, Irving M, et al. Once-daily, subcutaneous vosoritide therapy in children with achondroplasia: a randomised, double-blind, phase 3, placebo-controlled, multicentre trial. Lancet. 2020;396(10252):684-92.
28. Sharer JD, Bodamer O, Longo N, et al. Laboratory diagnosis of creatine deficiency syndromes: a technical standard and guideline of the American College of Medical Genetics and Genomics. Genet Med. 2017;19(2):256-63.
29. Shteinberg M, Haq IJ, Polineni D, et al. Cystic fibrosis. Lancet. 2021;397:2195-211.
30. Strachan T, Read AP. Human molecular genetics. 4th ed. New York: Garland Science; 2010.
31. Tompson SW, Bacino CA, Safina NP, et al. Fibrochondrogenesis results from mutations in the COL11A1 type XI collagen gene. Am J Hum Genet. 2010;87:708-12.
32. Tompson SW, Faqeih EA, Ala-Kokko L, et al. Dominant and recessive forms of fibrochondrogenesis resulting from mutations at a second locus, COL11A2. Am J Med Genet A. 2012;158A:309-14.
33. Yahyaoui R, Pérez-Frías J. Amino Acid Transport Defects in Human Inherited Metabolic Disorders. Int J Mol Sci. 2019;21(1):119.
34. Gao QQ, McNally EM. The Dystrophin Complex: Structure, Function, and Implications for Therapy. Compr Physiol. 2015 Jul 1;5(3):1223-39.

CHAPTER 14

# 게놈 의학의 전사체학

Transcriptomics in genomic medicine

손영배, 최무림

## I. 서론

생물체는 다양한 환경 조건에 대응하고 세포 내에서 다양한 생리적 기능을 수행하기 위해 특정 유전자를 필요에 따라 활성화하거나 억제한다. 세포의 분화와 발달도 생물체가 정상적인 성체로 발달하고 자손을 남기는 과정에 매우 중요한 역할을 한다. 이 과정에서도 다양한 조직과 세포들은 특정 유전자를 다르게 발현하여 각자의 특성을 가지게 한다. 또한, 각종 질병은 종종 특정 유전자의 발현이 비정상적으로 조절되는 결과로 발생할 수 있다.

유전자발현은 생물의 유전 정보가 실제로 활성화되어 RNA로 변환되는 과정으로서 유전자발현 조절 과정은 생명 현상의 가장 기본적인 방법 중 하나이며 이 과정에서 전사(transcription) 과정은 중요한 역할을 수행한다. 전사는 DNA의 염기서열에 기반하여 RNA를 합성하는 과정으로, 전사된 RNA는 단백질 합성에 사용되거나, 기능성 RNA로서 바로 역할을 수행할 수 있기에 전사 과정은 유전자발현의 중요한 단계이다.

즉, 전사 과정은 유전자발현의 초기 단계에서 조직 및 세포의 분화를 결정하는 역할을 수행한다. 동시에 이 과정의 문제는 여러 가지 질환을 일으킬 수 있다. 이러한 전사 과정, 혹은 주어진 조직이나 세포의 모든 전사 과정을 통틀어서 일컫는 전사체(transcriptomics) 연구는 현재 의생명학의 주요 방법으로 자리잡고 있다.

참고로, 제3장 VI. 유전자발현 연구와 VII. 단일세포 유전자발현 연구에서는 유전체 분석법의 소개의 일환으로 전사체 분석과 단일세포 전사체 분석 방법에 대한 기술적인 설명을 주로 하였으며, 이 장에서는 데이터 분석법 위주의 설명을 하겠다.

### 1. 전사체 분석 방법들

주어진 조직이나 세포의 전사체를 분석하는 방법은 최근의 유전체 기술 발전으로 많은 진전을 이루었다. 다음은 일반적으로 사용되는 몇 가지 주요한 방법이다.

#### 1) 마이크로어레이(microarray)

마이크로어레이는 수천, 수만 개의 유전자의 발현도를 동시에 분석하는 방법으로 작은 DNA 또는 RNA 조각 형태의 탐지자들이 마이크로어레이 칩에 부착되어 있으며, 이 탐지자가 각 유전자의 전사체에 결합되며, 결합된 탐지자의 양을 측정하기 위해 발광 물질 또는 형광 물질 등을 사용한다. 이 형광 시그널은 고효율 카메라를 이용하여 스캔된 후 컴퓨터에서 각 시그널과 해당 유전자의 발현도가 분석

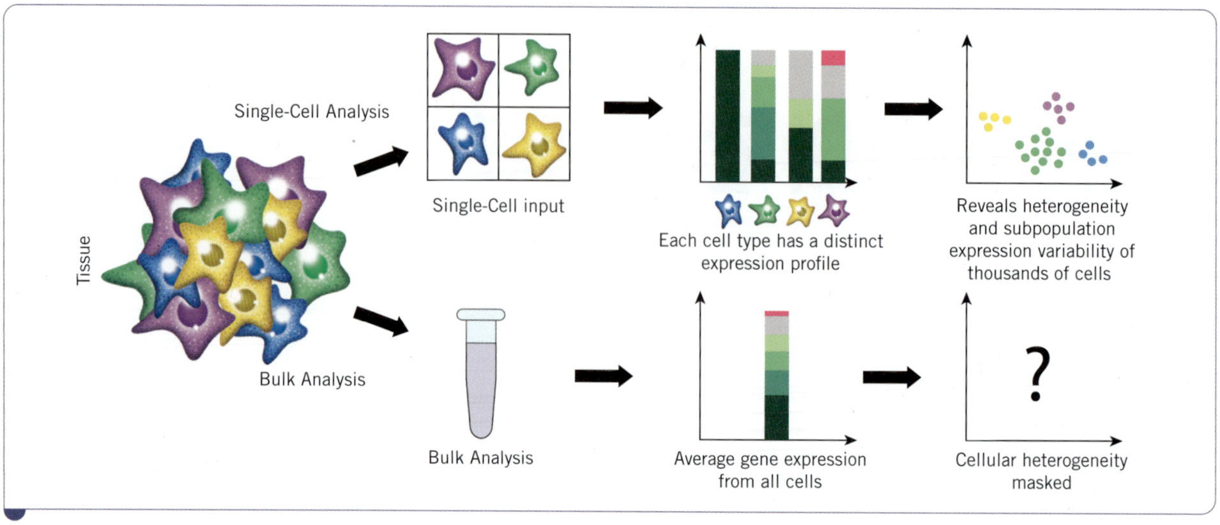


**그림 14-1.** RNA-seq과 scRNA-seq 방법의 차이점을 나타낸 모식도.

되어 도출된다.

### 2) RNA 시퀀싱(RNA-seq)

RNA-seq은 전사체를 분석하는 가장 일반적인 방법 중 하나로서 RNA 분자의 염기서열을 NGS 방법을 이용하여 해독해서 각 유전자의 발현도, 스플라이싱, 및 다양한 종류의 비코딩 RNA 등에 대한 다양한 정보를 얻을 수 있다.

### 3) 단일 세포 전사체 분석(single-cell RNA-seq, scRNA-seq)

scRNA-seq 방법은 개별 세포 수준에서 전사체를 분석하는 방법이다. 주어진 조직을 단일 세포로 분리한 후 각 세포의 RNA를 분리하고, 이 RNA를 시퀀싱을 통해 각 세포의 전사체 정보를 얻는다. 이 방법은 세포의 유형과 상태를 파악하고, 세포의 다양성 및 발달 과정 등을 이해하는 데 도움을 줄 수 있으며, 도출되는 정보의 중요성으로 현재 주요 전사체 분석 방법으로 빠르게 그 사용이 증가하고 있다.

이러한 전사체 분석 방법들은 전사체의 구성, 조절, 다양성, 상호작용 등을 이해하고 질병 연구, 발생 생물학, 약물 개발 등 다양한 응용 분야에서 중요한 도구로 사용되고 있다.

## II. 유전자발현분석(Gene expression analysis)

RNA-seq, scRNA-seq 방법을 통하여 조직의 전사체 데이터를 획득 후 해당 조직에서 유전자발현을 위한 여러 가지 정보를 얻기 위한 분석법은 계속적으로 발전해 왔다.

### 1. 전사체 분석 방법들

전사체 분석을 통하여 얻을 수 있는 정보는 다음과 같으며, 2023년 현재 주로 사용되는 알고리즘들과 함께 소개를 하겠다.

#### 1) 클러스터링 및 차원 축소

차원 축소 방법으로 아래와 같이 몇 가지 대표적으로 사용되는 방법으로 PCA, t-SNE, UMAP 방법이 있다(**그림 14-2**).

- 주성분 분석(Principal component analysis, PCA): 선택한 유전자들의 주요 변이 원인 값을 보존하면서 데이터의 차원을 줄이는 방법이다.
- t-Distributed stochastic neighbor embedding (t-SNE): 비선형 차원 축소 방법으로 샘플 간의 복잡하고 비선형적인 관계를 시각화하는 데 특히 유용하다.

**표 14-1.** RNA-seq과 scRNA-seq 방법을 통해 획득 가능한 항목들의 비교 표

| 분석 항목 | RNA-seq | scRNA-seq |
|---|---|---|
| 전체 조직 내 유전자발현도 | 가능 | Psuedobulk 분석법을 통하여 간적접으로 획득 가능 |
| 조직 내 세포 종류별 유전자발현도 | Deconvolution 분석법을 통하여 간접적으로 획득 가능 | 가능 |
| 조직 내 세포 종류별 비율 | Deconvolution 분석법을 통하여 간접적으로 획득 가능 | 가능 |
| 조직 내 새로운 세포 종류 탐색 | 불가능 | 가능 |
| DEG 검출 | 전체 조직 수준에서 가능 | 조직 내 세포 종류별 가능 |
| Isoform 발현도 검출 | 가능 | Long-read 분석법은 가능 |
| 전사체 내 유전변이 검출 | 가능 | 단일세포 기술에 따라 다르며, 10X 방법의 경우 유전자의 일부만 커버 가능 |
| 조직 내 세포 분화 과정 연구 | 불가능 | 가능 |
| 조직 내 세포 종류별 세포생물학적 상태 판별 | 불가능 | 가능 |

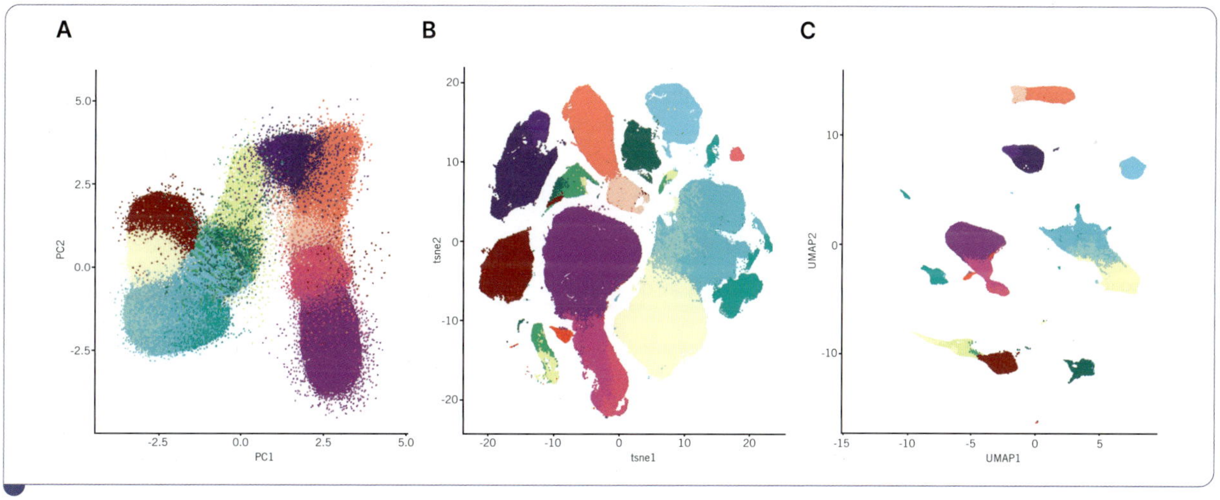


**그림 14-2.** 같은 세포의 데이터를 **(A)** PCA, **(B)** t-SNE, **(C)** UMAP 방법으로 그린 예시. PCA에 비하여 t-SNE, UMAP은 클러스터 간의 차이가 비교적 확실히 보이며 UMAP이 t-SNE다 그러한 현상이 두드러짐. PCA는 비록 클러스터 간의 차이를 확실히 나타나지는 않지만 샘플 간의 차이점과 좌표의 값이 더 정교하게 비례하여 나타난다는 장점이 있음. (Lie et al., Front Cell Dev Biol 2020)

- Uniform manifold approximation and projection (UMAP): 데이터에서 비선형 관계를 캡처할 수 있는 또 다른 차원 축소 기술로서 클러스터를 시각화하고 고차원 공간에서 데이터 구조를 보존하는 데 효과적이다.

클러스터링 방법은 다음과 같다.

- 계층적 클러스터링: 축소된 차원 데이터에 대해 계층적 클러스터링을 수행하여 유사성을 기반으로 샘플을 그룹화한다. 서로 다른 거리 메트릭(different distance metric; 예: Euclidean, Pearson 상관 관계) 및 연결 방법을 사용하여 클러스터링 알고리즘을 정의할 수 있다.

- K-평균 클러스터링: 기능 값을 기준으로 샘플을 K개의 클러스터로 분할한다. 최적의 클러스터 수(K)는 엘보 방법 또는 실루엣 분석과 같은 방법을 사용하여 결정할 수 있다.
- 밀도 기반 클러스터링: DBSCAN 또는 HDBSCAN과 같은 알고리즘을 활용하여 로컬 밀도를 기반으로 클러스터를 식별한다.

### 2) 유전자발현 정량화

이 단계는 크게 유전자발현도를 정량화하고, 이 값들을 정규화한 후 차등 발현 분석을 수행하는 것으로 나뉜다. 각 유전자 또는 전사체에 매핑되는 정렬된 리드 수를 세어 유전자 또는 전사체의 발현 수준을 추정한다. 이 단계에서는 featureCounts 또는 HTSeq와 같은 도구를 사용 가능하며, 이 단계에서는 각 샘플 별 유전자 또는 전사체에 대한 리드 수를 포함하는 표를 생성한다. 정규화 및 차등 발현 분석을 위하여 fragments per kilobase of transcript per million mapped reads (FPKM) 또는 transcript per million mapped reads (TPM) 등의 방법을 이용하여 발현도를 정량화한다. 정량화된 발현값은 DESeq2, edgeR 또는 limma와 같은 도구를 사용하여 실험 조건 간에 차별적으로 발현된 유전자를 식별한다.

### 3) 유전자 네트워크 분석

실험 조건 간에 차별적으로 발현된 유전자들의 목록을 기반으로 조건에 의하여 어떤 기능을 가진 유전자들의 발현이 변화하였는지를 체계적으로 분석하게 하는 방법들을 소개한다. 대부분의 프로젝트에서는 네트워크 분석 자체는 선택적으로 수행하며, 이보다는 (3), (5)에서 설명하는 유전자의 기능적 주석 과정은 필수적으로 수행한다.

(1) 네트워크 시각화: 유전자들의 목록의 네트워크는 단백질-단백질 상호 작용(protein-protein interaction, PPI) 혹은 동시발현도(coexpression) 등의 값에 기반하고 Cytoscape 또는 Gephi와 같은 도구를 사용하여 네트워크를 시각화할 수 있다. 관찰된 네트워크의 노드 수, 클러스터링 계수(coefficient)와 같은 네트워크 속성을 분석할 수 있다.

(2) 모듈 감지: 구성된 네트워크 내에서 연결이 강화된 영역이 있는 유전자의 모듈 또는 클러스터를 식별하게 하며, 이는 Cytoscape MCODE, Louvain과 같은 알고리즘을 사용하여 수행한다. 관찰된 모듈을 구성하고 있는 유전자들의 생물학적 기능에 대하여 분석이 가능하다.

(3) 기능 강화 분석: 각 모듈, 혹은 유전자 목록에 대해 유전자 온톨로지(gene ontology, GO) 분석 또는 경로 분석(pathway analysis)과 같은 기능 분석을 수행한다. 이를 위하여 DAVID, ToppGene, Enrichr 등의 웹 기반 알고리즘을 사용한다(그림 14-3).

(4) 네트워크 통합: 유전자 공동 발현 네트워크, 단백질-단백질 상호 작용 네트워크, 전사 조절 네트워크와 같이 다른 네트워크들 간의 통합에 의하여 새로운 기능 정보를 획득 가능하다.

(5) 기능적 주석: GO, KEGG 또는 Reactome과 같은 기능적 데이터베이스 또는 리소스를 사용하여 네트워크나 유전자 목록에 주석을 달아 실험적 조건과 연관된 생물학적 기능 또는 경로를 선택한다. 이를 위하여도 역시 DAVID, ToppGene, Enrichr 등의 웹 기반 알고리즘을 사용한다.

### 4) RNA 변형체 분석

RNA-seq 데이터를 사용하여 RNA 변형체(isoform)를 분석하는 방법이다. 대체 스플라이싱(alternative splicing) 탐지를 위하여 Leafcutter, rMATS, SUPPA 또는 MAJIQ와 같은 도구를 사용하여 엑손 건너뛰기(exon skipping), 대체 5′ 또는 3′ 스플라이스 사이트 또는 인트론 유지(intron retention)와 같은 다양한 유형의 대체 스플라이싱 현상을 식별한다. 또한, 이러한 스플라이싱을 시각화 하는 과정도 중요한데, 이를 나타내 주는 그림을 사시미 그림(sashimi plot)이라고 한다(그

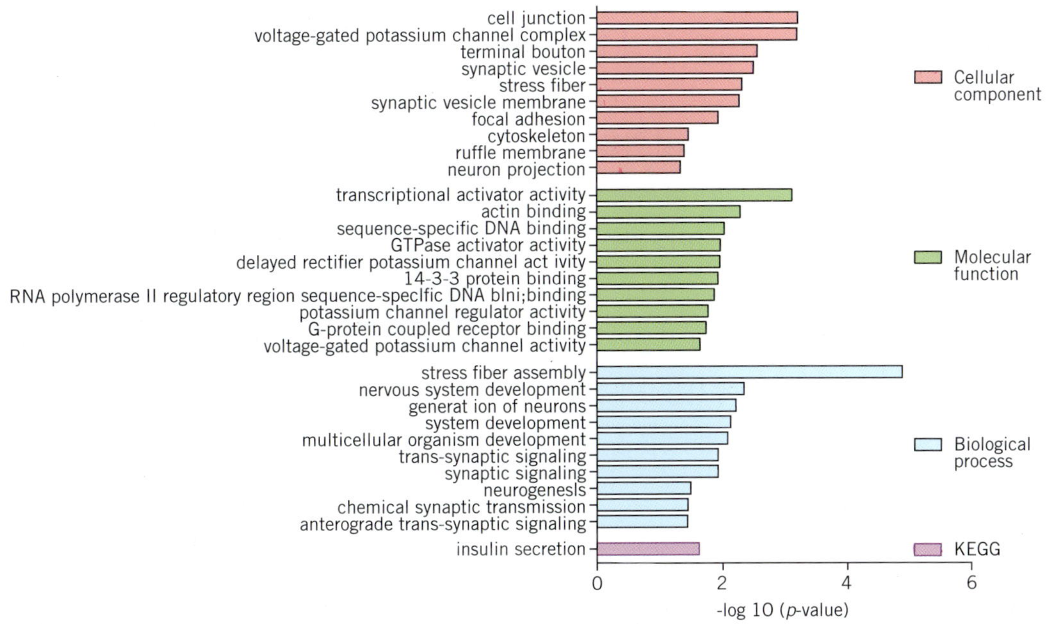


**그림 14-3.** GO, KEGG 분석 결과의 예시. GO는 cellular component, molecular function, biological process 등의 세 그룹으로 나뉘어진다. 모든 지표는 상대적 enrichment에 대한 통계적 지표로 나타낼 수 있다.

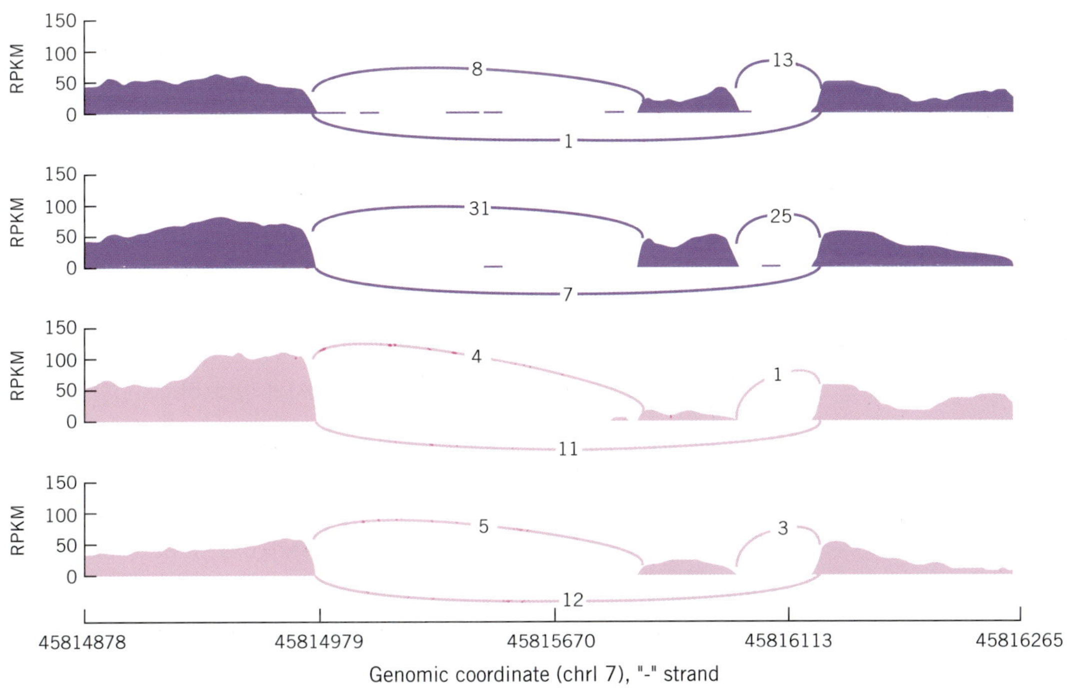


**그림 14-4.** 사시미 그림의 예시. 각 다른 조건에서 특정 유전자의 스플라이싱 양상이 달라지는 것을 나타냈다.

림 14-4). Leafcutter, SplicePlot 패키지, JuncBASE 등과 같은 도구를 사용하여 대체 스플라이싱 이벤트를 시각화 할 수 있다.

이러한 전사체 분석 방법들은 유전체 분석에서 획득하기 어려운 새로운 정보를 다량 제공해 주고 있으며 특히 단일 세포전사체 분석 방법은 기존의 전사체 분석보다 진일보된 다양한 세포, 조직 특이적 정보를 제공해 주고 있다. 이 장에서 소개된 여러 알고리즘들은 아주 빨리 그 사용의 정도가 변화하고 있으므로 실제 데이터 분석에 사용하기 전 충분한 검색과 비교를 통하여 가장 적절한 알고리즘을 사용하는 것을 권한다.

## III. 유전자발굴과 신약개발
### (Gene discovery and drug development)

특정 질병이나 실험적인 조건에서 역동적으로 변화하는 유전자발현도는 많은 연구의 대상이 되고 있으며 실제 많은 양의 의생명학적인 정보를 가져다주었다. 유전자발현에 의하여 발생하는 질병 유발 기작 과정에서 더 나아가서 해당 유전자를 타겟하여 질병에 대한 약물을 탐색하는 작업도 가능하다.

### 1. 전사체 유래 유전자 타겟 약물

유전자발현 변화를 타겟으로 하는 약물들은 작용 메커니즘에 따라 여러 가지 종류로 나뉠 수 있으며, 아래에 각 방법에 대한 자세한 설명과 실제 예시를 나열하였다.

#### 1) 전사 조절 인자 조절제(transcriptional modulators)

전사 조절 인자 조절제는 유전자 전사 과정을 타겟으로 하며, 유전자가 전사되는 속도에 영향을 주어 유전자발현을 촉진하거나 억제할 수 있다. 전사 조절 인자를 포함한 각종 조절자(modulator)와 상호작용하여 유전자발현을 조

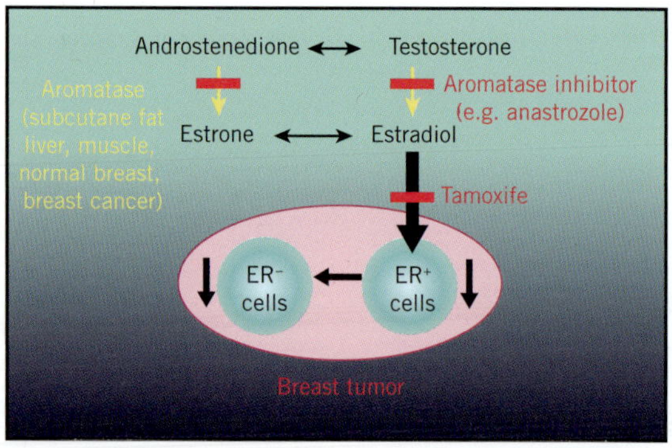


그림 14-5. 타목시펜의 작용 기전.

절한다. 전사 조절 인자 조절제는 다음과 같은 예시가 있다. 타목시펜(tamoxifen)은 호르몬 수용체 양성 유방암의 치료에 사용되는 선택적 에스트로겐 수용체 변조제(selective estrogen receptor modulator, SERM)이다. 에스트로겐 수용체에 결합하여 유방 조직에서 에스트로겐의 영향을 차단하여 에스트로겐에 반응하는 유전자의 전사 조절을 변경, 항암 효과를 낸다. 레티노산(retinoic acid)은 비타민 A의 유도체로서 전사 활성화 작용을 하는데, 전사 조절 인자인 레티노산 수용체(RARs)와 레티노산 X 수용체(RXRs)에 결합한다. 레티노산은 급성전골수구성백혈병(acute promyelocytic leukemia, APL)의 치료에 사용된다.

#### 2) 후성유전 조절제(epigenetic modulators)

후성유전 조절제는 DNA와 히스톤의 후성적 상태 변화를 타겟으로 하여 유전자발현을 조절한다. 에피제닉 조절제는 다음과 같은 예시가 있다. 아자시티딘(azacitidine)과 데시타비린(decitabine)은 골수증후군(myelodysplastic syndrome, MDS) 및 급성골수성 백혈병(acute myeloid leukemia, AML)의 치료에 사용되는 DNA 메틸화 효소 억제제이다. 이 약물들은 DNA 메틸화 효소의 활성을 억제하여 DNA 메틸화를 감소시킴으로써 종양 억제 유전자의 발현을 활성화하는 기작으로 그 기능을 한다. 또한 보리노스타트(vorinostat)와 로미데프신(romidepsin)은 피부 T-세포 림프종의 치료에 사용되

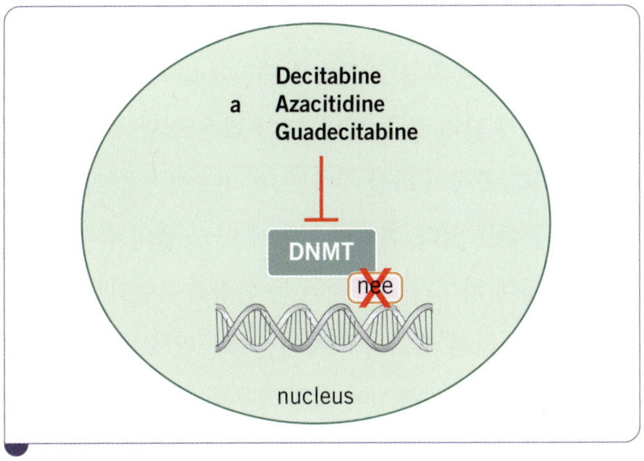


**그림 14-6.** 아자시티딘, 데시타비린의 작용 기전.

는 히스톤 탈아세틸화 효소(histone deacetylase, HDAC) 억제제이다. HDAC 효소의 활성을 억제하여 히스톤 단백질로부터 아세틸 기가 제거되는 것을 막아 염색질 응축 및 유전자 억제 상태를 완화하고 특정 유전자의 발현을 촉진하도록 한다.

### 3) RNA 타겟 치료(RNA targeted Therapies)

RNA 타겟 치료는 유전자발현 조절에 관여하는 RNA를 직접 타겟으로 하여 유전자발현을 조절한다. RNA 타겟 치료법의 예시로는 다음이 있다. 안티센스 올리고뉴클레오타이드(antisense oligonucleotide, ASOs)는 특정 RNA 서열에 상보적으로 결합하는 짧은 핵산 서열로서 유전자발현을 조절할 수 있다. RNA 스플라이싱을 변화시키거나 RNA 분해, 또는 단백질 번역 억제 등의 기작을 통해 유전자발현을 조절할 수 있다. 예를 들어, 누시네르센(nusinersen, 상표명 spinraza)은 척수근위축증을 치료하기 위해 *SMN2* 유전자의 스플라이싱을 수정하여 정상적인 기능을 하는 유전자의 합성을 유도하기 위하여 사용된다.

### 4) RNA 간섭(RNA Interference, RNAi) 치료

RNA 간섭 치료는 작은 간섭 RNA (short inhibitory RNA, siRNA) 또는 단모 RNA (short hairpin RNA, shRNA) 분자를 사용하여 특정 mRNA 분자의 분해를 유도시켜 유전자발현을 감

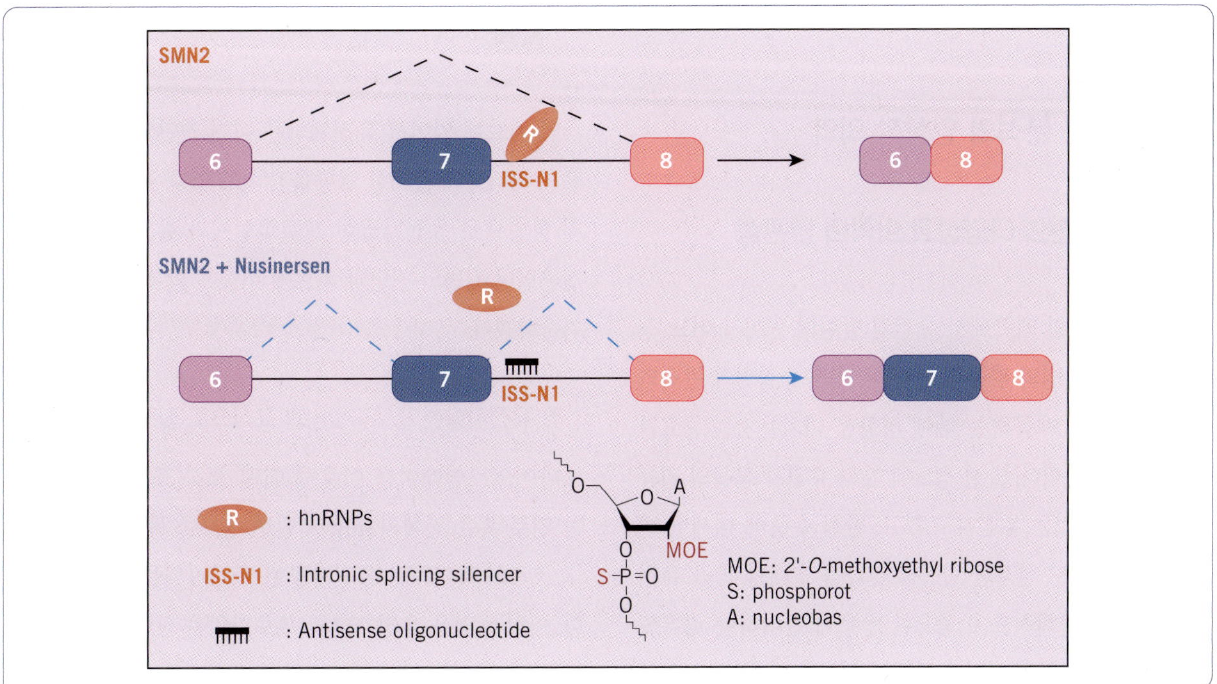


**그림 14-7.** 누시네르센의 작용 기전.

소시킨다. 실제 간섭 RNA 기반의 다양한 치료법이 다양한 질환을 대상으로 개발되고 있다.

#### 5) 유전자치료(gene therapy)

유전자치료는 질환을 치료, 예방하기 위해 치료 유전자를 세포로 전달하는 기술이다. 이를 통해 결함이 있는 유전자를 교체하거나, 치료 유전자를 도입하거나, 유전자발현을 조절할 수 있다. 예를 들어, 아데노연관바이러스(AAV) 벡터를 사용하여 척수근위축증(SMA)이나 상속성 망막 질환과 같은 유전성 질환의 기능적인 복사본을 전달하거나, 듀센 근육병의 치료를 위하여 *DMD* 유전자의 발현을 높이기 위하여 유전자치료 방법이 사용된다.

이러한 예시들은 유전자발현 변화를 타겟으로 하는 다양한 방법과 약물들이며, 계속적인 연구에 따라 그 범위와 효능이 증가하고 있다. 그러나 각각의 치료법은 안전성, 효과성, 특이성 등을 고려해야 하며, 신중한 연구, 임상 시험 및 규제 승인 등의 절차에 따라 개발, 적용되어야 할 것이다.

## Ⅳ. 전사체 분석의 임상적 의의

### 1. 유전자발현의 다양성과 의학의 연관성

유전체 의학의 맥락에서 유전체 발현의 변이가 어느 정도까지 질병 발병의 가능성, 질병의 자연사, 질병의 관리와 관련된 단서를 제공하는 데에 영향을 미치는지는 중요한 관심사 중 하나이다. 발현 정도에 따라 유전자 산물의 기능에 큰 변화가 없는 유전자도 있고, 발현 수준에 미세한 변이가 생길지라도 심각한 임상적 결과를 초래할 만큼 유전자 산물이 생물학적으로 중요한 반응에 관여하는 경우도 있다. 따라서 이러한 변이가 특정한 형질을 발현하는 데 있어 미치는 영향을 분석하고 평가하는 것은 의학적으로 중요한 의의가 있다.

실제로 동일한 환경 조건에서 개인에 따라 발병하는 병과 그 정도가 달라질 수 있다. 또한 같은 질환에 걸리더라도 사람마다 증상이 다를 수 있으며, 비슷한 증상이지만 병명이 다를 수도 있다. 이처럼 사람에 따라 병의 유무 및 종류, 증상 등이 차이가 나는 이유는 환경적 요인이나 개인의 건강 상태에 따른 면역력의 차이일 수도 있으나 그보다는 개인이 가진 유전적 특성에 의해 좌우될 가능성이 높다. 이렇게 유전적 요인의 중요성이 부각됨에 따라 의료 분야에서는 사람들의 유전적 성향을 파악하여 질병을 예측하거나 예방하고 개인의 유전정보를 기반으로 한 정밀 의학 서비스에 대한 관심이 높아지고 있다. 정밀의료 서비스를 제공하기 위해서는 사람의 유전 정보를 분석해야 하는데, 전사체 분석도 이에 이용될 수 있다. 전사체 분석을 통해 정상 세포와 비정상 세포 간에 발현되는 RNA의 차이를 분석하여 질병과 관련된 유전자를 파악하고, 그에 맞는 맞춤치료를 실시할 수 있기 때문이다.

### 2. 개인 맞춤형 암 치료를 위한 전사체 분석의 응용

암 치료에 있어서 유전체학은 이미 진단의 정확도와 치료의 최적화에 중대한 영향을 미치고 있다. 이에 대한 한 가지 방법으로 유전자발현 프로파일링과 같은 전사체 분석 접근법이 질병의 진단과 치료에 어떻게 활용되는지에 대해 기술하겠다.

#### 1) 유전자발현 프로파일링과 표식으로 집락화

마이크로어레이를 이용해 어떤 조직 표본에서 발현되는 일부 혹은 전체의 mRNA 발현 정도를 동시에 측정하여 그 조직의 특이적인 유전자발현 프로파일을 구성할 수 있다. 이렇게 얻은 유전자발현 프로파일은 상당히 방대한 정보를 가지고 있어 실제로 결정적인 단서를 얻기 위해 정교한 통계학적, 생물정보학적 도구를 이용하여 자료를 정밀하게 분석해야 한다. 특정 조직 표본들 사이에서 발현이 함께 증가하거나 감소하여 유전자발현에 상관관계가 있는 유전자 그룹을 찾는 것은 종양의 특성을 파악하는 데 중요한 단서가 될 수 있으며, 표본들 간의 발현 양상으로 유전자를 그룹화하는 것을 집락화(clustering)라고 한다. 유전자발현의 집락들은 관심 있는 표본이 특정한 패턴과 관련이 있는지에 대한 정보를 제공해 준다. 예를 들면, 프로파일링 결과 어떤 유전자 집락은 종양A 표본에서 종양B 표본보다 더 자주 나타나는 반면, 또 다른 어떤 유전자 집락은 종양B 표본에서 종양A 표본보다 더 자주 발견될 수도 있을 것이다. 발현 양상이 특정 표본에서 연관성이 있는 유전자 집락은 그 표본의 특징을 설명하는 발현 표식(expression signature)을 구성하게 된다.

### 2) 유전자발현 표식의 응용

종양을 특징 짓는 유전자발현 프로파일은 다방면에서 유용하다. 첫 번째로, 유전자발현 프로파일은 종양을 특징 짓는 조직학적 모양, 세포유전학적 표지자들, 특이 표지 단백질의 발현 등에 대한 정보를 제공함으로써 서로 다른 암을 보다 세밀하게 구별할 수 있다. 예를 들어, large B 세포 림프종과 버킷림프종을 구별하거나, 분화성 원발 폐암과 두경부 편평세포암종이 폐로 전이된 종양을 구별할 수 있으며, 원발 조직을 모르는 상태의 전이성 종양의 발생 조직을 규명하는 것이 가능하다. 이렇게 보다 정밀하게 암종을 구별함으로써 각각의 암종의 특성에 맞는 표적 치료도 가능해질 수 있다. 두 번째로, 서로 다른 유전자 표식들의 질병의 예후, 치료에 대한 반응성 등과 같은 임상 결과와 상관관계가 있는지도 밝혀낼 수 있다. 나아가 이러한 상관 관계가 검증된다면, 유전자 표식 그룹에 따라 치료법을 결정하는 데 도움을 줄 수 있을 것이다. 끝으로, 유전자 집락화는 기초 연구를 통해 이전에는 알지 못했던 질병의 진행과 관련된 유전자들 간의 기능적 상호작용과 상관 관계를 밝혀 질병의 분자 유전학적 기전을 규명할 수 있게 해 준다.

## 3. 암 예후 추정에서의 유전자발현 프로파일링

대부분의 암의 경우 적절한 치료법을 선택하는 것은 환자와 의사 모두에게 어려운 일인데, 이는 재발이 흔하고 예측하기 어렵기 때문이다. 암환자 개인별로 암의 재발 위험과 전이 잠재성에 대해 보다 잘 알 수 있다면 수술 과정이나 화학요법의 종류, 강도를 결정하는 데 확실히 도움이 된다. 예를 들어, 유방암의 경우 호르몬 수용체의 존재 여부, *HER2*와 같은 종양유전자의 증폭, 액와 림프절 전이 여부 등과 같은 특징들로 유방암 치료의 더 좋은 반응성과 예후를 대략 예측할 수 있지만, 이것들은 여전히 불완전하다. 유전자발현 프로파일링은 유방암뿐만 아니라 림프종, 전립선암, 다양한 전이성 암의 치료 방법 결정에 새로운 지침이 될 수 있다.

또한 다양한 유전자 세트의 발현 프로파일링은 유방암, 대장암, 난소암 등을 관리하는 데 유용한 정보를 제공할 수 있다. 새로운 암을 진단받은 환자에서 임상 정보와 유전자 발현 정보를 조합하면 예후 추정과 치료법 개선에 효과적이라는 사실에 대해서 많은 학자들의 동의하고 있다. 종양에서 유전자발현 프로파일을 이용하여 예후를 보다 정밀하게 추정하여 힘들고 비싼 화학요법이 불필요하거나 유효하지 않은 환자들에게는 다른 치료를 적용함으로써 환자 개인에 맞춤치료가 가능해지리라 전망된다. 실제로 모든 개별 환자의 예후가 임상적 특징, 특정 유전체 서열, 발현 표식과 연관되어 있다는 사실은 암에 있어 결정적으로 중요하다. 같은 암으로 진단받은 환자들 사이에서도 유전체 및 유전자발현이 서로 다르기 때문에 각 개인의 암은 고유한 질환이라 할 수 있다. 모든 환자들이 가지는 유전적 변이나 유전자발현이 다르고, 그러한 변이들에 따라 암의 진행 방식 및 그에 대한 인체의 반응이 달라지는 것이다. 전사체 분석 방법이 빠른 속도로 발전하고 다양해짐에 따라 점점 더 방대한 유전자발현 프로파일링 정보가 생산되고 데이터베이스가 구축되고 있다. 종양 세포주에서 얻은 정보들과 인간 종양의 정보를 통합하면 암세포가 시간에 따라 어떻게 변하는지, 치료에 어떻게 적용할 수 있는지 등 임상적으로 의미 있는 정보를 많이 얻을 수 있을 것이다.

## 4. 단일 세포 전사체 분석을 이용한 임상의학 연구 전망

새로운 단일 세포 전사체 분석 기술은 임상 의학 연구의 새로운 지평을 열고 있다. 단일 세포 전사체 분석을 이용한 연구를 통해 질병의 기전에 대한 세포 수준의 변이를 밝혀낼 수 있다. 최근까지도, 질병의 기전에 대한 연구는 다양한 종류의 세포가 섞여 있는 질병 조직을 분석하여 수행될 수밖에 없었고, 이러한 분석의 결과는 서로 다른 유전자발현을 가지고 있는 다양한 세포들로부터 얻어진 것으로 병든 세포의 유전체 정보만을 단독으로 얻기는 어려웠다. 예를 들어, 종양조직의 유전체 분석을 하더라도 실제로 그 조직에는 정상 세포와 종양 세포가 혼재할 수밖에 없으므로 얻어진 유전체 정보는 종양 세포만의 특성이라 보기 어려운 것이다. 따라서 조직에서 병든 단일 세포만을 분석하면, 보다 확실하게 각각의 세포의 유전자발현 프로파일을 구별할 수 있으며 질병의 시작, 진행 과정의 변화를 보다 명확하게 밝혀낼 수 있다. 또한 서로 다른 각각의 세포를 분석하여 각 세포의 역할, 활동성, 위치관계 등 다양한 정보를 보다 선명하게 알 수 있다. 또한 같은 질환을 가진 여러 환자에서 단일세포 전사체 분석을 하면, 질병이 어떻게 개인마다 다르게 진행되고, 치료에 대한 반응이 서로 다른지에 대한 정보를 얻을 수도 있어 정밀 의학의 중요한 근거가 될 것으로 전망한다.

## REFERENCE


1. Chad J Creighton. Gene Expression Profiles in Cancers and Their Therapeutic Implications. Cancer J. 2023;29(1):9-14.
2. Nussbaum R, Mcinnes R R, Willard H F. *Thompson & Thompson Genetics in Medicine E-Book*. 8th ed. Elsevier; 2015.
3. Strachan T, Read A. Human molecular genetics. 5th ed. New York: Garland Science; 2018.

CHAPTER 15

# 발생 유전학과 선천성 기형

## Developmental genetics and birth defects

고정민, 김유미

## I. 의학에서의 발생생물학 (Developmental biology in medicine)

선천성 기형은 장기간의 합병증, 지적 장애, 생식 능력의 제한을 초래하는 주된 원인이다. 2013년에 발표된 미국 통계에 따르면 영아 사망률은 1,000명 출산당 5.96명이다. 이 중에 20% 이상이 선천성 기형에 의한 것으로 확인되었으며, 다른 20%는 모체-태아 발달 환경이 유지되지 못하여 발생한 조산과 관련된 합병증 때문이었다. 따라서 약 50%의 영아 사망은 태내에서 정상 발달이 제대로 이루어지지 못해 발생한다.

### 1. 기형, 변형, 파열(Malformations, deformations, disruptions)

개별적인 선천성 기형은 크게 기형, 변형, 그리고 파열의 세 가지 범주로 나눌 수 있다.

#### 1) 기형(malformation)

발생 과정 중 한 가지 이상의 유전적 프로그램의 내인성 문제로 인해 발생한다. 이러한 과정은 배아나 태아의 발달에서 각기 다른 장소와 각기 다른 단계에 관여할 수 있기 때문에, 신체의 한 곳에서 기형이 생긴다면 다른 곳의 기형 또한 동반될 수 있다. 그리고 두개다지합지증(Greig cephalopolysyndactyly)에서 동반되는 다지증은 기형에 속한다. 이 증후군은 전사인자를 암호화하는 *GLI3* 유전자의 돌연변이로 발생하며, 이 전사인자는 위 팔의 먼 쪽 말단이 다섯 개의 손가락을 가진 손으로 발생하는 데 관여하는 신호 인자이다.

#### 2) 변형(deformation)

태아의 발생과정에서 물리적인 힘이 가해지는 외인적 요인에 의해 발생한다. 변형은 임신 2분기에 가장 흔하며, 양수와 자궁 안에서 태아에게 압력이 가해져서 발생한다. 예

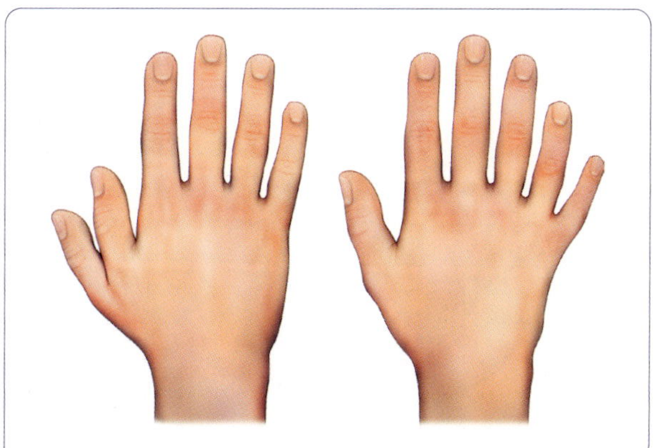

그림 15-1. 다지합지증.

를 들어, 관절굽음증(arthrogryposis)이라고 불리는 사지 관절의 구축은 두개골의 변형과 함께 나타날 수 있고, 쌍둥이 혹은 양수가 오랫동안 부족한 상태에서 태아에게 압박이 가해지면 발생할 수 있다. 대부분의 변형은 출생 이후에 자연스럽게 호전되거나 물리 치료, 외부 고정 장치 등을 이용하여 치료할 수 있다.

### 3) 파열(disruption)

정상적인 태아 조직이 파괴되어 발생한다. 파열은 정상적인 조직을 잃은 상태이기 때문에 변형보다 치료가 어려우며, 혈류가 부족하거나, 외상, 또는 기형유발물질(teratogen)에 의해 발생할 수 있다. 양막 조직의 끈과 같은 가닥에 의해 태아의 사지가 잘리는 경우인 양막띠 증후군(amniotic band syndrome)이 그 예이다.

기형, 변형, 파열의 병태생리학적 개념은 선천성 기형의 인지, 진단, 치료에 유용하지만, 실제로는 세 가지 개념들이 혼재되어 있는 경우가 많다. 예를 들면, 혈관 기형은 말단 사지 구조의 파열을 일으키고, 비뇨생식기계 기형은 양수과소증을 일으켜 태아 변형을 일으킬 수 있다. 그러므로 개별적인 환자의 선천성 기형은 기형, 변형, 파열의 조합이 된다.

## 2. 기형의 유전, 유전체 및 환경적 요인

기형은 다양한 원인으로 발생한다.

1) 기형의 25%에서 염색체 이상이 원인이 되며 21번, 18번, 13번 염색체의 삼체성(trisomy)이 가장 흔하다. 최근에 널리 이용되고 있는 염색체 마이크로어레이(chromosomal microarray)은 복제수변이(copy number variant)라고 알려진 미세결실이나 중복을 확인할 수 있는 해상도가 높은 진단법으로 전체 선천성 기형의 약 10%에서 이상이 확인된다.
2) 기형의 20%는 단일 유전자 변이로 발생한다. 연골무형성(achondroplasia) 또는 와덴부르그 증후군(Waardenburg syndrome)과 같은 질환은 상염색체 우성으로 유전된다. 선천성 기형이 있는 이형접합자들은 대개 증상이 심각하기 때문에 가족력이 없이 산발적으로 발생한 새로운 변이에 의한다. 상염색체 열성이나 X 염색체 연관 열성방식으로 유전되는 기형 증후군으로는, 스미스-램리-오피츠 증후군(Smith-Lemli-Opitz syndrome)이나 로웨 증후군(Lowe syndrome) 등을 들 수 있다.
3) 기형의 약 40%에서는 뚜렷한 원인을 찾을 수 없지만, 일반 인구에서 통계적으로 예상되는 빈도보다 환아의 가족 내에서 재발하는 빈도가 더 높기 때문에 다인자

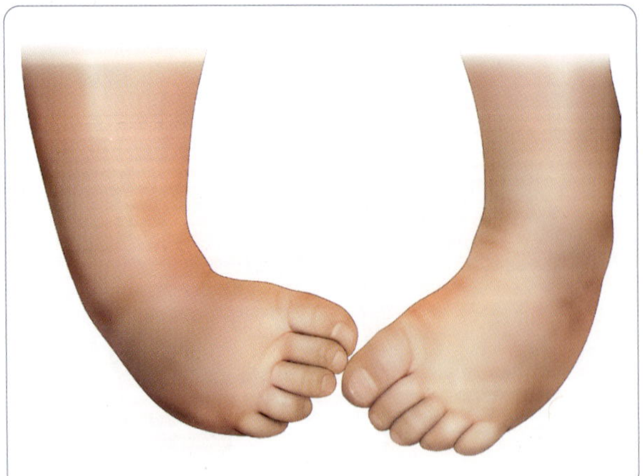

그림 15-2. 관절굽음증.

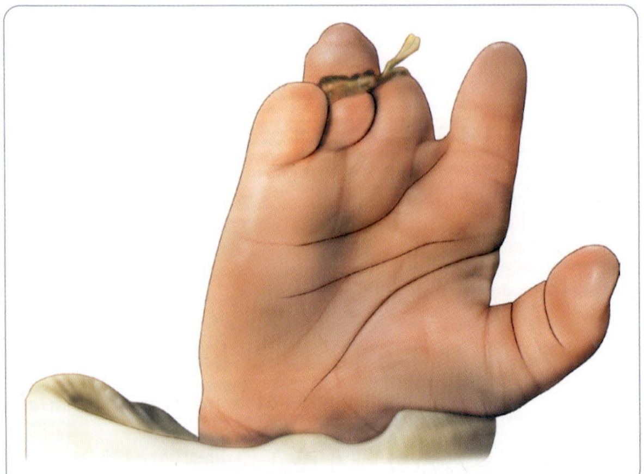

그림 15-3. 양막띠 증후군.

성 질환으로 생각된다. 이러한 유형으로는 입천장갈림증, 입술갈림증, 선천성 심장 질환과 같은 질환들이 포함된다.

4) 나머지 약 5%는 특정 환경인자들인 약물, 감염, 술, 화학 물질, 또는 방사선 등에 노출되어 발생하는 것으로 생각되며, 산모의 당뇨나 페닐케톤뇨증 같은 산모의 질환에 의해 발생하는 것으로 추정된다. 그런 물질들은 기형을 유발하기 때문에 기형유발물질(teratogen)으로 부른다.

## 증례 24 | 모성 페닐케톤뇨증 증후군

### 1) 임신 14주에 내원한 고전적 페닐케톤뇨증 25세 여자 환자

### 2) 가족력 및 임상증상

25세 여자 환자가 임신 14주에 외래에 내원하였다. 임신부는 신생아선별검사를 통해 고전적 페닐케톤뇨증으로 진단되어 소아과에서 정기적으로 치료를 받다가 5년 전부터 내과에서 치료를 지속하였으나 식이 관리가 잘 되지는 않았다. 내원 시에는 페닐알라닌 제거 단백 및 저단백 밥을 이용한 단백제한 식이를 시도하고 있었다.

### 3) 진찰소견

체중은 52 kg, 키는 164 cm이었고 체온은 36.7℃였다. 혈압은 138/72 mmHg였고 맥박수는 분당 64회였다.

### 4) 검사소견:

혈액검사에서 신기능, 간기능, 응고검사수치는 정상이었다. 혈장 페닐알라닌 수치 증가(26.5 mg/dL)와 함께 타이로신 수치는 감소되어 있었다. 산전초음파 검사에서 태아의 두개골, 척추, 흉부, 복벽, 위장관 비뇨기계, 사지 및 골격에는 이상이 없었으나, 태아 심장초음파에서 심실중격결손과 총동맥간증(truncus arteriosus communis)이 의심되었다.

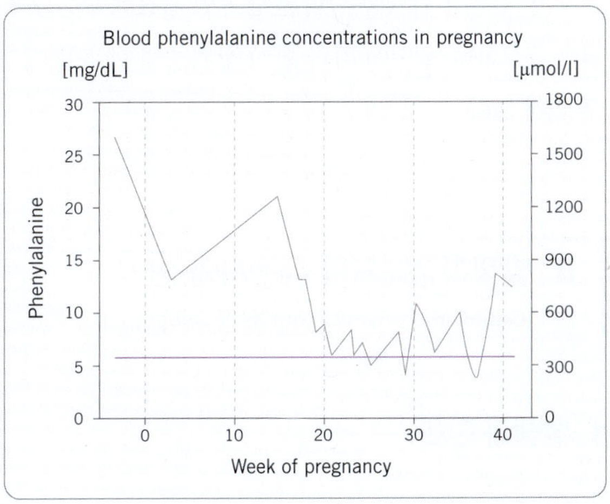


임신부의 유전자 검사에서 phenylalanine hydroxylase gene의 exon 12의 c.1222C>T변이와 intron 12의 c.1315+1G>A 변이가 compound heterozygote로 확인되었다.

### 5) 진단 및 치료경과

입원 기간 동안 임신부는 영양상담을 통해 목표한 페닐알라닌 수치(<6 mg/dL)를 유지하도록 교육받았고, 임산부의 PKU에 의해서 태아의 심장 기형이 발생했을 가능성이 높다는 설명을 들었다. 엄격한 페닐알라닌 제한식이로 페닐알라닌 하루 최대 섭취량이 100 mg이 넘지 않도록 하고, 매주 혈액 페닐알라닌 수치를 확인하였다. 페닐알라닌 수치가 계속 높았음에도 임산부의 식이 조절은 쉽지 않았다.

임신 32~36주 사이에 시행한 초음파에서 태아의 심장기형과 더불어 자궁 내 성장지연, 소두증 소견이 추가로 보였다. 임신 주수 40+5주에 자연분만으로 남아를 출산하였고, 출생체중은 2470 g, 키는 45.0 cm이었으며 두위는 32.0 cm으로 모두 3 백분위수 미만이었다. 아프가점수는 6/7/9점이었다. 안면 소견에서 하악 후퇴, 넓은 콧등과 들린 코 소견을 보였다. 아기는 출생직후 신생아 중환자실에서 수액치료 받았고 초기에 높았던 페닐알라닌은 점차 정상 수치까지 떨어져 생후 10일째에 퇴원하였다. 생후 3개월에 외래에서 측정한 머리둘레는 33.4 cm, 체중은 4.2 kg, 키는 58.1 cm으로 모두 3백분위수 미만이었다. 전반적 발달지연과 함께 복직근 이개와 근긴장도 저하를 보였다. 심장초음파 추적에서는 심실중격결손과 함께 대동맥 위치 이상이 확인되어 생후 6개월에 심장 수술을 받았다.

### 6) 요약

(1) 모성 페닐케톤뇨증 증후군은 안면 이형성증, 소두증, 선천성 심장질환, 발달지연, 학습장애를 특징으로 하며 임신 중 임신부의 높은 페닐알라닌 수치가 태아에게 기형을 유발한다. 페닐알라닌은 임신 후 20~50일째에 심장 형성 및 임신 8주에 뇌 발달에 영향을 주며, 임신 기간 내내 영향을

다음 페이지에 계속 >>

주게 된다. 그러므로 임신 준비기간을 포함하여 임신기간 내내 산모의 페닐알라닌 수치를 지속적으로 낮게 유지하는 것이 중요하다.

(2) 이 증례의 임산부의 경우 임신 14주차에 상당히 높은 수준의 페닐알라닌 수치를 보였으나 이미 태아에게서 심장기형이 발견되었고 이후 추가적으로 소두증과 자궁내 성장 지연이 확인되었다. 태아는 유전학적으로는 페닐케톤뇨증의 보인자로 환자가 아니지만, 태내 환경에서의 높은 페닐알라닌이 teratogen으로 작용하여 태아에서 기형을 유발하게 된다. 임신중 페닐알라닌 수치를 조절하지 않은 페닐케톤뇨증 임산부에게서 태어난 신생아의 92%가 정신지체, 73%가 소두증, 40%는 저체중, 12%는 선천성 심장기형을 보인다는 것이 알려져 있다.

(3) 임신 준비시기부터 임신 전기간 동안 페닐알라닌 수치를 엄격하게 조절하면 선천성 심장기형을 예방할 수 있는 것으로 알려져 있어, 혈중 페닐알라닌 농도가 권장 범위까지 떨어질 때까지 최소 4주간 피임을 계속할 것을 권고하며 임신 기간 내내 페닐알라닌 수치는 2~6 mg/dL를 목표로 식이를 조절한다. 페닐알라닌 섭취량을 100 mg/day로 제한하고 식이 단백질 양을 2 g/day로 제한한다. 매주 체중과 페닐알라닌, 타이로신 수치를 확인하여 식이량 계산을 조정해야 한다.

## 3. 다면발현: 증후군과 연쇄

**(Pleiotropy: syndromes and sequences)**

다면발현은 하나의 원인 인자에 의해 발생한 선천성 기형이 배아의 또 다른 부분 또는 자궁내 성장 과정 중에 서로 다른 시점에 발생하는 여러 구조물에 다양한 장기 계통의 이상을 초래하는 경우를 말한다. 선천성 기형에 있어 다면발현은 유전자 돌연변이 혹은 기형유발 물질 등의 원인 인자가 어떤 영향을 미치는지에 따라서 두 가지 다른 방식으로 나타난다.

### 1) 증후군(syndromes)

증후군(syndrome)은 특정 원인 인자로 인해 여러 가지 이상이 함께 나타날 때, 그러한 기형들의 집합을 뜻한다. 상염색체 우성 유전 아가미귀콩팥 증후군(branchio-oto-renal syndrome)은 다면발현성 증후군의 한 예이다. 아가미귀콩팥 증후군 환자는 달팽이관 및 외이의 이상을 보이며, 목의 낭종이나 샛길, 신장 형성 이상, 신장 집합관 기형을 동반할 수 있다. 이 증후군의 기전은 포유류의 귀와 신장을 형성하는 유전자와 단백질의 세트 이상에 의한다. 귀와 신장의 발생과정에서 단백질의 인산화분해효소를 부호화하는 *EYA1* 유전자의 이상이 대표적인 유전학적 원인이다.

### 2) 연쇄(sequences)

연쇄(sequence)는, 원인 인자가 한 장기계통에만 영향을 주지만 그 장기계통의 문제로 인하여 순차적으로 이차적인 기형을 일으켜서 기형의 집합이 발생한 경우를 말한다. 입천장갈림증과 작은 아래턱뼈를 특징으로 하는 로빈 연쇄(Robin Sequence)가 연쇄의 대표적인 예이다. 이 연쇄는 임신 주수 9주 이전에 어떤 원인에 의하여 아래턱의 성장이 저하되면 혀가 정상보다 더 뒤쪽에 위치하게 되고, 입천장판의 정상적인 닫힘을 방해하여 입천장갈림증을 일으킨다. 로빈 연쇄는 특정 원인을 알지 못하는 독립적인 선천성 기형으로 나타나거나, 자궁에서 다른 쌍둥이 등에 의해 물리적으로 아래턱뼈에 압력이 가해져서 생길 수 있다. 로빈 연쇄에 의한 입천장 갈림증은 다른 단독성 입천장 갈림증과 감별이 필요하며, 원인에 따라 환아와 가족의 예후를 예측할 수 있게 된다.

# II. 발생과정에서의 유전자와 환경

**(Genes and environment in development)**

## 1. 발생과 진화

발생 초기의 배아는 수많은 종에서 거의 비슷하다. 발생

과정이 진행되면서 각 종들 간에 공유하는 특징들이 점차 적으로 각각의 종에 특징적인 형태로 변해가게 되며 이 과정은 밀접하게 관련 있는 종일수록 비슷하다. 진화 과정에서 연관된 개체들 간에 보이는 발생학적 특징은 특정 동물군에서 특징적이며, 좀 더 넓은 범위의 동물군에서는 덜 특징적이기는 하지만 근본이 되는 구조가 존재하기는 하고, 더 큰 범위의 동물군에서 보이는 구조와도 연관되어 있다. 서로 다른 종에서 보이는 구조가 공통 조상에서 존재하는 구조물로부터 진화한 것을 상동(homologous)이라고 한다. 동물에서 앞다리의 경우, 사람, 새, 박쥐의 공통 조상으로 거슬러 올라가면 기능적인 앞다리를 공유함을 알 수 있으며 사지 구조를 만드는 분자 발생학적 기전은 현존하는 이들 사이에서도 공유된다.

그러나, 모든 유사성이 상동에 의한 것은 아니다. 구조적으로 유사하기는 하지만 서로 다른 기원에서 유래된 경우를 상사(analogous) 구조라고 한다. 모양은 비슷하나, 그 구조를 지닌 공통 조상으로 거슬러 올라갈 수 없는 경우에는 분자유전학적 경로가 진화적으로 보존되는 것은 아닌 것으로 생각된다. 예를 들면, 박쥐와 새의 날개는 하늘을 나는 공통된 일을 수행하지만 그 기원은 독립적이다. 박쥐와 새는 공통 조상을 공유하지 않으며, 새는 사지를 후방으로 신전시켜 날개를 형성했고, 박쥐는 앞다리의 손가락을 확장시키고 합지(syndactylous) 조직으로 연결하는 방식으로 날개를 형성했다. 이런 현상을 수렴 진화(convergent evolution)라고 부른다.

## 2. 확률(Probability)

발생은 유전체에 의해 조절되지만 유천체에 의해 결정되는 것은 아니며, 정상 발생에 있어서 확률이 또한 중요하다. 포민(formin) 유전자의 변이를 가진 생쥐 중 20%에서 신장 무형성증이 동반된다. 이 포민 유전자의 변이가 보이는 20%의 투과도는 신장 무형성증이 있는 쥐와 그렇지 않은 쥐의 유전자 차이로는 설명할 수 없다. 대신에 포민 유전자의 변이는 발달 과정에서 신장 무형성증을 일으키게 할 가능성을 증가시키는 것으로 볼 수 있다. 그러므로 포민 유전자 변이를 가지고 있다고 해서 항상 신장 무형성증이 생기는 것은 아니지만, 간혹 신장 무형성증이 생길 수 있고, 일부 개체에서는 신장 결손의 발생 원인이 포민 유전자 변이 때문이라고 할 수 있다. 이러한 확률은 개체 간 차이를 다양하게 해준다.

## 3. 환경적 요인(Environmental factors)

세포나 조직의 국소 환경은 정상 발달과정에서 중요한 역할을 한다. 그러므로 약물이나 다른 물질들이 국소 환경에 들어가면 유전자의 역할을 조절하는 인자들을 방해하여 기형유발물질로 작용할 수 있다. 발생과정과 관련된 분자 유전학적 및 세포의 경로는 성인과는 차이가 있기 때문에, 출생 시 심각한 결함을 일으키는 기형유발물질들이 성인에게는 거의 영향이 없을 수 있다. 이러한 예로써 태아 레티노이드 증후군(fetal retinoid syndrome)을 들 수 있다. 임신 중에 아이소트레티노인(isotretinoin)을 복용한 산모의 태아에서 발생하는 질환으로 아이소트레티노인은 심한 여드름을 치료하는데 쓰는 약제이다. 임산부가 아이소트레티노인을 복용하면 이 약물이 내인성 레티노이드의 역할을 모방하여 발생중인 배아와 태아 조직으로 퍼지게 되며 세포와 상호작용을 하여 특정 발달과정을 유도하기 때문이다.

어떤 기형유발물질은 특정한 기형을 일으키는데 있어 노출 시점의 임신 주수, 기형유발물질에 대한 다른 조직들의 취약성, 임신 기간 동안의 노출 정도에 따라 위험도가 달라진다. 가장 좋은 예는 탈리도마이드 증후군(thalidomide syndrome)이다. 탈리도마이드는 1950년대에 널리 쓰인 신경안정제로 임신 주수 4~8주 사이에 이 약물에 노출된 태아에게서 팔다리 기형이 높은 빈도로 발생한다는 것이 확인되었다. 이것은 이 약물이 발생 과정의 태아 팔다리 혈관에 영향을 미치기 때문이다.

## III. 발생 생물학의 기본 개념
(Basic concepts of developmental biology)

### 1. 발생과정 중의 세포

발생 과정에서, 세포는 분열하고, 새로운 기능이나 구조를 얻고, 배아 내에서 이동하고, 주로 세포자멸사를 통해서 예정된 죽음을 맞이한다. 이러한 네 가지 기본적인 세포의 과정은 다양한 조합과 여러 가지 방식으로 작용하여 세포 성장과 형태발생을 가능하게 한다. 이에 따라 정상 크기와 모양을 가진 배아를 만들고, 적절한 크기와 모양과 위치를 가진 기관을 만들고, 올바른 형태와 구조와 기능을 가진 조직과 세포를 구성하게 된다.

성장 자체는 포유류 발달에서 조심스럽게 조절되며, 조절되지 않는 성장은 위험하다. 몸의 일부분의 성장 조절에 문제가 생기면 편측과형성(hemihyperplasia)과 같은 심각한 기형과 기능장애를 초래할 수 있다. 또한, 비정상적인 성장 조절은 조직이나 기관의 모양도 바꿀 수 있다.

형태 발생은 발생 중인 개체에서 이루어지며, 정상적 모양과 기능을 가진 조직과 기관을 만들기 위한 성장 과정과 형태 발생은 연관되어 있다.

### 2. 인간 발생학

인간 발생은 수정에서 시작된다. 수정 이후에 배아는 성장 없는 일련의 세포분열을 겪는데 이것을 난할(cleavage)라고 한다. 단일 수정란은 4일째에 4번의 세포분열을 통해 16세포 오디배(morula)를 형성한다. 5일째에 배아는 주머니배(blastocyst)가 되는데, 이것의 벽을 형성하는 세포는 태반이 되고 안에 있는 세포들은 배아 자체를 만들게 되는데 한 쪽으로 뭉쳐서 속세포덩이(inner cell mass)라고 부르는 것을 형성하게 된다. 이것이 배아에서 처음으로 극성(polarity)이 나타나는 순간인데, 이것은 세포가 성숙한 개체를 대부분 형성하는 속세포덩이와 융모막을 형성할 배아 바깥조직을 구분하는 비대칭 축을 의미한다. 속세포덩이는 다시 배아 자체를 형성할 배아덩이 상판(epiblast)과 양막을 형성할 배아덩이 하판(hypoblast)으로 나뉜다.

배아는 수정 후 7~12일 사이에 자궁 내막에 착상을 하게 된다. 착상 후에는 창자배 형성이 일어나 외배엽, 중배엽, 내배엽으로 구성되는 세 개의 배엽 층(germ layer)을 이루게 된다. 이 세 개의 배엽층은 각각 다른 구조를 형성한다. 내배엽은 개체의 내장을 형성하는 계통으로 소화관, 호흡기의 기도나 다른 비슷한 구조의 안쪽을 싸고 있는 세포들을 포함한다. 중배엽은 콩팥, 심장, 혈관, 그리고 개체의 구조나 지지 기능을 하는 세포를 포함한다. 뼈와 근육은 대부분 중배엽성으로 두 가지 중요한 역할을 하는데, 몸의 구조를 유지하는 역할과 조혈계에 필요한 지지와 영양공급 기능이 그것이다. 외배엽은 중추신경계, 말초신경계, 피부를 형성한다. 창자배가 발생하는 동안에 복잡한 이동이 일어나고, 배아는 앞-뒤(머리-꼬리), 등-배(뒤-앞), 그리고 오른쪽-왼쪽의 최종적인 신체 주요 축을 형성하게 된다.

발생의 그다음 단계는 신경계의 발생의 시작, 기본적인 신체 구조의 확립, 그리고 기관발생이다. 이것은 임신 주수 4~8주 사이에 일어난다. 모든 기관의 기본적인 구조와 위치가 거의 정해지고, 각각의 발생을 위해 필요한 세포들이 자리잡는다. 신경관 결함은 배아 발생의 이 시기에 일어난다.

### 3. 신경관 결함

신경관 결함은 흔하고 심각한 출생 결함 중의 하나이다. 무뇌증(anencephaly)과 척추이분증(spina bifida)은 한 가족 내에서 반복적으로 발생하는 신경관 결함으로 병태생리를 공유한다고 생각된다. 무뇌증에서는 전뇌, 수막, 두개골의 둥근 천장, 피부가 모두 없다. 무뇌증을 가진 신생아는 대부분 사산되나, 태어난다고 하더라도 몇 시간 밖에 생존하지 못한다. 척추이분증은 척추 뼈 고리가 융합되지 않는데 주로 요추에서 발생한다. 뼈 고리의 결함만 있는 숨은 척추이분증에서부터 수막탈출증이나 수막척추탈출증같이 뼈 결함이 동반된 개방성 이분척추증까지 그 중증도는 다양하다(그림 15-4).

신경관 결함은 사산, 신생아 초기 사망과 관련되며 생존한 아이에서는 장애의 주요 원인이다. 신경관 결함의 원인은 일부만 밝혀졌는데, 양막 밴드, 단일 유전자 결함의 다면 발현, 염색체 이상, 기형유발 물질이 포함된다. 그러나 대부분의 신경관 결함은 원인을 알 수 없다.

### 1) 산모의 엽산 결핍과 신경관 결함

엽산 결핍이 신경관 결함을 일으킨다는 중요한 단일 요인을 찾은 것은 매우 놀라운 발견이다. 신경관 결함의 위험은 산모의 임신 중 혈청 엽산 수치와 반비례의 관계가 있음이 밝혀졌는데, 역치는 200 ug/L이며 이보다 낮은 수치라면 신경관 결함 위험이 크게 증가한다. 신경관 결함이 있는 환아의 산모에게서 혈액의 엽산 수치 감소와 함께 호모시스테인 수치의 증가가 나타나는데, 이것은 tetrahydrofolate를 메틸호모시스테인, 메티오닌으로 재활용하는 과정에 문제가 있기 때문이다. 엽산 수치는 섭취량에 크게 영향을 받지만, 엽산 결핍은 MTHFR 효소의 유전적 변이가 있을 경우 더 심해지는데 과오 돌연변이에 의해 효소가 정상보다 불안정해지면 tetrahydrofolate의 재활용을 방해한다. 돌연변이형 대립유전자는 일반 인구에서 흔한데, 인구의 5~15%가 변

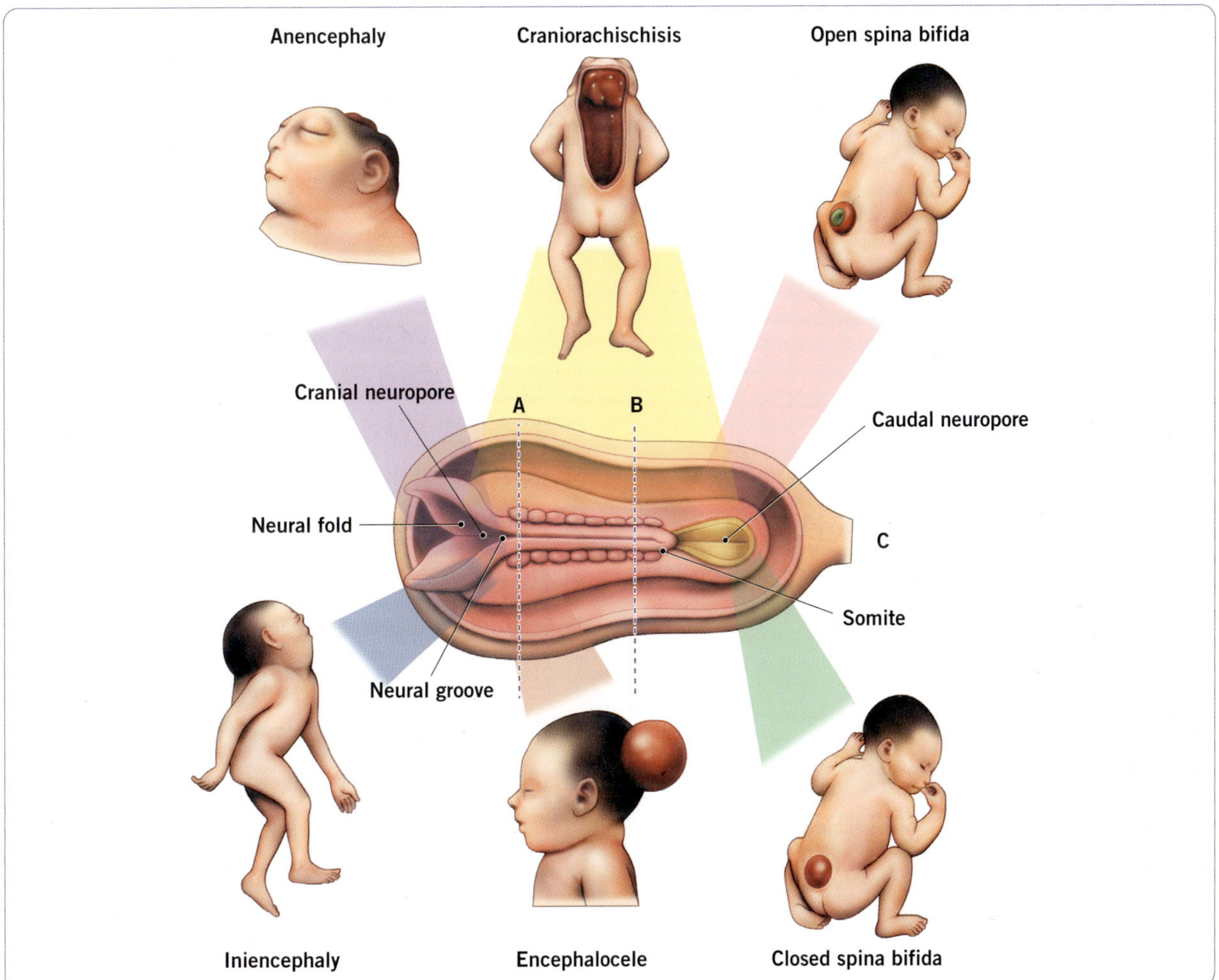


그림 15-4. 다양한 신경관 결함의 종류.

이에 대해 동형 접합성이다. 신경관 결함이 있는 태아와 그들의 산모를 대상으로 한 연구에서, 신경관 결함 태아를 임신한 산모의 경우 대조군보다 돌연변이형 대립유전자를 보유할 확률이 2배나 높았다. 이 효소의 결함이 어떻게 신경관 결함을 일으키는지에 대해서는 완전히 알려지지는 않았다.

### 2) 신경관 결함 예방

태아 신경관 결함 발생을 예방하는 데 두 가지 접근 방식이 있다. 첫 번째는 임신 1개월 전부터 엽산을 매일 복용하도록 하고 신경관이 형성되는 임신 이후 2개월까지 유지하도록 하는 것이다. 임신을 준비하는 여성을 대상으로 매일 400~800 ug의 엽산을 복용하게 함으로써 신경관 결함의 빈도가 75%나 감소시켰다는 연구가 있다. 두 번째는 모든 임신에 대해 출생 전 검사를 시행하여 고위험 임신을 대상으로 출생 전 진단을 시행하는 것이다. 무뇌증이나 개방 척추갈림증의 경우 알파태아단백질 및 기타 태아 물질의 모체 혈청 내 상승을 확인하고 초음파를 이용하여 산전진단이 가능하다. 공공 보건의 측면에서 엽산 섭취와 산모 혈장의 알파태아단백질 검사를 함께 시행한다면, 신경관 결함을 획기적으로 줄일 수 있을 것이다.

## IV. 발생에서의 세포, 분자유전학적 기전
(Cellular and molecular mechanisms in development)

선천성 기형은 정상적인 발생 과정을 조절하는 세포, 분자적 기전의 장애로 발생하며 크게 5가지 과정(전사인자에 의한 유전자 조절, 세포-세포 사이 신호전달, 세포 모양 및 극성 유도, 세포이동, 프로그램된 세포자멸사)의 결함으로 분류하여 볼 수 있다(표 15-1).

**표 15-1. 정상적인 발생 과정을 조절하는 중요한 5가지 기전**

1. 전사인자에 의한 유전자 조절
2. 세포-세포 사이 신호전달
3. 세포 모양 및 극성 유도
4. 세포 이동
5. 프로그램된 세포자멸사

### 1. 전사인자에 의한 유전자 조절
(Gene regulation by transcription factors)

전사인자는 유전자발현을 조절하여 발생과정을 제어하며, 그중 일부 조절받는 유전자는 또 다른 유전자의 전사인자로 역할하기도 하다. 함께 모여 기능하는 전사인자들의 그룹을 "전사조절 모듈"이라고 하며, 이러한 전사조절 모듈의 기능을 밝혀 내는 것이 앞으로의 발생유전학을 규명하는데 중요한 과제이다. 일부 전사인자는 대상 유전자들의 발현을 활성화하고, 다른 전사인자들은 유전자발현을 억제한다. 또한 대상 유전자의 발현 활성 및 억제 기능을 모두 가지고 있는 이중기능 전사인자도 있으며, micro RNA와 같은 noncoding RNA의 경우 표적 염기서열과 상호 작용하여 대상 유전자발현을 활성화하거나 억제할 수 있다. 염색질 내 다양한 활성화인자, 억제인자들의 집합은 아세틸화와 같은 히스톤 변형에 의해 유도되며, 히스톤 변형의 조절은 히스톤 아세틸전달효소 및 탈아세틸화효소에 의해 수행된다. 히스톤에 대한 이러한 후성유전학적 변화는 어떤 유전자를 활성화할 것인지 또는 비활성시킬 것인지를 나타내는 표식이다. 전사조절 모듈은 서로 다른 위치와 시점에 전사 인자들이 발현되도록 발현인자들의 다양한 조합을 통해 직접적으로 발생과정의 시공간적 조절을 제어한다. 시공간에 걸쳐 차등적인 유전자발현을 지시함으로써 다양한 전사조절 모듈과 전사복합체들의 결합은 히스톤 변형에 의해 제어되며 이는 배아 발달의 핵심 요소이다.

전사조절복합체는 전사복합체의 선택성을 결정하는 특정 전사인자와 다수의 일반 전사인자들의 결합으로 구성된다(그림 15-5). 대부분의 일반 전사인자는 게놈 전체에 결쳐 수천 개의 전사복합체에서 발견되며, 각각은 필수적이지만 발생에서 이들의 역할은 비특이적이다. 특정 전사인자는 대부분 히스톤 변형의 후성 유전학적 표식들에 의해 제어되어 전사인자복합체 형성에 참여하지만, 특정 세포 또는 발생의 특정 시점에만 참여함으로써 인체의 발생 과정이 정교하게 제어될 수 있도록 유전자발현 조절을 제공한다.

그림 15-5에 초록색으로 표시된 일반적인 전사인자와 RNA 중합효소는 메신저 RNA (mRNA) 전사 시작 부위에 밀접하게 인접한 프로모터(promoter)에 부착한다. 더 먼 곳에 있는 증진인자(enhancer) 또는 사일런서 인자(silencer element)는 특수한 조직 특이적 전사인자와 결합한다. 보조인자단백질(cofactor)은 특수 전사인자와 일반 전사인자 간의 생화학적 상호 작용을 촉진한다.

정상적인 발생과정에서 전사인자의 중요성은 다지증 및 합지증을 보이는 *HOXD13* 돌연변이로 설명할 수 있다. 불완전한 우성유전의 *HOXD13* 변이의 경우 손과 발에 지골 간 물갈퀴와 다지증, 합지증으로 보이며 열성유전의 *HOXD13*의 경우 더 심각한 임상소견을 보이며 손, 손목, 발, 발목의 뼈 기형을 동반하기도 한다. 합지증을 유발하는 *HOXD13* 돌연변이는 단백질의 아미노산 말단 도메인에서 폴리알라닌이 확장되어 발생하는데, 정상 단백질은 15개의 알라닌을 포함하고 있는 반면 돌연변이 단백질은 22~24개의 알라닌을 포함하고 있다(그림 15-6). 폴리알라닌의 확장은 *HOXD13*의 기능 증가로 합지증, 다지증을 유발하는 것으로 사료된다. *HOXD13*의 기능 감소를 유발하는 돌연변이에 대한 우성유전형은 사지 발달에 경미한 영향만 미치며, 발의 첫 번째와 두 번째 중족골 사이와 네 번째와 다섯 번째 중족골 사이에 추가적인 다지증이 특징이다. *HOX* 유전자들의 일반적인 기능은 발생과정 중에서도 특정한 신체 축에 따른 영역의 일체성을 조율한다.

## 2. 직접 접촉과 형태발생인자에 의한 세포 사이 신호화

**(Cell-cell signaling by direct contact and by morphogenes)**

발생 과정의 특징 중 하나는 조직과 세포 아형들의 적절한 배열을 위해서 서로 적절한 신호전달이 필요하다. 이러한 세포-세포 사이 소통은 세포 신호전달 체계를 통해 이

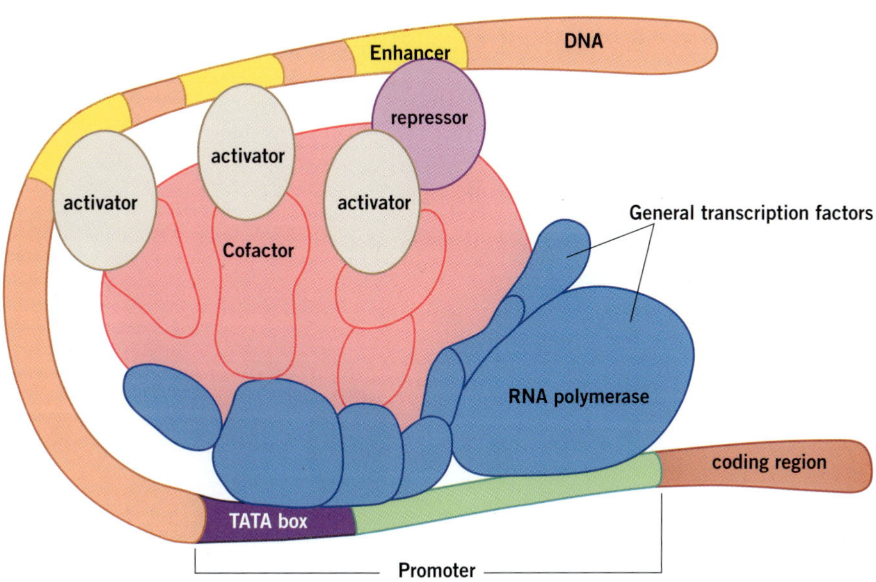


그림 15-5. 전사조절복합체(transcriptional complex).

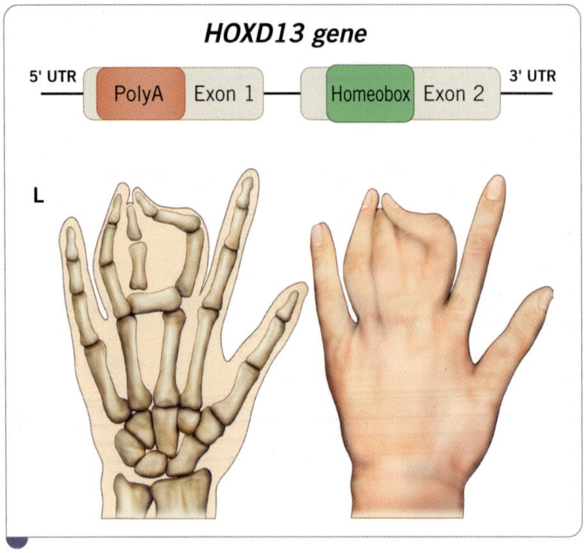


그림 15-6. *HOXD13* 유전자와 *HOXD13* 변이로 인한 다지합지증.

루어진다. 세포 사이 신호전달체계는 일반적으로 세포 표면의 수용체와 이에 결합하는 리간드라고 하는 분자로 구성된다. 리간드와 결합한 수용체는 세포 내 신호전달경로를 통해 신호를 전달한다. 일반적인 리간드-수용체 쌍 중 하나로 섬유모세포성장인자와 이들의 수용체가 있다. 인간에게는 23개의 섬유모세포성장인자 유전자가 보고되었고, 이들 중 다수가 발생 과정에 중요한 역할을 한다. 섬유모세포성장인자는 티로신 키나제 수용체의 리간드 역할을 하며, 이 섬유모세포성장인자 수용체의 이상은 연골무형성증과 두개골의 두개골 봉합 부위가 조기에 융합되고 두개안면발달 이상을 동반하는 두개골유합증과 같은 특정 증후군을 유발한다.

형태발생인자(morphogen)의 가장 좋은 예 중 하나는 초파리에서 처음 발견되어 표피 강모의 방향을 바꾸는 능력으로 명명된 헤지호그(Hedgehog) 유전자이다. 헤지호그 단백질의 확산 차이는 단백질 농도의 경사를 만들어 세포의 주변 단백질 농도에 따라 세포 운명을 결정한다(그림 15-7). 인간에서 대표적인 예로 소닉 헤지호그(sonic hedgehog, *SHH*) 유전자가 있다. *SHH* 단백질은 발달 중인 신경관의 척삭과 저부층(floorplate)에서 분비되어 신경관의 등배축을 결정하고, 단백질 농도차이에 따라 발생 과정 중에 있는 뇌, 척수의 다양한 세포와 조직의 정상 발달을 유도, 조직화한다. 헤지호그는 신경분화 외에도 안면형태발생, 팔다리 발달에 중요하다.

인간에서 *SHH* 유전자를 비활성화하는 돌연변이는 상염색체 우성 형질로 유전될 수 있는 선천적 결함을 유발하며, 일반적으로 구순구개열(cleft lip and plate), 두눈가까움증(hypotelorism), 완전전뇌증(holoprosencephaly)의 임상소견을 보인다. 그러나 같은 가족 내에서도 증상이 경미한 뇌량부분결손 또는 중앙부앞니가 하나만 있는 증상의 경우로 유전적 표현형의 가변성을 보이기도 한다. 완전전뇌증(holoprosencephaly)의 원인으로 *SHH* 유전자변이는 5~6%가량을 차지하며 그 외 13번 삼염색체(Patau syndrome, 50%), 18번, 21번, 22번 삼염색체, *ZIC2*(5%), *FGFR1*(1.2%) 유전자 등이 있다.

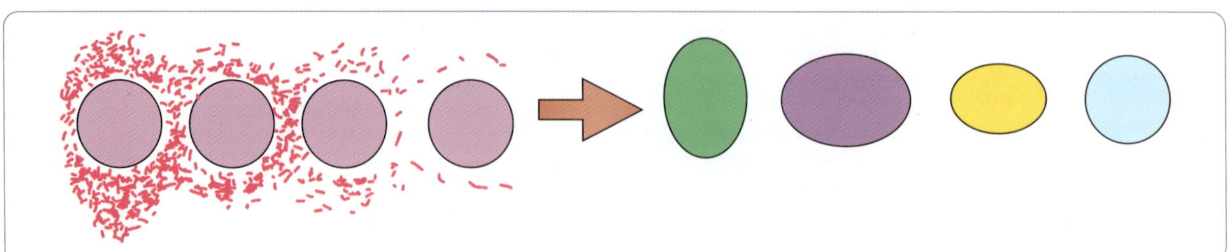

그림 15-7. 단백질 농도 차이에 따른 세포운명결정.

## 3. 세포 형태와 조직화

세포는 미세 환경에서의 위치와 극성에 따라 스스로를 조직화해야 한다. 예를 들어 신장 상피 세포는 용질의 재흡수에 영향을 미치기 위해 세포 소기관의 첨단부와 기저부위는 다르게 발달해야 한다. 세포에 의한 극성 획득은 전체적인 배아 발달과 관련한 세포의 축 결정 과정으로 볼 수 있다. 정상적으로 각 신세뇨관 세포는 세포 표면에 일차 섬모로 알려진 필라멘트 구조를 정교하게 형성한다. 한 가지 가설은 원발성 섬모가 발달 중인 신세뇨관의 체액 흐름을 감지하여 세포가 증식을 멈추고 분극화하도록 신호를 보내도록 설계되었다는 내용이고, 또 다른 가설은 원발성 섬모가 발달 경로의 활성화 또는 억제를 촉진하기 위해 신호 전달 성분을 집중시키는 일종의 세포 안테나 역할을 한다는 것이다. 소닉 헤지호그 신호 전달 경로가 이러한 방식으로 작용한다는 증거로 대표적인 질환에 상염색체 우성 다낭성 신질환(autosomal dominant polycystic kidney disease, ADPKD)가 있다. 성인다낭성신장질환은 *PKD1* 또는 *PKD2* 유전자의 돌연변이로 발생하는 상염색체 우성질환으로 원발성 섬모의 두 가지 단백 성분인 polycystin 1또는 polycystin 2을 기능이 상실되어 세포가 체액 흐름을 감지하지 못하거나 신호 전달 경로를 제대로 활성화 또는 억제하지 못하여 발생한다. 그 결과, 세포는 계속 증식하고, 관상피 세포의 첨단부 또는 기저부위에서 특정 단백질의 극성 발현을 나타내는 적절한 분화 프로그램을 거치지 않은 상태로 세포 분열이 계속되면 신세뇨관 세포로 둘러싸여 체액으로 채워진 낭종을 형성하여 다낭성신질환의 전형적인 임상소견을 보이게 된다.

## 4. 세포 이동(Cell movement)

예정된 세포 이동은 발생 과정에 매우 중요하며, 특히 중추신경계 발달과정의 핵심이다. 중추 신경계는 배아 발생 4~5주 동안 생성되는 세포의 원통형인 신경관에서 발달한다. 처음에 신경관은 단일 세포층 두께의 가성층화된 원주상피에 불과하다. 대칭 분열을 통해 충분한 신경 상피 세포가 생성되면 이 세포는 신경 줄기 세포처럼 비대칭적으로 분열한다. 이러한 신경 줄기 세포는 뇌실에 인접한 정단 표면에서 기저 표면으로 뻗어 나간다. 이 신경 줄기 세포의 핵은 뇌실에 인접한 뇌실 세포층의 꼭대기 표면에 인접하고, 이 세포의 섬유질은 소위 방사형 신경교 세포로서 기저 또는 뇌실 표면으로 뻗어 있다. 이 방사형 신경교세포는 신경 줄기 세포의 한 유형으로, 비대칭적으로 분열하여 새로운 신경 줄기 세포와 헌신적인 신경 전구세포 및 이차 신경 줄기 세포를 생성한다. 이들은 주어진 방사형 신경교 전구세포에서 생성되는 세포의 수를 증폭시킬 수 있는 더 기본적인 위치에 신경 줄기세포를 설정한다. 이후 유사 분열 후 신경 전구세포는 요골 신경교세포를 따라 뇌실 표면을 향해 바깥쪽으로 이동한다. 중추 신경계는 이러한 신경 전구체의 이동 파형에 의해 구축된다. 피질의 내층을 채우는 뉴런은 발달 초기에 이동하며, 뉴런의 각 연속적인 파형은 이전에 퇴적된 내층을 통과하여 다음 외층을 형성한다. 편평뇌증(lissencephaly)은 심각한 지적 장애를 유발하는 심각한 선천 뇌기형이다. 편평뇌증을 보이는 유전 질환으로 밀러-디커 증후군이 있다. 밀러-디커 증후군은 17p13.3 부위의 미세결실증후군으로 *LIS1* 유전자를 포함한 연속유전자결실로 인해 임상적 특징을 보인다. *LIS1* 기능이 감소되면 대뇌 피질 뉴런의 이동 속도가 감소하기 때문에 점진적인 이동 파형이 조직적으로 발생하지 않는다. 그 결과 대뇌 피질이 두꺼워지고 뇌이랑은 잘 발달되지 않아 뇌 표면이 매끄럽게 보인다.

신경세포 이동 외에도 세포 이동 장애로 신경능선세포의 이주 장애로 나타나는 선천성 거대결장 증후군(Hirschsprung disease)이 있다. 신경능선 세포는 신경관의 등쪽과 측면의 원래 위치에서 얼굴의 복측, 귀, 심장, 장, 피부를 포함한 다른 많은 조직과 같이 상당히 먼 부위로 이동하여 색소성 멜라닌 세포로 분화해야 한다. 신경능선전구체에 의해 장의 자율 신경 분포가 이뤄지는데, 이러한 이동이 실패하면

장에 신경이 제대로 분포되지 않아 정상적으로 변을 보기 어려운 선천성거대결장이 발생한다. 선천성거대결장의 원인에는 여러 가지 분자신호가 관련되어 있다. 가장 특징적인 것 중 하나는 RET 원시 종양 유전자이다. 선천성 거대결장 증후군 환장의 약 50%에서 *RET*의 돌연변이가 확인되었다.

신경능선 발달 결함의 또 다른 예로는 피부 및 모발 색소 침착, 홍채 착색, 대장 신경 분포 결함을 포함하는 바덴버그 증후군(Waardenburg syndrome)이 있다. 이 증후군은 최소 4개의 서로 다른 전사 인자의 돌연변이로 인해 발생할 수 있으며, 각각 신경능선 발달에 이상을 초래한다.

## 5. 예정된 세포사(Programmed cell death)

예정된 세포사는 발달에 있어 중요한 기능이며 형태학적 발달에 필요하다. 예정된 세포사는 손가락, 발가락이 분리될 때, 항문과 항문막이 개통될 때, 자궁과 질 사이의 통로가 형성될 때 등과 같이 형태 형성 과정에서 조직을 재구성해야 하는 모든 곳에서 발생한다. 예정된 세포사의 주요 형태 중 하나는 세포자멸사(apoptosis)이다. *Foxp1* 유전자 기능 상실 마우스모델을 통해 대동맥과 폐혈관을 정상적으로 위치시키기 위해 심실 중격과 심장 유출로(심내막 쿠션)의 일부를 형성하는 조직을 리모델링해야 하며 이 과정에 세포자멸사가 필요한 것으로 나타났다. 특정 세포를 제거함으로써 심내막 쿠션의 위치가 올바른 위치로 이동한다. 또한 22q11 염색체에 위치한 *TBX1* 유전자의 결실로 인한 디조지증후군의 동심방 결손과 같은 다른 형태의 선천성심장 질환에 세포자멸사 결함이 있는 것으로 의심된다. 세포자멸사는 면역 체계가 발달하는 동안에도 발생하여 자기 자신에게 반응하는 림프구 계통을 제거하여 자가 면역 질환을 예방한다.

### 증례 25 | 생후 5개월에 성장 부진으로 내원하여 진단된 연골무형성증

**1) 가족력 및 임상증상**

가족력은 없었으며 아버지 31세, 어머니 29세, 만삭아로 출생하였으나 출생 신장 45 cm로 작았으며 이후 영유아 정기 검진에서 성장 장애, 증후군성 저신장 의심하에 의뢰됐다.

**2) 진찰소견**

돌출된 이마, 낮은 콧대와 짧은 목, 삼지창손가락, 후만증을 보였으며 좁은 흉곽과 짧은 양팔길이를 보였다. 키는 3 백분위수 미만, 체중은 25 백분위수, 두위는 75~90 백분위수였다. 배밀이, 뒤집기 등은 가능하였으나 혼자 앉기가 되지 않았다.

**3) 검사소견**

영상소견에서 특징적인 squared iliac wing, shampagne glass shaped inner margin of pelvis, flat acetabular roof, metaphyseal flaring of long bone 등을 보였으며 *FGFR3* 유전자에서 p.Gly382Arg의 보고된 돌연변이를 확인했다.

**4) 진단 및 치료경과**

연골무형성증으로 진단하여 유전상담 및 정기 두위, 성장, 발달 평가 진행하며 추적했다.

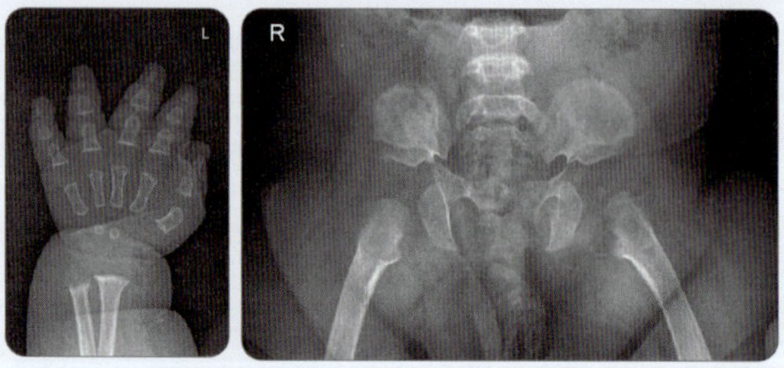


**그림 1.** 연골무형성증 환아의 특징적인 영상소견.

**5) 요약**

연골무형성증은 심하게 짧은 키와 불균형한 성장을 유발하는 상염색체 우성 유전 질환으로 1만~3만 명당 1명의 빈도를 보인다. *FGFR3* 유전자의 기능 증가로 인해 정상 성장이 억제된다. 반면에 natriuretic peptide receptor-B에 부착하는 CNP analogue제 vosoritide 투여 시에 성장속도와 심한 사지 길이 단축에 대한 호전이 확인되어 소아의 연골무형성증 환아 치료로 2021년 FDA와 EMA 모두 승인받았다.

## V. 배아생성에서 발생학기전의 상호작용
(Interactions of developmental mechanism in embryogenesis)

배아 발생에는 증식, 분화, 이동, 세포 사멸이 모두 관여하는 여러 발달 과정의 정밀한 조정이 요구된다. 중배엽에서 심장으로 전환되거나 신경외배엽 층이 척수로 전환되기 위해서는 많은 과정이 필요하다. 사람의 발생과정을 이해하기 위해 여러 동물모델들을 통해 배아 발생이 연구되고 있다.

### 1. 기관 발생 모델로서의 사지

척추동물 사지는 비교적 단순하고 잘 연구된 발생학 연구의 산물이다. 사람의 팔은 길이 1 m, 근위부 뼈 1개, 원위부 뼈 2개, 손 뼈 27개로 구성되어 있으며, 근위-원위축, 등-배축, 전-후축 3개의 축을 따라 발달 과정을 거쳐 완성된다.

사지는 배아 4주째에 인간 배아의 중배엽 측면 바깥쪽을 따라 증식하는 세포의 돌출부인 사지 싹으로 시작된다. 배아의 전-후축(머리에서 꼬리 축)을 따라 각 사지 싹의 위치는 각 위치에서 특정 전사인자(뒷다리의 경우 Tbx4, 앞다리의 경우 Tbx5)의 발현과 관련이 있으며, 섬유아세포성장인자 리간드의 다양한 조합에 의해 발현이 유도된다. 따라서 사지 싹의 일차적인 증식 과정은 성장 인자와 전사 인자에 의해 활성화된다. 사지 새싹은 주로 사지의 근위-원위 축의 바깥쪽 가장자리로 확장하여 성장한다. 사지의 근위-원위 축 확장이 가장 분명한 과정인 반면, 다른 두 축은 사지 싹의 성장이 시작된 직후에 확립된다. 앞-뒤 축은 사지 싹이 자란 직후에 설정되며, 엄지 손가락은 상체를 향한 사지의 가장자리에 있기 때문에 앞쪽 구조로 간주된다. 다섯 번째 손가락은 팔다리 싹이 몸의 아래쪽을 향하는 측면에 있기 때문에 후방 구조로 간주된다. 사지가 형성되는 동안 형태발생인자 *SHH*는 발달하는 사지 싹의 후방에서 발현되며, 그 발현 수준은 주로 발달하는 사지의 전방-후방 축을 설정하는 구배를 형성한다. 사지의 전-후방 축에 결함이 있으면 과도하게 생성되어 다지증으로 나타나거나, 발달 중인 손가락이 완전히 분리되지 않아 합지증이 발생한다. 등-배축도 이후 확립되어 손과 발의 복측에 각각 손바닥 또는 발바닥이 생긴다.

### 2. 선천성 기형 증후군

선천성 기형 증후군의 예로 GLI3 전사인자 유전자의 돌연변이는 두 발달기형 증후군인 Greig cephalopolysyndactyly syndrome (GCPS)과 Pallister-Hall syndrome을 유발한다. 이 두 증후군은 사지기형, 중추 신경계기형, 두개 안면이상, 기도 및 비뇨 생식기 기형을 동반하며, GLI3 및 GLI3R이라고 하는 두 가지 변이 형태의 GLI3의 이상으로 발생한다. GLI3는 *SHH* 신호 경로의 일부로 *SHH* 신호는 발달 중인 세포 섬모에 집중되어 있는 세포표면 수용체에 의해 전달된다. 해당 세포표면수용체는 *PTCH1* 유전자에 의해 전사된다(**그림 15-8**). *PTCH1* 유전자는 골린 증후군의 원인유전자로 해당 유전자의 변이는 세포 분열과 증식을 통제하지 못하게 되어 모반 모양 기저세포암을 유발한다. 골린 증후군은 두개안면 기형과 다지증을 동반하기에 GCPS의 임상 소견과 유사하지만, 골린 증후군은 치아 낭종을 보이고 기저세포암을 동반한다. 골린 증후군과 GCPS를 고려하면 두 질환에서 변이된 유전자가 동일한 발달 유전 경로에서 중복되는 영향을 미치기 때문에 두 질환은 서로 유사한 표현형을 공유한다. *SHH* 신호 경로의 세 번째 단백질인 CREB 결합 단백질(CREB binding protein, CREBP)은 GLI3 전사인자의 전사인자활성인자(transcriptional coactivator)이다. CREBP 돌연변이는 루빈스타인-테이비 증후군을 유발하며, GCPS 및 골린 증후군과 유사한 표현형을 보인다.

결론적으로 인간의 발생과정에서 유전자는 발달과정의 주요 조절자이며, 유전자의 단백질 산물은 발생유전경로에서 시간, 공간에 따라 기능하며, 이러한 경로가 여러 기관 시스템의 관련 발달 과정에 사용된다. 유전자 기능의 분자

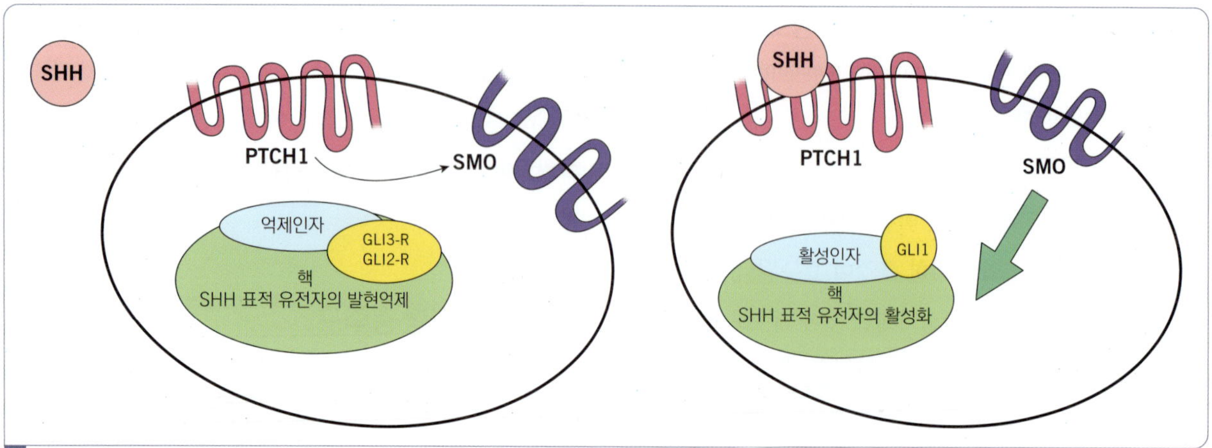


그림 15-8. Sonic Hedgehog (SHH), Patched receptor (PTCH1), GLI3, G-protein coupled receptor protein (SMO) 신호전달 모식도.

적 기초를 이해함을 통해 어떻게 이러한 기능들이 모집되어 집단, 모듈을 형성하는지, 어떻게 이러한 모듈의 이상이 선천성 기형 및 다양한 증후군을 유발하는지를 알 수 있다. 이러한 발생 과정에 대한 상세한 이해는 선천기형에 대한 임상적 접근 방식의 기초를 형성하고 임상 접근방법의 기초를 형성한다. 더 나아가 분자유전학적 기전과 과정을 이해하면 추후 해당 과정을 표적하여 조절하는 정밀 치료법의 개발까지 기대해 볼 수 있겠다.

## REFERENCE

1. Feldkamp ML, Botto LD, Amar E, et al. Understanding the complex etiology of major birth defects: where do we stand? Am J Med Genet A. 2017;173(4):1049-59.
2. Brouwers MM, van der Zanden LF, de Blaauw I, et al. Risk factors for congenital anomalies in a prospective study of the general population. Arch Dis Child. 2017;102(10):903-9.
3. Zhang L, Ren A. Prenatal and postnatal genetic testing for congenital anomalies: current status and future perspectives. Genes Dis. 2019;6(4):328-37.
4. Kancherla V, Druschel CM, Oakley GP Jr. Population-based study of the association of predictors of continuing pregnancy with folic acid and iron supplementation during pregnancy. Birth Defects Res A Clin Mol Teratol. 2008;82(4):263-71.
5. Bakhireva LN, Savage DD, Focus on Acetaminophen and Pregnancy. Pharmaceutics. 2021;13(3):364.
6. Mitchell LE, Agopian AJ, Bhalla A, et al. Birth defects and genetic disorders among Arab Americans-Michigan, 1992-2003. MMWR Morb Mortal Wkly Rep. 2006;55 Suppl 2:29-32.
7. Stoll C, Dott B, Alembik Y, et al. Risk factors in congenital abdominal wall defects (omphalocele and gastroschisis): a study in a series of 265,858 consecutive births. Ann Genet. 2001;44(4):201-8.
8. Simeone RM, Devine OJ, Marcinkevage JA, et al. Diabetes and congenital heart defects: A systematic review, meta-analysis, and modeling project. Am J Obstet Gynecol. 2015;212(5):610-21.
9. Feldkamp ML, Carey JC. Clinical genetics evaluation in identifying the etiology of autism spectrum disorders: 2013 guideline revisions. Genet Med. 2013;15(5):399-407.
10. Freeman SB, Bean LH. Down syndrome and other chromosome abnormalities. In: Gleason CA, Devaskar SU. Avery's Diseases of the Newborn. 10th ed. Philadelphia: Elsevier Saunders; 2018. pp. 809-33.
11. Hu J, Chen Z, Li J, et al. Epidemiological characteristics of neural tube defects in a high-risk region of northwest China, 2006-2015: a retrospective study. BMC Pregnancy Childbirth. 2018;18(1):201.
12. Cunningham FG, Leveno KJ, Bloom SL, et al. Congenital Anomalies. In: Williams Obstetrics. 25th ed. New York: McGraw Hill Medical; 2018.
13. Krasnov AN, Mazina MY, Nikolenko JV, et al. On the way of revealing coactivator complexes cross-talk during transcriptional activation. Cell Biosci. 2016;6:15.
14. Brison N, Debeer P, Tylzanowski P. Joining the fingers: A HOXD13 story. Dev Dyn. 2014;243:37-48.
15. Sagner A, Briscoe J. Morphogen interpretation: concentration,

time, competence, and signaling dynamics. Wiley Interdiscip Rev Dev Biol. 2017;6(4):e271.

16. Loo CKC, Pearen MA, Ramm GA. The Role of Sonic Hedgehog in Human Holoprosencephaly and Short-Rib Polydactyly Syndromes. Int J Mol Sci. 2021;22(18):9854.
17. Kubota T, Adachi M, Kitaoka T, et al. Clinical Practice Guidelines for Achondroplasia. Clin Pediatr Endocrinol. 2020;29(1):25-42.
18. Merk DJ, Segal RA. Sonic Hedgehog Signaling is Blue: Insights from the Patched Mutant Mice. Trends Neurosci. 2018;41(12):870-2.
19. Ahmad Z, Liaqat R, Palander O, et al. Genetic overview of postaxial polydactyly: Updated classification. Clin Genet. 2023;103(1):3-15.
20. Chai JY, Sugumar V, Alshawsh MA, et al. The Role of Smoothened-Dependent and -Independent Hedgehog Signaling Pathway in Tumorigenesis. Biomedicines. 2021;9(9):1188.
21. Yip RKH, Chan D, Cheah KSE. Mechanistic insights into skeletal development gained from genetic disorders. Curr Top Dev Biol. 2019;133:343-85.
22. Lézot F, Corre I, Morice S, et al. SHH Signaling Pathway Drives Pediatric Bone Sarcoma Progression. Cells. 2020; 9(3):536.

CHAPTER 16

# 약물유전학 및 약물유전체학

Pharmacogentics and genomics

임형석, 조용순

## I. 서론

일반 집단의 약물반응은 치료 효과를 보이는 평균 용량인 ED 50(effective dose 50 percent)을 평균으로 하는 정규 분포를 따르는 것으로 생각된다. 이 약물반응 정규분포에서 양극단에 속하는 환자는 과반응자 또는 저반응자로 분류할 수 있다. 약동학 및 약력학적인 차이가 약물 반응의 정규 분포 변화의 주요 원인으로 생각되지만, 특히 약물 반응의 극단적인 차이는 개인 간 고유한 유전적 차이일 가능성이 있다. 즉, 약물 대사 효소, 약물 수송체와 같은 약동학 및 약물 수용체와 같은 약력학과 관련된 유전자의 변화가 이러한 극단적인 약물 반응의 많은 부분을 설명할 수 있다. 이러한 개념하에 유전자 수준에서 개인 간 약물 반응의 변화를 찾고자 하는 약물유전학 그리고 약물유전체학 분야가 탄생했다.

약물유전체학은 약물 약동학 및 약력학에 대한 유전자 발현을 연구하고 적용하는 학문이다. 이 용어는 종종 "약물유전학"과 같은 의미로 사용된다. 엄밀한 정의에 따르면, 약물 유전학은 단일 유전자가 약물에 미치는 영향에 대한 관점에서 사용되는 반면, 약물유전체학은 약물 작용에 대한 전체 게놈의 영향을 광범위하게 연구하는 것을 의미한다. 유전적 변이는 개인마다 다르기 때문에 임상에서 약물유전체학을 사용하는 것은 개인 맞춤의학 및 정밀의학의 핵심 요소가 되고 있다.

최근 약물유전체학의 진보는 새롭고 저렴하며 빠른 DNA 시퀀싱 기술이 등장하면서 가능해졌다. 예를 들어 DNA칩은 하이브리드 기술을 활용하여 작은 샘플에서 수만 개의 서열의 존재를 동시에 감지하는 마이크로칩이다. 탐침이 칩의 적당한 위치에 놓여지며, 환자의 샘플로부터 해당 위치에 있는 탐침과의 상보적 DNA의 혼성화로 특정 서열의 존재를 확인할 수 있다. 또한 빠르고 가격이 저렴한 ULCS (ultra-low-cost-sequencing)나 cyclic array technologies와 같은 시퀀싱 기술들 역시 많은 양의 서열 또는 개인 유전자의 서열화를 빠르게 가능하도록 한다.

유전자는 효소, 세포의 구조적 구성 요소, 호르몬, 항체, 수송 분자와 같은 단백질을 코딩한다. 약물유전체학에서 유전자와 효소는 종종 같은 이름을 공유한다. 예를 들어, 시토크롬 *P450(CYP)* 효소의 하나인 *CYP2D6*를 코딩하는 유전자는 *CYP2D6*로 알려져 있고 N-아세틸기전이효소(*NAT2*)를 코딩하는 유전자는 *NAT2*로 알려져 있다. 또한 일반적으로 약물유전자의 경우, 개인의 유전자형을 "스타" 대립유전자로 알려진 "*"로 표시하여 나타낸다. 예를 들어, 정상 또는 "야생형" 대립유전자 상태는 *1/*1로 표시된다. 다른 대립유전자가 발견되면 *2, *3 등으로 순차적으로 번호가 매겨진다.

가장 일반적으로 관찰되는 염기 서열과 다른 뉴클레오타이드 변화를 변이형이라고 한다. 인간 게놈에는 다양한 종류의 염기서열 변이가 존재한다. 여기에는 단일염기다형성(single nucleotide polymorphism, SNP), 하나 또는 몇 개의 뉴클레오타이드의 삽입 및 결실(indels), 복제본 수 변이(copy number variation, CNV) 등이 포함된다. 하지만, 약물유전학적 변이 중 다수는 SNP이다. SNP 위치는 NCBI의 Database for Short Genetic Variations(dbSNP 데이터베이스)에서 분류된 참조 SNP 클러스터 ID (rsID)를 사용하여 매핑되고 그 이름이 지정된다. 예를 들어 심바스타틴(simvastatin) 약물 용량 설정에 가장 중요한 약물수송체인 *SLCO1B1*의 SNP의 rsID는 rs4149056이다. SNP는 약물유전학적 변이의 90%를 차지하며, 아미노산의 변화 혹은 RNA 스플라이싱의 변경을 야기할 수 있다. 이러한 변경으로 관련 효소의 생산이 증가하고 효소 활성도가 정상보다 높아져 기능이 향상되거나, 효소 생산이 감소하거나 전혀 없고 효소 활성도가 감소하여 기능이 상실될 수 있다. 유전학에서 하플로타입(haplotype)은 하나의 염색체에 위치하며 함께 유전되는 대립 유전자의 조합을 설명한다. 이 용어는 통계적으로 서로 연결되어 있는 염색체의 모든 SNP를 설명하는 데에도 사용된다. 약물유전학에서 하플로타입은 후자의 의미로 사용되지만 종종 유전자 일부, 한 개 유전자 전체 또는 유전자자리 내의 여러 유전자와 같은 더 작은 관심 영역에 적용된다(그림 16-1). 특정 집단에서 하플로타입은 하플로타입 페이징(haplotype phasing) 방법을 통해 개별 유전자형 데이터로부터 추론할 수 있다. 또 다른 변이 유형에는 일반적으로 인델(indels)이라고 하는 뉴클레오티드 삽입 또는 결실이 포함되며, 아미노산의 번역을 변경하는 프레임 시프트의 결과로 단백질 발현을 중단시킨다. CNV 또한 게놈 전체에 풍부하게 존재하며, 특히 효소 슈퍼패밀리에서 나타난다. 대표적인 효소 슈퍼패밀리가 인간 CYP 슈퍼패밀리이며, 이는 다양한 약물의 대사 및 제거에 관여하고, 상동성이 높은 효소들의 유전자로 구성된 대규모 유전자군이다. 예를 들어, *CYP2D6*은 SNP과 indel 그리고 다른 형태의 유전자 재배열과 함께 광범위한 CNV의 영향을 받기도 한다. *CYP2D6**5 대립 유전자는 전체 *CYP2D6* 유전자가 결여되어 있으며 기능하지 않는 변이체를 구성한다. 또한 대립 유전자가 두 개 이상의 사본을 가지고 있음을 나타내기 위해 *CYP2D6**2x5와 같이 xN의 확장을 사용한다. 기능 유전자 단위의 복제 및 증식은 활성 증가와 초고속 약물 대사에 기여한다. 이러한 다양한 변이의 조합으로 인하여, 멘델 유전학에 기반한 우성

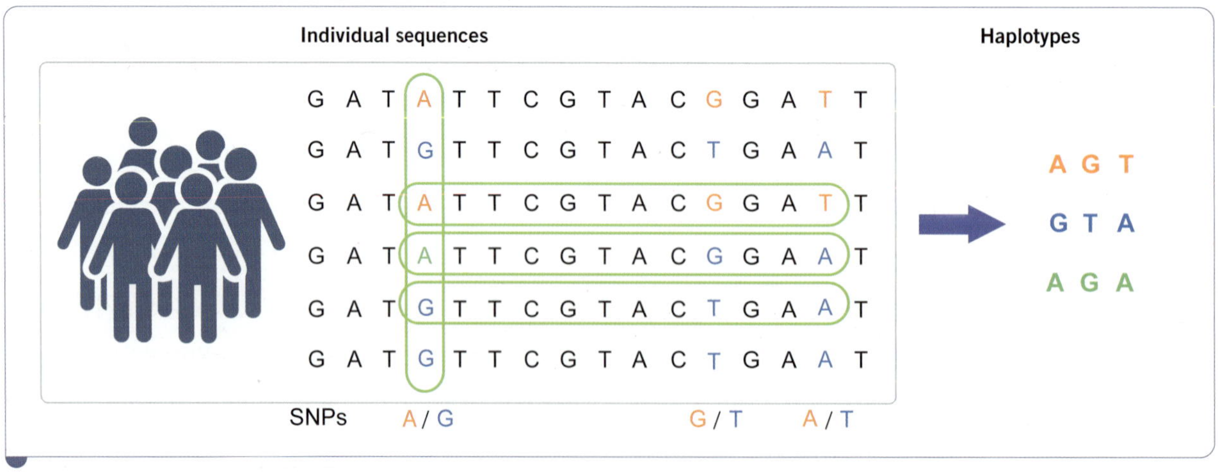


**그림 16-1.** 하플로타입은 단일 블록으로 유전되는 SNP의 그룹이다. 게놈에서 가까운 위치에 있는 SNP (A 또는 G, G 또는 T, A 또는 T)의 예이다. 생식 과정에서 이 세 가지 SNP는 한 그룹으로 유전되므로 개개인은 부모의 SNP 프로필에 따라 세 가지 하플로타입(AGT, GTA, AGA) 가운데 하나를 물려받을 수 있다.

및 열성 유전의 이산형 패턴과 달리 약물 유전체 또는 약물 작용 및 동역학과 관련된 유전자는 보다 연속적으로 작용하는 경향이 있다. 약물 유전자의 변이는 종종 존재하는 기능적 대립 유전자의 수에 따라 경미한 효과부터 더 뚜렷한 효과까지 다양한 스펙트럼의 효과를 초래한다. 또한 약물 유전 변이는 일반적으로 관련 약물 노출이 없는 경우 "침묵"하기 때문에 가족력은 신뢰할 만한 적절한 도구는 아니다.

뉴클레오타이드에 변이가 존재하는 경우 대립 유전자를 구성하며, 이를 통해 특정 유전자에 대한 각 개인의 표현형이 결정된다. 표현형이라는 용어는 유전자형의 발현 또는 신체적 증상을 의미한다. 피부색, 눈동자 색, 머리 색깔과 같이 표현형이 눈에 띄게 분명한 경우도 있고, 사람의 혈액형이나 생성되는 CYP450 대사 효소의 양과 같이 측정 가능한 경우도 있다. 약물유전체학 및 대사 효소의 관점에서 환자는 종종 유전자형에 따라 2~4 표현형 그룹으로 분류될 수 있고, 4개 그룹인 경우 초고속 대사자, 신속 대사자, 중간 대사자 또는 느린 대사자의 표현형으로 분류된다. 대부분의 약물 대사 경로는 복잡하기 때문에 임상에서 약물 용량 결정에 약물유전체의 표현형을 적용하는 것 역시 복잡할 수 있다. 단일 경로에 단일 효소가 관여하여 하나의 비활성 대사산물이 생성하고, 체내에서 즉시 배설되어 경우는 드물다. 대신 대부분의 약물은 여러 대사 효소 경로를 활용하고, 여러 약물 수송체에 의존하며, 다양한 활성의 많은 대사체를 생성하게 된다. 이러한 각 경로는 질병, 체중, 영양 및 연령과 같은 다른 특성에 대한 간접적인 유전적 및 환경적 영향과 함께 다양한 유전자발현의 영향을 받을 수 있다. 이렇게 고려해야 할 요인이 다양하기 때문에 임상 환경에서 약물 유전체 자료를 해석하고 활용하는 것은 매우 복잡할 수 있다.

약물 개발 및 시판 후 분석 과정에서, 일부 환자에게 심각한 약물 이상 반응(adverse drug reaction, ADR)이 발생하거나 일반 집단에 대한 표준 용량에 반응하지 않는 경우가 종종 있다. ADR은 의약품 등을 정상적으로 사용하여 발생한 바람직하지 않고 의도하지 않은 반응 중에서 해당 의약품과의 인과관계를 배제할 수 없는 경우로 정의되며 이로 인해 많은 추가 비용이 발생한다. 2000년 미국 의학 연구소(IOM)의 「To Err Is Human」 보고서에 따르면 미국에서 연간 200만 건 이상의 ADR이 보고되어 약 10만 명이 사망하고 연간 290억 달러의 비용이 발생하는 것으로 나타났다. 약물유전체학의 임상 적용을 통해 이러한 반응 중 일부를 설명할 수 있을 뿐만 아니라 임상의가 부작용 발생 위험이 높은 사람을 예측하여 부작용 위험을 낮추기 위한 결정을 내릴 수 있도록 도와줄 수 있다. 개인의 90% 이상이 임상적으로 중요한 잠재적 약물유전자 가운데 유전자형을 하나 이상 보유하고 있다는 점을 고려할 때 약물유전학으로 인한 전반적인 위험은 작지 않다. 부작용 방지는 환자의 삶의 질에 유의한 영향을 미치고 전반적인 의료 비용을 줄이며 부작용을 관리하는 의료진의 시간 부담을 덜어 준다. 그럼에도 불구하고, 임상 약물유전체 검사의 활용은 보편적이지 않으며 약물별 ADR과 유전자 변이 사이의 연관성을 검증해야 하는 과제도 여전히 남아 있다.

약물 투약 및 선택에 대한 지침은 임상 약물 유전체학 실행 컨소시엄(clinical pharmacogenetics implementation consortium, CPIC)과 네덜란드 왕립 약사 협회 약물 유전학 실무 그룹(the dutch pharmacogenetics working group, DPWG)에 의해 개발되었다. 각 가이드라인은 권고안을 뒷받침하는 근거 수준에 따라 등급이 매겨진다. 현재 미국 국립보건원(NIH)이 지원하고 스탠포드 대학이 운영하는 웹사이트(www.pharmgkb.org)에 26개의 CPIC 1등급 근거 가이드라인이 게시되어 있다. 이 사이트에는 경로 다이어그램, 주석이 달린 참고 문헌, 검색 표 등 풍부한 정보가 있다. 중요한 점은 이 지침이 검사 대상이 되는 환자에 대해 다루는 것이 아니라, 데이터가 있는 경우 데이터로 무엇을 해야 하는지에 초점을 맞추고 있다는 점이다.

## II. 약물 라벨에 기재된 약물유전체학 정보

약물 유전체학적은 치료효과 여부에 대한 예측, 약물 이상반응 가능성, 개인별 약물요법 최적화에 있어서 중요한 정보이다. 따라서 미국 Food and Drug Administration (FDA)에서는 약물 라벨에 유의미한 약동학 혹은 약력학과 관련된 유전학적 생체표지자 정보와 아래와 같은 관련 정보를 기술하고 있다.

- 약물 폭로 정도와 임상적인 반응의 다양성
- 이상반응의 발생 위험
- 유전형에 따른 약물 투여 방법
- 약물 반응 기전
- 약물 표적 및 약동학 관련 유전자의 다양성
- 임상시험 디자인의 특징

### 1. 치료 결과에 영향을 주는 요인들과 유전학 생체표지자

동일한 약물을 동일한 용법, 용량으로 투여하여도 치료효과, 독성 등의 반응은 개인 간에 차이가 있음은 경험적으로 잘 알려진 사실이다. 이러한 개인 간 차이를 좀 더 세분하여 본다면 예측할 수 있는 개인 간 차이와 예측할 수 없는 개인 간 차이로 나누어 볼 수 있으며, 예측할 수 없는 개인 간 차이의 크기는 약물 투약 후에 나타나는 약물 반응의 불확실성의 크기라고 볼 수 있다. 따라서 개개인 환자별로 최적의 맞춤요법을 시행하려면 예측 불가능한 개인 간 차이를 줄이고 약물반응을 예측할 수 있도록 약물 반응의 개인차를 유발하는 생체표지자(biomarker)를 파악해야 할 것이다(**그림 16-2**). 이러한 생체표지자 중에서 개인의 유전형(germline 혹은 somatic)의 영향을 파악하는 연구가 약물유전체 연구로 볼 수 있으며, 치료효과 및 독성 개인차의 약 80%를 개인의 유전자로 설명할 수 있다고 파악되고 있어서 유전 정보는 임상에서 처방 약물의 종류 및 용량 등의 선정에 있어서 매우 중요한 정보로 인식된다. 단순히 특정 유전 정보가 치료효과 및 독성과 연관되어 있다는 정성적인 정보보다는 유전형의 차이에 의해 유발되는 치료효과의 차이에 대한 정량적인 정보가 실제 임상에서 더 유용할 것이다.

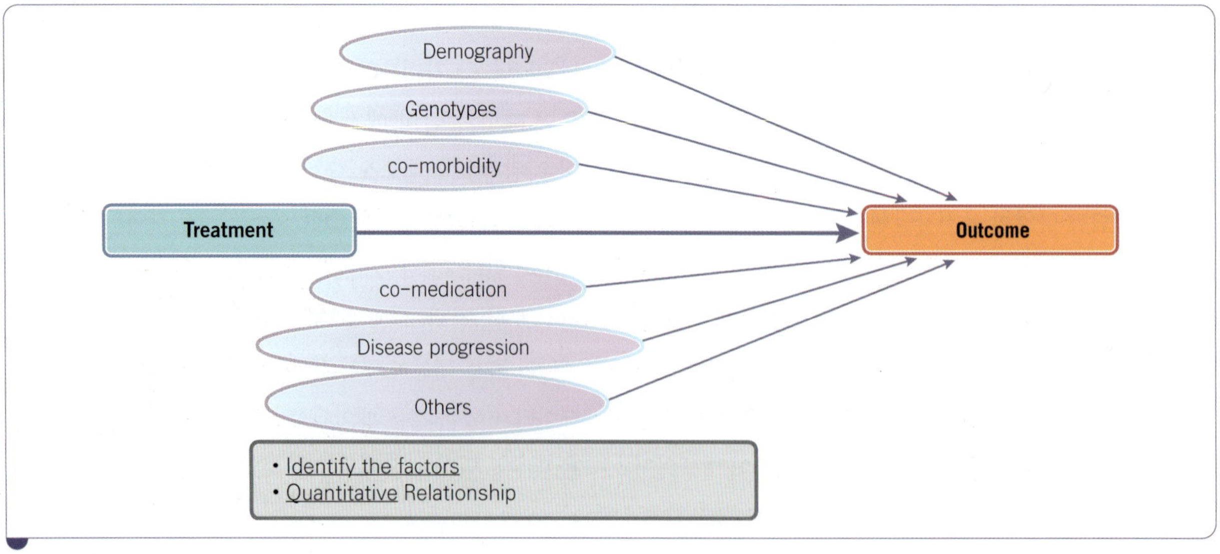


**그림 16-2.** 치료 결과의 개인 차이와 개인차이를 유발하는 여러 요인들.

## 2. 약동학과 약력학

약물 투여 후 나타나는 결과는 약동학적인 과정과 약력학적인 과정이 대략 순차적으로 작용하여 나타난다고 볼 수 있으며 약물 반응의 개인 간 차이는 이러한 약동학과 약력학 과정의 개인 간 차이가 함께 나타난 결과로 볼 수 있다(**그림 16-3**). 따라서 개인 간 차이를 유발하는 유전자도 약동학과 약력학 수준에서 작용하는 유전자로 나누어 평가하는 것이 유용하다. 약동학은 약물 투여 시의 시간에 따른 농도(많은 경우 혈장)를 기술하고 예측하고자 하는 학문인데 이러한 목적을 이루기 위해 해당 약물의 흡수(absorption), 분포(distribution), 대사(metabolism), 배설(excretion)이라는 네 가지 약물의 이동 과정 각각의 양(amount)과 속도(rate)를 파악함으로써 달성하므로 흔히 ADME의 학물이라고 일컬어진다. 1차 약동학 파라메터인 흡수속도상수(absorption rate constant)와 생체이용율(bioavailability)은 각각 흡수 과정의 속도와 흡수량을 표현하기 위한 것이며, 청소율(clearance)은 약물의 metabolism 혹은 excretion에 의한 체외 소실의 속도를 표현하기 위해 고안된 값이다(청소율 자체가 속도를 의미하지는 않고, "*Clearance* × 농도"가 체외 소실 속도임). 또한 분포용적(volume of distribution)은 체내에서 약물의 분포의 정도를 표현하기 위한 파라메터이다.

약동학 과정 중 metabolism은 효소 등에 의해 약물이 화학적인 변화를 거쳐서 소실(elimination)되는 과정인데, 이 과정의 개인 간 차이가 큰 것으로 알려져 있어서 일찍부터 이 과정의 개인차를 설명하기 위해서 cytochrome P450, UGT (UDP-glucuronosyltransferase) 효소 및 SLCO (solute carrier organic anion) 수송체 등의 체내 활성의 크기와 유전형의 상관관계에 대한 연구가 활발히 수행되고 있다(**그림 16-4**). 아래 두 공식은 약동학에서 자주 쓰이는 기본적인 공식중의 하나로서 각각 실질적인 "체내 투여량 = 체외 소실량", 그리고 "체내 투여 속소 = 체외소실 속도"라는 관계를 표현한 공식이다.

$$F \times Dose = AUC \times CL \qquad \text{Eq.1}$$

$$F \times Dose/_{\tau} = C_{SS} \times CL \qquad \text{Eq.2}$$

($F$, 생체이용률; $AUC$, 농도곡선하면적; $CL$, 청소율; $\tau$, 약물 투여 간격; $C_{SS}$, 항정상태 약물 농도)

여기서 앞서 언급한 대사효소 혹은 수송체의 유전형에

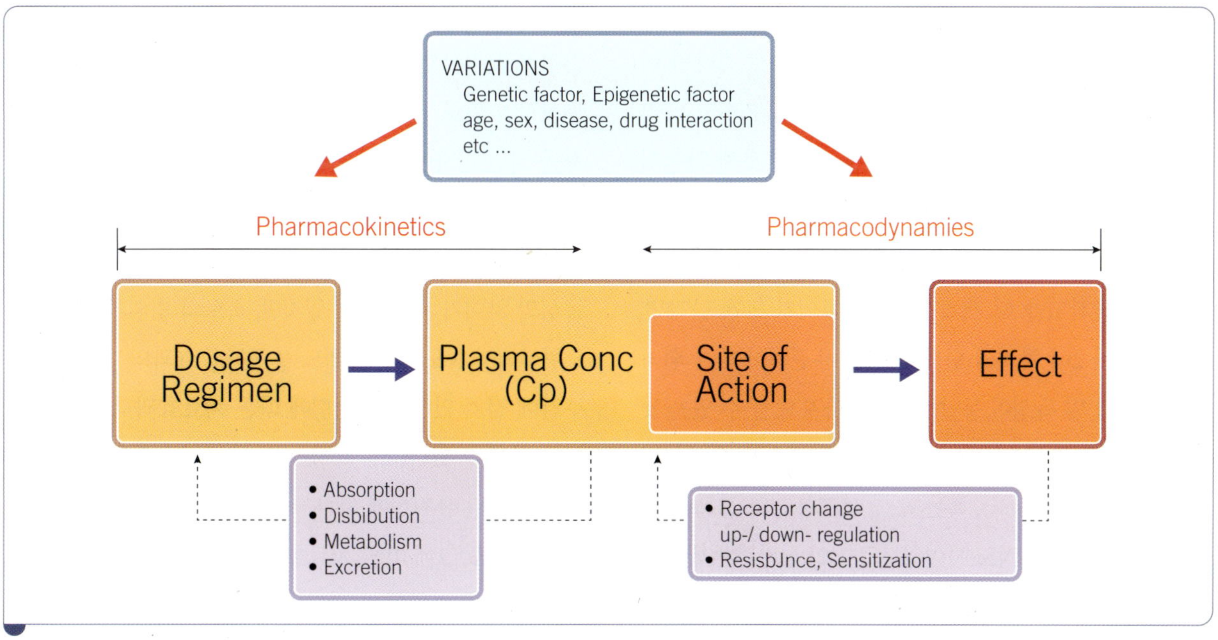


**그림 16-3**. 약물 효과 발현을 위한 약동학-약력학 과정.

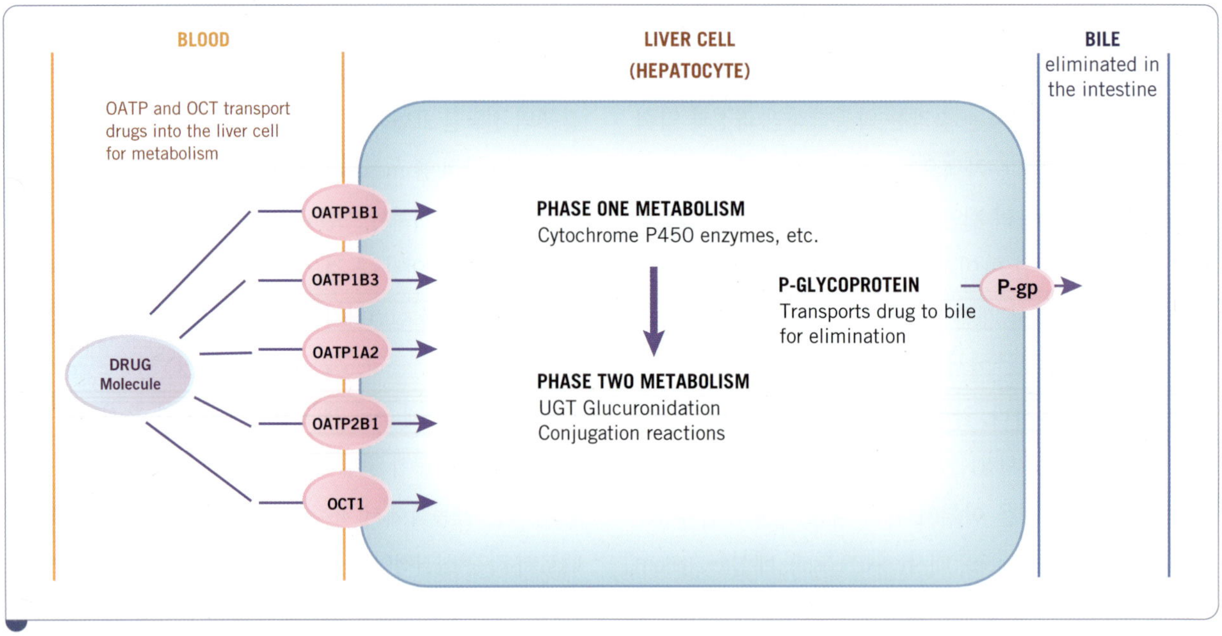


**그림 16-4.** 약물 대사에 관여하는 간세포의 약물 수송체.

따른 체내 활성의 차이가 있으면, 그 차이는 위의 약동학 공식에서 청소율의 차이로 반영되며 결과적으로 *AUC*나 $C_{SS}$의 차이로 나타난다. 예를 들면 각각 *CYP2D6* 야생성 유전자(*1/*1)와 효소 활성의 감소를 유발하는 변이 유전형 중 하나인 *10/*10을 지닌 환자가 CYP2D6 효소를 통해 주로 대사되는 약물 복용 시, *CYP2D6**10/*10 유전형을 지닌 환자의 체내 CYP2D6 효소의 활성이 상대적으로 적다면 이는 위의 약동학 공식에서 청소율이 작음을 의미하고 따라서 동일한 용량을 투여하였음에도 불구하고 모체 약물의 *AUC*와 $C_{SS}$는 상대적으로 더 클 것이다. 해당약물이 치료지수(therapeutic index)가 좁은 약물이고 이를 동일한 용량 용법으로 투약하였을 때 개개인의 농도차이가 크게 난다면, 가령 *AUC*가 2배 차이가 난다면 해당 유전형이 다른 환자들에게 효과 및 독성이 동일하게 나타나지 않을 수 있을 것이다. 이 경우 약물의 대사에 관여하는 효소의 유전형과 *AUC*, $C_{SS}$ (항정상태 농도), 혹은 $C_{max}$ (최고농도)와 같은 약물에의 폭로(exposure) 정도 사이의 정량적인 상관관계가 기존 연구를 통해 알려져 있다면 각 환자에서 해당 약물 투여 전에 해당 유전형을 파악하고 이에 따라 용량을 조정하여 투여하거나 혹은 다른 대체 약물을 투여할 수 있을 것이다. 대사 관련 유전형의 차이에 의해 동일한 용법에도 불구하고 유전형에 따라 약동학적 수준에서의 폭로 정도가 차이가 난다고 반드시 치료효과나 독성이 차이가 나지는 않는다. 그 이유는 용량(혹은 농도)와 효과 및 독성과의 약력학적 관계는 경험적으로 최고효과($E_{max}$) 모형을 따르는 것으로 알려졌고 최고효과 모형은 비선형 모형이기 때문이다. 즉 통상적인 치료 용량으로 투여 시 야행성이나 변이형 유전자를 지닌 환자에서 형성되는 *AUC*나 $C_{SS}$의 최저값과 최고값의 범위가 최고효과 모형상에서 그래프가 급격히 변하는 시점에 걸쳐 있다면 유전형의 차이에 의해 치료 효과나 독성의 차이가 나타날 수 있지만, 폭로의 범위가 최고효과 모형상에서 농도의 변화에도 불구하고 효과의 변화가 없는 구간에 걸쳐 있다면 유전형에 따른 치료효과나 독성의 차이는 없을 수 있다(**그림 16-5**). 따라서 대사효소와 같이 약동학과 관련된 유전형에 따른 약물의 폭로 정도의 차이가 있다 하더라도 그에 따른 치료효과나 독성은 있을 수도 있고 없을 수도 있기 때문에, 해당 유전형이 효과나 독성에 미치는 영향은 별도의 임상연구를 통해 규명되어야 한다.

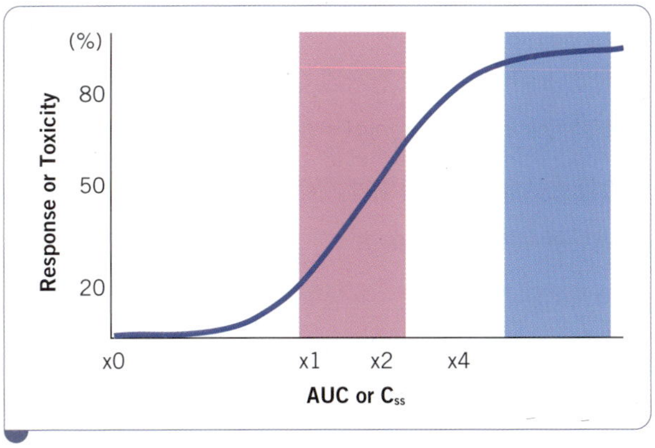


그림 16-5. 약물 농도의 차이와 비선형적인 폭로(exposure)-반응 관계.

## 3. 미국 FDA 약물 라벨의 약물유전체학 정보

미국 FDA의 승인을 받은 약물의 라벨에 약물유전체학적 정보가 포함된 비율은 2000년도 10.3%(n=3)에서 282%(n=11)로 지난 20년간 점차 증가하는 추세이다. 이러한 추세는 모든 치료영역에서 나타나지만 특히 항암제(75.5%)에서 두드러진다(그림 16-6). 약물 라벨에 포함된 약물 유전체학 정보는 생식선(germline) 유전자뿐만 아니라 유방암세포에서 *ERBB2*의 과발현과 같은 체세포(somatic) 변이도 또한 포함하고 있으나, 바이러스나 세균과 같은 사람 이외의 유전자나, 질환의 진단목적의 유전형과 같이 용량 설정 및 치료제 선택과 관련 없는 것은 포함하지 않는다. 미국 FDA에서는 승인된 의약품의 약물유전체학 정보를 홈페이지에 “Table of Pharmacogenomic Biomarkers in Drug Labeling”라는 이름으로 공개하고 있으며, 2022년 12월 갱신된 자료에는 541개 의약품의 약동학 혹은 약력학과 관련된 약물유전체학 정보가 수록되어 있다. 유전체학 정보의 내용은 특정 약물-유전형에 따른 약물 폭로 정도의 차이와 임상적인 치료 반응의 차이, 5-FU 제제 투여 시 dipyrimidine dehydrogenase 효소에 대한 *DPYD* 유전형에 따른 골수억제 발생 위험도와 같은 유전형에 따른 이상반응의 발생 위험도의 차이, 그리고 와파린(warfarin)의 약동학 관련 *CYP2C9* 유전형과 약력학 관련 *VKORC1* 유전형에 따른 권장 용량

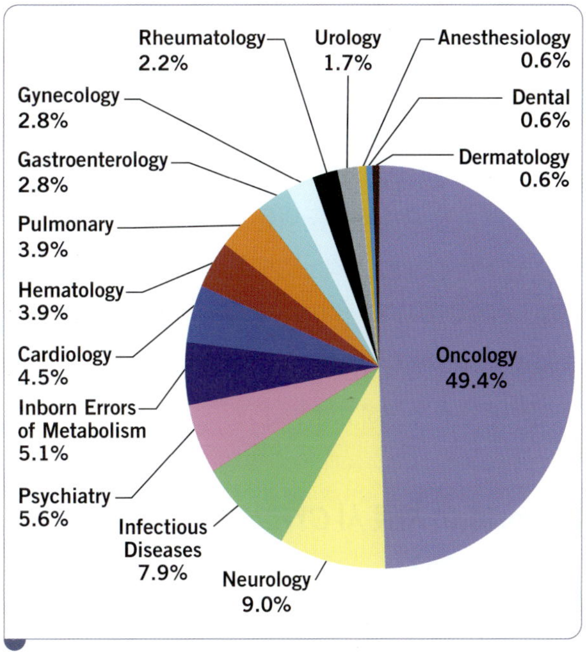


그림 16-6. 미국 FDA에서 2000년부터 2022년 사이에 승인된 약물유전체학 정보가 약물 라벨에 반영된 의약품의 치료영역.

제시 등을 포함한다. 이러한 정보는 “Dosage and Administration”, “Indications and Usage”, “Adverse Reactions”, “Clinical Pharmacology”, “Clinical Studies”, “Use in Specific Populations”, “Warnings”, “Warnings and Precautions”, “Boxed Warning”, “Patient Counseling Information”, “Drug Interactions” 등의 여러 다양한 형태로 반영되어 있다. 유전체학 정보는 차세대 염기서열분석(next-generation sequencing)과 같은 기술의 발달과 적용의 증대에 따라 향후 더 많은 정보가 생성되고 반영될 것으로 예측된다.

# III. 임상에서 사용되는 약물유전형 검사

국내에서 건강보험 요양급여 항목으로 등재되어 있으며 임상적으로 활용이 가능한 약물유전검사들은 ① Warfarin 적정 용법을 위한 *CYP2C9* 및 *VKORC1* 유전자 검사, ② Clopidogrel 용법을 위한 *CYP2C19* 검사, ③ 삼환계항우울제, codeine, tamoxifen, atomoxifene 약물요법을 위한

*CYP2D6* 유전자검사, ④ Isoniazid 용법을 위한 *NAT2* 유전자 검사, ⑤ *Irinotecan* 독성 예측을 위한 *UGT1A* 유전자 검사 ⑥ Thiopurine계 약물을 위한 *TPMT* 유전자 검사 ⑦ 비소세포폐암 환자에 Tyrosine Kinase Inhibitor (TKI) 사용 시 적합한 대상 환자 선별을 위한 *EGFR* 유전자 검사 ⑧ 유방암 환자에서 HER2 표적치료제 치료 대상자 선별을 위한 *HER2* 유전자 검사 ⑨ 결장직장암 환자에서 anti-EGFR 치료 대상 환자 선별을 위한 *KRAS* 유전자 검사 등이 있다. 이 중 일부에 대해 소개하고자 한다.

## 1. Warfarin 치료 시 *CYP2C9*과 *VKORC1* 유전형 검사

Warfarin은 널리 쓰이는 경구용 항응고제로서 유효용량과 독성용량 간의 차이가 좁은 작은 치료지수(therapeutic index)를 가진 약물이다. 흔히 warfarin 투여 초기에 경험적으로 평균적인 용량(예: 3~5 mg/day)으로 투여를 시작하여, 적어도 일주일에 한 번씩 INR (international normalized ratio)을 측정하여 적정 INR 범위(2~3)를 유지하도록 용량을 조절한다. 하지만 적정 INR을 유지하기 위한 warfarin의 용량은 1 mg/day로부터 20 mg/day에 이를 정도로 개인차가 크다. INR를 측정하면서 각 환자별 warfarin 적정 용량을 찾아가는 과정의 문제는 이러한 과정이 수 주에서 수개월까지 걸릴 수 있다는 점이며 그동안에 해당 환자는 warfarin 소량 투여에 의한 혈전색전증 및 과량 투여에 의한 출혈 등의 부작용의 위험성에 노출되어 있다는 점이다. Warfarin 치료 시작 전의 *CYP2C9*과 *VKORC1* 유전형 검사는 이러한 경험적 초기 치료에서 나타날 수 있는 시행착오를 줄일 수 있는 가능성을 제공한다. 비타민-K 의존성 혈액응고인자(II, VII, IX, X)가 활성화되려면 환원상태의 비타민-K가 필요한데 Vitamin-K Epoxide Reductase 1(*VKORC1*)이 산성화된 비타민 K를 환원시키는 역할을 하며, warfarin 투여 시 활성을 지닌 S-광학이성체(S-warfarin)가 *VKORC1*를 억제함으로써 항응고 효과를 발현한다. S-warfarin은 주로 *CYP2C9* 효소에 의해 대사되어 비활성화되는데 이러한 대사능의 개인차가 크다. 따라서 개별 환자의 *CYP2C9*과 *VKORC1*의 유전형을 파악하여 환자의 *CYP2C9*과 *VKORC1*의 활성을 일부 예측할 수 있다면 초기투여 시부터 적정 용법, 용량의 설정이 가능할 것이다(**그림 16-7**).

*CYP2C9**2 and *3는 야생형(wild type)인 *1를 지닌 환자에 비해 효소의 활성 저하(*CYP2C9**2는 30~40% 감소; *CYP2C9**3는 80~90% 감소)를 동반한 가장 흔히 관찰되는 *CYP2C9* 변이형이며, 이러한 변이 대립유전자(allele)를 하나 혹은 두 개를 가진 환자는 warfarin 치료 시 출혈 위험이 높아서 상대적으로 저 용량으로 치료를 시작해야 하며, 안정적인 INR에 도달하는 데 걸리는 시간도 더 많이 소요된다. *CYP2C9**2 and *3의 분포는 인종차가 존재하며, 한국인에서 *CYP2C9**2는 거의 발견되지 않으나 *3의 경우 대립 유전자의 빈도(allele frequency)가 약 6%이고, *CYP**1/*3 유전자는 한국인의 약 12%에서 발견되어 적지 않게 분포한다. *VKORC1*의 경우 −1639G>A(rs9923231) 변이를 지닌 환자의 경우 *VKORC1*의 전사인자(transcription factor) 결합부위의 변화를 유발하여 *VKORC1* 효소의 생성이 감소되며, −1639A를 지닌 환자에서는 저용량의 warfarin 투여가 권장된다. *VKORC1* 유전형의 빈도도 인종마다 다르며 한국인에서 −1639A 대립유전자의 빈도는 95% 정도로 알려져 있다.

미국 FDA에서 승인한 Coumadin (Warfarin sodium)의 약품설명서에는 **표 16-1**에서와 같이 *CYP2C9* 및 *VKORC1* 유전형에 기반하여 평균 유지용량 범위를 제시하고 있다. 실제 임상에서는 제시된 각 용량 범위에서 환자의 연령, 체표면적 등의 임상적인 상황을 고려하여 최종 약물 용량을 결정한다.

## 2. Clopidogrel 치료 시 *CYP2C19* 유전형 검사

Clopidogrel은 항혈소판제제로서 혈소판 막에 위치한 P2Y12 adenosine diphosphate 수용체에 비가역적으로 달라붙어 혈소판의 기능을 억제함으로써 항응고효과를 나타

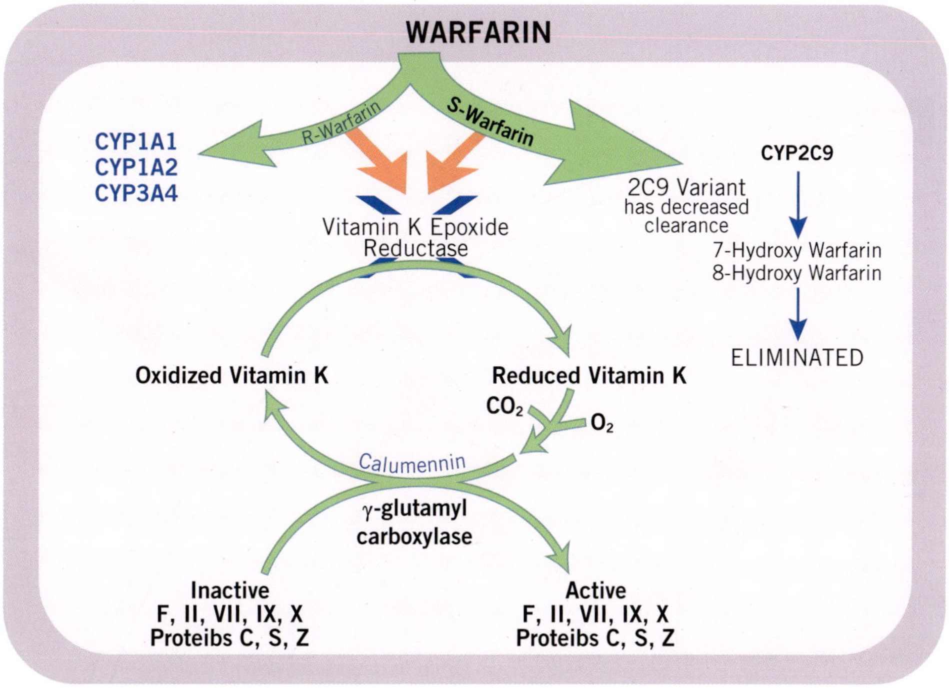


**그림 16-7.** 와파린(warfarin)의 대사 경로 및 약효 발현 과정.

내며 급성관상동맥 증후군 환자에서 clopidogrel 투여 시 *CYP2C19* 유전형 검사 시행이 권고되고 있다.

Clopidogrel은 pro-drug으로서 주로 CYP2C19에 의해 활성형 대사체로 변화하여 약리효과를 발현한다. Clopidogrel 경구 투여 시 대부분(85%)은 체내 carboxylesterase 1에 의해 비활성 대사체로 전환되며, 나머지 15%가량이 두 단계의 대사를 거쳐 활성 대사체로 변환되는데 이 과정에 많은 CYP 효소가 관여하지만 CYP2C19이 주된 역할을 한다(그림 16-8). 따라서 clopidogrel을 동일한 용량, 용법으로 투여하여도 CYP2C19의 활성에 따라 치료효과 및 부작용의 발생 위험도가 달라진다. CYP2C9의 활성저하를 동반하면서 가장 흔하게 분포하는 변이형은 *2와 *3로서 *CYP2C19**2나 *3 대립 유전자를 지닌 환자는 야생형의 *CYP2C19* 유전형을 지닌 환자에 비해 체내 활성대사체의 농도가 현저히 저하된다. *CYP2C19**2 및 *3 대립유전자의 한국인에서의 빈도는 각각 28.4%, 10.1%로 보고되었다.

**표 16-1.** *CYP2C9*과 *VKORC1* 유전형에 기반한 Warfarin 일일 평균 권장 용량

| *VKORC1* (−1639G>A, rs9923231) | *CYP2C9* | | | | | |
|---|---|---|---|---|---|---|
| | *1/*1 | *1/*2 | *1/*3 | *2/*2 | *2/*3 | *3/*3 |
| GG | 5~7 mg | 5~7 mg | 3~4 mg | 3~4 mg | 3~4 mg | 0.5~2 mg |
| AG | 5~7 mg | 3~4 mg | 3~4 mg | 3~4 mg | 0.5~2 mg | 0.5~2 mg |
| AA | 3~4 mg | 3~4 mg | 0.5~2 mg | 0.5~2 mg | 0.5~2 mg | 0.5~2 mg |

Coumadin (Warfarin sodium) tablets label – US FDA

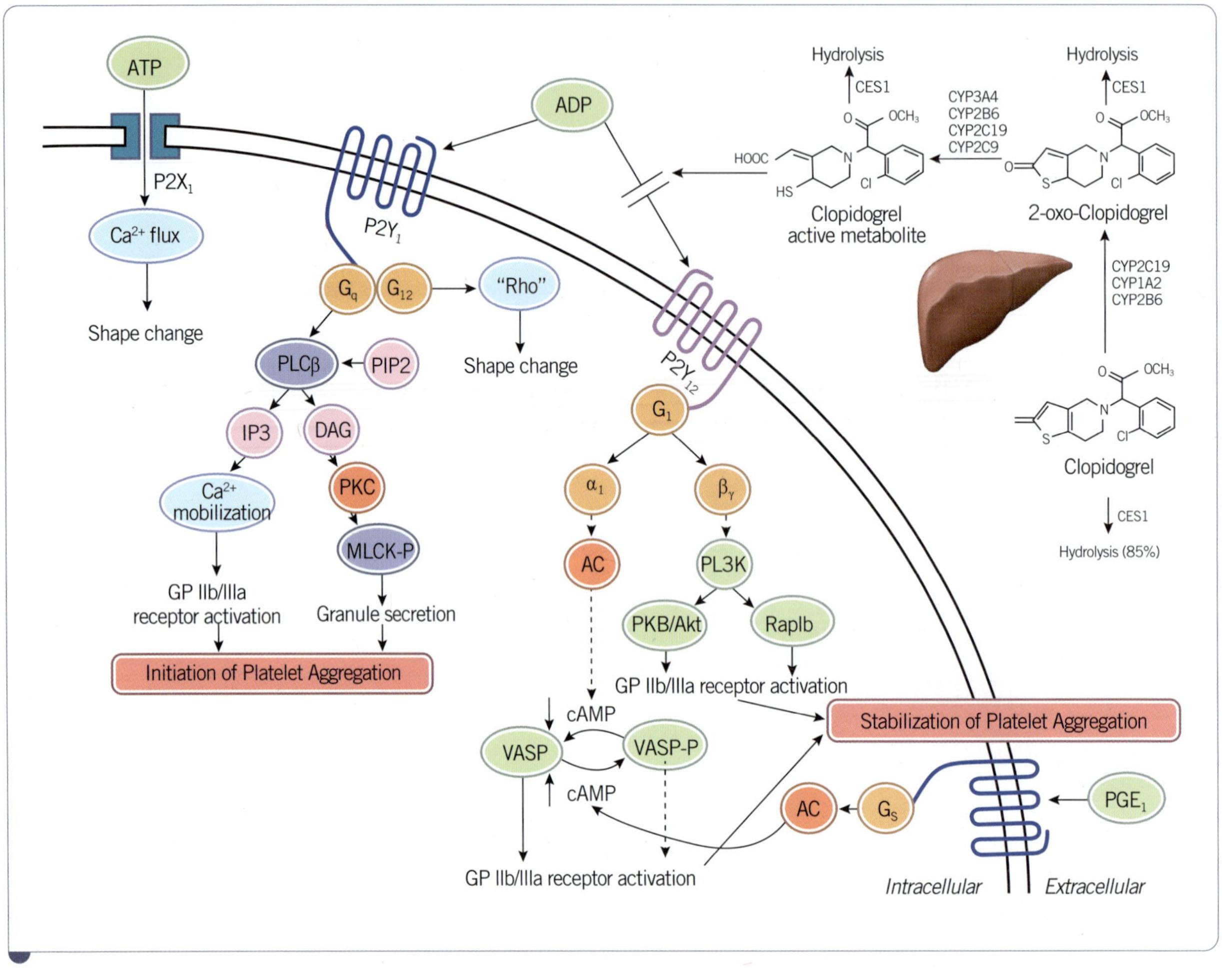


**그림 16-8.** Clopidogrel의 대사 경로 및 약효 발현 과정.

실제로 1,459명을 대상으로 수행한 전향적 임상시험에서 심장질환에 의한 사망, 심근경색, 혹은 뇌졸중의 발생빈도가 *CYP2C19* 대사능저하 유전형을 지닌 환자에서 12.1%이고 대사능저하 유전형을 지니지 않은 환자에서 8.0%로 통계적으로 유의하게(위험비, 1.53; 95% CI, 1.07~2.19) 대사능 저하 유전형을 지닌 환자에서 더 높아서 clopidogrel 치료 시 *CYP2C19* 유전형을 고려해야 할 필요성을 제시하고 있다 **(그림 16-9)**. 이를 반영하여 Plavix® (clopidogrel)에 대한 미국 FDA에서 승인한 약품설명서에는 Plavix 투여 시 대사능저하자(poor metabolizers)인지 여부를 판별하기 위해 *CYP2C19* 유전형 검사를 권장하고 있으며, 대사능저하자의 경우 다른 항혈소판제제를 권고하고 있다.

## 3. Tamoxifen 치료 시 *CYP2D6* 유전형 검사

유방암 환자의 종양 조직에서 여성호르몬 수용체(estrogen receptor)가 발현되면 여성호르몬이 수용체에 결합하여 종양 조직의 증식을 촉진하여 예후가 나빠질 수 있으므로 이를 방지하기 위해 수술 후 혹은 진행성 유방암에서 tamoxifen이 오랜 기간 사용되어 왔다. Tamoxifen은 여성호르몬 수용체에 결합하여 여성호르몬이 종양 조직의 수용체에 결합하여 작용하는 것을 선택적, 경쟁적으로 억제하여 치료효과를 나타내는 것으로 알려져 있으나 효현제(agonist) 특성도 지니고 있어서(selective estrogen receptor modulator, SERM) 여성호르몬 수용체 억제에 의해 유발될

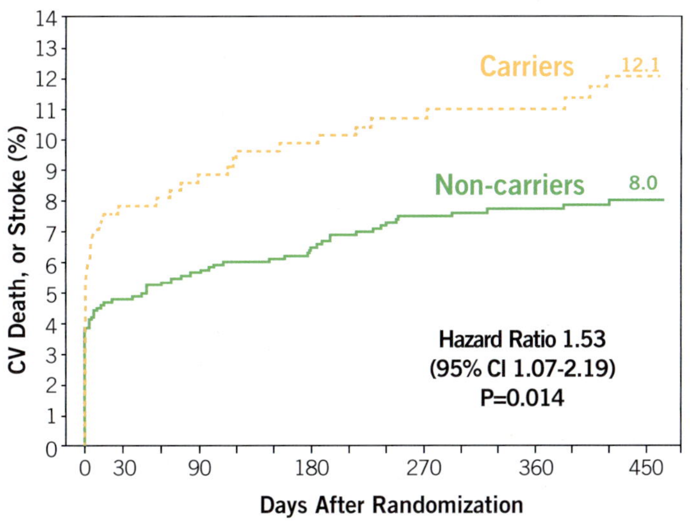


**그림 16-9.** CYP2C19 유전형(carriers versus non-carriers)에 따른 Clopidogrel의 치료 결과.

수 있는 골다공증 등의 부작용이 letrozole, anastrozole과 같은 3세대 aromatase inhibitor에 비해 적은 것으로 알려져 있다. Tamoxifen은 모체보다는 대사체의 활성이 큰 전구약물로서 2003년 이전까지는 4-hydroxy-tamoxifen이 주된 치료효과를 나타내는 물질로 인식되었으나 이후에는 4-hydroxy-N-desmethyl-tamoxifen (endoxifen)이 4-hydroxytamoxifen과 동등한 potency를 지니면서 혈중 농도는 훨씬 높게 존재하는 것이 알려져 실질적인 SERM 약효는 endoxifen에 의해 발현되는 것으로 밝혀졌다. Tamoxifen은 투여 시 일부가 4-hydroxy-tamoxifen으로 변화하고 이보다 더 많은 부분이 N-desmethyl-tamoxifen을 거쳐서 endoxifen으로 변환된다. 이 두 가지 활성 대사체가 만들어지는데 여러 CYP 효소가 관여하지만 특히 CYP2D6 효소가 중요한 역할을 한다(그림 16-10).

CYP2D6 표현형은 신속대사형(extensive metabolizer, EM), 지연대사형(poor metabolizer, PM), 중간대사형(intermediate metabolizer, IM), 초고속대사형(ultra-rapid metabolizer, UM)으로 분류된다. PM 그룹은 CYP2D6 효소 활성이 없는 것이 특징이며, 한국인, 일본인 또는 중국인의 1% 미만, 백인의 7~10%에서 발견된다. CYP2D6*3, CYP2D6*4, CYP2D6*5, CYP2D6*6은 효소 활성의 부재를 유발하며, PM의 93~97.5%는 이들 유전자형으로 예측할 수 있다. 이들 중 CYP2D6*4는 백인에서 20~25%의 대립유전자 빈도로 발생하며 전체 PM의 70~90%를 차지하지만 아시아인에게는 드물다. 아시아인에서 효소 활성의 부재와 연관되어 있으면서 상대적으로 높은 빈도로 발현되는 CYP2D6*5의 대립 유전자의 빈도는 약 5%이다. CYP2D6*10은 아시아인에서 기능의 저하와 연관된 주요 변이이며 불안정한 효소의 형성으로 인한 CYP2D6의 생물학적 반감기의 감소를 유발하며 이로 인한 CYP2D6 효소량의 감소에 의한 CYP2D6 활성 감소를 유발한다. 한국인의 약 50%가 이 대립유전자를 가지고 있으며, 백인의 경우 2%만이 가지고 있다. CYP2D6*10 대립유전자의 높은 비율은 한국인을 비롯한 아시아인에서 CYP2D6 효소 활성의 중앙값이 백인 EM보다 동아시아 EM에서 더 낮은 이유를 설명하며 이를 IM으로 구분하여 부르기도 한다. 반면 증폭된(multiplication) CYP2D6*2의 유전자는 매우 높은 CYP2D6 활성과 관련이 있으며, 한국인에서 대립유전자의 비율은 0.5%로 알려져 있다.

CYP2D6의 유전적 다형성은 광범위한 타목시펜 약동학(PK)의 개인 간의 차이를 설명할 수 있다. 치료적 목적으로

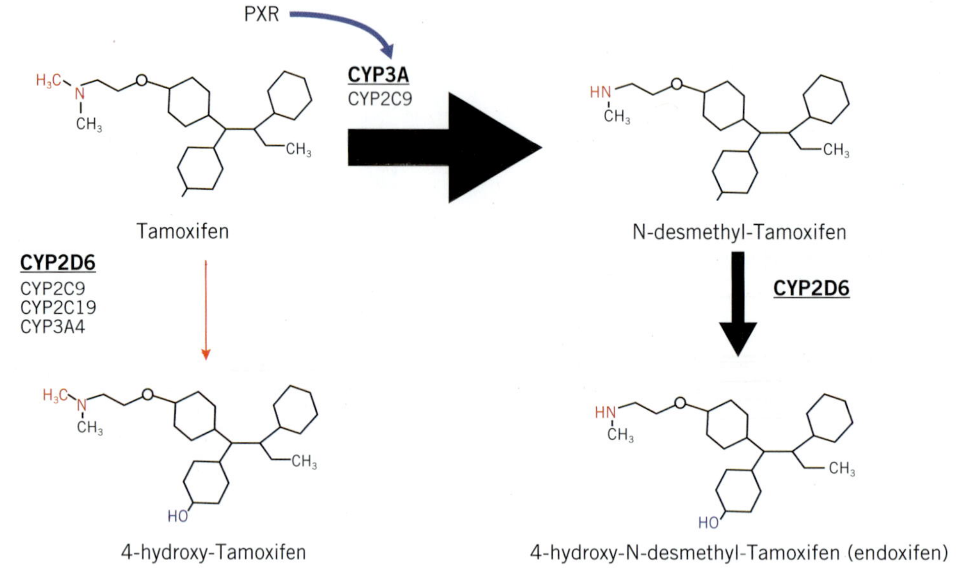


**그림 16-10.** Tamoxifen의 대사경로.

tamoxifen을 투여 중인 202명의 한국인 유방암 환자에서 활성대사체인 endoxifen과 4-hydroxytamoxifen의 항정상태 농도를 *CYP2D6* 유전형 별로 관찰한 결과 활성대사체들의 농도가 *CYP2D6* 변이형 대립 유전자를 2개 가지고 있는 환자에서 그렇지 않은 환자에 비해 농도가 1/2 혹은 그 이하로 관찰되었다(**그림 16-11**). 문제는 이러한 농도의 차이가 과연 치료효과의 차이로 귀결될 것인지 여부인데 이에 대한 많은 임상연구가 수행되어 왔지만 일관된 결과를 보이지는 않아서 논란의 여지가 있다. 하지만 tamoxifen 투여 시에는 *CYP2D6* 유전형 검사를 시행하는 것이 권장되고

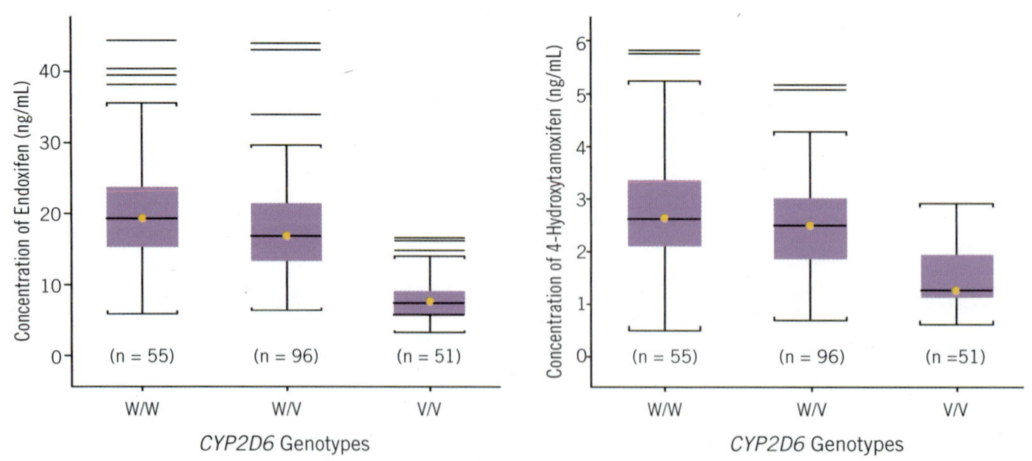


**그림 16-11.** *CYP2D6* 유전형(carriers versus non-carriers)에 따른 tamoxifen 활성대사체인 endoxifen과 4-hydroxytamoxifen의 항정상태 혈중 농도의 차이.

있다.

## REFERENCE


1. A Gaedigk, RR Gotschall, NS Forbes, et al. Optimization of cytochrome P4502D6 (CYP2D6) phenotype assignment using a genotyping algorithm based on allele frequency data. Pharmacogenetics. 1999;9(6):669–82.
2. Chanfreau-Coffinier C, Hull L E, Lynch J A, et al. Projected prevalence of actionable pharmacogenetic variants and level A drugs prescribed among US veterans health administration pharmacy users. JAMA Netw Open. 2019;2(6).
3. Coleman J J, Pontefract S K. Adverse drug reactions. Clin Med (Lond). 2016;16(5):481–5.
4. Darshan Mehta, Ryley Uber, Taylor Ingle, et al. Study of pharmacogenomic information in FDA-approved drug labeling to facilitate application of precision medicine. Drug Discov Today. 2020;25(5):813–20.
5. Ho-Sook Kim, Doo-Yeoun Cho, Bo-Min Park, et al. The effect of CYP2C19 genotype on the time course of platelet aggregation inhibition after clopidogrel administration. J Clin Pharmacol. 2014;54(8):850–7.
6. Hyun Cho, Jae-Gook Shin. Effect of CYP2C9 and VKORC1 genotypes on early-phase and steady-state warfarin dosing in Korean patients with mechanical heart valve replacement. Pharmacogenet Genomics. 2009;19(2):103–12.
7. Jeeyun A Kim, Rachel Ceccarelli, Christine Y Lu. Pharmacogenomic Biomarkers in US FDA-Approved Drug Labels (2000–2020). J Pers Med. 2021;11(3):179.
8. Jianghong Fan, Inés A M de Lannoy. Pharmacokinetics. Biochem Pharmacol. 2014;87(1):93–120.
9. Laura Dean, Megan Kane, Victoria M Pratt, et al. Medical Genetics Summaries [Internet]. Bethesda (MD): National Center for Biotechnology Information (US); 2012.
10. L Bertilsson, ML Dahl, F Sjöqvist, et al. Molecular basis for rational megaprescribing in ultrarapid hydroxylators of debrisoquine. Lancet. 1993;341(8836):63.
11. Mancineli L., Cronin M, Sadee W. Pharmacogenomics: The promise of personalized medicine. AAPS PharmSci. 2000;2(1):29.
12. Matthew P Goetz, Katrin Sangkuhl, Henk-Jan, et al. Clinical Pharmacogenetics Implementation Consortium (CPIC) Guideline for CYP2D6 and Tamoxifen Therapy. Clin Pharmacol Ther. 2018;103(5):770–7.
13. Pharmacogenomics Knowledge Base (PharmGKB) [Internet]. Clinical guideline annotations [cited: 2022]. Available from: https://www.pharmgkb.org/guidelineAnnotations
14. U.S. Food and Drug Administration[Internet]. Table of Pharmacogenomic Biomarkers in Drug Labeling. Available from: https://www.fda.gov/drugs/science-and-research-drugs/table-pharmacogenomic-biomarkers-drug-labeling
15. YR Yoon, IJ Cha, JH Shon, et al. Relationship of paroxetine disposition to metoprolol metabolic ratio and CYP2D6*10 genotype of Korean subjects. Clin Pharmacol Ther. 2000;67(5):567–76.
16. Zeind C S, Carvalho M G, Cheng J, et al. Applied Therapeutics. 12th ed. Wolters Kluwer Health; 2023.

CHAPTER 17

# 인간의 건강과 질병에서 후성유전과 후성유전체

Epigenetics and epigenomics in human health and disease

고정민, 유정수, 최무림

## I. 서론

후성유전/후성유전체(epigenetics/epigenomics)는 DNA 서열의 변화 없는 유전자발현과 유전자 활동을 조절하는 것을 연구의 대상으로 삼고 있다. 후성유전은 주로 DNA 자체의 변화(예: 메틸화), 히스톤의 화학적 변화(예: 히스톤 메틸화, 아세틸화), 비암호화 RNA (non-coding RNA) 등을 포함한 여러 기작을 통해 유전자발현을 조절한다. 이러한 메커니즘은 유전자의 발현을 억제하거나 촉진하여 세포 분열, 분화, 발달, 질병 등에 영향을 미칠 수 있다.

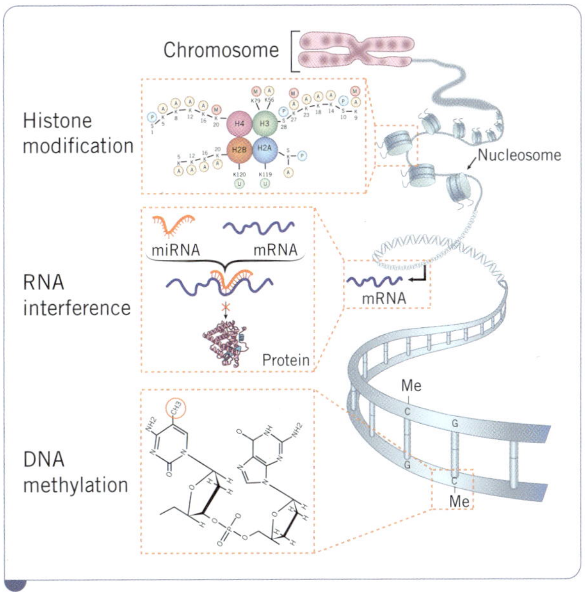


그림 17-1. 후성유전 현상의 종류와 그 형태.

### 1. 후성유전 조절의 종류

후성유전 현상은 외부 요인에 따라 변화할 수 있으며, 그 주요 종류로는 다음과 같은 것들이 있다(그림 17-1).

- DNA 메틸화(DNA methylation): DNA 분자에 메틸 그룹을 추가하는 과정으로, DNA 메틸화 수준은 유전자발현을 조절하는 데 중요한 역할을 한다. 보통 과도한 메틸화(hypermethylation)는 유전자발현을 억제하고, 저 메틸화 상태(hypomethylation)는 유전자발현을 촉진시킨다.
- 히스톤 수정(Histone modification): 히스톤 단백질은 DNA를 감싸고 있는 구조로서, 히스톤의 화학적인 변화에 따라 히스톤이 감고 있는 DNA 상태가 변화하여 유전자발현이 조절된다. 히스톤의 특정 변화에 의하여 해당 DNA의 기능이 예측되기도 한다(표 17-1).
- 비암호화 RNA (Non-coding RNA): 비암호화 RNA는 단백질을 인코딩하지 않는 RNA 분자로서, 후성유전 현상에서 중요한 역할을 한다. 마이크로 RNA (miRNA), 롱 논코딩 RNA (lncRNA), small interfering RNA (siRNA)

표 17-1.

| Histone/Position/Modification | Location | Effect | Enzyme |
|---|---|---|---|
| H3K4me2 | | Gene activation | Set1, MLL, Set7/9, SMYD3, LSD1, JAR1D1A |
| H3K4me3 | 5′ End of transcriptionally active genes | Gene activation | Set1, MLL, Set7/9, SMYD3, JAR1D1A |
| H3K9me | Euchromatin | Gene silencing | G9a; Suv91, StB1, PRD14, CLL8, GLP, Suv39h1, Suv39h2 |
| H3K9me2 | Euchromatin | Gene silencing | G9a; Suv91, StB1, PRD14, CLL8, GLP, Suv39h1, Suv39h2, JMJD2A |
| H3K9me3 | Promoters and heterochromatin, Gene coding region | Gene silencing<br>Gene activation | G9a; Suv91, StB1, PRD14, CLL8, GLP, Suv39h1, Suv39h2, JMJD2A |
| H3K27me1 | Heterochromatin | Gene activation | |
| H3K27me2/3 | Inactive-X chromosome, homeotic genes | Gene silencing | EZH2 |
| H3K36me | Promoter | Not well characterized | JHDM1A |
| H3K36me2 | Near double strand breaks, for repair | Gene silencing | NSD1, JMJD2A, JHDM1A |
| H3K36me3 | 3′ End of active genes. Marks exons. | Gene activation | JMJD2A |
| H3K79me2 | | Gene activation | Dot1L |
| H3K79me3 | | Gene activation | Dot1L |
| H4K20me1 | Cell cycle regulation, present at active promoters | Gene activation | SET8/PR-Set7 |
| H4K20me2 | Heterochromatin, marks origin for replication, DNA damage response | Gene silencing | NSD1, Suv4-20h1, Suv4-20H2, Set8/PR-SET7 |
| H4K20me3 | Heterochromatin, at promoters | Gene silencing | NSD1, Suv4-20h1, Suv4-20H2, Set8/PR-SET7 |

등이 유전자발현의 조절과정에 개입하여 RNA 분해, RNA 스플라이싱 등을 조절함으로써 유전자발현을 조절하기도 한다.

## 2. 후성유전 조절에 의한 임상적 혜택들

후성유전 연구의 결과물는 다양한 임상적 혜택을 제공해 왔다. 그중 몇 가지 예시는 다음과 같다.

- 암 치료 개선: 주요 유전자의 돌연변이에 의한 유전자발현 문제도 암의 주요 원인 중 하나이며, 그런 측면에서 후성유전 연구는 암 치료 개선에 큰 기여를 하고 있다. DNA 메틸화와 히스톤 수정에 관련된 유전자발현 조절 기전을 이해하여, 암 유전자의 비정상적인 발현을 억제하거나 정상적인 발현을 촉진하는 약물을 개발한다. 예를 들어, 히스톤 탈아세틸화 효소 억제제인 벌린오스타트(vorinostat)는 조형세포 림프종(cutaneous T-cell lymphoma) 치료에 사용되며, DNA 메틸화 효소 억제제인 아자시티딘(azacitidine)과 데시

타비린(decitabine)은 골수성 장애와 급성 골수성 백혈병의 치료에 사용된다.

- 신약 개발: 후성유전 연구는 신약 개발 과정에서 중요한 정보를 제공한다. 특히, 후성유전 기전을 이용하여 약물 효능과 부작용을 예측하는 등 개인 맞춤형 의학에 적용되는 약물 개발에 도움을 준다.
- 질병 예측과 진단: 후성유전 연구는 개인별 유전 변이와 후성유전 현상 사이의 연관성을 이해하여 질병의 예측과 진단에 도움을 줄 수 있다. 특정 유전자발현 패턴, DNA 메틸화, 히스톤 수정 등을 분석함으로써 특정 질병의 위험을 예측하고 조기 진단을 돕는 데 사용될 수 있다.

## II. 후성유전학적 기전

후성유전학은 크로마틴 기반 분자신호의 결과로, 세대에서 세대로 전달될 수 있는 세포 표현형을 결정짓는 유전자발현 변화를 연구하는 학문이다. 후성유전학적 조절기전에는 크게 DNA(주로 시토신 염기) 메틸화, 히스톤 공유변형 또는 히스톤 변이체, 뉴클레오좀 위치선정, 그리고 비암호화 RNA의 4가지로 정리될 수 있다. 후성유전학적 기전은 DNA 염기 서열의 변경 없이 외부 신호에 따라 유전자를 적시에, 적소에서, 적량으로 발현하게 하는 기전을 일컫는다. 최근에는 시퀀싱 기술의 발달과 국제 컨소시움의 협력으로 다양한 조직 또는 질병 상태에서 크로마틴 전체의 후성유전학적 패턴을 탐색하기 위한 광범위한 노력, 예를 들어 ENCODE 프로젝트(Encyclopedia of DNA Elements) 등도 활발히 진행되고 있어 많은 정보가 축적되고 있다.

### 1. DNA 메틸화

DNA 메틸화는 아마도 현재까지 가장 광범위하게 그리고 가장 오래 연구된 후성유전학적 기전일 것이다. 이는 여러 다른 후성유전학적 기전들과 비교하였을 때, 주로 안정적인 유전자발현을 오랜 시간 동안 억제시키는 침묵 메커니즘을 제공한다고 알려져 있다. 포유류에서 DNA 메틸화는 주로 CpG 디뉴클레오티드의 시토신 잔기에 메틸기가 공유 결합으로 붙음으로써 발생한다. 재미있는 사실은 이 CpG 디뉴클레오타이드가 인간 유전체에 고르게 분포되어 있지 않고 'CpG 섬(CpG island)'이라고 하는 CpG가 풍부한 짧은 DNA 스트레치와 큰 반복 서열(예: 중심체, 레트로트랜스포존, rDNA 등) 영역에 집중되어 있다는 것이다. 이 CpG 섬은 전체 유전체의 1%밖에 되지 않지만, 인간 유전자의 5′ 말단에 주로 위치하며, 인간 유전자 프로모터의 약 60%를 차지하고 있다. CpG 섬의 CpG는 일반적으로 정상세포에서는 메틸화되지 않은 상태로 남아 있으며 일부 CpG 섬 프로모터에서만 발달과정 중에 메틸화되어 장기간 전사 침묵을 초래한다고 알려져 있다. 반면 유전체에서 CpG 섬이 아닌 많은 CpG는 메틸화되어 있고, 특히 반복 서열에서는 대부분 메틸화되어 있어, 비암호화 DNA 및 전이 DNA 요소를 침묵시켜 염색체 안정성에 기여한다고 알려져 있다.

#### 1) DNA 메틸화효소/메틸기결합단백질

세포 내에서 활성을 띄는 DNA 메틸화효소(DNA methyltransferase, DNMT)에는 DNMT1, DNMT3A, 그리고 DNMT3B가 알려져 있다. 세포복제 중에 나타나는 한쪽 가닥만 메틸화 되어 있는 DNA의 메틸화에 주로 관여한다고 알려진 DNMT1는 유지 DNMT로서 DNA 메틸화에 큰 영향을 미친다고 알려져 있다. 하지만 발달 단계에서는 양쪽 가닥 모두 메틸화되지 않은 DNA에 메틸화시킨다고 알려져 있는 de novo DNMT3A와 3B가 주로 관여하며, 그리고 이때는 DNMT3L의 도움을 받아서 일어난다고 알려져 있다. 최근에는 유지 DNMT와 de novo DNMT들이 상호 보완적으로 작용하여 정확한 DNA 메틸화 패턴을 갖게 하는 것으로 보고되었다. DNA 메틸화 표지를 읽어 이 신호를 증폭하고 전달하는 리더(reader)가 존재하는데 이를 메틸기결합단백질(methyl binding protein, MBP)이라 한다. MBP 단백질이 갖는 도메인에 따라 세부적으로 구분되며, 한쪽 가닥만 메틸화되어 있거나 양쪽 가닥에 모두 메틸화된 것에 따라 친화도가 다르다고 알려져 있다.

### 2) DNA 탈메틸화

DNA 메틸화는 다른 후성유전학적 변형에 비하여 매우 안정적인 공유변형이라 비가역적이라 여겨지기도 하였으나, 생식세포의 발달과 배아의 초기 발달에서 광범위한 탈메틸화 현상을 이미 알고 있었기에 탈메틸화 효소를 찾는 노력은 계속되었고, 결국 TET (tet methylcytosine dioxygenase)을 비롯한 탈메틸화효소가 밝혀지면서, DNA 메틸화 반응도 가역적인 반응으로 증명되었다. TET 단백질에서는 TET1, TET2, 그리고 TET3가 존재하며, 효소 각각 특이적인 도메인을 가지며 DNA의 탈메틸화한다. DNA 메틸화 패턴은 수동 또는 능동적인 DNA 탈메틸화에 의해 지워질 수 있다. 수동적 탈메틸화는 DNA 복제가 DNA 메틸화 유지 활동보다 더 빨리 진행되는 중에 일어나게 된다. 반면 능동적 탈메틸화는 세포 분열 없이 메틸화된 시토신을 메틸화되지 않은 잔기로 TET과 같은 탈메틸화 효소의 작용으로 대체됨으로써 일어날 수 있다. DNA의 탈메틸화에서 중간체로서 5-하이드록시메틸시토신(5-hmC)으로의 생성된다. 통상적으로 메틸시토신 수준은 성인 조직에서 약 5% 수준으로 보고된 반면 5-하이드록시메틸시토신 수준은 훨씬 낮고, 개별 차이가 0.1%에서 1%까지 나는 것으로 알려져 있다. 이 표지가 단순히 탈메틸화 과정에서 생기는 중간체에 불가한 것인지, 아니면 세포내의 뚜렷한 역할이 있는지에 대해서 활발한 연구가 진행 중이다.

탈메틸화는 TET과 같은 탈메틸화 효소로 생기는 5-hmC에서 DNA 복구기전을 동반한 효소 산화반응으로 일어난다.

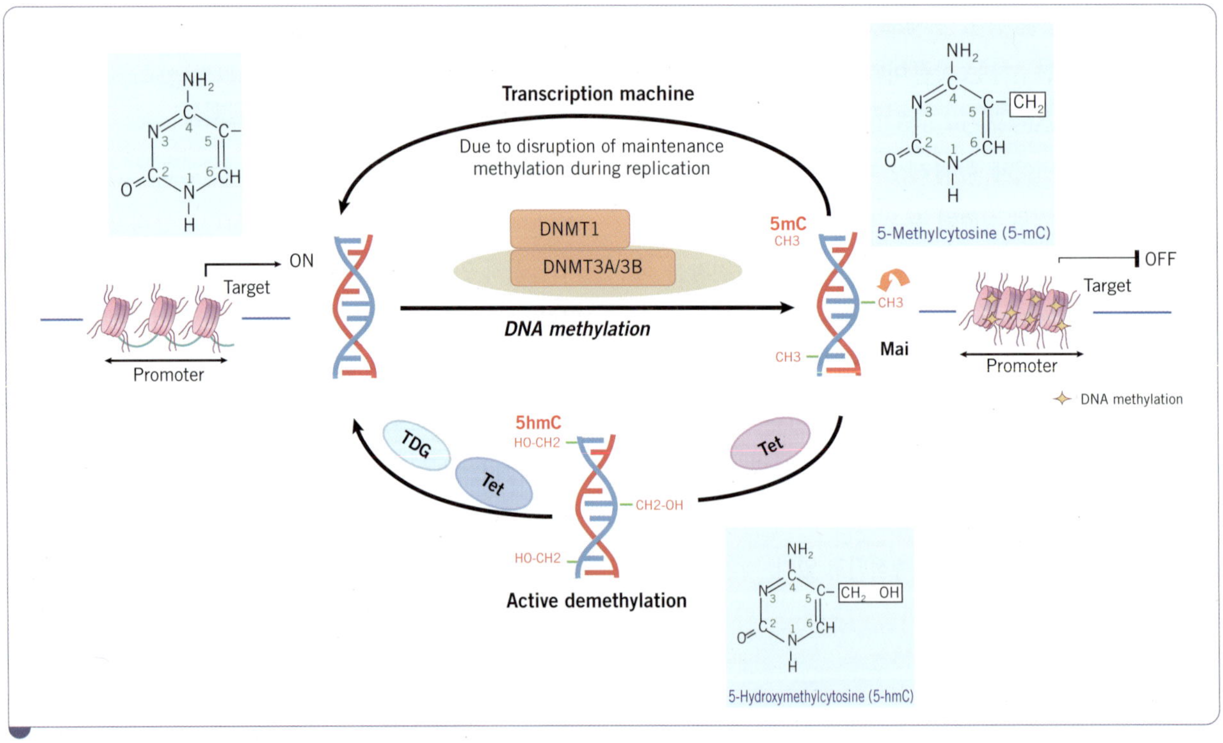


**그림 17-2.** DNA 메틸화/탈메틸화 과정. DNA 메틸화는 시토신 잔기에 DNMT들의 협동 작용에 의해서 생성, 유지되어 DNA 조절 부위에서 닫힌 구조와 함께 관찰되며 안정적인 침묵 기전을 제공한다. 탈메틸화는 TET과 같은 탈메틸화 효소로 생기는 5-mC에서 DNA 복구기전을 동반한 효소 산화 반응으로 일어난다.

## 2. 히스톤 공유변형 또는 히스톤 변이체

뉴클레오좀을 구성하는 히스톤 단백질은 메틸화, 아세틸화, 유비퀴틴화, 수모일화 및 특정 잔기의 인산화를 비롯한 다양한 번역 후 공유 결합 변형(post translational modification, PTM)을 가질 수 있다. 이러한 히스톤 변형은 크로마틴 구조를 변화시킴으로써 전사인자의 접근성에 영향을 미치고, 신호에 따라 해당 부위에서 유전자발현을 활성화하거나 침묵시켜 유전자발현을 조절한다. 이러한 변형은 전사뿐 아니라 DNA 복제 및 복구와 같은 주요 세포 과정을 조절하게 된다. DNA 메틸화와는 다르게, 다양한 조합의 히스톤 변형이 '히스톤 코드'의 형태로 세포 내부에 후성유전학적 기전을 조절한다고 알려져 있다. 히스톤 공유변형을 해독하는 비히스톤 단백질 리더를 불러옴으로써 신호를 증폭, 전달한다. 주로 억제하는 방향인 DNA 메틸화와 달리 히스톤 변형은 변형된 잔기에 따라 전사를 활성화 또는 억제할 수 있다. 하지만 히스톤 코드가 다음 세대로 전달되는 기전과 크로마틴 구조에 미치는 영향과 기전은 아직 완전히 이해되지 않았다. 다양한 히스톤 변형의 특정 패턴은 조직 및 세포 유형의 프로모터, 인핸서 또는 유전자 본체와 깊게 연관되어 있다고 알려져 있다. ENCODE 프로젝트는 약 50가지의 서로 다른 세포 유형에서 가장 일반적인 12가지 히스톤 변형을 조사하고 통합하여 게놈의 절반 이상이 기능적 의미를 가지는 것으로 밝혔다. 이는 단백질로 암호화되는 2% 뿐 아니라 게놈의 나머지 부분도 직간접적으로 유전자발현에 영향을 미침으로써 세포표현형을 결정하는 역할을 할 수 있다는 것을 암시한다.

### 1) 히스톤 아세틸화

히스톤 아세틸화는 아세틸-CoA로부터 아세틸기를 받아 히스톤 라이신 잔기에 붙이는 반응을 일컫는다. 라이신 잔기에 아세틸기가 붙음으로써 양전하를 띄고 있던 라이신 잔기가 중성화되면서 DNA와의 정전기적 인력이 감소되어 크로마틴을 보다 느슨한 상태가 되어 전사인자나 RNA 중합효소의 결합이 용이하게 되어 유전자발현이 활발한 상태로 유도된다. 히스톤 아세틸화효소(histone acetyltransferase, HAT)는 크게 세 가지 GNAT, P300, MYST family로 나뉠 수 있으며 소속된 복합체에 따라 각각 기질 특이성을 가지며 광범위한 세포 기능에 관여하고 있다. 히스톤 아세틸기는 브로모도메인(bromo domain)을 가진 단백질이 인지하며, BRD 단백질이 대표적이다. 많은 종류의 리더 단백질이 보고되었고, 전사를 비롯한 다양한 세포 과정에 관여하고 있음이 밝혀졌다. 최근 히스톤 아세틸기 리더 BRD4 단백질 저해제가 개발되면서, BRD4가 많은 지역이 세포 운명을 결정짓는 슈퍼인핸서(super enhancer)라 명명되며, 그 역할이 더욱 부각되고 있다. 히스톤 탈아세틸화효소(histone deacetylase, HDAC)는 아세틸 잔기를 제거하는 역할을 하며, 지금까지 포유류에서는 18개의 HDAC이 존재한다. 효소마다 세포내에서 핵, 세포질, 그리고 미토콘드리아 등에 주로 발현하는 위치가 다르며, 주로 전사 억제에 기반한 다양한 기능을 수행하고 있다고 알려져 있다. 암, 면역질환을 비롯한 다양한 질환에서 HDAC을 표적하는 약물개발이 활발히 진행되고 있다.

### 2) 히스톤 메틸화

히스톤 메틸화는 라이신과 아르지닌에서 일어나며 메틸화 정도(1개에서 3개까지)가 다양하게 나타나며, 그 결과로 전사를 활성화시키기도 하고 억제시키기도 한다. 대표적인 예로, 히스톤 H3 (H3K4me3)에서 라이신 4번의 트리메틸화는 전사 활성 유전자 프로모터에서 주로 관찰되는 반면, 라이신 9번과 27번의 트리메틸화는 전사가 억제되어 있는 유전자 프로모터에 존재한다. 히스톤 메틸화가 일어나도 히스톤의 양전하가 그대로 유지되기 때문에 어떻게 크로마틴 구조에 영향을 미치는지는 알려져 있지 않다. 히스톤을 메틸화 시키는 효소는 크게 라이신 메틸화 효소와 아르지닌메틸화 효소로 나눌 수 있다. 라이신 메틸화 효소는 SET 도메인을 주로 가지는 *SET1A*, *SET1B*, *MLL*, *G9a* 단백질과 크로모도메인(chromo domain)을 가지는 SUV39H1와

SUV39H2이 존재한다. 히스톤 라이신 27번 메틸화에 관여하는 EZH2는 SUZ12, EED 등과 함께 폴리콤 복합체로 존재할 때 활성을 띈다고 알려져 있다. 아르지닌 메틸화 효소는 PRMT (protein argining methyltransferase)로 불린다. 포유류에서 9개까지 보고되었으며, 아르지닌에 붙이는 메틸기의 갯수 및 위치에 따라 그 특성이 다르다. 히스톤 메틸화를 읽는 단백질은 크로모, 튜더, PWWP, MBT, PHD, 그리고 WD40 도메인으로 다양한 도메인을 가진다. 히스톤 탈메틸화효소(histone demethylase, HDM) 역시 라이신과 아르지닌으로 나눠서 존재한다. 라이신탈메틸화효소는 작용 기전에 따라 LSD (lysine specific demethylase)와 JmjC (Jumanji-C) 나눌 수 있는데, LSD는 FAD를 조효소로 이용하고, JmjC는 알파글루타레이트(alpha-KG)와 철($Fe^{2+}$)이 조효소로 이용되는 산화적 탈메틸화를 매개한다. 아르지닌 탈메틸화효소로는 JmjC에 속하는 JMJD6가 보고된 적이 있으나, 현재로는 회의적이며, 일부 라이신 탈메틸화효소가 아르지닌도 탈메틸화에 관여 하는 것으로 보고 되고 있다.

히스톤 아세틸화는 주로 라이신에 아세틸 잔기를 붙이는 HAT과 떼어내는 HDAC의 상호 작용으로 나타나며, 메틸화는 라이신와 아르지닌에서 기질 상태의 메틸기 상태에 따라 선호도가 다른 메틸화/탈메틸화 효소들의 작용으로 나타난다.

### 3) 히스톤 변이체

히스톤 변이체는 게놈의 다른 곳에 위치한 완전히 다른 유전자의 산물이며, 표준 히스톤의 아미노산 서열과 몇 개만 다른 것부터 50%가 다른 것도 존재한다. 다양한 히스톤 변이체는 다양한 기능과 연관되어 있으며 특수한 경우에 예를 들어 CENP-A 히스톤은 게놈의 중심체에서만 발견되는 히스톤 H3 관련 변이체이며, H3.3 변이체는 전사가 활발히 일어나는 곳에서 많이 발견된다. H2A의 변이체는 보다 다양한데, H2A.Z 변이체는 전사가 활발히 일어나는 유전자의 프로포터에 주로 존재하고, 인산화된 H2A.X는 DNA 복구가 필요한 게놈의 영역을 표시하기 위해 DNA 손상에 대한 반응에 관여하는 변이체로 알려져 있다. MacroH2A는 크기가 큰 변이체로 이질크로마틴(heterochromatin) 부분에 많이 존재하고, 불활성화된 X 염색체에서 많이 발견된다. 특별한 상황에서 특이적인 크로마틴 부위뿐만 아니라, 정소나 뇌 같은 특정 조직에서만 발견되는 히스톤 변이체도 존재한다.

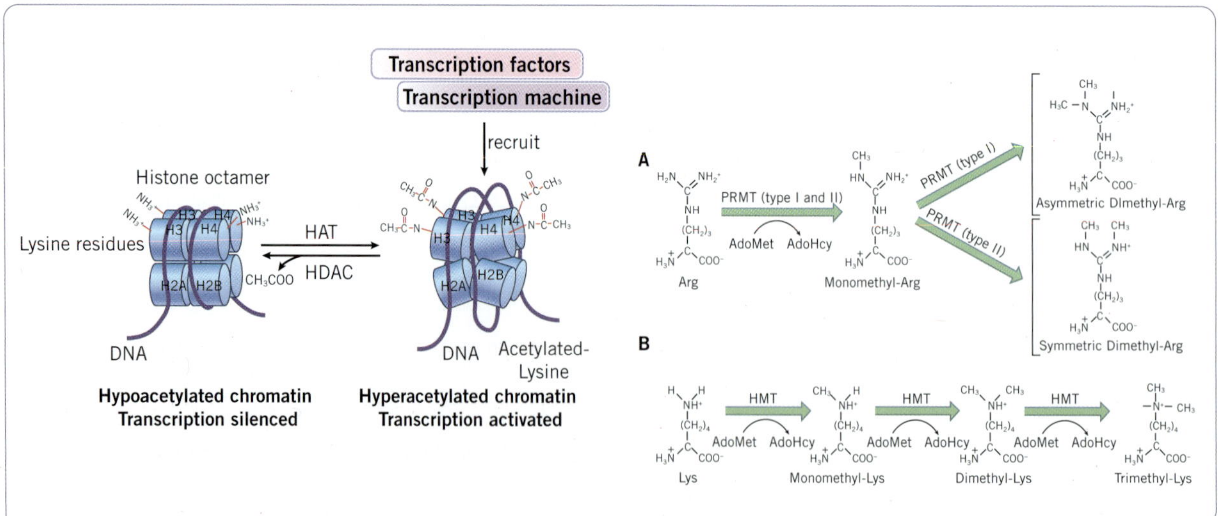


**그림 17-3.** 히스톤 아세틸화와 메틸화. 히스톤 아세틸화는 주로 라이신에 아세틸 잔기를 붙이는 HAT과 떼어내는 HDAC의 상호 작용으로 나타나며, 메틸화는 라이신와 아르지닌에서 기질 상태의 메틸기 상태에 따라 선호도가 다른 메틸화/탈메틸화 효소들의 작용으로 나타난다.

## 3. 뉴클레오좀 위치 선정

뉴클레오좀은 세포 내에서 DNA 패키징을 위한 기본 모듈 역할을 하는 것 외에도 뉴클레오좀 리모델링을 통하여 전사 인자의 DNA 접근성을 변경하여 유전자발현을 조절한다. 이는 앞서 설명한 DNA 메틸화, 히스톤 공유변형과는 달리 비공유결합 기전으로 작용한다. 유전체 차원의 뉴클레오좀 매핑 데이터는 유전자 프로모터 주변의 뉴클레오좀이 정확한 위치를 가지고 있다는 것을 보여 주었다. 유전자 프로모터 부분에 존재하는 뉴클레오좀 고갈 지역(nucleosome-depleted region, NDR)은 전사 복합체의 조립 및 결합을 위한 장소를 제공하는 것으로 생각되어진다. 따라서 프로모터의 NDR은 유전자 활성화와 밀접한 관련이 있다. 뉴클레오좀 위치선정은 ATP 의존적 크로마틴 리모델링 복합체에 의해 조율된다. ATP 의존적 크로마틴 리모델링 복합체은 여러 개의 소단위체로 이루어져 있다. 크게 SWI/SNF, ISWI, CHD, INO80 4 그룹으로 나눠지며 복합체 안에서 ATP를 분해하는 ATPase가 핵심 단백질로 존재한다. 세포 상황에 따라 다양한 조합을 가지며, DNA 복제, 유전자 전사, DNA 손상복구 과정 등에서 뉴클레오좀을 조립하고, 이동시키고 배열하는 역할을 수행한다. 앞서 설명한 공유변형과 함께 뉴클레오좀 위치선정은 전체 유전자발현 패턴과 크로마틴 구조를 확립하는 데 중추적인 역할을 하기에 이 복합체의 돌연변이나 발현 이상은 암을 비롯한 여러 질환의 원인으로 주목받고 있다.

## 4. 비암호화 RNA

비암호화 RNA는 단백질을 생성하지 않고 RNA로서 다양한 역할을 수행한다. RNA 길이에 따라 200 뉴클레오티드 이상의 길이를 갖는 긴 비암호화 RNA와 miRNA, piRNA, siRNA 같은 짧은 작은 조절 비암호화 RNA로 나눌 수 있다. 단백질을 만드는 약 2% 유전체 이외에 많은 지역에서 비암호화 RNA가 생성되고 있음이 밝혀졌고, 최근에는 게놈의 약 90% 정도가 전사가 일어날 수 있다고 알려졌다.

### 1) 긴 비암호화 RNA

대부분의 긴 비암호화 RNA는 RNA 중합효소II에 의해서 발현되며, mRNA 처리 과정보다는 단순한 과정이 진행되나 5′에 캡핑과 3′에 폴리아데닐화가 일어나며, 스플라이싱도 일어난다. 긴 비암호화 RNA는 핵과 세포질에 모두 분포할 수 있으나, 주로 핵 내에서 크로마틴과 붙은 상태로 많이 존재한다고 보고되었다. 한정된 조직에서만 발현되는 긴 비암호화 RNA가 지속적으로 발견되고 있고, 질병과 연관하여 특이적 발현이 보고되는 등 역할 연구가 활발히 진행 중이다. 그중 X 염색체 불활성화에 기여하는 XIST는 오래도록 연구된 긴 비암호화 RNA의 예로써, X 염색체를 두 개 가질 때, 한쪽 X 염색체에서 발현하여, 둘러싸인 X 염색체에서는 유전자발현을 억제되는 용량보상기전(dosage compensation)으로 작용한다. 재미있게도 XIST 발현도 Tsix라는 다른 비암호화 RNA에 의해서 조절된다고 알려져 있다. 이 외에도 특정 유전자는 부모 중 한쪽에서만 발현되어 표현형을 결정짓는 유전체 각인 기전에도 몇몇의 긴 비암호화 RNA가 중요하다고 보고되었다.

### 2) 작은 조절 비암호화 RNA

작은 조절 비암호화 RNA는 단백질 합성에 관여하는 rRNA, tRNA와는 다르게 유전자발현을 조절할 수 있는 200 뉴클레오티드 이하의 RNA이다. miRNA, piRNA, siRNA는 생성에 관여하는 효소, 최종적으로 그 RNA를 갖고 있는 단백질들이 조금씩 다르나, 주로 mRNA를 분해하거나 번역을 억제하는 기전으로 작용한다. 그중 가장 많이 연구된 것은 miRNA이다. miRNA는 표적 유전자의 전사 후 침묵을 통해 유전자발현을 조절하는 작은 약 22개의 뉴클레오티드의 비암호화 RNA로 현재까지 밝혀진 약 2,000개의 miRNA는 miRBase라는 데이터베이스에 등록되어 있다. 대부분의 miRNA도 RNA 중합효소II 의해서 전사되며 primary miRNA에 드로샤, 다이서들이 결합하여 miRNA 전구체를 거쳐, 최종적으로 성숙한 miRNA가 만들어진다. 그 후 miRNA는 아르고노트라고 하는 단백질에 옮겨지고 표적 mRNA의 3′ 번역되지 않은 영역과 miRNA의 서열 특이적 붙어 표적 mRNA 분해하거나 번역을 억제한다. miRNA는 조직 특이적으로 발현되며 세포 증식, 세포 사멸 및 분화를 포함한 다양한 생물학적 과정에 관여한다고 알려져 있다. miRNA를 비롯한 작은 조절 비암호화 RNA 발현도 앞서 설명한 여러 후성유전학적 기전으로 조절되며, 표적 RNA의 간섭 특징을 적용, 활용하여 유전자의 기능 규명이나 신약개발의 도구로도 활발히 연구되고 있다.

## III. 후성유전학과 인간 질병

같은 환경에서 자란 두 남성 일란성 쌍둥이가 X-연관 부신백질이영양증(X-linked adrenoleukodystrophy) 유전자의 동일한 병적 변이를 가졌으나, 한 명은 신경 질환 증상을 보이는 반면, 다른 한 명은 증상이 없을 수 있다. 이러한 예에서 DNA 염기서열 변이를 공유하는 개인 간의 표현형 불일치에 대한 후성유전학적 변형의 중요성이 확인된다. 후성유전학적 변형은 안정적이며, 세포의 유전자발현 패턴을 조절한다. 이러한 변형은 DNA 메틸화, 히스톤 변형, 비암호화 RNA(ncRNA) 등을 통해 정의된다. DNA 메틸화는 세포 분열 후에도 유지되며, 유전자발현을 조절하는 데 중요한 역할을 한다. 크로마틴 변형은 histone tail에 acetyl, methyl, phosphate, ubiquitin 등 다양한 그룹이 결합하는 과정을 통해 유전자발현의 조절 기능에 기여한다. 후성유전학적 신호는 환경적 요인과 경험에 따라 발달 중, 출생 후의 가소성을 나타내며, 발달 장애뿐만 아니라 출생 후 및 성인 질환에도 기여한다. 후성유전학적 신호를 포함하는 최근 분자 종류는 비암호화 RNA(ncRNA)로, 이는 현재 매우 활발히 연구되고 있다.

### 1. 후성유전학과 관련된 인간의 질병

#### 1) 유전적 각인 질환(Chapter 05-V 참고)

UPD의 발견은 인간의 게놈의 각인 장애에 대한 임상적 시작점이었으며, 프래더-윌리 증후군과 앤젤만 증후군이 연구 대상이 된 최초의 각인 이상 질환이었다. 이후에 베크위드-비데만 증후군, 러셀-실버 증후군 및 가성부갑상선저하증 등은 각인 이상 질환이 추가적으로 발견되었다.

#### 2) 크로마틴에 영향을 미치는 유전 질환

##### ① 재발성 포상기태(hydatidform mole)

완전 포상기태(complete hydatidform mole, CHM)는 태아 발달이 없는 배아 조직의 과다한 성장으로서, 정상적인 임신이 아니다. CHM은 침습성이 있고 악성일 수 있으며, 임신성 고혈압과 같은 증상을 동반할 수 있다. 대부분의 CHM은 희귀한 가족성 및 재발성 사례를 제외하고는 산발적이다. 일반적으로 CHM은 부계 기원의 DNA로만 구성되며 기능적 핵이 결여된 난모 세포의 수정에서 비롯된 것으로 여겨지지만, 이와는 달리 양부모성 포상기태(biparental hydatidform mole, BiHM)는 정상적인 양쪽 부모로부터의 유전체 기원을 가지며 유전자발현 조절의 이상으로 발생하는 것으로 알려져 있다. 이 중에 재발성 BiHM을 경험한 여성들에서 *NLRP7* 유전자의 동종조합 재결합 돌연변이를 보유하고 있다는 것이 확인되었는데, 이 유전자는 선천성 면역 및 apoptosis에 기능이 있는 것으로 알려진 caterpiller 단백질의 NLRP 계열 구성원을 암호화한다. C6orf221의 biallelic 돌연변이또한 BiHM을 경험한 가족에서도 발견되었으며, 이 유전자는 난자의 유전체 각인 조절자인 것으로 추정된다.

##### ② 레트증후군

레트증후군(Rett syndrome, OMIM 312750)은 운동 이상, 운동 실조, 발작, 손 비틀기 등을 특징으로 하는 X-연관 우성

유전성 신경 질환이다. 대부분은 가족력 없이 산발적으로 발생하지만, 일부에서는 가족적인 증례도 있다. 후보 유전자 분석을 통해 Xq27-qter에 위치한 *MECP2* 유전자가 원인임을 찾아냈다. 이 장애는 자폐 스펙트럼 장애와 세 가지 주요 특징을 공유하는데, 그들은 출생 후에 대개 정상적인 발달 과정 이후에 증상이 나타나는 점, 사회 및 언어 발달에 지장을 받는다는 점, 특이한 손이나 팔의 움직임이 동반된다는 점이다.

*MECP2* 돌연변이는 여성에서 더 광범위한 표현형을 유발하며, X-염색체 불활성화 패턴이 개인 간 임상적인 차이에 대한 주요한 결정 요인이다. *MECP2* 돌연변이와 균형적인 X-염색체 불활성화 패턴을 가진 여성은 전형적인 레트증후군의 임상 양상을 보이며, 야생형 대립유전자가 보다 활성화된 경우에는 더 경한 표현형을 가진다. *MECP2* 돌연변이가 있는 남성은 여성보다 더 심각한 표현형을 나타내어 대부분 신생아 시기 사망을 유발하며, 정상하위(hypomorphic) 대립유전자를 가진 남성은 지적 장애, 발작, 떨림, 커진 고환, 양극성 질환 또는 정신분열증이 동반된다. *MECP2*가 양적으로 두 배가 되는 경우에도 매우 심각하고 일부 기능을 상실한 표현형과 진행성의 출생 후 표현형이 발생하는 것이 확인되어, 레트증후군은 적절한 유전자발현의 규제가 인간 건강에 중요하게 영향을 미치는 것을 강조하는 주요 연구 대상이 된다.

*MECP2*의 분포에 대한 연구에서 *MECP2*는 시냅스 형성 후에 성숙한 뉴런에서 검출된다는 것을 보여주었는데, 이러한 분포는 일단 신경 활동이 확립되면 신경 활동에 반응하여 유전자발현을 조절하는 역할을 하는 신경 성숙 이후에 *MECP2*의 기능이 필수적임을 시사한다. 성상세포와 다른 유형의 교세포에서도 *MECP2*가 발현되지만 뉴런보다 낮은 수준이다. 레트증후군의 특징 중 하나는 신경변성이 없는 상태에서 출생 후 표현형의 지연된 발생인데, 이는 *MECP2* 단백질 기능 상실의 결과로 뇌 세포가 죽는 데 걸리는 시간 때문이다. 기능적인 *MECP2* 대립유전자가 결여된 성체 동물에서 *MECP2*를 재발현시키면 레트증후군의 여러 가지 표현형을 되돌리거나 약화시킬 수 있다는 점에서 인간에서 장애의 증상이 가역적일 수 있다는 희망을 제공한다. 또한 astrocyte 또는 microglia에서 *MECP2*의 재발현은 호흡, 운동 기능 및 생존을 향상시킨다.

### ③ 가부키 증후군

가부키 증후군(Kabuki syndrome, OMIM 147920)은 일반적으로 저신장, 높은 아치형 눈썹, 긴 안검열, 아래 눈꺼풀의 외전, 커다랗게 튀어나온 귀, 함몰된 코끝 및 다양한 골격 이상과 관련된 선천성 지적 장애 증후군이다. 또한, 자폐증, 공격적/반대적 행동, 과잉 행동/충동적 행동, 불안 및 강박관념 등 다양한 정신과적 특징을 흔히 동반할 수 있다.

2010년 *MLL2* 유전자의 돌연변이가 가부키 증후군 환자의 56~76%에서 원인이 된다는 것을 발견하였고, 이후 연구들에서 가부키 증후군 환자의 최대 74%에서 *MLL2* 돌연변이가 확인되었다. *MLL2*는 Trithorax-group histone lysine (K) methyltransferase (KMT)를 암호화하고 histone H3 lysine 4 (*H3K4*me3)의 trimethylation를 우선적으로 매개한다.

*MLL2* 돌연변이를 발견하지 못한 가부키 증후군 환자들에 대한 연구에서 *KDM6A*의 돌연변이가 일부 증례의 원인이라는 것이 밝혀졌다. *KDM6A*는 *H3K27* residue에서 mono-, di-, 및 trimethyl 마크를 제거하는 histone demethylase이며, Brg1-containing SWI/SNF complex remodeling capacity를 포함하는 switch/sucrose nonfermentable(SWI/SNF) 리모델링 복합체와 상호작용하여 higher-order chromatin 구조의 조절과 연결된다.

따라서 *MLL2*와 *KDM6A*는 하위 유전자 활성화 시스템의 일부이며, *MLL2*를 통해 각 유전자에 active histone mark를 추가하고, *KDM6A*를 통해 repressive histone mark를 제거하는 기능을 한다.

## 증례 26 | 발달지연과 얼굴모양 이상으로 내원하여 진단된 가부키증후군(Kabuki syndrome)

**1) 전반적 발달지연과 안면 이상 형태증으로 내원**

**2) 가족력 및 임상증상**

특이 가족력 없는 27세 산모에게서 재태 주수 40주에 첫아기로 질식분만되었으며, 출생 시 키와 체중, 두위는 정상범위로 확인되었다. 산전 진찰에서 특별한 소견은 없었으나, 출생 직후 일과성 호흡 곤란으로 신생아 중환자실에서 2주간 치료받은 바 있고, 생후 11개월에 구개열 수술을 시행 받았다.

생후 18개월에 영유아 검진상 확인된 전반적 발달지연으로 내원하였고, 당시 키와 체중 및 두위는 낮은 정상 범위를 보였다. 발달력상 잡고 일어서기는 15개월에 가능하였고, 18개월에는 혼자 걷지 못하였으며 의미 있는 단어를 말하지 못하였다. 잦은 중이염으로 생후 27개월에 양측 환기관 삽입술을 시행 받았다.

**3) 진찰소견**

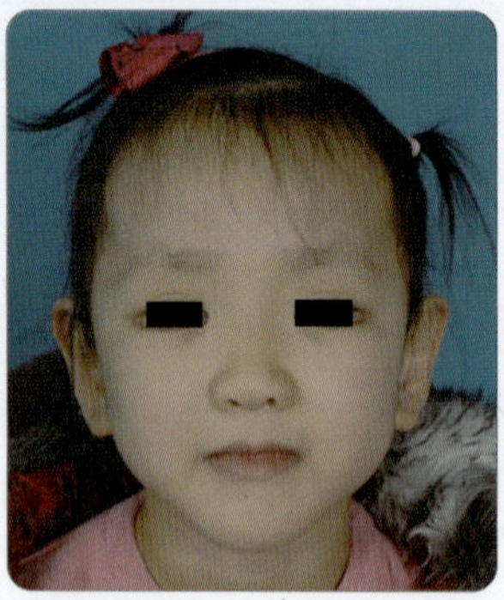

신체검진에서 긴 안검열, 눈 바깥쪽 1/3 하안검의 외번, 긴 속눈썹, 아치형 눈썹, 낮은 콧등이 확인되었다. 손가락은 전반적으로 짧았고 손가락 끝의 지방 패드가 두드러져 보였다. 생후 5세에 시행한 객관적인 지능 검사에서 지능지수는 53으로 측정되었다. 신경학적 진찰에서는 특별한 이상 소견이 확인되지 않았다.

**4) 검사소견**

- 척추 단순 촬영 영상: 흉추의 나비모양 척추
- 심장초음파 검사: 이엽성 대동맥판막
- 복부초음파 검사: 정상
- 고식적 염색체 검사: 46,XX
- *KMT2D* 유전자 검사: c.5256_5257delGA (p.Lys1753Alafs*34), heterozygote

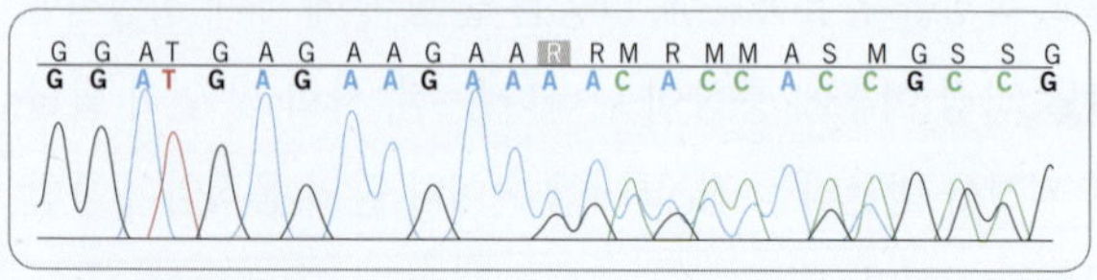


- 부모 유전자 검사: 정상

**5) 진단 및 치료경과**

11세 현재, 키 3 percentile, 체중 75~90 percentile, 두위 75 percentile로, 지적 장애에 대한 특수 교육 및 언어 치료 지속 중이다. 정기적인 외래 추적 진료를 통해, 성장, 안과 검진, 청력 검진, 심장 검진, 척추 측만, 고관절, 슬개골 이상의 동반 여부 확인, 갑상선 기능을 확인하고 있다.

**6) 요약**

(1) 가부키 증후군은 약 32,000명당 한 명의 빈도로 발생하는 다발성 기형 및 발달 지연 증후군으로 크로마틴에 영향을 미치는 상염색체 우성 유전 질환이다.

(2) 가부키 증후군에서 발달지연은 경도에서 중등도 정도로 동반되는 경우가 많으며, 일부의 환자는 지능지수가 70 이상으로 확인된 경우도 있다. 발달적인 측면에 있어서, 물리 및 작업치료, 언어 치료, 조기개입을 통한 특수 교육 및 지원서비스의 제공 등이 장기적인 측면에서 도움이 될 수 있다.

(3) 의학적 치료는 환자에게 동반된 문제에 따라 각기 다르다. 다양하게 동반될 수 있는 선천성 기형의 경우 수술이 필요하기도 하며, 추적 관찰 중에 약물 치료가 필요한 합병증이 동반될 수도 있다. 매년 키, 체중, 두위 등의 성장 지표에 대한 모니터링과 함께 발달 지표에 대한 평가가 필요하며, 시력 및 청력에 대한 정기 검진이 권유된다.

#### ④ 취약 X-염색체 증후군

취약 X-염색체 증후군(fragile X syndrome, FXS; OMIM 309550)는 유전성 지적 장애의 가장 흔한 원인 중 하나이다. 과거 세포유전학적 연구, 특히 엽산과 thymidine이 결핍된 배양배지를 사용하는 연구에서 X-연관 지적 장애가 있는 가족의 취약 부위가 밝혀졌으며, 유전자가 Xq27.3 위치에 특정되었다. 이환된 남성은 중등도에서 중증의 지적 장애, 거대고환, 관절의 과신전성과 같은 결합 조직 이상, 큰 귀를 가진다. FXS를 담당하는 유전자는 FMRP (fragile-X mental retardation protein)를 암호화하는 *FMR1*이다. 가장 일반적인 돌연변이 메커니즘은 *FMR1* 유전자의 5"-UTR (untranslated region)에서 불안정한 비암호화 CGG 반복의 확장이다. 정상 대립유전자는 6~60개의 반복을 포함하고, pre-mutation 대립유전자는 60~200개를 가지며 full mutation은 200개 이상의 반복을 포함한다. 이 반복 확장은 cis에서 변경된 크로마틴 구조를 통해 매개되는 유전 질환의 훌륭한 예가 된다. FMR1의 5′- regulatory region에 있는 CpG island는 비정상적으로 메틸화되며 5′-end에서 histone acetylation이 감소된다. 변경된 DNA methylation 및 histone acetylation 패턴은 차례로 *FMR1* 발현의 상실로 이어지고 따라서 FXS 환자에서 FMRP 기능의 상실로 이어진다. 따라서, 이 환자들은 1차 유전적 돌연변이 및 2차 후성유전적 돌연변이를 가지고 있어 *FMR1* 유전자의 침묵을 유발한다.

*FMR1* 유전자에서 CGG 반복이 메틸화와 RNA 간섭을 통해 유전자를 침묵시키는 메커니즘이 제안되었다. CGG 반복은 헤어핀 구조를 형성하고 Dicer에 의해 절단될 수 있어 작은 ncRNA를 생성한다. 이 ncRNA는 전사적인 유전자 침묵을 유도하는 RNA-induced initiator와 결합하고 DNA 메틸화를 유도하여 *FMR1* 유전자를 전사적으로 침묵시킨다. FXS 개체에서는 FMRP 유전자 산물이 RNA 결합 단백질을 통해 다른 유전자의 번역을 억제하며, 이는 RNAi 경로를 통해 이루어진다. *FMR1* 침묵이 FXS 표현형으로 이어지는 메커니즘은 여전히 연구되고 있으며, pluripotent stem cell 모델을 통해 이에 대한 세부 사항을 밝히기 위한 연구가 진행되고 있다.

### 2. 후성유전학과 환경의 상호 작용

환경과 후성유전학적 표지 간 상호작용은 동물 모델뿐만 아니라 인간 연구에서도 관찰되며, 환경이 유전자 기능에 영향을 미칠 수 있다는 증거를 제공하고 있다. 일란성 쌍둥이 연구에서는 생애 초기에는 유사한 후성유전형을 갖지만, 후기에는 5-methylcytosine과 acetylated histone의 함량과 분포에서 현저한 차이를 보이는 것으로 나타났다. 이는 후성유전형이 준 안정적이며 시간적 변동성을 보인다는 강력한 증거이다. 많은 환경 요인과 확률론적 사건이 후성유전체의 변이에 기여할 가능성이 있지만, 식단과 초기 경험이 후성유전형에 미치는 영향이 큰 것으로 나타나고 있다.

### 3. 노화와 질병에서의 식생활 및 후성유전자형

식이 및 후성유전학적 변화는 노화 및 질병 발생에 영향을 미칠 수 있다. 나이가 들어가면서 전체 DNA 메틸화는 감소하지만, 부위별 과메틸화가 있을 수 있으며, 이러한 후성유전학적 변화는 연령 관련 암 위험 증가에 기여할 수 있다는 것이 밝혀졌다. 식단은 전체적인 메틸화 상태를 조절하는데 기여하는 요인이 될 수 있다. 엽산 및 B12 결핍으로 인한 여러 신경정신병적 특징이 산발적 신경정신병적 장애에서 보이는 것과 중복되기 때문에, 산발적 발병은 중추신경계의 메틸화 패턴의 변화에 의해 유발될 수 있다는 것이 제안되었다. 또한, 엽산 섭취 증가가 신경관 결손의 위험을 감소시킨다는 것이 밝혀졌으며, DNA 또는 히스톤 메틸화에 대한 후성유전학적 매개 효가 그 이유라는 것이 알려졌다.

## IV. 암에서의 후성유전학적 기전

앞서 설명한 대로 크로마틴 구조는 유전자가 활성화되거나 침묵되는 능력에 크게 영향을 미쳐 DNA 형태의 유전정보가 세포 내에서 구성되는 상태를 정의한다. 여러 주기의 세포 분열을 통해, 세포가 뚜렷한 정체성을 가질 수 있기에 후성유전학적 기전의 이상은 다양한 신호 경로의 부적절한 활성화 또는 억제를 초래하여 암과 같은 질병 상태로 이어질 수 있다. 전통적으로 유전병으로 여겨졌던 암의 시작과 진행이 이제는 유전적 변이와 함께 후성유전학적 이상을 수반하는 것으로 인식되고 있다. 실제로 암에서 광범위한 유전적 변이와 함께 후성유전학적 이상이 보고되고 있다. 암 후성유전체는 DNA 메틸화 및 히스톤 변형 패턴의 전반적인 변화와 후성유전학적 요소들의 돌연변이 및 발현 변화 등을 특징으로 한다. 후성유전학적 변이는 암억제유전자의 침묵을 독립적으로 또는 유전적 돌연변이와 함께 유도할 수 있으며, 대조적으로 암유전자를 활성화하여 암 형성을 촉진할 수도 있다. 암에서는 DNA 메틸화, 히스톤 변형, 뉴클레오좀 위치 지정 및 비암호화 RNA와 같은 거의 모든 구성요소에 대한 변화를 보인다. 암 후성유전학 분야는 엄청난 정보를 축적하며, 빠르게 발전하고 있지만, 후성유전학적 이상이 어떻게 유발되는지에 대해서는 완전히 이해되지 않았다.

## 1. 암에서의 DNA 메틸화

### 1) DNA 저 메틸화

암 유전체에서 전반적으로 나타나는 DNA 저메틸화는 암 형성에 중요한 역할을 하며 반복 서열, 레트로트랜스포존, 인트론을 포함한 다양한 게놈 지역에서 발생한다. 특히 반복 서열에서의 DNA 저메틸화는 염색체 전위, 재배열을 촉진하여 게놈 불안정성을 증가시킨다고 알려져 있다. De novo DNA 메틸화 효소인 DNMT3B 효소의 생식계열 돌연변이는 면역결핍 중심체 영역 불안정성 안면 기형 증후군 (immunodeficiency, centromeric region instability, facial anomalies, ICF) 환자에서 가장 잘 예시되며, 위암, 결장암, 흑색종 같은 다양한 암과도 관련 있음이 보고되었다. DNA 저메틸화는 암 발병 및 진행에 기여하는 다양한 메커니즘을 통해 유전자 및 비암호화 영역의 비정상적인 활성화를 유도하는 것으로 생각된다.

### 2) 암억제유전자 불활성화

암 발달 및 진행에 필수적인 여러 과정에 관여하는 유전자들의 부위 특이적 과메틸화로, 관련 유전자를 침묵시킴으로써 암 형성에 기여한다고 알려져 있다. Rb 프로모터의 과메틸화의 발견 이후 *p16*, *MLH1* 및 *BRCA1*을 포함한 다양한 암억제유전자들도 DNA 과메틸화에 의해 암 특이적인 침묵을 겪는 것으로 보고되었다. 특히 DNA 복구 유전

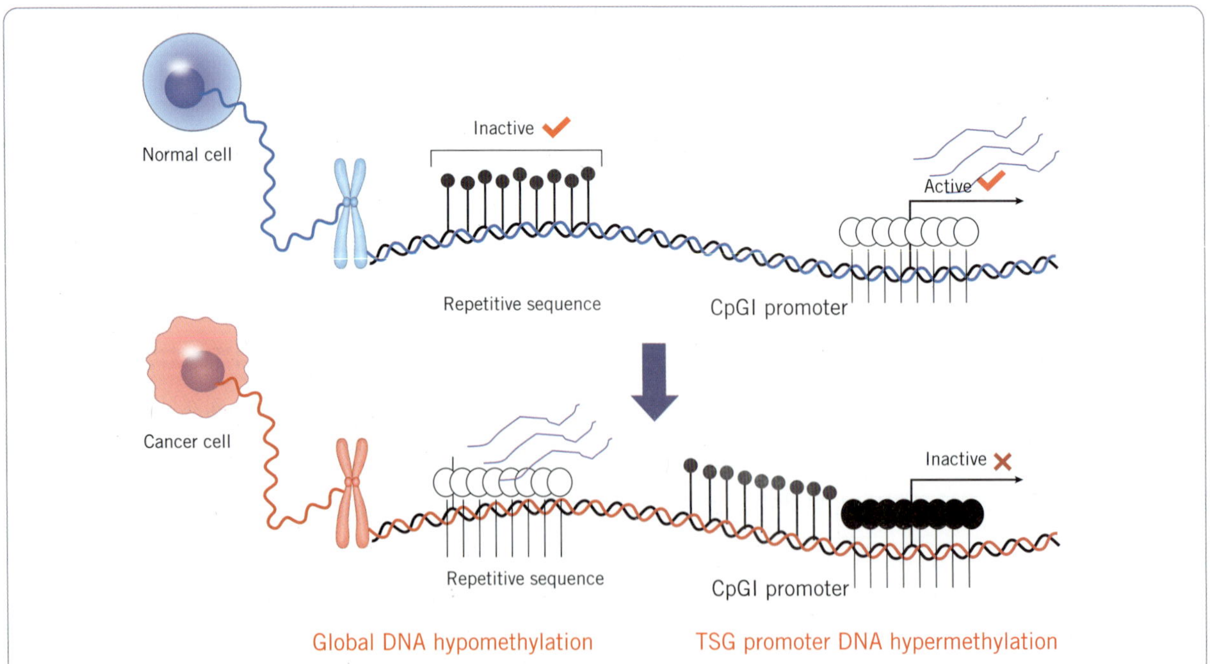


그림 17-4. 암세포에서의 DNA 메틸화 변화.

자의 DNA 과메틸화는 세포가 추가적인 유전적 병변을 축적할 수 있게 되어 암으로 진행을 보다 빠르게 야기한다고 알려져 있다.

암세포에서 DNA 메틸화는 게놈 부위에 따라 다른 변화를 보인다. 주로 암억제유전자(tumor suppressor gene, TSG) 프로모터에서는 과메틸화로 유전자발현이 억제되어 있는 반면, 레트로트랜스포존 부분을 포함하는 반복서열 부분의 저메틸화는 게놈의 불안정성을 초래한다고 알려져 있다.

### 3) 후성유전학적 전환

암 형성과정에서 전체적으로 보면 세포의 가소성을 감소시키는 억제적인 크로마틴 상태의 형성을 특징으로 한다. 정상 세포에서 폴리콤 표적 유전자로 *H3K27me3*에 의해 발현되지 않는 유전자가 암에서는 de novo DNA 메틸화와 *H3K9me3* 증가가 일어나 있음이 많은 빈도로 보고되었다. 폴리콤 단백질에 의해 가역적으로 억제되어 있던 유전자가 비가역적 변화에 가까운 안정적인 DNA 메틸화 갖게 되는 암 특이적 '후성유전적 전환'은 세포 증식 및 암 형성에 기여할 수 있는 주요 조절 유전자의 영구적인 침묵을 초래할 수 있다고 보고되었다.

## 2. 암에서의 히스톤 공유변형 또는 히스톤 변이체

### 1) 암에서의 히스톤 저아세틸화

암 형성 중에 발생하는 크로마틴 변화의 전체 게놈 지도화로 H4K16ac 및 H4K20me3의 전반적인 손실이 일어남을 알게 되었다. HDAC에 의해 매개되는 히스톤 아세틸화 감소는 유전자 억제를 초래한다. HDAC은 다양한 암에서 과발현되는 경우가 많기에 후성유전학적 치료의 주요 표적이 되어 왔다. HDAC 이외에도 HAT의 발현 이상도 다양한 암에서 보고되어 있으며, 특히 HAT 관련 유전자(*MOZ*, *MORF*, *CBP* 및 *P300* 등)의 염색체 전좌를 통한 융합 단백질의 비정상적인 형성은 백혈병에서 높은 빈도로 보고되었다.

### 2) 암에서의 히스톤 메틸화

암세포에서 억제 히스톤 변형인 H3K9 및 H3K27 메틸화 패턴의 변화는 비정상적인 유전자 억제와 관련이 깊으며 다양한 암에서 나타난다. H3K27 HMT인 EZH2는 유방암과 전립선암에서, H3K9 HMT G9a는 간암에서 과발현 되었다고 보고되었다. 이러한 *HMT*의 과발현은 암에서 억제 히스톤 변형을 증가시켜 암억제유전자의 침묵을 유도하고, 악성표현형을 지속시키는 것으로 알려져 있다. 암에서 비정상적인 HDM도 보고가 많은데, 그중 처음으로 확인된 라이신탈메틸화효소 LSD1은 특정 결합 파트너에 따라 활성화 표지(H3K4 메틸화)와 억제 표지(H3K9 메틸화)를 모두 제거할 수 있다고 알려져 있어 기전 연구가 더 복잡할 것이다. 따라서 최근 활발히 개발되고 있는 히스톤 메틸화 표적약물이 암 치료전략으로 사용되기 위해서는 상황에 따른 HMT과 HDM의 역할에 대한 정확한 이해가 선행되어야 할 것이다.

### 3) 암에서의 히스톤 변이체

활성화 유전자 조절 지역에 많이 존재하는 히스톤 변이체 H3.3의 라이신이나 글라이신에서 돌연변이(H3.3K27M, H3.3G34R/V)가 소아신경교종에서 처음 보고되었는데, 이 돌연변이가 세포의 성장을 촉진시키는 것이 밝혀지면서, H3.3K27M은 암 히스톤으로 불리게 되었다. 이를 선두로 H2B 돌연변이(H2BE76K)가 자궁경부암과 방광암에서 보고되었으며, 다양한 히스톤 변이체 돌연변이와 암과의 상관관계 연구가 활발히 진행되고 있다.

## 3. 암에서의 뉴클레오좀 위치선정

암 발생 및 진행과정에서 DNA 메틸화 및 히스톤 변형에 대한 연구는 많이 보고된 반면, 크로마틴 구조 변화는 잘 알려져 있지 않았다. 최근 기술발달로 뉴클레오좀 리모델링이 DNA 메틸화 및 히스톤 변형과 함께 작동하고 암 특정 유전자 침묵에서 중심적인 역할을 할 것이라 제안되었다. 암 세포에서 암억제유전자의 침묵은 전사 시작 부위에서 DNA 메틸화와 더불어 뉴클레오좀 점유를 초래하는 뚜렷한 변화를 동반한다. 그 예로써 ATP 의존적 크로마틴 리모델링 복합체 중 NuRD 복합체는 폴리콤 억제 복합체와 DNMT3A를 PML-RARa 표적 유전자 프로모터에 결합을 유도하여 닫힌 크로마틴 상태를 확립함으로써 영구적인 침묵을 유도한다고 알려져 있다. ATP 의존적 크로마틴 리모델링 복합체인 SWI-SNF 복합체의 변화도 암 발생과 깊은 관련이 있을 것으로 예상된다. 세포마다 다양한 하위 단위의 조합을 통한 SWI-SNF 기능의 특이성이 보고되어 있고, 놀랍게도 인간 암의 20% 이상이 이 복합체의 하위단위의 돌연변이를 가지고 있다고 보고되었다. 이러한 하위단위가 암에 따라 암억제유전자와 암유전자로 모두 작용할 수 있다는 보고가 있기에 SWI-SNF 하위단위의 역할에 대한 이해는 어려울 수 있지만 재미있을 것으로 기대된다.

## 4. 암에서의 비암호화 RNA

긴 비암호화 RNA와 암과의 연관성이 보고되고 있는데, 유전체 각인에 결정적 역할을 한다고 알려져 있는 H19과 X 염색체 불활성화와 관련한 XIST는 암 억제 기능을 한다는 것이 보고되었다. 반면 *CCAT1*, *PCAT1*은 대표적 암유전자인 *MYC*과 연관하여 암 촉진 기능을 한다고 알려져 있으며, MALAT1, HOTAIR 등은 암 전이에 관여한다고 보고되었다. 암에서의 miRNA는 훨씬 더 많은 연구가 축적되어 있는데, miRNA 발현 변화는 염색체 이상, 전사인자 결합 및 후성유전학적 변화를 포함한 다양한 기전으로 야기될 수 있다. 암과 상응하는 정상 조직에서 miRNA 발현 패턴을 비교하는 연구는 암 형성 동안 miRNA 발현의 광범위한 변화를 보고하였다. miRNA는 전사 조절, 세포 증식 및 세포 사멸 등의 암에서 조절되지 않는 많은 과정에 관여하는 유전자를 표적화함이 밝혀졌다. miRNA는 표적 유전자에 따라 암억제인자 또는 발암유전자로 기능할 수 있다. miRNA가 RNA 간섭 기전으로 표적 RNA 발현을 억제함으로써 작용하기에, 성장 촉진 유전자를 표적으로 하는 miRNA는 암에서 발현이 억제되어 있는 암억제 miRNA로 반면, 성장 억제 경로를 표적으로 하는 miRNA는 암에서 상향 조절되어 있으며 발암 miRNA로 일컫는다. 그 예로써, 암유전자인 RAS를 표적으로 하는 let-7은 폐암에서 하향 조절되어 있는 암억제 miRNA이며, 암억제인자 PTEN을 표적으로 하는 miR-21은 인간 교모세포종에서 상향 조절되어 있는 발암 miRNA이다.

## 5. 암에서의 유전학과 후성유전학 관계

후성유전학적 변이와 유전적 변이는 오랫동안 발암에 참여하는 두 가지 별도의 메커니즘으로 여겨져 왔으나, 지난 십여 년간의 괄목할 만한 후성유전학 분야의 발전으로 우리는 암세포가 수많은 유전적 변이 외에도 전반적인 후성유전학적 이상을 가지고 있음을 알게 되었다. 그리고 더 나아가 최근 암에 대한 엑솜시퀀싱 결과는 후성유전체를 제어하는 유전자에서 예상치 못한 여러 돌연변이가 보고되면서, 이는 암에서 유전학과 후성유전학은 암 발달의 거의 모든 단계에서 상호 작용하여 암 발생을 야기할 수 있음을 시사한다. 예를 들어 후성유전학적인 변화, 메틸화된 시토신은 탈아미노기 반응으로 유전적 돌연 변이(C->T)로 이어질 수 있고, 후성유전학적 조절자의 유전적 돌연변이는 기능 이상으로 광범위한 후성유전체의 변화를 야기할 수 있을 것이다. 따라서 유전학과 후성유전학 사이의 밀접한 상호작용에 대한 이해는 혁신적인 암 치료제 개발을 앞당기는 초석이 될 것이라 기대한다.

암은 암유전자(*oncogene*), 암억제유전자(*TSG*)의 비정상적인 유전학적 변이와, 후성유전학적 조절 그리고 후성유전학적 조절에 관여하는 인자들의 유전학적 돌연변이의 결과의 합의 산물이기에 이에 대한 정확한 이해는 암 치료제 개발에 필수적이며, 새로운 장을 열 수 있을 것이다.

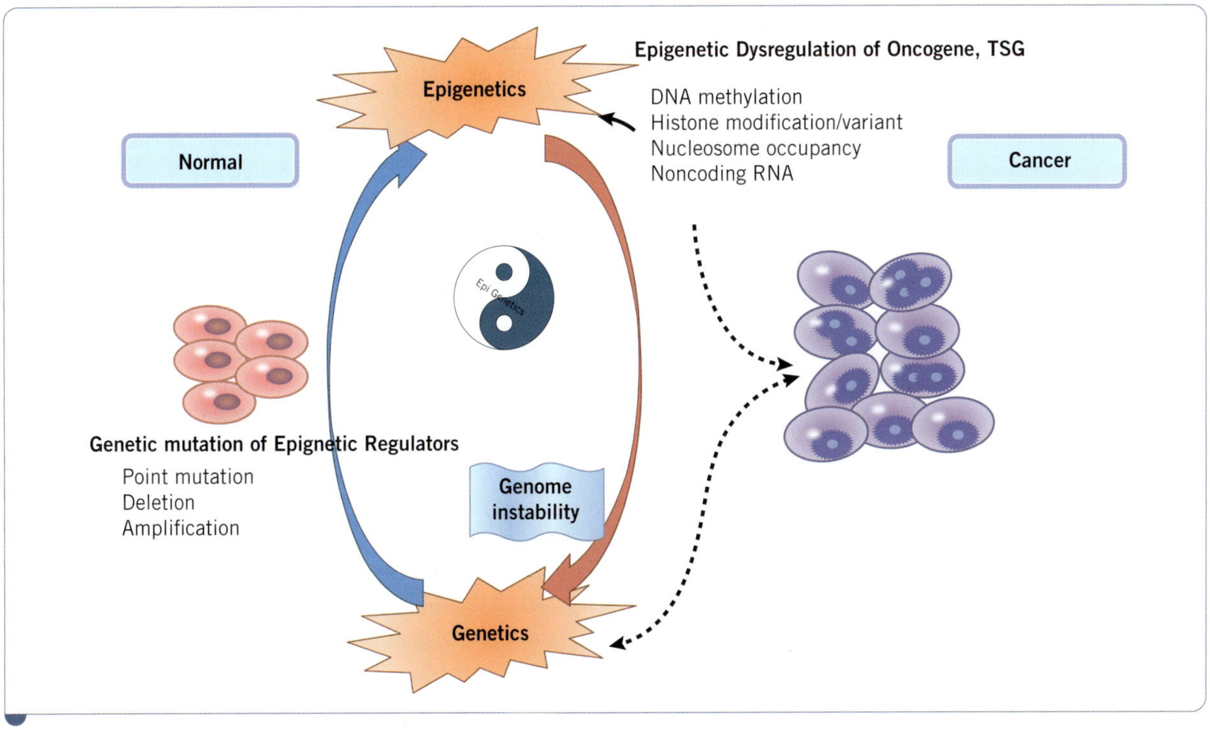


**그림 17-5.** 암에서 유전학과 후성유전학 상호작용. 암은 종양유전자(oncogene), 종양억제유전자(TSG)의 비정상적인 후성유전학적 조절과 후성유전학적 조절에 관여하는 인자들의 유전학적 돌연변이의 결과의 합의 산물이기에 이에 대한 이해는 새로운 암 치료제 개발에 필수적이다.

## REFERENCE


1. Bocker MT, Meisterernst M. Epigenetic regulation in human disease. Epigenetics & Chromatin. 2019;12(1):1-15.
2. Bui C, Berger SL. Epigenetics and Mendelian Disorders. Nature Reviews Genetics, 2017;18(12):777-92.
3. Clapier CR, Iwasa J, Cairns BR, Peterson CL. Mechanisms of action and regulation of ATP-dependent chromatin-remodelling complexes. Nat Rev Mol Cell Biol. 2017;18(7):407-22.
4. Cochran AG, Conery AR, Sims RJ 3rd. Bromodomains: a new target class for drug development. Nat Rev Drug Discov. 2019;18(8):609-28.
5. Darwiche N. Epigenetic mechanisms and the hallmarks of cancer: an intimate affair. Am J Cancer Res. 2020;10(7):1954-78.
6. De Carvalho DD, You JS, Jones PA. DNA methylation and cellular reprogramming. Trends Cell Biol. 2010;20(10):609-17.
7. Fraga MF, Esteller M. Epigenetics and aging: the targets and the marks. Trends in Genetics. 2007;23(8):413-8.
8. Gao F, Liu X. Epigenetic modifications in human diseases. Genomics, Proteomics & Bioinformatics. 2017;15(5), 210-20.
9. Garagnani P, Bacalini MG, Pirazzini C, et al. Epigenetic Determinants of Healthy and Diseased Aging. Aging. 2019;11(7):2045-60.
10. Ha M, Kim VN. Regulation of microRNA biogenesis. Nat Rev Mol Cell Biol. 2014;15(8):509-24.
11. Haberland M, Montgomery RL, Olson EN. The many roles of histone deacetylases in development and physiology: implications for disease and therapy. Nat Rev Genet. 2009;10(1):32-42.
12. Hesson LB, Cooper WN. Epigenetic Alterations in Mendelian Disorders. American Journal of Medical Genetics. Part C, Seminars in Medical Genetics. 2021;187(1):1-6.
13. Hnisz D, Weintraub AS, Day DS. Epigenetic Mechanisms of Human Mendelian Disease. Cold Spring Harbor Perspectives in Medicine. 2021);11(5):a036988.
14. Jenuwein T, Allis CD. Translating the histone code. Science. 2001;293(5532):1074-80.
15. Jones PA, Issa JP, Baylin S. Targeting the cancer epigenome for therapy. Nat Rev Genet. 2016;17(10):630-41.
16. Jones PA. Functions of DNA methylation: islands, start sites, gene bodies and beyond. Nat Rev Genet. 2012;13(7):484-92.
17. Kouzarides T. Chromatin modifications and their function. Cell. 2007;128(4):693-705.
18. Li E. Chromatin modification and epigenetic reprogramming in mammalian development. Nature Reviews Genetics. 2002;3(9):662-73.
19. Lioy VS, Cattaneo P, Bollati V. Epigenetics in Neurodegenerative Diseases. International Journal of Molecular Sciences. 2018;19(4):957. Available from: https://doi.org/10.3390/ijms19040957
20. Lister R, Ecker JR. Finding the fifth base: genome-wide

sequencing of cytosine methylation. Genome Research. 2009;19(6):959-66.

21. Lyko F. The DNA methyltransferase family: a versatile toolkit for epigenetic regulation. Nat Rev Genet. 2018;19(2):81-92.
22. Mill J, Heijmans BT. From promises to practical strategies in epigenetic epidemiology. Nature Reviews Genetics. 2013;14(8):585-94.
23. Oey H, Whitelaw E. On the Meaning of the Word 'Epimutation'. Trends in Genetics. 2014;30(9):394-5.
24. Quinn JJ, Chang HY. Unique features of long non-coding RNA biogenesis and function. Nat Rev Genet. 2016;17(1):47-62.
25. Venkatesh S, Workman JL. Histone exchange, chromatin structure and the regulation of transcription. Nat Rev Mol Cell Biol. 2015;16(3):178-89.
26. Voss AK, Thomas T. Histone Lysine and Genomic Targets of Histone Acetyltransferases in Mammals. Bioessays. 2018;40(10):e1800078.
27. West AC, Johnstone RW. New and emerging HDAC inhibitors for cancer treatment. J Clin Invest. 2014;124(1):30-9.
28. Wu X, Zhang Y. TET-mediated active DNA demethylation: mechanism, function and beyond. Nat Rev Genet. 2017;18(9):517-34.
29. Yamamoto T, Saitoh N. Non-coding RNAs and chromatin domains. Curr Opin Cell Biol. 2019;58:26-33.
30. You JS, Jones PA. Cancer genetics and epigenetics: two sides of the same coin?. Cancer Cell. 2012;22(1):9-20.
31. Zhao S, Allis CD, Wang GG. The language of chromatin modification in human cancers. Nat Rev Cancer. 2021;21(7):413-430.

CHAPTER 18

# 마이크로바이옴: 건강과 질병에 미치는 영향

## Microbiome: Its implication in health and disease

조성엽

## I. 서론

마이크로바이옴(미생물무리유전체, microbiome)은 특정 환경에 존재하는 미생물 유전체(genome)의 총합을 뜻하는 단어로, 의학적인 측면에서는 인간의 몸에 서식하는 미생물 군집 또는 미생물 유전체를 총칭하여 사용한다. 영어권에서는 미생물 군집을 뜻하는 마이크로바이오타(미생물무리, microbiota)와 미생물 유전체를 뜻하는 마이크로바이옴을 구분하여 사용하기도 한다. 인간의 몸에서는 대략 500~1,000종(species)의 박테리아가 발견되는데, 인간 체세포 수의 약 1.3배 정도 되는 박테리아 세포가 존재하며 이들이 지닌 유전자는 대략 200만 개 정도로 인간 유전자 2만개와 비교하여 약 100배 정도 많다. 여기에 진균(fungus), 바이러스 등의 미생물을 포함하면 인간에 존재하는 추가적인 유전자는 기하급수적으로 증가하며, 마이크로바이옴에는 인간에게 존재하지 않는 기능적인 유전자가 다양하게 존재하기에 이를 제2의 유전체(second genome)로 부르기도 한다.

인간의 마이크로바이옴의 조성은 개체에 따라 다르게 나타나며, 한 사람에 있어서도 피부, 입(mouth), 장(intestine) 등 신체 부위에 따라 다양하게 나타난다. 마이크로바이옴은 출산 후 3년 정도의 기간 동안 급격한 변화를 겪으며 미생물이 정착하게 됨으로써 확립되게 되고, 이후 나이가 들어가면서 주변 환경의 변화에 따라 추가적인 변화가 발생하면서 유지된다. 미생물이 인간의 몸에 존재하면서 상호작용하는 생태계(ecological system)를 구성하게 되며, 이를 통해 인간의 생리학적 및 병리학적 상황에 영향을 미치게 된다. 이러한 상호작용을 통해 마이크로바이옴 또는 마이크로바이옴 유래 대사물질이 인간의 면역계, 내분비계, 신경계 등에 영향을 미치며, 마이크로바이옴 조성의 변화는 다양한 염증질환, 암, 신경질환 등의 발병기전(pathogenesis)과 관련되어 있다.

### 1. 마이크로바이옴 조성에 영향을 미치는 인자

#### 1) 유전적 요인

마이크로바이옴의 조성은 개체마다 독특한 형태로 나타나며 주로 환경적인 요인이 작용할 것으로 생각되나 유전적인 요인도 마이크로바이옴의 조성을 결정하는데 역할을 한다. 일란성 쌍둥이의 경우에 이란성 쌍둥이와 비교하여 보다 유사한 조성을 보이며, 유전체연관연구(genome-wide association study, GWAS)에서 일부 유전자자리(locus)가 특정 미생물의 존재와 관련된다는 보고가 있다.

### 2) 면역계에 의한 조절

인간은 출산과 동시에 모체 및 환경으로부터 매우 다양한 종류의 미생물에 노출되나, 이 중에서 일부의 미생물이 집락화(colonization)하여 마이크로바이옴을 구성한다. 이러한 미생물의 집락화에는 면역계와의 상호작용이 중요하게 작용한다. 미생물에 의한 감염과 염증반응도 마이크로바이옴 조성에 영향을 미친다. 또한 집락화한 마이크로바이옴은 인간 면역 반응의 다양성과도 관련되어 있는데, 외부자극에 의한 면역반응의 개체 다양성이 상당부분 유전적인 요인에 의해 결정되지만 약 10% 정도의 면역 반응의 다양성은 마이크로바이옴과 관련되어 있다고 보고되었다.

### 3) 신체 부위

마이크로바이옴은 장(intestine), 피부, 입, 호흡기관, 질(vagina) 등 인체의 거의 모든 장기에 존재하며, 신체부위마다 서로 다른 마이크로바이옴 조성을 보인다. 심지어 피부의 경우 피부의 위치와 특성에 따라서도 조성이 달라진다. 일시적으로 장내 미생물의 경우 식이에 의한 영향을 받고 피부의 경우 세척에 의해 조성이 달라질 수 있으나 이러한 조건이 회복되면 마이크로바이옴도 다시 회복되는 경우가 많다.

### 4) 식이

식이는 장내미생물의 조성 변화를 크게 유도하며 다른 부위의 마이크로바이옴에 대한 효과는 제한적이다. 일반적으로 장기간의 식이 변화는 장내 마이크로바이옴 조성 변화를 유도하므로, 장내 미생물 조성 변화를 통한 치료 전략 수립에 적용이 가능하다. 단기간의 극단적인 식이 변화는 여러 사람에서 유사한 장내 마이크로바이옴 조성을 유도할 수 있지만 그러한 변화가 지속적으로 유지되는지는 사람에 따라 편차가 발생한다.

### 5) 항생제를 포함한 약물

항생제는 단일 요인으로는 가장 강력하게 마이크로바이옴의 조성을 변경시키는 요인이며, 동일한 항생제 투여에 의한 반응은 남아 있는 마이크로바이옴의 조성에 의한 생태계에 의해 개체별로 다양하게 나타난다. 특히 어린 시기의 항생제 복용은 초기 마이크로바이옴 정착에 영향을 주어 개체의 마이크로바이옴의 큰 변화를 유도하며, 이는 마이크로바이옴의 다양성을 감소시킴으로써 염증성 장질환, 비만, 천식과 같은 질병의 발생과 밀접한 관련이 있는 것으로 보고되었다.

### 6) 생활습관

다양한 생활습관이 외부의 미생물과의 접촉을 증가시키고 이에 따라 마이크로바이옴 조성에 영향을 미칠 수 있다. 예를 들어 애완동물을 기르는 것은 가족내 마이크로바이옴을 유사하게 만드는 작용을 하며, 운동이나 수면 부족 등은 마이크로바이옴의 변화를 일으킨다. 또한 직업은 서로 다른 미생물에 노출되는 환경을 제공함으로써 마이크로바이옴의 변화를 일으킬 수 있다.

## 2. 마이크로바이옴이 인체에 미치는 영향

### 1) 대사적 영향

마이크로바이옴에는 인간 유전체에는 존재하지 않는 다양한 기능의 유전자가 존재하며, 이러한 유전자의 작용에 의해 인간세포에서는 발생하지 않는 대사작용이 진행되고 인간세포가 만들지 못하는 대사산물(metabolite)이 만들어진다. 그 결과 다양한 생물활성(bioactive)을 지닌 대사산물이 생성되어 당뇨, 비만, 염증질환, 면역질환 등을 포함한 여러 병태생리 과정에 작용한다.

마이크로바이옴 특이적으로 생성되는 생물활성 대사산물 가운데 대표적인 것으로 짧은사슬지방산(short chain fatty acids, SCFAs)이 있다. 아세트산(acetate), 프로피온산(propionate), 뷰티르산(butyrate)과 같은 짧은 사슬로 이루어진 SCFA는 식이의 탄수화물로부터 장내 미생물에 의해 생성되며, 장내 산성도를 증가시킬 뿐만 아니라 장상피세포 및 면역세

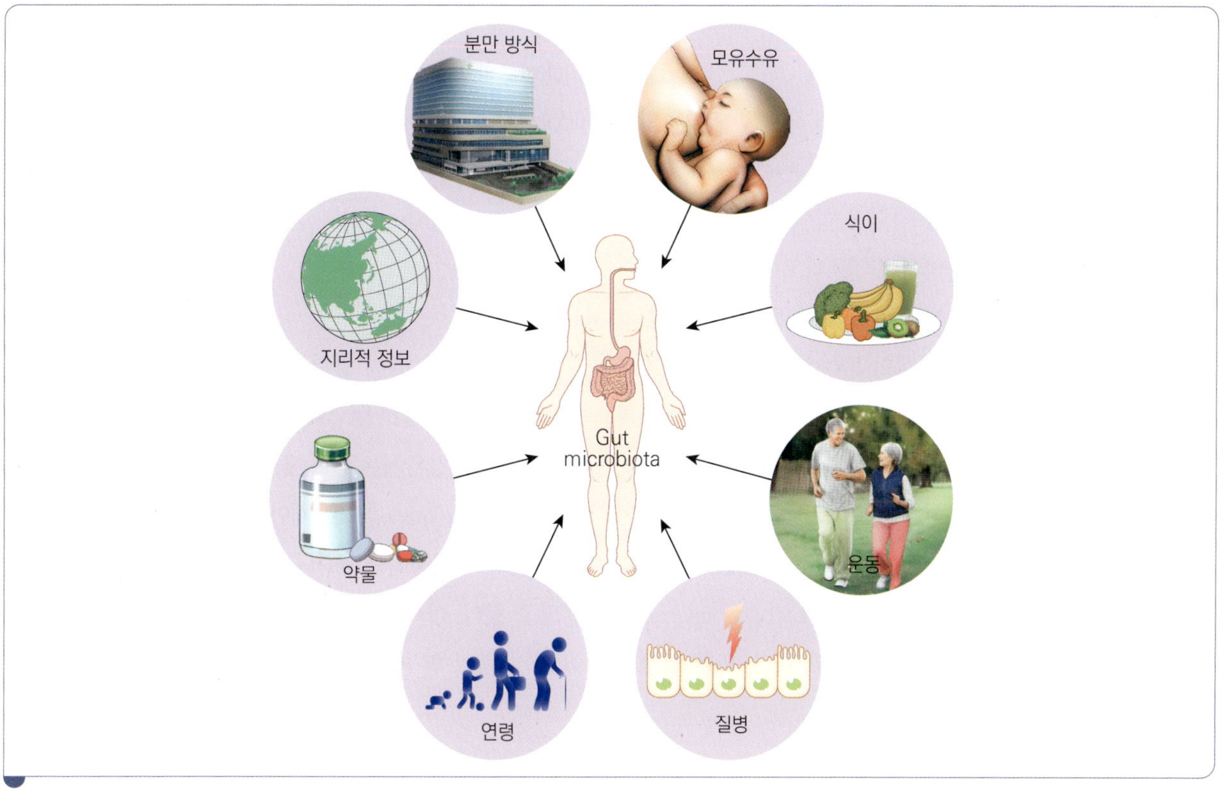


**그림 18-1.** 마이크로바이옴 조성에 영향을 미치는 인자.
출처: Quigley EMM. Gut microbiome as a clinical tool in gastrointestinal disease management: are we there yet?. Nat Rev Gastroenterol Hepatol. 2017;14(5):315-20.

포에 존재하는 수용체를 통해 작용하여 장내 장벽(barrier) 기능을 증가시키고 염증 및 면역반응을 조절하는 역할을 한다. 추가적인 예시로 장내 미생물에 의해 생성되는 이차 담즙산(secondary bile acid)도 지방대사 및 간기능을 조절하는 작용을 한다.

### 2) 면역학적 영향

마이크로바이옴에 존재하는 미생물 세포의 구성성분은 인간의 면역을 조절하는 신호로 작용할 수 있다. 대표적인 것으로 박테리아 세포막의 구성성분인 지다당류(lipopolysaccharide, LPS)를 포함한 미생물연관분자양상(microbial-associated molecular patterns, MAMPs)이 있으며, 이는 미생물에 특이적으로 존재하는 화합물로 인간세포에 존재하는 분자양상인식수용체(pattern recognition receptor, PRR)에 의해 인지되어 여러 면역 관련 신호경로를 활성화시킨다. 대표적인 PRR에는 톨유사수용체(toll-like receptor, TLR)가 있으며, TLR의 종류에 따라 특이적인 MAMP를 인식하여 세포내 신호경로를 활성화시키고 주로 핵인자 카파비(nuclear factor kappa-light-chain-enhancer of activated B cells, NF-κB)의 활성화를 통해 세포의 유전자발현을 변화시킨다. 또한 숙주의 면역반응은 앞서 살펴보았던 마이크로바이옴 유래 생물활성 대사산물에 의해서도 조절된다.

## II. 질병에 따른 마이크로바이옴의 변화
(Alterations in healthy human microbiome)

다양한 질병 발생에 따라 특징적인 마이크로바이옴의 불균형(dysbiosis)이 발생하며, 이는 질병의 진단 및 치료 타겟 발굴에 적용할 수 있다.

## 1. 감염(Infection)

마이크로바이옴의 불균형에 의해 발생하는 감염질환의 대표적인 예는 항생제 투여 이후에 발생하는 *Clostridioides difficile* 감염이다. *C. difficile* 감염은 항생제 투여에 의해 장내 마이크로바이옴의 다양성이 감소하고 *C. difficile*가 과도하게 증식함으로써 발생하는 설사를 동반한 장염이다. 일반적으로 추가적인 항생제의 투여에 의해 조절이 가능하나, 일부 환자에서는 치료에 불응성을 보이거나 자주 재발하는 경향을 보인다. *C. difficile* 감염 환자의 경우 장내 마이크로바이옴의 불균형이 주요 발병 인자인데, 대조군에 비해 Enterococcus, Veillonella, Lactobacillus, Gammaproteobacteria의 증가 및 Bacteroides, Lachnospiraceae, Ruminococcaceae의 감소가 보고된 바 있다. 또한 항생제 치료에 대한 저항성을 보이는 환자에서 Clostridiaceae, Lachnospiraceae, Blautia, Coprococcus, Streptococcus, Bifidobacterium, Ruminococcus, Actinomyces의 증가가 보고되었다.

## 2. 암(Cancer)

정상인과 비교하여 암환자에서 장내 마이크로바이옴의 불균형이 발생하는 것이 다양한 암종에서 보고되었다. 대장암의 경우에는 환자에서 증가한 장내 미생물 29종이 중심종(core species)으로 제안되었으며, 이를 바이오마커로 이용하여 대장암의 조기 진단에 적용하려는 시도가 진행되고 있다. 마이크로바이옴의 불균형에 의한 발암기전이 가장 많이 연구된 암종은 대장암으로, 균주 변화에 따

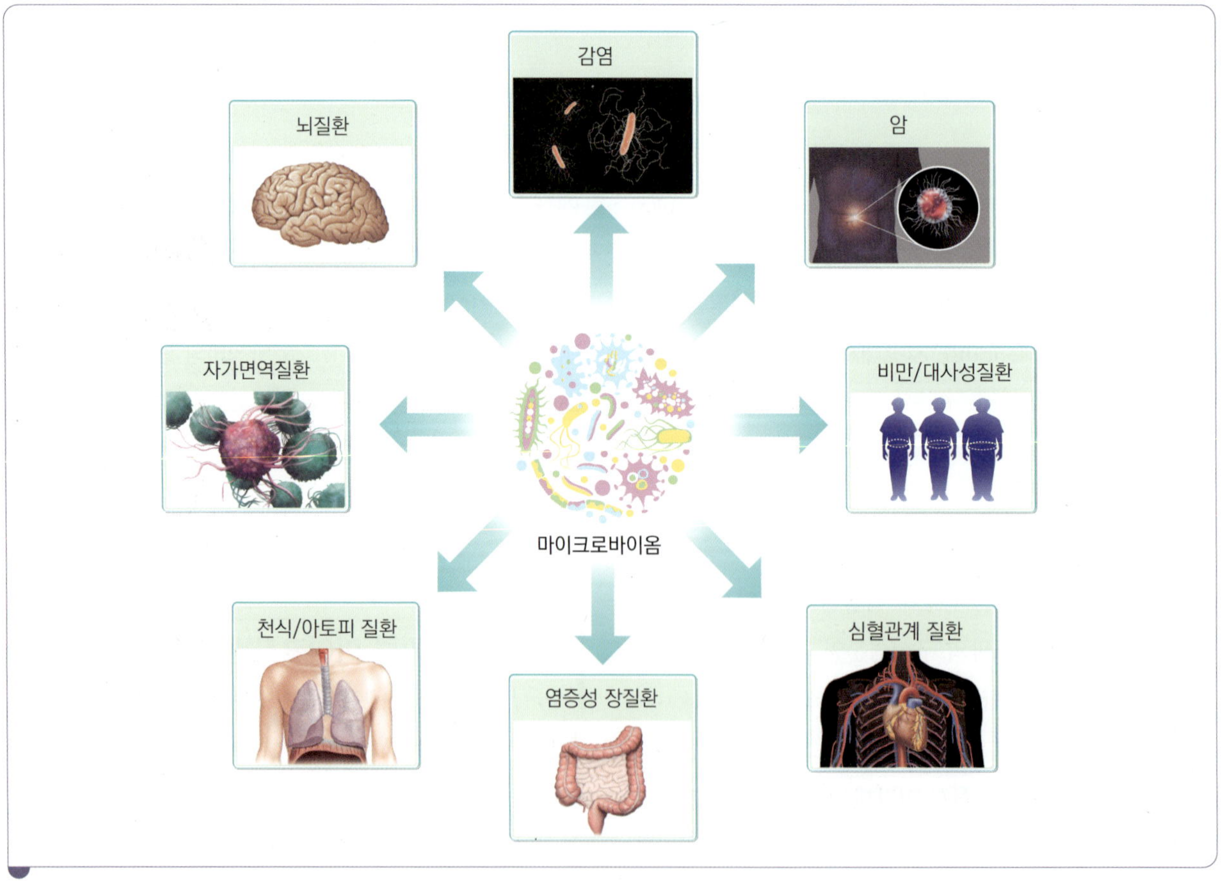


그림 18-2. 마이크로바이옴 관련 질환.

른 염증 및 면역반응의 변화, 균주 유래 대사물질의 작용 및 DNA 손상을 일으키는 유전자 손상 독소 등이 주된 발암 기전으로 제시되고 있다. 균주 변화에 따라 장내 염증반응이 증가하며 이는 핵인자 카파비를 통한 만성 염증의 발생을 통해 대장암의 발생이 증가할 수 있다. 반면에 균주 유래 짧은사슬지방산은 염증 억제를 통해 대장암의 발생을 억제할 수 있으며, 데옥시콜린산(deoxycholic acid)과 같은 균주 유래 2차 담즙산은 DNA 손상을 통해 암발생을 증가시킬 수 있다. 균주 유래 유전자 독소로는 Escherichia나 Campylobacter 유래 cytolethal distending toxin (CDT)이나 Enterobacteriaceae 계열에서 생성되는 colibactin이 대표적이며, DNA 손상을 일으킴으로써 암발생을 증가시킬 수 있다. 장내 마이크로바이옴의 불균형은 암발생 과정뿐만 아니라 치료 효과에도 영향을 미치며, 다양한 세포독성 항암제 및 면역치료제의 치료 반응성 및 부작용에 관련되어 있음을 알려지고 있다.

## 3. 비만(Obesity) 및 대사성 질환(Metabolic disease)

마이크로바이옴의 불균형은 비만뿐만 아니라 당뇨, 비알코올지방간질환(nonalcoholic fatty liver disease, NAFLD)과 같은 대사성 질환에서도 나타난다. 장내 세균에는 인간에 존재하지 않는 다양한 대사 유전자가 존재하기에 장내 마이크로바이옴의 변화는 인간에 존재하지 않는 다양한 생물활성 대사물질(metabolite)을 생성하며, 이는 식이로부터 에너지를 얻어내는 효율, 에너지 흡수, 포만(satiety) 신호, 전신적인 염증반응 등에 영향을 미칠 뿐만 아니라 인슐린 반응성을 조절할 수 있다. 마이크로바이옴의 비만 및 대사성 질환과의 관련성은 마우스를 이용한 대변미생물무리이식(fecal microbiota transplantation) 연구를 통해 확인할 수 있다. 비만 정도에 차이를 보이는 쌍둥이로부터 얻어낸 대변을 마우스에 이식하였을 때 마우스에서 동일한 비만 정도를 보였으며, 대사성 증후군을 가진 환자의 분변을 무균(germ-free) 마우스에 이식하면 인슐린 반응성이 감소되어 당뇨와 유사한 현상을 보였다. 비만 및 대사성 질환과 관련된 대표적 마이크로바이옴 유래 대사물질로 짧은사슬지방산이 있으며, 이는 인슐린 분비에 중요한 역할을 하는 GLP1이나 펩타이드 YY와 같은 호르몬 분비를 조절한다. 또한 균주 유래 가지사슬아미노산(branched chain amino acid)이나 이미다졸 프로미온산(imidazole propionate) 같은 대사물질은 인슐린 저항성을 유도할 수 있다. NALFD의 경우에는 균주 유래 2차 담즙산의 변화가 파네소이드 X 수용체(farnesoid X receptor) 신호경로에 영향을 주는 것이 알려져 있다.

## 4. 심혈관계 질환(Cardiovascular diseases)

심혈관계 질환과 마이크로바이옴의 상관관계에 있어서는 주로 균주 유래 대사산물에 의한 심혈관계 질환 조절 효과가 알려져 있다. 대표적으로 여러 장내 세균은 choline, phosphatidylcholine, L-carnitine으로부터 trimethylamine (TMA)을 생산할 수 있으며, 이는 간에 존재하는 flavin monooxygenase 3에 의해 trimethylamine-N-oxide (TMAO)로 변환되는데, 혈중 TMAO 농도의 증가는 심혈관계 질환의 중요한 위험인자(risk factor)이다. 장내세균 가운데 cutC/D 또는 *cntA* 유전자를 가진 균주는 TMA를 생산할 수 있으며, 간에서 생성된 TMAO는 혈관내피세포에 작용하여 혈관 염증, 섬유화(fibrosis), 혈소판 응집과 혈전증(thrombosis)을 유도함으로써 죽상경화판(atherosclerotic plaque)의 생성을 증가시킬 수 있다. 반면에 균주유래 짧은사슬지방산은 혈압을 낮추고 심혈관계 질환을 감소시키는 효과가 있는데, 아세트산(acetate)의 경우에는 마우스 모델에서 심장 염증, 섬유화, 심장 비대(hypertrophy)를 감소시키며 뷰티르산(butyrate)의 경우에는 혈중 콜레스테롤 농도를 낮추는 효과가 있다. 심혈관계 질환은 식이 종류에 의해 영향을 많이 받는 것으로 알려져 있는데, 식이 종류에 따른 심혈관계질환의 조절에도 마이크로바이옴이 관련되어 있다. 고섬유식이(high fiber diet)의 경우 심혈관계 질환을 감소시키는 효과가 있는데, 이 경우에 *Faecalibacterium prausnitzii*,

*Eubacterium eligens* 등과 같이 섬유(fiber)를 대사할 수 있는 균주가 증가하며 이에 따라 짧은사슬지방산이 증가하는 것으로 알려져 있다. 반면에 고지방, 고염(high salt)이 특징적인 서양식 식이(Western style diet)의 경우 Bifidobacterium, Eubacterium 균주를 감소시키며, TMAO의 전구체가 될 수 있는 choline, phosphatidylcholine, L-carnitine 다량 함유하고 있어 마이크로바이옴의 작용에 의해 심혈관계 질환의 위험을 증가시킬 수 있다.

## 5. 염증성 장질환(Inflammatory bowel disease)

염증성 장질환은 크론병(Crohn disease)이나 궤양대장염(ulcerative colitis)을 포함하는 만성 염증 질환이다. 염증성 장질환 환자는 특징적인 장내 마이크로바이옴의 불균형(dysbiosis)을 보이는데, 전반적으로는 Proteobacteria 계통의 조건부혐기성 미생물(facultative anaerobe)이 증가하고 절대혐기성 미생물(obligate anaerobe)이 감소한다. 특징적으로 Enterobacteriaceae 계열의 균주가 증가하고 뷰티르산(butyrate)을 생성하는 균주가 감소하며, 크론병의 경우에는 *Escherichia coli*, *Campylobacter* 및 *Mycobacterium avium* 등이 증가한다. 이러한 특성을 보이는 염증성 장질환 환자의 대변을 마우스에 이식하면 IL-17을 포함한 염증신호경로가 활성화된다. 사람의 장에서 염증이 발생하면 아세틸에탄올아민(N-acetylethanolamine)과 같은 질소 대사 관련 물질이 증가함으로써 Enterobacteriaceae 계열의 장내미생물 증식을 유도할 수 있다. 이러한 조건에서 증식한 균주에 지다당(lipopolysaccharide)과 같은 강력한 염증유도물질이 존재하게 되면 염증성 장질환의 증상을 악화시킬 수 있다. 지다당 이외에도 장내 마이크로바이옴 유래 폴리아민(polyamine)과 삼인산아데노신(adenosine 5′-triphosphate, ATP)의 증가와 2차담즙산 및 뷰티르산의 감소가 염증성 장질환의 증상을 악화시키는 것으로 알려져 있다.

## 6. 천식(Asthma) 및 아토피 질환(Atopic disease)

제왕절개로 태어났거나 영유아기에 매우 청결한 환경에서 성장하여 미생물에 대한 노출이 적은 경우에 천식과 아토피와 같은 질환의 발생이 증가하는 것으로 보고되었다. 이는 균주 유래 짧은사슬지방산이 혈액을 통해 폐에 작용함으로서 염증을 낮출 수 있는데 이러한 작용이 감소하기 때문으로 이해되며, 이러한 과정에서 유리지방산수용체3(free fatty acid receptor 3, FFAR3)과 가지돌기세포(dendritic cell)가 관여하는 것으로 알려져 있다. 천식에 대한 환자-대조군 연구에서 대사체 분석을 통해 리놀레산(linoleic acid) 유래 12,13-diHOME (12,13-dihydroxy-9Z-octadecenoic acid)가 천식 환자에서 증가되어 있음을 알려졌으며, 12,13-diHOME은 폐의 항염증사이토카인(antiinflammatory cytokine)과 조절T세포(regulatory T cell)를 감소시킴으로써 염증작용을 증가시킬 수 있다. 따라서 마이크로바이옴 유래 대사물질의 변화가 천식 및 아토피 질환의 진행에 영향을 미칠 수 있다.

## 7. 자가면역질환(Autoimmune disease)

마이크로바이옴은 다양한 기전을 통해 사람의 면역기능을 조절할 수 있으며, 자가면역질환의 발생 및 진행에 있어서도 중요한 작용을 한다. 대표적인 자가면역질환인 류마티스관절염(rheumatoid arthritis)의 경우 관절의 만성 염증을 동반하는 질환으로, 특징적으로 *Provotella copri*는 질환의 진행과 관련성이 있다. *P. copri*는 TH17 반응을 증가시킴으로써 관절에서의 뼈의 미란(erosion)을 유발하는 것으로 보고되었다. 사람에서는 류마티스관절염 환자 관절의 윤활액(synovial fluid)에서 *P. copri*의 DNA가 검출되었다. 류마티스관절염은 장내 마이크로바이옴 이외에도 입안의 치주질환(periodontal disease)과 관련된 균주와의 관련성도 보고되었는데, *Porphyromonas gingivalis*와 *Aggregatibacter actinomycetemcomitans*는 류마티스관절염 환자의 자가항체(autoantibody)의 증가와의 관련성이 보고된 바 있다.

### 8. 뇌질환(Brain disease)

장내 마이크로바이옴은 다양한 대사물질을 제공할 뿐만 아니라 신경 및 면역 세포에 영향을 미치고 이를 통해 다양한 뇌의 기능을 조절할 수 있는 것으로 알려지고 있으며, 이러한 장(intestine)과 뇌의 상관관계를 장뇌축(gut-brain axis)이라는 용어로 표현할 수 있다. 따라서 장내 마이크로바이옴의 불균형은 다양한 종류의 뇌관련 질환에서 발견되는데, 신경발달과 관련된 자폐스펙트럼장애(autism spectrum disorders, ASD), 신경퇴행과 관련된 신경변성질환(neurodegenerative disease), 행동관련 질환인 우울증(depression) 등이 대표적이다. ASD의 경우에는 장염증(intestinal inflammation) 및 장투과성(gut permeability)과의 동시 발생 관련성이 보고되고 있으며, 장내 마이크로바이옴으로부터 유래되는 감마아미노뷰티르산(gamma aminobutyric acid), 글루탐산염(glutamate), 옥시토신(oxytocin), 세로토닌(serotonin)과 같은 화학전달물질(chemical transmitter)이 영향을 미치는 것으로 알려져 있다. 신경변성질환 가운데에서는 파킨슨병(Parkinson disease, PD)과의 관련성이 많이 연구되었는데, 장내 마이크로바이옴 불균형을 통해 Enterobacteriaceae가 증가하고 항염증성 특성을 가진 균주의 감소를 보인다. 특징적으로 크론병 환자에서 파킨슨병 환자가 증가하는 것으로 알려져 있으며, 장염증과 파킨슨병의 관련성도 보고되고 있다. 우울증에서도 장내 마이크로바이옴의 불균형을 통해 Bacteroidetes, Firmicutes, Actinobacteria가 감소하고 Proteobacteria가 증가하는 것으로 보고되었다. 특히 장투과도 증가를 동반하는 장염증의 증가뿐만 아니라 인터루킨1β, 인터루킨6, 종양괴사인자(tumor necrosis factor)와 같은 염증인자의 증가를 통한 전신적 염증의 증가가 특징적으로 나타나며 이러한 과정에서 장내 마이크로바이옴의 역할이 보고되고 있다.

## III. 인간 마이크로바이옴을 기반으로 한 새로운 치료 전략
**(Novel therapeutic approaches based on the human associated microbiome)**

다양한 인간 질병과 마이크로바이옴 불균형과의 관련성이 알려지면서 마이크로바이옴을 리모델링함으로써 질환을 치료하고자 하는 시도가 지속되고 있다. 마이크로바이옴을 기반으로 하는 질병 치료 전략에는 다음과 같은 것이 있다.

### 1. 대변미생물무리이식
**(Fecal microbiota transplantation, FMT)**

대변미생물무리이식(FMT)은 건강한 사람의 대변에 존재하는 미생물무리를 환자의 장에 이식함으로써 환자의 마이크로바이옴을 건강한 사람의 특성을 가질 수 있도록 변화시키고자 하는 방법이다. 주로 코십이지장삽관(nasoduodenal intubation)을 통해 십이지장에 주입(infusion)하거나 대장내시경술(colonoscopy)을 통해 대장에 주입하는 방식을 사용하여 미생물무리를 이식한다. 건강한 사람의 마이크로바이옴 균주뿐만 아니라 대사산물을 포함하는 전체적인 장내 미생물 생태계(ecosystem)을 이식할 수 있다는 장점이 있지만, 기증자(donor)와 수용자(recipient)의 다양성에 따라 이식 결과가 달라질 수 있어 표준화하기에 제한점이 있다. 가장 먼저 FMT가 임상적으로 효과를 보인 질환은 항생제 치료 후에 발생한 *C. difficile* 감염이다. 이 질환에서 FMT의 성공율은 90%로 매우 효과적이고, 일반적인 항생제 치료에 비해서 우월한 것으로 알려져 있다. 이 경우 FMT의 성공여부에 중요한 요인은 기증자의 마이크로바이옴이 수용자의 장에 얼마나 잘 정착하는가 하는 점이다. *C. difficile* 감염 이외에도 염증성 장질환(inflammatory bowel disease)과 이식편대숙주병(graft-versus-host disease) 등에서도 증상의 호전을 나타내었다. 염증성 장질환의 경우 궤양대장염(ulcerative colitis)

에서 FMT가 주로 보고되었는데, 대장내시경술을 통해 건강한 타인의 대변미생물무리를 이식하는 방식으로 진행되며 약 30% 정도의 환자에서 증상의 호전을 보이는 것으로 알려져 있다. FMT의 효과는 임상적인 다양한 상황에 의해 영향을 받는데, 기증자의 측면에서는 병원성을 지닌 미생물 존재 여부에 대한 판단이 우선적으로 필요하며, 기증자의 대변미생물무리의 조성이 개인별로 다양하게 나타나기 때문에 치료 효과를 예측하기에 제한점이 있다. 수용자의 측면에서는 개인의 특성에 따라 특정 미생물에 대한 정착(colonization)이 잘 발생하지 않아 효과가 감소할 수 있는 측면이 있다. 따라서 FMT 통한 치료 방법을 개발하기 위해서는 보다 표준화된 분석법과 효과 예측 방법의 개발이 필요하겠다.

## 2. 프로바이오틱스(Probiotics) 및 특정 균주 투여

FMT가 가지고 있는 불확실성을 극복하고자 특정 기능을 가지고 있는 균주를 직접적으로 투여함으로써 질병을 치료하고자 시도하고 있다. 프로바이오틱스는 인체 투여 시에 유익한 효과를 나타내는 균주 또는 균주의 조합을 뜻한다. 질병의 치료를 위해 특정 균주를 투여하기 위해서는 균주의 생존을 위해 적절한 환경과 영양분에 대한 이해 및 기존 마이크로바이옴 생태계의 균주들과의 적합성(compatibility), 병원성을 포함한 사람 숙주에 미치는 영향에 대한 전반적인 고려가 필요하다. 투여된 균주는 다양한 기전을 통해 질병의 진행에 영향을 미칠 수 있는데, 면역세포와의 상호작용을 통한 면역조절, 특성 대사산물이나 효소의 생성, 장장벽(intestinal barrier) 기능 강화 등의 효과를 유도할 수 있다. 대표적으로 짧은사슬지방산을 생성할 수 있는 균주의 투

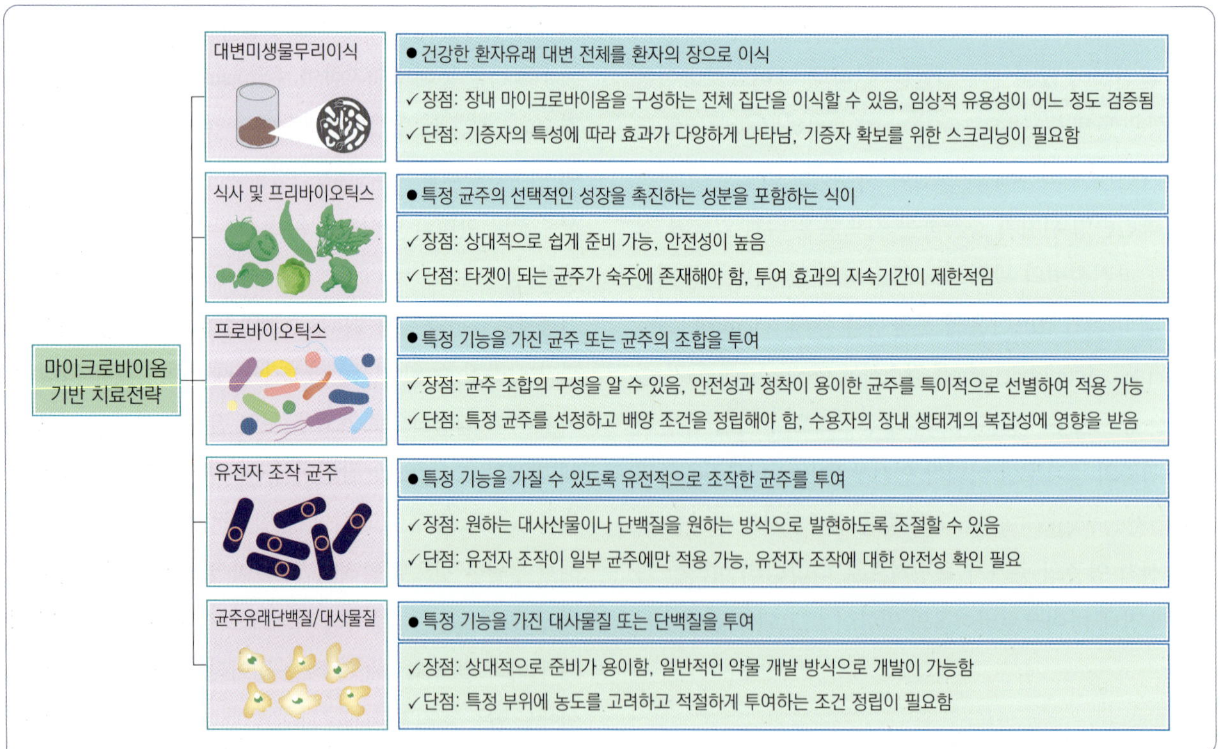


**그림 18-3.** 마이크로바이옴 기반 치료 전략.

출처: Sorbara MT, Pamer EG. Microbiome-based therapeutics. Nat Rev Microbiol. 2022;20(6):365-80.

여는 염증반응을 감소시킴으로써 염증관련 질환의 진행을 억제할 수 있다. 프로바이오틱스 투여에 의한 장내 마이크로바이옴과의 상호작용과 관련하여서는 정착저항(colonization resistance)이라는 개념이 제시되고 있는데, 이는 장내 미생물이 생존을 위해 상호 경쟁함으로써 정상적인 장내 마이크로바이옴의 적절한 증식이 병원성 세균의 성장을 억제할 수 있다는 점이다. 투여된 특정 균주의 경우에도 정착이 적절하게 이루어지면 병원성 세균의 정착을 억제함으로써 *C. difficile* 감염과 같은 질환의 치료에 적용할 수 있다. 정착저항의 개념은 투여된 균주의 성공적인 정착에도 영향을 줄 수 있는데, *Bifidobacterium longum* 균주를 이용한 연구에 따르면 숙주의 *B. longum*과 미생물 유래 탄수화물을 대사하는 유전자의 수준이 낮을 때 투여한 균주의 정착이 잘 이루어지는 것으로 보고되었다. 프로바이오틱스의 투여는 특성이 확인된 하나의 균주를 투여하는 방식으로 진행될 수도 있지만, 유사한 효과를 지닌 균주를 조합하여 투여할 수도 있으며, 보다 향상된 효과를 보이는 최적의 균주 조합을 찾고자 하는 시도가 많이 이루어지고 있다. 최근에는 과학적인 증거를 바탕으로 특정 질병에 대한 치료 효과를 보이는 균주를 조합하여 생물치료제(biotherapeutics)를 개발하고자 하는 시도가 다국적 제약회사를 중심으로 이루어지고 있다.

## 3. 식사(Diet) 및 프리바이오틱스(Prebiotics)

인간이 섭취하는 음식은 장내 마이크로바이옴 조성에 변화를 일으키며, 이를 질병에 대한 예방 또는 치료적인 목적으로 이용하려고 시도하고 있다. 일반적으로 프리바이오틱스는 특정 미생물의 선택적 증식을 유도하는 화합물을 지칭하며, 대표적으로 식이섬유를 섭취하면 섬유(fiber)와 복합다당류(complex polysaccharide)를 대사할 수 있는 Firmicutes 계열의 균주의 증식이 일어난다. 반면에 육식위주의 식사에 의해서는 Bacteroidetes 계열과 담즙산에 저항성을 보이는 균주의 증식이 일어나며, 케톤생성식사(ketogenic diet)와 같이 탄수화물이 적고 지방이 풍부한 음식을 섭취한 경우에는 Bifidobacteria 계열의 균주 및 조절T세포의 생성이 감소한다. 최근에는 무균마우스를 이용하여 특종 균주의 성장을 촉진시키는 화합물을 스크리닝함으로써 특정 균주만 표적하여 증식시킬 수 있는 프리바이오틱스를 개발하여 적용하고자 시도하고 있다.

## 4. 유전자 조작 균주(Gene-engineered bacteria)

장내 마이크로바이옴의 다양성에도 불구하고 보다 특이적인 특성을 지닌 균주의 투여를 위해서는 특정 유전자를 포함할 수 있도록 유전적으로 조작된 박테리아를 투여하는 방안이 고려될 수 있다. 초창기에는 배양이 용이한 대장균(*Escherichia coli*)나 *Lactococcus lactis*와 같은 균주를 대상으로 유전자 조작을 시행하였으나, 이러한 균주들은 장내에 지속적으로 정착하는 데 제한점이 있다. 주로 연구된 균주는 절대혐기성 미생물(obligate anaerobe)의 하나인 Bacteroidales 계열의 균주이며, 이와 같은 균주에 특정 유전자를 과발현함으로써 특정 기능성을 가진 균주들을 개발하여 왔다. 예를 들어 트립토판탈탄산효소(tryptophan decarboxylase)를 발현하는 *Bacteroides thetaiotaomicron*의 마우스 투여는 장의 술잔세포(goblet cell)에서 점액(mucus)의 분비를 증가시키고 대장염 모델에서 증상을 완화시키는 효과를 나타내었다. 최근에는 크리스퍼(CRISPR-Cas9) 기법을 통해 유전체편집을 진행하여 특정 유전적 특성을 가지게 함으로써 치료 효과를 향상시킬 수 있는 전략이 개발되고 있다.

## 5. 균주유래 단백질 및 대사산물 (Microbiota-derived proteins and metabolites)

장내 마이크로바이옴은 다양한 대사산물과 단백질을 분비할 수 있으며, 균주유래 대사산물 및 단백질은 숙주에 존재하는 수용체(receptor)에 작용하여 다양한 생리활성을 나타낼 수 있다. 따라서 이러한 생리활성을 가지는 균주 유래 대사산물 및 단백질은 약제 개발의 후보가 될 수 있다. 특히 면역이 억제되어 있는 환자에서는 균주를 직접적으로 생물치료제(biotherapeutics)로 사용하기에 위험한 측면이 있기 때문에, 균주 유래 대사산물이나 단백질의 특성을 명확히 하여 치료 목적으로 사용하는 것이 보다 유용할 수 있다. 균주 유래 대사산물이나 단백질이 치료 목적으로 사용되기 위해서는 이들의 생산 방법, 휘발성, 적절한 부위로의 약물 전달(delivery) 등이 고려되어야 하며, 기존 숙주에 존재하는 마이크로바이옴에 미치는 영향에 대해서도 확인이 필요하다. 대표적으로 다양한 대사 및 면역 활성을 보이는 짧은사슬지방산이나 지방소화 과정이나 면역 조절 효과를 보이는 2차담즙산 등이 균주 유래 생리 활성을 보이는 대사산물이다. 이와 같은 적절한 치료 활성을 지닌 균주 유래 대사산물 및 단백질을 발굴함으로써 새로운 개념의 신약 개발이 활발하게 이루어질 수 있을 것이다.

## REFERENCE


1. Bonder MJ, Kurilshikov A, Tigchelaar EF, et al. The effect of host genetics on the gut microbiome. Nat Genet 2016;48:1407-12.
2. Burgueño JF, Abreu MT. Epithelial Toll-like receptors and their role in gut homeostasis and disease. Nat Rev Gastroenterol Hepatol. 2020;17:263-78.
3. Gilbert JA, Blaser MJ, Caporaso JG, et al. Current understanding of the human microbiome. Nat Med 2018;24:392-400.
4. Goodrich JK, Waters JL, Poole AC, et al. Human genetics shape the gut microbiome. Cell 2014;159:789-99.
5. Levy M, Kolodziejczyk AA, Thaiss CA, et al. Dysbiosis and the immune system. Nat Rev Immunol. 2017;17(4):219-232.
6. Quigley EMM. Gut microbiome as a clinical tool in gastrointestinal disease management: are we there yet?. Nat Rev Gastroenterol Hepatol. 2017;14(5):315-20.
7. Sanders ME, Merenstein DJ, Reid G, et al. Probiotics and prebiotics in intestinal health and disease: from biology to the clinic. Nat Rev Gastroenterol Hepatol. 2019;16(10):605-16.
8. Schirmer M, Smeekens SP, Vlamakis H, et al. Linking the Human Gut Microbiome to Inflammatory Cytokine Production Capacity. Cell. 2016;167(4):1125-36.e8.
9. Sender R, Fuchs S, Milo R. Are We Really Vastly Outnumbered? Revisiting the Ratio of Bacterial to Host Cells in Humans. Cell 2016;164:337-40.
10. Sorbara MT, Pamer EG. Microbiome-based therapeutics. Nat Rev Microbiol. 2022;20:365-80.
11. Trasande L, Blustein J, Liu M, et al. Infant antibiotic exposures and early-life body mass. Int J Obes (Lond). 2013;37(1):16-23.
12. Wilson Tang WH, Li DY, Hazen SL. Dietary metabolism, the gut microbiome, and heart failure. Nat Rev Cardiol. 2019;16:137-54.
13. Wirbel J, Pyl PT, Kartal E, et al. Meta-analysis of fecal metagenomes reveals global microbial signatures that are specific for colorectal cancer. Nat Med. 2019;25(4):679-89.

Textbook of
**Medical Genetics** and **Genomics**

PART II

# Clinical, Medical Genetics & Genomics


CHAPTER 19 암유전학(Cancer genetics and genomics)

CHAPTER 20 면역체계의 유전학(Genetics and genomics of immunity)

CHAPTER 21 심혈관질환의 유전학과 유전체학(Genetics and genomics of cardiovascular diseases)

CHAPTER 22 신경계 유전질환의 유전학(Genetics and genomics of neurological disorder)

CHAPTER 23 산전유전학(Prenatal genetics)

CHAPTER 24 착상전 유전진단(Preimplantation genetic test)

CHAPTER 25 생식 불임의 유전학(Reproductive genetics)

CHAPTER 26 임상진료에서의 임상유전체검사(Clinical genome sequencing in clinical practice)

CHAPTER 27 유전상담 및 위험도 평가(Genetic counseling and risk assessment)

CHAPTER 28 유전질환 치료(Treatment of genetic disorders)

CHAPTER 29 의학유전학 분야의 윤리적, 법적, 사회적 쟁점
(Ethical, legal and social issues in medical genetics and genomics)

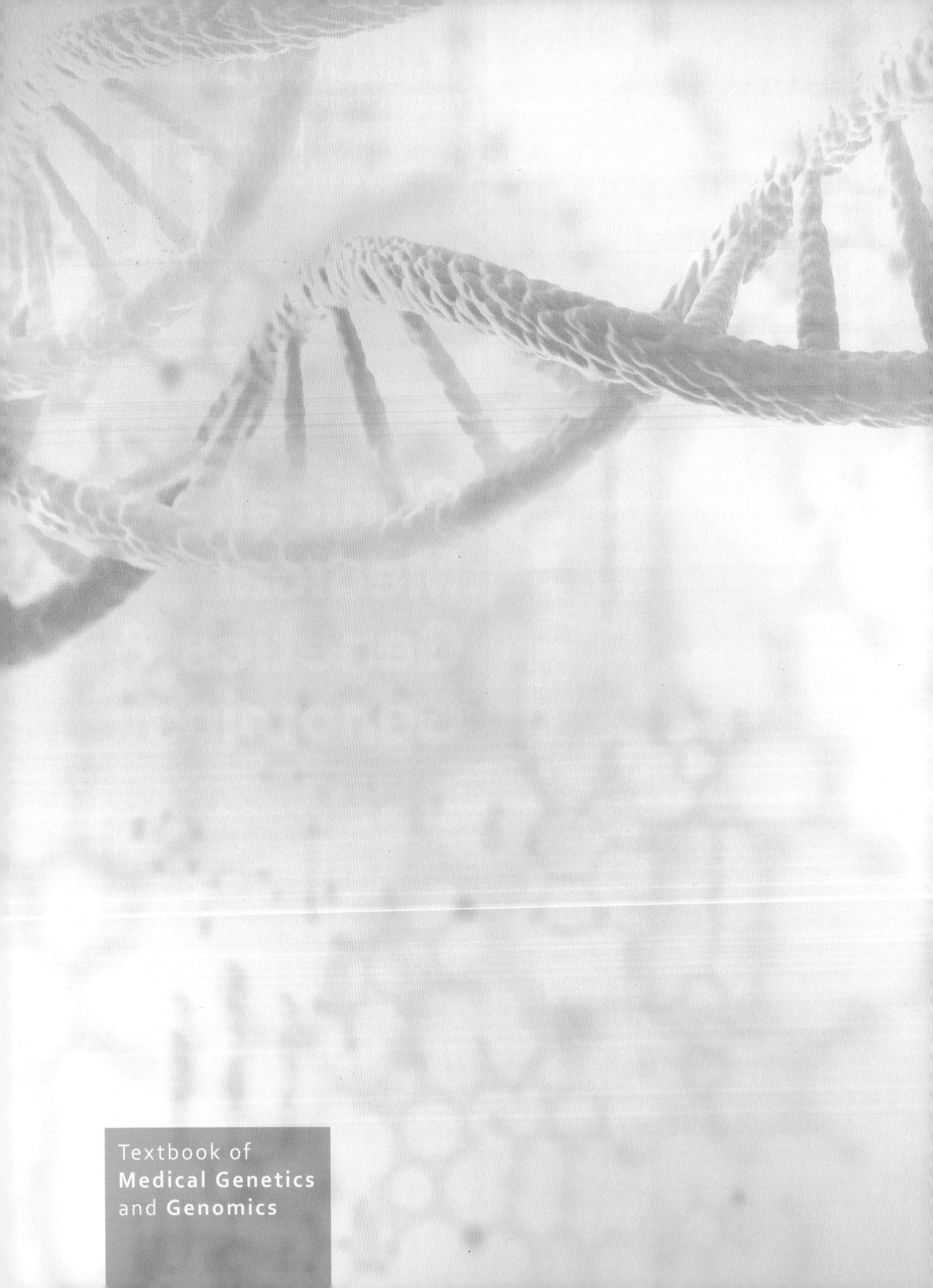

Textbook of
**Medical Genetics**
and **Genomics**

CHAPTER 19

# 암유전학

## Cancer genetics and genomics

김태용, 박지원, 배정모, 육정환, 이지원, 이한별, 이현주, 임석아, 최정윤

## I. 암 발생의 유전학적 원리 (Genetic basis of cancer diseases)

지난 30여 년간의 분자생물학적 발전을 통하여 우리는 암 발생이 돌연변이의 축적에 의한 유전학적 현상임을 알게 되었다. 돌연변이가 발생하는 원인 및 암의 발생 및 성장에 기여하는 역할에 대한 이해는 날로 증대되고 있으며, 이를 통한 암의 예방, 진단 및 치료의 발전을 기대할 수 있다.

### 1. 암 발생의 원인

암은 돌연변이가 축적된 세포가 조절되지 않는 세포 성장 및 증식을 통하여 덩어리를 형성하고, 조직학적 경계를 넘어 침윤 및 전이하는 질환이다. 암을 일으키는 최초의 돌연변이를 부모의 생식세포로부터 물려받는 경우 유전성 암(hereditary cancer)이라고 하며, 배아 생성 이후 체세포가 발달 및 노화 과정에서 돌연변이를 획득하는 경우 산발성 암(sporadic cancer)이라고 한다.

돌연변이의 축적 과정에서 생리적인 세포분열 조절 기전으로부터 벗어난 전구세포는 단클론성 증식(clonal proliferation)을 통하여 분열 과정에서 딸세포에게 돌연변이 정보를 전달하기 때문에 종양의 각 세포는 종양 형성 초기에 발생한 돌연변이를 공통적으로 가지게 된다. 이후 종양이 증식하는 과정에서 종양세포에 추가적인 돌연변이가 발생하며, 종양세포들 간의 경쟁을 통하여 생존에 유리한 돌연변이를 획득한 종양세포들이 살아남아 종양 덩어리를 형성한다. 암은 대개 1 g 정도의 무게를 지니는 시점부터 임상적으로 진단이 가능한데, 이 단계에도 이미 한 종양 덩어리 내에 추가적으로 획득된 돌연변이가 서로 다른 이질적인 세포 집단이 종양을 이루는 종양 내 이질성(intratumoral heterogeneity)이 있음이 밝혀져 있다. 추가 돌연변이 획득을 통한 종양 내 이질성은 암의 증식 및 전이에 중요할 뿐만 아니라, 항암제에 대한 치료저항성을 유발하는 주 원인이기도 하다.

### 2. 운전자 돌연변이와 승객 돌연변이 (Driver mutations and passenger mutations)

인간 유전체를 저렴하고 빠르게 분석할 수 있는 차세대 염기서열분석(next generation sequencing)을 통하여 개별 종양에 존재하는 돌연변이의 개수가 적게는 수 개에서 많게는 수만 개에 이르는 것을 알게 되었다. 하지만, 종양에서 검출되는 모든 돌연변이가 동일한 생물학적 의의를 지니는 것은 아니며, 대부분의 돌연변이는 종양 세포의 증식 과정에서 우연히 발생한 것으로 이를 “승객 돌연변이(passenger mutation)"라고 한다. 수많은 돌연변이들 중 일부의 돌연변이는 다양한 암종에서 공통적으로 빈번하게 관찰되며, 이 경우 종양의 발생과 증식에 매우 중요한 기능을 하는데 이러한 돌연변이를 "운전자 돌연변이(driver mutation)"라고 한다. 운전자 돌연변이가 발생하는 유전자들은 세포의 성장 및 생존에 필수적인 기능을 담당하는 경우가 많다.

## 3. 발암유전자와 종양억제유전자 (Oncogenes and tumor suppressor genes)

돌연변이는 유전자의 기능에 변화를 초래하는데 크게 유전자의 기능을 활성화(gain of function)하는 방향과 유전자의 기능을 억제하는 방향(loss of function)으로 나눌 수 있다. 암세포에서 돌연변이로 인하여 기능이 활성화되어 외부의 신호 없이도 세포의 증식을 유발하는 유전자를 종양유전자(oncogene)라고 하며, 정상세포에서 이에 대응하여 돌연변이를 가지지 않은 상태의 유전자를 전암유전자(proto-oncogene)라고 한다. 전암유전자에 속하는 유전자는 대개 *FGF3*와 같은 성장인자(growth factor), *EGFR*, *ALK*, *KIT*과 같은 성장인자수용체(growth factor receptor), *KRAS/NRAS/HRAS*, *BRAF* 등과 같은 신호전달 관련 단백질, *MYC*(*c-MYC*), *MYCN*(*n-MYC*)과 같은 전사활성제, *CCND1*, *CDK4*와 같은 세포주기 조절인자 등의 기능을 가지고 있다.

돌연변이로 인하여 유전자 본연의 기능을 잃어버리는 유전자들을 종양억제유전자(tumor suppressor gene)라고 한다. 종양억제유전자들은 *RB*, *CDKN2A*, *TP53*과 같이 세포주기 조절에 관여하거나 *BRCA1*, *BRCA2*, *MLH1*, *MSH2*와 같이 DNA 손상을 복구하는 기능을 가지는 경우가 많다. 이배체(diploid)의 염색체 쌍을 가진 세포의 경우 상동염색체 2개가 존재하기 때문에 상동염색체 중 한 개의 유전자가 기능을 잃어버리더라도 나머지 한 개의 유전자가 정상적인 단백질을 생산하여 곧바로 종양으로 이행하지는 않는다. 나머지 한 개의 유전자마저 기능을 소실해야 종양이 형성되는데 이를 주장한 연구자의 이름을 따 '너드슨의 2단계 손상이론(Knudson's two hit theory)'이라고 한다.

## 4. 다단계 발암과정(Multi-step carcinogenesis)

암은 짧게는 수 년에서 길게는 수십 년 동안 순차적으로 축적된 돌연변이에 의해 발생한다. 다단계 발암과정에 대한 유전학적 모델은 전암성 병변을 비교적 쉽게 얻을 수 있는 대장암에서 가장 먼저 구축되었다. Vogelstein에 따르면 정상 대장 점막 상피세포에 돌연변이, DNA 메틸화 등에 의해 종양억제유전자의 불활성화가 축적되기 시작하면 내시경 혹은 조직검사로는 정상처럼 보이더라도 종양 발생의 위험이 증가되게 된다. 이후 발암유전자에 돌연변이가 발생하면

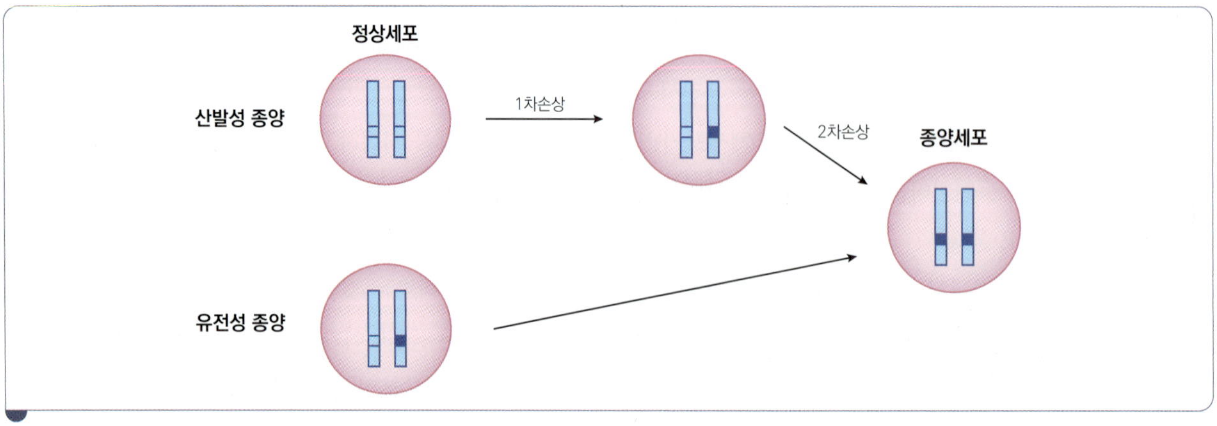


**그림 19-1.** 너드슨의 2단계 손상이론 모식도.

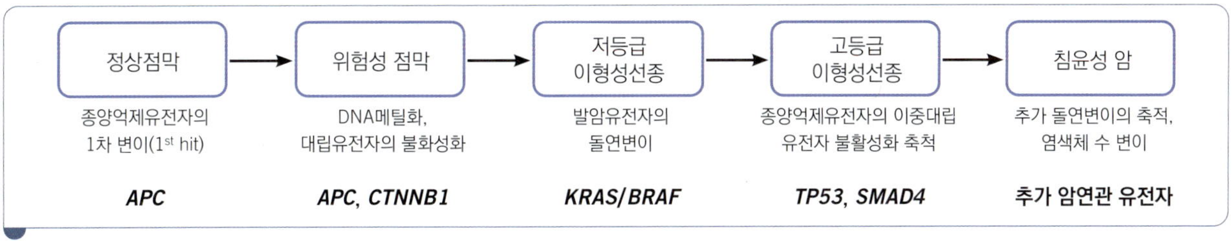


**그림 19-2.** 대장암의 다단계 발암모델.

서 내시경을 통하여 관찰이 가능한 저등급 이형성선종(low grade adenoma)으로 발전하며, 발암유전자의 활성화, 종양억제유전자의 불활성화가 축적되면서 고등급 이형성선종(high grade adenoma)을 거쳐 침윤성 암으로 진행하는데, 이를 "선종-암종 경로(adenoma-carcinoma sequence)"라고 한다.

## II. 유전자 수준의 돌연변이

발암유전자 및 종양억제유전자에 발생하는 염기서열의 배열 및 순서, 수와 구조의 이상은 유전자의 활성도 및 기능의 변화를 유발하여 암 발생에 기여하게 된다. 전통적인 분자검사기법에서는 염기서열의 배열 및 순서의 이상은 생어 염기서열분석, 파이로시퀀싱, 실시간 중합효소연쇄반응 등을 이용하여 검출하고, 유전자의 수 및 구조의 이상은 형광이나 은을 이용한 제자리교잡법(in situ hybridization)을 이용하여 개별 유전자별로 분석을 시행하였다. 하지만, 최근 차세대 염기서열분석이 진료현장에 도입됨에 따라 다양한 유전자에서 발생하는 염기서열의 배열 및 순서 이상, 유전자의 수와 구조 이상을 한 번의 검사로 분석할 수 있게 되었다.

### 1. 점돌연변이(Point mutation)

점돌연변이는 염기서열에서 염기쌍 하나가 다른 염기로 바뀌는 것을 말하며, 복사되는 아미노산이 바뀌는 비동의돌연변이(nonsynonymous mutation)와 복사되는 아미노산이 바뀌지 않는 동의돌연변이(synonymous mutation)로 나눌 수 있다. 동의돌연변이는 다른 말로 침묵돌연변이(silent mutation)라고도 한다. 비동의돌연변이에는 복사되는 아미노산이 한 아미노산에서 다른 아미노산으로 바뀌는 과오돌연변이(missense mutation)와 아미노산으로 복사될 코돈이 종결코돈(stop codon)으로 치환되어 아미노산 합성이 종료되는 정지돌연변이(nonsense mutation)가 있다.

**표 19-1.** 점돌연변이의 유형

| 코돈 | 아미노산 | 점돌연변이 유형 |
|---|---|---|
| TTC | Lys | 야생형(wild type) |
| TTT | Lys | 동의돌연변이(synonymous mutation) |
| ATC | *(stop) | 정지돌연변이(nonsense mutation) |
| TCC | Arg | 과오돌연변이(missense mutation) |

발암유전자는 전사영역 중 과오돌연변이가 매우 빈번하게 발생하는 특정 염기서열이 존재하는데 이를 핫스팟(hotspot)이라고 한다. 대표적인 핫스팟으로는 *EGFR* 유전자의 858번째 아미노산 부위(*EGFR L858R*), *KRAS* 유전자의 12번째, 13번째 아미노산 부위(*KRAS G12A/C/D/F/L/R/S/V/W, G13C/D/E/R/V*), *BRAF* 유전자의 600번째 아미노산 부위(*BRAF V600E*/K/R), *IDH1* 유전자의 132번째 아미노산 부위(*IDH1 R132C/H/S*) 등이 있다. 발암유전자의 경우 핫스팟 외의 염기서열에서 발생한 점돌연변이는 임상적 중요성이 미미하기 때문에 단순염기서열분석(Sanger sequencing)이나 차세대 염기서열분석(next generation sequencing)으로 돌연변이 검출을 할 때 해당 핫스팟 부위만 검사해도 무방하다.

종양억제유전자에서 발생하는 점돌연변이의 경우 단백질 합성을 조기에 종료시키는 정지돌연변이가 단백질 기능의 소실을 초래하며, 단백질 기능 소실을 초래하는 일부 과오돌연변이 부위들이 알려져 있다. 핫스팟이 존재하는 발암유전자와는 달리 종양억제유전자는 전사영역 전체에 걸쳐서 점돌연변이가 발생하기 때문에 돌연변이 검출을 위해서는 전사영역 전체에 대한 염기서열분석이 필요하다.

## 2. 삽입결손돌연변이(Insertion/deletion mutation)

염기서열 내에 원래 염기서열에는 존재하지 않던 새로운 염기서열이 추가되는 것을 삽입(insertion)이라고 하며, 원래 존재하던 염기서열이 반복해서 추가되는 것을 중복(duplication)이라고 한다. 한편, 원래 존재하던 염기서열의 일부를 잃어버리는 경우도 있는데 이를 결손(deletion)이라고 한다. 삽입, 중복, 결손 등으로 인하여 단백질이 번역(translation)되는 코돈의 서열이 완전히 변하게 되는 경우를 틀이동돌연변이(frameshift mutation)라고 한다. 틀이동돌연변이가 발생하면 대개의 경우 종결 코돈(stop codon)이 원래의 종결 코돈보다 앞선 위치에 발생하여 정상적인 길이와 기능을 지닌 단백질을 만들 수 없게 된다. 따라서 종양억제유전자에서 발생한 틀이동돌연변이의 경우 기존에 동일한 염기서열의 변화 보고가 없다 하더라도 병적 돌연변이로 해석할 수 있다. 하지만, 전암유전자인 *EGFR* 유전자의 19번째, 20번째 엑손이나 *ERBB2* 유전자의 20번째 엑손의 경우 삽입, 중복, 결손에 의하여 유전자의 기능이 활성화되어 발암유전자로 기능하는 경우도 알려져 있다.

그림 19-3. 삽입결손돌연변이의 유형.

## 3. 복제수변이(Copy number alteration)

인체의 정상 세포는 23개의 상염색체가 쌍을 이룬 이배체의 상동염색체를 지닌다. 하지만, 암세포는 세포 분열과정에서 상동염색체를 추가로 획득하거나 잃어버리기도 하는데 이를 복제수변이라고 한다. 상동염색체를 추가로 획득하는 경우를 복제수 획득(copy number gain), 상동염색체를 잃어버리는 경우를 복제수 감소(copy number loss)라고 하며, 상동염색체의 수가 6~8개 이상으로 크게 증가하는 경우를 증폭(amplification)이라고 한다. 유전자의 수적 변화는 단백질의 양에 영향을 주어 세포의 기능을 변화시키게 되는데, 전암유전자의 복제수 획득과 증폭, 종양억제유전자의 복제수 감소가 종양의 발생과 증식에 중요하다.

## 4. 유전자융합/재배열(Gene fusion / gene rearrangement)

염색체의 구조의 변화로 인해 서로 다른 유전자의 코딩 영역이 만나 새로운 단백질을 형성하는 것을 유전자융합(gene fusion) 혹은 유전자 재배열(gene rearrangement)이라고 한다. 유전자융합을 초래하는 염색체의 구조 변화로는 염

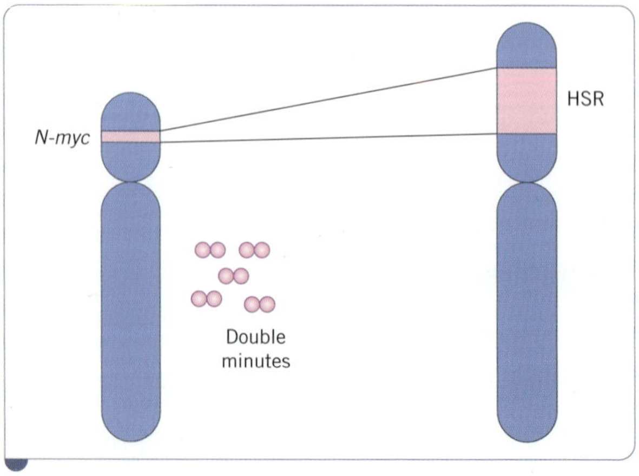


그림 19-4. 복제수 증폭의 예.

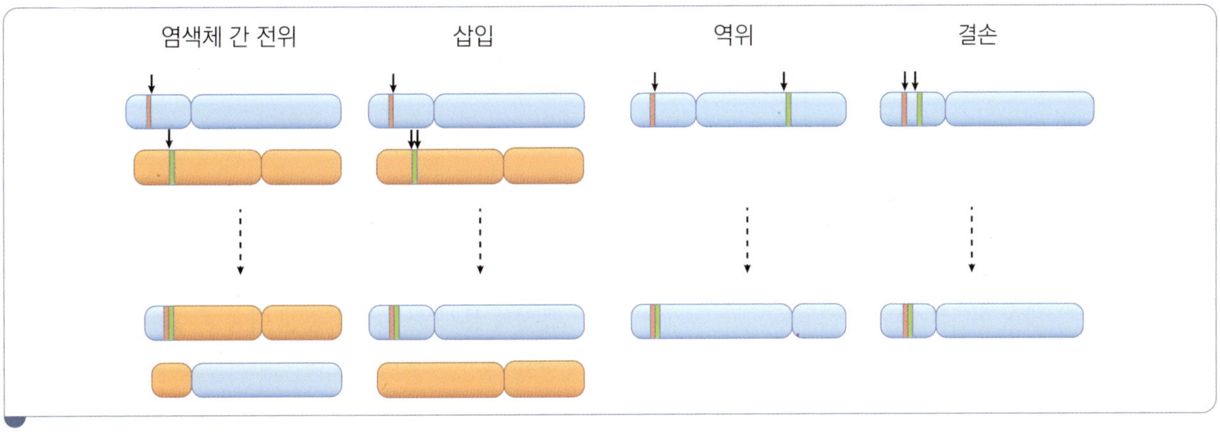


그림 19-5. 유전자융합의 주요 기전.

색체 간 전위(chromosomal translocation), 역위(inversion), 삽입(insertion), 결손(deletion) 등이 있다. 유전자융합이 발생하면 정상적으로는 발현이 억제되어 있던 단백질의 발현이 증가하거나 기존에 가지고 있지 않던 기능을 획득하여 종양의 형성 및 성장을 촉진하게 된다. 질환특이적으로 발생하는 유전자융합의 발굴이 가속화되면서 혈액암, 림프종, 골연부종양, 뇌종양 등에서 유전자융합은 진단적 가치를 지니는 경우가 많다. 또한, *ALK*, *ROS1*, *RET*, *FGFR*, *NTRK*과 같이 인산화효소영역(kinase domain)을 가진 유전자의 유전자융합에 의해 발생한 종양은 단일클론항체 혹은 인산화효소억제제 등의 표적항암제에 대한 반응이 좋기 때문에 암 환자의 진단 및 치료에 있어 유전자융합 검출의 중요성이 높아지고 있다.

## III. 암에서 발생하는 유전체 수준의 이상

종양유전체분석방법이 발달하면서 개별 유전자 수준의 이상뿐 아니라 유전체 전반에 걸쳐 발생하는 이상들이 존재함을 알게 되었으며, 이를 표적으로 한 항암제 개발 또한 활발하게 이루어지고 있다. 다양한 유전체 수준의 이상이 존재하지만, 아래에서는 현재 암 환자의 치료와 밀접하게 연관된 현미부수체 불안정, 종양변이부담, 상동재조합결핍에 대해 살펴보고자 한다.

### 1. 현미부수체 불안정성(Microsatellite instability)

DNA가 복제되는 과정에서 새로 합성된 염기서열에 주형 DNA(template DNA)의 염기서열에 상보적이지 않은 염기가 합성되는 경우가 있는데 이를 DNA 불일치(mismatch)라고 한다. 우리 세포 내에는 주형 DNA의 염기서열 정보를 기반으로 불일치한 염기를 주형 DNA에 상보적인 염기로 교정하는 단백질이 있는데 이를 불일치수리단백(mismatch repair protein)이라고 한다. 불일치수리단백에는 *bMLH1*, *bMSH2*, *bMSH6*, *PMS2* 총 네 가지의 단백이 있으며, 각각 *MLH1*, *MSH2*, *MSH6*, *PMS2* 유전자에 의해 생성된다. *bMLH1* 단백과 *PMS2* 단백, *bMSH2* 단백과 *bMSH6* 단백이 각각 이형이합체(heterodimer)를 이룬다. 불일치수리유전자에 단백질 발현을 소실시키는 돌연변이가 발생하거나 *MLH1* 유전자 프로모터에 메틸화가 발생하여 *MLH1* 단백의 발현이 소실되게 되면 DNA 복제 과정에서 발생하는 불일치를 수정할 수 없게 된다. DNA 불일치는 한 개 혹은 두 개의 염기서열이 반복해서 존재하는 현미부수체(microsatellite) 부위에서 빈번하게 발생하는데, 불일치수리단백의 발현이 소실되면 유전체 전반에 걸쳐 존재하는 현미부수체의 반복횟수를 정확히 통제하지 못하게 되어 현미부수체 불안정(microsatellite instability)이 초래된다.

현미부수체 불안정은 대장암, 위암, 자궁내막암 등에서 흔하게 발견되며, 불일치수리유전자의 생식세포돌연변이에 의하여 현미부수체 불안정이 발생하는 린치 증후군(Lynch syndrome)과 불일치수리유전자의 체세포 돌연변이 혹은 *MLH1* 유전자 프로모터의 메틸화로 인해 현미부수체 불안정이 발생하는 산발성 현미부수체 불안정(sporadic microsatellite instability)으로 나눌 수 있다.

현미부수체 불안정은 과거에는 가족성 암인 린치 증후군의 선별이라는 임상적 관점에서만 중요도를 지녔지만, 최근 현미부수체 불안정을 지니는 암이 면역항암제에 잘 반응한다는 것이 확인되면서 치료적 중요성을 띠게 되었다. 현미부수체 불안정이 발생하면 유전체 전반적으로 돌연변이의 개수가 증가하게 되고, 이를 통하여 기존에는 존재하지 않던 신생항원(neoantigen)이 증가하게 된다. 이에 따라 종양에 대한 면역반응이 증가하게 되는데, 이러한 현미부수체 불안정 양성 환자가 PD1 억제제와 같은 면역항암제에 좋은 치료반응을 보이게 된다.

각 환자의 종양조직에서 현미부수체 불안정을 확인하는

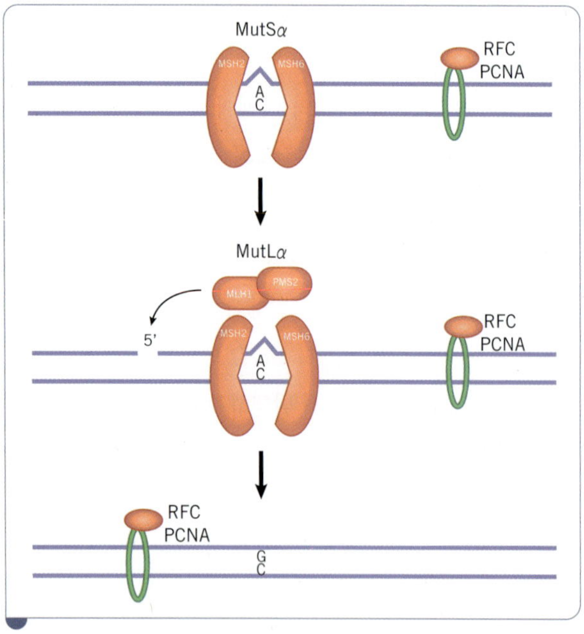


그림 19-6. 불일치수리 모식도.

표준검사법(gold standard)은 모세관전기영동(capillary electrophoresis)이지만, 차세대 염기서열분석을 통해서도 현미부수체 불안정 여부를 확인할 수 있다.

## 2. 종양변이부담(Tumor mutational burden, TMB)

유전체 분석을 통하여 종양 내에 존재하는 돌연변이의 총량을 측정할 수 있게 되었는데 이를 종양변이부담(tumor mutational burden)이라고 한다. 돌연변이는 신생항원을 초래하기 때문에 종양변이부담은 종양 내 존재하는 신생항원의 다양성을 나타내는 간접지표가 된다. 즉, 종양변이부담이 높다면 종양 내에 다양한 신생항원이 존재한다는 의미이고, 종양변이부담이 낮다면 종양 내에 존재하는 신생항원의 종류가 많지 않다는 의미가 된다. 종양변이부담은 엑솜 시퀀싱(whole exome sequencing)을 통하여 대두된 개념이지만, 2만여 개의 유전자 중 일부만을 검사하는 패널시퀀싱으로도 종양변이부담을 측정할 수 있음이 확인되면서 다양한 고형암 NGS패널이 종양변이부담 값을 보고하고 있다. 하지만, 패널시퀀싱의 경우 동일한 검체라 하더라도 패널에 포함된 코딩영역의 길이, 종양변이부담 분석에 포함되는 변이의 종류, 생식세포변이의 제거 여부 등에 따라 서로 다른 종양변이부담 값이 산출될 수 있다. 패널시퀀싱에서 종양변이부담 값의 편차를 줄이기 위하여 1) 종양변이부담의 계산에 포함되는 코딩영역의 최소 길이 0.667 Mb, 2) 동의돌연변이(synonymous mutation)는 포함하고 병적돌연변이(pathogenic mutation)는 제외, 3) 생식세포돌연변이는 모두 제외할 것 등의 권고안이 제시된 바 있다.

## 3. 상동재조합결핍 (Homologous recombination deficiency, HRD)

우리 세포의 DNA는 복제 과정에서 발생하는 오류, 자외선, 활성산소(oxygen free radical), DNA부가물(DNA adducts) 등으로 인하여 본래의 서열 정보와 구조에 손상을 받는다. 세포는 이러한 손상을 복구하는 DNA 손상 반응(DNA damage response) 기전을 가지고 있어 본래의 서열 정보와 구조를 복구하게 된다. 하지만, DNA 손상 반응에 이상이 초래되면 내외부의 스트레스로 인해 초래된 서열 정보와 구조의 이상을 복구하지 못하여 돌연변이 및 유전체의 구조적 불안정이 증가하게 된다.

이중나선구조를 가진 DNA 염기서열의 두 가닥이 모두 끊어지게 되면(이중 가닥 손상, double strand break), 비상동말단접합(nonhomologous end joining, NHEJ)과 상동재조합(homologous recombination)을 통하여 끊어진 염기서열을 복구하게 된다. 비상동말단접합은 끊어진 염기서열을 단순히 붙여주는 방법이며, 상동재조합은 인접한 상동염색체의 정상적인 염기서열 부위를 끌어와 끊어진 염기서열을 재합성하는 방법이다. *BRCA1*, *BRCA2* 유전자와 같이 상동재조합 경로를 구성하는 유전자의 기능이 소실되는 경우 세포는 상동재조합 경로를 이용하지 못하고 비상동말단접합만을 이용하여 이중 가닥 손상을 복구하기 때문에 삽입-결실 돌연변이(indel mutation)와 유전체의 구조적 불안정(genomic instability)이 증가하게 된다. 상동재조합결핍 상태의 유방암과 삼중음성 유방암의 경우 이중 가닥 손상을 초래하는 백금기반의 항암제에 대한 치료효과가 좋은 것으로 알려져 있다. 또한, 상동재조합결핍 상태의 세포에 대하여 비상동말단접합의 기능을 억제하는 PARP 억제제를 사용하면 합성치사(synthetic lethality) 기전으로 세포가 이중 가닥 손상을 복구하지 못하여 죽게 되어 항암효과를 볼 수 있다.

각 환자의 종양조직에서 상동재조합 결핍의 여부를 확인하는 방법은 크게 상동재조합 결핍의 원인이 되는 유전자의 돌연변이, 프로모터 메틸화 여부를 검사하는 방법, 상동재조합 활성도를 평가하는 방법, 상동재조합결핍으로 초래된 결과인 유전체불안정 정도를 검사하는 방법으로 나눌 수 있다. 이중 상동재조합 경로의 기능 소실로 인한 유전체의 구조적 불안정을 정량적으로 수치화한 것이 상동재조합 결핍 수치(homologous recombination deficiency score, HRD score)이며, 고형암 NGS패널은 상동재조합 경로에 포함된 유전자의 기능소실 돌연변이 존재 여부의 확인 및 상동재조합결핍 수치를 계산하여 상동재조합결핍 여부를 확인하는 데 사용할 수 있다.

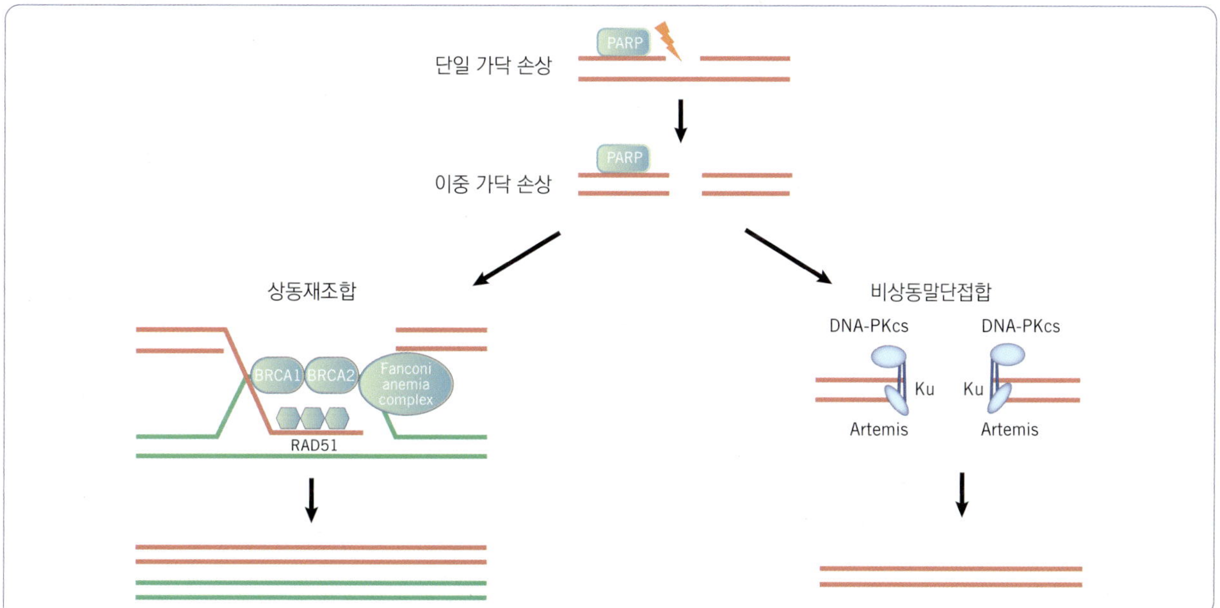


**그림 19-7.** 상동재조합 및 비상동말달접합 모식도.

## IV. 가족성 암 증후군

가족성 또는 유전성 암 증후군은 특정 암에 대한 위험이 정상보다 높은 유전 질환으로, 특정 유전자에 의해 한 가족 내 일정 형태로 암이 관찰된다. 이러한 패턴에는 여러 가까운 가족 구성원(예: 어머니, 딸, 여동생)이 같은 유형의 암에 걸렸거나, 어린 나이에 암에 걸렸거나, 두 가지 이상의 유형의 암이 같은 사람에게서 발병한 경우가 포함된다. 변이가 존재하는 유전자 종류에 따라 수십 가지가 넘는 가족성 또는 유전성 암 증후군이 밝혀져 있다. 그중 다빈도로 관찰되는 증후군들에 대하여 소개하고자 한다.

### 1. 유전성 유방-난소암 증후군

(Hereditary breast and ovarian cancer syndrome)

유방암의 약 5~10%는 매우 투과도(penetrance)가 높은 유전자 한 개의 변화 및 유전적 감수성의 결과로 발생하며 유전성 유방-난소암 증후군(hereditary breast-ovarian cancer syndrome)의 대부분의 경우는 *BRCA1* 및 *BRCA2*의 돌연변이에 기인한다. 유방암 발생 고위험군인 여성에서는 *BRCA1/2* 돌연변이에 대한 유전자 검사를 통해 임상적으로 가장 유용한 정보를 얻을 수 있다. 그 이유들로는 ① 이 유전자들의 돌연변이가 투과도(penetrance)가 높은 유전자들 중에서 가장 흔하고, ② 관련하여 난소암의 위험도 현저히 증가하기 때문에 임상적 관리 측면에서 큰 영향을 미치며, ③ 돌연변이 보인자(carrier)와 그 가족에 대한 예방적 조치 등 임상적 관리를 권하기 위한 충분한 근거들이 존재하기 때문이다. 유방암 또는 난소암의 발병 위험에 영향을 미치는 유전자로는 *ATM, BARD1, BRIP1, CDH1, CDKN2A, CHEK2, MSH2, MLH1, MSH6, PMS2, EPCAM, NF1, PALB2, PTEN, RAD51C, RAD51D, STK11, TP53* 등이 알려져 있으며 이들 유전자를 포함 다유전자패널(multigene panel)들이 존재하여 *BRCA1/2*와 함께 동시에 검사하는 경우들이 증가하였으나, 본 섹션에서는 *BRCA1*과 *BRCA2*의 돌연변이와 관련된 암 위험과 관리 전력에 초점을 맞추고자 한다.

#### 1) *BRCA1/2* 유전자 돌연변이 유병률

*BRCA1*과 *BRCA2*는 각각 17q21과 13q12.3에 위치하고 있으며, 상염색체 우성(autosomal dominant, AD)으로 유전된다. 세계 일반인구 집단에서의 *BRCA1/2* 유전자 돌연변이 보인자는 대략 0.2~1% 정도로 추정하고 있다. 우리나라의 산발성 유방암 환자의 *BRCA1* 돌연변이 빈도는 1.2%, *BRCA2*는 1.4%로 서양의 *BRCA1* 0.5~3.1%, *BRCA2* 0.8~3.0%에 비해 낮게 관찰된다. 유전성 유방암의 고위험군에서 돌연변이 빈도는 *BRCA1* 25~40%(산발성 유방암 대비 10~20배), *BRCA2* 6~15%(산발성 유방암 대비 3~7배)으로 관찰되며, 우리나라의 경우 *BRCA1*와 *BRCA2* 돌연변이 빈도는 11.3~13.4%로 관찰되어 산발성 유방암에 비해 10배 높았다. 현재 유전성 유방암의 고위험으로 분류되며 유방암 또는 난소암 환자 중 *BRCA1/2* 유전자 검사를 시행하는 경우는 표 19-2과 같다. 이들 위험요소 중 두 가지 이상을 가지고 있는 경우 *BRCA1/2* 돌연변이 빈도는 34.8~38.6%로 산발성 유방암에 비해 30배 높게 관찰된다.

**표 19-2.** 대한민국 *BRCA1/2* 유전자 검사 대상

| |
|---|
| • 유방암이 진단되고 환자의 가족 및 친척(3차 관계 이내)에서 1명 이상 유방암, 난소암, 남성유방암, 전이성 전립선암, 췌장암이 있는 경우 |
| • 만 40세 이하에 진단된 유방암<br>• 만 60세 이하에 진단된 삼중음성 유방암 |
| • 양측성 유방암 |
| • 유방암과 함께 난소암*2) 또는 췌장암이 발생한 경우 |
| • 남성 유방암 |
| • 난소암 |

* 난소암의 경우 상피성 난소암으로 난관암과 원발성 복막암이 포함됨. 단, 조직학적으로 순수 점액성 난소암은 제외

한국유방암학회 유전성 유방암 연구회를 중심으로 2007년 시작된 KOHBRA (Korean hereditary breast cancer)의 연구결과 가족성 유방암/난소암 환자 775명 중 *BRCA1/2* 돌

연변이 유병률은 21.7%(*BRCA1* 9.3%, *BRCA2* 12.4%)였으며, 가족 중 유방암 환자만 있었던 경우 19.6%(*BRCA1* 7.6%, *BRCA2* 12.0%), 난소암만 있었던 경우 36.6%(*BRCA1* 21.5%, *BRCA2* 15.1%)였다. 그러나 가족 중 유방암 환자가 2명이면서 50세가 넘는 나이에 진단되었던 경우 4.1%만이 *BRCA1/2* 돌연변이가 있었다. 비가족성 고위험군 환자 758명을 대상으로 한 연구에서는 40세 이하의 조기 유방암 환자 중 8.5%, 양측성 유방암 환자 중 17.7%, 유방암 및 난소암 동시 발병자 중 50%, 남성 유방암 환자 중 5.9%, 다장기 암으로 진단된 환자 중 7.6%에서 돌연변이가 발견되었으며, 특히 35세 미만 환자의 경우 10.0%의 빈도를 보였다.

### 2) *BRCA1/2* 돌연변이의 암 위험

*BRCA1/2* 돌연변이가 있는 경우 유방암 및 난소암은 유전적 소인뿐 아니라 여러 환경 요인들이 함께 관여하여 발생한다. 여러 후향적 연구들에 의하면 70세까지 유방암의 누적 발생률은 *BRCA1* 40~87%, *BRCA2* 27~84%였으며 난소암은 *BRCA1* 16~68%, *BRCA2* 11~30%였다. 1997년에서 2011년까지 유럽과 캐나다에서 *BRCA1/2* 보인자 7,666명을 모집하여 전향적으로 추적관찰을 한 연구에서는 80세까지 유방암 누적 발생률은 *BRCA1* 72%, *BRCA2* 69%였으며, 난소암은 *BRCA1* 44%, *BRCA2* 17%였다. 동일 연구집단에서 첫 유방암 발생 후 20년 내 반대측 유방암 발생률은 *BRCA1* 40%, *BRCA2* 26%로, *BRCA2* 보인자에서 *BRCA1* 보인자보다 더 낮았다.(HR 0.62 [*BRCA2* 보인자 vs *BRCA1* 보인자]). 첫 유방암이 40세 이전에 발병했을 때와 비교하여 40~50세와 50세 이후에 발생한 경우 각각 HR 0.73~0.81과 HR 0.71~0.76으로, 젊은 나이에 첫 유방암이 발생했을 때 반대측 유방암 발병률이 높았다.

한국인 KOHBRA 연구에서는 *BRCA1/2* 보인자에서 70세까지 유방암 누적 발생률은 *BRCA1* 72%, *BRCA2* 66%였으며 난소암은 *BRCA1* 25%, *BRCA2* 11%였다. 5년 이내 반대측 유방암 발생률은 *BRCA1* 16%, *BRCA2* 17%였다. *BRCA1/2* 보인자들의 난소암 발생률은 1.71%로, 일반 연구집단 대비 58배 증가되어 있었으며, 특히 *BRCA1* 보인자의 경우 146배 증가되어 있었다.

### 3) *BRCA1/2* 돌연변이와 기타 암

여러 연구를 통해 *BRCA1/2* 돌연변이와 췌장암 사이의 연관성이 있는 것으로 알려져 있다. 일반 인구집단에서 췌장암의 발병률이 낮고, *BRCA1*/2보인자에서도 평생 위험 추정치는 5~10% 이하이지만, 상대적 위험도(relative risk, RR)는 *BRCA1* 2~3, *BRCA2* 2~6으로 췌장암의 발생 위험이 증가한다. 남성 *BRCA1/2* 보인자에서 전립선암 발병률은 *BRCA1* 7~26%, *BRCA2* 19~61%로 65세 미만인 경우 상대적 위험도가 7.33이었다. *BRCA2* 보인자에서는 흑색종의 발병률이 위험도 2~3 정도 증가되어 있다.

### 4) *BRCA1/2* 보인자의 관리

만 18세 이상의 성인이 된 여성 보인자는 **표 19-3**과 같이 암 조기 진단을 위한 검진이 권고된다. 75세 이상의 여성에서는 개별화한 유방암 검진을 고려한다. 30세부터 난소암에 대한 검진으로 경질초음파와 CA125 혈액검사를 시작하도록 하고 있으나 난소암 검진이 난소난관절제술을 대체하여 난소암 관련 사망률을 감소시키기 위한 효과는 미미하다.

**표 19-3.** ***BRCA* 보인자의 유방암/난소암 조기 진단을 위한 검진**

- 만 18세 이상의 여성 보인자는 매월 자가검진을, 25세부터 6개월 간격으로 임상의에 의한 유방검진을 시행한다. 25~29세 사이 여성은 매년 유방자기공명영상을 시행한다. 30세 이후 여성은 1년 간격의 유방촬영술과 유방자기공명영상을 시행한다.
- 여성 보인자는 30세부터 난소암에 대한 검진으로 경질초음파와 CA125 혈액검사를 6개월 간격으로 시행한다.
- 남성 보인자는 35세부터 매월 유방 자가검진과 12개월 간격으로 임상의에 의한 검진을 추천한다.
- 여성형 유방증이 있는 남성보인자는 50세부터 1년 간격의 유방촬영술을 고려한다.
- 남성 보인자가 40세가 되면 전립선암의 조기 진단을 위한 검진으로 직장수지검사와 PSA 혈액검사를 시작한다.

*BRCA1/2* 돌연변이 보인자에서 위험감소 수술(risk-reducing surgery)의 목적은 유방/난소암의 발생 위험과 사망을 낮추기 위한 것이다. 위험감소 수술의 종류로 위험감소 유방절제술(양측 또는 반대측 유방절제술), 위험감소 난소난관절제술, 그리고 2가지를 모두 시행하는 방법이 있다. 위험감소 양측 유방절제술은 유방암 고위험군과 *BRCA* 변이 보인자에서의 유방암 발생 위험을 90~95% 낮추는 것으로 보고되었으나 생존 이득에 대한 근거는 아직까지는 불충분하다. 위험감소 반대측 유방절제술은 유방암으로 진단받고 수술을 한 *BRCA* 돌연변이 보인자에서 고려할 수 있는 방법으로 반대측 유방암 발생 위험을 낮추지만 생존 이익 증가에 대한 근거는 부족하다. 위험감소 난소난관절제술은 *BRCA1/2* 돌연변이 보인자의 난소암 발생 위험뿐만 아니라 유방암 발생 위험을 낮추며, 사망률 감소에도 효과가 있다. *BRCA1* 돌연변이 보인자의 경우 35~40세의 출산 계획이 종료된 여성에게 권할 수 있으며, *BRCA2* 보인자의 경우 위험감소 양측 유방절제술 등을 통해 이미 유방암의 발생 위험 감소를 위한 노력을 최대화했다면 위험감소 난소난관절제술을 40~45세까지 지연하는 방법도 고려할 수 있다.

## 2. 유전성 비용종성 대장암

**(Hereditary nonpolyposis colorectal cancer, HNPCC)**

린치 증후군(Lynch syndrome)으로 알려진 유전성 비용종성 대장암은 DNA 불일치 복구(mismatch repair) 유전자 중 하나의 결함이 있어 발생하는 대장암이다. 유전성 대장암의 가장 흔한 형태로 전체 대장암의 2~7%를 차지한다. 불일치 복구 경로 구성 요소 중 하나에 돌연변이가 있는 보인자는 일반 인구에 비해 조기 발병 대장암, 자궁내막암 및 기타 종양(난소암, 신장암, 요관암, 위암, 담도암 등)에 걸릴 위험이 매우 높다. 대장의 전암성 용종은 더 빨리 나타나고 일반인(>10년)에 비해 더 빨리(2~3년) 대장암으로 진행된다.

유전성 비용종성 대장암은 불일치 복구 경로의 구성 요소를 코딩하는 유전자들 중 하나에서 상염색체 우성 이형 접합 생식세포 돌연변이로 발생한다. 유전성 비용종성 대장암과 관련된 불일치 복구 유전자는 *MLH1, MSH2, MSH6, PMS2* 유전자가 있다. 또한, *EPCAM* 유전자에 생식세포 결실이 있으면 *MSH2*의 발현이 상실되어 유전성 비용종성 대장암이 발생한다. *MSH2*(40~50%)와 *MLH1*(30~37%) 유전자 돌연변이가 가장 빈번하다. *MSH6* 유전자 돌연변이는 약 7~13%에서, *PMS2* 돌연변이는 약 9%에서 나타난다. DNA 불일치 복구 시스템의 역할은 DNA 복제 중 염기쌍의 오류로 인해 발생하는 염기 치환 불일치 및 작은 삽입-삭제 불일치를 수정하여 게놈 무결성을 유지하는 것이다.

유전성 비용종성 대장암은 대장암, 자궁내막암, 난소암, 위암, 교모세포종, 상부 요로 종양(요관암 및 신우암), 소장암에 걸릴 위험이 높다. 유전성 비용종성 대장암(약 44~60세)은 산발성 대장암(평균 69세)에 더 어린 나이에 발생한다. 용종에서 악성 종양으로의 진행은 산발성 암에서 관찰되는 것보다 최소 3배 이상 빠르다(10~15년에 비해 35개월). 유전성 비용종성 대장암의 70%는 근위 결장에서 발생한다. 조직학적으로 종양에 림프구가 많고 점액성이 많으며 분화도가 나쁘다. 종양에서 현미부수체 불안정성(microsatellite instability, MSI)도 나타난다. 같은 병기에서 산발성 환자보다 생존율이 더 높은 것으로 알려져 있다. 유전성 비용종성 대장암 환자는 동시성(synchronous) 및 이시성(metachronous) 대장암에 걸릴 위험이 높다.

전통적으로 대장암 및 기타 암의 가족력으로 유전성 비용종성 대장암 환자를 식별하였다. 암스테르담 기준(Amsterdam criteria)은 세대에 걸쳐 연속적으로 발생한 세 명의 유전성 비용종성 대장암 관련 암(대장암, 자궁내막암, 소장암, 요관암, 신우함) 가족력과 더불어 젊은 나이(50세 이전)에 발병한 대장암 발생을 요구한다. 개정된 베데스다 기준(Revised Bethesda guideline)은 원래 현미부수체 불안정에 대한 종양 검사를 받아야 하는 대장암 환자를 식별하기 위해 개발되었다. 종양기반의 스크리닝 검사로 현미부수체 불안정성 검사 또는 면역조직화학염색을 시행할 수 있다. 면역조직화학염색은 특정 불일치 유전자 산물(*MLH1, MSH2, MSH6, PMS2*)

## 증례 27 | 유전성 비용종성 대장암(hereditary nonpolyposis colorectal cancer) (린치 증후군[Lynch syndrome]) 환자

### 1) 내원 동기가 된 주 증상(주소): 빈혈

### 2) 발병 시 연령/성별: 52세/여자

### 3) 가족력

상기 환자의 어머니와 남동생(46세 진단)이 대장암으로 치료를 받았고, 이모 두 명이 각각 40대, 50대에 대장암으로 사망하였다.

### 4) 과거력

20년 전 자궁내막암으로 자궁전절제술 및 양쪽난소절제술 후 방사선치료를 시행한 병력이 있었고, 무병 상태로 추적 관찰 중이었다. 17년 전부터 하시모토갑상선염으로 갑상선호르몬을 복용 중이었다.

### 5) 진찰 소견

의식 명료하였고 지남력 정상이었으며, 신체 검진에서 결막은 창백하지 않았고 공막에 황달소견 있었고 충혈은 없었다. 피부나 구강 병변은 없었다. 복부팽만, 복부 압통, 반발통은 동반되지 않았다. 간, 비장, 신장은 촉지되지 않았고 늑척추각 압통도 없었다.

### 6) 검사소견

(1) 일반혈액 및 생화학검사: 백혈구 8,720 /mm$^3$, 혈색소 9.2 g/dL, 혈소판 322,000 /mm$^3$이었고, 평균혈구용적(MCV) 70.8 fL, 평균혈구혈색소(MCH) 20.5 pg, 평균적혈구혈색소농도(MCHC) 28.9 g/dL, 적혈구분포폭(RDW) 15.3%, 페리틴 27 ng/mL, 혈청 철 14 ug/dL, 총 철결합능(TIBC) 246 ug/dL, 철포화도(Iron saturation) 5.7%이었다.

(2) 영상 검사: 복부 컴퓨터단층촬영에서 비장굴곡부 대장벽이 두꺼워져 있었고 주변 림프절 종대가 있었지만 원격전이는 없었다.

(3) 내시경 검사: 하행결장에 내강 전체를 둘러싸고 있는 종괴가 발견되었고 내강이 좁아져 내시경 진행이 어려웠다. 종괴에 대한 조직검사 결과 선암(adenocarcinoma)으로 나왔다.

(4) 병리 검사: 종괴에 대한 현미부수체 불안정성(microsatellite instability, MSI) 검사에서 고빈도 현미부수체 불안정성(MSI-H)을 보였다. 면역화학염색검사에서 *MLH1*과 *PMS2* 단백의 발현은 있었으나 *MSH2*과 *MSH6* 단백의 발현은 없었다(그림 1).

(5) 유전자 검사: *MSH2* 유전자 검사에서 exon 13내 c.2089T>C(p.Cys697Arg) 이형접합체 돌연변이(heterozygous mutation)가 발견되었다.

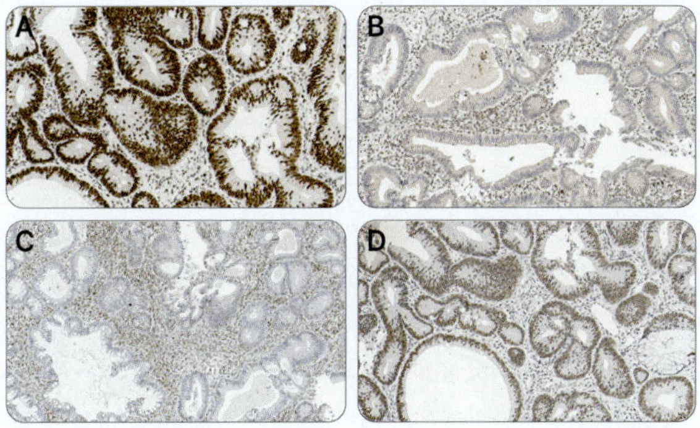


**그림 1.** 면역화학염색. **(A)** MLH1 단백, **(B)** MSH2 단백, **(C)** MSH6 단백, **(D)** PMS2 단백

### 7) 치료경과

상기 환자는 대장암에 대해 수술을 시행하였다. 수술 소견에서 비장골곡부 대장암이 소장 일부를 침범해 있었다. 결장전절제술과 소장부분절제술을 시행하였다. 병리검사 결과에서 T4bN0로 2기 암으로 나왔고 수술 후 FOLFOX 항암화학치료를 12차례 받았으나 7개월 후 왼쪽 신장과 인접하여 재발소견이 있었다. 재발암에 대해 좌측 신장절제술을 시행받았고 수술 후 FOLFIRI 항암화학치료를 시행하였다. 항암화학치료 중 신장절제술 근처로 재발소견이 있어 소장을 포함하여 추가 절제를 시행하였다. 이후로는 무병상태 유지 중이다.

### 8) 요약

(1) 원인: 유전성 비용종성 대장암(hereditary nonpolyposis colorectal cancer)은 린치 증후군(Lynch syndrome)으로 알려져 있다. DNA 불일치 복구 유전자(*MLH1, MSH2, MSH6, PMS2* 유전자) 또는 *EPCAM* 유전자에 생식 세포의 돌연변이로 발생하는 상염색체 우성질환이다.

(2) 발생빈도: 새로 진단받은 대장암의 약 3%를 차지한다. 50세 이하에서 진단받은 대장암의 8%에서 발생한다.

(3) 발병기전: DNA 불일치 복구 시스템의 역할은 DNA 복제 중 베이스 페어링 중에 발생하는 베이스 치환 불일치 및 소형 삽입-삭제 불일치를 교정하여 게놈 무결성을 유지하는 것이다. 정상적인 불일치 복구 시스템은 여러 개 단백들의 협조 기능을 필요로 한다. 관련된 단백으로는 *MLH1, MSH2, MSH6, PMS2* 단백 등이 있다. 이들 관련 유전자에 돌연변이가 발생하면 DNA 불일치 수정의 실패로 돌연변

이 비율이 증가하게 된다. 이로 인해 대장암, 자궁내막암 등 여러 암종의 발생이 증가하게 된다. DNA 불일치는 현미부수체 영역에서 흔히 일어나며 종양에서 현미부수체 불안정이 나타난다.

(4) 임상증상: 암이 발생하기 전까지는 대부분 무증상이다. 대장암이 발생하는 경우 대장암으로 인해 출혈, 복통, 배변습관 변화, 빈혈 등이 나타날 수 있다.

(5) 진단 및 검사 소견: 전통적으로 가족력에 기반해서 일차적인 진단을 하게 된다. 암스테르담 기준, 개정된 베데스타 기준 등을 사용할 수 있으나 린치 증후군을 찾는데 민감도는 떨어지는 한계가 있다. 50세 이전에 대장암이나 자궁내막암이 발생하였거나 다수의 린치 증후군 관련 암(대장암, 자궁내막암, 위암, 소장암, 신우암, 요관암)들이 발생하였다면 의심을 해 보아야 한다. 린치 증후군 가족에서 발생한 대장암 환자에서도 의심을 해 보아야 한다. 종양에서 현미부수체 불안정(MSI-H)이 나타나고, 면역화학염색에서 불일치 복구 관련 단백(*MLH1, MSH2, MSH6, PMS2* 단백)의 소실이 나타난다. 린치 증후군이 의심되는 환자는 *MLH1, MSH2, MSH6, PMS2, EPCAM* 유전자에 대해 생식 세포 유전자 검사를 시행한다. *EPCAM* 유전자의 삭제는 주변에 위치하는 *MSH2* 유전자의 후생학적 유전자 침묵을 유도한다.

(6) 치료 및 관리: 린치 증후군은 다른시기(metachronous) 대장암 발생의 위험이 높으므로 결장암에 대한 치료로 결장전절제술을 권고한다. 직장암이 있는 경우 대장전절제술과 회장낭항문 문합술이 명확한 치료방법이다. 부분 대장 절제를 시행할 경우 매년 대장내시경 추적 관찰이 필요하다. 출산이 끝난 린치 증후군 환자의 경우 향후 자궁내막암과 난소암의 위험을 낮추기 위해 자궁전절제술 및 양쪽난소 절제술을 예방적으로 시행하는 것이 권고된다.

의 손실을 바탕으로 후속 생식세포 검사를 해당 유전자로 유도할 수 있다는 추가적인 이점이 있다. *BRAF V600E* 돌연변이는 생식세포 *MLH1* 돌연변이와 거의 공존하지 않는 것으로 나타난 반면, *MLH1* 과메틸화가 있는 대장암의 약 70%에서 발견되며, 이런 경우 대부분 산발적일 가능성이 높다. 유전성 비용종성 대장암 진단을 확인하려면 *MLH1, MSH2, MSH6, PMS2* 또는 *EPCAM* 유전자의 돌연변이에 대한 생식세포 검사가 필요하다.

유전성 비용종성 대장암의 효과적인 치료법은 대장절제술이다. 유전성 비용종성 대장암에서 가장 중요한 고려사항은 초기 진단 후 10년에 30%, 절제술 후 5년에 8%로 동시성 병변의 발생이다. 전결장절제술 또는 아전결장절제술을 시행하면 이런 동시성 병변의 발생을 줄일 수 있다. 양측 난소-난관 절제술을 포함한 예방적 자궁 적출술은 자궁내막암 및 난소암 예방에 효과가 있는 것으로 입증된 유일한 중재법이다. 가족을 모두 출산했거나 40세 이상인 유전성 비용종성 대장 여성에게 권장된다.

## 3. 가족성샘종용종증(Familial adenomatous polyposis)

가족성샘종용종증은 비정상적으로 어린 나이에 대장에 수많은 선종성 용종(일반적으로 100개 이상)이 발생하는 것이 특징이다. 가족성샘종용종증의 유병은 8,000명에서 1만 8,000명 중 1명 사이로 추정되며 전체 대장암의 1% 미만을 차지한다. 남녀에서 비슷하게 발생하며 전 세계적으로 분포한다.

가족성샘종용종증은 상염색체 우성 유전 패턴을 보이며, 주로 대장에 수많은 선종성 용종을 생성하며, 치료하지 않고 방치하면 대장암으로 변한다. 이 증후군은 염색체 5q21-q22에 위치한 종양 억제 유전자인 *APC*(adenomatous polyposis coli) 유전자의 생식세포 병원성 돌연변이(germline pathogenic mutation)에 의해 발생한다. 가족성샘종용종증 환자의 약 70~80%는 가족력이 있으며, 나머지 20~30%는 "신규" 돌연변이(de novo mutation)로 발생한다.

가족성샘종용종증은 100개에서 수천 개의 선종성 대장 용종이 있는 것이 특징이다(그림 19-8). 발병 시기는 다양하지만, 용종 발생의 평균 연령은 16세이다. 치료하지 않고 방치하면 거의 100%에서 대장암으로 발전하게 되고, 암 진단

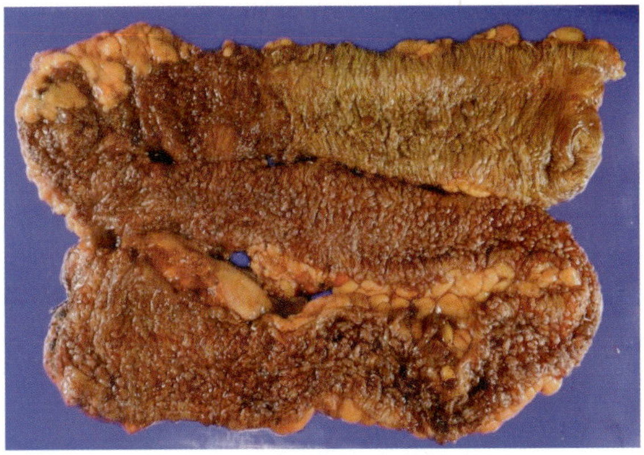

그림 19-8. 가족성샘종용종증 환자의 대장절제술 검체의 육안사진.

시 평균 연령은 39세이다.

가족성샘종용종증에서 대장 이외에도 여러 증상이 생긴다. 위바닥샘용종(fundic gland polyp), 십이지장암, 갑상선암, 수모세포종(medulloblastoma), 데스모이드종양(desmoid tumor), 골종(osteoma), 망막색소상피의 선천성 비대(congenital hypertrophy of the retinal pigment epithelium)가 발생할 수 있다.

가족성샘종용종증은 누적 대장 선종이 10개 이상 발견되는 모든 환자에게서 의심해야 한다. 또한 대장 선종의 절대 수가 적더라도 대장 외 특징이 동반된 경우 의심해야 한다. 가족성샘종용종증은 대장 선종 100개 이상이면 진단할 수 있고, 100개 미만의 대장 선종이 있더라도 가족성샘종용종증이 확인된 친척이 있는 경우 진단할 수 있다. *APC* 유전자의 생식세포 돌연변이로 가족성샘종용종증 진단을 확립할 수 있다.

가족성샘종용종증 진단이 확정된 경우, 대장 절제술이 대장암의 위험 감소를 위해 권장되는 치료법이다. 대장 절제술은 대장암과 관련된 이환율과 사망률을 예방한다. 가족성샘종용종증 환자의 경우 대부분 15~25세 사이에 수술을 고려한다. 십이지장 용종은 내시경 치료를 할 수 있으며 십이지장 유두암의 경우 췌십이지장절제술을 고려해야 한다. 복벽에 있거나 장기를 보전하면서 절제가 가능한 데스모이드종양은 수술적인 절제를 할 수 있다. 약물 치료로 비스테로이드성 항염증제(NSAIDs), 타목시펜및 에스트로겐을 사용할 수 있고, 더 공격적인 종양에는 화학요법을 통한 치료를 고려해야 한다.

## 4. 다발내분비샘종양(Multiple endocrine neoplasia, MEN)

다발내분비샘종양은 호르몬 생성 및 분비와 관련된 종양이 여러 장기에서 동시 또는 다발적으로 방생하는 것으로 정의되며, 산발성(sporadic) 또는 가족성(familial)으로 발생할 수 있다. 유전자 변이 및 침투되는 장기에 따라 다발내분비샘종양 1형(multiple endocrine neoplasia, type 1, MEN1: 부갑상선종양, 뇌하수체종양, 췌장종양) 또는 다발내분비샘종양 2형(multiple endocrine neoplasia type 2, MEN2: 갑상선 수질암, 갈색세포종, 부갑상선종양)으로 나뉜다.

MEN1형은 염색체 11q13에 위치한 *MEN1*의 불활성 돌연변이로 인해 부갑상선, 췌장과 십이지장의 내분비선, 뇌하수체에서 다발성 종양이 발생하는 질환이다. *MEN1*의 산물인 menin 단백질은 주로 세포 핵에서 관찰되며, 세포성장의 조절, 전사과정, DNA 교정 등의 기능을 하는 종양 억제인자로, *MEN1*의 불활성화는 절단 미성숙 단백질을 유발한다. 이로 인해 침범되는 내분비 기관은 부갑상선이 80~95%로 가장 흔하며, 부갑상선기능항진증은 *MEN1*에서 발견되는 가장 중요한 임상소견이다. MEN1 돌연변이의 확인으로 확진하며, 돌연변이가 발견된 경우 혈당, 칼슘, 프로락틴, IGF-1, 가스트린, 인슐린, 글루카곤 등에 대한 혈액검사와 췌장 및 뇌하수체 관련 영상학적 선별검사가 필요하다.

MEN2형은 염색체 10q11에 위치한 *RET*의 돌연변이로 인해 발병되는 상염색체 우성 유전질환으로 갑상선 수질암을 유발하는 특징을 가지고 있다. *RET*는 갑상선의 C-세포, 부신의 수질성 세포, 자율 신경절 세포 등 다양한 세포의 경막 티로신 키나아제 수용체(trans-membrane tyrosine kinase receptor)를 코딩하는데, 돌연변이로 인해 RET 단백질의 과도한 활동이 일어나면 p38/MAPK, JNK 경로로 대표되는 여러 세포 내 신호전달경로에 의해 비정상적 분열하게 된다. 동반하는 종양의 발생장기 및 특성에 따라 다발성 내분비샘종양 2A형(MEN2A) 및 다발성 내분비샘 종양 2B형(MEN2B)으로 나뉘는데, MEN2A형은 갑상선수질암, 갈색세포종 및 부갑상선항진증을 동반하며, MEN2B형은 갑상선수질암, 갈색세포종, 입술과 혀의 점막 내 신경종 및 말판과 유사한 체형이 나타날 수 있다. MEN2B형은 유아기에, MEN2A형은 청년기에 호발하며, 임상적으로 의심되는 경우 분자유전학적 검사를 진행한다. MEN2A 및 MEN2B에서 갑상선 수질암의 누적 위험도는 95~100%로 알려져 있기에 *RET* 돌연변이가 발견된 경우 예방적 갑상선절제술을 고려해 볼 수 있다.

## 5. 리-프라우메니 증후군(Li-Fraumeni syndrome)

리-프라우메니 증후군은 비정상적으로 이른 나이에 나타나는 광범위한 악성 종양(연조직 육종, 골육종, 폐경 전 유방암, 뇌종양, 부신피질암 등)으로 나타나는 상 염색체 우성 질환이다. 육종, 유방암, 백혈병, 부신 암 증후군(SBLA syndrome)으로도 알려져 있는 리-프라우메니 증후군은 종양 단백질 *p53* 유전자(*TP53*)의 이상과 관련이 있다. 생식세포 *TP53* 돌연변이의 빈도는 1:5,000~1:20,000로 추정될 정도로 희귀하다. *TP53*은 손상된 DNA를 포함하는 세포의 운명을 결정하는 데 중요한 역할을 하는 종양 억제 유전자이다. 정상적으로 활성화된 p53 단백질이 없으면 손상된 DNA를 포함하는 세포가 생존하고 증식하여 악성 변형을 일으킬 수 있다. 리-프라우메니 증후군은 일반적으로 육종(25~30%), 뇌종양(9~16%), 부신피질암(10~14%), 유방암(25~30%) 및 기타 종양(대장암, 식도암, 췌장암, 위암, 신세포암; 전립선암, 자궁내막암, 난소암, 생식선 생식세포 종양; 백혈병, 호지킨 및 비호지킨 림프종; 폐암; 흑색종 및 비흑색종 피부암; 비수질성 갑상선암)이 발생할 수 있다. 리-프라우메니 증후군 환자에서 특정 악성 종양의 발생은 소아기(0~10세 사이의 연조직육종, 뇌종양, 부신피질암종이 우세), 청소년기(11~20세 사이의 골육종), 성인기(20세 이후의 유방암과 뇌종양)에 따라 달라진다. 리-프라우메니 증후군 관련 암은 10세 이전에 한 번 정점을 찍고(골육종, 대뇌피질암, 신경교종, 연조직육종) 30세에서 50세 사이에 두 번째 정점을 찍는(유방암, 뇌종양) 이중적 분포를 보인다.

리-프라우메니 증후군의 치료는 증상을 완화하고 기존 종양의 악성 변형 또는 확산을 방지하는 표준치료에 따른다. *TP53* 양성 유방암 여성은 두 번째 원발성 유방암의 위험을 줄이고 방사선 치료를 피하기 위해 종괴절제술 대신 예방적 유방 절제술을 고려할 수도 있다. 수술적 절제술과 항암화학 요법을 합한 병용 요법이 리-프라우메니 증후군 관련 종양 치료에 활용될 수 있다.

## 6. 포이츠-제거스 증후군(Peutz-Jeghers syndrome)

포이츠-제거스 증후군은 희귀 상염색체 우성 질환으로 멜라닌 세포의 맥아당 형성을 특징으로 하는 질환이다. 1:8,000~1:200,000의 유병률로 추정되는 드문 질환으로 남성과 여성의 발생이 비슷하다. 포이츠-제거스 증후군은 19p13.3에 매핑된 세린/트레오닌 키나아제를 코딩하는 *STK11(LKB1)* 유전자의 생식세포 돌연변이로 인해 발생한다. *STK11* 유전자에 돌연변이가 발생하면 키나아제 활성을 파괴하고 비정상적인 신호 전달을 유발하며 세포 성장 및 분열을 제어하는 능력이 제거된 STK11 단백질이 생성되어 비암성 용종과 암성 종양이 형성된다.

포이츠-제거스 증후군의 두 가지 특징적인 증상은 색소성 점막 피부 황반과 다발성 과오종성 위장관 용종이다. 또한 포이츠-제거스 증후군 환자는 위장관암과 장관외 암에 걸릴 위험이 높다. 점막피부 색소성 황반(멜라닌 반점)은 포이츠-제거스 증후군 환자의 95% 이상에서 나타나며 진피에 색소를 함유한 대식세포에 의해 발생한다. 이러한 색소성 황반은 입술과 입 주변(94%), 손바닥(74%), 협측 점막(66%), 발바닥(62%)에 가장 흔하게 발생한다. 악성 변형은 극히 드물다. 포이츠-제거스 증후군 환자의 90% 이상이 일생 동안 과오종성 위장관 용종이 발생한다. 용종은 소장(60~90%), 특히 공장에서 가장 흔하게 발생하지만, 위와 결장을 포함한 위장관 전체에서 발견될 수 있다. 질환을 가진 환자의 약 50%가 20세까지 위장 증상(일과성 장중첩증, 소장 폐쇄, 출혈)을 경험한다. 그 결과, 포이츠-제거스 증후군 환자의 약 30%는 10세 이전에, 68%는 18세 이전에 개복술을 받는다. 조직학적으로 포이츠-제거스형 용종은 과오종으로, 특징적으로 평활근의 증식이 수목과 같은 방식으로 층상피로 확장되어 있으며, 상피는 정상이다. 포이츠-제거스 증후군 환자에서 모든 암에 대한 평생 위험은 37~93%이다. 악성 종양이 발생한 평균 연령은 42세이었고, 가장 흔하게 발생하는 부위는 대장암이었으며 유방암, 위암, 소장암, 췌장암이 그다음으로 많이 생긴다.

포이츠-제거스 증후군의 임상 기준을 충족하는 환자는 *STK11* 유전자의 생식세포 돌연변이에 대한 유전자 검사를 시행한다. 포이츠-제거스 증후군 환자의 경우 위, 소장, 대장 용종 및 암 위험이 증가하므로 8세에서 10세 사이에 상부 위장관 내시경, 비디오 캡슐 내시경, 대장 내시경 검사를 기본 내시경 검진에 포함시켜야 한다. 상부 내시경 및 대장 내시경 검사에서 발견된 0.5 cm 이상의 용종에 대해서는 내시경 용종 절제술을 시행해야 한다. 용종 관련 합병증의 위험을 줄이기 위해 증상이 있거나 크기가 1 cm 이상인 다른 모든 소장 용종은 절제해야 한다. 풍선 보조 장내시경을 이용한 소장 용종 절제술이 시도되고 있다. 내시경의 절제가 어려운 용종이 있거나, 소장 폐색이나 장중첩증이 있는 환자에서 수술이 필요하다. 개복술 중 소장 용종을 확인하고 절제하기 위해 수술 중 장내시경 검사를 받아야 한다.

## 7. 폰히펠-린다우병(Von Hippel-Lindau disease)

폰히펠-린다우병은 염색체 3p25-26에 위치하는 *VHL*의 돌연변이로 발생하며, 가장 자주 발생하는 질환으로 망막 및 중심 신경계의 혈관아세포종(Lindau씨 종양), 신세포암, 갈색세포종 등이 있다. 정상인에서 *VHL*의 산물인 pVHL 단백질은 저산소증을 유도하는 인자(HIF)로 전사인자를 하향 조절함으로 혈관 생성의 감소를 유도하는 종양 억제인자 기능을 담당하는데, 돌연변이에 의한 pVHL의 불활성화는 HIF 전사 활동의 증가를 야기하며 맥관내피세포 성장인자(VEGF) 및 혈소판유래 성장인자(PDGF)를 증가시킨다. 이에 다발성 장기에서 혈관발달이 과도해지는 특징을 갖게 되며, 중추 신경계 및 내장기관 여러 장기에서 양성 및 악성 종양을 유발한다. 상염색체 우성으로 유전되는 *VHL* 변이는, 이환된 환자의 65세 이전에 90% 이상에서 발현되며, 평균 발병나이는 26세로 알려져 있다. 연령이 증가함에 따라 여러 장기에 종양이 발생하는 빈도가 증가하며, *VHL* 유전자에 대한 돌연변이 검사로 진단한다. 현재까지 폰히펠-린다우병에 대한 근본적인 치료 방법은 알려져 있지 않으며, 이환된 경우 종양의 조기 발견을 위한 검사 및 개별 국소 종양에 대한 치료가 필요하다.

## 8. 코든 증후군(Cowden syndrome)

코든 증후군은 80% 이상에서 염색체 10q23에 위치한 *PTEN*의 돌연변이로 발생하는 질환으로 유방, 갑상선, 점막(입, 코, 위장관), 피부 등다발성 과오종성 병변을 유발하여 다발성 과오종 증후군이라고도 불린다. 코든 증후군은 관련 유전자에 따라 7가지 변종으로 분류되기도 하는데, *PTEN* 돌연변이 외에도 염색체 2p36에 위치한 *SDHB*, 3q23의 *SDHD*, 10q23의 *KLLN*, 3q26의 *PIK3CA*, 14q32의 *AKT1*, 및 20p11의 *SEC23B*의 돌연변이에 의해서 발생하며, 모두 선종성 종양을 유발하는 특징을 가지고 있다. 특히 이중 *PTEN*, *SDHB*, 및 *SEC23B*의 이형 접합 돌연변이(heterozygous mutation)는 상염색체 우성으로 유전되는 것으로 알려져 있다. 코든 증후군의 진단 기준은 가족 구성원 내 코든 증후군 유무에 따라 나뉘며, 대두증, 유방암, 갑상선암, 다발성 안면 털종, 점막 유두종증, 위장관의 다발성 과오종성 용종증 등 11가지 주요 기준과 자폐 스펙트럼 장애, 대장암, 지방종, 신장암 등 11가지 부진단 기준 해당 유무에 따라 임상적 진단을 하며, 가족력 또는 임상적 소견에 따라 유전자 검사를 시행한다. 코든 증후군으로 진단받는 경우 유방암, 갑상선암, 자궁내막암, 대장직장암, 신장암 및 흑생종의 위험이 높아지며, 관련 장기에 대해 짧은 간격의 검진이 필요하다.

### 9. 유전성 미만성 위암(Hereditary diffuse gastric cancer)

유전성 미만성 위암은 염색체 16q22에 위치한 세포 부착 단백질 E-cadherin (*CDH1*)의 돌연변이로 발생하며, 상염색체 우성 유전 질환으로 전체 위암의 최대 3% 및 소엽성 유방암(lobular breast cancer)과 관련되어 있다. *CDH1*의 돌연변이는 E-cadherin 발현을 감소시키는데, 이로 인한 세포 부착의 감소는 비정형 세포 구조와 불규칙한 세포 성장을 촉진한다. *CDH1* 돌연변이를 보유한 사람의 경우 위암 발생 가능성이 약 60~80%까지 증가하며, 소엽성 유방암의 누적 위험도는 40~60%로 알려져 있다. 미만성 위암은 조직학적으로 확인된 미만성 위암 환자에서 1촌 또는 2촌 친척 중 한 명 이상의 위암 가족력이 있는 경우, 40세 이전에 진단된 미만성 위암 환자의 개인 및/또는 가족력이 있는 경우, 50세 이전에 진단된 미만성 위암 및 소엽성 유방 암의 개인 및/또는 가족력이 있는 경우 임상적으로 진단되며, *CDH1* 돌연변이에 대한 분자유전학 검사를 시행하게 된다. 돌연변이가 발견된다면 위암, 대장암, 유방암에 대한 정밀 검진과 위의 예방적 절제 수술을 고려할 수 있다.

## V. 유전성 암 위험도 평가 및 유전상담

유전상담은 국립 유전상담사협회(National Society of Genetic Counselors)에 의해 질병에 대한 유전적 기여의 의료적, 심리적 및 가족적 영향을 이해하고 적응하는 과정으로 정의된다. 암 유전상담의 목적은 암 진단 또는 질병 위험과 관련된 유전적, 생물학적 및 환경적 요소에 대해 개인에게 교육을 제공하여 암 유전 정보에서 개인적인 의미를 도출하고, 유전자 검사, 암 선별 검사 및 암 예방에 대한 학문적이고 정보를 바탕으로 한 결정을 내릴 수 있도록 함으로써 위험이나 상태에 대한 적응을 돕는다.

### 1. 유전성 암 위험 평가 및 상담을 위한 대상자 선별

유전성 암의 가능성이 있는 개인 또는 가족력(모성 또는 부성 측면)이나 임상적 특징을 가지고 있는 사람들은 암 위험 평가 대상으로 간주된다. 가족성 또는 유전성 암에 대한 개인의 위험 평가는 개인과 가족력의 철저한 평가를 기반으로 하며, 유전자 검사를 하기 전에 유전 교육과 상담을 받도록 하는 것이 매우 중요하다. 이러한 특징은 암의 종류와 특정 유전 증후군의 종류에 따라 다르다. 유전성 암 증후군의 존재여부를 고려할 때 가계도를 통한 가족력의 확인, 유전자검사 시행이나 과거 수술 기록을 포함한 의무기록 및 신체 진찰 분석이 선행되어야 하며, 유전성 암을 시사하는 특징들도 확인해야 한다(표 19-4).

**표 19-4. 가족에서 유전성 암 감수성 증후군을 시사하는 특징**

- 비정상적으로 어린 나이에 암 발병(예: 폐경 전 유방암, 40~50세 이전에 성인 암 발병)
- 한 개인에서 여러 개의 원발 암(예: 대장암과 자궁내막암, 유방암과 난소암)이 발병
- 양쪽 기관에서 발생하는 양쪽 암이나 다발성 질환(예: 양쪽 유방암 또는 다발성 신장암)
- 밀접한 가족 구성원(예: 어머니, 딸 및 자매) 사이에서 동일한 종류의 암이 발병
- 가족의 여러 세대에서 암이 발병(즉, 상염색체 우성 유전질환)
- 희귀한 종양의 발생(예: 망막아세포종, 부신 피질암, 난소의 육아종 세포 종양, 눈의 흑색종, 또는 십이지장암)
- 상피 난소, 난관 또는 원발 복막암, 삼중음성유방암의 발병
- 드문 암의 발병(예: 남성 유방암)
- 조직학적으로 희귀한 암의 발병(예: 갑상선 수질암)
- 선천결함과 관련된 희귀한 암의 발병(예: 윌름스 종양 및 비뇨기계기관 이상)
- 유전성 암 위험이 높은 지리적 또는 특정 인구(예: Ashkenazi 유대인과 *BRCA1/BRCA2* 병원성 변이), 인종에 기초하여 유전자 검사 대상자를 선별
- 대장이나 자궁내막암의 미세부소체 불안정(microsatellite instability)이나 면역조직화학검사의 이상소견이 확인되어 린치증후군을 시사하는 경우

## 2. 유전성 암 위험 평가 및 상담을 위한 유전자검사

미국 임상 암 종양 학회(American Society of Clinical Oncology)는 유전성 암 감수성 증후군을 시사하는 개인 또는 가족력을 가지고 있고, 유전자검사를 해석할 수 있으며, 유전자검사 결과가 의학적 관리에 영향을 미치는 경우에 유전자검사를 시행할 것을 권고하고 있다. 유전자검사를 시행하기 전에는 사전 유전상담이 중요하며, 유전자검사결과는 양성(pathogenic variant/likely pathogenic variant), 음성, 불확실성 변이(variant of uncertain significance, VUS) 결과로 확인이 된다. 양성 결과는 유전성 암 감수성 증후군과 관련된 유전적 변이가 발견되었다는 것을 의미한다. 암을 진단받은 환자의 경우 유전적인 변이 때문에 암이 발생되었을 가능성을 확인하고 치료 및 관리를 선택하도록 안내를 하고, 향후 특정 암에 걸릴 위험이 증가되므로 암의 위험을 낮추는 관리나 수술 필요성 여부에 대해 안내를 한다. 또한 다른 가족구성원의 건강관리에 대해서 결정을 내리는 데 도움이 될 수 있는 정보를 제공하며, 출산 및 임신에 대한 결정을 할 경우에는 착상전 유전진단 가능여부를 포함한 유전상담을 제공한다. 음성의 결과는 검사를 시행한 유전자에서 특정 변이를 발견하지 못했다는 것을 의미한다. 특정 유전성 암 증후군의 유전자 변이가 알려진 가족 내에서 음성의 결과를 가지는 가족 구성원은 해당 질병의 위험은 없으며, 일반 인구의 암 위험과 같다는 것을 의미한다. 그러나 암의 가족력은 여러 가족구성원에서 강하게 보이지만, 알려진 변이를 확인하지 못한 경우의 음성 결과는 원인의 충분한 정보를 모른다는 의미이다. 이 경우에는 개인 및 가족력의 다른 위험요인을 기초로 하여 적절한 암 추적 관리가 필요하다. 불확실성 변이가 발견이 된 경우는 해당유전자의 기능에 영향을 미치는 것이 명확하지 않은 것을 의미하므로, 건강의 관리를 결정하는 데 고려하지 말아야 하고, 가족에 대한 검사도 시행하지 않는다. 초기에 VUS로 분류된 변이는 임상적으로 의미가 없는 음성 결과가 되거나 암의 원인이 되는 양성 결과 변이로 분류가 변경가능성이 있으므로 유전상담을 지속적으로 하여 정보를 업데이트해야 한다.

표 19-5. 유전성 암 증후군

| 증후군 | 유전양식 | 유전자 | 주요암 | 주요 스크리닝검사 |
|---|---|---|---|---|
| Breast/ovary families | AD | *BRCA1* | Breast, ovary, pancreatic | 매년 30세 여성: 유방 촬영, 유방MRI<br>매년 30세 여성: 난소 초음파, CA125<br>35~40세 여성: 양쪽 난관난소절제술 고려, CA125<br>50세(가족구성원 진단 나이 10년 전): 췌장암 검진 |
| Breast/ovary families | AD | *BRCA2* | Breast, ovary, prostate, pancreatic | 매년 30세여성: 유방 촬영, 유방MRI<br>매년 30세 여성: 난소 초음파, CA125<br>40~45세 여성: 양쪽 난관난소절제술 고려<br>40세 남성: 전립선암 검진, PSA<br>50세(가족구성원 진단 나이 10년 전): 췌장암 검진 |
| Familial adenomatous polyposis | AD | *APC* | Colorectal, duodenal, thyroid, brain | 10~15세: 매 1~2년 대장내시경<br>20~25세: 매 1~5년 위내시경<br>매 2~3년 갑상선초음파 |
| Lynch syndrome | AD | *MLH1*<br>*MSH2*<br>*MSH6*<br>*PMS2*<br>*EPCAM* | Colorectal, endometrial, urinary tract, ovarian, gastric, small bowel, hepatobiliary, brain | 20~25세: 매 1~2년 대장내시경<br>30~35세: 위내시경, 위암 검진<br>35~40세: 난소암 검진,<br>50세(가족구성원 진단 나이 10년 전): 췌장암 검진 |

다음 페이지에 계속 >>

| 증후군 | 유전양식 | 유전자 | 주요암 | 주요 스크리닝검사 |
|---|---|---|---|---|
| MYH polyposis | AR | *MUTYH* | Colorectal | 25~30세: 매 1~2년 대장내시경<br>30~35세: 매 3개월~4년 위내시경 |
| Juvenile polyposis | AD | *SMAD4*<br>*BMPR1A* | Colorectal | 15세 이전 혹은 증상발생: 빈혈, 위/대장내시경<br>*SMAD4* 유전자: 심장초음파시행 |
| Peutz-Jegher syndrome | AD | *STK11* | Gastrointestinal, breast, uterus, ovary, cervix, testis | 8세 이전 혹은 증상발생: 위/대장내시경<br>30세: 매년 유방 MRI, 유방촬영<br>18~20세: 매년 자궁경부암 검진 |
| Cowden syndrome | AD | *PTEN* | Breast, thyroid (papillary), endometrial, testicular (seminoma), renal | 30세: 매년 유방 MRI, 유방촬영<br>갑상선 암진단 시 초음파<br>35세: 매 1~2년 자궁내막암 검진<br>35세: 매 5년 대장내시경<br>40세: 매 1~2년 신장초음파 |
| Li-Fraumeni syndrome | AD | *TP53* | Sarcoma, breast, brain, leukemia, adrenal cortex | 매년 Brain MRI, Whole body MRI<br>출생~18세: 매년 복부초음파<br>20대: 매년 유방 MRI, 유방촬영<br>25세: 매 2~5년 위/대장내시경 |

AD; 상염색체우성유전, AR; 상염색체열성유전

## 증례 28 | 30세에 확인된 조기 유방난소증후군(BRCA2) 환자

### 1) 내원 동기가 된 주 증상(주소): 30대에 조기 유방암

### 2) 발병 시 연령/성별: 32세/여성

### 3) 가족력

상기 환자의 동일한 유방암 환자의 가족력은 없지만, 친할아버지는 췌장암, 아버지는 전립선암으로 진단받은 가족력이 있으며, 고모가 난소암 진단받고 치료 중이었다.

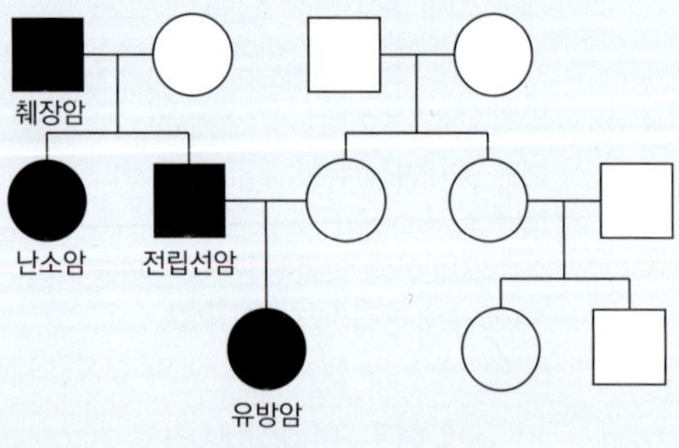


### 4) 임상증상

32세 여환으로 건강검진에서 유방암 진단되었으며, 동일하게 유방암으로 진단된 가족력은 없었지만, 가족력상 췌장암, 전립선암, 난소암 등의 다수의 암환자 가족력이 있었으며, 40세 이전에 발생한 조기 유방암으로 유전자검사 위해 내원하였다.

### 5) 진찰 소견

진찰 소견에서 내원 당시 급성 병색은 관찰되지 않았으며, 왼쪽 유방의 만져지는 덩어리가 있었다.

### 6) 검사소견

(1) 유전자검사: NM_000059.4(*BRCA2*): c.71T>G (p.Leu24Ter) pathogenic 돌연변이가 환자에서 확인이 되었다.

(2) 영상검사 및 조직검사: 유방촬영에서는 치밀유방 외 특이 소견은 없었으며, 유방MRI에서는 왼쪽의 유방암 12 H 3 cm가 조영증강됨이 확인이 되었다. 조직검사를 시행한 결과 invasive ductal carcinoma로 유방암에 합당하였다.

### 7) 치료경과

상기 환자는 다른 장기에 전이 여부를 확인하기 위해서 복부 CT 및 폐 CT를 촬영하여 이상이 없음을 확인하였다. 뼈전이 여부를 확인하기 위해 whole body bone scan을 촬영하여 이상유무를 확인하였다. 조직검사 조직에 대해서는 추가로 호르몬수용체여부를 확인하여서, 항암치료여부를 결정하였다. 에스트로겐수용체(estrogen receptor, ER), 프로게스테론 수용체(progesterone receptor, PR), 그리고 HER2 과발현유무를 확인하였으며, 결론적으로 ER+/PR-/HER2-으로 확인이 되었다. 다른 장기의 전이가 없으며 삼중음성유방암(triple negative breast

다음 페이지에 계속 >>

cancer)이 아닌 것을 확인한 후 유방암 수술을 시행하였다.

(1) 가족 유전상담: *BRCA2* 유전자는 상염색체 우성으로 유전되는 유전자이며, 다음세대로 유전이 되는 확률은 50%이므로 다른 직계가족에서도 동일한 유전자돌연변이를 가지는지 여부에 대해서 검사가 필요하다. 여성에서 70~80대까지 유방암이 발생하는 확률은 45~69%로 알려져 있으며(반면 *BRCA1* 유전자는 55~72%로 위험성이 알려져 있다.) 한쪽 유방암을 진단받은 환자도 반대편에 유방암이 발생할 확률이 10년 안에 20~30%, 20년 안에 40~50%로 위험성이 높기 때문에, 지속적으로 현재 병변이 발생하지 않은 반대편 유방암발생여부도 지속적으로 추적관찰이 필요하다.

그 외에도 난소암의 위험률이 70~80대까지 11~17%가 알려져 있기 때문에, (반면 *BRCA1* 유전자는 39~44%로 위험성이 알려져 있다.) 매년 난소암의 위험에서 증가되는 수치를 보이는 *CA125* 종양표지자 검사 및 매년 난소암검진을 위한 초음파검사가 필요하다. 유방/난소암 예방을 위해서 예방적수술(Risk-reducing surgery)로 병변 외의 유방암절제 및 난소절제술에 대해서 전문가의 상담을 고려할 수 있다.

그리고 췌장암의 위험도를 올리며, 남자에서도 여자보다 적은 위험성이지만, 유방암 및 전립선암의 위험률이 높게 알려져 있다.

### 8) 요약

(1) 원인: *BRCA 1*, *BRCA2* 돌연변이로 발생하는 유전성유방난소증후군은 상염색체 우성 질환이다.

(2) 발생빈도: 보고에 따라 매우 다양하여 유전성 유방암은 전체 유방암의 15~20%에 해당하며, *BRCA* 돌연변이에 의한 경우는 유방암 환자의 3%, 난소암 환자의 10% 유병률을 보인다.

(3) 발병기전: *BRCA* 유전자는 DNA의 손상에 대해서 상대적으로 오류가 잘 일어나지 않는 상동재조합(homologous recombination) 복구 기능을 한다. 그래서 *BRCA* 유전자의 돌연변이를 가진 사람은 비정상적인 단백질이 만들어지는 손상에 대해서 비상동말단접합 등의 방법에 의해 DNA 손상이 복구되는데 이 과정은 오류가 많이 발생하고 유전체의 불안정성으로 암이 발생하게 된다.

(4) 임상증상: 유방암, 난소암(여성), 췌장암, 전립선암(남성) 환자이거나 가족력 있다.

(5) 진단: 혈액의 유전자검사를 통해서 *BRCA1*이나 *BRCA2* 돌연변이유무를 검사한다.

(6) 치료 및 관리: 18세부터 유방암 관리에 대해서 인식을 하고 25세부터는 매 6~12개월 간격으로 유방암 자가검진을 실시하며, 가족력상에서 30세 이전에 유방암을 진단받은 가족력이 있다면 25~29세에도 매년 유방 MRI를 실시한다. 보통은 30세부터 유방촬영 및 유방MRI를 매년 실시하며, 난소암검진을 위해서 *CA125* 종양표지자 및 난소초음파를 실시한다. 예방적 유방/난소절제술에 대해서 유전상담후 전문가와 상의한다. 췌장암 가족력이 있는 경우에는 췌장암검진도 주기적으로 시행한다. 가족의 유전자검사 스크리닝은 18세 이상의 가족에게 시행한다.

최근에는 *BRCA1/2* 유전자가 확인된 환자의 치료에 FDA 승인된 PARP 억제제(olaparib, rucaparib, niraparib, talazoparib)의 사용여부는 항암치료에서 추가로 고려되고 있다.

## VI. 소아암의 유전체 특성

소아청소년기에 발생하는 암은 매우 다양한 여러 종류의 질환으로 구성되어 있으며, 크게 백혈병 등의 혈액암, 뇌종양, 두개외 고형종양(extracranial solid tumor)로 나뉘어지고, 각각은 또다시 다양한 종류의 질환을 포함하고 있다. 차세대 염기서열분석(next-generation sequencing) 기법이 발달하면서 성인암과는 다른 소아청소년암들의 유전체적 특성에 대해 알려지기 시작하였으며, 차세대 염기서열분석 기법을 통하여 진단을 명확히 하고, 예후 그룹을 분류하고, 혹은 치료 표적을 발굴하여 치료에 도움이 줄 수 있다는 것이 여러 연구를 통해 확인되었다. 한편으로는 암 발생과 연관된 생식세포(germline) 유전자 변이를 발견하여 환자 치료 및 관리에 이용하고, 가족들의 유전상담에 이용할 수 있다.

### 1. 소아청소년암의 체세포 변이(Somatic alterations)

#### 1) 유전체 양상(genomic landscape) 연구: 성인암과의 차이점

소아청소년암의 유전체 양상(genomic landscape) 연구에서 확인된 소아청소년암과 성인암의 유전체적 특성의 차이는 다음과 같다. 첫째, 소아청소년암의 돌연변이(mutation) 개수는 발병 연령과 유의하게 연관되어 있으며, 성인암에 비해 돌연변이와 구조적 변이(structural variants)의 개수가 적다. 실제 Gröbner 등은 소아청소년암에서 돌연변이와 구조적 변이의 빈도가 성인암에 비해 14배 낮다고 기술하였다. 둘째, 소아청소년암은 성인암보다 하나의 driver gene을 가지고 있는 경우가 많으며(Gröbner 등의 연구에서 57%로 보고됨), 돌연변이 혹은 구조적 변이 두 가지 모두 많은 경우보다는, 돌연변이 혹은 구조적 변이 두 가지 중 한 종류를 많이 가지고 있는 경우가 더 흔하다. 예를 들어, 돌연변이가 많은 종양에서는 DNA 복구(DNA repair)와 연관된 유전자의 생식세포 변이가 관찰되는 경우가 많으며, 구조적 변이가 많은 종양에서는 *TP53* 유전자의 생식세포 변이가 관찰되는 경우가 많다. 세 번째로, 변이유전자의 종류가 성인암과 다른 경우가 많아서, 소아청소년암에서 발견되는 변이유전자의 30~45%만이 성인암 연구에서 발견된 유전자와 일치한다. 또한 점돌연변이(point mutation)보다 구조변이(structural alteration) 혹은 복제수변이(copy number alteration) 빈도가 높아서 약 60%를 차지한다. 마지막으로, 성인암이 여러 질환에서 같은 유전자 변이를 공유하는 경우가 흔한 것과 다르게, 소아청소년암에서는 운전자 돌연변이(driver mutation)가 질환 특이적(disease-specific)인 경우가 많다. 이는 오랜 시간 여러 돌연변이가 축적되어 발생하는 성인암과 달리, 소아암에서는 특정 발달단계에 생긴 특이적인 유전자 변이가 특정 세포계열(cell lineage)에서의 암 발생을 초래하기 때문으로 풀이되고 있다.

#### 2) 유전자융합(gene fusion)

*BCR-ABL1* fusion gene을 가지는 필라델피아 염색체 양성 급성림프모구백혈병(acute lymphoblastic leukemia)과 같이 여러 소아청소년암들이 특징적인 유전자융합을 가지고 있는 경우가 있다. 소아청소년암에서 보고된 유전자융합들은 그 빈도가 낮고 기능이 잘 알려져 있지 않은 경우들이 많다. 하지만 유잉육종에서의 *EWS-FLI1* fusion이나 횡문근육종에서 *PAX-FOXO1* fusion, 혹은 저등급 교종(low grade glioma)에서의 *MYB-QK1* fusion과 같이 진단적인 의미를 가지기도 한다. 한편으로는 필라델피아 염색체와 같이 치료적 의미를 가지는 유전자융합들도 발견되었는데, 저등급 교종에서 *BRAF* fusion, 그리고 빈도가 드물지만 여러 종양에 걸쳐 발견되는 *NTRK*을 포함하는 유전자융합 등이 그 예이다.

#### 3) 후성유전학적 변화(epigenetic alteration)

소아청소년암은 유전자발현의 후성적 조절을 담당하는 유전자의 변이를 가지고 있는 경우가 많다. 후생적 조절 기전 중 하나인 chromatin remodeling과 연관된 단백질 복합체인 SWI/SNF 복합체가 있는데, 이 복합체의 주요 부분을 만들어내는 *SMARCB1* 유전자의 변이와 막대모양종양(rhabdoid tumor)이 연관되어 있음이 잘 알려져 있다. 또한 소아 고등급 교종의 일부는 histone 연관 유전자인 *H3-3A*(*H-3F3A*) 및 *H3C2*(*HIST1H3B*), *H3C1*(*HIST1H3A*) 변이와 연관되어 있다. 재발한 급성림프모구백혈병의 일부는 histone acetylation과 연관된 CREB-binding protein의 돌연변이를 가지고 있거나 또 다른 후성적 조절인자인 *SETD2* 유전자의 변이를 가지고 있는 것으로 알려져 있다.

## 2. 소아청소년암의 생식세포 변이 (Germline alterations)

#### 1) 소아청소년암에서의 생식세포 변이의 특징 및 검사 지침

유전적 소인에 기인한 소아청소년암의 유병률은 매우 낮은 것으로 여겨졌으나, 최근의 소아청소년암 유전체 연구를 통해 소아청소년암 환자의 10% 이상이 암 소인 유전자에 생식세포변이를 가지고 있다는 것을 알게 되었다. 소아청소년암 환자는 성인암 환자에 비해 생식세포 변이를 가지는 경우가 흔하다. 이 중 일부는 암 소인 증후군을 시사하는 가족력을 가지고 있지만 그렇지 않은 경우도 많다. 그러므로 암 가족력을 가진 경우뿐 아니라 같은 종양 중에서도 이른 연령에 암이 발병하는 경우, 환자의 표현형, 양측성, 다발성 또는 두 종류 이상의 암이 발생한 경우, 암소인유전자와 관련된 드문 종양으로 진단된 경우에는 생식세포 변이를 확인하는 것이 필요하다. 가장 흔한 소아 뇌종양인 수모세포종의 아형(WNT, SHH, group 3, group 4)에서 나타나는 생식세포 변이는 특징적이다. SHH 아형에서는 생식세포 변이 빈도가 20%까지 높게 나타나며, 특히 *SUFU*, *PTCH1*, *TP53*, *PALB2*, *BRCA2* 유전자의 변이가 흔하다. 대조적으로 *APC* 유전자의 생식세포 변이는 거의 대부분 WNT 아형에서 나타난다.

#### 2) 소아청소년암의 주요 암 소인 증후군과 종양 감시 (surveillance)

리-프라우메니 증후군(Li-Fraumeni syndrome), 신경섬유종증(neurofibromatosis), 과성장 증후군(Beckwith-Wiedemann 증후군[11p15,5] 등), 신경종양 증후군(유전성 망막모세포종[*RB1*], Gorlin syndrome[*PTCH1*, *SUFU*], malignant rhabdoid tumor syndrome[*SMARCB1*, *SMARCA4*] 등), DNA 불안정 증후군(판코니빈혈, 모세관확장실조증 등), 누난증후군(Noonan syndrome), 코스텔로증후군(Costello syndrome) 등과 같은 유전성 질환은 암의 발생 가능성을 높인다. 미국 암 연구 협회(American Association of Cancer Research, AACR)에서는 출생 후 20세까지 암 발병 위험이 5% 이상이며, 효과적인 선별 방식이 있는 경우 암 감시를 권장하고 있다. 리-프라우메니 증후군을 가진 소아청소년에 대한 암 감시 지침이 확립되어 있으며, 이 지침을 활용하여 암을 조기 발견하는 경우 생존율이 향상됨을 보고하였다. 벡위스-비데만 증후군(Beckwith-Wiedemann syndrome) 환자에 대해서는 7세까지 주기적으로 윌름스종양 및 간모세포종 선별검사를 권고하고 있다. 그러나 다른 종양 타입에 대한 감시 간격은 아직 명확히 확립되지는 않은 상태이다.

### 3. 유전체 검사의 임상적용

소아청소년암 환자, 특히 재발하거나 고위험군 환자에서 실시간으로 분자유전학적 검사를 통해 환자에게 치료 옵션을 제공하고자 하는 정밀의료플랫폼 연구가 유럽, 미국, 호주 등지에서 다수 시행되고 있다. 소아청소년암은 그 자체로 희귀질환이기 때문에 대부분의 연구는 국가단위, 유럽의 경우에는 유럽의 다수 국가를 포함하는 연구가 진행되고 있다. 특히 최근의 추세는 소아청소년암의 분자적 프로파일링을 할 때, 전장유전체검사(whole genome sequencing)와 RNA 염기서열분석(RNA sequencing)을 포함하는 매우 포괄적인 검사를 진행하고 있으며, 특히 최근에는 전장유전체검사를 자동화하여 2주 이내에 결과를 보고하는 연구들도 발표되었다. 이러한 포괄적인 유전체 검사를 통하여 기존의 패널기반 유전체 검사보다 더 많은 체세포 유전자 변이 및 생식세포 유전자 변이를 발굴할 수 있다는 것이 알려졌으며, 단순히 치료적인 옵션을 제공하는 것 이외에도 기존 병리진단을 수정하거나 예후적으로 의미가 있는 유전자 변이를 발견하는 등의 임상적 의미들이 보고되고 있다. 현재 기술의 발달 속도를 보면 결국 머지않은 미래에는 소아청소년암의 진단 및 재발 시 전장유전체검사를 포함한 포괄적인 유전체 검사가 임상진료의 일환이 될 것으로 예측되고 있다.

## VII. 암유전체학을 활용한 예후예측 및 정밀의학

### 1. 유전자발현분석을 통한 질병의 예후예측

2019년 국가암등록통계에 따르면 우리나라 여성에서 가장 많이 발생한 암은 유방암이다. 유방암은 다른 암종에 비해 이른 시기인 1980년대부터 H&E 염색에 따른 조직학적 유형이 동일하더라도 에스트로겐 수용체와 HER-2 세포표면 단백질의 발현 정도에 따라 호르몬 양성 유방암, HER-2 양성 유방암, 삼중음성 유방암으로 나눠지고, 질병의 예후가 달라진다는 점이 알려지기 시작하였다. 하지만 호르몬 양성 유방암에서도 질병의 진행이 빠른 환자들이 있었으나 1990년대까지는 그들의 특징이 명확히 구분되지는 않았다.

이러한 3가지 분류법은 수천 개 유전자의 발현 정도를 살펴볼 수 있는 마이크로어레이 분석을 통하여 2000년대 초반부터 보다 세분화되었다**(그림 19-9 A)**. 기존의 분류법과 동일하게 HER-2 양성 유방암(*ERBB2+*)과 삼중음성 유방암/기저양 아형(triple-negative/Basal-like)은 특징적인 유전자 발현을 보였고 호르몬 양성 유방암은 HER-2 양성 유방암(*ERBB2+*)과 삼중음성 유방암/기저양 아형(triple-negative/Basal-like)과는 다른 분류를 보였으나 호르몬 양성 유방암 안에서도 크게 두 가지 그룹으로 유방암의 유전자발현 패턴이 나누어짐을 확인할 수 있었고(내강형[luminal subtype] A와 B+C)), 그에 따라 환자들의 예후가 달라짐을 관찰할 수 있었다**(그림 19-9 B)**. 호르몬 양성 유방암 안에서 두 가지 그룹으로 예후가 나뉘는 것은 이후의 다양한 연구 그룹에서 재확인이 되어 현재 호르몬 양성 유방암은 내강형 A(luminal A)와 내강형 B(luminal B)로 구분하고 있고, 예후가 상대적으로 나쁜 내강형 B의 경우는 전체 호르몬 양성 유방암의 20% 정도를 차지하며 내강형 A에 비해 에스트로겐 수용체의 발현율이 낮고, HER-2 발현은 높은 경우들도 있으며, 증식 지수(Ki-67)가 높은 특징을 보이는 것이 알려져 있다.

유방암에서의 유전자발현분석은 최근 유방암의 예후와 치료방침을 결정하는 데 유용한 도구로 사용되고 있다. 근치적 목적의 수술을 시행 받은 호르몬수용체 양성 유방암 환자에서 수술 후 치료를 결정하는 데 사용되는 대표적인 다중유전체 분석으로는 온코타입디엑스(Oncotype Dx®)가 있다. 온코타입디엑스는 21개 유전자의 발현량 분석을 통해 수술 후 재발을 예측하는 Recurrence Score (RS)를 제공한다. 10,273명 림프절 음성의 유방암 환자를 대상으로 진행한 TAILORx 연구에서는 RS가 26점 이상일 경우 수술 후 보조요법으로 호르몬치료 단독으로는 충분하지 않아 항암

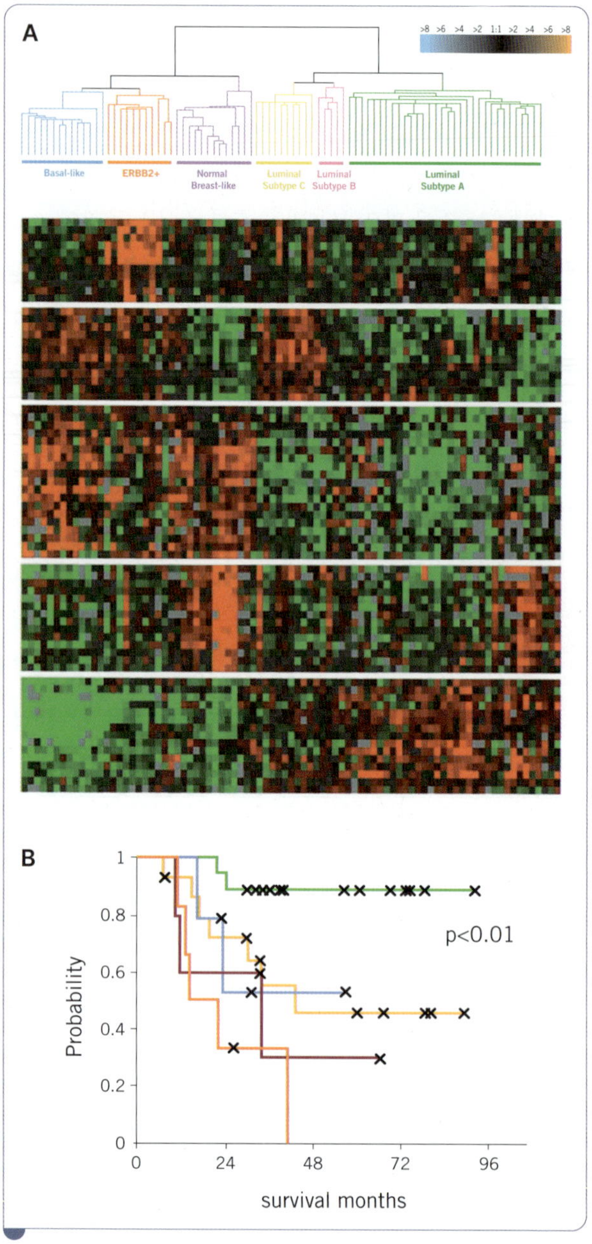


**그림 19-9**. 유방암의 유전체발현 마이크로어레이**(A)**와 그 분류에 따른 생존곡선**(B)**.

화학요법의 추가가 필요함을 제시하였다.

그 뒤 수술 후 림프절 양성 유방암 환자를 대상으로 시행된 RxPONDER 연구에서 RS 26점 미만의 폐경 후 여성은 항암화학요법의 추가에 따른 이득은 크지 않은 것으로 보고되었다. 다만, 폐경 전 여성에서는 RS 26점 미만이라도 항암화학요법을 생략하는 것에 대해서는 주의가 필요하며,

RS 26점 이상에서는 항암화학요법의 시행이 권고되고 있다. 온코타입디엑스 외에 맘마프린트(MammaPrint®), 프로시그나(Prosigna) 및 엔도프레딕트(EndoPredict®) 등이 임상에서 사용가능하며 다만 수술 후 항암화학요법의 효과에 대한 예측력은 온코타입디엑스에서만 보고되고 있다.

## 2. 차세대 염기서열분석을 통한 정밀의학

### 1) 비소세포폐암

전이성 비소세포폐암에 대한 치료는 1990년대까지 조직아형에 관계없이 백금기반의 항암치료를 표준 약제로 투약하였지만 지난 20여 년간 발암유전자의 발굴, 차세대 염기서열분석의 등장 및 표적치료제 개발을 위한 노력의 덕택으로 다양한 치료 옵션을 가진 대표적인 암종이 되었다. 특히 선암(adenocarcinoma)을 포함한 비편평세포(non-squamous) 조직아형의 경우에는 표적치료의 옵션 존재여부에 따라 치료방법 및 예후가 달라질 수 있어 진단 당시부터 발암유전자에 대한 검사를 적극 추천한다.

2000년대 초기부터 제피티닙(gefitinib, Iressa®)과 같은 타이로신 인산화효소 억제제가 사용되었던 *EGFR* 감수성 돌연변이(*EGFR L858R* 또는 엑손 19 결실)에 더하여, *ALK* 재배열, *ROS1* 재배열, *BRAF V600E* 돌연변이, *RET* 재배열에 대해서는 1차치료부터 표적치료를 시행하는 것이 더 높은 반응률을 보이고 부작용은 감소시킬 수 있어 표준 항암치료보다 추천되고 있다(**그림 19-10**). *MET* 엑손 14 skipping 돌연변이 및 *NTRK-1/2/3* 재배열의 경우에서도 1차 치료 또는 백금항암요법 투약 이후 2차 치료로 표적항암제 투약이 권고되고 있다. *HER2* 엑손 20 삽입, *EGFR* 엑손 20 삽입, *KRAS G12C* 돌연변이에서는 백금화학요법 이후 2차 약제로 표적치료가 승인을 받은 상황이지만, 1차 치료에서의 효과를 증명하기 위한 대규모 3상 연구가 진행중인 상황으로, 향후 연구 결과에 따라 상기 돌연변이에 대해서도 표적치료 약제가 백금기반 항암치료에 비해 우선적으로 권고될 가능성이 있다.

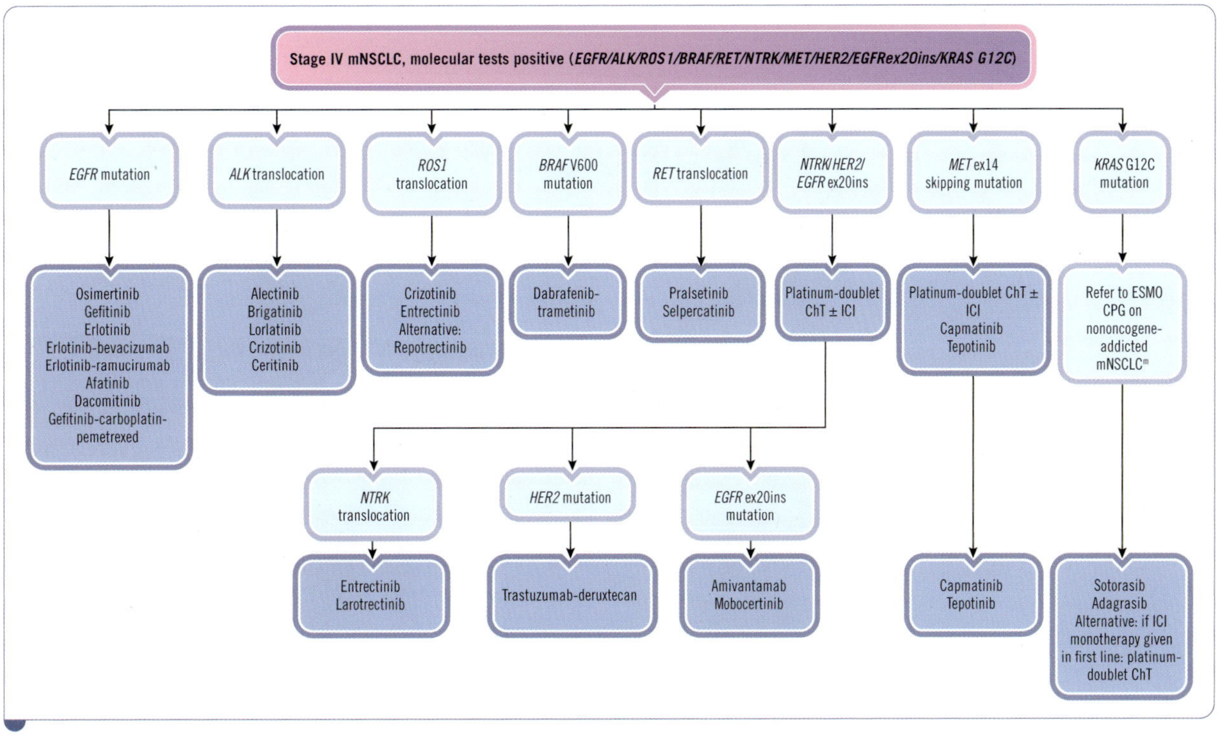


**그림 19-10.** 2023년 기준 발암유전자 변이 비소세포폐암의 치료 가이드라인.

### 2) 유방암

유방암은 전통적으로 면역조직화학검사로 평가한 호르몬수용체 및 HER-2의 발현 정도에 따라 치료가 결정되고 있다. 호르몬수용체 양성 유방암은 타목시펜(Tamoxifen, Norvadex), 아나스트로졸(Anastrozole, Arimidex®), 또는 풀베스트란트(fulvestrant, Faslodex®)를 기반으로 CDK4/6 억제제가 병합되어 사용되고 있으며 HER2 양성 유방암은 트라스투주맙(Trastuzumab, Herceptin®) 등이 표준치료로 사용되고 있다. 최근에는 트라스투주맙 데룩스테칸(Trastuzumab dexruxtecan, Enhertu®)의 유용성이 보고되면서 표준치료로 도입이 되었다.

유방암은 이러한 면역조직화학 검사 외에 차세대 염기서열분석을 통한 정밀의학도 적용되기 시작되었다. 이전에 호르몬요법을 시행받은 호르몬수용체 양성 유방암 환자들을 대상으로 *PIK3CA* 억제제인 알펠리십(alpelisib, Piqray®)과 풀베스트란트 병용요법과 풀베스트란트와 위약의 병용요법을 비교한 3상 연구에서 *PIK3CA* 돌연변이가 있는 유방암 환자에서는 풀베스트란트와 알펠리십의 병용요법이 위약군에 비해 무진행 생존기간을 5.7개월에서 11개월로 유의미하게 향상시켰다 또한 유방암에서는 차세대 염기서열분석을 통해 약제 저항성과 관련된 정보를 얻을 수 있다. 대표적인 유전자가 *ESR1* 유전자 변이로, 이 유전자 변이는 에스트로겐에 비의존적인 에스트로겐 수용체를 활성화시키며 따라서 궁극적으로 아로마타제 억제제에 대한 내성을 획득하게 한다. 엘라세스트란트(Elacestrant, Orserdu®)는 새로운 비스테로이드, 경구용 선택적 에스트로겐 수용체 분해제(selective estrogen receptor degrader, SERD)로 이전에 치료를 받은 호르몬수용체 양성 유방암 환자를 대상으로 엘라세스트란트와 풀베스트란트 또는 아로마타제 억제제를 비교한 제3상 연구인 EMERALD 연구에서 엘라세스트란트는 기존의 표준치료에 비해 *ESR1* 변이 환자군에서도 무진행 생존기간을 유의미하게 증가시켰다.

### 3) 조직불문항암제(tissue-agnostic drug)

*NTRK* 재배열 돌연변이는 위에서 언급된 비소세포폐암에서도 발암유전자로 발견되지만, 이외의 다양한 암종에서

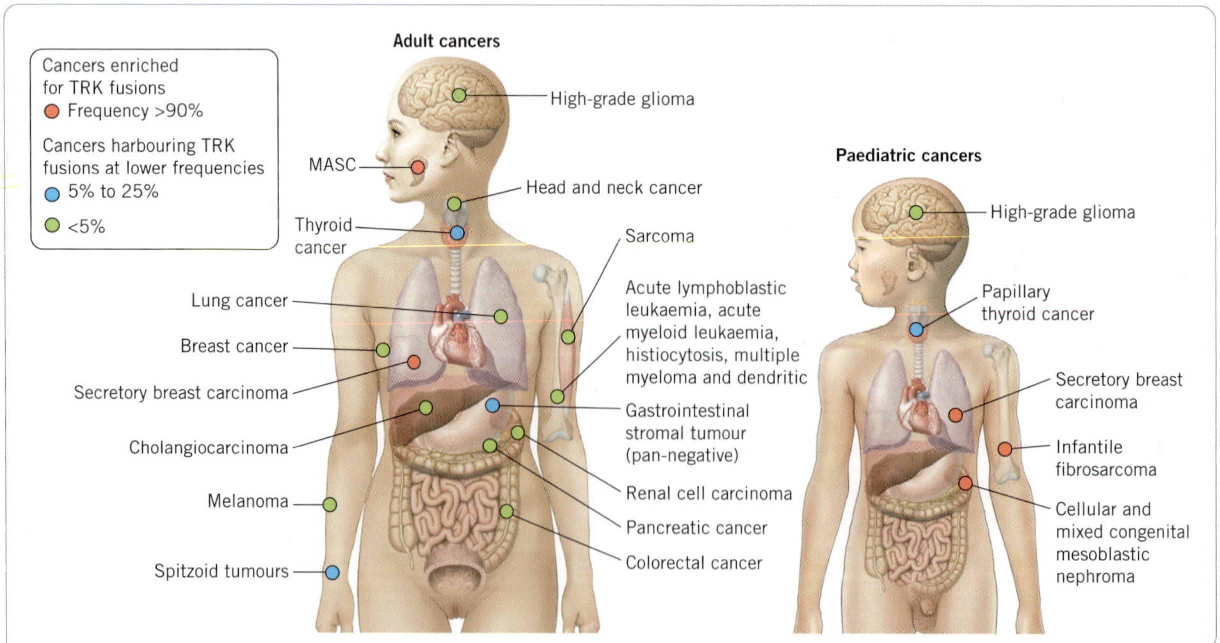


그림 19-11. 암종별 NTRK 재배열 돌연변이의 발생 빈도.

도 맞춤치료가 가능한 유전적 돌연변이로 알려져 있다(그림 19-11). 유선 유사 분비성 암종(mammary analogue secretory carcinoma) 및 분비성 유방암(secretory carcinoma of the breast)와 같은 암종에서는 대다수에서 *NTRK* 재배열 돌연변이가 확인되기도 하고, 이외의 다양한 암종에서도 일반적으로 1% 미만이기는 하지만 *NTRK* 재배열 돌연변이가 확인된다. 암이 기원한 조직과 무관하게 해당돌연변이가 있는 암이라면 엔트렉티닙(Entrectinib, Rozlytrek®) 및 라로트렉티닙(Larotrectinib, Vitrakvi®) 약제 사용이 효과가 입증되면서 조직에 무관하게 표적유전자의 돌연변이에 따라 치료를 고려할 수 있다는 개념이 생기기 시작하였다. 이에 육종을 포함하여 다양한 전이성 암종에서 1% 미만이라고 하더라도 환자분들에게 효과가 있는 표적약제의 옵션이 찾아질 수 있기 때문에 암패널을 활용한 정밀의료는 일부 암종에만 적용되지 않고 다양한 암종에 적용을 고려할 수 있게 되었다. *NTRK* 재배열에 더하여 유방암 및 위암에서 표적치료의 대상으로 사용되어 왔던 *HER2* 증폭/돌연변이 또한 다양한 암종에서 확인이 되어 표적치료제를 사용하기 시작하였고(표 19-6), 다양한 조직에서 *HER2* 변이 암종에서 효과가 있다는 보고들이 점차 늘어가고 있어 암환자들의 생존에 이득을 줄 수 있는 치료 옵션이 향후에는 보다 다양해질 것으로 예상된다.

표 19-6. 암종별 *HER2* 돌연변이의 발생 빈도

| | HER2 alterations (% cases) | |
|---|---|---|
| Cancer type | Mutation | Amplification |
| Colorectal (DFCI) | 5.8 | ND |
| Lung SCC | 3.4 | ND |
| Lung adenocarcinoma | 2.6 | 2.6 |
| Bladder (MSKCC) | 11 | 1.8 |
| Bladder (BGI) | 10.1 | ND |
| Colorectal (TCGA) | 2.8 | 2.4 |
| Breast (METABRIC) | 2.8 | 15.1 |
| Stomach | 9.1 | ND |
| Bladder (TCGA) | 6.3 | 3.1 |
| Glioblastoma | 7.7 | ND |
| Lung small cell | 3.4 | ND |
| Breast (TCGA) | 1.8 | 12.5 |
| Cutaneous SCC (metastatic) | 17.2 | ND |
| Oesophagus | 3.3 | 12 |
| Stomach (TCGA) | 4.2~4.6 | 12.5~13.7 |
| Gallbladder | 9.4 | ND |
| Head and neck SCC | 3.1 | ND |
| Endometrial | 3.3 | 8.3 |
| Cholangiocarcinoma | 5.7 | ND |
| Cervical SCC | 5.2 | 3.1 |
| Uterine carcinosarcoma | 9.1 | ND |
| Low grade glioma | 3.3 | ND |
| Prostate neuroendocrine | 19.6 | 1.9 |
| Bladder (plasmacytoid) | 15.2 | 3 |

## 3. 정밀의학 시대의 임상시험설계

### 1) 생체표지자 기반 임상시험(biomarker-driven clinical trials)

- 종양임상시험에서 사용되는 생체표지자의 종류는 암의 진단이나 재발에 이용하는 진단용 생체표지자(diagnostic biomarker), 환자의 예후를 예측하는 예후 생체표지자(prognostic biomarker), 특정 약제에 대한 반응을 예측하는 예측 생체표지자(predictive biomarker), 생체에서 나타나는 약제의 효과를 반영하는 약동학적 생체표지자(pharmacodynamic biomarker) 등이 있고, 해당 예측 생체표지자를 이용하여 선별한 환자들에게 사용할 수 있는 약제와 함께 임상시험을 진행하여 특정 약제와 함께 승인되는 생체표지자를 검사하는 방법은 동반진단(companion diagnostics)이라 한다.
- 생체표지자 기반 임상시험의 가장 대표적인 방법은 특정 생체표지자가 양성인 환자만을 대상으로 특정약제와 표준치료를 비교하는 강화설계(Enrichment design)이며, 생체표지자와 새로운 치료제 사이에 높

은 연관성이 있을 때 시행한다. 생체표지자 층화설계(Biomarker stratified design)는 생체표지자 양성, 음성 모두 혹은 전체의 환자에서 생체표지자와 새로운 치료법의 유용성을 함께 확인하고자 하는 방법으로 순차적 아형-특이 설계(sequential subgroup specific trial), biomarker positive and overall strategy, marker sequential test design (MaST)로 나눌 수 있다.

- 하나의 임상시험을 통해 '다수 암종'에 대하여 '다수 치료제'의 효과를 평가할 수 있는 연구 디자인을 master protocol이라 하며, 1) Umbrella design, 2) Basket design, 3) Platform design이 포함된다.

맞춤 치료, 정밀 의학을 향한 흐름이 발전한 분자생물학 및 유전학 지식을 바탕으로 예후 및 치료와 관련된 여러 생체표지자를 발견하고 이를 표적으로 한 약제를 이용하여 임상시험을 진행하여 종양임상시험의 주요 흐름을 바꾸게 되었다. 초창기 대표적인 사례는 *BCR-ABL* 유전자의 재배열이 있는 만성골수성백혈병 환자에서 *BCR-ABL* 억제제로 이마티닙(Imatinib, Glivec®)을 투여하여 생존율을 높인 연구이고, 고형암의 경우 HER-2 양성 유방암 환자에서 HER2 항체인 트라스투주맙을 표준항암치료에 추가하여 전체 생존기간이 연장되고, *c-KIT* 유전자 돌연변이가 있는 위장관 기질종에서 이마티닙과 *EGFR* 유전자 돌연변이가 있는 비소세포폐암에서 제피티닙이 생존율 향상으로 이어지는 것이 밝혀지면서 가속화 되었다.

임상유전체 연구가 활발해지면서 효율적인 표적치료제 개발을 위한 생체표지자 기반 임상시험의 종류와 개념, 중요성과 한계점을 기술하고자 한다.

### ① 생체표지자 기반 임상시험(biomarker-driven clinical trial)

기존의 임상 시험은 특정 암 적응증의 전체 환자에서 평균적으로 가장 높은 치료 효과를 보기 위해 고안된 방법으로, 생체표지자를 기반으로 한 임상 연구에 접목하기 어렵기 때문에 새로운 형태의 연구 방법이 개발되었다. 가장 먼저 개발된 생체표지자 기반 임상시험은 하나의 생체표지자와 이에 대응하는 하나의 치료제에 대한 연구로 이루어졌으며 예상되는 생체표지자와 치료제의 효과 사이의 연관성 정도에 따라 1) Enrichment design, 2) Biomarker stratified design, 3) Fall-back design으로 구분할 수 있다.

#### A. 강화 설계(enrichment design)(그림 19-12A)

가장 초기의 연구 방법이며 이후 발전한 연구 방법의 기본이 되는 연구 방법이다. 생체표지자와 새로운 치료제 사이에 높은 연관성이 있을 때 시행하며, 생체표지자 양성/음성 여부에 따라 치료에 효과가 있을 것으로 예측되는 부분집단을 선택하여 해당 부분 집단에서 무작위 배정임상 시험을 시행하는 방법으로 생체표지자가 음성일 경우 치료제의 효과가 없을 것이라는 확신이 있을 경우 이용한다. 치료제에 대한 효과가 높을 것으로 예측되는 환자를 선별하여 임상시험을 진행함으로써 필요한 환자 수를 줄이고, 연구기간을 단축할 수 있다는 점, 기존 치료와 비교할 수 있어 결과의 신뢰도가 높아진다는 점이 장점이다. 그러나 생체표

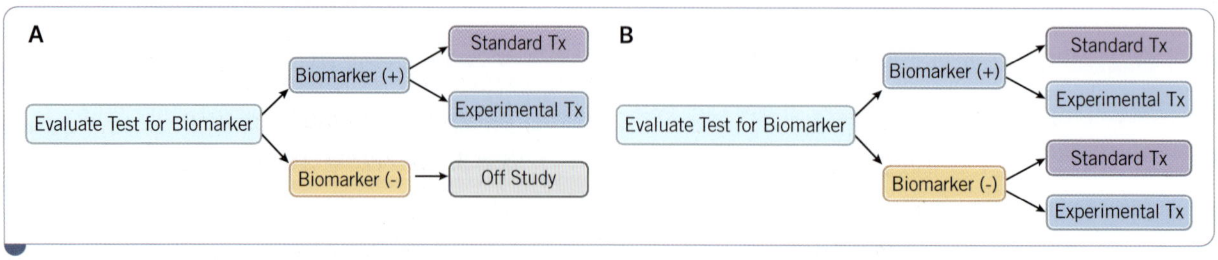


**그림 19-12.** 생체표지자 기반 임상시험(Biomarker-driven clinical trial designs). **(A)** 강화 설계(Enrichment design) **(B)** 생체표지자 층화 설계(Biomarker-stratified design).

지자 양성인 환자만 대상으로 임상시험을 하여 생체표지자 음성인 환자와 전체 환자에서 치료제의 효과를 알 수 없다는 단점이 있다.

### B. 생체표지자 층화 설계(biomarker-stratified design) (그림 19-12B)

강화 설계의 한계점으로 고안된 방법으로 biomarker-by-treatment interaction design이라고도 한다. 생체표지자 양성, 음성 모두 혹은 전체의 환자에서 생체표지자와 새로운 치료법의 유용성을 함께 확인하고자 하는 방법으로 크게 sequential subgroup specific trial, biomarker positive and overall strategy, marker sequential test design (MaST)로 나눌 수 있다. 생체표지자 양성 환자의 치료 효과의 결과에 따라 후속으로 biomarker 음성 환자를 대상으로 연구할지, 환자 전체로 연구할지 결정하는 법에 따라 다르다.

### 2) 마스터 프로토콜(master protocol)

유전체 분석 방법의 발달로 수많은 유전 변이가 다양한 암에서 발견되고 있다. 그러나 일반적인 임상 시험을 통한 접근의 경우, '단일 암'에 대한 '특정 치료법'의 효과를 판단하기까지 상당히 오랜 시간이 필요하고, 많은 충족되지 않은 의학적인 질문들이 산재해 있으며, 특히 드문 유전 변이를 가진 드문 암의 경우에는 하나의 임상 시험을 각각 구성하기에는 대상 환자 군 모집에 한계가 있다. 따라서 정밀의학의 분야에서 하나의 임상시험을 통해 '다수 암종'에 대하여 '다수 치료제'의 효과를 평가할 수 있는 연구 디자인을 설계할 수 있다. 이러한 연구 디자인을 마스터 프로토콜(master protocol)로 명명하며 1) 우산형 설계(umbrella design), 2) 바구니형 설계(basket design), 3) 플랫폼 설계(platform design)가 포함된다.

#### ① 우산형 설계(umbrella trial)(그림 19-13 A)

전통적으로 조직학적 소견에 따라 암을 세분하고, 추가적으로 유전적 변이를 이용하여 세분화 분류를 하고, 약제에 감수성이 있을 대상 환자군을 선정하여 진행하는 강화설계가 시간 및 비용이 많이 소요되고 드문 질환에 대하여는 대상 군 모집에 제한이 있어 다양한 암에서 다양한 유전 변이에 대한 다양한 약제의 역할을 규명하기에는 제한이 있다. 우산형 임상시험의 경우 하나의 조직학적 진단명에 대하여 다양한 유전 변이에 따라 층화하여 개별적으로 독립적인 강화 설계 임상시험(enrichment trial)을 시행하는 것을 의미한다. 이를 통하여 하나의 조직형에 대하여 다양한 유전변이에 따른 표적 치료제의 효과를 동시에 비교할 수 있어 보다 효율적인 연구 진행이 가능하다. 이때 하나의 유전 변이에 대한 치료법의 효과가 불분명할 수 있어 phase II/III로 나누어서 진행을 계획할 수 있고 Single-arm으로 연구를 진행할 수 있다.

#### ② 바구니형 설계(basket trial)(그림 19-13 B)

하나의 유전 변이를 공유하는 다양한 조직학적 진단의 암종에서 해당 표적 치료제의 효과를 비교하는 임상시험이다. 이전 임상시험 결과 해당 변이에 대하여 효과가 증명된 표적 치료제를 사용하여 이전 임상시험에서의 적응증이 아닌 다른 암종에서 효과를 확인하기 위한 임상시험이다. 특히 드문 조직학적 진단의 암에서 독립된 phase II 임상 시험을 수행하는 데 한계를 보이는 암종에서 효과를 검증할 수 있는 방법이다. 대표적인 연구는 *BRAF V600E* 돌연변이 양성 암을 대상으로, 이미 흑색종에서 그 효과가 입증된 베무라페닙(Vemurafenib, Zelboraf®)의 효과를 다양한 암에서 평가하는 연구가 수행이 되었고, 현재 Precision Medicine Initiative의 일환으로 진행되고 있는 NCI-MATCH trial 역시 24개의 유전변이군을 선정하고 특정 유전자 변이가 있는 다양한 암에서 환자 군을 배정하여 각 유전 변이에 따른 표적 치료제의 효과를 다양한 조직 형에서 비교하고자 하는 연구가 진행 중에 있다.

#### ③ 플랫폼 설계(platform trial)(그림 19-13 C)

하나의 조직학적 진단명에 대하여 다양한 유전 변이에

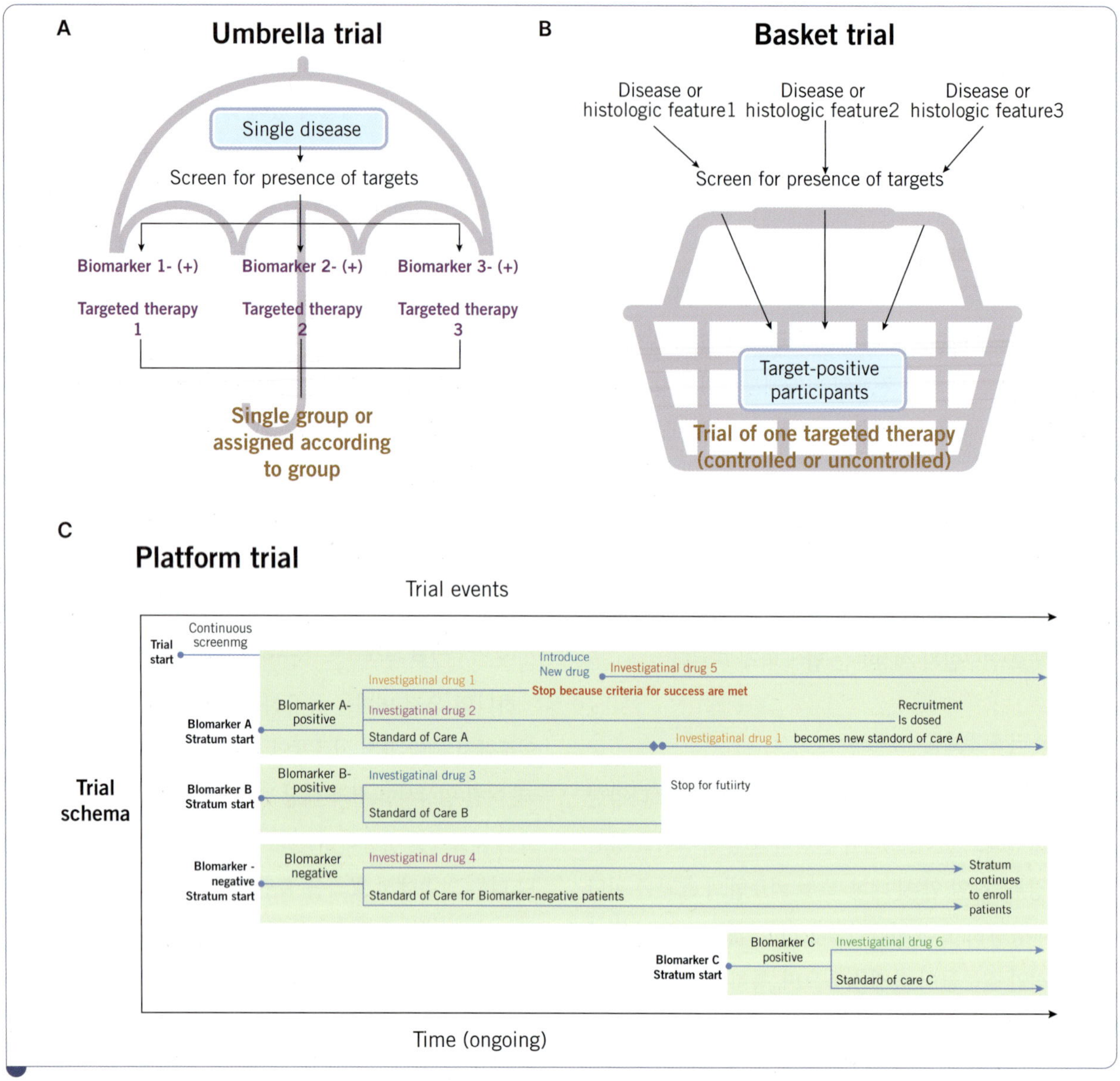


**그림 19-13.** 마스터 프로토콜. **(A)** 우산형 임상시험, **(B)** 바구니형 임상시험, **(C)** 플랫폼 임상시험.

따라 층화하여 개별적으로 강화 설계를 진행하는 점에서는 우산형 임상시험과 동일하다. 그러나 대부분 우산형 임상시험에서는 해당 유전변이군에 대하여 효과가 잘 알려진 표적 치료제를 사용하는 반면 플랫폼 임상시험에서는 해당 유전 변이에 대하여 다양한 표적 치료제의 효과를 무작위로 배정하여 비교하는 것이 차이다. 무작위 배정 과정 중, 특징적으로 해당 유전 변이 군 내에서 반응률이 좋은 군으로 비중을 높여 무작위 배정을 하는 반응-적응적 무작위배정(response-adaptive randomization)을 특징적으로 사용한다. 이에 따라서 8주 무진행과 같은 단기간의 결과값을 바탕으로 다양한 표적 치료제에 대한 효과를 비교할 수 있는 장점이 있고, 그로 인해 연구 진행 중 효과 없음이 밝혀지거나, 새로이 효과를 보이는 표적 치료제가 발견되는 경우 이를 빼거나, 새로이 treatment-arm을 추가하는 등의 자유로운 배정이 가능한 장점이 있다. 대표적인 연구로는 국소 진행 유방암 환자 군을 대상으로 하여 10개의 미리 선정된 유전

변이 군에 대하여 선행항암보조요법을 시행했을 시 병리학적 완전 관해율을 비교하는 I-SPY-2 trial이 현재 진행 중에 있고 일부 치료 군에서의 성적이 하나씩 보고되고 있다.

### 3) 생체표지자 기반 임상시험의 한계점

유전체 검사를 시행하는 조직이 충분하지 않아 유전체 검사를 시행하기 어려운 환자들이 있고, 조직 검사를 하여 유전체 검사를 해도 약제 사용이 가능한 표적 유전자변이를 가진 환자가 적어 임상시험 참여에 제한이 있다. 또한, 특정 표적 유전자 변이가 있음을 발견해도 표적치료제의 허가사항 외 사용(off-label-use)이나, 임상시험을 위한 약제 공급에 한계가 있다.

변이가 있는 세포주(cell line)나 전임상시험에서는 약제의 효과가 좋아도 생체표지자가 있는 환자군에서의 반응률은 기대보다 낮을 수 있으며, 이는 보다 근본적인 표적 치료제 자체의 효과가 한계가 있기 때문이다. 하나의 유전 변이에 대한 표적 치료제가 해당 신호 전달 체계를 부분적으로만 억제하는 경우가 대부분이며 용량을 증량하면 정상세포에도 존재하는 해당 유전자의 신호 전달 체계로 인하여 약물 관련 독성이 발생하게 된다. 즉 허용 가능한 수준의 안전성을 확보하려면 표적 유전자의 억제가 불완전한 경우도 발생하여 효과가 떨어지게 된다. 또한, 암세포의 증식과 생존에 작용하는 신호체계의 경우 가소성(plasticity)이 높아 하나의 신호체계를 억제하는 것이 다른 신호체계를 활성화로 이어질 수 있으며 종양의 이질성(tumor heterogeneity)으로 인해 운전자 돌연변이(driver mutation)와 승객 돌연변이(passenger mutation)의 감별이 어렵고, 조직검사가 전체 종양을 다 대변하지 못할 수 있다. 순환종양DNA(circulating tumor DNA, ctDNA)와 같은 액체생검(liquid biopsy)을 통해 침습적 조직검사의 필요성을 줄이고 종양의 이질성 한계를 극복할 수 있지 않을까 하는 기대도 있지만 그 유용성에 대하여는 추가적인 연구가 필요하다.

바구니형 임상시험을 통해 단일 유전 변이에 대한 치료의 효과를 다양한 암종에서 비교할 때, 조직학적 진단에 따라서도 결과가 다름을 확인할 수 있다. 이는 특정한 유전자의 신호체계가 암의 특정 병리학적 소견에 영향을 받을 수 있다는 한계점을 시사한다.

### 증례 29 | 표적항암제 치료를 받은 폐선암 환자

1) 내원 동기가 된 주 증상(주소): 쇄골상부림프절 종대(supraclavicular lymph node enlargement)

2) 발병 시 연령/성별: 65세/여성

3) 가족력: 없음

4) 임상증상

환자는 10년 전 기침이 지속되어 시행한 흉부 전산화단층촬영 검사에서 우폐하엽에 3 cm 크기의 종괴가 관찰되었고, 조직검사 결과 선암종이 진단되어 우폐하엽 절제술을 받고 외래 추적 관찰하던 환자이다. 최근 쇄골부위에 결절이 만져져 심장혈관흉부외과 외래를 내원하였다.

5) 진찰소견

의식은 명료하였고 지남력 정상이었으며, 신체 검진에서 결막은 창백하지 않았고 공막에 황달소견 있었고 충혈은 없었다. 피부나 구강 병변은 없었다. 복부팽만, 복부 압통, 반발통은 동반되지 않았다. 간, 비장, 신장은 촉지되지 않았고 늑척추각 압통도 없었다. 우측 쇄골상부에서 결절이 촉지되었다.

6) 검사소견

(1) 일반혈액 및 생화학검사: 백혈구 9,500 /mm$^3$, 혈색소 13.0 g/dL, 혈소판 230,000 /mm$^3$이었고, 평균혈구용적(MCV) 92.0 fL, 평균혈구혈색소(MCH) 31.0 pg, 평균적혈구혈색소농도(MCHC) 33.0 g/dL, 적혈구분포폭(RDW) 13.2%이었다. 혈당은 100 mg/dL, 크레아티닌 0.8 mg/dL, 총단백질 6.8 g/dL, 알부민 4.0 g/dL, 총빌리루빈 0.3 mg/dL, AST 20 IU, ALT 20 IU였다.

(2) 영상 검사: 흉부 전산화단층촬영에서 우측 쇄골상부에 림프절 종대가 관찰되었고, 전이로 판단되었다. 양측 폐에 결절은 관찰되지 않았으며, 우측 흉막에 소량의 흉수가 관찰

다음 페이지에 계속 >>

되었다. 양전자 단층촬영 검사에서 췌장 및 척추에 전이가 추가로 확인되었으며, 우측 쇄골상부림프절에 대하여 초음파검사를 이용한 총생검(gun biopsy)을 시행하였다.

(3) 병리 검사: 우측 쇄골상부림프절 생검 결과 전이성 선암이 확인되었으며, 면역조직화학검사상 TTF-1 단백질 발현이 확인되어 폐선암의 전이로 진단되었다.

(4) 유전자 검사: 생검 조직에서 DNA 및 RNA를 추출한 후 NGS 기반 고형암유전자패널검사를 시행하였고, *CCDC6-RET* 유전자융합이 검출되었다.

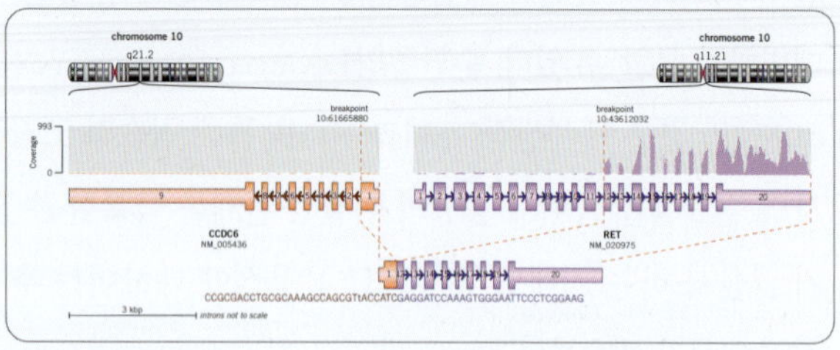


### 7) 치료경과

환자는 이후 *RET* 유전자에 대한 선택적 타이로신 인산화효소 억제제(selective RET tyrosine kinase inhibitor)에 대한 신약 임상시험에 참여하였고, 추적 관찰 결과 쇄골상부림프절, 췌장, 척추에 존재하던 전이 병변의 크기가 감소하였다.

### 8) 요약

*RET* 유전자의 융합은 갑상선암과 비소세포폐암에서 주로 발생하고, 대장암, 유방암 등 기타 종양에서는 매우 드물게 관찰되는 유전변이이다. *RET* 유전자융합을 가진 비소세포폐암은 기존 세포독성 항암제의 효과가 크지 않은 것으로 알려져 있으나, 최근 선택적으로 RET 타이로신 인산화효소를 억제하는 약물들이 괄목할 만한 무진행생존기간(progression-free survival)의 연장 효과를 나타내고 있다. RET 타이로신 인산화효소 억제제는 RET 융합 양성인 비소세포폐암과 갑상선암에서 2020년 미국 식품의약품관리청(US FDA)의 허가를 받은 바 있으며, 바구니형 임상시험인 LIBRETTO-001 연구에서 암이 발생한 장기에 관계없이 효과를 보여 2022년 9월, 미국 식품의약품안전청(US FDA)으로부터 조직불문항암제(tissue-agnostic drug)로 허가를 받았다.

현재 미국을 기준으로 암발생 장기에 관계없이 생체표지자의 양성 유무에 따라 처방이 가능한 생체표지자로는 현미부수체불안정(microsatellite instabilty), 종양변이부담(tumor mutational burden), *NTRK* 유전자융합, *RET* 유전자융합 등이 있다.

## REFERENCE


1. 김정한, 김기호, 구민영, 외. 한국인에서 다발성 내분비선종 증후군의 초기 증상 및 임상 양상. The Journal of Endocrine Surgery, 2010;10(4):266-75.
2. 한국유방암학회. 2023년 제10차 한국유방암 진료권고안. 2023;190-201.
3. Bandopadhayay P, Meyerson M. Landscapes of childhood tumours. Nature. 2018;555:316-7.
4. Berliner JL, Cummings SA, Boldt Burnett B, et al. Risk assessment and genetic counseling for hereditary breast and ovarian cancer syndromes-Practice resource of the National Society of Genetic Counselors. J Genet Couns. 2021;30(2):342-60.
5. Bisgaard ML, Fenger K, Bülow S, et al. Familial adenomatous polyposis (FAP): frequency, penetrance, and mutation rate. Hum Mutat. 1994;3:121-5.
6. Blair VR, McLeod M, Carneiro F, et al. Hereditary diffuse gastric cancer: updated clinical practice guidelines. Lancet Oncol. 2020;21(8):e386-97.
7. Drilon A, Oxnard G R, Tan D S W, et al. Efficacy of Selpercatinib in RET Fusion-Positive Non-Small-Cell Lung Cancer. N Engl J Med. 2020;383(9):813-24.
8. Evans DG, Turnbull C, Woodward ER. Concern regarding classification of germline TP53 variants as likely pathogenic. Hum Mutat. 2019;40:828-31.
9. Frebourg T, Bajalica Lagercrantz S, Oliveira C, et al. Guidelines for the Li-Fraumeni and heritable TP53-related cancer syndromes. Eur J Hum Genet. 2020;28:1379-86.
10. Garraway LA, LAnder ES. Lessons from the cancer genome. Cell. 2013;153(1):17-37.
11. Giardiello FM, Allen JI, Axilbund JE, et al. Guidelines on genetic evaluation and management of Lynch syndrome: a consensus statement by the US Multi-society Task Force on colorectal cancer. Am J Gastroenterol. 2014;109:1159-79.
12. Giardiello FM, Petersen GM, Piantadosi S, et al. APC gene mutations and extraintestinal phenotype of familial adenomatous polyposis. Gut. 1997;40:521-5.
13. Giardiello FM, Trimbath JD. Peutz-Jeghers syndrome and management recommendations. Clin Gastroenterol Hepatol. 2006;4:408-15.
14. Greenman C, Stephens P, Smith R, et al. Patterns of somatic mutations in human cancer genomes. Nature. 2007;446(7132):153-8.
15. Hampel H, Bennett RL, Buchanan A, et al. A practice guideline from the American College of Medical Genetics and Genomics and the National Society of Genetic Counselors: referral

indications for cancer predisposition assessment. Genet Med. 2015;17(1):70-87.

16. Harris J R, Lippman M E, Morrow M, et al. Diseases of the Breast. 5th ed. Philadelphia: Wolters Kluwer Health; 2014. pp 187-91.
17. Hemminki A, Markie D, Tomlinson I, et al. A serine/threonine kinase gene defective in Peutz-Jeghers syndrome. Nature. 1998;391:184-7.
18. Hendriks L E, Kerr K M, Menis J, et al. Oncogene-addicted metastatic non-small-cell lung cancer: ESMO Clinical Practice Guideline for diagnosis, treatment and follow-up. Ann Oncol. 2023;34(4):339-57.
19. Henriks LE, Kerr KM, Menis J, et al. Non-oncogene-addicted metastatic non-small-cell lung cancer: ESMO Clinical Practice Guideline for diagnosis, treatment and follow-up. Ann Oncol. 2023;34(4):358-76.
20. Janiaud P, Serghiou S, Ioannidis JPA. New clinical trial designs in the era of precision medicine: An overview of definitions, strengths, weaknesses, and current use in oncology. Cancer Treat Rev, 2019;73:20-30.
21. Jones DTW, Banito A, Grünewald TGP, et al. Molecular characteristics and therapeutic vulnerabilities across paediatric solid tumours. Nat Rev Cancer. 2019;19:420-38.
22. Jung Y, Jun J, Lee S, et al. Cowden Syndrome: A Review. Lab Med Online. 2023;13:165-71.
23. Kuchenbaecker K B, Hopper J L, Barnes D R, et al. Risks of breast, ovarian, and contralateral breast cancer for BRCA1 and BRCA2 mutation carriers. JAMA. 2017; 317(23):2402-16.
24. Kuchenbaecker KB, Hopper JL, Barnes DR, et al. Risks of Breast, Ovarian, and Contralateral Breast Cancer for BRCA1 and BRCA2 Mutation Carriers. JAMA. 2017 Jun 20;317(23):2402-2416.
25. Lammens C R, Bleiker E M, Aaronson N K, et al. Regular surveillance for Li-Fraumeni Syndrome: advice, adherence and perceived benefits. Fam Cancer. 2010;9:647-54.
26. Maher ER, Neumann HP, Richard S. von Hippel-Lindau disease: a clinical and scientific review. Eur J Hum Genet. 2011;19(6):617-23.
27. Ma X, Liu Y, Liu Y, et al. Pan-cancer genome and transcriptome analyses of 1,699 paediatric leukaemias and solid tumours. Nature. 2018;555:371-6.
28. Miller R E, Leary A, Scott C L, et al. ESMO recommendations on predictive biomarker testing for homologous recombination deficiency and PARP inhibitor benefit in ovarian cancer. Ann Oncol. 2020;31(12):1606-22.
29. Moreira L, Balaguer F, Lindor N, et al. Identification of Lynch syndrome among patients with colorectal cancer. JAMA. 2012;308:1555-65.
30. Robson M E, Bradbury A R, Arun B, et al. American Society of Clinical Oncology Policy Statement Update: Genetic and Genomic Testing for Cancer Susceptibility. J Clin Oncol. 2015;33(31):3660-7.
31. Simon R. Critical review of umbrella, basket, and platform designs for oncology clinical trials. Clin Pharmacol Ther. 2017;102:934-41.
32. Slowik V, Attard T, Dai H, et al. Desmoid tumors complicating Familial Adenomatous Polyposis: a meta-analysis mutation spectrum of affected individuals. BMC Gastroenterol. 2015;15:84.
33. Sparano JA, Gray RJ, Makower DF, et al. Adjuvant chemotherapy guided by a 21-gene expression assay in breast cancer. N Engl J Med. 2018;379:111-21.
34. Subbiah V, Wolf J, Konda B, et al. Tumour-agnostic efficacy and safety of selpercatinib in patients with RET fusion-positive solid tumours other than lung or thyroid tumours (LIBRETTO-001): a phase 1/2, open-label, basket trial. Lancet Oncol. 2022;23(10):1261-73.
35. Sweet-Cordero EA, Biegel JA. The genomic landscape of pediatric cancers: Implications for diagnosis and treatment. Science. 2019;363:1170-5.
36. Syngal S, Brand RE, Church JM, et al. ACG clinical guideline: Genetic testing and management of hereditary gastrointestinal cancer syndromes. Am J Gastroenterol. 2015;110:223-62.
37. Sørlie T, Perou CM, Tibshirani R, Aas T, Geisler S, Johnsen H, et al. Gene expression patterns of breast carcinomas distinguish tumor subclasses with clinical implications. Proceedings of the National Academy of Sciences. 2001;98(19):10869-74.
38. Thakker RV. Multiple endocrine neoplasia type 1 (MEN1) and type 4 (MEN4). Mol Cell Endocrinol. 2014;386(1-2):2-15.
39. US Preventive Services Task Force, Owens DK, Davidson KW, et al. Risk assessment, genetic counseling, and genetic testing for BRCA-related cancer: US Preventive Services Task Force Recommendation Statement. JAMA. 2019;322(7):652-65.
40. Van Lier M G, Mathus-Vliegen E M, Wagner A, et al. High cumulative risk of intussusception in patients with Peutz-Jeghers syndrome: time to update surveillance guidelines? Am J Gastroenterol. 2011;106:940-5.
41. Van Lier M G, Westerman A M, Wagner A, et al. High cancer risk and increased mortality in patients with Peutz-Jeghers syndrome. Gut. 2011;60:141-7.
42. Vasen H F, Tomlinson I, Castells A. Clinical management of hereditary colorectal cancer syndromes. Nat Rev Gastroenterol Hepatol. 2015;12:88-97.
43. Vega D M, Yee L M, McShane L M, et al. Alighning tumor mutational burden (TMB) quantification across diagnostic platforms: phase II of the Friends of Cancer Research TMB Harmonization Project. Ann Oncol. 2021;32(12):1626-36.
44. Vogelstein B, Papadopoulous N, Velculescu V E, et al. Cancer genome landscapes. Science. 2013;339(6127):1546-58.
45. Win A K, Parry S, Parry B, et al. Risk of metachronous colon cancer following surgery for rectal cancer in mismatch repair gene mutation carriers. Ann Surg Oncol. 2013;20:1829-36.
46. Wirth L J, Sherman E, Robinson B, et al. Efficacy of Selpercatinib in RET-Altered Thyroid Cancers. N Engl J Med. 2020;383(9):825-35.
47. W K Kelly, S. Halabi. Oncology clinical trials: successful design, conduct, and analysis. 2nd ed. Springer publishing company; 2018.
48. Woodcock J, LaVange L M. Master protocols to study multiple therapies, multiple diseases, or both. N Engl J Med. 2017;377:62-70.

CHAPTER 20

# 면역체계의 유전학

Genetics and genomics of immunity

강은구, 오지영

## I. 인간의 면역체계 개요

### 1. 면역체계의 진화

인간의 면역체계와 이를 통해 감염으로부터 우리 인체를 보호하는 방법과 관련된 기전은 더욱 효율적으로 진화되어 왔으며, 기전에 대한 이해 또한 발전하고 있다. 여러 세포의 집합체로 이루어진 면역체계는 인간의 피부, 호흡기, 소화기관 등의 여러 장기를 각종 바이러스와 세균, 진균 등의 미생물, 암세포 및 독소들로부터 보호해주는 각종 화학 및 구조적 장벽 외에도 효율적인 면역체계를 보유하고 있는데 이는 선천성 면역과 적응 면역이라는 두 가지 방어 기전으로 크게 나눌 수 있으며 두 시스템이 밀접하게 연관되어 있다.

### 2. 선천성 면역과 적응 체계

선천성 면역 체계는 신체를 침입한 병원체에 대한 첫번째 면역 방어 체계로 작용한다. 다양한 항원에 비특이적인 방어 메커니즘을 발현하는데 항원에 노출되는 직후 또는 몇 시간 내에 즉각적으로 반응한다. 면역학적 기억이 없기 때문에 동일한 병원체에 반복적으로 노출되는 경우에도 이를 인식하거나 기억하여 반응할 수는 없는 특징이 있다. 반면, 적응 면역은 각 항원에 특이적으로 반응할 수 있는 반면 항원에 노출된 후 최대한의 면역 반응을 나타내기까지 일정 시간 간격이 필요하지만 이미 노출된 적이 있는 항원에 대해서는 기억하고 있기 때문에 재 노출되었을 때 더 빠르고 효율적으로 면역 반응을 유도할 수 있다. 이 두 가지 면역 시스템은 보다 효율적인 면역체계 구축을 위해 상호 보완적으로 작용한다(**그림 20-1**). 따라서 숙주에게 둘 중 하나의 시스템 결함이 생기면 감염에 취약하게 되거나 부적절한 면역 반응으로 인한 질환이 발생하게 된다.

### 3. 선천성 면역

#### 1) 선천성 면역체계의 개요

선천성 면역은 크게 네 종류의 방어 기전으로 이루어 져 있다. 해부학적 장벽(피부 및 점막), 생리학적 장벽(체온, 낮은 산성도, 항미생물 활성을 갖는 화학 수용성 분자들), 항원의 세포 내 이입과 포식 세포의 작용, 그리고 염증 작용이 이에 속한다. 해부학적 방어 장벽을 회피하려는 병원체를 효과적으로 방어하려는 선천성 면역의 중요한 세포들과 과정은 일차적으로 병원균들에서 알려진 공통 구조(pathogen associated molecular pattern)를 신속하게 감지하고 대응하는 것에서

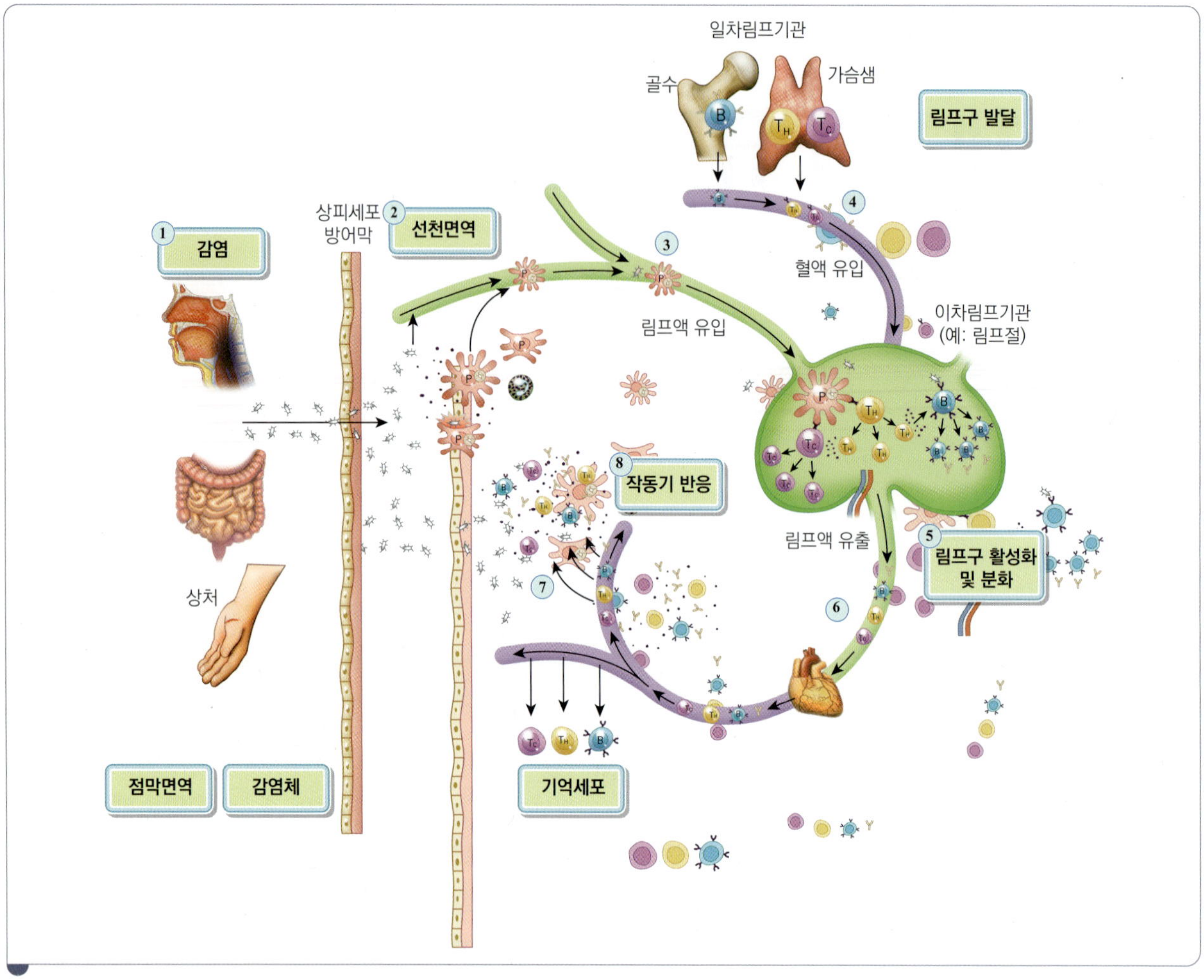


**그림 20-1**. 감염에 대한 선천 및 적응면역의 협동작용.

시작된다. 대표적으로 세균의 세포벽을 구성하는 다당류를 인지하는 것이 이에 속한다.

## 2) 선천성 면역의 구성요소와 기능

선천성 면역의 중요한 기능 중에 하나는, 사이토카인과 케모카인의 생성을 통해 감염과 염증 부위에 면역 세포들을 빠르게 응집시키는 것이다. 생성된 사이토카인은 신체 전체에 걸쳐 다양한 방어 기제를 발현시키는 동시에 감염이나 부상에 대한 국소적 세포 반응을 활성화시킨다. 초기 세균 감염 시 분비되는 중요한 염증성 사이토카인에는 종양 괴사 인자(tumor necrosis factor, TNF), 인터루킨 1 (interleukin 1, IL-1)과 인터루킨 6 (interleukin 6, IL-6)가 있다. 이러한 사이토카인은 세포들의 응집을 유도하고 많은 병원체 제거에 중요한 국소 세포 반응을 활성화시키는 작용을 하며 발열을 유발하는 기전에도 필수적이다. 이러한 염증성 사이토카인이 적절하게 조절되지 않으면 염증이나 자가 면역 질환이 유발될 수 있으며 있으며, 중요한 치료적 표적이 되기도 한다.

보체 시스템은 선천 면역 및 적응 면역계와 협동하여 인체 내에서 병원체와 사멸된 세포, 면역복합체 등을 제거하는 혈청 단백질의 집단이다. 세균를 포함한 병원체를 식별하고 옵소닌화 하는데 관여한다. 보체계는 면역 세포들이 병원체를 삼키고 세포 파편을 제거하거나 직접 일부 병원체와 감염된 세포를 죽이는 과정인 탐식 작용에 취약하게 만드는 작용을 한다. 선천성 면역의 탐식 작용은 죽은 세포나 항체 복합체, 장기나 세포, 혈액 등에 침투한 외부 인자를 제거하는 데 기여한다. 또한 항원 제시 세포(antigen-presenting cells, APCs)를 활성화시켜 적응 면역 반응을 활성화시키는 데에도 관여한다.

탐식 세포(phagocytic cell), 수지상세포(dendritic cells), 비만세포(mast cell), 호염구(basophil), 호산구(eosinophil), 자연 살해 세포(NK cell)와 선천성 림프구(innate lymphoid cell, ILCs) 등 다양한 많은 세포들이 선천 면역 반응에 관여한다. 탐식 세포는 호중구(neutrophil)와 대포식 세포(macrophage), 이 두 가지로 크게 나눌 수 있는데 두 세포 모두 미생물을 포획하고 다양한 식균 작용을 통해 제거하는 기능이 있다. 그중에 대포식 세포는 탐식 작용뿐 아니라 T 세포에 항원 제시 기능도 수행한다.

수지상 세포는 식균 작용 및 항원 제시 세포로의 역할을 함으로써 적응 면역 반응을 개시하고 선천 면역과 적응 면역 반응 사이를 매개하는 중요한 역활을 한다. 비만 세포와 호염구는 알러지와 천식과 같은 급성 염증성 반응의 개시에 필수적인 역할을 한다. 특히 비만 세포는 면역 감시 세포(sentinel cell)로서와 감염에 반응하여 초기 사이토카인을 생성하는데 중요한 역할을 한다. 비만 세포는 혈관과 점막 표면 등의 결체 조직에 위치하며 호염구는 순환계에 존재한다. 호산구는 포식세포 중 하나로, 크기가 커서 식균되지 못하는 기생충을 제거하는 데 중요한 역할을 하는 과립구이며 알레르기와 천식을 조절하는 기전에 관여한다. 자연살해 세포는 면역 거부 및 바이러스에 감염된 세포를 제거하는 데 주요한 역할을 하는 세포이다. 감염된 세포의 사멸은 이를 유도하는 자연살해 세포의 과립에서 방출된 특정 단백질들(perforin, granzyme)에 의해 이루어진다. 또한 자연살해 세포는 항원 제시를 동원하고 효과적인 항바이러스 면역 활성화를 촉진하는 데 필요한 또 다른 사이토카인인 인터페론-감마(interferon-gamma, IFN-γ)의 중요한 공급원이다. 선천성 림프구 세포는 면역 시스템의 조절에 중요한 역할을 담당하는데 세포의 유형에 따라 IL-4, IFN-γ와 IL-7 등의 사이토카인을 선택적으로 생성하여 특정 병원체에 대한 적절한 면역 반응을 유도하는 데 기여한다. 선천성 면역에 관여하는 각각의 세포 종류와 특성 및 기능들을 **표 20-1**에 정리하였다.

**표 20-1. 선천성과 적응성 면역 체계의 특징**

| | 선천성 면역 체계 (innate immune system) | 적응성 면역 체계 (adaptive immune system) |
|---|---|---|
| 세포 | 대식 세포<br>수지상 세포<br>비만세포<br>호중구<br>호산구<br>호중구<br>자연살해<br>T세포 | T세포<br>B세포 |
| 분자 | 싸이토카인<br>보체계<br>특정 단백/당단백 | 항체<br>싸이토카인 |
| 반응시간 | 즉각적 반응 | 수시간~수일, 지연성 반응 |
| 면역기억 | X | 반복적인 항원 노출에 의해 반응성 강화 |

## 4. 적응 면역

### 1) 적응 면역 체계의 개요

적응 면역의 발달 및 발현은 선천성 면역체계의 작용에 의해 도움을 받으며 특히 선천성 면역 시스템이 감염원을 제거하는데 효과적이지 않을 때 중요한 역할을 한다. 적응 면역 반응의 기초적인 역할은 비자기(non-self) 항원의 인식과 자기(self) 항원을 비자기 항원과 구별하는 것이다. 또한 특정 병원체 또는 감염된 세포를 제거하기 위한 항원 특이적 면역 반응 경로의 생성과 후속 감염 발생 시 특정 병원체를 신속하게 제거할 수 있도록 면역 기억을 생성하는 것이다.

적응 면역 기전에 관여하는 세포에는 항원제시세포(antigen presenting cell, APC) 작용에 의해 활성화되어 증식하는 항원 특이 T 세포(antigen-specific T cell)와 형질 세포로 분화하여 항체를 생성하는 B 세포가 있다.

### 2) T 세포와 항원 제시 세포

T 세포는 골수 안의 조혈모세포에서 기원하며 이동하여 흉선에서 성숙한다. 이 세포들은 T 세포 수용체(T-cell receptor, TCR)로 알려진 일련의 고유한 항원 결합 수용체를 세포막에 발현시킨다. 각각의 T 세포는 단일 유형의 TCR을 발현하는데, 각각 적절한 신호를 받으면 빠르게 증식하고 분화할 수 있는 능력을 가지고 있다. 항원을 직접 인식할 수 있는 B 세포의 세포막 항체와 달리, TCR은 조직 적합성 복합체(major histocompatibility complex, MHC)라고 불리는 단백질 복합체에 결합되어 있는 항원의 조각을 인식한다. 따라서 앞서 언급한 바와 같이 T 세포가 올바로 작용하려면 APC 작용이 필요하다.

APC 표면에는 MHC가 발현되어 있는데 이는 유전적으로 다양성을 가지는 세포 표면 당단백질로 세포가 바이러스 등 세포내 병원체에 감염되었을 때 항원의 조각을 보여주는 역할을 한다. MHC 분자가 항원과 결합한 복합체를 형성할 수 있기 때문에 세포는 내부 단백질들을 제시할 수 있고, T 세포는 MHC에 제시된 단백질을 인식한다. MHC는 모든 유핵 세포에서 발현되는 1형과 특정 면역 세포들에서만 발현되는 2형으로 나눌 수 있다. 1형 MHC 분자의 경우에는 내인성(세포내) 펩타이드를, 2형의 경우에는 외인성(세포외) 펩타이드를 제시한다.

T 세포는 특정한 외부 펩타이드에 결합할 수 있도록 다양한 범위의 독특한 각 TCR을 보유하고 있다. 면역체계가 발달을 하는 과정 중에 인간의 신체내에서 발견되는 항원에 대해 반응하는 T 세포들은 대부분 제거된다. T 세포는 항원을 분해해서 MHC에 적절한 항원 조각을 표시한 APC와 결합할 때 활성화된다. MHC 항원 복합체는 TCR를 활성화시키고, 활성화된 T 세포는 면역 반응을 보다 효율적으로 조절하기 위해 사이토카인을 분비한다. 이 항원 제시 과정을 통해 T 세포가 세포독성 T 세포 또는 조력 T 세포로 분화하도록 자극이 된다. 조력 T 세포와 세포 독성 T 세포는 표면에 각각 막당단백질인 CD4와 CD8 중 한 종류만 발현하므로 구분이 가능한데, 일반적으로 CD4를 발현하는 경우 조력 T 세포로 작용하며 제2형 MHC와 결합한 항원을 인식하는 반면, CD8을 발현하는 경우 세포독성 T 세포로 작용하며 제1형 MHC와 결합한 항원을 인식한다.

세포독성 T 세포는 주로 바이러스와 같은 외부 인자에 의해 감염된 세포를 파괴하거나 적절한 항원을 발현하고 있는 종양 세포의 사멸에 주로 관여한다. 이 세포들은 MHC 1형 분자에 결합된 펩타이드와 고유의 TCR의 강호작용에 의해 활성화되고, 활성화된 T 세포 복제의 증가는 세포 사멸을 유도하는 물질을 방출하는 effector cell을 만든다. 감염이 해결되면 대부분의 effector 세포는 죽고 포식세포에 의해 제거되지만, 일부는 같은 항원에 반복된 감염에 노출되었을 시에 빠르게 effector cell로 분화할 수 있는 기억 세포로 남는다. 이들의 증식화 분화 과정이 적절하게 작용하려면 조력 T 세포의 도움이 필요하다.

조력 T 세포는 면역 반응을 확립하고 극대화하는 데 중요한 역할을 한다. 이 세포는 세포 독성이나 독자적인 포식세포 활성 작용은 하지 않으며 감염된 세포를 직접 사멸시키거나 병원균을 제거할 수 없다. 그러나 다른 세포가 이러한 역할을 수행하고 발생하는 면역 반응을 조절하도록 중재하는 역할을 한다. 조력 T 림프구는 2형 MHC 분자에 결합된 항원의 TCR 인식을 통해 활성화되는데 한 번 활성화되면 APC를 포함하여 다양한 면역 세포의 활성화와 활동에 영향을 미치는 사이토카인을 방출한다.

여러 조력 T 세포 반응은 APC에 의해 유도될 수 있는데 제1형과 2형 조력 T 세포(T helper type 1 & 2 cell) 및 제17형 조력 T 세포(T helper type 17)의 반응이 가장 대표적이다. 제1형 조력 T 세포는 탐식 세포의 세균 제거 작용을 활성화하고 항 바이러스 면역과 세포내 병원체에 대한 면역을 강화하는데 작용하는 IFN-γ의 생산을 하는 데 관여한다. 또한 제1형 조력 T 세포에서 기원한 사이토카인은 B세포의 분화에 관여하여 탐식 세포의 효율을 향상시킬 수 있도록 옵소닌화 항체를 만드는 데 기여한다. 이러한 제1형 조력 T 세포가 부적절하게 작용하게 되는 것은 일부 자가면역 질환의 발생과 연관이 있다고 알려져 있다. 제2형 조력 T 세포는 IgE를 생성하는 B세포의 발달 유도와 기생충 관련 효율적인 면역 반응 유도에 필요한 비만 세포와 호중구 세포의 응집에 관여하는 사이토카인의 방출에 기여한다. 또한 세균 감염을 제거하기 위한 특정 IgG의 생성을 향상시키는 역할도 수행한다. 제2형 조력 T 세포 연관 사이토카인의 불균형적 생산은 알레르기 반응의 유발과 연관이 있을 수 있다. 제17형 조력 T 세포의 역할은 인터루킨 17 (IL-17) 계열의 사이토카인을 분비하는 역할을 하며 만성 감염 질환 등에서 지속되는 염증 반응과 연관이 최근에 알려지기 시작하였다.

조력 T 세포 중 하나인 조절 T 세포(regulatory T cell) 또한 면역 반응을 조절하는데, 특히 면역 반응을 제한하거나 억제함으로써 자기 항원에 대한 이상 면역 반응 및 자가 면역 질환의 발생을 억제하는 기능을 한다. 또한 이 세포들은 식품들에서 발견되는 특정 외부 항원에 대해 "immune tolerance" 기전을 발전시키는 데 중요한 역할을 하는 것으로 알려져 있다.

지금까지 알려진 세포독성 T 세포와 조력 T 세포 세포의 아형들 외에도 향후 추가적으로 다양한 기능을 가진 아형들이 밝혀질 가능성이 있다.

### 3) B 세포

B 세포는 골수에 있는 조혈모 세포에서 생성되는데, 성숙하게 되면 골수에서 방출되며 세포막에 항원 결합 수용체인 B 세포 수용체(BCR)를 발현하고 통해 T 세포와 달리 APC의 도움 없이 항원을 직접 인식할 수 있다. 각각의 B세포는 항원 특이성을 가지는 항체를 표면에 발현한다. B 세포의 주요 기능은 추가적으로 분화가 필요한 외부 항원에 대한 항체를 생산하는 것이다. 특정 상황에서는 B세포 자체가 APC로 작용할 수도 있다. 적합한 항원 특이적 수용체를 가진 B 세포가 외부 항원을 세포 내로 받아들인 후 처리하여 활성화되면 증식하여 항체 분비 형질 세포(plasma cell) 또는 기억 B 세포로 분화한다. 기억 B 세포는 과거의 감염으로부터 오래 남아서 항원 결합 수용체를 지속적으로 발현함으로써 같은 항원에 재 감염되었을 때 항체를 빠르게 생성하여 항원을 제거할 수 있다. 반면에 형질 세포는 상대적으로 수명이 짧은 세포로, 면역 반응을 유도했던 물질이 제거되면 대부분 1~2주 내에 사멸된다. 하지만 이 세포는 많은 양의 항체를 생산하여 이를 순환계 및 조직으로 침투시킬 수 있어 병원체로부터 효율적으로 방어할 수 있도록 해 준다.

이와 같이 항체 생산 기능을 고려할 때 T 세포는 주로 세포 매개 면역 반응과 연관이 있는 반면 B 세포는 체액 또는 세포 매개 면역 반응에서 중요한 역할을 하게 된다.

## 5. 체액성 면역(항체 매개 면역)과 세포매개면역

### 1) 체액성 면역

체액성 면역은 B세포 항체 생성에 의해 매개되는 적응 면역 체계의 한 분야이다. 항체 생성의 경로는 B세포의 항체 결합 수용체가 항원을 인식하고 결합할 때 시작된다. 국소적으로 분포하는 조력 T 세포는 B세포가 증식하는 것을 돕고, 생성될 항체의 타입을 결정하는 데 필요한 사이토카인을 분비한다. IL-6와 같은 일부 사이토카인은 B세포가 항체를 분비하는 형질 세포로 성숙하는 과정을 돕는다. 이렇게 생성되어 방출된 항체는 특정 병원체 표면의 항원에 결합하여 보체의 활성화, 포식 세포의 옵소닌 작용의 촉진 및 "immune effector" 세포에 의한 병원체 제거가 가능할 수 있도록 한다.

IgA, IgD, IgE, IgG과 IgM의 다섯 유형의 항체가 B 세포를 통해 생성되는데 각각의 항체 유형은 다른 생물학적 기능을 가지며, 특정 병원체를 인식하고 중화하는 역할을 한다. 항체들은 감염의 급성기 동안 바이러스 증식을 억제하는데 중요한 역할을 한다. 그러나 감염이 일단 발생하면 바이러스를 직접 제거할 수는 없고, 대부분 숙주 방어체계 내의 세포내 병원균에 대한 세포 매개 면역 매커니즘이 면역 작용에 중요한 역할을 차지한다.

### 2) 세포 매개 면역

세포 매개 면역 작용은 항체를 포함하는 반응은 아니며 바이러스에 감염된 세포, 세포 내 세균을 포함한 세포, 종양 표지자를 발현하고 있는 암세포 등 외부 항원이나 외부 항원에서 비롯된 펩타이드가 세포 표면에 발현되어 있는 경우 항원 특이 세포독성 T 세포를 활성화하여 세포 사멸을 유도, 세포내 병원체를 파괴할 수 있는 대식세포 및 자연살해 세포의 활성화 및 추가적인 효과적 면역 반응을 매개하는 IFN-γ 등의 사이토카인 생산의 자극 등의 기전을 통해 면역체계를 활성화하게 된다. 세포 매개 면역은 주로 포식 세포 내에 병원체를 포함하고 있거나 비식세포를 감염시키는 병원체를 대상으로 발현되므로 주로 바이러스에 감염된 세포나 암세포 등을 제거하는 데는 효과적인 체계이지만 진균, 및 세포 내 세균 등을 제거하는 방어 체계로도 사용될 수 있다. 또한 이러한 세포 매개 면역은 이식 거부 반응을 유발하는데 중요한 역할을 하기도 한다. 면역계의 체액성 및 세포성 면역의 개요를 그림으로 도식화해 본다면 다음과 같다(그림 20-2).

## 6. 면역 관용

항원 인지 수용체가 무작위적으로 생성되어 숙주의 자기 조직 또한 항원으로 손상시킨다면 해를 줄 수 있다. 따라서

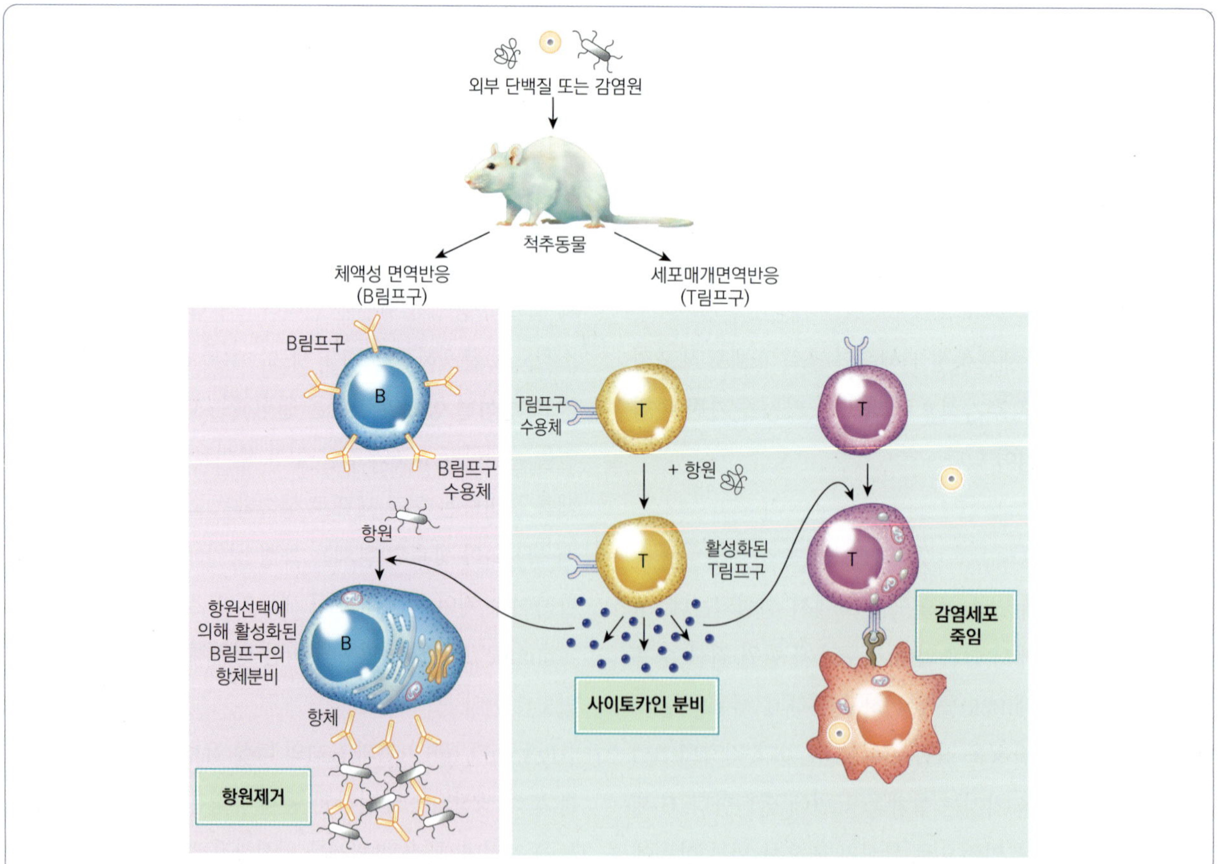


그림 20-2. 면역계의 체액성 및 세포성 면역의 개요.

면역계는 자기-비자기를 식별할 수 있는 기전을 가지고 있으며 이를 면역 관용이라고 한다. 숙주의 조직에 대한 면역 반응을 제한하는 현상은 자기 분자에 반응할 수 있는 세포나 수용체의 제거, 억제를 통해 유지된다. 숙주 세포의 사멸이 정상적인 세포 주기 중 하나로 발생한다면 면역 반응은 활성화되지 않는다. 하지만 감염이나 물리적 손상에 의한 세포의 사멸이 발생하여 세포 내용물의 방출, 세포 스트레스 단백의 발현, 병원체가 방출하는 특정 산물로 인해 위험 신호가 동반되는 경우에는 면역 반응이 활성화되어 자기 관용이 사라지게 되어 심각한 임상적 결과를 초래할 수 있다.

## II. 유전성 면역결핍 및 자가면역성 질환
### (Inherited immune disorders and autoimmunity)

면역결핍은 T세포, B세포, MHC, 보체단백 등 면역계의 하나 이상의 요소가 정상적으로 기능하지 못할 때 생기게 된다. 1차성 면역결핍(primary immune deficiency)은 면역계 세포의 이상으로 발생하고 주로 유전적 변이에 의해 발생하게 된다. 2차성 면역결핍(secondary immune deficiency)은 면역기능이 정상인 사람이 방사선, 감염, 혹은 약물로 인해서 면역기능에 결함이 생긴 경우이다. 인체 면역결핍바이러스(human immunodeficiency virus, HIV)의 감염으로 인한 후천면역결핍증후군(acquired immunodeficiency syndrome, AIDS)이 대표적인 예이다.

면역체계는 외부 항원과 싸우고, 자가항원과 비자가항원을 구별하며, 정상적으로 성장하지 않는 세포를 제거하는 생물학적 시스템이다. 이를 통해서, 미생물에 감염되거나 비정상적으로 성장하는 세포로부터 유기체를 보호할 수 있다. 또한, 자가항원특이림프구의 세포사멸을 유도하여 자가항원과 공생미생물과 같은 비병원성 물질에 대해 면역관용을 가지게 된다. 따라서, 유전성 면역질환 혹은 1차성 면역결핍이 있는 경우, 감염성 질환, 자가면역성 질환, 자가염증성 질환, 악성종양 혹은 알레르기에 대한 감수성이 증가하게 된다.

1차성 면역결핍은 면역반응과 연관되는 주요 물질의 기능상실 변이 혹은 기능획득 변이에 의해 발생하게 된다. 최근 차세대 염기서열 분석을 통해서 원인유전자가 지속적으로 밝혀지고 있으며 2021년까지 약 500개의 원인 유전자가 알려져 있다(그림 20-3). 많은 유전자가 1차성 면역 결핍의 원인이 되기 때문에, 각각의 유전자에 의한 질환은 매우 드물지만, 전체 1차성 면역결핍은 유병률이 10만 명당 40명으로 비교적 흔한 질환으로 볼 수 있다.

1970년대부터 국제면역학회연합(International Union of Immunological Societies, IUIS)에서는 면역결핍과 조절장애에 대한 유전적 원인에 대한 최신 정보를 2년마다 업데이트하여 제공하고 있다(https://iuis.org/committees/iei/).

국제면역학회연합에서는 임상 증상과 이상이 생긴 면역계에 따라 1차성 면역결핍을 복합면역결핍질환(combined immunodeficiencies), 증후군에 동반된 복합면역결핍 질환(combined immunodeficiencies with syndromic features), 체액면역결핍(predominantly antibody deficiencies), 면역조절장애 질환(diseases of immune dysregulation), 선천성 식세포 이상(congenital defects of phagocytes), 내인성 및 선천면역 결함(defects in intrinsic and innate immunity), 자가염증성 장애(autoinflammatory disorders), 보체결핍(complement deficiencies), 골수부전의 원인 유전자(genes that cause bone marrow failure), 선천성 면역결핍의 표현형모사(phenocopies of inborn error of immunity)로 분류하고 있다(표 20-2).

유전성 면역 질환은 드문 질환이기는 하지만, 경우에 따라 심한 증상을 보일 수가 있어 1차성 면역결핍 환자가 건강하게 지내기 위해서는 조기 진단과 적절한 관리가 필요하다. 심각한 장기의 손상이 생기기 전에 적절한 항생제 치료, 면역글로불린 또는 골수이식과 같은 치료를 시행하기 위해서는 신속한 진단이 중요하다. 1차성 면역질환의 증상은 다양하지만, 심한 면역결핍이 있는 환자에서는 모체에서 전달받은 면역글로불린이 감소하는 시점인 생후 3~4개월부

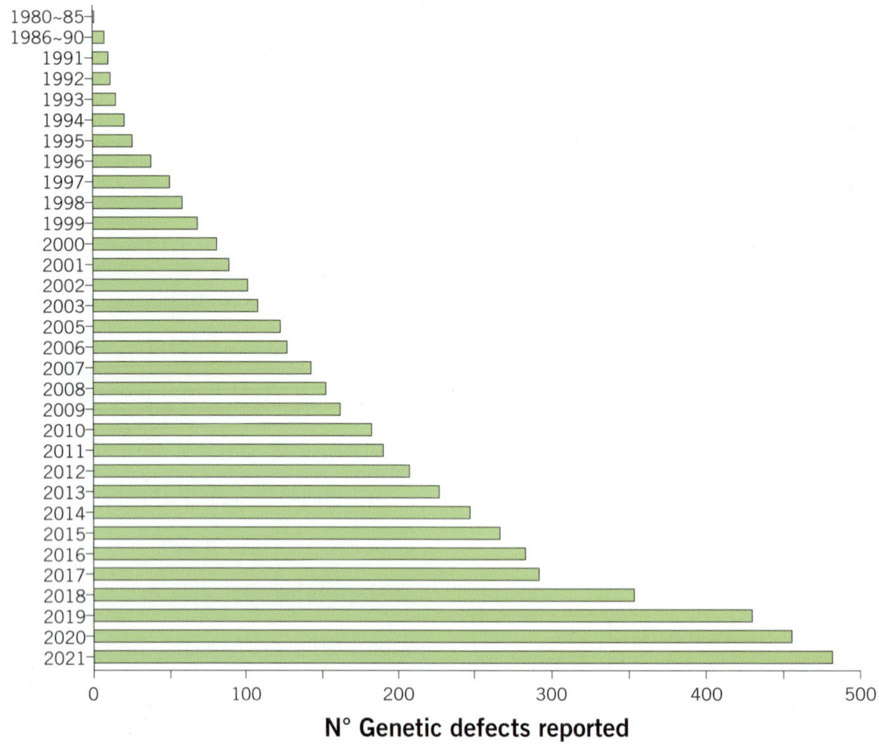


**그림 20-3.** 1988~2022년까지 밝혀진 단일유전자에 의한 1차성 면역결핍의 원인 유전자 수.

**표 20-2. 국제 면역 학회 연합(International Union of Immunological Societies)에 따른 1차성 면역결핍의 원인 유전자(2022년 업데이트)**

| 질환 분류 | 유전자 |
|---|---|
| 복합면역결핍질환(Immunodeficiencies affecting cellular and humoral immunity) | |
| T-B+ 중증복합면역결핍증 | IL2RG, JAK3, IL7R, PTPRC, CD3D, CD3E, CD3Z, CORO1A, LAT, LCP2 |
| T-B- 중증복합면역결핍증 | RAG1/RAG2, DCLRE1C, PRKDC, NHEJ1, LIG4, ADA, AK2, RAC2 |
| 복합면역결핍증(SCID에 비해 심하지 않음) | CD40LG, CD40, ICOS, ICOSLG, CD3G, CD8A, ZAP70, TAP1/TAP2/TAPBP/B2M, CIITA/RFXANK/RFX5/RFXAP, IKZF1, DOCK8, DOCK2, POLD1, POLD2, RHOH, STK4, TRAC, LCK, ITK, MALT1, CARD11, BCL10, IL21, IL21R, TNFRSF4, IKBKB , MAP3K14, RELB, RELA, MSN, TFRC, REL, FCHO1, PAX1, ITPKB, SASH3, MAN2B2, COPG1, IKZF2, CHUK |
| 증후군에 동반된 복합면역결핍 질환(Combined immunodeficiencies with associated or syndromic features) | |
| 선천성 혈소판 감소증이 동반된 면역 결핍 | WAS, WIPF1, ARPC1B, |
| DNA 복구결함(DNA repair defect) | ATM, NBS1, BLM, DNMT3B, ZBTB24, CDCA7, HELLS, PMS2, RNF168, MCM4, POLA1, POLE1, POLE2, LIG1, NSMCE3, ERCC6L2, GINS1, MCM10 |
| 선천기형과 동반된 흉선이상 | 22q11.2 deletion, TBX1, CHD7/SEMA3E,FOXN1, Del10p13-p14, 11q23del |
| 면역-골 형성이상(immuno-osseous dysplasia) | RMRP, SMARCAL1, MYSM1, RNU4ATAC, EXTL3 |
| 고 IgE 증후군(hyper IgE syndrome) | STAT3, IL6R, IL6ST, ZNF341, ERBB2IP, TGFBR1/TGFBR2, SPINK5, PGM3, CARD11 |

다음 페이지에 계속 >>

| 질환 분류 | 유전자 |
|---|---|
| 비타민B12와 엽산 대사 결함 | TCN2, SLC46A1, MTHFD1 |
| 면역결핍동반 무한증성 외배엽 형성이상(Anhidrotic ectodermodysplasia with immunodeficiency, EDA-ID) | IKBKG, NFKBIA IKBKB |
| 칼슘채널결함 | ORAI1, STIM1, CRACR2A |
| 기타 | PNP, TTC7A, TTC37/SKIV2L, SP110, BCL11B, EPG5, RBCK1, RNF31, CCBE1, FAT4, NFE2L2, STAT5B, STAT5B, KMT2D/ KDM6A, KMT2A, DIAPH1, IKZF3, CD28 |
| 체액면역결핍(Predominantly antibody deficiencies) | |
| 범저감마글로불린혈증, B 세포의 감소 혹은 결여와 함께 모든 아형의 면역글로불린 감소 | BTK, IGHM, IGLL1, CD79A, CD79B, BLNK, PIK3CD, PIK3R1, TCF3, SLC39A7, TOP2B, FNIP1, SPI1 |
| 분류 불능형 면역결핍증, B 세포수는 정상 혹은 감소와 함께 적어도 2개 이상 아형의 면역블로불린 감소 | PIK3CD/PIK3R1, PTEN, CD19, CD81, CD20, CD21, TNFRSF13B, TNFRSF13C, TNFSF12, TRNT1, NFKB1, NFKB2, IKZF1, IRF2BP2, ATP6AP1, ARHGEF1, SH3KBP1, SEC61A1, RAC2, MOGS, PIK3CG, POU2AF1 |
| 고 IgM 증후군, IgG와 IgA의 감소, IgM의 정상 혹은 증가, B세포는 정상 | AICDA, UNG, INO80, MSH6, CTNNBL1, TNFSF13 |
| B세포수는 정상이면서 아형, light chain 혹은 기능 결핍 | Mutation or chromosomal deletion at 14q32, IGKC, CARD11 |
| 면역 조절 장애(immune dysregulation) | |
| 가족성 혈구포식 림프조직구증(FHL syndrome) | PRF1, UNC13D, STX11, STXBP2, FAAP24, SLC7A7, RHOG |
| 색소침착저하를 동반한 FHL 증후군 | LYST, RAB27A, AP3B1, AP3D1, CEBPE |
| 조절 T세포 결함(regulatory T cell defects) | FOXP3, IL2RA, IL2RB CTLA4, LRBA, DEF6, STAT3, BACH2, FERMT1, IKZF1 |
| 자가면역성 질환 | AIRE, ITCH, TPP2, JAK1, PEPD, SOCS1, PDCD1 |
| 대장염을 동반한 면역조절장애 (Immune Dysregulation with Colitis) | IL10, IL10RA, IL10RB, NFAT5, TGFB1, RIPK1, ELF4 |
| 자가면역 림프증식 증후군(Autoimmune Lymphoproliferative Syndrome, ALPS, Canale-Smith syndrome) | TNFRSF6, TNFSF6, CASP10, CASP8, FADD |
| EBV 및 림프증식에 대한 감수성 (Susceptibility to EBV and Lymphoproliferative Conditions) | SH2D1A, XIAP, CD27, CD70, CTPS1, TNFRSF9, RASGRP1, CARMIL2, MAGT1, PRKCD, TET2 |
| 식세포 수 혹은 기능의 선천적 결함(42 genes) | |
| 선천성 중성구 감소증 | ELANE, GFI1, HAX1, G6PC3, VPS45, G6PT1, WAS, LAMTOR2, TAZ, VPS13B, USB1, JAGN1, CLPB, CSF3R, SMARCD2, CEBPE, SBDS, DNAJC21, EFL1, HYOU1, SRP54, CXCR2 |
| 운동성 결함(Defects of Motility) | ITGB2, SLC35C1, FERMT3, RAC2, ACTB, FPR1, CTSC, WDR1, CFTR, MKL1 |
| 호흡터짐의 결합(Defects of Respiratory Burst) | CYBB, CYBA/CYBC1/NCF1/NCF2/NCF4, G6PD |
| 기타 비림프성 결함(Other Non-Lymphoid Defects) | GATA2 CSF2RA, CSFR2B |
| 내인성 및 선천면역 결함(Defects in intrinsic and innate immunity) | |
| 마이코박테리아에 대한 감수성 (Mendelian Susceptibility to mycobacterial disease) | IL12RB1, IL12B, IL12RB2, IL23R, IFNGR1, IFNGR2, STAT1, CYBB, IRF8, SPPL2A, TYK2, ISG15, RORC, JAK1, TBX21, IFNG |
| 사마귀양 표피이형성증(Epidermodysplasia verruciformis, HPV) | TMC6, TMC8, CIB1, CXCR4 |

다음 페이지에 계속 >>

| 질환 분류 | 유전자 |
|---|---|
| 심각한 바이러스 감염에 대한 소인 (Predisposition to Severe Viral Infection) | STAT1, STAT2, IRF9, IRF7, IFNAR1, IFNAR2, FCGR3A, IFIH1, NOS2, ZNFX1, POLR3A/POLR3C/POLR3F, |
| 단순포진뇌염(Herpes Simplex Encephalitis) | TLR3, UNC93B1, TRAF3, TICAM1, TBK1, IRF3, DBR1, SNORA31, ATG4, MA-P1LC3B2 |
| 침습성 진균감염에 대한 소인 (Predisposition to INVASIVE Fungal Diseases) | CARD9 |
| 점막피부칸디다증에 대한 소인 (Predisposition to Mucocutaneous Candidiasis) | IL17RA, IL17RC, IL17F, STAT1, TRAF3IP2, MAPK8 |
| 세균감염에 대한 감수성을 동반한 TLR 신호전달 체계 결핍(TLR Signaling Pathway Deficiency with Bacterial Susceptibility) | IRAK4, MYD88, IRAK1, TIRAP, TLR7, TLR8 |
| 기타 비조혈조직과 연관된 면역결핍 (Other Inborn Errors of Immunity Related to Non-Hematopoietic Tissues) | RPSA/HMOX, APOL1, NBAS, RANBP2, CLCN7/SNX10/OSTM1/PLEKHM1/TCIRG1/TNFRSF11A/TNFSF11, NCSTN/PSEN/PSENEN |
| 기타 백혈구와 연관된 면역결핍 (Other Inborn Errors of Immunity Related to Leukocytes) | IRF4, IL18BP |
| **자가염증성 장애(Autoinflammatory disorders)** | |
| 1형 인터페론장애(Type 1 Interferonopathies) | TMEM173 (STING), ADA2, TREX1, RNASEH2B, RNASEH2C, RNASEH2A, SAMHD1, ADAR1, IFIH1, DNASE2, LSM11, RNU7-1, DNASE1L3, ACP5, POLA1, USP18, OAS1, CDC42, STAT2, ATAD3A |
| Inflammasome에 영향을 미치는 결함 (Defects Affecting the Inflammasome) | MEFV, MVK, NLRP3, NLRP12, NLRC4, PLCG2, NLRP1, NLRP1, RIPK1 |
| 비inflammasome 연관질환 (Non-Inflammasome Related Conditions) | TNFRSF1A, PSTPIP1, NOD2, ADAM17, LPIN2, IL1RN, IL36RN, SLC29A3, CARD14, SH3BP2, PSMB8/PSMG2, COPA, OTULIN, TNFAIP3, AP1S3, ALPI, TRIM22, HAVCR2, C2orf69, NCKAP1L, SYK, HCK, PSMB9, IKBKG, TBK1 |
| **보체결핍(Complement deficiencies)** | |
| 보체결핍(Complement deficiencies) | C1QA/C1QB/C1QC, C1R, C1S, C4A+C4B, C2, C3, C5, C6, C7, C8A, C8G, C8B, C9, MASP2, FCN3, SERPING1, CFB, CFD, CFP, CFI, CFH, CFHR1/CFHR2/CFHR3/CFHR4/CFHR5, THBD, CD46, CD59, CD55 |
| **골수부전(Bone marrow failure)** | |
| 골수부전(Bone marrow failure) | FANCA, FANCB, FANCC, BRCA2, FANCD2, FANCE, FANCF AR, XRCC9, FANCI, BRIP1, FANCL, FANCM, PALB2, RAD51C, SLX4, ERCC4, RAD51, BRCA1, UBE2T, XRCC2, MAD2L2, RFWD3, SAMD9, SAMD9L, DKC1, TERC, TERT, TINF2, RTEL1, TINF2, ACD, NOLA3, NOLA2, WRAP53, TERT, RTEL1, PARN, ACD, SRP72, ERCC6L2, TP53, STN1/CTC1, MECOM |
| **선천성 면역결핍의 표현형모사(phenocopies of inborn error of immunity)** | |
| 체성돌연변이와 연관된 질환 (Associated with somatic mutations) | Somatic mutation in TNFRSF6, Somatic mutation in KRAS (GOF), Somatic mutation in NRAS (GOF), Somatic mutation in NLRP3, Somatic mutation in STAT5B (GOF), Somatic mutation in UBA1 (XL), Somatic mutation in TLR8 |
| 자가항체와 연관된 질환(Associated with autoantibodies) | AutoAb to IL-17 and/or IL-22, AutoAb to IFNγ, AutoAb to IL-6, AutoAb to GM-CSF, AutoAb to CI inhibitor, AutoAb to Complement Factor H, AutoAb to various cytokines, AutoAb to type 1 IFNs (IFNα ,IFNω) |

표 20-3. 1차성 면역결핍의 임상적 특징

| 특징 | | T세포계 이상 | B세포계 이상 | 과립구 이상 | 세포용해 결함 | 보체계 이상 |
|---|---|---|---|---|---|---|
| 나이 | | 주로 2~6개월 | 모체의 항체가 감소하는 5~7개월 이후 | 보통 영유아기 | 보통 소아기 | 모든 연령에서 가능 |
| 감염원 | 세균 | 흔한 그람양성균, 그람음성균, 마이코박테리아 | pneumococci, streptococci, staphylococci, Haemophilus, Campylobacter, Mycoplasma | staphylococci, Serratia, Salmonella, mycobacteria | 흔하지 않음 | encapsulated organisms (C1, C4, C2, C3), Neisseria (FP, FD, FH, FI, C3, C5, C6, C7, C8, C9) |
| | 바이러스 | CMV, EBV, adenovirus, parainfluenza 3, varicella, enterovirus | enterovirus | 흔하지 않음 | CMV, EBV | 흔하지 않음 |
| | 진균, 기생충 | Candida, Pneumocystis jiroveci | Giardia, Cryptosporidia | Candida, Nocardia, Aspergillus | 흔하지 않음 | 흔하지 않음 |
| 침범장기 | | 광범위한 피부 점막 칸디다증, 폐, 성장장애, 장기간 지속되는 설사 | 재발성 부비동염, 만성 위장관 증상, 흡수장애, 관절염, 장바이러스성 수막뇌염 | 농양, 농가진, 봉와직염, 화농성 림프선염, 치은염, 구강궤양 내부장기 농양, 골수염 | 혈구탐식세포증후군으로 모든 장기 침범 가능 | 심부 또는 전신감염 |
| 특이사항 | | 모체의 생착(maternal engraftment) 혹은 비방사선조사 수혈로 인한 이식편대 숙주병, BCG 혹은 수두 예방접종 후 파종성 질환, 경증-중등도 T세포 결함에서는 자가면역질환이 흔함 | 자가면역질환, 림프계 악성종양(림프종, 흉선종) | 탯줄이 장기간 떨어지지 않음, 상처가 잘 낫지 않음 | | SLE(C1, C4, C2), 사구체신염(C3), 비정형 용혈-요독 증후군(FH, FI, MCP, C3, FB) |

터 증상이 발생할 수 있다. 증상이 경한 경우에는 성인기에 진단을 받기도 한다. 재발성 감염이 있는 환자와 성장장애가 있는 소아에서는 면역기능에 대한 평가를 고려해야 한다. 면역결핍이 의심되면 검사를 시행하여 진단하게 된다. 필요한 검사를 선택할 때 임상 증상을 참고하면 도움이 된다(표 20-3).

## 1. T세포 결핍

T 세포 기능 결핍 환자는 T세포에 직접적인 기능 이상이 있으나 B세포의 분열을 위해서는 도움 T세포가 필요하기 때문에 체액면역반응에도 이상을 보이게 된다. 따라서, 대부분의 심한 T세포의 결함은 중증복합면역 결핍을 보이게 된다. 세포면역 결핍 시 바이러스, 진균, 원충류, 마이코박테리아나 그람음성균에 의한 감염이 자주 일어난다. 특히, 비교적 병원성이 약한 바이러스에 의해서도 치명적이거나 심한 감염이 일어난다. 이런 환자들은 Pneumocystis jiroveci와 같은 기회감염들도 관찰된다. 증상의 발현 시기는 대체로 항체면역결핍보다 빠르며 조혈모세포 이식을 하지 않으면 영아기나 소아기까지 생존하기 어렵다.

복합중증면역결핍(severe combined immune deficiency, SCID)의 약 50% 정도는 X 염색체 연관 유전을 한다. 이는 6개

의 사이토카인(IL-2, IL-4, IL-7, IL-9, IL-15, IL-21)에 대한 수용체의 common γ chain의 유전자 변이에 의하며 이 유전자는 Xq13에 위치하고 있다. common γ chain은 이들 사이토카인에 대한 수용체의 결합력을 증가시키고, 수용체가 세포 내로 신호(Jak3)를 보내는 역할을 하는데, 유전자의 결함으로 인해서 T 세포와 NK (natural killer) 세포의 정상적인 성숙에 필요한 신호를 받지 못하게 된다. Jak3 결핍증을 일으키는 *JAK3* 유전자의 변이는 상염색체 열성 유전으로 인한 SCID의 증상을 보일 수 있다.

SCID의 약 15%는 adenosine deaminase (ADA) 결핍으로 인해 발생한다. Purine 대사에 필요한 *ADA* 유전자의 변이에 의한 상염색체 열성 유전 질환으로, 이로 인해 세포 내에 adenosine 2′-deoxy-adenosine, 2′-O-methyladenosine이 과다하게 축적되어 T세포의 apoptosis를 유발하여 면역결핍증이 일어나게 된다. 다른 형의 SCID 환자보다 ADA 결핍증 환자에서는 림프구 결핍증이 더 심하게 나타나서, 절대 림프구수가 500/μL 이하이며, T세포, B세포, NK세포의 절대수가 감소된다. 다른 SCID와 마찬가지로 조혈모세포이식으로 치료가 가능하며, 몇몇 경우에는 유전자치료로 성공적으로 치료된 경우도 있다.

T세포와 B세포 성숙의 초기 단계에서 발생하는 VDJ 재조합으로 B세포와 C세포에 적절한 수용체를 형성하는 데 관여하는 recombinase 활성 유전자인 RAG1, RAG2의 변이에서 발생하는 상염색체 열성 유전을 하는 SCID도 있다. 이는 B세포와 T세포의 결핍이 있지만, NK세포는 정상으로 생성된다.

### 증례 30 | 잦은 감염과 피부 홍반의 증상으로 내원하여 진단된 오멘증후군

#### 1) 가족력 및 임상증상

18개월 여아로 내원 약 5개월 전부터 팔다리의 건조감 발생하였으며 내원 약 3개월 전부터 발바닥 갈라짐이 악화되어 1차 의료기관에서 스테로이드 연고로 치료하였고 이후 전신 홍반 생기면서 점차 손발의 낙설 악화소견 보여 내원 1개월전부터 전신 스테로이드 치료하였으나 증상 호전 보이지 않았다. 환아는 5개월 전 A형 인플루엔자 치료 후부터 지속적인 상기도 감염 증상 지속되었으며 내원 2주전 호흡기 증상 악화되어 폐렴 의심하에 시행한 혈액 검사상 백혈구 감소증, 호산구 증가증 및 간수치 상승 소견 보여 본원 전원되었다. 재태연령 39주 2.65 kg로 출생하였고 산전 및 산후 특이병력 없었다. 오빠가 Omenn 증후군 진단받았었고, 조혈모세포이식 후 사망하였다.

#### 2) 진찰소견

키 79.3 cm (25 백분위수), 몸무게 8.2 kg (<3 백분위수)로 측정되었고 양손발의 낙설 및 전신홍반이 있었다. 림프절 비대 및 간비비대는 보이지 않았다.

#### 3) 검사소견

WBC 2,700/mm³ (neutrophil 23%, lymphocyte 17%, eosinophil 44%), IgG 212 mg/dL, IgM < 7.9 mg/dL, IgA < 24.4 mg/dL, IgE 2.0 IU/mL, ABO/Rh : B+ Isoagglutinin titer : Anti-A(-), Anti-B(-), Lymphocyte subsets에서 T-cell 28.9% (T-helper cell 81/uL, cytotoxic T cell 22/uL), B-cell 7.7%, NK cell 59.4%로 확인되었다. *RAG1* 유전자 exon2와 exon7에 대한 PCR sequencing 시행, c.[527G>A]+[2327G>A] (p.[Cys176Tyr]+[Arg776Gln]) 변이가 확인되었다.

#### 4) 진단 및 치료경과

환자는 *RAG1* 유전자의 돌연변이에 의한 오멘증후군으로 진단되었다. 예방적 항생제 및 면역글로불린 투약하며 경과 관찰하였고 진단 3개월째 HLA 일치 타인 공여자 조혈모세포이식을 시행받았다.

#### 5) 요약(발병빈도, 유전방식, 발병기전, 유전상담 및 관리)

오멘증후군(Ommen syndrome)은 박탈성 홍피증(erythroderma), 림프절염, 간비장비대, 탈모증을 특징으로 하는 중증복합면역결핍증이다. 감염에 대한 저항력이 감소되어 있으며, 호산구증가증, 피부, 장, 간 비장에 T세포의 침윤, 심한 설사증이 동반된다. 백혈구 수와 호산구 수의 증가, 혈청 IgE 증가, IgG, IgA, IgM의 감소, B세포의 감소가 나타나며 T세포수는 증가되나 기능은 저하되어 있다. RAG1과 RAG2의 변이에 의해 발생하며 상염색체 열성 유전을 한다. 초기 치료는 스테로이드나 사이클로스포린을 포함한 면역억제제를 이용하며, 궁극적으로 조혈모세포이식이 필요하다.

림프구 세포표면에서 주조직적합복합체(major histocompatiblity complex, MHC)가 발현되지 않아 면역결핍이 나타날 수도 있는데, 이를 bare lymphocyte syndrome이라고 한다. 여기에 속하는 대표적인 질환이 *TAP2* 유전자 변이이다. TAP2는 항원 peptide를 세포질그물(endoplasmic reticulum)로 운반하는 것을 돕는 단백질을 생성하는데, 항원 peptide는 class I MHC과 결합된다. TAP2의 결함은 class I MHC가 불안정하게 되어 세포 표변에서 발현되지 못한다. MHC 분자에 대한 노출은 흉선에서 T세포가 정상적으로 발달하기 위해서 필요하기 때문에, bare lymphocyte syndrome은 T 세포와 B세포의 수와 기능이 떨어지게 된다. bare lymphocyte syndrome은 class II MHC의 프로모터(promoter)에 결합하는 전사인자의 변이로 인해서 발생할 수도 있다. 이로 인해서 항원제시세포(APC)에 class II MHC가 감소하게 되어 도움 T세포의 감소와 항체형성이 감소하게 된다.

## 2. B세포 결핍

B세포에서 항체의 생성 또는 분비 장애로 인하여 항체가 결핍되어 있는 상태로, 결핍 항체의 종류 및 정도에 따라 여러 증후군이 있다. B세포 면역결핍은 S.pneumonia와 같은 세균성 감염이 반복적으로 걸리는 것이 특징이다. 대표적인 질환은 X 염색체 연관 범저감마글로불린혈증(X-linked agammaglobuminemia, XL-ALD)이다. 대부분의 환자는 남자이며, 말초혈액에서 B세포가 1% 미만으로 확인되고, 혈중 IgA, IgE, IgM, IgD가 매우 낮은 수치로 확인된다. 임신 중에 태반을 통해 IgG가 태아로 전달되기 때문에 XLA 환자는 영아기 수개월간은 어느 정도의 체액성 면역을 가지고 있지만, IgG의 혈청 농도가 떨어지면서, 반복적인 세균성 감염을 겪게 된다. Xq22에 위치하는 Bruton tyrosine kinase(BTK) 유전자의 돌연변이에 의해서 발생하는데, BTK에 의해 만들어지는 B-cell type tyrosine kinase는 B세포의 성숙에 매우 중요한 역할을 한다. 치료는 부족한 면역글로블린을 정기적으로 충분히 공급하여 감염을 예방하는 것이다. 3~4주 간격으로 면역글로불린을 400~500 mg/kg로 정맥주사하여 혈중 IgG 농도를 500 mg/dL 이상으로 유지한다.

면역글로불린의 light chain이나 heavy chain 유전자의 결함이 있는 경우에는 상염색체 열성 유전에 의한 B세포 면역 결핍이 발생할 수 있다.

## 3. 식세포이상증

식작용을 하는 식세포계(phagocytic system)는 중성구, 호산구, 호염기구 등의 과립구와 단구, 조직 대식세포 등 단핵식세포로 구성되어 있다. 중성구와 단핵식세포는 거대입자들을 탐식하고, 미생물을 제거하는 등의 역할로 선천면역을 담당하고 있다. 대표적인 식세포이상증인 만성 육아종성 질환(chronic granulomatous disease, CGD)은 식세포의 화학주성, 식작용, 탈과립 등의 기능은 정상이지만, 유독성 산소대사물을 생성하는 효소인 NADPH oxidase의 결함으로 세균과 진균을 죽이지 못하는 질환이다. 세균과 진균의 반복적인 감염과 이로 인한 육아종형성을 특징으로 하고, 반복적인 폐렴, 림프절염, 간, 피하, 연부조직의 농양, 골수염 등의 임상증상을 보인다. CGD는 NADPH oxidase의 subunit의 유전적 결함으로 발생하며, X 염색체에 위치한 gp91phox유전자의 변이로 인해 발생하는 것이 2/3 정도를 차지한다. p47phox, p67phox, p22phox 등의 유전자 변이가 있는 경우에는 상염색체 열성으로 유전될 수 있다.

## 4. 보체계 이상

보체계는 인체의 항원-항체 면역 반응을 조절하는 물질로서, 활성화되는 방법에 따라서 전형적 경로(classical pathway)와 대체경로(alternative pathway)로 구분된다. 보체계를 구성하는 인자의 유전적 이상 역시 감염에 대해 취약해진다. C5, C6, C7, C8 변이는 파종성 임균감염 혹은 수막알균 수막염이 흔하고 C1, C2, C3와 같은 전반부 보체 결핍에서는 SLE와 같은 혈관염이 특징이다. Ficolin 혹은 properdin과 같은 보체 경로에 존재하는 또 다른 단백의 이상은 감염의 위험성 증가와 함께 신경학적 증상 혹은 자가면역질환을 동반할 수 있다.

유전성 혈관부종은 반복적으로 피부 또는 점막부종이 나타나는 유전질환으로 C1 esterase inhibitor (C1-INH)의 결핍으로 발생하는데 *SERPING1* 유전자의 변이에 의해 상염색체 우성으로 유전한다. 1형은 C1-INH의 단백의 양이 감소하고, 2형은 양은 정상이나 기능의 장애로 인해 발생한다. C1-INH의 감소 혹은 기능장애는 브라디키닌의 증가로 이어져 이로 인해서 수술, 치과치료, 외상 후에 혈관투과성 증가로 인한 혈관부종이 생기게 된다. 급성 증상이 있을 때 혈장유래 및 재조합 C1-INH, 신선동결혈장으로 치료할 수 있고 장기예방요법으로 혈장유래 C1-INH, lanadelumab, berotralstat 중 하나를 사용해 볼 수 있다.

## 5. 면역조절장애

Perforin 혹은 탈과립의 결함 등으로 인한 세포용해경로의 결함은 가족성 혈구탐식성 림프조직구증(hemophagocytic lymphohistocytosis, HLH)과 연관된다. 이로 인해서 조절되고 지속적으로 T 세포의 활성화와 IFN-γ의 생성, 대식세포의 활성화를 유발한다. 지속적인 대식세포의 활성화는 IL-6, IL-18, IL-1, TNF-와 같은 염증성 사이토카인은 조절되지 않고 지속적으로 분비되게 함으로써 생명을 위협하는 사이토카인 폭풍(cytokine storm)을 일으킬 수 있다. PFR1, UNC13D, STX11, STXBP2, RAB27, LYST와 같은 유전자들이 가족성 HLH의 원인유전자로 알려져 있으며, 대부분 상염색체 열성 유전을 한다.

조절 T세포는 면역조절과 함께 자가면역질환이 생기는 것을 예방하는 데 중요한 역할을 한다. IPEX 증후군(immune dysregulation, polyendocrinopathy, enteropathy, X-linked)은 조절T세포(Treg)의 발달의 장애로, 자가면역성과 면역조절장애, 다발성내분비질환, 장질환을 가지며 X 염색체 연관 유전을 하는 것이 특징으로, FOXP3의 변이로 인해 생긴다.

## 6. 증후군과 동반된 면역결핍

DiGeorge 증후군(22q11.2 미세결실 증후군)에서는 흉선 무형성 혹은 저형성으로 인하여 T세포의 수적 저하를 보이게 되어 이로 인해 항체의 형성도 비정상적으로 보이게 되기 때문에 반복적인 바이러스 감염을 보이게 된다. 대부분의 경우에는 경한 정도의 결핍을 보이고 나이가 들면서 좋아지게 되지만, 심한 면역결핍이 동반되어 조혈모세포이식이 필요한 경우도 있다. 따라서, 모든 환자에서 전혈구검사(complete blood count, CBC)와 함께 CD3, CD4, CD8 림프구수 검사, 면역글로불린에 대한 측정이 필요하다.

Wiskott-Aldrich 증후군은 피부염, 설사, 반복적인 감염, 혈소판 감소증을 주증상으로 하는 X 염색체 연관 열성유전을 하는 질환이다. IgM의 감소와 T세포의 기능과 수가 감소되어 있다. 이는 Xp11에 위치한 *WAS* 유전자의 변이로 인해 발생한다. WASP의 신호전달의 장애는 혈액세포의 발달과정에서 액틴 세포골격의 기능이 감소하고, 이로 인해 세포독성T세포의 반응과, B세포의 반응을 위한 도움T세포의 반응이 일어나지 않아 세균성감염에 대한 반응이 저하된다. 조혈모세포이식을 하지 않는 경우에, 감염, 출혈, B세포 악성종양으로 인해 대개 10대에 사망하게 된다.

모세혈관 확장성 조화운동불능(ataxia-telangiectasia)은 어린 나이에 발생하는 소뇌조화운동불능, 눈과 귀, 피부에 보이는 모세혈관확장, 호흡기계와 부비동의 잦은 감염을 특징으로 한다. 11q22.3에 위치한 *ATM* 유전자의 변이로 발생하는 상염색체 열성 질환이다. *ATM* 유전자는 DNA가 손상된 후 세포 분열을 조절하는데, 변이로 인해 DNA가 손상되더라도 복구되지 않은 채 분열하여 종양의 가능성이 높아진다. x-ray와 같은 방사선 조사에 대한 감수성 증가를 보이고, DNA 복구에 기능장애가 있어 말초혈액에서 염색체 이상을 많이 동반하게 된다. 가장 흔한 항체 이상은 IgA의 결핍이고 IgG도 감소되어 있다.

## 증례 31 | 당뇨, 빈혈, 막성사구체신염, 심한 감염의 증상으로 IPEX 증후군으로 진단된 환자

### 1) 임상증상과 검사소견

재태연령 39주 2일 3.28 kg로 출생하였고 가족력상 특이소견은 없었다. 11개월에 1형당뇨로 진단받았는데, 당시 24시간 소변 c-peptide는 0.58 μg/day (참고치 44~116 μg/day)로 감소되어 있었고 GAD 항체는 음성, anti-insulin 항체(50 IU/mL, 참고치 <5 IU/mL)는 상승되어 있었다.

39개월에 창백함과 활동량 감소로 내원하여 시행한 혈색소가 2.3 g/dL로 감소되어 빈혈이 있었으나 백혈구 및 혈소판은 정상이었다. 감염과 출혈은 없었고, 망상적혈구 생성률은 0.42%였다. AST 41 U/L (참고치 15~55 U/L), ALT 13 IU/L (참고치 5~45), 총빌리루빈 0.4 mg/L (참고치 <1.0 mg)로 확인되었고 혈청 LDH는 1,016 IU/L (참고치 150~300 IU/L)로 상승, haptoglobin 98.4 mg/L (참고치 40~180 mg/L)로 정상이었다. 직접 Coombs 검사는 3+, 간접 Coombs검사는 +1로 확인되었다. 소변검사에서 소변알부민 3+, RBC many, 24시간 소변단백 8,178 mg/day로 증가되어 있어 신장조직검사 시행하였고 막성사구체신염으로 진단되었다. 골수검사에서, 골수의 세포충실성은 정상이었으나 적혈구의 전구세포가 없었다. 파보바이러스는 음성이었다. 4주 이상 빈혈과 망상적혈구감소가 지속되어 순수적혈구무형성으로 진단되어 스테로이드 사용하였고 혈색소는 10.0~11.5 g/dL로 안정적으로 유지되었다.

7세에 심한 엽성폐렴으로 치료받았고, 특별한 원인균은 찾지 못하였다. 11세에 뇌수막염으로 치료받았는데, 뇌척수액검사에서 WBC 2,000/μL, 호중구 91%로 세균성 뇌수막염으로 의심되었지만, 원인균은 찾지 못하였다.

### 2) 진단

환자의 조기발병한 1형당뇨, 자가면역성과 연관된 빈혈, 막성사구체신염, 심한 감염 등의 증상으로 바탕으로 하여 IPEX 증후군을 의심하여 *FOXP3* 유전자 검사를 시행하여 c.201+1G>A [IVS1+1G>A]를 확인하였다. 어머니가 보인자였고, 남동생은 정상으로 확인되었다.

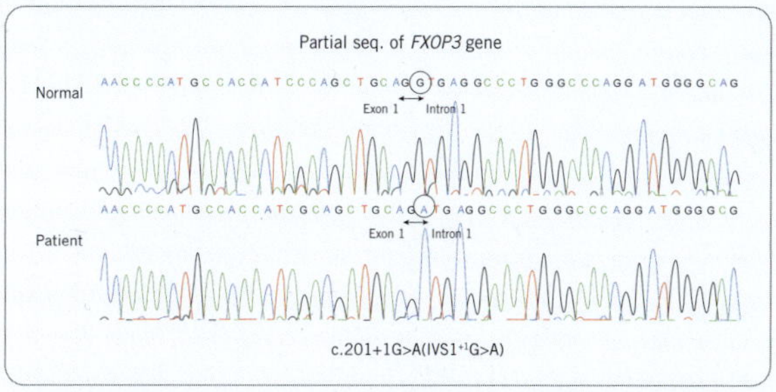


### 3) 요약: 발병빈도, 유전방식, 발병기전, 유전상담 및 관리

IPEX 증후군은 면역조절장애, 다발성 내분비질환, 장질환, X 염색체 연관 유전을 하는 드문 증후군으로 영유아기에 다기관의 자가면역질환으로 나타나게 된다. 분비성 설사, 1형 당뇨, 피부습진이 흔히 나타나고, 갑상선염, 용혈성빈혈, 혈소판감소증, 자가면역성 간염, 반복적인 감염은 상대적으로 드물다. *FOXP3* 유전자의 변이로 인해서 CD4+CD25+ 조절T세포 발생과 기능에 문제가 생겨 발생하게 되고, 대부분의 환자는 2세 이전에 심한 감염, 체중증가 부전 등으로 인해 진단된다. 조혈모세포이식을 시행하면 자가면역성에 대한 관해를 보여 장기손상이 경하거나 없는 경우에는 완치가 가능하고, 장기적인 면역억제제 치료보다 예후가 좋은 것으로 알려져 있다. X 염색체 연관 열성 유전을 하게 된다. 어머니가 보인자인 경우 남아에서는 50%의 확률로 유전되고, 여아에서는 50%에서 보인자가 된다.

## REFERENCE


1. Bae KW, Kim BE, Choi JH, et al. A novel mutation and unusual clinical features in a patient with immune dysregulation, polyendocrinopathy, enteropathy, X-linked (IPEX) syndrome. Eur J Pediatr. 2011;170(12):1611-5.
2. Bousfiha A, Moundir A, Tangye SG, et al. The 2022 Update of IUIS Phenotypical Classification for Human Inborn Errors of Immunity. J Clin Immunol. 2022;42(7):1508-20.
3. Chaplin DD. 1. Overview of the human immune response. J Allergy Clin Immunol. 2006;117(2 Suppl Mini-Primer):S430-5.
4. Chaplin DD. Overview of the immune response. J Allergy Clin Immunol. 2010;125(2 Suppl 2):S3-23.
5. Chinn IK, Chan AY, Chen K, et al. Diagnostic interpretation of genetic studies in patients with primary immunodeficiency diseases: A working group report of the Primary Immunodeficiency Diseases Committee of the American Academy of Allergy, Asthma & Immunology. J Allergy Clin Immunol. 2020;145(1):46-69.
6. Marshall JS, Warrington R, Watson W, et al. An introduction to immunology and immunopathology. Allergy Asthma Clin

Immunol. 2018;14(Suppl 2):49.
7. Murphy KM, Weaver C, Berg L. Janeway's Immunobiology. 10th ed. New York:w. w. norton & company; 2022. pp.587–657.
8. Parkin J, Cohen B. An overview of the immune system. Lancet. 2001;357(9270):1777–89.
9. Punt J, Stranford S, Jones P, et al. Kuby Immunology. 8th ed. New York: W.H. Freeman & Company; 2018. pp. 8–26.
10. Tangye SG, Al-Herz W, Bousfiha A, et al. Human Inborn Errors of Immunity: 2022 Update on the Classification from the International Union of Immunological Societies Expert Committee. J Clin Immunol. 2022;42(7):1473–507.
11. Thaventhiran JED, Lango Allen H, Burren OS, et al. Whole-genome sequencing of a sporadic primary immunodeficiency cohort. Nature. 2020;583(7814):90–5.

CHAPTER 21

# 심혈관질환의 유전학

## Genetics and genomics of cardiovascular diseases

신영림, 이정호, 이현주

## I. 선천성 심장질환의 유전학
(Genetics of congenital heart disease)

선천성 심장 질환은 약 1,000분의 8의 유병율로 추정되며, 전 세계적으로 가장 흔한 선천성 결함이면서 선천성결함 관련된 사망의 가장 흔한 원인이기도 하다. 대부분의 심장결함은 단독으로도 발생하지만 1/3은 유전성증후군의 하나의 증상으로 동반되어 발생한다. 주요증상으로 심장결함을 동반한 유전성증후군은 염색체증후군, 염색체 결실/중복증후군, 단일유전자 돌연변이 그리고 기형유발외부 인자에 의해서 발생할 수 있다. 선천성 심장결함이 발생한 환자의 정확한 원인 유전자 진단은 환자의 치료 및 예후 그리고 부모 및 가족에 대한 재발위험 등의 상담 및 관리를 위해서 필요하다.

### 1. 심장의 발생

심장의 발생학의 이해는 선천성심장질환의 이해에 중요하다. 수정 후 3주 이후에 심장은 형성되기 시작하며, 먼저 원시 심장관(primitive heart tube)을 형성하기 위해서 복부정중선을 따라서 합쳐지며, 심장관은 발달이 되면서, 유출로, 원시 심방, 심실로 분절되며 직선인 심장관은 앞으로 돌출하면서 루프를 형성한다. 이러한 과정은 골형성단백질(bone morphogenic proteins), 섬유아세포 성장인자(fibroblast growth factors), Wnt와 Notch 단백질 등에 의해서 조절된다. 수정 후 3주부터 좌-우 비대칭이 깨지게 되면서 좌우 축이 만들어진다. 사람의 심장 발생의 좌-우 축에는 10개 이상의 유전자가 관련되어 있다(표 21-1).

수정 후 4주 동안은 심내막 쿠션이 방실판막의 구획을 형성하기 시작한다. 심방중격은 우측벽에서 전하방으로 자라는 1차 중격과 그 우측으로 인접하여 심장벽의 내측함입으로 이루어진 2차 중격으로 이루어진다. 비정상적인 심방과 심실 중격 형성 관련 유전자는 다음과 같이 알려져 있다(표 21-2).

### 2. 선천성 심장질환과 동반된 유전성 증후군

#### 1) 염색체이상증후군

염색체검사에서 어레이 기반 비교유전체 혼성화법(array-based comparative genomic hybridization, aCGH) 기술의 선택적 적용을 시작으로, 산전 스크리닝 검사 및 이수성 염색체 이상이 의심되는 환자에서 염색체증후군 진단을 더 빠르게 하였다. 선천성 심장질환이 자주 동반되는 염색체 이상이나 증후군들은 다음과 같다.

**표 21-1. 좌우대칭이상과 선천성 심장질환관련 유전자**

| 유전자 | 심장기형 | 동반기형 | 유전형식 |
|---|---|---|---|
| *ACVR2B* | Transposition of the great arteries (TGA), double outlet right ventricle (DORV), ventricular inversion, aberrant systemic venous return | Polysplenia, asplenia, midline liver, malrotation | AD |
| *CFAP53* | Dextrocardia, TGA, anomalous pulmonary drainage | Situs inversus viscerum, midline liver, inverted spleen, normal ciliary structure and function | AR |
| *CFC1* | Dextrocardia, right atrial isomerism, left atrial isomerism, TGA, DORV, aberrant systemic venous return | Holoprosencephaly, agenesis of the corpus callosum, microcephaly, malrotation, polysplenia, asplenia, neural tube defects, pulmonary isomerism | AD |
| *CRELD1* | Atrioventricular septal defect (AVSD), dextrocardia, DORV | None | AD |
| *LEFTY2* | Hypoplastic left heart, AVSD, dextrocardia, aberrant systemic venous return | Malrotation, midline liver, polysplenia | |
| *MMP21* | Dextrocardia, TGA, pulmonary atresia, bilateral superior vena cava, aortic arch abnormalities, septal defects, atrioventricular canal defect, total anomalous pulmonary venous return (TAPVR), pulmonary trunk defects, valvular stenosis | Situs inversus, situs ambiguous, midline liver | AR |
| *NODAL* | DORV, TGA, TAPVR, partial anomalous pulmonary venous return, ASD, VSD, aortic coarctation, persistent ductus arteriosus (PDA) | Holoprosencephaly, malrotation, asplenia, hydronephrosis | AR |
| *PKD1L1* | Complex congenital heart disease, atrial situs solitus, atrial situs ambiguus, unbalanced AVSD, ventricular septal defect, left ventricular hypoplasia, DORV, malposition of the great arteries, pulmonary atresia | Situs inversus viscerum | AR |
| *THRAP2* | TGA, VSD, aortic coarctation | Mental retardation, microcephaly | AD |
| *ZIC3* | TGA, DORV, right atrial isomerism, TAPVR, PDA, aberrant systemic venous return | Asplenia, biliary atresia, vertebral anomalies, anal anomalies, malrotation | X-linked |

#### (1) Trisomy 21 (21번 삼염색체증후군, 다운증후군)

다운증후군은 출생 유병율이 700명당 1명으로 가장 흔한 유전병 중 하나이다. 임상적인 특징은 지능저하, 사시, 갑상선기능저하, 십이지장 폐쇄, 백혈병 등의 다른 장기 이상을 동반할 수 있으며, 약 40%의 환자에서 선천성 심장 질환을 가진다. 심장 질환의 반 정도는 방실중격결손이고 활로4징은 10~15%에서 확인이 된다. 하나 혹은 세트의 특정 유전자가 다운증후군에서 심장질환의 위험도를 높인다는 것은 알려져 있지 않지만, 최근에 *CRELD1* 유전자의 돌연변이를 가진 경우에 방실중격결손의 발생위험도에 기여를 할 수 있다는 연구가 보고되기도 하였다.

#### (2) Trisomy 18 (18번 삼염색체증후군, 에드워드증후군)

에드워드증후군은 다운증후군에 이어 두 번째로 흔한 상염색체 유전병 중 하나이다. 예후가 매우 좋지 않고, 기대여명이 짧고 사망률이 높다. 선천성 심장질환은 90%에서 확인되며 사망의 주요 원인으로 작용한다. 여아보다 남아에서 더 복잡한 심장질환이 보고된다.

표 21-2. 비증후군성 선천성 심장질환 유전자

| 선천성 심장질환 | 유전자 |
|---|---|
| Aortic coarctation | *THRAP2* |
| Atrioventricular septal defect | *CRELD1, GDF1, GJA1* |
| Bicuspid aortic valve | *GATA5, NOTCH1, SMAD6, TAB2* |
| Double outlet right ventricle | *CFC1, GDF1, NKX2.5* |
| Hypoplastic left heart | *GJA1, HAND1* |
| Septal defects | *ACTC1, CITED2, GATA4, HAND1, HAND2, MYH6, NKX2.5, TBX20, THRAP2* |
| Supravalvular aortic stenosis | *ELN* |
| Tetralogy of Fallot | *GATA4, GATA6, GDF1, JAG1, NKX2.5, ZFPM2* |
| Transposition of the great arteries | *CFC1, GDF1, THRAP2* |

#### (3) Trisomy 13 (13번 삼염색체증후군, 파타우증후군)

파타우증후군은 출생 유병율이 약 7,000명당 1명으로 예후가 매우 좋지 않아 출생 후 1년 이상 생존하는 경우는 드물다. 약 80%의 환자에서 선천성 심장 질환이 확인되며 심방중격결손 및 심실중격결손이 가장 흔하다. 우심증(dextrocardia)을 비롯한 심장의 위치의 이상이 흔하게 동반된다.

#### (4) 터너증후군(Turner's syndrome)

터너증후군은 성염색체중 X염색체가 한 개 없는 질환으로 출생 유병율은 약 1,850명의 여성당 1명이다. 태아에서 발생빈도가 매우 높으나 대부분은 좌심형성부전증후군 등과 같은 심각한 선천성 심장 질환으로 조기유산되고 약 5%만이 살아서 출생한다. 정상 출산한 환아의 약 10%에서 선천성 심장질환이 있고, 이후 약 10%에서 추가로 심장초음파를 통하여 이판성 대동맥판(bicuspid aortic valve)과 같은 심장기형이 발견된다. 가장 흔한 심장기형은 이판성 대동맥판(16%), 대동맥축착(11%)이지만, 부분 폐정맥 환류 이상, 심방중격결손 및 심실중격결손과 같은 구조적 이상도 확인된다. 선천성 심장질환은 어린이나 청소년시기까지 확인되고 관리가 되지만 터너증후군은 성인기에 대동맥박리의 발생율이 증가하므로 지속적으로 심장에 대한 추적관찰이 필요하다. 추가적으로 저신장, 목의 익상경(neck webbing), 생식선이형성증이 동반되기도 하다. 전형적인 터너증후군은 지능저하가 거의 나타나지 않지만, 환상 X 염색체를 가지는 환자는 지능저하 증상의 고위험군이다.

### 2) 미세결실/미세중복증후군

FISH와 aCGH 검사 모두 임상적으로 증후군 진단뿐 아니라, 전형적인 증후군을 쉽게 의심하기 어려운 선천성 심장질환 환자의 빠르고 좋은 진단적 스크리닝 검사이다.

#### (1) 22q11.2 미세결실 증후군

22번 상염색체 미세결실증후군은 염색체 미세결실증후군에서 가장 흔하며, 출생 유병율이 4,000~6,000명 중에 1명이다. 상염색체 우성으로 유전되며 선천성심장 질환 외에 학습장애, 구개열, 특징적인 얼굴 모양, 저칼슘증, 흉선의 형성부전, 면역결핍 등이 동반된다. 흔히 동반되는 심장질환은 활로4징, 심실중격결손, 대동맥궁 단절, 대혈관 전위, 총동맥간증, 오른쪽 대동맥궁, 양 대혈관 우심실 기시 등이다. 22q11 결실증후군의 주요 표현형을 결정하는 중요한 유전자는 *TBX1* 유전자이며, 이 유전자를 포함하여 보통 3 또는 1.5 M 길이의 결실을 포함한다.

#### (2) 윌리엄스증후군(Williams syndrome, 7q11.23 미세결실증후군)

윌리엄스 혹은 윌리엄스-뷰렌증후군은 인지장애를 보이지만, 매우 낙천적이고 사교적인 모습을 보인다. 눈가가 부어 있고, 볼이 통통하며, 코끝은 뭉뚝하고, 아랫입술이 두껍고 입이 크며, 인중이 긴 특징적인 얼굴의 모습을 가진다. 심혈관 이상이 75%에서 대동맥 판막 위 쪽의 상행 대동맥 협착이 동반되며, 말초 폐동맥 분지 협착, 폐동맥 판막 협착이 동반되는 경우도 있다. *ELN* 유전자가 대동맥 판막 위 쪽의 상행 대동맥 협착만을 단독으로 가진 경우에도 원인 유전자로 확인이 되었다.

#### (3) 알라질증후군(Alagille syndrome)

알라질증후군은 간내 담관 형성저하로 담즙정체로 황달 소견을 보이는 특징을 가지며 약 90% 환자에서 폐동맥 판막 협착이나 폐동맥 분지협착의 심장혈관 질환을 동반한다. 얼굴의 특징은 이마가 두드러지고, 눈이 깊으며, 턱이 좁고, 코가 얇고 턱이 뾰족한 편이다. 다른 특징적인 동반질환으로 나비모양의 척추기형(butterfly vertebrae)이나 발생학적으로 사라졌어야 할 구조물이 각막의 경계부분에 나타나는 후태생환(posterior embryotoxon), *JAG1* 유전자를 포함한 부위의 염색체 20p12 미세결실이 약 7% 환자에서 확인이 되며, *JAG1* 유전자의 점 돌연변이가 89%의 환자에서 확인이 된다. 그리고 환자의 약 1%에서는 *NOTCH2* 유전자의 돌연변이가 원인이다.

### 3) 단일유전자질환

염색체검사, FISH, 염색체 마이크로어레이검사는 선천성 심장질환을 동반한증후군의 진단에 유용한 방법이지만 단일유전자질환을 진단하지 못할 수 있다.

#### (1) 누난증후군(Noonan syndrome)

소아심장 클리닉에서 가장 잘 알려진 증후군 중에 하나가 누난증후군이다. 유아기에는 눈사이의 넓은 간격과 낮은 위치에 뒤로 돌아간 귀의 모양과 낮은 머리카락 라인의 특징이 보이며, 성장하면서 얼굴은 세모형으로 보이며, 저신장과 목의 익상경의 모습이 터너증후군의 유형으로 오인이 되기도 한다. 심장기형이 2/3에서 확인되며 폐동맥 협착이 50%로 가장 흔하며, 심방중격결손 비대심근병증, 심실중격겨손이 약 5%에서 확인된다. *PTPN11*, *SOS1*, *RAF1* 및 *KRAS*는 주요 원인 유전자이다. 왼쪽 폐쇄성 병변이 성인에 발병할 수도 있으므로 심장의 추적관찰은 성인이 되어서도 지속적으로 필요하다. 폐동맥 판막수술후에도 폐동맥 판막 부전과 우심실기능이상 여부에 대해서 추적관찰이 필요하다.

#### (2) 홀트-오람증후군(Holt-Oram syndrome)

홀트-오람증후군은 *TBX5* 유전자의 돌연변이에 의한 심장-손 이상증후군으로 잘 알려져 있다. 특징적인 모습은 삼지절(triphalangeal thumb) 엄지를 가진 어깨관절의 발달저하 및 심방중격결손이다. 상지결함의 정도는 해표상지증(phocomelia)에서부터 엄지, 팔꿈치, 어깨의 경미한 운동제한까지 다양하며, 심장질환은 약 50%는 심방중격결손이 동반되지만 이외에도 심실중격결손, 방실중격결손, 동맥간증이 동반된다. 또한 경미한 부정맥에서 방실차단까지 동반된다.

#### (3) 차지증후군(CHARGE syndrome)

차지증후군은 *CHD7* 유전자의 돌연변이가 원인이며, 안조직 결손(coloboma), 심장 결함(heart defects), 후비공 폐쇄(atresia of choanal), 성장과 발달 지연(retarded growth and development), 생식기 이상(genital abnormalities), 귀의 기형(ear anomalies)의 증상을 나타내는 질환이다. 증후군의 이름에는 포함되지는 않았지만 반고리관의 형성부전도 주요 증상이다. 75%에서 선천성심장질환이 진단 시 확인되며 활로 4징이 가장 흔하다.

### 4) 심장기형과 선천성 대사질환

뮤코다당증(mucopolysaccharidoses)을 포함한 선천성 대사이상 질환은 출생 후에 심장질환을 일으킨다. 예를 들어,

심근에 글리코겐 축적으로 판막이상 포함한 심근증이 발생할 수 있는 제2형 당원병인 폼페병(Pompe disease)이 있다. 젤웨거증후군(Zellweger syndrome)은 초장쇄지방산(very long chain fatty acid, VLCFA)이 증가되어 있으며 *PEX1* 유전자를 포함한 12개의 유전자의 돌연변이가 알려졌다. 심한 근위약, 얼굴 중부의 발육부전, 녹내장, 각막혼탁, 백내장, 관절구축, 간비대, 신낭종, 점상연골발육부전을 보이고 심장의 유출로 기형(outflow tract) 관련 증상이 동반된다. 스미스-렘리-오피츠(Smith-Lemli-Opitz)증후군은 *DHCR7* 유전자의 돌연변이로 7-dehydrocholesterol reductase의 결함으로 콜레스테롤 대사에 이상이 생긴 질환이며, 인지장애, 성장지연, 합지증, 남성의 외부생식기발달 장애의 특징적인 증상과 함께 16%에서 방실중격결손, 7%에서 전 폐정맥 환류이상을 동반한다.

## 증례 32 | 황달과 심잡음을 주소로 내원한 환아에서 폐동맥협착이 동반된 환자

### 1) 내원 동기가 된 주 증상(주소): 황달

### 2) 발병 시 연령/성별: 3개월/남아

### 3) 가족력: 없음

### 4) 임상증상

재태연령 37주 2일 출생체중 2.645 kg 출생 당시 특이 소견 없었던 환아로, 상기 병력으로 관찰을 위해 입원하였다.

### 5) 진찰 소견

진찰 소견에서 내원 당시 황달소견과 얼굴은 양안격리증, 이마의 돌출 및 좁은 턱의 모습이 관찰되었고, 빈호흡, 청색증 및 심잡음이 청진되었다.

### 6) 검사소견

(1) 일반혈액 및 생화학검사: 백혈구 12,600 /mm$^3$ (중성구 33%), 혈색소 13.3 g/dL, 혈소판 238,000 /mm$^3$이었다. 생화학검사에서 AST/ALT 75/54 U/L, 총 빌리루빈 9.0 mg/dL, 포합빌리루빈 3.5 mg/dL, Gamma-GT 790 IU/L이었다.

(2) 영상 검사: Chest AP검사에서 butterfly vertebrae 확인되고 심장초음파에서 왼쪽 폐동맥 협착이 확인되었다.

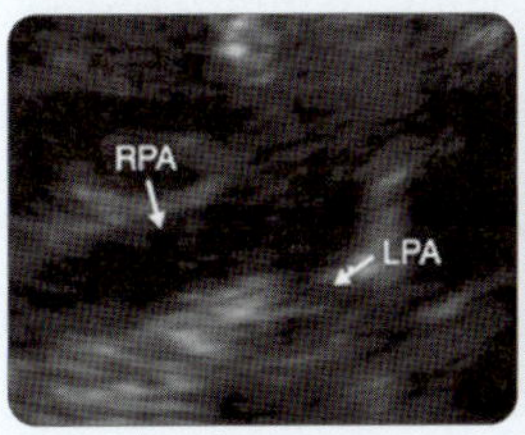


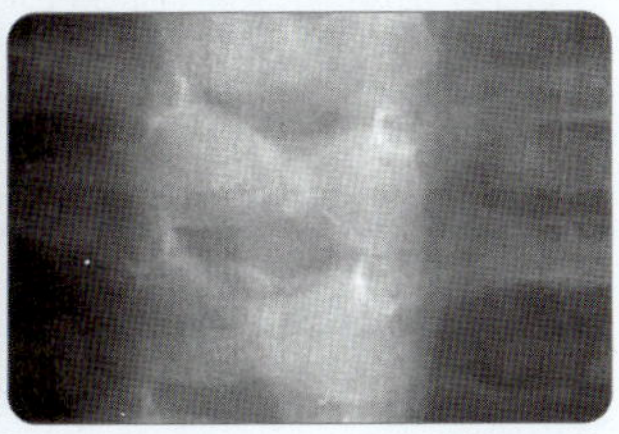

(3) 유전자 검사: *JAG1* 유전자 검사에서 c.3452del (p.Thr1151fs)의 병인성돌연변이가 확인이 되었다.

### 7) 치료경과

심장초음파에서 폐동맥협착증이 확인이 되어 보다 정확한 진단을 위해서 심혈관 조영술을 시행하여 우심실과 폐동맥의 압력을 측정하고, 우심실과 폐동맥의 해부학적 상태를 확인한 후 풍선을 이용한 경피적 확장술을 시행하였고 증상은 호전되었다.

상기 환자는 입원 1주일 후 간기능검사의 이상소견의 악화 소견을 보였으나, 대증적인 치료 및 지용성비타민을 포함한 영양상담을 하여 체중감소의 호전되었다.

### 8) 요약

(1) 원인: *JAG1* 유전자 돌연변이로 발생하는 상염색체 우성질환이다.

(2) 발생빈도: 100,000명당 1명의 빈도이지만 질환의 특성상 증상이 경한 환자들까지 포함된다면 그 빈도는 더 클 것으로 예상된다.

(3) 발병기전: 염색체 20번 단완에 위치하는 *JAG1* 유전자의 이상으로 인하여 발생한다.

(4) 임상증상: 영아기에 황달과 담즙정체, 이로 인한 가려움증과 진행하는 간부전의 형태로 증상이 나타난다. 간의 합성기능은 비교적 잘 보존이 되는 편이지만 약 20%의 환자에서 간경화와 간부전으로 진행할 수 있다. 성장 장애는 50~90%의 환자에서 나타나며 이러한 성장 장애는 영양불균형 이외에 척추와 골격계의 기형과 내분비계 장애와 연관이 있다고 알려져 있다. 척추 기형의 대표적인 양상은 나비 모양의 척추이다.

심잡음은 97%의 환자에서 발견되는 증상으로 가장 흔한 병변은 폐동맥의 협착으로 알려져 있다. 활로씨4징과 동반되기도 하고 다른 병변으로 총동맥간증, 심방중격결

다음 페이지에 계속 >>

손, 동맥관개존증 등이 있을 수 있다.

알라질증후 환아의 얼굴 생김새는 이마는 돌출되어 보이고 눈썹 사이 간격이 넓으며 눈은 깊게 들어가 보이며 턱이 작고 안장 모양 또는 곧은 코를 가진다.

만성적인 비타민 결핍이 있을 경우 각막, 홍채, 망막, 시신경 유두 등 다양한 안구 관련 증상이 있을 수 있다. 알라질 증후군과 관련한 일차적인 안구 이상으로는 태생환이 있는데 이는 발생학적으로 사라져야 할 구조물이지만 알라질증후 환자의 각막 경계부위에 남아 있고, 태생환은 알라질 증후군 환아의 89%에서 관찰된다. 그 외에도 지능저하와 운동영역 발달 저하가 동반될 수 있다.

(5) 진단 및 검사 소견: 다섯 가지 주증상은 만성 담즙정체증, 특징적인 얼굴 생김새, 심잡음, 척추 기형, 태생환 등이다. 간생검 검사는 담즙정체증과의 구별에 가장 도움이 된다.

(6) 치료 및 관리: 담즙정체를 가진 영아는 지방의 흡수에 심각한 영향을 받는다. 특히 영아기에는 흡수의 장애는 심한 영양 부전으로 이어질 수 있다. 경구용 제제를 이용한 지용성 비타민의 보충이 필요하다. 특히 비타민 K의 부족 시에는 응고장애가 나타날 수 있고, 비타민 D 부족 시에는 구루병이 발생할 수 있으므로 유의하여야 한다. 비타민 E와 A 부족 시에는 신경계 증상이 나타날 수 있다. 지속적인 담즙정체와 간경변이 간부전으로 진행할 경우는 간이식의 적응증이 된다.

영아기를 넘은 경미한 폐동맥 협착 환자들은 일반인과 동일한 자연수명을 보여 특별한 치료가 필요치 않지만, 심한 협착증 환자에서는 심부전증이 흔히 나타나고 대개 사망에 이르게 됩니다. 치료 방법은 폐동맥이 막힌 정도에 따라 달라지게 되며, 신생아기의 위험한 폐동맥 협착증은 응급으로 풍선을 이용한 판막 성형술이나 수술을 하게 되고, 영아기 이후에는 협착의 정도가 가벼운 경우 교정이 불필요하며, 의미있게 압력의 차가 큰 경우 일차적으로 풍선 판막 성형술을 시행하고 이후에 우심실 유출로의 협착이 악화되면 수술을 시행하게 된다.

## II. 유전성 심근병증(Genetics of cardiomyopathy)

심근병증은 다양한 병인에 의해서 심장의 비후와 확장 등의 심장의 리모델링이 발생하는 심근장애이다. 원발성 심근병증의 가장 흔한 원인은 유전자의 변이이다.

### 1. 비대심근병증(Hypertrophic cardiomyopathy, HCM)

비대심근병증은 500명당 1명에서 발견되며, 일반적으로 성인의 경우 최대 벽 두께가 15 mm 이상이거나 어린이의 경우 z-점수가 >3인 원인 불명의 좌심실 비대로 정의된다. 가족력이 있고, 유전자 검사에서 가족 내에 원인 돌연변이가 확인된 경우에는 최대 좌심실 벽 두께 ≥13 mm 이상도 진단을 뒷받침하는 증상이다. 좌심실비대는 근절유전자(sarcomere gene) 돌연변이를 가진 모든 사람에게 일관적으로 조기에 증상을 나타나지는 않으며, 증상의 중증도도 비후 정도의 크기와 직접적으로 연관이 되지는 않는다. 비대칭적인 심실중격비대가 가장 일반적인 형태이지만 단일근단비대, 동심성 비대 혹은 다른 심근부분의 비대칭적 비대를 포함하는 어느 형태의 좌심실비대가 확인된다. 심장자기공명영상(cardiac magnetic resonance imaging, CMR)은 표준 검사인 심초음파에서 확인이 불가능한 국소적 비대를 진단할 수 있으며, 조영제를 사용할 경우에는 심근의 섬유화에 대한 추가정보도 제공한다. 또한 심전도상 이상소견을 동반하는 경우에 임상적으로 비후성심근병증의 형태로 오인되는 다른 유전자의 돌연변이의 원인여부를 확인해야 한다.

좌심실비대가 확인된 모든 환자는 유전자검사를 해야 하며, 가족구성원에서 고위험군 및 임상적 추적관찰 그리고 다음 자녀 계획에 대해서 유전상담을 진행해야 한다(그림 21-1). 유전자검사에서 병인성돌연변이(pathogenic variant, likely pathogenic variant)가 확인된 환자는 1촌(1st degree) 친척에게도 해당 돌연변이가 확인되는지 검사를 해야 한다. 환자에게서 확인된 돌연변이를 가지고 있는 고위험 가족 구성원은 심전도와 심장초음파를 스크리닝 검사로 시행한다.

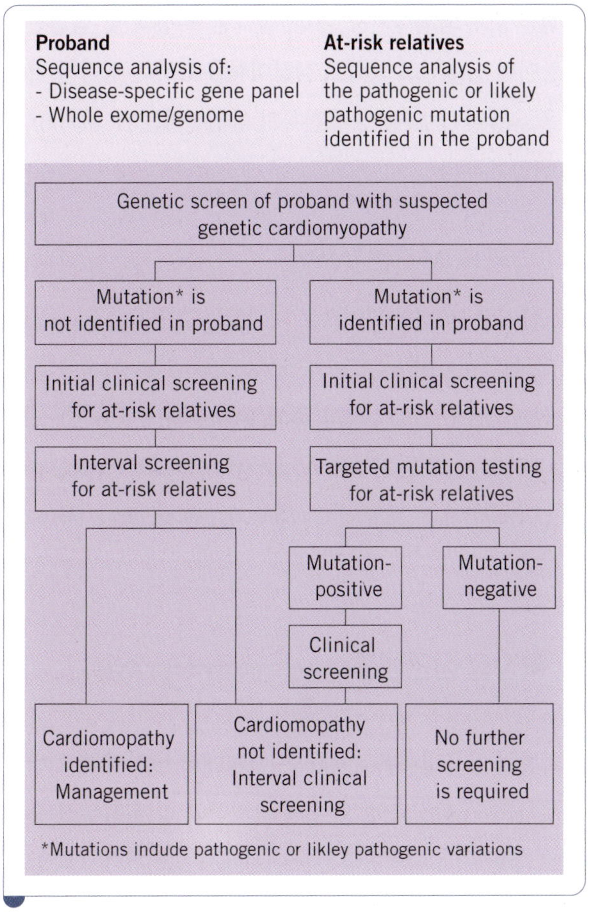


**그림 21-1.** 유전성 비대심근병증을 진단하기 위한 유전자검사 알고리즘.

(From: Clinical and mechanistic insights into the genetics of cardiomyopathy. J Am Coll Cardiol 2016;68(25):2871-86.)

HCM은 대부분 상염색체 우성으로 유전되며, 자녀의 50%가 질환이 이환 될 고위험군이다. 약 60% 환자에서 근절유전자의 돌연변이가 원인으로 확인되었으며, 마이오신 중쇄(*MYH7*)와 마이오신 결합 단백질 C (*MYBPC3*) 유전자의 돌연변이가 대부분의 질환의 원인이다. 그 외에는 트로포닌 T (*TNNT2*), 트로포닌 I (*TNNI3*), 알파 트로포마이오신(*TPM1*), 마이오신 경쇄(MLY2, MYL3), 액틴(*ACTC1*) 유전자의 돌연변이가 주요 원인이 된다.

### 1) 마이오신 중쇄(MYH7)

두 개의 심장 마이오신 중쇄인 알파(MYH6)와 베타(MYH7)를 코딩하는 유전자는 염색체14번에 위치한다. 알파는 태아기 및 성인 심방에서 역할을 하며, 베타는 성인에서 주요 역할을 한다. *MYH7* 유전자의 돌연변이는 전체 HCM의 약 14% 이상에서 확인이 되었지만, 가족성 소아시기 발병한 HCM의 33.3%, 비가족성 소아시기 발병 HCM의 17.6%에서 확인이 되었다.

### 2) 마이오신 결합 단백질 C (*MYBPC3*)

마이오신 결합 단백질 C는 염색체 11번에 위치하는 exon37를 포함하는 *MYBPC3* 유전자에 의해 코딩되며, 마이오신, 액틴, 마이오신 경쇄, 티틴과 상호작용으로 심장의 수축력을 조절한다. HCM의 약 20% 원인유전자로 확인되었다. 임상증상이 50세에 늦게 나타나는 경우도 있지만 가족성 소아시기 발병 HCM의 21.2%에서 확인이 된다.

### 3) 트로포닌 I (*TNNI3*)

트로포닌 I는 칼슘의존성 액틴-마이오신 상호작용의 억제에 관련되며, 염색체9번에 위치한 exon8를 포함하는 유전자에 의해 코딩되며, HCM의 2%에서 확인된다.

### 4) 트로포닌 T (*TNNT2*)

트로포닌T는 트로포닌 복합체를 알파트로포마이신에 연결해주는 역할을 하는 염색체1번에 유치하는 유전자에 의해 코딩되며 약 2% HCM의 원인이 된다.

### 5) 알파 트로포마이신(*TPM1*)

알파 트로포마이신 유전자는 염색체15번에 위치하며 골격근과 심근에서 발현되며, 칼슘농도에 따른 액틴-마이오신 상호작용을 조절하며 HCM의 약 1%의 원인이 된다.

### 6) 마이오신 경쇄

마이오신 경쇄는 MYL2 (염색체 12번)와 MYL3 (염색체 19번) 유전자가 코딩하는 단백질에 의해서 액토마이신의 속도와 힘을 결정하는 역할을 하며, HCM의 약 1% 미만에서 보고된다.

### 7) 액틴(*ACTC1*)

액틴은 염색체15번에 위치한 유전자에 의해 코딩되는 단백질이며 HCM의 약 0.5%에서 확인된다.

### 8) 대사증후군

HCM의 약 3%이지만 소아 HCM의 약 5~10%는 대사증후군과 관련된 유전자의 돌연변이가 원인이다.

#### (1) AMPK 기능이상

*PRKAG2* 유전자의 돌연변이(AMP kinase의 r2 subunit)는 당원축척병과 연관된 유전자로 HCM의 증상과 유사한 상염색체 우성 유전의 좌심실비대를 야기시킨다. 부정맥을 동반하기도 하며 WPW (Wolff–Parkinson–White syndrome)과 진행성 전도장애를 보인다. 글리코겐 축적은 심장비후 및 심근의 손상을 일으킨다. *PRKAG2* 유전자는 HCM의 약 1%의 원인이 되고, 이 돌연변이를 가진 환자는 약 29% 이상에서 심실비후가 발생한다.

#### (2) 파브리병

파브리병은 리소좀의 소기관의 당지질 대사 효소 galactosidase A (*GLA*)의 결핍으로 X-염색체 연관 열성유전되는 리소좀 축적 질환이다. 전형적 파브리병은 손발의 통증과 이상감각을 유소년기에 경험하고 혈관각화종이라는 피부발진이 나타나며, 각막혼탁이 동반된다. 심장과 신장의 문제가 동반되는데, 심장의 증상은 좌심실비대가 주요증상이다. *GLA* 유전자의 돌연변이는 HCM의 0.7%의 원인이 된다.

#### (3) 다논병

다논병은 리소좀 관련 막 단백질2 (*LAMP2*) 유전자의 돌연변이로 세포의 미세물질 분해과정의 장애에 의한 자가포식(autophagy)소포가 여러 조직에 침착되는 X-염색체 연관 우성유전되는 리소좀 축척 질환이다. 심근병증, 골격근의 약화, 지적장애의 세 가지 전형적인 증상을 보이며, 다른 증상으로는 망막침범이 주요증상이다. 주요심장증상은 비대심근병증, 좌심실기능 손상, 심각한 부정맥 및 심장전도이상이며 심부전의 악화로 심장이식을 요하는 심각한 합병증을 유발한다. *LAMP2* 유전자의 돌연변이는 HCM의 0.6%의 원인이 된다.

### 9) 그외 HCM 관련 유전자들

드물지만 HCM의 원인으로 여겨지는 유전자는 four-and-a-half-LIM domains 1 (*FHL1*), phospholamban (*PLN*)이다. 또한 알파 액틴(*ACTN1*), 알파 중쇄(*MYH6*), MLP (*CSRP3*), telethonin (*TCAP*), 티틴(*TTN*), vinculin (*VCL*), ankyrin repeat protein (*ANKRD1*), 트로포닌 C (*TNNC1*), myozenin 2 (*MYOZ2*) 등이다.

## 2. 확장성 심근병증(Dilated cardiomyopathy, DCM)

확장성 심근병증은 2,500명당 1명에서 발견되며, 일반적으로 심장의 확장과 심장 수축력 저하와 함께 심부전 증상으로 진단된다. 발병연령은 소아기에서 성인기까지 다양하며, 가족성 DCM은 추가적인 심장 이상(승모판 탈출증과 부정맥)이나 심장외의 증상(청력저하와 골격근위축증)을 동반하기도 한다. 특정 유전자 돌연변이에 따른 임상증상이 표현형에 일관되게 부합되지 않으며 무상 좌심실 확장에서부터 심장이식이 필요할 정도의 진행성 심부전까지 증상의 범위가 다양하다.

DCM의 유전적인 원인은 HCM보다 다양하고 아직 덜 알려져 있지만, 심근을 약화시키고 심장의 확장성 리모델링을 야기시키게 된다. 가장 흔한 유전형태는 상염색체 우성유전이지만, 상염색체 열성 유전, X-염색체연관 유전과 미토콘드리아를 통한 모계유전도 연관된다(그림 21-2).

### 1) DCM 관련 근절유전자

티틴(titin)은 *TTN* 유전자에 의해 코딩되며, 돌연변이는 근절 구조이상 및 심장 수축력의 감소를 야기하며 DCM의 가장 흔한 원인이다. 가족성 및 중증 DCM의 약 20%

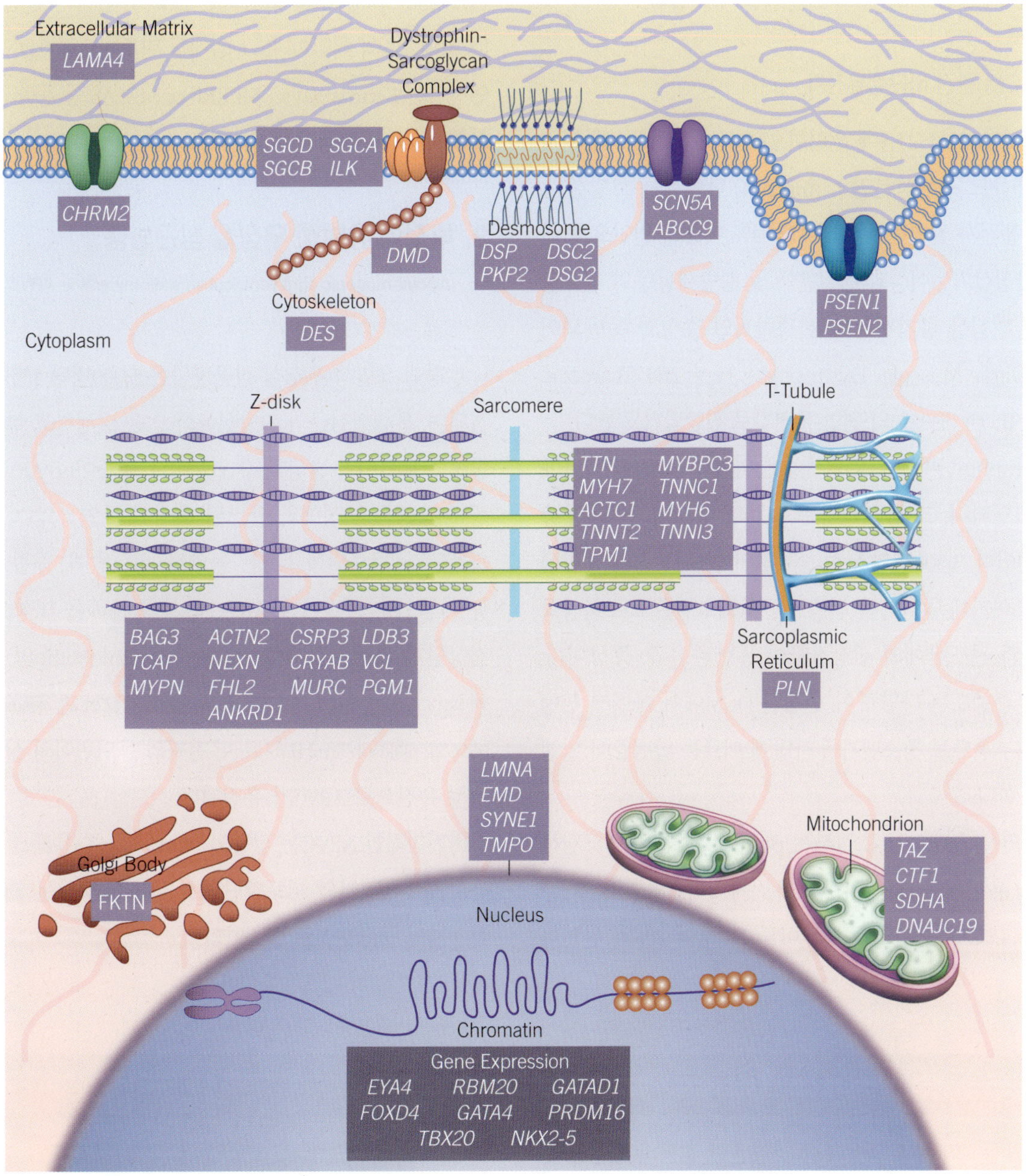


**그림 21-2.** 확장성심근병증의 원인 유전자들.

(From: Clinical and mechanistic insights into the genetics of cardiomyopathy. J Am Coll Cardiol 2016;68(25):2871-86.)

의 원인이다. 2개의 티틴 관련 단백질인 titin-cap (*TCAP*)와 RNA-binding motif protein20 (*RBM20*) 유전자의 돌연변이는 DCM의 7%의 원인이다. 트로포닌-트로포마이신 복합체 관련한 유전자에서는, 알파 트로포마이신(*TPM1*, <2%), 트로포닌 I (*TNNI3*, <1%), 트로포닌 T (*TNNT2*, <3%). 트로포닌 C (*TNNC1*, <2%) 유전자의 돌연변이도 DCM의 드문 원인이다. 액틴 유전자 *ACTC1*의 돌연변이는 DCM의 1%미만의 원인이다. 베타 마이오신 중쇄(*MYH7*) 유전자의 돌연변이는 DCM의 약 5% 미만의 원인이다. *MYBPC3*는 HCM의 주요 원인유전자로 상염색체 열성유전으로 유전되지만, 상염색

체 우성유전으로는 DCM의 원인이 되기도 한다.

### 2) DCM 관련 비근절유전자

염색체 1q21.2~21.3에 위치한 *LMNA* 유전자는, 핵 외피의 스캐폴드 구성성분인 Lamin A/C 단백질을 코딩한다. *LMNA* 유전자 돌연변이는 DCM의 4% 이상의 원인으로 진행성 좌심실기능이상과 심실빈맥 및 심방세동등의 전도장애발생 위험을 증가시킨다. 신경학적인 증상과 동반되어 Limb-Girdle Muscular Dystrophy나 Type 2B1 Charcot-Marie-Tooth disease의 원인 유전자로 진단되기도 한다.

Dystrophin단백질은 X 염색체에 위치한 *DMD* 유전자에 의해 코딩되며, 그 돌연변이는 듀센형 진행성근이영양증의 원인이다. 3,500명의 남성 중 1명의 빈도로 질환이 발생하며, 소아기에 발병하는 진행성 근육퇴화질환으로 확장성 심근병과 전도장애의 심장질환이 동반된 주요 증상이다. 임상의 중증도는 다양하여, 안정된 DCM에서 빠르게 진행하며 심부전으로 청소년기에 사망에 이르는 합병증이 발생하기도 한다.

심장의 칼슘대사를 조절하는 phopholamban을 코딩하는 *PLN* 유전자도 DMC의 원인유전자이다. Vinculin을 코딩하는 *VCL* 유전자의 돌연변이도 DCM의 2%의 원인이며, Desmoplaskin를 코딩하는 *DSP* 유전자의 돌연변이는 DCM의 7%의 원인이다. 그 외에도 미토콘드리아DNA의 돌연변이는 Kearns-Sayre, MERRF or MELAS 등 증후군을 일으키며, DCM 증상을 일으키기도 한다.

## 3. 부정맥 유발성 우심실 심근병증

**(Arrhythmogenic right ventricular cardiomyopathy, ARVC)**

부정맥 유발성 우심실 심근병증은 5,000명당 1명에서 발견되며, 우심실심근의 지방섬유화 침윤 발생하고 부정맥의 발생이 돌연사가 발생할 수 있는 심근병증이다. ARVC의 임상적 진단은 부정맥과 관련된 증상과 돌연사의 가족력과 관계된다. 주요위험요소는 돌연사, 심실빈맥, 중증 심실기능 이상의 가족력이다. ARVC 환자와 가족을 대상으로 유전상담과 유전자검사가 필요하다. Desmosome의 구성단백질(plakoglobin [*JUP*], DSP, desmocollin-2 [*DSC2*], desmoglein-2 [*DSG2*], plakophilin-2 [*PKP2*]) 유전자의 돌연변이의 상염색체 우성 유전으로 ARVC가 유전된다.

비전형적인 ARVC는 심장의 ryanodine 수용체를 코딩하는 *RYR2* 유전자와 세포막단백질 43을 코딩하는 *TMEM43* 유전자의 돌연변이로 발생한다.

**증례 33 | 호흡곤란을 호소하면서 심정지가 확인된 환자**

1) 내원 동기가 된 주 증상(주소): 호흡곤란, 심장비대, 심정지

2) 발병 시 연령/성별: 19세 /남자

3) 가족력: 급사 가족력 없음

4) 임상증상
19세 남자환자 호흡곤란으로 내원하여 시행한 흉부 X-ray 촬영에서 심비대소견이 보였으며, 심전도에서 완전방실차단소견과 함께 심정지가 발생하여 심폐소생술을 하였으며, 의식의 회복 후 임시형 심박동기(temporary pacemaker)를 삽입하였다.

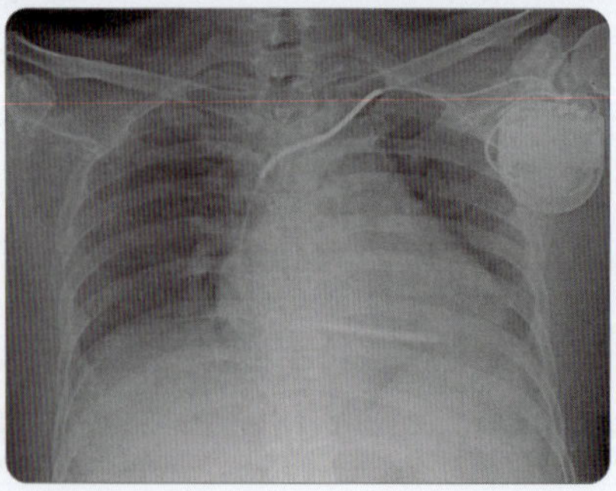

5) 검사소견
(1) 백혈구 6,600 /mm$^3$, 혈색소 15.2 g/dL, 혈소판 159,000 /

다음 페이지에 계속 >>

mm$^3$이었다. 생화학검사에서 AST/ALT 140/120 U/L, LDH 700 IU/L, CPK 510 IU/L, CK-MB 32 ng ProBNP 12,846 pg/mL으로 상승되어 있었다.

(2) 유전자 검사: 심근병증의 원인 유전자 검사에서 DSP 유전자의 돌연변이가 *DSP* c.250C>T (p.Arg84Ter) 확인이 되었다.

(3) 영상검사: 심장 MRI에서 심근내의 지방의 침적 및 섬유화 확인되었다.

#### 6) 치료경과

상기 환자는 심부전에 대한 치료를 시작하면서 심근병증 증상 및 좌심실 수축력도 호전되었으나, 심전도에서 완전방실차단 소견이 지속되어 영구형심박동기를 삽입하였다.

#### 7) 요약

(1) 원인: 우심실 이형성의 원인 유전자의 돌연변이로 심근의 근육이 지방이나 섬유조직으로 대체되어 우심실이 확장되고 심장의 수축력이 저하되고 전기적인 신호가 방해를 받게 되며 부정맥이 유발된다. 심장사의 원인이 되며 주로 40세 이하의 젊은 나이에 진단된다.

13개의 유전자(*DES, DSC2, DSP, JUP, LMNA, PKP2, RYR2, TGFB3, TTN, CTNNA3, DSG2, PLN, TMEM43*) 변이가 주요 원인으로 알려져 있으며, PKP2 유전자 변이가 가장 흔합니다. 이러한 유전자는 데스모솜의 기능에 관여하는 유전자로, 데스모솜은 심근 세포와 심근 세포 사이를 연결하여 신호를 전달하는 역할을 합니다.

(2) 발생빈도: 5,000명당 1명의 빈도로 남성에서 2~3배 더 발생한다.

(3) 임상증상: 가슴 두근거림, 어지러움, 실신, 심실 부정맥, 심부전 증상(호흡곤란, 피로, 하지 부종)으로 내원하며, 중증 소견은 돌연 심장사, 심정지이다.

(4) 진단 및 검사 소견: 진단 시에 심전도이상(우측 흉부유도에서 T파의 역위, 좌각차단형태의 심실기외수축이나 심실빈맥)이 관찰된다. 실신이나 심정지 급사의 가족력 확인이 필요하다. 심초음파, 심장MRI 등의 검사가 필요하며, 심근의 지방이나 섬유조직으로 대체, 심부전이 확인된다. 심근조직검사는 비침습적인 검사인 심장MRI와 유전자검사를 먼저 시행하게 되면서 시행 건수는 줄어드는 추세이다.

(5) 치료 및 관리: 격렬하고 경쟁적인 운동은 절대 금하고 운동의 강도는 개인의 상태에 따라 담당 주치의와 상의하여 정하는 것이 중요하다. 약제는 항부정맥약제 및 베타차단제, 안지오텐신 전환효소억제제 등은 혈관을 이완시키거나 심근 수축력을 감소시켜 심근의 부담을 감소시킨다. 심부전 환자에서는 이뇨제 등의 일반 심부전 치료가 필요하다.

심실세동이나 심정지가 발생한 경우에는 향후 재발의 위험성이 높으므로 이식형 제세동기 삽입이 필요할 수 있다. 심계항진을 줄이거나 제세동기의 쇼크 빈도를 줄이는 등 환자의 증상을 개선하기 위해서 부정맥이 발생하는 위치를 찾아 고주파로 절제하는 방법으로 부정맥의 전도를 차단하는 전극도자절제술을 시행한다.

## III. 지단백질의 유전학(Genetics of lipoprotein)

### 1. 개요

혈중 지방은 중성지방(triglyceride, TG)과 콜레스테롤(cholesterol)로 구성되는데 이들은 초저밀도 지단백질(very low density lipoprotein, VLDL), 저밀도 지단백질(low density lipoprotein, LDL), 고밀도 지단백질(high density lipoprotein, HDL) 등의 형태로 가지고 다닌다(**그림 21-3**).

지질과 지단백질은 임상적으로는 편의상 비슷하게 사용하고 있지만 그 생물학적, 생화학적 역할은 차이가 있다. 전체 중성지방은 각각의 LDL, HDL 등에 포함된 것의 전체 합이지만 지단백질에는 그 외의 성분들이 포함되어 있다. 지질과 지단백질의 관련한 유전학적인 부분은 일부 겹쳐서 복합적인 내용으로 이해를 하면 좋다.

지단백질 이상 질환에 대한 임상적인 이해와 연구는 오래전부터 있어 왔지만 최근 10여 년 동안 빠르게 유전자 검사가 발전, 임상에 적용되면서 아주 드문 유전자부터 비교적 흔한 유전자까지 발견이 되었고 특히 기존에 널리 알려져 있던 가족성 고콜레스테롤혈증에 관련하여도 매우 드문 유전자도 발견되면서 지단백질 관련 유전자에 대한 이해도가 높아졌다.

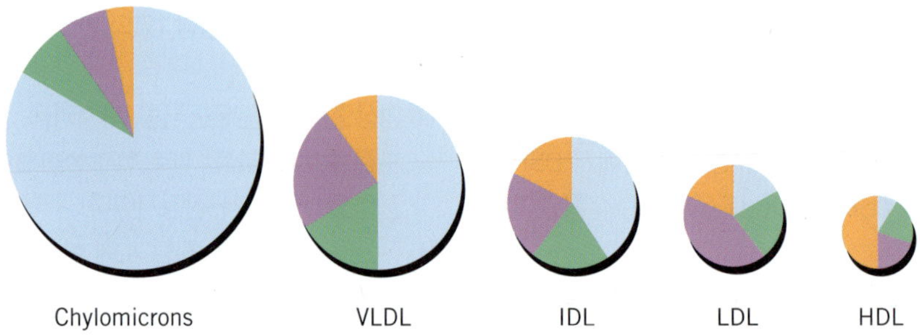


**그림 21-3.** 지질과 지단백질의 종류와 구성.

## 2. 단일유전자 가족성 고콜레스테롤혈증

**(Monogenic familial hypercholesterolemia)**

단일유전자 가족성 고콜레스테롤혈증에 대해서는 연구들이 많이 된 편이며 분류 기준은 주로 HDL, LDL, TG 값이 높은 경우와 낮은 경우로 구분하며 지금까지 약 25개의 유전자가 알려져 있다(표 21-3).

가장 많이 연구된 부분은 LDL 수용체 유전자(*LDLR*)이며 보인자 비율이 약 217명 중 한 명 정도로 생각되어서 많은 수의 환자가 있을 것으로 생각된다. 보통 LDL 수치가 4.4 mmol/L (169.9 mg/dL) 이상인 경우 보인자일 가능성을 높게 보고 있으며 환자의 경우 Benn (2016) 등의 연구에서 7 mmol/L (270.3 mg/dL) 이상인 경우를 cut point로 생각하였고, Futem (2015) 등의 연구에서는 8 mmol/L (332.1 mg/dL) 이상인 경우를 cut point로 주장하였다. 이후 많은 연구에서 cut off 보다 낮은 경우에서도 유전자 돌연변이가 많이 보고가 되어서 임상적인 접근과 해당 국가, 지역에서의 유병율 등을 고려하여 신중하게 적용해야 함을 알 수 있다. 또한 죽상경화증(atherosclerotic) 심혈관질환(cardiovascular disease)의 위험도는 가족성 고콜레스테롤혈증의 가족력에 따라서 다르므로 예방하는 방법을 위한 기준은 가족마다 다를 수 있다.

최근 가족성 고콜레스테롤혈증과 관련되어 보고된 유전자들 중에 우성 유전양상을 보이는 유전자들은 9개가 있고(표 21-3) 대표적인 것이 *LDLR*, *APOB*, *PSCK9* 등이다. 특히 *APOE* 유전자의 p.Leu167del 변이는 최근 보고가 많다. NGS 방법을 이용한 유전자 검사의 발달로 인하여 매우 드문 유전자 변이들도 확인이 되는데 *STAP1* 유전자의 이상은 매우 드문 것으로 알려져 있다.

엑솜 시퀀싱을 통하여 여러 유전자를 검사하는 시대가 되고 나서는 높은 LDL 수치를 보이는 경우 기존의 알려진 유전자 이외에도 여러 유전자 변이가 보고가 되었지만 아주 높은 LDL 수치를 보이는 경우(98% 이상) *PNPLA5* 유전자를 가지고 있는 환자들이 발견되었고 이 유전자는 phospholipase-domain containing 단백질에 관련하여 심한 지방간을 유발하는 것으로 알려져 있다.

단일유전자가 아닌 다유전자(polygenic) 관련 가족성 고콜레스테롤혈증은 최근에 추가된 내용으로 전체 환자의 약 40%가 해당된다고 생각되고 있고, 단일유전자로 인한 가족성 고콜레스테롤혈증 환자들보다는 LDL 수치가 낮은 것으로 생각된다. 그러나 모든 환자에서 보이는 현상은 아니기 때문에 가족성 고콜레스테롤혈증 환자에서는 우선 알려진 단일유전자 검사를 먼저하고 이후 고려하는 것을 권유하며 대체로 복합고지질혈증을 보이는 경우가 다유전자 이상을 보이는 경우가 더 많다고 알려져 있다.

표 21-3. 이상지질혈증과 관련된 질환과 각 유전자들

| Phenotype | Disorders | Gene | chromosome |
|---|---|---|---|
| High LDL | Familial hypercholesterolemia | *LDLR* | 19p13.3 |
| | Familial defective apolipoprotein B | *APOB* | 2p23-24 |
| | Autosomal dominant hypercholesterolemia (*PCSK9* gain of function) | *PCSK9* | 1p32.3 |
| | | *STAP1* | 4q13.2 |
| | | *APOE* | 19q13 |
| | Autosomal recessive hypercholesterolemia | *LDLRAP1* | 1p35-36 |
| | Cholesterol ester storage disease | *LIPA* | 10q21.31 |
| | Sitosterolemia | *ABCG5/ABCG8* | 2p21 |
| Low LDL | Abetalipoproteinemia | *MTTP* | 4q24 |
| | Hypobetalipoproteinemia | *APOB* | 2p23-24 |
| | PDSK9 deficiency with low LDL (*PCSK9* loss of function) | *PCSK9* | 1p32.3 |
| | Familial combined hypolipidemia | *ANGPTL3* | 1p31.1-22.3 |
| | Chylomicron retention disease | *SAR1B* | 5p31.1 |
| High HDL | Cholesteryl ester transfer protein deficiency | *CETP* | 16q21 |
| | Hepatic lipase deficiency | *LIPD* | 15q21-13 |
| | Scavenger receptor B1 deficiency | *SCARB1* | 12q23.31 |
| | Endothelial lipase deficiency | *LIPG* | 18q21.1 |
| Low HDL | Tangier disease | *ABCA1* | 9q31 |
| | Apolipoprotein A-I deficiency | *APOA1* | 11q23 |
| | Familial LCAT deficiency | *LCAT* | 16q22 |
| High TG | Lipoprotein lipase deficiency | *LPL* | 8p22 |
| | Apolipoprotein C-II deficiency | *APOC2* | 19q13 |
| | Apolipoprotein A-V deficiency | *APOA5* | 11q23 |
| | Lipase maturation factor deficiency | *LMF1* | 16p13.3 |
| | Glycosylphosphatidylinositol anchored HDL | *GPIHBP1* | 8q23 |
| | Glycerol-3-phosphate dehydrogenase-1 | *GPD1* | 12q13.12 |
| | Dysbetalipoproteinemia | *APOE* | 19q13 |

LDL, low density lipoprotein, HDL, high density lipoprotein, TG, Triglyceride

## 3. 지질/지단백질이상과 관련된 유전자 변이들

전 게놈 관련분석(genome-wide association study, GWAS)에서 혈중 지질과 지단백질환 관련된 변이들을 분석하였다. 157개의 분위가 중성지방, 저밀도 지단백질, 고밀도 지단백질과 관련이 있는 부위로 확인되었다. 이들에 대한 여러 연구를 통하여 새로운 지질, 지단백질 대사와 관련된 경로에 대한 가설들이 생겼고 대표적인 유전자들로 *SORT1*, *TRIB1*, *GCKR* 유전자들이 제시되었다. 또한, 합토글로빈(haptoglobin) 합성에 관련된 부위의 단일뉴클레오타이드다

형성(single nucleotide polymorphism, SNP)이 낮은 콜레스테롤, LDL 수치와 관련이 있는 것으로 밝혀졌고 이는 아마도 아포지단백질(apolipoprotein)과 합토글로빈의 상호작용이 영향을 주는 것으로 생각된다. 현재 이에 대한 추가적인 연구들이 진행중이다.

마이크로어레이 방법을 이용한 연구에서는 지질, 지단백이상 관련 allele frequency가 0.5~5%로 매우 낮게 확인되었지만, 엑손 어레이(exome array)를 통한 연구에서는 드물지만 관련하여 *ANGPTL8* rs145464906, *PAFAH1B2* rs 186808413, *COL18A1* rs 1141399997, *PCSK7* rs 142953140 등이 발견되었고 이들은 저밀도 지단백질과 중성지방에 상대적으로 관련성이 높은 부위로 확인되었다. 하지만 죽상경화증 심혈관질환과의 관련성은 낮은 것으로 생각된다.

또한 최근 다른 연구에서는 인종이나 지역마다 유전자의 변이가 매우 큰 차이가 있다는 것을 밝혔는데 대표적인 부분이 *LDLR* 유전자에서 p.G116S missense 변이로 이 부분은 다른 인종에서는 아예 보고가 없는데 이누이트(Inuit) 종족에서만 유일하게 보고가 있고, 이 변이가 있으면 저밀도 지단백질은 0.54 mmol/L (20.9 mg/dL) 상승하고 고콜레스테롤혈증으로 인한 위험도는 3배 정도 높아지는 것으로 확인되었다.

## 4. LAL-D (Lysosomal acid lipase deficiency)-LIPA gene mutation

상염색체 열성으로 유전되며 *LIPA* 유전자 변이로 발생하며 신생아형인 Wolman병과 지발형인 Cholesteryl ester storage disease (CESD)로 구별한다. Wolman병은 매우 드문 질환으로 1/300,000명 정도 되며 아시아에서는 더 드물고 국내에서도 그 보고가 적다. LAL의 결핍으로 인하여 cholesteryl ester와 중성지방을 가수분해하지 못하여 신체의 거의 모든 세포, 조직에 침착하게 되고 간과 비장이 10배 이상, 많게는 300배 정도 축적되며 LDL과 TG는 증가하고 HDL은 감소하는 모습을 보인다.

임상 증상은 신생아형인 경우 생후 수주 이내 설사와 구토, 간비종대로 인한 복부 팽만과 황달이 나타나며 많은 수에서 부신의 석회과가 보이게 되며 중성 지방이 매우 올라가고 성장부진, 발달 지연, 영양장애 등이 나타나 치료하지 않으면 1~2세경 사망하는 경우가 많았다.

지발형의 경우 구토, 설사 등의 증상도 보이지만 주로 성장장애와 더불어 높은 TG 수치를 보이며 LDL 수치가 상승한다. 간비종대가 동반되면서 응고장애가 보이기도 하며 주로 non-alcoholic fatty liver disease (NAFLS)와 비교가 어려우며 부신의 석회화는 드물고 죽상동맥경화증이 젊은 나이에 발생한다.

이전에는 기존의 HMG-CoA 환원 억제제가 지질기능과 간기능을 악화시켜서 사용하지 않고 식사 조절과 cholestyramine를 투여하여 약간의 효과를 보았다고 하지만 지금은 효소대치요법(enzyme replacement therapy)이 가능하며 약제는 Kanuma® (sebelipase alfa)이다.

## 5. LCAT deficiency: cholesterol acyltransferase deficiency

Cholesterol acyltransferase (LCAT) 효소 결핍으로 인하여 나타나며 *LCAT* 유전자 변이로 발생한다. 매우 드물고 유전자 이상으로 인한 *LCAT*의 잔존효소량에 따라 Fish eye disease와 가족성 *LCAT* 결손증으로 나눈다. 주로 고밀도지질단백 감소, 중성지방의 증가가 보이며 각막혼탁, 용혈성 빈혈, 신기능장애가 나타난다. LDL과 VLDL의 감소가 보이며 신장 조직검사에서 지방의 축적을 확인할 수 있다.

## 6. Lipoprotein lipase (LPL) 결핍증 - LPL gene mutation

*LPL* 유전자의 이상으로 발생하며 상염색체 열성 유전을 보인다. 매우 드물며 특정 지역(캐나다 퀘벡)에 흔하다. 혈장내에 chylomicron이 축적되고 중성지방이 올라가지만

### 증례 34 | 우연히 발견된 고콜레스테롤혈증으로 진단된 가족성 고지혈증(Familial hypercholesterolemia)

1) 내원 동기가 된 주 증상(주소): 우연히 발견된 고콜레스테롤혈증

2) 발병 시 연령/성별: 만 8세 9개월/여아

3) 가족력

할아버지가 심근경색과 뇌경색으로 사망하였다. 아버지가 건강검진에서 콜레스테롤이 높다는 얘기를 들었다고 하였다.

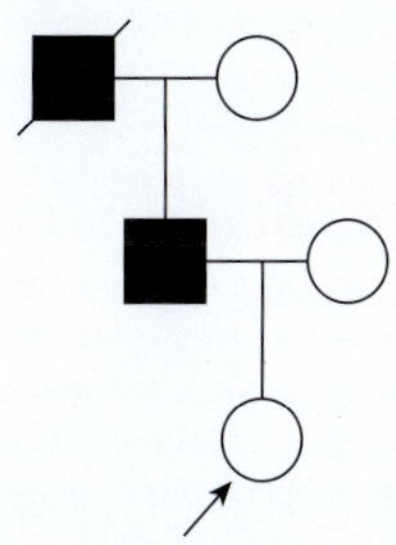

4) 임상증상

재태연령 38주 출생체중 3.1 kg 출생하였으며 특별한 성장, 발달의 문제는 없었다. 만 8세 9개월경 사춘기 조숙증 의심되어서 병원에서 시행한 혈액검사에서 고콜레스테롤혈증이 발견되어서 외래로 내원하였다.

5) 진찰 소견

키 133.1 cm (50 백분위수), 체중 30 kg (50 백분위수)이었으며 발목 부위의 피부에 황색종이 관찰되었다.

6) 검사소견

(1) 일반혈액 및 생화학검사: 혈색소 12.3 g/dL, 혈소판 292,000 /mm$^3$, AST/ALT 57/29 U/L, 포도당 88 mg/dL, 총콜레스테롤 348 mg/dL, 중성지방 120 mg/dL, 고밀도 지단백 콜레스테롤(HDL-cholesterol) 80 mg/dL, 저밀도 지단백 콜레스테롤(LDL-cholesterol) 252 mg/dL, 칼슘 9.4 mg/dL이었다.

(2) 유전자 검사: *LDRL* 유전자의 염기서열 분석 결과 c.398A>T(p.Asp133Val) 돌연변이를 보였다. 환자 부에서도 같은 부위 이상을 확인하였다.

7) 치료경과

상기 환자는 *LDRL* 유전자 이상이 확인된 가족성 고지혈증환자로 atorvastatin 10 mg을 하루 한 번 복용 시작을 하였고 이후 혈액검사를 진행하면서 약 3개월 뒤 20 mg으로 증량하여 유지 중입니다. 또한 고지혈증 관련 영양상담을 통하여 콜레스테롤과 포화지방 함량이 높은 식품과 단순당이 높은 음식에 대한 주의와 저지방의 어육류 종류 섭취를 권장하였다. 이후 총콜레스테롤 210 mg/dL, 중성지방 80 mg/dL, 고밀도 지단백 콜레스테롤(HDL-cholesterol) 90 mg/dL, 저밀도 지단백 콜레스테롤(LDL-cholesterol) 110 mg/dL로 감소하였다.

8) 요약

(1) 원인: *LDRL* 유전자의 돌연변이로 발생하게 된다.

(2) 발생빈도: 이형접합자의 빈도는 1/500으로 단일 유전자 질환 중에서는 가장 흔하다.

(3) 임상증상: 황색종, 관상동맥질환, 고콜레스테롤혈증, 저밀도 지단백 콜레스테롤의 증가가 나타난다. LDRL 동형접합자인 경우 콜레스테롤이 600~1,200 mg/dL로 증가되면서 황색종(xanthoma)이 나타나는 경우가 많은 편이고 10세 이전에 arcus cornea가 보인다. 심한 경우에는 만 5세 경부터 관상동맥 질환이 나타나는 경우도 있다. 이형접합자의 경우 혈중 콜레스테롤은 250~500 mg/dL로 증가되며 황색종은 나중에 나타나는 경우가 더 많다.

(4) 진단 및 검사 소견: 혈중 총 콜레스테롤이 상승되어 있고 저밀도 지단백 콜레스테롤이 이형접합체에서는 241±60 mg/dL, 동형접합체에서는 625±160 mg/dL 정도 된다. 중성지방은 보통 정상수치를 보인다. *LDRL* 유전자 분석을 통하여 진단이 가능하다. LDL 수용체의 장애로 발생하는 다른 질환에 대한 감별이 필요한데 *APOB, PCSK9, ARH, ABCG5* 등의 유전자 검사를 해서 감별할 수 있다.

(5) 치료 및 관리: 이형접합체의 경우 콜레스티라민과 콜레스티폴과 같은 음이온결합수지를 투여하여 담즙산의 재순환을 막고 LDL-수용체의 합성을 자극하여 LDL 콜레스테롤 수치를 낮출 수 있다. 장점막, 간세포에서 콜레스테롤 흡수를 억제하는 약제(ezetimibe)를 사용하기도 한다. 그 외 HMG-CoA 환원 억제제를 사용할 수 있고 다양한 statin 제제들이 있으며 (atorvastatin, rosvasutatin, mevastatin, lovastatin 등) 주로 만 8세 이후 사용을 권유하고 있다.

VLDL는 정상이며 우연히 혈액채혈을 하였을 때 육안으로 크림색깔처럼 보여서 발견되는 경우도 있다. 주로 피부의 황색종이 확연하고 간과 비장의 비대, 구토, 설사 특히 반복되는 급성 췌장염이 특징이며 중성지방이 1,000 mg/dL 이

상 상승하는 경우 자주 발생한다. 지방을 낮추는 약은 도움이 되지 않고 포화지방과 불포화지방을 제한하고 필수지방산이 리노레익산을 하루 열량의 1%가 되도록 섭취하는 방법을 권유하였다. 2012년 Glybera (alipogene tiparvovec) 약제가 치료제로 허가되어 사용되고 있다.

### 7. 저밀도 지단백질(LDL) 관련 유전적인 요인과 관상동맥 심장질환의 감수성

기존에 알려진 연구는 가족성 고콜레스테롤혈증을 가진 환자들 중에서 *LDLR* 유전자 변이가 있는 군에서 LDL과 관상동맥 심장질환 발생과의 관련성에 대한 코호트 연구이다(2008). 2015년도에는 *PCSK9* 유전자 변이의 gain of function를 보이는 경우 164명에 대한 연구가 진행이 되었고, 약 33%에서 아주 이른 시기에 관상동맥 심장질환의 증상이 나타났으며 평균 나이는 49세였다.

### 8. 새로운 치료제 개발

스타틴이 고지혈증/고콜레스테롤혈증에 중요한 역할을 하였음에도 불구하고 심혈관 질환에 대한 위험도를 아주 의미 있게 낮출 수 있는지에 대해서는 지속적인 의문점이 제기되었다.

PCSK9 억제제는 좀 더 강력한 효과를 기대할 수 있는 약으로 개발되었고 2012년 처음 사람에서 허가가 된 이후 60% 이상 LDL 감소 효과를 보였고 불안정 협심증(unstable angina)이나 심혈관질환으로 사망하는 경우를 줄일 수 있다는 보고들이 많았다. 현재 가장 많이 사용되는 약은 alirocumab과 evolocumab이며 2017년 유럽 Cardiology/atherosclerosis 학회에서 정한 기준에는 가족성 고콜레스테롤혈증이 있는 환자에서 atherosclerotic cardiovascular 병변이 있으면 사용을 권유하고 있다.

또 다른 약으로 bempedoic acid가 있는데 ATP citrate lyase를 억제하여 콜레스테롤 생합성 과정을 억제한다. FDA에서는 heterozygote 가족성 고콜레스테롤혈증 환자 혹은 기존의 스타틴 약물을 고용량 사용했음에도 효과가 없는 경우로 사용 허가를 받았다. Lomitapide는 중성지방을 운반하는 단백질을 막는 것으로 가족성 고콜레스테롤혈증환자에서 약 50% LDL 감소를 보였고 또 다른 약으로 mipomersen이 있는데 이 약도 가족성 고콜레스테롤혈증 환자에서 효과가 입증되어서 2013년 FDA 승인을 받았다.

## IV. 유전성 부정맥 질환
(Genetics of arrhythmia)

선천 부정맥 증후군에는 긴QT증후군, 브루가다증후군, 카테콜아민 다형심실빈맥과 짧은QT증후군이 속한다. 이들 희귀 증후군들(빈도 1:2,000~1:10,000)은 고전적으로 부정맥 유전자에서 드물게 큰 영향을 미치는 변이들에 의해서 생기는 것으로 여겨진다.

선천 부정맥 증후군의 원인이 되는 주요 유전자들은 1. 심장 활동 전위의 기본이 되는 심장 이온 채널을 암호화하는 유전자, 2. 세포내 칼슘 취급에 영향을 미치는 유전자, 3. 이러한 과정을 조절하는 추가 유전자로 구분할 수 있다.

### 1. 긴QT증후군(Long QT syndrome, LQTS)

긴QT증후군(LQTS)은 심전도에서 QT 간격의 연장(QTc>480 ms)을 특징으로 하며 torsades de pointes (다형성심실빈맥) 부정맥 및 심장돌연사의 위험이 있는 질환이다(그림 21-4).

이 질환은 1957년에 처음 보고된 이후 현재 알려진 유병률은 전 세계 인구의 1/2,500 정도이며 젊은 층에서 LQTS는 심장돌연사의 주요 원인 중 하나이다. 그리고 영아돌연사증후군에서 사후 유전자 분석을 한 결과 약 10%에서 LQTS와 관련된 유전적 변이가 확인되었다. LQTS는 일반적으로 약물 및 전해질 불균형과 관련되어 나타나며 선천

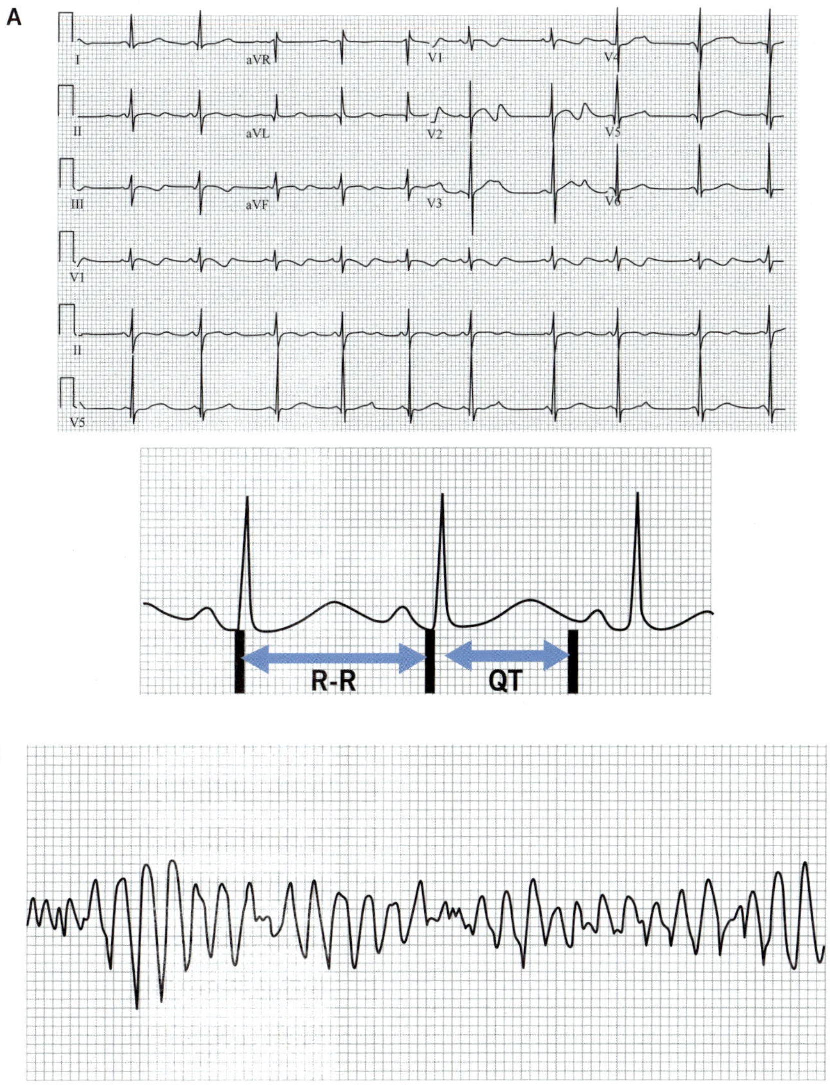


**그림 21-4.** 심전도 그래프. **(A)** 긴QT증후군, **(B)** 다형성심실빈맥.

적이거나 후천적일 수 있다. 투과도는 불완전하며 같은 가족내에서도 증상이 다양하며 임상적으로 무증상부터 심장돌연사로 이어지는 다형성심실빈맥증까지 다양한 중증도를 보인다. 현재 이 질환은 17개로 분류되어 있고 다음과 같은 유전자가 관련되어 있다. *AKAP9*, *ANKB*, *CACNA1C*, *CALM1*, *CALM2*, *CALM3*, *CAV3*, *KCNE1*, *KCNE2*, *KCNH2*, *KCNJ2*, *KCNJ5*, *KCNQ1*, *SCN4B*, *SCN5A*, *SNTA1* 및 *TRDN*에서 1,000개 이상의 병원성 변이가 확인되었다 **(표 21-4)**. LQTS은 주로 상염색체 우성으로 유전되고 심장 외의 증상은 가지지 않는 경우가 대부분이다(Romano-Ward 증후군, LQTS1-6/9-13). LQTS 환자들의 75%에서는 LQTS 관련 유전자들에서 변이를 발견할 수 있는데 특히 90% 이상에서는 *KCNQ1* (LQTS 1형), *KCNH2* (LQTS 2형) 및 *SCN5A* (LQTS 3형)에서 변이가 발견된다. 전문가들은 LQTS로 진단된 가족, 특히 젊은 가족 구성원의 심장돌연사가 있는 경우에 이 세 가지 주요 유전자를 검사할 것을 권장한다. LQTS 1형 및 2형 환자들은 일반적으로 스트레스 또는 운동 중에 부정맥을 나타내는 반면 3형 환자는 휴식 중, 특히 수면 중에 증상을 나타낸다. 유전적 변이를 지닌 환자의 30%가 휴식상태에서 정상적인 심전도를 보인다는 점이 임상적으로 중요하다.

이형접합 우성 LQTS 변이는 Romano-Ward 증후군이라고 한다. 재분극 칼륨 전류 IKs (*KCNQ1* 및 *KCNE1*에 의해 부호화 됨), IKr (*KCNH2*) 또는 IK1 (*KCNJ2*)의 기능 소실로 이어지는 변이들은 LQTS을 유발할 수 있다. 또한 *SCN5A* 소듐 통로 또는 *CACNA1C* 칼슘 통로 유전자의 기능 획득 변이들도 과도한 양이온 유입을 유발하여 LQTS을 유발한다. KCNQ1 또는 *KCNE1*의 동형접합 또는 복합 이형접합 변이는 현저한 QT 연장 및 난청을 특징으로 하는 Jervell과 Lange-Neilsen 증후군을 유발할 수 있다. Anderson-Tawil 증후군 1형(ATS1)은 LQTS 7형으로 분류되기도 하는데 *KCNJ2* 기능 소실에 의하여 발생하는 상염색체 우성의 다기관 질환이다. Timothy 증후군은 LQTS 8형으로 분류되며 *CACNA1C* 유전자 이상에 의해서 나타난다. *CALM*1-3 모두 고도로 보전되어 있는 단백질 calmodulin에 부호화 되어 있으며 이들의 변이로 *CALM*-LQTS (때때로 기능성 2:1 AV 차단) 또는 *CALM*-CPVT 증상으로 소아기 때 주로 나타날 수 있다. *TRDN*은 근육세포질그물(sarcoplasmic reticulum, SR) 칼슘 방출 단위의 부분을 형성하는 triadin에 부호화한다. LQTS 또는 CPVT 표현형의 발현은 동형접합체 또는 복합이형접합체 상염색체 열성 유전되어 나타난다.

## 2. 짧은QT증후군(Short QT syndrome, SQTS)

짧은QT증후군(SQTS)은 기본 심전도에서 QT (<340 ms)의 단축을 특징으로 하는 매우 드문 증후군으로 부정맥의 위험이 있는 질환이다. 영유아에서 영아돌연사증후군의 주요 원인이 되는 것으로 알려져 있다. 심전도 소견을 보면 QT 간격이 짧고 높은 날카로운 T파와 T파의 최고점과 끝 사이의 짧은 간격이 특징이다(그림 21-5). 임상 증상은 무증상부터 재발성 실신, 심지어 심장돌연사까지 다양하게 나타난다.

유전적으로 확인된 것은 투과도 높고 상염색체 우성 유전 패턴을 따르는 가계에서 처음 보고되었다. 현재까지 SQTS와 관련된 몇 가지 병원성 변이들이 *CACNA1C*, *CACNA2D1*, *CACNB2*, *KCNH2*, *KCNJ2*, *KCNQ1*, *SLC4A3*, *SCN5A* 8개 유전자에서 확인되었다(표 21-4). 거의 60% 정도의 SQTS 증례에서 이 유전자들이 관찰된다. 환자의 가족

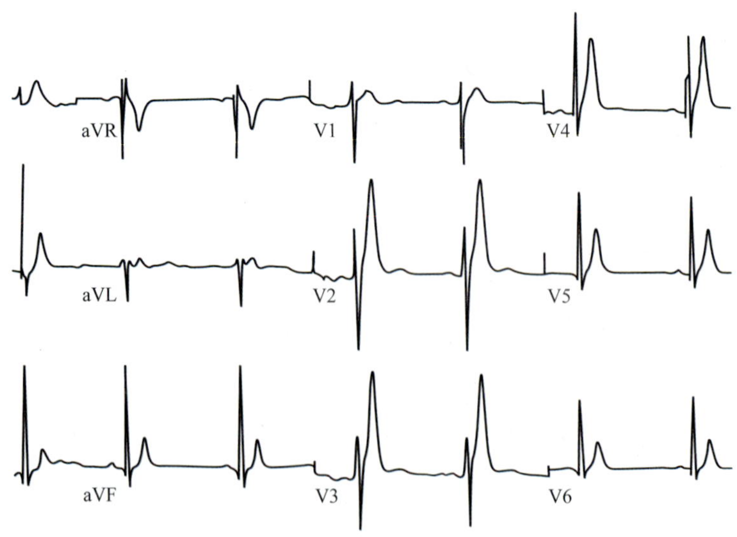


그림 21-5. 짧은QT증후군의 심전도.

**표 21-4. 통로병증과 관련된 유전자들(Genes associated with channelopathies)**

| 질환 | 유전자 | 유전자부위 locus | 단백질 | 유전양상 | 질환의 % |
|---|---|---|---|---|---|
| LQTS type 1 | *KCNQ1* | 11p15.5 | IKs potassium channel alpha subunit (Kv7.1) | AD (LoF) | 40~45% |
| LQTS type 2 | *KCNH2* | 7q35-q36 | IKr potassium channel alpha subunit (Kv11.1 or hERG) | AD (LoF) | 30~45% |
| LQTS type 3 | *SCN5A* | 3p21 | Cardiac sodium channel alpha subunit (NaV1.5) | AD (GoF) | 5~10% |
| LQTS type 4 | *ANKB* | 4q25~27 | Ankyrin B | LoF | <1% |
| LQTS type 5 | *KCNE1* | 21q22.1 | MinK, potassium channel | AD (LoF) | <1% |
| LQTS type 6 | *KCNE2* | 21q22.1 | MiRP1, potassium channel | AD (LoF) | <1% |
| LQTS type 7 (Andersen-Tawil syndrome type 1, ATS1) | *KCNJ2* | 17q23 | Kir2.1 | AD (LoF) | <1% |
| LQTS type 8 (Timothy syndrome) | *CACNA1C* | 12p13.3 | L-type calcium channel (CaV1.2) | AD GoF | <1% |
| LQTS type 9 | *CAV3* | 3p25 | Caveolin 3 | AD LoF | <1% |
| LQTS type 10 | *SCN4B* | 11q23.3 | Sodium channel-β4 | LoF | <1% |
| LQTS type 11 | *AKAP9* | 7q21~22 | Yotiao | AD LoF | <1% |
| LQTS type 12 | *SNTA1* | 20q11.2 | Syntrophin α1 | AD LoF | <1% |
| LQTS type 13 | *KCNJ5* | 11q24 | Kir3.4 | AD LoF | <1% |
| LQTS type 14 | *CALM1* | 14q32.11 | Calmodulin 1 (dysfunctional $Ca^{2+}$ signaling) CaV1.2 | AD | <1% |
| LQTS type 15 | *CALM2* | 2p21 | Calmodulin 2 (dysfunctional $Ca^{2+}$ signaling) | | <1% |
| JLNS type 1 | *KCNQ1* | 11p15.5 | IKs potassium channel alpha subunit (Kv7.1) | AR (LoF) | <1% |
| JLNS type 2 | *KCNE1* | 21q22.1~22.2 | MinK | AR (LoF) | <1% |
| TRDN-LQTS | *TRDN* | 6q22.31 | Triadin | AR | |
| SQTS type 1 | *KCNH2* | 7q35 | Kv11.1, potassium channel | AD (GoF) | 15% |
| SQTS type 2 | *KCNQ1* | 11p15.5 | IKs potassium channel alpha subunit (Kv7.1) | AD (GoF) | <5% |
| SQTS type 3 | *KCNJ2* | 17q23 | Kir2.1, potassium channel | AD (GoF) | <5% |
| SQTS | *SLC4A3* | | Cardiac chloride-bicarbonate exchanger Inhibition of *I*CaL | AD | <1% |
| SQTS | *CACNA1C* | | L-type calcium channel ICa (L) | | <1% |
| SQTS | *CACNA2D1* | | L-type calcium channel ICa (L) | | <1% |
| SQTS | *CACNB2* | | | | <1% |
| SQTS | *SCN5A* | | | | <1% |
| BrS | *SCN5A* | 3p21 | Cardiac sodium channel alpha subunit (NaV1.5) | AD (LoF) | 20~30% |
| | | | Calmodulin 1 (dysfunctional $Ca^{2+}$ signaling) CaV1.2 | | |
| BrS | *SCN10A* | 3p22.2 | sodium channel alpha subunit (NaV1.8) | AD (LoF) | |
| BrS | *CACNA1C* | 2p13.3 | Cav1.2, calcium channel | AD (LoF) | |

다음 페이지에 계속 >>

| 질환 | 유전자 | 유전자부위 locus | 단백질 | 유전양상 | 질환의 % |
|---|---|---|---|---|---|
| BrS | *CACNB2* | 10p12.33 | Voltage-dependent beta-2, calcium channel | AD (LoF) | |
| CPVT1 | *RYR2* | 1q42.1-q43 | Ryanodine receptor 2 | AD | 60% |
| CPVT | *CASQ2* | 1p13.3 | Calsequestrin 2 | AD, AR | 1~2% |
| CPVT | *CALM1* | 14q32.11 | Calmodulin 1 | AD | |
| CPVT | *CALM2* | 2p21.3-p21.1 | Calmodulin 2 | AD | |
| CPVT | *ANK2* | | | | |
| CPVT | *TRDN* | 6q22.31 | Triadin | AR | |
| CPVT | *TECRL* | | Trans-2,3-enoyl-CoA reductase-like protein SOICR | AR | |

AD, autosomal dominant; AR, autosomal recessive; ATS1, Andersen-Tawil syndrome type 1; CPVT, catecholaminergic polymorphic ventricular tachycardia; GoF, gain of function; JLNS, Jervell and Lange-Nielsen syndrome; LoF, loss of function; LQTS, long QT syndrome; RyR, ryanodine receptor; SOICR, SR luminal $Ca^{2+}$ store overload induced $Ca^{2+}$ release (see also figure 3); SQTS, short QT syndrome; SR, sarcoplasmic reticulum.

들 중 나머지 40%에서는 유전적 원인이 확인되지 않았다. SQTS 1형은 가장 널리 알려진 유전자인 *KCNH2* 유전자의 병원성 변이에 의해 생기는 것으로 알려져 있고 1형은 보통 아드레날린 상황(소음 또는 운동)에서 심장에 이상 증상이 발생하지만 휴식 시에도 보고되기도 하였다. SQTS 2형은 *KCNQ1* 유전자의 변이에 의해 발생하는데 이들은 40세 미만의 나이에서도 심장돌연사를 일으키기도 한다. 또한 영아돌연사와 서맥, 심장세동 및 짧은QT간격을 보이는 기이한 자궁내 표현형을 보인다. 그리고 *CACNA1C*, *CACNA2D1* 및 *CACNB2*의 병원성 변이는 브루가다증후군과 짧은QT 간격이 겹쳐지는 양상과 관련이 있다. 3개의 포타슘 통로 유전자(*KCNQ1*, *KCNH2* 또는 *KCNJ2*)에서 기능 획득 변이는 SQTS을 유발할 뿐만 아니라 음이온 교환기 *SLC4A3*에서 기능 소실 변이를 유발할 수 있다.

## 3. 부르가다증후군(Brugada syndrome, BrS)

부르가다증후군(BrS)은 심장돌연사의 위험이 있는 희귀한 유전 질환으로 1992년에 기술되었고 이것은 V1에서 V3까지 전극의 비정형 오른쪽다발갈래에서 아치형 ST 분절 상승으로 구성된 심전도 양상을 특징으로 한다(종종 1형 BrS 심전도 양상이라고 함)(그림 21-6). BrS의 유병율은 1:2,000 정도로 추정된다. 환자는 무증상일 수도 있지만 다형심실빈맥 및 심장돌연사 위험이 증가될 수도 있다. 부르가다증후군은 40세 정도의 젊은 남성 성인에서 주로 보이며 휴식 중에도 전형적인 심장돌연사를 일으킬 수 있다. 심전도에서 BrS 진단 패턴을 보이게 하는 가장 효과적인 방법은 ajmaline 및 flecainide 테스트를 이용하는 것이다. 현재 20개 이상의 유전자에서 200개 이상의 병원성 변이들이 확인되었다(*ABCC9, ANK2, CACNA1C, CACNA2D1, CACNB2, FGF12, GPD1L, HCN4, KCND3, KCNE3, KCNE5, KCNH2, KCNJ8, PKP2, RANGRF, SCN10A, SCN1B, SCN2B, SCN3B, SCN5A, SEMA3A, SLMAP, TRPM4*)(표 21-4). X-연관 우성 패턴을 따르는 *KCNE5* 유전자를 제외하고 대부분의 경우는 상염색체 우성 유전 패턴을 따른다. 포괄적인 유전 분석에서 환자 가족의 35~40%에서만 병원성 원인을 발견하고, 유전적 원인이 알려진 환자의 약 25~30%는 *SCN5A* 유전자(BrS 1형)에 병원성 변이를 가지고 있다. 그래서 일부 전문가들은 소듐 통로 유전자 *SCN5A*에서 우성 기능소실 변이만이 이 질환의 결정적인 원인이 된다고 하며 아직 나머지 유전자는 논쟁의 여지가 있다고 주장하고 있다. BrS는 다른 혈통에 비해 아시아 혈통의 개체에서 더 많이 나타난다.

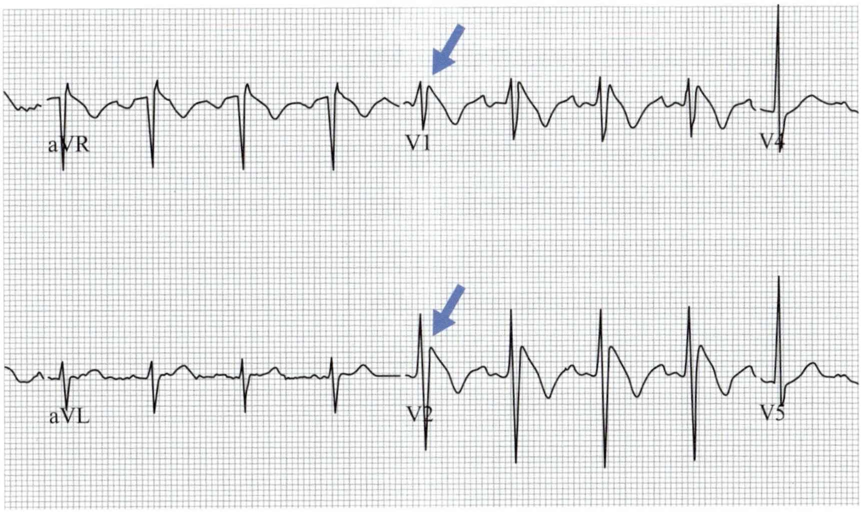


그림 21-6. 부르가다증후군 심전도.

## 4. 카테콜아민 다형심실빈맥

**(Catecholaminergic polymorphic ventricular tachycardia, CPVT)**

카테콜아민 다형심실빈맥(CPVT)은 운동이나 아드레날린 자극 동안 양방향 또는 다형심실빈맥을 특징으로 하며, 이는 실신 또는 심장돌연사로 이어질 수 있다(그림 21-7). CPVT는 사망률이 높고 처음 발병하는 연령은 유아기에서 30세까지 다양하다. 다른 구조적 심장 질환이 없는 젊은 사람(주로 남성)에서 설명할 수 없는 심장돌연사의 원인으로 알려져 있는데 주로 운동, 극심한 스트레스나 감정 상태에서 첫 징후가 나타나고 바로 심장돌연사가 될 수 있기 때문에 위험성이 있는 가족 구성원을 식별하는 것이 심장돌연사를 피하는 데 중요하다. CPVT는 휴식 시에 완전히 정상적인 심전도(아마도 서맥 및 U파)를 보이며 운동 또는 카테콜아민 스트레스 테스트 후 중요한 심실 전위를 보이는 심전도 소견으로 의심된다. 6개의 유전자가 질환과 관련이 있는데 이는 상염색체 우성(*CALM1*, *CALM2*, *KCNJ2* 및 *RyR2*)과 상염색체 열성(*CASQ2* 및 *TRDN*) 유전 양상을 보인다(표 21-4). 임상적으로 진단된 증례의 약 60%에서 병원성 변이가 발견되었다. CPVT의 가장 흔한 원인은 심장 ryanodine 수용체 유전자 *RYR2*의 우성 기능 획득 변이(CPVT 1형)이며, 이는 근육세포질그물(SR)에서 칼슘 유발 칼슘 방출에 관여하는 주요 채널을 부호화한다. *RYR2* 유전자 이상이 전체의 60% 이상 발견되므로 유전자 선별 검사에서는 가장 비용 효율적인 선택으로 *RYR2* 유전자 검사만을 권장한다. 현재 100개 이상의 *RYR2* 돌연변이가 보고되었다. 이들은 특정한 단백질의 클러스터/부위에 영향을 주는데 이곳은 일차적으로 FKBP12.6 결합 도메인, 유전자부호 2,200~2,500, 그리고 유전자부호 3,700으로부터 시작되는 막경유 분절과 C-말단이다. 덜 흔한 형태인 상염색체 열성으로 유전하는 *CASQ2*는 약 1~2% 정도에서 관찰되며 염색체 1p13.3-p11에 위치한다. *CASQ2*의 무의미돌연변이와 과오돌연변이에 의해 $Ca^{2+}$의 결합 능력에 문제가 생기거나 RyR의 조절이 방해되므로 calsequestrin-2 표현이 감소되게 된다. *TRDN* 기능 소실 열성 유전 변이와 *CALM* 변이도 원인으로 알려져 있다. 그리고 *TECRL* 유전자는 trans-2,3-enoyl-CoA 환원효소 유사 단백질에 부호화되어 RyR 활성을 조절하는 데 관련된 열성 변이도 CPVT 증상을 보이는 것으로 보고되었다. 최근에 2개의 다른 유전자 변이가 알려졌는데 이들은 IK1에 전도하는 Kir2.1 포타슘 통로에 부호화하는 *KCNJ2*와 세포뼈대

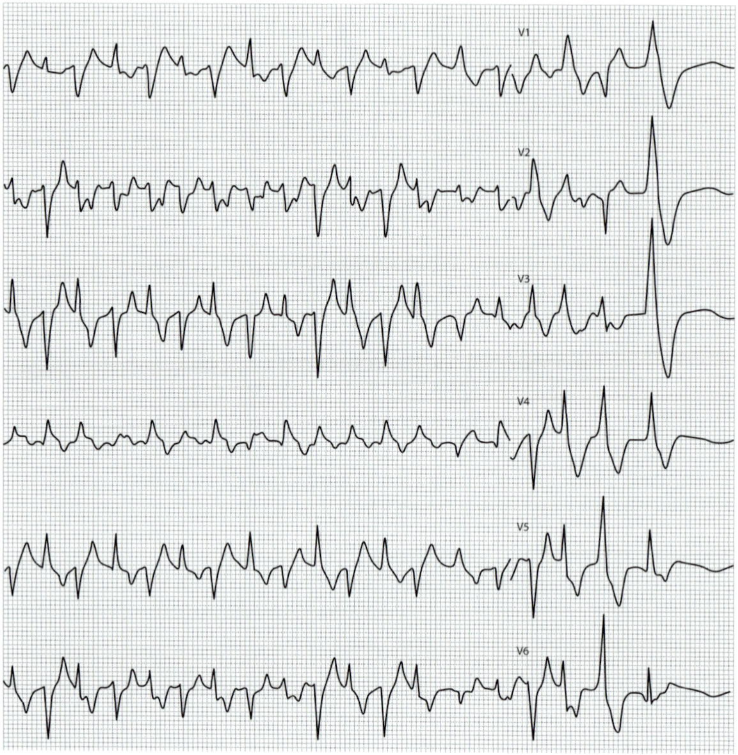


그림 21-7. 카테콜아민 다형 심실 빈맥 심전도.

단백질인 ankyrin B에 부호화하는 *ANKB* 유전자이다.

## 증례 35 | 가슴통증을 주소로 발견된 10세 긴QT증후군 환자

### 1) 주요 증상

10세 남아가 수개월 동안 간간이 발생하기는 하지만 고질적인 가슴 통증을 호소하여 내원하였다. 가슴 통증이 있을 때는 심장이 빨리 뛰는 느낌을 받았고 움직이기 힘들고 얼굴과 손 등이 창백해졌었다고 하였다. 과거에 가슴 부위를 다친 적은 없었으며 다른 이상 소견은 없었다고 하였다. 환자는 34주에 3 kg으로 자연분만으로 출생하였고 심실중격결손증 소견이 있었으나 생후 6개월경에 자연적으로 막혔다고 하였다. 환자는 형제는 없었고 환자의 부모는 모두 건강하였으나 환자의 외삼촌이 18세 때 돌연사한 가족력이 있다. 신체 진찰에서 의식은 명료하였고 특별히 아픈 부위는 없었다. 신장과 체중은 3 백분위수였다. 청색증 소견은 없었다. 맥박수는 분당 82회였고 체온, 혈압, 호흡수 모두 정상이었다. 가슴 부위 압통은 없었고 피부 이상 소견도 보이지 않았다. 그 외의 다른 신체 진찰도 정상이었다.

환자의 산소 포화도는 98%였고 심장초음파 검사도 정상 심장 소견이었다. 혈액 검사에서 전혈구수 및 전해질 소견도 정상이었다. 심전도검사 소견에서 교정QT간격(QTc)은 0.464초로 측정되었고 폭이 넓은 T파가 관찰되었다. 24시간 보행 심전도 검사에서 최대 교정QT간격은 0.548초였고 평균QT 간격은 59%에서 0.45초 이상이었다. 환자는 긴QT증후군으로 진단되었고 베타차단제인 propranolol로 치료를 시작하였다. 환자의 유전자 검사에서 *KCNQ1* 유전자에서 돌연변이를 발견하였다.

다음 페이지에 계속 >>

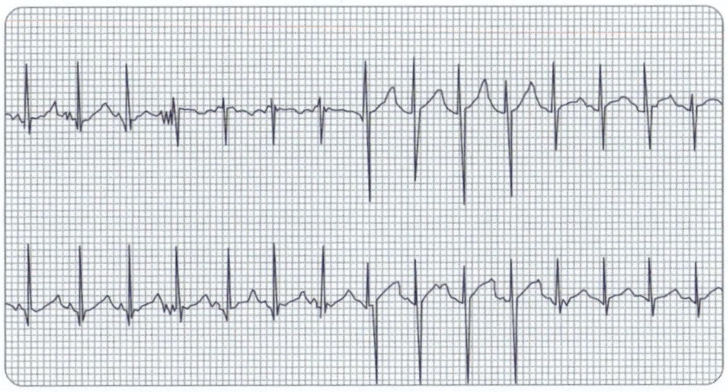

**그림 1.** 환자의 EKG 소견.

### 2) 요약

(1) 긴QT증후군은 심실의 심장근육의 지속적으로 재분극되어 생기는 유전성 부정맥이다. 환자들은 특징적으로 심전도에서 QT간격이 길고 T파 이상 소견을 가지고 있으며 다형성심실빈맥이 나타나기도 한다. 운동이나 감정적인 스트레스가 심한 상태에서 실신 등의 증상이 나타날 수 있으나 안정 시에도 증상이 보이기도 하고, 다형성심실빈맥으로 진행되어 심장돌연사할 위험도 있다. 심장 증상은 영아부터 10대에서 20대까지 다양한 연령층에서 보이고 흉통이나 실신 등의 증상이 나타나는데 일부에서 긴QT간격을 가지면서 근무력증과 얼굴기형을 동반한 Andersen-Tawil증후군(LQTS 7형), 손, 발, 얼굴과 신경발달 이상을 동반하는 Timothy증후군(LQTS 8형), 그리고 심한 감각신경 청력소실 증상이 나타나는 Jervell과 Lange-Nielson증후군도 있다.

(2) 진단은 심전도에서 교정QT간격의 연장(2차적 원인이 아닌 경우)와 임상 증상 및 가족력을 있는 경우 할 수 있는데, 1993년 Schwartz 등이 제안하고 2011년 갱신한 임상 진단 기준을 사용하여 진단할 수 있다(표 1). 또한 긴QT증후군과 연관된 유전자의 병적변이를 확인함으로 진단할 수 있다.

**표 1.** 긴QT증후군의 임상 진단 점수 평가법

| 소견 | | | 점수 |
|---|---|---|---|
| 심전도[1] | QT 간격[2] | ≥480 ms | 3 |
| | | =460~479 ms | 2 |
| | | =450~459 ms (남성) | 1 |
| | | ≥480 ms 운동 테스트 후 4분 동안 | 1 |
| | 다형성심실빈맥[3] | | 2 |
| | 교대T파 | | 1 |
| | 3전극에서 톱니모양의T파 | | 1 |
| | 연령에 따른 저심박수[4] | | 0.5 |
| 임상 증상 | 실신[3] | 스트레스 동반함 | 2 |
| | | 스트레스 동반하지 않음 | 1 |
| 가족력 | 긴QT증후군을 가진 가족이 있는 경우[5] | | 1 |
| | 직계 가족에서 30세 이전에 원인을 알 수 없는 심장돌연사가 있는 경우[5] | | 0.5 |

점수: ≤1.0점 = LQTS 낮은 가능성; 1.5~3점 = LQTS 중간 가능성; ≥3.5 LQTS 높은 가능성

1 심전도에 영향을 줄 수 있는 약물이나 질환이 없는 경우

2 Bazett의 공식으로 계산된 교정QT간격, $QTc = QT/\sqrt{RR}$

3 상호 배타적인

4 휴식 시 연령에 따른 심박동 수 <2백분위수

5 같은 가족 구성원은 양쪽 기준에서 다 계산될 수 없음

(3) 치료는 베타 차단제를 1차적으로 치료하며 약물 치료에 반응하지 않는 경우에는 삽입심장율동전환기-심장충격기를 착용하기도 한다. 일부는 소듐채널 차단제를 사용하여 치료한다. 예방적으로 심장 부정맥을 발생시킬 수 있는 약물 사용을 주의하고 심한 운동이나 감정적 스트레스 상황을 피하도록 한다.

## REFERENCE


1. Al-Khatib SM, Stevenson WG, Ackerman MJ, et al. 2017 AHA/ACC/HRS Guideline for Management of Patients with Ventricular Arrhythmias and the Prevention of Sudden Cardiac Death: Executive Summary: A Report of the American College of Cardiology/American Heart Association Task Force on Clinical Practice Guidelines and the Heart Rhythm Society. Circulation. 2018;138(13):e210-71.
2. Benn M, Watts GF, Tybjaerg-Hansen A, et al. Mutations causative of familial hypercholesterolaemia: screening of 98,098 individuals from the Copenhagen General Population Study estimated a prevalence of 1 in 217. Eur Heart J. 2016;37(17):1384-94.
3. Brugada R, Hong K, Dumaine R, et al. Sudden death associated with short-QT syndrome linked to mutations in HERG. Circulation. 2004;109(1):30-5.
4. Burke MA, Cook SA, Seidman JG, Seidman CE. Clinical and

Mechanistic Insights into the Genetics of Cardiomyopathy. J Am Coll Cardiol. 2016;68(25):2871-86.

5. Burton BK, Balwani M, Feillet F, et al. A phase 3 trial of sebelipase alfa in lysosomal acid lipase deficiency. N Engl J Med. 2015;373(11):1010-20.
6. Calkins H, Corrado D, Marcus F. Risk Stratification in Arrhythmogenic Right Ventricular Cardiomyopathy. Circulation. 2017;136(21):2068-82.
7. Campuzano O, Sarquella-Brugada G, Cesar S, Arbelo E, Brugada J, Brugada R. Recent Advances in Short QT Syndrome. Front Cardiovasc Med. 2018;5:149.
8. Campuzano O, Sarquella-Brugada G, Cesar S, et al. Genetics of inherited arrhythmias in pediatrics. Curr Opin Pediatr. 2015;27(6):665-74.
9. Cuchel M, Meagher EA, du Toit TH, et al. Phase 3 HoFH Lomitapide study investigators. Efficacy and safety of a microsomal triglyceride transfer protein inhibitor in patients with homozygous familial hypercholesterolaemia: a single-arm, open-label, phase 3 study. Lancet.2013;381:40-6.
10. Futema M, Kumari M, Boustred C, et al. Would raising the total cholesterol diagnostic cut-off from 7.5mmol/L to 9.3mmol/L improve detection rate of patients with monogenic familial hypercholesterolaemia? Atherosclerosis. 2015;239(2):295-8.
11. Glazer AM. Genetics of congenital arrhythmia syndromes: the challenge of variant interpretation. Curr Opin Genet Dev. 2022;77:102004.
12. Hegele RA, Ban MR, CaoH, et al. Targeted next-generation sequencing in monogenic dyslipidemias. Curr Opin Lipidol. 2015;26(2):103-13.
13. Hershberger RE, Givertz MM, Ho CY, et al. Genetic Evaluation of Cardiomyopathy-A Heart Failure Society of America Practice Guideline. J Card Fail. 2018;24(5):281-302.
14. Jacqueling SD, Robert AH. Genetics of lipid and lipoprotein disorders and traits. Curr Genet Med Rep. 2016;4:130-41.
15. James CA, Syrris P, van Tintelen JP, et al. The role of genetics in cardiovascular disease: arrhythmogenic cardiomyopathy. Eur Heart J. 2020;41(14):1393-400.
16. Jordan E, Peterson L, Ai T, et al. Evidence-Based Assessment of Genes in Dilated Cardiomyopathy. Circulation. 2021;144(1):7-19.
17. Krahn AD, Laksman Z, Sy RW, et al. Congenital Long QT Syndrome. JACC: Clinical Electrophysiology. 2022;8(5):687-706.
18. Lieve KV, van der Werf C, Wilde AA. Catecholaminergic Polymorphic Ventricular Tachycardia. Circ J. 2016;80(6):1285-91.
19. Nees SN, Chung WK. The genetics of isolated congenital heart disease. Am J Med Genet C Semin Med Genet. 2020;184(1):97-106.
20. Patel U, Pavri BB. Short QT syndrome: a review. Cardiol Rev. 2009;17(6):300-3.
21. Peeters H, Devriendt K. Human laterality disorders. Eur J Med Genet. 2006;49(5):349-62.
22. Rochelson E, Howard TS, Kim JJ. Demystifying the Pediatric Electrocardiogram: Tools for the Practicing Pediatrician. Pediatr Rev. 2023;44(1):3-13.
23. Sniderman AD, Furberg CD, Keech A, et al. Apolipoproteins versus lipids as indices of coronary risk and as targets for statin therapy treatment. Lancet. 2003;361:777-80.
24. Specterman MJ, Behr ER. Cardiogenetics: the role of genetic testing for inherited arrhythmia syndromes and sudden death. Heart. 2023;109(6):434-41.
25. Vallejo-Vaz AJ, Kondapally Seshasai SR, Cole D, et al. Familial hypercholesterolaemia: a global call to arms. Atherosclerosis. 2015;243(1):257-9.
26. Versmissen J, Oosterveer DM, Yazdanpanah M, et al. Efficacy of statins in familial hypercholesterolaemia: a long term cohort study. BMJ. 2008;337:a2423.
27. Wallace E, Howard L, Liu M, et al. Long QT Syndrome: Genetics and Future Perspective. Pediatr Cardiol. 2019;40(7):1419-30.
28. Yasuhara J, Garg V. Genetics of congenital heart disease: a narrative review of recent advances and clinical implications. Transl Pediatr. 2021;10(9):2366-86.
29. Zaidi S, Brueckner M. Genetics and Genomics of Congenital Heart Disease. Circ Res. 2017;120(6):923-40.

CHAPTER 22

# 신경계 유전질환의 유전학

## Genetics and genomics of neurological disorder

김윤중, 문장섭, 신진홍, 임병찬, 최병옥

말초신경질환 중에서 유전자 돌연변이로 인하여 유전되는 질환을 유전성 말초신경병(hereditary peripheral neuropathy)이라고 한다. 말초신경은 운동신경, 감각신경, 자율신경으로 이루어져 있으므로 유전성 말초신경병은 이 중 어느 신경이 주로 손상되는가에 따라서 3가지 종류로 나누어진다. 운동신경과 감각신경이 함께 손상되는 경우는 유전운동감각신경병(hereditary motor and sensory neuropathy, HMSN)이라고 하며 대부분의 말초신경병이 여기에 속하고 희귀질환 중에서 환자수가 가장 많고 전 세계적으로 약 300만 명 이상 있으며 샤르코마리투스병(Charcot-Marie-Tooth disease, CMT)으로 더 잘 알려져 있다. 운동신경이 주로 손상되는 경우는 원위부에 있는 근육의 근력약화와 근위축이 발생하므로 원위유전운동신경병(distal hereditary motor neuropathy, dHMN)이라고 하고 감각신경 혹은 자율신경이 주로 손상되는 경우는 유전감각신경병(hereditary sensory neuropathy, HSN) 혹은 유전감각자율신경병(hereditary sensory and autonomic neuropathy, HSAN)이라고 한다.

### I. 샤르코마리투스병(유전운동감각신경병)

샤르코마리투스병은 프랑스인 장 마틴 샤르코(Jean Martin Charcot, 1825~1893)와 삐에르 마리(Pierre Marie, 1853~1940), 그리고 영국인 하워드 헨리 투스(Howard Henry Tooth, 1856~1925)의 세 사람이 보고하여 이들의 이름을 따서 지어진 병명이며 흔히 약자로 CMT라고 부른다. CMT는 유전자 돌연변이로 인해 운동신경과 감각신경 손상이 발생하는 질환으로 인구 약 2,500명당 1명 꼴로 발생한다고 알려져 있다.

CMT는 운동신경의 손상으로 인해 팔과 다리 원위부근육의 위축이 발생하며 특히 손목과 무릎 아래쪽 근육들이 많이 약해져서 발등이 위로 올라오거나 휘어짐에 따라 보행장애가 발생하고 손을 사용해서 하는 작업이 힘들어지거나 불가능해진다. 감각신경의 손상에 의해서 감각소실이 발생하는데 진동감각이나 위치감각에 장애로 인한 균형장애가 발생하면 혼자서 서 있거나 걸을 때 몸이 흔들리고 비틀거리게 되어 보행이 어려워진다. 그리고 말초신경장애로 심부건반사의 소실이 발생한다. 이와 함께 청각신경장애로 보청기가 필요할 수 있고, 시신경위축으로 인한 실명, 호흡근육의 약화로 호흡장애, 성대 근육의 장애로 쉰 목소리 등 목소리의 변화, 척추측만증 등이 발생한다. 증상은 아주 경미한 상태부터 심한 경우는 어려서 사망하는 경우까지 매우 다양하다.

과거에는 다리의 원위부 근육의 위축으로 인하여 샴페인병을 거꾸로 세운 듯한 다리 모양을 하는 질환으로 비교적 단순하게 인식되어 왔으나, 현재는 원인 유전자가 매우 다양하고, 임상 및 전기생리검사에서의 소견이 서로 다른 여러 질환들이 함께 모여 있는 하나의 질환군으로 인식하고 있다.

CMT의 증상은 일상생활에 별다른 지장이 없는 아주 경미한 경우에서부터 상하지의 근육 위축이 극심하고 보행이 불가능하여 주변인의 도움 없이는 독립적인 일상생활이 불가능해지는 경우 및 수초의 형성이 정상적으로 되지 않아 어린 나이에 사망하는 경우에 이르기까지 매우 다양하다.

CMT는 신경전도검사에서 운동신경과 감각신경에 다발성 말초신경손상이 있으면서 가족력이 있는 경우에는 쉽게 진단된다. 그러나 가족력이 없이 본인부터 유전자 돌연변이가 발생하는 산발유전(sporadic inheritance)의 경우도 상당수 있다. 그러므로 신경전도검사상 말초신경 손상의 정도에 비하여 환자가 호소하는 임상증상, 특히, 감각증상의 정도에서 심한 차이가 있다고 생각하는 경우에는 CMT 유전자 검사를 시행하여 확인을 해 보는 것이 필요하다.

CMT는 병리소견, 유전양상 및 원인 유전자의 종류에 따라 세부아형으로 분류할 수 있다. CMT는 상염색체 우성유전으로 유전하면서 탈수초신경병을 보이는 CMT1형, 상염색체 우성 혹은 열성유전이면서 축삭신경병을 보이는 CMT2형, 상염색체 열성유전양상을 보이면서 탈수초신경병을 보이는 CMT4형, X 염색체 연관 유전양상을 보이는 CMTX형, 병리소견 및 신경전도검사상 탈수초신경병과 축삭신경병의 양상을 모두 보이며 우성 및 열성 유전양상을 보이는 우성중간형CMT (dominant intermediate type CMT, DICMT), 열성중간형CMT (recessive intermediate type CMT, RICMT)로 분류할 수 있다. 그리고 현재는 주로 사용하지 않지만 어려서 발생하고 매우 심한 양상을 보이는 CMT3형도 있었다. 이와 함께 CMT와 연관된 말초신경병이 있다.

CMT 치료제 연구에서는 원인 유전자 변이에 따라 특정한 CMT 아형에 치료 효과를 갖는 것으로 보고되어 있으며 임상시험이 진행되고 있거나 혹은 진행될 예정으로 있다. 그러므로 환자 맞춤형 치료를 위해서 정확한 CMT의 세부아형 진단이 중요하다고 할 수 있겠다.

## 1. 샤르코마리투스병 1형(CMT1형)

CMT1형은 상염색체 우성유전을 하며 탈수초신경병을 보이는 CMT를 모두 포함한다. CMT1A, CMT1B, CMT1C 등은 CMT1형이면서 발견된 원인 유전자에 따라서 분류된 세부 아형을 말한다. CMT1형의 세부분류는 표 22-1에 나와 있다.

CMT1형의 증상이 처음 발생하는 시기는 유아기부터 60대에 이르기까지 다양하며 장애 정도도 거의 증상을 못느끼는 경우부터 휠체어를 타거나 사망하는 등 매우 다양하다. 환자는 일반적으로 사지 원위부 근력약화, 근육의 대칭적 위축 및 심부건 반사의 저하나 소실과 같은 증상을 보이며 위치감각, 진동감각, 통증 및 온도감각 소실 같은 감

표 22-1. Causative mutations of Charcot–Marie–Tooth disease type 1 (CMT1)

| Subtype | Gene | Locus | Heredity | Protein |
|---|---|---|---|---|
| CMT1A | *PMP22* | 17p12 | AD | Peripheral myelin protein 22 (duplication) |
| CMT1B | *MPZ* | 1q23.3 | AD | Myelin protein zero |
| CMT1C | *LITAF/SIMPLE* | 16p13 | AD | Lipopolysaccharide-induced tumor necrosis factor-alpha factor |
| CMT1D | *EGR2/Krox20* | 10q21.3 | AD | Early growth response 2 |
| CMT1E | *PMP22* | 17p12 | AD | Peripheral myelin protein 22 (point mutation) |
| CMT1F | *NEFL* | 8p21.2 | AD, AR | Neurofilament light polypeptide |
| CMT1 | *PMP2* | 8q21.13 | AD | Peripheral myelin protein 2 |

각증상을 보인다. 어린 시절에 발병할 경우 발 기형이 발생해 망치 발가락(hammer toe), 요족(pes cavus)이 흔하게 관찰되며, 근육 위축이 진행하면 종아리 또한 황새 다리처럼 가늘어지게 되고 손에도 근육 위축이 나타난다. 청소년기 동안 척추 측만증이 발생할 수도 있다. 운동 및 감각신경이 모두 손상되는 질환이지만 감각 증상은 호소하지 않는 경우도 많다. 대부분의 환자들에서 본인이 느끼는 증상보다 신경학적 진찰에서 확인되는 임상 사인(sign)이 더 심하게 나타난다.

CMT1A는 샤르코마리투스병 중 가장 흔한 타입으로 CMT1형의 약 50~70%를 차지하고 전체 CMT의 약 40~50%를 차지한다고 알려져 있고 *PMP22* 유전자의 중복변이에 의하여 발생한다. *PMP22* 유전자의 점돌연변이가 원인이 되는 경우는 CMT1E로 분류한다. 22KDa 크기의 단백질인 *PMP22*는 Schwann cell에 의해 초기에 생성되는 말초신경계 수초의 2~5%를 구성하고 있다.

또한, 같은 *PMP22* 유전자 부위에 중복변이 대신 결손변이가 일어나면 압박마비취약유전신경병증(hereditary neuropathy with liability to pressure palsies, HNPP)을 유발한다. 압박마비취약유전신경병증은 신경 압박 부위의 근력약화, 근위축 및 감각 소실을 특징으로 하는 비대칭 탈수초신경병으로 신경조직병리검사에서 치밀하지 않은 수초(non-compact myelin) 부위인 소시지모양(tomacula)을 보이는데 수초의 구조가 불안정하여 물리적 외상이나 압박에 의해 쉽게 신경 손상을 받는다.

CMT1A 환자의 발병 연령은 이전에 알려진 것보다 다양하여 10세 이전과 60세 이후에도 증상을 호소할 수 있으며 하지 원위부의 근위축 및 감각소실이 주로 선행하고 이후에 상지 원위부근육에도 증상이 나타난다. 심부건반사는 저하되거나 소실된다. 그러나 질병의 심한 정도는 매우 다양하며, 같은 유전자 이상을 공유하고 있는 가족 내에서도 다양하게 나타날 수 있고 자녀로 내려갈수록 증상이 더 심해진다는 보고도 있다. CMT1A 환자에서 청신경손상으로 인한 청력감소로 인하여 보청기가 필요한 경우도 있고 주변이 시끄러우면 잘 듣지를 못하게 된다. 대개 전도차단 징후 없이 광범위한 양상으로 균일하게 느려진다. 하지만 *LITAF* 유전자 변이에 의해 발생하는 CMT1C에서는 전도차단이 비교적 흔하게 발견된다. 임상증상의 심한 정도는 복합근활동전위 저하 및 감각신경활동전위 소실과 직접적으로 연관되지만 신경전도속도의 감소와는 연관되지 않는다.

CMT1B는 *MPZ* 유전자 변이에 의해 발생한다. *MPZ*는 전체 수초의 약 50% 이상을 형성하는 주요 구성단백질로 *MPZ* 유전자는 수초형성의 조절기능을 한다. CMT1B는 특징적으로 Adie's pupil 혹은 tonically dilated pupil이 나타나는데 이로 인해 환자들은 어두운 곳에서 갑자기 밝은 곳으로 나오거나 극장과 같이 어두운 곳으로 갑자기 들어갈 경우 동공 반사가 느려서 한참 있어야 사물을 볼 수 있는 증상을 호소한다. 하지 MRI상 근육의 손상이 심하지는 않으나 감각신경의 소실로 인한 균형 장애가 심하며 이로 인한 척추 측만증이 흔하게 관찰되고 이러한 균형 장애를 환자들이 가장 고통스럽게 호소하고 있다.

CMT1C는 *LITAF* 유전자 변이에 의해 발생한다. *LITAF*는 *PMP22*를 포함한 단백질을 분해하는 역할을 하며 환자들의 임상증상은 CMT1A와 상당히 유사하다. 하지만 CMT1A에서는 잘 발견되지 않는 전도차단이 CMT1C에서는 발견된다고 알려져 있다.

CMT1D는 말초신경의 수초 형성에 중요한 역할을 하는 아연손가락전사인자(zinc finger transcription factor)를 포함하는 염색체 10q21.1-q22.1에 위치한 *EGR2* (혹은 *Krox20*) 유전자 변이에 의해 발생한다.

CMT1E는 *PMP22* 유전자의 점상 돌연변이에 의해 발생한다. 유전 양상은 상염색체 우성유전이다. 임상 증상은 *PMP22* 유전자 점상 돌연변이의 위치에 따라 매우 심한 경우도 있고 때로는 돌연변이의 위치에 따라 증상이 경미하게 나타나기도 한다.

CMT1F는 *NEFL* 유전자의 돌연변이에 의해 유발된다. 다양한 심각성과 유전적 이질성을 나타내며 말초신경 증상뿐만 아니라 중추신경계 증상도 함께 나타나는 점이 특징적이다. 주요 증상으로는 근력약화, 감각장애, 반사장애와 함께 실조증, 발달지연, 기억장애, 청신경장애 등이 있다.

탈수초성 CMT 환자에서 Peripheral myelin protein 2 (PMP2) 돌연변이가 원인 유전자임이 보고되었다. PMP2는 말초신경의 compact myelin의 주요 단백질로 지방산-결합 단백질 패밀리에 속한다. 임상 및 전기생리학적 표현형은 CMT1A와 유사하다. *PMP2* 유전자 변이를 가진 마우스에서는 신경 teasing 검사상 intermodal length가 정상보다 감소되어 있다.

## 2. 샤르코마리투스병 2형(CMT2형)

CMT2형은 상염색체 우성 혹은 열성유전을 하며 축삭신경병을 보이는 CMT를 포함한다. CMT2A, CMT2B, CMT2C 등은 CMT2형이면서 원인 유전자가 발견된 경우 원인 유전자에 따라서 분류된 세부 아형을 말한다. CMT2형의 빈도는 CMT1형보다 덜 빈번하게 발생하고, 전체 CMT의 약 1/3을 해당하는 것으로 알려져 있다. CMT2형의 세부분류는 표 22-2에 나와 있다.

CMT2A는 다시 원인 유전자에 따라 *KIF1B* 유전자 변이에 의한 *CMT2A1*과 *MFN2* 유전자 변이에 의한 우성유전인 CMT2A2A와 열성유전인 CMT2A2B로 나누어진다.

CMT2A2A의 원인 유전자인 *MFN2* 유전자는 미토콘드리아와 연관되어 있고 상염색체 우성유전뿐만 아니라 열성유전도 보고되어 있다. 전체 CMT2형 환자의 약 1/3을 차지한다. CMT2A2A는 10세 이전에 발병하고 심한 양상을 보이는 환자군과 이후에 발생하며 비교적 덜 심한 임상양상을 보이는 환자군으로 나누어진다.

CMT2A2B는 *MFN2* 유전자 동형접합 또는 복합 이형접합 변이에 의해 유발된다. 유전 양상은 상염색체 열성이다. 발병은 5세 이전의 어린 나이에 발병한 경우에는 매우 심한 증상으로 휠체어를 타야 할 정도이지만 후기 발병의 경우에는 경한 증상을 보였다. 일부 환자에서는 안과적으로도 시신경 위축 및 창백한 시신경 디스크가 발생되기도 하고 근육 약화로 인한 호흡 부전을 발생시킨다.

CMT2B는 *RAB7* 유전자 변이에 의해 발생하고 상염색체 우성이다. CMT2B는 사지의 말단 부위 쇠약 및 근위축과 같은 운동 증상과 함께 중증의 발궤양을 일으키는 심각한 감각소실이 나타난다.

CMT2B1은 *LMNA* 유전자 변이에 의해 발생하며 상염색체 열성이다. 주요 증상으로는 원위부의 근력약화뿐만 아니라 근위부 근육의 약화도 발생할 수 있다.

CMT2B2는 *MED25* 유전자 변이에 의해 발생하며 상염색체 열성이다. 원위부 근력약화, 감각저하 및 심부건반사의 저하 소견이 있으며 신경전도속도(NCV)는 정상 또는 약간 감소한 소견을 보인다.

CMT2C는 *TRPV4* 유전자 변이로 발생하며 상염색체 우성유전이다. 이 유전자는 골격형성이상의 원인유전전자로도 알려져 있다. 매우 드물지만 횡격막마비나 성대 마비가 발생한다. 발병 연령은 출생 시부터 60세로 다양하며, 어린 연령에서 발병할 경우 중증도가 증가되는 경향을 보인다. *TRPV4* 변이는 dHMN8을 일으키기도 한다.

CMT2CC는 *NEFH* 유전자 변이에 의해 유발되고 상염색체 우성이다. *NEFH*, *NEFM* 및 *NEFL*은 말초신경 축삭에서 가장 두드러진 세포 골격 성분이다. CMT2CC는 유아기부터 40세까지 다양하고 증상은 하지 원위부 근위축이 나타나고 심한 경우 근위부 근력약화가 동반될 수 있다.

CMT2D는 *GARS* 유전자 변이로 발생한다. 어려서 발생한 경우는 증상이 매우 심하여 사망하는 경우도 있으나 8세 이후에 발병하는 경우는 증상이 심하지 않고 상지 원위부 근육을 먼저 침범하기도 한다. CMT2D의 *GARS* 변이는 인간 유전병과 관련된 최초의 aminoacyl tRNA synthetase 변이였다.

CMT2DD는 *ATP1A1* 유전자 변이에 의해 유발되며 상염색체 우성이다. CMT2DD 발병은 유년기부터 50대까지 다양하지만 대부분의 환자는 10대 또는 20대에 발생한다. 증상으로는 사지 원위부 근력약화, 근위축과 함께 근육경련을 볼 수 있다.

표 22-2. Causative mutations of Charcot–Marie–Tooth disease type 2 (CMT2)

| Subtype | Gene | Locus | Heredity | Protein |
|---|---|---|---|---|
| *CMT2A1* | *KIF1B* | 1p36.22 | AD | Kinesin family member 1B |
| CMT2A2A | *MFN2* | 1p36.22 | AD | Mitofusin 2 |
| CMT2A2B | *MFN2* | 1p36.22 | AR | Mitofusin 2 |
| CMT2B | *RAB7* | 3q21.3 | AD | Members RAS oncogene family |
| CMT2B1 | *LMNA* | 1q22 | AR | Lamin A/C |
| CMT2B2 | *MED25* | 19q13.33 | AR | Mediator complex subunit 25 |
| CMT2C | *TRPV4* | 12q24.11 | AD | TRP superfamily of cation channels |
| CMT2CC | *NEFH* | 22q12.2 | AD | Neurofilament heavy polypeptide |
| CMT2D | *GARS* | 7p15 | AD | Glycyl-tRNA synthetase |
| CMT2DD | *ATP1A1* | 1p13.1 | AD | ATPase Na+/K+ transporting subunit alpha 1 |
| CMT2E | *NEFL* | 8p21 | AD | Neurofilament light polypeptide |
| CMT2F | *HSPB1/HSP27* | 7q11.23 | AD | Heat shock 27-kD protein 1 |
| CMT2H | *unknown* | 8q13-q23 | AR | Unknown |
| CMT2I | *MPZ/P0* | 1q23.3 | AD | Myelin protein zero |
| CMT2J | *MPZ/P0* | 1q23.3 | AD | Myelin protein zero |
| CMT2K | *GDAP1* | 8q21.11 | AD, AR | Ganglioside-induced differentiation-associated protein 1 |
| CMT2L | *HSPB8/HSP22* | 12q24.3 | AD | Heat-shock 22-KD protein 8 |
| CMT2M | *DNM2* | 19p13.2 | AD | Dynamin 2 |
| CMT2N | *AARS* | 16q22.1 | AD | Alanyl-tRNA synthetase |
| CMT2O | *DYNC1H1* | 14q32.31 | AD | Dynein cytoplasmic 1 heavy chain 1 |
| CMT2P | *LRSAM1* | 9q33.3 | AD, AR | Leucine rich repeat and sterile alpha motif containing 1 |
| CMT2Q | *DHTKD1* | 10p14 | AD | Dehydrogenase E1 and transketolase domain containing protein 1 |
| CMT2R | *TRIM2* | 4q31.3 | AR | Tripartite motif containing protein 2 |
| CMT2S | *IGHMBP2* | 11q13.3 | AR | Immunoglobulin mu DNA binding protein 2 |
| CMT2T | *MME* | 3q25.2 | AD, AR | Membrane metalloendopeptidase |
| CMT2U | *MARS* | 12q13.3 | AD | Methionyl-tRNA synthetase |
| CMT2V | *NAGLU* | 17q21.2 | AD | N-acetyl-alpha-glucosaminidase |
| CMT2W | *HARS* | 5q31.3 | AD | Histidyl-tRNA synthetase |
| CMT2X | *SPG11* | 15q21.1 | AR | Spatacsin |
| CMT2Y | *VCP* | 9p13.3 | AD | Valosin containing protein |
| CMT2Z | *MORC2* | 22q12.2 | AD | MORC family CW-type zinc finger protein 2 |
| HMSN-P | *TFG* | 3q12.2 | AD | Protein TFG (TRK-fused gene protein) |
| PNMHH | *MYH14* | 19q13.33 | AD | Myosin, heavy chain 14 |
| CMT2 | *DGAT2* | 11q13.5 | AD | Diacylglycerol O-acyltransferase 2 |
| CMT2 | *HINT1* | 5q23.3 | AR | Histidine triad nucleotide-binding protein 1 |

CMT2E는 *NEFL* 유전자 변이로 발생하며 우성 유전을 한다. *NEFL*은 신경세포에서만 발현되어 신경세포의 세포 골격을 유지하는 중요한 구조 단백질을 만든다. 일부 환자는 안면근약화, 안검하수, 운동발달 지연, 기억력 저하, 실조증 및 청신경장애 등을 보였다. 신경조직검사에서는 축삭형 및 탈수초형의 소견을 모두 보였다.

CMT2F는 *HSPB1* 유전자 변이가 원인이 되어 CMT2F 또는 dHMN을 일으킨다고 보고되었다. 대개 15~25세 사이에 발병하고 이전에는 증상이 매우 경미하거나 관찰되지 않는 것이 특징이다. 환자들은 하지 근위축 및 감각장애를 호소하여 이후 상지 근위축을 보이게 된다.

CMT2H는 유전자 변이의 원인이 알려져 있지 않으며 열성으로 유전된다. 증상은 심한 근력약화, 근위축, 원위부 감각저하, 발목 반사소실, 피라미드 징후 등이다.

CMT2I는 *MPZ* 유전자 변이에 의해 발생하며 상염색체 우성 유전을 한다. 대개 40~60세 사이의 하지에서 증상이 시작하고 말기에 상지로 확장된다. 주요 증상으로는 감각저하로 인한 실조증을 들 수 있다. 근력약화는 감각장애와 비교할 때 가벼운 양상을 보이는 것이 특징이다.

CMT2J도 *MPZ* 유전자 변이에 의해 발생하며 Adie's pupil 동공 증상을 보인다. 한다. 유전 양상은 상염색체 우성이다.

CMT2K는 *GDAP1* 유전자 동형접합 또는 이형접합 변이에 의해 발생한다. 유전 양상은 상염색체 열성 또는 우성 유전이다. 가벼운 증상을 보이는 환자는 *GDAP1* 유전자 이형접합 변이를 가지고 있으며 상염색체 우성유전을 한다. CMT2K 아형은 CMT4A 유전자 장애의 증상과 유사하다. 주요 증상으로는 말초 사지의 근력약화 및 근위축이며 심한 경우 근위부 근육을 침범하기도 한다.

CMT2L은 *HSPB8* 유전자 변이에 의해 발생하며 상염색체 우성이다. 감각신경장애를 제외하면 dHMN2A와 비슷한 표현형을 갖는다. 발병은 일반적으로 15~33세 사이에 주로 하지에서 시작된다. CMT2L의 운동신경전도속도는 정상에 가깝지만 감각신경활동전위(SNAP)는 감소하거나 측정되지 않는 것으로 보고되어 있다.

CMT2M은 *DNM2* 유전자 변이에 의해 발생하며 상염색체 우성이다. 증상은 대개 10~20세 사이에 나타난다. 신경전도검사상 운동신경전도속도는 정상에 가깝다.

CMT2N은 *AARS* 유전자 변이에 의해 발생하고 상염색체 우성이다. 발병은 6~54세 사이이며, 증상의 정도는 다양하다.

CMT2O는 *DYNC1H1* 유전자 변이에 의해 유발된다. 유전 양상은 상염색체 우성이다. CMT2O 발병은 어린 시절에 시작되며 느리게 진행된다. 중추신경계 증상으로 운동발달 지연이 관찰되는데 학습 어려움은 잘 보이지 않는다.

CMT2P는 *LRSAM1* 유전자 동형접합 또는 이형접합 변이에 의해 발생한다. 이 유형은 진행 속도가 느리지만 일부 환자는 휠체어를 이용해야 할 정도로 악화된다. 불완전한 투과도 존재할 수 있다.

CMT2Q는 *DHTKD1* 유전자 변이에 의해 발생하고 상염색체 우성이다. 근육생검에서 근원섬유마디(sarcomere)의 소실이 보인다.

CMT2R은 *TRIM2* 유전자 동형접합 또는 이형접합 변이에 의해 발생한다. 유전 양상은 상염색체 열성 혹은 우성이다. 유아기 동안 발병되며 넓은 보폭 보행이나 보행 지연이 나타나고 발꿈치 걸음의 장애를 보인다. 무릎 수축, 호흡 부전, 기도연화증 및 성대 마비를 나타냈다.

CMT2S는 *IGHMBP2* 유전자 동형접합 또는 복합 이형접합 변이에 의해 유발되며 상염색체 열성이다. 발병 연령은 생후 10세 이전이며, 진행이 느리기는 하지만 대부분의 환자는 결국 휠체어를 탈 정도로 악화된다. 비정상적인 혀 모양과 같은 증상도 일부 환자의 특징일 수 있다.

CMT2T는 *MME* 유전자 동형접합 또는 복합 이형접합 변이에 의해 발생한다. 그러나, 일부 환자는 이형접합 변이도 가질 수 있다. 36~56세 사이에 발생하며 느리게 진행된다. 주요 증상으로는 원위부 감각저하, 족하수, 보행장애, 심부건 반사저하가 있다. 또한, 사지 원위부의 근력 약화 및 근육 위축이 관찰된다.

CMT2U는 *MARS* 유전자 변이에 의해 발생하고 상염색체 우성이다. 이 유형은 늦은 성인 발병을 특징으로 하며 느리게 진행된다.

CMT2V는 *NAGLU* 유전자 변이에 의해 유발되고 상염색체 우성이다. 하지의 통증과 상지의 감각이상을 특징으로 하며 원위부 감각저하가 추가적으로 보인다. 또한 환자는 질병이 진행함에 따라 일직선보행(tandem gait)에 어려움을 보이고 감각실조를 보인다.

CMT2W는 *HARS* 유전자 변이에 의해 발생하고 상염색체 우성이다. *HARS*는 tRNA에 대한 histidine의 운반을 담당한다. 발병 연령은 유년기부터 성인기까지 다양하며 증상의 심한 정도도 다양하다.

CMT2X는 *SPG11* 유전자 동형접합 또는 복합 이형접합 돌연변이에 의해 발생하고 상염색체 열성이다. 발병 시 평균 연령은 11±6세(4~35세)이다. CMT2X는 진행이 느린 편에 속한다. 발목관절 구축, 경미한 인지장애 또는 thin corpus callosum이 특징이다.

CMT2Y는 *VCP* 유전자 변이에 의해 발생하고 상염색체 우성이다. 발병 연령은 다양하고 장애 정도도 다양하다.

CMT2Z는 *MORC2* 유전자 변이에 의해 유발되고 상염색체 우성이다. *MORC2*는 DNA 이중 가닥 파괴를 복구하기 위해 염색질을 이완시키는 DNA 의존 ATPase이다. 발병 연령은 10~20세 사이이다. 일부 환자는 휠체어에 의존해야 할 정도로 증상이 심하다. 비대칭 근육 침범이 특징이다. 운동발달지연이나 학습장애, 피라미드 징후가 발생할 수 있다. 원위부뿐만 아니라 근위부 근력약화 및 근위축이 발생한다. EMG에서 근육섬유다발수축(fasciculation) 및 근육잔떨림(myokymia)이 나타날 수 있다. 일부 환자의 경우 근육 긴장도의 증가가 관찰되었다. 신경전도검사에서 신경전도속도는 정상 혹은 약간 감소되었다.

이외 CMT2형으로는 근위부 근력이 약한 CMT2형 환자에서 TRK-fused gene protein (TFG) 유전자 변이가 있고 HMSN-P를 유발하며 상염색체 우성유전이다. 처음에는 한국인과 일본인에서 보고되었으나 이후 세계 각국에서 보고되고 있다. HMSN-P는 근위부 근력약화 및 발병 후 빠른 진행을 특징으로 한다.

말초신경병증, 근병증, 쉰목소리 및 청력손실을 특징으로 하는 PNMHH는 *MYH14* 유전자 변이에 의해 유발된다. PNMHH는 한국인에서 처음으로 보고되었고 이후 전 세계에서 보고되고 있다. 어린 나이에 발생하며 청각장애 및 근력약화의 초기 증상을 나타낸다.

또한, *HINT1* 유전자 변이는 주로 neuroblastoma와 연관된 상염색체 열성의 축삭신경병증의 원인으로 알려져 있다.

또한 triglyceride 생합성의 최종 단계를 촉매하는 *DGAT2* 유전자 변이는 상염색체 우성유전을 한다. 감각실조(sensory ataxia) 및 낮은 중성지방(triglyceride) 수치를 보인다고 보고되었다.

## 3. 샤르코마리투스병 3형(CMT3형)

CMT3형은 데제린-소타스병(Déjérine-Sottas disease)이라고도 하며 샤르코의 두 제자인 데제린과 소타스가 처음 기술하였다. 데제린-소타스병은 상염색체유전을 하며 유아기에 시작되고 증상이 매우 극심하고 불구가 되는 유형으로 CMT3형으로 분류하였으나 *PMP22*, *MPZ*, *EGR2* 등이 원인 유전자로 알려진 이후에는 각각의 원인 유전자에 따른 세부 아형으로 분류되어 현재는 CMT3형이라는 용어를 대개 사용하지 않는다.

## 4. 샤르코마리투스병 4형(CMT4형)

CMT4형은 상염색체 열성유전이며 다양한 원인 유전자가 알려져 있다. CMT4형의 세부 분류는 **표 22-3**에 나와 있다.

CMT4A는 상염색체 열성유전으로 *GDAP1* 유전자 변이에 의해 발생한다. *GDAP1* 돌연변이는 수초탈락신경병증 또는 축삭신경병증을 모두 일으킬 수 있다고 알려져 있다. *GDAP1* 유전자 돌연변이는 상염색체 우성 유전 축삭형 신경병증인 CMT2K를 유발하며 또한 열성 유전이며 중간형

표 22-3. Causative mutations of Charcot–Marie–Tooth disease type 4 (CMT4)

| Subtype | Gene | Locus | Heredity | Protein |
|---|---|---|---|---|
| CMT4A | *GDAP1* | 8q21.11 | AR | Ganglioside-induced differentiation-associated protein 1 |
| CMT4B1 | *MTMR2* | 11q21 | AR | Myotubularin related protein 2 |
| CMT4B2 | *SBF2/MTMR13* | 11p15.4 | AR | SET binding factor 2 |
| CMT4B3 | *SBF1/MTMR5* | 22q13.33 | AR | SET binding factor 1 |
| CMT4C | *SH3TC2/KIAA1985* | 5q32 | AR | SH3 domain and tetratricopeptide repeat-containing protein 2 |
| CMT4D | *NDRG1* | 8q24.22 | AR | N-myc downstream regulated 1 |
| CMT4E | *EGR2/Krox20* | 10q21.3 | AD, AR | Early growth response 2 |
| CMT4F | *PRX* | 19q13.2 | AR | Periaxin |
| CMT4G | *HK1* | 10q22.1 | AR | Hexokinase 1 |
| CMT4H | *FGD4* | 12p11.21 | AR | FYVE, RhoGEF and PH domain-containing protein 4 |
| CMT4J | *FIG4* | 6q21 | AR | Polyphosphoinositide phosphatase |
| CMT4K | *SURF1* | 9q34.2 | AR | Surfeit locus protein 1 |

CMT인 CMTRIA를 유발할 수 있다. CMT4A의 발병 연령은 주로 2세 이전이다. 임상증상은 대부분 하지의 발과 다리에서 시작하고 이후에 진행과 함께 상지를 침범하게 된다.

CMT4B는 원인 유전자에 따라 CMT4B1, CMT4B2, CMT4B3로 나누어진다. CMT4B1은 열성 유전의 수초탈락신경병증으로 11q22에 위치하는 myotubularin-related phosphatase 2 (*MTMR2*) 유전자 돌연변이 때문에 발생한다. CMT4B2는 SET binding factor 2 (*SBF2*) 유전자 돌연변이에 때문에 발생한다. 염색체 11p15에 있는 *SBF2*는 myotubularin-related protein 13 (*MTMR13*)으로도 알려져 있다. CMT4B3는 염색체 22q에서 SET binding factor 1 (*SBF1* or *MTMR5*) 유전자의 동형접합 혹은 복합 이형접합 변이에 의해 발생한다.

CMT4B1은 *MTMR2* 유전자 돌연변이에 의해 유발된다. 유전 양상은 상염색체 열성유전이다. 평균 발병 연령은 34개월이다. 하지의 발과 다리에서 시작하고 심한 임상양상을 보이며 40세에서 50세경에 사망한다. CMT4B1도 유전적 이질성을 나타낸다. 근력약화와 근위축은 원위부와 근위부 사지근육에서 보이며 안면근육도 침범된다.

CMT4B2는 *SBF2* (or *MTMR13*) 유전자 돌연변이에 의해 발생하고 상염색체 열성유전이다. CMT4B1을 일으키는 *MTMR2*와 유전적으로 유사한 상동성(homology)을 가지고 있다 CMT4B2 발병은 환자의 발과 다리에서 시작하여 질병의 진행과 함께 상지로 진행한다. 발병 연령은 20세 이전이고 범위는 4세에서 13세로 알려져 있다. CMT4B2도 유전적 이질성을 가진다. 주요 증상은 보행장애, 발처짐 걸음, 족하수, 심한 원위부 감각 저하, 심부건 반사의 저하 및 소실이다. 척추 측만증과 감각신경성 청각장애(sensorineural hearing loss)가 보고되어 있고 녹내장은 신경병증보다 선행할 수도 있다.

CMT4B3는 SET binding factor 1 (*SBF1* or *MTMR5*) 유전자의 동형접합 또는 복합 이형접합 돌연변이에 의해 발생하고 상염색체 열성유전이다. 5~20세 사이에 대개 발병하며 병이 진행하여 30세 이후에 휠체어를 탈 수 있다. CMT4B3는 원위부 근력약화, 근위축, 보행장애, 원위부 감각 저하, 척추 측만증(scoliosis), 심부건 반사의 소실, 평발, 합지증(syndactyly), 소두증(microcephaly), 사시(strabismus), 안구운동 마비(ophthalmoplegia), 소변장애(urinary incontinence) 증상을 보였다. 통증 및 온도 감각에 비해 위치 및 진동 감각이 더 심하게 손상되었다. 사우디아라비아에서 발견된 *SBF1* 돌연변이를 가진 환자는 소두증, 인지기능 저하(mental retardation), 안구운동마비(ophthalmoplegia), 합지증(syndactyly) 장애를 보였다.

CMT4C는 *SH3TC2* 혹은 *KIAA1985* 유전자의 동형접합 또는 복합 이형접합 돌연변이에 의해 발생한다. *SH3TC2* 유전자의 이형접합 돌연변이로 CMT4C보다 증상이 가벼운 mild mononeuropathy of the median nerve (MNMN)를 유발할 수 있다. CMT4C의 발병 연령은 주로 20세 이전이다. CMT4C는 특히 집시들과 스페인에서 호발하는 것으로 보고되어 있다. 임상증상은 매우 다양하며 심지어는 같은 가족 안에서도 다양한 양상을 보인다. 증상은 하지의 발과 다리에서 시작되어 결국 휠체어를 타게 된다. 동공반사의 이상, 안진, 안면근육 위약, 안면신경의 침범, 청력장애, 뇌간청각유발전위 지연, 혀 근력 약화(tongue weakness), 혀 근섬유다발수축(tongue fasciculations), 혀 근육 위축(tongue atrophy), 운동발달 지연 증상을 보인다.

CMT4D는 보통 염색체 열성 유전으로 *NDRG1* 유전자의 변이에 때문에 발생하며 집시 무리에서 발견되었다. 임상적 특징으로 원위 근육의 감소와 약화, 감각 소실, 양 발이나 손의 기형, 심부건반사의 저하 혹은 소실이 있고 신경전도속도는 어린 환자에서 심한 감소를 보인다. Lom type of hereditary motor and sensory neuropathy라고도 한다. 상염색체 열성유전으로 발병 연령은 10세 이전이다.

CMT4E는 *EGR2* 유전자의 동형접합 혹은 복합 이형접합 돌연변이에 의해 발생한다. 선천성 저수초형성신경병(congenital hypomyelinating neuropathy, CHN) 혹은 Déjérine-Sottas 증후군과 유사한 표현형을 보인다. 발병은 보통 태어나면서 증상을 보인다. 영아근육긴장저하(Neonatal hypotonia), 운동발달지연, 심부건 반사소실, 안면신경마비, 호흡부전(respiratory failure), 선천다발성관절만곡증(arthrogryposis multiplex congenital) 증상을 보일 수 있다.

CMT4F는 *PRX* 유전자 동형접합 또는 복합 이형접합 돌연변이에 의해 유발된다. Periaxin은 Schwann세포의 세포골격과 관련된 단백을 찾는 과정에서 처음 발견된 세포막 관련 단백이다. 유전 양상은 상염색체 열성유전이다. CMT4F 발병 연령은 유아기 발병부터 성인 발병에 이르기까지 다양하게 보고되어 있다. CMT4F는 열성유전임에도 불구하고 진행속도가 매우 느린 것이 특징적이다. 증상은 발달지연, 성대마비, 감각실조(sensory ataxia)가 있다.

CMT4G는 *HK1* 유전자 변이로 인해 발생한다. Rheumatic type of hereditary motor and sensory neuropathy로도 불린다. 유전 양상은 상염색체 열성유전이다. 발병 연령은 8~16세이고 상지 침범은 10~43세에 주로 이루어 진다.

CMT4H는 *FGD4* 유전자 변이에 의해 발생하고 상염색체 열성유전이다. 발병 연령은 2세 이전이고 유전적 이질성을 보인다. CMT4H은 증상이 심하고 상지 침범은 후기에 이루어 진다. 증상으로는 오리 보행(waddling gait), 원위부 감각저하, 심부건 반사저하, 평발, 운동발달지연, 척추측만증 등이 있다.

CMT4J는 *FIG4* 유전자 변이에 의해 유발되고 상염색체 열성이다. 발병은 대개 유아기에 발생하지만 성인 발병도 보고되어 있다. CMT4J는 운동 장애가 감각 장애보다 더 심하다. 외상으로 인해 증상이 가속화될 수 있으며, 휠체어를 타야 할 정도로 진행할 수 있다. 증상으로는 보행장애, 빈번한 낙상, 심부건 반사소실, muscle amyotrophy, 발목관절 구축, 원위부 감각 저하, 중추신경계 운동발달지연이 있다.

CMT4K는 *SURF1* 유전자 변이에 의해 유발되고 상염색체 열성이다. 발병 연령은 10세 이전이고 천천히 진행하고 장애 정도는 다양하다. 증상은 청력저하, 안진, 소뇌 실조(late-onset cerebellar ataxia)가 보고되었다. 한 환자에서 조가비핵(putamen)이나 수도관주위(periaqueductal zone)의 백색질 변성을 보였다. 또한, 미토콘드리아 복합체 IV 결핍이 CMT4K에서 나타났다.

## 5. 샤르코마리투스병 5형(CMT5형)

샤르코마리투스병 5형(CMT5형)은 HMSN5로도 불린다. CMT5형은 종아리 근위축과 하지 강직을 가진 *MFN2* 유전자 변이 p.H165D 환자에서 보고되었으며 주요 증상은 심부건반사가 항진되는 것이다. 발병 연령은 4~47세 사이이다.

## 6. 샤르코마리투스병 6형(CMT6형)

샤르코마리투스병 6형(CMT6형)은 HMSN6으로도 불리며 *MFN2* 유전자 변이에서 보고되었고 상염색체 우성유전이다. 시신경위축이 평균 19세에 발생하였고 불완전 발현(incomplete penetrance) 양상을 보였다. 눈의 증상으로 시신경위축, 시신경 유두 창백(pale optic disks), 아급성 시력 악화(subacute deterioration of visual acuity), 색각결함(color vision defects), 중심암점(central scotoma), 시각유발전위 이상(abnormal visual-evoked potentials), 톱니바퀴 안구추적(cogwheel ocular pursuit), 안구 단속운동 불균형(saccadic dysmetria)이 보고되어 있으며 60%에서 회복이 되었다.

표 22-4. Causative mutations of Charcot-Marie-Tooth disease type 5 and type 6

| Subtype | Gene | Locus | Heredity | Protein |
|---|---|---|---|---|
| Charcot-Marie-Tooth disease type 5 (CMT5) | | | | |
| CMT5 | *MFN2* | 1p36.22 | AR | Mitofusin 2 |
| Charcot-Marie-Tooth disease type 6 (CMT6) | | | | |
| CMT6 | *MFN2* | 1p36.22 | AR | Mitofusin 2 |

## 7. X 염색체 연관 샤르코마리투스병 (X-linked CMT: CMTX)

CMTX는 성염색체인 X 염색체에 원인 유전자 변이가 있는 경우를 총칭한다. CMTX1, CMTX2 등은 CMTX형이면서 원인 유전자가 발견된 경우 원인 유전자에 따라서 분류된 세부 아형을 말한다. CMTX형의 세부분류는 표 22-5에 나와 있다.

CMTX1는 X 염색체에 위치하는 Cx32 (connexin 32)로도 알려져 있는 GJB1 (gap junction protein β1)유전자 변이 때문에 발생하며 X 염색체 우성유전을 하는 경우를 CMTX1으로 분류한다.

성염색체인 X 염색체에 위치하는 유전자의 돌연변이 때문에 발생하며 X 염색체 우성 유전을 하는 경우, 아버지가 환자라면 아들로는 유전되지 않고 딸에게만 100% 유전되며, 어머니가 환자이면 아들이나 딸 모두 50%의 확률로 유전된다. 정중신경전도속도는 25~45 m/초에 속하는 경우가 많으며 신경전도검사상 탈수초신경병과 축삭신경병을 보여 중간형 CMT의 대표적인 경우에 속한다.

남자는 X 염색체가 하나이기 때문에 여자보다 임상 증상이 더 심하게 나타나는 경향이 있다. 일부 환자들에서 중

표 22-5. Causative mutations of X-linked Charcot-Marie-Tooth disease (CMTX)

| Subtype | Gene | Locus | Heredity | Protein |
|---|---|---|---|---|
| CMTX1 | *GJB1/Cx32* | Xq13.1 | XLD | Gap junction beta-1 protein |
| CMTX2 | *unknown* | Xq22.2 | XLR | Unknown |
| CMTX3 | *unknown* | Xq26 | XLR | Unknown |
| CMTX4 | *AIFM1* | Xq26.1 | XLR | Apoptosis-inducing factor mitochondria-associated 1 |
| CMTX5 | *PRPS1* | Xq22.3 | XLR | Phosphoribosyl pyrophosphate synthetase 1 |
| CMTX6 | *PDK3* | Xp22.11 | XLD | Pyruvate dehydrogenase kinase 3 |

추신경계 침범이 나타난다. 운동발달지연, 일시적이고 가역적인 신경학적 증상(transient and reversible neurologic deficits), paraparesis, monoparesis, numbness, 운동실어증(motor aphasia), 발음장애(dysarthria), 삼킴장애(dysphagia), 진전(tremor), 척수소뇌실조증(spinocerebellar ataxia), dysmetria, 추체로 증상(pyramidal signs), 하지에서 심부건반사의 항진, extensor plantar responses, 소뇌 위축가 보고되어 있다. 뇌 MRI상의 백색질 변성은 시간이 지나면 호전된다고 보고되어 있다.

CMTX2의 원인 유전자는 아직 발견되지 않았다. 증상은 다른 유형과 같이 초기에는 하지 발과 다리에서 시작하여 후에 상지를 침범한다. CMTX2는 수초탈락신경병증과 축삭 신경병증 특징을 모두 보인다.

CMTX3는 CMTX2와 마찬가지로 원인 유전자가 아직 발견되지 않았다. 발병 연령은 10세에서 14세까지이다. CMTX3는 탈수초성 특징과 축삭형 특징을 모두 갖고 있다. 임상 증상으로 강직성 마비(spastic paraparesis)를 보이기도 한다.

CMTX4는 Cowchock 증후군(COWCK)으로도 불리며 *AIFM1* 유전자 변이에 의해 발생한다. 유소년기에 발병한다. 증상으로 청력소실, 인지기능 저하, brain MRI상 T2 FLAIR cut에서 천막상부 백색질(supratentorial white matter) 고음영 신호 변화를 보였다.

CMTX5는 *PRPS1* 유전자 변이에 의해 발생하며 기능 소실이 주된 병리기전이다. 효소 활성을 감소시키는 *PRPS1* 돌연변이는 또한 Arts syndrome (ARTS) 및 X-linked deafness-1 (DFNX1)을 유발할 수 있다. 따라서, CMTX5, ARTS 및 DFNX1 사이에는 임상증상이 상당한 정도로 겹치게 된다. 운동 장애는 아동기에 발병한다. 여성 보인자인 경우에는 hearing loss and/or subclinical peripheral neuropathy를 보인다. 장애 정도는 다양하게 나타난다. 유전 양상은 우성과 열성이 모두 가능하다. 근력약화와 근위축은 원위부에서 시작된다. 증상으로 청력 소실을 보이고 눈의 증상으로 진행성 시력저하, 시신경 위축, 망막색소변성증(retinitis pigmentosa)를 보인다. 신경전도속도(NCV)는 정상 또는 약간 감소한 소견을 보인다.

CMTX6는 *PDK3* 유전자 변이에 의해 발생한다. CMTX6과 관련된 임상 증상에는 요족 , 발처짐, 원위부 근력약화 및 근위축, 원위부 감각저하, 심부건 반사저하, 수부 근위축, 손떨림, 청력소실 등을 보인다.

**표 22-6.** Causative mutations of intermediate Charcot–Marie–Tooth disease

| Subtype | Gene | Locus | Heredity | Protein |
|---|---|---|---|---|
| CMTDIA | *unknown* | 10q24.1-q25.1 | AD | Unknown |
| CMTDIB | *DNM2* | 19p13.2 | AD | Dynamin-2 |
| CMTDIC | *YARS* | 1p35.1 | AD | Tyrosyl-tRNA synthetase |
| CMTDID | *MPZ/PO* | 1q23.3 | AD | Myelin protein zero |
| CMTDIE | *INF2* | 14q32.33 | AD | Inverted formin-2 |
| CMTDIF | *GNB4* | 3q26.33 | AD | Guanine nucleotide-binding protein subunit beta-4 |
| CMTDIG | *NEFL* | 8p21.2 | AD | Neurofilament light polypeptide |
| CMTRIA | *GDAP1* | 8q21.11 | AR | Ganglioside-induced differentiation-associated protein 1 |
| CMTRIB | *KARS* | 16q23.1 | AR | Lysyl-tRNA synthetase |
| CMTRIC | *PLEKHG5* | 1p36.31 | AR | Pleckstrin homology and RhoGEF domain containing protein G5 |
| CMTRID | *COX6A1* | 12q24.31 | AR | Cytochrome c oxidase subunit 6A1 |

## 8. 중간형 샤르코마리투스병

**(Intermediate CMT: CMTDI or CMTRI)**

중간형 CMT는 CMT1형 및 CMT2형의 전기생리학적 및 병리학적 특성을 나타낸다. 정중신경의 운동신경 NCV는 일반적으로 25~45 m/s를 보이고 신경조직병리 소견상 수초탈락신경병증과 축삭신경병증의 소견을 모두 보이는 것으로 알려져 있다. 중간형 CMT의 세부분류는 **표 22-7**에 나와 있다.

중간형 CMT는 상염색체 우성유전 중간형 CMT (autosomal dominant intermediate Charcot-Marie-Tooth disease, CMTDI)와 상염색체 열성유전 중간형 CMT (autosomal recessive intermediate Charcot-Marie-Tooth disease, CMTRI)의 2종류가 보고되어 있다.

CMTDIA (CMTDI type A)의 원인 유전자는 아직 확인되지 않았다. 발병 연령은 20세 이전이며 근력약화와 근위축은 원위부근육에서 시작한다.

CMTDIB는 CMT2M과 마찬가지로 *DNM2* 유전자 변이에 의해 유발된다. 발병 연령은 20세 이전이고 탈수초화와 축삭 CMT 사이의 중간 특징을 보이고 유전적 이질성을 나타낸다.

CMTDIC는 *YARS* 유전자 변이에 의해 유발된다. 발병 연령은 다양하며 7~59세 사이에서 발생한다. 탈수초성 및 축삭형 CMT의 특징이 모두 관찰된다. 근력약화 및 근위축이 하지 원위부에서 발생하고 질병 진행과 함께 상지로 진행하는 양상을 보인다.

CMTDID는 *MPZ* 유전자 변이에 의해 유발된다. 증상은 환자의 발과 다리에서 시작하지만 질병의 후기 단계에 상지 침범이 발생할 수 있다.

CMTDIE는 초점분절사구체경화증(focal segmental glomerulosclerosis, FSGS)을 보이며 *INF2* 유전자 변이에 의해 발생한다. 단백뇨의 평균 발병 연령은 18세이고 신경증상의 평균 발병 연령은 13세이다. CMT 증상과 FSGS, 단백뇨 등을 보인다.

CMTDIF는 *GNB4* 유전자 변이에 의해 발생한다. 발병 연령은 남자에서는 사춘기이고 여자에서는 이후에 발생한다. 그리고 남성이 여성보다 심한 증상을 보인다.

CMTDIG는 *NEFL* 유전자 변이에 의해 발생한다. 다양한 표현형과 느린 진행을 보인다. 발병 연령은 대개 20세 이전이지만 이후 발병도 보고되어 있다. 증상으로는 안진, saccade 이상, 운동발달지연, 보행장애, 오리보행, 바빈스키반사 이상, 강직(spasticity), 소뇌 실조(cerebellar ataxia)가 보고되어 있다.

CMTRIA는 *GDAP1* 유전자의 동형접합 변이에 의해 유발된다. *GDAP1* 유전자 변이는 여러 형태의 CMT 질병을 유발한다. 발병 연령은 유아기인 2~4세 사이이며 심한 장애가 특징이다.

CMTRIB는 *KARS* 유전자 복합 이형접합 변이에 의해 발생한다. 증상은 일반적인 CMT 증상 이외에 운동지연발달, 자학행동(self-abusive behavior), 신체이형장애(dysmorphic features), 청신경초종(vestibular Schwannoma) 등이 있다.

CMTRIC는 *PLEKHG5* 유전자 변이에 의해 발생한다. 발병 연령은 유년기부터 성인까지 발생할 수 있으며 한국인 가계에서 보고되었다. 하지가 상지에 비하여 심하게 침범되며 요족, 망치 발가락 발 기형, 원위부 감각 저하, 심부건 반사 소실 등의 임상 증상을 보인다.

**표 22-7.** Causative mutations of Charcot–Marie–Tooth disease related neuropathy

| Subtype | Gene | Locus | Heredity | Protein |
|---|---|---|---|---|
| HNPP | *PMP22* | 17p12 | AD | Peripheral myelin protein 22 (deletion) |
| Giant axonal neuropathy | *GAN* | 16q23.2 | AR | Gigaxonin |

CMTRID는 *COX6A1* 유전자 변이에 의해 발생한다. 발병은 4~5세 사이의 어린 시절에 시작된다. CMTRID는 축삭형 및 탈수초성 신경병증을 모두 나타내고 느린 진행을 보인다.

## 9. 샤르코마리투스병 연관 신경병증

**(CMT-related neuropathy)**

샤르코마리투스병 연관 신경병증으로 압박마비취약유전신경병증(hereditary neuropathy with liability to pressure palsy, HNPP), 거대축돌기신경병증(giant axonal neuropathy, GAN), 그리고 선천성 저수초형성신경병(CHN)이 있다.

염색체 17p11.2~p12 부위가 결실(deletion)되면 일시적인 근력약화와 감각 소실을 특징으로 하는 비대칭성 수초탈락 신경병증인 압박마비취약유전신경병증(hereditary neuropathy with liability to pressure palsies, HNPP)이 된다. HNPP는 *PMP22* 유전자의 결실로 인해 mRNA의 발현량이 감소되어 발생하는 것으로 알려져 있지만, 드물게는 *PMP22* 유전자의 점돌연변이에 의해 발생한 경우도 보고되어 있다. HNPP 환자는 치밀하지 않은 수초 부위인 소시지모양(tomacula)이 있으며, 이로 인해 수초의 구조적 완결성이 감소하게 되어 물리적 외상 등에 의해 쉽게 신경 손상을 받는 구조를 가지게 된다.

GAN은 신경세포에서 발현되는 새로운 세포골격(cytoskeleton) 단백질인 Gigaxonin 유전자 변이로 발생하는 상염색체 열성유전질환이다. 주로 랑비에르 결절 주위에서 신경미세섬유 덩어리를 형성하여 축삭이 팽창하고, 이로 인해 축삭 직경이 현저하게 증가되어 비정상적인 모양을 보이게 된다. 또한 머리카락을 포함하는 중간크기의 미세섬유에도 이상이 발생하여 GAN의 특징적인 증상의 하나인 꼬이기 쉬운 머리카락을 보이기도 한다.

CH는 수초 형성이 이루어지지 않는 독특한 말초신경병이다. 상염색체 우성유전을 하는 CH의 원인 유전자로는 *PMP22*, *MPZ* 및 *EGR2* 등이 보고되어 있다.

### 증례 36 | 상염색체 열성유전 양상을 보이고 *SBF1* 유전자 변이를 보인 유전성 말초신경병 환자

**1) 내원 동기가 된 주 증상(주소): 보행장애가 점차 심해지고 휠체어 없이는 거동이 불가능해졌다.**

**2) 발병 시 연령/성별: 5세/여자**

**3) 가족력**

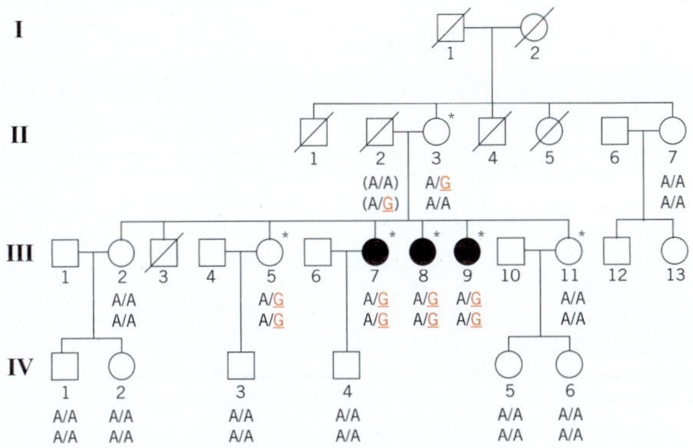


환자의 자매 2명은 동일한 증상을 보여 가족력이 있었다. 부모와 다른 친척들은 무증상이었다.

**4) 임상증상**

3명의 여자 환자 자매는 태어날 때 주산기 병력은 특이한 것이 없었다. 모두 정상적인 자연분만으로 출생하였으며 유아기에는 발달장애의 지연은 없었다. 그들의 지능은 정상이었고 임상적으로 목 부위 등에서 확대된 말초신경은 관찰되지 않았다. 3명의 자매는 매우 유사한 진행 경과를 보였으며 모두 점진적으로 다리가 약해지고 걷기가 어려워졌다. 환자 III-8과 III-9는 각각 43세와 45세부터 보행이 불가능해지고 휠체어 없이는 외출을 할 수 없었다. 그러나 환자 III-7은 57세에 목발로 걸을 수 있었다.

**5) 진찰 소견**

전반적으로 상지와 하지의 근위 및 원위 근육에서 위축과 약화를 관찰했으며, 가장 두드러지게는 하지와 내재성 손 근육에서 근위축을 보였다. 진동 및 위치 감각은 통증 및 온도 감각보다 더 심하게 저하되어 있었다. 질병의 초기 단계에서부터 무반사증이 나타났지만 병적 반사는 발견되지 않았다.

다음 페이지에 계속 >>

### 6) 검사소견

**(1)** 신경전도검사: 정중신경 및 척골신경 운동신경전도속도(MNCV)는 3명 모두에서 38 m/s보다 낮았고 경골신경 및 비골신경에서는 측정이 되지 않다. 그리고 정중신경, 척골신경 및 비복신경에서 감각신경활동전위(SNAP)가 측정되지 않았다. 이러한 운동신경과 감각신경의 결과를 종합하여 탈수초성 말초신경병증이 있음을 알 수 있었다(**표 1**).

**(2)** 유전자 검사: 환자의 *SBF1* 유전자 검사에서 c.A1249G (p.M417V)와 c.A4768G (p.T1590A)의 복합 이형접합 변이가 발견되었다. 그리고 동일한 변이를 나머지 2명의 자매에서 확인할 수 있었다. 두 돌연변이는 p.M417V는 어머니로부터, p.T1590A는 아버지로부터 전달되었다. 그리고 두 돌연변이 사이트는 서로 다른 종 사이에서 고도로 보존되어 있었다. RNA-seq 데이터는 원위 비복신경 조직에서 *SBF2* 및 *MTMR2*와 비교하여 높은 수준의 *SBF1* 발현을 나타냈다.

**(3)** 신경조직 검사: 비복신경 신경조직 검사를 III-7 환자에서 시행하였다. 신경조직의 횡단면에서는 large myelinated fiber가 없고 다수의 미엘린 이상과 간헐적으로 재생되는 축색돌기 클러스터가 있는 중간 크기 및 작은 myelinated fiber (9,099 /mm$^2$)가 남아 있었다. 원위 비복신경의 범위와 평균 myelinated fiber 직경은 각각 0.7~4.7 mm와 1.9 mm였다(45세 여성의 원위 비복신경의 정상 범위와 평균 MF 직경은 각각 1.8~14.8 mm와 5.2 mm이다). G-ratio (축삭 직경/MF 직경) 범위는 0.2~0.8이었고 평균은 0.6 ± 0.1이었다(21~50세의 건강한 대조군에서 평균 G-ratio는 0.7).

전자현미경 검사에서 비정상적인 수초 형태(아웃폴딩 및 인폴딩이 있는 수초의 광범위한 중복 루프)가 있는 많은 MF와 양파 구근이 있는 소수의 MF가 밝혀졌다(**그림 1**). 또한, 편평한 슈반 세포 과정으로 둘러싸인 2개 이상의 인접한 수초 축색 돌기와 축삭 위축을 암시하는 두꺼운 수초 축삭으로 구성된 간헐적인 재생 클러스터가 관찰되었다.

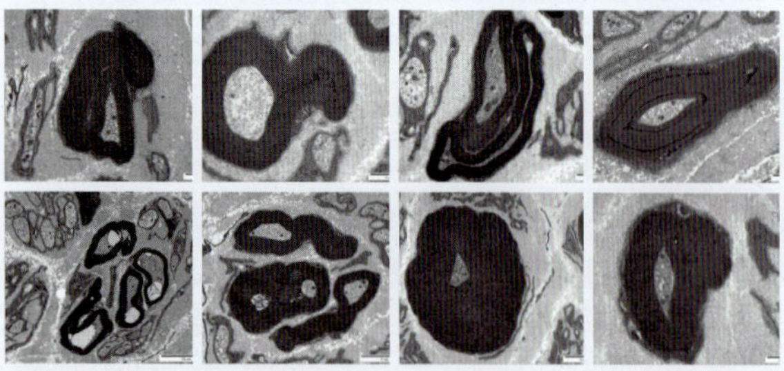

**그림 1.** 상염색체 열성유전을 하는 탈수초성 CMT4B3 환자의 말초신경조직검사 전자현미경 사진.

**표 1.**

| Patient | III–7 | III–8 | III–9 | Normal range |
|---|---|---|---|---|
| Exam. age (years) | 57 | 54 | 52 | |
| Site | Right | Right | Right | |
| **Motor nerves** | | | | |
| Median motor nerve | | | | |
| DTL (ms) | 6.1 | 4.3 | 4.9 | <3.6 |
| CMAP (mV) | 1.4 | 0.3 | 2.8 | ≥6.0 |
| MNCV (m/s) | 28.2 | 32.3 | 34.5 | ≥50.5 |
| Ulnar motor nerve | | | | |
| DTL (ms) | 3.9 | 4.9 | 3.1 | <2.5 |
| CMAP (mV) | 3.0 | 2.3 | 8.0 | ≥8.0 |
| MNCV (m/s) | 37.7 | 32.8 | 37.7 | ≥51.1 |
| Peroneal nerve | | | | |
| DTL (ms) | A | A | A | <4.8 |
| CMAP (mV) | A | A | A | ≥1.6 |
| MNCV (m/s) | A | A | A | ≥41.2 |
| Tibial nerve | | | | |
| DTL (ms) | A | A | A | <5.1 |
| CMAP (mV) | A | A | A | ≥6.0 |
| MNCV (m/s) | A | A | A | ≥41.1 |
| **Sensory nerves** | | | | |
| Median sensory nerve | | | | |
| SNAP (μV) | A | A | A | ≥8.8 |
| SNCV (m/s) | A | A | A | ≥39.3 |
| Ulnar sensory nerve | | | | |
| SNAP (μV) | A | A | A | ≥7.9 |
| SNCV (m/s) | A | A | A | ≥37.5 |
| Sural nerve | | | | |
| SNAP (μV) | A | A | A | ≥6.0 |
| SNCV (m/s) | A | A | A | ≥32.1 |

Abbreviations: A, absent action potential; CMAP, compound muscle action potential; DTL, distal terminal latency; MNCV, motor nerve conduction velocity; SNAP, sensory nerve action potential; SNCV, sensory nerve conduction velocity

다음 페이지에 계속 >>

#### 7) 증례 요약

말초신경의 운동신경과 감각신경이 함께 손상되는 경우는 샤르코마리투스병(CMT)이라고 하며, CMT는 병리소견, 유전양상 및 원인 유전자의 종류에 따라 세부아형으로 분류할 수 있다. CMT는 상염색체 우성유전으로 유전하면서 탈수초신경병을 보이는 CMT1형, 상염색체 우성 혹은 열성유전이면서 축삭신경병을 보이는 CMT2형, 상염색체 열성유전양상을 보이면서 탈수초신경병을 보이는 CMT4형, X 염색체 연관 유전양상을 보이는 CMTX형, 병리소견 및 신경전도검사상 탈수초신경병과 축삭신경병의 양상을 모두 보이며 우성 및 열성 유전양상을 보이는 우성중간형CMT, 열성중간형CMT로 분류할 수 있다.

본 환자의 경우는 유전양상 및 임상소견상 상염색체 열성 유전양상을 보이면서 탈수초신경병을 보였으므로 CMT4형으로 분류할 수 있다. CMT4형을 유발하는 원인 유전자도 다양하게 알려져 있다(표 1). 본 환자는 이 중 *SBF1* 유전자 변이에 의해 발생하였으므로 CMT4B3로 최종 진단할 수 있다. 말초신경에서 *SBF1* 단백질의 발현이 확인되었고, *SBF1*과 *SBF2*가 직접적인 상호 작용을 통해 *MTMR2* 활동에 영향을 미친다. *SBF1*은 *MTMR2*의 효소 활성을 증가시키고 이들의 상호작용은 말초신경병증과 관련이 있기 때문에 *SBF1* 돌연변이가 신경 세포 또는 슈반 세포에서 말초신경 기능장애를 유발하게 된다.

## II. 근육 및 신경근육질환의 유전학 (Genetics of muscle and neuromuscular disorders)

골격근은 운동을 담당하는 종말기관으로, 몸무게의 40% 가량을 차지하며, 이 중 50%는 사지에 분포한다. 근육은 수축력을 만들기 위한 수축단위(contractile unit)를 가지고 있을 뿐 아니라 길이 변화로 인한 부피와 표면적의 동적 변화에 대응하여 세포내 구조물을 유지하기 위한 갈빗대 구조를 갖추고 있다. 또한 골격근은 안정 시 대사율도 뇌나 간에 필적하며, 운동 시 대사율은 100배 가량 증가하는 고대사 장기이다. 이러한 근육의 특성을 유지하기 위한 유전자에 이상이 생기면 근육병이 발생한다.

### 1. 근육병의 진단

근육병의 주요 증상은 점진적인 근력 약화 및 근위축이다. 근력 약화의 발생시기와 진행 속도 및 위약의 분포를 통해 질환을 추정할 수 있다. 근육디스트로피는 생애주기의 특정 시기부터 점진적으로 근력약화가 진행하는 것을 특징으로 한다. 반면 선천성 근육병은 출생시나 영어기부터 저긴장을 보이나, 뒤처진 상태로 꾸준한 성장 발달을 이루어낸다. 근육 위약은 몸쪽 사지 근육에서 시작하는 것이 일반적이나, 먼쪽 근육병은 사지 먼쪽 근육에서부터 근위약이 시작되며, 일부 근육병은 얼굴, 인두, 외안근의 위약을 동반한다.

크레아틴 키나아제(creatine kinase, CK)는 골격근과 심근에서 많이 분포하며 근육손상시 혈청으로 유리된다. 근육디스트로피에서는 혈청 CK수치가 대개 현저히 증가하지만, 선천성 근육병이나 진행이 느린 얼굴어깨위팔 근디스트로피에서는 오르지 않거나 중등도 상승만 보일 수 있다. 또한 자가면역질환인 근염이나 횡문근융해증에서도 상승하며, 일차성 근육질환이 아닌 운동신경원병에서도 경도 상승할 수 있다.

근전도(electromyography, EMG)는 근육병의 선별검사로 유용하며, (1) 비정상 자발전위의 유무를 통해 활성 근육손상이 있는지 (2) 운동단위전위의 크기를 보아 신경병 또는 신경원병인지를 구분하는데 유용하다. 일례로 척수근위축은 운동신경원의 퇴행으로 발생하는데 몸쪽 근육의 점진적인 약화가 주요증상이므로 증상만으로는 근육병으로 오인될 수 있다. 이 경우 근전도에서 거대 운동단위전위를 확인하면 근육병이 아니라 신경원성 질환임을 쉽게 알 수 있다.

근육생검(muscle biopsy)은 근육질환을 병리적으로 확인하는 중요한 진단방법이었으나, 유전자 검사의 발달로 점점 많은 경우에서 근생검은 더 이상 필수가 아니게 되었다. 비교적 흔한 근육병인 듀센형 진행성근이영양증(Duchenne muscular dystrophy, DMD), 근긴장디스트로피(myotonic dystrophy), 얼굴어깨위팔 근디스트로피(facioscapulohumeral dystrophy, FSHD)에서는 예외적인 경우에만 근생검을 시행한다. 다른 드문 근육병에서도 유전자 검사 결과가 표현형과 잘 부합하면 근생검이 권장되지 않는다. 다만, 열성질환에서 한 개의 이형접합변이만 검출되었거나, 불확실변이로 인해 유전자 검사만으로 확정진단이 어려울 경우에는 여전히 근육생검이 큰 도움이 된다. 한편, 질환에 따라 근육생검 소견은 정상이거나 비특이적인 경우도 있으므로 근생검의 시행 전에 이를 고려하여야 한다.

유전자 검사는 차세대서열분석이 도입되면서 지난 십수 년간 눈부신 발전을 이루었으며, 근육병 유전자패널검사의 보급과 전장엑솜분석 또는 전장유전체검사의 적용을 통해 많은 미진단 증례의 유전자 이상이 확인될 수 있었다. 한편 차세대서열분석이 대규모 변이 및 반복서열확장의 검출에 대해서는 꾸준히 발전을 이루고는 있으나 아직 신뢰성이 확보되지 않았으므로, 듀센형 진행성근이영양증, 근긴장디스트로피, 얼굴어깨근육디스트로피가 의심되는 경우 질환 특이 유전자 검사가 우선되어야 한다. 또한 근육병유전자패널이 각 검사실마다 구성 유전자가 다르며, 모든 근육병 유전자를 포함하지 못하는 것도 유념해야 한다.

## 2. 듀센/베커형 진행성근이영양증 (Duchenne/Becker muscular dystrophy)

### 1) 개요

듀센형 진행성근이영양증(Duchenne muscular dystrophy, DMD)은 남아 출생 4,000명 중 한 명꼴로 발생한다. 3~5세부터 위약이 시작되어 점진적인 운동 퇴행을 보인다. 혈청 CK는 출생 시부터 증가되어 있으며, 근위약이나 운동발달지연이 뚜렷하기 전부터 종아리비대를 보인다. 근위약이 진행하면 손으로 자기 무릎을 짚거나 허리를 펴기 위해 허벅지를 짚어 올라가는 가워즈 증후(Gowers' sign)가 보이게 된다. 몸쪽 다리 위약이 진행하면 뒤뚱걸음(waddling gait)이 생기며, 걸을 수 없게 되면서 발목의 구축과 척추의 변형이 잘 생긴다.

DMD는 치료하지 않을 경우 10살 전후로 걸을 수 없게 된다. 이후 사지 근력저하가 진행하고, 호흡부전과 심부전이 발생하여 사망한다. 경구 스테로이드를 꾸준히 사용하면 근력 약화를 지연시킬 수 있나, 보행 기간의 연장은 2~3년에 불과하다. 호흡부전 및 심부전에 대한 적극적인 치료를 하면 생존기간을 유의하게 연장할 수 있다.

근위약의 진행이 느린 경우는 베커형 진행성근이영양증(Becker muscular dystrophy, BMD)으로 분류하는데, 발병률은 DMD의 1/4~1/5로 낮다. 드물게 골격근의 뚜렷한 위약이 없이 20~40살에 심근병만 발생하는 DMD 연관 확장심근병(DMD-associated dilated cardiomyopathy)도 있다.

표 22-8. DMD와 BMD의 일반적인 특징 비교

| | DMD | BMD |
|---|---|---|
| 변이의 결과로 읽기틀이동 | 있음 | 없음 |
| 디스트로핀 발현량 | 없음 | 부분 발현 |
| 근위약의 발병시기 | 3~5살 | 10살 이후 |
| 보행 불가능 시점 | 13살 이전 | 16살 이후 |
| 혈청 CK (U/L) | 수천~수만 대 | 수백~수천 대 |
| 미치료 시 기대 수명 | 20대 중반 | 40살 이상 |

### 2) 유전자 이상 및 진단

디스트로핀(dystrophin)은 액틴 세포골격과 세포막의 디스트로핀 연관 당단백복합체(dystrophin-associated glycoprotein complex)를 연결하는 단백질로, 근육 수축에 의한 근육막 손상을 막는다. N말단쪽은 액틴 세포골격과 결합하는 액틴 결합 영역(actin binding domain), C말단쪽은 디스트로핀 연관 당단백복합체와 결합하는 시스테인 풍부영역

(cysteine-rich domain)이다. 그 가운데 4개의 경첩 구조(hinge)와 24개의 막대반복(rod repeat) 구조가 있으며, 막대반복 구역은 일부 소실되어도 기능 저하가 크지 않다.

디스트로핀 유전자는 X 염색체 단완에 위치하며 전장 2.4 Mbp, 79개의 엑손으로 구성된 거대 유전자이다. 대부분의 질환 변이는 디스트로핀 일부의 대량 결실로 인해 발생하며, 엑손 43~55 사이에서 가장 흔하다. DMD의 60~70%, BMD의 80~85%에서 디스트로핀 유전자의 대량 결실이 있으며, 점변이는 DMD의 15~30%, BMD의 10~15%에서 발견된다. DMD의 10% 가량, BMD의 5~10%는 디스트로핀 유전자의 대량 중복에 의해 발생한다.

듀센형 진행성근이영양증의 초기 유전자 검사로는 대량 결실/중복 변이를 신뢰성 있게 검출할 수 있는 multiplex ligation-dependent probe amplification (MLPA)를 우선해야 하며, multiplex PCR은 모든 엑손에 대해 검사하지 못하므로 더 이상 권장되지 않는다. 점변이는 디스트로핀 유전자가 포함된 유전자 패널 검사 또는 전장엑솜검사로 검출할 수 있다. 차세대 염기서열분석을 통한 대량 결실/중복 변이와 점변이의 통합 검사도 차차 신뢰성을 확보해 가고 있다. 디스트로핀 유전자의 직접 서열분석은 비용 대비 효율적이지 못하므로, 부분적으로 서열 재확인과 같은 특별한 경우 외에는 더 이상 시행하지 않는다.

대량 결실 변이에서 결실된 엑손 부분의 앞뒤로 코돈의 이가 맞지 않아 하류 서열에 읽기틀이동(reading frame shift)이 일어나게 되면 변이 이후 부분의 디스트로핀 생성이 이루어지지 않게 된다. 한편 대량 결실 변이가 일어나더라도 남은 엑손들이 만나 코돈의 틀이동이 일어나지 않으면, 결실변이 이후의 C 말단쪽 디스트로핀 번역이 정상적으로 이루어져서, 정상보다 짧지만 어느 정도 기능이 남아 있는 디스트로핀이 만들어지게 된다. 틀이동이 생긴 경우 DMD, 틀이동이 없는 경우 BMD의 표현형을 나타낼 가능성이 높으나, 결실의 형태를 통해 언제나 표현형을 예측할 수 있는 것은 아니다.

디스트로핀 변이의 10% 정도는 정지 점변이이다. 정지변이는 C말단쪽의 중요기능이 소실되어 DMD가 될 가능성이 높으나, 정지변이라도 막대 반복 영역에 발생할 경우 BMD로 나타날 수 있음을 유의해야 한다. 이 외 디스트로핀 중요 영역의 과오변이, 이어붙이기 변이, 틀이동 변이 등 다양한 질환변이가 보고되어 있다.

근전도 검사는 보조 진단 수단으로 이용할 수 있으나, 영유아에서는 신뢰성 있는 결과를 얻기 어려우므로 감별진단이 필요한 경우에만 사용한다. 근생검은 유전자 검사에서 뚜렷한 질환변이가 보이지 않은 경우에만 시행하며, 근육막에서 디스트로핀 단백질이 소실되는 양상을 확인하여 DMD 또는 BMD를 진단할 수 있다.

### 3) DMD의 기존 치료

물리치료와 병행하여 스테로이드를 사용하는 것이 DMD의 주요 치료이다. 근기능 악화가 심해지기 전에 스테로이드를 시작하도록 권장되며, 가장 널리 쓰이는 시작 용량은 prednisolone 0.75 mg/kg/일 또는 deflazacort 0.9 mg/kg/일이며, 체중 40 kg까지 체중 비례로 증량한다. 스테로이드를 사용하면 걸을 수 있는 기간이 2~3년 연장되며, 상지 근력 및 호흡 기능 유지를 도와주고, 척추측만을 줄인다.

심장기능은 매년 추적평가하고, 심부전이 발견되는 경우 안지오텐신 전환효소 억제제나 안지오텐신 수용체 차단제 투약을 시작한다. 심부전의 증상이나 심장기능이상이 발견되지 않더라도 10살 이전에 예방적 투약을 시작하는 것이 권장된다. 호흡부전이 진행하는지 정기적으로 평가하여 초기에 호흡재활을 시작하고, 필요에 따라 비침습호흡보조를 적용한다.

### 4) DMD의 새로운 치료

아탈루렌(Ataluren)은 경구투여 소분자약물로 정지코돈 넘어 읽기(nonsense readthrough)를 일으키며, 2014년 유럽에서 정지변이에 의한 DMD에 조건부 사용승인되었다. 두 차례의 제3상 임상시험에서는 중등도 이환군에서만 유의한 질환진행 지연이 확인되었다.

엑손 건너뛰기(exon skipping)는 대량결실변이에 인접한 엑손을 역배열올리고핵산(antisense oligonucleotide)을 이용하여 차폐함으로써 읽기틀을 회복시키는 방법이다. 10% 이상의 증례에 적용할 수 있는 51번 엑손 건너뛰기 치료제 에터플러센(Eteplirsen)이 2016년 미국에서 사용승인되었으며, 이어 53번 엑손과 45번 엑손 건너뛰기 치료제도 미국에서 승인되었다. 한편 eteplirsen에 의한 디스트로핀 발현 회복은 기대에 못 미치는 수준이어서 이를 개선할 방법들이 모색되고 있다.

결손 유전자를 외부에서 투여하는 유전자치료는 일회치료로 지속되는 효과를 낼 수 있는 방법이다. 디스트로핀 유전자는 그 크기가, 가장 널리 사용되는 유전자치료 매개체인 아데노연관바이러스(adeno-associated virus, AAV)의 운반한계의 두 배 이상이다. 이를 극복하기 위해 디스트로핀 유전자 서열에서 막대반복에 해당하는 영역 대부분을 제거하고, 최소한의 기능을 남긴 마이크로디스트로핀(micro-dystrophin)이 개발되었으며, 이를 AAV에 실어 투여하는 유전자치료가 다수의 회사에서 개발되고 있다. 이 중 delendistrogene moxeparvovec은 2023년 미국에서 4~5세 듀센 환아에 대해 사용승인되었다. 유전자치료는 매우 각광받는 새로운 치료법이나, 장기 효과, 면역반응, 적용불가 변이 등의 문제에 대한 지속적인 연구가 필요하다.

#### 5) 가족 유전자 검사

X 염색체 연관 열성유전하므로 대부분의 여성 보인자는 증상을 나타내지 않는다. 따라서 임신 및 출산 계획이 있는 보인 가능 여성은 발단자의 유전자 변이에 맞추어 적극적인 유전자 검사가 필요하다. 임신 계획이 없는 경우, 보인시 발생할 수 있는 건강상의 문제에 대해 충분히 설명 후 본인이 유전자 검사 여부를 결정할 수 있게 하는 것이 원칙이며, 보인 여부 확인에 의한 심리적 부담 및 가정내 갈등을 최소화할 수 있도록 상담 시 유의해야 한다. 가족력이 없는 DMD의 1/3은 돌연변이에 의해 발생한다.

DMD 가계의 여성 보인자는 혈청 CK 상승이 흔히 동반되나, 3/4에서 어떤 증상/증후도 없다. 종아리비대, 잦은 근육통이나 근경련과 같은 비특이적인 증상을 보이는 경우도 있다. 치우친 X 불활성화가 심한 경우 예외적으로 유의한 근위약을 보일 수 있으며, 정의하기에 따라 3~33%의 DMD/BMD 보인자에서 심근병(cardiomyopathy)이 발견된다. 보인자의 심근병증은 관리를 통해 예후를 변화시킬 수 있으므로 보인 가능 여성에 대해서는 적극적인 심장 평가가 권장된다.

### 3. 근긴장디스트로피(Myotonic dystrophy)

#### 1) 개요

근긴장디스트로피는 이상 근긴장(myotonia)이 특징인 우성 유전의 근육병으로, *DMPK* 유전자의 3′ 비번역구역(untranslated region, UTR)에 있는 CTG 반복서열의 비정상 확장으로 인해 발생하는 제1형 근긴장 근디스트로피(myotonic dystrophy type 1, DM1)와, *CNBP* (*ZNF9*) 유전자의 1번 인트론에 있는 CCTG 반복의 비정상 확장으로 인해 발생하는 제2형 근긴장 근디스트로피(myotonic dystrophy type 2, DM2)가 알려져 있다.

DM1의 유병율은 1/20,000 정도로, 성인에서는 가장 흔한 근육 디스트로피이다. DM2는 성인에서 발병하며, 몸쪽에서부터 먼쪽으로 위약이 진행하므로 몸쪽 근긴장 근디스트로피(proximal myotonic dystrophy, PROMM)라 부르기도 하는데, 인종에 따라 발병률의 편차가 크며 우리나라에서는 보고된 적이 없다. 이하는 DM1에 대해서만 상술한다.

DM1에서 비정상 확장된 *DMPK* 유전자의 삼핵산 반복서열은 머리핀 구조를 가진 독성 RNA를 발현시킨다. 이는 muscleblind-like (MBNL)와 같은 RNA 결합 단백을 격리시키는 핵내 초점을 형성하며, CUGBP/Elav-like family (CELF) 단백을 과잉발현시키고, 이로 인해 다양한 유전자의 이어붙이기가 영향을 받아 여러 기관과 장기에서 이상을 만든다.

### 2) 증상 및 치료

DM1의 증상은 CTG 반복서열이 길수록 조기에 증상을 발현하며, 심하게 나타나게 된다. 전형적(classic) DM1은 100~1,000 정도의 CTG 반복수를 가지며, 반복수 1,000 이상에서는 선천형 DM1으로 나타나게 된다. 50~150 정도의 CTG 반복수를 가지는 경우에서는 경미한 증상만 보이게 된다. 35~49 범위의 반복수를 가진 경우는 자신에게 증상은 발현하지 않으나 다음 세대에서 CTG 반복수가 늘어나 환자가 될 수 있어서 전변이(premutation)로 분류한다. CTG 반복수는 체세포불안정성(somatic instability)을 보여, 한 사람의 세포 중에서도 다양한 변동폭을 가지므로 혈액검사에서 검출된 CTG 반복수가 중증도를 면밀하게 예측할 수는 없다.

전형적 DM1은 전두 탈모와 턱처짐을 보이는 특징적인 갸름한 얼굴을 보이며, 주먹쥐기나 엄지두덩 타진으로 이상근긴장 쉽게 확인할 수 있다. 손에서부터 시작하는 점진적인 근위약 및 근위축을 보이며, 안구운동이상을 보이기도 한다. 심부정맥, 백내장, 당뇨가 흔히 동반되므로 정기적인 평가가 필요하다. 후기에는 호흡부전이 진행하는데 무증상 고이산화탄소혈증으로 발견되기도 한다.

선천형 DM1은 늘어진 영아의 형태로 나타나며, 출산 전부터 태동 감소나 양수과다증을 보일 수 있다. 신생아 시기부터 심한 전신 저긴장과 호흡부전을 보이기도 한다. 지능장애도 흔히 동반된다.

DM1은 단순한 근육병이 아니라 심장, 신경, 내분비계를 포함한 다장기침범 질환이라는 점을 유념해야 한다. 심부정맥은 돌연사의 원인이 되기도 하며, 심박동기가 필요할 수 있으므로 정기적인 평가가 필요하다. 확장성 심부전이 진행하는 경우도 있다. 수면무호흡이나 점진적인 호흡부전은 적절한 호흡보조를 적용하여 도움을 받을 수 있다. 대뇌피질 위축과 백질 변성이 진행하면서 인지기능 저하와 성격이상이 생길 수 있다.

### 3) 유전자 이상 및 진단

DM1은 *DMPK* 유전자의 3′UTR에 있는 CTG 반복서열이 대량 확장되면서 발생한다. 전통적 유전자서열분석이나 차세대서열분석으로는 검출할 수 없으므로, DM1이 의심되는 경우 서던블롯(Souther blot)이나 삼핵산검출 PCR (triplet-primed PCR)과 같은 DM1 특이 유전자 검사를 시행해야 한다.

*DMPK* 유전자의 CTG 반복수가 34 이상인 경우 반복서열은 불안정하여 세포분열 시 비정상 확장될 수 있다. 이로 인해 세대를 내려가면서 발병 시기가 빨라지고 증상이 심해지는 예측현상(anticipation)을 보이게 된다. 경한 DM1을 가진 엄마에게서 선천형 DM1 아이가 출생하는 경우가 대표적이다. DM1의 예측현상은 모계를 통해 심하게 일어나는 것이 일반적이나 부계를 통한 예측현상도 일어날 수 있다.

### 4) 치료

흔히 동반될 수 있는 부정맥, 심부전, 당뇨, 백내장에 대해서는 정기적으로 평가하여 필요에 따라 적절한 치료를

**표 22-9. 근긴장디스트로피 CTG repeat**

| 분류 | CTG 반복수 | 주요증상 | 발병 나이 | 예상 수명 |
|---|---|---|---|---|
| 전변이 | 35~49 | 없음 | 해당없음 | 해당없음 |
| 경한 DM1 | 50~150 | 백내장, 이상근긴장 | 20~70세 | 60세 이상 |
| 전형적 DM1 | 100~1,000 | 이상근긴장, 근위약, 전두탈모, 심부정맥, 백내장 | 10~30세 | 48~55세 |
| 선천형 DM1 | >1,000 | 영아저긴장, 호흡부전, 지능장애 | 태아기-10세 | 45세 |

시행한다. 호흡부전이 진행하는 경우 호흡재활과 비침습 호흡보조를 시행한다. 발목 처짐이 생겨 터벅걸음(steppage gait)이 있으면 발목 보조기를 착용하여 도움을 받을 수 있다.

근긴장이상이 불편한 경우 mexiletine이나 carbamazepine을 사용할 수 있다. *DMPK* 유전자의 발현을 억제하거나, 하류 유전자발현을 조절하는 질환특이 치료제가 활발히 연구되고 있다.

## 4. 얼굴어깨위팔 근디스트로피

**(Facioscapulohumeral muscular dystrophy, FSHD)**

### 1) 개요

얼굴어깨위팔 근디스트로피는 얼굴 근육과 어깨 및 위팔의 위약이 초기에 진행하는 것을 특징으로 하는 우성유전 근육병이다. 눈 질끈감기와 휘파람 불기 같은 몇 가지 얼굴 표정을 지어 보는 것만으로도 특징적인 얼굴 위약을 확인할 수 있다. 어깨 높이보다 위로 팔을 들어올리는 동작은 질환 초기부터 약화되어 있으나, 어깨 세모근은 잘 보존되어 있어서 어깨높이까지 팔 벌리기는 기능장애가 덜하다. 얼굴 위약, 팔 위약, 날개어깨뼈와 같은 특징적인 증상이 흔히 비대칭적으로 나타나는 것에 유의해서 관찰할 필요가 있다.

질환이 진행하면서, 팔목 굽히기가 약해지고, 발목 처짐, 손목 처짐, 손가락 처짐 등이 생기며, 엉덩이 근육이 약해지면 뒤뚱걸음을 보이게 된다. 척추곁근육이 변성되면서 심한 척추 측만이 생길 수 있다. 걸을 수 없는 정도로 진행한 경우 호흡부전이 발생하기도 한다.

영아기 또는 아동기부터 증상이 발생하는 경우에는 청력장애, 정신지체, 혈관성 망막질환이 동반될 수 있다. 심장기형 또는 심장전도장애가 있는 경우가 있으므로 선별검사가 필요하다.

### 2) 유전자 이상 및 진단

FSHD1은 4번 염색체 장완 말단의 D4Z4 반복 구역의 축소로 인해 발생한다. 정상 D4Z4 반복은 각 3.3 kb의 반복서열이 11개에서 100개로 늘어서 있으나, FSHD1 환자에서는 10개 이하로 축소되어 있다. 반복수 7~10개는 경계 영역으로 분류하며, 증상이 경미할 수 있으므로 주의가 필요하다. 반복수가 1~3으로 매우 적은 경우 심한 증상을 겪을 가능성이 높다. 한편, 반복수가 항상 중증도와 연계되지는 않으며, 가족 내 개인차도 큰 편이다.

D4Z4 반복 구역의 하류에는 마지막 D4Z4 반복으로부터 DUX4 발현을 허용하는 투과성 홑배수체(permissive haplotype; A형)와 허용하지 않는 비투과성 홑배수체(nonpermissive haplotype; B형)가 있을 수 있다. A형 홑배수체의 경우에만 질환이 발생하므로, D4Z4 반복의 축소가 있어도 B형 홑배수체인 경우는 FSHD로 진단하지 않는다.

FSHD2는 D4Z4 반복수가 줄어들어 있지 않으나, SMCHD1이나 DNMT3B와 같은 다른 유전자 변이로 인해 D4Z4 구역의 메틸화가 불완전해진 경우이다. FSHD1의 경우와 마찬가지로 A형 홑배수체 꼬리를 가진 경우만 질환이 발현한다. 따라서 전형적인 FSHD의 증상이 있고, A형 홑배수체를 가졌으나 D4Z4 반복수가 정상인 경우, FSHD2에 대한 적극적인 검사가 필요하다.

D4Z4 반복수의 검출은 서던 블롯이나 분자 빗(molecular comb)을 사용할 수 있다. Long range PCR로는 반복수가 줄어든 대립형질은 검출 가능하나 정상 반복수의 대립형질까지 검출하기는 어려우므로 불완전한 진단방법이다. 차세대 서열분석에 의한 진단방법이 연구되고 있다.

근전도는 근육병 또는 신경병에 해당하는 이상이 보일 수 있으며 질환 비특이적이다. 근육생검에서 분엽섬유(lobulated fiber)나 각진섬유(angular fiber)가 보일 수 있으며, 염증세포 침윤을 포함한 비특이적인 근육병 소견이 관찰된다. 따라서 근전도나 근육생검은 FSHD의 진단을 위해서는 권장되지 않는다.

## 5. 팔다리이음 근디스트로피

**(Limb-girdle muscular dystrophy, *LGMD*)**

팔다리이음 근디스트로피는 다양한 유전자의 이상에 의해 발생하며 우성 또는 열성 유전한다. 우성유전하는 경우를 *LGMDD* (이전 분류로 *LGMD1*), 열성유전하는 경우를 *LGMDR* (이전 분류로 *LGMD2*)로 약칭하며 유전자에 따라 번호를 붙여 구분한다. 우성유전 *LGMD*로 4종, 열성유전 *LGMD*로 28종이 보고되어 있으며, 그 수는 계속 늘어날 것으로 예상된다.

대부분은 점변이에 의해 발생하므로, 유전자 패널 검사의 보급으로 진단이 매우 용이해졌다. 하지만, 유전자 패널이 모든 *LGMD* 유전자를 포함하지 못하며, 드물게 인트론 변이나 염색체 구조적 이상으로 인한 경우도 있어 주의가 필요하다. 유전형-표현형 연계가 확실하지 않은 경우 근육 생검과 같은 추가 검사를 통해 확진해야 한다.

우성유전 *LGMD* 중에 주목할 질환은 LGMDD1으로, *DNAJB6* 유전자에서 종간보존도가 높은 G/F 구역의 변이로 인해 생긴다. 사지 위약은 수십 년에 걸쳐 진행하며, 초기부터 삼킴장애가 있는 것이 특징이다. 이전 분류로 LGMD2D 또는 LGMD2E로 불렸다.

CAPN3 유전자 이상의 경우 다른 *LGMD*에 비해 상지 증상이 심하며, 대칭적 날개 어깨뼈가 보이기도 한다. FSHD에서 얼굴위약이 없는 경우와 감별이 필요한데, 근위약의 비대칭성이 심한 경우 FSHD를 더욱 시사한다. 대개 열성유전하는 LGMDR1으로 분류되나, 우성유전하는 경우(LGMDD4)도 보고되어 있다.

디스펄린(dysferlin, DYSF) 유전자의 이상으로 인한 진행성 근육병은, 몸쪽 근육에서부터 위약이 생기는 경우는 LGMDR2 (이전 분류로 LGMD2B)로, 먼쪽부터 위약이 생기는 경우는 미요시 근육병(Miyoshi myopathy)으로 진단하나, 같은 유전자에 의한 질환이며, 결국 사지 전체에 위약이 진행하므로 같은 질환으로 간주하여 디스펄린 근육병(dysferlinopathy)으로 통칭한다. 혈청 CK가 상승이 뚜렷하며, 대개 10대 후반에서 20대에 첫 증상이 생기며, 30~40대에 걸을 수 없게 되는 것이 일반적이다. ANO5 유전자 이상에 의한 LGMDR12와 매우 유사한 양상을 보인다.

LGMDR3-6은 sarcoglycan 복합체의 이상으로 발생하며, 각각 α-, β-, γ-, δ-sarcoglycan (SGCA, SGCB, SGCG, SGCD) 유전자의 이상으로 발생한다. 아동기에 근위약이 시작되어 점차 진행하며 청소년기부터는 걸을 수 없게 되는 것이 일반적이나, 진행속도는 DMD에 비해 편차가 크다. LGMDR4와 LGMDR6은 심근병 동반 가능성이 높다.

## 6. 먼쪽 근육병

근육병은 무게를 담당하는 팔다리 몸쪽의 큰 근육부터 약해지는 것이 일반적이나, 일부 근육병들은 팔다리 먼쪽에 있는 작은 근육부터 위약이 진행된다. 근긴장디스트로피도 대개 주먹 쥐는 힘부터 약해지며 발목 처짐이 흔히 생기지만 별도로 분류하는 것이 일반적이다.

### 1) 미요시 근육병(Miyoshi myopathy)

상염색체 열성 근육병으로, 디스펄린 결핍에 의한 LGMDR2와 같은 유전자 이상의 다른 표현형이다. 임상적으로 의심되나, 디스펄린의 이형접합 변이 한쪽만 검출되는 경우, 인트론 변이에 대한 검출이 필요하다. 한 가족 안에서도 두 종류의 임상형태가 함께 보일 수 있다. 먼쪽 위약은 발목 내리기(plantar flexion)에서 가장 먼저 생기는 경향이 있으므로, 한 발 또는 양발로 발끝 서기를 하여 민감하게 검사할 수 있다. 질환이 진행하면 사지 전체로 위약이 번져 나가고 진행된 LGMDR2와 비슷하게 된다. 후기에는 경미한 호흡부전이 흔히 발생하며, 10% 미만에서 유의한 호흡부전이 생길 수 있다. 심기능 이상은 소수에서 발생하나, 나이가 들어가면서 비율이 증가한다.

### 2) GNE 근육병(GNE myopathy)

GNE 유전자 이상에 의한 열성 근육병으로, 우리나라

와 일본을 포함한 동북아시아와 중동 및 인도에서 호발한 다. 노나카 근육병, 테두리공포 먼쪽 근육병(distal myopathy with ri*MME*d vacuole, DMRV), 네갈레근 보존 근육병(quadriceps-sparing myopathy), 유전성 봉입소체 근육병(hereditary inclusion body myopathy) 등의 여러 이름으로 불려 왔다. 먼쪽 근육병 GNE 유전자는 시알산 생합성 과정의 속도제한 효소이며, 세포 표면 시알화 저하로 인해 점진적인 근육 변성이 진행한다. 20대에 증상이 시작되어 수십 년에 걸쳐 사지 위약이 진행하는데, 먼쪽 근육 특히 발목들기부터 약해지는 경우가 많으며, 디스펄린 근육병과 마찬가지로 몸쪽 근육부터 약해지는 경우도 있다. 발목들기(ankle dorsiflexion)가 약해지는 경우 발목 처짐이 생겨 걸음이 불편해지는데, 발목 보조기를 사용하면 도움이 된다. 시알산 또는 시알산 중간대사물질의 보충요법을 통한 임상 연구가 진행 중이다.

### 3) ADSS1 근육병(ADSS1 myopathy)

ADSS1 유전자의 이상으로 생기는 열성 근육병으로, 우리나라에서 처음 보고되었다. 10대부터 점진적으로 사지 위약이 진행하며, 얼굴 위약이 흔히 동반된다. 호흡부전이나 삼킴장애가 동반되기도 한다.

## 7. 선천성 근육병(Congenital myopathy)

출생 시부터 근육의 구조적 기능적 이상을 가지고 있는 경우를 이른다. 다양한 증상과 중증도를 가지고 있으며, 아동기 또는 성인이 될 때까지 근위약이 뚜렷하지 않는 경우도 있다. 근육병 얼굴(myopathic face)이라 부르는 좁고 갸름한 얼굴 모양과 함께 높은 입천장(high arched palate)을 보인다. 사지 위약과 함께 얼굴, 외안근, 척추의 위약이 동반되는 경우가 흔하다. 근력은 성장 발달에 따라 다소 호전되는 경향이 보여, 운동발달지표는 뒤처진 상태로 꾸준한 발달을 이루어 내는 것이 일반적이다. 성장기 이후 골격근 및 호흡근의 점진적인 약화가 생길 수 있다.

진단을 위해서는 유전자 검사가 우선되지만, 변이의 병인성이 뚜렷하지 않은 경우 근육 병리를 확인하는 것이 도움이 된다. 자주 보이는 근육 병리 이상은, 네말린 소체, 코어, 중심핵, 제1형 근섬유 우세 등이다.

표 22-10. 근육병리에 따른 질환 유전자

| 근육병리 소견 | 질환 유전자 |
|---|---|
| 네말린 소체(nemaline body) | NEB, TPM2, TPM3, CFL2, ACTA1 |
| 코어(core) | *RYR1, CFL2, MYH7, SEPN1* |
| 중심핵 | *DNM2, BIN1, MTM1, RYR1* |
| 제1형 근섬유 우세 | *RYR1, ACTA1, TPM2, TPM3* |

## 8. 선천성 근디스트로피(Congenital muscular dystrophy)

근육디스트로피에 해당하는 병리소견이 출생 시 또는 영아기부터 있는 경우를 이른다.  출생 시 또는 영아기에 저긴장을 보이며, 높은 혈청 CK를 보인다. 관절구축, 관절탈구, 입술갈림, 입천장갈림, 망막이상 등이 동반될 수 있으며, 특히 뇌병변을 동반하는 경우가 흔하다. 선천성 근육병에서와 같은 전형적인 근육병 얼굴이나 외안근 마비는 보이지 않는다.

근육막의 디스트로글리칸(dystroglycan)과 주변 결체조직의 단백질에 연관된 유전자 이상이 대부분이나, *LMNA*의 경우 예외적으로 핵막 단백질이다. 진단은 유전자 검사가 가장 중요하며, 뇌 자기공명영상에서 이상이 확인된 경우 진단적 확실성을 더한다. 근육 병리는 비특이적이나, 면역염색을 통해 결핍 단백질을 특정해 낼 경우 확정진단을 위한 결정적인 단서가 된다.

Merosin (laminin-α2, LAMA2)의 이상에 의한 경우가 가장 대표적으로, 백질 이상과 함께 뇌전증이 동반될 수 있지만, 지능발달 지연은 흔치 않다. Merosin이 완전 결핍된 경우 영아기부터 저긴장과 관절구축을 보이지만, 부분 결핍의 경우 팔다리 위약만 있는 경한 형태가 된다. 성인이 되면 호흡부전이 생길 수 있다.

후쿠야마 선천성 근디스트로피는 후쿠틴(fukutin, FKTN)의 이상에 의해 발생하며, 편평뇌증, 큰뇌이랑증, 뇌간 형성부전이나 소뇌낭종이 동반되기도 한다. 3′UTR에 retrotransposon에 삽입에 의한 경우가 많으므로 유전자 진단 시 주의해야 한다.

콜라겐6 (collagen 6, *COL6*)의 이상은 다양한 중증도를 보인다. 신생아기부터 먼쪽 관절의 이완, 몸쪽 관절의 구축을 보이는 경우를 Ullrich 선천성 근육병이라 부르며, 대부분은 열성 유전양식을 보인다. 한편 비교적 경한 형태의 *COL6* 유전자 이상은 우성유전 형태로 발생하여, 근육 위약과 먼쪽 관절의 구축이 서서히 진행하는데 이를 베들렘 근육병(Bethlem myopathy)이라 부른다. 자기공명영상 또는 초음파로 근육의 무늬변성이 확인되면 진단에 도움이 된다.

## 9. 대사성 근육병(Metabolic myopathy)

대사성 근육병은 탄수화물 또는 지방의 대사 이상으로 인해 발생한다. 일반적인 특징으로, (1) 근육 강직, 통증, 횡문근융해의 삽화를 보이는 운동 불내성과 (2) 오랜 기간에 걸쳐 서서히 진행하는 근육의 약화와 위축을 들 수 있다. 중간 강도의 운동 지속 시 초기 10분간은 근육 내 글리코겐의 분해를 통해 운동에 필요한 ATP가 공급되며, 이후에는 근육 내 지방과 혈액을 통한 영양이 이용된다. 따라서 탄수화물 대사장애는 운동 초기 수 분 이내에, 지방 대사장애는 운동이 10분 이상 지속될 때 증상이 나타나는 것이 일반적이다.

### 1) 맥아들(McArdle) 병

맥아들 병은 근육인산분해효소(myophosphorylase)의 이상으로 인해 발생하며, 제5형 당원축적병(glycogen storage disease V, GSD5)으로 분류된다. 이 효소는 당원분해(glycogenolysis) 과정에서 포도당의 인산화를 담당하므로, 맥아들 병 증례에서는 운동 초기에 운동 불내성을 보여 통증을 동반한 근육 구축이 생긴다. 8분 이상 운동이 지속되면 혈중 지방산과 포도당이 공급되면서 증상이 완화된다. 아래팔 운동검사를 하면 정상인 또는 지방산대사 이상의 경우 혈중 암모니아와 젖산이 3~4배 증가하게 되나, 맥아들 병에서는 암모니아가 증가해도 젖산이 증가하지 않는다.

### 2) 폼페병(Pompe disease)

폼페병은 산성엿당분해효소(acid maltase; acid alpha glycosidase, GAA)의 이상으로 인한 리소좀 내 당원 분해장애에 의해 발생한다. 영아형(infantile-onset Pompe disease, IOPD)은 12개월령 이전에 호흡근 및 골격근 위약을 보이며, 심장비대를 동반한다. 후기발현형(late-onset Pompe disease, LOPD)은 유아기부터 성인기의 다양한 시점부터 시작하는 점진적인 호흡근 및 골격근 위약을 보이며, 골격근 위약은 특히 몸통의 축근육에서 심하다. 백혈구 GAA 효소활성과 유전자 검사를 통해 진단할 수 있는데, 거짓결핍(pseudodeficiency)을 일으키는 유전형 c.1726G>A (p.Gly576Ser)는 경계값이 가까운 효소활성 저하를 일으키지만 단독으로 질환을 일으키지는 않으므로 해석에 유의해야 한다. 효소대체요법이 개발되어 있다.

## 10. 미토콘드리아 근육병(Mitochondrial myopathy)

미토콘드리아 근육병은 다양한 임상양상을 보이며, 미토콘드리아 유전체의 변이 또는 핵유전체의 변이로 발생한다. 미토콘드리아 뇌근육병, 젖산혈증, 뇌졸중양 삽화(mitochondrial encephalomyopathy, lactic acidosis, and strokelike episodes; MELAS)는 m.3243A>G 변이, 불균일 적색근섬유를 보이는 근간대뇌전증(myoclonic epilepsy with ragged red fiber, MERRF)는 m.8344A>G 변이가 흔한 원인이다. 진행성 외안근마비는 SLC25A4, POLG, TWNK와 같은 핵유전자 변이에 의해 발생한다. 타이미딘 인산화효소2 (thymidine kinase 2, TK2)는 미토콘드리아 DNA 대사 효소로, 기능부전이 발생하면 근육 미토콘드리아 DNA 고갈 증후군을 일으키는데, 경구 핵산 대체요법을 통한 기능 호전이 보고된 바 있다.

## 11. 선천성 근무력증(Congenital myasthenic syndrome)

신경근접합은 말초신경으로부터 근육으로 활성전위 신호가 넘어가는 연접이다. 연접전인 신경말단이나 연접후인 근육종판의 유전자 이상에 의해 선천성 근무력증이 발생한다. 자가면역질환인 중증근무력증에 비해 매우 드문 질환이며, 변동성 위약이 뚜렷하지 않는 경우도 있어서 중증근무력증보다는 선천성 근육병에 가까운 양상을 보인다. 선천성 근무력증은 매우 드물지만, 많은 경우 증상을 개선시킬 방법이 있으므로 진단을 놓치지 않도록 주의해야 한다.

선천성 근무력증은 대부분 상염색체 열성유전하는데, 느린통로 증후군(slow channel syndrome)과 극히 드문 synaptotagmin 2 결핍에 의한 선천성 근무력 증후군만 우성유전한다. 어려서부터 지속되는 눈운동 마비와 눈꺼풀 처짐이 흔하며, 얼굴마비, 구마비, 호흡 부전, 사지위약, 뼈대 변형이 동반되기도 한다. 반복신경자극검사가 진단에 도움이 될 수는 있으나, 중증근무력증의 진단에서만큼 일관된 결과를 보이지 않는다. 유전자 패널 검사 또는 전장엑솜 분석이 진단에 필수적이다.

아세틸콜린에스터분해효소억제제는 증상을 호전시킬 수도 있으나 경우에 따라 증상을 악화시킬 수도 있으니 주의해야 한다. 이상 유전자의 종류에 따라 3,4-diaminopyrine, ephedrine, salbutamol, quinidine, fluoxetine 투약에 반응하는 경우가 있다.

## 12. 결론

유전성 근육병은 듀센형 진행성근이영양증, 얼굴어깨위팔 디스트로피, 근긴장디스트로피가 다수를 차지하며, 이들 고빈도 근육병은 근육병 유전자 패널과 별도로 개별 유전자 검사를 시행해야 한다. 이외 디스펄린 근육병, GNE 근육병, 선천성 근육병, 선천성 근디스트로피를 포함한 저빈도 근육병은 근육병 유전자 패널검사 또는 전장엑솜분석이 유용하다. 선천성 근무력증은 매우 드물지만 치료하여 호전 가능한 경우가 많으므로 놓치지 않아야 한다.

혈청 CK와 근전도는 진단 과정에서 매우 유용하지만, 모든 근육병에서 이상을 보이지는 않는다. 유전자 검사의 결과가 불분명한 경우에는 근육생검을 통해 병리를 확인하여 진단에 도움을 받을 수 있으며, 근육영상검사가 도움이 되기도 한다.

유전성 근육병은 대표적인 희귀난치병으로 인식되어 왔으나, 폼페병을 시작으로 질환특이 치료제의 승인이 이어지고 있다. 듀센형 진행성근이영양증을 필두로 여러 가지 치료가 시도되고 있으며, 이러한 추세에 발맞추어 개별 증례의 정확한 유전형 확인과 환자군에서 자연 진행경과 파악

표 22-11. 선천성 근무력증후군의 특징 비교

| | 콜린아세틸전달효소 결핍 | 콜라겐Q 결핍 | 느린통로 증후군 | DOK7 결핍 | Rapsyn 결핍 | GFPT1 결핍 |
|---|---|---|---|---|---|---|
| 선천성 구축 | 있음 | | | | 있음 | |
| 발열/감염 때 무호흡 삽화 | 있음 | | | | 있음 | |
| 팔다리이음 및 척추근 위약 | | 일부 | | 있음 | 일부 | 있음 |
| 아세틸콜린에스테라제아세틸콜린 에스터분해효소 억제제에 반응 | 호전 | 악화 | 악화 | 악화 | 호전 | 호전 |
| 에페드린/살부타몰에 반응 | 호전 | 호전 | 호전 | 호전 | | 호전 |
| 3,4-DAP에 반응 | | | | 호전 | 호전 | 호전 |

의 중요성이 더욱 요구되고 있다. 지지요법의 확대와 신약의 신속한 도입은 물론, 미진단 근육병 증례의 발굴, 기진단 환자의 등록을 위한 세부 진단별 레지스트리 구축사업, 그리고 치료제 개발연구에 관심을 기울여야 하겠다.

## III. 발달 뇌전증 뇌병증과 신경피부질환의 유전학(Genetics of developmental and epileptic encephalopathies and neurocutaneous syndromes)

### 1. 발달 뇌전증 뇌병증 (Developmental epileptic encephalopathy)

국제항뇌전증연맹(International league against epilepsy, ILAE)에서는 뇌파이상에 의해 기저질환에 비해 더 심각한 인지 및 행동장애가 초래되는 의학적 상태를 뇌전증 뇌병증으로 정의하고 있다. 대부분의 영아 및 소아에서는 발달속도의 저하 혹은 발달퇴행의 형태로 나타나게 된다. 뇌전증 지속상태(status epilepticus)를 비롯해서 다양한 형태의 약물 난치성 발작이 빈번하게 발생하나 Landau-Kleffner 증후군과 같이 뚜렷한 임상적 발작 없이 수면 중 지속적인 극서파 복합체가 뇌파에 보이면서 행동 및 인지장애가 동반되기도 한다. 발작이 조절되고 궁극적으로 뇌파이상이 호전된다면 동반되었던 발달지연 및 퇴행도 어느 정도 가역적으로 회복을 기대할 수 있기 때문에 위와 같은 개념이 여러 가지 제한점에도 불구하고 뇌전증 증후군 분류에 사용되어 왔다.

유전분석기법이 발전하면서 2010년 이후로 많은 수의 뇌전증 원인 유전자들이 발견되고 있다. 이에 따라 유전성 뇌전증의 임상 표현형과 유전원인이 서로 복잡하게 연결되어 있는 것이 밝혀지고 있다. 일례로 *SCN2A* 유전자는 양성 가족성 신생아/영아 뇌전증 가계에서 처음 보고가 되었다. 하지만, 차세대시퀀싱 기법이 보편화된 2010년 이후로 *SCN2A* 이상에 의한 임상 표현형은 매우 다양하다고 밝혀

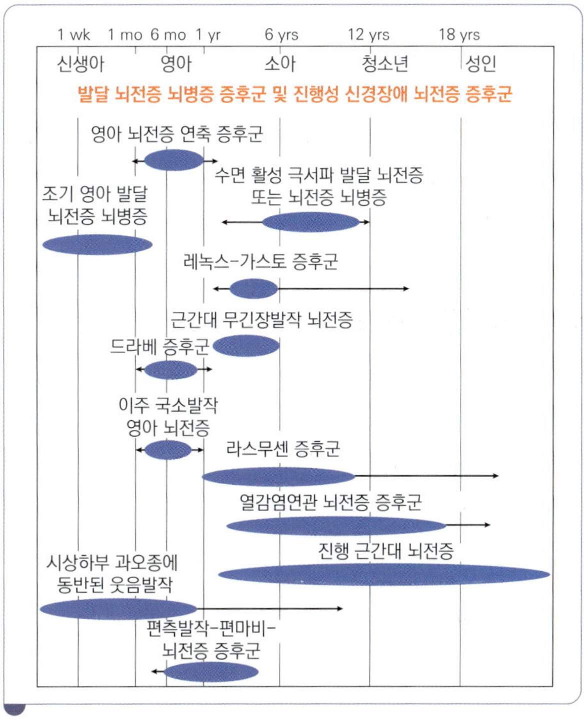


**그림 22-1.** 연령에 따른 발달 뇌전증 뇌병증 종류.

지고 있는데, 양성 가족성 신생아/영아 뇌전증은 일부 소수의 환자에 해당하고, 중등도 이상의 발달지연 및 약물 난치성 발작이 동반되는 경우가 더 많이 보고되고 있다. 또한, 뇌전증 발작없이 발달이상만 보고가 되기도 한다. 이와 같이 유전자 이상에 의해 발달 및 인지장애가 독립적으로 발생할 수 있고, 뇌전증 발작 및 뇌파이상에 따라 발달 및 인지가 추가적으로 영향을 받을 수 있기 때문에 새로운 뇌전증 뇌병증 개념을 정립해야 할 필요성이 제기되었다. ILAE에서는 이러한 논의를 바탕으로 뇌전증 환자 중에서 동반된 발달문제가 기저원인 및 뇌파이상 동시에 영향을 받고 있는 상태를 발달 뇌전증 뇌병증(developmental epileptic encephalopathy)이라고 정의하였다. 발달 뇌전증 뇌병증의 개념은 2022년 ILAE의 수정된 뇌전증 증후군 분류에도 그대로 채택되어 사용되고 있다. 위와 같은 개념은 발달과 영아/소아기의 뇌전증 사이에 공유하고 있는 공통된 병리기전이 존재할 것이라는 가정에서 출발하였으나, 기존의 분류체계가 갖춰진 신경질환에서 뇌전증이 같이 동반되는 경우 어

디까지를 발달 뇌전증 뇌병증의 범주에 포함시켜야 하는지에 대해서는 보다 더 심층적인 논의와 연구가 필요하다. ILAE에서 제시한 가장 최근 분류에서는 발달 뇌전증 뇌병증과 진행성 신경질환을 모두 포함하는 형태로 설명을 하고 있다.

## 2. 결절성 경화증(Tuberous sclerosis)

### 1) 원인

*TSC1* (hamartin) 및 *TSC2* (tuberin) 유전자의 변이에 의해 발생하고, 상염색체 우성 양식으로 유전된다. 이 두 가지 유전자의 단백은 세포의 증식과 분화를 조절하는 종양 성장 억제인자(tumor growth suppressor)의 역할을 하게 되는데, 이 두 단백의 기능이 저하되면 *MTOR* pathway의 과활성화가 촉발되면서 다양한 신체기관에 영향을 미치고 증상으로 나타나게 된다.

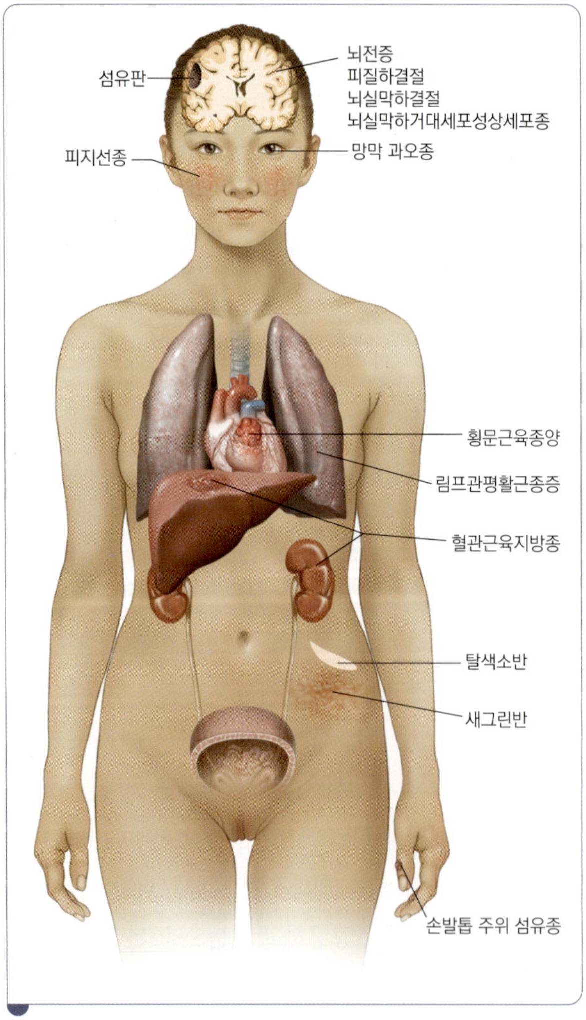


**그림 22-2.** 신체기관에 따른 결절성 경화증 증상.

### 2) 임상진단

결정성 경화증의 진단은 임상진단기준(**표 22-12**)에 따라 2개의 주증상 혹은 1개의 주증상 및 2개의 부증상 있을 경우 의심할 수 있다. *TSC1* 및 *TSC2* 유전자 분석에서 병원(pathogenic/likely pathogenic) 변이가 발견되었을 경우에도 진단할 수 있다.

### 3) 피부증상

거의 모든 환자에서 한 가지 이상의 피부병변이 발견된다. 피부병변 때문에 심각한 의학적 문제가 발생되는 경우는 드물다. 얼굴의 피지선종이 외모의 문제를 야기하는 경우 치료를 하기도 한다.

### 4) 중추신경계 증상

피질결절은 90%, 뇌실막하 결절은 약 80%의 결절성 경

**표 22-12. 결절성 경화증 임상진단기준**

| 주증상 | 부증상 |
|---|---|
| • 탈색소반(3개 이상, 직경 5 mm 이상)<br>• 피지선종(3개 이상), 섬유판<br>• 손발톱주위 섬유종(2개 이상)<br>• 새그린 반<br>• 다발성 망막 과오종<br>• 다발성 피질하 결절 및 방사형 이주선<br>• 뇌실막하 결절(2개 이상)<br>• 뇌실막하 거대성상세포종<br>• 심장 횡문근육종양<br>• 림프관평활근종증<br>• 혈관지방근육종 | • 색종이 모양 피부병변(confetti skin lesion)<br>• 치아 사기질 오목(3개 이상, dental enamel pit)<br>• 안구내 섬유종(2개 이상)<br>• 망막 탈색소 반(retinal achromic patch)<br>• 다발성 신장 낭종<br>• 비신장 과오종<br>• 경화성 뼈 병변 |

화증 환자에게서 발견이 된다. 뇌실막하 거대성상세포종은 5~15% 환자에서 발생한다. 뇌실막하 거대성상세포종은 크기가 커지면서 뇌척수액의 순환을 막아 뇌압상승을 초래하기 때문에 중증 합병증 및 사망의 원인이 된다. 발작 및 뇌전증은 약 80%에서 발생하는 것으로 알려져 있고, 영아 영축이 흔히 동반되는 발작형태이다. 결절성 경화증과 연관된 신경정신질환을 TAND (TSC-associated neuropsychiatric disorder)로 통칭하는데, 이환율이 높은 반면 평가 및 치료는 제대로 시행되지 않는 경우가 많아 체크리스트를 사용하여 선별하는 것이 권장되고 있다.

#### 5) 콩팥증상

낭종 및 혈관근육지방종과 같은 양성병변이 대부분이지만, 약 2~5% 정도에서 콩팥세포암종과 같은 악성종양이 발생하기도 한다. 혈관근육지방종은 크기에 따라 생명을 위협하는 출혈이 발생하거나 말기신부전으로 진행하는 데 영향을 끼치기 때문에 정기적인 검사 및 적절한 치료가 필요하다.

#### 6) 심장증상

약 50%의 환자에서 심장의 횡문근육종양이 발견되는데, 신생아시기에 가장 크기가 크고, 나이가 들면서 줄어들어 결국에는 사라지게 된다.

#### 7) 폐증상

폐의 림프관평활근종증은 40세까지 80%의 여성 결절성 경화증환자에서 발견되는 것으로 알려져 있다. 호흡곤란 또는 객혈이 동반될 수 있다.

#### 8) 안과증상

망막 과오종은 30~50%의 결절성 경화증 환자에서 발견되나 증상이 없는 경우가 대부분이다. 크기가 증가하는 경우 합병증을 유발할 수 있기 때문에 정기적인 안과검진은 필요하다.

#### 9) 치료

*MTOR* 억제제에 대한 다수의 임상시험 결과가 나오기 이전에는 증상에 따른 약물치료 및 수술치료를 시행했었다. 현재 미국 식약청에서 뇌실막하 거대성상세포종양, 국소발작의 부가요법, 혈관근육지방종, 림프관평활근종증에 *MTOR* 억제제의 사용을 승인하였다. 국내에서는 뇌실막하 거대성상세포종양 및 혈관근육지방종에 사용할 수 있도록 허가를 하였다.

#### 10) 선별검사

증상이 없더라도 25세까지는 매 1년에서 3년마다 뇌실막하 거대성상세포종양을 확인하기 위해  뇌 MRI검사가 권장된다. TAND 설문지를 이용하여 매년 TAND에 대한 선별검사를 시행하는 것이 좋다. 발작 증상이 없더라도 12개월 또는 24개월까지는 정기적인 뇌파검사가 필요하다. 콩팥 병변의 확인을 위해 1년에서 3년 간격으로 복부 MRI 촬영이 권장된다.

### 3. 신경섬유종증1형(Neurofibromatosis type 1)

#### 1) 원인

원인 유전자는 *NF1*으로 neurofibromin이란 단백을 만들게 된다. Neurofibromin은 ras GTP ase를 활성화시켜 세포의 성장을 조절하고 종양발생을 억제하는 역할을 한다. NF1 변이는 neurofibromin단백의 기능이 상실되는 형태(loss of function)로 작용하는 것으로 알려져 있다.

#### 2) 진단기준

아래 진단기준에서 한 가지 이상이면 의심할 수 있고 2가지 이상이면 확정할 수 있다(표 22-13).

임상진단 기준에 부합하지만 *NF1* 유전자 검사에서 원인 변이가 발견되지 않을 경우에는 구조변이 및 스플라이싱 변이에 대한 추가 검사가 필요하다. 임상증상만으로 구분이 어려운 경우에는 전엑솜시퀀싱 또는 전장유전체시퀀싱 등의 포괄적인 검사나 raso병증 유전자패널(rasopathy gene panel)검사를 시행하는 것이 필요하다.

**표 22-13. 신경섬유종증1형의 진단기준**

- 6개 이상의 밀크커피반점(사춘기 이후 직경 15 mm 이상, 사춘기 이전 직경 5 mm 이상)
- 겨드랑이 또는 서혜부의 주근깨
- 두 개 이상의 신경섬유종 또는 한 개 이상의 총상신경섬유종
- 시신경 교종
- 두 개 이상의 Lisch 결절
- 특징적인 뼈병변(접형골 이형성, 장골의 거짓관절증, 경골의 휨)
- 신경섬유종증1형의 가족력
- *NF1* 유전자의 병원변이

### 3) 밀크커피반점

신경섬유종증1형 환자에서 관찰되는 밀크커피반점은 대개 타원형이고 경계가 명확한 것이 특징이다. 영아기나 유아기에 주로 나타나게 된다. 대부분 편평하지만 솟아 있거나 촉감이 주변 피부와 다르다면 신경섬유종 또는 총상신경섬유종이 밑에 같이 있을 가능성이 있다.

### 4) 주근깨

겨드랑이, 서혜부, 유방 밑 등의 피부가 접히는 부위에 나타난다 햇볕에 노출되는 부위에 잘 생기기도 한다.

### 5) 시신경교종

신경섬유종증1형 환자에게 동반된 시신경교종은 단독으로 발생하는 경우보다 예후가 양호한 편으로 무증상으로 지내는 경우가 많다. 소아기 유병율은 20%까지 관찰되지만 성인에서의 유병율은 5% 미만이다.

### 6) 신경섬유종

Schwann세포 기원의 양성종양으로 어느 신체 부위라도 생길 수 있다. 피부의 신경섬유종은 대개 크기가 수 mm에서 수 cm 정도이며, 눌러 보았을 때 부드럽거나 고무와 같은 탄력이 느껴지기도 한다. 피부밑 신경섬유종은 고무와 같은 질감 또는 결절같이 단단하게 촉지되기도 한다. 피부 신경섬유종에 비해 좀 더 광범위하게 퍼져 있고, 주위 피부의 색소침착이 관찰되기도 한다. 간혹 촉지 시 압통이 동반되기도 한다. 소아기에 발생은 흔하지 않다가 이후 연령대부터는 꾸준히 개수가 증가하게 된다.

### 7) 총상신경섬유종

신체내부에 생기기 때문에 검진에서 촉지되지 않는 경우가 많다. 소아기 및 청소년기에 걸쳐 크기가 증가하다가 성인기가 되면 크기 변화 없이 유지되는 경우가 일반적이다. 대부분 무증상이나 통증이나, 주변 조직에 영향, 외모변형 등의 문제를 야기할 수 있다. 악성 말초신경초 종양(malignant nerve sheath tumor)은 신경섬유종증1형 환자에서 동반되는 가장 흔한 악성종양으로 기존의 총상신경섬유종에서 전환되기도 한다.

### 8) 중추신경계 증상

일반 인구에 비해 평균 지능지수가 약 한 단위 표준편차가(1 SD) 낮은 것으로 알려져 있고, 지적장애 진단의 빈도는 4~8%로 일반인구에서의 빈도보다 2배 높다. 이외 사회성 발달 및 주의력에도 어려움을 겪는 빈도가 일반인구에서 보다 높은 것으로 알려져 있다. 뇌 자기공명영상I에서 시신경, 기저핵, 뇌간, 소뇌 등에 T2 고 신호강도 병변이 종종 관찰된다. 크기나 개수가 약 7세 정도에 정점을 찍다가 이후에는 점점 소실되는 특징이 있다. 뇌 자기공명영상 병변이 일부 지능 또는 행동문제와 연관성이 있다는 연구결과도 있으나 임상적 의미는 아직 확실하게 밝혀지지 않았다.

### 9) 근골격계증상

경골과 같은 장골, 접형골 날개뼈, 척추뼈를 주로 침범하는 골 이형성(osseous dysplasia)은 신경섬유종증1형 환자에서 독립된 증상으로 발생하거나 인접한 총상신경섬유종의 영향으로 발생하기도 한다. 결함이 발생한 뼈의 치유가 불완전하기 때문에 수술적 치료가 필요한 경우가 많다.

### 10) 치료

피부 및 피부밑 신경섬유종은 외모에 문제가 되거나 불편감이 발생하면 수술로 제거하거나 레이저를 사용하여 제거할 수 있다. 총상신경섬유종은 크기가 작은 경우 수술로 제거할 수 있으나, 크기가 큰 경우 신경학적 결손이 발생할 우려가 있고, 수술 후에도 다시 자랄 수 있어 완벽하게 치료가 되지 않을 수 있다. 수술이 어려운 총상신경섬유종에 대해서는 Selumetinib치료를 고려할 수 있고, 미국 식약청이 최근 이 적응증에 대해 승인하였다.

# IV. 뇌전증과 돌발질환의 유전학
(Genetics of epilepsy and paroxysmal disorder)

## 1. 개요

신경계 질환 중 평소에는 별다른 증상이 없다가 갑작스럽게 이상증상이 발생하는 병들이 있다. 대표적인 질환이 뇌전증(epilepsy)이며, 이 외에도 주기성 마비(periodic paralysis)와 같이 돌발성(paroxysmal) 증상들을 보이는 질환들이 있다. 이들 질환의 대표적인 원인은 채널 기능에 이상이 생기는 이온통로병증(channelopathy)이며, 대부분의 이온통로병증은 유전적 이상에 의해 발생한다.

본 단원에서는 뇌전증 및 돌발성 이상증상을 일으키는 유전 질환들에 대해 다루고자 한다.

## 2. 유전성 뇌전증(Genetic epilepsy)

예전부터 뇌전증 환자에서 가족력이 있는 경우가 많았기 때문에 유전적인 원인이 뇌전증의 주요한 원인일 것으로 받아들여져 왔다. 그러나, 뇌전증은 구조적인 뇌손상, 중추신경계 감염, 대사장애, 면역기전 등 다양한 원인에 의해서도 발생 가능하다. 예전에는 뇌전증을 유발할 만한 뚜렷한 원인이 없는 경우, '특발성(idiopathic)'이라고 표현했으며, 이를 환자가 가지고 태어나는 내부적 요인 혹은 유전적 원인으로 해석하곤 하였다. 특발성 뇌전증이라는 용어는 최근까지도 뇌전증의 분류체계에 채택되어 사용되었으나, 최근 염기서열 분석의 비약적인 발전으로 인해 뇌전증 환자에서 유전자 이상이 규명되는 빈도가 증가하고 있다. 이에 2017년 국제항뇌전증연맹(International league against epilepsy, ILAE)에서는 뇌전증의 병인을 유전성(genetic), 구조성(structural), 대사성(metabolic), 면역성(immune), 감염성(infectious), 원인불명(unknown)의 6가지로 분류하였다. 이 6가지 병인은 서로 배타적인 개념이 아니고, 두 가지 이상의 병인으로 동시에 분류될 수 있다. 예를 들어, 결절성 경화증에서 뇌의 피질하 결절(subcortical tuber)이라는 뇌 병변에 의해 뇌전증이 유발되어 구조성으로 분류되지만, 동시에 *TSC1* 혹은 *TSC2* 유전자 이상에 의한 유전성으로도 분류된다. 단일유전질환에 의해 발생하는 뇌전증의 대표적인 원인들은 다음과 같다.

### 1) 이온통로 유전자 이상

유전성 뇌전증 중 이온통로 유전자 이상에 의해 발생하는 경우가 가장 흔하다. 특히, 나트륨 통로 유전자 이상에 의한 경우가 가장 대표적인다. *SCN1A* 유전자의 기능상실 변이(loss-of-function variant)에 의해 발생하는 드라베 증후군(Dravet syndrome)은 생후 1세 전후에 발작이 나타나는 난치성 뇌전증 증후군이다. 드라베 증후군 환자들은 증상이 발현되기 전까지는 양호한 발달을 보이지만, 발작 발생 이후에는 다양한 정도의 발달 지연이 나타나게 된다. 항경련제 중 나트륨 통로 차단제는 드라베 증후군 환자의 증상을 악화시킬 수 있으므로 주의해야 한다.

*SCN2A* 유전자 이상에 의해 다양한 신경학적 증상들이 발생 가능하다. 일부 환자들은 뇌전증이 저절로 호전되는 경미한 경과를 보이기도 하지만, 더 많은 경우에 심한 발달 뇌전증 뇌병증, 자폐 스펙트럼장애 등 중등도 이상의 발달 지연 및 약물 난치성 발작이 동반된다. 대부분 *SCN2A* 유전자의 기능획득 변이(gain-of-function variant)에 의해 발병하여

나트륨 통로 차단제들이 도움이 되나, 일부 기능상실 변이에 의한 경우에는 나트륨 통로 차단제에 의해 증상이 악화될 수 있다.

*SCN8A* 유전자의 기능획득 변이(gain-of-function variant)에 의해 약물 난치성 뇌전증을 동반한 발달성 뇌전증 증후군이 발생한다. 일반적으로 나트륨 통로 차단제들이 증상조절에 도움이 된다고 알려져 있다.

칼륨 통로 유전자 이상에 의해서도 뇌전증이 발생한다. *KCNT1* 유전자 이상은 대부분 기능획득 기전으로 발생하는데 영아기발병 뇌전증(epilepsy of infancy with migrating focal seizures, EIMFS) 혹은 상염색체우성야간전두엽뇌전증(autosomal dominant nocturnal frontal lobe epilepsy, ADNFLE) 형태로 나타날 수 있다. 영아기발병 뇌전증의 경우 통상적인 항경련제 치료에 반응하지 않는 중증 난치성 뇌전증으로 진행하는 경우가 많다. *KCNQ2* 유전자 이상에 의한 뇌전증은 자연 호전되는 경미한 형태부터 영아기 발병 발달성 뇌전증 증후군과 같은 약물 난치성 뇌전증까지 매우 다양한 형태로 나타날 수 있다. *KCNA2* 유전자 이상에 의해서도 뇌전증이 발생하는데, 기능획득 변이에 의한 경우 대부분 심한 난치성 뇌전증이 발생하며, 기능소실 변이에 의한 경우에는 소아기에 뇌전증이 저절로 호전되는 경미한 경과를 보인다. 이처럼 칼륨 통로 유전자 이상은 기능획득 기전 혹은 기능소실 기전으로 인해 모두 발생 가능한데, 기능획득 변이에 의한 경우 quinidine이 도움이 될 수 있다.

NMDA 수용체를 구성하는 *GRIN2A* 유전자와 *GRIN2B* 유전자의 이상으로 인해 심한 발달성 뇌전증 증후군이 발생한다. *GRIN2A* 유전자 이상에 의해서는 언어장애(speech disorder)가 심하게 동반되는 경우가 많으며, *GRIN2B* 유전자 이상에 의해서는 심한 발달장애 및 지능장애가 발생하는 경우가 많다. 기능획득 변이에 의해 증상이 발병한 경우에는 NMDA 수용체 차단제인 memantine 같은 약이 도움이 될 수 있다.

### 2) 시냅스 단백 관련 이상

*SYNGAP1* 유전자 이상에 의해 여러 가지 증상이 발생할 수 있는데, 주로 심한 발달 지능장애 및 뇌전증이 발생한다. *SYNGAP1* 유전자 이상에 의한 뇌전증은 씹기, 눈감기 등에 의해 유발되는 반사 뇌전증의 형태를 보이기도 한다.

*STXBP1* 유전자 이상에 의해, 심한 지능장애를 동반한 뇌전증이 발생한다. 1세 전후부터 여러 가지 형태의 뇌전증 발작을 보이는 것이 특징이며, 약물 난치성 경과를 보인다.

*PPRT2* 유전자 이상에 의해 뇌전증이 발생할 수 있지만, 대부분 경미한 경과를 보인다. *PPRT2* 유전자 이상은 운동 유발성 이상운동질환의 원인으로 잘 알려져 있으며, 나트륨 통로 차단제에 대한 반응이 우수하다.

### 3) *MTOR* 신호전달 경로 관련 이상

뇌전증에서 *MTOR* 신호전달 경로와 관련된 다양한 유전자 이상이 보고된 바 있다. 대표적으로 *TSC1* 혹은 *TSC2* 유전자 이상에 의해 발생하는 결절성 경화증이 있다. 이 외에도 *DEPDC5*, *NPRL2*, *NPRL3* 유전자 이상에 의해서 다양한 초점의 가족성 국소 뇌전증(Familial focal epilepsy with variable foci, FFEVF)이 발생한다는 점이 규명되었다.

최근에는 뇌전증의 주요 원인이 되는 대뇌피질기형(malformation of cortical development)이 여러 유전자의 체세포 변이(somatic mutation)에 의해서 발생한다는 사실이 지속적으로 규명되고 있다. 반구거대증(hemimegalencephaly)이 PI3K-AKT3-*MTOR* 경로 유전자 이상에 의해 발생한다는 사실이 밝혀진 이후, 국소피질이형성증(focal cortical dysplasia, FCD)도 *MTOR*, *TSC1*, *TSC2*, 그리고 *DEPDC5* 등 모두 *MTOR* 신호전달 경로와 관련된 유전자 이상으로 발생한다는 사실이 보고되었다. 기전상 모두 *MTOR* 신호가 과활성화 되는 유전자 이상으로 뇌전증이 발생한다고 알려져 있기 때문에, *MTOR* 억제제 투약을 통해 이들 환자에서 뇌전증 증상이 개선될 가능성이 있지만 아직 이에 대해서는 더욱 많은 연구가 필요하다.

### 4) 표적 약물치료가 가능한 유전성 뇌전증

염기서열분석 방법의 급속한 발전으로 뇌전증 환자에서 유전자 패널 검사를 많이 시행하게 되면서 다양한 유전적 원인들이 밝혀지고 있다. 이 중 일부는 약물 선택에 중요한 정보를 제공하여 뇌전증 환자에서 진정한 정밀의료 시대를 열게 되었다.

*SLC2A1* 유전자 이상으로 포도당 수송자-1 결핍(Glucose Transporter 1 deficiency)이 발생하여 뇌전증이 생긴 경우에 케톤 식이가 증상 개선에 매우 효과적이다. *ALDH7A* 유전자 이상에 의해 발생하는 약물 난치성 뇌전증은 pyridoxine (비타민 B6) 보충에 의해 증상이 개선될 수 있다. *PNPO* 유전자 이상에 의해 뇌전증이 발생한 경우에는 pyridoxal-5-phosphate를 투약하면 증상이 개선된다고 알려져 있다.

앞으로 뇌전증 환자에서 유전자 검사가 더욱 활발히 이뤄지면, 더욱 많은 유전적 원인이 밝혀지게 될 것이고, 결과적으로 표적 약물치료를 적용할 수 있는 대상이 점차 늘어날 것으로 기대한다.

## 3. 주기성 마비(Periodic paralysis)

주기성 마비는 근육의 나트륨 이온통로 혹은 칼륨 이온통로 유전자 이상으로 인해 발생하는 유전적 신경근육병증이다. 반복적으로 근육의 마비가 발생하며, 짧게는 수 분에서 길게는 수일까지 지속되어 일상생활에 많은 장애를 초래한다. 증상이 특정 행동 혹은 특정 음식 섭취 이후에 발생하는 경우가 많으며, 혈중 칼륨 농도의 변화에 의해 발생하는 경우가 많다. 대부분 상염색체 우성 유전을 따르고, 증상이 약물 치료를 통해 현저히 개선되는 경우가 많으므로 정확한 진단을 내리기 위해 많은 관심을 기울여야 한다.

### 1) 저칼륨혈증 주기성 마비(hypokalemic periodic paralysis, hypoKPP)

저칼륨혈증 주기성 마비는 상염색체 우성 유전을 따르며, 대부분 1번 염색체 *CACNA1S* 유전자의 이상에 의해 발생한다. 일부는 17번 염색체의 *SCN4A* 유전자의 이상으로 발생하기도 하는데, 이상이 있는 유전자의 종류에 따라 증상이 다르게 나타나지는 않는다. 발병 연령은 5세에서 35세까지 다양하며 혈중 칼륨 농도가 낮아지는 상황에서 마비 증상이 발생하고 2시간 이상 증상이 지속되는 경우가 많다. 고탄수화물 식이, 음주, 과격한 운동 후 휴식 등이 유발요인이 된다. 다양한 중증도의 근육병 증상이 동반되는 경우가 많고, 주로 하지 허벅지 부위 근육에 증상이 심하게 나타난다. 근육병 증상은 마비 증상과 관련없이 발생한다. 근육 강직이 동반되는 경우는 드물고, 특징적인 얼굴형이나 부정맥도 동반되지 않는다.

**표 22-14. 유전성 뇌전증의 표적 약물치료 전략**

| 유전자 이상 | 질환명 | 효과적 치료 | 금기 치료 |
|---|---|---|---|
| *SCN1A* | Dravet syndrome | | SCB |
| *SCN2A* | *SCN2A*-related epilepsy | SCB (GOF 변이) | |
| *KCNT1/KCNQ2/KCNA2* | K channel-related epilepsy | Quinidine (GOF 변이) | |
| *GRIN2A/GRIN2B* | DEE, variable phenotype | NMDA 수용체 차단제 | |
| *TSC1/TSC2* | Tuberous sclerosis | *MTOR* 억제제 | |
| *SLC2A1* | Glucose transporter type 1 deficiency | 케톤 식이 | |
| *ALDH7A* | Pyridoxine-responsive epilepsy | Pyridoxine | |
| *PNPO* | Pyridoxamine 5′-phosphate oxidase deficiency | Pyridoxal-5-phosphate | |

SCB: sodium channel blocker, GOF: gain-of-function, DEE: developmental and epileptic encephalopathy

치료의 기본원칙은 증상이 유발되는 상황을 피하는 것이다. 또, 칼륨이 많이 함유된 음식을 섭취하거나, 경구약 혹은 주사를 통해 칼륨을 보충하는 것도 도움이 된다. 칼륨보존성 이뇨제인 스피로노락톤(spironolactone)이 효과적이며, 탄산탈수효소 억제제(carbonic anhydrase inhibitor)인 아세타졸라마이드(acetazolamide)도 도움이 될 수 있다. 그러나, 일부 환자에서는 아세타졸라마이드가 증상을 악화시킬 수 있기 때문에 주의가 필요하다. 특히, *SCN4A* 유전자 이상에 의한 환자에서 아세타졸라마이드에 대한 반응이 낮다.

### 2) 고칼륨혈증 주기성 마비(hyperkalemic periodic paralysis, hyperKPP)

고칼륨혈증 주기성 마비는 *SCN4A* 유전자의 기능획득 변이에 의해 발생한다. 대부분 20세 이전에 첫 증상이 발생하고 혈중 칼륨 농도가 높아질 때 증상이 나타나지만, 일부 환자에서는 정상 혈중 농도에서도 증상이 나타날 수 있다. 칼륨 함유량이 높은 음식, 고혈당, 금식, 과격한 운동 후 휴식, 추위에의 노출 등이 유발요인이 된다. 증상 지속시간은 15분에서 1시간 정도 지속되는 경우가 가장 흔하지만, 심한 경우에는 수일 이상 지속되기도 한다. 일반적으로 고칼륨혈증 주기성 마비 환자들이 저칼륨혈증 주기성 마비 환자들보다 증상이 더욱 빈번히 짧게 나타나는 경향을 보인다. 고칼륨성 주기성 마비 환자의 약 50%에서는 마비 증상이 없을 때에도 근긴장이상증으로 인한 근육 강직을 호소하며, 40세 이상의 환자 대부분(>80%)에서는 만성적인 근 위약이 동반된다.

치료의 기본원칙은 유발요인을 피하는 것이다. 약물 치료로는 아세타졸라마이드가 효과적이며, 근긴장이상증에는 나트륨 통로 차단제인 멕실레틴(mexiletine)이 도움이 된다. 스피로노락톤 같은 칼륨보존성 이뇨제는 증상을 더욱 악화시킬 수 있으므로 피해야 한다.

### 3) 안데르센-타윌 증후군(Andersen-Tawil syndrome)

안데르센-타윌 증후군의 대부분(약 60%)은 17번 염색체 *KCNJ2* 유전자의 이상에 의해 발생하며, 나머지 40% 환자들의 유전적 원인은 알려져 있지 않다. *KCNJ2* 유전자는 골격근 및 심장근의 휴지전위(resting potential)를 안정화시키는 역할을 담당하는 칼륨 이온통로(Kir2.1)와 관련이 있다. 저칼륨성 혹은 고칼륨성 주기성 마비가 골격근에만 존재하는

**표 22-15. 주기성 마비 관련 질환의 임상적 특성**

| | HypoKPP | HyperKPP | Adersen-Tawil Syn | Myotonia Congenita | Paramyotonia Congenita |
|---|---|---|---|---|---|
| 유전자 이상 | *CACNA1S/SCN4A* | *SCN4A* | *KCNJ2* | *CLCN1* | *SCN4A* |
| 멘델유전형식 | AD | AD | AD | AD/AR | AD |
| 혈중 K 농도 | 저하 | 상승/정상 | 가변적 | 해당 없음 | 해당 없음 |
| 발병 연령 | 5~35세 | ~20세 | 2~18세 | 유아기 초기 | 유아기 초기 |
| 마비 지속시간 | >2시간 | < 2시간 | 1~36시간 | 다양 | 다양 |
| 근강직/근긴장 | (-) | (+) | (-) | (+) | (+) |
| - 반복운동 시 | 해당 없음 | 해당 없음 | 해당 없음 | 완화 | 악화 |
| - 추위노출 시 | 해당 없음 | 해당 없음 | 해당 없음 | 해당 없음 | 악화 |
| 간헐적 근위약 | (+++) | (+ ~ +++) | (++) | (+) | (+) |
| 특징적 얼굴소견 | (-) | (-) | (+) | (-) | (-) |
| 부정맥 | (-) | (-) | (+) | (-) | (-) |

HypoKPP: hypokalemic periodic paralysis, HyperKPP: hyperkalemic periodic paralysis,
AD: autosomal dominant, AR: autosomal recessive

이온통로에 발현되는 유전자의 이상에 의해 발생하여 골격근의 마비 증상만 일어나는 데 반해, 안데르센-타윌 증후군은 골격근뿐만 아니라 심장근 기능에도 영향을 미쳐 QT 간격이 연장되는 치명적인 부정맥이 발생할 수 있다. 또, 쳐진 귀(low-set ears), 두눈먼거리증(ocular hypertelorism), 왜소턱(micrognathia) 등 특징적인 얼굴 형태를 보인다. 첫 증상은 2~18세 사이에 나타나는 경우가 많고, 첫 증상 발생 시 심장 관련 증상은 동반되지 않을 수도 있다. 마비 증상이 심하게 나타나는 경향이 있으며, 다양한 혈중 칼륨 농도에서 모두 증상이 발생할 수 있다. 근육 강직은 일반적으로 동반되지 않는다.

안데르센-타윌 증후군의 적절한 치료를 위해서는 주기성 마비 증상은 신경과 의사가, 부정맥 증상은 심장내과 의사가 담당하여 협진하는 것이 필요하다. 주기성 마비 증상의 조절을 위해서는 증상 발생시기의 혈중 칼륨 농도를 확인하여, 그에 따라 치료 전략을 세우는 것이 필요하다. *KCNJ2* 유전자 이상이 확인된 경우, 증상이 없더라도 정기적으로 심전도 혹은 24시간 심전도 모니터링을 시행해야 하며, 부정맥으로 인해 실신 등의 증상이 발생한 경우에는 심장박동회복 제세동기(implantable cardioverter-defibrillator, ICD) 삽입을 반드시 고려해야 한다.

### 4) 비디스트로피 근긴장증(nondystrophic myotonia)

비디스트로피 근긴장증은 근긴장증이 주 증상이고 다른 전신 이상 동반하지 않는 유전 근골격계질환을 말하며, 선천성 근긴장증(myotonia congenita)과 선천성 이상근긴장증(paramyotonia congenita)이 이에 해당된다.

선천성 근긴장증은 골격근 이온통로에 생기는 병 중 가장 흔한 형태로, 7번 염색체의 *CLCN1* 유전자 이상에 의해 발생하며 상염색체 우성 유전 혹은 상염색체 열성 유전이 모두 가능하다. 일반적으로 상염색체 열성 유전 형태를 따르는 경우에 증상이 더욱 심하게 나타난다. 휴식을 취하면 오히려 근 강직이 악화되고, 반복적으로 움직이면 증상이 개선되는(warm-up phenomenon) 특징이 있다. 때로는 전신 근육의 힘이 빠지는 마비 증상을 경험하기도 한다.

선천성 이상근긴장증은 *SCN4A* 유전자 이상에 의해 발생하며, 상염색체 우성 유전을 따른다. 선천성 이상근긴장증 환자들은 대부분 출생 직후 혹은 어린 나이부터 반복적인 근 강직 증상을 경험한다. 선천성 근긴장증과 달리 운동에 의해 악화되는 경향이 있으며, 추위에 노출되면 증상이 악화된다. 간헐적으로 전신 근육의 마비 증상이 반복적으로 나타나서, 주기성 마비 증후군과의 감별이 중요하다.

선천성 근긴장증과 선천성 이상근긴장증 모두 약물 치료로 증상을 현저히 개선시킬 수 있다. 나트륨 이온통로 차단제가 근 긴장 증상의 예방에 도움이 된다고 알려져 있으며, 부정맥약으로 개발된 멕실레틴이 가장 효과가 좋다. 카바마제핀, 페니토인 같은 나트륨 이온통로 차단제인 항경련제도 도움이 될 수 있고, 아세타졸라마이드도 증상 개선에 효과적이라고 알려져 있다.

## V. 운동장애 질환의 유전학
(Genetics of movement disorders)

중추 혹은 말초신경계 기능장애으로 인한 불수의 운동(떨림, 파킨슨증, 무도증, 근긴장이상증, 운동실조증, 간대성근경련증)이 주된 신경학적 증상으로 나타나는 일련의 질환을 이상운동질환이라고 한다. 헌팅턴병과 같이 과거로부터 단일유전자 돌연변이에 의한 유전성질환으로 알려진 병도 있으나, 대부분의 이상운동질환은 유전적 요인(genetic risk factor)과 환경의 상호작용으로 발병하는 것으로 이해되고 있다. 이 장에서는 단일유전자변이에 의한 유전성 이상운동질환에 초점을 맞추어, 불수의 운동의 종류에 따라서 유전성 질환을 기술한다.

이상운동질환에서 유전 진단을 위한 접근 방법은 다음과 같은 유형으로 나누어 볼 수 있다. 1) 전형적인 임상 증상에 따라서 특정 유전성 신경질환이 의심되는 경우(예: 헌팅턴병), 2) 젊은 나이에 발병하는 떨림이나 이상운동증상이 있는 경우 치료 가능한 원인을 우선적으로 감별하기 위하여 생화학적 혹은 유전학적 검사를 시행하는 경우(예: 윌슨병), 3) 가족력을 보이는 이상운동증 환자에서 다수의 원인 유전자가 유사한 임상증상을 보이는 경우(예: 유전성운동실조증, 가족성 파킨슨병), 4) 가족력이 없어도 젊은 나이에 발병하는 이상운동질환의 경우 유전자돌연변이에 의한 발병 가능성이 높으므로 감별 진단을 위하여 검사를 시행하는 경우(근긴장이상증, 젊은 발병 파킨슨병), 5) 이상운동증을 보이면서 특징적인 MRI 뇌영상소견이 나타나는 복수의 유전자가 존재하는 경우(예: neurodegeneration with brain iron accumulation, primary familial brain calcification)

이상운동증을 보이는 환자에서 유전질환의 진단을 위한 접근 방법은 이상운동질환의 임상진단을 위한 접근 방법과 동일하다. 첫 번째는 주된 이상운동질환이 무엇인가를 파악하고, 이에 따라서 임상적 감별진단을 위한 접근을 시도한다. 복수의 원인 유전자가 유사한 임상증상을 일으키는 경우 gene panel을 이용하여 검사를 시행한다. 주요 이상운동증에서 유전적 원인은 다음과 같다.

### 1) 무도증(chorea)

유전성 무도증을 일으키는 대표적인 질환은 헌팅턴병이다. 헌팅턴병은 진행성 무도증, 인지저하(치매)와 정신병적 증상이 주 증상이다. *HTT* 유전자에서 glutamine을 코딩하는 CAG 염기서열의 반복수 증가가 원인이다. 정상인에서 CAG 반복수는 26 이하이나, 반복수가 36 이상인 경우 헌팅턴병이 발병한다. 특히 CAG 반복수가 40 이상인 경우는 penetrance가 100%이다. 평균 발병 연령은 35~44세이며, 발병 연령은 CAG 반복수의 크기와 역비례한다. 뒤잇는 세대(successive generation)에서 증상이 심해지고 발병 연령이 낮아지는 현상을 anticipation이라 한다. 이 현상은 부계유전의 경우 더 잘 나타나는데, 정자 형성(spermatogenesis) 과정에서 CAG 반복수가 불안정하게 증폭되어 나타나는 현상으로 알려져 있다. CAG 반복수가 27~35인 경우 본인은 헌팅턴병으로 발병하지 않지만, 뒤잇는 세대에서 anticipation 현상에 의하여 헌팅턴병 돌연변이가 생길 수 있다. 현재까지 헌팅턴병의 근치적 치료 방법은 없다. 무도증상 조절을 위해서 tetrabenazine이나 dopamine antagonist를 사용할 수 있다. 헌팅턴병과 감별해야 할 유전성 무도증을 일으키는 질환(원인 유전자)으로, DRPLA (*ATN*), Huntington disease-like 2 (*JPH3*), SCA17 (*TBP*), Chorea-acanthocytosis (*VPS13A*), McLeod neuroacanthocytosis syndrome (*XK*), benign hereditary chorea (*NKX2-1*), ADCY5-related movement disorders (*ADCY5*) 등이 있다.

### 2) 떨림(tremor)

떨림은 가족력이 많은 것으로 잘 알려져 있으나 아직 가족성 떨림을 유발하는 단일유전자변이는 밝혀지지 않고 있다. 떨림이 주증상으로 발병하는 환자의 경우 50세 이하의 젊은 나이에 발병하는 환자에서는 윌슨병을 감별하는 것이 매우 중요하다. 윌슨병은 아래 증례에 자세히 기술되어 있다.

### 3) 운동실조증(ataxia)

중추신경계를 침범하는 다양한 유전성 신경질환에서 운동실조증 증상이 나타난다. 일반적으로 primary hereditary ataxia (유전성운동실조증)은 성인에서 발병하는 운동실조증이 주증상이며 소뇌위축 소견이 동반되는 경우를 말하며, infantile onset, developemental disorders, inborn error of metabolism, complex multisystem degenerative disorders (예: Nieman-Pick disease, type C) 등은 유전성소뇌실조증에 포함하여 분류하지는 않는다. 유전성운동실조증을 일으키는 대표적인 질환이 spinocerebellar ataxia이다. 유전성운동실조증 환자는 대부분 30~50세에 발병한다. 주 증상은 보행장애, 균형이상(혹은 어지럼증을 호소함), 손가락 동작이 어둔함, 부정확한 발음 등이 있으며, 간혹 시야 이상을 호소하는 환자도 있다. 신경학적 진찰 소견상 보행 시 보폭이 넓고, Tandem gait를 할 수 없고, dysmetria, terminal tremor, dysdiadochokinesia, 구음장애(scanning speech) 혹은 안구운동이상(안구진탕, saccade hypermetria, saccade intrusions, saccade 속도 저하) 등을 보인다. 흔하게 나타나지는 않지만 인지저하, 감각이상, 강직 등이 동반되는 경우도 있다. MRI상에서 소뇌만 위축되어 있는 유형(pure cerebellar degeneration)도 있으나, olive, pons 등 소뇌와 연결된 주된 연결로가 모두 위축된 형태(olivo-ponto-cerebellar atrophy, OPCA type)의 소견을 보이는 유형도 있다.

유전성운동실조증의 가장 흔한 원인으로는 nucleotide repeat disorders가 있다. Nucleotide repeat disorders에서는 특정 유전자의 exon혹은 intron에서 일정한 갯수의 염기서열(예: trinucleotide, pentanucleotide, hexanucleotide)의 반복수가 비정상적으로 늘어나면서 특정 신경세포군의 기능장애나 사멸이 유발되는 질환이다(표 22-16). 상염색체 우성유전, 열성유전, X염색체 유전 등의 양식으로 나타난다. 운동실조증 외에 다양한 신경학적 이상 소견이 동반되는데, 특징적인 소견이 나타나는 경우도 있으나, 임상 소견만으로 감별하는 것은 쉽지 않다. Glutamine을 코딩하는 CAG 염기서열의 반복수가 증가되어서 발병하는, 상염색체 우성유전의 척수소뇌실조증(예: SCA1, SCA2, SCA3, SCA7, DRPLA)에서는 anticipation 현상이 나타날 수 있다.

**표 22-16.** Nucleotide repeat expansion에 의하여 발병하는 유전성운동실조증

| Disease | Mode of in-heri–tance | Gene | Nucleotide re-peat (Amino Acid) | Repeat Location | Normal repeat number | Full–pene-trance patho-genic repeat number | Clinical characteristics |
|---|---|---|---|---|---|---|---|
| DRPLA | AD | *ATN1* | CAG (Gln) | Exon 5 | 6~35 | ≥48 | Chorea, dementia, myoclonus, seizures; mimics Huntington disease |
| SCA1 | AD | *ATXN1* | CAG (Gln) | Exon 8 | 6~35 | ≥39 | Peripheral neuropathy, pyramidal signs; early bulbar features |
| SCA2 | AD | *ATXN2* | CAG (Gln) | Exon 1 | ≤31 | ≥33 | slow saccadic eye movements |
| SCA3 | AD | *ATXN3* | CAG (Gln) | Exon 8 | 12~44 | 60~87 | pyramidal & extrapyramidal signs; lid retraction, nystagmus, & reduced saccade velocity |
| SCA6 | AD | *CACNA1A* | CAG (Gln) | Exon 7 | ≤18 | 20~33 | very slow progression; may begin with episodic ataxia; onset often after 50 years old |
| SCA7 | AD | *ATXN7* | CAG (Gln) | Exon 1 | 4~19 | ≥36 | Visual loss w/retinopathy |
| SCA17 | AD | *TBP* | CAG or CAA (Gln) | Exon 3 | 25~40 | ≥49 | Mental deterioration; occasional chorea, dystonia, myoclonus, epilepsy |
| SCA8 | AD | *ATXN8* | CAG (Gln) | Exon 1 | ~80 | Unknown | slowly progressive |
| | | *ATXN8OS* | CTG | 3′ UTR | 15~50 CTA/CTG | ≥71~1300 CTA/CTG | |
| SCA10 | AD | *ATXN10* | ATTCT | Intron 9 | 10~32 | ≥800 | Seizures in certain families |

다음 페이지에 계속 >>

| Disease | Mode of inheri–tance | Gene | Nucleotide repeat (Amino Acid) | Repeat Location | Normal repeat number | Full–penetrance pathogenic repeat number | Clinical characteristics |
|---|---|---|---|---|---|---|---|
| SCA31 | AD | *BEAN1* | TGGAA | Intron 6 | 0 | 2.5~3.8 kb insertion | common in Japan |
| Fragile X tremor/ataxia syndrome | XL | *FMR1* | CGG | 5′ UTR | 5~44 | Premutation alleles: 55~200 CGG repeats | |
| Friedreich ataxia | AR | *FXN* | GAA | Intron 1 | 5~33 | ≥66 | Not reported in Korean |
| SCA36 | AD | *NOP56* | GGCCTG | Intron 1 | 3~14 | ≥650 | Hyperreflexia, muscle fasciculation, tongue atrophy |
| SCA12 | AD | *PPP2R2B* | CAG | Promoter | 7~31 | 51~78 | |
| CANVAS | AR | *RFC1* | AAGGG(n), (AAAG-G)10-25(AAGGG)n, or (AAAG-G)10-25(AAGGG)n (AAAGG)4-6 | Intron 2 | (AAAAG)11 | ~400-~2000 | cerebellar ataxia, neuropathy, vestibular areflexia syndrome (CANVAS) |

Abbreviations; SCA, spinocerebellar ataxia; AD, autosomal dominant; AR, autosomal recessive; XL, X-linked

Nucleotide repeat expansion에 의한 척수소뇌실조증 외에도 다양한 유전자에서 점돌연변이에 의하여 발병하는 척수소뇌실조증이나 유전성운동실조증이 있다. Ataxia-telangiectasia는 *ATM* 유전자 변이에 의하여 발병하는데, 소아에서 발병할 수 있으며 면역결핍 증상이, 피부질환 혹은 암이 동반될 수 있다. 유전성운동실조증 환자는 동반된 신경학적 증상에 따라서 특정 질환군으로 묶어서 분류하기도 한다. 유전성운동실조증이 돌발적(paroxysmal)으로 나타나는 질환군을 episodic ataxia라고 한다. 원인 유전자로는 *CACNA1A*, *CACNB4*, *SCN2A*, *SLC1A3*, *KCNA1* 등이 알려져 있다. 소뇌장애와 동반된 추체로 침범으로 spasticity가 동반되는 유전성운동실조증을 spastic ataxia라고 분류하는데, 원인 유전자로는 *MARS2*, *MTPAP*, *NKX6-2*, *VAMP1*, *SACS*, *CHP1*, *KIF1C*, *AFG3L2*이 있다. 핵보기못함증(oculomotor apraxia)와 ataxia가 동반되어 나타나는 질환군을 ataxia with oculomotor apraxia라고 하는데, 원인 유전자로 *APTX*, *SETX*, *PIK3R5*, *PNKP*가 알려져 있다.

상염색체 열성으로 유전되는, 비타민 E 결핍에 의하여 나타나는 유전성운동실조증에는 familial combined hypolipidemia (*ANGPTL3*), Abetlipoproteinemia (*MTTP*), APOB-related familial hypobetalipoproteinemia (*APOB*)와 ataxia with vitamin E deficiency (*TTPA*)가 있다. 이들 질환에서는 Vitamime E replacement를 해야 한다.

### 4) 파킨슨병

파킨슨병은 알츠하이머병 다음으로 흔한 퇴행성뇌질환으로 60세 이상 인구에서 약 1% 유병율로 알려져 있다. 서동증, 안정 시 떨림, 강직, 보행장애 등이 주된 임상증상이다. 병리학적으로는 alpha-synuclein 단백이 비정상적으로 응집됨에 따라서 중뇌에서 도파민을 생성하는 신경세포가 사멸되는 것으로 알려져 있다. 상기의 파킨슨병 증상은 레보도파를 투여하면 호전된다. 대부분의 파킨슨병은 속발성으로 나타나지만 약 10%의 파킨슨병 환자에서는 가족력이 동반되어 있다. 1997년에 가족성 파킨슨병 환자로부터

alpha-synuclein을 코딩하는 *SNCA* 유전자의 돌연변이가 발견된 이후 현재까지 가족성 파킨슨병을 일으키는 20개 이상의 원인 유전자 혹은 유전자자리(genetic loci)가 발견되었다. 전통적으로 PARK 1 부터 일련번호를 붙이는 방식으로 원인 유전자에 따른 가족성 파킨슨병을 표기하였으나, 일부 유전자에서 파킨슨병 원인 유전자로서의 정확성에 대한 논쟁의 여지가 있어서, 최근에는 PARK-유전자명(예: PARK-SNCA)으로 표기하는 것이 제안되었다. 난일유전자 돌연변이에 의한 파킨슨병은 가족력이 있는 경우, 혹은 젊은 나이에 발병하는 파킨슨병에서 잘 나타난다. 가족성 파킨슨병을 일으키는 원인 유전자에 따라 임상증상이 구별이 되지 않는 경우가 대부분이므로, 임상 양상만으로 원인 유전자를 특정하여 검사를 하는 것에는 어려움이 있다. 그럼에도 불구하고 유전자별로 중요한 임상양상을 정리하면 다음과 같다. PARK-SNCA는 치매가 질병의 초기에 나타나는 경향이 있다. 일부 환자는 루이소체치매로 증상이 시작되기도 한다. PARK-PRKN은 유년 발병 파킨슨병에서 흔한 원인이다. 해외 보고에 따르면 40세 이전에 발병한 파킨슨병 환자의 약 50%에서는 PARK-PRKN이 원인이었다. PARK-PRKN은 파킨슨병 환자의 병리학적 표식자인 Lewy bodies (synucleinopathy)가 나타나지 않으며, 따라서 예후가 비교적 양호하고 유병기간이 길어도 치매에 이환되지 않는다. PARK-ATP13A2는 치매, 안구운동이상이 동반될 수 있으며 파킨슨플러스증후군 형태(Kupfor-Rakeb disease)로 발병하기도 한다. PARK-PLA2G6는 성인 발병의 파킨슨병, neurodegeneration with brain iron accumulation 혹은 근긴장이상증 형태로 발병하기도 한다. PARK-LRRK2는 서양인에서 가장 흔한 상염색체 우성 유전 가족성 파킨슨병이다. 지중해 연안 국가나 유태인에서 특히 흔한데, 한국이나 동아시아인에서는 매우 드물게 나타난다. *LRRK2* 유전자의 G2385R 이나 A419V 변이는 한국인에서 파킨슨병 발병의 위험도를 높이는 것으로 알려져 있다. Gaucher disease의 원인 유전자인 *GBA*는 파킨슨병의 원인 유전자는 아니지만 파킨슨병 발병의 위험도를 올리는 것으로 알려져 있다. 특히 *GBA* 변이를 가지고 있는 파킨슨병 환자의 경우 속발성 파킨슨병 환자에 비하여 운동증상의 진행이 빠르고 인지저하가 나타나는 시기가 빠른 것으로 알려져 있다. 이외에 가족성 파킨슨병을 일으키는 것으로 알려진 유전자로 *PINK1*, *DJ1*, *FBX07*, *VPS35*, *DNAJC6*, *SYNJ1*, *CHCHD2*, *VPC13C*, *LRP10*, *ATP10B*, *PSAP* 등이 있다. 레보도파에 반응성이 없으며, 비전형적인 임상증상을 보이는 다양한 유전성퇴행성 파킨슨질환(heredodegenerative parkinsonian disorders)이 있다. 이들 질환에서는 인지장애, 근긴장이상증, 무도증, 운동실조증 안구운동장애 등 다양한 이상운동증상이 동반되어서 나타난다.

### 5) 근긴장이상증

지속적이거나 간헐적으로 근육이 비정상적으로 수축함에 따라서 이상운동증이나 자세 이상이 유발되어 지속되는 경우를 근긴장이상증이라고 한다. 대부분의 근긴장이상증은 운동 시에 나타나며 심해지는 경우 관절의 구축이나 이상한 자세가 고정되기도 한다. 근긴장이상증은 저산소증, 감염, 자가면역질환, 대사성질환, 뇌혈관질환, 외상성 질환, 종양, 약물 등 유전과 무관하게 특정 원인 질환에 따라 이차적으로 나타날 수도 있다. 그러나, 속발성 혹은 가족성 근긴장이상증 환자에서 지속적으로 새로운 원인 유전자가 발견됨에 따라서, 다양한 유전적 원인이 근긴장이상증의 원인으로 밝혀지고 있다. 근긴장이상증의 유전적 원인을 감별할 때에는 동반된 이상운동증 유무에 따라서 분류하는 방식이 유용하다. 근긴장이상증 외에 동반되는 다른 이상운동증이 없는 유전성근긴장이상증의 원인 유전자로 *TOR1A*, *THAP1*, *ANO3*, *GNAL*, *KMT2B*가 알려져 있다. *TOR1A*는 소아에서 주로 하지에서 시작되어 전신성으로 퍼지는 근긴장이상증의 원인 유전자로 알려져 있다.  국내에서는 드물지만 성인 발병의 국소성 근긴장이상증으로 발현되는 경우도 있다. 근긴장이상증과 파킨슨 증상이 같이 나타나는 유전자로는 *GCH1*, *TH*, *SPR*, *TAF1*, *PRKRA*, *ATP1A3*가 있다. *SGCE* 변이는 dystonia-myoclonus syndrome을 일으킨다.

돌발성 근긴장이상증 혹은 무도증을 일으키는 원인 유전자로는 *PRRT2, SLC2A1, PNKD, ECHS1*이 있다.

### 6) Neurodegeneration with brain iron accumulation

과거에 Hallervorden-Spatz disease라고 알려졌던 환자군에서 PANK2가 원인 유전자로 발견되었고, 이후에 eye-of-tiger sign이라는 특징적인 MRI 소견(**그림 22-3**)을 보이는 환자에서 *PANK2* 외에도 다른 원인 유전자들이 발견됨에 따라서, neurodegeneration with brain iron accumulation (NBIA)이라는 새로운 병명이 도입되었다. NBIA를 보이는 원인 유전자로 *PANK2, PLA2G6, FTL, C19orf12, WDR45, COASY, CRAT, REPS1*이 알려져 있다.

### 7) Primary familial brain calcification

과거에는 Fahr disease라고 불리웠던, 기저핵이나 다른 뇌조직 부위에 석회가 침착되면서 신경퇴행성 변화가 나타나는 일련의 질환을 primary familial brain calcification이라고 한다. MRI나 CT상 기저핵의 석회화는 정상 성인이나 노인에서 드물지 않게 관찰되는 소견이어서 유전 진단이 누락되는 경우가 흔하다. 주로 40~50대에 보행장애, 구음장애, 파킨슨양 증상, 인지저하 등의 증상으로 발현된다. 원인 유전자로는 *SLC20A2, PDGFB, PDGFRB, XPR1, MYORG, JAM2*가 알려져 있다.

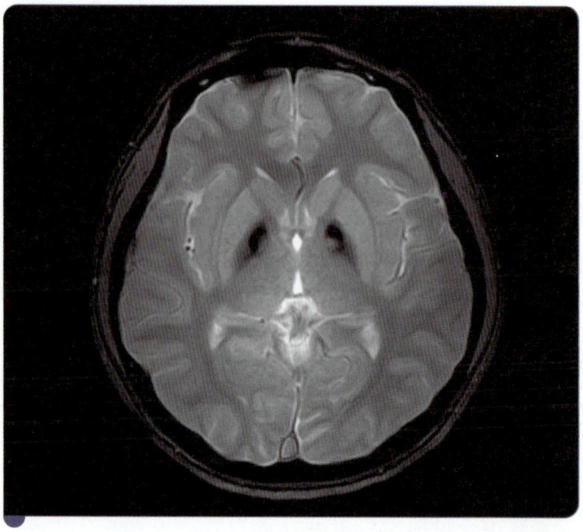

**그림 22-3.** *PANK2* 유전자돌연연이에 의하여 발병한 neurodegeneration with brain iron acuumulation 환자의 MRI susceptibility weighted image 영상 소견. 내측 담창구(internal globus pallidus)에 철분이 축적되어 low signal intensity로 보이고 중앙에는 high signal intensity의 괴사된 부위가 나타난다. 이 소견을 eye-of-tiger sign이라고 한다.

**증례 37 | 떨림과 다리 꼬임을 주소로 내원한 19세 남자 환자**

1) 내원 동기가 된 주 증상(주소): 몸이 떨리고 다리가 꼬이는 증상

2) 발병 시 연령/성별: 19세/남아

3) 가족력

가족 중 손 떨리는 증상이나 이상운동증을 보이는 사람이 없었다.

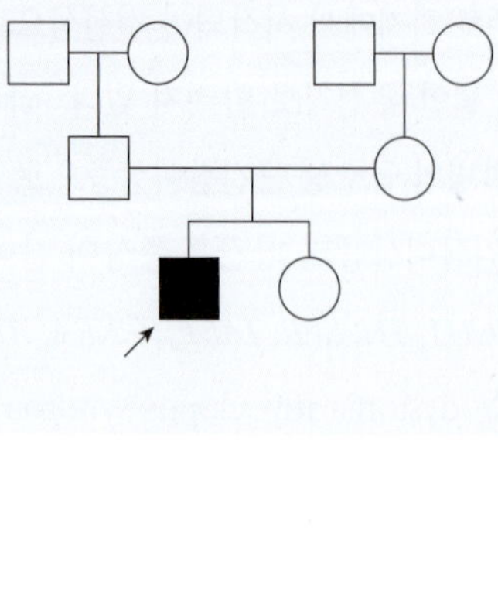

4) 임상증상

평소 내과적 혹은 신경학적 이상 소견이나 질환을 앓은 병력이 없이 건강했던 대학생 남환으로, 내원 전 5개월에 손 떨리는 증상으로 시작되어서, 본태성 진전으로 진단받고 투약 받았으나 호전되지 않았다. 환자의 증상은 점차 진행하면서 오래 서 있으면 전신이 떨리는 증상이 느껴지고, 다리에 힘이 안 들어가는 증상을 주소로 내원하였다.

5) 진찰 소견

신체 진찰 소견상 특이점은 없었다. 신경학적 진찰 소견에서, 안면 표정이 약간 감소되었고, 목소리가 작았으며(microphonia) 구음장애(dysarthria)가 있었다. 양측 손목관절, 양 발목에서 근이긴장증이 관찰되었다. 근긴장이상 증상은 보행 시에

다음 페이지에 계속 >>

도 지속되었다. 양측 상하지에서 무도증 증상은 없었다. 양측 상지에서 서동증과 강직이 관찰되었다. 안정떨림은 없었으나, 운동떨림이 관찰되었다. 환자의 나이를 고려할 때 전반적인 신체운동의 속도가 느렸다. 근력 저하는 없었으나 심부건 반사는 양 상지와 하지에서 전반적으로 항진 되었다. 다른 병적반사반응은 관찰되지 않았다.

안구운동 진찰 소견상 급속안구운동과 추적안구운동 모두 정상 소견이었으며 안진은 관찰되지 않았다. 각막 검사상 Kayser-Fleischer ring (그림 1)이 관찰되었다.

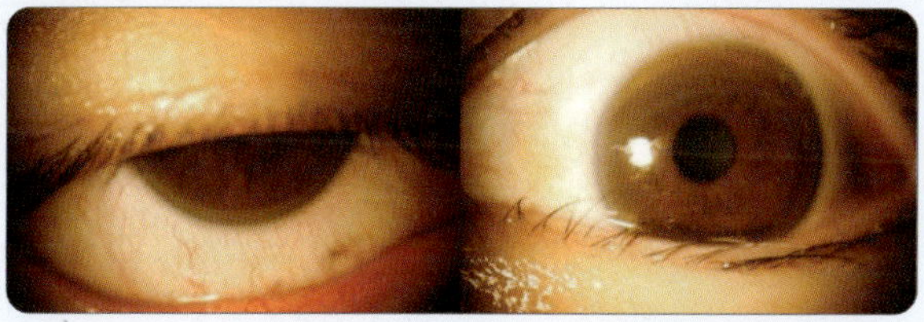

그림 1.

### 6) 검사소견

(1) 일반혈액 및 생화학검사: 백혈구 6,650 /mm$^3$ (중성구 53.6%), 혈색소 15.0 g/dL, 적혈구용적률 45.1%, 혈소판 235,000 /mm$^3$이었다. 생화학검사에서 칼슘 7.2 mg/dL, AST/ALT 26/11 U/L,총 빌리루빈 3.0 mg/dL, 암모니아 44 µmol/L, 감마글루타밀전이효소(GGT)는 71 mg/dL이었다. 혈청 ceruloplasmin 농도는 3 mg/dL 이하(정상범위 15~30 mg/dL), 구리(cu, copper) 농도는 41.3 mcg/dL (정상범위 75.0~145.0 mcg/dL), 24시간 소변 구리 농도는 162.1 mcg/dL (정상범위 15.0~60.0 mcg/dL) 이었다.

(2) 영상검사: 복부 CT 검사상 간경변과 비장종대가 관찰되었다. 뇌자가공명영상 검사 소견상 FLAIR 영상에서 putamen, caudate, thalamus, pons, midbrain 및 middle cerebral peduncle 부위에서 조영증강이 관찰되었다(그림 2). 대뇌는 diffuse하게 atrophy 되어 있었다.

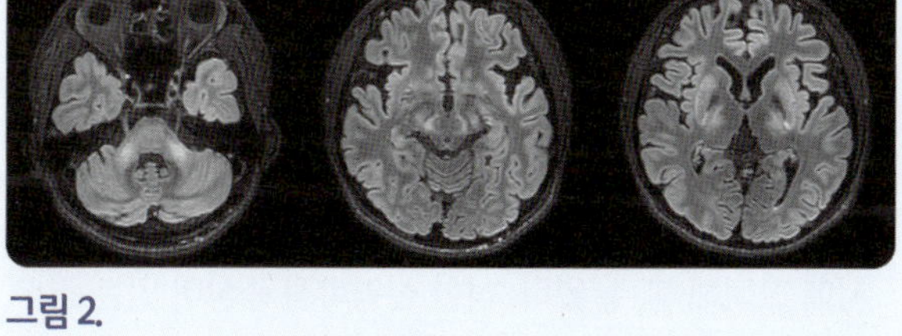

그림 2.

(3) 유전자 검사: *ATP7B* 유전자(NM_000053.4) 검사에서 c.3247C>T (p.Leu1083Phe)와 c.2697_2723del (p.Ile899_Gln907del) 복합 이형접합자이었다.

### 7) 치료경과

Trientine 250 mg 하루 3회 투약 중이었다. 약제 투여 후 신경학적 증상 악화 등의 부작용은 없었다.

### 8) 요약

(1) 원인: 윌슨병은 ATP7B 돌연변이에 의하여 구리가 장기 및 뇌조직에 침착되는 질환이다.

(2) 발생빈도: 한국과 일본에서 혈청 ceruloplasmin 측정으로 추정한 윌슨병의 발병빈도는 약 1/3,000과 1/1,500 이었다.

(3) 발병기전: 음식으로 섭취된 구리는 소장의 enterocyte에서 흡수된다. Portal circulation을 통하여 간으로 이동하여 축적되는데, 과잉의 구리는 간 세포에서 ATP7B 단백을 통해서 담즙으로 배출된다. APT7B 단백은 choroid plexus 상피세포의 blood-CSF barrier에서 구리의 출입을 관장한다. 따라서 *ATP7B* 유전자의 변이는 간과 뇌 조직에 구리 축적을 일으키게 된다. 과다하게 축적된 구리는 free radical formation, oxidative stress, mitochondrial dysfunction을 일으킬 수 있다.

(4) 임상증상: 임상증상이 호발하는 연령은 10~20대이며, 드물게(3.8%) 40세 이상의 나이에서도 발병하는 경우가 있으므로 나이가 윌슨병을 배제하는 기준이 되면 안된다. 전체 윌슨병 환자의 2/3는 신경학적 증상을 보인다. 떨림 증상과 구음장애가 동반되면 윌슨병을 의심할 수 있다. 그러나 윌슨병의 증상은 매우 다양하게 근긴장이상증, 소뇌기능장애, 파킨슨증, 보행장애 등으로 나타날 수 있으므로, 젊은 나이에 이상운동질환을 보이는 경우는 항상 윌슨병을 감별해야 한다. 심부건반사 항진은 나타날 수 있으나 추체로(pyramidal track)장애로 인한 근력저하나 감각이상은 나타나지 않는다. 안구운동장애는 윌슨병 환자의 약 85%에서 나타난다. 흥분성(irritability)이나 행동비억제(disinhibition), 우울증, 정신증(psychosis)과 같은 정신의학적 증상은 전체 윌슨병 환자의 20%에서 나타난다. 인지장애가 동반될 수 있다.

(5) 진단 및 검사 소견: 혈청 ceruloplasmin 감소와 Kayser-Fleischer ring으로 임상 진단이 가능하나, Kayser-Fleischer ring은 관찰이 안 되는 경우가 많고, ceruloplasmin의 농도는 다양한 원인에 의하여 감소 혹은 증가될 수 있으므로, 다음과 같이 윌슨병의 진단 기준이 제시되었다(표 1).

(6) 치료 및 관리: 식이요법만으로 조절이 불가능하므로 약물 치료를 평생해야 한다. 치료는 체내 구리 농도를 떨어

다음 페이지에 계속 >>

**표 1. 윌슨병 진단을 위한 점수 체계**

| Clinical symptoms and signs | Scoring system | score |
|---|---|---|
| Kayser-Fleischer rings | Present | 2 |
| | Absent | 0 |
| Neurologic symptoms (Typical abnormalities on MRI) | Severe | 2 |
| | Mild | 1 |
| | Absent | 0 |
| Serum ceruloplasmin | <100 mg/L | 2 |
| | 100~200 mg/L | 1 |
| | Normal (>200 mg/L) | 0 |
| Haemolytic anaemia | Present | 1 |
| | Absent | 0 |
| Liver copper (in absence of cholestasis) | >5 × ULN (>250 μg/g) | 2 |
| | 50~250 μg/g | 1 |
| | Rhodanine positive granules, if no quantitative liver copper is available | 1 |
| | Normal (<50 μg/g) | -1 |
| Urinary copper (in absence of acute hepatitis) | >2 × upper limit of normal (ULN) | 2 |
| | Normal, but >5 × ULN after penicillamine | 2 |
| | 1~2 x ULN | 1 |
| | Normal | 0 |
| Mutation analysis | Homozygous (compound heterozygous) | 4 |
| | Heterozygous | 1 |
| | No mutation detected | 0 |

4점 이상이면 확진, 3점의 경우 윌슨병 가능성이 있으므로, 추가 검사가 필요함. 2점 이하의 경우는 윌슨변 가능성 낮음.

뜨리는 치료와 이를 유지하는 치료의 두 단계로 나누어서 시행한다. 조직이나 혈액에서 구리와 직접 결합하여 체외 배출을 촉진시키는 구리 킬레이터(copper chelator) 약으로 penicillamine, trientine, tetrathiomolybdate가 있으며 장에서 구리의 흡수를 방해하는 목적으로 zinc salts를 사용할 수 있다. 약 30%의 환자에서는 치료 후에도 뇌조직의 비가역적 변화 때문에 신경학적 증상이 호전되지 않을 수 있다. penicillamine이나 trientine 치료 후 최대 20% 환자에서 신경학적 증상이 오히려 악화되는 경우가 있다. Chelation에 의하여 혈중 free copper의 농도가 증가하여 오히려 신경조직에 독성을 일으킨 것으로 추정되고 있다. 초기 치료 시 고용량의 킬레이터를 사용한 경우 나타날 수 있으므로, 치료 시작 시 저용량부터 서서히 증량하는 것이 중요하다. 간이식을 하는 경우 유전학적으로 정상인 공여자의 간에서 구리가 정상적으로 배출되므로 치료 효과가 있다. 그러나 윌슨병의 일차적 치료 목적으로 시도되지는 않는다. 간이식은 decompensated liver cirrhosis나 acute liver failure 시에 고려해 볼 수 있다. 심한 신경학적 증상이 있는 경우 간이식에 의한 신경계 치료 반응은 논쟁의 여지가 있다.

# VI. 대뇌 백질질환의 유전학
(Genetics of white matter disease)

## 1. 개요

뇌의 백질 영역은 신경세포들의 연결을 담당하는 신경섬유(axon) 및 이를 둘러싸고 있는 말이집(myelin sheath)으로 주로 구성되어 있다. 백질뇌질환(white matter disease)은 이 부위에서 일어나는 질병적인 변화를 말하며, 비유전적 원인과 유전적 원인으로 발생할 수 있다.

백질뇌질환의 비유전적인 원인으로는 고혈압, 당뇨, 고지혈증, 흡연 등 혈관 위험요인에 의한 소혈관질환(small vessel disease)이 가장 흔하다. 이 외에도 다발성 경화증(multiple sclerosis)과 같은 탈수초질환(demyelinating disease), 자가면역 뇌염 등 면역기전에 의해서 백질뇌질환이 발생 가능하다. 유전성 백질뇌질환은 유전자의 병적변이에 의해 발생하는 질환이며, 가족 내에서 유전적으로 전달될 수 있으므로 더욱 주의 깊게 진료해야 한다.

최근에는 유전학 진단 기술의 발달로 이전에는 진단하기 어려웠던 다양한 백질 변성 질환들을 진단할 수 있게 되었다. 따라서, 본 단원에서는 백질 변성을 일으키는 다양한 유전 질환들에 대해 다루고자 한다.

## 2. 카다실(CADASIL)

카다실(Cerebral autosomal dominant arteriopathy with subcortical infarcts and leukoencephalopathy, CADASIL)은 염색체 19번의 *NOTCH3* 유전자의 이상으로 인해 발생하는 상염색체 우성 질환이다. *NOTCH3* 병적변이는 미세한 혈관벽의 손상으로 뇌 혈류장애를 초래하여 재발성 뇌졸중, 편두통, 인지기능장애 등의 신경학적 증상이 발생하게 된다.

유전체 진단 기술의 발전으로 인해 카다실의 진단 방식에 많은 변화가 발생하였다. 과거에는 피부 생검을 통해 혈관 평활근에 granular osmophilic material의 축적을 확인하여 진단하였으나, 최근에는 *NOTCH3* 유전자 검사를 통해서 진단하게 된다. *NOTCH3* 이상은 대부분 염기서열변이 형태로 나타나기 때문에, 생어시퀀싱 혹은 NGS 검사로 검출이 가능하다. 임상적으로 카다실이 강력하게 의심되는 경우에는 *NOTCH3* 단일유전자 검사만으로 진단할 수 있지만, 다중 유전자패널을 통해 *NOTCH3* 이상이 발견되는 경우가 증가하고 있다.

환자에서 카다실을 유발하는 *NOTCH3* 병적변이가 확인된 경우, 연쇄검진(cascade screening)을 수행할 수 있다. 환자의 자녀에게 병적변이가 전달되었을 가능성이 50%이므로, 이에 대한 유전상담이 필요하다. 연쇄검진을 통해 환자의 가족 중 동일한 *NOTCH3* 병적변이를 보유하는 사람이 확인되면 혈관 위험요인 조절(고혈압, 당뇨, 고지혈증 관리 및 금연 등)을 통해 반복적인 뇌경색을 예방하도록 노력해야 한다.

## 3. 카라실(CARASIL)

카라실(Cerebral autosomal recessive arteriopathy with subcortical infarcts and leukoencephalopathy, CARASIL)은 카다실과 유사한 임상양상을 보이지만, 10번 유전자의 *HTRA1* 유전자의 병적 변이에 의해 발생하는 상염색체 열성 질환이다. 전형적인 카라실은 20~40대에 강직성 보행장애를 일으키며, 거의 절반에 가까운 환자들에서 40세 이전에 뇌경색이 발생한다. 그러나, 일부 환자들에서는 40대 이후에 첫 증상이 발생하여 경미한 증상이 서서히 진행하는 경과를 보인다고 알려져 있다.

최근에는 이형접합 변이(heterozygous variant)만으로도 유사한 증상이 나타날 수 있다고 알려지고 있으며, 이 경우 상염색체 우성유전을 따르게 되기 때문에 CADASIL type 2 (CADASIL2)라고 부른다.

근본적인 치료법은 없고, 카다실과 마찬가지로 혈관 위험요인을 조절하는 것이 가장 중요하다.

## 4. 이염색 백색질 장애(Metachromatic leukodystrophy)

이염색 백색질 장애는 백질대사의 장애 질환 중에서 비교적 흔한 질환으로 22번 염색체에 위치한 *ARSA* 유전자의 병적 변이에 의해 발생하는 상염색체 열성 유전 질환이다. 가장 흔한 형태는 영아후기형으로 영아 초기에는 비교적 정상적인 발달을 보이다가 1~2세경에 발병한다. 근력저하, 까치발로 걷기, 자주 넘어짐, 발음 장애가 주된 증상이다. 청소년기형은 3~16세 사이에 증상이 발생하며, 학업 장애, 행동문제 등이 먼저 나타나고 이후 영아후기형에서 나타나는 증상들이 좀 더 천천히 발생한다. 성인형은 16세 이후에 첫 증상이 나타나며 때로는 40~50대에 첫 증상이 나타나기도 한다. 성인형에서는 질병의 진행속도가 환자들마다 많은 차이가 있다.

증상이 나타나기 전에 조혈모세포 이식을 시행하며 증상의 진행을 억제할 수 있다. 이 외에는 항경련제, 근이완제 등 증상을 조절하는 약물들이 치료의 주된 방법이다.

## 5. X-연관 부신백질이영양증 (X-linked adrenoleukodystrophy)

X-연관 부신백질이영양증(X-ALD)은 뇌와 척수의 백질에 영향을 주는 희귀유전질환으로 X 염색체에 위치한 *ABCD1* 유전자의 이상에 의해 발생한다. *ABCD1* 유전자의 병적변이를 보유한 환자에서는 긴사슬지방산(very long-chain fatty acids, VLCFAs)이 뇌와 척수의 신경섬유 말이집에 축적되면서 백질의 점진적인 변성을 초래하거나 부신 피질에 축적되어 부신 기능을 손상시킨다. X-ALD는 주로 남자에서 발병하며, 대부분 보인자인 어머니로부터 병적 변이를 물려받는다. X-ALD의 임상 스펙트럼은 증상이 매우 심한 소아 대뇌형(childhood cerebral X-ALD)부터 증상이 상대적으로 경미한 부신척수신경병형(adrenomyeloneuropathy)이나 성인 대뇌형(adult-onset X-ALD)까지 다양하게 나타날 수 있다. 최근 들어서는 보인자인 여성에서도 경미한 증상이 나타날 수 있다고 알려지고 있다.

X-ALD의 진단은 혈중 긴사슬지방산 증가를 확인하거나, *ABCD1* 유전자의 병적변이 검출을 통해 할 수 있다. 근본적인 치료방법은 없으나, 소아 대뇌형 환자의 증상 초기에 조혈모세포 이식을 시행하면 질병의 진행을 멈출 수 있다고 알려져 있다. 또, 로렌조 오일이 혈중 긴사슬지방산 농도를 낮추는 데 도움이 된다. 그 외에는 환자들의 다양한 증상들에 대한 대증치료를 하는 것이 중요하다.

## 6. 크라베병(Krabbe disease, globoid cell leukodystrophy)

크라베병는 리소좀 축적 질환의 한 형태로, 14번 염색체의 *GALC* 유전자의 병적변이로 인해 발생하는 상염색체 열성 유전 질환이다. 갈락토세레브로시다제(galactocerebrosidase)의 결핍으로 인해 뇌와 말초신경에 독성물질이 쌓이면서 다양한 증상들이 발생한다. 크라베병의 약 90%를 차지하는 유아형(infantile form)은 생후 1~12개월에 주로 발병하며, 과도한 울음과 짜증, 삼킴 곤란, 하지 강직, 지능과 신체발달 지연 등의 증상을 나타낸다. 사춘기 혹은 성인기에 발병하기도 하며, 이 경우 유아형보다는 경미한 증상을 보인다.

현재까지 크라베병을 근본적으로 치료하는 방법은 없으며, 여러 증상에 대한 대증치료를 하는 것이 중요하다. 조혈모세포 이식은 일부 크라베병 환자, 특히 유아형 환자에서 증상의 진행을 늦추는 데 도움이 된다고 알려져 있다.

## 7. 알렉산더병(Alexander disease)

알렉산더병은 아교섬유산성단백질(glial fibrillary acidic protein) 합성과 관련된 17번 염색체의 *GFAP* 유전자의 병적변이로 인해 발생하는 상염색체 우성 유전질환이다. 비정상적인 아교섬유산성단백질(glial fibrillary acidic protein)이 별아교세포(astrocyte) 등에 축적되면서 로젠탈 섬유(rosenthal fiber)를 형성하는 것이 특징이다. 예전에는 뇌조직검사를 통해 로젠탈 섬유를 확인하는 것으로 진단했으나, 최근에는 시퀀싱 기술이 발달하면서 유전자 검사를 통해 진단하는 경우가 늘어나고 있다.

알렉산더병은 영아형, 청소년형, 성인형으로 나눌 수 있으며, 그중 영아형이 가장 흔하다. 영아형 알렉산더병은 대부분 출생 후 2년 내에 발생하며, 성장장애, 발달장애, 경련, 거두증(macrocephaly) 같은 심한 증상들이 나타나서 대부분 10세 이전에 사망하게 된다. 청소년형 알렉산더병은 일반적으로 영아형보다 증상이 경미하며, 언어장애, 목소리 변화 등의 증상이 오랜 기간에 걸쳐 서서히 진행된다. 성인형 알렉산더병은 증상이 매우 경미하거나 아예 나타나지 않을 수도 있다. 증상이 나타나는 경우에는 주로 삼킴장애, 발음장애, 운동장애/보행장애, 소뇌기능 이상, 인지장애의 형태로 나타날 수 있다.

현재까지 알렉산더병을 근본적으로 치료하는 방법은 없으며, 여러 합병증에 대한 보존적인 치료가 필요하다. 특히 충분한 영양 공급이 가능하도록 식이를 잘 유지하는 것이 중요하다. 한편, 상염색체 우성유전 질환으로 자녀에게 병이 전달된 확률이 50%이므로 이에 대한 가족 유전상담이 필요하다.

## 8. 카나반병(Canavan disease)

카나반병은 뇌와 척수의 해변변성증을 특징으로 하는 상염색체 열성 유전 질환이다. 17번 염색체의 *ASPA* 유전자의 병적변이로 인한 아스파토아실라제(aspartacylase)의 결핍이 원인이며 N-acetylaspartic acid (NAA)의 대사에 문제가 발생한다. 중증형 카나반병 환자들은 영아 시기에 증상이 발생하는데, 대부분 출산 직후에는 정상이지만 3~5개월경에 이르러 목을 가누지 못하고, 거두증, 근긴장 저하, 발달지연이 뚜렷해진다. 경증형 카나반병 환자들은 소아시기에 주로 진단되는데, 발달지연이 경미해서 일반 학교에서 교육을 받는 것이 가능하고 언어치료가 도움이 된다.

아직까지 카나반병의 근본적인 치료법은 없으나, 여러 가지 증상들을 개선하기 위한 치료법들이 있다. 특히, 중증형에서는 적적한 영양 공급, 수분 공급, 감염 관리, 기도 관리 등이 중요하며, 운동기능을 유지하기 위한 물리치료도 도움이 된다.

## 9. 펠리제우스-메르츠바하병 (Pelizaeus-merzbacher disease, PMD)

펠리제우스-메르츠바하병은 X 염색체에 위치한 *PLP1* 유전자의 병적변이에 의해 발생하는 성염색체 열성질환이다. *PLP1* 유전자 이상으로 인해 희소돌기아교세포(oligodendrocyte)의 세포사멸이 유도되며, proteolipid protein (PLP)의 합성장애로 중추신경계 백질의 수초형성부전(demyelination)이 발생한다. 대부분 남자에서 발생하며, *PLP1* 병적 변이를 보유한 여자 보인자의 경우에도 경미한 증상이 나타날 수 있다.

전형적인 펠리제우스-메르츠바하병의 증상은 영아기나 소아기 초기에 나타나며, 진자형 안진, 근긴장 감소, 사지 강직, 운동실조, 지적장애 등이 나타난다. *PLP1* 이상 증상이 경미하게 나타나는 경우에는 강직성 사지마비 형태(spastic paraplegia 2, SPG2)로 나타나며, 운동실조, 안진, 자율신경계 이상이 동반되기도 한다. 특이하게도, 심한 증상을 보이는 남자 환자의 가족 중 여자 보인자들은 대부분 증상이 없는 반면, 경미한 증상을 보이는 남자 환자의 가족 중 여자 보인자들은 증상을 보일 확률이 높다.

펠리제우스-메르츠바하병도 근본적인 치료방법은 없으며, 다양한 증상에 대한 대증치료가 중요하다. 심한 증상의 환자들에서는 삼킴 장애에 대한 주의 및 기도 확보가 중요하며, 강직에 대해서는 물리치료와 근이완제 처방이 도움이 된다. 펠리제우스-메르츠바하병 환자가 진단되는 경우, 가족 내에 여자 보인자를 찾아내서 유전상담을 진행해야 한다. *PLP1* 병적 변이를 보유한 여자 보인자가 남자 아기를 가질 때 50% 확률로 환자가 되기 때문이다. 펠리제우스-메르츠바하병은 배아 또는 태아를 대상으로 유전자검사를 할 수 있는 질환으로 지정되어 있어, 여자 보인자가 자녀 계획을 세울 때 착상전유전자검사를 시행할 수 있다.

## 10. 성인-발병 백질뇌병증

(Adult-onset leukoencephalopathy with axonal spheroids and pigmented glia, ALSP)

축삭 회전타원체 및 색소침착된 아교세포를 동반한 성인-발병 백질뇌병증은 5번 염색체에 위치한 *CSF1R* 유전자의 병적 변이에 의해 발생하는 상염색체 우성 유전 질환이다. 다양한 신경학적 증상이 나타나며, 증상의 시작은 보통 40대로 알려져 있지만, 20~30대에 일찍 시작되기도 한다. 특징적인 증상으로는 전두엽 장애, 기억력 장애, 운동기능장애, 감각기능장애, 파킨슨 증상, 경련발작 등이 있으며, 전두엽 장애 증상이 질환의 초기에 나타나는 것이 특징이다.

아직까지 이 질환에 대한 근본적인 치료법은 없으며, 여러 신경학적 증상에 대한 대증치료를 시행해야 한다. 상염색체 우성유전 질환으로 자녀에게 병이 전달된 확률이 50%이므로 이에 대한 가족 유전상담이 필요하다.

## 11. 뇌힘줄 황색종증(Cerebrotendinous xanthomatosis, CTX)

뇌힘줄 황색종증은 2번 염색체에 있는 *CYP27A1* 유전자의 병적 변이로 인해 발생하는 상염색체 열성 유전 질환이다. *CYP27A1*은 콜레스테롤을 담즙으로 만드는 데 중요한 역할을 하는 스테롤 27-하이드록시레이즈(sterol 27-hydroxylase)라는 효소를 만들어내는 데 중요한 유전자이다. *CYP27A1* 유전자의 이상으로 스테롤 27-하이드록시레이즈가 결핍되면 전신의 모든 조직에 콜레스테롤과 콜레스타놀이 축적되면서 다양한 증상을 일으킨다. 뇌힘줄 황색종증 환자는 유아기 때 만성설사, 소아기때 백내장이 발생하며, 성인기에는 힘줄황색종(tendon xanthoma)과 함께 치매, 운동실조, 말초신경병증, 경련발작 등의 증상이 발생하여 점차 진행하는 경과를 보인다.

뇌힘줄 황색종증은 치료가 가능한 질환이므로 초기에 진단하는 것이 중요하다. 힘줄황색종이 있으면서 뇌 MRI상 양측 dentate nucleus 부위에 이상소견이 발견되면 이 병을 의심해야 한다. 혈액 검사상 콜레스타놀이 정상인에 비해 3~15배 정도 증가해 있으며, 유전자 검사를 통해 *CYP27A1*의 병적 변이가 확인되면 확진할 수 있다.

뇌백질변성을 일으키는 유전질환 중 치료방법이 존재하는 거의 유일한 질환이다. 케노데옥시산(chenodeoxycholic acid, CDCA)을 투약하는 것이 중요하며, 고콜레스테롤혈증이 CDCA 투약만으로 조절되지 않는다면 스타틴 계열의 약제를 함께 투약한다. CDCA를 최대한 빠른 시기에 투약하는 것이 이 질병의 후유증을 최소화하고 증상을 개선하는 데 가장 중요하다.

## 12. 신경세포핵내봉입체병

(Neuronal intranuclear inclusion disease, NIID)

신경세포핵내봉입체병는 1번 염색체의 *NOTCH2NLC* 유전자의 5′UTR 부위의 GGC 반복서열수 증가에 의해 발생하는 상염색체 우성유전질환이다. 신경세포핵내봉입체병은 뇌백질변성을 일으키는 원인 중 하나이며, 치매, 말초신경병증, 운동실조, 뇌전증발작, 뇌염 등 다양한 신경계 증상을 일으킬 수 있다고 알려져 있다.

병리검사상 신경세포 및 체세포 내에 호산성 유리질 핵포함체(eosinophilic hyaline intranuclear inclusions)가 침착되는 질병으로, 예전에는 뇌 조직검사를 통해서만 진단이 가능하였으나, 이후 피부 조직검사에서도 동일한 병리소견이 확인된다는 점이 알려지면서 진단이 용이해졌다. 최근에는 MRI 확산강조영상(diffusion weighted image, DWI)에서 '지그재그 테두리 사인(zigzag edging sign)'이라 부르는 피질수질접합부(corticomedullary junction)의 고신호강도가 관찰된다는 점이 알려지면서 더욱 많은 환자들에서 본 질환을 의심할 수 있게 되었다. 2019년에는 신경세포핵내봉입체병 환자들에서 *NOTCH2NLC* 유전자 5′-UTR 부위의 GGC repeat expansion이 존재한다는 점이 최초로 밝혀지면서 유전진단이 가능한 질환이 되었다. 특히, 일본, 중국, 한국 등 동아시아 국가들에 환자가 많은 것으로 알려지고 있다.

## REFERENCE


1. Adriaensen ME, Schaefer-Prokop CM, Duyndam DA, et al. Radiological evidence of lymphangioleiomyomatosis in female and male patients with tuberous sclerosis complex. Clin Radiol. 2011;66(7):625-8.
2. Anderson MK, Johnson M, Thornburg L, et al. A Review of Selumetinib in the Treatment of Neurofibromatosis Type 1-Related Plexiform Neurofibromas. Ann Pharmacother. 2022;56(6):716-26.
3. Ayrignac X, Carra-Dalliere C, Menjot de Champfleur N, et al. Adult-onset genetic leukoencephalopathies: A MRI pattern-based approach in a comprehensive study of 154 patients. Brain. 2015;138(Pt 2):284-92.
4. Bao L, Zuo D, Li Q, et al. Current advances in neuronal intranuclear inclusion disease. Neurol Sci. 2023;44(6):1881-9.
5. Berg AT, Berkovic SF, Brodie MJ et al. Revised terminology and concepts for organization of seizures and epilepsies: report of the ILAE Commission on Classification and Terminology, 2005-2009. Epilepsia. 2010;51(4):676-85.
6. Birnkrant DJ, Bushby K, Bann CM, et al. Diagnosis and management of Duchenne muscular dystrophy, part 1: diagnosis, and neuromuscular, rehabilitation, endocrine, and gastrointestinal and nutritional management. Lancet Neurol. 2018;17:251-67.
7. Bissler JJ, Kingswood JC, Radzikowska E, et al. Everolimus for angiomyolipoma associated with tuberous sclerosis complex or sporadic lymphangioleiomyomatosis (EXIST-2): a multicentre, randomised, double-blind, placebo-controlled trial. Lancet. 2013;381(9869):817-24.
8. Charcot J, Marie P. Sue une forme particulaire d'atrophie musculaire progressive souvent familial debutant par les pieds et les jamber et atteingnant plus tard les mains. Rev Med. 1886;6:97-138.
9. Charleston JS, Schnell FJ, Dworzak J, et al. Eteplirsen treatment for Duchenne muscular dystrophy: Exon skipping and dystrophin production. Neurology. 2018;90:e2146-54.
10. Choi BO, Kang SH, Hyun YS, et al. A complex phenotype of peripheral neuropathy, myopathy, hoarseness, and hearing loss is linked to an autosomal dominant mutation in MYH14. Hum Mutat. 2011;32:669-77.
11. Chung KW, Kim SM, Sunwoo IN, et al. A novel GDAP1 Q218E mutation in autosomal dominant Charcot-Marie-Tooth disease. J Hum Genet. 2008;53:360-4.
12. Desaphy JF, Altamura C, Vicart S, et al. Targeted Therapies for Skeletal Muscle Ion Channelopathies: Systematic Review and Steps Towards Precision Medicine. J Neuromuscul Dis. 2021;8(3):357-81.
13. Dominov JA, Uyan Ö, McKenna-Yasek D, et al. Correction of pseudoexon splicing caused by a novel intronic dysferlin mutation. Ann Clin Transl Neurol. 2019;6:642-54.
14. Ellis CA, Petrovski S, Berkovic SF. Epilepsy genetics: clinical impacts and biological insights. Lancet Neurol. 2020;19(1):93-100.
15. Ferrer I. The Primary Microglial Leukodystrophies: A Review. Int J Mol Sci. 2022;23(11):6341.
16. Flanigan KM, Dunn DM, von Niederhausern A, et al. Nonsense mutation-associated Becker muscular dystrophy: interplay between exon definition and splicing regulatory elements within the DMD gene. Hum. Mutat. 2011;32:299-308.
17. French JA, Lawson JA, Yapici Z, et al. Adjunctive everolimus therapy for treatment-resistant focal-onset seizures associated with tuberous sclerosis (EXIST-3): a phase 3, randomised, double-blind, placebo-controlled study. Lancet. 2016;388(10056):2153-63.
18. Frontera WR. Ochala J. Skeletal muscle: a brief review of structure and function. Calcif Tissue Int. 2015;96:183-95.
19. Gallardo E, Garcia A, Combarros O, et al. Charcot-Marie-Tooth disease type 1A duplication: spectrum of clinical and magnetic resonance imaging features in leg and foot muscles. Brain. 2006;129:426-37.
20. Goto K, Nishino I, Hayashi YK. Rapid and accurate diagnosis of facioscapulohumeral muscular dystrophy. Neuromuscul. Disord. 2006;16:256-61.
21. Haney C, Snipes GJ, Shooter EM, et al. Ultrastructural distribution of PMP22 in Charcot-Marie-Tooth disease type 1A. J Neuropathol Exp Neurol. 1996;55:290-9.
22. Harding AE, Thomas PK. The clinical features of hereditary motor and sensory neuropathy types I and II. Brain. 1980;103:259-80.
23. Hargreaves M. Spriet LL. Skeletal muscle energy metabolism during exercise. Nat Metab. 2020;2:817-28.
24. Hong YB, Joo J, Hyun YS, et al. A Mutation in PMP2 Causes Dominant Demyelinating Charcot-Marie-Tooth Neuropathy. PLoS Genet. 2016;12:e1005829.
25. Hong YB, Kang J, Kim JH, et al. DGAT2 mutation in a family with autosomal-dominant early-onset axonal Charcot-Marie-Tooth disease. Hum Mutat. 2016;37:473-80.
26. Jitpimolmard N, Matthews E, Fialho D. Treatment Updates for Neuromuscular Channelopathies. Curr Treat Options Neurol. 2020;22(10):34.
27. Köhler W, Curiel J, Vanderver A. Adulthood leukodystrophies. Nat Rev Neurol. 2018;14(2):94-105.
28. Krueger DA, Care MM, Holland K, et al. Everolimus for subependymal giant-cell astrocytomas in tuberous sclerosis. N Engl J Med. 2010;363(19):1801-11.
29. Labrousse P, Chien YH, Pomponio RJ, et al. Genetic heterozygosity and pseudodeficiency in the Pompe disease newborn screening pilot program. Mol Genet Metab. 2010;99:379-83.
30. Lee SS, Lee HJ, Park JM, et al. Proximal dominant hereditary motor and sensory neuropathy with proximal dominance association with mutation in the TRK-fused gene. JAMA Neurol. 2013;70:607-15.
31. Legius E, Messiaen L, Wolkenstein P, et al. International Consensus Group on Neurofibromatosis Diagnostic Criteria (I-NF-DC); Huson SM, Evans DG, Plotkin SR. Revised diagnostic criteria for neurofibromatosis type 1 and Legius syndrome: an international consensus recommendation. Genet Med.

2021;23(8):1506-13.
32. Lupski JR, de Oca-Luna RM, Slaugenhaupt S, et al. DNA duplication associated with Charcot-Marie-Tooth disease type 1A. Cell. 1991;66:219-32.
33. Lynch DS, Wade C, Paiva ARB, et al. Practical approach to the diagnosis of adult-onset leukodystrophies: an updated guide in the genomic era. J Neurol Neurosurg Psychiatry. 2019;90(5):543-54.
34. Mccaffrey T, Guglieri M, Murphy AP, et al. Cardiac involvement in female carriers of duchenne or becker muscular dystrophy. Muscle Nerve. 2017;55:810-8.
35. McCormack FX, Inoue Y, Moss J, et al. National Institutes of Health Rare Lung Diseases Consortium; MILES Trial Group. Efficacy and safety of sirolimus in lymphangioleiomyomatosis. N Engl J Med. 2011;364(17):1595-606.
36. Moore U, Gordish H, Diaz-Manera J, et al. Miyoshi myopathy and limb girdle muscular dystrophy R2 are the same disease. Neuromuscul. Disord. 2021;31:265-80.
37. Nabbout R, Kuchenbuch M. Impact of predictive, preventive and precision medicine strategies in epilepsy. Nat Rev Neurol. 2020;16(12):674-88.
38. National Liberary of Medicine. GeneReview [cited 2023 Apr 26]. Available from: https://www.ncbi.nlm.nih.gov/books/NBK1116/
39. Nicholson G, Myers S. Intermediate forms of Charcot-Marie-Tooth neuropathy: a review. Neuromolecular Med. 2006;8:123-30.
40. Nishino I, Carrillo-Carrasco N. Argov Z. GNE myopathy: current update and future therapy. J. Neurol. Neurosurg. Psychiatry. 2015;86:385-92.
41. Northrup H, Aronow ME, Bebin EM, et al. Updated International Tuberous Sclerosis Complex Diagnostic Criteria and Surveillance and Management Recommendations. Pediatr Neurol. 2021;123:50-66.
42. OMIM. An Online Catalog of Human Genes and Genetic Disorders [cited 2023 Apr 26]. Available from: https://www.omim.org/
43. Pareyson D, Marchesi C. Diagnosis, natural history, and management of Charcot-Marie-Tooth disease. Lancet Neurol. 2009;8:654-67.
44. Park HJ, Hong YB, Choi YC, et al. ADSSL1 mutation relevant to autosomal recessive adolescent onset distal myopathy. Ann. Neurol. 2016;79:231-43.
45. Park YE, Kim HS, Choi ES, et al. Limb-girdle phenotype is frequent in patients with myopathy associated with GNE mutations. J Neurol Sci. 2012;321:77-81.
46. References 22-1
47. Resende LL, de Paiva ARB, Kok F, et al. Adult Leukodystrophies: A Step-by-Step Diagnostic Approach. Radiographics. 2019;39(1):153-68.
48. Rossor AM, Polke JM, Houlden H, et al. Clinical implications of genetic advances in Charcot-Marie-Tooth disease. Nat Rev Neurol. 2013;9:562-71.
49. Rudnik-Schöneborn S, Tölle D, Senderek J, et al. Diagnostic algorithms in Charcot-Marie-Tooth neuropathies: experiences from a German genetic laboratory on the basis of 1206 index patients. Clin Genet. 2016;89:34-43.
50. Saporta AS, Sottile SL, Miller LJ, et al. Charcot-Marie-Tooth disease subtypes and genetic testing strategies. Ann Neurol. 2011;69:22-33.
51. Scheffer IE, Berkovic S, Capovilla G, et al. ILAE classification of the epilepsies: Position paper of the ILAE Commission for Classification and Terminology. Epilepsia. 2017;58(4):512-21.
52. Schroder JM. Neuropathology of Charcot-Marie-Tooth and related disorders. Neuromolecular Med. 2006;8:23-42.
53. Shy ME, Chen L, Swan ER, et al. Neuropathy progression in Charcot-Marie-Tooth disease type 1A. Neurology. 2008;70:378-83.
54. Sim NS, Ko A, Kim WK, et al. Precise detection of low-level somatic mutation in resected epilepsy brain tissue. Acta Neuropathol. 2019;138(6):901-12.
55. Sisodiya SM. Precision medicine and therapies of the future. Epilepsia. 2021;62 Suppl 2(Suppl 2):S90-S105.
56. Skre H. Genetic and clinical aspects of Charcot Marie Tooth's disease. Clin Genet 1974;6:98-118.
57. Spillane J, Kullmann DM, Hanna MG. Genetic neurological channelopathies: molecular genetics and clinical phenotypes. J Neurol Neurosurg Psychiatry. 2016;87(1):37-48.
58. Striano P, Minassian BA. From Genetic Testing to Precision Medicine in Epilepsy. Neurotherapeutics. 2020;17(2):609-15.
59. Tikka S, Baumann M, Siitonen M, et al. CADASIL and CARASIL. Brain Pathol. 2014;24(5):525-44.
60. Tooth H. The peroneal type of progressive muscular atrophy. London: Lewis; 1886.
61. van der Ploeg AT, Clemens PR, Corzo D, et al. A randomized study of alglucosidase alfa in late-onset Pompe's disease. N Engl J Med. 2010;362:1396-406.
62. Vries PJ, Whittemore VH, Leclezio L, et al. Tuberous sclerosis associated neuropsychiatric disorders (TAND) and the TAND Checklist. Pediatr Neurol. 2015;52(1):25-35.
63. Wirrell EC, Nabbout R, Scheffer IE, et al. Methodology for classification and definition of epilepsy syndromes with list of syndromes: Report of the ILAE Task Force on Nosology and Definitions. Epilepsia. 2022;63(6):1333-1348.
64. Zampatti S. Colantoni L, Strafella C, et al. Facioscapulohumeral muscular dystrophy (FSHD) molecular diagnosis: from traditional technology to the NGS era. Neurogenetics. 2019;20:57-64.
65. Züchner S, Mersiyanova IV, Muglia M, Bissar-Tadmouri N, et al. Mutations in the mitochondrial GTPase mitofusin 2 cause Charcot-Marie-Tooth neuropathy type 2A. Nat Genet. 2004;36:449-51.

CHAPTER 23

# 산전유전학

## Prenatal genetics

김건우, 김문영, 류현미, 마진영, 박찬욱, 설현주, 원혜성, 이동숙, 이승미, 전종관, 차동현, 한유정, 황도영

## I. 서론

1956년 Tijo와 Levan이 인간의 염색체가 46개라는 것을 밝혀낸 후 1959년 다운증후군의 원인이 염색체 21번이 3개가 되어 발생한다는 사실을 밝혀내게 되었으며, 그다음에는 에드워드증후군, 파타우증후군의 염색체 이상이 확인되었고 이어서 터너증후군(XO), 클라인펠터증후군(XXY), XXX, XYY와 같은 성염색체 이상이 확인되었다.

1960년에 Riis와 Fuchs는 Hemophilia A 보인자인 두 명의 임신부에서 양수천자를 시행하였는데 이것이 유전질환의 유전 위험성을 고려하여 시행한 첫 산전진단으로 알려져 있다. 이후 1966년에 Steele와 Breg는 양수세포를 배양하여 염색체의 핵형분석이 가능하다는 것을 처음으로 증명하였으며, 이로 인해 침습적 검사인 양수검사의 시술 기술의 발전과 양수세포의 배양기술 및 염색체 분석기술의 발달로 산전진단분야에서 양수천자를 이용한 염색체 분석은 중요한 자리를 차지하게 되었다.

### 1. 비침습적 검사

#### 1) 초음파검사

1960년대 들어 산부인과 분야에 초음파를 이용한 진찰이 도입되어 기형이 발견되기 시작하면서 이후 20년간 초음파를 이용한 영상 분야에 놀랄 만한 발전이 이루어졌다. 이로 인해 쌍태아 여부, 태반의 위치, 태아성장발육지연 뿐만 아니라 척추이분증, 사지단축결손 등의 기형까지 확인이 가능하게 되었다. 처음에는 임신 20주의 기형발견율이 불과 17%에 지나지 않았으나 임신 중기 정밀초음파가 추가되면서 기형발견율은 95%에 달한다고 하였다. 또한 실시간 초음파를 시행하면서 침습적 검사를 할 수 있게 됨에 따라 검사에 따른 합병증이 현격하게 줄어들었다.

#### 2) 모체혈청선별검사

1977년 영국의 Wald 등은 개방형 신경관결손을 검진하는데 모체혈청 내 AFP의 정확도를 결정하기 위해 301례의 개방형 신경관결손 임신과 정상인 19,000명의 임신부를 대상으로 하는 대단위 연구를 시행하여 임신 16~18주 사이에 가장 정확한 검사가 이루어질 수 있고 3%의 위양성일 때 무뇌아는 88%, 개방형척추이분증은 79%까지 발견이 가능하다고 발표하였으며, 이후 AFP의 분석기술이 발전하면서 95% 이상의 발견율을 달성할 수 있게 되었다. 이후 nuchal fold thickness, shortened femur와 같은 초음파 소견이 염색체 이상 태아를 발견하는 실마리를 제공하게 되었다. 1992년 영국의 Nicolaides 등은 후경부투명대의 두께가 증

가하는 경우 다운증후군의 가능성이 높다는 것은 처음 보고하였다. 1980년대 중반 AFP, uE3, hCG의 농도가 다운증후군 때 변화한다는 사실에 주목하여 이를 토대로 1988년 다운증후군의 검진을 위한 triple test가 임상에 적용되어 다운증후군의 60% 정도를 위양성율 5%일 때 발견 가능하게 되었다. 1990년대 초반 free beta hCG와 PAPPA가 다운증후군 때 유의하게 변화한다는 사실이 확인되어 후경부투명대와 더불어 이 세 가지 marker를 검사했을 때 5%의 위양성율일 때 약 80%의 다운증후군을 발견할 수 있는 임신초기검진이 확립되었다. 비슷한 시기에 dimeric inhibin-A (DIA)가 다운증후군 임신 중기 검진의 4번째 표지물질로 도입되면서 쿼드테스트가 트리플테스트를 대치하게 되었다. 1999년에는 임신초기검진과 중기검진을 통합하여 분석하는 통합검사(integrated test)와 순차적검진(sequential test)이 시행되었다.

#### 3) 태아DNA선별검사

(cell free fetal DNA를 이용하는 noninvasive prenatal testing, NIPT)

2000년 들어 태아세포를 이용한 검진방법이 연구되어오다 2011년 cell free fetal DNA를 이용한 다운증후군(T21)의 검진방법이 개발되었다. 이후 NIPT는 염색체 13번, 18번, 21번, X, Y에 대한 검진이 가능하게 되었으며, 기술발전이 이루어짐에 따라 염색체 결손이나 중복 그리고 그보다는 더 작은 미세변이까지 검사할 수 있는 단계에 이르렀다. NIPT는 기존의 초음파 소견과 더불어 시행하는 전통적인 생화학적 검사보다는 더 우월한 검진능력이 확인되어 2016년 ACOG는 NIPT를 임신부에 적절한 검진방법으로 인정하였다. 같은 해 ACMGG (America College of Medical Genetics and Genomics)는 임신부가 어떤 연령에 있든지 염색체의 이수성을 검진하는 데 있어 NIPT가 기존의 모체혈청검진을 대치해야 한다는 입장을 강하게 피력하고 있다.

### 2. 침습적 진단검사

#### 1) 양수천자술(amniocentesis)

양수천자는 초음파 유도 하에 바늘을 이용하여 복부를 통해 양막낭(amniotic sac)으로부터 양수를 뽑아내는 기술이다. 양수세포는 태아와 amnion에서 떨어져 나온 세포들로 구성되어 있으며, 1 cc당 약 1백만 개의 세포가 존재하는데 이 중에 살아 있는 세포는 1~2개 정도라고 보고되고 있다. 따라서 양수천자를 20 cc 했다고 하면 20~40개의 살아있는 세포를 배양해서 염색체 검사를 하는 것이라고 이해할 수 있다. 1968년 Nadler와 Walsh는 양수 내에서 methyl umbelliferyl guanidino-benzoate (MUGB) reactive protease의 양적 및 질적 측정을 함으로써 cystic fibrosis의 첫 번째 산전진단을 행하였다. 1972년 Brock과 Sutcliffe는 개방형신경관결손이 있는 태아의 양수에서 alpha-fetoprotein (AFP)이 증가한다고 일찍이 기술하였다. 1970년 Nadler와 Gerbie는 162명의 고위험군 여성에서 양수검사를 시행하여 시술에 따른 합병증 없이 10명의 다운증후군을 포함하여 모두 13명의 이상 태아의 임신을 확인하였다. 1976년 National Institute of Child Health and Human Development (NICHD)는 양수천자의 안정성 및 정확성에 대해 출판하면서 유산율 1% 미만에 진단정확성은 99.4%에 달한다고 언급하였다.

#### 2) 태아경

태아경(태아내시경, Fetoscopy)은 태아, 양막낭, 탯줄, 태반의 태아 쪽에 접근을 허용하는 내시경적 시술이다. 1954년 Westin은 자궁경으로 자궁 내의 3명의 태아를 보여주었으며, 1973년이 되어 Valenti는 혈색소질환(hemoglobinopathy)을 진단하고 궁극적으로는 자궁 내 치료(intrauterime therapy)를 하는 기술을 사용하는 것을 목표로 태아의 혈액과 피부를 생검하였다. 같은 해 Scrimgeour는 endoamnioscope를 이용하여 3명의 태아에서 중추신경계 이상을 확인하였다. 이듬해 Hobbins와 Mahoney는 8명의 여성으로부터 태아혈액을 모았다고 보고하면서 fetoscope는 곧 유전성혈액 질환의 진단을 위해 도입되었는데 1975년의 homoglobin-pathy와 1979년의 혈우질환이 그것들이다. 이 방법은 역시 1977년의 skeletal dysplasia가 있는 태아의 경우에서와 같이 태아의 해부학적 구조를 보여줌으로써 유전적 조건을 확인하는데 사용되어졌다. 한편 Gelactosomia와 Tay-Sachs disease와 같은 대사성 질환뿐 아니라 ichthyosis, epidermis bullosa와 같은 피부질환의 진단에 태아혈액과/혹은 피부 생검을 시행한 예가 1977년과 1980년에 보고되었다. 양수검사의 안전성과 낮은 유산율로 말미암아 fetoscope는 섞임증과 같이 드문 경우를 제외하고는 더 이상 사용되지 않게 되었다. 그러나, 이제는 그 대신에 산전 기형과 twin to twin transfusion syndrome, diaphragmatic hernia, amniotic band syndrome과 같은 경우의 치료에 중요한 위치를 차지하게 되었다.

### 3) 융모막융모검사

융모막융모는 태반의 한 부분으로 이 조직을 얻어내는 방법을 융모막융모생검술(Chorionic Villus Sampling, CVS)이라 하는데 태반의 위치에 따라 복부를 통해 태반에 접근하는 경복부 시술(transabdominal sampling)과 자궁경부에 삽입관을 넣어 채취하는 경관 시술(transcervical sampling)로 나뉜다. 1973년 Sandahl과 Kullander는 유산된 태반조직에서 처음으로 염색체 핵형분석을 할 수 있었으며, 태아의 염색체 구성과 동일하다는 것을 발표하였다. 1975년에는 중국 그룹이 성별을 확인하기 위해 이 방법을 사용했다고 보고하고 있으며 1982~1983년에는 이 자궁경관을 통한 융모막융모생검술이 전 세계적으로 제공되었다. 이후 융모조직의 세포배양기술이 완벽해짐에 따라 CVS로부터 태아의 조직을 얻어 염색체 검사를 하는 것이 일반적인 방법으로 권해지게 되었다. 1983년에 Pergament 등은 CVS에서 얻은 조직을 가지고 Tay-Sachs 질환의 염색체 검사와 효소검사를 동시에 시행하였다. 또 같은 해 Brambati와 Simoni는 CVS를 시행하여 trisomy 21을 산전진단하였다고 보고하였고 Brambati는 몇 시간 내에 염색체를 바로 확인할 수 있는 직접법을 처음으로 시행하였다.

### 4) 제대천자술

제대천자(Percutaneous Umbilical Blood Sampling, PUBS)는 태아로부터 혈액을 얻어내는 시술이다. 이 방법은 1960년대 중반과 1970년대 초반에 혈색소질환을 진단하는 방법으로 태아경(fetoscopy)과 같이 사용되어 발전한 것으로 fetal blood sampling, cordocentesis, umbilical vein sampling으로 불리기도 한다. PUBS는 가는 바늘이 복부와 자궁벽을 통해 태반으로 들어가는 부위의 탯줄로 들어가 태아혈액을 채취하는 것이다.

1983년 Daffos 등은 63명의 임신에서 초음파 유도 하에 태반으로 들어가는 탯줄의 umbilical vein 가까이에서 태아혈액을 추출했다. Nicolaides는 cordocentesis라고 명명한 기술을 완벽에 가깝게 더욱 다듬어 RH 혈액형 질환에서 발생하는 태아 빈혈의 정도를 결정하는 데 사용하였다.

PUBS는 숙련된 시술자에 의해 행해질 때도 CVS 혹은 양수천자보다도 태아사망이나 자연유산의 위험도가 더 높아 1~2%에 달한다고 보고되고 있다. 따라서 오늘날에는 양수천자, CVS, 초음파, 또는 여기서 얻은 결과들에서 결과를 정확히 판단하기 어려울 때, 앞선 검사에서 얻은 결과의 임상적 중요성을 보다 적절히 분석하기 위해 PUBS가 사용된다.

## 3. 태아 검체를 이용한 유전자검사의 종류

**(Techniques for assessing fetal genetic information)**

### 1) 세포유전학적 염색체 검사(karyotype)

염색체 이상을 임신 중에 진단하는 것이 가능해진 것은 1960년대로 거슬러 올라간다. 이 시기의 초기 연구에서 염색체는 길이와 동원체의 위치에 따라 그룹을 나누어서 분석을 하였는데 개별적인 염색체의 구별이 어려웠기 때문이다. 1970년을 시작하면서 여러 종류의 quinacrine과 같은 형광염료와 Giemsa와 같은 염색약들이 이용되어 염색체를 염색하고 각 염색체와 그들의 구조적 변화를 인지할 수 있게 하는 밴드 패턴을 보여주었다. 양수천자의 안정성과 정확성이 1970년 중반에 확립되었을 때 같은 시기에 개발된 향상된 핵형분석 기술은 태아 염색체 이상의 산전진단을 위한 기본적인 방법이 되었으며, 고령의 여성이 임신 중 염색체 이상의 발생이 증가하는 것이 알려짐에 따라 폭발적으로 늘어나게 되었다.

### 2) 분자유전학적 검사(molecular DNA testing)

DNA 기반으로 하는 유전검사는 1970년대 후반에 처음으로 이루어졌으며, 이때 RFLP (Restriction Fragment Length Polymorphism)의 원리가 사용되었다. 유전질환을 진단하기 위한 RFLP 분석은 제한효소(restriction enzyme)가 작용하는 자리가 결실되거나 삽입 또는 재배열이 일어나 wild-type에서 나타나는 fragment와 다른 크기의 DNA fragment가 만들어지는 변이(DNA base changes/small insertion/deletion)에 달려 있다. 전통적으로 제시되는 실례가 sickle cell disease인데 DNA를 기반으로 한 산전진단검사의 첫 번째 예가 되었다. 1983년 Kary Mullis가 PCR technique를 개발한 것은 20세기 과학발전에 획기적인 일이 되었으며, 이로 인해 1993년 노벨화학상을 받았다. PCR은 특정 DNA 염기서열을 수백만배로 증폭하는 것을 가능하게 하였으며 산전진단에 있어 아주 매력적인 기술이 되었다. 1987년 Kogan 등은 열에 잘 견디는 Taq polymerase를 Thermus aquaticus에서 분리해내어 사용할 수 있게 함으로써 높은 온도에서도 증폭이 문제없이 잘 일어나 증폭의 specificity를 향상시켰다. 1989년 Gasparini 등은 Kogan의 개선된 PCR 방법을 cystic fibrosis의 산전진단에 사용하였는데, 당시에는 cystic fibrosis의 관련 유전자가 알려져 있지 않은 상태에서 linkage analysis로 검사가 이루어졌다. 한편 이 방법은 유전질환의 산전진단에만 국한되지 않고 태아의 감염성질환의 발견에도 사용되어 1990년 Grover 등은 양수에서 선천성 톡소플라즈마감염증을 산전진단하였다. 지금 30가지 이상의 서로 다른 PCR 기술이 개발되었으며 이 중 두 가지가 임신 중 흔하게 확인되는 이수성 염색체 질환을 산전진단하는 데 사용되고 있는데 첫 번째가 polymorphic small tandem repeats (STR)를 이용하여 real time으로 염색체의 dosage를 계산해내는 QF-PCR이다. 두 번째 기술은 Multiplex ligation-dependent probe amplification (MLPA)라는 것으로 2002년에 Southern에 의해 개발된 것이다. 이 방법은 한 번의 반응으로 염색체의 특정 DNA 염기서열을 상적으로 정량화하는 것이다. 이들 방법은 현재 염색체 13, 18, 21, X, Y의 이수성 여부를 확인하기 위해 전 세계적으로 널리 사용되고 있다.

### 3) Fluorescence In Situ Hybridization (FISH)

전통적인 세포유전학과 분자유전학 기술이 합쳐져 분자세포유전학이라 불리우는 인간유전학의 새로운 영역이 탄생되었다. FISH는 분자세포유전학의 대표적인 기술이라 할 수 있으며 이의 개발로 임상진단검사 분야에 새로운 차원의 강력한 tool을 제공하게 되었다. 1970년대와 1980년대 초에 이용된 in situ hybridization은 radioactive probe가 사용되었는데 이는 곧 hapten 혹은 fluorochrome으로 label된 non-radioactive probe로 대치되었다. 임상적인 면에서 보면 FISH는 interphase nuclei와 metaphase spread에서 모두 실행될 수 있고, 전통적인 세포유전학적 핵형분석으로는 발견이 어려운 submicroscopic rearrangement를 발견할 수 있는 길을 제공했다. 산전진단 분야에서는 흔히 보게 되는 이수성염색체를 신속하게 검진하기 위해 융모조직 혹은 양수세포에서 유래된 비배양세포에 대해 재빨리 적용되었다. FISH는 염색체 섞임증이 의심스러운 경우를 조사하기 위한 추적염구로도 매우 유용한다는 것이 밝혀져 있다.

### 4) Comparative Genome Hybridization and Microarray Analysis

cCGH의 개발은 1992년에 Kallioniemi와 동료들에 의해 이루어져 분자세포유전진단에 있어 다음 단계의 도약적인 기술로 비춰졌다. cCGH는 처음에는 새로운 oncogene과

tumor suppressor gene을 밝혀내기 위한 종양연구의 수단으로 이용되었으나 몇 년 후 constitutional genetics의 임상적인 목적으로 채택되었다. cCGH는 어느 검체에서나 DNA 염기서열상 copy number 변화(gain, amplification, loss)를 보여주어 정상 염색체상에서 이들 변화를 나타내 주는데 장점이 있다. 따라서 산전진단 시 표지염색체와 derivative 염색체와 같은 origin을 알 수 없는 염색체 부위를 파악하는 데 특히 유용하다는 것이 밝혀졌다. 1997/8년 Solinas-Toldo 등과 Pinkel 등은 Human Genome Project에서 얻은 염기서열 데이터를 발판삼아 glass microscopic slide 위에 multiple cloned DNA fragment를 올려놓은 DNA microarray를 만들었다. 이렇게 glass slide상에 공간적으로 분리된 DNA clone들은 hybridization target인 metaphase 염색체를 바꿈으로써 100 Kb 이상의 불균형을 발견할 수 있게 되었다. aCGH를 산전진단에 이용한 첫 번째 보고는 2004년 Tachdjian과 동료들에 의해 이루어졌는데 46,X,Xq로 보고된 태아에서 확인된 extra chromosomal material의 origin을 확인하기 위해서였다. 2007년에는 Columbia 대학이 주도하여 미국 내 여러 센터가 참여하여 산전진단 시 chromosomal microarray analysis의 임상적 이용에 대한 평가를 시작하였다. 이 연구시도는 5년간 지속되었으며, 그 결과 CMA는 핵형분석으로 발견할 수 있는 모든 이상뿐만 아니라 추가로 copy number variation을 low risk group에서는 1.7%, 기형이 있는 태아에서는 6%까지 발견할 수 있다고 하였다. 2000년대 중반에 들어서 array 기술의 혁신적인 발전이 있게 되는데 이는 기존의 박테리아로부터 인공적으로 만들어진 염색체인 DNA clone이 25~80 bp와 같은 짧은 olgonucleotide probe로 대치된 것이다. 거의 같은 시기에 연구자들은 역시 single nucleotide polymorphism (SNP)을 포함하는 oligonucleotide를 사용하기 시작하였다. 이 oligonucleotide porbe는 해상도를 보다 개선하여 100 Kb 이하의 불균형을 발견할 수 있게 되었다. 오늘날에는 대부분의 검사기관이 SNP-based oligonucleotide array를 사용하는데 UPD를 발견할 수 있을 뿐만 아니라 consanguinity, maternal cell contamination, triploidy, DNA copy number 변화까지 볼 수 있기 때문이다.

### 5) Next Genetation Sequencing (NGS)

1977년에 개발된 전통적인 Sanger sequencing은 DNA의 각개의 유전자 혹은 작은 부위를 염기서열하는 믿을 만한 방법이다. Sanger sequencing은 매우 유용하지만 여러 유전자들의 처리량(high throughput)은 높지 않다. NGS는 1990년에 개발되어 여러 유전자를 동시에 한꺼번에 sequencing하는 방법을 제공하였다. 오늘날 NGS platform들은 DNA의 작은 fragment 수백만 개 혹은 수십억 개를 동시에 sequencing한다. WGS은 비싸기 때문에 배타적으로 평가하고자 하는 coding (exon/gene) 부위들이 차지하는 비율은 genome의 1.5%만 차지하여 이 부위들만을 검사하는 새로운 NGS 방법이 개발되었는데 이를 WES (whole exome sequencing)으로 불리운다. WES과 WGS은 최근에 산전진단 분야로 들어와 핵형분석, microarray, FISH, 또는 알고 있는 유전자의 Sanger sequencing 등이 만족스럽지 못할 때 유전질환의 내재되어 있는 원인을 찾는 데 특히나 유용하나 이들을 이용한 산전진단은 다른 모든 진단적인 검사가 결과를 내지 못한 경우의 초음파 이상의 경우에 한해 권해진다.

### 6) 한국의 산전진단 발전사

- 1970년대말부터 양수검사를 통한 염색체 검사 시작
- 1980년대 들어 융모막검사를 이용한 염색체 검사 시작
- 1980년대말부터 AFP을 이용한 산전검진 시작
- 1993년 maternal age와 AFP를 이용한 신경관결손 및 다운증후군 위험도 계산에 의한 산전검진 시작
- 1994년 임신 중기 정밀초음파 시작
- 1994년 트리플테스트 시작
- 1995년 FISH를 이용한 rapid aneuploid detection 시작

- 1998년 임신초기검진 시작
- 2000년대 들어 임신 초기 정밀초음파 시작
- 2004년 쿼드테스트 시작
- 2009년 통합검사(Integrated test), 순차검사(Sequential test) 시작
- 200x년 QF-PCR을 이용한 rapid aneuploid detection 시작
- 2000년대 중반 염색체 구조적 이상에 대해 FISH를 이용한 착상 전유전진단 시작
- 2000년 Fragile-X 검진 시작
- 2010년대 말부터 산전진단 시 CMA를 연구용으로 사용 시작
- 2010년대 착상 전유전진단 시작
- 2010년대 말 NIPT 검진 시작
- 2020년 CMA의 산전 및 산후 진단 시 사용 시작(보건복지부 보험)

## II. 비침습적 검진(Non-Invasive screening)

### 1. 모체혈청선별검사(Maternal serum marker screening)

#### 1) 임신부 나이 기반의 선별검사
(screening for chromosome abnormalities by maternal age)

태아 기형의 산전검진은 전통적으로 태아의 염색체 이상에 초점이 맞춰져 왔는데 그 이유는 주산기 유병과 사망의 주요 원인이 되기 때문이다. 이수성염색체는 역시 전통적인 세포유전학적 기법으로 태아 세포로부터 침습적인 산전진단을 가능하게 함으로써 20주 전에 확진을 하게 되었다. 처음으로 다운증후군의 산전진단이 양수세포를 배양해서 이루어진 것은 1968년이었다. 다운증후군(trisomy 21)은 가장 흔한 이수성 상염색체로 살아서 태어나는 경우가 많기 때문에 결과적으로 정신지체의 가장 중요한 유전적 원인이다. 양수천자나 융모막융모생검과 같은 침습적 검사가 0.5~1.0%의 유산 위험성을 내포하고 있기 때문에 trisomy 21의 비침습적 검사를 개발하는 것이 오랜동안 산전진단의 목표가 되어 왔다. 다운증후군 발생의 가장 중요한 위험요소는 임신부의 나이인데 만삭 시 다운증후군의 위험도는 35살 이상의 여성에서는 대략 300명당 1명이며 점차 나이가 들어감에 따라 더 높아져 40살인 경우 100명당 1명까지 올라간다. 수십 년 동안 다운증후군의 검진은 임신부의 나이에만 기반하여 35살 넘으면 침습적 검사를 권했는데 이 방법으로는 다운증후군의 30~40%만 발견이 가능하여 더 많은 다운증후군이 35살 미만에서 태어나는 것을 효과적으로 검진이 어려웠다.

#### 2) 임신 2분기 모체혈청선별검사
(second trimester screening for aneuploidy using maternal serum biochemical markers)

1970년대 후반 들어 신경관결손의 maternal serum screening이 소개되었다. 이 프로그램을 운용하는 가운데 염색체 이상이 있는 임신에서는 maternal serum AFP가 감소한다는 현상을 확인하였고 이런 우연한 발견은 이수성염색체의 산전검진에 획기적 사건이 되었다. 이어서 다른 serum marker들이 이수성염색체를 발견하는 데 사용되어 졌으며, AFP와 더불어 trisomy21과 trisomy18의 산전검진의 성과를 향상시켰다. HCG (9)와 uE3 (10)가 AFP에 추가되면서 triple test라는 것이 만들어졌고 이 검진법은 5%의 위양성률일 때 다운증후군 70%를 확인할 수 있었다. 후에 inhibin-A가 추가됨으로써 quadruple test가 되어 발견율이 80%에 달하게 되었다. 이렇게 됨으로써 second trimester serum screening은 모든 나이의 여성에서 이수성염색체에 대한 위험도 분석이 가능하게 되었으며, 단지 나이에 의한 분석에서 벗어나게 되었다. 이 검진은 특정 임신 주수에 국한하여 검사가 이루어지게 되어 있는데 이상적으로 임신 15~18주 사이가 권장되었다. 검사 결과 고위험군 판정을 받게 되면 침습적 검사에 의한 확실한 진단을 받도록 하였다.

### 3) 임신 2분기 태아 초음파검사를 이용한 선별검사
(second trimester ultrasound screening for aneuploidy)

산전 초음파 분야는 1980년대에 serum screening과 더불어 주요한 발전을 겪게 된다. 태아의 구조적 이상에 대한 임신 중기 초음파는 산전진찰의 일상적인 과정으로 되었으며, 구조적 이상이 있는 이수성 태아의 발견이 가능하게 하였다. 다운증후군과 밀접하게 관련되어 있는 중요한 구조적 기형으로 ASD, TOF, duodenal atresia, cystic hygroma, hydrops fetalis가 있다. 주요 기형이 존재하면 이는 침습적 검사의 적응증이 되나, 다운증후군 검진에 초음파만 이용하는 것은 비교적 sensitivity가 낮음으로 인해 제한적이다. 임신 중기의 초음파 촬영을 통해 이수성 태아에서 높은 빈도로 확인되는 soft marker라고 하는 해부학적인 변이를 발견할 수 있는데 increased nuchal fold, hypoplastec nasal bone, echogenic bowel, short femur가 여기에 해당된다. 개별적으로는 이들 marker들은 다운증후군에 대한 sensitivity와 specificity는 낮으나 여러 개의 marker가 동시에 존재하면 predictive value는 증가한다. 이들 marker들을 이용하여 다운증후군 임신의 likelihood ratio를 계산하는 데 쓰여지기도 하였지만 이러한 접근방법은 이수성염색체에 대한 임신초기 검진이 널리 퍼져 있는 지금은 그리 효용성이 있어 보이지 않는다.

### 4) 임신 1분기 태아 초음파검사를 이용한 선별검사
(first trimester screening with biochemical and ultrasound markers)

1990년대 초 임신 초기 태아에서 목 뒤에 물이 축적된 소견이 이수성일 가능성이 높다는 보고가 있었다. 임신 11~13주에 태아 후경부 투명대 두께의 측정은 다운증후군의 가장 강력한 초음파 소견으로 정착되었다. 5% 위양성율일 때 그리고 위험도 기준을 1 in 300으로 하였을 때 나이와 함께 고려하여 위험도를 계산할 때 다운증후군의 80% 이상을 발견할 수 있었다. 여기에 더 매력적인 것은 임신 중기 혈청 검진보다 더 일찍이 진단을 할 수 있다는 것이다. 임산 초기 초음파의 성적은 임신초기 serum marker를 추가함으로써 향상되었는데 free beta hCG와 PAPP-A와 더불어 계산하였을 때 5%의 위양성율일 때 85~90%의 발견율을 달성할 수 있었다. Trisomy 13과 18을 위한 위험도 결과도 임시 초기 검진 algorithm에 들어오게 되어 이런 임신초기 검진은 임신 중기 검진의 상당부분을 대체하게 되었는데 향상된 검사의 정확도와 조기 진단의 이점이 있기 때문이다. 다른 임신 초기 초음파 소견도 개발되었는데 nasal bone을 조사하거나 ductus venosus의 wave form을 측정하거나 tricuspid valve flow를 재는 것들이다. 임신초기 검진에 이들 marker들을 병합하여 계산하면 96%까지 발견율을 높일 수 있으나 실행을 하는데 재현성이 떨어지고 sensitivity와 specificity가 낮아 참고는 하지만 실제로 함께 고려하여 분석하지는 않고 있다.

### 5) 임신 1분기와 2분기 병합 선별검사
(combined first and second trimester screening strategies)

임신초기 및 중기 검진 전략에 대한 많은 모델들이 조사되었는데 통합검사, 순차적검사, 조건부검사 들이 그것들이다. 통합검사는 기존의 임신초기검진과 임신 중기검진을 통합하여 위험도를 계산하는 것으로 임신초기검진에 사용되는 마커 중 hCG를 제외한 NT와 PAPPA를 먼저 검사한 후 위험도 계산을 하지 않고 임신 중기 Quad 검사 후 모두 6가지 marker를 고려하여 분석하는 방법이다. 그 결과에 따라 고위험군으로 판정되면 침습적 검사인 양수검사나 비침습적 검사인 NIPT를 통해 확인할 수 있다. 이때 NIPT를 통해 검사를 한다면 고위험군일 때 발견될 수 있는 모든 염색체 이상을 발견하지는 못하고 NIPT 본연의 검사 대상만 가능하다는 설명을 사전에 하여야 한다. 순차적검진은 그야말로 임신초기검진과 임신 중기검진인 Quad 검사를 순차적으로 하는 것이다. 먼저 임신초기검진을 하여 위험도 계산을 하여 고위험군으로 판정되면 진단을 위해 융모막융모생검 혹은 NIPT를 하게 된다. 여기서 저위험군으로 판정되면 임신 중기에 가서 Quad 검사를 하여 저위험군으로 판정되면 검사가 종료되지만 고위험군으로 판정되면 진단을 위해 양수검사 혹은 NIPT를 선택해서 검사하게 하는 것이다. 조건부 검사는 임신초기검진 결과를 세 부류로 나누어 고위험군, 저위험군, 그리고 그 사이의 중위험군으로 나눈 뒤 고위험군은 융모막검사 혹은 NIPT를 선택해서 받게 하고 나머지 임신부들은 임신 중기 때 중위험군만 Quad검사를 하여 초기검진 결과와 같이 고려하여 통합검사를 하는 것이다. 임신 초기의 저위험군은 그것으로 검진검사가 종료된다. 이 세 가지 검사 중 현재는 우리나라에서 통합검사가 가장 선호되고 있고 일부 순차적검사가 진행되고 있으며, 조건부검사는 시행되지 않고 있다. 통합검사가 압도적으로 많이 시행되는 이유는 순차적검사의 경우 임신초기검진에서 고위험군이 나오면 검사가 어려운 융모막검사를 해야 하는 어려움을 있어 임신 중기에 양수검사를 하는 쪽이 선호되었다. 그러나 2010년대 후반에 소개된 NIPT의 도입으로 이제는 융모막검사 대신 NIPT로 해결하려는 시도가 생김에 따라 임신초기검진으로 위험도가 계산되는 과정이 있는 순차적 검사의 비율이 높아져 가는 과정에 있다.

### 6) 모체혈청선별검사의 분석의 원리

생화학적인 marker인 AFP의 농도를 임신부의 나이와 같이 고려하여 다운증후군의 위험도를 계산하는 방법이 필요하였다. 그리하여 먼저 AFP의 태령에 따른 농도 변화를 회귀분석을 통해 구한 다음 이를 기준으로 임신 중 측정한 혈중 AFP 농도가 몇 배에 해당하는지를 MoM (multiples of the median)으로 환산한 뒤 정상인 경우와 다운증후군의 정규분포곡선에서 다운증후군 발생가능성이 정상인 경우에 비해 몇 배에 해당이 되는가를 나타내는 likelihood ratio (LR)를 구하여 임신부의 나이에 따른 다운증후군 발생 가능 기본 위험도인 a priori risk에 곱하면 위험도가 구해지게 하였다. 이를 수식으로 표시하면 위험도=a priori risk X LR가 된다. 예를 들어 임신 16주에 검사한 AFP의 농도가 그 임신주수의 기본농도에 비해 0.4배라면 0.4MoM이 되며, 이를 정상과 다운증후군의 정규분포곡선상 0.4MoM이 위치한 곳에서 정상정규분포곡선상의 확률에 대한 다운증후군 정규분포곡선상의 확률을 비교하여 $P_D/P_N$을 구하면 이것이 LR가 되는데 이것이 2.0이 된다고 하면 그리고 임신부의 출산 시 나이의 기본 위험도인 a priori risk가 1/100이라면 이 둘을 곱하여 1/100 × 2.0 = 1/50이 최종 위험도가 되는 것이다. 보통 보고서에는 1:50으로 작성된다. 이렇게 구해진 위험도를 고위험군과 저위험군을 구분하는 기준 위험도와 비교하여 이보다 확률이 높다면 고위험군으로 판정하여 진단적인 검사를 권하고 확률이 낮으면 저위험군으로 판정하여 검사가 종료된다.

## 2. 태아DNA선별검사(Non-invasive prenatal testing, NIPT)

1997년 임신부 혈액 내에 '세포 유리 태아 DNA (cell free fetal DNA, cff-DNA)'의 존재가 처음 발견되었다. 이는 태반내 태아 세포인 영양막세포(trophoblast)의 자가 세포사멸(apoptosis)과 괴사(necrosis) 과정에서 발생하여 융모사이공간(inter-villous space)의 임신부 순환계로 떨어져 나와 임신 기간 동안 임신부 혈액 내에 존재하는 것으로 알려져 있다. 임신부 혈액 내에 존재하는 '세포 유리 태아 DNA'는 200 base pair 이하의 작은 DNA조각으로, 임신 10주 이후에는 임신부 혈장 내에 존재하는 전체 세포 유리 DNA (total cell free DNA)의 약 3~13% 정도를 태아 DNA가 차지하게 된다. '세포 유리 태아 DNA'를 이용하는 '태아DNA선별검사'는 임신의 이른 시기인 9~10주부터 차세대 염기서열분석과 생물정보학 분석을 이용하여 DNA의 미세한 양적 차이를 구분하여, 태아 상염색체 수적 이상인 다운증후군(21번 삼염색체/세염색체증), 에드워드증후군(18번 삼염색체증) 및 파타우증후군(13번 삼염색체증)과 성염색체 수적 이상을 선별할 수 있다. 2018년 수도권의 12개 대형병원이 참여한 연구에서 임신부들이 산전진단방법 관련하여 첫 검사로 '태아DNA선별검사'를 이용하는 빈도는 17.11%로 보고되었으나, 최근 그 빈도가 계속 증가되고 있다.

기존의 모체혈청검사 등을 포함한 산전 선별검사 중에서 NIPT는 민감도와 특이도가 가장 높은 검사이다. 그러나, 위

**표 23-1. 대한의학유전학회 position statement: '태아DNA선별검사' 임상 및 분석지침(guideline)**

1. 태아DNA선별검사는 단태임신에서 '흔한 상염색체 수적 이상(홀배수체)(common autosomal aneuploidy)', 즉, 다운증후군, 에드워드증후군 및 파타우증후군의 선별검사로 권고할 수 있다.
2. 태아DNA선별검사는 단태임신에서 '성염색체 수적 이상(sex chromosomal aneuploidy)'의 선별검사로 권고할 수 있다.
3. 태아DNA선별검사는 단태임신에서 '드문 상염색체 수적 이상(Rare autosomal aneuploidy)'의 선별검사로는 아직 정확한 검사성능에 대한 근거가 부족하여 권고하지 않는다.
4. 태아DNA선별검사는 단태임신에서 미세결실 등의 '유전자복제수변이(copy number variation)'의 선별검사로 권고하기에는 아직 근거가 부족하여 추천하지 않는다.
5. 태아DNA선별검사는 쌍태임신에서 '흔한 상염색체 수적 이상(홀배수체)(common autosomal aneuploidy)' 중 다운증후군의 선별검사로 시행할 수 있다.
6. 태아DNA선별검사는 쌍태임신에서 '흔한 상염색체 수적 이상(홀배수체)(common autosomal aneuploidy)' 중 에드워드증후군 및 파타우증후군의 선별검사를 시행할 경우에는, 선별검사 전에 환자에게 아직 이들에 대한 정확한 검출율에 대한 자료가 부족함을 설명해야 한다. 반드시 '태아DNA선별검사(NIPT)를 이용한 쌍태임신에서의 에드워드증후군 및 파타우증후군의 선별검사는 아직 정확한 검출율에 대한 자료가 부족한 상황이다'라는 문구를 삽입해야 한다.
7. 태아DNA선별검사는 쌍태임신에서 '성염색체 수적 이상(sex chromosomal aneuploidy)'의 선별검사로는 아직 정확한 검사성능에 대한 근거가 부족하여 권고하지 않는다.
8. 태아DNA선별검사는 쌍태임신에서 '드문 상염색체 수적 이상(Rare autosomal aneuploidy)'의 선별검사로는 아직 정확한 검사성능에 대한 근거가 부족하여 권고하지 않는다.
9. 태아DNA선별검사는 쌍태임신에서 미세결실 등의 '유전자복제수변이(copy number variation)'의 선별검사로는 아직 정확한 검사성능에 대한 근거가 부족하여 권고하지 않는다.

양성 및 위음성을 보일 수 있는 검사이므로, 침습적 진단검사를 대체할 수는 없다. 태아DNA선별검사의 위양성의 주요 원인으로 유전자복제수변이(copy number variation), 태반국한성모자이씨즘(confined placenta mosaicism), 모체 모자이씨즘(maternal mosaicism), 쌍태아 소실(vanishing twin) 및 임신부의 악성종양 등이 있으며, 위음성의 원인으로 태아 모자이씨즘 등이 있다.

'태아DNA선별검사'가 처음 임상에 도입되었을 시기에는 단태임신에서의 흔한 상염색체 수적 이상 및 성염색체 수적 이상에 대한 선별검사로만 사용되었으나, 현재는 그 적응증이 쌍태임신에서의 다운증후군(21번 삼염색체증) 선별검사까지 확대되었다.

다만, 국내 11개 '태아DNA선별검사' 시행기관에서는 위의 적응증 이외에도 복제수변이(예: 15q11.2 프레더윌리증후군, 15q11.2 안젤만증후군 등) 및 드문 상염색체 수적 이상(예: 9번, 16번, 22번 삼염색체 등)에 대한 선별검사로 활용하고 있으나, 이들 검사들은 일상적으로 권고하기에는 아직 정확한 검사성능에 대한 근거가 충분하지 않다. 이에 대한의학유전학회에서는 '태아DNA선별검사' 기관들의 본래 취지를 벗어난 분석 시행에 대한 기술적 지침을 확립하기 위해서, 표 23-1과 같이 '태아DNA선별검사 임상 및 분석지침[guideline]'을 발표하였다(표 23-1).

## III. 침습적 진단검사

### 1. 융모막융모생검(Chorionic villus sampling, CVS)

#### 1) 서론

융모막융모는 태반의 한 부분으로 이 조직을 얻어내는 방법을 융모막융모생검이라 하는데 태반의 위치에 따라 채취하는 방법이 달라진다. 복부를 통해 태반에 접근하는 경복부 시술(transabdominal sampling)과 자궁경부에 삽입관을 넣어 채취하는 경관 시술(transcervical sampling)로 나뉜다. 이들 검사기술은 양수천자에 비해 간단하지가 않다. 검사를 안전하게 하기 위해서는 임신 초기의 embryology에 대한 기본 지식이 있어야 하며, 검사 시 태반의 가장 두꺼운 부위인 chorion frondosum에 초점을 맞춰 검사를 해야 한다. 자궁경관을 통해 삽입관을 넣어 채취하는 개념은 1968년 Mohr에 의해 처음 제시되었다. 1973년 Sandahl

과 Kullander는 유산된 태반조직에서 처음으로 염색체 핵형분석을 할 수 있었으며, 태아의 염색체 구성과 동일하다는 것을 발표하였다. 다음해 Hahnemann는 새로운 장비를 개발했으며 38%의 채취성공률을 기록했다. 1975년에는 중국 그룹이 성별을 확인하기 위해 99번의 융모막융모생검을 성공했다고 보고하였는데 이 중 6번의 시도에서 잘못된 결과를 얻었으나 유산은 4번에 불과하였다. 1982~1983년에는 이 자궁경관을 통한 융모막융모생검술이 전 세계적으로 제공되었다. 이후 융모조직의 세포배양기술이 완벽해짐에 따라 CVS로부터 태아의 조직을 얻어 염색체 검사를 하는 것이 일반적인 방법으로 권해지게 되었다. 1983년에는 Pergament 등은 CVS에서 얻은 조직을 가지고 Tay-Sachs 질환의 염색체 검사와 효소검사를 동시에 시행하였다. 또 같은 해 Brambati와 Simoni는 50% 정도의 Duchenne muscular dystrophy의 가능성을 가지는 남아를 임신한 여성에서 CVS를 시행하여 trisomy 21을 산전진단하였다고 보고하였다. Brambati의 case 보고에서 새로운 방법을 이용하여 몇 시간 내에 염색체를 바로 확인할 수 있는 직접법을 시행하였다.

### 2) 융모의 구조와 이를 이용한 검사의 원리

융모막융모는 구조 상 아직 완전히 성숙되지 않거나 성숙되더라도 중심에 혈관을 포함하지 않는 primary or secondary villi보다는 가운데 혈관을 포함하는 tertiary villi가 염색체를 관찰하기 좋은 검체가 된다. 융모의 단면을 보면 3개 층으로 이루어져 있는데 맨 바깥층은 syncytiotrophoblast라고 하며 바로 안쪽의 중간층은 cytotrophoblast라고 한다. cytotrophoblast층은 세포 분열이 왕성하여 mitotic index가 높기 때문에 이 층의 세포를 이용하여 1~2일 만에 모든 염색체를 관찰할 수 있는 직접법(direct method)을 시행할 수 있다. 맨 가운데 중심층은 mesencymal core라 하여 이 3개층 가운데 태아의 세포와 가장 근접한다고 할 수 있는 세포인데 보통 배양에 의해서만 염색체를 관찰할 수가 있고, 최종 결과는 반드시 이 배양결과를 토대로 내게 된다. 직접법을 통해 염색체검사 결과를 얻는 것은 신속한 결과를 얻기 위함도 있지만 배양 시 태아의 검사 결과를 혼돈시키는 모체세포감염(maternal cell contamination)은 이 방법에서는 나타나지 않아 그 여부를 판단할 수 있기 때문이다. 그래서 융모막검사의 결과는 반드시 직접법과 배양법에 의한 결과를 각각 내어 서로 비교하여 최종결과를 내는 과정이 필수적이다.

### 3) 융모막융모생검술의 안전성과 검사시기

융모막융모생검술의 안전성과 효율성에 대해 1980년와 1990년대 초기에 이루어진 대단위 연구에서 CVS의 유산율은 양수검사와 관련하여 약간 높은 편에 지나지 않음이 밝혀졌다. 이 연구에서 유산율은 0.5~1.0% 정도 보고되었으며 양수천자에 비해 약간 높은 유산율에도 불구하고 CVS는 염색체 이상 여부를 일찍이 진단할 수 있다는 면에서 양수천자에 비해 좀 더 일찍이 안심할 수 있고 태아를 둘러싸고 있는 양막을 건드리지 않고 검사가 이루어진다는 의학적인 장점을 가지고 있다. 1990년대 초반 CVS와 limb-reduction defect 사이의 관련성에 대한 우려가 있었지만 9주 이전에 검사를 하는 경우에 그럴 위험성이 높아진다고 확인되었다. 그리하여 1992년 WHO-sponsored commettee는 CVS가 9~12주 사이에 이루지도록 권고되어 지금은 1/3분기 임신 중에 주로 이루어지고 있으며, 어떤 이유로 검사를 받을 이 시기를 놓쳤거나 아직은 양수천자를 하기에 이른 시기일 때 혹은 심지어는 양수검사를 일반적으로 하게 되는 시기에 자궁근종이나 양막분리 등의 상황에서 양수검사가 불리하다고 판단될 때도 임신 주수와 상관없이 양수천자의 대안으로 언제든지 시행할 수 있다.

### 4) 융모막검사의 적응증

융모막검사를 하게 되는 경우는 요사이는 NT (nuchal translucency)가 두꺼운 경우 염색체 이상과 미세변이 여부를 확인하기 위해 가장 많이 시행되고 있으며, 초음파 이상, 모체혈청검진상 고위험군, 유전질환, 35살 이상의 고령임신,

가족력, 걱정 등의 이유로 주로 행해진다. 최근에는 direct법 대신에 QF-PCR을 이용한 신속이수성검사(rapid aneuploid detection)도 많이 행해지며 검사 당일 결과를 확인할 수 있다는 점에서 각광을 받고 있다. 그러나 주요한 몇 가지 염색체 이상들(21, 18, 13, X, Y)에 대해서만 검사가 이루어지는 관계로 모든 이상을 발견할 수는 없어 NT가 두꺼운 경우와 같이 급히 염색체 이상 여부를 확인해야 하는 경우에 주로 사용된다. 이에 반해 직접법은 충분한 수의 염색체를 얻기 어렵고 염색체 모양도 아주 좋은 상태를 보이지 않기 때문에 판독이 힘들기는 하지만 모든 염색체를 관찰할 수 있다는 점에서 그리고 구조적 이상까지도 확인할 수 있다는 점에서 QF-PCR과는 다른 장점을 가지고 있다. 따라서 급하게 결과를 얻어야 하는 경우가 아니면 직접법에 의한 결과를 얻는 것이 모든 염색체를 확인할 수 있어 보다 정확하다.

### 5) 융모막검사 시 분석의 어려움

융모조직은 양수세포와 달리 그야말로 조직덩어리 이므로 이를 각각의 세포로 분리하여 배양하는 과정이 쉽지 않다. 그리고 융모세포로부터 염색체를 판독하기 좋게 처리하는 데에도 많은 기술이 필요하다. 또한 융모막검사를 통한 염색체 분석이 때로는 힘들기도 하는데 그 이유는 섞임증이 가장 큰 요인이 되며 이 외에도 몇 가지 요인이 존재한다. 이에 대해서는 CVS 챕터에서 자세히 다뤄지니 참고하기 바란다.

경복부 시술 방법은 2/3분기에만 시행할 수 있었으며, 양수천자가 그 시기에는 더 나은 선택이 됨에 따라 처음에는 성공적이지 못했다. (89,90) 1984년이 되어서 경복부시술이 1/3분기에 가능해짐에 따라 오늘날에는 경관부 및 경복부 시술이 모두 널리 이루어지고 있다.

CVS의 안전성과 효율성에 대해 1980년와 1990년대 초기에 이루어진 대단위 연구에서 CVS의 유산율은 양수검사와 관련하여 약간 높은 편에 지나지 않음이 밝혀졌다. 이 연구에서 유산율은 0.5~1.0% 정도 보고되었으며 양수천자에 비해 약간 높은 유산율에도 불구하고 CVS는 염색체 이상의 진단하는 면에서 일찍이 결정할 수 있는 기회가 주어진다는 면에서 양수천자에 비해 좀 더 감정적이고 의학적인 장점을 가지고 있다. 1990년대 초반 CVS와 limb-reduction defect 사이의 관련성에 대한 우려가 있었지만 9주 이전에 검사를 하는 경우에 그럴 위험성이 높아진다고 확인되었다. 1992년 WHO-sponsored commettee는 CVS가 9~12주 사이에 이루지도록 권고되어 지금은 1/3분기에 주로 이루어지고 있으며, 어떤 이유로 검사가 늦어졌으나 아직은 양수천자를 하기에 이른 시기일 때 그 이후에도 검사가 가능하다.

## 2. 양수천자술(Amniocentesis)

### 1) 원리

임신 중기의 양수천자는 안전성과 정확성이 인정된 검사로서 가장 많이 시행되는 침습적인 검사이다. 양수는 자궁 안쪽의 양막으로 둘러싸인 주머니 내에 존재하는 액체로서 태아를 보호하고, 태아의 체온조절을 도와주고 태아가 움직이고 발달할 수 있게 역할을 한다. 양수는 임신초기에는 양막, 태반의 intervillous space, 각질화가 일어나기 전의 태아 피부를 통해 유래하나 임신이 진행됨에 따라 태아의 비뇨기계, 호흡계, 그리고 소화기계의 장기를 통해 만들어진다. 양수에는 다양한 효소, 단백질, 호르몬 및 기타 물질과 함께 태아의 세포가 존재하며, 이 세포를 이용하여 염색체검사나 유전자검사를 할 수 있고, 또한 양수 액체 내의 alpha fetoprotein과 아세칠콜린에스터라제(acetylcholinesterase) 성분을 검사하여 신경관 결손을 진단하는 데 사용되며, 그 외에도 선천성 감염, 동종면역의 진단과 폐성숙 평가 등을 위해 사용되기도 한다.

#### (1) 검사시기

일반적으로 15주 이후에 시행하며, 16~18주에 가장 많이 시행한다. 임신 11~14주에 시행하는 조기양수천자술(early amniocentesis)은 양막이 자궁벽과 융합되기 전에 시행하므로 임신낭 천자가 어렵다는 점이 있고, 태아소실율도 임신 중기양수천자가 0.7%인데 비해 조기양수천자술 시는 2.5%이다. 또한, 조기양수천자술 시에는 세포배양 실패율이 높아 추가 침습적 시술이 필요한 경우가 증가하여, 이러한 내용을 바탕으로 미국산부인과의사협회 및 국내 대한모체태아의학회에서는 조기양수천자술은 권고하지 않고 있다.

#### (2) 검사의 적응증

검사의 적응증은 다음의 경우와 같다.

① NIPT (non-invasive prenatal test) 검사 결과가 고위험군이거나 모호한 경우, 또는 결과가 나오지 않은 경우
② 모체혈청 기형아 검사에서 염색체 이상이나 개방형 신경관 결손에 대한 고위험군으로 판정된 경우
③ 목덜미투명대 두께의 증가를 비롯한 초음파 이상 소견이 있을 때
④ 과거 염색체 이상 임신을 한 경우
⑤ 35세 이상의 고령 임신부
⑥ 취약 X-염색체 증후군과 같은 유전자검진 검사에서 고위험군으로 판정된 경우
⑦ 혈우질환이나 근육질환과 같은 유전질환에 대한 가족력이 있는 경우 혹은 부모가 보인자로 확인된 경우
⑧ 보모의 염색체 구조적 이상이 있는 경우, 예: 균형전좌, 로버트슨전위 등
⑨ 융모막검사의 결과가 확실하지 않은 경우, 특히 섞임증 등
⑩ 습관성 유산의 전력이 있는 경우 주치의의 판단에 따라
⑪ 임산부의 심한 걱정 등 주치의가 검사가 필요하다고 판단되는 경우

### 2) 검사방법

초음파유도하에 20~22 게이지 바늘을 피부에 수직으로 삽입하여 태반, 탯줄 및 태아를 피하여 양막을 천자한다(**그림 23-1**). 채취한 양수의 첫 1 mL 정도는 모체세포가 섞여 있을 수 있으므로 버리는 것이 일반적이다. 이후 시행 예정인

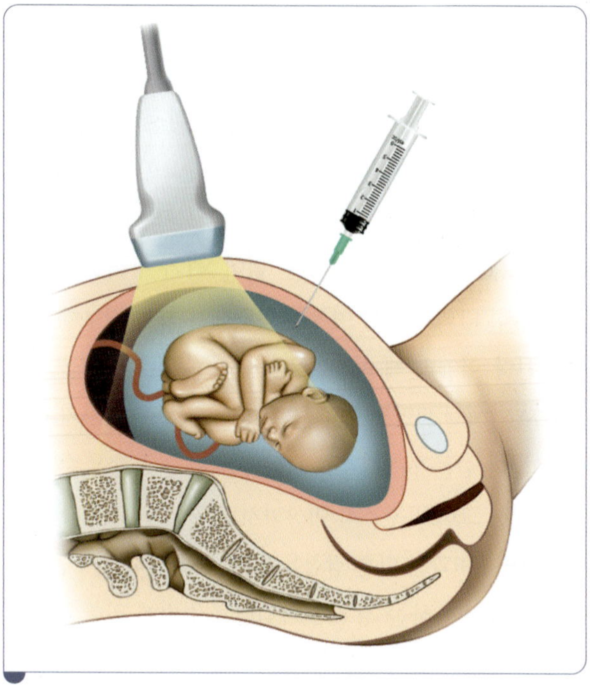

**그림 23-1.** 초음파 유도하의 양수천자 방법.

검사의 종류에 따라 약 20~30 mL의 양수를 채취한 후 바늘을 제거한다. 시술 후 자궁을 찌른 부위에 출혈은 없는지 관찰하고 임산부에게 태아이 심박동을 보여준다. 쌍태임신에서는 양수천자 시 이양막성 쌍태인 경우에는 쌍태아 분리막과 각 임신낭의 위치를 주의 깊게 파악하여, 첫 번째 임신낭 시술 후 바늘을 제거하기 전에 소량의 인디고카민(indigo carmine dye) 염색액을 주입하여, 다른 임신낭의 태아와 구분할 수 있게 하고, 첫 번째 시술의 바늘을 제거한 후에 두 번째 임신낭 시술을 같은 방식으로 시행한다.

양수천자 후 가장 걱정할 만한 합병증은 양수파막과 세균감염에 의한 태아감염 및 태아소실이다. 경험 있는 시술자에 의해 시술된 경우 단태 임신에서의 태아소실율은 약 0.1~0.3%로 보고하였으며(ACOG, 2016b), 태아 소실이 있었던 경우 실제로는 양수천자의 시술과는 관련 없이 태반조기박리, 비정상적인 태반 착상, 감염 등과 같은 시술전의 문제에 의한 경우도 존재한다. 그 외 바늘에 의한 태아의 피부, 눈, 뇌, 심장, 장 등이 찔리는 태아의 손상은 최근 초음파 유도하에서는 거의 발생하지 않는다.

### 3) 결과의 종류

채취한 양수샘플은 rapid common aneuploidy 검출 검사를 하는 경우에는 즉시 일부 샘플에서 DNA를 추출하여 당일 혹은 다음 날 1차로 결과를 받게 되며, 염색체 검사는 양수내의 세포배양을 통해 10~15일 후 핵형검사를 시행한다. 분자유전학적검사를 위한 DNA는 채취한 양수의 양이 충분한 경우에는 즉시 추출하여 검사할 수 있고, 충분한 양이 안되는 경우에는 배양된 세포를 통해 DNA를 채취하여 검사하기도 한다. 또한, 개방성 신경관결손 검사는 양수내에 신경관 결손 관련 단백질 혹은 효소가 있는지를 확인하며, 선천성 감염의 경우에는 균배양검사나 선천성 감염을 일으키는 특정 균, 바이러스(parvovirus, cytomegalovirus 등)의 DNA product 양수내 존재 여부를 검출한다.

#### (1) 세포유전학적검사 결과

채취한 양수의 핵형검사(karyotyping)를 통해 염색체 수적 이상(다운증후군, 에드워드증후군, 파타우증후군과 같은 상염색체 이상과 터너증후군, 클라이네펠터증후군과 같은 성염색체 이상 등등)과 염색체 구조 이상(상호전위, 로버트슨전위, 염색체 역전, 염색체 결손, 고리염색체, 등완염색체, 염색체 섞임증) 등을 보고한다.

#### (2) 분자유전학적검사 결과

채취된 양수에서 추출된 태아 DNA를 이용하여 형광정량법(QF-PCR), 염색체 마이크로어레이(chromosomal microarray, CMA), 형광제자리부합법(FISH), MLPA, 유전자염기서열분석 외 다양한 방법을 통해서 단일유전자질환(single gene disorder), 삼핵산반복질환(trinucleotide repeat disorder), 각인(imprinting), 단부모이염색체성(uniparental disomy associated disease), 사립체유전(mitochondrial inheritance) 등등 다양한 유전자질환 분석 및 진단에 이용한다.

#### (3) 그 외

채취된 양수는 그 외 신경관 결손, 선천성 감염, 동종면역의 진단과 폐성숙 평가 등에 이용된다.

## 3. 제대혈천자술(PUBS [cordocentesis])

제대혈천자술(cordocentesis)은 경피적제대혈천자술(percutaneous umbilical blood sampling, PUBS)로 부르기도 하며 초음파 가이드 하에 태아 혈액을 채취하는 시술이다. 1970년대 소아용 방광경이나 태아경 등을 이용하여 태아 혈액을 채취하려는 노력이 있었으나 현재 시행하는 경피적제대혈천자술은 1983년 Daffos 등이 처음으로 보고하였다. 제대혈천자술에 익숙해지면 태아 수혈을 할 수 있는 바탕이 된다.

### 1) 적응증

혈액으로 할 수 있는 검사는 모두 가능하다. 양수나 융모막 검체로는 할 수 없는 면역글로블린을 포함하여 단백질의 농도를 직접 측정할 수 있다.

#### (1) 핵형분석

제대혈천자술로 핵형분석을 하는 경우가 드물지만, 혈액을 이용하면 4~5일 내로 결과를 얻을 수 있어 임신 20주 이후 초음파에서 발견된 구조적 이상이 있는 임신부에서 빠른 검사 결과가 필요할 때 적응증이 된다. 또한, 융모막생검이나 양수천자검사에서 섞임증(mosaicism)으로 나왔을 때 확인하기 위해 추가 검사로 할 수 있다.

#### (2) 유전질환

대부분은 융모막생검이나 양수천자술로 할 수 있다. 하지만 단백질 등 대사산물을 측정해야 하는 경우 사용할 수 있다. 예를 들어, 임신부가 혈우병 보인자로 임신 초기 연관분석(linkage analysis)으로 진단할 수 없는 가계에서 제대 혈액에서 응고인자 8번 혹은 9번을 직접 측정하여 진단할 수 있다. 이때 주의할 점은 임신 중 태아 응고인자의 활성도가 어른과 달라 해당 임신 주수에 정상 기준을 알고 있어야 한다.

#### (3) 용혈성질환

용혈성질환의 정확한 진단이 가능하다. 또한, 태아 빈혈은 초음파로 중대뇌동맥(middle cerebral artery)의 수축기최대속도(peak systolic velocity)로 예측할 수 있지만 태아 수혈 등을 계획하면 반드시 필요하다.

#### (4) 선천성감염

초음파검사 혹은 양수천자로 진단하지만 일부 선천성감염은 태아 혈액의 면역글로블린을 검사하여 진단하기도 한다. 대표적으로 풍진이 있다.

#### (5) 태아곤란증(fetal distress)

태아의 건강상태를 확인하는 태아심음자궁수축검사에서 이상이 있을 때 태아의 저산소증과 산증의 진단에 가장 정확한 방법이다. 하지만 위험성과 이득을 고려할 때 현재는 거의 쓰이지 않는다.

### 2) 방법

융모막생검이나 양수천자술에 비하여 검체 채취가 어렵다. 19주 이전에는 탯줄이 가늘어 어려우나 임신 1주가 진행함에 따라 쉬워지며, 임신 22주경이 되면 경험이 많지 않은 시술자도 할 수 있다. 또한, 태아 발육부전 등으로 주수보다 작으면 어렵고, 양수가 거의 없으면 쉽게 할 수 있다.

양수천자술보다 훨씬 많은 시간을 들여 시술하기 가장 좋은 혈관을 찾는 것이 중요하다. 이 시간이 충분하면 시술 시간이 짧아질 수 있다. 태반에서 탯줄이 기시하는 부위(placental insertion site of umbilical cord)가 가장 굵고, 태아가 움직이더라도 고정되어 있어 제일 좋다. 태반이 자궁의 앞 쪽에 위치하고 있다면 비교적 쉽다. 그렇더라도 360도의 공간 중 바늘의 방향을 고려했을 때 가장 좋은 위치를 찾아야 한다. 태반이 뒤쪽에 위치하고 있으면 태아를 피하고 바늘이 도달할 수 있는지 여러 각도에서 찾아야 한다. 만일 태반의 기시부에 바늘이 도달하기 어려우면 양수 내 떠있는 혈관(floating vessel)에서 채혈을 해야 한다. 태아가 움직이더라도 가장 적게 움직이는 혈관 위치를 찾아야 한다. 탯줄을 건드리면 밀리기 때문에 순간 스냅을 주어 관통시켜야 한다. 혈관을 관통하고 바늘을 뒤로 빼면서 채혈한다. 주사기로 흡인하면 처음에는 양수가 나오다가 어느 순간 혈액이 나오고 이때 주사기를 교환하고 채취하면 된다. 이때 보조자가 초음파를 지속적으로 모니터링 해주어야 한다. 떠 있는 혈관에서 관통하지 않고 혈관 내 바늘을 위치하는 것은 매우 어렵다. 떠 있는 혈관이 어려운 다른 이유는 그림 23-2처럼 초음파 영상에서 한 평면처럼 보이지만 정확하게 가장 윗부분에 바늘을 위치하고 찔러야 한다. 제대혈천자술을 할 때 1번 혹은 2번 위치에서 시행하는데, 작은 차이지만 1번의 위치는 성공률이 높고, 2번 위치에서는 탯줄이 옆으로 밀려 성공하기 어렵다. 1번과 2번 위치를 구별하는 방법은 1번의 위치는 탯줄을 살짝만 건드려도 바로 움직이고, 2번 위치는 건드린 후 조금 지난 뒤에 탯줄이 움직인다.

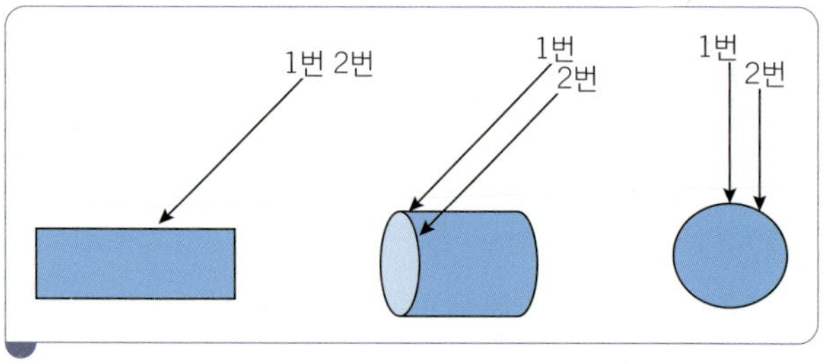


**그림 23-2.** 제대혈천자술에서 떠 있는 혈관에서 적절한 바늘의 위치 찾는 방법.

피부에서 채취할 혈관까지의 거리가 바늘 길이의 2/3보다 짧은 것이 좋다. 거리가 멀면 더 긴 바늘을 사용하는 것이 좋다. 하지만 길다고 항상 좋은 것은 아니다. 긴 바늘은 방향성이 떨어진다. 양수천자술과 마찬가지로 21 gauge 주사기를 사용한다.

태반의 기시부에서 채혈하면 임신부의 혈액일 수도 있으므로 태아 혈액인지 반드시 확인해야 한다. 간편하게 적혈구 평균용적(mean corpuscular volume, MCV)이 임신부의 혈액과 다른지 확인하며, 20주경의 태아는 MCV 값이 대부분 130 이상을 보인다. 떠 있는 혈관에서 채취했으면 양수가 섞여 희석되었을 가능성에 주의해야 한다.

양수천자술을 할 때 본인이 의도한 공간으로 바늘을 위치시키면서 연습을 하면 도움이 된다. 또한, 20주 초반에 임신 종결 예정인 임신부에서 먼저 시도하여 경험을 쌓는 것이 좋다.

### 3) 합병증

검사 후 태아손실률은 제대혈천자술의 적응증에 따라 다르다. 핵형 검사이면 1% 전후이지만 태아수종이 있어 검사를 할 경우에는 25%까지 된다. 제대혈천자술을 한 뒤 채혈했던 혈관 부위에서 피가 나오는 것이 보이지만 대부분은 수 분 이내에 멎는다. 채취는 대부분 제대정맥에서 되지만 제대동맥에 바늘이 들어가면 합병증이 높아진다고 알려져 있다. 합병증을 줄이기 위해서 3번 이상 혈관을 관통하는 것은 피하고 바늘을 찌르기 시작하고 20분 이상 경과하는 것은 위험하다.

## IV. 침습적 진단검사를 이용한 유전자 검사의 종류

## 1. 세포유전학적 염색체 검사

(Cytogenetics [Karyotyping]: Epidemiology of aneuploidy)

### 1) 세포유전학적 분석(cytogenetic analysis)

핵형분석(karyotype analysis)을 위해서는 활발하게 분열 중인 세포들이 준비되어야 한다. 융모막 세포나 골수는 배양 과정 없이도 염색체 검사가 가능하나, 혈액이나 양수세포 등 대부분의 세포들은 배양 과정을 통해 더 분석하기 좋은 염색체를 얻게 되며, 일반적으로 염색체가 최고로 농축(condensation)되는 세포 분열 중기(metaphase)에서 표본을 제작한 후, 여러 가지 염색법을 실시하여 광학현미경이나 형광현미경을 이용하여 분석한다. 염색체의 수적 이상이나 구조적 이상을 진단하기 위해서 가장 많이 사용되는 염색법은, 염색체의 길이를 따라 희고 검은 띠가 차례로 나타나는 띠염색법(banding)이다. 이로는 G-띠염색법, R-띠염색법, Q-띠염색법 등이 있다. 5~10 million base pairs (Mb) 크기의 염색체 구조를 확인할 수 있고 고해상도 염색법(High-resolution banding)은 염색체의 길이가 중기보다 길어져 있는 전기(prophase)와 전중기(prometaphase)의 염색체를 이용하므로 관찰할 수 있는 띠의 개수가 300~450개 정도 많게는 800여 개까지 늘어날 수 있다. 따라서 기존의 방법으로 보이지 않던 염색체 이상의 진단이 가능하다.

### 2) 세포유전학적 분석을 통해 진단 가능한 염색체 이상

임신 중 침습적방법을 통해 얻은 샘플(양수, 융모막 융모, 제대혈 등)을 가지고 산전에 세포유전학적 방법을 통해 검사하는 대상은 염색체의 수적 이상과 구조 이상에 대한 진단이다.

#### (1) 염색체의 수적 이상

인간 염색체는 1번부터 22번까지의 44개의 상염색체와 2개의 성염색체로 구성된다. 염색체의 수적 이상은 염색체 이수성(aneuploidy)이라고도 한다. 여기에는 염색체 하나가 더 많은 경우인 세염색체(trisomy), 하나가 모자라는 경우인 일염색체(monosomy), 염색체수가 반감되어 있는 반수체성(haploidy), 염색체 수가 배수로 되어 있는 다배수성(polyploidy)이 있다. 대부분의 세염색체와 일염색체는 감수분열시 비분리(nondisjunction) 현상에 의해 일어난다. 비분리현상은 모체의 연령이 높아질수록 증가한다. 난모세포(oocyte)는 태생기부터 배란직전까지 감수분열 1기의 전기(prophase) 상태로 존재하며, 난모세포가 노화되면 염색체 정렬을 유지하고 있는 교차점(chiasmata)이 약화된다고 알려져 있다. 배란 시 감수분열기의 비분리현상으로 인해 두 개의 염색체를 갖는 생식세포(gamete)가 생성되고, 이 경우 수정을 하면 세염색체를 형성하게 된다. 염색체를 받지 않은 나머지 생식세포는 수정 시 일염색체를 형성한다. 정자의 3~4%와 난자의 10~20%는 감수분열 오류에 의해 염색체 이수성(aneuploidy)이 되며, 이들 비정상 생식세포는 자연선택(natural selection)에 의해 정상 생식세포보다 임신 될 가능성이 적다. 만일 수정이 일어난다면 대부분의 염색체 이수성 임신은 조기에 유산된다. 각 23쌍의 염색체가 모두 분리 오류(segregation error)의 가능성을 가지고 있지만, 단지 몇몇 세염색체만이 임상 분야에서 발견된다. 일부 세염색체는 심한 이상으로 착상 전이나 바로 직후에 유산되는데, 16 세염색체의 예를 들 수 있다. 16 세염색체는 임신 초기 유산에서 가장 흔하지만 임신 초기 이후에는 발견되지 않는다. 13, 18, 21 세염색체 증후군만이 임신말기까지 생존 가능하며 21 세염색체 증후군을 제외한 대다수는 출산 전에 사망하며 모체의 연령에 비례하여 발생이 증가한다.

이론적으로 비분리현상이 일어나면 2개의 염색체를 갖는 생식세포(disomic gamete)와 염색체를 받지 않은 생식세포(nullisomic gamete)가 같은 수로 만들어지나, 실제로 일염색체(monosomy)와 모체의 나이와의 연관성은 밝혀진 바 없다. 일염색체는 거의 생존이 불가능하여 착상기간 동안 사망한다. 이처럼 염색체 수가 모자라는 경우에는 염색체가 많은 경우보다 생체에 미치는 영향이 크다. 터너증후군은 유일하게 생존 가능한 홑염색체로 임신초기 3개월 내 유산의 20%를 차지하며, 소수만이 출산까지 생존한다.

배수성 이상은 대부분 임신 초기에 유산된다. 삼배체증(triploidy)의 2/3의 한 개의 난자에 두 개의 정자가 수정되면서 발생하며, 1/3은 감수분열 오류에 의해 두 배수체를 가지는 생식세포(diploid gamete)와 수정된 경우 발생한다. 추가된 염색체가 부계로부터인지 모계로부터인지에 따라 다른 표현형을 보인다. 부계로부터 유래된 경우(diandric)에는 태반은 부분 포상기태로 비정상적으로 크거나 낭포를 형성하고, 태아의 이상을 보이며, 이러한 임신은 중기에 심한 자간전증을 일으킬 수 있다. 추가된 염색체가 모계로부터 유래한 경우(digynic)에는 정상적인 모양의 태반과 태아를 보이나, 태아는 심한 성장지연 및 결함을 동반한다.

#### ① 상염색체 이상

상염색체이상에는 21, 18, 13 세염색체 증후군이 있으며, 이 중 21번은 가장 흔한 염색체이상으로 신생아 700~1,000명당 1명의 빈도로 발생하고, 다운증후군이라고

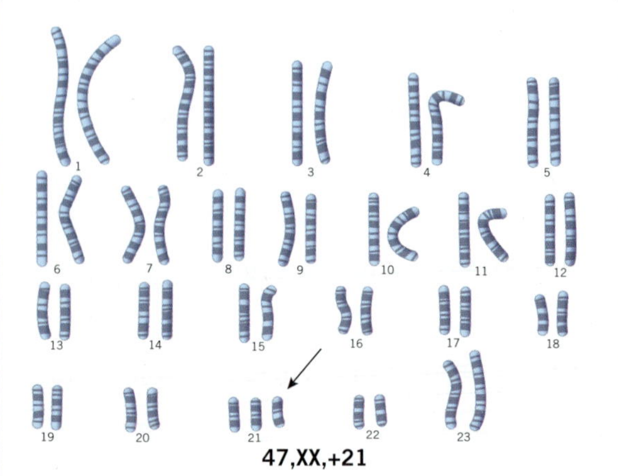


그림 23-3. 다운증후군의 핵형.

한다. 21 세염색체의 약 95%는 모계의 21번 염색체의 비분리현상(nondisjunction)으로 기인하며, 비분리현상의 75%는 감수분열 I기에서, 25%는 감수분열 II기에서 발생한다. 나머지는 섞임증(mosaicism)이나 염색체 전위(translocation)에서 기인한다. 다양한 임상증상을 가지며, 비분리현상에 의한 21 세염색체의 재발 위험율은 약 1%이며, 약 4%는 주로 21번 염색체가 끝결매듭염색체(acrocentric chromosome: 13,14,15,21,22번)에 융합되는 로버트슨(Robertsonian)전위와 관련되어 발생한다. 로버트슨전위에 의한 다운증후군의 발생은 임신부의 연령과 무관하며, 부모가 보인자인 경우에는 재발율이 높기 때문에 부모의 염색체 검사가 필요하다. 부모가 보인자이면 다음 임신에서 착상전 유전검사(preimplantation genetic diagnosis, PGD)를 통해 다운증후군을 예방할 수 있다(그림 23-3).

#### ② 성염색체 이상

성염색체 이상은 47,XXY, 47,XXX, 47,XYY, 45,X 등이 있으며 제5장의 II. 성염색체 이상 질환을 참고 하라.

### (2) 염색체의 구조적 이상(그림 23-4)

① 염색체 전위(chromosomal translocations): 염색체 전위에는 상호전위(reciprocal translocations), 로버트슨전위(Rob-

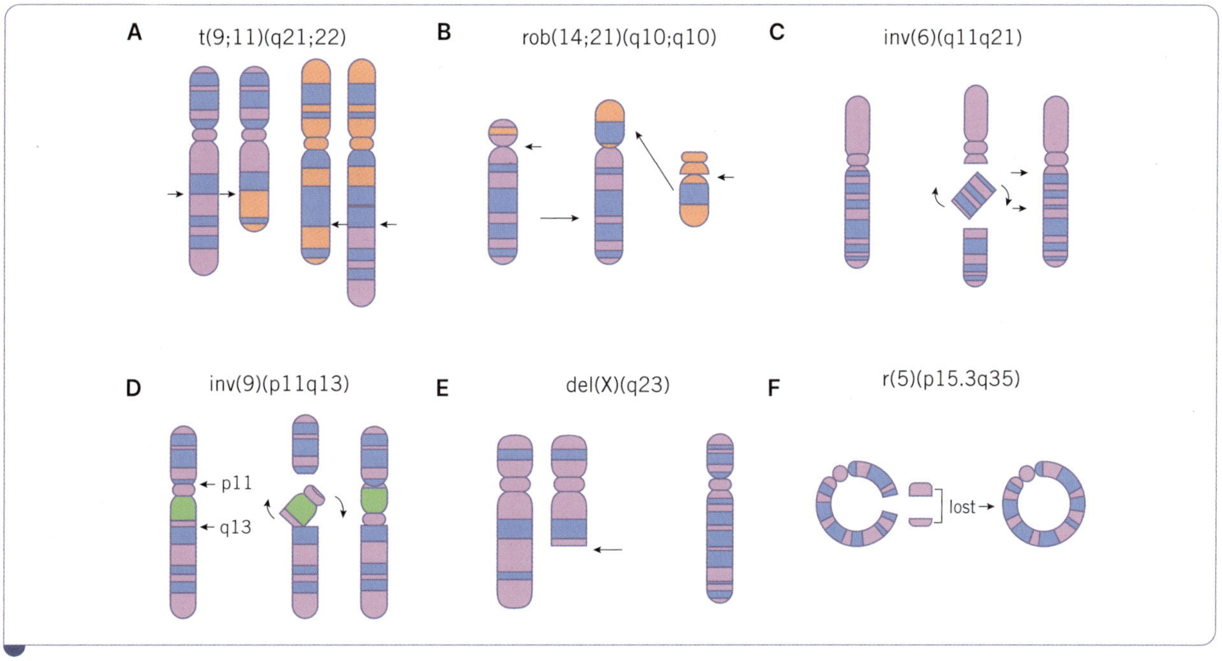


**그림 23-4.** 세포유전학적으로 진단 가능한 염색체 구조 이상의 모형도. **(A)** 상호전위. **(B)** 로버트슨전위. **(C)** 중심절편특역전. **(D)** 중심절포함역전. **(E)** 결손. **(F)** 고리염색체.

ertsonian translocations) 등이 있다.

② 염색체 역전(chromosomal inversions)

③ 염색체 결손(chromosomal deletions): 염색체 결손에는 4p 결손, 5p 결손, 그리고, 미세결손(22q 미세결손증후군, Prader-Willi & Angelman 증후군, Smith-Magenis 증후군 등)이 존재한다.

④ 고리 염색체(ring chromosome)

⑤ 등완염색체(isochromosome)

⑥ 염색체 섞임증(chromosomal mosaicism)

등이 있다.

## 2. 염색체검사의 결과 해석

**(Interpretation of result by chromosomal study)**

### 1) 융모막융모생검에 의한 염색체 검사 결과 해석

#### (1) 서론

모든 세포유전학적 처리기술은 가능하면 많은 세포분열 중기의 염색체를 얻어내는 데 초점을 맞추고 있다. 이때 얻어진 염색체를 가지고 세포유전학자는 염색체의 수적 및 구조적 상태를 조사하여 정상과 비교하여 차이가 나는 점이 어떤 것인가를 찾아내는 것이다. 이렇게 차이나는 점이 결국은 사람에게 문제를 일으키는 주요 원인이 되기 때문이다. 배양을 통해서만 분열상의 염색체를 얻어낼 수 있는 양수세포와 달리 융모조직에서는 이런 세포분열이 저절로 일어나서 바로 염색체를 관찰할 수 있다.

#### (2) Reporting

기본적으로 직접법과 배양법에 의한 두 가지 결과를 알리게 된다. 먼저 직접법은 융모막융모조직의 3개층 중 중간층인 cytotrophoblast를 이용하는데 처리하는 방법에 따라 당일 혹은 2일 이내에 결과를 줄 수 있다. 이에 대한 전제조건은 확실한 분석을 할 수 있기에 충분한 양질의 염색체를 얻는 경우에 가능하다. 만일 충분한 수의 염색체 중기상이나 뚜렷한 밴드를 보여주지 못하는 염색체라면 염색체 번호 간에 구별이 잘 안되어 할 수 없이 이런 경우는 융모막융모조직의 3개층 중 가장 중심층인 mesenchyme의 세포를 장기배양을 통해 얻은 염색체 분석을 통해서 결과를 얻을 수 있으나 약 10~15일의 시간이 소요된다. 직접법은 사실 분석하기에 충분한 수의 중기 상의 염색체를 얻기가 쉽지 않기 때문에 염색체 숫자와 구조적 이상의 존재 정도를 파악하는 수준인 경우도 많으므로 불균형의 구조적 이상을 놓치거나 섞임증의 여부를 파악하지 못할 수도 있기 때문에 산부인과 의사는 결과를 임신부와 가족에게 알려줄 때 이런 가능성에 대해 미리 설명하여 필요한 경우 배양결과를 가지고 최종결론을 내야 할 수도 있음을 미리 이해시켜야 한다.

#### (3) Diagnostic problem

융모막검사의 결과는 직접법과 배양법의 두 결과를 마지막에 서로 비교하여 최종 판단해야 한다. 따라서 직접법에서 이상이 나왔다고 해서 바로 결론을 내리는 것이 그리 현명하지 못한 결정을 내리게 되는 경우가 종종 있을 수 있으므로 직접법의 결과에 이상이 있는 경우 초음파이상과 같은 또 다른 이상 소견이 있어 최종 결과 전에 미리 결정을 내릴 수 있는 경우를 제외하고는 일반적으로는 꼭 배양법에 의한 결과를 확인한 후 최종 결정을 내리는 신중함이 필요하다. 두 가지 방법에 의한 결과가 다르게 나오는 경우는 다음과 같다.

##### ① Maternal cell contamination

직접법을 통해 모체의 세포에서 일어나는 세포분열을 확인하기는 어렵다. 그 이유는 세포분열이 매우 적게 일어나 mitotic index가 매우 낮기 때문에 쉽게 분열 중기의 염색체를 관찰하기가 매우 어렵기 때문이다. 그러나 배양법에서는 모체조직이 같이 배양되기가 쉽고, 관찰되는 염색체들에 섞일 가능성이 있다. 이런 현상은 오랫동안의 경험에 의해 잘 이해되고 있고 이런 현상을 피하기 위해 채취된 융모조직에 붙어 있는 decidua와 같은 모체조직을 완전히 제거 후 배양에 들어가도록 해야 한다. 따라서 두 방법을 모두 이용하여 결과를 내야만 이런 현상으로 인한 분석 오류를 예방할 수 있다.

##### ② Culture-induced artifacts

직접법을 이용할 경우 보여지는 분열은 실제 일어나는 모습 그대로인데 반해, 배양을 통해 나타나는 분열은 media와 condition에 의한 인공적인 환경 하이기 때문에 분열 과정 상 이상이 발생하여 원래 세포가 가지고 있지 않은 결과를 보이는 경우가 있다. 가장 흔하게 나타나는 경우는 예상하기 힘들거나 임상적으로 그리 위험하지 않다고 판단되는 수적 이상이나 구조적 이상의 염색체가 섞임증 형태로 나타나는 것이다. 그러나 염색체 21번, 18번, 13번 같은 경우는 섞임증 비율이 낮다고 하더라도 무시하기는 어려운 경우여서 특히 초음파상 이상 소견이 없는 경우는 양수검사를 통해 재확인하는 과정이 절대 필요하다.

##### ③ Confined placental mosaicism

원래 섞임증은 체세포분열 시 하나의 zygote에서 발생한 한 개체 내에 두 개의 이상의 다른 염색체 구성을 가지는 세포주(cell line)가 존재하는 것을 말하는데 10~15개의 세포를 관찰하는 염색체 분석에서는 낮은 비율의 섞임증은 확인될 수 없었기 때문에 이로 인한 생의학적 영향의 중요성을 알 수가 없었다. 이런 섞임증을 유발하는 기전은 비분리현상(non-disjunction)과 후기지연(anaphase lag)으로 이해하고 있는데 이런 현상은 태반과 태아에서도 각각 별개로 발생할 수 있다. CPM은 다른 villi들 사이에 염색체 구성에 차이가 나는 것을 말하는 것으로 다시 말해 수정란은 세포 분열을 하다가 일부는 태아가 되고 나머지는 태아가 아닌 태반과 부속 조직이 된다. 이때 태반과 태아 사이에 서로 다른 분열이 일어나 두 조직 사이에 염색체 구성에 차이가 생기면 태반의 결과와 태아의 결과가 다른 상황이 발생한다. 이렇게 같은 수정란에서 분열하여 태반과 태아 사이의 염색체 차이가 나는 것을 태반에 국한된 섞임증(confined placental mosaicism, CPM)이라고 한다. 여기에는 태반에 이상이 있는데 태아는 정상이거나, 반대로 태반은 정상인데 태반에

표 23-2. Incidences of the different types of mosaicisms (CPM and TFM) found after chrionic villous and amniocytes karyotyping.

| Type | Nature | Trophoblast (direct) | Mesenchyme (culture) | Amniocytes | Relative frequencies |
|---|---|---|---|---|---|
| I | CPM | Abnormal | Normal | Normal | 34.76% (308/886) |
| II | CPM | Normal | Abnormal | Normal | 42.32% (375/886) |
| III | CPM | Abnormal | Abnormal | Normal | 10.16% (90/886) |
| IV | TFM | Abnormal | Normal | Abnormal | 1.58% (14/886) |
| V | TFM | Normal | Abnormal | Abnormal | 5.76% (51/886) |
| VI | TFM | Abnormal | Abnormal | Abnormal | 5.42% (48/886) |

이상이 있거나 하는 경우들이 모두 포함된다. 이상이 있는 것은 관찰되는 모든 염색체 완전한 염색체 이상으로 확인되기도 하나 그런 경우보다는 대개 섞임증의 형태로 이상 염색체가 나타난다. 문제는 이런 현상이 태반과 태아의 결과가 서로 다르게 나타나게 하는 원인이 되어 태아의 실제 염색체 구성을 판단하는 데 혼란을 초래한다는 점이다. 다음의 표에서 보는 바와 같이 직접법에 의한 결과와 배양법에 의한 결과가 다를 때 최종 결과의 확인은 양수천자를 통한 염색체 검사를 시행하여 확인하게 되며 그 결과에 주목하기 바란다(표 23-2).

④ Variation within villi

앞서 기술했듯 융모막융모는 단면에서 보면 3개 층으로 구성되어 있다. 이 중 중간층인cytotrophoblast는 direct법의 결과를 얻게 되며, 가장 안쪽인 중심의 mesenchymal core (mesodermal inner cell mass)는 배양을 통해 배양법의 결과를 얻게 되는데 둘 사이에 결과 차이가 발생하는 것은 검사가 이루어지는 세포의 origin이 다르기 때문이다. 두 검사법 사이의 결과 차이는 먼저 모체세포감염, 혹은 배양으로 인한 artifact인가를 조사하는 것이고 그다음으로 서로 상충되는 결과 중 어느 것이 태아 자체의 염색체 구성을 더 잘 나타내는가를 살펴보는 것이다. 이 문제는 양수세포의 배양과 융모막융모 분석에 의한 산전진단에 흔히 나타나는 태아의 진짜 상태를 나타내지 않는 일반적인 문제인 면이 있다. 채취된 material (시료)이 균일할 수도 있지만 태아의 균일하지 않은 부위에서 채취된 것일 수도 있다.

#### (4) Uniparental disomy (UPD)

섞임증으로 관찰될 때 간과할 수 없는 현상이 있는데 이는 uniparental disomy (UPD)라는 것이다. 이는 사람에서는 모든 종류의 염색체가 쌍으로 존재해야 하는데 쌍으로 존재하는 두 개의 염색체는 부모로부터 하나씩 물려받아야 한다. 하지만 한쪽 부모에서만 물려받는 일이 생기는데 이럴 경우 두 개의 염색체를 가지고 있다고 하여도 그 번호의 염색체가 가지고 있는 본연의 기능을 발휘하지 못하여 병이 발생하게 된다. 여기에 관여하는 기전이 있는데 rescue (구조)라는 것이다. 21번 염색체를 3개 가지는 다운증후군을 예로 들면 이때 두 개는 일반적으로 모계를 통해 물려받고 나머지 한 개는 부계를 통해 물려받는데 세포분열을 계속 하다 보면 어느 지점에서 21번 하나가 anaphase lag (후기 지연)와 같은 현상에 의해 분열된 세포에 들어가지 못하고 탈락하게 되는데 결과적으로 두 개의 염색체로 되어 원래 21번이 2개인 상태로 구조되었다고 할 수 있다. 겉으로 보기에는 21번이 2개이므로 다운증후군은 아닌 것으로 파악하고 별 문제가 없을 것으로 간주하지만 이때 부계로부터 물려받은 21번이 탈락한 거라면 모계로부터 물려받은 21번만 2개 남게 된다. 이렇게 되는 상태를 uniparental disomy라고 부모로부터 하나씩의 염색체를 물려받아야 제대로 일어나는 유전자발현이 이런 경우에는 유전자발현에 문제가 생겨 기능이나 표현형에 영향을 미치게 되어 부모로부터 물려받은 유전자에 의해 유전자발현이 일어나거나 일어나지 않는 것을 유전자 각인(genetic imprinting)이라 하며 여기에 간여하는 유전자를 각인 유전자(imprinted gene)라 하여 현재까지 사람에서는 약 90개 정도가 알려져 있다. 부모와 태아의 pericentric short tandem repeats (STRs) marker의 segregation analysis를 하면 meiosis와 mitosis 과정에서 발생하는 염색체의 segregation error를 구별할 수 있고 UPD를 발견할 수 있다. 염색체의 양쪽 팔을 따라 STR 분석을 하면 isodisomy 혹은 heterodisomy와 함께 recombination 상황을 확인할 수 있다. 예를 들어 완전한 isodisomy 상태(iUPD)에서는 수정 후 염색체 복제 결과로 모든 STR 표지들이 homozygosity로 존재한다.

### 2) 양수천자술에 의한 염색체 검사 결과 해석의 어려움

양수천자를 이용한 염색체 검사는 양수 내 존재하는 많은 세포들 가운데 살아 있는 세포를 배양해서 그 세포들의 핵으로부터 염색체를 관찰하는 방법이다. 양수 내에는 다양한 세포들이 존재하는데 1 mL당 100만 개의 세포가 존재하고 그중에 1~2개의 살아 있는 세포가 있다고 한다. 이 세포들의 기원은 표피에서 유래하는 ectodermal cell, 방광에서 유래하는 translitional cell, 폐에서 유래하는 fibroblast 등 다양하다. 이 중에서 살아 있는 fibroblast가 배양되어 염색체를 관찰할 수 있게 된다. 하지만 이런 fibroblast를 잘 키우지 못하면 배양에 실패한 상황을 맞이하게 되기도 한다. 산전진단 시 양수를 이용한 염색체 검사를 하다 보면 세포배양을 하면서 3개의 서로 다른 수준의 섞임증이 확인된다. Level I은 하나의 염색체 이상이 관찰되는 것인데 이것은 배양 중 발생하는 artifact로 진짜 mosaicism이 아니라고 해서 가성 섞임증(pseudomosaicism)이라 한다. Level II 섞임증은 2개 이상의 같은 종류의 염색체 이상이 관찰되는 것으로 배양 용기 내에서 관찰되는 독립된 세포집단(이것을 colony라고 한다)들 가운데 어느 하나에만 국한되어 있어야 하며 다른 colony에 같은 염색체 이상이 있으면 안 된다. Level III 섞임증은 두 개의 이상의 같은 염색체 이상이 2개 이상의 배양용기에서 독립적으로 관찰될 때를 말하여 진성 섞임증(true mosaicism)이라 한다. 앞서 말한 바와 같이 융모막검사에서 섞임증이 나오면 다른 이상 초음파 소견이 없는 경우 양수검사를 통해 재확인하는 과정을 거쳐야 한다. 마찬가지로 양수검사에서 Level III의 섞임증이 관찰되면 태아에 미치는 영향을 정확히 파악하기 위해 태아의 탯줄에서 혈액을 뽑는 제대천자를 시행하여 태아 혈액 내 lymphocyte를 이용한 염색체 검사를 하게 된다. 섞임증으로 인한 태아에 미치는 영향의 정도를 정확히 알기는 어렵다. 비정상 세포의 비율이 높을수록 태아에 미치는 영향이 크리라고 일반적으로 예상할 수 있지만 터너증후군과 같은 특정 염색체 이상 시 낮은 비율의 섞임증에서도 터너증후군의 표현형이 확실하게 나타나는 경우도 있으므로 태아에 미치는 영향이 섞임증의 비율과 꼭 비례한다고 이야기하기 어려운 경우도 있다.

융모막검사에서 섞임증이 확인되었을 때 이 현상이 태아에 얼마나 영향을 미치는지 그리고 임상적으로 어떤 관련성이 있는지를 알아낼 수 있는 객관적인 자료를 제공하는 것은 쉬운 일이 아니다. 따라서 유전상담 시 확인된 염색체 이상과 관련해서 개별적으로 검토하는 전략이 필요하며, 그러기 위해서는 이전 사례에서 그에 관한 정보를 참고하는 것이 매우 중요하다. 그런 다음 이를 바탕으로 침습적 추적검사인 양수검사를 권하게 된다. 최근 들어 산전진단의 가장 의미있는 변화는 NIPS와 microarray의 출현이다. Microarray의 경우 태반세포의 낮은 섞임증 때문에 융모막검사 시 위음성의 가능성이 있고, cytotrophoblast와 cesencymal cell이 구별이 안 된 상황에서 이루어지면 위양성을 구별하기가 어려운 문제가 있으나 전통적인 염색체 검사에서 발견하기 어려운 미세변이까지 확인해내는 능력으로 말미암아 이전에는 기대하기 어려웠던 이상의 발견이 가능해졌다는 것은 산전진단 분야에 크나큰 이점을 주었다. NIPS는 모체혈액 내에 존재하는 cell free fetal DNA를 이용하여

trisomy 21, 18, 13에 대해 고위험군으로 판정되면 침습적검사로 확진하는 과정이 요구되었는데 trisomy 21과 trisomy 18은 융모막검사가 최종 확진을 위한 적절한 검사로 판정되었지만 기타 trisomy 13 혹은 기타 성염색체 이상에 대해서는 적절하지 않아 양수검사로 확인하는 것을 권하고 있다. 따라서 오늘날의 산전진단은 사안에 따라 적절한 방법을 이용하여 진단에 임해야 하기 때문에 산전진단에 사용되는 각 검사의 활용법에 대해 숙지할 필요가 있으며, 향후 산전진단의 방법이 더욱 발전하게 되면 이런 경향은 더욱 심화될 것이다.

## 3. 염색체 이상의 신속 검사(Rapid detection of aneuploidy)

### 1) Quantitative fluorescence PCR

산전 진단 시 확인되는 삼염색체 이상 중 염색체 13, 18, 21번의 삼염색체는 임신 3분기까지 생존이 가능한 이배체성 수적 이상의 89%에 달한다. 이를 확인하기 위한 일반적인 산전 진단 핵형분석법은 약 14일 가량의 배양기간이 소요되는데, 최근 몇 년 동안 임신부의 요구에 따라 빠른 분석을 위해 다양한 개발법들이 시도되어 왔다. 빠른 결과를 위해 배양된 세포 대신 미배양 양수(amniotic fluid, AF) 혹은 융모막 융모(chorionic villus sample, CVS) 조직 세포를 대상으로 interphase-fluorescence in situ hybridization (FISH)을 시행하여 48시간 이내에 결과를 보고한다. 그러나 quantitative fluorescence polymerase chain reaction (QF-PCR)의 적용은 진단 시간을 24시간 이내로 더욱 단축시켰을 뿐만 아니라, 한 번에 많은 양의 검체와 정보를 처리할 수 있어 현재는 산전 진단 시에 가장 경제적이고 적합한 방법으로 적용되고 있다.

### 2) 원리

QF-PCR은 염색체에 존재하는 특이적인 DNA의 짧은 염기서열 반복 표지자(chromosome-specifific polymorphic microsatellite markers)에 형광을 붙여 증폭한 후 DNA 자동 분석기로 그 양을 측정하는 방법이다. 즉, 염색체 13, 18, 21번, 성염색체 X 그리고 Y의 각 염색체 부위마다 존재하는 short tandem repeat (STR) marker에 형광을 붙여 multiplex PCR법으로 증폭시킨 후 DNA 자동염기서열 분석기를 이용하여 그 양상을 관찰한다. STR 마커가 있는 곳이 이형접합성(heterozygous)인 경우, 대립유전자 피크 면적의 비율은 이염색체(disomy)일 경우 1:1(그림 23-5 A), 삼염색체일 경우는 2:1, 1:2 혹은 1:1:1의 비율로 나타나게 된다(그림 23-5 B).

### 3) 한계점

그림 23-6과 같이 일관성 없는 비율의 피크 혹은 여분의 대립유전자의 피크들로 혼동되는 결과들을 보이는 경우는 쌍태아의 경우일 수 있지만, 일반적으로 모체세포의 오염(Maternal cell contamination, MCC)을 나타낸다. MCC 패턴을 보이는 결과는 무리하게 rapid aneuploidy를 시행하지 않는다.

## 4. 산전 염색체 마이크로어레이 (Prenatal chromosomal microarray)

### 1) 서론

염색체 이상의 산전진단은 1960대 중반부터 제공되었다. 고령임신, 생화학적검진 상 고위험군과 같은 가장 흔한 검사 적응증일 때 융모막융모생검과 양수천자와 같은 침습적 검사에 의한 진단율은 대략 각각 6%와 3% 정도이다. 구조적인 기형이 있는 태아에서 이들 검사를 시행하였을 때 진단율은 일삼분기에서는 49%, 이삼분기 임신에서는 17% 정도라고 보고되고 있다. 염색체 마이크로어레이(CMA)와 같은 새로운 분자세포유전학 기술은 진단적인 면에서 해상도를 매우 높여 수kilobase 범위의 불균형을 발견할 수 있게 됨에 따라 기존의 핵형분석이 5백만 bp 이상의 변이만을 발견할 수 있었던 것과 비교하면 현저하게 우수한 진단능력을 보였다. 선천성기형, 발육부진, 지적장애가 있는 아이에서 CMA를 이용하면 임상적으로 관련있는 염색체 미

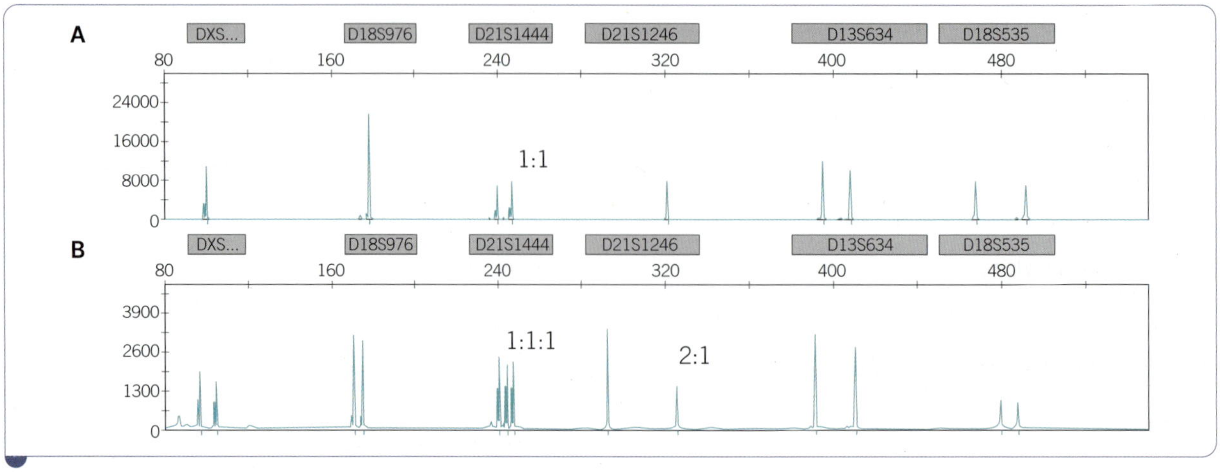


**그림 23-5.** QF-PCR의 전기영동도의 일부분. **(A)** 1:1의 비율을 보여주는 이염색체일 경우, **(B)** 21번에 대하여 1:1:1 그리고 2:1의 비율을 보여주는 삼염색체의 경우. Detection (RSA)을 하기보다는 배양방법을 통해 안정적인 결과를 진행하거나, interphase-FISH를 적용한다.

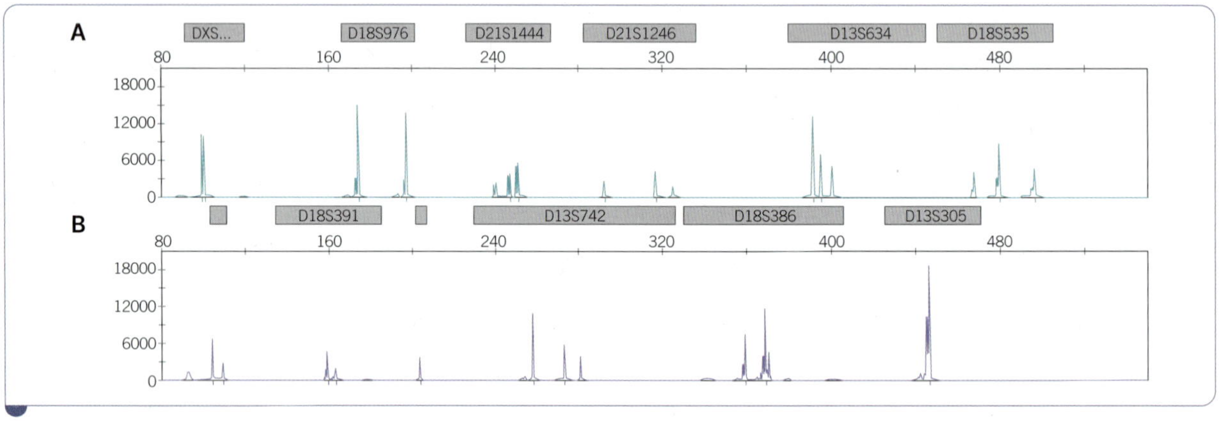


**그림 23-6.** Maternal cell contamination 패턴을 보이는 전기영동도의 일부분.

세변이를 12~15%까지 더 발견할 수 있게 되었다. 2013년 Wapner 등은 초음파 이상이 있어 염색체 검사를 하였으나 이상이 없었던 경우에서 CMA를 시행한 결과 약 6%의 추가 진단이 가능하였다고 보고하였다. CMA는 DNA copy number 불균형을 발견할 수 있는데 이를 copy number variant (CNV)라고 한다. 이런 변이가 있다고 모두 임상적으로 의미있는 것을 아니며 정상적으로 보이는 사람들에서도 발견된다. 이러한 benign CNV는 50 kb 이하의 작은 크기로서 임상적으로 의미있는 coding region을 가지고 있지 않다. CNV는 미세결실(microdeletion 혹은 submicroscopic loss) 혹은 미세중복(microduplication 혹은 submicroscopic gain)이라고도 하는데 전통적인 핵형분석으로는 발견될 수 없다. CNV의 의학적인 관련성은 미세변이의 기능적 영향과 관련이 있는데 이것이 매우 중요한 유전자나 조절영역에서 일어나는 경우 phenotypic effect가 발생할 가능성이 높다.

### 2) 산전 염색체 마이크로어레이검사의 종류

CMA에는 두 가지 종류가 있는데 하나는 comparative genomic hybridization array이고 다른 하나는 single nucleotide polymorphism array이다. CGH array는 환자의 DNA를 정상대조 DNA sample에 비교하여 환자의 sample에서 중복되었거나 결실된 부위를 확인한다. 이 array에서는 환

자와 정상 DNA를 여러 조각으로 분리하여 서로 다른 형광색깔(대개 green과 red)로 표지한 후 서로 섞은 다음 인간의 genome 전체를 걸쳐 알려져 있는 염기서열로부터 만들어진 probe들을 포함하는 array (glass slide)상에 놓게 되면 이 DNA 혼합물은 서로 경쟁적인 방식으로 probe DNA의 상보적인 위치에 달라붙게 된다. 각 probe의 형광의 강도는 digital imaging software를 통해 측정된다. 이때 환자와 정상 대조 sample의 copy number가 같으면 green과 red가 동량으로 합쳐져 yellow로 나타난다. 만일 환자의 copy number 많으면 green으로, 정상 대조의 copy number가 많으면 red로 나타나게 되어 확인이 가능하다. 대부분의 임상검사기관에서는 aCGH로 산후 검체에서 50~100 Kb범위 내에서 임상적으로 의미있는 불균형을 보고하는 편이다.

SNP microarray analysis (SOMA)는 개인들 간에 single base pair로 구별이 되는 DNA location으로부터 선택된 target probe들이 사용되는 high-density oligonucleotide - base array를 이용한다. 이 방식은 호진 환자의 DNA만 표지하여 SNP array와 반응시키는데 정상 대조의 형광 강도와 비교하여 환자의 것을 측정함으로써 copy number change를 결정한다. 임상적으로 사용되는 대부분의 SNP array는 SNP probe와 copy number probe를 같이 포함하고 있으며, 50~100 Kb 이상의 임상적 의미가 있는 CNV를 보고한다. CNV 이외에도 다른 임상적으로 중요한 정보를 알 수가 있는데 UPD (uniparental disomy), mosaicism, zygosity, maternal cell contamination, parent of origin, consanguinity를 알 수 있다. 마지막으로 aCGH로는 발견할 수 없는 triploidy도 array 상에서 SNP allele pattern을 분석함으로써 쉽게 발견할 수 있는 장점이 있다.

### 3) 산전 염색체 마이크로어레이검사의 진단율
(The diagnostic yield of CMA)

전통적인 핵형분석과 FISH와 비교하여 염색체 이상 확인을 위한 산전유전진단 CMA를 사용하는 가장 큰 이점은 훨씬 더 작은 불균형을 발견할 수 있다는 것이다. FISH는 특정 위치의 상태를 파악하기는 용이한 방법이나 여러 위치를 동시에 파악하는 데는 한계가 있다. 여러 개의 probe를 한꺼번에 반응시켜 시행하는 방법도 있으나 특정 위치를 잘 모를 때에는 진단율을 높이기 위해 이런 probe들을 여러 번 연속적으로 시행해야 하기 때문에 비효율적이고, 시간이 많이 소요되며, 경비도 많이 소요되게 된다. 이에 반해 CMA는 한 번의 검사로 genome상의 미세변이들을 어떤 위치에서도 발견할 수 있는 장점이 있다. CMA는 염색체의 수적이상을 산전진단 시 핵형분석과 비교하여 100% 발견할 수 있으며, NICHD의 보고에 따르면 나이가 많거나 부모가 걱정이 많거나 혈청검진에서 고위험군으로 판정된 경우 시행했을 때 핵형분석에 비해 1.7% 정도 진단율이 더 높았다고 한다. 초음파 이상 소견이 없는 경우의 태아에서 핵형분석보다 CMA의 발견율도 더 높은 편이다. 이전에는 임상적 의미가 불분명하여 variants of uncertain significance (VUS)로 간주되던 것들이 새로운 정보가 축적됨에 따라 점차 줄어들고 있는데 NICHD의 초기 보고에 따르면 pathogenic CNV와 VUS의 빈도가 각각 0.9%와 2.5%였으나 새로운 보고와 public data sharing에 의하면 pathogenic CNV는 증가하고 VUS는 줄어들어 1.8%, 0.9%로 변화하였다.

### 4) 초음파 이상을 가진 태아에서의 산전 염색체 마이크로어레이

태아의 기형과 유전적 불균형 간의 관계는 다운증후군, 에드워드증후군, 파타우증후군에서와 같이 구조적 기형과 특히 관련이 있다는 것이 지난 수십 년 동안 인지되어오고 있다. 임상적으로 의미있는 유전체부위 미세결실과 미세중복 역시 특정 유전질환과 관련이 있는데 많은 경우가 선천성 기형을 보이고 있다. 예를 들어 심장기형은 DiGeorge 증후군인 태아의 77%에서 관찰이 되고 있는데 이 증후군은 염색체 22번의 장완에 미세변이에 의해 발생하는 것이다(22q11.2 deletion syndrome). 염색체 17번의 단완 말단부위의 미세결실은 cerebral cortex의 gyrus 발달이 없거나 덜 발달하는 소견을 보이며, Miller-Dicker 증후군(17p13.3

deletion)과도 연관되어 있다. Beckwith-Wideman 증후군과 Russell-Silver 증후군은 특별한 초음파 기형을 보일 수 있는데 UPD에 의해 발생한 것이라면 SOMA에 의해서만 확인이 가능하다. 초음파 이상이 확인된 태아 1,033명을 대상으로 한 SOMA 연구에서 pathogenic CNV가 확인된 것은 5.5%였으며, 또 다른 연구에서도 비슷한 결과를 보여 CMA가 초음파 이상이 있는 경우에 약 6~7% 정도 더 많은 이상변이를 확인할 수 있는 것이 분명하여 American Congress of Obstetricians and Gynecologists는 태아의 구조적 기형을 평가하는데 CMA를 first tier test로 권고하고 있다. CMA 이상소견과 흔히 관련있는 기관을 살펴보면 심장, 신장, 골근육계, 비뇨생식계, 중추신경계가 있다. 신장이나 심장에 국한된 기형이 있는 경우는 핵형분석만 했을 때보다 각각 15.0%, 10.6% 더 이상 변이를 발견할 수 있다. 더욱 놀라운 것은 심장의 outflow tract 기형이 있는 경우 30% 정도 이상 소견을 더 발견할 수 있다. Donnelly 등은 태어날 때 가장 많이 발견되는 VSD의 경우 7.3% 이상 소견이 발견되며, 심장기형이 있는 경우 66.7%는 22q11.2 결실(DiGeorge 증후군) 이외의 CNV를 가지고 있다고 보고하였다. 22q11.2 결실은 부모의 유전상담 시 중요한 영향을 주는데 이런 결실을 보이는 아이는 다른 구조적 이상뿐만 아니라 면역 결핍, 신경인지 장애 등을 초래하고 어른이 되어서는 약 25% 정도에서 schizophrenia 혹은 다른 정신과적인 문제를 야기하기 때문이다. Nuchal translucency와 여러 기관의 기형이 초음파상에서 확인되는 경우 non-benign CNV가 발견되는 경우가 13.6%까지 증가한다고 보고되었다. 하지만 많은 경우 초음파 소견에 이상이 없음에도 불구하고 이런 미세변이가 존재하기 때문에 초음파만으로 임상적으로 중요한 CNV를 모두 파악하기는 어렵다.

### 5) 산전 염색체 마이크로어레이의 장단점

CMA의 주요 이점 중 하나는 불균형 영역을 정확히 파악할 수 있다는 것이다. 이것은 미세변이가 일어난 부위를 정확하게 규명할 수 있고 그 부위의 유전적 염기서열을 조사할 수 있다는 얘기다. 이것은 미세변이뿐만 아니라 origin을 알 수 없는 염색체 이상의 경우 특히 중요한데 후자의 예로 표지염색체와 불균형재배열이 있다. Origin을 모르는 염색체 이상의 경우 그 결과로 발생하는 임상적 표현형과 예후는 그 염색체가 어디서 왔는가에 달려 있는데 CMA는 genome browser와 public database를 통해 phenotype과 특정 세포유전학적 자료를 연관시켜 빠르게 둘 간의 임상적 관계를 규명할 수 있도록 해준다. CMA는 겉으로 보기에 염색체의 균형적 재배열이 de novo로 발생하였을 때 비정상적인 phenotype이 6.7%에서 발생한다는 경험적 위험도를 알고 있다. CMA를 통해 재배열 시 일어나는 염색체의 breakage 부위에서 발생하는 미세변이를 찾아낼 가능성이 있다. 한편 CMA는 염색체의 균형적인 재배열을 감지하지는 못한다. 그렇다고 그런 가능성을 확인하고자 NGS까지 권하지는 않는다. CMA는 세포를 배양하지 않고 빠른 시간 내에 결과를 얻을 수 있어, 미배양융모세포, 양수, 태아 혈액에서 직접적으로 DNA를 추출하여 검사를 할 수 있다. 이런 장점에도 불구하고 CMA는 정상 대조와 비교하여 불균형을 찾아내기는 하나 균형적 재배열을 찾아내지는 못하는 단점이 있다.

### 6) 산전 염색체 마이크로어레이검사와 태아DNA선별검사의 비교 CMA vs NIPT

산전검사 중 시행되는 NIPT는 기본적으로 검진검사이며, 이에 반해 CMA는 진단검사라는 것을 알아야 한다. NIPT가 다운증후군을 발견하는데 기존의 생화학적 검사나 NT를 측정하는 초음파 검사보다 더 우수하다는 것은 명확한 사실이나 CMA에 의해 발견 가능한 유전체 이상들을 다루기는 어렵다. aCGH에 의해 발견되는 이상의 약 절반 정도는 표준적인 NIPT로 놓치게 되는데 이는 임신부가 검진검사와 진단검사 사이에서 어느 검사를 선택할 것인가를 결정하는 데 있어 매우 중요한 요소이다. 특히 35살을 넘기면서 고위험군의 생화학적검진결과와 NT 검사결과를 보이는 경우는 cell free DNA screening에서 negative 결과를 얻었다고 하더라도 CNV 혹은 드문 trisomy가 발견될 가능성이 있는 것이다. 또한 NIPT의 predictive value (PPV)는 염색체 이상이 발생할 환자의 a priori risk에 달려 있다는 것을 이해해야 한다. A priori risk는 주로 질환의 발생빈도에 의해 결정된다. 염색체 이수성의 경우 발생빈도는 임신부의 나이와 연관이 있는 반면 미세결실/미세중복의 경우 부모의 나이에 의해 영향을 받지 않으며 자기가 속한 민족의 발생빈도에 의해 정해진다. 따라서 a priori risk가 높을수록 PPV는 더 커지며, trisomy 21의 경우 high risk group에서는 PPV가 98%에 달하나 low risk group에서는 45.5%에 지나지 않는다. 이것은 low risk group으로 분류되는 환자의 약 절반에서 위양성의 결과가 나온다는 잠재적 가능성이 있다는 뜻이다. Cell free fetal DNA를 이용하는 NIPT는 현재 미세변이를 검진하는 믿을 만한 비침습적 검사이다. 그러나 NIPT 상 양성인 경우에 양수검사나 융모막검사로 확인했을 때 PPV가 0%인 경우가 Cri-du-Chat 증후군과 Prader-Willi/Angelman 증후군이었다. 1p36 deletion 증후군은 14%, 22q11.2는 21% PPV를 보였다. 이와 비교하여 SNP-based NIPT로 검사했을 경우 Prader-Willi/Angelman증후군에 대해서는 9.1%, Cri-du-Chat 증후군은 66.7%, 1p36 deletion은 50.0%, 22q11.2 deletion 증후군은 44.2%의 PPV를 보여 CNV의 cell free DNA screening의 발견율은 NIPT의 platform, laboratory, region, size of the deletion or duplication에 따라 매우 달라진다.

### 7) Professional society CMA guidelines and reporting criteria

CNV가 존재한다는 것이 임신부의 나이와 관련이 없다는 얘기는 젊은 여성에서 다운증후군보다 미세결실 혹은 미세중복이 있는 태아를 임신할 가능성이 더 높다는 것을 의미한다. 결과적으로 ACOG와 SMFM은 모든 임신부에서 나이와 상관없이 진단적인 검사를 받도록 권유하고 있으며 Wapner 등이 초음파 이상이 있는 임신의 약 6%에서 임상적으로 의미 있는 CNV가 확인된다는 보고에 따라 ACOG/SMFM은 2013년에 주요 구조적 기형이 있는 태아의 산전검사를 위해 핵형분석을 CMA로 대치하던가 같이 시행하도록 권유하고 있다. American College of Medical Gnentics는 Association for Molecular Pathology와 함께 variants를 분석하는 데 필요한 guideline을 출간하여 CNV를 보고하는데 five-tier system를 제시했다. 이 시스템 하에 CNV는 pathogenic, likely pathogenic, uncertain significance, likely benign, benign으로 분석되어진다. 보고서에는 염색체의 번호와 band, CNV category (loss or gain), CNV 크기, 5 tier system에 의한 임상적 의미에 대한 기술, 변이에 포함된 유전자들, 향후 권고사항 등이 포함된다. 2018년 CSMG와 CSOG가 같이 표명한 CMA 권고안을 참고로 소개하면 NT가 두꺼운 경우와 초음파 이상이 있어 CMA를 하는 경우 염색체 검사에서 이상이 확인되면 CMA를 추가로 하지 않고 검사를 종료하도록 하고 있다. 하지만 염색체 이상 소견이 확인되지 않으면 CMA를 시행하여 발견되는 이상이 없을 경우 검사를 종료하고, 발견되는 이상이 있으면, 그 크기가 결실의 경우 500 Kb 미만, 중복의 경우 1 Mb 미만일 경우 보고하지 않으나 예외적으로 확인된 변이가 검사이유에 부합하거나 태아의 생명 또는 그 가계의 향후 생존관련 위험성이 존재하면 보고하라고 권고하고 있다. 500 Kb 이상의 결실, 1 Mb 이상의 중복이 있을 경우 pathogenic 한 경우와 likely pathogenic한 경우는 보고하고 필요한 경우 부모로부터 유전된 것인지 do novo로 발생한 것인지 확인하기 위해 부모의 CMA 검사를 하는 권고한다. 임신부의 나이가 고령이거나 생화학적 검진에서 고위험군으로 판정된 경우, 또는 가족력이 있어 CMA를 하는 경우는 전술한 내용과 동일하나 차이가 나는 것은 pathogenic으로 생각되는 변이에도 그것이 생명에 지장이 없거나 adult-onset, 또는 치료약이 없는 경우는 보고하지 않는다고 하고 있다.

### 8) 결론

CMA는 전통적인 핵형분석으로 발견할 수 없는 작은 변이를 찾아내는 데 획기적인 도구로 사용되고 있어 특히 산전

진단에서의 효용성이 높은 편이다. 하지만 이런 순기능이 있는 반면 결과의 해석이 분명치 않은 경우이거나 너무 필요 이상의 정보를 제공하여 임신 자체에 대해 우리를 임상적으로나 윤리적으로 곤경에 빠뜨리는 일이 발생하는 면이 있다. 아주 심각한 임상증상을 보이는 이수성을 산전진단하는 경우와는 달리 CMA의 많은 소견들은 태어난 후 이로 인한 임상증상을 미리 예견하여 발병되기 전에 우리가 이를 도와줄 수 있는 경우도 있어 부정적인 면만 강조하는 것은 그리 타당하다고 보기는 어렵다. 현재 산전진단 분야는 환자와 가족을 위한 새로운 도구인 이런 방법들을 어떻게 활용할 것인지 배우면서 산전정밀의료로 옮겨가고 있는 중이다.

## 5. MLPA (Multiplex ligation dependent probe amplification)

유전 질환의 원인이 되는 유전자의 돌연변이는 점돌연변이와 함께 결실, 삽입 및 중복돌연변이 등이 있다. 이런 돌연변이를 확인을 위하여 2002년도에 Multiplex ligation dependent probe amplification (MLPA)이 처음 소개되었다. MLPA는 수십 개의 탐침자(probe)를 이용하여 다양한 DNA의 변화를 한꺼번에 확인할 수 있는 다중 중합효소연쇄반응 검사(multiplex PCR assay)이다. 엑손 단위의 이상도 확인할 수 있고 다양한 target을 한꺼번에 확인할 수 있는 high throughput 방법이면서 상대적으로 비용도 저렴한 장점을 가지고 있다(표 23-3).

본 챕터에서는 MLPA의 원리 및 검사 결과 해석 시 주의점 및 임상 적용 사례에 대해 살펴보고자 한다.

### 1) MLPA의 원리

MLPA는 ligation을 이용하여 탐침자를 증폭시키는 방법을 통해 진행된다. 탐침자는 각각의 DNA sequence에 대한 변이를 확인할 수 있으며 대개 질병의 원인으로 생각되는 유전자의 엑손 부분을 확인하게 된다. Multiplex 과정을 위하여 길이가 다양한 stuffer를 탐침자 내에 끼워 넣어주게 된다. Stuffer의 길이는 130~480 bp 범위이면서 탐침자마다

표 23-3. 유전자 변이를 확인하는 검사법

| | |
|---|---|
| MLPA | 엑손 단위의 이상도 확인 가능함<br>다양한 target을 한꺼번에 확인할 수 있는 high throughput 방법<br>상대적으로 적은 양의 DNA로 검사가 가능<br>상대적으로 검사 비용이 저렴 |
| FISH | Balanced rearrangement나 섞임증, tumor heterogeneity도 발견 가능<br>Multiple copies를 정량화 가능 |
| Quantitative PCR | 엑손 단위의 이상(심지어 점돌연변이)도 발견 가능<br>Multiple copies를 정량화 가능<br>상대적으로 검사 비용이 저렴 |
| Southern blot | 엑손 단위의 이상도 발견 가능<br>섞임증 발견 가능 |
| CGH array | 엑손 단위의 이상도 발견 가능<br>전체 유전체 수준에서 검사 가능<br>획득하는 데이터에 비해 비용이 저렴 |
| SNP array | Copy neutral loss나 heterozygosity 발견 가능<br>전체 유전체 수준에서 검사 가능<br>획득하는 데이터에 비해 비용이 저렴 |

CGH, comparative genomic hybridization; FISH, Fluorescence In Situ Hybridization; MLPA, Multiplex Ligation Dependent Probe Amplification; PCR, polymerase chain reaction; SNP, single nucleotide polymorphism.

특이적인 길이를 가지게 된다.

탐침자는 이 stuffer와 표적 DNA와 교잡할 수 있는 표적 염기 서열 부분, 그리고 ligation 산물을 한 번에 증폭시킬 수 있는 중합효소연쇄반응 프라이머 염기서열 부분으로 구성되어 있다(그림 23-7A). 다른 한쪽의 탐침자는 하나의 염기 차이를 둔 표적 염기서열 부분과 함께 프라이머 염기서열 부분으로 구성되어 있어, 두 개의 탐침자가 표적 DNA에 성공적으로 교잡되면 ligation을 위한 3′말단과 5′말단이 마주 보게 된다. Ligation 후 탐침자 각각의 말단에 위치하고 있는 프라이머 염기서열부분을 이용하여 형광물질을 붙인 프라이머로 중합효소 연쇄반응을 하면 성공적으로 교잡된 ligation 산물만이 증폭되게 된다. 각각의 표적 염기서열에 해당하는 ligation산물은 형광물질이 붙은 서로 다른 크기의 절편을 형성하게 된다. 형성된 각각의 절편들은 Genetic analyzer (ABI-Prism of Appliedbiosystems; CEQ of Beckmann; Megabase of Amersham 등)를 통하여 크기별로 분리하고, 크기

별 산물의 형광도로 유전자의 농도를 확인한다(그림 23-7).

### 2) MLPA의 검사 과정

MLPA의 검사 과정은 표적 (1) DNA의 단일가닥 열성분리 및 탐침자와 교잡반응, (2) ligation, (3) ligation 산물의 중합효소연쇄반응을 통한 증폭, (4) 증폭된 산물의 분리 및 분석의 단계로 나눌 수 있다.

DNA의 단일가닥 열성분리는 98℃에서 5분간 진행되고, 이후 바로 탐침자와 교잡 반응을 시키게 된다. 교잡 반응은 탐침자와 정확한 교잡을 유도하기 위해 약 16~20시간 정도 소요되며, 정확한 교잡에는 주형 DNA의 순도가 중요한 요인이 된다. Ligation은 NAD-dependent ligase에 의해 시행되고 이후 ligation 산물을 중합효소연쇄반응을 통해 증폭하게 된다. 증폭된 산물의 분석 또한 MLPA의 가장 중요한 부분이라 할 수 있다. Genetic analyzer를 거쳐 분리된 중합효소연쇄반응 산물의 분석은 두 가지 단계를 거친다. 우선 가로축(중합효소연쇄반응 산물의 크기별)의 표식화로, 디자인된 유전자 내의 표적부위를 산물의 크기별로 표식화하는 작업이 선행된다. 이 작업을 통하여 각각의 ligation 산물들이 유전자 내의 어느 부위에 해당하는지를 확인한다. 크기별로 확인된 산물들은 두 번째로 세로축(중합효소연쇄반응 산물의 농도)의 비교로 유전자 내에 위치한 표지들의 존재 여부 및 농도를 측정할 수 있게 된다(그림 23-7 B, C). MLPA를 위한 한 개의 실험군에는 표적유전자에 대한 탐침자와 함께 내부대조군으로 표적유전자와 다른 유전자좌에 위치한 정상 유전자들에 대한 탐침자와 함께 ligation의 여부와 교잡여부 등에 대한 정도관리를 위한 탐침자로 ligation에 의존하지 않는 탐침자(DNAQuality fragment)와 ligation에 의존하는

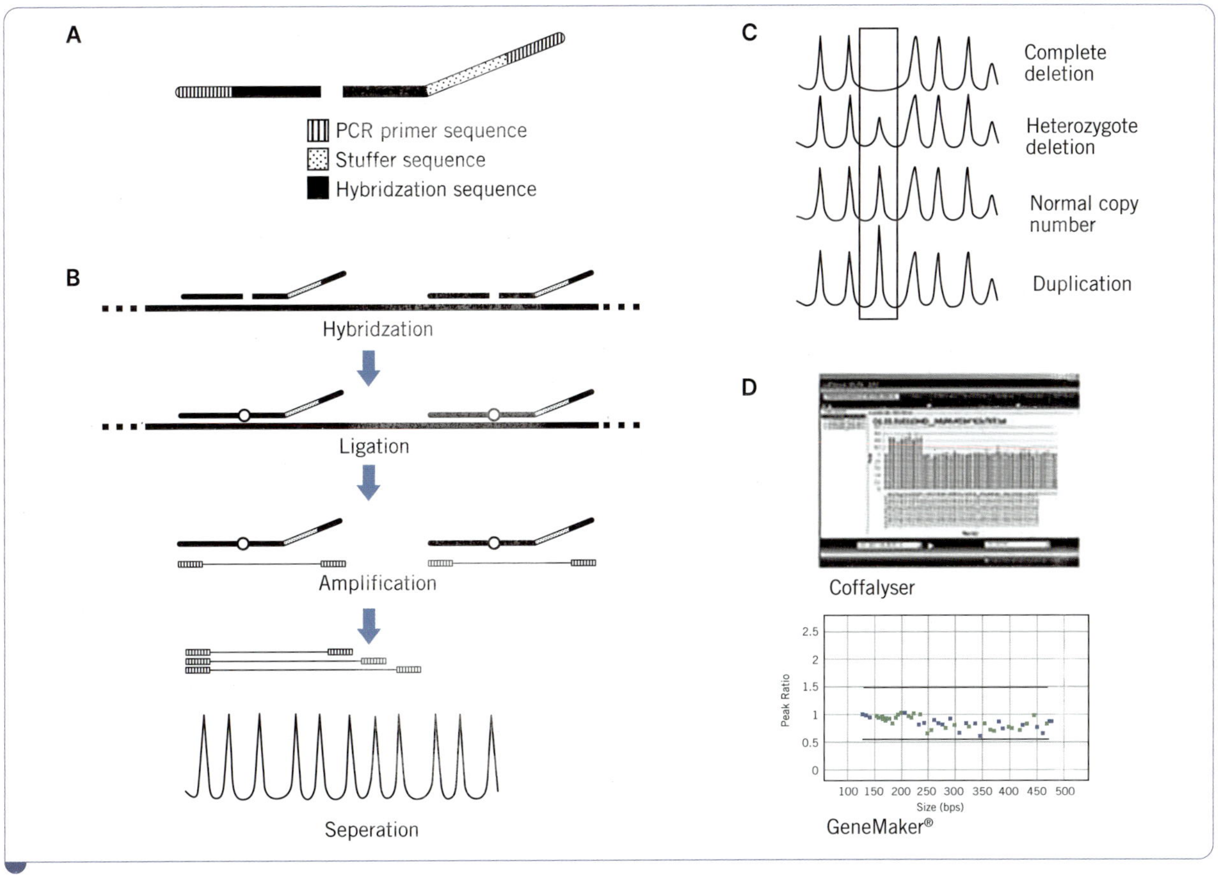


그림 23-7. MLPA의 원리.

탐침자(DNAdenaturation)가 함께 포함되어 있다.

### 3) MLPA의 임상 적용 사례

MLPA 검사는 결실 또는 중복 돌연변이의 탐색을 중합효소연쇄반응 방법을 이용할 수 있게 하였다는 점에서 큰 의의를 줄 수 있다. X-염색체 연관 결실돌연변이의 보인자 확인(예: DMD, OTC) 등의 유전자와 우성유전 질환의 이형접합자 결실돌연변이의 확인(예: MECP2, VHL, BRCA1,2) 등과 중복돌연변이의 확인(예: PLP1, PMP22) 등에 대한 탐색에 효과적으로 이용되고 있다. 위와 같은 유전자의 농도 측정을 통한 유전자진단뿐 아니라 메칠화 특이 제한효소를 이용한 Methylation-Specific (MS)-MLPA로 메칠화 이상 질환들, PWS/AS, BWS/RSS, PHP 등의 유전자진단에도 응용되고 있다.

#### (1) Duchenne/Becker muscular dystrophy (DMD)

DMD는 약 3,500명 중 1명의 빈도를 보이는 성염색체 열성 질환으로 Duchenne/Becker muscular dystrophy 유전자(*DMD* gene)의 변이로 인해 발생한다. *DMD* 유전자는 적어도 79개 이상의 엑손으로 구성된 2.4 Mb에 이르는 가장 큰 유전자중의 하나로 약 65%는 *DMD* 유전자의 거대 결실돌연변이에 의해, 약 5~10%는 중복돌연변이에 의해, 그리고 약 25~30%는 점돌연변이, 미세 결실, 미세 중복 등에 의해 발생한다. 유전자 검사 방법은 Multiplex PCR, 서던분석(Southern blotting), 정량 실시간 PCR (real-time PCR), FISH (형광제자리교잡법, Fluorescence in situ hybridization) 및 MAPH (Multiplelx amplifiable probe hybridization), MLPA 등의 여러 가지 방법을 쓸 수 있다. 이 중 MLPA는 검사 방법이 간단하면서 79개 모든 엑손에 대한 정량적 검사가 가능한 매우 유용한 방법이다. 또한 결실돌연변이뿐 아니라 Multiplex PCR과 달리 중복돌연변이에 대한 검사가 가능하고 여성 보인자에 대한 검사가 가능하다는 장점이 있다. 하지만 25~30% 정도에 해당되는 점돌연변이, 미세결실, 미세중복 등의 작은 변이는 확인할 수 없다는 한계가 있다.

#### (2) 프라더-윌리증후군/엔젤만증후군

프라더-윌리증후군은 15q11~13의 유전자에 이상이 발생하고 이로 인해 시상하부 기능에 장애가 발생하여 지능장애, 작은 키, 과도한 식욕 및 비만, 성기능 장애 등이 나타난다. 약 70%는 부계의 15q11~13 유전자의 미세 결실 등에 의해 발생하며 나머지는 모계의 uniparental disomy (UPD) 또는 모계 유전자의 imprinting (부계 유전자 불활성)에 의해 발생한다. 반대로 엔젤만증후군은 정상 키와 몸무게를 가지지만 소두증, 발달지연, 장애, 경련, 정신지체, 보행장애, 과다한 웃음 등을 특징으로 한다. 약 70%는 모계의 15q11~13 유전자의 미세 결실 등에 의해 발생하며 2%는 uniparental disomy (UPD), 2~3%는 부계 유전자의 imprinting (모계 유전자 불활성)에 의해 발생한다.

이런 유전자 변이를 확인하기 위해 메칠화 특이 제한효소를 이용한 게놈 서던분석이나, bisulfite 등으로 게놈DNA의 변성을 유도한 후, 중합효소연쇄반응을이용하여 메칠화 양상의 확인을 통하여 유전자 진단을 할 수 있다. 이 방법들은 메칠화의 양상만을 확인하는 것으로 미세결실 또는 UPD의 여부는 FISH 방법을 통하여 다시 한번 확인을 해야 한다. 그러나 MLPA 방법을 이용하면 15q 부위의 표적 DNA의 유전자 농도를 함께 확인하므로 FISH 방법을 대체할 수 있으며, ligation 후 HhaI의 메칠화 특이제한효소를 이용하여 비메칠화 DNA를 절단함으로써 표적 DNA의 메칠화 양상을 확인할 수 있어 bisulfate 처리 후 메칠화 특이 중합효소연쇄반응(Methylation specific PCR, MS-PCR) 방법을 대체할 수 있다. 즉, 한 번의 MLPA 분석으로 FISH와 bisulfate를 이용한 MS-PCR의 두 가지 방법을 대체할 수 있다. MS-MLPA는 HhaI 제한효소를 처리한 반응물과 처리하지 않은 반응물의 두 번의 ligation 산물을 요하며, HhaI 제한효소를 처리하지 않은 반응물은 유전자농도를 의미하므로 미세결실 여부의 확인이 가능하며, HhaI 제한효소를 처리한 반응물은 정상적인 메칠화를 가진 염색체는 절반만 절단되는 양상의 peak을 보이게 된다. 이 부분이 완전히 절단이 되면 메칠화가 없어진 것을 의미하므로, 모계로부터 유래된 메칠화된 부분이 결실되었거나, 메칠화가 없는 부계의 부분만이 UPD로 존재하는 엔젤만 증후군에 해당함을 알 수 있다. 반대로 전혀 절단되지 않은 양상을 보이면, 모두 메칠화되어 있는 것을 의미하므로, 부계의 일부분이 결실되거나 모계의 UPD에 의한 프라더-윌리증후군임을 알 수 있다.

## 증례 38 | 산전에 진단된 듀센형 진행성근이영양증 보인자인 여아 태아

30세 초산모가 임신 7주에 유전상담을 위해 내원하였다. 산모의 외삼촌과 이모 아들이 근육병으로 사망한 과거력이 있고 당시 DMD로 들었다고 하였다. 하지만 과거에 시행했던 유전검사에 대한 기록이 남아 있지 않아, 산모에게 DMD/BMD exon에 대한 MLPA 검사 및 limb girdle muscular dystrophy gene panel (LGMD)을 동시에 시행하였다. 그 결과 LGMD gene panel 검사에서 43종의 유전자에서 의미 있는 염기 변이는 관찰되지 않았다. 하지만 DMD MLPA 검사에서 엑손 45번에서 52번 및 57번에서 60번에 걸친 중복이 검출되어 산모가 DMD 보인자임을 확인하였다(그림 1).

이후 임신 16주에 양수검사를 시행하였고 태아는 성별은 여아이고, 산모에게 보였던 45번에서 52번 및 57번에서 60번에 걸친 중복의 heterozygote여서 DMD 보인자임을 확인하였다.

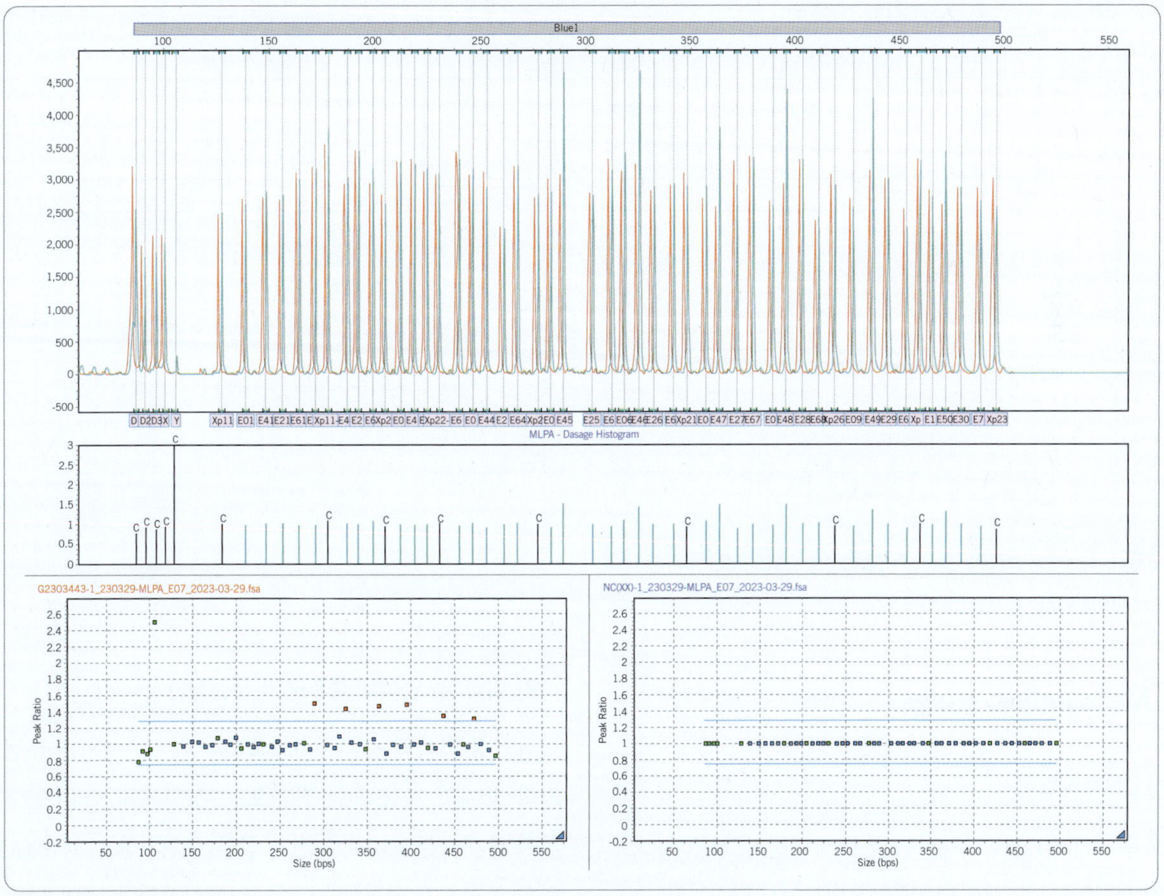


**그림 1.** DMD MLPA 검사.

**증례 39 | 15번 염색체 모계 단친성 이염색체증에 의한 프라더-윌리증후군**

3개월 여아가 근긴장도가 떨어지고 수유가 잘 되지 않는 증상으로 CMA (chromosomal microarray)검사를 받았고 그 결과 15q11.2q14 부위에 약 11.1 Mb의 absence of hete-rozygosity (AOH) 소견이 관찰되었다. 15q11.2q14 부위의 AOH는 Prader-Willi/Angelman syndrome (PWS/AS) region (BP1-BP3)을 포함하고 있어, 추가로 Prader-Willi/Angelman Syndrome, MS-MLPA 검사를 시행하게 되었다. 그 결과 중복/결실은 없었으나 모계로부터 유래된 메칠화된 부분만이 있는 것으로 확인되어 15번 모계 단친성 이염색체증에 의한 프라더윌리증후군으로 진단되었다(그림 1).

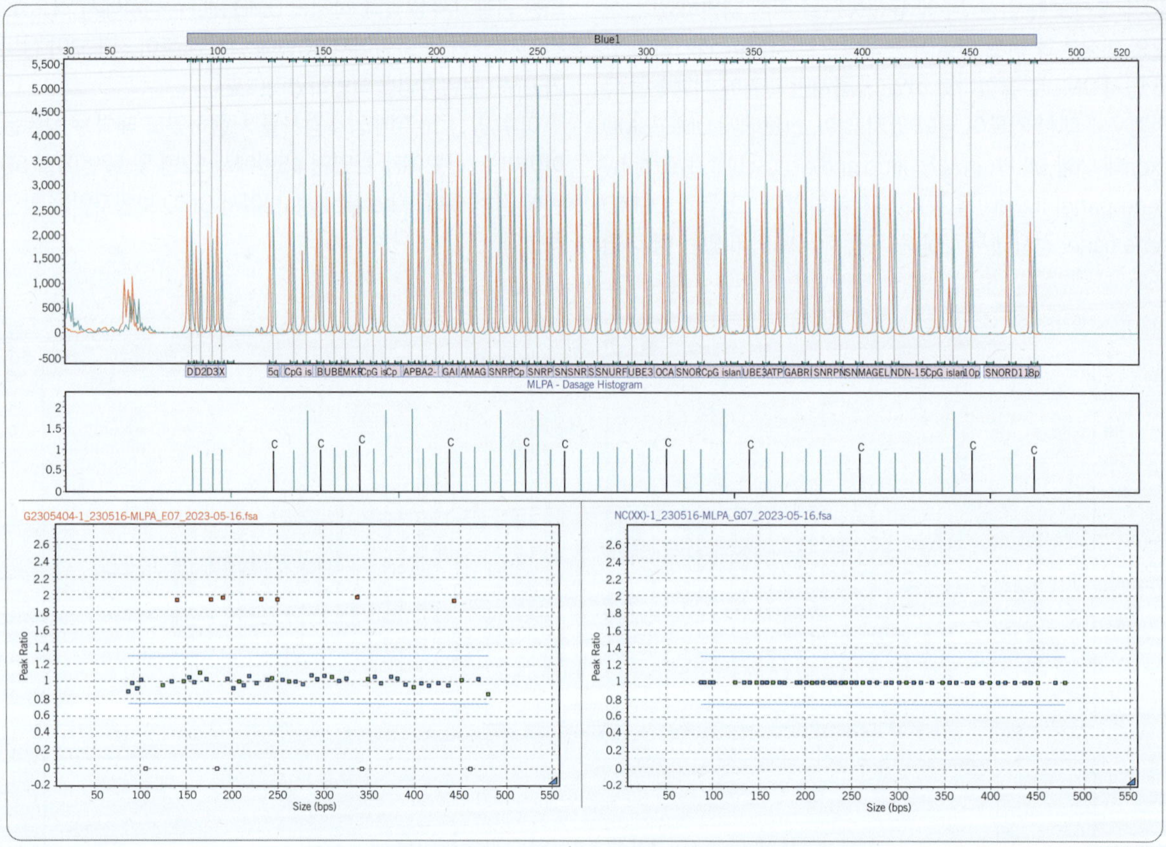

**그림 1.** Prader-Willi/Angelman Syndrome, MS-MLPA 검사.

## 6. Methylation study

### 1) DNA 메틸화

포유류에서 DNA 메틸화는 주로 5-메틸시토신(5-mC)으로 발생하며, 보통 CpG 디뉴클레오티드에서 발견된다.

### 2) 취약 X-염색체 증후군의 산전진단

취약 X-염색체 증후군(fragile X syndrome, FXS)은 유전성 지적 장애의 가장 흔한 질환으로, 성염색체 X의 q27.3부위에 존재하는 *FMR1* 유전자 상부에 위치한 삼핵산 CGG의 반복횟수가 비정상으로 증폭, 메틸화되어 *FMR1*단백질 생성이 중단되어 발생하는 질환이다. 삼핵산의 반복 횟수는 정상인 경우 5~44회, 경계역(grey zone) 45~54회, 보인자

55~199회, 200회 이상은 취약 X-염색체 증후군 환자로 구분한다.

취약 X-염색체 증후군은 임신부가 보인자의 반복 횟수를 가질 경우 태아에게 삼핵산 CGG 반복 횟수가 확장되어 질환으로 이환 될 가능성이 높으며, 보인자 임신부의 삼핵산 반복 횟수가 얼마인가에 따라 태아에게 이환 될 가능이 5% 내외에서 100%까지 보고되고 있어 양수 천자술(amniocentesis)을 통한 태아의 삼핵산 반복 횟수 확인검사 및 메틸화 검사가 권고된다.

## 7. 태아의 엑솜시퀀싱

태아의 구조적 이상이 동반된 경우 유전자검사에 대한 내용을 포함한 유전상담이 이루어진다. 태아에 대한 유전진단결과는 태아의 예후에 대한 상담과 산전관리 및 태아치료, 분만 방법 및 신생아 치료의 계획에 대해 이용된다. 또한 다음 번 임신 시의 재발 위험도 및 배아/태아 검사 방법에 대한 상담 등에 활용된다.

태아의 구조적 이상의 종류 및 심각도에 따라 다르기는 하지만, 구조적 이상을 가진 태아의 30%에서는 염색체 이상으로 기인하고, 염색체 마이크로어레이를 추가로 검사하면서 약 4~6%의 추가적인 원인을 밝히고 있다. 그러나 약 50% 이상의 태아기형에서는 유전자 변이를 찾아내지 못하는 상황이다. 원인 불명의 태아기형의 원인을 알아보기 위해 최근 태아의 엑솜시퀀싱에 대한 연구가 활발하게 되고 있고, 몇몇 국제 학회에서는 임상진료지침을 발표하기도 하였다.

게놈시퀀싱(genome sequencing)과 엑솜시퀀싱(Exome sequencing)은 뉴클레오타이드(nucleotide) level에서 분석하는 기술이다. 게놈시퀀싱은 coding과 noncoding 부위 전체를 분석하는 반면, 엑솜시퀀싱은 게놈의 1~2%를 구성하는 약 20,000개 유전자의 단백질 코딩 영역에 제한하여 분석한다.

게놈시퀀싱이 더 넓은 범위를 다루기 때문에 더 많은 정보를 제공하기는 하지만 이는 더 많은 데이터 분석을 요구하고 아직 해석이 되지 않은 부분이 많아서 현재 임상에서 일상적 검사로 사용되지 않고 있다. 이에 반해, 엑솜시퀀싱은 알려진 질병 유발 유전자의 코딩 서열만을 주로 분석(clinical exome)하므로 원인을 알 수 없는 태아기형의 유전진단에 적용하려는 시도들이 있어 왔다.

최근 ACMG 및 ISPD 등의 국제학회에서 발표된 태아의 엑솜시퀀싱 관련 지침에 의하면, 검사에서 얻을 수 있는 추가적인 진단율은 약 30%이긴 하지만, 아직 태아시기에는 genotype-Phenotype 연관을 알기 어렵기 때문에 분석과 해석의 어려움이 있으므로, 기존의 검사 방법으로 원인을 밝힐 수 없는 태아의 구조적 이상이 있는 경우로 제한하고 있으며, 검사를 하더라도 부모와 함께 검사하는 trio 검사를 권유하고 있다. 또한 충분한 검사 전후의 유전상담이 필요하다고 하고 있다. 국내에서는 태아의 엑솜시퀀싱에 대한 임상진료지침은 없는 상황이다.

## 8. 착상전유전검사에 의한 임신에서의 산전진단

국가마다 의료시스템의 조건에 따라 약간씩 다른 임상지침을 발표하고 있으나, 일반적으로는 다음과 같은 방법으로 착상전유전검사 후의 산전 태아검사에 대한 상담이 이루어진다.

### 1) PGT-M

배아에서의 단일유전질환에 대한 착상전유전검사는 소수의 세포만을 이용하기 때문에 드물기는 하지만 오진의 가능성이 있으므로, 임신 시에 융모막융모생검 또는 양수천자술을 이용하여 단일질환에 대한 검사를 하도록 권유한다.

### 2) PGT-SR

배아에서 염색체 구조적 이상을 검사한 경우에도 드물기는 하지만 오진의 가능성이 있으므로, 임신 시에 융모막융모생검 또는 양수천자술을 이용하여 염색체 구조적 이상에 대한 검사를 하도록 권유한다.

### 3) PGT-A

전체 염색체에 대한 선별검사 목적으로 시행한 PGT-A의 경우에는 모든 임신부에게 권유되고 있는 산전진단검사와 선별검사에 대해 설명하고 검사를 선택할 수 있도록 정보를 제공하여야 한다.

### 4) Mosaic embryo의 이식 후 산전진단

NGS를 이용한 PGT-A의 발전과 함께 약 20%의 배아가 섞임증으로 진단된다. Mosaic 배아를 이식한 경우에는 임신 중 융모막융모생검 또는 양수천자술을 이용하여 태아의 염색체 검사가 권유된다. 태아의 검체에서 세포 배양을 하는 염색체검사뿐만 아니라 드물게 동반되는 uniparental disomy 등을 고려하여 chromosomal microarray 검사도 고려할 수 있다.

## V. 태아 초음파 검사(High resolution ultrasound)

## 1. 임신 1삼분기의 태아 초음파 검사

### 1) 임신 1삼분기 태아 초음파검사

1958년 Ian Donald에 의해 산부인과 영역에서 처음으로 복부 종괴를 초음파 장비로 진단할 수 있다고 발표한 이후 초음파 기술은 눈부신 발전을 하게 되었다. 질초음파와 3D 기술 등으로 고해상도의 초음파 영상이 가능해졌고, 임신 초기의 목덜미투명대(nuchal translucency, NT)가 다운증후군뿐만 아니라 여러 가지 기형을 진단할 수 있는 훌륭한 marker임이 증명되면서 임신 일삼분기는 태아 기형의 발견과 염색체 이상에 대한 선별검사에 있어서 매우 중요한 시기가 되었다. 정확한 임신 주수의 산정과 쌍태아에서의 chorionicity의 확인은 일삼분기 초음파의 또 다른 장점이다.

### 2) 일삼분기 태아 염색체 이상에 대한 초음파

지난 50년간 다운증후군 선별검사는 상당한 발전을 거듭해왔다. 1970년대에는 산모의 나이만을 이용하였고, 1980년대에는 임신 중기에 산모의 혈액검사와 정밀초음파를 사용하였고, 1990년대에는 임신 일삼분기의 목덜미투명대와 산모 혈액의 free β-human chorionic gonadotrophin (β-hCG), pregnancy-associated plasma protein-A (PAPP-A)를 통해서 상당수의 염색체 이상을 발견할 수 있음이 증명됨에 따라 임신 일삼분기가 매우 중요한 시기가 되었다. 2010년대에는 모체 혈액 태아 cell free DNA을 이용한 non-invasive prenatal testing (NIPT)의 도입으로 다운증후군 검출율이 99%에 이르게 되었다. NIPT의 도입으로 인해 태아 염색체 이상에 대한 선별검사로는 점점 그 중요성이 낮아지는 것은 사실이지만 일삼분기 목덜미투명대는 아직도 세 쌍둥이 이상의 다태아에서는 유일한 태아 염색체 이상의 선별검사이고, 목덜미투명대가 증가된 경우 흔한 삼염색체증 이외에 다양한 유전적이상의 위험성이 증가되고, 심장 기형을 포함한 다양한 구조적 기형의 위험성도 증가하므로 앞으로도 그 유용성이 분명히 있을 것으로 생각된다.

#### (1) 목덜미투명대

NT는 임신 초기 태아 후경부에서 피부와 심부조직 사이에 액체가 고여 있는 것으로 초음파상 검게 보이는 부분을 지칭한다(그림 23-8). 1992년 Nicolaides에 의해 처음으로 NT 측정이 다운증후군 예측에 중요한 소견임이 밝혀진 이후로 증가된 NT는 염색체 이상뿐만 아니라 여러 가지 증후군, 선천성 심장 기형과 같은 다양한 태아 기형과의 연관성이 보고되었다.

NT가 증가되는 기전으로는 ① structural cardiovascular abnormalities and/or abnormality of myocardial perfusion, ② abnormalities of connective tissue composition, ③ abnormalities or delay in lymphatic system formation, ④ increase in intrathoracic pressure, ⑤ decrease in fetal

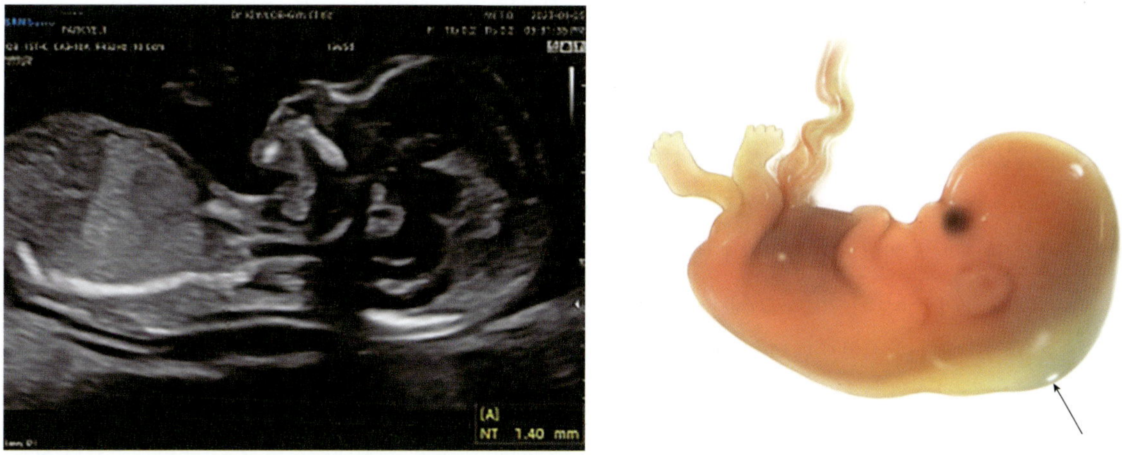


그림 23-8. Adequate NT measurement.

movement, ⑥ fetal anemia, ⑦ fetal hypoproteinemia, ⑧ fetal infection 등 매우 다양할 것으로 추정된다.

증가된 NT 크기에 따른 염색체 이상의 위험도와 다른 기형의 위험도를 표 23-4에 정리하였다. Monochorionic twin에서 NT가 95 percentile 이상 증가해 있을 경우에는 twin-twin transfusion syndrome의 위험성이 4배 정도 증가한다. 구조적 결함이 있는 태아의 1/3 이상 및 심장 기형이 있는 태아의 1/4 이상에서 NT가 95 percentile 이상 증가해 있는 것으로 보고되었다. 증가된 NT는 염색체 이상의 유무와 무관하게 대부분 이삼분기에 정상으로 돌아오지만 일부에서 nuchal edema나 true cystic hygroma로 발전된다. 일삼분기 NT가 증가된 경우 적절한 유전상담을 통해 융모막융모표본채취(chorionic villi sampling) 등을 통해 핵형분석(cytogenetic analysis) 및 CMA (chromosomal microarray) 검사를 권고해야 한다. 염색체 이상을 의심해 볼 수 있는 그 밖의 일삼분기 초음파 소견으로 nasal bone, tricuspid regurgitation, ductus venosus doppler 등이 있다.

### 3) 일삼분기 태아의 구조적 기형 발견을 위한 초음파

고해상도의 질초음파 프로브의 개발로 인해서 임신 일삼분기에도 태아의 여러 부분을 자세히 관찰할 수 있게 되었다. 숙련된 sonographer가 좋은 해상도의 질초음파와

표 23-4. 태아 목덜미투명대 두께에 따른 태아이상 발생률

| 목덜미투명대 | 염색체이상 | 태아사망 | 주요구조적이상 | 선천성심혈관이상 | 생존 |
|---|---|---|---|---|---|
| <95 percentile | 0.2% | 1.3% | 1.6% | 1.6% | 97% |
| 95~99 percentile | 3.7% | 1.3% | 2.5% | 3% | 93% |
| 3.5~4.4 | 21.1% | 2.7% | 10.0% | 7% | 70% |
| 4.5~5.4 | 33.3% | 3.4% | 18.5% | 18.5% | 50% |
| 5.5~6.4 | 50.5% | 10.1% | 24.2% | 20% | 30% |
| >6.5 | 64.5% | 19.0% | 46.2% | 30% | 15% |

복식초음파 프로브를 모두 사용할 경우 CRL 45~54일 때 non-cardiac anatomy를 84%에서 충분히 관찰할 수 있고, CRL 65 mm 이상일 경우는 96%에서 관찰할 수 있었다. 일삼분기의 전체적인 anomaly 발견율은 40~66%이다. 일삼분기 정밀초음파의 한계는 태아의 발달이 아직은 미숙하므로 발달 과정 중에 생기는 기형은 일삼분기에 발견할 수 없다는 것이다. 예를 들어 소뇌, 뇌량(corpus callosum) 등은 일삼분기에는 아직 덜 발달되어 있으므로 초기에는 평가할 수가 없다. 태아의 기형에 따른 일삼분기 초음파의 발견율은 표 23-5에 정리하였다. 따라서 일삼분기에 모든 기형을 진단할 수 없으므로 정상 소견을 보인 경우에도 반드시 이삼분기 정밀초음파로 확인해보는 것이 필요하다.

## 2. 임신 2삼분기의 태아 초음파 검사

### 1) 임신 2삼분기 초음파에서 구조적인 기형이 보인 경우

초음파를 이용하여 태아 기형 진단 및 염색체 이상의 가능성의 예측하는 데 임신 제2삼분기가 가장 중요한 시기이다. 유전초음파는 특히 흔한 삼염색체의 예측의 수단으로 유용하게 사용되어 왔다. 21번 삼염색체를 의심하는 주요기형은 심실심방 중격결손과 같은 심장기형을 비롯하여 경한 뇌실확장증, 십이지장 폐쇄, 림프물주머니, 태아 수종 등이 대표적이며, 18번 삼염색체를 의심하는 주요기형은 심장기형, 뇌량형성부전, 소뇌충부 저형성(vermian hypoplasia), 뇌수종 같은 중추신경계이상, 안면기형(입술입천장갈림증, 작은턱증, 낮은귀), 말굽콩팥, 척추이분증, 횡격막 헤르니아, 식도폐쇄, 배꼽탈장, 요골형성부전, 주먹쥔손(clenched hands) 등이 있다. 13번 삼염색체를 의심하는 주요기형은 심장기형, 통앞뇌증, 뇌량형성부전, 뇌류와 같은 중추신경계 이상, 단안증, 작은안구증, 두눈가까움증, 입술입천장갈림증과 같은 특징적 안면기형, 수신증, 다낭콩팥, 신피질낭종과 같은 신장기형, 배꼽탈장, 축뒤다지증, 손가락굽증(camptodactyly), 겹쳐진손가락과 같은 특징적인 사지 이상 등이다.

그러나 태아 DNA 선별검사가 점점 흔한 삼염색체의 선별검사에 이용되면서 유전 초음파의 개념보다는 의미 있는 주기형을 진단되었을 경우 삼염색체를 제외한 유전자 이상 진단에 대한 논의가 진행되었다. 초음파이상소견 경우에 산전 진단에 염색체 마이크로어레이를 적용하였을 때 다른 산전 진단의 적응증보다 초음파 이상인 경우에는 6% 정도의 높은 비율로 염색체 이상을 더 진단할 수 있다고 발표하였다. 이 이후에 여러 연구들도 염색체 마이크로어레이가 산전초음파에서 이상이 있을 때 더 유용하게 사용될 수 있다는 결과들이 발표되었다. 특히 심장, 신장, 중추신경계 이상과 안면기형이 유의하게 염색체 마이크로어레이 결과에서 의미가 있는 것으로 확인되었다. 이러한 결과로 임신 제

**표 23-5.** Detection rate of fetal malformation in the first trimester

| Detection rate | Fetal malformations |
|---|---|
| 100% | Acrania, anencephaly, ectopia cordis, encephalocele |
| 50~99% | Cystic hygroma, double-outlet right ventricle (DORV), TOF, gastroschisis, omphalocele, holoprosencephaly, hypoplastic left heart syndrome, limb reduction, megacystis, polydactyly, Septal defects, transposition of great vessels, valvular disease |
| 1~49% | Spina bifida, hydrocephalus, skeletal dysplasia, facial cleft, Dandy-Walker malformation, aortic coarctation, arthrogryposis |
| 0% | Corpus callosum agenesis, bladder extrophy, congenital cyst adenomatoid malformation, cerebellar hypoplasia, duodenal atresia, hydronephrosis, renal agenesis, duplex kidneys, bowel obstruction, extralobar sequestration |

2삼분기 초음파에서 주요한 기형 또는 이상소견이 진단되었을 때 유전자 진단 검사로 염색체 마이크로어레이가 유용하다.

### 2) 임신 2삼분기 초음파에서 염색체 이상을 시사하는 부수소견(soft markers)이 보인 경우

임신 제2삼분기 초음파에서 정상 태아의 15%가 염색체 이상을 시사하는 부수소견라고 불리우는 태아 구조적인 다양성을 보이고 있고, 실제 삼염색체와 연관이 있는 경우가 있다. 초음파의 영상이 발전되면서 염색체 이상 특히 가장 흔한 삼염색체 이상인 21, 18, 13번 삼염색체를 초음파를 이용하여 진단하려는 목적에서 염색체 이상을 시사하는 부수소견이 개발되었다. 특히 21번 삼염색체를 예측하고자 많은 노력을 했고, 임신 제2삼분기의 초음파에서는 염색체 이상을 시사하는 부수소견을 이용한 유전초음파라는 영역을 발전시켰다.

그러나 최근 몇 년 사이에 태아 DNA 선별검사를 기반으로 하는 기술의 발달로 21번 삼염색체를 비롯한 기타 이수성을 진단하는 산전검사의 범위가 크게 확장되면서 태아 DNA 선별검사의 영향으로 기존의 유전초음파의 산전진단의 영역이 재평가되었다. 특히 임신 제2삼분기의 21번 삼염색체의 의심 초음파지표인 염색체 이상을 시사하는 부수소견의 재평가는 불가피한 상황이다. 이에 2014년 세계산부인과초음파학회는 산전초음파검사에 대한 태아 DNA 선별검사의 영향에 대한 지침을 발표했는데, 임신 제2삼분기의 21번 삼염색체 예측을 위한 염색체 이상을 시사하는 부수소견를 이용한 유전초음파는 높은 위양성과 낮은 양성예측율로 사용해서는 안된다고 명시하였다.

21번 삼염색체 의심할 수 있는 염색체 이상을 시사하는 부수소견은 대표적으로 목덜미 주름 비후(Nuchal fold thickness)(=2점), 에코성 장음영(=1점), 짧은 대퇴골(=1점), 짧은 상완골(=1점), 확장 신우(=1점), CPC(=1점), 고 에코성 심장 초점(=1점) 소견으로 앞서 표기한 각각 점수로 환산하여 2점 이상의 점수를 받는 경우 21번 삼염색체의 고위험군으로 간주하고 양수천자검사를 권유하였다. 그러나 태아 DNA 선별검사를 이미 한 임신부들에게는 이러한 염색체 이상을 시사하는 부수소견의 점수제는 더 이상 사용해서는 안된다.

그러나 아직 태아 DNA 선별검사의 효용성이 입증되지 못해 태아 DNA 선별검사가 제한적인 쌍둥이의 경우, 또는 태아 DNA 선별검사의 접근이 제한적인 국가에서는 임신 제2삼분기 염색체 이상을 시사하는 부수소견을 이용한 유전 초음파의 역할은 여전히 21번 삼염색체를 예측하는 데 효율적이다. 위의 열거한 염색체 이상을 시사하는 부수소견를 제외한 의미 있는 부수소견으로 무형성 또는 저형성 태아 코뼈, 빗나간 오른빗장밑동맥(Aberrent right subclavian artery), 경한 뇌실확장증이 있다.

염색체 이상을 시사하는 부수 소견이 초음파 검사에서 보였을 때, 임신부의 나이, 초음파 검사 전 모체혈청검사 또는 태아 DNA 선별검사결과 여부에 따라 각각의 염색체 이상을 시사하는 부수소견에 따르는 likelihood ratios에 의해 유전상담을 하고 침습적 유전검사를 진행하도록 권고하고 있다. 다음 **표 23-6**은 각각의 염색체 이상을 시사하는 부수소견에 따른 우도비(likelihood ratios)를 제시한 표이다.

태아 DNA 선별검사를 하여 흔한 삼염색체 이상인 21, 18, 13번 삼염색체의 위험성이 배제가 된 경우, 염색체 이상을 시사하는 부수소견 소견은 간과되어도 되는가 하는 문제가 있다. 태아 DNA 선별검사는 아직 모든 염색체 이상의 선별과 중복, 결실의 선별에 있어 정확도는 아직 확립되어 있지 않아, 목덜미 비후, 경한 뇌실확장증, 에코성 장과 같이 염색체 이상을 시사하는 부수소견이 보이는 경우 염색체 마이크로어레이를 포함하는 염색체 검사를 통해 정확한 진단을 고려해야 하는 경우도 있다.

**표 23-6.** 21번 삼염색체를 위한 단일 염색체 이상을 시사하는 부수소견의 우도비(Likelihood ratio)

| Marker | Nyberg et al | Nyberg et al | Smith-Bindman et al | Bromley et al | Aagaard Tilery et al (FASTER trial) | Agathokleous et al |
|---|---|---|---|---|---|---|
| Thickened NF | 8.6 | 11 | 17 | Infinite | 40.18 | 3.79 |
| Hyperechogenic bowel | 5.5 | 6.7 | 6.1 | NA | 23.04 | 1.65 |
| Renal pyelectasis | 1.5 | 1.5 | 1.9 | 1.5 | 5.17 | 1.08 |
| Short humerus | 2.5 | 5.1 | 7.5 | 5.8 | 4.5 | 0.78 |
| Short femur | 2.2 | 1.5 | 2.7 | 1.2 | 3.36 | 0.61 |
| Hyperechogenic intracardiac foci | 2.0 | 1.8 | 2.8 | 1.4 | 4.73 | 0.95 |
| Mild ventriculomegaly | NA | NA | NA | NA | 23.75 | 3.81 |
| Absent or hypoplastic NB | NA | NA | NA | NA | NA | 3.94 |
| ARSA | NA | NA | NA | NA | NA | 6.58 |
| No marker | 0.4 | 0.36 | | 0.22 | 0.41 | 0.12 |

NF: Nuchal fold
NB: Nasal bone
ARSA: Aberrant right subclavian artery

## 3. 태아심장초음파 검사

### 1) 태아심장초음파 검사

선천성 심혈관이상(congenital cardiovascular anomaly)은 심장과 대혈관의 발생 이상(abnormal development)으로 인한 구조적 병변이다. 전체 발생 빈도는 생존 출생아(live birth) 1,000명당 5~8명으로 알려져 있으나, 유산된 태아(abortus)에서는 100명당 10~25명으로, 조사 시기별로 발생률 차이를 보인다. 보통 태아심장초음파는 선천성 심혈관이상의 가족력이 있거나 심장 이외의 부위의 기형이 발견된 임산부, 임신 전후 특정 약물에 노출된 경우 등 위험인자가 있는 상황에 한해 시행되었다. 그러나, 선천성 심장혈관이상의 약 90%는 위험인자 없이 발생한다고 알려지면서, 1985년부터 일반적으로 시행하는 산전 초음파 검사 시에도 태아 심장을 평가할 수 있는 단순화된 방법이 보급되기 시작하였다. 산전 초음파의 발전과 더불어 임신 초기 태아 목덜미투명대 비후가 선천성 심혈관이상과 연관이 있다는 것이 확립되어, 태아심장초음파가 더 이상 특별한 검사가 아니라 하나의 진단 검사로 자리잡게 되었다.

### 2) 태아심장초음파 검사의 기본 단면

태아심장초음파 검사의 가장 기본적인 단면은 4 chamber view (양심방, 심실 및 판막을 확인할 수 있는 단면)로, 이 단면을 통해 약 50%의 주요 심혈관이상(심방심·실판막 이상과 심장비대, 심실의 저형성 등)을 진단할 수 있다. 그러나, 비교적 흔하게 볼 수 있는 심실중격결손(VSD, ventricular septal defect)이나 완전대혈관 전위(TGA, transposition of great arteries), Fallot 4징후(TOF, Tetralogy of Fallot), 대동맥축착증(CoA, coarctation of the aorta) 등은 4 chamber view에서는 정상으로 보이는 경우가 많아, 태아 심장구조에 이상이 없다고 판단하는 경우가 종종 있다. 이러한 문제를 보완하기 위해 대혈관(대동맥, 폐동맥)을 포함한 three vessel view, aortic arch view의 기준을 도입하게 되었고, 동시에 색도플러(Color Doppler) 및 펄스 도플러를 이용하여 90% 이상의 주요 심질환을 진단할 수 있게 되었다.

태아심장초음파를 시행할 때에는 태아가 움직이기 때문

표 23-7. 태아심초음파의 주요 단면

| 주요 단면 | 확인할 수 있는 구조 | 해당 단면에서 볼 수 있는 심혈관이상 |
|---|---|---|
| 4 chamber view | 심장위치/축, 크기, 심박동<br>심방, 심실, 삼첨판막, 승모판막 | Situs solitus/inversus, Levocardia/mesocardia/dextrocardia<br>Cardiomegaly, regurgitation or stenosis of valve<br>VSD, AVSD (Atrioventricular septal defect), HLHS (Hypoplastic Left Heart syndrome), CoA, 부정맥 |
| Three vessels view | 대혈관, 상대정맥의 배치, 정렬, 크기, 수 | TOF, TGA, IAA (Interrupted Aortic Arch), HLHS,<br>DORV (Double Outlet Right ventricle) with subpulmonary/subaortic stenosis<br>BSVC (Bilateral Superior Vena Cava), absent Rt SCV<br>Truncus arteriosus, PA (Pulmonary Atresia) with VSD<br>PAPVR (Partial anomalous pulmonary venous return) |
| Outtract view | 양심실 유출로, 대동맥판막, 폐동맥판막 | VSD, valve anomaly |
| Arch view | 대혈관궁 주행, 위치, 모양, 크기 | CoA, Rt Aortic arch, IAA, |
| Bicaval view | 상대/하대정맥 주행, 위치, 크기 | TAPVR (Total anomalous pulmonary venous return), PAPVR |

에 제일 먼저 태아의 자세와 심장 축, 위치, 다른 장기와의 관계를 확인한다. 이후 양심방, 양심실, 삼첨판/승모판막의 크기, 위치를 살펴보고(4 chamber view), 연속하여 각 심실로부터 나가는 폐동맥판막, 대동맥판막과, 심실중격이상 여부를 확인한다(outtract view). 심장으로부터 기시하는 대혈관들의 크기, 위치, 배열의 이상 유무를 확인하면서(three vessel view) 대동맥궁(aortic arch view), 복부 장기와의 위치 관계 등을 관찰함으로써 태아 심혈관 구조를 확인할 수 있다.

### 3) 태아심장초음파의 적응증

(1) 1997년에 미국 심장학회(American College of Cardiology, ACC)와 미국 심장협회(American Heart Association, AHA)에서는 미국 심초음파학회(American Society of Echocardiography)와 함께 태아심장초음파의 시행에 관한 지침과 적응증을 발표하였다. 이에 기반하여 산모와 태아의 측면을 기준으로 태아심장초음파가 필요한 경우를 표 23-8에 정리하였다.

#### (2) 특수한 상황: 태아 목덜미투명대가 두꺼운 경우

선천성 태아 심혈관이상은 여러 가지 상황에서 발생할 수 있지만, 태아 목덜미투명대와 선천성 심혈관이상은 매우 밀접한 관련이 있다. 임신 중기에 주요 심기형이 진단된 경우 약 50%에서, 임신 1삼분기부터 태아 심장에 이상이 보이는 경우, 약 83%에서 태아 목덜미투명대가 두꺼워져 있다고 보고되고 있다. 영국 FMF (Fetomaternal Foundation)에서는 태아 목덜미투명대와 염색체, 심장을 포함한 다발성 장기 기형과의 연관성에 주목하고, 태아 목덜미투명대에 따른 태아 이상(염색체 이상, 태아사망, 장기구조 이상, 심장 이상 등) 발생률을 정리하여 제시하였다(표 23-4).

일반 인구에서는 약 0.4~1.2%에서 주요 선천성 심혈관이상이 발생하지만, 정상 염색체이더라도 목덜미투명대가 증가된 경우, 주요 선천성 심혈관이상의 빈도가 3~5%로 증가하게 된다. 더욱이 목덜미 투명대의 두께가 증가할수록 선천성 심혈관이상의 빈도 역시 증가하게 되므로, 임신초기 태아 목덜미투명대가 증가된 소견이 보인다면, 태아 염색체(핵형 및 미세변이) 이상을 동반하였는지 확인한 후 임신 18~22주 사이에 태아심장초음파를 시행하도록 한다.

#### (3) 맺음말

태아심장초음파로 많은 심질환들이 분만전에 진단될 수 있지만, 출생전에는 진단조차 붙일 수 없는 심혈관 문제부터, 임신 20주 전후 당시에는 발견되지 않던 심혈관이상이

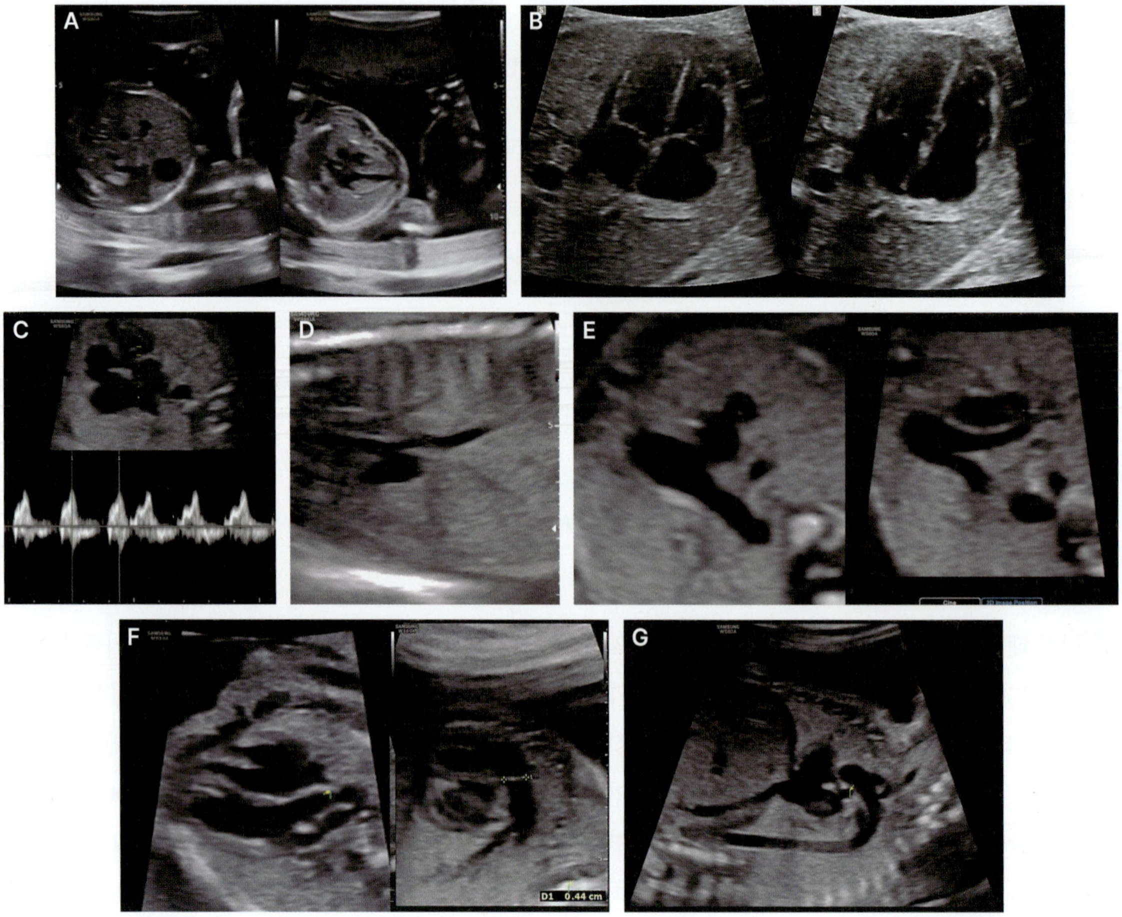


**그림 23-9.** 태아심장초음파 주요 단면. **(A)** Situs solitus, **(B)** 4 chamber view, **(C)** Heart rate and valve motion, **(D)** Caval view, **(E)** Three vessels view, **(F)** Outtract view, **(G)** Aortic arch view.

**표 23-8.** 태아심장초음파 적응증

| 산모측 | 태아측 |
|---|---|
| • 내과적 문제: 임신 전 진단된 당뇨, 페닐케톤뇨증<br>자가면역질환(루푸스, 쇼그렌증후군등)<br>풍진감염 등<br>• 약물 복용 : 항간질성 약물, 소염진통제(예: ibuprofen, salicylic acid, indomethacin) 등<br>• 기형유발물질 노출<br>• 부모의 선천성 심혈관질환 병력 | • 산전 초음파 소견상 태아심장의 이상<br>• 부정맥<br>• 염색체 이상<br>• 비뇨생식기 이상<br>• 태아 목덜미투명대 비후<br>• 쌍태아 수혈증후군(일융모막성 다태아) |

임신 주수가 지나면서 진행되는 경우(폐동맥/대동맥협착증이나 좌심형성부전증후군 등), 일부 미세한 심실중격결손, 경도의 판막 질환, 부분 폐정맥 환류이상 등은 진단을 놓칠 수 있어, 태아심장초음파 검사의 제한점이 있음을 충분히 인지하여야 한다. 그럼에도 불구하고, 태아 목덜미투명대가 증가된 경우를 비롯하여 위험인자가 없는 경우에도 태아심

장초음파를 시행함으로써, 산전에 태아 심장문제를 비교적 정확하게 진단하고, 이를 기반으로 출산 전 각 질환에 대해 적절한 산전 상담, 향후 치료 계획을 정하는 데 도움이 되고 있는 것이 사실이다. 따라서 태아심장초음파의 주요 단면, 제한점을 확실하게 숙지하고 적절하게 사용하는 것이 필요하다.

## VI. 자궁내 개입에 의한 태아 치료 (Fetal therapy by in utero intervention)

유전자 이상은 태아에게 다양한 질환과 구조적 이상을 유발할 수 있으며, 산전 초음파를 통해 이러한 이상을 조기에 발견하는 것이 가능해졌다. 무엇보다, 일부 질환에서는 태아치료를 시행함으로써 주산기 예후를 향상시킬 수 있다. 태아 치료는 내과적 태아치료와 태아의 체내에 직접 시술 또는 수술을 하는 외과적 태아치료가 있으며, 탯줄을 통해 태아수혈이 외과적 태아 치료에 포함된다.

## VII. 쌍둥이 유전자 연구(Twin study in genetics)

### 1. 도입

프란시스 갈턴(Francis Galton, 1822~1911)은 인간 형질(trait)에서 유전율(heritability)을 연구하는데 쌍둥이의 가치를 알고 있었다. 그의 저서 쌍둥이의 역사(The History of Twins, 1875)에서 선천성과 후천성(nature-nurture)의 상대적인 영향을 추정하는데 쌍둥이를 사용할 수 있다고 기술하였다.

헤르만 지멘스(Hermann Werner Siemens, 1981~1969)는 독일의 피부과의사로 특정 주제에 대하여 유전적인 영향을 연구하여 고전적인 쌍태아 연구에 결정적인 영향을 미쳤다고 평가를 받고 있다. 지멘스는 처음으로 혈액형을 사용하여 일란성과 이란성 쌍태아를 구별하였고 피부 점의 형태와 개수가 일란성 쌍태아에서 더 일치한다는 연구 결과를 발표했다. 그는 또한 학습 성취(academic performance)가 일란성에서 더 일치한다는 연구도 발표하였다.

1950년대 덴마크, 핀란드 등 유럽 국가에서 일찍 쌍둥이 연구를 시작하였으며 미국의 미네소타 쌍둥이 가족연구(Minnesota Twin Family Study, MTFS)는 1983년부터 시작하였다. 쌍둥이 초기발달연구(Twin Early Development Study, TEDS)는 영국의 킹스칼리지에서 1994년에 시작한 연구로1994년에서 1996년 사이에 잉글랜드와 웨일즈에서 태어난 모든 쌍태아를 대상으로 추적 관찰하는 연구이다.

### 2. 적용

정상적인 신체의 발달과 성장 그리고 질병 발생의 표현은 유전적인 영향과 환경적인 요인이 작용하여 나타난다.

$$P=G+E$$

P (표현형, phenotype), G (유전적 요인, genotype), E (환경, environment)

특정질환이 가족 내 발생률이 높다고 유전적 요인이 있다고 말하기는 어렵다. 왜냐하면, 양육 방법을 포함한 동일한 환경 조건도 원인이 될 수 있기 때문이다. 멘델성 유전질환은 질병의 발현이 대부분 유전적 요인에 의하여 나타나며, 독성 물질에 의한 질병은 환경적 요인으로 설명할 수 있다. 하지만, 인간의 성격이나 행동 방식, 다인자성 복합질환(multifactorial complex disease)은 유전적 영향과 환경적 요인을 분리하기가 쉽지 않다. 이때 쌍둥이를 대상으로 연구하면 도움이 될 수 있다. 일란성 쌍둥이는 유전적 구성이 동일하고 이란성 쌍둥이는 같은 부모에서 태어난 형제들과 마찬가지로 유전적 구성의 1/2을 공유한다. 또한, 같은 환경에 살고 있다고 가정하고, 질병을 포함한 특정 표현형이 일란성 쌍둥이에서 이란성 쌍둥이에 비하여 일치율이 높다면 유전적 요인이 작용한다는 근거가 될 수 있다.

특정 질환이 가족 내에 많이 발생하는 지를 알기 위해 유전성(heritability)에 대한 평가를 하게 된다. 일반인과 비교

## 증례 40 | 태아 빈혈에서 태아수혈(Fetal transfusion)

### 1) 가족력 및 임상증상

(1) 가족력: 산전 검사에서 특이소견 없었던 산모로 태아빈혈과 관련된 가족력은 없었다.

(2) 임상증상: 임신 32주에 태아초음파검사에서 심장비대(cardiomegaly), 양측 심장막유출(pericardial effusion), 복수(ascites)가 동반된 태아수종(fetal hydrops)이 확인되어 내원하였다.

### 2) 진찰 소견: 산모는 이상소견이 없었다.

### 3) 검사소견

(1) 태아 정밀초음파 소견

① 태아예상체중: 1,654 g (임신 32주 50~90th percentile에 해당)

② 양수지수(amniotic fluid index): 47 mm (양수과소증)

③ 태아수종(양측 심장막유출, 복수) 및 심장비대 소견(그림 1)이 관찰되었다.

④ 도플러검사: 태아중대뇌동맥 최고수축기 혈류 속도(middle cerebral artery peak systolic velocity, MCA PSV)는 95 cm/s (>1.5 MoM)으로 태아빈혈이 의심되는 소견에 해당하였다.

(2) 탯줄천자 소견: Hb 1.4 g/dL

### 4) 진단 및 치료경과

탯줄천자를 통한 검사와 태아수혈이 동시에 시행되었다. 탯줄천자에서 태아hemoglobin은 1.4 g/dL로 빈혈로 진단되었고, 태아예상체중 및 혈액수치에 따라 주입용량을 결정하여 태아수혈을 시행하였다. 심혈관계에 갑작스러운 변화를 예방하고 태아 빈혈을 개선하기 위해 3번의 태아 수혈을 시행되었고 태아수혈 이후 2주 경과 후 태아수종은 호전되었고 임신 39주에 분만하였다. 출생 후 검사에서 신생아에게 지속되는 pancytopenia 관찰되었고 whole genome sequencing에서mitochondrial gene mutation (m.9424_14840del of the mitochondrial genome) 확인되어 Pearson syndrome으로 진단되었다.

5) 태아빈혈의 원인은 면역성빈혈(immune fetal anemia)과 비면역성빈혈(non-immune fetal anemia)로 나눌 수 있다. 최근 면역글로불린의 사용으로 인해 Rh 부적합에 의한 면역성빈혈의 발생 빈도는 감소하고 있지만, 산모의 anti-M 항체, anti-D 항체와 같은 원인으로 인한 면역성빈혈이 발생하며, 파르보바이러스 B19 (parvovirus B19) 같은 태아감염 외에도 혈액학적질환 등과 같은 비면역성 원인은 증가하는 추세이다. 태아빈혈이 의심될 때 초음파를 이용하여 증가된 태아중대뇌동맥 최고수축기혈류속도(MCA PSV)를 측정하여 태아빈혈을 예측한다. MCA PSV값이 임신주수의 1.5 MoM 이상으로 증가되어 있을 때 태아빈혈을 의심하며, 이는 수혈 후 추적 방법으로도 이용할 수 있다. 수혈은 탯줄천자를 통해 D-음성, O형의 leukocyte-filtered irradiated packed RBC를 농축하여 사용하며, 태아예상체중 및 혈액수치에 따라 주입용량을 결정한다. 태아수혈은 원인에 따라 2~3회 이상 시행하기도 하며 임신 35~36주까지 시행할 수 있다.

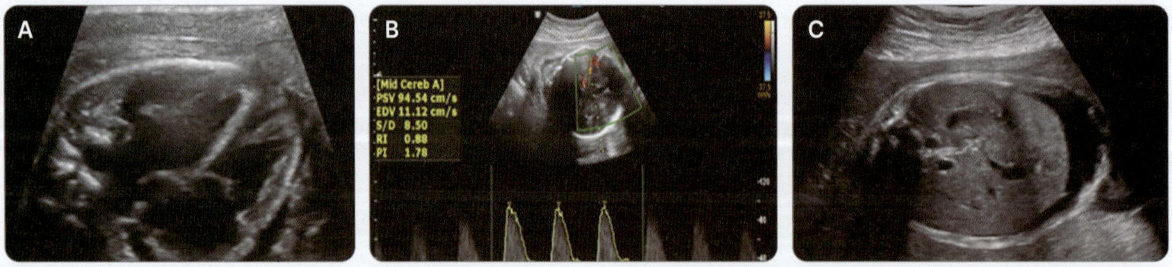


그림 1. (A) 양측 심장막유출. (B) 1.5 MoM 이상으로 증가된 태아중대뇌동맥 최고수축기혈류속도(middle cerebral artery peak systolic velocity, MCA PSV)로 태아빈혈을 의심할 수 있다. (C) 태아복수.

한 특정 가족 구성원에서 발병 위험을 위험도비(risk ratio)로 나타내는데 위험도비가 높을수록 유전적 관련성이 높아지며, 위험도비가 1이면 일반인과 같아 유전적 요인이 중요하지 않다는 것을 의미한다.

환경에 의한 영향을 평가하기 위해 태어난 후 전혀 다른 환경에서 자란 일란성 쌍둥이를 분석하면 도움이 될 수 있

## 증례 41 | 태아가슴막삼출(fetal pleural effusion)과 태아 흉강-양막강 단락술(thoraco-amniotic shunt)

### 1) 가족력 및 임상증상

(1) 가족력: 산전 검사에서는 특이소견 없었던 산모로 태아가슴막삼출과 관련된 가족력 없었다.

(2) 임상증상: 임신 31주에 태아초음파검사에서 양측 가슴막삼출 및 두피부종이 관찰되어 태아수종으로 내원하였다.

### 2) 진찰 소견: 산모는 이상 소견 없었다.

### 3) 검사소견

(1) 태아 정밀초음파 검사소견

① 태아예상체중: 1,734 g (임신 31주 50~90th percentile에 해당)

② 양수지수(amniotic fluid index): 216 mm (정상)

③ 태아수종(양측 가슴막삼출, 두피부종)이 관찰되었다(그림 1).

④ 도플러검사: 정상

### 4) 진단 및 치료경과

태아 흉강-양막강 단락술(thraco-amniotic shunt)을 시행하였고 태아흉수액분석에서 림프구 비율이 96%로 암죽가슴증(chylothorax)이 확인되었다. 단락술 이후 가슴막삼출은 감소하였으며 태아수종도 호전되었지만, 임신 36주에 가슴막삼출이 재발하고 양수과다증이 동반되어 분만 시행하였다. 신생아 출생체중 2,420 g였으며 가슴막삼출액은 배액관삽입 치료로 호전되었다. 그러나, 출생 당시부터 보이는 근긴장저하(hypotonia)로 유전자검사 시행하였고 15q11.2의 결실을 가진 Prader-Willa syndrome 진단되었다.

5) 태아가슴막삼출은 림프계 이상으로 발생하는 일차성 가슴막삼출과 선천성 감염, 선천성 폐기도기형과 같은 흉강내 체액 점유 병변에서 동반되는 이차성 가슴막삼출으로 나눌 수 있다. 태아 가슴막삼출에서는 태아 염색체이상 위험이 증가하기 때문에 유전자 검사가 필요하며, 그 외에도 태아 감염검사, 태아가슴막천자를 통한 흉수액분석을 시행할 수 있다. 가슴막삼출로 인한 폐 압박은 폐 형성 부전을 야기할 수 있으므로 양에 따라 가슴막천자 혹은 단락술을 고려할 수 있다. 단락술은 이중바구니 모양 카테터(double basket-shaped catheter)를 태아 체부의 낭성 부위에 삽입하여 그 낭성 부위를 양수 내로 배액하는 시술로 폐조직 팽창, 폐조직 발달, 종격동 전위 호전을 통해 태아 심장 기능을 향상시킬 수 있다. 또한 단락술을 시행하면 폐형성 부전을 예방할 수 있어 생존율이 향상되는 것으로 보고되고 있다.

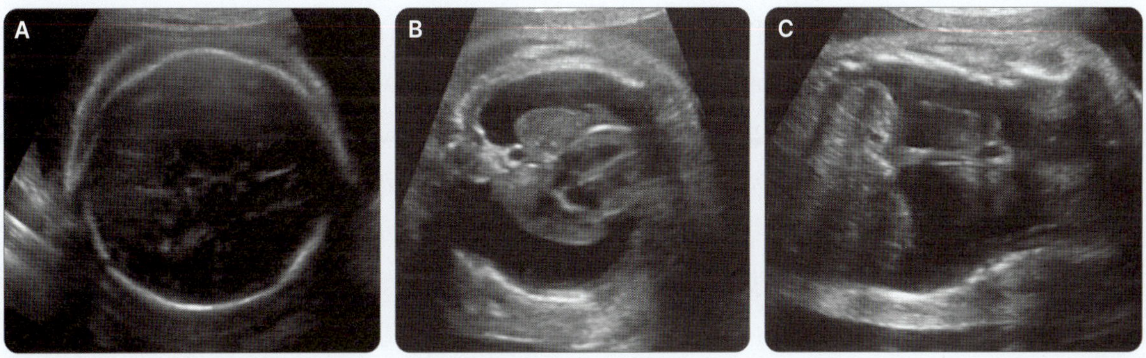


그림 1. (A) 태아두피부종(scalp edema), (B), (C) 양측 가슴막삼출(pleural effusion).

다. 이런 대상으로 실행하더라도 결과를 해석할 때 다음의 사항을 주의해야 한다. 첫째, 적은 숫자의 예외적인 사람들을 대상으로 결론이 내려진다는 점이다. 둘째, 떨어져 지낸 시기가 일정하지 않아 출생 후 즉시부터 어느 정도 자란 뒤까지 다양하다. 셋째, 떨어져 지낸 쌍태아 중 비슷해야 관심을 가진다. 즉, 선택적 오류의 가능성이 있다. 넷째, 자궁내 환경과 유전적 요인을 구별하기 어렵다.

일란성 쌍둥이면서 동일한 환경에서 양육되더라도 즉, 유전적 요인과 환경적 영향이 동일하더라도 신체와 정신 발달, 질병 발생에서 불일치(discordance)를 보일 수 있다. 그 원인으로는 X 염색체 불활성화와 섞임증 등 접합체 발생 이후에 유전적 변화(postzygotic genetic change)가 일어날 수도 있고, 유전적 변화 없이 구조적 변화에 의하여 불일치를 보일 수도 있다. 후자는 후성유전학(epigenetics)의 영역으로 메틸화와 히스톤 변형 등을 확인하여 연구하고 있다.

현재 쌍둥이 연구는 인지 능력, 인격장애, 정신질환 발생 등의 유전적, 환경적 요인에 대한 분석을 중심으로 많이 이루어지고 있으며 또한, 심폐기관 질환, 급성 호흡기 질환, 근골격계, 암 발생 등 다양한 분야에도 이용되고 있다.

### 3. 쌍둥이 등록 사업

쌍둥이는 유전적, 환경적 특성으로 인해 이상적인 연구대상이 될 수 있어 일찍부터 주목을 받았다. 1954년 덴마크에서 처음으로 쌍둥이 등록을 시작한 이후 유럽과 미국이 중심이 되어 많은 기관에서 하고 있으며, 우리나라, 일본, 중국, 이란, 멕시코, 나이지리아, 스리랑카 등 아시아와 아프르카에도 이 사업을 하고 있다. 쌍둥이 등록을 시작하기 전, 연구 목적을 달성하기 위하여 모집할 대상을 정하는 것이 중요하다. 부모 혹은 형제 자매를 포함할지, 삼태 임신을 포함할 지 등을 정해야 한다. 난성(zygosity)의 확인을 위해 예전에는 설문지를 주로 이용했었지만, 최근에는 많은 쌍둥이 등록에서 DNA 검사도 추가로 하고 있다. 분자유적학적 혹은 생리적 변화를 확인하기 위하여 생체 시료를 채취하여 보관하는 경우도 꽤 많이 있다. 최근에는 병원에서 태어나면 바로 등록하고 추적 관찰하는 출생 코호트(birth cohort)에 대한 관심이 증가하고 있다.

### 4. 전망

앞으로는 쌍둥이 연구에서도 질병의 유전적 원인을 확인하는데 분자유전학적 기술이 많이 사용될 것이다. 쌍둥이 등록 사업에서 생체 시료를 보관하고 있어 DNA 검사에 기초한 유전과의 관련성을 밝힐 수 있을 것으로 생각된다.

## VIII. 보인자검사

보인자검사란, 임상증상은 거의 없으나 특정 유전질환의 원인이 되는 유전자 돌연변이를 가지고 있는 보인자 여부를 확인하는 유전자 검사이다. 보인자검사의 대상이 되는 유전질환은 상염색체 열성질환(autosomal recessive disorder) 또는 X 염색체 열성질환 등이 있다. 보인자 본인은 정상 표현형을 보이나 질환유발 변이가 다음 세대로 전달해서 환아가 태어날 수 있으므로, 임신 전에 시행되는 것이 가장 이상적인 보인자 검사시기다.

보인자검사는 크게 민족 특이 보인자검사(targeted carrier screening), 모든 민족에게 공통으로 시행하는 보인자검사(panethnic carrier screening), 광범위 보인자검사(expanded carrier screening)로 구분할 수 있다. 과거에는 특정 유전질환에 대하여 이환이 높은 특정 민족이나 인구집단을 대상으로 보인자검사를 시행하였는데, 이를 민족특이 보인자검사(targeted carrier screening 또는 ethnic based screening) 라고 한다. 민족특이 보인자검사에 해당하는 대표적인 질환에는 Tay-Sachs 질환과 sickle cell 질환이 있다. Tay-Sachs 질환의 경우, 일반 인구에서 1/300의 보인자 빈도를 보이는 반면 유대인에서 1/30로 높은 보인자 빈도를 보인다. Sickle cell 질환의 경우 아프리카-아메리카 인종에서 1/13, 히스패닉 인종에서 1/20로, 일반인구의 1/66에 비하여 높은 보인자 빈도를 보인다. 유전학 검사기술의 발달로 보인자검사의 적용대상과 검사대상 질환 범위도 변화하였다. 2004년, 2008년 미국유전학회는 cystic fibrosis와 spinal muscular atrophy는 민족과 인구집단에 상관없이 보인자검사를 할 것을 제시하였다. 이는 모든 민족에게 공통으로 시행하는 보인자검사(panethnic carrier screening)로, 미국산부인과의사협회도 이 두 종류의 유전질환에 대해서는 보편적인 검사(universal screening)를 권고하였다.

차세대 염기서열분석(next generation sequencing)이 도입되면서 과거에 비해 염기서열분석이 빠른 시간에 이루어지고 검사비용이 감소하면서, 수백 개의 유전질환에 대하여 동시에 보인자검사를 할 수 있는 광범위 보인자검사(expanded carrier screening)가 도입이 되었다. 2015년 미국 내 유전학 관련 여러 학회들이 광범위 보인자검사(expanded carrier screening)에 대한 공동성명을, 2017년 미국산부인과의사협회에서도 전문가 의견을 발표하였는데, 해외에서는 광범위 보인자검사의 임상 적용이 점점 활발해지고 있다. 2021년 미국유전학회에서는 광범위 보인자검사가 보인자검사를 대체할 수 있음을 발표하면서, 모든 임신부나 임신 준비중인 여성들에게 1/200 이상의 보인자 빈도를 보이는 유전질환에 대하여 보인자검사를 제공할 것을 권고하였다. 2017년 미국산부인과의사협회에서는 광범위 보인자검사 대상 질환 기준을 1/100 이상의 보인자 빈도를 보이는 유전질환으로 발표하였는데, 2021년 발표된 미국유전학회에서는 더 낮은 빈도의 유전질환을 포함할 것을 제시하였다. 광범위 보인자검사도 다른 유전검사와 마찬가지로 검사 전후 상담의 중요하다. 2021년 미국유전학회에서 제시한 광범위 보인자 유전상담은 다음과 같다.

## 1. 광범위 보인자 유전상담

### 1) 검사 전 유전상담

(1) 보인자검사는 선택적이고 어느 시기에든 시행할 수 있다.
(2) 임신 전에 검사를 하는 것을 권고하나, 임신이 된 경우에는 배우자에 대한 검사를 동시에 시행하는 것을 권유한다.
(3) 배우자가 바뀌는 경우, 보인자검사를 재평가한다.
(4) 보인자검사가 모든 유전 질환에 대한 검사는 아니다.
(5) 유전적 변이는 많은 세대를 거치면서 한 가족내에서 일어나는 경향이 있다.
(6) 보인자검사는 신생아선별검사를 대체할 수 없다.
(7) 이전 임신 때 1/200 이상의 보인자 빈도를 보이는 유전질환에 대한 보인자검사를 하지 않은 경우에는 이에 대한 검사를 다시 제공한다.
(8) 상염색체 열성질환의 보인자가 임상 증상을 보이는 경우는 극히 드물다.
(9) 친족간의 결혼은 같은 유전질환에 대한 보인자가 될 위험도가 증가한다.
(10) 광범위 보인자검사로 유전질환의 모든 원인 유전자와 변이를 알 수 없다. 보인자 검사 결과 음성은 위험도가 없다는 것이 아니라 이환된 자녀를 가질 위험도가 낮아진다는 것이다.
(11) 검사실은 의학적 상태와의 연관성이 불분명한 유전자 변이를 보고하면 안 된다.
(12) 불확실한 변이(VUS)는 질환과의 연관성이 밝혀지지 않은 유전자 변이이므로, 한 명이 병적(pathogenic) 또는 병적으로 간주되는(likely pathogenic) 변이를 가지고 있는 보인자임이 확인된 것이 아니면 보고하지 않는다.
(13) X연관성 이형접합체 환자의 경우, 후손에서 나타나는 상태와 다른 증상이 발생할 수 있다(예: *DMD*, *FMR1*).

### 2) 보인자 환자 상담

(1) 보인자의 경우 해당 유전질환에 대한 정보를 알려준다.
(2) 환자에게 확인된 병적 또는 병적으로 간주되는 변이를 보이는 같은 유전자에 대하여 배우자에게 추적 검사를 제공한다.
(3) 배우자에 대한 검사는 변이들 일부가 포함되어 있는 패널을 사용하는 것이 아니라 환자에게 확인된 유전자 전체를 염기서열분석해야 한다.
(4) 임신을 유지하고 배우자가 검사를 거부하거나 배우자 검사를 할 수 없는 경우에 태아에 대한 유전자 검사를 위하여 침습적 진단검사를 제공할 수 있다.
(5) 불확실한 변이가 보고되는 경우를 포함하여 분만에 대한 계획을 세워야 한다.
(6) 배우자의 음성 결과가 이환된 자손을 낳을 위험도가 없는 것을 의미하는 것은 아니다. 대부분의 질환에서 남겨진 위험도는 정확하게 평가할 수 없고 감소하는

것을 의미한다.

(7) 위양성의 원인은 다음과 같다.

- 알려진 병원성 변이의 투과성이 감소된 경우
- 실험실간에 변이 해석이 상충되는 경우
- 같은 변이를 가진 환자들에 대한 결과가 불충분하게 보고된 경우
- 변이 표현의 실리코 모델링의 불완전함

(8) 환자는 같은 가족내에 이환된 개인들에서조차도 유전질환이 다양하게 표현될 수 있음을 상담받아야 한다.

(9) 임신 전에 보인자임이 확인된 경우에는 임신 선택 시 위험도와 이득에 관한 논의가 필요하다.

(10) 생식세포 공여, 착상 전 유전진단, 배아공여, 입양과 산전진단 같은 방법에 대하여 논의 후 임신 유지여부를 결정한다. 이러한 논의를 할 때는 이환된 환아 출생 후 의학적 케어에 대한 준비에 관한 부분도 포함된다.

그러나 국내에서는 민족특이 유전질환이 드물고, 국내 실정에 맞는 보인자검사에 대한 진료지침이 마련되지 않은 상황으로, 아직까지 광범위 보인자검사가 임상에 도입되어 사용되고 있지 않다. 그러나 최근 다문화가정의 증가로 유전질환의 빈도 변화가 예상되고 검사법의 발달로 국내의 보인자검사도 해외의 변화에 맞추어 변화가 있을 것으로 예상된다.

## IX. 산전유전상담 (Genetic counseling for prenatal diagnosis)

산전진단은 배아 및 태아의 생명을 다루는 중요한 분야이기 때문에 이에 대한 충분한 유전상담이 반드시 필요한 분야이다.

유전상담(genetic counseling)이란 가계의 유전질환 발생과 그 위험도를 다루는 의사전달과정(communication process)으로 가계도 분석(pedigree analysis) 및 가족 내 환자에 대한 충분한 정보를 얻고 질병의 유전 방식이나 발생원인 등을 설명하여 질병에 대한 이해를 돕는다. 또한 정확한 진단 방법, 재발 위험도 및 그에 따른 임신 방법 등을 제시한다. 유전상담은 비지시적(nondirectiveness)으로 이루어져야 한다. 즉 상담자가 가족의 결정에 영향을 미치지 않고, 가족 내에서 결정할 수 있도록 충분한 정보를 제공한다. 배아 태아에 대한 산전유전상담은 유전질환 전반에 관한 것뿐만 아니라, 산과력의 분석 및 산전진단의 장단점 등과 관련하여 그 범위가 매우 넓다.

산전진단은 특별한 가족력이나 과거력 등이 없는 경우에는 태아의 신경관결손 및 다운·에드워드·파타우증후군과 같은 염색체수적 이상에 대하여, 그리고 유전질환의 가족력이 있는 경우에는 가계 내에 이미 알고 있는 유전자 변이(mutation)에 대한 특정 유전질환을 진단하게 된다.

산전진단은 검사에 대한 충분한 이해를 한 후 임신부 스스로가 자율적인 선택을 할 수 있도록 하여야 하므로, 의료인은 산전진단에 대한 충분한 정보를 제공하여 임신부가 선택할 수 있도록 하는 유전상담의 역할이 매우 중요하다.

유전질환의 가족력이 있는 경우 등의 특정 유전질환의 고위험군에서는 착상전유전검사 또는 산전침습적 진단검사 등을 통해 배아 및 태아에서 특정 유전질환을 진단하게 된다. 산전유전상담에서는 윤리적, 법적, 사회적 영향(ethical legal social implications, ELSI)이 고려되어야 한다.

국내에서는 배아 및 태아 대상 검사의 오남용을 줄이기 위해 2005년부터 "생명윤리 및 안전에 관한 법률"에서 배아 및 태아를 대상으로 시행할 수 있는 유전자검사를 제한하고 있다. 초기에는 63종으로 허용하였다가, 최근에는 약 200종의 유전질환으로 계속 확대하고 있다. 그러나 유전체 분석기술이 발전하면서 새로운 희귀질환이 진단되고 있어, 허용 질환명을 법에서 규정하는 것은 한계가 있는 상황이다.

국내에서는 유전체 기술의 발전과 산전진단의 확대에 따른 적절한 유전상담을 할 수 있는 의료체계의 정립이 시급한 상황이다.

# REFERENCE


1. 김구환, 이범희, 유한욱. 유전자진단에 있어서 Multiplex Ligation Dependent Probe Amplification (MLPA)의 이론과 실제. J Genet Med. 2009;6:146-54.
2. 대한모체태아의학회 산전진단위원회. 태아 염색체 선별검사와 진단검사에 대한 대한모체태아의학회 임상진료지침. 서울: 제이플러스;2019.
3. 대한모체태아의학회. 증례중심 모체태아의학. 파주: 군자출판사; 2020.
4. 대한산부인과학회. 산과학. 제 6판. 파주: 군자출판사; 2019.
5. 보건복지부. NIPT 도입에 따른 한국인 임신부에서 산전진단방법 비용효과연구. 2018.
6. 조한나. 홍지만, 이경아, 최영철. Multiplex Ligation-dependent Probe Amplification (MLPA) 방법에 의한 디스트로핀 유전자 돌연변이 분자학적 진단의 유용성. 대한신경과학회지. 2010;28:22-6.
7. 최정연. 태아 심초음파(Fetal echocardiography). 서울: 서울대학교출판문화원; 2014.
8. Abuhamad A, Chaoui RA. Practical guide to fetal echocardiography. 2nd ed. Philadelphia: Lippincott Williams & Wilkins; 2010. pp. 60-76.
9. ACMG Professional Practice and Guidelines Committee. The use of fetal exome sequencing in prenatal diagnosis: a points to consider document of the American College of Medical Genetics and Genomics (ACMG). Genet Med. 2020;22(4):675-80.
10. ACOG committee opinion No. 432: spinal muscular atrophy. Obstet Gynecol. 2009;113(5):1194-6.
11. ACOG Committee Opinion No. 486: Update on carrier screening for cystic fibrosis. Obstet Gynecol. 2011;117(4):1028-31.
12. AIUM Practice Parameter for the Performance of Fetal Echocardiography. J Ultrasound Med. 2020;39(1):E5-E16.
13. American College of Obstetricians and Gynecologists Committee on Genetics. Committee Opinion No. 581: the use of chromosomal microarray analysis in prenatal diagnosis. Obstet Gynecol. 2013;122(6):1374-7.
14. American College of Obstetricians and Gynecologists. ACOG Practice Bulletin No. 88, December 2007. Invasive prenatal testing for aneuploidy. Obstet Gynecol. 2007;110(6):1459-67.
15. American College of Obstetricians and Gynecologists' Committee on Practice Bulletins—Obstetrics; Committee on Genetics; Society for Maternal-Fetal Medicine. Screening for Fetal Chromosomal Abnormalities: ACOG Practice Bulletin, Number 226. Obstet Gynecol. 2020;136(4):e48-e69.
16. Armour CM, Dougan SD, Brock JA, et al. Practice guideline: joint CCMG-SOGC recommendations for the use of chromosomal microarray analysis for prenatal diagnosis and assessment of fetal loss in Canada. J Med Genet. 2018;55(4):215-21.
17. Astbury C, Christ LA, Aughton DJ, et al. Detection of deletions in de novo "balanced" chromosome rearrangements: further evidence for their role in phenotypic abnormalities. Genet Med. 2004;6(2):81-9.
18. Azar GB, Snijders RJ, Gosden C, et al. Fetal nuchal cystic hygromata: associated malformations and chromosomal defects. Fetal diagnosis and therapy. 1991;6(1-2):46-57.
19. Beaudet AL, Belmont JW. Array-based DNA diagnostics: let the revolution begin. Annu Rev Med. 2008;59:113-29.
20. Bignell GR, Huang J, Greshock J, et al. High-resolution analysis of DNA copy number using oligonucleotide microarrays. Genome Res. 2004;14(2):287-95.
21. Callaway JL, Shaffer LG, Chitty LS, Rosenfeld JA, Crolla JA. The clinical utility of microarray technologies applied to prenatal cytogenetics in the presence of a normal conventional karyotype: a review of the literature. Prenat Diagn. 2013;33(12):1119-23.
22. Cheitlin MD, Alpert JS, Armstrong WF, et al. ACC/AHA guidelines for the clinical application of echocardiography: executive summary. A report of the American College of Cardiology/American Heart Association Task Force on practice guidelines (Committee on Clinical Application of Echocardiography). Developed in collaboration with the American Society of Echocardiography. J Am Coll Cardiol. 1997;29(4):862-79.
23. Chung J, Lee MY, Chung JH, et al. Extremely Rare Case of Fetal Anemia Due to Mitochondrial Disease Managed with Intrauterine Transfusion. Medicina (Kaunas). 2022;58(3):328.
24. Committee on Genetics and the Society for Maternal-Fetal Medicine. Committee Opinion No.682: Microarrays and Next-Generation Sequencing Technology: The Use of Advanced Genetic Diagnostic Tools in Obstetrics and Gynecology. Obstet Gynecol. 2016;128(6):e262-8.
25. Committee Opinion No. 690. Carrier screening in the age of genomic medicine. Obstet Gynecol. 2017;129(3):e35-40.
26. Donnelly JC, Platt LD, Rebarber A, et al. Association of copy number variants with specific ultrasonographically detected fetal anomalies. Obstet Gynecol. 2014;124(1):83-90.
27. Edwards JG, Feldman G, Goldberg J, et al. Expanded carrier screening in reproductive medicine-points to consider: a joint statement of the American College of Medical Genetics and Genomics, American College of Obstetricians and Gynecologists, National Society of Genetic Counselors, Perinatal Quality Foundation, and Society for Maternal-Fetal Medicine. Obstet Gynecol. 2015;125(3):653-62.
28. Ghi T, Huggon IC, Zosmer N, Nicolaides KH. Incidence of major structural cardiac defects associated with increased nuchal translucency but normal karyotype. Ultrasound Obstet Gynecol. 2001;18(6):610-4.
29. Golbus MS, Liu DTY, Symonds EM. Chorion Villus Sampling. Berlin: Springer; 1987.
30. Gregg AR, Aarabi M, Klugman S, et al. Screening for autosomal recessive and X-linked conditions during pregnancy and preconception: a practice resource of the American College of Medical Genetics and Genomics (ACMG). Genet Med. 2021;23(10):1793-806.
31. Grody WW, Cutting GR, Klinger KW, et al. Laboratory standards and guidelines for population-based cystic fibrosis carrier screening. Genet Med. 2001;3(2):149-54.
32. Higgins AW, Alkuraya FS, Bosco AF, et al. Characterization of apparently balanced chromosomal rearrangements from the

developmental genome anatomy project [published correction appears in Am J Hum Genet. 2008 Sep;83(3):425–7]. Am J Hum Genet. 2008;82(3):712–22.

33. Hyett JA, Perdu M, Sharland GK, et al. Increased nuchal translucency at 10–14 weeks of gestation as a marker for major cardiac defects. Ultrasound Obstet Gynecol. 1997;10(4):242–6.
34. Iafrate AJ, Feuk L, Rivera MN, et al. Detection of large-scale variation in the human genome. Nat Genet. 2004;36(9):949–51.
35. Ichchha madan, Mark redman, Richard bronsteen, et al. REVIEW ARTICLE THE GENETIC SONOGRAM. Fetal and Maternal Medicine Review. 2014; 25(1):12–41.
36. International Society of Ultrasound in Obstetrics and Gynecology, Carvalho JS, Allan LD, et al. ISUOG Practice Guidelines (updated): sonographic screening examination of the fetal heart. Ultrasound Obstet Gynecol. 2013;41(3):348–59.
37. ISPD Board of Directors. International Society for Prenatal Diagnosis Updated Position Statement on the use of genome-wide sequencing for prenatal diagnosis. Prenat Diagn. 2022;42(6):796–803.
38. Kennedy W, Sohaey. Diagnostic Imaging: Obstetrics. 4th ed. Amsterdam: Elsevier; 2021. pp.1–83.
39. Lee W, Allan L, Carvalho JS, et al. ISUOG consensus statement: what constitutes a fetal echocardiogram?. Ultrasound Obstet Gynecol. 2008;32(2):239–42.
40. Leung PKC, Qiao J. Human Reproductive and Prenatal Genetics. Cambridge: Academic Press; 2018.
41. Levy B. Prenatal Diagnosis. 2nd ed. Totowa: Humana Press; 2018.
42. LIU DTY. A Practical Guide to Chorion Villus Sampling (Oxford Medical Publications). Oxford: Oxford University Press; 1991.
43. Loane M, Morris JK, Addor MC, et al. Twenty-year trends in the prevalence of Down syndrome and other trisomies in Europe: impact of maternal age and prenatal screening. Eur J Hum Genet. 2013;21(1):27–33.
44. Mann K, Petek E, Pertl B. Prenatal Detection of Chromosome Aneuploidy by Quantitative Fluorescence PCR. In: Levy B. Prenatal Diagnosis. 2nd ed. Totowa: Humana Press; 2018. pp.139–60.
45. Mann K, Petek E, Pertl B. Prenatal Diagnosis. 2nd, Humana, 2019. Chapter 10. Prenatal Detection of Chromosome Aneuploidy by Quantitative Fluorescence PCR; p.139–160.
46. Manning M, Hudgins L; Professional Practice and Guidelines Committee. Array-based technology and recommendations for utilization in medical genetics practice for detection of chromosomal abnormalities. Genet Med. 2010;12(11):742–5.
47. McDonald-McGinn DM, Sullivan KE. Chromosome 22q11.2 deletion syndrome (DiGeorge syndrome/velocardiofacial syndrome). Medicine (Baltimore). 2011;90(1):1–18.
48. McNay MB, Fleming JE. Forty years of obstetric ultrasound 1957–1997: from A-scope to three dimensions. Ultrasound Med Biol. 1999;25(1):3–56.
49. Miller DT, Adam MP, Aradhya S, et al. Consensus statement: chromosomal microarray is a first-tier clinical diagnostic test for individuals with developmental disabilities or congenital anomalies. Am J Hum Genet. 2010;86(5):749–64.
50. Nicolaides KH. Screening for fetal aneuploidies at 11 to 13 weeks. Prenat Diagn. 2011;31(1):7–15.
51. Nolin SL, Brown WT, Glicksman A, et al. Expansion of the fragile X CGG repeat in females with permutation or intermediate alleles. Am J Hum Genet. 2003;72:454–64.
52. Nussbaum RL, McInnes RR, Willard HF. Thompson & Thompson Genetics in Medicine 8th ed. Amsterdam: Elsevier; 2015.
53. Ojodu J, Hulihan MM, Pope SN, Grant AM; Centers for Disease Control and Prevention (CDC). Incidence of sickle cell trait--United States, 2010. MMWR Morb Mortal Wkly Rep. 2014;63(49):1155–8.
54. Palomaki GE, Chiu RWK, Pertile MD, et al. International Society for Prenatal Diagnosis Position Statement: cell free (cf)DNA screening for Down syndrome in multiple pregnancies. Prenat Diagn. 2021;41(10):1222–32.
55. Peddi N, Avanthika C, Vuppalapati S, et al. A Review of Cordocentesis: Percutaneous Umbilical Cord Blood Sampling. Cureus. 2021;13(7):e16423.
56. Practice Bulletin No. 162: Prenatal Diagnostic Testing for Genetic Disorders. Obstet Gynecol. 2016;127(5):e108–22.
57. Preimplantation Genetic Testing: ACOG Committee Opinion, Number 799. Obstet Gynecol. 2020;135(3):e133–7.
58. Prior TW; Professional Practice and Guidelines Committee. Carrier screening for spinal muscular atrophy. Genet Med. 2008;10(11):840–2.
59. Randomised trial to assess safety and fetal outcome of early and midtrimester amniocentesis. The Canadian Early and Mid-trimester Amniocentesis Trial (CEMAT) Group. Lancet. 1998;351(9098):242–7.
60. Richards S, Aziz N, Bale S, et al. Standards and guidelines for the interpretation of sequence variants: a joint consensus recommendation of the American College of Medical Genetics and Genomics and the Association for Molecular Pathology. Genet Med. 2015;17(5):405–24.
61. Rossi AC, Prefumo F. Accuracy of ultrasonography at 11–14 weeks of gestation for detection of fetal structural anomalies: a systematic review. Obstet Gynecol. 2013;122(6):1160–7.
62. Rychik J, Ayres N, Cuneo B, et al. American Society of Echocardiography guidelines and standards for performance of the fetal echocardiogram. J Am Soc Echocardiogr. 2004;17(7):803–10.
63. Salomon LJ, Alfirevic Z, Audibert F, et al. ISUOG consensus statement on the impact of non-invasive prenatal testing (NIPT) on prenatal ultrasound practice. Ultrasound Obstet Gynecol. 2014;44(1):122–3.
64. Sebire NJ, D'Ercole C, Hughes K, et al. Increased nuchal translucency thickness at 10–14 weeks of gestation as a predictor of severe twin-to-twin transfusion syndrome. Ultrasound Obstet Gynecol. 1997;10(2):86–9.
65. Shanske AL, Edelmann L, Kardon NB, Gosset P, Levy B. Detection of an interstitial deletion of 2q21–22 by high resolution comparative genomic hybridization in a child with multiple congenital anomalies and an apparent balanced translocation. Am J Med Genet A. 2004;131(1):29–35.

66. Simpson JL, Elias S. Genetics Obstetrics & Gynecology. 3rd ed. Philadelphia: SAUNDERS; 2002.
67. Simpson JM. Impact of fetal echocardiography. Ann Pediatr Cardiol. 2009;2(1):41-50.
68. Simula N, Brown R, Butt K, et al. Committee Opinion No. 418: The Complete 11-14 Week Prenatal Sonographic Examination. J Obstet Gynaecol Can. 2021;43(8):1013-21.
69. Snijders AM, Nowak N, Segraves R, et al. Assembly of microarrays for genome-wide measurement of DNA copy number. Nat Genet. 2001;29(3):263-4.
70. Sonek J, Nicolaides K. Additional first-trimester ultrasound markers. Clin Lab Med. 2010;30(3):573-92.
71. Souka AP, Pilalis A, Kavalakis I, et al. Screening for major structural abnormalities at the 11- to 14-week ultrasound scan. American journal of obstetrics and gynecology. 2006;194(2):393-6.
72. Souka AP, Pilalis A, Kavalakis Y, et al. Assessment of fetal anatomy at the 11-14-week ultrasound examination. Ultrasound Obstet Gynecol. 2004;24(7):730-4.
73. Souka AP, Snijders RJ, Novakov A, et al. Defects and syndromes in chromosomally normal fetuses with increased nuchal translucency thickness at 10-14 weeks of gestation. Ultrasound Obstet Gynecol. 1998;11(6):391-400.
74. Souka AP, Von Kaisenberg CS, Hyett JA, Sonek JD, Nicolaides KH. Increased nuchal translucency with normal karyotype [published correction appears in Am J Obstet Gynecol. 2005 Jun;192(6):2096]. Am J Obstet Gynecol. 2005;192(4):1005-21.
75. Steele MW, Breg WR Jr. Chromosome analysis of human amniotic-fluid cells. Lancet. 1966;1(7434):383-5.
76. Stuppia L, Antonucci I, Palka G, et al. Use of the MLPA assay in the molecular diagnosis of gene copy number alterations in human genetic diseases. Int J Mol Sci. 2012;13(3):3245-76.
77. Tabet AC, Verloes A, Pilorge M, et al. Complex nature of apparently balanced chromosomal rearrangements in patients with autism spectrum disorder. Mol Autism. 2015;6:19.
78. Timor-Tritsch IE, Fuchs KM, Monteagudo A, et al. Performing a fetal anatomy scan at the time of first-trimester screening. Obstet Gynecol. 2009;113(2 Pt 1):402-7.
79. Vera-Rodriguez M, Rubio C. Assessing the true incidence of mosaicism in preimplantation embryos. Fertil Steril. 2017;107(5):1107-12.
80. Victoria J, Bartsota M, Barwick S, et el. British Congenital Cardiac Association Fetal Cardiology Standards. British Congenital Cardiac Association. 2021. pp. 1-22.
81. Wapner RJ, Martin CL, Levy B, et al. Chromosomal microarray versus karyotyping for prenatal diagnosis. N Engl J Med. 2012;367(23):2175-84.
82. Wapner RJ, Martin CL, Levy B, et al. Chromosomal microarray versus karyotyping for prenatal diagnosis. N Engl J Med. 2012;367(23):2175-84.
83. Whittle MJ, Connor JM. Prenatal Diagnosis in Obstetric Practice. Southern Gate: Blackwell Science Inc; 1989.
84. Willis AS, van den Veyver I, Eng CM. Multiplex ligation-dependent probe amplification (MLPA) and prenatal diagnosis Prenat Diagn. 2012;32(4):315-20.
85. Winsor EJ, Tomkins DJ, Kalousek D, et al. Cytogenetic aspects of the Canadian early and mid-trimester amniotic fluid trial (CEMAT). Prenat Diagn. 1999;19(7):620-7.
86. Won HS, Hwang JY, Kim SK, et al. Clinical evaluation of In-utero fetal shunt operation using basket-shaped catheter: 5-year experience at Asan Medical Center. Korean J Obstet Gynecol. 2005;48(11):2558-69.
87. Zhao X, Li C, Paez JG, et al. An integrated view of copy number and allelic alterations in the cancer genome using single nucleotide polymorphism arrays. Cancer Res. 2004;64(9):3060-71.
88. Zwingerman R, Langlois S. Committee Opinion No. 406: Prenatal Testing After IVF With Preimplantation Genetic Testing for Aneuploidy. J Obstet Gynaecol Can. 2020;42(11):1437-43.

CHAPTER 24

# 착상전 유전진단

## Preimplantation genetic test

강인수, 유은정, 이동숙

## I. 서론

착상전 유전진단은 착상 전 배아단계에서 비정상적인 배아를 식별하여 유전적으로 정상적인 배아를 이식하는 것으로 임신 이전 단계에서 시행하는 검사이다. 1990년대부터 시행된 이 검사는 특정 유전질환의 가족력이 있거나 부부가 보인자(carrier)인 경우, 염색체 구조적 이상을 가진 부부에서 유전질환이나 염색체 구조적 이상이 없는 배아를 선별하기 위해 착상전 유전진단(preimplantation genetic diagnosis, PGD), 그리고 정상 염색체를 가진 부부에서 시험관아기시술의 임신 예후를 높이기 위해 배아의 염색체 수적 이상(이수성, aneuploidy)을 선별적으로 검사하는 착상전 유전검사(preimplantation genetic screening, PGS)로 명명되었다. 그러나 2017년 용어 개정에 따라 기존의 착상 전 유전검사(PGS)는 PGT-A (Preimplantation Genetic Testing for Aneuploidy)로 바뀌고, 착상전 유전진단(PGD)은 단일 유전자 질환에 대한 PGT-M (PGT for Monogenic disorder)과 염색체 구조적 이상에 대한 PGT-SR (PGT for Structural Rearrangement)로 나뉘었다. 착상 전 유전검사와는 달리 산전 진단(prenatal diagnosis)은 임신이 된 후 임신 초기(10~13주)에 융모막융모 생검(chorionic villus sampling, CVS)으로 얻은 태반 세포나, 임신 중기(15~20주)에 양수천자(amniocentesis) 등을 통해 얻어진 태아 세포를 이용하여 태아의 유전질환이나 염색체 이상을 진단하는 방법으로 이러한 검사를 통해 태아의 유전 질환이나 염색체 이상이 진단될 경우 임신 중절을 고려해야 하는 경우가 발생하고, 이 경우 윤리적인 문제뿐만 아니라 임신 중절에 따른 많은 신체적, 정신적 고통을 수반하게 된다. 또한 부부의 염색체 이상으로 인한 반복 자연유산에서는 산전진단이 가능한 시기 이전에 유산이 일어나기 때문에 산전진단보다 더 조기에 진단할 수 있는 방법이 필요하며, 이러한 측면에서 착상전 유전진단은 매우 적절하고 유용한 방법이다.

## II. PGT-A (PGT for aneuploidy)

PGT-A는 착상전 배아의 염색체 이수성을 검사하여 염색체 수적 이상이 없는 배아를 선별하여 자궁에 이식하는 것이다. PGT-A는 22쌍의 상염색체와 X, Y 성염색체를 포함하여 모든 염색체에서 이수성을 선별하는 검사이다.

### 1. PGT-A 적응증

여성의 나이가 증가함에 따라 난자 및 배아의 염색체 이수성이 증가되어 20~34세에서 이수성의 비율이 30.6%에 비해 40~47세에서는 52~80%로 나타나며 이는 임신실패나 자연유산, 기형아의 위험으로 나타난다. 따라서 모체의 연령이 고령인 경우 PGT-A를 시행하면 유산율을 감소시키고 임신율을 높일 수 있다. 또한 원인 불명의 반복적인 자연유산(recurrent spontaneous abortion)이나 반복적 착상 실패(repeated implantation failure), 무정자증이나 심한 희소정자증 등의 남성 불임요인인 경우에서도 비정상적인 염색체를 갖는 수정란 발생의 위험이 높으므로 PGT-A를 적용하여 임신율을 증가시킬 수 있다. 한때 모든 불임여성에게 PGT-A를 시행하자는 주장이 제기되기도 했으나 2018년 미국생식의학회(American Society for Reproductive Medicine, ASRM)는 '모든 불임여성에게 PGT-A를 사용하도록 권고하기에는 증거가 불충분하다'는 진료지침을 발표했다.

## 2. PGT-A 과정 및 배아 생검 방법

PGT는 체외수정 시술(in vitro fertilization, IVF), DNA 추출을 위한 배아생검(embryo biopsy), 유전검사, 이식이 가능한 선별된 배아의 자궁강내 이식(intrauterine embryo transfer) 과정으로 이루어진다. 일반적인 IVF 시술은 다수의 난포를 발달시키기 위한 성선자극호르몬(gonadotropin)과 조기 배란을 억제하기 위한 성선자극호르몬분비호르몬 작용제 혹은 길항제(gonadotropin-releasing hormone agonist or antagonist)를 사용하여 과배란 유도를 하고, 충분한 난포 성장이 이루어지면 인간 융모성 성선자극호르몬(human chorionic gonadotropin)을 투여하고 35~36시간 후 난자를 채취하게 된다. 이러한 난자채취 과정은 수면 마취 및 초음파 유도하에 여성의 질을 통해 이루어진다. 착상전 유전검사에서는 다른 세포의 DNA가 혼입되는 것을 막기 위해 세포질내 정자 주입술(intracytoplasmic sperm injection, ICSI)을 시행하는데, 이 방법은 난자를 채취한 후 난자를 둘러싸고 있는 난구 세포를 제거하고 난자를 고정시킨 다음 미세 피펫을 이용하여 선택된 정자를 난자의 세포질 내로 직접 주입하게 된다. 정상적인 배아의 발달은 정자 주입 후 18시간 정도 후에 두 개의 전핵(2 pronuclei)을 관찰함으로써 수정여부를 확인하게 되고, 제2일째 4 세포기, 제3일째 8 세포기, 제4일째 상실기(morula stage), 제5일째 포배기(blastocyst)로 발달하게 된다.

DNA 추출을 위해 필요한 세포는 배아에서 얻을 수 있는데 6~8 세포기의 난할 단계의 배아에서는 주로 1~2개의 할구(blastomere)를 생검하고 포배기 단계의 배아의 경우는 5~10개의 영양외배엽(trophectoderm) 세포를 생검한다. 할구 생검의 단점은 포배기까지 생존하지 못할 배아도 검사를 하게 되고, 1~2개의 세포를 이용하여 진단을 해야 하기 때문에 검사의 정확도가 낮고, 포배기 단계보다 배아 섞임증의 빈도가 높다는 것이다. 따라서 할구 생검시 이수성 세포가 한 개 나오면 배아는 섞임증으로 판단되어 이식가능하나 이것은 추후 포배기 단계에서는 비정상으로 판정되므로 폐기될 수 있는 가능성이 있는 배아라고 볼수 있다. 수정 후 5~6일째 포배기 배아(100~150 세포) 단계에서의 생검은 주로 태반 형성에 관여하는 영양외배엽세포를 생검하기 때문에 난할 단계 배아에서의 생검보다 배아에 대한 손상이 적고, 더 많은 세포를 얻을 수 있어 검사의 정확성이 높으며, 배아 섞임증을 진단할 수 있다. 단점으로는 포배기까지 더 오랜 시간의 배양과 수정란의 약 36~66%만이 포배기에 도달하므로 생검할 수 있는 배아의 수가 감소되고, 드물지만 태반 한정성 섞임증(confined placental mosaicism)의 가능성 등의 단점이 있다. 채취된 난자 갯수, 수정된 배아의 수, 배아 발달 상태 등을 고려하여 생검 및 이식 시기를 결정하게 되며, 최근에는 포배기 배아 단계에서의 생검이 추천되고 있다.

## 3. PGT-A 방법의 발전

2000년대 초반까지는 FISH 기법을 이용한 PGT-A가 많이 시행되었으나, FISH 방법으로는 전체 염색체를 스크리닝할 수 없고, 할구 생검에 따른 배아의 손상 때문에 오히려 임신 예후를 떨어뜨린다는 보고가 발표되면서, IVF 시술에서 FISH 사용이 제한되었다. FISH 이후에 비교유전체

보합법(comparative genomic hybridization, CGH)이 도입되었는데 이는 정상 DNA (reference DNA, digoxigeninlabeled)와 검체 DNA (test DNA, biotin-labeled)를 정상중기염색체에 동시에 경쟁적으로 보합(hybridization)시키는 방법으로, 시험 DNA의 염색체 결실 또는 중복, 이수성 등이 있으면 녹색-적색 형광의 차이로 나타나므로 이를 진단할 수 있다. 이를 통해 전체 염색체에 대해서 이수성 선별검사(aneuploidy screening)를 할 수 있게 되어 염색체 전체의 포괄적 진단이 가능하게 되었다. 이후 배아의 배양 기술 및 생검 기술, 유리화 동결(vitrification)과 같은 배아 동결 기술의 발달로 포배기 배아 생검이 가능해졌고 배아 동결의 효율성이 높아졌으며, 한번의 플랫폼을 통하여 수십만 내지 수십억 개의 서로 다른 염기서열 분석반응이 동시에 진행되고 판독 가능한 차세대 염기서열분석(next generation sequencing, NGS) 등의 다양한 세포유전학 기술들이 발달하면서 PGT-A의 IVF 시술에서의 적용이 증가하고 있다. 최근에는 비침습적 PGT-A (noninvasive PGT-A)는 포배기 배아를 배양한 배양 배지로 누출된 DNA를 분석하는 방법으로 내세포괴(inner cell mass)를 반영하지 못하는 기존의 방법을 보완한 기술이 도입되고 있다. 최근 연구에서는 배양 배지와 전체 배아 간의 NGS 결과를 비교한 결과 약 12% 정도의 위음성율과 16% 정도의 위양성율을 보였다. 이러한 위음성율과 위양성율은 모체세포의 오염 및 배아 섞임증의 원인으로 생각된다.

## 4. 모자이시즘 배아

NGS를 포함한 새로운 기술의 출현으로 진단 기술의 해상도와 정확도가 향상됨에 따라 배아 섞임증의 진단이 증가되고 있다. 섞임증 배아는 한 배아 내에 유전형이 다른 두 개 이상의 세포 집단이 존재하는 것을 말한다. NGS 결과에서 영양외배엽세포 샘플 중 이수성 DNA (aneuploid DNA)가 20% 미만인 경우 정배수체(euploid)로 보고되고, 20~80%는 섞임증으로, 80% 이상은 이수배수체(aneuploid)로 보고된다. 따라서 NGS 결과에서 섞임증은 정배수 배아와 이수배수체 배아 사이의 범주로 나타난다.

섞임증 배아가 생기는 기전은 비정상 감수분열에 의해 생기는 이수배수체 배아와는 다르다. 일단 정상 염색체를 가진 수정란이 형성된 후에 체세포 분열을 하는 과정에서 일부 세포에서 염색체가 비정상적으로 분리되면 이수배수체를 가진 세포 집단이 형성된다. 이것이 정상 염색체를 가진 세포 집단과 혼합되어 섞임증 배아가 형성된다. 난자의 염색체가 비분리(non-dysjunction)가 되어 생기는 이수배수체 배아는 모체 연령이 증가됨에 따라 증가하지만 섞임증 배아는 나이에 따라 거의 일정하게 발생한다. 2015년에 섞임증 배아 이식 후 정상 염색체를 가진 건강한 아기들이 태어난 첫 연구 보고 이후로 섞임증 배아 이식은 보편화되고 있다.

임상적인 결과는 아직 제한적이기는 하지만 최근에는 섞임증 배아 이식 후 1,000건 이상의 표현형의 이상이 없는 정상적인 출산이 보고되어 있다. 그러나 섞임증 배아는 정배수(euploid) 배아보다 이식 시 상대적으로 착상율이 감소하고 유산율이 증가한다는 보고가 있으므로 이식 전 환자와의 충분한 상담이 필요하다. 최근 미국생식의학회(American Society for Reproductive Medicine, ASRM) 및 착상전 유전진단 국제연합(Preimplantation Genetic Diagnosis International Society, PGDIS)에서는 섞임증 배아 이식에 관한 권장사항을 발표하였다. 이식 가능한 정상(euploid) 배아가 없을 경우 섞임증의 정도(level), 관련된 염색체 번호 등에 따라 위험도가 낮은 섞임증 배아를 이식을 하며 특히 50% 이하의 낮은 정도(low level)의 섞임증은 정상(euploid) 배아와 비슷한 임상 결과를 보인다는 것이 여러 연구를 통해 증명되었다.

섞임증 배아를 이식한 후에는 태반을 검사하는 융모막융모 생검 방법보다는 태아의 세포를 검사하는 양수천자로 핵형을 확인하는 것을 권하며, 드물지만 단친성 이염색체증(uniparental disomy)이 없다는 것을 확인하기 위하여 염색체 마이크로어레이검사(chromosomal microarray analysis)를 시행할 수 있다.

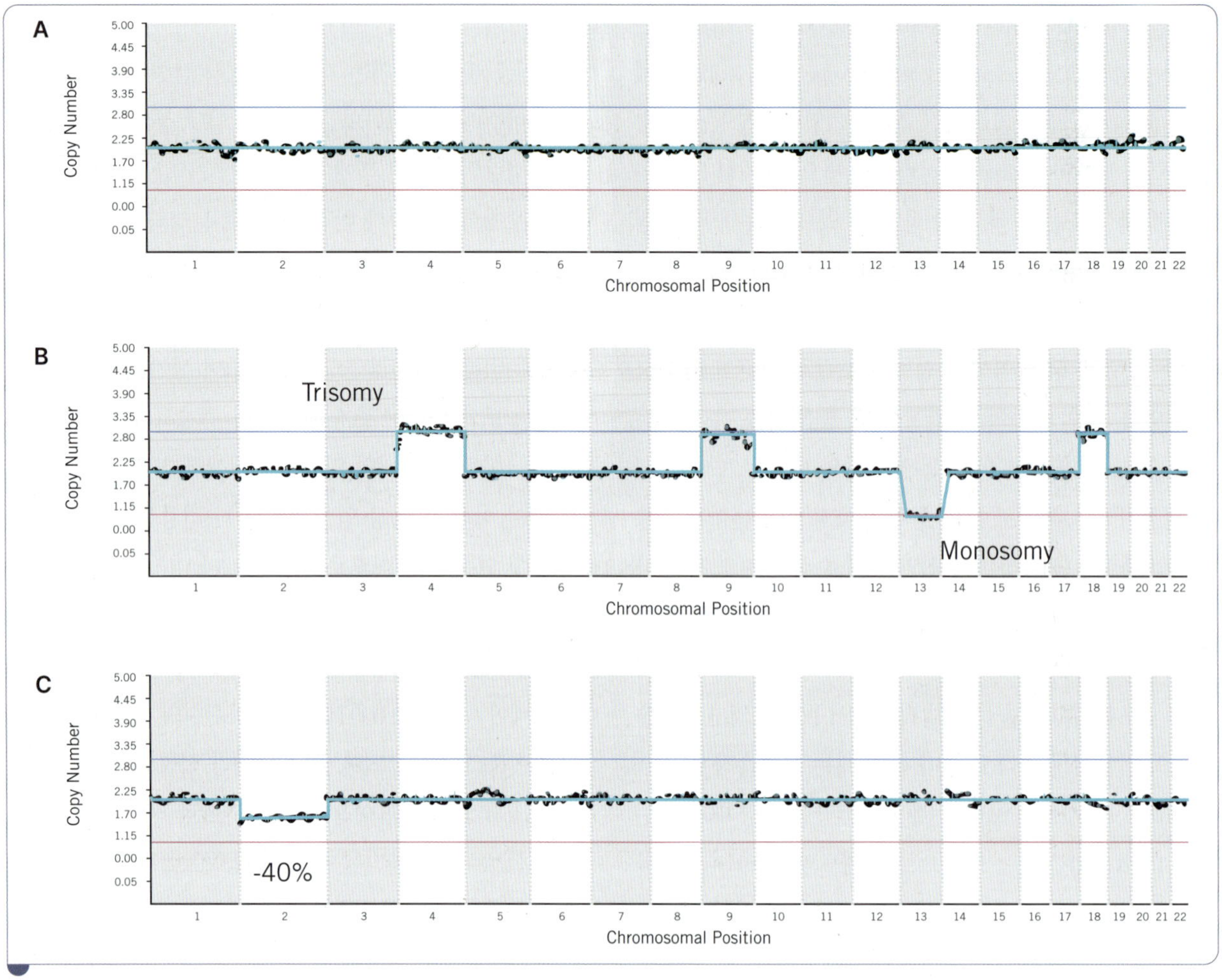


그림 24-1. NGS를 이용한 착상 전 유전검사. (A) Euploidy, (B) Chaotic aneuploidy, (C) Mosaicism, chr 2 (-40%).

## III. PGT-SR
### (PGT for structural rearrangement)

PGT-SR 검사는 부부가 염색체의 구조적 이상, 즉 염색체 전좌(translocation), 역위(inversion), 중복(duplication), 결실(deletion), 삽입(insertion)이 있는 경우 착상 전 배아 단계에서 염색체 이상을 선별하여 정상 배아를 자궁에 이식하는 방법이다. PGT-SR을 통해 정상 염색체를 갖고 있거나 균형 보인자인 배아를 선별하여 이식함으로써 임신 예후를 유의하게 높일 수 있다.

### 1. 염색체 구조적 이상의 종류

#### 1) 전위

염색체 전위(translocation)의 가장 흔한 형태인 상호전위(reciprocal translocaton)와 로버트슨전위(Robertsonian translocation)가 있다. 상호 균형전위(reciprocal balanced translocation)는 감수분열하는 동안 여러 가지 형태의 염색체 분리(segregation), 즉, 2:2로 교호분리(alternate), 인접분리(adjacent-1, adjacent-2), 3:1, 4:0 분리 현상이 나타나 32개의 서로 다른 생식세포(gamete)를 만들어내며, 그중 2개만이 정상 또는 균형전좌(euploid or balanced translocation carrier)로서 이식 가능한 배아가 된다. 로버트슨전위는 선단부 부착 염색체(acrocentric

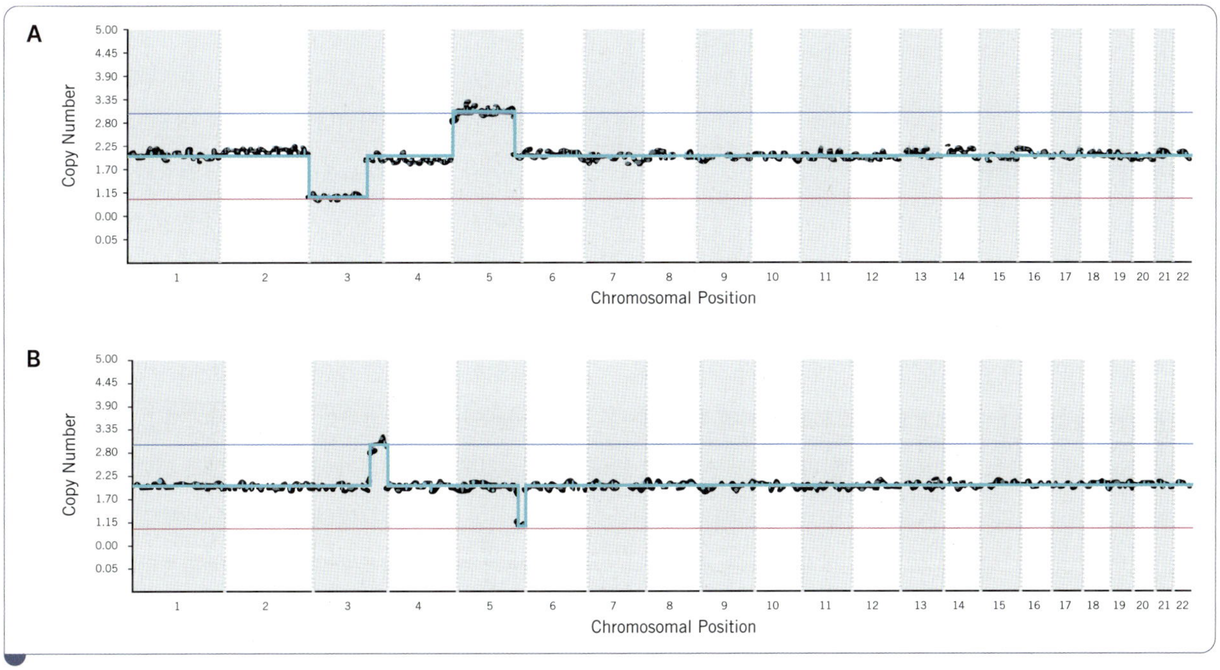


**그림 24-2.** 46,XY,t(3;5)(q25.1;q33.3) 환자의 NGS 결과. **(A)** partial monosomy 3, partial trisomy 5 (adjacent-2 type segregation) **(B)** partial trisomy 3, partial monosomy 5 (adjacent-1 type segregation).

chromosome, 13, 14, 15, 21, 22)에서 일어나는데, 단완의 위성부위가 손실되고 중심체(centromere)에서 두 염색체가 융합된다. 로버트슨전위는 감수분열 1기 동안 4가지 형태의 분리(segregation), 즉 교호분리(alternate), 인접분리(adjacent-1, adjacent-2), 3:0 분리로 생식세포가 생성된다.

### 2) 역위

역위(inversion)의 경우 한 염색체의 두 곳이 절단된 후 거꾸로 재조합되면, 그 부위의 유전물질의 순서가 거꾸로 된다. 중심체를 포함하는 중심체 주변 역위(pericentric inversion)와 중심체로부터 떨어진 부위의 부중심절 역위(paracentric inversion)가 있다. 부중심절 역위의 발생율은 0.1~0.5%로 매우 드물게 일어나며 불균형 생식세포(unbalanced gamete) 발생률이 낮아 위험도가 낮은편이다. 중심체주변 역위(pericentric inversion)는 0.25~3.5% 정도가 염색체 9번에서 일어나는데 inv(9)(p11q12), inv(9)(p11q13)의 경우 정상 변이(normal variant)로 간주되어 착상 전 유전검사가 필요하지 않다.

### 3) 복합 염색체 재배열

복합 염색체 재배열(complex chromosomal rearrangement, CCR)은 2개 이상의 염색체와 3개 이상의 절단점(break point)을 포함하는 특수한 유형의 염색체 구조적 이상으로 일반 인구 집단에서 매우 드물게 일어난다. CCR 보인자의 약 70%는 표현형이 정상이며 유의미한 임상 증상이 없지만 생식세포가 감수분열할 때 수많은 불균형 염색체 재조합 이루기 때문에 반복적 유산, 다발성 선천성 기형을 가진 태아 출산 등의 위험이 높다. CCR의 종류는 구조에 따라 3가지로 분류되는데 3개의 염색체에 각각 하나의 절단점이 있어 말단이 교환되는 3방향 재배열(three-way rearrangement), 3개 이상의 염색체를 포함하여 여러 절단점이 있는 더 복잡한 배열을 보이는 예외적 복합 염색체 재배열(exceptional CCR), 한 개인에서 2개의 전좌가 있는 이중 양방향 전위(double two-way translocations)이다. CCR 보인자가 PGT-SR 시행시 정상(normal/balanced) 배아를 얻을 확률은 약 6~10% 정도로 일반 전좌 환자에 비해 매우 낮으나

NGS를 이용한 PGT-SR을 통해 건강한 아기를 분만할 수 있다.

### 2. PGT-SR의 방법

과거에 사용한 FISH 방법은 구조적 이상 부위만을 진단할 수 있었으나, 최근엔 NGS를 사용하여 배아의 염색체 구조적 이상뿐만 아니라 전체 염색체의 이수성까지 검사하여 이식할 배아를 선택할 수 있다. 염색체 전좌를 가진 부부에서 PGT-SR을 시행했을 때 이식 가능한 배아(정상 염색체 혹은 균형 보인자인 배아)의 비율은 20% 정도이며, 포배기 배아의 생검 후 NGS를 시행했을 때 할구 생검보다 더 좋은 임신 결과를 보였다.

### 3. PGT-SR 환자를 위한 상담

2개 이상의 비상동(non-homologous) 염색체 간에 일부가 각기 절단된 후 위치가 서로 교환되는 전좌의 경우는 전체적 염색체의 양은 정상이므로 표현형은 정상이지만, 생식세포의 감수분열 과정에서 염색체의 중복이나 결손이 일어나서 불균형전위(unbalanced chromosome)를 갖는 배아가 형성되므로 반복유산이나 기형아 발생의 원인이 된다. 전좌 보인자가 임신하였을 경우 비정상 자손이 태어날 위험도는 전좌된 염색체의 형태와 종말절(telomere)로부터 절단 부위까지의 간격에 따라 달라진다. NGS에서 정상 패턴으로 나온 배아에 대해서는 환자에게 정상 배아라고 하지 말고 정상 또는 균형전좌 배아라고 알려주어야 한다. 절단부위의 크기가 작거나 NGS 해상도의 한계로 위음성의 가능성이 있기 때문에 PGT-SR을 통해 임신을 한 경우에는 반드시 융모막융모 생검이나 양수천자와 같은 산전진단을 실시하여 태아의 염색체 상태를 확인해야 한다.

## IV. PGT-M (PGT for monogenic disorders)

최초의 착상전 유전진단은 1989년 영국의 Handyside 등이 X-연관 열성(X-linked recessive) 유전질환을 가진 가계의 부부에서 배아의 할구 세포에서 중합효소연쇄반응 기법을 이용하여 Y 염색체 특이 서열을 증폭시킴으로써 정상인이나 보인자가 되는 여아를 진단하여 선택적으로 이식하여 임신을 보고한 것이었다. PGT-M은 단일 유전질환에만 적용되며 유전질환이 있는 가계에서 PGT-M을 하고자 하는 경우에는 전문가에 의한 임상적 진단과 유전자 검사로 변이를 명확히 규명하고 정확한 가계도 작성, 가능한 한 여러 가족 구성원들의 유전정보가 필요하다. 현재 국내에서는 "생명윤리 및 안전에 관한 법률"에 의거 근이영양증이나 그밖에 대통령령으로 정하는 유전질환을 진단하기 위한 목적으로만 배아 또는 태아를 대상으로 유전자검사를 할 수 있으며 2023년 현재 209종의 유전질환으로 제한하고 있다.

### 1. PGT-M 방법

#### 1) Multiplex PCR 증폭 후 direct sequencing과 linkage analysis

진단 정확도를 높이기 위해 multiplex PCR (polymerase chain reaction)로 여러 유전자를 증폭하여 변이 부위의 sequencing뿐 아니라 연관분석(linage analysis)을 동시에 시행하는 것이 PCR PGT-M의 gold standard이다.

(1) DNA direct sequencing으로 돌연변이 유무를 진단할 수 있으나 만일 대립유전자 탈락(allele dropout, ADO) 현상이 일어나면 위음성이 발생하게 된다. ADO는 배아에 있는 부모의 대립유전자 중 하나가 증폭과정에서 실패한 것을 말하는데 변이 부위가 증폭이 안 되면 정상으로 판정되어 이식하게 되고 환아가 임신되어 PGT-M 시행 초창기에 각국에서 진단 오류의 원인이 되기도 하였다.

(2) 연관분석(linkage analysis): 이를 극복하기 위하여 돌연변이 유전자 변이에 가까운 양쪽에 짧은 연쇄 반복(short tandem repeat, STR) 여러 개를 동시에 증폭시켜 연관분석을 하면 ADO로 인한 오류를 현저히 줄일 수 있고, 오염의 가능성도 진단할 수 있다. 또한, 여러 개의 세포를 얻을 수 있는 포배기 배아 생검을 통해 PCR을 시행함으로써 증폭 실패와 대립유전자 탈락을 줄일 수 있다. IVF 할 때에는 세포질내 정자 주입술(ICSI)을 사용해야 하는데 이를 통해 정자나 난구세포(cumulus cell)에 의한 오염 위험을 현저히 줄일 수 있다.

이 방법은 PCR 진단의 정확도를 높이는 장점이 있으나, 기술상 매우 정교한 과정이 필요하여 고도로 숙련된 전문가에 의해 3~6개월에 걸쳐서 setup해야 한다는 단점이 있다.

### 2) Karyomapping

최근에는 이러한 단점을 극복하기 위하여 개인의 각 염색체에 있는 특이한 단일염기다형성(single nucleotide polymorphism, SNP)을 분석하여 부부 중 질병을 일으키는 돌연변이가 배아로 유전되는지를 간접적으로 확인하는 karyomapping이 도입되어 사용되고 있다. Karyomapping은 개인의 각 염색체에 있는 특이한 SNP을 분석하여 부부의 질병을 일으키는 돌연변이가 배아로 유전되는지를 간접적으로 확인하는 방법이다. 부모로부터 얻은 약 300,000개의 SNP 중에서 변이와 관련된 부위의 SNP 결과를 부모의 변이와 동일한 돌연변이를 가진 다른 가족 구성원에서 얻은 결과와 비교하여 돌연변이 유전자를 보유한 염색체와 연관된 SNP 대립 유전자의 조합을 확인하게 된다. 즉, karyomapping은 변이가 있는 유전자를 특정하는 염색체 고유의 지문(fingerprint)을 찾는 것이고 이 지문을 각 배아가 갖고 있는지를 테스트하게 된다. 배아에서 이 지문이 보이면 병에 이환된 배아이고, 지문이 없는 배아는 정상 배아로 판정하여 배아 이식을 진행하게 된다.

이는 기존의 PCR 방법보다 준비기간이 훨씬 짧아서 환자의 만족도가 높으며 PCR 기법과 비교한 임상 결과에서도 동일한 결과들이 확인되었다. 또한, karyomapping은 더 많은 수의 이형 접합 정보 SNP를 분석하므로 ADO로 인한 오류를 줄일 수 있다. 이 방법은 유전자 질환에 대한 PGT-M과 염색체 수적 이상을 검사하기 위한 PGT-A를 동시에 시행할 수 있다는 큰 장점이 있다.

## 2. 유전양상별 특징 및 착상전 유전진단의 예

### 1) 상염색체 우성 유전질환(autosomal dominant)

변이 유전자 하나만 있어도 질환이 발현되는 경우이다. 보통 증상이 심하지 않은 경우가 많고 성장한 후에 서서히 발현되는 경우도 있기 때문에 자녀를 가질 수도 있으며 자녀의 50%가 질환에 이환된다. 우성 유전에서는 변이 유전자와 정상 유전자를 모두 정확히 진단해내야 하므로 오진에 더욱 주의를 요한다. 착상전 유전진단이 시행된 질환으로는 근이영양증(myotonic dystrophy) 헌팅톤병(Huntington's disease), 샤르코-마리-투스병(Charcot-Marie-Tooth disease), 연골무형성증(achondro-plasia), 마르판 증후군(Marfan syndrome) 등이 있다.

### 2) 상염색체 열성 유전질환(autosomal recessive)

부모로부터 물려받은 유전자가 모두 변이 유전자일 때 질환이 나타난다. 한 개의 변이 유전자와 한 개의 정상 유전자를 가진 이형접합(heterozygous)일 때는 질환을 나타내지 않는다. 가계도를 보면 남자, 여자가 동일하게 이환되고, 한 세대에 국한되어 나타나며, 이환된 아이가 있을 때 다음 아기에서 다시 나타날 확률은 1/4이고, 환아가 있는 가계에서 정상아가 보인자일 확률은 2/3이다. 대표적인 질환들은 낭포성 섬유증(cystic fibrosis), 테이-삭스병(Tay-Sachs disease), 베타-탈라세미아(β-thalassemia), 척추성 근육위축(spinal muscular atrophy), 수포성 표피박리증(epidermolysis bullosa), 고셔병(Gaucher's disease) 등이 있다.

### 3) X 염색체 연관 열성 유전질환(X-linked recessive disease)

변이 유전자가 X 염색체에 존재하는 경우이며 심한 경우는 모두 열성이다. 모친은 증상이 없는 보인자이고 그 아들의 50%가 질환에 이환된다. 대표적으로 듀센씨 근이양증(Duchenne muscular dystrophy, DMD), 혈우병 A (haemophilia A), 알포트증후군(Alport syndrome), 헌터병(Hunter's syndrome), 망막색소상피변성증(retinitis pigmentosum) 등이 있다.

### 4) X 염색체 연관 우성 유전질환(X-linked dominant disease)

변이 유전자가 X 염색체에 존재하며 보인자인 여아에서도 증상이 나타날 수 있다. 오르니틴 트랜스카바밀라제결핍증(Ornithine transcarbamylase, OTC deficiency), 알포트증후군(Alport syndrome), 제1형 입-얼굴-손발가락증후군(oro-facial-digital syndrome type I) 등에서 착상전 유전진단이 시행되었다.

### 5) 삼핵산 반복서열 질환(triple repeat disease)

특정 유전자와 관련된 3염기의 수가 불안정하게 반복되어 증가되면서 나타나는 질환이다. 각 세대를 내려오면서 반복되는 염기의 수가 증폭되어 대를 이어서 점점 심해진다. 근긴장성 근이양증(Myotonic dystrophy), 헌팅톤병(Huntington's disease), 취약 X증후군(Fragile X syndrome) 등에서 착상전 유전진단이 시행된다.

## 3. PGT-M 환자를 위한 상담

유전질환을 가지고 있는 부부에게 PGT-M을 시행하기 전에 상세한 유전상담을 시행해야 한다. 자녀에게 질환이 유전될 위험성, 유전질환의 예후, PGT-M 시술과 관련된 이점 및 제한점에 관한 충분한 상담이 이루어져야 한다. 착상전 유전진단(PGT)은 IVF시술을 통해 이루어지므로 시술 과정 중 발생할 수 있는 합병증(과배란유도 약제 사용과 난자채취에 따른 합병증, 난소과자극증후군 등), 배아 발달에 대한 배아 생검의 영향, 동결보존이 필요한 경우 동결-해동과정이 배아에 미칠 수 있는 영향에 대한 설명이 필요하다. PGT-M을 시행하지 않았을 때 선택할 수 있는 방법, 기술적인 한계로 1~2% 정도의 진단 오류의 가능성이 있다는 것, 그리고 PGT-M을 통해 임신을 한 경우에는 반드시 융모막융모 생검이나 양수천자와 같은 산전진단을 실시하여 태아의 유전질환과 관련된 유전자를 확인해야 함을 부부에게 알려주어야 한다.

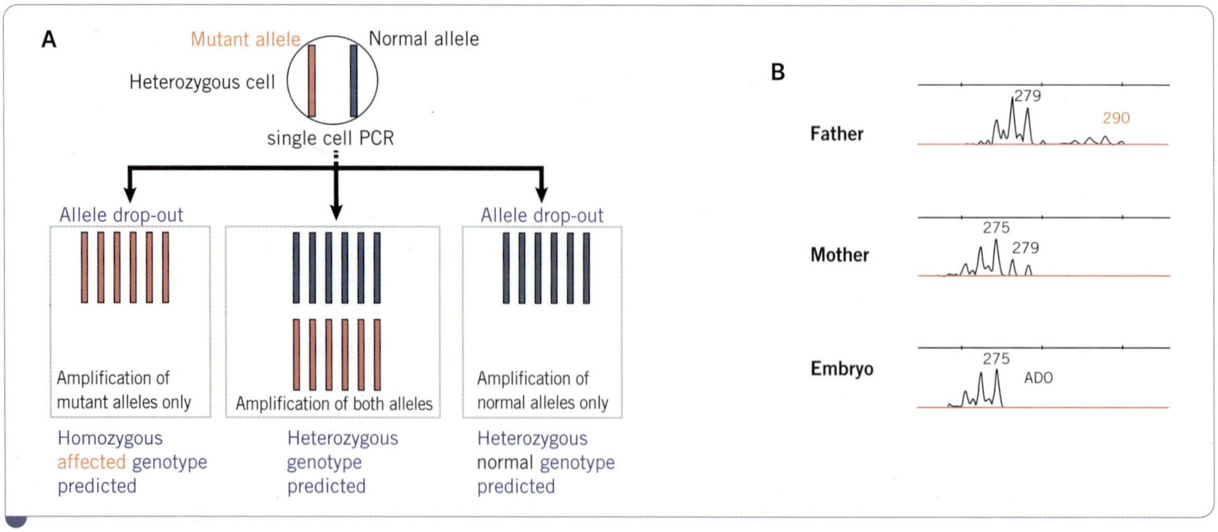


그림 24-3. Allele Dropout (ADO). (A) single cell PCR에서 ADO 모식도, (B) PGT-M 결과지에서 ADO 예시.

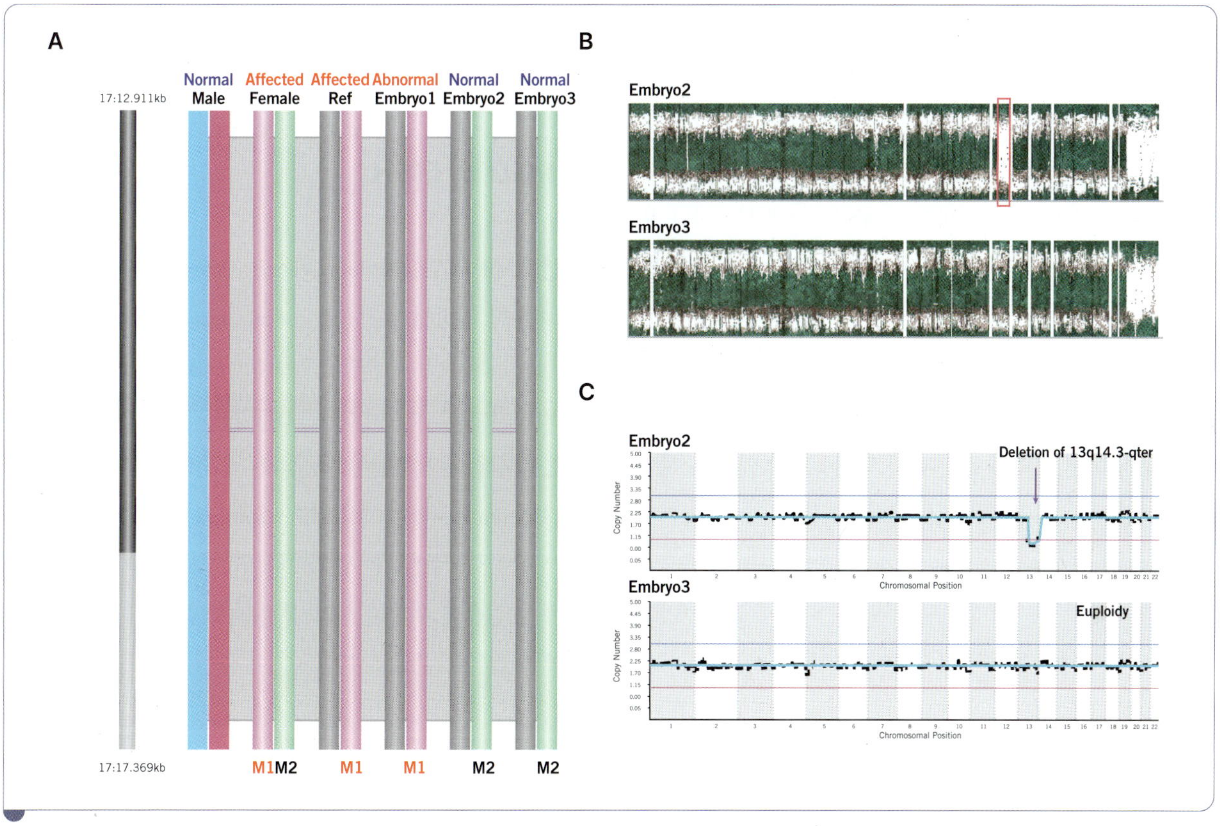


그림 24-4. Charcot-Marie-Tooth disease (CMT)에서 karyomapping을 이용한 착상전 유전진단. **(A)** Haploblock chart, **(B)** B-allele chart, **(C)** CNV chart of PGT-A.

## V. PGT-P (PGT for polygenic disorders)

다유전자성 질환(polygenic disorders)은 1개의 변이 유전자의 결과가 아니라 게놈(genome) 전반에 걸친 여러 유전자의 조합의 결과이다. 또한 다유전자성 질환에 대한 질병 위험은 유전자뿐만 아니라 환경 및 비유전적 요인에 의해서도 영향을 받는다. 심혈관 질환, 암 또는 당뇨병 같은 다양한 복합 다유전자 장애와 키 같은 특정 정량적 특성에 대해 PGT-P를 이용하여 배아 유전물질의 다유전자 위험점수(polygenic risk score, PRS)를 계산하여 질병이 발생할 가능성이 가장 적은 순서대로 배아를 이식할 수 있다. PRS는 특정 질병 및 특성과 관련된 수백만 개의 잠재적 유전자 변이의 영향을 단일 수치로 집계하여 얻은 개인의 유전적 감수성(susceptibility)을 추정한 것으로 일반적으로 개인이 보유한 질병 위험(증가/감소) 변이 수의 가중합계로 계산되며, 여기서 위험변이와 가중치는 게놈 전체 연관 연구(Genome-wide Association Studies, GWAS)에서 파생된 자료를 바탕으로 한다. PRS 평가는 특정 유전자에서 제한된 수의 다형성 변이체(polymorphic variants)만을 사용하여 결정되기 때문에 형질의 총 추정 유전 요소 중 일부만 반영한다. PGT-P에서는 PRS를 바탕으로 배아 건강 점수(embryo health scoring, EHS)를 이용하여 이식의 우선 순위를 결정한다. 배아 건강 점수는 여러 위험 점수와 요소를 결합하여 배아에 전반적인 건강 점수를 부여하는 순위 시스템이다.

PGT-P는 키 및 지능과 같은 건강과 관련되지 않은 특성도 선별할 수 있기 때문에 우생학 및 "디자이너 아기(designer babies)"에 대한 사회적 우려를 불러 일으킬 수 있다. 또한

PGT-P가 주로 유럽계 사람들의 데이터를 기반으로 하는 연관성 연구이므로 적용의 포괄성(inclusivity) 부족을 고려해야 하는 한계가 있다. PGT-P는 현재 미국, 유럽 등의 일부 회사에서 상업적으로 제공하고 있으며 공공 의료에는 구현되지 않았고, PGT-P에 대한 구체적인 규제 치침이나 윤리적 사용에 대한 지침이 부족한 실정이다. 이 검사 방법은 특정 유전질환을 진단하는 것이 아니고 병이 발생할 확률을 낮추고자 하는 예측 방법으로 배아를 선택하는 것이므로 사회적 윤리적인 검토가 있어야 하며 그로 인해 태어난 사람이 어떤 결과를 갖는지 아직 입증되지 않은 단계에 있다.

## VI. 형광제자리부합법을 이용한 착상전 유전진단(PGD by FISH)

### 1. PGD by FISH

형광제자리부합법(fluorescence in situ hybridization, FISH)을 이용한 착상전 유전진단(preimplantation genetic diagnosis, PGD)은 고전적인 검출방법으로 Joy D.A. Delhanty에 의해 1930년대 처음 고안되었다. FISH법은 구조적 이상을 진단하는 착상전 유전진단에 독창적인 진단법이며, 표적 접근법으로 centromeric (cen) 및 sub-telomeric (tel) 탐침자(probes)를 사용하여 식별하는 방법이다. 간기 세포에서 성 선택과 이수성 검증을 위한 실험을 응용한 방법으로, 세포유전학적 분석법을 기준으로 한다.

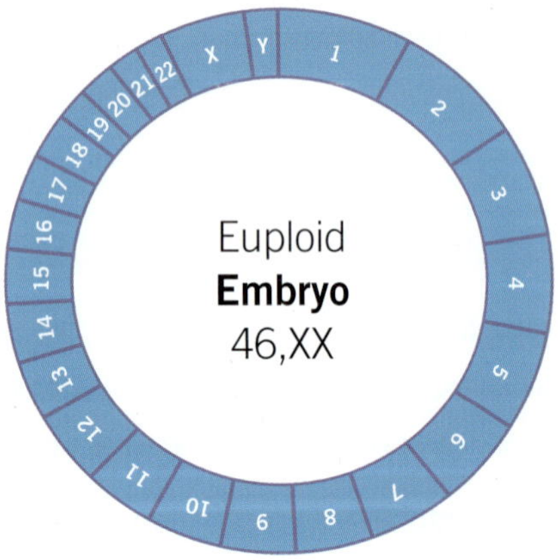


| | | Risk | | Avg Risk | Ratio | Risk Percentile |
|---|---|---|---|---|---|---|
| Type 1 Diabetes | | 0.15% | Normal | 0.1% | 1.5x | 60% |
| Types 2 Diabetes | | 31% | Normal | 35% | 0.9x | 41% |
| Coronary Artery Disease | | 20% | Normal | 33% | 0.6x | 29% |
| Heart Atlack | | 16% | Normal | 15% | 1.1x | 58% |
| Hypercholesterolemia | | 0.07% | Normal | 0.3% | 0.2x | 3% |
| Breast Cancer | | 24% | High | 12.0% | 2.0x | 99% |
| Malignant Melanoma | | 1.7% | Normal | 2.6% | 0.7x | 39% |
| Basal Cell Carcinoma | | 17% | Normal | 30% | 0.6x | 31% |

그림 24-5. PGT-P 결과의 예시.

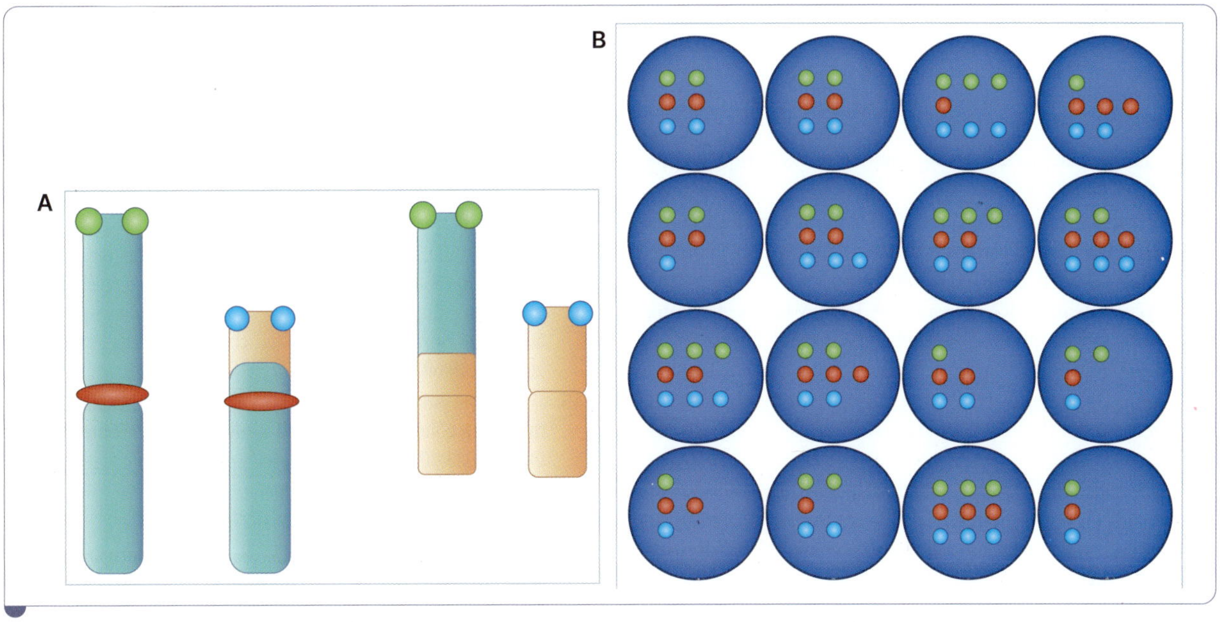


**그림 24-6. (A)** 하나의 centromeric (red), 두 개의 sub-telomeric (green, aqua) 탐침자를 선택했을 때의 예. **(B)** A의 탐침자를 선택했을 때 시그널 패턴. 모두 두 개씩의 시그널을 보이는 경우만 균형의 상태로 판단한다.

## 2. 균형전좌에서 FISH법을 이용한 착상전 유전진단

전좌는 비상동 염색체가 교환되어 두개의 파생(derivative, der) 염색체를 생성할 때 발생하며, 배우자가 정상인 경우 전좌를 가진 보인자는 제1감수 분열 동안 16개의 분리패턴을 만들게 되어, 그중 2가지 균형의 경우를 제외하고는 모두 불균형 형태의 수정란이 된다. 8세포기의 배아(embryo)에서 한 개 혹은 2개를 생검한 할구(blastomere)를 대상으로 FISH법을 적용한다.

### 1) FISH법의 탐침자 선택

생검한 할구에 FISH법을 적용할 때는 적어도 3색의 탐침자를 선택하는 것을 원칙으로 한다(예: 하나의 cen, 2개의 tel (**그림 24-6**) 또는 2개의 cen, 하나의 tel). 결과는 **그림 24-6B**와 같은 시그널들을 보인다. 그중 모두 2개씩의 시그널들을 보이는 배아들을 균형의 상태라 판단하고, 그 외의 경우는 불균형이라 판단하여 이식 가능 여부를 결정한다.

## 3. 한계점

할구(blastomere) 세포를 고정하거나, 세포질을 제거하여 양질의 핵을 획득하는 기술이나, 분석할 수 있는 시그널의 평가는 숙련된 연구자가 필요하다는 어려움이 있으며, 표적 염색체 이외의 정보는 획득할 수 없다는 주요한 한계를 가지고 있다. 또한 구조적 이상을 가진 보인자의 말초 혈액을 통한 중기상을 대상으로 절단점을 확인하고, 탐침자의 효율성을 확인하는 데 시간과 비용이 많이 든다.

## REFERENCE


1. ESHRE PGT Consortium Steering Committee, Carvalho F, Coonen E, et al. ESHRE PGT Consortium good practice recommendations for the organisation of PGT. Hum Reprod Open. 2020;2020(3):;301-13.
2. Forman EJ, Hong KH, Ferry KM, et al. In vitro fertilization with single euploid blastocyst transfer: a randomized controlled trial. Fertil Steril. 2013;100(1):100-7.e1.
3. Greco E, Minasi MG, Fiorentino F. Healthy babies after intrauterine transfer of mosaic aneuploid blastocysts. N Engl J Med. 2015;373:2089-90.
4. Griffin DK, Ogur C. PGT-SR. A Comprehensive overview and a requiem for the interchromosomal effect, DNA, 2023;3(1):41-64.
5. Handyside AH, Harton GL, Mariani B, et al. Karyomapping: a universal method for genome wide analysis of genetic disease based on mapping crossovers between parental haplotypes. J Med Genet. 2010;47(10):651-8.
6. Handyside AH, Kontogianni EH, Hardy K, et al. Pregnancies from biopsied human preimplantation embryos sexed by Y-specific DNA amplification. Nature. 1990;344(6268):768-70.
7. Huang L, Bogale B, Tang Y, et al. Noninvasive preimplantation genetic testing for aneuploidy in spent medium may be more reliable than trophectoderm biopsy. Proc Natl Acad Sci. 2019;116:201907472.
8. Kim MJ, Park SO, Hong YS, et al. Clinical application of genome-wide single nucleotide polymorphism genotyping and karyomapping for preimplantation genetic testing of Charcot-Marie-Tooth disease. J Genet Med. 2022;19(1):7-13.
9. Lazaro-Munoz G, Pereira S, Carmi S, et al. Screening embryos for polygenic conditions and traits: ethical considerations for an emerging technology. Genet Med. 2021;23(3):432-4.
10. Lee HS, Kim MJ, Kang IS. Preimplantation genetic diagnosis for single gene disorder, Journal of Genetic Medicine. 2009;6:131-45.
11. Mastenbroek S, Twisk M, van Echten-Arends J, et al. In vitro fertilization with preimplantation genetic screening. N Engl J Med. 2007;357(1):9-17.
12. Maxwell SM, Colls P, Hodes-Wertz B, et al. Why do euploid embryos miscarry? A case-control study comparing the rate of aneuploidy within presumed euploid embryos that resulted in miscarriage or live birth using next-generation sequencing. Fertil Steril. 2016;106:1414-9.e5.
13. Munné S, Cohen J, Sable D. Preimplantation genetic diagnosis for advanced maternal age and other indications. Fertil Steril. 2002;78(2):234-6.
14. Scott RT Jr, Upham KM, Forman EJ, et al. Blastocyst biopsy with comprehensive chromosome screening and fresh embryo transfer significantly increases in vitro fertilization implantation and delivery rates: a randomized controlled trial. Fertil Steril. 2013;100(3):697-703.
15. Spinella F, Bronet F, Carvalho F, et al. ESHRE PGD Consortium data collection XXI: PGT analyses in 2018. Hum Reprod Open. 2023;2023(2):hoad010.
16. Takeuchi K. Pre-implantation genetic testing: Past, present, future. Reprod Med Biol. 2020;20(1):27-40.
17. Turley P, Meyer MN, Wang N, et al. Problems with Using Polygenic Scores to Select Embryos. N Engl J Med. 2021;385(1):78-86.
18. Turley P, Meyer MN, Wang N, et al. Problems with using polygenic scores to select embryos. New Engl J Med. 2021;385(1):78-86.
19. Viotti M, Victor AR, Barnes FL, et al. Using outcome data from one thousand mosaic embryo transfers to formulate an embryo ranking system for clinical use. Fertil Steril. 2021;115:1212-24.
20. Wang C, Schroeder KB, Rosenberg NA. A maximum-likelihood method to correct for allelic dropout in microsatellite data with no replicate genotypes. Genetics. 2012;192(2):651-69.
21. Wyns C, De Geyter C, Calhaz-Jorge C, et al. ART in Europe, 2017: results generated from European registries by ESHRE. Hum Reprod Open. 2021;202:hoab026.
22. Yang YS, Chang SP, Chen HF, et al. Preimplantation genetic screening of blastocysts by multiplex qPCR followed by fresh embryo transfer: validation and verification. Mol Cytogenet. 2015;8:49.
23. Yu EJ, Kim MJ, Park EA, Kang IS. Preimplantation genetic testing for aneuploidy: The management of mosaic embryos. Clin Exp Reprod Med. 2022;49(3):159-67.
24. Zegers-Hochschild F, Adamson GD, Dyer S, et al. The International Glossary on Infertility and Fertility Care, 2017. Hum Reprod. 2017;32(9):1786-801.

CHAPTER 25

# 생식 불임의 유전학

## Reproductive genetics

김지현, 김진주, 서주태, 최영민, 최진

## I. 남성 불임(Male infertility)

### 1. 남성불임의 원인

남성 불임 원인은 1) 시상하부-뇌하수체 축 기능 장애, 2) 정자 형성의 양적 변화, 3) 정자 형성의 질적 변화, 4) 생식관 장애/기능 이상의 네 가지 주요 병인학적 범주로 분류될 수 있는데, 또 다른 주요 원인 중 하나가 염색체 이상으로 인한 유전적 요인을 들 수 있다. 불임 남성에서 일반적으로 관찰되는 유전적 결함에는 핵형 이상(예: 클라인펠터증후군[Klinefelter syndrome, 47,XXY]), 유전자 복제 수 변이(gene copy number variations, CNVs), 단일 유전자 돌연변이(single gene mutations)/다형성(polymorphisms) 및 Y 염색체 미세결실(Y chromosome microdeletion)이 있다. 이러한 유전적 결함은 남성 생식선 발육 또는 비뇨생식관의 발달을 방해하고, 생식 세포의 생성과 발달 정지를 유발하거나, 비정상 정자를 생성한다. 염색체의 수적 및 구조적 이상은 불임 남성에서 가임군에 비해 8~10배 더 많이 발생한다. 미국 비뇨의학회(American Urological Association, AUA) 지침은 고환 요인의 무정자증(azoospermia) 환자 또는 총 정자수가 5백만 마리 이하인 환자에게 염색체 검사를 권한다.

### 2. 핵형 이상

#### 1) 클라인펠터증후군

클라인펠터증후군(Klinefelter syndrome, KS: 47,XXY)은 1:500~600의 유병률을 보이는 가장 흔한 염색체 이상이며, 비폐쇄성 무정자증(non-obstructive azoospermia, NOA) 환자의 15% 정도를 차지한다. 이 질환과 관련하여 다양한 유전형이 있으며, 클라인펠터증후군을 가진 남성의 약 10~20%는 47,XXY 및 46,XY 핵형 또는 다른 모자이크 구성을 나타내는 세포로 확인되었다. 가장 흔한 것은 47,XXY로 증례의 80~90%이며, 유전형의 약 10%가 47,XXY/46,XY의 모자이크 형태이다. 클라인펠터증후군 남성은 일반적으로 정상적인 성욕과 발기 기능을 가지고 있고, 정자 형성 장애를 초래하는 세정관의 유리질화와 함께 작고 단단한 위축성 고환(8~10 $cm^3$)을 가지고 있으며 FSH 및 LH 수치가 증가한다. 정자 형성은 일반적으로 비모자이크 클라인펠터증후군을 가진 남성에서 제한적으로 나타나며, 대부분은 무정자증이다. 정자 채취 성공률은 실험실마다 다르지만, 최근 메타 분석에 따르면 평균 정자 회수율(sperm retrieval rate, SRR)은 비교적 높다. SRR의 정확한 예측은 불가능하지만, 나이는 관련 예후의 기준척도로 보이며, 30세 미만의 클라인펠터증후군 환자에서 더 높은 성공률을 보인다.

### 2) 46,XX 남성 증후군

46,XX 고환 발달 장애(46,XX male 증후군)는 남성 1:20,000명에서 확인되는 유전적으로 드문 불임 원인이다. SRY는 고환 발달, 테스토스테론 생성 및 남성 표현형을 나타내는 핵심 유전적 요소이다. 이들 46,XX 남성은 정상적으로 Yp의 말단 부분에 위치하는 SRY를 가지고 있으며, X 염색체 또는 상염색체로 전이된다. 46,XX 남성은 고환이 더 작고, 키도 작으며, Y 염색체에 존재하는 정상적인 정자 형성에 중요한 유전적 요인(AZFa, AZFb, AZFc)이 없기 때문에 불임이다. 따라서, 이들 환자는 미세수술적 고환조직 정자채취술(microsurgical testicular sperm extraction, m-TESE) 또는 고환조직 검사 대상이 아니다.

### 3) X 염색체 연관 유전자 돌연변이와 남성 불임

고환 발현과 정자 형성에 대한 불임 원인의 가능성이 높은 X-연관 유전자들은 다음과 같다. 비폐쇄성 무정자증은 Androgen Receptor (AR), TEX11, MAGEB4, HAUS7, USP26, RHOX, TAF7L 등의 유전자가 있고, 폐쇄성 무정자증(obstructive azoospermia, OA)은 ADGRG2, CLDN2가 있다. 기형정자증(teratozoospermia)과 무력정자증(asthenozoospermia)에 관여하는 유전자는 PIH1D3, AKAP4, FATE1가 있고, HH에는 ANOS1이 있다.

## 3. Y 염색체 미세결실

인간 Y 염색체는 동원체에 의해 분리된 두 개의 의사상동염색체 영역(pseudoautosomal regions, PAR), 단완(Yp) 및 장완(Yq)으로 구성된 끝결매듭 염색체(acrocentric chromosome)이다. PAR와 단완은 진정염색질이지만, 장완의 많은 부분은 본질적으로 진정염색질인 동원체에 인접한 근위부 부분을 제외하고 이질염색질이다. 인간 Y 염색체는 유전적으로 역동적이며 이 염색체의 여러 위치에서 볼 수 있는 다양한 결실 및 복제로 많은 변화를 일으키기 쉽다.

### 1) Y 염색체의 단완 유전자

#### (1) 성 결정 영역

고환 결정에 작용하는 유전자로 Y 염색체의 성 결정 영역(sex determining region Y, SRY)이 확인되었으며, Y 염색체의 단완(Yp) 말단에 위치하는 남성 특이적인 유전자이다. 이것이 없으면 46,XY라도 여성으로 발현하고, 46,XX라도 SRY가 X 염색체의 단완에 존재하면 여성으로 발현한다. 그러나, 현재의 의학으로 두 가지 모두 해결 불가능한 불임이다.

### 2) Y 염색체의 장완 유전자

Y 염색체의 장완(Yq) 위치에는 고환에서 전사되는 많은 수의 유전자를 포함하고 있고, 미세결실은 Yq에서 가장 흔하며, 정자형성 장애와 관련이 있다. Y 염색체의 일부 손실은 NOA 남성의 약 10%와 심한 희소정자증(oligozoospermia)을 가진 남성의 5%에서 확인되지만, 이러한 비율과 결실 유형은 민족 간의 차이가 있다.

#### (1) Y 염색체 미세결실

Y 염색체 미세결실(Y chromosome microdeletions)은 AZF 영역의 전체(완전 결실) 또는 일부가 제거되는 근위 Yq의 분할 결실이다. 이러한 결실은 정자 형성 장애의 주요 원인 중 하나이며, AZF 결실에 대한 검사는 불임 남성의 일반적인 진단 검사 중 하나이다. Yq 미세결실은 약 1:4,000명의 남성에서 발생하는 것으로 추정되지만 불임 남성에서 발생하는 빈도는 약 1:12이다. STS-PCR 방법으로 분석한 AZF 미세결실의 전 세계 유병률은 7%로 추정된다.

#### (2) Y 염색체 미세결실의 표현형 징후

전반적으로, 정자형성저하증(hypospermatogenesis, HS), 정자 성숙정지증(maturation arrest, MA) 및 Sertoli 세포 유일 증후군(Sertoli cell only syndrome, SCOS) 환자의 25~55%와 심한 희소정자증 또는 무정자증 환자의 5~25%는 Y 염색체 미세결실을 가지고 있다. 불임 남성의 AZF 영역은 정자 발달을 위한 핵심 유전자를 포함하고 있으며, 일반적으로 무정자증이나 희소정자증과 관련이 있고 AZFa, AZFb, AZFc로 불린다. 가장 빈도가 높은 결실 위치는 AZFc이고(60~70%), AZFa (0.5~4%), AZFb (1~5%), 그리고 AZFb+c (1~3%) 결실이다. AZFa, AZFb 및 AZFb+c 미세결실은 정자 형성에 중요한 유전자를 제거하여 이러한 남성은 정자를 가지고 있지 않다. 한때 분리되고 별개의 영역으로 생각되었던 AZFb와 AZFc는 서로 겹쳐 있는 반면, AZFa는 떨어져 있고 고립되어 있다. 정자형성과 완전히 연관되어 있는 것으로 믿어지는 *DAZ* 유전자는 AZFc 영역 내에 있다. 그러나, AZFc 미세결실에서도 미세수술적 고환조직 정자채취술을 이용하여 정자를 발견할 수 있다. AZF 미세결실 검사는 혈액 검사로 쉽게 할 수 있으며 미세수술적 고환조직 정자채취술 전에 모든 남성에서 시행하여야 한다.

#### ① AZFa 결실

일반적으로 전체 AZFa 영역의 결실은 Sertoli 세포 유일 증후군과 무정자증을 초래한다. 이러한 유전자 결실은 생식 세포가 발달하면서 세포의 완전 소실로 이어져 Sertoli 세포 유일 증후군을 초래하고, AZFa 완전 결실은 미세수술적 고환조직 정자채취술에서도 고환 정자를 찾는 것이 불가능하다는 것을 의미한다.

#### ② AZFb 결실

AZFb 영역의 유전자는 정자의 성장과 성숙을 도우며 감수분열을 통해 정자가 정자완성 일부가 진행하는 데 중요하게 작용한다. AZFb는 일부가 AZFc와 겹친다. AZFb 영역의 결실은 일차 정모세포(spermatocyte) 단계에서 정자의 성숙정지(maturation arrest)를 유발한다. AZFb 결실 범위와 고환 조직학적 소견 사이의 명확한 상관관계가 있으므로 일반적으로 AZFb 결실을 가진 남성의 고환에서 정자가 존재한다 하더라도, 사정 또는 미세수술적 고환조직 정자채취술을 통해 성숙한 정자 세포를 채취할 가능성은 떨어진다.

#### ③ AZFc 결실

AZFc는 불임 남성에서 가장 흔히 결실되는 영역이다. AZFc 결실 남성은 무정자증에서 가벼운 희소정자증에 이르는 다양한 표현형을 나타내며, NOA 남성의 최대 10%와 전체 남성의 1:4,000에서 발생한다. AZFc는 Y 염색체의 결실 구간의 원위부에 위치하며 4.5 Mb에 달한다. AZFc 영역은 정자 형성 과정을 완료하는 데 필수적이다. 일반적으로, AZFc 결실이 있는 남성은 정자세포(spermatids)를 갖고, 대부분은 심한 희소정자증이거나 무정자증일 수 있다.

### 3) Y 염색체 유전자 검사와 남성 불임

Y 염색체의 미세결실은 무정자증 또는 심한 희소정자증 환자에서 높은 비율로 발견되지만, 정자 농도가 $5\times10^6$ /mL 이상인 불임 환자에서 결실 발생은 일반적으로 적다. 따라서 무정자 또는 심한 희소정자증을 동반한 진단은 AZF 검사를 위한 지표가 되어야 한다. 미세수술적 고환조직 정자채취술 전에 무정자증 남성에게 Y 염색체 미세결실 평가를 권하여 정자를 찾을 가능성에 대해 상담하는 것이 합리적인 진료 절차이다.

## 4. 결론

남성 불임은 서로 매우 다른 표현형을 나타내는 복잡한 다인자 상태이다. Y 염색체는 고환에서 발현되고 정자 형성 동안 다양한 과정에 관여하는 Y-연관 유전자를 가지고 있기 때문에 정자 형성 조절에 중심적인 역할을 한다. Y 염색체 결실은 "유전적 불안정성"으로 생각될 수 있는 위험이 커지므로, Yq 결실 검사는 많은 남성 불임의 원인을 확인하는 일상적인 검사가 되었다. 정자 형성 중 유전 물질의 점진적인 손상은 생식 세포에서 성 염색체 모자이크를 초래할 수 있으며, 이는 고환/생식 세포 종양을 유발할 수 있다. 또한, 심각한 정자형성 장애와 명확한 인과 관계를 가진 이 검사는 이제 정자 채취의 성공률과 보조 생식술의 성공 예측을 결정하는 데도 도움이 된다. 또한, 결실은 남아에게 100%의 전달률을 가지고 있기 때문에, 부부의 남아도 불임이 될 것이라는 것을 알아야 한다. 그러므로, Yq 결실을 가진 남성에 대한 상세한 분석을 수행하는 것이 필수적이다.

## II. 자궁내막증의 유전 인자

자궁내막증(endometriosis)의 원인은 불명이나, 유전학적 감수성이 자궁내막증 발생의 위험인자라는 증거들이 축적되고 있다. 자궁내막증은 당뇨병이나 천식처럼 여러 유전자들이 상호 및 환경 인자와 작용하여 병이 발생한다고 생각할 수 있다.

### 1. 인구학적 연구(Population study)

#### 1) 자궁내막증 발생의 가족력

Simpson 등(1980)은 조직학적으로 증명된 자궁내막증 환자들에서 자매의 5.9%, 모친의 8.1%, 즉 일차(first-degree) 친척의 6.9%에서 자궁내막증에 이환되었으나, 환자 남편의 일차 친척에서는 0.9%만이 자궁내막증인 것을 보고하였다. 그리고 일차 친척이 자궁내막증인 여성인 경우에는 자궁내막증 정도가 심한 것으로 보고하였다, 이러한 양상은 자궁내막증 발생이 polygenic 또는 multifactorial inheritance일 가능성을 시사한다.

이후 Coxhead와 Thomas (1993)는 자궁내막증이 없는 여성과 비교 시 자궁내막증이 있는 여성의 일차 친척은 자궁내막증의 발생이 6배 증가한다고 보고하였다. 그리고 Moen과 Magnus (1993)는 자궁내막증 및 자궁선증(adenomyosis) 환자의 일차 친척의 경우 대조군보다 자궁내막증 및 자궁선증에 이환될 위험도가 7배 증가한다고 보고하였다.

#### 2) 쌍생아 연구

일란성 쌍둥이에서 자궁내막증이 75~87%에서 같이 발생하고, 이란성 쌍둥이에 비해 일란성 쌍둥이에서 자궁내막증이 함께 발생하는 비율이 2배 많다고 보고되었다. 특히 Hadfield 등(1997)은 16쌍의 일란성 쌍태아의 자궁내막증 발현 양상을 조사하여 이 중 9쌍(56%)은 동일한(concordant) 중증도의 자궁내막증 소견(ASRM stage III-IV), 5쌍(31%)은 한쪽의 쌍태아는 경한 자궁내막증을 보이는 반면 다른 쪽 편의 쌍태아는 중증도 이상의 자궁내막증 소견이거나, 침습적 소견을 보이는 자궁내막증 패턴을 보인다고 하였다. 단지 2쌍(12.5%)의 쌍태아만이 한쪽은 자궁내막증 소견이 없고, 다른 쪽 쌍태아는 중증의 자궁내막증을 보이는 다른(discordant) 양상을 보였다.

쌍생아 연구에 의하면 자궁내막증에서 유전율(total heritability)은 47~51%이며, 26%는 유전적 변이(genetic variation)에 의한다.

### 2. 후보 유전자 다형성 분석(Candidate gene analysis)

자궁내막증 발생에 관여하는 유전자들을 찾기 위한 연구로서, 자궁내막증 발생 기전에 관여할 것으로 판단되는 유전자들, 즉 후보 유전자들(candidate genes)의 다형성 분석이 활발하게 수행되어 왔다. 자궁내막증 발생과 연관이 있다고 보고된 대표적인 유전자들은 다음과 같다.

#### 1) 해독화 효소 관련 유전자

GSTM1 (glutathione S-transferase M1), GSTT1, GSTP1, AhRR (aryl hydrocarbon receptor repressor), NAT-1 (N-acetyltransferase 1), NAT-2, CYP1A1, CYP1B1

#### 2) 호르몬 관련 유전자

ESR1 (estrogen receptor-α), ESR2 (estrogen receptor-β), PR (progesterone receptor) CYP17, CYP19, COMT (Catechol-O-methyltransferase), 17HSD (17β-hydroxysteroid dehydrogenase) type2

### 3) 혈관 형성 관련 유전자

VEGF (vascular endothelial growth factor)

### 4) 면역 관련 유전자

IL-10 (interleukin -10), TNF-α (tumor necrosis factor-α), P53

## 3. 전장유전체연합분석(GWAS)

현재까지 9개의 GWAS 연구가 보고되었다. 가장 큰 규모의 연구는 자궁내막증 환자 17,045명과 대조군 191,596명을 대상으로 하여 수행되었으며, 연관된 19개의 단일염기 다형성을 파악하였으며, 대상 환자의 대부분은 수정된 미국생식의학회(rASRM) III/IV 병기이며, 이들 다형성은 자궁내막증 발병의 1.75%를 설명한다.

# III. 다낭성 난소증후군의 유전적 요소

다낭성 난소증후군(PCOS)은 만성 무배란 및 남성호르몬 과다를 특징으로 하는 가임기 여성의 가장 흔한 내분비 질환 중 하나이다. 다낭성 난소증후군에서 가족집락화가 있다는 사실은 본 증후군의 발생에 유전적 소인이 관여하고 있음을 시사한다. 1,332명의 일란성 및 1,873명의 이란성 쌍둥이 자매를 대상으로 한 연구에서는 다낭성 난소증후군 병태생리에서 유전적 요소가 70% 이상을 차지하는 것으로 결론지었다.

## 1. 후보 유전자들

다낭성 난소증후군 유전적 소인 규명 연구에서 가장 괄목할 만한 성과는 대규모 환자-대조군에서의 전장유전체 연관분석연구라고 할 수 있다. 2011년 최초로 중국인 환자-대조군을 대상으로 한 전장유전체 연합분석 연구 결과가 발표되었다. 2p16.3 (rs13405728), 2p21 (rs13429458), 9q33.3 (rs2479106)라는 3개의 유전자자리가 다낭성 난소증후군과 연관이 있었는데 이들은 순서대로 *LHCGR*, *THADA*, *DENND1A* 유전자를 함유한 지역들이다. 2012년 중국 연구에서는 8개의 새로운 다형성을 추가로 발견하고(9q22.32, 11q22.1, 12q13.2, 12q14.3, 16q12.1, 19p13.3, 20q13.2), 2p16.3라는 기존 연구에서의 다형성 역시 유의함을 재확인하였다. 이들은 모두 인슐린 신호 보내기, 성호르몬 기능, 2형당뇨병, 칼슘 신호 보내기 및 세포 내 섭취와 연관된 유전자들로 알려졌다. 중국 그룹은 이어 276개의 가족트리오를 대상으로 전이불균형 검정을 시행해 최종적으로 2p21 지역의 *THADA* 유전자 다형성이 다낭성 난소증후군과 관련이 있다고 보고하였다.

서양인을 대상으로 한 재현 연구에서도 DENND1A와 THADA 다형성이 연관 있음이 확인되었다. Hayes 외는 미국국립보건원 기준으로 진단된 유럽계 환자군과 대조군을 대상으로 전장유전체연관분석연구를 수행하였고 그 결과 8p23.1 및 11p14.1 지역의 새로운 두 개의 유전자자리를 발견하였고 기존의 중국 연구에서 발견되었던 9q22.32가 유의미한 연관관계가 있음을 다시 확인하였다. 이 중 11p14.1 (rs11031006) 지역의 다형성은 다낭성 난소증후군 진단 및 혈중 황체형성호르몬 농도와 강한 연관을 보여 본 증후군의 병태생리에 생식샘자극호르몬 혹은 신경내분비 요소가 있음을 시사하고 있다. 8p23.1 지역에는 생식샘 발달을 조절하는 zinc-finger transcription factor를 코드화하는 GATA4, endonuclease 8-like 2 (DNA glycosylase involved in repair of DNA damage)를 코드화하는 NEIL2, 콜레스테롤 합성 경로의 첫 특이효소인 farnesyl-diphosphate farnesyltransferase를 코드화하는 FDFT1가 위치하고 있다.

한편 국내에서도 전장유전체연관분석연구 결과가 발표되었는데 LHCGR, THADA, DENND1A 세 가지는 기존 중국과 유럽 연구들에서도 관련이 있는 유전자들이었고, 그 외에도 FSHR, C9orf3, YAP1, RAB5B, TOX3, INSR, SUMO1P1 그리고 KHDRBS3 등도 연관이 있음을 보고하였다.

흥미로운 것은 병태생리에 대한 단서 없이 전장유전체연

관분석연구를 통해 규명된 연관유전자에 어떤 의미를 부여할 수 있을지이다. 전장유전체연관분석연구를 통해 규명된 유전자의 경우 최종적으로 다낭성 난소증후군이라는 임상 증상과 연결 지을 기전이나 특정 경로가 밝혀지지 않았고, 현재 이에 관한 연구들이 수행되고 있다.

한편 그간의 다른 연관연구들에서 100여 개 이상의 유전자들이 연구되었다. 산발적으로 보고된 결과들은 제외하고 여러 연구자들에 의해 보고된 결과들만을 보자면 androgen receptor 유전자 CAG 반복 미소부수체 다형성, FTO, follistatin, CYP11A, Calpain 10, IRS-1, IRS-2, FBN3 지역과 insulin receptor (19p13.3), SHBG TAAAA 반복 다형성, TCF7L2 인근 loci 그리고 insulin 유전자가 연관이 있었다. 흥미롭게도 다낭성 난소증후군 여성의 난포막 세포를 이용한 연구에서는 *CYP11A*, *3BHSD2*, *CYP17* 유전자의 mRNA 수준이 높아지고 testosterone, 17-α-hydroxyprogesterone 및 progesterone 등 각각 해당하는 호르몬의 과잉생산이 관찰되었다. 난소의 난포성장과 관련된 유전자들은 다낭성 난소증후군과 연관이 없었다.

## 2. 유전연구의 한계

다낭성 난소증후군은 기타 다른 만성질환과 마찬가지로 유전적 요인과 환경적 요인이 복합된 질환으로 여겨지고 있다. 그 외에도 본 증후군의 정의 및 진단 기준이 연구마다 달라 결과 해석에 어려움이 있으며, 특히 나이에 따른 질병 자체의 표현형 변화로 가족 구성원의 이환 여부를 지정하는 것이 어려울 수 있다. 가족 연구에서 이환된 남성을 어떻게 정의할 것인가도 불확실하다. 또 본 증후군에 이환된 여성들은 생식능력 감소로 가족 수가 적어 큰 규모의 가계도 작성에 어려움이 있을 수 있다.

## 3. 결론

다낭성 난소증후군에 유전적 소인이 있을 것임은 주지의 사실이나 현재로서는 명확한 결론을 내릴 수는 없다. 그러나 크게 보아 남성호르몬 및 생식샘자극호르몬 작용과 관련된 다형성, 인슐린 및 비만과 연관된 유전적 다형성이 후보 유전자일 것으로 생각되며, 전장유전체연관분석연구 결과 여러 후보유전자가 추가되었는데 이 중 LHCGR, THADA, DENND1A 등이 중요한 후보유전자이다. 본 증후군의 높은 가족성 성향을 생각하면 향후로도 유전적 병태생리에 대한 관심이 필요하며 여기에는 구조적인 유전학적 변이뿐 아니라 후성적 요소에 대한 고려도 있어야 한다.

# IV. 조기난소부전(Premature ovarian failure, POF)

조기난소부전은 난소 예비력의 조기 고갈 또는 기능 소실로, 40세 이전에 월경이 중단된 상태이다. 40세 이전에서는 1~2%, 30세 이전에서는 0.1%에서 발생하여 생식 기능 소실과 불임으로 이어진다. 조기난소부전은 유전적, 자가면역요인, 의인성에 의해 초래될 수 있다. 유전적 요인은 단일유전자 변이와 세포유전학적 변이(X 염색체 비배수와 염색체 재배열)가 조기난소부전과 연관되어 있다. 임상적 발전에도 불구하고 조기난소부전 사례의 50% 이상이 특발성(idiopathic)으로 남아 있으며 산발적(sporadic) 혹은 가족성(familial form)로 나타날 수 있다.

## 1. X 염색체 이상(X chromosome abnormalities)

조기난소부전의 유전적 원인 중 X 염색체 수적 구조적 변이가 가장 흔한 불균형으로 약 13%에서 나타낸다. X 염색체 이상과 관련된 조기난소부전은 X 홑염색체(X monosomy) 또는 X 삼염색체(X trisomy), X 염색체 부분 결손(partial deletion), 같은팔염색체(isochromosome), 역위(inversion) 및 균형 X-보통염색체 자리옮김(balanced X-autosomal translocations)이 있다. 따라서 조기난소부전 여성에서 핵형과 세포유전학적 평가가 중요하다.

비배수체(aneuploidy) 중 터너증후군(X 홑염색체)은 1:2500의 발생률을 보이며 저신장, 생식샘발생장애(gonadal dysgenesis) 및 원발성 무월경을 나타낸다. 터너증후군 여성은 대부분 생식샘발생장애로 불임이지만, 소수는 초경에 이르며 이들 대부분은 홑염색체 섞임증(45,X/46,XX)이다.

자주 관찰되는 또 다른 X 염색체 비배수는 X 삼염색체(47,XXX)로, 약 1:1,000 여성에서 발생하지만 사례의 10%만이 진단된다. 삼염색체성 X 여성에서는 사춘기 시작과 성적 발달은 일반적인 궤적을 따르며, 일부에서 고생식샘자극호르몬생식샘저하증(hypergonadotropic hypogonadism)를 특징으로 하는 조기난소부전을 나타낸다.

X 염색체와 관련된 구조적 재배열과 관련하여 같은팔염색체(46,X,i(X)(q10))가 관찰되며, 대부분의 환자는 45,X 환자와 구별되지 않는 터너증후군 표현형을 나타낸다. 결손과 자리옮김도 조기난소부전 여성에서 보고되고 있으며, X 염색체 장완 내에 breakpoint가 농축되어 있다. 결손은 일반적으로 Xq24-Xq27 영역에서 breakpoint를 가지는 반면, 자리옮김은 주로 Xq13-Xq21에서 발생한다. 이러한 관찰을 기반으로 Xq24-q27 및 Xq13.1-q21.33 영역은 각각 조기난소부전 critical region 1 및 2로 알려지게 되었다. 조기난소부전은 균형 X-보통염색체 자리옮김 재배열에 어떤 보통염색체가 포함되는지는 관계없다. 조기난소부전은 X 염색체 연관 자리옮김의 50%에서 관찰된다. Breakpoint는 일반적으로 조기난소부전 critical region에 있으며, critical region 외부에 breakpoint가 있는 경우 거의 난소발달장애를 초래하지 않는다.

## 2. 조기난소부전 유발 단일 유전자

조기난소부전의 원인 유전자를 규명하는 것은 어려운데, 난임이 주요 표현형이고 가족력을 확인하기 어려운 경우가 많기 때문이다. 그럼에도 10~15%에서는 이환된 first-degree ralative가 존재한다.

조기난소부전을 유발하는 candidate gene을 확인하기 위한 전통적인 전략은 쥐 knockout model에서 난포형성(folliculogenesis)에 역할을 하거나 난소 특이적 영향을 가지는 유전자를 조사하는 것이다. Next-generation sequencing 기술의 향상으로 whole-exome sequencing (WES) aggregation study를 통해 난소 발달과 관련 표현형에 대한 rare damaging coding variants를 탐구할 수 있게 되었고, coding sequence에서 새로운 변이를 발견하였다. 또 다른 유용한 방법인 GWAS (genome-wide association study)는 agnostic search를 제공하며, 여기서 수십만 개의 common genetic variants가 trait와 연관성을 평가하기 위해 스크리닝된다.

조기난소부전의 genetic architecture는 rare damaging variants와 영향이 적은 common variants로 구성된다. 서로 다른 변이 메커니즘이 유사한 생물학적 경로(biological pathways) 내의 유전자들에 영향을 미쳐 난소 발달 및 난자발생(oogenesis)과 관련된 다양한 세포 과정을 통해 조기난소부전으로 이어질 수 있다. 난자발생은 난자와 둘러싼 체세포 사이의 복잡한 상호 작용 과정이기 때문에, 다중 transcriptional regulators의 조율이 필요하다. 유전학적 연구를 통해 transcription factors에서 원인이 되는 변이를 발견했고, 이는 조기난소부전의 가장 강력한 candidate genes로 생각된다. 조기난소부전과 연관된 transcription factor candidate genes는 NR5A1, WT1, FOXL2, BMP15, GDF9, FIGLA, NOBOX, SALL4가 있다.

# V. 자연유산, 반복유산, 반복착상실패 (Spontaneous abortion, recurrent abortion, repeated implantation failure)

## 1. 자연유산(Spontaneous abortion)

자연유산은 일반적으로 임신 20주 이전에 임상적으로 임신으로 인정된 자궁내 임신이 의학적인 개입 없이 종결되는 현상을 뜻하는 것으로 임신의 흔한 합병증으로 볼 수 있

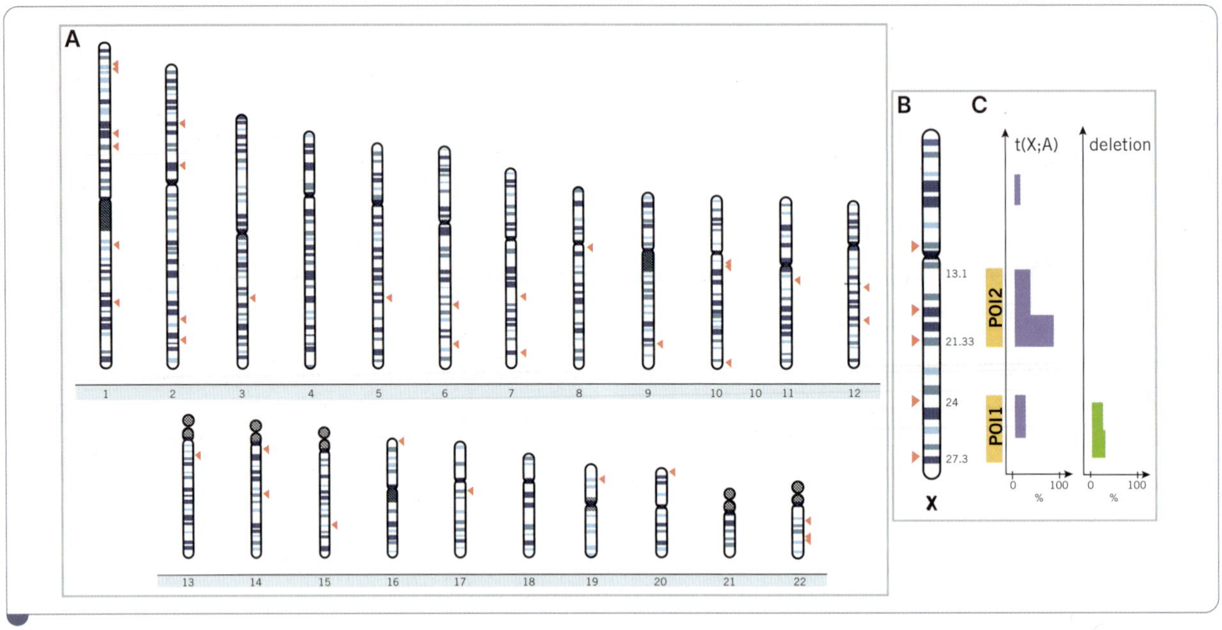


**그림 25-1.** 조기난소부전 관련 후보유전자 영역의 개략도. **(A)** 보통염색체 점돌연변이 후보유전자 위치, **(B)** X 염색체 점돌연변이 후보유전자 위치, **(C)** 조기난소부전 결정적 부위 1, 2. 녹색 및 주황색 블록은 조기난소부전 관련 자리옮김와 결손의 disruption 빈도를 나타냄.

다. 임상적으로 인정되는 임신의 10~15%에서 유산으로 종결되는데 생화학적 임신까지 포함하면 전체 임신 소실의 빈도는 4~5배 더 높아진다고 알려져 있다.

### 1) 유산물 염색체 이상

거의 60년 전부터 임신 첫 삼분기에 유산되는 경우의 60%에서 염색체 이상이 발견된다는 사실은 알려져 있었으며 최근의 연구에 의하면 80%에서 염색체 이상이 발견되어 유산의 가장 중요한 원인은 염색체 이상임이 확실해졌다.

그러나 최근까지도 유산물의 염색체를 분석하는 데 있어서 표준 방법인 전통적인 핵형 분석의 경우는 채취된 시료로 세포 배양이 되지 않거나 세균 등으로 오염이 되는 경우가 많아서 결과를 내지 못하는 경우가 종종 있으며 유산물의 세포가 아닌 모체 세포가 배양되는 경우도 있어서 46,XX 정상 핵형이 발견되는 등 분석에 오류가 발생하는 경우가 많은 것이 사실이다.

그런데 최근 chromosome microarray analysis (CMA)가 도입되어 유산물의 염색체 이상의 연구에 상당한 도움이 되고 있다. 핵형분석법은 유산물의 신선한 시료가 필요한데 반해서 CMA의 경우는 포르말린에 고정이 된 경우라도 DNA를 추출할 수 있다면 염색체 이상의 분석이 가능하다. CMA 법은 trisomy, monosomy, triploidy 같은 aneuploidy뿐만 아니라 microdeletion과 microduplication과 같은 이상과 whole genome uniparental disomy도 발견이 가능하다.

이러한 CMA를 이용한 연구들을 살펴보면 유산물에서 염색체 이상 소견이 약 60 %에서 발견되었으며 그중에서 가장 많은 이상은 trisomy로 16번과 22번이 가장 흔한 trisomy였으며 그다음으로는 monosomy X, triploidy의 순위로 발견되었다. Trisomy는 감수분열 시에 염색체의 비분리 현상으로 발생하게 되는데 특히 생식세포의 발생 과정 중 난자는 수세기 동안 prophase I에 세포 분열이 정지되어 있기 때문에 비분리 현상이 일어나기 쉬워서 여성의 나이가 많을수록 유산이 많이 발생하는 것이 이러한 염색체 이상으로 인한 것임을 시사한다고 볼 수 있겠다.

### 2) 부모 염색체 이상

부모가 균형 전위나 역위를 가지고 있는 경우 해당 부모는 문제가 없지만 감수 분열하는 과정에서 염색체 segregation에 문제가 발생하는 경우 태아에게는 유전자 불균형 상태가 발생하고 이로 인해 유산이 발생하거나 지적 장애 및 다양한 기형을 유발할 수 있다. 이런 부모 염색체 이상을 발견하는 경우는 반복 유산의 경우 3~6%에서 발견되기 때문에 반복유산의 병력이 있다면 부부 염색체 검사를 필수로 점검해야 한다.

### 3) 유전자 이상

유산의 또 다른 원인으로 유전자의 변이를 꼽을 수 있는데 하나 이상의 유전자의 돌연변이로 인해서 특정 유전 질환이나 기형이 발생하는데 이로 인해 유산이 될 가능성을 고려할 수 있다. 그러나, 단일 유전자 결함으로 인한 유산에 대한 연구는 염색체 이상보다 연구가 훨씬 덜 되어 있어 전체적인 빈도나 이상을 파악하기는 어렵다. 다만, 혈색소 유전자 이상, 근골격계의 유전자 이상이나 면역 체계의 이상 혈전과 관련된 유전자 돌연변이 등이 유산과 관련되는 것으로 알려져 있고 Aicardi syndrome, Chondrodysplasia punctate 2, Focal dermal hypoplasia, Incontinentia pigmenti 등과 같은 X-linked 우성 질환의 경우 남아에서 치명적인 것으로 알려져 있다.

## 2. 반복유산(Recurrent abortion)

초기 임신의 약 15~30%가 결국 유산될 정도로 유산은 흔하다. 하지만 임신 20주 이전 3회 이상의 유산으로 정의되는 반복유산은 흔하지는 않아 전체 임신의 약 1% 정도의 빈도를 보인다. 유전적 소인이 관여하고 있을 것으로 보이나, 분석기술이 발달해도 약 절반 정도에서는 원인을 알 수 없다.

반복유산에서 유전적 소인은 배아, 부모 모두에서 기인할 수 있다. 알려진 유전적 이상은 chromosomal aneuploidy, copy number variants, highly penetrant single-gene change 등이 대표적이고 그 외 태반에 국한된 섞임증, skewed X-inactivation, uniparental disomy, imprinting defects 등이 있다. 특히 copy number variants, highly penetrant single-gene change 등은 최근 들어 그 중요성이 더 부각되고 있다.

### 1) 염색체 이상

사실 배아의 비배수가 유산의 가장 흔한 원인으로 자연유산의 약 70%, 반복 유산의 30~50%를 차지한다. 반복 유산에서 가장 잘 연구된 유전적 소인은 부모의 balanced translocation이 배아의 unbalanced translocation을 야기하는 경우이며, 이런 balanced translocation은 반복 유산 부부의 약 3~5%에서 발견된다. Balanced reciprocal translocation은 두 개의 서로 다른 염색체 사이에 염색체 조각의 균열이 일어난 후 자리를 바꾸는 것이며 전통적인 G-banding을 이용한 핵형 분석으로 진단된다. 전체적으로는 유전물질의 손실이나 획득은 없고 balanced translocation을 가진 부모에게서 유래한 배아는 두 개의 정상 염색체 혹은 balanced translocation을 가질 수도 있으나 unbalanced translocation을 받을 경우 비정상 염색체 내용물을 받아 유산으로 이어질 수 있다. Robertsonian translocation이 있는 경우 unbalanced 형태로 전해지면 역시 배아의 trisomy나 monosomy가 야기되어 유산으로 이어진다. 염색체 자리바꿈의 경우 일부는 배아의 운명에 영향을 미치지 않으나 일부는 영향을 미칠 수 있다. 반면 비배수는 대개 나이가 많은 산모에서 무작위로, nondisjunction meiotic error로 일어나며, 무작위로 일어났으므로 다음 임신의 경과가 양호할 가능성이 더 증가한다.

가족력이나 이전에 만삭 분만력이 있다는 것만으로 반복유산이 있는 부부에서 염색체 이상을 배제할 수는 없지만 과거에 생존출생이 없었던 부부에서 염색체 이상을 발견할 확률은 올라간다. 따라서 반복유산이 있는 경우 부부에게 염색체 검사를 권하지만 마땅한 치료대안이 없다는 것이 한계다. Balanced translocation을 가진 부부라도 성교를 통해 높은 확률로 생존출생을 가질 수 있고, 체외수정시술이 자연성교보다 더 의미 있게 높은 성공률을 보인다는 근거가 부족하기 때문이다. 적은 수의 환자들에서 이루어진 연구들, 오래된 기술인 FISH, day 3 배아에서 얻은 하나의 세포에서 얻은 결과라는 기존 연구들의 한계 및 최근의 주머니배(blastocyst) 생검 및 정교해진 염색체 분석 기술 등을 생각하면 향후 체외수정시술이 더 이롭다는 결과가 나올 수도 있으나 현재로서는 balanced translocation을 가진 반복유산 부부에서 체외수정시술을 강력하게 권하고 있는 것은 아니다.

Copy number variants (CNVs)가 있는 경우 역시 반복 유산과 연관이 있을 수 있는데, 특히 큰 부위에서 다수의 핵심적인 유전자들을 포함하는 경우 더 영향이 클 수 있다. 5,180례의 fresh miscarriage specimens에서 반복적인 submicroscopic CNVs (microdeletions in 22q11.21, 2q37.3 and 9p24.3p24.2)가 흔해 반복유산과 연관이 있음이 보고되었다. 그러나 부모 중 한쪽에서의, 반복유산으로 이어질 수 있는 CNV 연구는 한계가 있고 그 결과를 도출해 내기가 쉽지 않다.

### 2) 반복 유산의 Mendelian cause

Whole exome이나 genome sequencing 기술 이용이 용이해지고 결과에 대한 신뢰도가 증가함에 따라 반복 유산의 Mendelian cause에 관한 규명도 용이해지고 있다. 반복유산의 single gene 규명은 엄마, 아빠, 배아 모두에서 시행하는 것이 바람직하다. 하지만 전반적인 진단율은 높지 않고, 주로 엄마 쪽에 초점을 맞추어 평가가 이루어지고 있는데 면역(GATA2, ELANE), 결합조직(PLOD1), 응고(PAI1), 내분비(FSHR, FLT4) 그리고 신경근계(DMPK)와 관련된 유전자 다형성들이 반복 유산과 연관이 있는 것으로 보고되었다. 특히 Methylenetetrahydrofolate reductase (MTHFR)는 임신 경과에 영향을 미치는 folate 경로에서 핵심적인 역할을 하는데, *MTHFR* 유전자의 C677T (rs1801133) 및 A1298C (rs1801131) 다형성이 반복유산과 연관이 있을 것으로 본다. 한편 아빠 쪽에서는 반복 유산을 가진 남성의 정자에 DNA fragmentation이 증가된 것이 보고되었으나 그 임상적 의미는 아직 명확하지 않다.

### 3) 결론

현재까지의 연구들을 종합해보면 반복 유산에는 산발성 비배수나 translocation 같은 명확한 유전적 원인도 있고, 태아 발달에 중요한 유전자의 변이도 원인일 될 수 있다. 물론 multi-factorial이 관여할 수 있는 것으로 본다. 반복유산 부부에서 비배수나 translocation 같은 염색체 이상들에 대해서는 검사를 해야 하며, 통상의 세포유전학적 분석이나 fetal scans에서 알 수 없는 유전체 변이들에 대해 일상적으로 평가할 것을 권하지는 않으나 이들은 whole-exome sequencing에서 발견될 수 있다. 따라서 향후 이의 활용에 관해서는 지속적인 연구가 필요하다.

## 3. 반복착상실패(Repeated implantation failure)

착상은 배아, 수용성 내막, 배아와 내막의 교신으로 이루어진다. 반복착상실패는 수차례 배아 이식 후에도 착상이 되지 않은 임상적 상태이다. 착상실패는 여러 가지 다른 요인에 의해 초래되는데, 모체 면역 시스템, 배아와 부모의 유전적 요인, 해부학적 요인, 혈액학적 요인, 생식기 미생물, 내분비 환경이 배아와 자궁 내막에 영향을 미쳐 착상실패를 초래할 수 있다. 반복착상실패의 명확한 정의는 아직 부재하지만, 가장 흔히 통용되는 정의는 적어도 3개 이상의 상급 배아를 이식함에도 3회 이상 임신실패 상태이다. 최근 연구에 따르면, 정상 자궁내막에 3회 연속 정배수(euploid) 배아를 이식 후 착상실패는 5% 미만으로 드물게 발생하여, 시험관 시술 실패가 주로 배아 요인임을 지지한다. 초기임신실패의 유전적 요인은 잘 알려져 있는 반면, 반복착상실패에서는 유전학적 역할이 덜 알려져 있다.

### 1) 배아의 유전적 요인

연령 관련 난임은 감수분열의 오류, 특히 염색체 분리 오류의 증가로 설명될 수 있다. 이로 인해 비배수체(aneuploidy) 난자와 배아가 생성된다. 주머니배에서 비배수 비율은 여성의 나이 40세에서는 58%, 43세에서는 83%까지 보고되었다. 보통 홑염색체(autosomal monosomies), 홑배수성(haploidy), 다배수(polyploidy) 배아는 주머니배로 발달하지 못하고 임신이 확인되기 전에 역선택(negative selection)을 받는다. 일반적으로, 염색체 전체 비배수(whole chromosome aneuploidy) 배아는 착상 가능성이 거의 없다. 반면, 염색체 부분 비배수(segmental aneuploidy) 배아는 임신 초기 유산 검체에서 상당히 발견되는 것을 감안할 때, 착상은 되지만 착상율이 낮을 것으로 생각된다.

### 2) 부모의 유전적 요인

Factor V Leiden, 프로트롬빈 및 MTHFR (methylenetetrahydrofolate reductase) 유전자의 돌연변이를 포함한 모체 혈전성향증도 반복착상실패의 병인에서 연구되었다.

한 소규모 연구에서 반복착상실패 환자의 MTHFR c.677C>T 다형성에 대한 Hardy-Weinberg 평형에서 상당한 편차를 보고하였다. 반복착상실패가 반대 동형접합 유전자형(opposite homozygous genotypes)을 가진 커플에서 4배 이상 증가하였다. MTHFR677T에 대해 동형접합성인 정배수체 배아는 착상 실패율이 더 높았으나, 이 연구는 작은 표본 크기로 인해 한계가 있다.

모체 uNK 세포 면역글로불린 유사 수용체(KIR) 유전자형에 대한 연구는 KIR A 억제 홑배수체형의 우월을 시사하였다. 668개의 정배수체 단일 배아 이식을 포함하는 대규모 연구에서 KIR A 환자와 KIR B 환자에서 임신 실패는 16% 대 28%였다. 이 위험은 이식된 배아의 HLA-C 유전자형에 크게 영향을 받아 성공적인 착상을 위한 모체와 배아 사이의 상호 작용의 중요성을 확인하였다.

태반 항응고 단백질 annexin 5 코딩하는 *ANXA5* 유전자 변이는 태반 매개 산과 합병증과 관련이 있는 것으로 알려져 있으며 근거는 제한적이지만, 반복착상실패의 위험이 증가할 수 있다.

### 3) 자궁내막의 유전학적 요인

자궁내막은 배아가 착상할 환경을 제공하여 임신에 중요한 역할을 하며, 자궁내막 수용성 저하는 착상실패의 2/3의 원인으로 생각된다. 프로게스테론 분비 7일째 자궁내막 생검에서 반복착상실패환자에서는 313 유전자가 정상군과 다르게 발현되는 것을 확인하였다. 생물정보학적 분석에서 PTGS2, FGB, MUC1, SST, VCAM1, MMP7, ERBB4, FOLR1 및 C3는 반복착상실패와 관련된 주요 차별 발현 유전자였다. 자궁내막 수용성 검사(ERA)는 자궁내막 수용성에 관여하는 것으로 생각되는 200개 이상의 유전자 발현을 분석하는 것으로 이식 전 주기 자궁내막 생검을 통해 personalized window of implantation을 결정할 수 있다.

결론적으로, 배아 염색체 수적 이상은 착상실패의 중요한 요인이다. 다른 하위 염색체 오류가 있는 배아도 착상율이 낮아질 수 있다. 부모 변이가 착상에 미치는 영향과 자궁내막 전사 상태(transcriptional status)는 향후 연구의 방향이다.

## VI. 성 발달 장애(Disorders of sexual development)

성 발달 장애(disorders of sexual development, DSD)란 선천적 이상으로서, 정상적인 성 발달이 이루어 지지 못하는 경우들을 포함한다. 전통적으로 이들 질환들은 성선(gonad)에 따라 분류되어 왔다. 진성 양성(true hermaphrodite)은 난소와 고환을 모두 가지고 있다. 남성 가성반음양증(male pseudohermaphrodite)은 고환을 가지고 있으나 외부생식기가 여성형이며, 여성 가성반음양증(female pseudohermaphrodite)은 난소를 가지고 있으나 남성화된 외부 생식기를 보인다.

그러나 최근 분자유전학적 진단이 발달되고, 윤리적 문제와 환자 옹호의 측면에서 이러한 전통적 분류를 재검토하게 되었으며, 성기반(gender-based) 용어가 경멸적인 면이 있어서 새로운 분류와 용어가 제시되었다. 지면 관계상 염색체검사상 46,XY이나 여성 표현형을 보이는 46,XY DSD의 대표적 질환인 안드로젠무감각증후군(androgen insensitivity syndrome)과 스와이어증후군에 대하여 기술하고자 한다.

### 1. 안드로젠무감각증후군

**(Androgen insensitivity syndrome, AIS)**

안드로젠무감각증후군은 원발성 무월경(primary amenorrhea)의 주요 원인 질환으로 터너증후군, 뮐러관무발생증 다음으로 세 번째로 흔하며, 46,XY DSD의 가장 흔한 원인 질환이다. 안드로젠수용체의 유전자 변이에 의하여 안드로젠수용체의 불활성화되거나(완전 안드로젠무감각증후군, complete AIS), 수용체 활성도가 저하되어(불완전 안드로젠무감각증후군, incomplete AIS) 임상 양상이 나타나게 된다.

안드로젠무감각증후군 환자의 대부분은 완전(complete) 안드로젠무감각증후군으로서 고환여성화증후군(testicular feminization syndrome)이라고 불리기도 한다. 완전 안드로젠무감각증후군 환자들은 대부분 원발성 무월경으로 병원을 방문하게 되며, 이때 정상적인 유방발달을 보이나, 음모는 없거나 적은 편이다. 질은 짧은 편이나 부부관계에 문제가 되지 않으며, 자궁은 없다. 혈액검사상 테스토스테론이 정상 남성치로 증가되어 있고 혈액 염색체검사상 46,XY가 발견되어 확진된다. 고환은 대부분 환자에서 복강내에 위치하나, 일부 환자의 경우 고환이 하강되어 서혜관(inguinal canal) 하부에 위치하여 탈장으로 오인되기도 한다.

완전 안드로젠무감각증후군 환자의 경우, 성선제거술은 사춘기발달이 완료될 때인 약 16~18세까지 미루어지는 것을 추천되는데, 이는 체내 생산되는 호르몬에 의한 사춘기 발달을 이용하고, 성선 종양 발생 빈도가 낮으며(5~10%) 사춘기 전에 발생하는 것이 드물기 때문이다.

### 2. 스와이어증후군

**(Swyer syndrome, complete gonadal dysgenesis)**

환자의 염색체형은 46,XY이나 자궁을 가지고 있으며, 외음부는 여성 양상이다. 이는 고환이 정상적으로 발달되지 못하여 흔적생식샘(streak gonad)을 보이며, 이러한 이형성생식샘(dysgenetic gonad)은 AMH를 분비하지 못하므로 질, 경부, 자궁, 난관이 발달되며, 남성호르몬이 분비되지 못하므로 외음부는 남성화되지 않는다.

환자들의 약 10~15%에서 Y 염색체에 존재하는 *SRY* 유전자의 불활성화 변이(inactivating mutation)가 발견되나, 대부분의 환자에서는 *SRY* 유전자의 변이가 발견되지 않는다. 이들 환자들에서 *SRY* 유전자발현 조절 및 고환-생성 경로의 중요한 하위 요소들에 관여하는 *SOX9*, *NR5A1*, *MAP3K1* 같은 다른 유전자들의 변이도 보고되고 있다.

스와이어 증후군 환자들은 사춘기 성발달이 지연되거나, 원발성 무월경으로 병원을 방문하게 되며, 외부 생식기와 내부생식기는 정상 여성의 양상이다. 혈액검사상 성선자극호르몬이 상승되어 있으며, 혈액 염색체검사상 46,XY가 발견되어 확진된다. 진단이 되면, 20~30%에 달하는 성선 종양 발생을 예방하기 위하여, 곧 성선제거술을 시행하여야 한다. 유방 발달과 성 성숙을 유지하기 위하여 여성호르몬 치료를 요한다. 공여 난자를 이용한 체외수정시술로 임신과 출산이 가능하다.

## VII. 기타 생식 장애: 칼만증후군 등

**(Other reproductive disorders: Kallmann syndrome 등)**

### 1. 서론

칼만증후군(Kallmann syndrome)은 선천성 저생식샘자극호르몬생식샘저하증(congenital hypogonadotropic hypogonadism)과 후각저하(hyposmia) 또는 후각상실(anosmia)을 특징으로

하는 한다. 고립 생식샘자극호르몬방출호르몬 결핍(isolated gonadotropin-releasing hormone, GnRH deficiency, IGD)은 유전적, 임상적 이질성을 가진 희귀 유전성 질환(rare heritable disorder)이며, 칼만증후군은 IGD의 주요 구성 요소이다. IGD에는 심한 표현형을 가지는 칼만증후군과 normosmic idiopathic hypogonadotropic hypogonadism (nIHH)가 있으며, 경한 표현형을 나타내는 hypothalamic amenorrhea (HA), constitutional delay of puberty (CDP), adult-onset hypodonadotropic hypogonadism (AHH)이 있다. IGD의 추정 발생률은 남성(1:30,000)이 여성(1:125,000)보다 4~5배 높다.

## 2. 유전

IGD는 X-연관 유전(X-linked inheritance), 보통염색체열성(autosomal recessive) 혹은 보통염색체우성(autosomal dominant) 유전 패턴을 따르지만, 10~15%에서는 여러 유전자가 서로 상호작용하는 oligogenic manner를 보인다. 현재까지 IGD와 관련된 35개의 유전자가 밝혀졌으나, 다수의 IGD 환자는 여전히 유전적 특성이 밝혀지지 않았다. IGD의 병인에 관여하는 유전자는 크게 2가지 범주, 신경발달(neurodevelopment) 및 신경내분비(neuroendocrine) 경로에 작용하며 각각 칼만증후군과 nIHH을 유발하며 다수의 유전자는 두 경로 모두에 관여하여 "overlap genes"으로 작용한다. 아마도 이 유전자들은 migration과 secretory function을 포함한 GnRH biology에서 여러 역할을 하는 것으로 보인다. 일부 *IGD* 유전자는 modifier genes 또는 "second hits"의 역할을 하여 incomplete penetrance 및 variable expressivity 설명의 근거가 된다.

## 3. GnRH 발달과 기능의 병태생리

배아 발생 동안 미성숙 GnRH 세포는 후각 상피에서 뇌판(cribriform plate)을 거쳐 후각 망울(olfactory bulb)로 이동한 다음 전뇌(forebrain)를 통해 시상 하부의 최종 위치로 이동한다. 이 독특한 뉴런은 olfactory place 또는 neural crest cell 기원을 가지고 있다. GnRH의 박동성 분비는 뇌하수체 호르몬(luteinizing hormone, follicle-stimulating hormone)의 분비를 자극하고, 뇌하수체 호르몬은 생식기에서 sex steroid를 분비하고 생식세포를 발달하게 한다. 남녀 모두에서 GnRH neuron은 신생아기에 활성화되어 GnRH를 분비하고, 어린 시절에 정지되었다가 청소년기에 다시 활성화되어 사춘기가 시작된다. GnRH neuron의 발달 또는 분비 기능의 결함은 IGD를 초래하고 정상적인 사춘기 발달을 저해한다.

## 4. 칼만증후군의 유전적 특성

GnRH neurons의 발달과 이동을 저해하는 유전자의 변이는 칼만증후군을 유발하고, KAL1 - Kallmann 1, NSMF - NMDA Receptor Synaptonuclear Signaling And Neuronal Migration Factor, FGFR1 - Fibroblast Growth Factor Receptor 1, FGF8 -Fibroblast Growth Factor 8, FGF17 - Fibroblast Growth Factor 17, IL17RD - Interleukin 17 Receptor D, PROK2 - Prokineticin 2, PROKR2 - Prokineticin Receptor 2, HS6ST1 - Heparin Sulfate 6 O Sulfutransferase, CHD7 - Chromodomain Helicase DNA Binding Protein 7, WDR11 - WD Repeat-Containing Protein 11, SEMA3A - Semaphorin 3A, TUBB3 - Tubulin Beta 3, SOX10 - SRY Box 10 등이 있다.

## 5. KAL1

칼만증후군의 원인으로 밝혀진 첫 번째 유전자인 KAL1은 X 염색체의 원위부(Xp22.3)에 위치한다. KAL1에 의해 발현되는 단백질인 anosmin 1은 neural cell adhesion 및 axonal migration과 관련되어 CNS migratory defect와 연결되어 칼만증후군을 발현한다. Anosmin은 소화기, 호흡기, 비뇨생식기, 심혈관, 외피, 골격 및 근육계 등 다른 조직에서도 발현되며 이는 칼만증후군 환자의 다양한 표현형을 설명할 수 있다.

# REFERENCE

1. 이경훈, 최영민. 한국인 자궁내막증 환자의 유전자 다형성 양상. 대한의학유전학회지 2009;6(2):121-30.
2. Chen ZJ, Zhao H, He L, et al. Genome-wide association study identifies susceptibility loci for polycystic ovary syndrome on chromosome 2p16.3, 2p21 and 9q33.3. Nat Genet. 2011;43(1):55-9.
3. Colaco S, Modi D. Genetics of the human Y chromosome and its association with male infertility. Reprod Biol Endocrinol. 2018;16(1):14.
4. Colley E, Hamilton S, Smith P, Morgan NV, Coomarasamy A, Allen S. Potential genetic causes of miscarriage in euploid pregnancies: a systematic review. Hum Reprod Update. 2019;25(4):452-72.
5. Di-Battista A, Moysés-Oliveira M, Melaragno MI. Genetics of premature ovarian insufficiency and the association with X-autosome translocations. Reproduction. 2020;160(4):R55-R64.
6. Elzaiat M, McElreavey K, Bashamboo A. Genetics of 46,XY gonadal dysgenesis. Best Pract Res Clin Endocrinol Metab. 2022;36(1):101633.
7. Franasiak JM, Alecsandru D, Forman EJ, et al. A review of the pathophysiology of recurrent implantation failure [published correction appears in Fertil Steril. 2022 Mar;117(3):653]. Fertil Steril. 2021;116(6):1436-48.
8. Goodarzi MO, Jones MR, Li X, et al. Replication of association of DENND1A and THADA variants with polycystic ovary syndrome in European cohorts. J Med Genet. 2012;49(2):90-5.
9. Horne AW, Missmer SA. Pathophysiology, diagnosis, and management of endometriosis. BMJ. 2022;379:e070750.
10. Hotaling JM. Genetics of male infertility. Urol Clin North Am. 2014;41(1):1-17.
11. Lee H, Oh JY, Sung YA, et al. Genome-wide association study identified new susceptibility loci for polycystic ovary syndrome. Hum Reprod. 2015;30(3):723-31.
12. Lee PA, Houk CP, Ahmed SF, et al. Consensus statement on management of intersex disorders. International Consensus Conference on Intersex. Pediatrics. 2006;118(2):e488-e500.
13. Levy B, Sigurjonsson S, Pettersen B, et al. Genomic imbalance in products of conception: single-nucleotide polymorphism chromosomal microarray analysis. Obstet Gynecol. 2014;124(2 Pt 1):202-9.
14. Liu Y, Zhi X. Advances in Genetic Diagnosis of Kallmann Syndrome and Genetic Interruption. Reprod Sci. 2022;29(6):1697-709.
15. Ma J, Gao W, Li D. Recurrent implantation failure: A comprehensive summary from etiology to treatment. Front Endocrinol (Lausanne). 2023;13:1061766.
16. Mehta P, Vishvkarma R, Singh K, Rajender S. MTHFR 1298A〉C Substitution is a Strong Candidate for Analysis in Recurrent Pregnancy Loss: Evidence from 14,289 Subjects. Reprod Sci. 2022;29(4):1039-53.
17. Niederberger CS, Ohlander SJ, Pagani RL. Campbell-Walsh Urology. 12th ed. Amsterdam:Elsevier; 2020. pp. 1428-52.
18. Pyeritz RE, Korf BR, Grody WW. Emery and Rimoin's Principles and Practice of Medical Genetics and Genomics. 7th ed. Cambridge: Academic Press; 2022. pp. 187-215.
19. Qin Y, Jiao X, Simpson JL, et al. Genetics of primary ovarian insufficiency: new developments and opportunities. Hum Reprod Update. 2015;21(6):787-808.
20. Shi Y, Zhao H, Shi Y, et al. Genome-wide association study identifies eight new risk loci for polycystic ovary syndrome. Nat Genet. 2012;44(9):1020-5.
21. Stamou MI, Georgopoulos NA. Kallmann syndrome: phenotype and genotype of hypogonadotropic hypogonadism. Metabolism. 2018;86:124-34.
22. Taylor HS, Pal L, Sell E. Speroff's Clinical Gynecologic Endocrinology and Infertility. 9th ed. Philadelphia: Wolters Kluwer; 2019. pp. 253-303.
23. van den Berg MM, van Maarle MC, van Wely M, et al. Genetics of early miscarriage. Biochim Biophys Acta. 2012;1822(12):1951-9.
24. Vink JM, Sadrzadeh S, Lambalk CB, Boomsma DI. Heritability of polycystic ovary syndrome in a Dutch twin-family study. J Clin Endocrinol Metab. 2006;91(6):2100-4.
25. Vockel M, Riera-Escamilla A, Tüttelmann F, et al. The X chromosome and male infertility. Hum Genet. 2021;140(1):203-15.
26. Zondervan KT, Becker CM, Koga K, et al. Endometriosis. Nat Rev Dis Primers. 2018;4(1):9.

CHAPTER 26

# 임상진료에서의 임상유전체검사

## Clinical genome sequencing in clinical practice

김수연, 성문우, 유한욱

## I. 서론

### 1. 유전자검사의 종류

유전자검사(genetic testing)의 정의는 유전자(gene) 자체와 유전자가 위치한 염색체(chromosome)의 이상(구조적, 수적 이상)뿐만 아니라 유전자의 산물인 단백질 이상을 진단하는 DNA 분석 검사, 세포 및 분자 세포 유전학 검사, 생화학적 검사 모두를 포함하나, 좁은 의미의 정의로서는 DNA 분석 검사를 뜻한다(표 26-1). 임상적 유전자 진단이 행해지는 희귀 유전병들을 유전자 이름의 알파벳 순으로 나열하면 거의 5,000여 종에 이른다. 임상적으로 유전자진단법이 사용되려면 세 가지를 만족시켜야 한다. 먼저 분석적 타당성(analytical validity)이 확립되어야 하므로 검사방법의 예민성, 특이성이 높아야 한다. 다음으로 임상적 타당성(clinical validity)이 확립되어야 하므로 검사결과에 근거한 진단의 양성예측도 및 음성예측도가 높아야 한다. 마지막으로 임상적 유용성(clinical utility)이 있어야 하므로 비용-효과적이고 환자의 건강문제를 개선시킬 수 있는 데 도움이 되어야 한다. 희귀 유전질환의 유전자 진단은 유전좌의 이질성(locus heterogeneity)이 없을수록, 즉 특정 유전질환이 특정 유전자의 이상으로만 발생할 때와 유전적 이질성(genetic heterogeneity)이 작을수록, 즉 소수의 유전자형이 대부분의 발병 원인을 차지할 때 임상적으로 진단적 가치가 있다. 차세대 염기서열 분석(엑솜 염기서열 분석)을 이용하여 한꺼번에 약 5,000여 종의 유전병의 유전자를 동시에 분석하는 유전자검사와 질환군별로 여러 개의 유전자를 목표로 하여 동시에 분석하는 panel testing 등이 점차 이용되는 추세이나, 고가의 비용과 검사 결과의 해석에 제한이 따른다. 전장엑솜, 전장유전체검사는 외국에서는 임상검사로 활발히 이용되고 있으나 아직 국내에서는 연구목적으로만 시행되고 있다. 대체로 대부분의 유전체 분석검사의 진단율은 25~50% 정도이나 정기적인 재분석이 필요하다. 새로운 유전자와 증례가 발견되고 변이의 해석이 달라짐에 따라 진단율이 상승한다.

### 2. 유전체 분석 방법들의 해상도 및 발견되는 변이

앞에서 서술한 바와 같이 다양한 유전체 분석 방법들이 임상적, 연구목적으로 사용되고 있다. 각 방법들은 분석의 복잡성, 결과를 얻기까지의 시간, 비용, 해상도에 따른 발견 변이의 수 및 결과해석, 진단율 등 여러 면에서 장단점이 있다. 단순염색체 검사는 단지 염색체의 수적 이상만 알 수 있는 반면에 G-분염염색체 검사에서는 밴드가 500개 정도 관찰되는데 최소 한 개 밴드의 구조적 이상 정도는 관찰할 수

표 26-1. 유전자검사의 목적과 분석대상에 따른 분류

| 목적 \ 대상 | 유전체(genomic testing) | | 유전자(DNA testing) | | 유전자-염색체 (molecular cytogenetic testing) (molecular karyotyping) | 염색체 (cytogenetic testing) (karyotyping) | 유전자 산물 (biochemical genetic testing) |
|---|---|---|---|---|---|---|---|
| | 유전체 | 전사체 (RNA seq) | DNA | RNA (cDNA) | | | |
| 개인식별 (DNA profiling) | | | 친자확인, 조상찾기, 혈족확인, 개인식별, 법의학 | | | | |
| 질병진단 | "멘델유전질환 엑솜"<br>"질환군 유전자패널검사"<br>"사립체지놈" | | 단일 유전자 이상에 의한 유전질환(멘델유전질환, 사립체 유전질환) | | 염색체 미세결실, 중복, 인접유전자증후군(contiguous gene syndromes) | 염색체의 수적, 구조적 이상 | 유전성 대사 질환 |
| 질병 감수성 및 약물반응, 소인 예측 | "정밀의학(Precision medicine)"<br>"맞춤의학(Personalized medicine)"<br>"약물유전체검사" | | 암, 심혈관 질환, 당뇨, 뇌졸중, 치매, 약물반응, 소인 관련 유전자검사 | | | | 산모혈청 스크리닝 |

있어서 5~10 Mb의 염색체 구조적 이상을 검출할 수 있다. 염색체 마이크로어레이는 사용되는 탐색자의 수와 배열에 따라 다르나 최소 약 500 kb 이상을 검출할 수 있도록 권장되고 있다. 수백 개의 복제수변이가 발견된다. 전장엑솜검사는 부호화된 엑솜과 인접 인트론 염기서열을 분석하기 때문에 해상도는 5 Mb 수준이나 수만 개의 변이가 관찰되어 임상적 해석이 쉽지 않다. 염기서열분석이 유전자구조에 따라 일정하게 이루어지지 않을 수도 있다 전장유전체검사는 30억 염기서열을 모두 분석함으로 수백만 개의 단일유전자다형성(single nucleotide polymoprhism) 및 변이가 발견되어 결과해석이 어렵다. 전유전체에 걸쳐 고르게 분석이 이루어지나 분석깊이는 30배 정도로 낮은 편이다. 알고 싶지 않은 이차소견도 발견될 수 있다. 전장엑솜, 전장유전체검사의 진단율은 다른 검사법에 비해 높으나 25~50%이다. 정기적인 재분석에 의해 진단율이 상승할 수 있다(그림 26-1).

## 3. 질환의 유전학적 진단 알고리듬

우선 임상적으로 환자가 지닌 증상들이 유전질환이 맞는지를 평가해야 한다. 임상증상의 발생 연령이 매우 어리고, 가족력이 있는 경우에는 유전적 원인을 시사한다. 어느 기관의 문제이고 어떠한 임상적 검사를 시행할 것인지를 먼저 결정한다. 이런 임상평가들에 근거하여 명확한 단일질환으로 진단할 수 있다면 반드시 유전자검사가 필요한 것은 아니다. 단지 유전자와 유전방식이 규명되어 있는 질환인 경우에 다른 가족에 대한 평가나 다음 임신에서의 재발 등에 대한 유전상담이 필요하다면 동의하에 생어 염기서열 분석법을 이용해 유전자검사를 시행한다. 한편 단일진단명은 확실하지 않으나 질환군 정도는 의심할 수 있다면 여러 질환들을 감별하기 위해 적절한 유전자로 구성된 유전자패널검사를 시행한다. 임상적 표현형은 명확한데 아직 유전자가 규명되지 않았거나 단일 유전자검사 혹은 유전자패널에서 특이할 만한 변이가 발견되지 않은 음성인 경우에는 연구목적으로 전장엑솜검사를 시행할 수 있다. 가족의 유전체를 함께 분석하거나 드문 질환의 경우에는 다른 연구자와 공동으로 환자 수를 늘려서 분석한다. 또한 필요시 전장유전체검사를 추가적으로 시행할 수 있다. 전장유전체검사의 장점은 부호화되지 않은 영역과 유전체의 구조적 이상도 알 수 있으나 분석깊이가 낮고 너무 많은 변이가 발견되어 해석이 어렵다는 점이다. 전장엑솜검사 및 유전체 분석

| | 단순염색체검사 | G-분염염색체검사 | 마이크로어레이 | 전장엑솜검사 | 전장유전체검사 |
|---|---|---|---|---|---|
| 모양 |  | 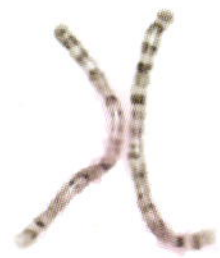 | 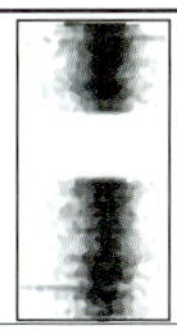 | CGGATGATTACCCGTT<br>G. . . . . . . . . GCTC<br>TAGCTAGCTATA . . . . | CGGATGATTACCCGTT<br>GATATAGCTCTCGCTC<br>GCTCTAGCTAGCTATA<br>GGCTATGGGTGGGGGC |
| 탐색자 부착좌수<br>(Number of loci probed) | Entire chromosome | 5-10 Mb | 50-100 kb | 1 bp | 1 bp |
| 해상도 | N/A | -500 | ~0.05-2 million | -50 billion | 3 billion |
| 발견변이 | Aneuploidy, polyploidy | Variants >5 Mb | Copy number variants | Coding regions | Majority of variants |
| 개인 당 발견 변이 수 | 0 or 1 | 0 or 1 | 10-100 s | ~20,000 | 4-5 million |
| 진단율 | 낮음 → | | | | 높음 |
| 이차소견 발견 가능성 | 낮음 → | | | | 높음 |

**그림 26-1.** 유전체 분석 방법들의 해상도, 발견변이, 진단율과 이차소견 발견가능성.

결과가 현재 음성이라도 새로운 병인 유전자들이 빠른 속도로 발견됨으로 반드시 데이터를 정기적으로 재분석할 필요가 있다(**그림 26-2**).

## II. 유전변이의 해석과 생물정보학적 접근 (Interpretation of genomic variant and bioinformatic approach)

유전자패널, 엑솜, 심지어 유전체염기서열검사까지 차세대 염기서열분석 기반의 검사가 임상검사실에 도입, 확대되면서 환자의 유전 진단을 위해 처리하고 해석해야 할 염기변이의 수는 매우 빠른 속도로 증가하고 있다. 따라서 염기변이의 임상적 해석을 위한 임상검사실의 노력과 더불어 염기변이 해석에 적용할 수 있는 객관적이고 표준화된 지침, 해석 과정을 보다 쉽고 빠르게 도와줄 수 있는 각종 소프트웨어 도구, 그리고 전문가에 의해 검증된 다양한 염기변이 관련 정보를 집적한 데이터베이스가 무엇보다 요구된다고 할 수 있다.

### 1. 염기변이 해석을 위한 표준 및 지침

미국임상유전학회(American college of medical genetics and genomics, ACMG) 및 미국분자병리학회(Association for molecular pathology, AMP)가 2015년에 공동으로 제안한 염기변이의 해석 권장안은 생식세포(germline)에서 발생한 변이 해석에 가장 중요한 표준이자 지침으로 지금까지 전 세계적으로 사용되고 있다. ACMG/AMP의 2015년 권장안은 가능한 많은 유전질환을 대상으로 사용될 수 있도록 범용의 목적으로 개발되었기 때문에 일부 특정 질환이나 유전자에 적용하기에는 어려운 측면이 있고 전문가의 주관적인 평가에 의존하는 측면도 있다. 따라서 2015년 권장안의 체계를 유지하면서도 좀 더 객관적인 방식으로 평가할 수 있도록 권장안을 업데이트하고 한편으로 특정 질환과 유전자에 적용

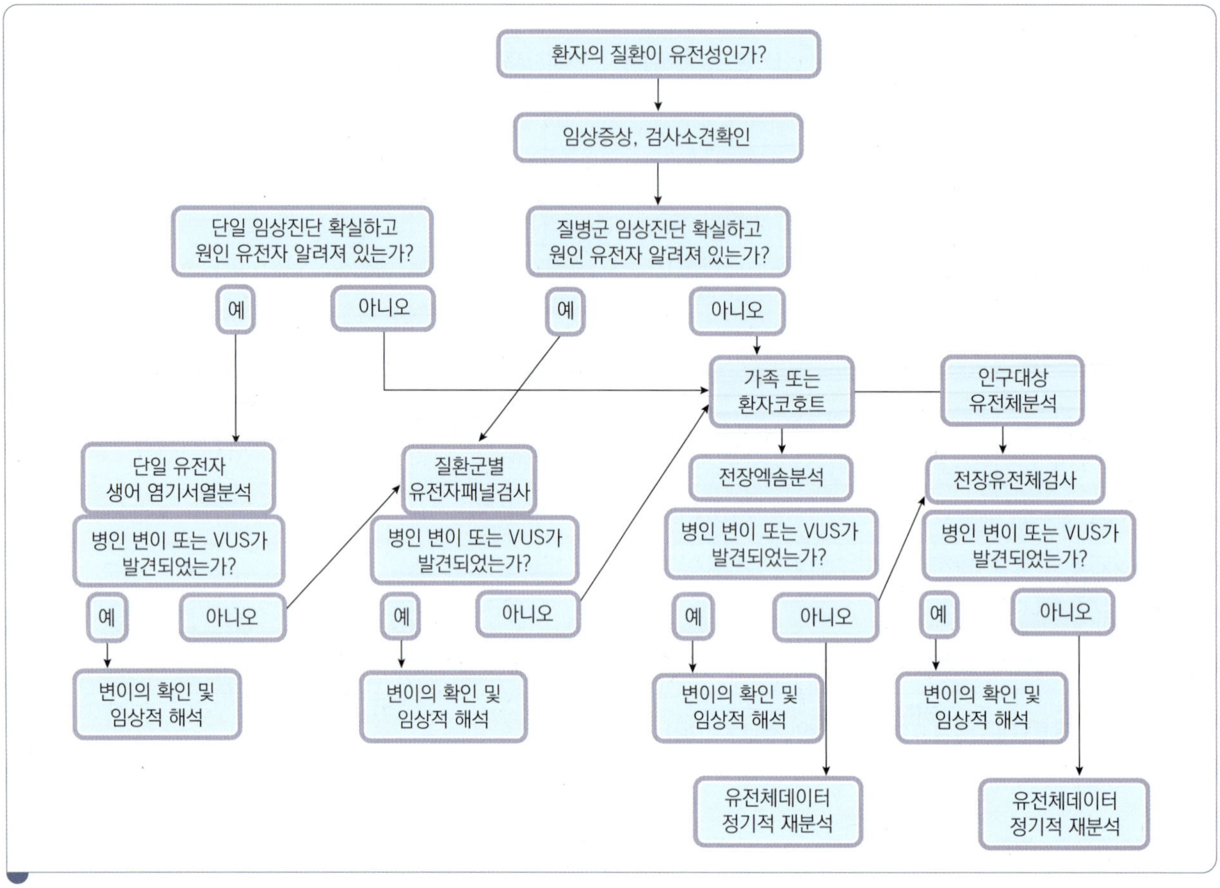


**그림 26-2.** 단일유전자 이상에 의한 유전질환의 분자유전학적 진단의 알고리듬.

할 수 있는 구체적인 세부 권장안이 미국 NIH가 지원하는 Clinical Genome Resource (ClinGen)를 중심으로 발표되고 있다. 여기서는 ACMG/AMP의 2015년 권장안에서 제시된 염기변이 해석의 기본 체계를 중심으로 소개한다.

### 1) 염기변이의 분류

2008년 ACMG 권장안이 (1) 기보고/미보고 여부, (2) 해당 질환의 원인 변이일 가능성에 따라 염기변이를 6가지 범주(예: ① 기보고/해당 질환의 원인임, ② 미보고/해당 질환의 원인으로 예상됨, ③ 미보고/해당 질환의 원인일 수도 있고 아닐 수도 있음, ④ 미보고/해당 질환의 원인일 가능성이 없음, ⑤ 기보고/중립적 변이임, ⑥ 해당 질환의 원인이 아닌 것으로 알려져 있거나 예상되지만 임상 증상과 연관되어 있음)로 분류하는 것에 비해, 2015 ACMG/AMP 권장안에서는 (1) pathogenic, (2) likely pathogenic, (3) uncertain significance, (4) likely benign, (5) benign의 다섯 단계로 염기변이를 분류하고 있다. 이때 이 분류시스템에서 사용되는 likely의 의미를 정량적 방식으로 정의하지는 않았지만, 적어도 90% 이상의 확실성(certainty)을 갖고 변이의 의미를 pathogenic 또는 benign 둘 중의 하나로 해석하는 의미로 사용하고 있다.

### 2) 염기변이 분류에 사용되는 세부 기준

2015 ACMG/AMP 권장안은 pathogenic 또는 likely pathogenic 염기변이의 분류에 사용되는 기준과 benign 또는 likely benign 염기변이의 분류에 사용되는 기준을 따로 제시하고 있다. 또한 각각 기준에 가중치를 다르게 부여하는데, 예를 들면 pathogenic의 기준을 very strong (PVS1), strong (PS1~4), moderate (PM1~6), supporting (PP1~5)의 4단

계로 분류하고, benign의 기준도 stand-alone (BA1), strong (BS1~4), supporting (BP1~6)의 3단계로 분류하고 있다. 권장안에서는 이러한 가중치의 상대적 크기에 대해 명확히 기술하지는 않고 있지만, 후술할 기준의 조합 규칙에 따라 유추하면 각 단계 가중치는 대략 아래 단계 가중치의 2배 정도에 해당하다고 볼 수 있다(예: 1 PVS ≈ 2 PS, 1PS ≈ 2 PM, 1 PM ≈ 2 PP).

#### (1) PVS1 null 변이

Nonsense, frameshift, ±1 또는 ±2 splice site, initiation codon, 엑손 수준의 결실과 같은 null 변이는 이로 인해 RNA 전사가 안 되거나 또는 전사되더라도 nonsense-mediated decay에 의해 비정상 전사체가 제거되어 유전자 산물이 생성되지 않기 때문에 해당 유전자 기능이 손상될 것으로 예상할 수 있다. 하지만 이러한 변이를 병적(pathogenic)인 것으로 해석하기 위해서는 다음에 대한 고려가 필요하다. 첫째, 해당 질환의 알려진 기전이 loss-of-function에 의한 것이어야 한다. 둘째, 종결 코돈이 마지막 엑손에서 발생하는 경우는 nonsense-mediated decay가 일어나지 않아 단백질이 발현될 가능성이 있으므로 주의가 필요하다. 셋째, splice site 변이는 엑손 skipping을 유발하기도 하지만, 새로운 위치의 donor/acceptor site가 사용되면서 인트론 일부가 전사체에 포함되는 등과 같이 예상하지 못한 방향으로 효과가 발생할 수 있다. 넷째, 조직에 따라 발현되는 RNA isoform이 다를 수 있고, 해당 null 변이의 영향이 RNA isoform에 따라 다를 수 있다.

#### (2) PS1 동일 아미노산 변화

한 missense variant가 병적인 것으로 알려진 경우, 동일 아미노산 변화를 유발하는 다른 염기변이도 병적인 것으로 간주할 수 있다. 하지만 해당 변이의 기전이 아미노산 변화가 아니라 DNA 변화 자체를 통해서 작용하는 것은 아닌지 평가하는 것이 필요하다.

#### (3) PS2 PM6 de novo 변이

De novo로 발생한 변이는 다음 조건을 만족할 경우, 병적 변이를 강하게 시사한다.

첫째, 개인식별검사를 통해 환자의 부모가 생물학적 부모임을 입증한 경우이다. 개인식별검사로 입증하지 못한 경우는 PM6를 적용한다. 둘째, 가족력이 de novo 유전에 합당한 경우이다. 하지만 생식세포 섞임증(germline mosaicism)으로 인해 한 명 이상의 형제/자매가 추가로 발병할 가능성도 있다. 셋째, 환자의 표현형이 해당 유전자 질환과 상당히 높은 특이도로 일치하는 경우이다.

#### (4) PS3 BS3 기능 연구

기능 연구는 변이 해석을 위한 강력한 도구이지만, 모든 기능 연구가 유전자와 단백질의 기능을 예측하는 데 효과적이지 않을 수도 있다. 기능 연구의 유효성을 평가하기 위해서는 해당 기능연구가 생물학적 환경을 얼마나 잘 반영하는지 고려해야 한다.

#### (5) PS4 PM2 BA1 BS1 BS2 변이 빈도와 정상 인구집단의 사용

대조군 또는 일반인구집단에서 변이의 빈도를 평가하는 것은 염기변이의 잠재적인 영향을 평가하는 데 유용하다. 이러한 목적을 위해 ExAC, gnomAD와 같은 공개 데이터베이스가 흔히 이용된다. 일반적으로 정상 인구집단에서의 빈도가 해당 질환에서 예상되는 빈도보다 높다면 이는 양성(benign)을 강하게 시사하는 증거(BS1)이고, 만약 5%를 넘는 경우 그 자체로 양성을 의미하는 증거(BA1)로 간주된다. 만약 해당 질환이 조기 발병에 투과도가 높은 경우이면서 해당 변이가 건강한 성인에서 발견(열성유전질환에서 동형접합체, 우성유전질환에서 이형접합체, 성염색체유전질환에서 반접합체)된다면 이 역시 양성으로 해석(BS2)할 수 있는 강한 증거이다. 반대로 변이가 1,000명 이상의 정상 인구집단 또는 대조군 코호트에 없거나 또는 열성유전질환인 경우 보인자의 예상 빈도 이하로 발견되는 경우 이는 병적 증거(PM2)로 간주된다. 환자-대조군 비교를 위해 인구집단 데이터를 사용하는 것은 해당 인구집단의 표현형이 잘 기술되어 있고, 빈도 차이가 크고 해당 질환이 조기 발병인 경우에 유용하다. 만약 배제진단을 위해 검사를 의뢰하는 경우는 환자의 표현형을 명확하게 정의하지 않을 수도 있고 대조군 코호트로 일반 인구집단이 사용되는 경우 무증상 환자가 포함되어 있을 가능성이 있다. 따라서 이러한 경우에 환자-대조군 비교는 빈도 차이를 검출하는 측면에서 통계 검증력이 떨어질 수 있다. 만약 통계적으로 유의한 차이가 있다면 병적 증거가 사용될 수 있지만, 매우 드문 변이에 질병투과도가 낮은 질환에서 통계적으로 유의한 차이가 없는 경우는 주의해서 해석해야 한다.

Odds 비(OR) 또는 상대위험도(RR)는 유전형과 표현형의 상관성 척도이다. OR이 1.0보다 크다면 변이와 질환의 위험간에 상관성이 있음을 의미하고 1.0 미만은 음의 상관성을 의미한다. 일반적으로 중등도의 멘델 효과 크기를 갖는 변이는 OR이 3.0 이상이다. OR의 신뢰구간(CI)도 역시 중요하다. 신뢰구간이 1.0을 포함한다면 상관성의 신뢰도가 매우 낮다. 예를 들어, APOE E4/E4 동형접합체는 E3/E3 동형접합체에 비해 OR이 13이고 신뢰구간은 10~16이다.

#### (6) PM1 변이 호발 부위 또는 입증된 주요 기능 부위

단백질 기능에 결정적인 것으로 알려진 부위가 존재하고, 지금까지 여기서 발견된 모든 missense 변이가 병적 변이이고 양성(benign) 변이는 보고된 바 없다면 주요 기능 부위로서 입증된 것으로 간주될 수 있다.

#### (7) PM3 BP2 cis 또는 trans 검사

변이의 cis (해당 유전자의 동일 allele) 또는 trans (해당 유전자의 다른 allele)상태를 결정하기 위해 부모 검체를 검사하는 것은 염기변이의 의미를 평가하는 데 중요하다. 예를 들어, 열성유전질환에서 2개의 염기변이가 발견되었고 이 중 한 염기변이가 병적 변이인 경우, 다른 염기변이가 이와 trans로 존재한다면 병적 변이일 가능성(PM3)을 시사한다. 반대로 cis로 존재한다면 양성일 가능성(BP2)을 시사하는 증거가 될 수 있다. 우성질환에서 병적 변이와 trans로 존재하는 염기변이 역시 양성일 가능성을 시사하는 증거가 될 수 있다.

#### (8) PM4 BP3 in-frame 결실/삽입 또는 stop-loss에 의한 단백질 길이 변화

종결 코돈 변화에 의한 단백질 길이 연장뿐 아니라 한 개 이상의 아미노산의 결실 또는 삽입은 단순한 아미노산 치환에 비해 단백질 기능에 영향을 줄 가능성이 더 높다. 따라서 in-frame 결실/중복 또는 stop-loss는 병적 가능성의 중등도 증거로 여겨진다. 하지만 반복 부위 또는 진화 과정에서 보존이 잘 되지 않은 부위에서 발생하는 작은 크기의 in-frame 결실/삽입은 병적 변이일 가능성이 낮다.

#### (9) PM5 동일 코돈에 발생한 새로운 missense 변이

새로운 missense 변이가 이미 알려진 병적 missense 변이와 동일한 코돈에서 발생하는 경우 이는 중등도의 증거로 여겨진다.

#### (10) PP1 BS4 segregation 분석

병적 가능성의 증거로서 가족 내 염기변이의 segregation을 사용할 때 주의가 필요하다. 엄밀하게 말하면 특정 변이와 표현형의 segregation은 해당 변이 자체의 병적 가능성에 대한 증거가 아니라 해당 locus와 질환의 연관(linkage)을 보여주는 증거일 뿐이다. 만약 특정 변이가 다수의 가족구성원에 대해 그리고 다양한 인종적 배경을 갖는 다수 가족에서도 segregation을 보여준다면 지지(supporting)하는 증거 이상으로, 즉 중등도 내지 강한 증거로 볼 수도 있다. 이 증거를 적용하기 위한 임상 증상의 평가에도 주의가 필요하다. 연령에 따른 투과도의 차이, 다양한 정도의 증상을 보이는 질환일 수도 있고, 생물학적 가족 관계도 고려할 필요가 있다.

#### (11) PP2 BP1 염기변이 스펙트럼

Missense 변이가 질환의 흔한 원인이고 양성 변이가 거의 발견되지 않는 유전자라면, 여기서 발견된 새로운 missense 변이는 병적 가능성을 지지하는 증거로 여겨진다. 반대로 truncating 변이가 질환의 병적 기전으로 알려진 경우라면 missense 변이는 양성을 시사하는 증거로 판단할 수 있다.

#### (12) PP3 BP4 예측 데이터

변이의 영향을 평가하기 위해 다양한 프로그램 및 알고리즘을 사용할 수 있다. 여러 알고리즘이 동일하거나 혹은 유사한 데이터를 예측에 사용할 수도 있고, 대부분의 경우는 잘 확인된 병적 변이를 이용하여 검증된 바가 없기 때문에 이러한 증거를 과대평가하지 않는 것이 중요하다. 만약 사용한 모든 프로그램이 동일한 방향으로 예측한다면 이는 지지(supporting)하는 증거로 판단할 수 있다. 만약 예측 프로그램들이 불일치하는 경우라면 이 증거를 사용해서는 안 된다.

#### (13) PP4 표현형

다음의 조건을 만족하는 경우 환자의 표현형을 병적 가능성을 지지하는 증거로 사용할 수 있다: ① 검사의 임상민감도가 높아서 거의 대부분의 환자가 해당 유전자의 병적 변이에 대한 검사에서 양성이고, ② 환자가 다른 질환과 거의 겹치지 않으며 잘 정의된 증후군을 갖고 있고, ③ 해당 유전자에서 양성 변이가 많지 않고, ④ 가족력이 해당 질환의 유전양상과 일치한다.

#### (14) BP5 다른 유전적 원인

해당 질환을 설명할 수 있는 다른 유전적 원인을 갖고 있다면, 이는 환자에서 발견된 변이를 양성으로 분류할 수 있는 증거로 판단할 수 있다.

#### (15) BP7 synonymous 변이

기능소실(loss of function)이 질환의 발병기전인 유전자에서 splicing 변이는 중요한 병적 변이이다. 따라서 아미노산 변화가 없는 synonymous 변이라고 하더라도 예측 프로그램에서 splicing에 영향을 줄 것으로 예상하거나 또는 열성 유전질환에서 병적 변이와 trans로 존재하기 때문에 가능성을 배제하기 어려운 경우는 기능 평가를 통해 영향을 확인하기 전까지는 임상적 의미가 불명확한 변이(VUS)로 분류해야 한다.

### 3) 세부 기준의 조합 규칙

앞에서 서술한 각각의 증거를 조합하여 5개 범주(pathogenic, likely pathogenic, uncertain significance, likely benign, benign)로 염기변이를 분류하는 규칙은 표 26-2와 같다.

## 2. 염기변이 해석을 위한 생물정보학 도구

염기변이의 생물학적 의미와 임상적 의미를 이해하기 위해서는 다양한 정보가 필요하다. 주석(annotation) 달기는 염기변이에 이러한 다양한 정보를 연결하는 과정을 말하며, 크게 유전자기반(gene-based)의 주석, 범위기반(region-based)의 주석, 그리고 필터기반(filter-based)의 주석으로 나눌 수 있다. 유전자기반의 주석은 알려진 유전자에 변이가 영향을 미치는 방식에 관한 다음의 정보를 다룬다. 첫째, 해당 변이가 발생하는 유전자 부위를 exonic, intronic, splicing, 5′-UTR, 3′-UTR, intergenic 등으로 나눈다. 둘째, 해당 변이가 엑손에서 발생하는 경우, 단백질 코딩에 미치는 기능적 역할을 synonymous, nonsynonymous, frameshift, insertion/deletion 등으로 나눈다. 셋째, 영향을 받는 전사체와 아미노산 변화를 기술한다. 범위기반의 주석은 해당 변이가 사용자가 관심을 갖고 있는 특정 범위에 포함되는지 여부를 알고자 할 때 유용하다. 이러한 예로는 유전체 내 종간보존 부위(conserved genomic elements), 세포유전 띠(cytogenetic bands), microRNA 타겟 부위 등이 있다. 필터기반의 주석은 다양한 데이터베이스에 등재된 변이 목록에서 해당 변이를 찾고 데이터베이스에 기록된 정보를 이용하는 것이다. 예를 들면, 1,000 Genomes Project, NIH-NHLBI ESP6500 exome-sequencing project, gnomAD 등에서 확인할 수 있는 변이 빈도, SIFT, PolyPhen 등의 변이 예측 및

표 26-2. 염기변이 평가에 사용되는 세부 기준의 조합 규칙

| | |
|---|---|
| Pathogenic | 1) 1 Very strong (PVS1) AND<br>(a) ≥1 Strong (PS1-PS4) OR<br>(b) ≥2 Moderate (PM1-PM6) OR<br>(c) 1 Moderate (PM1-PM6) and 1 Supporting (PP1-PP5) OR<br>(d) ≥2 Supporting (PP1-PP5)<br>2) ≥2 Strong (PS1-PS4) OR<br>3) 1 Strong (PS1-PS4) AND<br>(a) ≥3 Moderate (PM1-PM6) OR<br>(b) 2 Moderate (PM1-PM6) AND ≥2 Supporting (PP1-PP5) OR<br>(c) 1 Moderate (PM1-PM6) AND ≥4 Supporting (PP1-PP5) |
| Likely pathogenic | 1) 1 Very strong (PVS1) AND 1 Moderate (PM1-PM6) OR<br>2) 1 Strong (PS1-PS4) AND 1~2 Moderate (PM1-PM6) OR<br>3) 1 Strong (PS1-PS4) AND ≥2 Supporting (PP1-PP5) OR<br>4) ≥3 Moderate (PM1-PM6) OR<br>5) 2 Moderate (PM1-PM6) AND ≥2 Supporting (PP1-PP5) OR<br>6) 1 Moderate (PM1-PM6) AND ≥4 Supporting (PP1-PP5) |
| Benign | 1) 1 Stand-alone (BA1) OR<br>2) ≥2 Strong (BS1-BS4) |
| Likely benign | 1) 1 Strong (BS1-BS4) AND 1 Supporting (BP1-BP7) OR<br>2) ≥2 Supporting (BP1-BP7) |
| Uncertain significance | 1) Other criteria shown above are not met OR<br>2) the criteria for benign and pathogenic are contradictory |

점수, dbSNP 데이터베이스 유무 등이 있다.

주석을 달기 위해 흔히 사용되는 오픈소스 주석 도구로는 ANNOVAR (https://annovar.openbioinformatics.org/), snpEff (https://pcingola.github.io/SnpEff/), VEP (https://asia.ensembl.org/info/docs/tools/vep/index.html)가 있고, 이 외에도 Variant Annotation (Bioconductor package), CHAoS, vcfanno 등이 있다. ANNOVAR는 명령어 형태로 실행할 수 있는 버전으로 펄이 설치되어 있는 다양한 운영체계에서 실행될 수 있다. 여러 입력 양식의 파일을 이용할 수 있지만 가장 흔히 사용되는 입력 파일은 VCF (variant call format)이며, 출력은 텍스트 파일 형식으로 저장할 수 있다. 사용자가 쉽고 빠르게 사용할 수 있는 웹 버전의 wANNOVAR (https://wannovar.wglab.org)도 있다. wANNOVAR에서는 표현형 정보를 입력하고 이를 통해 원인 변이에 우선순위를 부여할 수 있는 기능도 포함되어 있다.

염기변이에 단순히 주석을 추가하는 것에서 나아가 다양한 주석을 활용하여 ACMG 기반의 염기변이 분류까지 제공하는 생물정보학 도구로는 InterVar (https://wintervar.wglab.org), Varsome (https://varsome.com) 등이 있다. InterVar, Varsome의 경우 일부 종류의 염기변이에 대해서는 분류가 제공되지 않는 경우도 있고, 제공되더라도 일치하지 않는 경우가 있을 수 있으므로 이에 대한 고려가 필요하다.

## 3. 염기변이 해석을 위한 웹 데이터베이스

염기변이의 해석을 위해 자주 이용되는 웹 데이터베이스는 인구집단 데이터베이스, 돌연변이 데이터베이스 및 질환 데이터베이스를 들 수 있다(표 26-3). 인구집단 데이터베이스 중 가장 방대한 gnomAD는 전 세계에서 80만 명 이상의 엑솜 데이터 및 전장유전체 데이터를 전장유전체 데

표 26-3. 염기변이 해석을 위한 웹 데이터베이스

| Population databases | |
|---|---|
| Genome Aggregation Database | http://gnomad.broadinstitute.org/ |
| Exome Aggregation Consortium | http://exac.broadinstitute.org/ |
| Exome Variant Server | http://evs.gs.washington.edu/EVS |
| dbSNP | http://www.ncbi.nlm.nih.gov/snp |
| KRG | http://152.99.75.168/KRGDB/ |
| KOVA | http://www.kobic.re.kr/kova/ |
| **Mutation databases** | |
| ClinVar | http://www.ncbi.nlm.nih.gov/clinvar |
| Human Gene Mutation Database | http://www.hgmd.org |
| Leiden Open Variation Database | http://www.lovd.nl |
| **Disease databases** | |
| GeneReviews | http://www.ncbi.nlm.nih.gov/books/NBK1116/ |
| OMIM | http://www.omim.org |
| DECIPHER | http://decipher.sanger.ac.uk |

이터를 이용하여 작성되었고, 이 중 22,000여 명의 동아시아인 전장유전체 데이터도 포함되어 있다. 염기변이 평가에 인구집단 빈도를 참고할 때 환자가 속한 인종 특이적인 빈도를 고려할 필요가 있다. 웹으로 이용가능한 한국인 인구집단으로는 KRG 및 KOVA 데이터베이스를 들 수 있다. KRG는 1,700여 명의 전장유전체 데이터를 KOVA는 1,800여 명의 전장유전체 데이터 및 3,400여 명의 엑솜 데이터를 포함하고 있다.

돌연변이 데이터베이스는 ClinVar, HGMD 등이 자주 이용된다. ClinVar는 유전 전문가가 변이의 임상적 해석을 자유롭게 데이터베이스에 등재할 수 있도록 지원하고 있어 다양한 해석 및 근거를 그대로 볼 수 있다. HGMD는 별도의 검증 과정을 거쳐 데이터베이스가 작성되지만, 최근 정보를 포함한 프로페셔널 버전은 유료로만 접근 가능하다. 그 외에도 유전성유방암(https://research.nhgri.nih.gov/projects/bic/Member/index.shtml), 난청(https://hereditaryhearingloss.org) 등 질병 특이적인 데이터베이스도 자주 이용되는 돌연변이 데이터베이스이다.

마지막으로 유전질환에 대한 데이터베이스로 GeneReviews, OMIM 등을 들 수 있다. GeneReviews는 엄선된 전문가에 의해 작성되고 전문가 리뷰 과정을 거쳐 편집된 유전질환의 데이터베이스이다. 현재 약 800종 이상의 유전질환에 대한 리뷰가 존재한다. OMIM은 유전질환뿐 아니라 16,000개 이상의 유전자에 대한 정보도 포함하고, 표현형 및 유전형 관계에 집중하여 기술하고 있는 데이터베이스이다.

## III. 임상 진료실에서의 유전자 검사 결과지 이해 (Understanding of test report in clinical setting)

### 1. 임상적 관점에서의 유전자검사 결과 해석

임상에서 활용 가능한 유전자 검사에는 여러 가지가 있으며 진료의의 판단에 따라 적절한 검사의 선택이 중요하다. 최근에는 이러한 유전자 검사가 진단 검사에서 차지하는 비율이 높아지고 있는데 특히 유전자 패널(gene panel), 전장엑솜검사(whole exome sequencing) 등으로 알려진 차세대 염기서열분석(next generation sequencing)을 이용한 검사의 시행이 빠르게 늘어나고 있다. 한꺼번에 많은 유전자를 분석할 수 있는 차세대 염기서열분석의 경우, 여러 유전자들을 동시에 검사할 수 있다는 장점을 가지고 있으나, 한편으로는 의미가 불명확한 여러 변이가 다수 검출되어 이에 대한 해석이 어려울 수 있다는 단점이 있다. 앞에서 설명한 바와 같이, 이러한 유전 변이의 해석을 돕는 생명정보학 단계의 고려사항들이 ACMG (American Collage of Medical Genetics and Ge omics) 지침 등으로 잘 정립되어 있지만 이 지침에 의한 분류만으로 변이의 병원성을 최종 결정할 수 없으며 실제 진료 현장에 적용하여 최종 확진을 내리기 위해서는 환자의 병력과 검진소견, 기타 뒷받침되어야 할 다른 검사 소견 등을 종합하는 임상적 단계의 변이 해석이 반드시 필요하다. 이는 의미가 불명확한 변이(variant of unknown significance)뿐 아니라 ACMG 지침상 병원성이 확실하거나 병원성이 높은 변이(pathogenic 혹은 likely pathogenic variant)의 해석 시에도 마찬가지이다.

## 2. 임상적 관점에서 유전자검사 결과 해석 시 고려할 점

유전자검사에서 확인된 변이의 의미를 임상적인 관점에서 해석하기 위해 다음과 같은 사항들을 고려해야 한다. 특히 의미가 불명확한 변이(variant of unknown significance)로 분류된 변이의 해석 시에는 임상적 관점에서의 판단 및 추가 검사 결과들이 변이의 해석이 결정적일 수 있다.

### 1) 환자의 임상 증상

변이가 확인된 유전자에 의해 발생할 수 있는 질환과 실제 환자의 증상을 비교하여 일치하는지 확인한다. 이렇듯 유전체 데이터 결과를 바탕으로 환자의 임상 증상을 재평가하는 것을 "reverse phenotyping"이라고 부르며, 차세대 염기서열분석이 보편화되면서 임상 연구에서 그 중요도가 높아지고 있다. 임상 증상 재평가 시, 해당 질환에서 관찰 가능한 여러 임상 증상 중 환자의 생애 주기에 보일 수 있는 전형적인 경과를 기준으로 하되, 성장 부진, 발달 지연과 같은 비특이적인 것보다는 선천성 백내장, 소뇌 위축 등 다른 유전자 질환에서 쉽게 확인할 수 없는 특징적인 증상을 우선적으로 확인하는 것이 좋다. 만일 검사를 진행해야 확인할 수 있는 증상(내부 장기 기형 등)이라면 상황을 설명하고 세부적인 검사를 진행하여 도움을 받을 수 있다. 최근에는 신뢰도 있는 연구 결과를 웹 검색으로 쉽게 확인할 수 있을 뿐 아니라 주기적인 업데이트가 이루어지고 있는 일반 공개 질환 정보 제공 사이트들이 많으므로 이들을 이용하면 쉽게 질환에 대한 정보를 얻을 수 있다. 다만, 많은 유전 질환이 소아 시기 발병하며 연령에 따라 증상이 차례로 나타나거나 변할 수 있는 점을 반드시 유의해야 한다. 또한 다음과 같이 하나의 유전자가 다양한 임상증상을 나타낼 수도 있고(phenotypic variation), 같은 질환이라도 다양한 임상 경과를 보일 수 있어(variable expressivity) 해석이 쉽지 않을 수 있으며 이의 판단을 위해서는 풍부한 임상 경험뿐 아니라 개별 유전자와 질환에 대한 다양한 정보의 확인이 필요하다.

Variable expressivity 같은 변이를 가진 환자들의 경우에도 발병 연령, 증상의 종류, 진행 정도가 다양할 수 있다. 같은 변이를 보유한 가족 구성원의 경우에도 발병 연령과 중증도가 다양할 수 있다는 것이 여러 유전질환에서 밝혀져 있음에 유의한다. 예를 들어 *SCN1A* 유전자의 경우 난치성 뇌전증과 발달 문제를 일으키는 드라베증후군(Dravet syndrome)의 원인으로 잘 알려져 있으나, 한 가족 안에서 해당 변이를 보유한 다른 가족구성원이 이외 발달 지연을 동반하지 않는 열성경련만을 보일 수 있음이 보고되고 있다.

Phenotypic variation 같은 유전자가 임상적으로는 별개의 표현형을 나타낼 수 있다. 예를 들어 *GLB1* 유전자의 경우, 발달의 퇴행과 경련을 주 증상으로 하는 GM1-gangliosidosis의 원인으로 알려져 있으나, 한편으로는 인지기능 발달은 정상이나 골격 형성 이상(skeletal dysplasia)을 주 증상으로 하는 모르키오병(Morquio disease)을 일으킬 수 있다.

### 2) 유전자의 유전 형식과 가계도

유전 질환의 유전 형식은 매우 다양하며 그에 따라 변이의 개수, 가계도에 따른 부모의 변이 보유 상황 등을 대략적으로 추측할 수 있다. 반대로, 임상 증상이 잘 맞더라도 유전 형식이나 가계도 등과 일치하지 않는다면, 유전자 변이가 환자의 증상을 잘 설명하더라도 질환의 원인 변이로 확정하기 어렵다. 주요 유전 형식별 고려할 사항은 다음과 같다. 유전 형식은 매우 다양하나 여기에서는 대표적인 멘델유전형식인 상염색체 우성, 상염색체 열성, 그리고 X염색체 연관 유전자 변이 해석의 고려사항에 대해서만 설명하도록 한다.

#### (1) 상염색체 우성 유전 형식의 유전자 변이 해석 시 고려사항

상염색체 우성 유전 질환의 경우 같이 이환된 부모 중 한 명으로부터 유전되거나, 가족력 없이 환자만 de novo 변이를 가진다(그림 26-3).

상염색체 우성 유전 형식을 보이는 유전자의 의미가 불명확한 변이(variant of unknown significance)의 해석 시, 이 변이가 증상이 없는 부모에게서 발견된다면 해당 변이의 병원성을 증명하기 어려워지며, 반대로 부모가 해당 변이를 가지고 있지 않아 de novo변이로 확인된다면 질환과의 인과관계를 뒷받침하는 증거가 될 수 있다. 이는 ACMG 지침에 의한 변이 분류시에도 중요한 고려사항이다. 그러나 상염색체 우성 유전 질환의 경우 앞서 설명한 임상 표현형의 다양성(variable expressivity 혹은 phenotypic variation)이 보다 다양하게 나타날 수 있으며 극단적으로 변이를 보유하고 있음에도 표현형이 나타나지 않는 불완전 투과도(incomplete penetrance)를 보이는 유전자들이 있어 해석 시 고려가 필요하다. 불완전 투과도를 보일 수 있는 유전자에 대해서는 많은 연구가 있으며, 대부분 발병 연령이 청소년기 이상이거나 증상이 즉각적으로 발현되지 않을 수 있는 국소적인 장기 이상인 경우가 많다. 영유아 시기의 이른 발병을 보이거나 빠른 경과를 보이는 질환의 경우 불완전 투과도를 보이는 경우가 많지 않으므로 무리한 해석은 금물이다. 일반적으로 환자의 변이가 무증상 부모에게서 확인되었다면 해당 부모가 불완전 침해당 유전자의 불완전 투과도를 보인 사례가 충분히 보고되었는지 확인해야 하며, 반드시 3대 이상의 가계도 조사를 통해 좀 더 광범위한 가족 구성원에 대한 변이 확인 과정이 필요하다. 또한 변이를 보유한 부모가 자신의 증상을 인지하지 못할 가능성을 고려하여 무증상 상태의 질환을 확진하기 위한 추가검사를 고려할 수 있다.

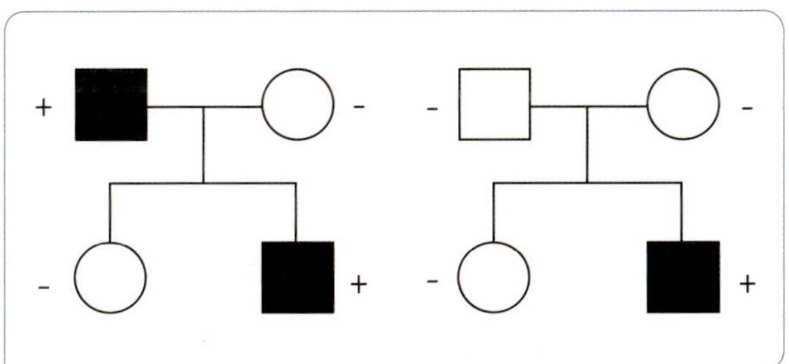


그림 26-3. 상염색체 우성 유전 질환 가계도 예.

#### (2) 상염색체 열성 유전 형식의 유전자 변이 해석 시 고려사항

상염색체 열성 유전 형식을 보이는 유전질환의 경우, 환자는 해당 유전자의 동형접합체(homozygous variants) 혹은 복합 이형접합체(compound heterozygous variants)를 가지게 되며 대부분의 경우 각 부모는 보인자이다(그림 26-4). 환자의 유전자 검사 결과 상염색체 열성 유전 형식의 유전자 변이가 두 개 검출되었다면 각 부모의 보인 여부를 확인하는 것이 좋다. 특히 한 변이가 의미가 불명확한 변이(variant of unknown significance)인 경우, 부모의 보인 여부 확인은 ACMG 가이드라인에 따라 가족 검사 결과가 변이의 병원성을 뒷받침하는 강력한 증거가 될 수 있다.

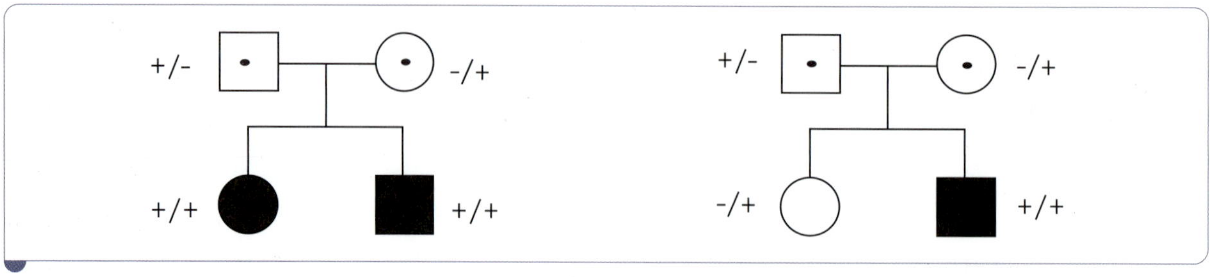


**그림 26-4.** 상염색체 열성 유전 질환의 가계도 예.

#### (3) X 염색체 연관 유전 형식의 유전자 변이 해석 시 고려사항

X 염색체 연관 유전 질환은 다시 X 염색체 우성 유전과 X 염색체 열성 유전 질환으로 분류 가능하다. 최근에는 많은 X 염색체 관련 질환에서 비대칭 X 염색체 불활성화(skewed X chromosome inactivation) 등이 원인으로 생각되는 X 염색체 열성 질환에서의 보인자 여성의 증상 발현이나, X 염색체 우성 질환을 보유한 남성 등이 흔히 보고되어 환자의 임상 증상 확인 시 이를 고려해야 한다. 가계도만으로는 자녀의 수가 적은 현재에는 2대 가계도의 경우 상염색체 우성이나 열성 질환과 감별이 힘든 경우가 많다.

X 염색체 우성 유전 질환 중증의 임상경과를 보이는 질환이라면 가족 내 처음으로 발생한 돌연변이(de novo variant)에 의해 여성에서 발현하는 것이 일반적이다. 증상이 경한 질환이라면 남녀 모두에서 발생 가능하므로 2대 가계도만으로는 유전 형식의 추측이 불가능하나, 유전자 검사에서 확인된 변이를 대입하여 역으로 평가하는 것은 어렵지 않다.

X 염색체 열성 유전 질환 대부분 환자는 남성이며, 여성은 보인자이다. 남자 환자의 어머니 혹은 여자 형제는 증상이 없는 보인자일 수 있으므로 가족 상담을 위해서는 이와 관련된 추가 검사가 필요한 경우가 많다. 또한 X 염색체 열성 유전 형식의 유전자에서 의미가 불명확한 변이(variant of unknown significance)가 검출된 경우, 상염색체 우성 질환에서와 마찬가지로 ACMG 지침에 따라 부모의 변이 보유 여부를 검사하여 신규 변이인 경우 그 병원성을 뒷받침해주는 증거로 삼을 수 있다. 그러나 환자의 어머니가 같은 변이를 소유하고 있는 경우 그 해석이 어려워질 수 있으며, 최근에는 이러한 변이의 정확한 해석을 위한 여러 논의가 이루어지고 있다. 이러한 경우 모계의 가계도를 3대 이상 조사하여 가족 내 같은 질환의 의심되는 사람이 있는지 확인하고 폭넓은 가족 검사를 시행함으로써 변이의 해석에 도움을 받을 수 있다(그림 26-5).

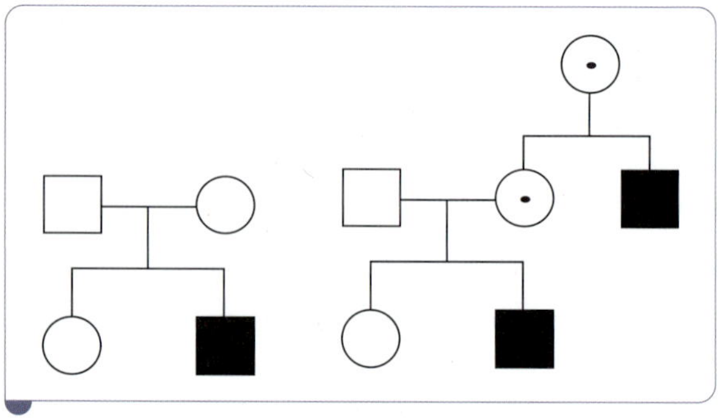

**그림 26-5.** X 염색체 열성 유전질환 가계도 예.

### 3) 질환 특이 검사 결과

현재까지 많은 질환의 원인 유전자가 규명되었으며, 변이의 확인을 위한 유전자 검사도 손쉽게 시행할 수 있는 시대가 되었다. 그러나 한편으로, 많은 유전질환(genetic disorder)은 원인 유전자 규명 이전에도 그 존재가 알려져 있었으며, 그 진단을 위한 임상 기준 외에도 진단을 위한 여러 추가 검사의 유용성이 확인된 바 있다. 대표적으로 어떤 질환의 생체 지표(biomarker), 대사 질환의 특정 효소 수준, 혹은 조직 검사로 확인할 수 있는 특징적인 조직의 변화 등을 예로

들 수 있으며, 이러한 검사 결과들은 해당 질환의 원인 유전자 변이의 검출보다도 오히려 특이도가 높을 수 있다. 유전자 검사 시행 전 임상 증상만으로 이러한 한 가지 질환을 특정하여 검사를 진행할 수 있다면 가장 이상적이겠으나, 그렇지 않더라도 검출된 유전자 변이의 의미가 불명확할 시 이러한 추가 검사를 진행하여 변이의 병원성을 뒷받침하고 환자에게는 더 정확한 진단을 제공할 수 있다.

질환 기전에 기반한 특징적인 소견들은 그 자체로 정확한 진단에 결정적인 역할을 하며, 진단 후 가족 상담 등을 위한 질환 관련 유전 변이를 검출하고자 할 때 명확한 지침이 된다. 유전 변이에는 염기서열 변이 외에도 여러 가지가 있으며 검출하고자 하는 변이의 형태에 따라 시행해야 하는 검사법이 다르므로, 확인하고자 하는 유전자가 명확하다면 여러 유전 변이를 확인하는 맞춤 검사가 가능하다.

## 증례 42 | 뇌출혈 및 경련으로 내원한 8개월 여자

### 1) 임상 증상 및 가족력

재태주수 38주 2일에 정상 질식 분만으로 출생하였으며 출산 전후 특이 병력 없었던 생후 8개월 된 여자 환자가 갑작스러운 처짐 및 경련 증상으로 내원하였다. 내원 당시 자극에 대한 반응이 떨어지고 심부 건반사가 항진되어 있어 응급으로 뇌 자기공명영상검사(MRI)를 시행한 결과 아래와 같은 뇌출혈이 확인되어 응급으로 수술을 시행하였다. 가족 중 70세 전에 뇌출혈 혹은 뇌경색 등의 병력이 있었던 사람은 없는 것으로 확인되었다.

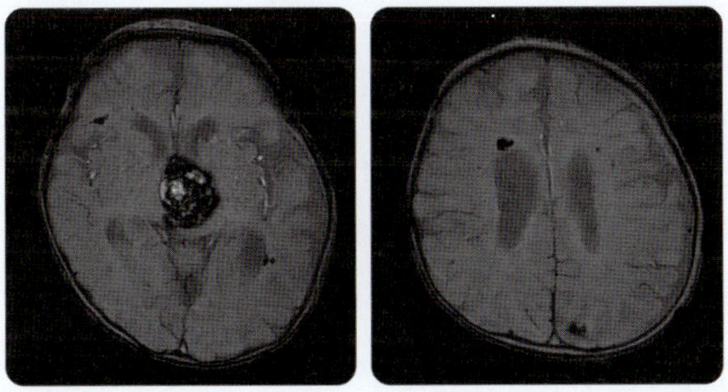

### 2) 유전자 검사의 시행 및 결과

환자의 출혈 발생 시점이 이르고, 뇌 자기공명영상검사에서 다발성의 해면혈관종이 발견되어 자연 출혈(spontaneous hemorrhage)이 아닌 유전자 이상에 의한 뇌해면기형(cerebral cavernous malformation)이 의심되어 이에 대해 차세대 염기서열분석을 시행하였으며 다음과 같은 소견이 확인되었다.

*PDCD10*, c.150+1dupG, p.? heterozygote

### 3) 변이의 해석 및 상담

해당 변이는 ACMG 지침상 PVS1, PM2를 만족하는 likely pathogenic 변이로 분류된다. *PDCD10* 유전자는 cerebral cavernous malformation의 원인임이 밝혀져 있어 비교적 특징적인 환자의 증상과 일치한다. *PDCD10* 유전자는 상염색체 우성 유전 형식을 가지므로, 환자의 원인 변이임이 확인하는 데는 무리가 없다. 다만 뇌해면기형의 경우 그 특성상 어느 정도 이상의 크기이거나 출혈이 발생하지 않으면 증상 없이 지내는 경우가 많으며 실제 임상적으로 첫 증상의 발현 연령은 영유아시기부터 70대까지 다양하다. 따라서 이에 대해 유전 상담 진행 후 가족에 대한 검사를 진행하였다.

### 4) 가족 검사 및 적용

해당 변이에 대한 가족 검사 결과, 환자 부에게서 같은 변이가 있음이 확인되었다. 일반적으로, 상염색체 우성 유전 형식의 유전자 변이가 무증상 부모에게서 확인되면, 해당 변이가 비록 likely pathogenic으로 분류된다 하더라도 실제 질환의 원인 변이일 가능성에 대해서는 반드시 재고가 필요하다. 다만 해당 유전자는 발병 연령이 다양함이 잘 알려져 있어, 무증상 상태의 뇌해면기형확인을 위해 환자 부에 대해 추가 뇌 자기공명영상 검사를 시행하였고, 다음과 같이 다발성 뇌해면기형을 발견하여 이에 대한 예방적 감마나이프 수술을 시행함과 동시에 다음 자녀 계획에 대한 산전 상담을 진행하였다.

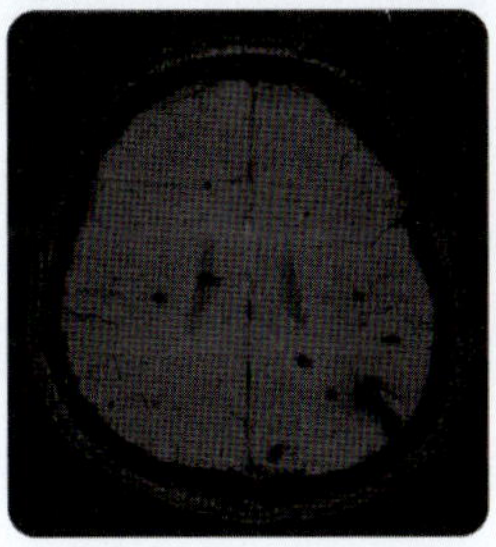

## 증례 43 | 발달지연을 보인 영아에서 차세대 염기서열분석으로 진단된 GM1-gangliosidosis

### 1) 임상 증상 및 가족력

재태주수 38+2주에 정상 질식 분만으로 출생한 15개월 여자 환자가 발달 지연을 주소로 내원하였다. 출생 시 체중은 2.4 kg이었으며 출생 직후에는 특이 소견이 없었으나 이후 목을 가누거나 뒤집는 등의 조기 발달부터 지연을 보이기 시작하였다. 생후 12개월에는 버티고 앉기와 배밀이가 가능하였으나 최근에는 오히려 앉기가 되지 않고 경련이 의심되는 증상이 발생하였다. 검진 시 환자의 눈맞춤이 원활하지 않았으며 전신 근긴장도가 명확히 증가되어 있었다. 퇴행성 뇌신경질환을 의심하여 뇌 자기공명영상검사를 진행하였고 그 결과는 아래와 같았다.

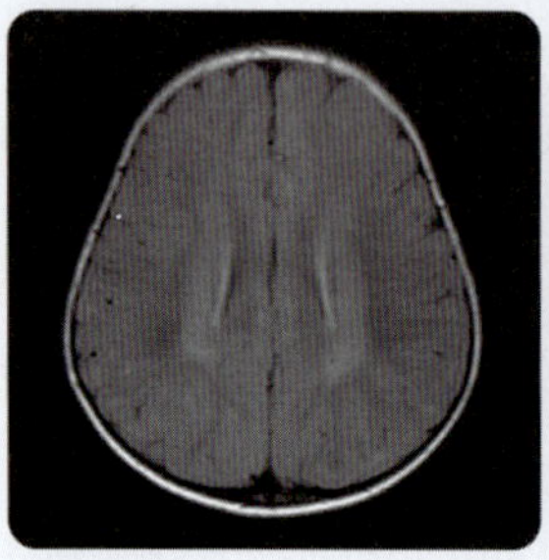

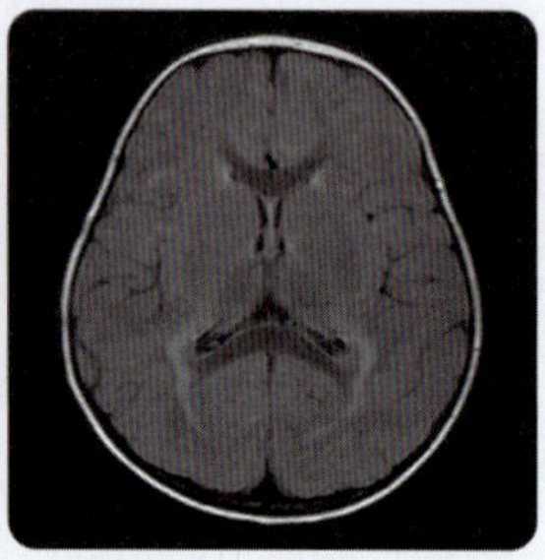

### 2) 환자의 평가 및 진단 검사

환자의 퇴행 증상과 뇌 자기공명영상검사에서 확인된 백질의 변성 소견을 종합하여 가장 흔한 중추신경계 백질이영양증인 Krabbe병, 이염성 백질이영양증(metachromatic leukodystrophy)의 효소 수치를 검사하였으나 정상범위로 확인되었다. 이에 차세대 염기서열분석을 통한 유전자검사를 시행하였으며 아래와 같은 변이가 확인되었다.

*GLB1*, c.932G>A, p.Gly311Gly, heterozygote

### 3) 변이의 해석

해당 변이는 ACMG 지침에서 PM1, PM2, PP3, PP5를 만족하므로 likely pathogenic으로 분류된다. 다만 *GLB1* 유전자는 상염색체 열성으로 GM1-gangliosidosis를 일으키므로 하나의 변이는 환자의 원인이라기보다 환자가 해당 질환의 보인자임을 나타낸다. 그러나 GM1-gangliosidosis의 특징적 소견 중 하나인 뇌 백질의 변성과 조기 발병의 퇴행성 신경 증상이 일치하므로, 해당 질환이 맞는지에 대한 추가적인 검사를 진행하였다.

### 4) 추가 검사 및 적용

GM1-gangliosidosis는 효소 결핍 질환으로 직접 효소 수치를 측정할 수 있다. 환자에서 질환의 원인 효소인 β-galactosidase를 측정하였으며 결과는 아래와 같았다.

β-galactosidase 7.6 nmol/hr/mg protein (참고치 80~140)

효소 수치가 정상에 비해 현저하게 감소되어 있으며 이는 보인자에서 확인되는 약간의 감소보다는 환자에서 확인되는 범위에 해당한다.

또한 GM1-gangliosidosis에서 동반된다고 알려진 골격계의 변형에 대해 주요 골격계 영상 검사를 진행한 결과 사진과 같이 특징적인 척추 변형 소견이 확인되어 환자는 GM1-gangliosidosis로 확진이 가능하였다. 현재의 유전자 검사는 완벽한 것이 아니며, 일반적인 엑솜 검사로는 인트론 부위의 변이(intronic variant) 혹은 엑손(exon)단위의 결실 혹은 중복 검출이 어렵고, 환자의 경우 위의 유전자 검사로 검출 불가능한 변이를 추가로 가지고 있을 가능성이 높다.

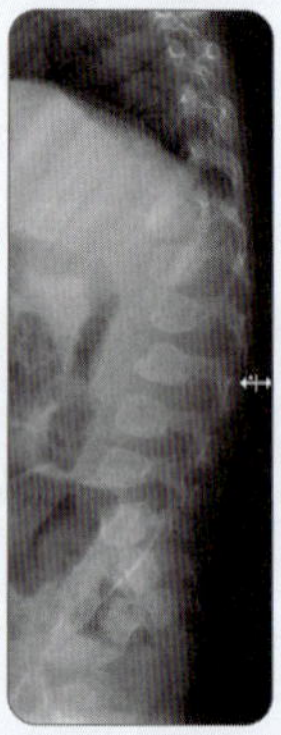

### 5) 추가 변이 확인을 위한 노력

임상적으로 GM1-gangliosidosis임을 거의 확신할 수 있으며, 현재까지는 유전 변이의 형태에 따라 치료 계획이 변하지 않으므로 환자의 진료에는 문제가 없다. 그러나 분자 수준의 진단이 확인되지 않았으며 자녀 계획을 위한 상담 등을 위하여 *GLB1* 유전자의 추가 검사를 진행하였다. 그 결과, exon 11-12의 결실이 확인되었으며 각각의 변이는 부모가 보인하는 것임을 검증하여 분자 진단을 완료하였다.

## 3. 결론

유전자 검사를 통한 진단은 진단 기간을 단축시켜주고 정확한 원인을 알 수 있게 해준다는 장점이 있으나 반복적으로 시행하지 않는다는 검사의 특성상 잘못된 해석은 환자에게 치명적으로 작용할 수 있다. 특히 최근에는 이러한 유전자 검사가 보편화되고 있는 만큼, 그 결과를 환자에 적용함에 있어 분자 수준에서의 해석뿐 아니라 환자의 임상 증상, 가족력, 다른 검사 결과와 비교하여 정확하게 판단하는 것이 필수적으로, 그 어느 때보다 환자를 대면하는 진료의의 역할이 중요하다 하겠다.

## REFERENCE


1. Bean LJH, Hegde MR. Clinical implications and considerations for evaluation of in silico algorithms for use with ACMG/AMP clinical variant interpretation guidelines. Genome Med. 2017;9(1):111.
2. Cetica V, Chiari S, Mei D, et al. Clinical and genetic factors predicting Dravet syndrome in infants with SCN1A mutations. Neurology. 2017;88(11):1037-44.
3. Inoue Y, Machida O, Kita Y, Yamamoto T. Need for revision of the ACMG/AMP guidelines for interpretation of X-linked variants. Intractable Rare Dis Res. 2022;11(3):120-4.
4. Kim YE, Ki CS, Jang MA. Challenges and Considerations in Sequence Variant Interpretation for Mendelian Disorders. Ann Lab Med. 2019;39(5):421-9.
5. Lalonde E, Rentas S, Lin F, et al. Genomic diagnosis for pediatric disorders: Revolution and evolution. Front Pediatr. 2020:8;373.
6. Li Q, Wang K. InterVar: Clinical Interpretation of Genetic Variants by the 2015 ACMG-AMP Guidelines. Am J Hum Genet. 2017;100(2):267-80.
7. Liu P, Meng L, Normmand EA, et al. Reanalysis of clinical exome sequencing data. N Engl J Med. 2019; 380:2478-80.
8. Richards S, Aziz N, Bale S, et al. Standards and guidelines for the interpretation of sequence variants: a joint consensus recommendation of the American College of Medical Genetics and Genomics and the Association for Molecular Pathology. Genet Med. 2015;17(5):405-24.
9. Schulze TG, McMahon FJ. Defining the phenotype in human genetic studies: forward genetics and reverse phenotyping. Hum Hered. 2004;58(3-4):131-8.
10. Wright CF, FitzPatrick DR, Firth HV. Pediatrics genomics: diagnosing rare disease in children. Nat Rev Genet. 2018;19: 253-26.
11. Wright, CF, Campbell P, Eberhardt RY, et al. Genomic diagnosis of rare pediatric disease in the United Kingdom and Ireland. N Engl J Med. 2023.
12. Yang H, Wang K. Genomic variant annotation and prioritization with ANNOVAR and wANNOVAR. Nat Protoc. 2015;10(10):1556-66.

CHAPTER 27

# 유전상담 및 위험도 평가

## Genetic counseling and risk assessment

채종희, 최인희

유전상담에 있어 그 가족 구성원에 대한 질환의 위험도 평가와 추가 검사 여부의 결정은 매우 중요하며, 환자와 가족의 이후 경과에 결정적인 영향을 미칠 수 있으므로, 특정 유전 질환을 가진 것으로 의심되는 환자가 있을 때, 환자와 가족에게 유전상담을 시행할 때는 여러 요소가 고려되어야 한다.

### I. 위험도 평가를 위한 가족력 (Family history in risk assessment)

가족력은 질환의 유전 양식을 미리 예측할 수 있게 하여 임상 진단에 도움을 주며, 단일 유전자 질환에서 특정 유전자 변이를 해석할 때 결정적인 단서를 제공한다. 단일 유전자 질환에서 그 원인 유전자 변이가 명확히 밝혀진 경우, 해당 유전자의 유전 양식에 따라 가족 구성원 혹은 미래에 태어날 자녀에 대한 위험도를 비교적 정확히 예측할 수 있고, 이를 통해 적절한 상담을 제공할 수 있다. 만일 가족 구성원이 질환에 이환될 가능성이 있는 경우 해당 가족 구성원에 대한 추가 검사가 필요할 수 있으며, 해당 질환의 발병 연령, 중증도, 치료법의 유무 등을 고려하여 검사의 진행 여부 및 시기를 결정하게 된다.

한 가족의 구성원은 유전 형질뿐 아니라 식단이나 생활습관 등의 환경적 요인에 있어서도 많은 부분을 공유하므로 가족력은 여러 복합유전질환이나 다인자 질환의 위험도 예측에 있어서도 유용한 정보를 제공한다. 제2형당뇨병이나 관상동맥질환 등 성인에서 흔한 몇몇 질환의 경우 해당 질환을 가진 일촌 혈연관계(first degree relatives, 부모, 형제 및 자녀)가 있을 시 이후 해당 질환에 대한 위험도가 일반 인구집단에 비해 2배 이상 증가하는 것이 잘 알려져 있다. 특히 제2형당뇨병의 경우, 제1형당뇨병보다도 가족력과의 연관성이 높다고 알려져 있으며 부모 중 한 명이 당뇨병이 있으면 약 2.6배, 부모 양쪽이 모두 당뇨병을 앓고 있는 경우 약 4배 가량 상대위험도가 증가한다. 소아의 자폐스펙트럼장애(autism spectrum disorder)의 경우 원인이 되는 유전자 변이 확인 유무와 관계없이, 자폐스펙트럼장애로 진단된 자녀가 한 명 있을 경우 그 형제 자매의 재발 위험도(recurrent risk)는 최고 18%까지 보고된 바 있다. 암의 경우에도 가족력에 따라 상대 위험도가 달라짐이 잘 알려져 있는데, 전립선암의 경우 일촌 혈연관계의 친척 1명이 전립선암의 병력이 있다면 3.2배, 만약 3명의 친척이 전립선암을 앓았다면 가족력이 없는 남성에 비해 상대 위험도가 11배 높다. 마찬가지로 유방암을 가진 1명의 여성의 일촌 혈연관계인 사람은 가족력이 없는 경우에 비해 2.1배, 3명이 일촌 혈연관계라면 가족력이 없는 경우에 비해 상대 위험도가 3.9배 높아진다. Scheuner는 가족력에 기반한 상대 위험도의 평가 기준을

**표 27-1. 가족력을 이용한 위험도 평가**

**높은 위험도**

- 1촌 혈연관계(first degree relatives, 부모, 형제, 혹은 자녀) 중 질환을 가진 사람이 있으며 해당 질환이 일반 집단과 비교하여 조기에 발병한 경우
- 1촌 혈연관계 중 2명 이상의 환자가 있는 경우
- 발병 시기가 불명확하거나 늦은 질환을 가진 1촌 혈연관계 환자 1명과 조기 발병 질환을 가진 같은 계열의 2촌관계의 친인척이 있는 경우
- 질환을 가진 2명의 모계 혹은 부계의 2촌 친척이 있는 경우(1명은 조기 발병이 확인된 경우)
- 질환을 가진 3명 이상의 모계 혹은 3명 이상의 부계 친척이 있는 경우
- 모계와 부계 양쪽으로 중등도 위험도의 가족력이 성립한 경우

**중등도 위험도**

- 발병 시기가 불명확하거나 늦은 질환을 가진 1촌 친척이 있는 경우
- 발병 시기가 불명확하거나 늦은 질환을 가진 같은 계열의 2촌 친척이 2명 있는 경우

**평균 위험도**

- 발병한 친척이 없음
- 모계나 부계 중 발병한 2촌 혈연관계 친척 1명
- 알려진 가족력이 없음
- 입양되었으며 실제 가족력 확인이 어려움

다음과 같이 제시한 바 있다(**표 27-1**).

특정 개인에 있어서, 그의 가족력을 바탕으로 어떠한 건강 문제가 발생할 위험이 높다고 예측하는 것은 이후 건강관리에 큰 영향을 미친다. 즉 제2형당뇨병의 가족력이 있는 경우, 당뇨병의 발병을 높일 수 있는 다른 환경적 요인을 관리함으로써 위험도를 줄일 수 있으리라고 예측 가능하며, 실제 여러 연구에 따르면 제2형당뇨병의 가족력이 있는 사람들은 스스로 보다 적극적인 생활 습관의 개선에 힘쓰는 경향이 있음이 보고되었다. 미국 암협회(American Cancer Society)에서는 대장암을 가진 1촌 친척이 있는 경우, 일반 인구집단보다 10년 앞당긴 40세부터 대장내시경을 통한 검진을 추천하고 있으며, 이는 가족력을 가진 40세 사람의 질병 발달 누적 빈도가 가족력이 없는 50세의 위험도와 같음이 경험적으로 알려져 있기 때문이다.

가족력은 또한 질병에 걸리기 쉬운 유전 형질 및 생활 습관 등을 간접적으로 평가할 수 있는 유용한 도구이다. 최근 55세 이하 발병한 관상동맥질환을 앓은 1촌 친척이 있는 집단에 대해 생활 습관 평가 및 적극적 개입을 진행하여, 적극적 개입을 하지 않은 집단에 비해 발병 위험도를 성공적으로 낮췄다는 연구결과가 발표되었다. 이와 같이, 가족력은 가장 기본적인 병력 중 하나이며, 개인의 건강과 미래 질병 위험도를 예측하는 데 있어 중요한 정보를 제공하므로, 맞춤 의료 시대에 있어 개개인이 스스로 적극적인 건강관리를 할 수 있게 하는 직관적인 증거로 작용할 수 있다.

## II. 임상 진료 현장에서의 유전상담 (Genetic counseling in clinical practice)

임상 진료에서 어떠한 검사를 하고자 할 때, 해당 검사를 하는 목적과 과정 등에 대해 설명하고 환자 혹은 보호자의 동의를 얻는 것은 일반적인 과정이다. 특히 유전체 검사의 경우, 생산되는 유전체 데이터 자체가 개인 식별 가능성을 포함하고 있으며, 일부 질환의 경우 사회적 낙인 등이 여전히 남아 있는 경우가 있으므로 검사 결과가 가족 및 사회생활에 미치는 영향 등을 추가로 고려해야 하는 경우가 많음을 인지해야 한다. 따라서 유전체 검사를 진행하고자 하면 단순한 검사의 목적 및 진행 과정뿐 아니라 유전체 검사가 가지는 의미와 이후 검사 결과가 환자와 가족 전체에 미칠 영향 등에 대한 사전 상담이 반드시 필요하다. 또한 일반 혈액검사나 영상 검사와는 달리 같은 종류의 유전자 검사는 특별한 경우를 제외하면, 반복 시행하지 않으므로 그 결과의 해석이 매우 중요하다. 특히 차세대 염기서열분석(next generation sequencing)의 경우 여러 변이가 동시에 검출될 수 있으며 각 변이의 의미 해석은 단순하지 않음이 앞장의 내용에 포함되어 있어 이 장에서는 넘어가기로 한다. 이러한 검사의 해석 결과는 관련 질환의 중증도를 비롯한 여러 특성, 가족에 미치는 영향 등을 고려하여 검사 후 상담

과정에서 자세히 전달되어야 하며 일부 환자의 다른 가족 구성원에 대한 추가 검사가 필요한 경우 같은 상담 과정을 거쳐야 한다. 여기에서는 유전상담의 정의 및 기본 원칙, 그리고 임상 진료 현장에서 유전상담을 시행할 때의 유의할 점 등을 정리하려고 한다.

## 1. 유전상담의 정의

1975년, 미국 인간유전학회(American Society of Human Genetics)에서는 유전상담을 질환을 가지고 있는 개인 혹은 위험도를 가진 가족에게 모든 정보와 지원을 제공함으로써, 상담을 받는 대상자가 충분한 지식을 바탕으로 자기결정권을 가지고 스스로 결정할 수 있도록 돕는 소통의 과정으로 정의한 바 있다. 미국 유전상담학회(National Society of Genetic Counselor)에서는 2006년에 유전적 기여가 미치는 질병의 의학적, 심리적 사회적 영향을 이해하고 환자와 가족이 적응할 수 있도록 돕는 모든 과정을 유전상담으로 정의하였으며 이 과정에서 크게 다음의 세 가지를 통하여 상담의뢰자를 돕게 된다고 발표하였다. 세 가지 요소란 첫째, 질병의 발병과 재발에 대한 확률을 평가하기 위해 가족력, 병력 등을 확인하고 검사의 종류를 결정하고, 이후 검사 결과를 최종적으로 판단하기 위한 해석(interpretation)을 제공하는 것, 둘째, 검사 전 유전 방식, 유전자 검사의 방법과 한계 등에 대한 정보제공, 진단 후 질환에 대한 정보 제공 등을 포함한 교육(interpretation)을 하는 것, 셋째, 환자와 가족이 충분한 정보를 제공받은 뒤 이후 자기결정권을 행사하여 선택할 수 있도록 지원하며 질병의 부담과 발병의 위험도에 대해 적응할 수 있도록 하는 상담(counseling)이다. 유전상담은 단순한 위험도 계산과 진단 후 위험도 계산 등에만 국한되지 않으며 지속적인 의사소통의 과정이다. 유전상담을 통해 유전 질환이 가족과 사회에 미치는 영향을 고려하여 환자와 가족의 적응을 여러 가지 심리사회적 문제를 해결할 수 있다.

## 2. 유전상담의 제공자

앞서 설명하였듯, 유전상담은 일회성으로 이루어지지 않으며, 첫 진료 시 환자의 평가부터 검사 시행 전 상담, 시행 후의 검사 결과 해석, 진단 후 적응을 돕는 과정까지 연속적으로 이루어지는 복합적인 임상 술기이기 때문에, 오랜 시간에 걸쳐 형성된 신뢰관계가 바탕이 되어야 한다. 또한, 각 환자와 가족이 처한 상황이 모두 다르기 때문에 특정 질환의 진료지침과 같이 표준화, 일원화할 수 없으며 가족 역학에 따라 개별적인 접근이 필요하다. 유전상담은 기본적으로 진료 시 필요한 술기이므로, 많은 나라에서 유전상담의 기본 주체는 의사이며 그 환자를 잘 알고 진료하고 있는 의사가 없이는 유전상담의 시행 불가능하다. 그러나 유전상담에는 많은 시간이 소요되며 심리사회적인 상담 요소가 포함되므로 최근에는 유전상담사 혹은 간호유전학자가 협력하여 유전상담 서비스를 제공하는 경우가 많다. 유전상담사는 보통 의사와 함께 팀을 이루어 상담을 진행하게 되며 점차 그 업무 분담이 명확해지고 있다. 미국의 경우 주마다 차이가 있지만 일반적으로 유전상담사는 관련 교육 과정을 거친 후 자격증을 획득하고 의사와 팀을 이루어 상담하게 된다.

## 3. 유전상담의 적응증

유전자 검사를 고려하는 모든 경우 유전상담이 필요하다. 따라서 유전상담은 희귀질환, 만성질환, 암 등 대부분의 질환에서 필요하다. 유전상담을 하게 되는 주요 적응증은 **표 27-2**와 같다.

유전상담을 받고자 하는 사람(상담의뢰자, consultants)은 그 자신이 질환 이환자(proband)일 수도 있고, 질환 이환자의 부모이거나 특정 질환의 위험성을 내포한 환자의 먼 친척 혹은 일반인일 수도 있다. 다양한 상황에서 유전상담이 필요할 수 있으며, 같은 적응증이라 해도 상담의뢰자가 처한 상황에 따라 개별적인 접근이 필요하다. 예를 들어 유전자

**표 27-2. 유전상담의 주요 적응증**

**환자의 진단 전후**

- 출생 시 다발성 선천기형이 있는 환자
- 출생 후 염색체 혹은 유전자 이상과의 연관성이 알려진 발달 지연, 시/청각 장애, 인지기능장애, 자폐스펙트럼 장애 등이 의심되거나 기타 특정 유전 질환이 의심되는 환자
- 늦은 발병 연령을 가진 유전 질환(Late-onset genetic disease)이 의심되는 환자
- 신경섬유종증, 가족성 암, 당뇨병 등과 같은 질환의 가족력이 있는 환자
- 특정 염색체 혹은 유전자 이상으로 새로 진단받은 환자(검사 후 상담)

**자녀 계획(출산과 관련된 상담)**

- 이전 자녀가 신경관 결손, 입술천장 갈림증 등의 출생 시 기형을 가지고 출생한 경우
- 고연령 산모이거나 이전 임신에서 반복적인 유산을 경험한 경우 혹은 불임
- 근친결혼
- 가족 중 염색체이상 혹은 유전 질환으로 진단받은 환자가 있고 임신 시 재발 위험도가 있는 경우
- 임신 중 산전 진찰 및 검사(초음파, 산모 혈청검사, 유리태아세포 DNA분석결과 이상 등)에서 발견된 태아 이상이 있는 경우

**가족 상담**

- 가족 중 특정 염색체 혹은 유전자 이상 관련 질환으로 진단받은 사람이 있는 경우(전반적 상담)
- 가족 중 특정 염색체 혹은 유전자 이상 관련 질환으로 진단받은 사람이 있으며 가족 구성원 중 해당 질환의 발생 위험도가 높은 경우(질환의 위험도와 가족 구성원의 연령 등을 고려한 개별 상담)
- 환자의 유전자 검사 후 정확한 해석을 위해 다른 가족 구성원에 대한 추가 검사가 필요한 경우
- 1촌 또는 2촌의 혈연관계 내 여러 명의 친척에서 종양이 반복적으로 발생한 경우(**표 27-1 참조**)

**기타**

- 직업적으로 특정 화학물에 반복적으로 노출된 경우
- 기타 다른 이유로 특정 약물 혹은 알코올과 같은 기형원에 반복적으로 노출된 경우

검사 결과 혹은 유전 질환에 대한 정보는 개인의 민감 정보에 해당하며 그 정보의 주체가 누구인지를 판단하고 관련자 모두의 동의와 사전 합의된 후에 원활한 상담이 이루어질 수 있다. 이 부분에 대해서는 이후 생명윤리와 관련된 법적, 윤리적 그리고 사회적 쟁점을 다룬 29장에서 자세히 설명될 것이다.

## 4. 유전상담의 과정과 원칙

유전상담의 과정은 상세하게는 상담의뢰자 개인에 따라 상이하나, 전체적으로는 **표 27-3**과 같이 정리할 수 있다.

이와 같이 유전상담에 포함되는 요소는 매우 다양하며, 환자의 임상 진단과 검사의 결정 등과 같이 의사가 수행할 부분과 유전자 검사의 기본적인 내용 전달이나 검사 후 심리 상담, 사회복지제도서비스 연결과 같은 유전상담사, 사회복지사 등의 역할이 중요한 부분까지 모두 포함되어 있다. 또한 상담시에는 여러 참여 인력의 상호 이해와 상담 가족의 신뢰도가 중요하므로 환자의 진료가 이루어지는 임상기관 내 유전상담 팀을 구성하여 환자의 첫 진료부터 유기적인 관계를 맺고 지속적이고 일관성 있는 상담을 제공하는 것이 중요하다.

유전상담을 함에 있어 몇 가지 원칙이 있는데, 자율성(autonomy), 비지시성(non-directiveness), 비밀 보장(confidentiality), 공평성(equal access) 등 그것이다. 첫째, 환자와 가족은 자율성을 가진 주체로서 의사 결정을 할 수 있어야 하며 이를 위해 필요한 모든 정보를 제공받을 권리를 가진다. 둘째, 유전상담의 의사 소통은 비지시적이어야 하며, 이는 어떠한 결정을 유도하는 방향으로 의사소통을 해서는 안 되고, 모

표 27-3. 일반적인 유전상담의 과정

| | 검사 전 | 검사 후 |
|---|---|---|
| 정보 수집 및 해석 | • 환자의 과거력, 질병의 경과<br>• 상세한 가족력(가계도)<br>• 현재까지 시행한 검사의 종류 및 결과<br>• 가족이 처한 상황 | • 검사 결과의 해석<br>• 확진된 질환에 대한 정보 수집 |
| 환자 평가 | • 환자 진찰<br>• 필요한 경우 추가 검사 시행<br>• 임상 진단<br>• 적절한 유전자 검사 결정 | • 검사 결과와 임상증상과의 비교<br>• 질병 단계 평가 및 계획 수립<br>• 검사 결과가 가족에 미치는 영향 평가 |
| 정보 제공 및 상담 | • 유전자 검사 전반에 대한 정보 제공<br>• 시행할 검사의 기대 결과, 소요 시간, 검사 비용, 제한점 설명<br>• 검사 결과에 따라 예상되는 과정 설명 | • 검사 결과 설명<br>• 최종 진단된 경우, 관련 질환에 대한 자세한 정보 제공 및 향후 진료 계획 공유<br>• 가족에 미치는 영향, 가족 구성원 검사의 필요성 설명 |
| 추적 관찰 | • 검사 시행을 결정하기까지 지속적인 상담 제공 | • 환자와 가족이 질환을 받아들이고 적응하는지 확인<br>• 필요시 심리상담제공<br>• 여러 사회복지제도 서비스 연결 |

든 가능한 선택지에 대해 객관적인 정보를 제공해야 함을 말한다. 또한 의도적으로 특정 선택지나 특정 정보를 누락시켜서는 안 되며 모든 사항에 대해 환자 본인과 가족이 충분히 이해할 때까지 반복적인 상담을 제공한다. 셋째, 모든 의료 정보는 개인 민감 정보에 해당하며, 객관적 의료 정보뿐 아니라 유전상담 시 확인된 가족이 처한 상황, 환자와 가족이 느끼는 감정 등 관련된 모든 정보는 반드시 비밀 보장이 되어야 한다. 유전상담은 열린 공간이 아닌 보안이 보장된 조용한 공간에서 이루어져야 하며 환자와 가족이 스스로 모든 정보에 대한 비밀을 보장받고 있다고 느낄 수 있어야 한다. 마지막으로, 정보가 필요한 모든 사람들이 동일한 정보를 제공받고, 동일한 과정의 상담을 받도록 하는 것이 중요하다.

## III. 재발 위험도 평가(Recurrent risk assessment)

한 환자가 유전자 검사를 받고 특정 유전 질환으로 확진된 경우, 그 환자와 가족이 가장 궁금해하는 것 중 하나는 다른 부모, 형제, 혹은 자녀가 같은 질환에 이환될 가능성이 있는지에 대한 부분이다. 따라서, 재발 위험도의 평가는 유전상담에 있어서 매우 중요하며, 이 위험도 평가에는 해당 질환의 유전적 특징에 대한 지식과 상담의뢰자의 가계도가 중요한 근거로써 사용된다. 재발 위험도를 평가하게 되는 가족구성원은 주로 이환된 환자(proband)의 가까운 친척, 즉 부모, 형제, 혹은 자녀인 경우가 많으며 일부 상염색체 우성 혹은 X 염색체 연관 유전 질환의 경우 더 먼 친척에 대한 위험도 평가와 상담이 필요할 수 있다.

멘델유전형식을 따르는 단일유전자 질환의 경우, 가족 구성원의 재발 위험도는 멘델유전법칙에 따라 결정된다. 반면 다양한 표현도를 보이거나 불완전 투과도 등이 알려진 유전질환의 경우 멘델유전법칙을 이용한 단순 계산 위험도보다 실제 위험도가 낮아질 수 있으며 상황에 따라 실제 가족에 대한 정보 등을 고려하여 조건부확률을 적용한 위험도 평가가 필요할 수 있다.

단일유전자질환과 달리, 복합 유전 형질에 의한 여러 만성 질환 혹은 염색체 질환 등은 멘델유전법칙으로 위험도를 평가하기 어려운 경우가 많으며 재발 위험도 추정은 이전의 경험과 데이터에 기반하여 평가하며 잘 알려지지 않은 질환의 경우 위험도 평가 자체가 어려울 수 있다.

## 1. 유전형을 정확히 알고 있는 멘델유전형식 유전질환의 위험도 평가

한 소아 환자가 유전자 검사를 받고 상염색체 열성 형식을 따르는 유전 질환으로 진단받았으며, 추가적인 가족 검사를 통해 부모가 각각 해당 유전자의 이형접합 변이를 보유한 보인자임을 확인했다고 가정해 보자. 이 경우, 이 부모가 다음 자녀 임신 시 재발의 위험도는 1/4이 된다. 만약 이 부모가 환자 이후 5명의 자녀를 정상적으로 출산했다고 해도, 7번째 자녀를 임신한다면 여전히 해당 질환의 재발 위험도는 1/4이다(그림 27-1).

이렇게, 특정 단일유전자 질환으로 확진되었으며 정확히 멘델유전형식을 따르는 경우라면 관련 법칙에 따라 가족 구성원 혹은 다음 자녀의 재발 위험도를 간단하고 정확하게 측정할 수 있다.

## 2. 유전형이 명확치 않은 경우의 조건부 확률 이용한 위험도 평가(Bayesian 분석)

위와 같이 명확한 경우와는 대조적으로, 실제 상담 시에는 어떠한 질환을 보유한 가족에서 유전형이 명확하지 않은 경우를 종종 볼 수 있다. 예를 들어, 어떠한 이유로 상염색체 열성 유전 질환의 보인자임이 확인된 한 여성이 결혼하여 자녀 계획을 세운다고 가정해 보자. 물론 현실적으로, 남편은 보인자이거나 보인자가 아닌 두 가지 경우의 수를 가지고 있고 보인자인 경우 자녀의 질환 위험도는 1/4, 보인자가 아닌 경우의 위험도는 0이다. 그러나 남편의 보인자 검사 없이 자녀 출산 시 질환 발생의 위험도를 예측하고자 할 때는 그의 가족력 및 그 인종에 해당하는 질환의 보인자 빈도 등을 적용하여 위험도를 추측하게 된다. 만약 해당 질환의 보인자 빈도가 0.2%, 즉 1/50이라면 자녀 출산 시 질환의 발생 위험도는 1/50 x 1/4 = 1/200으로 계산할 수 있다(그림 27-2). 이러한 계산 시에는 이 부부가 출산을 거듭함에 따라 확인되는 결과로 인해 다음 임신 시의 위험도 추정 결과가 달라진다. 첫 자녀 임신 시 위험도는 1/200으로 예

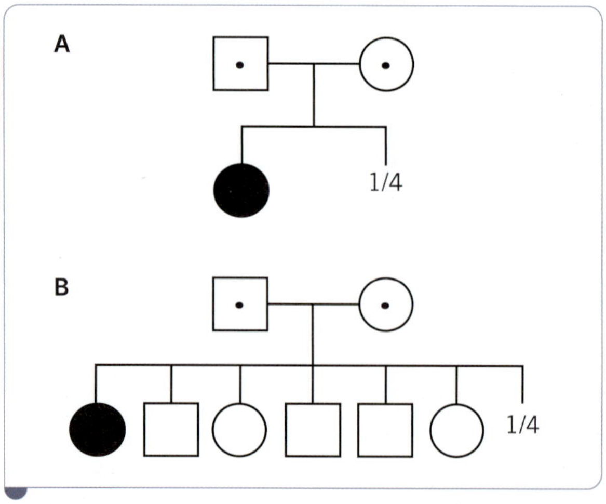


그림 27-1. 부모가 보인자임이 명확히 확인된 상염색체열성유전 질환의 가계도. (A) 첫째 자녀가 확진되었고 부모가 각각 보인자임이 확인된 경우, 둘째 자녀 출산 시 같은 질환이 발생할 위험도는 1/4이다. (B) 유전형식이 명확하고 부모가 보인자임이 확인되었으므로, 해당 가계에 건강한 자녀가 5명 더 출생한다 하더라도 다음 임신 시 질환의 재발 위험도는 여전히 1/4로 판정할 수 있다.

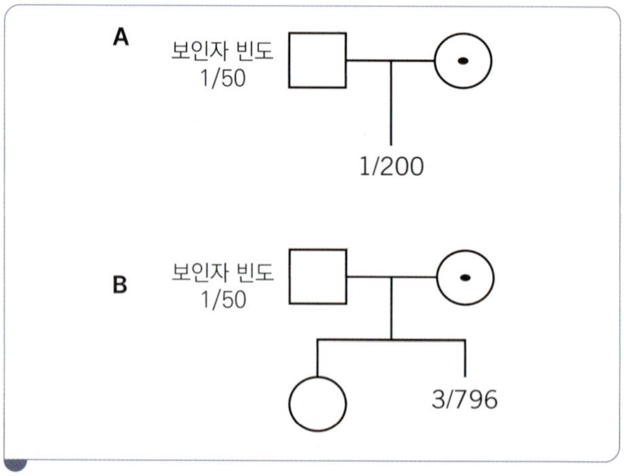


그림 27-2. 부모 중 한쪽만이 보인자임이 명확히 확인된 경우의 위험도 계산. (A) 어머니가 확실한 보인자이므로 첫째 자녀의 질병위험도는 아버지가 보인자일 확률에 따라 계산할 수 있으며, 보인자 빈도가 1/50이라면 질환이 발생 위험도 1/50 × 1/4 = 1/200이다. (B) 같은 가계에서 첫째 자녀가 건강하게 출생하였을 때, 둘째 자녀의 질환 발생 위험도는 더 낮게 예측된다(조건부 확률을 이용한 위험도 계산 방법은 **표 27-4** 및 **증례 46** 참조).

**표 27-4. 조건부 확률을 이용한 위험도 계산**

〈예시〉 조건부 확률을 이용한 II–4의 질병위험도 계산(질환의 보인자 빈도는 1/50이며 자연발생 돌연변이는 무시한다)

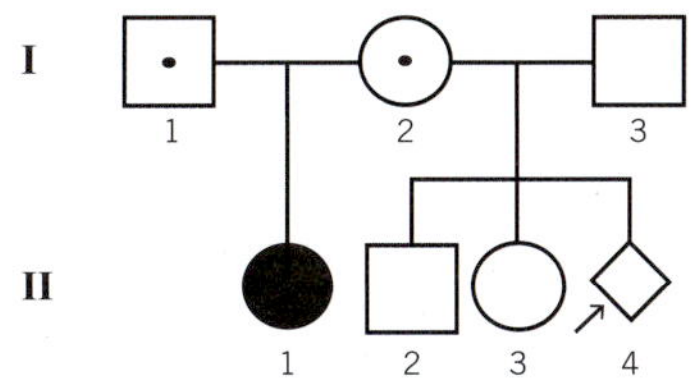


**1. 가능한 모든 시나리오를 확인한다.**

1) 명확한 사실: I-2는 보인자이며, II-2, II-3이 정상 표현형이다.

2) 가능한 시나리오

(1) I-3은 보인자이며 II-2, II-3이 질환에 이환되지 않았다. 이 경우 II-4는 질환에 이환될수도, 질환에 이환되지 않을 수도 있다.

(2) I-3이 보인자가 아니며 따라서 II-2, II-3이 질환에 이환되지 않았음. 이 경우 II-4도 질환에 이환될 확률은 없다.

**2. 사전확률(prior probability)을 계산한다.**

사전 확률이란 확인한 시나리오에서 여러 경우의 수를 내포하고 있는 가족구성원의 각 경우의 수에 대한 확률을 의미한다. 이 예시에서는 I-3의 보인자 여부가 이러한 경우의 수에 해당하며, 보인자 빈도에 따라 보인자일 확률 1/50, 보인자가 아닐 확률 49/50으로 평가 가능하다.

**3. 결합확률(joint probability)을 계산한다.**

결합확률이란, 사전확률을 적용하여 각 시나리오별 발생 확률을 모두 계산하는 단계이다. 이 예시에서는 다음과 같이 계산된다.

1) I-3이 보인자이며 II-2, II-3이 질환에 이환되지 않았고 II-4가 질환에 이환될 확률

$$\frac{1}{50} \times \frac{3}{4} \times \frac{3}{4} \times \frac{1}{4} = \frac{9}{3200}$$

2) I-3이 보인자이며 II-2, II-3이 질환에 이환되지 않았고 II-4도 질환에 이환되지 않을 확률

$$\frac{1}{50} \times \frac{3}{4} \times \frac{3}{4} \times \frac{3}{4} = \frac{27}{3200}$$

3) I-3이 보인자가 아닐 확률(이 경우 II-2, II-3, 그리고 II-4는 무조건 질환에 이환되지 않는다)

$$\frac{49}{50} \times 1 \times 1 \times 1 = \frac{49}{50}$$

**4. 사후확률(posterior probability)을 계산한다.**

모든 가능한 시나리오 중에서 위험도를 확인하고자 하는 시나리오가 차지하는 정도를 의미한다. 이 예시의 경우 첫 번째 시나리오인 I-3이 보인자이며, II-2, II-3이 질환에 이환되지 않았고 II-4가 질환에 이환될 확률을 확인하고자 하므로, 사후 확률은 다음과 같이 계산이 가능하다.

$$\frac{\frac{9}{3200}}{\frac{9}{3200} + \frac{27}{3200} + \frac{49}{50}} = 0.02837$$

---

측되나, 극단적인 예로 10명의 자녀를 연달아 출산했을 때 10명 모두 건강하다면 실제로 남편이 보인자일 확률은 다시 그려진 가계도에 근거하여 현저히 떨어질 것임을 직관적으로 생각할 수 있다. 이러한 부분을 반영하여, **그림 27-2**에서 이 부부가 첫 자녀를 건강하게 출산한 경우 Bayesian 분석(Bayesian analysis)으로 알려진 조건부 확률을 이용한 둘째 자녀의 위험도 계산을 새로 적용할 수 있다.

조건부 확률을 이용한 위험도 계산(Bayesian 분석)은 **표 27-4**에 예시를 바탕으로 정리한 방법으로 진행한다. 먼저, 명확한 요소를 파악한다. 명확히 보인자 혹은 환자임이 확인된 가족 구성원을 확인하고 이를 바탕으로 명확하지 않은 요소에 대해 모든 가능한 경우의 수(시나리오)를 상정한다. 둘째로 각 시나리오에 대하여 시나리오 발생과 관련된 사전확률을 구하고, 이로부터 각 시나리오가 일어날 결합확률을 계산한다. 마지막으로 확인하고자 하는 시나리오의 사후확률을 계산하여 위험도를 상정한다.

물론 실제 상황에서는 부모로부터 대립유전자를 물려받는 상황 외에 새로 돌연변이가 발생할 가능성(de novo variant) 등 여러 변수가 존재하나, 이러한 변수는 극히 낮은 확률을 내포하고 있으므로 고려하지 않고 계산한다. 조건부 확률을 이용한 계산은 비단 질병 발생 위험뿐 아니라 가계도에서 특정 가족구성원이 보인자일 가능성에 대해 계산할 때도 동일하게 적용할 수 있다. 증례 44에서 직접 확인해 보자.

### 증례 44 | X 염색체 연관 유전질환이 있는 가족에서의 Bayesian 분석방법을 이용한 보인자 확률평가

다음은 X 염색체 연관 유전질환을 보유한 어떤 가족의 가계도이다. 가계도에서 III-3이 보인자일 확률을 Bayesian 분석방법을 이용하여 구하시오(단, de novo변이는 발생하지 않는 것으로 간주한다).

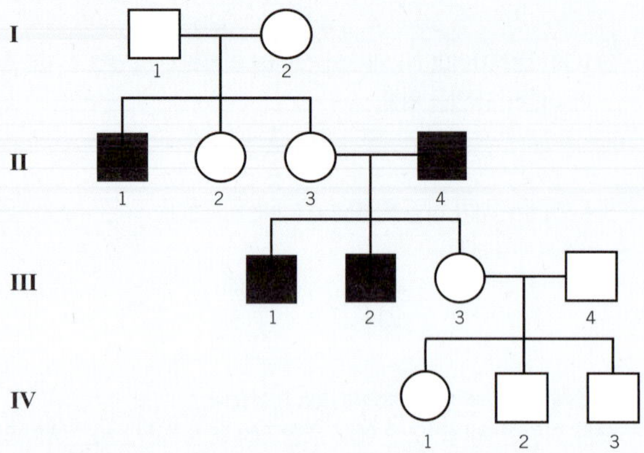


#### 1) 가능한 모든 시나리오의 확인

(1) 명확한 사실: III-1, III-2가 환자이므로, II-3은 100% 보인자이다.

(2) 가능한 시나리오

① III-3은 보인자이며 IV-2, IV-3이 질환에 이환되지 않았다.

② III-3이 보인자가 아니다(이 경우 모든 자녀는 질환에 이환되지 않음).

#### 2) 사전확률(prior probability)의 계산

II-3이 100% 보인자이므로, III-3이 보인자일 확률은 1/2이다.

#### 3) 결합확률(joint probability)의 계산

(1) III-3은 보인자이며 IV-2, IV-3이 질환에 이환되지 않을 경우의 수(IV-1은 여성이므로, X 염색체 연관 질환 가계도에서 표현형이 가지는 의미가 없으므로 무시한다)

$$\frac{1}{2} \times \frac{1}{2} \times \frac{1}{2} = \frac{1}{8}$$

(2) III-3이 보인자가 아닐 확률

$$\frac{1}{2} \times 1 \times 1 = \frac{1}{2}$$

#### 4) 사후확률(posterior probability)

모든 경우의 수 중 III-3이 보인자일 확률은 다음과 같이 계산 가능하다.

$$\frac{\frac{1}{8}}{\frac{1}{8} + \frac{1}{2}} = 0.2$$

#### 5) 요약

조건부 확률을 통한 위험도 분석은 다양한 경우에 응용할 수 있다. 예를 들어 불완전 투과도(incomplete penetrance)가 알려져 있거나 발병 연령이 늦은 질환의 가계에서 표현형을 통한 변이의 보유 여부가 확실하지 않을 때, 보인자 빈도를 대입하여 계산하는 것과 유사하게 불완전 투과도의 확률 혹은 특정 나이에서 증상이 발생할 확률 등을 대입하여 추가적인 예측(환자 혹은 보인자일 확률 등)을 할 수 있다. 다만, 최근에는 진단이 명확한 경우(병적 변이가 명확히 확인된 경우)라면 가족 구성원에 대한 검사가 어렵지 않으므로 모든 가족의 유전상담 시 이러한 위험도 예측이 필요하지 않은 경우가 대부분이며, 가족 구성원의 유전자 검사가 불가능하면서 위험도예측이 필요한 상황에서 제한적으로 사용되는 경우가 많다.

## IV. 경험적 재발 위험도 (Empirical recurrent risk)

일반적으로 질환의 재발위험도를 정확히 평가하기 위해서는 해당 질환이 명확히 밝혀져야 한다. 특정 단일유전자 결함으로 인한 질환임이 명확하고, 그 질환의 유전 형식에 이견의 여지가 없다면 앞서 설명한 것과 같은 방법으로 위험도 예측이 가능하며 이를 바탕으로 상담을 제공할 수 있다. 그러나 유전상담은 이러한 단일유전자 질환에 한해서만 진행되는 것이 아니다. 앞서 설명하였듯이 만성질환이나 암, 단일유전자 결함이 아닌 복합적인 요인에 의해 발생하는 유전질환, 혹은 가족력이 있으나 원인이 확인되지 않은 유전질환 등이 있는 가족에 대해서도 상담이 필요하다.

## 1. 복합질환에 대한 위험도 예측

단일 원인유전자가 확인된 바 없으나 특정 유전 요인과 가족력이 작용한다고 알려진 질환으로는 구순구개열, 선천성 심장질환, 척수막척수탈출증, 정신질환, 관상동맥질환 등 여러 복합질환이 있다. 이러한 복합질환 중 일부는 1촌 친척에서의 재발 위험도가 일반 인구집단에 비해 높다는 것이 보고되어 있고, 가계도에 기반한 대략적인 위험도 평가를 하고 이에 기반하여 치료 계획을 수립하기도 하지만 실제 이 질환에서 가족구성원의 유전형질과 환경적 요인의 공유에서 비롯된 위험도 증가, 혹은 이들의 상세한 상호작용에 대해 구체적으로 알려진 바는 없다. 따라서 각 복합질환의 재발위험도를 상담할 때는, 정확한 확률의 계산은 불가능하며 기존 연구를 통해 경험적으로 알고 있는 위험도 수치를 이용한다. 즉, 어떠한 복합질환 환자의 가족구성원들에게 얼마나 해당 질환이 재발하였는지에 대한 관찰 연구 결과를 종합하여 추정하며, 이 관찰된 질환의 재발 빈도를 경험적 재발 위험도(empirical recurrence risk)라고 부른다. 과거에는 말 그대로 특정 질환이 발생한 가계에서 같은 질환이 얼마나 추가로 발생하는지를 관찰하는 정도의 연구가 주를 이루었다면, 최근에는 여러 조건하에서 이러한 재발 빈도가 어떻게 다르게 나타나는지 등을 세부적으로 연구하는 경우가 늘어나고 있다. 이후 대규모 유전체데이터베이스와 다중오믹스기법 등을 활용한 인구집단의학 연구가 활발히 진행된다면 다중 유전 형질이 이러한 복합질환에 미치는 영향이나 유전형질과 환경적 요인과의 상호 작용 등에 대한 지식이 쌓임으로써 보다 정확한 위험도 예측이 가능할 것으로 기대된다.

경험적 재발 위험도를 이용하여 상담을 제공할 시, 몇 가지 유의사항이 있다. 첫째, 경험적 재발 위험도는 말그대로 집단에서 관찰한 재발의 평균치일 뿐이고, 특정 가족의 재발 위험도는 평균값보다 높거나 낮을 수 있다. 둘째, 알고 있는 경험적 재발 위험도에 영향을 미치는 인자가 변했을 경우, 과거의 경험적 재발 위험도를 상담에 사용해서는 안된다. 예를 들어 신경관결손의 경우 첫 자녀가 신경관결손이 있을 때 다음 자녀가 신경관결손을 가지고 태어날 경험적 재발 위험도는 일반인구집단에 비해 약 13배 높아진다고 알려져 있었다. 그러나 이후 엽산 부족이 신경관결손의 위험인자로 알려지면서 임신 초기 엽산 보충이 대중화되었고, 첫째 자녀가 신경관결손을 가지고 출생했더라도 다음 임신 시 적절한 엽산 보충이 이루어진다면 재발 위험도는 급격이 감소한다. 이와 같이 질환에 공통적으로 영향을 미치는 환경적 요인이 밝혀졌고 이에 대한 변화가 생겼다면 유전 형질의 변화가 없다 할지라도 위험도는 달라질 수 있으므로 질환과 관련된 최신 지견을 반드시 반영하여 상담을 제공해야 한다. 마지막으로 질환의 보인자 빈도가 국가와 지역, 인종에 따라 다르듯 경험적 재발 위험도가 도출된 인구집단의 인구학적 특성을 항상 고려해야 한다. 일반적으로 백인이나 흑인 인구집단에서 확인된 경험적 재발 빈도를 동아시아에 그대로 적용해서는 안 된다. 그러나 자료가 제한적인 상황에서는 이러한 요소를 고려하여 재발 위험도에 대한 추정치를 전달할 수밖에 없으며, 이러한 면이 바로 유전상담에 전문 인력이 필요함을 보여주는 단적인 부분이라 할 수 있겠다.

## 2. 혈연에 대한 유전상담

국내에는 근친 결혼이 일반적이지 않지만, 점차 이민자가 늘고 있으며 이 중에는 근친 결혼을 풍습으로 삼는 경우도 있다. 근친 결혼의 경우 그 자녀들에게서 출생결함의 위험이 증가한다는 것이 잘 알려져 있으므로 자녀 계획 전 이에 대한 유전상담이 필요하다.

질환에 대한 가족력이 없는 경우, 경험적 위험도를 바탕으로 상담을 제공할 수 있다. 만일 사촌 사이인 부부가 자녀를 출산하는 경우, 출생결함의 빈도는 약 2배 이상 증가한다. 이러한 위험도의 증가는 단일유전자 질환뿐 아니라 복합질환의 경우에도 마찬가지로 적용할 수 있다.

## V. 유전자검사에서 유전상담사의 역할
(Genetic counselor's role in genomic testing)

유전상담 과정은 정보 수집, 진단, 위험성 분석, 정보 제공, 심리사회적 평가와 상담, 의사결정 과정 도움, 그리고 지속적인 지원으로 설명할 수 있다. 이 과정에서 유전상담사는 의료팀의 일원으로 병력 및 가족력을 확인, 위험도 분석 등을 통해 얻은 정보를 바탕으로 유전학 팀과 함께 의심되는 질환을 논의하고, 진단에 이를 수 있도록 도와주는 역할을 한다. 또한, 진단 후 환자와 가족이 유전질환을 이해하고, 질환의 관리 및 활용 가능한 검사와 위험성을 논의할 수 있도록 도우며, 가족 적응에 필요한 심리사회적 지원 방안을 모색해야 한다.

유전자검사에서 유전상담사의 역할은 검사에 대한 설명, 정확한 결과의 해석 및 정보 제공, 예방 조치 및 추가 검사 등에 대한 제언, 가족구성원에 대한 위험도 평가와 의사소통, 결과에 따른 의사결정 과정 돕기로 설명할 수 있다.

### 1. 검사 전 상담

검사 전 상담의 목적은 정확한 정보의 제공으로 환자가 검사 여부를 선택할 수 있도록 돕는 것뿐만 아니라, 검사를 했을 때 나올 수 있는 검사결과들, 검사의 정확성과 한계, 검사가 환자와 그 가족들에게 어떤 의미를 갖는지 등에 대한 정보를 제공하는 것이다.

검사와 관련한 정보를 환자가 이해할 수 있도록 설명해야 환자가 알맞은 선택을 할 수 있다. 환자마다 교육 수준, 유전학에 대한 지식 정도가 다르기 때문에 유전학에 대한 이해도를 파악한 후 기본적인 유전학 지식을 소개하면서 이를 바탕으로 상담을 진행해야 한다. 효과적인 방법 중 하나는 검사에 대해 설명하기 전에 기본적인 유전학 지식을 설명하는 것이다. 염색체, 유전자, 엑손(exon), 인트론(intron), 유전기작, 돌연변이, 세포분열 등을 그림과 함께 설명하면 유전자검사가 왜 필요한지를 설명하는 데 효과적이다. 검사 전 상담에서는 검사를 통해 어떤 결과를 얻을 수 있는지에 대한 내용이 포함되어야 한다.

검사의 결과로 양성(positive 혹은 pathogenic variant), 음성(negative), VUS (Variant of unknown clinical significance) 또는 부수적인 결과(secondary finding)들이 있다. 각 결과에 대한 의미, 추가적인 검사가 필요할 수 있다는 것을 설명하는 것으로 환자가 검사에 대해 충분히 이해하고 선택할 수 있는 것을 도울 수 있다. 또한 검사의 결과로 환자의 진단뿐 아니라 가족 검사의 필요성과 자녀에게 유전될 가능성, 심리적 영향, 가족과 유전자검사 결과를 공유할 것, 고용/보험에 대한 차별 위험과 그에 대한 보호, 비밀 보장 및 유전자 정보 및 개인정보 보호, 검사 후 계획 등에 대한 내용이 충분히 설명되어야 한다.

검사에 대한 충분한 설명을 제공하여 환자가 검사의 이익과 잠재적인 위험, 한계 등에 대한 이해를 한 경우 생명윤리 및 안전에 관한 법률 제51조에 따라 유전자검사 동의서를 구득한다. 유전자검사 전 상담에서 전달되어야 하는 내용은 다음과 같다.

- 유전자검사의 임상적 유용성과 한계
- 유전자검사 결과가 양성으로 나왔을 시 임상적인 의의
- 유전자검사 결과가 음성으로 나왔을 시 임상적인 의의
- 유전자검사 결과가 가족구성원에게 미치는 영향을 검사 전에 미리 고지
- 유전자검사 결과(특히, 양성으로 나왔을 경우)를 고위험 가족에게 알릴 것인지를 검사 전에 미리 고지
- 유전자검사와 ELSI (윤리적, 법률적, 사회적) 관련 이슈에 대해서 사회적 불이익이 있을 수도 있음을 검사 전 미리 고지
- 유전자검사를 위한 검체 종류와 검체 취득을 위한 시술(예: 양수천자, 융모막 채취, 체외수정 등)에 대한 설명(합병증과 실패율 포함)
- 유전자 검사 비용 안내

- 유전자검사에 대한 정확한 정보와 충분한 이해를 근거로 동의서 작성

## 2. 검사 후 상담

검사 후 상담에서 유전상담사는 검사의 결과를 해석하고, 그 결과가 가지는 의미와 환자 및 가족구성원이 어떤 유전적 위험을 가지고 있는지를 환자와 가족에게 이해하기 쉽게 설명해야 한다.

진단받은 질환에 대한 임상증상, 자연 경과, 예후, 합병증, 가능한 치료 방법 또는 현재 연구되고 있는 임상시험 정보, 신약 개발의 진행 상황 등에 대한 정보를 제공한다. 동일한 질환인 경우라도 개인마다 발현도(expressivity)와 투과도(penetrance), 유전자의 이종성(heterogeneity), 유전형-표현형의 상관관계, 유전자와 환경의 상호작용, 유전자의 변형, 후성적인 성질 등 표현형이 다양하기 때문에 증상의 심한 정도, 발병 시기와 질환 경과를 정확하게 예측하기 어려운 점을 설명하여 환자와 가족들이 섣부른 걱정을 하지 않도록 하는 것도 중요하다.

유전상담에서 가장 중요한 것 중의 하나가 위험도 평가와 재발의 가능성에 대해 환자와 가족이 이해할 수 있도록 설명하는 것이다. 환자의 진단으로 경험적 데이터, 유전방식, 가계도 분석, 유전자 검사 결과를 통해 개별 위험도를 추정할 수 있다. 질환의 유전방식에 따라 위험도 평가의 정확도를 높이기 위한 수학적 계산은 추가적인 정보(보인자 빈도, 검사의 민감성과 특수성, 이환된 가족 구성원의 수, 환자의 나이 등)의 통합을 필요로 할 수 있다. 유전상담사는 위험도 해석과 함께 위험도 계산의 한계점을 설명하고, 환자와 가족의 감정적 상태, 행동 양식 등을 고려해서 발병 위험성을 설명해 주는 것이 중요하다.

환자의 진단은 다른 가족 구성원, 친척들의 특정 유전질환에 대한 위험성에 영향을 주게 된다. 만약, 환자의 유전질환에 대한 결과가 양성으로 나온 경우에는 유전방식에 따라 가계도를 분석하여 이환될 가능성이 있는 가족구성원에 대한 유전학적 검사의 필요성을 설명하고 내원하도록 설명하는 것이 상담에 포함되어야 한다. 특히 병적인(pathogenic) 변이로 구분되었다면 예방적 검사가 가능하도록 가족 구성원의 추가 검사를 권장하고 있으며, 간혹 새로운 변이(novel variant)가 의심되는 경우에도 부모 검사(trio study)를 권장한다. 이에 따라 환자 외 다른 가족 구성원들이 조기진단을 받고 미리 질병에 대비함으로써 앞으로 발생할 위험률을 줄일 수 있다. 다만, 성인이 되어서야 증상이 나타나는 유전질환의 경우(adult onset disease)에 예방적 또는 치료적인 방법이 없는 상황에서는 소아의 유전자 진단은 원칙적으로 시행해서는 안 된다.

반면에 검사 결과가 음성으로 나온 경우 또는 다른 유전자 검사가 가능하지 않은 경우에는 환자와 가족들에게 현재 유전학 기술의 한계를 설명하고 미래에 다시 검사해 보는 것에 대해 논의해 볼 수 있고, 앞으로 치료나 검사에 대한 계획 등에 초점을 맞춰 상담을 제공한다. 증례 45에서 제시된 바와 같이, 유전자 검사는 환자의 진단뿐 아니라 가족내 위험도 평가 후 가족 검사가 필요할 수 있고, 검사 방법의 한계로 예전에는 유전자변이를 확인하지 못했지만, 재분석 또는 다른 검사 방법으로 유전자 변이를 확인할 수 있어 검사 전·후에 반드시 유전상담이 제공되어야 한다.

또한 미래의 가족계획에 있어서 질병에 걸린 태아를 가질 가능성에 대한 설명과 유전상담이 필요하다. 유전적 대물림을 줄이기 위해 침습적인 검사인 양수천자(amniocentesis)나 융모막융모생검(chorionic villus sampling, CVS), 그리고 착상전 유전진단(preimplantation genetic testing, PGT) 등 산전검사에 대해 설명하고 임신 계획을 세우도록 한다. 임상증상과 일반적인 검사로 진단을 한 경우에는 산전 진단이 정확하지 않을 가능성이 높기 때문에 유전질환의 산전 검사를 위해서는, 환자(proband)의 유전 진단이 선행되어야 한다. 또한, 「생명윤리 및 안전에 관한 법률」 제50조 제2항 및 동법 시행령 제21조 [별표 3]과 보건복지부 고시 제2023-130호에서 '배아 또는 태아를 대상으로 유전자검사를 할 수 있는 유전질환의 지정'을 규정하고 있다. 환자와 가족에게 등록

된 질환에 한하여 산전검사를 할 수 있음을 정확히 알려줘야 하고, 규정이 개정될 때마다 검토 후 해당여부를 안내해야 한다. 임신을 계획하고 있는 부부에게는 반드시 산전검사와 관련한 법적, 윤리적 측면을 고려하고, 비지시적인 상담을 제공해야 한다. 비지시적 상담이란 환자가 중심이 되는 강압적이지 않은 상담으로, 환자와 가족의 자율성을 인정하며, 그들의 상황과 환경에 최선의 선택을 할 수 있도록 도와주는 것이 포함된다. 유전상담사는 부부의 가치관, 종교, 신념, 문화 등에 따라 자율적으로 선택할 수 있도록 비지시적인 유전상담을 제공하도록 한다.

## 3. 정보 전달

환자와 가족에게 정보를 제공할 때는 표나 그림을 이용하여 결과를 설명하거나, 책이나 자료에 형광펜으로 표시하여 설명하는 것은 환자의 이해를 도울 뿐 아니라 다른 가족들에게 설명할 때 유용하게 사용될 수 있다. 유전상담사는 의학, 유전학 등 전문 지식을 알기 쉽게 설명할 수 있는 다양한 교육자료를 준비하고, 의사소통 방법과 상담 기술을 익히는 것이 중요하다.

## 4. 윤리적 · 법적 · 사회적 측면을 고려한 상담

유전상담 과정은 윤리적·법적·사회적 측면을 고려해야 한다. 산전진단, 신생아 스크리닝 검사, 보인자 검사, 성인기 발병하는 유전질환의 소아기 진단 검사 전에 윤리적 측면과 법적 측면을 고려한 유전상담을 제공하여 환자와 가족이 자율적인 의사결정을 할 수 있도록 충분한 정보에 근거한 동의(informed consent)를 얻어야 한다. 이때, 상담 과정에서 획득하게 되는 유전정보는 환자뿐 아니라 가족 전체에 영향을 미치므로 개인정보 보호에 대해 고려하여야 한다. 가족 검사를 위해 환자의 검사 결과를 공개하는 것은 환자의 의사결정을 존중해야 한다. 환자의 개인정보를 보호하면서 가족 검사를 시행할 수 있도록 유전상담을 제공해야 한다. 유전상담사는 유전자검사로 변이를 확인한 이후 가족 검사와 관련한 상담을 제공할 때 가족 간 관계, 검사로 인한 윤리적, 법적, 사회적 문제를 고려하여 상담을 제공해야 한다.

## 5. 심리사회적 상담

심리사회학적 상담이 유전상담에서 중요한 이유는, 유전상담을 통해 제공되는 정보가 환자와 가족에게 심리사회학적, 정신적, 감정적으로 큰 영향을 미칠 수 있기 때문이다. 따라서 환자와 가족의 경험, 감정, 삶의 목표, 문화, 종교, 사회경제학적 지위, 경제 사정, 가족 내의 역할, 어려움에 직면했을 때 이를 대처하는 스타일 등을 고려한 상담이 필요하다. 환자와 가족의 감정을 반영하여 공감과 적극적 경청을 사용하여 유전상담을 제공하고, 만약 환자나 부모의 심리적 어려움이 지속된다면 전문가에게 의뢰하여 협진하도록 한다.

## 증례 45 | 가족력과 보행장애로 진단된 베커형 근이영양증 가계의 유전상담

### 1) 내원 동기가 된 주 증상(주소): 근육병의 가족력과 보행장애, 혈중 CK 상승

### 2) 발병 시 연령/성별: 16세/남아

### 3) 가족력

건강한 부모의 두번째 자녀로 이종 사촌 형이 2명이 타병원에서 유전자검사에서 negative의 결과였으나 임상증상으로 근육병을 진단받았고, 외삼촌이 40대 중반부터 보행 장애가 나타났고, 발음이 부정확하여 의사소통이 어려움이 있어 현재 시설에 거주하고 있었다.

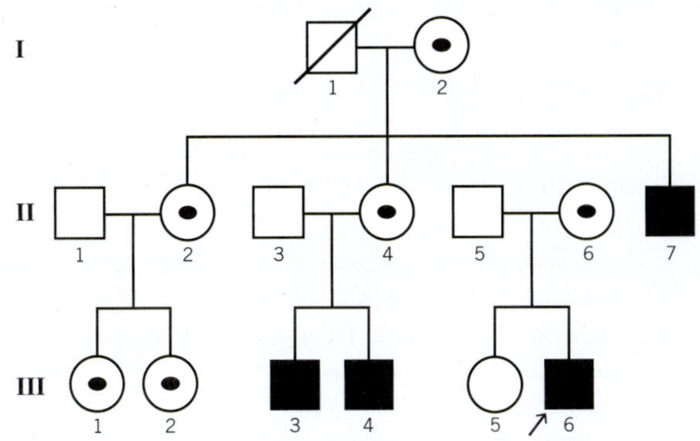

### 4) 임상증상

재태연령 39주에 출생 체중 3.2 kg으로 제왕절개로 출생하였다. 산전 검사 및 출생 시 특이 소견 없었고, 정상적인 발달을 보였다. 성장호르몬을 치료 중에 시행한 혈액검사에서 크레아틴 인산화효소(CK) 증가 소견, 2년 전부터 최근에 쉽게 피곤하며 계단 내려갈 때 다리가 저리고 움직일 때 다리 근육의 경련이 나타나는 증상으로 유전자검사 위해 내원하였다.

### 5) 진찰소견

신장, 체중은 50백분위수로 정상이었다. 활력징후(혈압, 호흡수, 맥박수, 체온) 정상이었다. 의식은 명료하였고, 얼굴 모양은 정상이었다. 신경학적 검사상 건반사 정상이었고, 종아리 근육의 비대가 관찰되었으며 Gower's sign은 없었다.

### 6) 검사 소견

(1) 일반 혈액 검사: 혈중 크레아틴 인산화효소(CK)가 2,191 IU/L (정상치: 50~250)로 상승되어 있었다.

(2) 유전자 검사: Whole exome sequencing에서 depth 분석을 통한 gene dosage 확인에서 *DMD* 유전자의 exon3 duplication이 의심되었고, MLPA를 통하여 *DMD* 유전자의 exon3 duplication을 확인하였다.

### 7) 가족 검사

X 염색체 연관 열성 유전방식과 가계도상에 위험도를 분석한 후 이종사촌 형 2명(III-3, III-4)에 대한 유전자검사와 환자의 어머니(II-6))와 이모(II-2, II-4), 그리고 누나(III-5)과 이종사촌 누나(III-1, III-2)에 대한 보인자 검사를 진행하는 것에 대해 상담을 제공하였다. 유전상담 후 환자의 어머니가 가족 검사의 중요성에 대해 이해하였고, 직접 형제들에게 연락하여 유전자검사를 진행할 수 있도록 하였다.

이전 유전자검사에서 negative의 결과였던 환자의 이종사촌 형(III-3, III-4) 2명에서 MLPA를 통하여 *DMD* 유전자의 exon3 duplication을 확인하였다. 환자의 어머니(II-6), 이모 2명(II-2, II-4), 이종사촌 누나 2명(III-1, III-2)은 *DMD* 유전자의 중복/결실을 확인하기 위한 MLPA 분석 결과 exon3 duplication을 이형접합자로 보인한 보인자였고, 환자의 누나(III-5)는 MLPA 분석 결과 exon3 duplication이 관찰되지 않았다.

가족 내 병인성 변이를 확인한 경우 산전 유전자검사 또는 착상 전 유전 진단이 가능하다. 베커형 근이영양증은 「생명윤리 및 안전에 관한 법률」에서 지정한 '배아 또는 태아를 대상으로 유전자검사를 할 수 있는 유전질환'에 포함되므로, 임신을 계획하고 있는 경우 유전상담을 받도록 안내하였다.

### 8) 증례 요약

(1) 원인: 베커형 근이영양증은 *DMD* 유전자 변이로 발생하는 X 염색체 연관 열성 질환이다.

(2) 발생빈도: 보고에 따라 매우 다양하며 남아 16,700~18,500명당 한 명의 빈도로 발생한다.

(3) 임상증상: 베커형 근이영양증은 주로 10대~20대 초반에 증상이 나타나고, 환자에 따라 발현 양상이 매우 다양하다. 초기에 운동 시 근육 경련, 체력 감소, 피로 등이 나타나며, 점차적으로 엉덩이, 골반, 대퇴부, 어깨 근육에 변성이 생겨 보행 시 배를 앞으로 내밀고 뒤꿈치를 들고 걷게 된다. 초기 근육의 변성은 천천히 진행되며, 환자의 약 40%는 보행 능력을 상실하여 결국 휠체어를 필요로 한다. 심장 근육이 영향을 받아 호흡곤란, 폐부종, 사지 부종이 나타나며 확장심장근육병증으로 생명에 위협을 줄 수 있으며, 시력을 상실할 수도 있다.

(4) 진단 및 검사 소견: 임상증상, 가족력, 근육의 손상 정도를 알려주는 크레아틴 인산화효소(CK)의 농도(정상 수치보다 5~100배 상승), 그리고 *DMD* 유전자검사로 진단할 수 있다.

(5) 치료 및 관리: 베커형 근이영양증은 원인에 대한 치료는

다음 페이지에 계속 >>

불가능하며, 근육이 쇠약해지는 것을 지연시키고 이로 인한 합병증을 예방하는 것이 치료의 목표이다. 관절 구축과 보행을 위해 물리치료, 작업 치료가 도움이 되면, 보조기구 등을 이용하여 일상생활에 필요한 동작을 유지할 수 있도록 해야 한다. 호흡 시 필요한 근육에 영향을 미칠 수 있으므로, 정기적인 심장 기능과 폐 기능에 대한 검사가 필요하다. 체중 조절을 통해 심장과 근육의 부담을 줄일 수 있으며, 코티코스테로이드를 사용하여 근육의 기능이 감소되는 속도를 지연시킬 수 있다.

(6) 가족 검사: 유전자검사로 변이를 확인한 이후 위험도 평가 및 가족 검사와 관련한 상담을 제공할 때에는 가족 간 관계, 검사로 인한 윤리적 · 법적 · 사회적 측면을 고려하여 유전상담을 제공해야 한다.

## REFERENCE


1. 대한유전의학회. 유전상담. 제2판. 서울: 대한의학유전학회; 2022.
2. 질병관리본부, 한국보건사회연구원. 국민건강영양조사 제3기(2005) 조사결과 심층분석 연구: 건강면접 및 보건의식 부문. 질병관리본부. 2007.
3. Chacko M, Sarma PS, Harikrishnan S, et al. Family history of cardiovascular disease and risk of premature coronary heart disease: A matched case-control study. Wellcome Open Res. 2020;5:70.
4. Hariri S, Yoon PW, Qureshi N, et al. Family history of type 2 diabetes: a population-based screening tool for prevention? Genet Med. 2006;8(2):102-8.
5. Magnus P, Skrondal A, Lie RT. Consanguinity and recurrence risk of birth defects: a population-based study. am J Med Genet. 1999;82:424-8.
6. McDonald NM, Senturk D, Scheffler A, et al. Developmental Trajectories of Infants with Multiplex Family Risk for Autism: A Baby Siblings Research Consortium Study. JAMA Neurol. 2020;77(1):73-81.
7. Schener MT, Wang SJ, Raffel LJ, et al. Family history: a comprehensive genetic risk assessment method for the chronic conditions of adulthood. Am J Med Genet. 1997;71:315-24.
8. Szatmari P, Chawarska K, Dawson G, et al. Prospective Longitudinal Studies of Infant Siblings of Children with Autism: Lessons Learned and Future Directions. J Am Acad Child Adolesc Psychiatry. 2016;55(3):179-87.
9. Uhlmann WR, Schuette JL, Yashar BM. A guide to genetic counseling. 2nd ed. New Jersey: Wiley-Blackwell; 2009.

CHAPTER 28

# 유전질환 치료

## Treatment of genetic disorders

김유미, 손영배, 이동환, 이정호, 정성철

## I. 신생아 유전질환 선별검사 (Newborn screening of genetic disorder)

### 1. 역사

신생아선별검사(newborn screening, NBS)는 뜻 그대로 신생아를 대상으로 대규모 검사를 하는 것을 뜻한다. 신생아선별검사의 역사는 유전성대사질환의 진단 역사에서 매우 중요하다.

페닐케톤뇨증은 전 세계적으로 가장 흔하고 잘 알려진 유전성 대사질환이다. 1934년 노르웨이 의사 Asbjørn Følling이 처음으로 보고하였는데, 발달 장애가 있으면서 소변에서 다량의 페닐피루브산(phenylpyruvic acid)이 배출되고 혈액에서도 높은 페닐알라닌 수치를 보이는 남매의 사례였다. 이후 조기에 진단하여 페닐알라닌 제한 식이를 하면 페닐케톤뇨증의 치료가 가능하다는 연구들이 보고되면서, 신생아시기에 질환을 발견하기 위해 미국 캘리포니아 지역에서 처음으로 소변 검체를 이용해 여러 명의 신생아를 동시에 검사를 하였다. 그러나 이 기법은 위양성, 위음성율이 높아 선별검사로서 인정을 받지 못하였다. 1961년 소아과 의사이면서 미생물학 박사였던 R. Guthrie가 특정 아미노산의 존재하에 배양되는 고초균(Bacillus sbutilis)을 발견하여 여과지에 묻힌 혈액을 이용한 bacterial inhibition assay (BIA)를 도입하였고 이를 이용하여 본격적인 신생아선별검사가 시작되었다. 이 방법은 1963년부터 미국 매사추세츠주(Massachusetts)를 시작으로 이후 여러 주로 전파되었다. 1970년대부터는 좀 더 흔한 내분비 질환인 선천성 갑상선기능저하증, 선천성 부신과형성증도 신생아선별검사에 포함되었고 이후 단풍당뇨증, 호모시스틴뇨증 등이 추가되었다. 이후 1992년에는 tandem mass spectrometry를 이용한 방법으로 약 40~50여 가지 유전성대사질환, 특히 유기산대사이상, 지방산산화대사이상 등을 한 번에 검사할 수 있게 되었다. 일본에서는 1977년 신생아선별검사가 시작되었고 국내에서는 1997년부터 전국의 신생아에게 국비 50%, 지방비 50%로 무료로 2종(페닐케톤뇨증, 선천성 갑상선기능저하증)을 선별검사를 시작하였고 이후 100% 정부 지원으로 시행하게 되었다. 2006년부터는 4종(단풍당뇨증, 호모시스틴뇨증, 갈락토스혈증, 선천성부신과형성증)를 추가하여 총 6가지 항목을 국가 지원으로 시행하다가, 2018년 10월부터는 tandem mass spectrometry를 이용한 방법을 이용한 신생아선별검사법을 지원하고 있다. 2012년부터는 리소좀 축적질환(lysosomal storage disease, LSD)의 신생아선별검사에 대한 예비 연구가 있었고, 2018년부터는 보호자의 금액 부담으로 6가지 리소좀 축적 질환에 대하여 선별검사가 가능한 상태이다.

2019년부터는 검사 시약의 변경으로 인하여 기존의 tandem mass spectrometry를 이용한 검사에 중증복합면역결핍증(Severe combined immunodeficiency, SCID)과 부신백질이영양증(Adrenoleukodystrophy, ALD)에 대한 추가적으로 검사가 진행되고 있다.

## 2. 신생아선별검사의 기본 요건 (Criteria for newborn screening)

1) 선별검사를 하는 인구에서 발생 빈도가 높아야 하며
2) 임상표현형이 잘 알려져 있어야 하며
3) 생화학적인 표현형이 잘 확립되어 있어야 하고
4) 치료를 하지 않으면 비가역적인 손상이 초래되고
5) 치료방법이 있으면서 치료하면 그 효과가 좋으며
6) 선별검사 방법이 단순하고 안정적이면서 정확해야 하고
7) 검사와 치료를 진행하였을 때가 치료를 하지 않았을 때보다 비용 효과적이어야 한다.

(Wilson and Jungner Criteria [World Health Organization, 1968])

## 3. Recommended uniform screening panel (RUSP)

미국 보건복지부(Secretary of Health and Human Service, HHS)에서 추천하고 있는 신생아선별검사 패널이 있으며, 대부분의 경우 이를 따르지만 각 주마다 시행하는 항목이 약간씩 다를 수 있고 매년 추가되거나 제외되는 항목들이 있다. 각 항목들은 비용-효과적인 부분에 대한 평가 이후 정해지며 중심 항목(core condition)과 이차적 항목(secondary condition)으로 분류한다.

## 4. 신생아선별검사의 이득과 손해

최근에는 많은 수의 유전질환에 대하여 선별검사를 시행하는 대규모 선별검사에 대한 논의가 있다. 특히 국가 재정이 사용되는 대규모 선별검사의 경우 위양성이 많다면 이러한 제도가 가진 이득이 줄어든다고 볼 수 있다. 여러 나라에서 다양한 유전성대사질환을 포함한 신생아선별검사를 시행하고 있지만 2번째 검사에서 정상으로 확인되는 비율이 여전히 높기 때문에 차세대 염기서열분석을 이용한 검사법은 비용적인 부분에서 손해를 볼 수 있다. 예를 들면 영국의 경우, 국가주도의 신생아 선별검사는 9가지 질환으로 제한을 두고 있으며 그 질환들은 다음과 같다. 페닐케톤뇨증, 선천성 갑상선 기능저하증, 중쇄 acyl-CoA dehydrogenase 결핍증, sickle cell 병, 낭포성 섬유증(cystic fibrosis), 단풍당뇨증, 이소발레릭산혈증, 호모시스틴뇨증, 글루타릭산혈증 1형이다.

반면에 미국의 경우 RUSP를 제정하여 아주 드문 질환이지만 조기 진단 시 도움이 된다고 판단되는 질환들을 포함한 약 55~57개 정도를 시행하고 있다. 여기에는 효소대치요법 치료가 가능한 리소좀 축적질환들 중 폼페병, 뮤코다당증 1, 2형이 포함되어 있으며 최근 유전자치료제로 출시된 척수성근위축증(spinal muscular dystrophy, SMA)도 신생아 선별검사 항목에 포함되어 있다.

## 5. 전장유전체검사를 이용한 신생아 선별검사

영국정부는 2022년 신생아 선별검사로 WGS을 이용하는 것을 공식 홈페이지에 개시하였다. 기존의 생화학적 방법으로 진행하는 신생아 선별검사는 질환 수를 줄여 시행하고 있지만, WGS를 이용한 선별검사는 적극적으로 도입을 하기로 하였는데 tandem mass spectrometry 방법이 신생아 선별검사에 처음 도입되었을 때와 비슷하게 여러 의문점과 한계가 있을 것으로 생각된다. 특히 데이터 분석과 보호자들이 결과에 어떤 식으로 접근하고 설명을 들을 수 있을지, 윤리적인 문제는 없는지 등의 과제가 남아 있다.

**표 28-1.** RUSP (Recommended Uniform Screening Panel) – January 2023

| Core condition | Organic acid condition | Fatty acid oxi-dation disorder | Amino acid disorder | Endocrine disorder | Hemoglobin disorder | Other |
|---|---|---|---|---|---|---|
| Propionic acidemia | X | | | | | |
| Methylmalonic Acidemia | X | | | | | |
| Isovaleric Acidemia | X | | | | | |
| 3-Methylcrotonyl-CoA Carboxylase Deficiency | X | | | | | |
| Holocarboxylase Synthase Deficiency | X | | | | | |
| Beta ketothiloase deficeincy | X | | | | | |
| Glutaric acidemia type I | X | | | | | |
| Carnitine transport defect | | X | | | | |
| Medium-chain Acyl-CoA Dehydrogenase deficiency | | X | | | | |
| Very long-chain Acyl-CoA Dehydrogenase deficiency | | X | | | | |
| Long-chain L-3 Hydroxy acyl-CoA Dehydrogenase deficiency | | X | | | | |
| Trifunctional protein deficiency | | X | | | | |
| Argininosuccinic Aciduria | | | X | | | |
| Citrullinemia type I | | | X | | | |
| Maple Syrup Urine disease | | | X | | | |
| Homocystinuria | | | X | | | |
| Classic Phenylketonuria | | | X | | | |
| Tyrosinemia type I | | | X | | | |
| Congenital hypothyroidism | | | | X | | |
| Congenital adrenal hyperplasia | | | | X | | |
| Sickle cell anemia | | | | | X | |
| Beta-thalassemia | | | | | X | |
| Biotinidase deficiency | | | | | X | |
| Cystic fibrosis | | | | | | |
| Critical congenital heart disease | | | | | | |
| Classic Galactosemia | | | | | | |
| Hearing loss | | | | | | |
| Glycogen storage disease type II (Pompe disease) | | | | | | X |
| Severe combined Immunodeficiencies | | | | | | X |
| Mucopolysacchridosis type I | | | | | | X |
| X-linked Adrenoleukodystrophy | | | | | | X |
| Spinal Muscular Atrophy due to Deletion of exon 7 in SMN1 | | | | | | X |
| Mucopolysaccharidosis type II | | | | | | X |

## 증례 46 | 신생아선별검사에서 이상이 발견되어서 진단된 BH4 반응형 페닐케톤뇨증(BH4 responsive Phenylketonuria)

1) 내원 동기가 된 주 증상(주소): 신생아 선별검사에서 이상소견으로 내원했다.

2) 발병 시 연령/성별: 생후 11일/여아

3) 가족력

건강한 아이의 첫 번째 아이로 특이 가족력 없다.

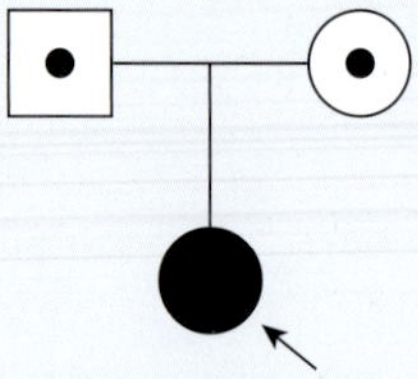

4) 임상증상

재태연령 39주 2일 출생체중 3.3 kg 출생 당시 특이 소견 없었던 환자로, 신생아 선별검사에서 페닐알라닌 수치의 증가(720 umol/L, cut off: 120 umol/L)로 외래 통하여 입원했다.

5) 진찰 소견

내원 당시 급성 병색은 관찰되지 않았으며, 활동적이고 의식은 명료하였다. 흉부 진찰상 정상적인 호흡음으로 천명이나 나음이 들리지 않았다. 복부는 부드럽고 불러 있지 않았으며 간비종대는 없었다.

6) 검사소견

(1) 일반혈액 및 생화학검사: 백혈구 16,200 /mm$^3$, 혈색소 14.2 g/dL, 혈소판 312,000 /mm$^3$이었다. 생화학검사에서 AST/ALT 21/38 U/L, 총 빌리루빈 9.1 mg/dL, 암모니아 45 μmol/L이었다.

(2) BH4 부하검사: 환아는 현재 모유수유 중이었다. BH4 결손증을 감별하기 위해 혈중 아미노산 분석과 DHPR (Dihydropteridine reducatase) 활성도검사와 소변으로 neopterin/biopterin 검사를 시행하였다. BH4 약물 반응을 확인하기 위해 20 mg/kg의 약물을 투여하여 24시간까지 혈장 아미노산 분석을 통하여 페닐알라닌 수치를 확인하였다.

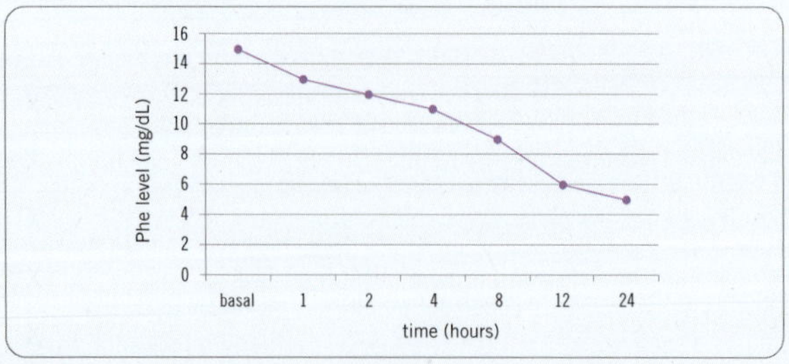


**그림 1.** BH4 부하반응 검사 결과 페닐알라닌 수치의 변화.

BH4 결손증 관련 검사들은 모두 정상이 나왔고, 약물 투여 이후 혈장 페닐알라닌 수치가 30% 이상 감소하여 BH4 (Kuvalla®)를 복용하기 시작하였다.

(3) 유전자 검사 결과 *PAH* 유전자 검사에서 c.721C>T(p.Arg214Cys)-pathogenic variant와 c.1162G>A(p.Val388Met)-pathogenic variant가 복합 이형접합자로 확인되었다.

8) 요약

(1) 원인: *PAH* 유전자의 돌연변이로 발생한다.

(2) 발생빈도: 전 세계적인 유병율은 약 1/20,000 정도를 보이고 국내에서는 정확한 유병율 데이터는 없지만 선별검사에서 진단된 환자들수와 신생아수를 대비하면 약 1/35,000 정도 추산된다. 유전성대사질환 중에서는 빈도가 높은 편이다.

(3) 임상증상: 신생아시기에는 대부분 무증상이다. 혈중 페닐알라닌 수치의 상승과 타이로신이 감소하는데 이로 인하여 신경전달물질의 감소가 생긴다. 신체에 쌓인 페닐알라닌이 소변으로 배출되면서 쥐오줌 냄새가 난다. 신경전달물질의 감소로 인하여 발달장애, 지적장애, 경련 등이 발생한다. 또한 도파민이 멜라닌 합성의 중요한 물질인데 이의 부족으로 인하여 하얀 피부와 담갈색의 머리색깔이 보인다.

(4) 진단 및 검사 소견: 국내에서는 1997년 이후 출생하는 모든 신생아를 대상으로 선별검사 항목에 페닐알라닌 수치가 포함되어 있으므로, 대부분이 신생아시기에 진단을 받게 된다. 전형적인 페닐케톤뇨증의 경우 높은 페닐알라닌 수치를 보이게 되고, 조효소인 BH4 투여 검사에서 혈중 수치가 30%를 넘어서 감소하는 경우 BH4 반응형으로 진단되어서 약물로 치료를 하게 된다. 수치에 따라 저단백, 페닐알라닌 제거 분유 등의 식사치료를 같이하는 경우도 있고 하지 않는 경우도 있다. 선별검사에서 페닐알라닌이 정상보다 높은 경우에 BH4 결손증을 꼭 감별해야 하므로 혈중 DHPR 활성도 검사와 소변으로 neopterin/biopterin 검사를 시행한다. BH4 결손증의 *PAH* 유전자이상이 아니고, 치료도 5-HPT, L-dopamine과 같은 약물 치료가 필요하므로 처음 감별진단이 중요하다.

(5) 치료 및 관리: 조기진단하여 조기치료를 하면 심각한 신경학적인 이상을 예방할 수 있는 대표적인 선천성대사질환이다. 현재 국내에서는 페닐알라닌 제거 특수분유가 있고 저단백 햇반도 있어서 이를 이용하여 식사치료를 하게 되며 BH4 약물에 반응이 있는 환자들은 약을 복용하면서 혈중 페닐알라닌 수치를 120~360 umol/L (2~6 mg/dL) 안에 들어가도록 치료하게 된다.

## II. 유전질환 치료현황

**(Current state of treatment of genetic disease)**

최근 차세대 염기서열분석 등 유전검사법 발전의 따라 희귀유전질환의 원인유전자 규명 및 새로운 질환 발견 등으로 알려진 희귀유전질환은 7,000개 이상으로 증가하였다. 이에 따라 유전질환의 치료에 대한 연구도 활발히 이루어져, 해마다 승인 약물 건수도 꾸준히 증가하여 2017, 2018년 미국식품의약품청(Food and Drug Administration, FDA) 희귀 약품 승인 건수는 각각 81건, 91건이었고, 유럽의약품청(European Medicine Agency, EMA) 승인은 각각 14건, 22건에 달한다.

유전질환은 돌연변이 유전자부터 임상 표현형에 이르기까지 모든 수준에서 치료 접근이 가능하다. 그러나 유전질환의 치료에서 고려해야 할 질환 특수성으로는 대상 유전질환 빈도가 드물고 질환의 역사가 짧아 질환 자체의 장기적인 예후를 모르는 경우, 같은 질환 안에서도 예측하지 못한 임상증상을 보이는 경우, 장기간 치료에 대한 사전에 예상하지 못했던 이상 반응, 유전적 다양성으로 인한 치료 반응의 차이 등이 있겠다.

유전질환의 치료에는 유전질환의 특징과 별개로 환자 동반 증상에 대한 일반적인 약물치료 및 외과적 교정 수술 적용 등을 포함한다. 생화학적 또는 유전적 결함이 알려진 질병의 경우, 가장 일반적인 유전질환의 치료 전략은 **표 28-2, 그림 28-1**과 같다.

가능한 한 장기, 조직의 손상이 일어나기 전에 진단과 가능한 치료를 적용하는 것이 중요하겠으나, 일부 유전자 변이를 가진 경우 발생 초기에 작용하거나 진단되기 전에 돌이킬 수 없는 비가역적 손상을 입고 출생하기도 한다. 따라서 어떤 경우에는 출생 전 태아 치료가 필요하기도 하다(**표 28-3**).

유전질환에 대한 다양한 치료 방식으로는 기질제한치료, 효소대체요법, 항체치료, 안티센스 올리고뉴클레오타이드(Antisense oligonucleotides, ASO), 소분자치료, 세포 및 유전자 치료 등이 있다. 같은 유전질환에서도 종종 단백질 산물이 아예 없거나 잔류 활성이 거의 없는 돌연변이 단백질에 의

**표 28-2. 유전질환의 치료 전략**

1. 유전자 수정-장기 이식, 유전자치료
2. 유전자발현의 약리학적 조절
3. 돌연변이 mRNA를 분해하는 RNA 간섭(RNA interference)
4. 결손 물질의 보충 – 호르몬, 효소대체요법
5. 효소 및 단백 잔존기능 강화 – 화학적 샤페론, 조효소 보충
6. 유전질환 특징에 따른 전구물질 제한, 대사물 전환, 생성 억제 및 대사물 제거(식이요법, 약물치료, 투석 등)
7. 내과적 중재(약물요법: 인슐린, 고혈압제, 부정맥제 등)
8. 외과적 중재(수술, 선천기형의 교정, 종양 제거, 기관절개술 등)
9. 유전상담/보인자 스크리닝, 증상발현 전 진단

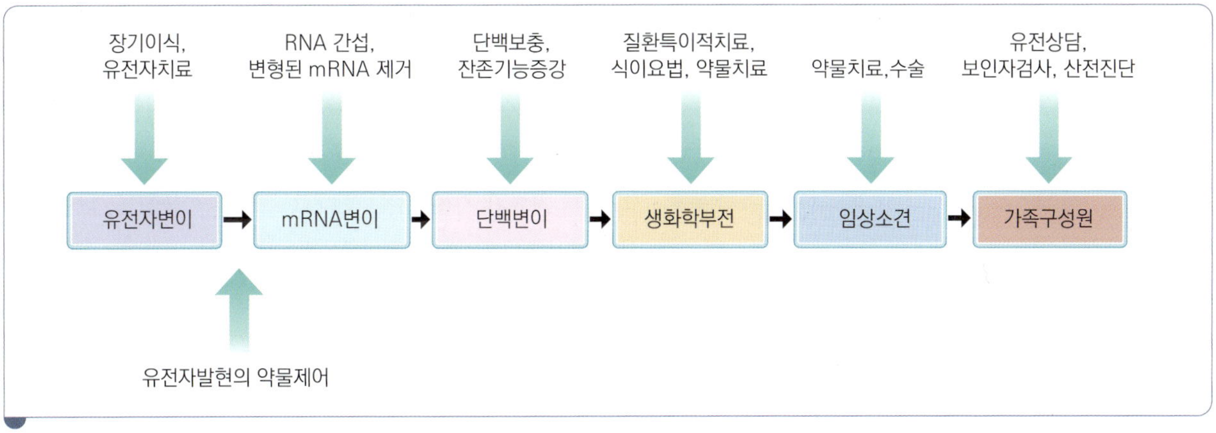


**그림 28-1.** 유전질환의 단계별 치료 전략.

**표 28-3. 유전질환의 태아 약물 치료의 예**

| 대상유전질환 | 산전 치료 |
|---|---|
| biotinidase결핍증 | 태아 비오틴 투여 |
| 코발라민 반응형 메틸산혈증 | 태아 산모 코발라민 투여 |
| 선천성부신과형성증 | 스테로이드(덱사메타존) |
| Phosphoglycerate dehydrogenase (PGDH) 결핍증 및 L-serine 합성장애 | 태아 L-serine 투여 |

해 질환이 발생되는 경우 심각한 임상 표현형을 보여 치료나 중재가 쉽지 않을 수 있다. 반면, 유전자 돌연변이가 경미한 단백 변화를 주어 돌연변이 단백질의 일부는 잔류 기능을 유지할 수 있는 경우 조효소나 샤페론 치료 등과 같은 소분자치료 등으로 잔존 단백 기능을 증가시켜 임상 증상을 호전시킬 수 있다. 여러 기술의 발전으로 유전질환의 발병 기전을 고려한 수많은 새로운 희귀의약품이 개발되고 있다. 유전질환에서 환자의 증상에 대한 보존적 치료, 정기 평가 및 예방적 관리, 유전질환 자체에 대한 치료 모두 환자의 예후와 삶의 질을 개선하는 데 도움이 될 수 있다.

페닐케톤뇨증은 기질제한치료로서 식이요법을 통해 치료를 하는 유전질환으로 신생아선별검사의 효시가 된 역사적인 유전대사질환이다. 영국 의사 Archibald Garrod에 의해 1990년도에 효소의 결핍으로 전구물질이 최종 생산물로 분해되지 못해 생산물의 결여와 전구물질의 축적으로 질환이 발생한다는 유전대사이상질환에 대한 개념이 처음 소개되었다(그림 28-2). 유전대사질환은 다른 희귀유전질환

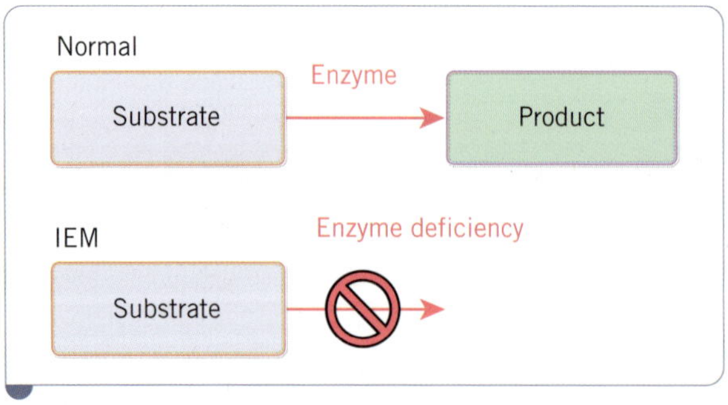


**그림 28-2.** 유전대사질환(inborn error of metabolism, IEM)의 질환 모식도.

에 비해 역사가 길고, 치료 가능한 질환들을 포함하고 있어 조기 진단과 치료를 위해 신생아선별검사 항목으로 집단 선별검사 및 조기 진단에 적용되고 그 대상 질환이 늘고 있다. 특히 효소의 결핍으로 식이 진행에 따라 전구물질이 축적되어 신체 독성을 가지게 되는 페닐케톤뇨증, 타이로신혈증, 단풍당뇨증, 유기산대사이상, 요소회로대사이상 등의 경우 특수 분유 및 식이요법을 통해 비가역적인 뇌손상과 기타 장기의 손상을 예방한다(표 28-4).

2020년 Tambuyzer 등에 의한 보고에 따르면 FDA는 770개의 승인 약물 중에 소분자 약물이 496건(64%), 항체치료가 112건(15%), 세포/유전자치료가 7건(1%)을 차지하였고 EMA는 총 187건을 승인하여 이 중 136건이 소분자치료(73%), 항체치료가 24건(13%), 세포/유전자치료가 9건(5%)을 차지하였다. 소분자치료의 경우 단백기능의 감소 또는 증가 기전에 따른 유전질환을 모두 대상으로 할 수 있으며, 표적 대상도 DNA, RNA, protein 수준 모두 적용 가능하며, 단백 표적 위치도 세포 밖, 세포 내, 세포막 모두 가능하고, 경구약, 주사약, 흡입제까지 전달 방식도 다양하여 새로운 유전질환의 치료제 개발 방식으로 주목받고 있다. 그 외에 결손물질 보충치료의 예로는 리소좀축적질환에서의 효소대체요법(예: 고셔병, 파브리병, 폼페병, 헌터병, 헐러병, 모르키오 증후군 A, 마로토-라미 증후군 등)이 대표적이며, 일부 적합한 변이(amenable mutation)의 경우 샤페론을 이용하여 고셔병(암브록솔), 파브리병(migalastat)에서 소분자치료를 시도할 수 있고, 기질억제치료제인 eliglustat이 고셔병에서 경구치료제로 사용되고 있다(그림 28-3).

유전자 변이로 인한 기능 항진으로 발생되는 유전질환의 경우 해당 단백의 과도한 기능증가를 감소시키기 위한 항체 치료가 기전을 이용한 치료전략이 적용될 수 있다(예: X 염색체 연관 저인산구루병에서의 FGF23 항체치료제인 Burosumab).

그 외 안티센스 올리고뉴클레오타이드 치료법도 척수성 근위축증(Nusinersen), 듀센형 진행성근이영양증(Eteplirsen: exon 51, Casimersen: exon 45, Golodirsen: exon 53, Vitolarsen: exon 53 skipping) 등에 도입되어 임상과 연구에 적용 중이다.

표 28-4. 유전대사질환에서의 특수식이요법

| 유전대사질환 | 병태기전 | 식이치료 |
|---|---|---|
| 페닐케톤뇨증(phenylketonuria) | 페닐알라닌 증가, 타이로신 감소 (High phenylalanine, low tyrosine) | 페닐알라닌제한식이(Phenylalanine restriction) |
| 이소발레릴산혈증(isovaleryl acidemia) | 루이신 증가(High leucine) | 루이신제한식(Low leucine diet) |
| 단풍당뇨증(maple syrup disease) | 루이신, 2-케토이소카프론산 증가 (High leucine & 2-ketoisocaproic acid) | 루이신, 이소루이신, 발린 제한식 (Low leucine, Isoleucine, and valinel diet) |
| 요소회로대사이상(urea cycle disorder) | 고암모니아(hyperammonemia) | 저단백식이(Low protein diet) |
| 타이로신혈증(tyrosinemia) | 타이로신, 푸마릴아세토아세트산 증가 (High tyrosine & fumarylacetoacetate) | 타이로신, 페닐알라닌제한식이 (Low tyrosine & phenylalanine diet) |
| 호모시스틴뇨증(homocystinuria) | 메티오닌 증가, 호모시스테인 증가 (High methionine, high homocysteine) | 저메티오닌식이, 저단백식이(Low methionine, low protein diet) |
| 프로피오닌산혈증(propionic acidemia)<br>메틸말로닌산혈증(methylmalonic acidemia) | 고암모니아혈증, 유기산 증가 (Hyperammonemia, high organic acids) | 이소루이신,발린, 메티오닌, 트레오닌 제한식 (Low Isoleucine, valine, methionine, threonine diet) |
| 갈락토즈혈증(galactosemia) | 갈락토즈, 갈락토즈-1-인산 증가 (High galactose & galactose-1-phoaphate) | 유당제거식(Lactose free diet) |

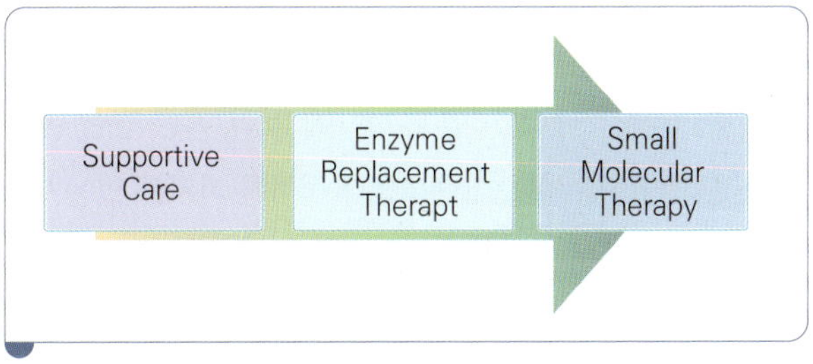


그림 28-3. 리소좀축적질환의 치료 변화.

유전질환의 새로운 치료제들의 빠른 개발과 새롭게 등재되는 유전질환 목록이 확대됨에 따라 새로운 정보의 습득도 중요하다. 현재 대상 유전질환 진단, 치료, 가이드라인, 임상연구현황 등을 한 번에 볼 수 있어 치료 경향을 확인할 수 있는 웹사이트(www.rx-genes.com)도 도움이 된다. 마지막으로 더 나은 임상적 결과를 위해서는 유전질환의 정확한 조기 진단이 중요하며, 유전상담 및 가족 검사는 유전질환 치료에 필수적인 분야 중 하나임을 잊지 말아야 한다.

## III. 유전질환 치료 시 특별 고려사항 (Special considerations in treating genetic disease)

유전질환의 치료 과정은 수십 년 혹은 평생에 걸친 장기간의 평가가 중요하다. 특정 시점에서의 평가 결과가 좋다고 하더라도, 그 결과가 반드시 장기간 좋은 예후를 보장하지는 않기 때문이다. 예컨대, 영유아기에 관리가 잘 된 페닐케톤뇨증 어린이는 심한 발달지연과 인지장애 없이 거의 정상에 가까운 지능을 보인다고 하더라도 이후 학령기에 학교 생활을 어렵게 하는 경미한 학습장애, 행동 이상 등을 경험하는 경우가 드물지 않다. 또한, 해당 질환에서 병적변화가 심한 장기가 성공적으로 치료되었음에도 불구하고, 이전에는 예측하지 못한 다른 기관의 이상이나 임상 증상이 나타나는 경우도 있어 장기 추적과 재평가가 중요하다. 왜냐하면, 이전에는 많은 경우 유전질환에 대한 적절한 치료가 불가능했기 때문에 장기 생존자가 많지 않아 장기간 시간이 지난 후에 나타나는 합병증이나 임상 증상에 대해 잘 알지 못했기 때문이다. 예를 들면, 갈락토스혈증 환자에서 젖당을 제한하는 적절한 식이요법으로 잘 관리가 된 환자들은 갈락토스혈증이 치료되지 않았을 때 나타나는 심각한 간 비대, 간경변, 출혈성 경향, 영아기 조기 사망 등 심한 증상을 경험하지 않고 성장할 수 있지만, 앞서 페닐케톤뇨증 환자들과 마찬가지로 학령기에 경미한 학습장애를 경험하곤 한다. 또한 여성 환자에서는 젖당 제거 식이가 잘 되었더라도 난소 기능 부전이 있는 경우도 있다. 또 다른 예로, *RB1* 유전자의 생식세포 변이에 의한 유전성 망막모세포종 환자의 경우, 망막 종양이 영아기에 성공적으로 치료되었다고 하더라도 10여 년 후 소아기에 골종양과 같은 다른 종류의 악성 종양 발병 위험도가 높다. 이와 같이 유전질환이 성공적으로 잘 관리가 되어 기대 수명이 길어지게 되면서 이전에는 알려지지 않았던 새로운 임상 증상, 혹은 후기 합병증을 경험하는 역설적인 상황이 발생할 수 있기 때문에 유전질환의 장기간 추적과 반복적인 재평가는 중요하다. 또한, 치료에 따른 단기 부작용이 없더라도 장기간의 치료에 따른 중대한 문제가 발생하기도 한다. 예컨대, 혈우병 환자에서 응고 인자를 장기간 주사하면 투여된 단백 제제에 대한 항체가 생성되거나, 지중해성 빈혈과 같은 유전성 빈혈 치료를 위해 적혈구 수혈을 장기간 반복하면 체내 철분 축적이 발생해 철분 제거 약제를 추가로 투여해야 한다.

단일 유전자 이상 질환의 치료를 최적화하려면, 복잡하고 정밀한 진단 과정을 거치는 경우가 많다. 생화학적 이상을 확인하는 것뿐만 아니라 그에 해당하는 특정 유전자 분석도 필요로 한다. 예를 들어 고페닐알라닌혈증은 페닐알라닌 수산화효소(phenylalanine hydroxylase, PAH)를 인코딩하는 *PAH* 유전자 이상으로 발생하는 전형적 페닐케톤뇨증도 있지만, 페닐알라닌 대사과정에 필요한 조효소인 tetrahydrobiopterin (BH4) 합성에 필요한 효소 중 하나의 결핍으로 발생하기도 한다. 원인 유전자가 무엇인지에 따라 고페닐알라닌혈증의 치료법은 완전히 달라지게 된다. *PAH* 유전자 이상의 경우 저페닐알라닌 식이가 평생 필요하나, 조효소 합성에 관련된 유전자 이상의 경우 식이 제한 없이 약물 복용만으로 치료할 수 있다. 뿐만 아니라, 대립유전자 이질성(allelic heterogeneity)도 치료 결정에 중대한 영향을 미친다. 전체 단백양은 감소하지만 잔여 기능을 어느 정도 가진 단백을 합성할 수 있는 변이를 가진 경우(주로 과오 변이), 부분적으로 기능하는 단백의 발현양이나 활성도를 증가시키거나 단백 구조의 안정성을 향상시키는 방법으로 치료법을 찾을 수 있다. 예를 들면, 고페닐알라닌혈증 환자의 일부는 고용량 BH4 조효소 투여에 의해 PAH 효소 활성도를 증가시킬 수 있다. 반면, 양쪽 대립유전자 모두 잔여 기능이 없는 변이를 가진 고페닐알라닌혈증 환자에서는 이런 치료는 소용이 없다. 가장 극단적인 예는 낭포성 섬유증(cystic fibrosis) 치료에서 찾을 수 있다. 낭포성 섬유증 치료제인 ivacaftor (Kalydeco)는 *CFTR* 유전자에 생기는 수백 가지의 변이 중 특정 변이 9개를 가진 환자에서만 효과가 있는 것으로 승인되었다.

유전질환 치료와 관리가 빠른 속도로 발전하고 있고 새로운 치료법이 계속 등장하고 있다. 같은 질환을 가진 환자라고 하더라도 개인의 원인 유전자에 따라, 혹은 같은 유전자라고 하더라도 어떤 대립유전자 변이를 가지고 있는지에 따라 치료 방법이 전혀 달라질 수 있으므로, 개별 환자에게 가장 적합한 치료법이 무엇인지를 정밀하게 평가하여 각 환자마다 최적의 치료의 찾아야 한다. 또한, 평생에 걸친 관리가 필요한 유전질환의 특성을 고려하여 장기간의 추적과 재평가를 통해 나타날 수 있는 새로운 임상증상, 치료에 따른 부작용 등을 조기 발견하고 적극적으로 적절한 조치를 취할 필요가 있다.

## IV. 대사 중재를 통한 치료
(Treatment by the manipulation of metabolism)

현재 유전질환 치료에 있어 가장 성공적인 분야는 선천성 대사이상질환에 대한 치료로, 대표적인 질환과 주요 치료 전략은 **표 28-5**에 요약되어 있다.

표 28-5. 대사 중재를 통한 유전질환의 치료

| 대사 중재 유형 | 대상 물질 | 질환 |
|---|---|---|
| 증상 유발 물질 회피 | 항말라리아 약제 | Glucose-6-phosphate dehydrogenase 결핍증 |
| 전구물질 제한 | 페닐알라닌 | 페닐케톤뇨증 |
| | 갈락토스 | 갈락토스혈증 |
| 보충 | 티록신 | 단일유전자 이상에 의한 선천성 갑상선기능 저하증 |
| | 비오틴 | Biotinase 결핍증 |
| 전환 | 벤조산나트륨 | 요소회로이상 질환 |
| | 담즙산을 장으로 배출시키는 약제 | 이형접합 가족성 고콜레스테롤혈증 |
| 효소 억제 | 스타틴(Statins) | 이형접합 가족성 고콜레스테롤혈증 |
| 수용체 길항 | 안지오텐신 II 수용체 길항제(실험적 치료) | 마르판증후군 |
| 제거 | LDL 성분채집술(apheresis) | 동형접합 가족성 고콜레스테롤혈증 |

LDL; Low density lipoprotein

## 1. 전구물질 제한(Substrate reduction)

대부분의 선천성 대사이상 질환은 대사경로에 필요한 효소 결핍에 의해 전구물질이 축적되어 병태생리가 나타난다. 따라서 전구물질의 축적을 막는 것은 가장 효과적인 치료법 중 하나이다. 가장 흔히 사용되는 방법은 식이 제한을 통해 전구물질이나 그 전구체를 먹지 않도록 하는 방법으로 아미노산 대사 이상에 해당하는 많은 질환들이 대표적이다. 그러나 실제로 엄격한 단백 제한 식이를 지속하는 것은 환자뿐만 아니라 가족에게도 부담이 되며, 반드시 음식으로 섭취해야 하는 필수아미노산은 부족하지 않도록 보충해야 하는 등 평생 동안 세심한 관리가 필요하다.

전형적 페닐케톤뇨증 환자는 신생아선별검사를 통해 조기에 진단되어 페닐알라닌 제한식이를 빨리 시작하면 치명적인 신경학적 손상을 피하고 정상에 가까운 인지를 보이며 성장할 수 있지만, 치료가 늦어지면 비가역적인 발달지연과 지적장애가 발생하게 된다. 이후에도 제한 식이를 중단하면 신경학적 이상이나 행동 장애 등이 발생할 수 있으므로 환자는 평생 동안 제한 식이를 유지해야 한다. 또한, 페닐케톤뇨증 여성 환자가 임신한 경우 태아는 이환되지 않을 가능성이 높지만, 임신 중 저페닐알라닌 식이를 지속해야 산전에 태아의 뇌손상을 막을 수 있다.

## 2. 보충(Replacement)

유전질환으로 인해 결핍된 필수 대사산물, 조효소, 혹은 호르몬을 보충해 주는 방법이다. 대표적인 예는 선천성 갑상선 기능 저하증으로 환자의 10~15%가 단일 유전자 이상에 의한다. 단일 유전자 이상에 의한 선천성 갑상선 기능 저하증 환자들은 갑상선의 발생이나 티록신(thyroxine)의 생합성 또는 대사과정에 필요한 단백질을 암호화하는 많은 유전자 중 하나에 이상을 가지고 있다. 우리나라를 포함한 많은 국가에서 신생아 선별검사를 통해 선천성 갑상선 기능 저하증 환자를 조기 진단하고 티록신 투여가 출생 직후 최대한 빠른 시기에 시작될 수 있도록 하여 심각한 지적 장애를 예방할 수 있다.

## 3. 전환(Diversion)

전환은 유해한 대사산물을 줄이기 위해서 대체 대사경로를 활성화시키는 방법이다. 이 방법은 요소회로이상 질환의 치료에 적용된다. 요소회로는 신경독성이 있는 암모니아를 인체에 무해한 요소로 전환하여 소변으로 배출되도록 하는 단백 대사 회로이다. 만약 이 회로에 작용하는 효소 중 하나에 결핍이 생기면, 고암모니아혈증이 발생하는데 단백 제한 식이만으로는 고암모니아혈증을 완전히 예방할 수 없다. 따라서 혈중 암모니아 농도를 낮추기 위해 암모니아를 무해한 화합물로 전환시키는 다른 대사 경로로 전환되도록 한다. 고암모니아혈증 환자에게 고용량의 벤조산나트륨을 투여하면 암모니아와 글리신(glycine)의 결합을 증진시켜 히푸르산(hippurate)이 생성되어 소변으로 배출되게 한다. 따라서 글리신 합성이 증가되고, 생성된 글리신 농도만큼 암모니아가 소모된다(그림 28-4).

이와 비슷한 접근법으로 *LDLR* 유전자의 이형접합변이에 의한 가족성 고콜레스테롤 혈증에서 콜레스테롤을 감소시키는 치료를 들 수 있다. 콜세벨람(colesevelam) 같은 약물을 경구 투여하면 장에서 담즙산이 분리되어 재흡수되지 않고 대변으로 배출되므로, 콜레스테롤을 이용한 담즙산 생성이 증가하여 콜레스테롤을 낮출 수 있다. 간 콜레스테롤이 감소하면 *LDLR* 유전자의 정상 대립인자가 저밀도 지질단백(low density lipoprotein, LDL) 수용체 생성을 증가시키고, LDL-콜레스테롤의 간 섭취를 증가시켜 혈중 LDL-콜레스테롤 수치를 낮출 수 있다. 이는 상염색체 우성 유전질환은 정상 대립인자의 발현을 증가시켜 치료 효과를 얻을 수 있다는 중요한 원리를 설명하는 예이다.

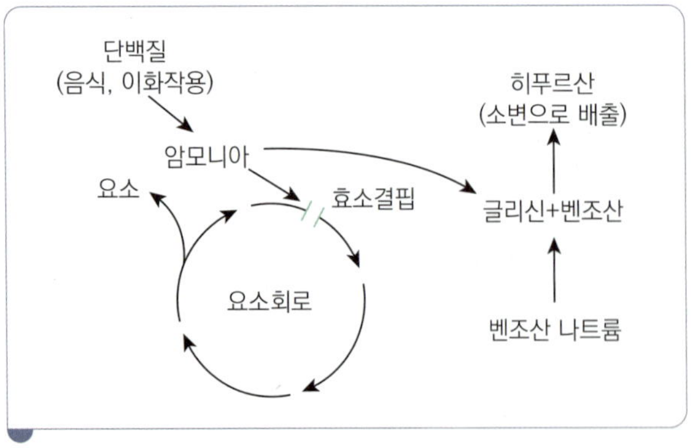


**그림 28-4.** 대사경로 전환의 예. 요소회로이상 질환에서 벤조산나트륨을 투여하면 암모니아를 글리신으로 전환시켜 히푸르산이 생성되어 소변으로 배출되게 한다.

## 4. 효소 억제(Enzyme inhibition)

효소를 약리학적으로 억제하여 선천성 대사질환을 치료하는 방법이다. 예를 들어 이형접합 가족성 고콜레스테롤 혈증의 치료제인 스타틴은 강력한 HMG CoA reductase 억제제이다. HMG CoA reductase는 콜레스테롤을 합성 과정의 속도 조절 단계에 작용하는 효소로 스타틴은 간 내 콜레스테롤 합성을 감소시킨다. 간 내 콜레스테롤 합성이 감소되면, 간은 정상 *LDLR* 대립인자로부터 저밀도 지질단백 수용체의 생성을 증가시켜 혈중 LDL-콜레스테롤을 40~60% 낮출 수 있다.

## 5. 수용체 길항(Receptor antagonism)

유전질환의 병태생리 중 생화학적 대사경로나 신호전달 경로가 과도하게 활성화되는 경우가 있다. 이런 경우 대사경로의 결정적 단계를 억제하는 치료법을 쓴다. 그 예로 상염색체 우성유전질환인 마르판증후군(Marfan syndrome)의 실험적 치료법을 들 수 있다. 마르판증후군은 결체조직의 주요 구성성분인 피브릴린1 (fibrillin 1)을 암호화하는 *FBN1* 유전자 이상에 의해 발생하는 질환으로 대동맥류, 폐기종, 수정체 탈구 같은 결체조직 이상을 보인다. 그러나, 마르판증후군의 병태생리는 세포외기질의 구조를 이루는 피브릴린1 마이크로피브릴(microfibrils) 양의 감소만으로는 설명할 수 없다. 오히려 마이크로피브릴의 주요 기능은 전환성장인자 β (transforming growth factor β, TGF-β)를 통해 신호전달을 조절하는 것으로 알려졌다. 마르판증후군 환자에서 마이크로피브릴이 감소하면 결합하지 않은 TGF-β가 증가하여 TGF-β 신호전달을 활성화시킨다. 이 활성화된 TGF-β 신호가 점진적 대동맥궁 확장, 대동맥류, 대동맥 박리와 같이 생명을 위협하는 마르판증후군의 치명적 임상증상의 병태생리의 기전인 것으로 밝혀졌다.

안지오텐신 II (angiotensin II) 신호는 TGF-β 활성을 증가시키는 것으로 알려져 있다. 안지오텐신 II 제1형 수용체 길항제인 로사탄(losartan)은 흔히 사용되는 항고혈압약으로, TGF-β 리간드와 수용체 소단위 및 활성인자들을 암호화하는 유전자들의 전사를 감소시킴으로써 TGF-β 신호를 약화시킨다는 것이 증명되었다. 이러한 기전을 바탕으로 마르판증후군 환자에서 로사탄을 투여한 임상시험에서 대동맥궁 확장의 속도가 감소된 것이 밝혀졌으며, 이는 주로 TGF-β 신호 감소효과에 의한 것으로 보인다.

미국 식품의약국(FDA)은 희귀 유전질환인 마르판증후군 치료에 로사탄의 사용을 승인했다. 이는 이미 안전하게 널리 사용되고 있는 작은 분자 화합물이 효과적인 희귀질환 치료제로 사용될 수 있음을 보여주는 희망적인 사례이다. 향후 이미 사용중인 약물을 선별하여 희귀 유전질환 치료제로 사용하는 신약 재창출(drug repositioning)은 미래의 새로운 치료 패러다임이 될 수 있겠다.

## 6. 제거(Depletion)

체내에 축적된 유해한 화합물을 직접 제거하는 치료법이다. 동형접합 가족성 고콜레스테롤혈증환자는 다른 방법으로 LDL 콜레스테롤을 낮출 수 없으므로 치료로 LDL 성분채집술(apheresis)을 시행하여 LDL 콜레스테롤을 직접 제거한다. 이는 환자로부터 전혈을 뽑아 특정한 방법으로 LDL 콜레스테롤을 제거한 이후 혈장과 혈구세포를 다시 환자에게 돌려주는 방식이다. 또 다른 예로, 유전성 혈색소증(hereditary hemochromatosis)에서 정맥절개술(phlebotomy)을 통해 직접 축적된 철분을 제거하는 치료법이 있다.

### 증례 47 | 신생아선별검사 이상으로 진단되어 고암모니아혈증에 대한 약물 치료를 시행한 시트룰린혈증 환자

1) 내원 동기가 된 주 증상(주소): 신생아선별검사 이상

2) 발병 시 연령/성별: 21일/남아

3) 가족력: 건강한 부모의 첫 번째 아기로 가족력 없음

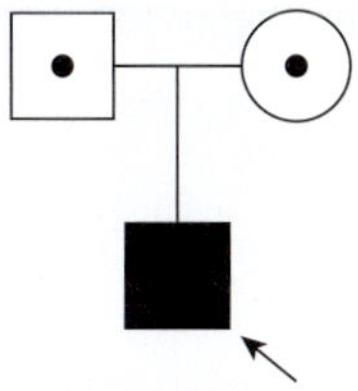

4) 임상증상

재태연령 40주 6일 출생체중 3.1 kg, 출생 당시 특이 소견 없었던 환아로, 신생아 선별검사 및 재채혈 추적 검사에서 시트룰린의 현저한 증가(2952.4 μmol, cut-off: 67.3)로 신생아 중환자실에 입원하였다.

5) 진찰 소견

내원 당시 급성 병색은 관찰되지 않았으며, 활동적이고 의식은 명료하였다. 흉부 진찰상 정상적인 호흡음으로 천명이나 나음이 들리지 않았다. 복부는 부드럽고 불러 있지 않았으며 간비종대는 없었다.

6) 검사소견

(1) 일반혈액 및 생화학검사: 백혈구 12,200 /mm$^3$, 혈색소 11.2 g/dL, 혈소판 512,000 /mm$^3$이었다. 생화학검사에서 AST/ALT 21/18 U/L, 총 빌리루빈 0.3 mg/dL, 암모니아 110 μmol/L이었다. 동맥혈 가스분석 검사에서 pH 7.448, $pCO_2$ 29.2 mmHg, $pO_2$ 86.3 mmHg, $HCO_3$ 19.7 mmol/L이었다.

혈장 아미노산 분석에서 citrulline 증가(3541 μmol/L, ref. 3~35) 및 homocitrulline이 증가하였고 glutamine, ornithine, arginine은 정상 범위였다. 소변 유기산 분석에서 orotic acid가 경도로 증가(6.7 mmol/mol Cr, Ref. 0.0~4.6) 되었다.

(2) 유전자 검사: *ASS1* 유전자 검사에서 c.421−2A>G (pathogenic variant)와 c. 794G>A (p.Arg265His) (likely pathogenic variant) 복합 이형접합자로 확인되었다.

7) 치료경과

첫 내원 당시 신경학적 증상은 없었으나 일반 분유 수유하는 상태에서 고암모니아혈증과 혈장 시트룰린의 현저한 증가로 신생아 중환자실 입원하였다. 요소회로 대사이상 의심되어 경구 섭취를 중단하고 포도당과 지방 정맥주사 하면

다음 페이지에 계속 >>

서 고암모니아혈증에 대해 응급으로 sodium benzoate와 L-argininge을 부하용량으로 정맥주사로 투여하였고 하루만에 암모니아가 정상 범위로 호전되었다(그림 1). 이후 sodium benzoate (250 mg/kg/d)와 arginine (250 mg/kg/d)을 유지용량으로 경구 투여하면서 저단백 분유로 수유하고 보호자 영양 상담 및 교육 후 일주일 만에 퇴원하였다.

**그림 1.** 혈장 암모니아 변화

이후 외래에서 3개월마다 검사 추적 및 영양 상담 시행하면서 칼로리 요구량에 맞추어 단백 제한하고 있으며 sodium benzoate와 arginine 유지 용량 복용하며 안정적인 상태 유지되고 급성 고암모니아혈증은 없는 상태이다. 가장 최근 추적 시 5세로 단백제한 식이(1 g/kg/d 정도)를 유지하면서 정상 인지를 보이며 키, 몸무게 50백분위수로 정상 성장하고 있다.

#### 8) 요약

(1) 원인: 시트룰린혈증은 *ASS1* 유전자 변이로 인한 요소회로 효소 중 하나인 argininosuccinate synthethase 효소 결핍으로 발생하는 상염색체 열성질환이다.

(2) 발생빈도: 보고에 따라 매우 다양하여 60,000~250,000명 출생당 1명꼴로 발생하며 국내의 경우 OTC 결핍 다음으로 흔한 요소회로대사 이상이다.

(3) 임상증상: 잔존 효소 활성도에 따라 다양한 증상을 보일 수 있다. 신생아형에서는 출생 시에는 정상으로 보이나 수유를 시작하면서 고암모니아혈증에 의한 수유 곤란, 기면, 근긴장저하 또는 증가, 경련, 혼수 등이 발생한다. 지발형의 경우 발열이나 감염 등의 급성 병증에 동반된 간헐적 고암모니아혈증과 신경학적 증상이 나타나기도 한다.

(4) 진단 및 검사 소견: 산증이 없는 고암모니아혈증이 나타나며, 혈장 아미노산 분석에서 citrulline이 현저하게 증가(보통 500 μmol/L 이상, 신생아형의 경우 2,000~3,000 μmol/L 이상)하고 glutamine, alanine이 증가할 수 있다. 소변 유기산 분석에서 orotic acid의 배설이 증가한다. *ASS1* 유전자 검사로 진단할 수 있다.

(5) 치료 및 관리: 고암모니아혈증을 동반한 급성기에는 단백 섭취를 중지하고 이화작용을 막기 위해 고농도의 포도당과 지방을 정맥 주사한다. 암모니아를 낮추기 위해 sodium benzoate과 L-arginine을 각각 250 mg/kg를 1~2시간동안 정맥주사로 부하한 후 250~500 mg/kg/day로 정맥 점적 주사한다. 암모니아가 250 μmol/L 이상인 경우 혹은, 250 μmol/L 이하라도 의식변화가 있거나 암모니아가 빠르게 상승하면 투석을 고려한다. 유지기에는 연령에 따라 단백 제한을 하면서 sodium benzoate와 sodium phenylacetate를 각각 250 mg/kg/day의 용량으로, arginine 100~200 mg/kg/day의 용량으로 투여한다.

## V. 영향을 받은 유전자 혹은 단백의 기능을 증가시키는 치료

단일 유전자 이상 질환의 분자병리학적 지식이 쌓여 가면서 DNA, RNA, 단백질 수준에서 변이에 의해 손상된 유전자의 기능을 향상시킴으로써 작지만 획기적인 치료법들이 늘고 있다(그림 28-5). 이러한 분자 치료법은 질병의 진단, 예방 및 치료에 개인별로 다른 분자 유전학적 병인에 기초한 정밀의학 관점에서 중요한 의미를 가진다.

### 1. 단백질 수준의 치료

생성된 변이 단백질의 기능을 향상시키는 전략이다. 예를 들어 일부 잔여 기능이 남아 있는 변이 단백질의 안정성이나 기능을 향상시키는 방법이다. 효소 병리 측면에서, 이러한 방법에 의한 기능 개선은 대개 몇 % 정도로 매우 적지만, 이 정도의 개선만으로도 생화학적 항상성이 완전히 회복되기도 한다.

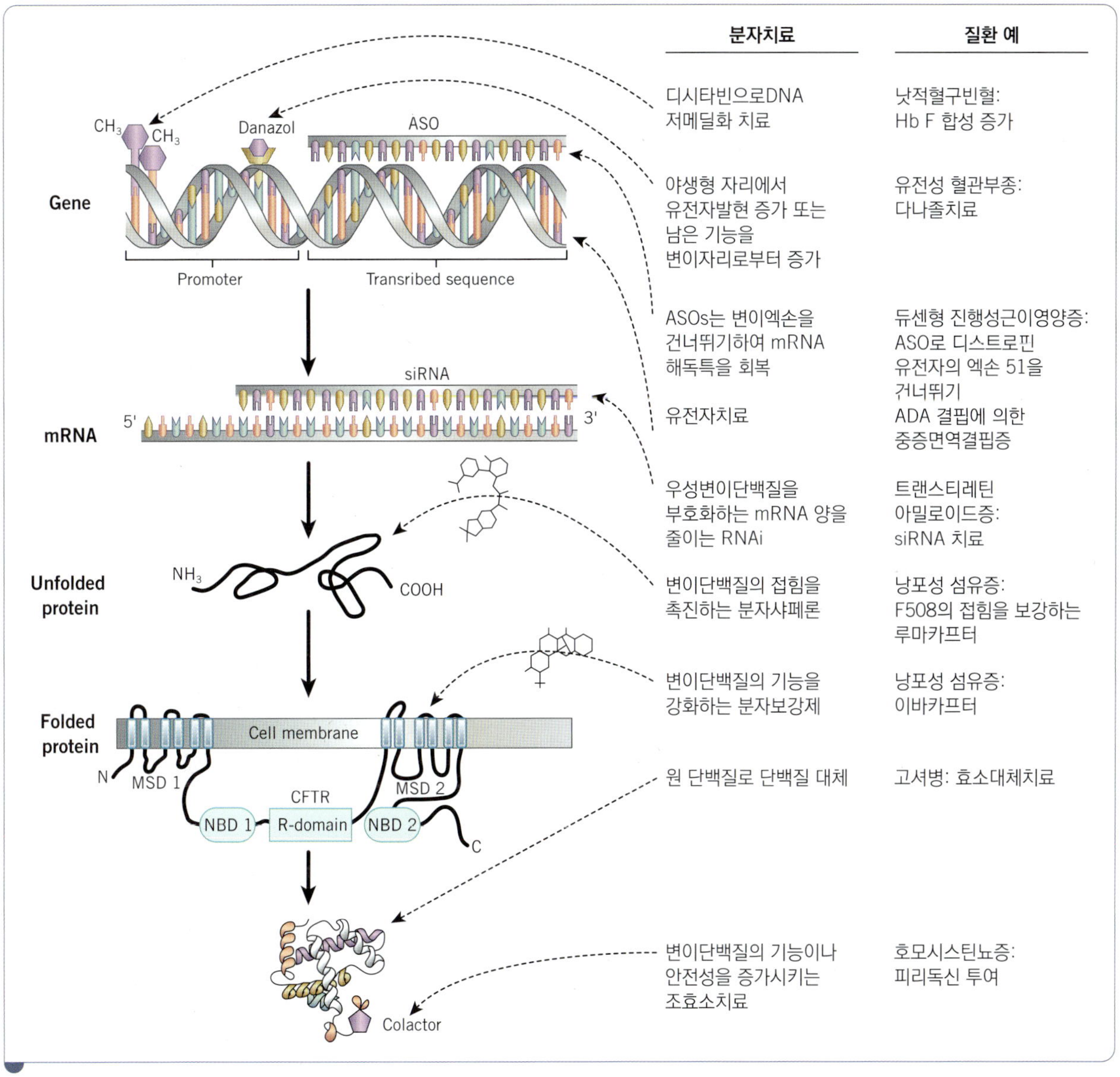


**그림 28-5.** 유전질환의 분자 치료 전략.

### 1) 변이 단백질의 기능을 강화하는 작은 분자 치료

(small molecule therapy)

작은 분자들은 분자량이 몇 백에서 몇 천 정도에 해당하는 화합물들이다. 대부분 자연상태에서 얻을 수 있거나, 합성된 비타민, 비펩티드 호르몬들, 그리고 대부분의 약들이 여기에 속한다. 새로운 치료약을 찾기 위한 전략으로 수천 수만 가지의 기존 화합물 라이브러리를 대용량 처리기술로 검색하는 방법을 쓰고 있는데, 변이에 의해 기능이 파괴된 단백질이 약물의 표적이 될 수 있는지 가능성을 찾는 방법이다. 예컨대 낭포성 섬유증 환자 치료에 사용되는 두 가지 약물은 이 방법으로 발견했다. 이러한 약물의 개발은 유전병 치료제 개발을 위한 큰 잠재력을 지닌 새로운 영역이다.

#### (1) 종결 코돈을 건너뛰는 작은 분자 치료

종결 변이는 인간 유전체의 결함 중 11%를 차지한다. 모든 *CFTR* 대립유전자의 9%는 종결 변이이고, 유태인 낭포성 섬유증 환자의 50%는 한쪽 대립유전자에 조기 종결 코돈을 갖는다. 종결 변이를 가진 환자에게 잠재적으로 적용할 수 있는 치료법으로 종결 코돈 tRNA와 거의 유사하게 반응하는 다른 tRNA로 종결 코돈 번역 장치에 오류가 나도록 하는 방법이 있다. 만일 종결 코돈 대신 기능할 수 있는 단백질을 만들어 내는 tRNA를 통해 아미노산이 폴리펩티드에 삽입되면, 단백질 활성은 회복될 것이다. 예를 들어, *CFTR* 유전자의 Arg553Stop 변이를 Arg553Tyr으로 전환하면 거의 정상 기능에 가까운 CFTR 단백을 생산할 수 있다. 이런 유형에 맞는 약물을 찾기 위해 화합물 대용량고속처리 기술을 통해 아타루렌(ataluren)을 찾아냈다. 비록 아타루렌은 3상 임상시험에서 유의미한 효과를 보이지 못해 낭포성 섬유증 치료제로 최종 승인되지 못했으나, 이후에도 전 세계 실험실에서 연구를 지속하여 종결 코돈을 가진 듀센형 진행성근이영양증 환자 치료제로 개발되었다. 이러한 작은 분자들은 대부분 이미 잘 알려져 있는 화합물이나 약물로 안전성이 이미 확보되어 있는 경우가 많아 효과적인 표적 질환에 접목하면 유전질환의 치료에 엄청난 영향을 미칠 잠재력을 가지고 있다.

### (2) 변이 단백질의 구조를 안정화시키는 작은 분자 치료 (약리적 샤페론)

막단백질에 발생한 일부 돌연변이에 의해 내형질세망 통과시 단백질 구조 접힘이나, 원형질막으로의 수송에 장애가 발생할 수 있다. 이러한 변이 단백질들은 세포 단백질 질 관리 장치에 감지되어, 내형질세망에서 프로테오좀에 의해 조기에 분해된다. CFTR 단백질의 F508 결손은 낭포성 섬유증 변이의 65%를 차지하는 변이로, 이 변이는 막단백질의 접힘 오류를 일으켜 막단백질 장애를 초래한다. 만약 이러한 접힘 오류를 교정하여 구조적으로 안정된 CFTR 발현을 20~25% 증가시키면, 임상적으로 치료 효과가 발생한다. 이렇게 단백질 구조 접힘 오류를 교정하는 샤페론 역할을 하는 화합물을 찾기 위해 작은 분자들을 검색하여 루마카프터(lumacaftor, VX-809)를 발견하였고, 실험을 통해 유효성을 증명함으로써 특이적인 CFTR 변이 단백을 일부 교정할 수 있게 되었다. 비록 루마카프터 단독 요법은 임상적으로 유효하지 않지만, 다른 작은 분자인 이바카프터(ivacaftor, VX-770)와 병용투여한 결과 동형 접합 F508 결손 환자들의 폐기능에 유의한 개선효과를 보였다. 이는 F508 결손 환자들에게 유효한 첫 번째 치료제로 샤페론을 이용한 단일 유전자질환 치료 유효성을 임상적으로 증명함으로써 의학 유전학의 한 이정표가 되었다.

### (3) 변이 막단백질의 수송 기능을 강화하는 작은 분자 치료

막단백질들의 아미노산이 바뀌면 세포 표면에서 단백질 기능 장애가 생긴다. CFTR 단백의 염소이온($Cl^-$) 수송 기능을 강화하는 작은 분자 검색 결과 이바카프터가 발견되었다. *CFTR* Gly551Asp를 포함한 8개의 과오 돌연변이에서 이바카프터는 염소 이온의 통과를 호전시켜 환자의 폐기능 개선, 체중 증가, 땀 염소의 감소 효과가 확인되어 FDA 승인을 받았다. 실제로 미국에서 이 8가지 변이 중 하나의 대립유전자를 가진 낭포성 섬유증 환자는 5% 정도지만, 특정 변이 대립유전자를 표적하는 효과적인 약물 개발의 성공적인 예라고 할 수 있다.

### (4) 변이 효소의 기능을 강화하는 작은 분자 치료: 비타민 반응성 선천성 대사이상 질환

선천성 대사이상 질환의 일부는 질환의 원인이 되는 효소의 조효소인 비타민의 대량 투여로 극적으로 교정될 수 있다. 비타민은 독성이 적어 정상 요구량의 100~500배 정도까지도 안전하게 투여할 수 있다. 시스타치오닌 합성효소(Cystathionine synthase)의 결핍에 의한 호모시스틴뇨증의 경우, 환자의 약 50%가 고용량 피리독신(비타민 B6) 투여에 반응한다. 피리독신은 돌연변이 효소의 조효소에 대한 친화력 감소를 극복하거나 돌연변이 효소를 안정시켜 환자의 임상경과를 개선시킨다. 반면, 삭제 돌연변이(null mutation)를 가진 환자나 기능 향상을 위한 잔여 효소 활성도가 없는 환자의 경우에는 반응하지 않는다.

### 2) 효소대체요법

효소대체요법은 다양한 리소좀 축적 질환의 표준 치료법으로 자리매김하였다. 1형 고셰병에서 최초의 효소대체요법이 시작되었다. 고셰병은 상염색체 열성 유전 리소좀 축적질환으로 유태인에서 450명당 1명, 다른 인구집단에서 40,000~100,000명당 1명 꼴로 발생한다. 리소좀 효소인 β-glucocerebrosidase 결핍으로 기질인 glucocerebroside가 분해되지 못하고 특히 세망내피계의 대식세포와 단핵구에 축적되어 간과 비장 비대를 초래한다. 또한 골수 부전으로 빈혈과 혈소판감소증이 생기고, 골다공증, 골 통증, 골 괴사 등의 뼈 증상도 발생한다. 1990년대 초에 고셰병의 치료로 결핍된 효소 단백을 주기적으로 환자에게 정맥 주사로 주입해주는 효소대체요법이 성공적으로 시작된 이후 다른 리소좀 축적 질환에서도 효소 대체 치료제가 급속도로 개발되게 되었다. 효소대체요법이 가능한 기전은 리소좀 효소의 특징 때문이다. β-glucocerebrosidase를 포함한 리소좀 효소들은 번역 후에 당화(glycosylation)의 과정을 거치는데, 이 과정에서 만노스당을 함유하게 되고 이는 원형질막에 위치한 만노스 수용체를 통해 세포내로 수송되고, 세포내로 들어온 효소는 리소좀으로 운반되어 작용하게 된다(그림 28-6).

또한, 리소좀 효소 유전자를 발현하는 세포를 배양하여 효소 단백을 대량 생산할 수 있는 기술 발전이 효소대체요법 개발을 가능하게 했다. 효소대체요법은 주입한 효소 단백질이 뇌혈관장벽을 통과하지 못하기 때문에 신경 증상이 있는 리소좀 축적질환에는 한계가 있고, 비용이 비싸며, 일부 환자에서는 중화항체가 생성되는 등의 단점이 있음에도 불구하고 단일 유전자 이상질환의 치료법 개발에서 엄청난 진보를 가져와 현재는 10개 이상의 리소좀 축적병에서 효소대체요법이 가능해졌다.

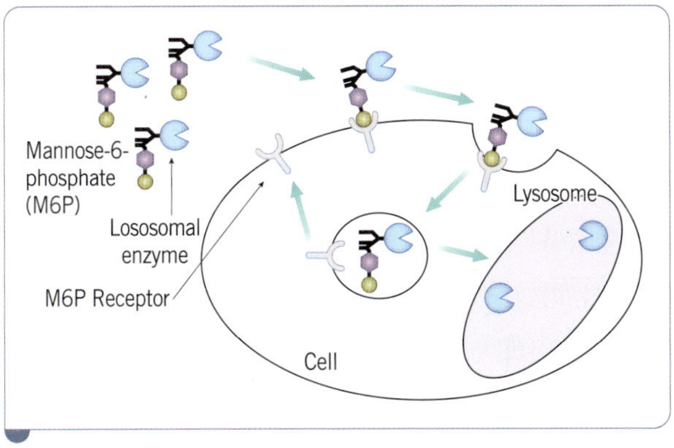


그림 28-6. 리소좀 축적질환에서 효소대체요법의 기전.

## 2. 유전자발현 조절 치료

수십 년 전만 해도 약물을 통해 유전자발현을 조절하는 아이디어는 불가능하게 여겨졌다. 그러나 정상과 질병 상태에서 유전자발현에 대한 지식이 늘면서 이런 접근이 실현 가능해졌다. 실제로 유전자발현의 기전이 규명되고 조작기술이 발달하면서 이런 전략은 더욱 확장되고 있다.

### 1) 야생형이나 돌연변이 자리에서의 유전자발현 증가

상염색체 우성 유전질환에서 야생형 유전자리로부터, 혹은 기능을 일부 유지하고 있는 돌연변이 자리로부터 전사된 mRNA의 양을 증가시켜 치료 효과를 얻는 전략이다. 이런 유형은 유전성 혈관부종같이 희귀하지만 치명적인 상염색체 우성 유전질환에 효과적인 방법이다. 유전성 혈관부종은 C1 에스테라제 억제자(C1 esterase inhibitor)를 암호화하는 유전자에 돌연변이가 발생하여 점막 및 피하 부종이 광범위하고 예측할 수 없게 나타나는 심각한 질환이다. 특히 상기도를 침범하면 치명적일 수 있는데 희석된 안드로젠 장기 투여로 갑작스럽고 심각한 증상 발현을 예방한다. 치료제로 안드로젠인 다나졸(danazol)이 사용되는데, 다나졸은 야생형 혹은 돌연변이 대립유전자로부터 유전자의 전사를 조절하여 C1 에스테라제 억제자 mRNA를 증가시켜 다량의 단백을 생성하여 심각한 증상 에피소드를 감소시킨다.

### 2) 다른 유전자발현 증가

변이가 없는 다른 정상 유전자의 발현을 증가시켜 변이 효과를 상쇄하는 치료 전략이다. 이 방법은 낫적혈구 빈혈과 베타 지중해 빈혈 치료에 적용된다. 태아 헤모글로빈(HbF, α2γ2)은 정상 성인에서 1% 미만으로 존재하지만, 약물로 DNA 저메틸화(hypomethylation) 반응을 유발하면 HbF의 양을 증가시켜 효과적으로 이용할 수 있다. 즉, 낫적혈구 빈혈 환자에서 증가된 HbF는 산소 운반체로서의 역할을 완벽하게 수행할 뿐만 아니라 낫적혈구의 중합을 억제한다. 베타 지중해 빈혈에서는 HbF (α2γ2)가 HbA (α2β2)를 대체함으로써 알파와 비-알파-글로빈(non-α-globin) 간의 불균형을 회복시킨다. 감마 글로빈 유전자의 발현은 정상적으로는 출생 후 감소하는데 이는 유전자의 촉진자 부위에서 CpG 잔기의 부분적인 메틸화 때문에 일어난다. 따라서 메틸화를 억제하면 감마 글로빈 유전자의 발현이 유지되고 혈액 내 HbF이 증가하게 된다. 낫적혈구 빈혈 환자와 베타 지중해 빈혈 환자 모두 데시타빈(decitabine, 5-aza-2′-deoxycytidine)으로 저메틸화를 유발해 HbF가 증가되도록 하여 이환율과 사망률이 유의하게 향상되었으며, 더 효과적이고 부작용이 적은 메틸화 억제제가 개발되고 있다.

### 3) 우성 돌연변이 유전자 생성물의 발현 감소: 작은 간섭 RNA

헌팅턴병이나 유전성 아밀로이드증에서처럼 반복되는 글루타민 서열을 가진 단백이 증폭되어 세포 독성을 나타내는 병리 기전에 의해 발생하는 유전병들이 있다. 상염색체 우성질환인 트란스티레틴 아밀로이드증(transthyretin amyloidosis)은 아밀로이드가 전신에 축적되는 질환으로 트란스티레틴 유전자에서 100개 이상의 과오 돌연변이가 알려져 있다. 트란스티레틴은 간에서 주로 생산되는 단백질로 레티놀과 티록신을 수송하는 역할을 한다. 주요 임상 증상으로 아밀로이드가 말초신경, 심근 등에 축적되어 말초 신경병증과 심근병증이 나타나며 이는 수명을 단축시킬 수 있고, 치료는 현재로는 간이식이 유일하다. 이 질환에서 유망한 치료 전략은 RNA 간섭(RNA interference)이라 불리는 기술인데 특이적 표적 RNA의 분해를 중개하는 기술로, 여기서는 트란스티레틴이 표적이 된다. 간략히 말하면, 표적 RNA의 특이적 염기서열과 반응하는 작은 간섭 RNA (small interfering RNA, siRNA)를 지질 나노파티클이나 바이러스 벡터를 통해 세포 안으로 도입하면, siRNA 가닥이 표적 RNA에 붙어 표적 RNA를 분해시켜 표적 단백이 생성되지 않도록 하는 것이다. 트란스티레틴에 대한 지질 나노파티클 형태의 siRNA는 임상 시험에서 트란스티레틴 농도를 유의하게 감소시켰다. 이러한 임상 시험은 유전병에서 RNA 간섭 치료의 개념을 확립하게 하였고, 나아가 비슷한 형태의 병리 기전을 가진 다른 질병의 치료에도 적용될 수 있을 것이다.

### 4) 엑손 건너뛰기(exon skipping)

엑손 건너뛰기는 해독 틀(reading frame) 파괴 변이를 암호화하는 엑손을 pre-mRNA 수준에서 제거하는 분자 중재 방법이다. 만일 제거된 엑손에서 뉴클레오티드의 숫자가 3의 배수이면 틀이동이 일어나지 않고, 삭제된 아미노산을 가진 폴리펩티드가 충분한 기능을 할 수 있다면 치료 효과를 낼 수 있다. 엑손 건너뛰기를 유도하는 가장 널리 연구된 방법은 안티센스 올리고뉴클레오타이드를 통한 방법이다. 안티센스 올리고뉴클레오타이드는 합성된 15~35개의 뉴클레오티드 단일 가닥 분자로 pre-mRNA의 특이적 서열과 결합해 치료 효과를 나타내는데, 가장 좋은 예는 듀센형 진행성근이영양증 치료제이다. 듀센형 진행성근이영양증에서 엑손 건너뛰기의 목표는 디스트로핀 유전자 변이를 해독 틀이 유지되는(in-frame) 변이로 전환시켜 기능을 하는 디스트로핀을 만드는 것이다. 이렇게 부분적으로 기능하는 디스트로핀을 만들면 임상적으로 듀센 타입보다 경한 베커형 근이영양증의 표현형을 보이게 된다 **(그림 28-7)**. 디스트로핀 변이는 유전자내에 비무작위적으로 분포하여 51번 엑손을 건너뛰면 모든 듀센형 진행성근이영양증 환자의 13%에서 디스트로핀 해독 틀을 회복할 수 있다. 따라서 51번 엑손이 엑손 건너뛰기 약물 개발의 타겟이 되었다. 이 안티센스 올리고뉴클레오타이드는 임상 시험을 거쳐 듀센형 진행성근이영양증 환자의 치료제로 승인되었다. 이후 엑손 건너뛰기 전략은 척수성근위축

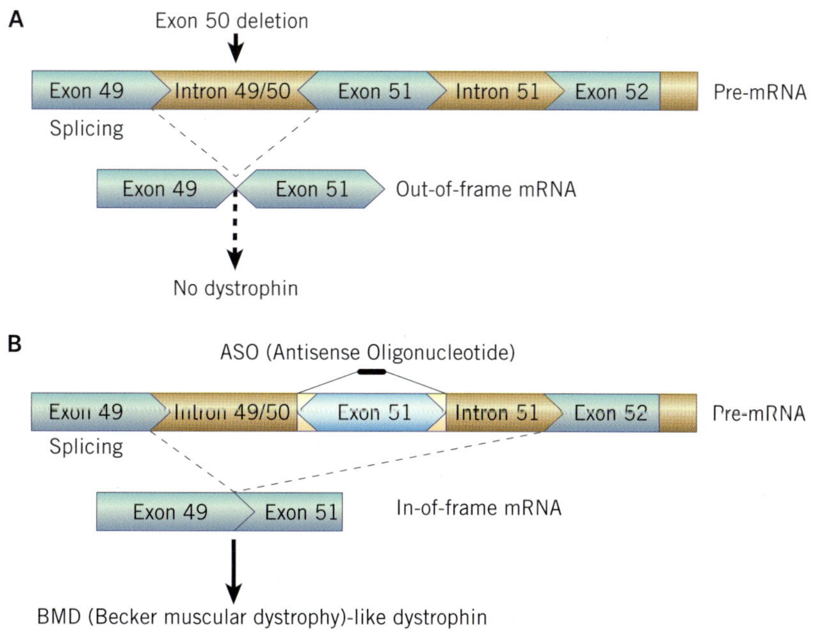


**그림 28-7.** 듀센형 진행성근이영양증에서 엑손 건너뛰기 전략.

증 치료제에도 적용되어 치료제가 승인되는 등 유전질환 치료제 개발에서 중요한 역할을 하고 있다.

### 5) 유전체편집(genome editing)

유전체편집은 생물의 DNA 특정 위치에 유전체 서열 변화를 도입하는 기술이다. 이 기술에서는 유전체에서 특정 서열을 인식하는 DNA-결합 영역을 함유한 엔도뉴클레아제(endonuclease)를 사용하여 과오 돌연변이 등이 있는 특정 서열을 인식한다. 이어서 뉴클레아제 영역이 DNA 이중 가닥을 절단하면, 세포의 상동-유도 수복(homology-directed repair, HDR) 기전이 작동하여 손상을 복구하면서 야생형 뉴클레오티드를 도입하여 변이를 대치한다. 현재 가장 널리 사용되는 편집 방법은 clustered regularly interspaced short palindromic repeats (CRISPR)/CRISPR-associated (Cas) 9 (CRISPR/Cas9) 시스템이다**(그림 28-8)**.

유전체편집은 유전자치료에서 사용하는 일부 바이러스 벡터의 무작위 융합과 같은 위험성 없이 유전적 결함을 교정할 수 있는 새로운 가능성을 열었다. 이 기술이 처음으로 임상 1상에서 안전성 검증을 시도한 것은 2014년이었다. 이 연구는 인간 면역결핍바이러스(HIV)의 세포막 공동수용기를 암호화하는 CCR5에서 자연적으로 발생한 결손을 이용한 것으로, 동형 접합 보인자가 HIV 감염에 저항성을 갖지만, CD4 T 세포 기능은 손상되지 않는다는 사실을 이용했다. HIV에 감염된 환자에게서 채취한 CD4 T 세포를 *CCR5* 유전자 대립유전자를 생성하지 못하도록 설계된 뉴클레아제를 발현하는 아데노바이러스 벡터로 처리한 다음 환자에게 다시 주입했을 때 *CCR5* 유전자 11~28%는 "녹 아웃(knock out)" 되었다. 변형된 세포의 반감기는 거의 1년이었고 HIV RNA는 환자 4명 중 1명에서 검출할 수 없게 되었다. 이 연구는 유전체편집의 큰 임상적 잠재력을 보여 주었다. 하지만 이 기술이 실제로 임상에 도입되기 위해서는 엔도뉴클레아제가 표적이 아닌 유전체의 다른 곳에 돌연변이를 일으키는 탈표적 효과를 훨씬 개선해야 할 것이다.

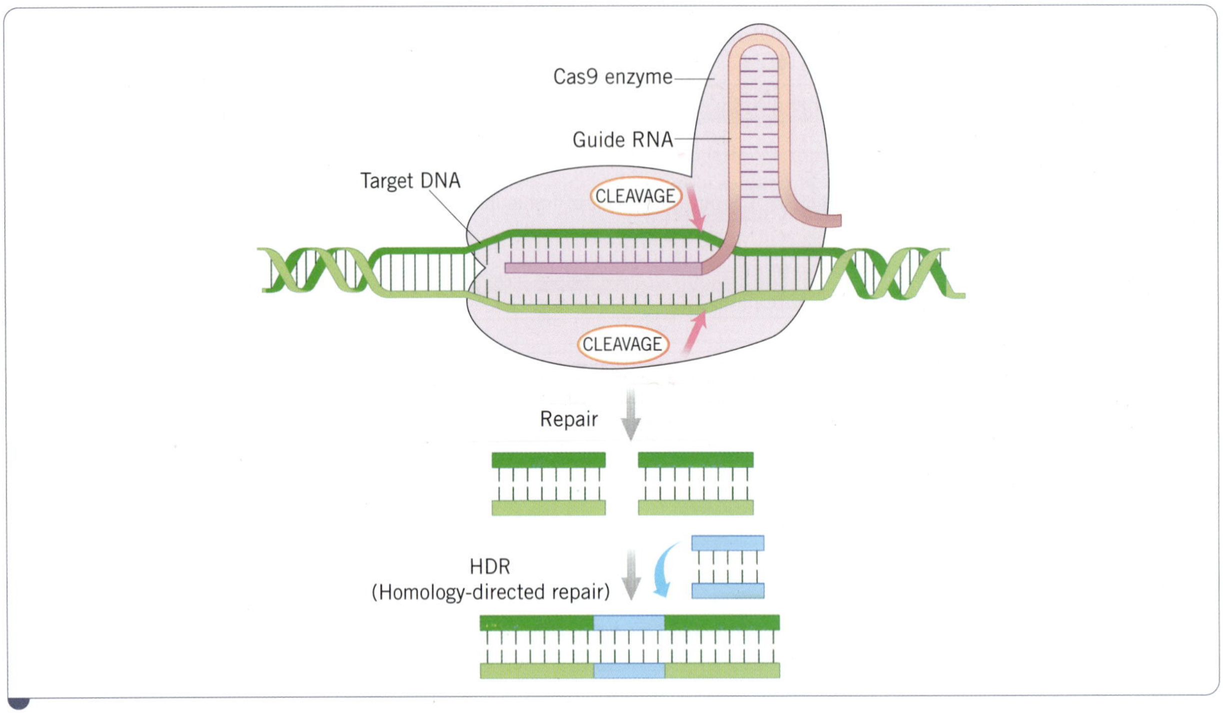


**그림 28-8.** CRISPR/Cas9 시스템을 이용한 유전체편집.

## 증례 48 | 가족력과 특이한 외모로 진단되어 효소대체요법 중인 뮤코다당증 I형(헐러-샤이에 증후군) 환자

1) 내원 동기가 된 주 증상(주소): 특이한 외모와 저신장, 비슷한 외모의 오빠가 17세에 사망한 가족력

2) 발병 시 연령/성별: 12세/여아

3) 가족력:
건강한 부모의 셋째로 출생, 첫째 오빠가 17세에 사망한 가족력이 있었다.

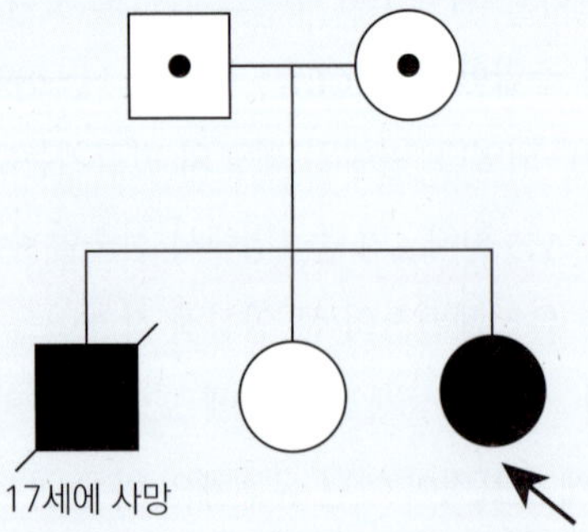


4) 임상증상
투박한 얼굴 모양을 비롯한 특이한 외모를 보이고 일상 생활은 가능하지만 언어 발달 지연(수용언어 4세 후반기 표현언어 4세 초반 수준)과 경도의 지적 장애가 있었다. 오빠가 비슷한 외모를 보이고, 지적 장애가 있었으며 17세에 호흡 부전으로 사망한 가족력이 있었고, 환자는 잦은 상기도 감염 및 중이염, 청력 저하의 병력이 있었다.

5) 진찰 소견
내원 당시 키 112.6 cm (<3%ile), 체중 25.5 kg (<3%ile), 두위 53.2 cm (50~75%ile)로 상대적 대두증이 있었다. 얼굴 모양은 투박하고 혀가 크며 각막 혼탁이 관찰되었다. 수축기 심잡음이 있었으며 간과 비장이 크고, 배꼽 탈장이 있었다. 손가락, 손목, 팔꿈치, 어깨, 무릎 등 다양한 관절 구축이 있어 움직임에 제한이 있었다.

6) 검사소견
(1) 영상소견: 단순방사선 촬영에서 다발성 골변형(dysostosis multiplex)이 관찰되었다(그림 1). 심초음파 검사에서는 승모판막이 두꺼워져 있고 승모판 역류, 좌심실 비대가 있었다.

다음 페이지에 계속 >>

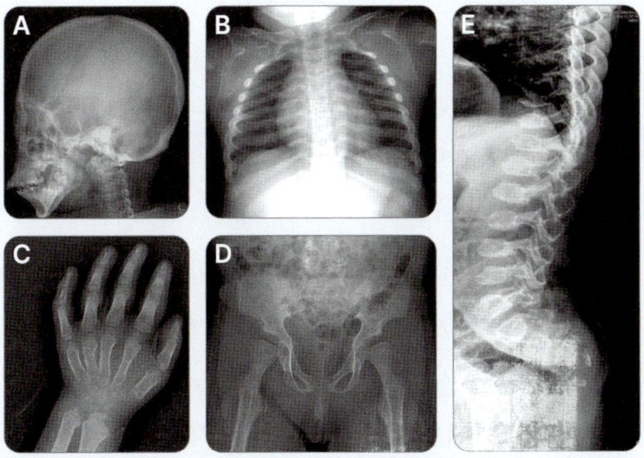


그림 1. 뮤코다당증 1형 환자의 다발성 골변형(dysostosis multiplex). (A) J 모양 sella turcia, (B) 짧고 굵은 쇄골, 노(paddle) 모양의 갈비뼈, (C) metacarpal bone의 근위부가 뾰족해지는 'bullet shape' 변형, carpal bone의 저형성, (D) 둥근 iliac wing, 아래쪽 골반뼈의 저형성, 대퇴골두의 변형, (E) 척추 후만, anterior beaking 소견.

(2) 생화학검사 및 효소 활성도 검사: 소변에서 Glycosaminoglycan (GAG)이 증가해 있었고(66.5 mg/mmol Cr, ref. 2.4~10.2, 7~13세), dermatan sulfate와 heparan sulfate가 검출되었다. 말초혈액 백혈구에서 α-L-iduronidase 활성도가 1.3 nmol/hr/mg protein (ref. 11~26)로 낮게 측정되었다.

(3) 유전자 검사: *IDUA* 유전자 검사에서 c.236C>T (p.Ala79Val)와 c.1882C>T (p.Arg628*) 복합 이형접합자로 확인되었다.

### 7) 치료경과

환자는 가족력과 특징적인 임상 증상으로 검사하여 뮤코다당증 1형(헐러-샤이에 증후군)으로 진단되었다. 진단 후 Laronidase (Aldurazyme®) 0.58 mg/kg를 1주 간격으로 정맥주사 하는 효소대체요법을 시작하여 3개월 이후부터는 간비비대가 호전되었고, 관절 움직임은 다소 부드러워졌다. 생화학적 검사에서는 소변 GAG는 정상 범위로 검출되었다. 가장 최근 추적 진료 시 32세로 최종 성인키는 134 cm였고, 간비종대는 없고 효소대체요법 이전부터 있던 관절 구축 정도는 유지되었다. 각막 혼탁이 진행하여 각막 이식을 필요로 하는 상태이고, 녹내장으로 안과 치료를 병행하고 있다. 심초음파 검사에서는 승모판과 대동맥판이 두꺼워져 있고 중등도의 승모판 역류와 대동맥 역류가 관찰되었다.

### 8) 요약

(1) 원인: 뮤코다당증 1형은 *IDUA* 유전자 변이로 리소좀 효소 중 하나인 α-L-iduronidase 효소 결핍으로 뮤코다당질(1형에서는 dermatan sulfate와 heparan sulfate)이 전신의 여러 장기에 축적되어 발생하는 상염색체 열성질환이다.

(2) 발생빈도: 뮤코다당증 1형은 0.7~3.8/10,000의 빈도로 발생하는 드문 질환으로 서양에 비해 우리나라를 비롯한 아시아에서는 발병 빈도가 낮다.

(3) 임상증상: 출생시에는 정상으로 보이나 전신에 분해되지 않은 뮤코다당이 축적되면서 생후 1~3년 내에 얼굴 모양이 투박해지고, 혀가 커지고, 간비종대가 생긴다. 배꼽 및 서혜부 탈장이 잘 생기며 잦은 호흡기 감염, 중이염을 겪는다. 시간이 지나면서 각막 혼탁이 생기고, dysostosis multiplex 라고 불리는 골격 변형과 관절 구축이 생긴다. 이러한 신체 증상에 더불어 신경학적 증상(발달지연, 지적장애, 신경퇴화 등)이 동반된 경우 가장 심한 아형인 헐러 증후군(Hurler syndrome)이라 하고, 신경학적 증상이 없는 경우 샤이에 증후군(Scheie syndrome)으로 나뉜다. 그 중간의 임상 증상을 보이는 경우 헐러-샤이에 증후군(Hurler-Scheie syndrome)이라 한다.

(4) 진단 및 검사 소견: 소변에서 뮤코다당이 검출되나 간혹 위음성이나 위양성이 있어 주의가 필요하다. 백혈구 또는 섬유아세포에서 α-L-iduronidase 효소 활성도 분석과 *IDUA* 유전자 검사로 확진할 수 있다.

(5) 치료 및 관리: 호흡기 및 심혈관계 합병증에 대한 관리가 필요하다. 과거에는 조혈모세포 이식을 하였으나, 이식은 공여자를 찾기 힘들고 2세 이전의 어린 환자에서 시행해야 성공적이므로 제한적인 치료이다. 2003년 이후 재조합 α-L-iduronidase로 효소대체요법이 가능해지면서, 조기에 진단하여 조직에 비가역적인 변화가 생기기전 조기에 치료하면 좋은 효과를 볼 수 있다. 그러나 정맥 주사를 통한 효소대체요법은 효소 단백이 뇌혈관장벽을 통과하지 못하기 때문에 신경학적 호전을 기대할 수 없고, 각막이나 심장 판막과 같이 혈류가 없는 장기 손상을 막을 수 없다는 단점이 있다.

# VI. 유전자치료: 현재와 미래 전망

## 1. 유전자치료의 목적

유전자치료란 인체에 유전자를 전달하여 유전적인 결함에 대한 치료 효과를 얻기 위하여 치료법이다.

단일 유전자 이상에 의한 유전질환의 치료를 위한 유전자 도입은 다음 두 가지 목적 중 한 가지에 의해 시행된다.

첫째, 유전자치료는 기능상실(loss-of-function) 돌연변이를 가진 손상된 세포의 유전자를 보상해 주기 위해 시행한다. 이러한 경우는 유전질환의 원인유전자를 환자에게 도입하여 환자에게 나타나는 가역적인 표현형을 교정하는 것이다.

둘째, 유전자치료는 비정상적인 산물에 의해 질환을 일으키게 되는 돌연변이 유전자를 치환하거나 불활성화하는 데 사용된다. 정상적인 유전자 좌위에서 돌연변이 유전자의 전부 또는 일부의 치환은 매우 어렵다. 이러한 전략은 헌팅턴병의 원인 유전자인 *huntingtin*의 CAG 확장부위에 대하여 유전자 전체 또는 확장된 CAG 부분을 치환하는 데 사용될 수 있다. 이러한 유전자 수술은 유전자 자체보다는 발현된 RNA를 변형시키거나, 분해하는 기법을 사용하게 된다. 돌연변이 좌위로부터 생산된 mRNA만을 선택적으로 분쇄하도록 디자인된 RNA를 함유하고 있는 치료 유전자, 리보자임 또는 RNAi에 대한 연구가 이에 해당되며, 최근 개발되어 많은 관심을 받고 있는 CRISPR-Cas9을 이용한 유전체 편집은 초기임에도 불구하고 많은 연구와 개발이 이루어지고 있다.

## 2. 유전자치료의 분류

유전자치료는 투여 경로에 따라서 생체외(*ex vivo*)와 생체내(*in vivo*) 유전자치료법으로 나누어지게 된다**(그림 28-9)**. *Ex vivo* 유전자치료법은 환자에서 분리된 세포(조혈모세포, 중간엽줄기세포, T 림프구 등)를 체외에서 치료용 유전자를 도

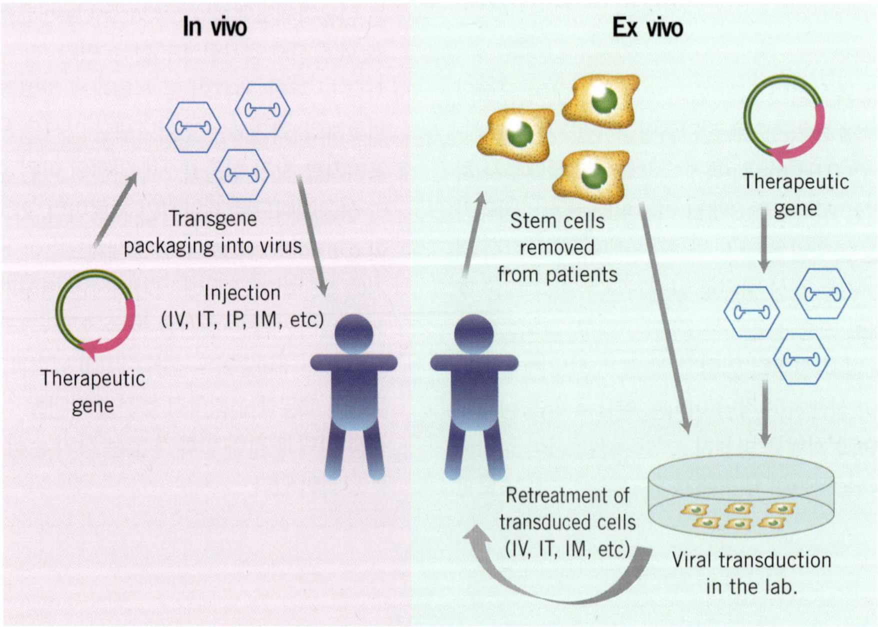


**그림 28-9.** 생체내(*in vivo*) 유전자치료와 생체외(*ex vivo*) 유전자치료 전략.

IV, intravenous: IT, intrathecal: IM, intramuscular: IP, intraparenchymal.

입하여 형질전환시킨 후, 이 중 원하는 방식으로 형질전환된 치료용 세포를 선별하고 증식시켜서 환자의 몸에 다시 이식하는 방법이다. 중증복합성 면역결핍증(ADA-SCID) 환자를 대상으로, 환자의 몸에서 분리한 골수의 조혈모세포에 바이러스 벡터를 이용하여 정상효소 유전자 *ADA*를 주입한 후, 그 세포를 다시 환자에게 주입하는 치료법이 *ex vivo* 치료법의 대표적인 예이다. *In vivo* 유전자치료법은 치료용 유전자를 전신적 혹은 국소적으로 환자에게 직접 주입하는 방법으로 유전질환의 치료를 위해서 실용적이며 효과적인 치료법으로 전망되고 있다.

## 3. 유전자전달 벡터

유전자를 전달해주는 벡터는 바이러스 이용 여부 및 물리적 방법의 활용 여부에 따라서 크게 바이러스 벡터와 비바이러스 벡터로 나누어진다. 이들 벡터는 각각이 서로 다른 장단점을 가지고 있기 때문에 치료하고자 하는 질병의 종류와 치료 유전자의 특성에 따라 신중하게 선택되어야 한다.

유전자전달을 위해 가장 많이 이용되고 있는 벡터는 바이러스 벡터이다(표 28-6). 바이러스 벡터는 유전자전달 효율이 높은 반면 벡터의 기원이 대부분 병원성이 있는 바이러스이기 때문에 안전성 측면에서 잠재적인 문제를 가지고 있다. 치료용 유전자를 전달하는 바이러스 벡터가 전달된 세포의 염색체 내로 삽입됨으로 인한 숙주 유전자의 변형, 숙주세포의 세포주기, 벡터로 이용하는 바이러스의 숙주세포에 대한 친화성, 벡터의 항원성, 바이러스의 단백질 발현 효율, 그리고 삽입될 유전자의 크기 등을 충분히 고려하여 선택하여야 한다.

지난 20년 동안 유전질환을 대상으로 많은 적용 연구가 이루어진 벡터 중 하나가 RNA 바이러스인 레트로바이러스(retrovirus)이다. 유전자치료에 사용되는 레트로바이러스 벡터는 자기복제가 불가능하도록 재조합 되어 있다. 레트로바이러스는 세포에 대한 독성이 없다는 사실 등을 포함하여 여러 가지 장점을 가지고 있는데, 숙주세포에 전달된 유전자는 안정화되고, 큰 사이즈의 유전자까지 도입할 수 있으며(8 Kb까지), 여러 개의 유전자를 한 번에 도입할 수 있어서 사용하기가 편리하다. 레트로바이러스의 중요한 한계점은 분열하고 있는 세포에만 유전자를 전달할 수 있어서 *ex vivo* 유전자치료에 제한되어 사용된다는 것이다. 또한 레트로바이러스는 바이러스 벡터는 전달된 세포의 염색체에 무작위적으로 삽입(random integration)됨으로써 삽입 돌연변이(insertional mutagenesis)를 야기하여 암 등을 유발할 위험성을 가지고 있다.

높은 타이터를 얻을 수 있는 장점을 가진 아데노바이러스(adenovirus)는 다양한 형태의 세포를 감염시킬 수 있고,

**표 28-6.** 유전자치료에 이용되는 바이러스 벡터의 특성

| 바이러스 시스템 | 아데노바이러스 | 레트로바이러스 | 렌티바이러스 | 아데노연관 바이러스(AAV) |
|---|---|---|---|---|
| 바이러스 유전체 | DNA | RNA | RNA | DNA (single-strand) |
| 전달 가능한 유전자 최대 크기 | 30 Kb | 7.0 Kb | 7.0~8.0 Kb | 4.0~5.0 Kb |
| 숙주 염색체내 삽입 여부(Y/N) | N | Y<br>(무작위적)) | Y<br>(무작위적) | Y (site specific: native AAV)<br>N (재조합 AAV) |
| 전달유전자발현 기간 | 단기간 | 단기간 | 장기간 | 장기간 |
| 바이러스 Titer | $10^{10}$-$10^{11}$ | $10^{6}$-$10^{7}$ | $10^{8}$ | $10^{11}$-$10^{14}$ |
| 면역학적 반응 | 매우 강함 | 거의 없음 | 거의 없음 | 드묾, 일부 중화항체 |
| 표적세포 | 분열세포, 비분열세포 모두 | 분열세포 | 분열세포, 비분열세포 모두 | 분열세포, 비분열세포 모두 |

30~35 Kb 정도까지의 상당히 큰 유전자를 전달할 수 있다. 아데노바이러스의 주요한 점은 표적세포에서 에피좀(episome) 상태로 단기간(수주 간) 존재하며, 이 바이러스 단백질이 강력한 면역반응과 염증반응을 일으킨다는 것이다.

아데노연관바이러스(adeno-associated virus, AAV)는 인체에 알려진 병리작용이 없고, 분열하고 있는 세포와 분열하지 않는 세포를 모두 감염시킬 수 있으며, 단지 4 Kb 이하의 작은 크기의 유전자만을 운반할 수 있다는 단점이 있지만, 수년 동안의 장기간 발현될 수 있어서 열성 유전질환의 치료에 가장 적합한 유전자전달 벡터로 인식되고 있다. AAV는 다양한 혈청형을 가지고 있어서 조직 특이적으로 전달할 수 있는 특성을 가지고 있다. AAV 혈청형 2형(AAV2)이 높은 유전적 안전성을 기반으로 가장 많이 응용되고 있으며, 신경계 유전질환의 경우 신경세포에 특이성이 높은 AAV9이 많이 응용되고 있다. 유전질환의 치료를 위해 AAV를 벡터로 하는 유전자치료법 개발이 급격하게 증가되고 있어서 단일유전자이상질환에 대한 적응증과 *in vivo* 유전자치료의 경우 현재 진행되고 있는 임상시험 중 가장 많은 비중을 차지하고 있다.

최근에는 후천성 면역결핍증(AIDS)을 일으키는 HIV를 토대로 렌티바이러스(Lentivirus) 벡터의 개발과 이용이 급증하고 있는데, 렌티바이러스 벡터는 신경세포 등의 전혀 분열되지 않거나 매우 느리게 분열하고 있는 세포의 염색체에 삽입될 수 있는 능력이 있으며, 분열하고 있는 조혈모세포, T 세포 등에 유전자를 전달하기 위한 벡터로 사용된 경우에도 장기간에 걸쳐 안정적으로 유전자를 발현하고 안전하다는 것이 많은 임상시험을 통하여 증명되고 있다. 이러한 렌티바이러스의 특성으로 인하여 신경계 질환에 대한 유전자치료에 대한 벡터로서의 개발은 물론, CAR-T (chimeric antigen receptor-T) 세포치료제 등의 ex vivo 유전자치료에 가장 많이 사용되고 있다.

## 4. 유전자치료의 임상시험 현황

2022년까지 전 세계에서 약 4,200건 이상의 임상시험이 수행되었으며, 그중 4.5%인 156건이 신약허가의 전단계인 3상 임상시험을 수행하였거나 수행 중이다. 임상시험의 대상 질환으로는 암이 전체 임상시험 중 68.2%를 차지하였으며, 단일유전자이상질환 12.6%, AIDS 등 감염질환과 심혈관질환에 대한 임상시험이 각각 5.2%를 차지하였다. 유전자치료에 사용되는 벡터는 주로 바이러스 벡터로서 아데노바이러스가 15.5%, 레트로바이러스가 14.6%. 렌티바이러스가 9.9%, AAV가 9.5%를 차지하고 있다. 그러나 최근(2020년 기준) 시행 중인 임상시험에 사용되고 있는 벡터를 분석해 보면 AAV가 39%, 렌티바이러스가 37%, 레트로바이러스가 11%, 아데노바이러스가 2%를 차지하고 있어서, 최근 *in vivo* 유전자치료에서는 AAV가, *ex vivo* 유전자치료에서는 렌티바이러스가 주로 이용되고 있는 것을 반영하고 있다.

## 5. 임상에서 실제 적용 중인 유전자치료제

암을 적응증으로 하는 경우를 제외하고 지금까지 환자에게 사용 허가된 유전질환에 대한 유전자치료제는 유럽에서 허가된 Glybera (2012년)와 Strimvelis (2016년), Spinraza (2016년), Ruxturna (2017년), Zolgensma (2019년), Hemgenix (2022년) 등이 있다. 네덜란드의 UniQure 사에서 출시한 Glybera는 지단백질 지방분해효소(lipoprotein lipase, *LPL*) 유전자가 결핍되어 지방분해를 못하는 환자에 대하여 AAV1 벡터를 이용해서 근육에 *LPL* 유전자를 직접 전달하는 치료제이다. 임상시험 결과, 투여 후 12주까지 중성지방(triacylglycerol, TG)이 감소하는 효과가 있었으며, 근육에서 LPL이 3년 이상 지속적으로 발현되는 것이 관찰되었다. 치료제의 가격은 환자당 1백만 유로로 당시 전 세계에서 시판 중인 가장 비싼 치료제로 기록되었으나 현재 Glybera는 시판되지 않고 있다.

### 1) 아데노신 탈아민화 효소(ADA) 결핍증에 대한 유전자치료법 개발

1990년 ADA 결핍에 의한 중증면역 결핍증 환자(ADA-SCID)를 대상으로 한 것이 유전자치료의 최초 임상시험이다. 당시 수행된 방법은 생체 외에서 환자로부터 추출한 T 임파구로 *ADA* cDNA를 레트로바이러스 벡터에 의해 도입하고, 이 임파구를 다시 환자에게 재도입하는 것이었다. 유전자치료의 결과, 말초혈액에서 발견된 T 임파구에서 비교적 낮은 수준의 효소활성도가 지속되는 것을 확인하였다. 2000년에 이르러 프랑스 국립연구소인 INSERM에서 X-SCID 환자를 대상으로 레트로바이러스 벡터를 이용하여 CD34+ 골수 조혈모세포로 유전자를 도입하여 시도한 유전자치료법은 상당한 효과를 보여 주었다. 유전자전달 후 10개월이 지나서까지도 정상 대조군과 비슷한 수준으로 효소의 활성이 회복되었고, 임상증상이 호전되었으며, 단기간의 부작용은 관찰되지 않았다. 그러나, 2003년에 이르러 유전자치료를 받은 환자 9명 중 4명에서 백혈병이 발병되었고, 이들 중 1명이 사망하였다. 이는 벡터로 사용된 레트로바이러스가 전암유전자(proto-oncogene)인 *LMO2* 주변의 삽입에 의한 것으로, 레트로바이러스를 벡터로 사용하는 경우 암유전자의 돌연변이 가능성이 심각하게 대두되었다. 이러한 이유로 레트로바이러스를 이용한 유전자치료에서는 치료효과가 얼마나 지속되느냐 하는 것과 더불어 바이러스의 염색체내 삽입에 의한 돌연변이 가능성을 어떻게 제거하느냐 하는 것이 주요한 관찰요소로 떠올랐다.

이러한 과정을 거쳐 2016년 ADA-SCID에 대한 유전자치료제인 Strimvelis가 시판 승인됨으로써 이와 유사한 유전질환에 대한 유전자치료제 개발 향후 전망을 밝게 해 주고 있다. GSK에서 시판 승인을 받은 Strimvelis는 ADA-SCID 환자의 CD34+ 조혈모세포에 감마-레트로바이러스를 이용하여 *ADA* 유전자를 전달한 후에 다시 환자에 주입하는 방식의 *ex vivo* 유전자치료제이다.

### 2) 망막질환을 대상으로 한 유전자치료 개발 현황

유전적인 원인으로 발생한 망막질환도 유전자치료 연구가 매우 활발히 진행되고 있는 분야이다. 망막색소변성(Retinitisal pigmentosa), 레베르선천성흑암시(Leber congenital amaurosis), 범맥락위축증(choroideremia), 원추세포이상증(Cone rod dystrophy), 연소성 황반변성(Juvenile macular degeneration) 등의 질환이 있으며, 30여 개의 유전자가 관여하는 망막색소변성이 가장 흔한 질환이다. 레베르선천성흑암시는 19개 유전자가 관여하고 있고, 증상은 망막색소변성보다 심각하여 어려서부터 실명하게 된다. 미국의 Spark Therapeutics는 레베르선천성흑암시의 20%를 차지하는 돌연변이 *RPE65* (all-trans-retinyl ester isomerase)를 교정하는 유전자를 AAV2 벡터에 넣은 유전자치료제의 임상시험 3상을 완료하였고, 2017년에 시판승인을 받았다. Spark사는 또한 범맥락위축증을 대상으로 한 *REP1* 유전자를 AAV2 벡터에 넣은 유전자치료제를 임상시험 중이다. 이외에도 프랑스의 GenSight 사에서는 AAV2에 의해 NADH dehydrogenase 4 (*ND4*) 유전자를 전달하는 레베르시신경병증(Leber hereditary optic neuropathy, LHON)에 대한 유전자치료제에 대하여 임상 3상을 수행 중에 있다.

### 3) 척수성근위축증을 대상으로 하는 유전자치료제

척수성근위축증(spinal muscular atrophy, SMA)을 적응증으로 하는 유전자치료제는 유전자치료제 개발에 있어서 대표적인 성공사례이다. SMA에 대한 유전자치료제는 모두 *SMN1* 유전자의 돌연변이를 가진 SMA 환자를 대상으로 하고 있으며 antisense oligonucleotide를 기반으로 하는 유전자치료제인 Spinraza와 AAV9을 벡터로 하여 *SMN1* 유전자를 신경계로 전달하는 유전자치료제인 Zolgensma가 현재 시판 승인되어 있다.

Spinraza는 바이오젠사에 의하여 개발되어 2016년에 시판승인되었으며, *SMN1* 유전자의 loss-of-function 돌연변이에 의한 SMA를 적응증으로 하고 있다. 이러한 환자들은 *SMN2* 유전자에서 발현되는 적은 양의 SMN 단백질에 의하여 생존하고 있는데, Spinraza는 *SMN2* gene에서 발생하는 alternative splicing을 조절하여 기능적인 SMN 단백질의 발현을 늘이는 기전을 이용하여 중추신경계와 말초신경계에서 SMN 단백질의 양을 증가시킴으로써 치료 효과를 가져오도록 하고 있다. 이 약물은 척수강내 주사(intrathecal injection)에 의하여 전달하며 중추신경계와 말초신경계 모두 분포한다. 약물의 반감기는 뇌척수액에는 135일에서 177일, 혈액에서는 63일에서 87일 정도로 반복적인 치료제 투여가 필요하다.

AveXis사에 의하여 개발되고 Novartis사에 의하여 시판되고 있는 Zolgensma는 2019년 FDA에서 승인을 받았다. AAV9을 벡터로 하여 *SMN1* 유전자를 전달하는 치료제이며 2세 이하의 환자에서는 정맥주사에 의하여 전달된 *SMN1* 유전자는 혈액뇌장벽(blood brain barrier)을 통과하여 중추신경계로 전달되고 발현된다. 3세가 지난 환자의 경우에서는 척수강내로 유전자치료제를 전달하여 유효성을 평가하는 임상시험이 현재 진행 중이다. 한 번의 유전자치료에 의하여 십 년 이상 효과가 지속될 것으로 기대하고 있다.

#### 4) 혈우병에 대한 유전자치료제 개발 현황

2022년 AAV5를 벡터를 기반으로 한 B형 혈우병에 대한 유전자치료제인 Hemgenix가 미국식품의약국(Food and Drug Administration, FDA)에서 시판 승인되었다. Hemgenix는 성인 B형 혈우병 환자를 대상으로 하고 있으며, 정맥주사로 유전자를 도입하는 치료제이다. 단회 투여만 가능하며 단회 투여의 약가가 3,500,000달러에 달하는 현존하는 최고가의 치료제가 되었다. 생식세포 등에 대한 잠재적인 위험성에 의해 여성환자에 대한 투여는 허가되지 않은 상황이다. 바이오마린사에서 개발 중인 A형 혈우병에 대한 유전자치료제는 2022년 유럽에서 조건부 시판승인을 확보하였으며, 2023년 미국 FDA에서 시판승인을 받았다. Roctavian이라는 이 유전자치료제 역시 AAV5를 기반으로 하고 있으며 중증 A형 혈우병 환자를 대상으로 하고 있다.

## 6. 태아를 대상으로 하는 유전자치료

태아를 대상으로 하는 유전자치료는 유전자 이상에 의한 병리적인 변화가 아주 초기에 비가역적이고 치명적인 상태로 나타나는 유전질환의 경우에 적용할 수 있다.

태아를 대상으로 하는 유전자치료의 벡터는 반드시 임신한 여성과 태아 모두에게 안전하여 하며, 또한 태아의 발달단계와 유전자전달 경로에 대한 가장 최적의 조건을 확보하여야 한다. 지금까지 개발 중인 태아의 유전자치료에서는 성인에서의 유전자치료와 마찬가지로 바이러스벡터를 사용하는 경우 더 효율적인 유전자전달이 이루어짐을 입증하고 있다. 따라서 임상에서의 적용을 위하여는 바이러스 벡터의 사용에 따르는 안전성, 삽입 돌연변이의 가능성, 발암성 등에 대한 면밀한 검토가 요구된다. 또한 유산, 태아에 대한 상해, 조산 등의 위험성을 최소화하여야 한다. 특히, 최근 주목받고 있는 CRIPR-Cas9 복합체 등의 유전체편집 기술을 이용하는 유전자치료법 또한 단일유전자이상 유전질환을 가진 태아를 대상으로 연구되고 있다.

태아를 대상으로 하는 유전자치료법은 자궁내로 유전자를 주입하는 경로 이외에도 다양한 경로로의 적용이 가능하다. 제대정맥을 이용하여 태아의 간으로 유전자를 전달하는 경우 태아 조혈기능을 회복시키는데 활용할 수 있다. 양막내 유전자전달(intra-amniotic gene transfer)은 태아의 상피세포의 분화에 따라 유전자전달 효율이 달라질 수 있다. 태아표피(periderm)가 생성된 후에 양막내 유전자전달은 전구세포에 제한적인 전달을 가져오며, 태아의 호흡과 삼키는 기능도 또한 유전자전달 효율에 영향을 가져오게 된다. 이외에도 태아의 심장내 주입, 근육주사, 복강내 투여 등이 가능성 높은 유전자전달 경로로 연구되고 있다. 태반을 경로로 하는 유전자치료의 경우 태아와 성인을 대상으로 하는 유전자치료를 연결하는 중간단계로 고려되고 있다.

자궁내 유전자치료는 치료법이 전혀 없는 치명적인 지중해성 빈혈(alpha-thalassemia major, Bart's hydrops) 등의 혈색소병증(hemoglobinopathy)과 혈액응고인자 VII과 X 결핍증, 출산 전후 심각한 질병증상과 높은 사망률을 보이는 점액다당증, 고셰병, 니만-픽병, 테이-삭스병 등의 리소좀축적질환과 선천적인 맹목을 가져오는 레베르선천성흑암시 등의 치료에 적용될 수 있을 것으로 보인다. 혈우병 A와 B형, 레베르선천성흑암시, 클리글러-낫자르 증후군(Crigler-Najjar syndrome), 폼페 증후군 등의 동물모델을 대상으로 하여 현재 진행 중인 산전 유전자치료에 대한 전임상 연구는 태아 유전자치료의 가능성을 보여주고 있다.

## VII. 희귀의약품의 개발

### 1. 희귀의약품의 정의 및 특성

희귀의약품(orphan drug)은 소수의 희귀질환 환자를 위한 치료제로서 수요자가 적어 제약 기업의 개발 동기가 약해 외면되는 현상에서 명칭이 유래하였다. 희귀의약품은 치료 대상 환자 수가 적어 임상 시험이 어려울 뿐 아니라 시장에서 수익성을 기대하기 어려운 특성이 있어 시장 원리에만 맡겨 두면 희귀의약품이 개발될 가능성은 매우 낮다. 이에 우리나라를 포함한 미국, 유럽, 일본 등의 국가에서는 희귀의약품 개발을 촉진하기 위한 별도의 법률을 제정하여 개발 과정의 특혜와 시장독점권을 제공하고 있다. 미국은 1983년 세계 최초로 희귀의약품 개발을 촉진하는 희귀의약품법(Orphan Drug Act)을 제정하고, 희귀의약품 연구 개발에 대한 직접적인 재정 지원 및 허가절차상의 인센티브를 제공하고 신약보다 더 긴 시장 독점기간을 부여하였다. 이러한 제도적 지원은 희귀의약품 개발을 실질적으로 촉진시켰고, 뒤이어 1993년 일본, 2000년 유럽 연합 등에서도 희귀의약품 개발을 촉진하기 위한 제도적 개입이 이루어졌다. 생명공학 기술 및 유전자 정보의 해독 기술의 발달 등으로 희귀의약품 개발은 빠르게 증가하고 있고, 실제로 시장 규모도 급속도로 성장하고 있다. 2016년 미국에서 지정된 희귀의약품은 333개로 10년 전인 2006년 143개 대비 132.8% 증가했고 2019년 미국의 누적 지정 희귀의약품 수는 3,976개이며 비교적 늦은 시기인 2000년에 제도를 도입한 유럽연합의 경우 누적 1,824개의 후보물질을 희귀의약품으로 지정했다. 우리나라에서는 약사법에 의해 2008년 희귀의약품 지정에 관한 고시가 시행되었으며, 2015년 희귀질환 관리법이 발효되었다.

### 2. 희귀의약품 지정

희귀의약품에 관한 별도의 제도를 운영하는 모든 국가에서는 희귀의약품을 지정하는 절차를 두고 있다. 희귀의약품 지정 요건은 희귀의약품의 특성을 반영하는 몇 가지 요소로 구성되는데, 가장 대표적인 요소는 질환의 희소성이고 그 외 투자비용 회수 불가능, 질환의 심각성, 대체 치료제의 부재 등이 있다. 이러한 요소들을 중심으로 국가별로 약간씩 상이한 지정 요건을 운영하고 있다(표 28-7).

### 3. 희귀의약품 연구 개발 지원

희귀의약품 연구 개발을 촉진하기 위해 여러 국가에서는 희귀의약품 연구 개발 소요 비용의 일부를 보건의료당국에서 직접 지원하거나, 희귀의약품 연구개발비용의 일부에 대해 조세감면 제도를 운영하는 등의 인센티브를 제공해 제약 기업의 연구 개발을 독려한다. 또한 시판 승인을 받기 전 연구 개발 과정에서 의약품 허가 당국의 전문 인력이 시판 승인을 위한 임상 시험 계획에 관한 자문을 제공하는 프로그램을 운영하여 임상 시험을 훨씬 효율적으로 준비하고 시판 승인을 획득할 수 있는 성공 가능성을 높일 수 있도록 지원하기도 한다.

### 4. 희귀의약품 시판허가

희귀의약품에 대하여 시판허가 절차에서는 허가심사를 신속하게 진행하고 수수료를 감면해주는 방식으로 인센티

**표 28-7. 국가별 희귀의약품 지정요건**

| 국가 | 희귀의약품 지정 요건 |
|---|---|
| 미국[1] | ① 미국에서 환자수가 20만 명 미만이거나<br>② 미국에서 환자수가 20만 명 이상이고 미국에서 희귀질환에 대한 해당 의약품의 개발 및 미국 내 시판비용이 미국 내 판매액으로 회수될 수 있을 것이라는 타당한 예측이 없어야 한다. |
| EU[2] | ① 생명을 위협하거나 만성적인 쇠약을 동반하는 상태의 진단, 예방 또는 치료를 위해 사용되는 의약품으로 커뮤니티에 있는 인구 만 명당 5명 이하의 비율로 영향을 미치는 의약품, 또는 생명을 위협하거나 만성적으로 쇠약상태 또는 심각한 만성상태를 진단, 예방, 치료하는 것으로 커뮤니티(community)에서 시판했을 때 필요한 투자를 정당화할 만큼의 충분한 회수가 불가능한 경우 그리고<br>② 커뮤니티(community)에서 시판 허가된 진단, 예방, 치료를 위한 만족스러운 방법이 존재하지 않을 때 또는 그런 방법이 있다 하더라도 신청하는 제품이 해당 환자들에 게 의미 있는 편익(significant benefit)을 줄 것으로 예상되는 경우 |
| 일본[3] | ① 일본에서 5만 명 이하의 환자에게 영향을 미치는 질병을 대상으로 하는 것<br>② 의료상 특히 그 필요성이 높은 것(대체할 수 있는 적절한 의약품이나 치료법이 없고, 기존의 의약품과 비교해 현저하게 유효성 혹은 안전성이 높은 것)<br>③ 개발 가능성이 높은 것(해당 의약품을 사용하는 것에 대해 강한 이론적 근거가 있고 개발 계획의 타당성이 높은 것)<br>(2006년부터 추가)<br>① 일본 내에서 드물게 발생하거나 또는 국외에서만 발생하여 일본 내 제한된 집단(예를 들어 유행지역 방문자)에게만 영향을 미칠 수 있는 감염성 질환을 예방하기 위한 백신<br>② 지정 및 신청 시점에서는 발견되지 않았지만 유전자 돌연변이로 인해 새롭게 발생하거나 재발할 가능성이 있는 감염성 질환(예를 들어 일단 발생하면 일본 국민의 생명과 건강에 상당히 영향을 미칠 수 있는 감염성인 경우)을 예방하기 위한 백신 |
| 한국[4] | 제2조(지정기준)<br>① 희귀의약품 지정기준은 다음 각 호에 적합하여야 한다.<br>1. 국내 환자수(유병인구)가 2만 명 이하인 질환에 사용되는 의약품<br>2. 적절한 치료방법과 의약품이 개발되지 않은 질환에 사용하거나 기존 대체의약품보다 현저히 안전성 또는 유효성이 개선된 의약품<br>② 제1항에도 불구하고 국내에서 임상시험 단계(비임상시험 단계인 경우, 임상시험 진입이 가능하다는 근거가 확보된 경우를 포함한다)에 있는 의약품(이하 "개발단계 희귀의약품"이라 한다)의 지정기준은 다음 각 호에 적합하여야 한다.<br>1. 국내 환자수(유병인구)가 2만 명 이하인 질환에 사용되는 의약품<br>2. 다음 각 목의 어느 하나에 해당할 것<br>가. 적절한 치료방법과 의약품(희귀의약품으로 지정 허가된 의약품은 제외한다)이 개발되지 않은 질환에 사용하기 위해 개발하는 경우<br>나. 약리기전이나 비임상시험 등으로 볼 때 기존 대체의약품(희귀의약품으로 지정 허가된 의약품은 제외한다)보다 현저히 안전성 또는 유효성 개선이 예상되는 경우<br>3. 국내에서 희귀의약품으로서 개발 계획(임상시험 실시 계획을 포함한다)의 타당성이 인정될 것<br>③ 제1항의 규정에도 불구하고 현 의약품 수급체계에 비추어 제한적으로 공급되는 경우 환자의 치료에 큰 지장을 초래할 우려가 있다고 식품의약품안전처장이 인정하는 의약품 |

주: 1) US The Federal Food, Drug, and Cosmetic Act. SEC 526
2) Regulation (EC) No. 141/2000
3) 일본 약사법 제77조의2
4) 식품의약품안전처 고시 제2018-22호('18.4.10개정)

브를 제공하고 있다. 미국 FDA는 의학적으로 중요한 의약품의 시장 진입을 빠르게 하기 위해 신속 심사 프로그램(fast track drug development program), 우선 심사(priority review), 가속 허가 심사(accelerated approval) 등의 제도를 운영하고 있다. 또한 희귀의약품은 일반적으로 허가심사를 위한 수수료를 면제하거나 감면해준다.

## 5. 희귀의약품 시장독점제도

희귀의약품 제도 중 제약기업들로 하여금 희귀의약품을

표 28-8. 국가별 희귀의약품 시장 독점 제도

| | 독점 기간 | 독점 내용 | 규제 및 특권 | 기타 |
|---|---|---|---|---|
| 미국 | 7년 | 동일 질환의 치료 목적으로 동일 또는 유사의약품의 허가 금지 | - 충분한 양의 의약품이 공급되지 않는 경우<br>- 독점제품 허가권자가 승인하는 문서를 서면으로 제출하는 경우<br>- 유사제품으로서 기존 제품보다 임상적으로 우수한 경우 | - 임상시험비의 50% 세액공제<br>- 신청비용면제<br>- 우선심사 있음 |
| EU | 10년 또는 6년 | 동일 질환의 치료 목적으로 유사의약품의 허가/허가신청 금지 | - 독점제품의 허가권자가 시판허가 승인을 동의하는 경우<br>- 충분한 수량의 의약품을 공급할 수 없는 경우<br>- 유사제품으로서 기존 제품보다 더 안전하거나 더 효과적이거나 임상적으로 우수한 경우 | - 5년째 말에 재평가 후 (특히 수익성) 독점기간 확정<br>- 국가별로 세제우대 상이함<br>- 신청비용 면제<br>- 우선심사 있음 |
| 일본 | 10년 (등록유효기간) | 후발의약품의 허가신청 금지 | - Fast Track Review (12 → 10개월)<br>- 6년에서 10년으로 재시험 기간연장 | - 10% 면세 및 연구개발 과정에서 추가 6% 면제<br>- 신청비용의 30% 면제<br>- 우선심사 있음 |
| 한국 | 4년 | - | - 희귀의약품 지정품목에 대한 검토 면제 | - |

개발하게 하는 가장 큰 동기를 부여하는 제도의 하나가 시장독점제도이다. 미국, 유럽연합, 일본 등 의약품 연구 개발 중심 국가들은 희귀의약품에 대하여 허가 이후 일정 기간 동안 동일 질환에서 경쟁 제품이 시장에 진입하지 못하도록 하는 시장 독점권을 부여하고 있다(표 28-8).

## 6. 희귀의약품 개발 전략 및 향후 전망

생명공학 및 분자 유전학의 빠른 발달로 많은 희귀 유전 질환의 기전이 규명됨에 따라 치료제를 개발의 가능성이 점차 증가하고 있다. 앞선 장에서 살펴본 바와 같이 단백질 수준에서 그 기능을 대체하거나 기능을 강화하는 소분자 치료제의 도입, 혹은 유전자 수준에서 발현을 조절하거나 편집하는 전략, 유전자를 대체하는 유전자치료, 줄기세포 이식과 같은 다양한 전략이 희귀의약품 개발에 시도되고 있으며 실제로 임상 시험에서 효능과 안전성이 증명되어 시판 승인된 약품들이 늘어나면서 희귀의약품 개발은 점차 가속화될 것으로 보인다. 최근 글로벌 희귀의약품 시장은 개발 과정에서의 정책적 혜택과 높은 약가, 독점권 등 경제적 이점으로 인해 전체 제약 산업의 성장률보다 훨씬 큰 폭으로 증가하고 있으며, 향후에도 이러한 경향이 지속될 것으로 예상된다. 실제로 대형 글로벌 제약기업들이 희귀의약품 개발 벤처 회사를 적극적으로 인수하거나 직접 희귀의약품 연구개발에 많은 투자를 하고 있으며, 바이오 의약품 및 첨단 바이오 의약품을 희귀의약품으로 개발하는 비중이 높아지고 있다. 국내 희귀의약품 시장 역시 지속적으로 성장하고 있으며, 국내 기업들이 개발한 희귀의약품도 점차 늘어나고 있다.

# REFERENCE


1. 대한의학유전학회. 유전상담(Genetic counseling). 제2판. 도서출판 다니엘123; 2022. pp. 634-40.
2. 박실비아, 채수미 외. 희귀의약품 제도의 국가별 비교 연구. 보건사회연구. 2013;33(2):525-48.
3. 유한욱. 증례로 배우는 유전성 대사질환. 고려의학; 2016. pp. 2-32.
4. 이동환. 유전성대사질환. 고려의학; 2008.
5. 한국보건산업진흥원. 국내외 희귀의약품(Orphan Drug) 시장 및 연구개발 현황 분석. 보건산업브리프. 2019;283:1-20.
6. Strachan T, Lucassen A. Genetics and Genomics in Medicine. 2nd ed. Florida: CRC press; 2023.
7. Peter DT, Sian E, Ruth C. Emery's elements of medical genetics and genomics. 16th ed. Amsterdam: Elsevier; 2022.
8. Yoo HW. Diagnosis of inherited metabolic disorders based on their diverse clinical features and laboratory test. J of Korean Soc of Inherited Metab Dis. 2013;13:1-19.
9. Lee DH. Newborn screening of Inherited metabolic disease in Korea. Korean J Pediatr. 2006;49:1125-40.
10. HRSA [Internet]. Recommended Uniform Screening Panel [cited 2023 Jul 10]. Available from: https://www.hrsa.gov/advisory-committees/heritable-disorders/rusp
11. Sun W, Zheng W, Simeonov A. Drug discovery and development for rare genetic disorders. Am J Med Genet A. 2017;173(9):2307-22.
12. Pogue RE, Cavalcanti DP, Shanker S, et al. Rare genetic diseases: update on diagnosis, treatment and online resources. Drug Discov Today. 2018;23(1):187-95.
13. Vernon HJ. Inborn Errors of Metabolism: Advances in Diagnosis and Therapy. JAMA Pediatr. 2015;169(8):778-82.
14. Gambello MJ, Li H. Current strategies for the treatment of inborn errors of metabolism. J Genet Genomics. 2018;45(2):61-70.
15. Berraondo P, Martini PGV, Avila MA, Fontanellas A. Messenger RNA therapy for rare genetic metabolic diseases. Gut. 2019;68(7):1323-30.
16. Tambuyzer E, Vandendriessche B, Austin CP, et al. Therapies for rare diseases: therapeutic modalities, progress and challenges ahead. Nat Rev Drug Discov. 2020;19(2):93-111.
17. Nussbaum R, Mcinnes RR, Willard HF. Thompson & Thompson Genetics in Medicine E-Book. 8th ed. Amsterdam: Elsevier; 2015.
18. Hanrahan JW, Sampson HM, Thomas DY. Novel pharmacological strategies to treat cystic fibrosis. Trends Pharmacol Sci. 2013;34:119-25.
19. Ramsey BW, Davies J, McElvaney NG, et al. A CFTR potentiator in patients with cystic fibrosis and the G551D mutation. N Engl J Med. 2011;365:1663-72.
20. Desnick RJ, Schuchman EH. Enzyme replacement therapy for lysosomal diseases: lessons from 20 years of experience and remaining challenges. Annu Rev Genomics Hum Genet. 2012;13:307-35.
21. Okam MM, Ebert BL. Novel approaches to the treatment of sickle cell disease: the potential of histone deacetylase inhibitors. Expert Rev Hematol. 2012;5:303-11.
22. Perrine SP, Pace BS, Faller DV. Targeted fetal hemoglobin induction for treatment of beta hemoglobinopathies. Hematol Oncol Clin North Am. 2014;28:233-48.
23. Coelho T, Adams D, Silva A, et al. Safety and efficacy of RNAi therapy for transthyretin amyloidosis. N Engl J Med. 2013;369:819-29.
24. Goemans NM, Tulinius M, van den Akker JT. Systemic administration of PRO051 in Duchenne's muscular dystrophy. N Engl J Med. 2011;364:1513-22.
25. Sander JD, Joung JK. CRISPR-Cas systems for editing, regulating and targeting genomes. Nat Biotechnol. 2014;32:347-55.
26. Ginn SL, Amaya AK, Alexander IE, et al. Gene therapy clinical trials worldwide to 2017: An update. J Gene Med. 2018;20:e3015.
27. Mendell JR, Al-Zaidy SA, Rodino-Klapac LR, et al. Current Clinical Applications of In Vivo Gene Therapy with AAVs. Mol Ther. 2021;29(2):464-88.
28. Arabi F, Mansouri V, Ahmadbeigi N. Gene therapy clinical trials, where do we go? An overview. Biomed Pharmacother. 2022;153:113324.
29. Di Minno G, Castaman G, De Cristofaro R, et al. Progress, and prospects in the therapeutic armamentarium of persons with congenital hemophilia. Defining the place for liver-directed gene therapy. Blood Rev. 2023;58:101011.
30. Kumar SR, Markusic DM, Biswas M, et al. Clinical development of gene therapy: results and lessons from recent successes. Mol Ther Methods Clin Dev. 2016;3:16034.
31. Levin AA. Treating Disease at the RNA Level with Oligonucleotides. N Engl J Med. 2019;380:57-70.
32. Rangarajan S, Walsh L, Lester W, et al. AAV5-Factor VIII Gene Transfer in Severe Hemophilia A. N Engl J Med. 2017;377:2519-30.
33. Peddi NC, Marasandra Ramesh H, et al. Intrauterine Fetal Gene Therapy: Is That the Future and Is That Future Now? Cureus. 2022;14:e22521.
34. Hall AK, Carlson MR. The current status of orphan drug development in Europe and the US. Intractable Rare Dis Res. 2014;3(1):1-7.
35. Sharma A, Jacob A, Tandon M, Kumar D. Orphan drug: Development trends and strategies. J Pharm Bioallied Sci. 2010;2(4):290-9.
36. Han Q, Fu H, Chu X, Wen R, Zhang M, You T, et al. Research advances in treatment methods and drug development for rare diseases. Front Pharmacol. 2022;13:971541.
37. Tambuyzer E, Vandendriessche B, Austin CP, et al. Therapies for rare diseases: therapeutic modalities, progress and challenges ahead. Nat Rev Drug Discov. 2020;19:93-111.

CHAPTER 29

# 의학유전학 분야의 윤리적, 법적, 사회적 쟁점

## Ethical, legal and social issues in medical genetics and genomics

인간 유전체 프로젝트(Human Genome Project)가 2003년에 완료된 이후로 전례 없는 기술적 발전이 이루어져 인간 게놈의 서열을 분석하는 비용은 크게 감소하고 속도는 급속하게 증가하였다. 임상의학에 개별 환자의 유전체 분석이 도입되었고 소비자를 대상으로 직접 유전자검사를 판매하는 글로벌 시장이 형성되었으며, 저비용으로 쉽게 유전자를 조작할 수 있는 유전체편집기술의 발전되어 인간의 후세로 유전 가능한 유전체편집이 가능하게 되었다. 유전학은 그 영향과 범위가 국가의 경계를 초월하며 인류의 현재와 미래에 대해 중차대한 문제가 되었다.

20세기 후반에 국제적으로 정립된 생명의료윤리의 원칙들인 자율성존중의 원칙, 선행의 원칙, 해악금지의 원칙, 정의의 원칙은 유전학 윤리에서도 중요하게 적용이 된다. 그러나 유전학 관련 윤리는 환자 또는 연구참여자 개인의 인권에 기초한 생명윤리의 범주를 넘어서는 글로벌 차원의 공공의 윤리가 필요하다. 특히 유전체를 편집하여 유전적 변화가 미래 세대에 전달될 수 있는 경우, 국제사회의 보편적으로 인정된 윤리 원칙을 기반으로 글로벌 표준 설정과 규제를 증진해야 한다. 유전학의 윤리적 문제들을 국제적으로 다루고 국제적인 기준을 만들기 위한 노력들이 유엔기구들을 비롯한 국제 기구와 전문가 단체에서 이루어져 왔으며 각 나라에서도 법규정을 만들어 규제를 하고 있다. 우리나라에서는 2005년부터 생명윤리 및 안전에 관한 법률(이하 '생명윤리법'으로 약칭함)을 중심으로 유전자 관련 생명과학과 기술을 규제하고 있다. 유전학의 발전과 사회의 변화에 따라 유전학의 윤리와 법 규제는 새롭게 검토되어야 한다.

### I. 차세대 염기서열분석 기반 유전자검사의 규범적 문제[1]

김나경

#### 1. NGS 기반 유전자검사의 의의

차세대 염기서열분석(next generation sequencing, NGS)이란, 1970년 생거(Sanger)가 개발한 이래 오랜 동안 활용되어 온 '직접' 염기서열분석 방법의 단점을 극복하기 위해 등장한 새로운 유전자검사 방법이다. 대량의 병렬 데이터를 생산함으로써 유전체 염기서열을 빠르게 분석하는 방법으로, 다중유전자(multi-gene) 패널, 전장유전체검사(whole genome sequencing, WGS), 전장엑솜검사(whole exome sequencing, WES) 등의 방식이 활용되고 있다.

쉽게 말하면, NGS 기반 유전자검사(이하 'NGS 검사'로 약칭)란 한꺼번에 여러 유전자를 동시에 분석해내는 기술로, "빠르고 저렴"[2]한 분석을 가능하게 하는 검사 방법이다. 동 검사 방법은 2000년대 중반 이후 빠른 속도로 상용화되었는데,[3] 이와 더불어 규범적인 관점에서는 해결되어야 할 여러 가지 문제가 제기되었다. 다음에서는 이러한 문제를 크게 검사 범위의 문제와 검사 결과의 고지 문제로 나누어 살펴보고, 문제 해결을 위한 정책의 방향을 제시해보고자 한다.

## 2. 검사 범위의 확정 문제

NGS 검사는 앞서 언급했듯 대용량의 유전자들을 빠르게 검사하는 방법이라는 점에서 검사의 '비용적 효율성'[4]이 매우 높다. 이러한 비용적 효율성으로 인해 경우에 따라서는 검사의 범위가 검사대상자가 애초에 계획했던 것보다 더 넓어지는 경우가 발생할 수 있다. 하지만 이와 같은 검사 범위의 확장은 규범적인 관점에서 볼 때 (생명)의료법의 기본 원칙을 훼손할 수 있다.

### 1) '정보를 제공받은 동의(informed consent)' 원칙

모든 의료행위 그리고 인간을 대상으로 하는 연구에서는 환자 또는 연구대상자에게 행해질 의료적 개입이나 연구가 무엇인지 그리고 이로 인해 얻을 수 있는 이익과 발생할 수 있는 위험은 무엇인지 등에 관해 설명하고 그러한 개입 또는 연구에 대한 동의를 받는 것이 가장 중요한 생명의료윤리의 원칙 중 하나이다. 특히, 환자 또는 연구대상자는 대부분의 경우 의료적 또는 생명과학적 지식과 관련하여 문외한이기 때문에, 환자-의사 또는 연구대상자-연구자의 관계는 '정보와 힘의 비대칭성'[5]을 특징으로 한다고 볼 수 있다. 이러한 점에서 우리나라의 판례는 특히 1990년대 이후부터 본격적으로 의료행위와 관련하여 의사의 설명의무를 법적 의무로 인정해왔고,[6] 의료법에서는 특히 의료행위 중 "사람의 생명 또는 신체에 중대한 위해를 발생하게 할 우려가 있는 수술, 수혈, 전신마취"의 경우에 대해서는 명시적으로 의사의 설명의무를 규정하기에 이르렀다(동법 제24조의2). 더 나아가 유전자검사를 규율하는 생명윤리법 제51조 제1항은 유전자검사의 경우 유전자검사기관이 검체를 채취하거나 채취를 의뢰할 때에는 채취 전 검사대상자로부터 "유전자검사의 목적, 검사대상물의 관리에 관한 사항, 검사대상물의 제공에 관한 사항, 동의의 철회, 동의 철회 시 검사대상물의 처리, 검사대상자의 권리, 그 밖에 보건복지부령으로 정하는 사항"에 대해 동의를 받아야 한다고 규정하며, 동조에 의거한 동법 시행규칙 제51조 제1항은 '유전자검사항목에 관한 사항, 유전자검사 결과의 한계에 관한 사항' 등을 동의를 받아야 하는 사항으로 규정하고 있다. 이러한 규정은 치료나 연구 등에 있어서 환자 또는 검사 대상자의 자율성을 확보하기 위한 최소한의 전제 조건이라 할 수 있다. 특히 '유전자검사항목에 관한 사항' 그리고 '유전자 검사의 목적'에 대해 설명하고 동의를 구하는 과정은 검사 대상자에게 시행할 유전자검사의 범위를 확정하는 과정이라 할 수 있다. 유전자검사가 의료적 목적으로 시행되는 경우에는 무엇보다 검사 범위는 환자의 '질병이나 의학적 적응증'[7]을 중심으로 정해지게 될 것이다.

### 2) 검사 범위의 확대

그런데 NGS 검사의 경우 –특히 비용적 효율성으로 인하여– 앞서 언급했던 것처럼 검사의 범위를 확대하게 되는 경우가 발생할 수 있다. NGS 검사에서 검사 범위가 확장되는 경우로는, 특히 검사가 다중유전자(multi-gene) 패널을 활용하여 이루어질 때 패널을 추가함으로써 확장이 이루어지는 경우를 생각할 수 있다(NGS 검사가 전장유전체검사 또는 전장엑솜검사 방식으로 이루어지면 처음부터 모든 유전자의 검사가 예정되므로, 이 때에는 검사 범위의 임의적인 확장보다는 다음 단락에서 이야기할 '고지' 범위의 확장을 논하게 될 것이다). 검사 범위를 확대하고자 하는 경우에는 물론 검사를 시행하기 전에 환자 또는 검사대상자에게 이에 대해 다시 설명하고 동의를 받는 과정을 거쳐야 하겠지만, 경우에 따라서는 여러 가지 이유에서 그렇지 않은 경우도 발생할 수 있다. 그렇다면 NGS 검사를 시행하면서 환자나 검사대상자로부터 명시적인 동의를 받지 않은 질환 등에 대한 검사 패널을 추가하는 등의 방식을 통해 유전자검사의 범위가 확대된 경우, 동의가 결여되었다는 이유로 그러한 확대된 검사의 규범적 정당성을 일률적으로 부인해야 하는가?

의료행위와 관련하여 우리 법원은 의료행위에 대한 환자의 명시적인 동의가 없었더라도 "환자의 승낙이 명백히 예상되는 경우"에는 이른바 '가정적 승낙'이 인정될 수 있다고 보고 있다.[8] 그렇다면 NGS 유전자검사의 경우에는 어떠한 경우 가정적 승낙이 인정될 수 있을 것인가? 가장 우선적으로 생각해볼 수 있는 것은, 환자나 검사 대상자가 검사의 목적으로 설정하는 질환과 새롭게 검사대상으로 추가된 질환 사이에 '의학적 연관성'[9]이 인정될 수 있고 더 나아가 환자가 그러한 연관성에 대해 인지했더라면 추가 질환에 대한 검사에 대해서도 동의했을 것임이 인정될 수 있는 경우이다. 하지만 NGS 검사가 상용화되고 있는 현실을 고려해본다면 의사가 연관된 질환에 대한 부가적인 검사 여부에 대해서도 환자의 명시적인 동의를 구하는 것이 보편적인 원칙으로 인정될 수 있다. 그렇기 때문에, NGS 검사에서 검사범위 확대에 대한 가정적 승낙은 어디까지나 극히 예외적인 경우가 아니라면 인정되기 어려울 것이다.[10]

## 3. 검사 결과의 고지 문제

유전자검사를 시행한 후에는 환자에게 검사 결과를 고지 또는 전달하게 된다(DTC-유전자검사의 경우를 제외하면, 검사 결과를 전달하게 되는 경우는 대부분 연구 목적의 검사가 아니라 임상 의료에서 이루어지는 의료 목적 검사이므로, 이 단락에서는 검사 결과의 고지/전달 대상자를 '환자'로 한정하여 기술한다). 그런데 NGS 검사의 경우에는 검사 이후의 단계에서 무엇보다 환자에게 알려주어야 할 '검사 결과'의 범위를 둘러싼 문제가 종종 등장한다. 고지해야 할 검사 결과는 일차적으로는 물론 환자가 검사 전 단계에서 계획했던 질환 또는 적응증과 관련된 유전적 변이이다. 하지만 NGS 검사의 경우에는, 검사 결과 발견된 유전적 변이가 환자가 검사의 목표로 삼았던 질환 또는 적응증과는 관련이 없지만 의학적인 의미를 갖는 경우 그러한 검사결과를 과연 환자에게 알려주어야 할 것인가의 문제가 종종 등장하는데, 이를 '2차적 발견(secondary finding)' 또는 '우연적 발견(incidental finding)'의 문제라 부른다. 이러한 2차적 발견의 문제는 NGS 검사가 특히 '유전체' 검사에 해당하는 전장유전체검사 또는 전장엑솜검사의 방식으로 이루어지는 경우 더 많이 발생한다.

### 1) 2차적 발견의 가능성에 대한 사전 설명과 상담

NGS 검사에서 2차적 발견의 고지 문제가 종종 등장한다면, 이 문제를 합리적으로 해결하기 위해 우선 생각해볼 수 있는 것은, NGS 검사를 시행하기 전에 환자에게 -앞서 검토한 바와 같이 검사의 범위에 대해 설명하는 것 외에도- 2차적 발견의 가능성에 대해 미리 알려주는 것이다. 미국 의학 유전학회(American college of Medical Genetics and Genomics, ACMG)는 특히 임상에서의 전장유전체검사(WGS) 또는 전장엑솜검사(WES)에서 등장하는 우연적 발견의 고지에 관한 권고안을 발표했다. 동 권고안에 따르면 임상의료에서 동 검사를 시행하는 경우 의사는 환자와 "우연적 발견의 가능성에 대해 상의"해야 한다.[11] 그 밖에도 EuroGentest 및 유럽 인간 유전학회(EuroGentest & European Society of Human Genetics, ESHG)가 제정한 NGS 유전자 진단에 대한 가이드라인에서도, NGS 검사를 시행하기 전에는 환자에게 "의도하지 않았던(unsolicited) 발견의 가능성에 대한 정보를 제공"해야만 한다고 명시하고 있다.[12]

검사 전 단계에서 이루어지는 이와 같은 설명에 기초하여 환자는 2차적 발견이 등장한 경우 이에 대해 검사 후 고지를 받을 것인지에 대해 결정할 기회를 보장받게 될 것이다. 그리고 이러한 과정을 통해 2차적 발견의 고지 여부와 관련해서도 앞에서 언급한 '가정적 승낙'을 과연 인정할 수 있을 것인가를 둘러싸고 등장할 수 있는 문제들을 어느 정도 예방할 수 있을 것이다. 뿐만 아니라, 이러한 설명은 보다 근본적으로 UNESCO의 인간 게놈 및 인권에 관한 보편선언(1997) 제5조의 c에서 천명하고 있는, "유전자검사의 결과 및 그 의미에 관해 고지를 받을 것인지의 여부를 결정할 (환자 개인의) 권리"를 실현하는 것이기도 하다. 이러한 권리는 종종 환자의 '모를 권리(Right not to know)'라고 일컬어지며 경우에 따라 실정법에서 명시적으로 인정되기도 하는데(예를 들어 독일 유전자검사법 제9조 제2항 제5호의 '모를 권리' [Recht auf Nichtwissen]), 이는 우리 헌법상 보장된 행복추구권(헌법 제10조)으로부터 파생되는 권리라고도 볼 수 있다.

### 2) 고지 범위의 확대

그런데 2차적 발견에 대해 고지를 받을 것인지 그리고 그렇다면 어떠한 범위의 변이까지 고지를 받을 것인지에 관한 환자의 결정이 있다고 할지라도, 2차적 발견은 매우 다양한 종류와 형태로 등장할 수 있기 때문에 환자가 이를 미리 다 예견하여 고지받을 범위를 정확히 확정하는 것은 거의 불가능하다. 특히 NGS 검사에서 등장할 수 있는 2차적 발견과 관련된 수많은 상황들에 대해 이전의 검사 방식의 경우에서처럼 환자에게 모두 설명하고 동의를 받고자 한다면 환자는 엄청난 양의 상담을 해야만 할 텐데, 이는 실무적으로도 가능하지 않다.[13] 덧붙여, 임상 의사들이 모두 이러한 상담을 전문적으로 수행할 수 있을 것이라고 기대하기도 어렵다.[14] 이러한 상황에서 경우에 따라서는, 환자가 사전에 예견하지 못했고 따라서 고지에 대해 동의하지 않았을지라도, 2차적 발견의 결과를 알려주는 것이 환자에게 이익이 된다고 판단되는 경우도 있을 수 있다. 또한 2차적 발견의 결과를 알려주지 않는 것이 '환자를 돌볼 (의사의) 의무'[15]에 배치된다고 보이는 경우도 있을 수 있다.

이와 같은 점들을 고려하여, ACMG는 2013년 특히 임상에서 전장유전체검사(WGS) 그리고 전장엑솜검사(WES) 방식으로 유전자검사가 시행되는 경우, 유전자검사를 시행하는 실험실이 –"환자의 선호에 대한 정보가 없더라도(without reference to patient preferences)"– 반드시 찾고 그 결과를 의사에게 보고해야만 하는 목록을 권고안을 통해 정하였으며,[16] 그 목록을 지속적으로 업데이트하여 2023년 현재 78개의 유전자가 목록에 등재되어 있다.[17] 이러한 목록에 등재된 경우들은 어디까지나 "다른 진단 방법으로도 검증될 수 있고" "현재의 증거 및 (권고안을 만든 구성원들의) 의학적 합의에 기초해서 볼 때 의학적 개입이 가능"한 경우들로, 적어도 의사에게 환자와 환자 가족에게 발생할 수 있는 해악을 방지할 의무가 인정될 수 있는 경우들이라 할 수 있다.[18] 어쨌든 이와 같은 권고안의 내용은, 적어도 목록에 등재된 78개의 유전자와 관련하여 환자가 검사 전 이를 고지받는 것에 대한 거부 의사를 밝히지 않았다면, 당해 유전자의 검사 결과에 대해서는 의사가 이를 고지할 수 있음을 의미한다.

결국 NGS 검사의 경우에는 많은 경우 검사 전 계획했던 고지의 범위를 확대해야 하는가에 대한 문제가 등장할 수밖에 없고 환자에게 이 모든 경우에 대한 자율적인 판단을 요구하거나 모든 가능한 경우에 대한 검사 전 상담을 진행하는 것 또한 가능하지 않으므로, 검사 전 고지 여부가 확정되지 않았던 2차적 발견의 문제를 합리적으로 해결할 수 있는 각 실험실 또는 국가 단위의 표준화된 절차와 기준이 필요하다. ACMG의 권고안은 환자가 고지받기를 원한다고 미리 선택하지 않은 2차적 발견이 등장한 경우 이를 환자에게 알리지 않는 것이 항상 바람직한 것은 아니라는 점에 대한 이해에서 출발하여,[19] 환자에게 유익이 될 수 있는 2차적 발견을 후견주의적으로 목록화한 것이라 할 수 있다.

## 4. 정책적 방향

이상의 논의를 종합해보면, NGS 검사에서는 한편으로는 검사의 범위 문제 그리고 다른 한편으로는 고지의 범위를 확정하고 또 경우에 따라 확대하는 문제가 가장 중요한 규범적 이슈로 등장한다. 이러한 모든 과정에서 가장 중요한 것은 무엇보다 의사와 환자 간의 커뮤니케이션이다. NGS 검사가 상용화되는 상황에서는 검사 범위의 확장 가능성 그리고 2차적 발견의 가능성에 대해 환자가 검사 전 분명히 인지하고, 이와 관련하여 검사 여부, 검사 범위의 확장 및 2차적 발견에 대한 고지 여부와 관련해 우선은 1차적인 결정을 내릴 수 있는 절차를 구조화하는 것이 중요하다. 이러한 맥락에서 ESHG는 NGS 유전자 진단에 대한 가이드라인에서, NGS 검사를 시행할 때는, 특히 환자가 목표로 삼지 않았던 2차적 발견에 관해 윤리위원회의 결정에 상응하는 프로토콜을 수립해야 한다고 명시한다.[20] 다만, 의사와 환자 간의 커뮤니케이션 과정에서도 검사 범위 확장이나 2차적 발견의 가능성에 대해 환자에게 미리 알려주는 것이 환자에게 이러한 상황과 관련한 결정을 온전히 떠넘기거나 환자가 완전히 독립적으로 결정할 것을 요구하는 것이 되어서는 안된다는 점을 유의해야 한다. 환자는 전문적 지식이 부족할 뿐만 아니라 임상의료 상황에서 스스로 판단을 내기 어려울 때가 많은 –예를 들어 2차적 발견의 결과를 아는 것이 스스로에게 더 좋은 것인지를 명확하게 판단하기 어려운– '약한' 존재이다.[21]

그렇기 때문에 환자와의 커뮤니케이션 과정은 환자에게 NGS 검사를 할 때 등장할 수 있는 문제들을 일방적으로 전달하는 과정이 아니라, '환자의 상황과 심리적 상태를 고려하면서' 환자의 결정을 '전문적'이고 '다각적인 방식으로' 도와줄 수 있는 '유전상담'의 과정이 되어야 한다.[22] 이러한 점에서 유전자검사를 규율하는 현행법체계에서는 아직 유전상담이 의무화되어 있지 않다. 유전상담은 불확정성을 특징으로 하는 유전자검사의 가장 중요한 부분 중 하나라 할 수 있으며,[23] 더 나아가 NGS 검사의 경우처럼 이전에 생각하지 못했던 점들에 대한 커뮤니케이션이 새로이 요청되는 상황에서는 유전상담의 중요성이 더욱 강조될 수밖에 없다.[24] 따라서 유전상담에 관한 규율이 법체계에 구조화될 필요가 있으며, 그렇지 않다면 적어도 유전상담의 방식과 내용에 대해 유전자검사의 특성과 방식을 잘 고려한 전문가집단의 가이드라인이 마련되고 그 가이드라인이 기술의 발전 상황을 반영하여 지속적으로 업데이트될 수 있는 제도적 장치를 마련할 필요가 있을 것이다.

결국 NGS 검사에서는 한편으로는 검사 범위 및 (2차적 발견을 둘러싼) 고지 범위의 확대와 관련한 환자-의사 간의 커뮤니케이션과 관련 절차들을 마련하고, 다른 한편 특히 유전상담의 과정이 환자의 결정을 실질적으로 도와줄 수 있는 절차가 될 수 있도록 하는 방안을 마련할 때에, 검사를 둘러싼 다양한 문제 해결에 있어서의 규범적 정당성이 확보될 수 있을 것이다.

## REFERENCE


1. 이 장의 내용은 글쓴이의 연구인 Normative Issues in Next Generation Sequencing Gene Testing. Development & Reproduction. 2023;27(1):47-56.의 주요 내용 중 일부 및 그 밖의 다른 연구결과물들의 관련 부분을 재구성하여 정리하고, 아울러 필요한 내용을 추가적으로 보완한 것임을 분명히 밝혀둔다. 각 연구결과물의 관련 부분에 대해서는 각주를 통해 인용 표시를 하였으나, 관련 법령이나 가이드라인 등의 내용은 당해 내용을 다룬 연구를 다시 인용하지는 않고 해당 법령 및 가이드라인을 직접 인용하였음도 아울러 밝혀둔다.
2. 식품의약품안전처. NGS (Next Generation Sequencing) 기반 유전자검사의 이해(심화용). 2022. 식품의약품안전처. p. 8.
3. BRIC [인터넷]. 이수민. 최근 차세대염기서열분석(NGS) 기술 발전과 향후 연구 방향. BRIC View 2014-T05 [Cited 2023 Oct 4]. Available from: https://www.ibric.org/bric/trend/bio-report.do?mode=view&articleNo=8691664.
4. Kim NK. Normative Issues in Next Generation Sequencing Gene Testing. Dev. Reprod. 2023;27(1):50.
5. 김나경. 의사의 설명의무의 법적 이해. 한국의료법학회지. 2007;15(1):11.
6. 대법원 2023.3.9. 선고 2020다218925 판결; 대법원 2022.1.27. 선고 2021다265010 판결 등 참조.
7. Kim NK. Normative Issues in Next Generation Sequencing Gene Testing. Dev. Reprod. 2023;27(1):49.
8. 대법원 2022.1.11. 선고 2001다27449 판결; 대법원 1994. 4. 15. 선고 92다25885 판결.
9. Kim NK, Kim JW. A Case of Next-generation Sequencing Testing: Points to be Considered in Testing and Reporting. Annals of Laboratory Medicine. 2022;42(2):296.
10. Kim NK. Normative Issues in Next Generation Sequencing Gene Testing. Dev. Reprod. 2023;27(1):49.
11. Green RC, Berg JS, Grody WW, et al. ACMG Recommendations for Reporting of Incidental Findings in Clinical Exome and Genome Sequencing. Genet Med. 2013;15(7):568.
12. Matthijs G, Souche E, Alders M, et al. Guidelines for diagnostic next-generation sequencing. Eur J Hum Genet. 2016;24:3.
13. Green RC, Berg JS, Grody WW, et al. ACMG Recommendations for Reporting of Incidental Findings in Clinical Exome and Genome Sequencing. Genet Med. 2013;15(7):568.
14. Green RC, Berg JS, Grody WW, et al. ACMG Recommendations for Reporting of Incidental Findings in Clinical Exome and Genome Sequencing. Genet Med. 2013;15(7):568.
15. Egalite N, Groisman IJ, Godard B. Genetic counseling practice in next generation sequencing research: implications for the ethical oversight of the informed consent process. J Genet Couns. 2014;23(4):668. (이에 대해서는 Kim NK. Normative Issues in Next Generation Sequencing Gene Testing. Dev. Re-

prod. 2023;27(1):52.에서도 소개한 바 있다).
16. Green RC, Berg JS, Grody WW, et al. ACMG Recommendations for Reporting of Incidental Findings in Clinical Exome and Genome Sequencing. Genet Med. 2013;15(7):565-74.
17. Miller DT, Lee K, Abul-Husn NS, et al. ACMG SF v3.1 list for reporting of secondary findings in clinical exome and genome sequencing: A policy statement of the American College of Medical Genetics and Genomics (ACMG). Genet Med. 2022;24(7):1409-10.
18. Green RC, Berg JS, Grody WW, et al. ACMG Recommendations for Reporting of Incidental Findings in Clinical Exome and Genome Sequencing. Genet Med. 2013;15(7):568-9.
19. Facio FM, Lee K, O'Daniel JM. A genetic counselor's guide to using next-generation sequencing in clinical practice. J Genet Couns. 2014;23(4):460-1. (이 내용은 Kim NK. Normative Issues in Next Generation Sequencing Gene Testing. Dev. Reprod. 2023;27(1):52.에서 먼저 소개한 바 있다).
20. Matthijs G, Souche E, Alders M, et al. Guidelines for diagnostic next-generation sequencing. Eur J Hum Genet. 2016;24(10):3.
21. 김나경. 의사의 설명의무의 법적 이해. 한국의료법학회지. 2007;15(1):12-28.
22. Kim NK. Normative Issues in Next Generation Sequencing Gene Testing. Dev. Reprod. 2023;27(1):53.
23. 김나경. 장애 이해의 해석학적 구조화와 법, 생명윤리. 2015;16(2):68. 이하; 그리고 유전검사에서 커뮤니케이션을 구조화하는 방안에 대해서는 동 논문의 78쪽 이하 참조.
24. 식품의약품안전처. NGS (Next Generation Sequencing) 기반 유전자검사의 이해(심화용). 2022. 식품의약품안전처. p. 74.

## II. 소비자 대상 직접 시행 유전자검사

### (Direct to consumer genetic testing, DTC)

김옥주

의료전문가의 개입 없이 직접 소비자를 대상으로 하는 유전자검사(direct to consumer [DTC] genetic testing, 이하 'DTC 유전자검사'로 약칭함)가 웹 기반의 글로벌 시장으로 형성되었다.[1] 유전자 분석 기술의 발전과 가격의 급속한 저하로 발전된 이 사업은 회사의 홍보에 의해 주도되며, 회사와 개인이 직접 웹사이트, 택배, 샘플 운송 서비스를 통해 소통하며, 국경의 한계를 넘나드는 사업이 되었다. DTC 유전자검사는 의학의 상업화와 소비주의가 촉진되는 사례로서 유네스코 등의 국제기구에서는 이의 윤리적 문제에 대해 각국의 규제를 촉구한 바가 있다.[2]

### 1. DTC 유전자검사에서의 주요 윤리적 문제

#### 1) 자율성과 복지주의

DTC 유전자검사를 옹호하는 입장에서는 개인의 유전정보를 알고자 하는 권리에 기반하여 자신의 목적을 위해 유전자검사를 스스로 선택해서 할 수 있다고 주장한다. 이는 복지주의(welfarism)의 입장과도 연결되어 있는데, DTC 유전자검사를 통해 개인에 대한 유전 정보를 얻게 되어 의료, 생활양식, 운동 등을 이에 맞도록 선택하여 자신의 복지를 최대화하도록 할 수 있다는 것이다.[3] 이는 의료 정보의 확산과 의료기술에 대한 자율성 확대로 이전과는 달라진 환자의 지위와 연결되어 있다. 이전에는 질병의 진단과 치료가 의료진에 의해 주도되던 의료체계에서 이제는 개인이 다양한 건강 관련 산업의 소비자가 되어 건강할 때부터 자신의 질병의 유전적 소인과 환경 요인들을 알고 관리하며 의료 서비스도 선택하여 이용하는 주체가 된 것이다. 건강을 위해 결정할 수 있도록 유전자 정보를 알게 하는 DTC 유전자검사는 개인의 권리로 간주될 수 있다. 따라서 강력한 근거가 있지 않으면 이러한 권리를 침해하기는 쉽지 않다.

#### 2) 정보 제공과 동의에 의한 결정

자율성 존중은 충분한 정보를 제공하고 이에 근거한 결정을 내릴 때 이루어진다. 개인이 자율적으로 선택하기 위해서는 주어진 정보가 적절하고 올바른 정보이어야 한다. DTC 유전자검사 전과 검사 후에 진단적이거나 예측적인 의미에서 실질적 가치가 명확하지 않거나 충분한 정보를 제공하지 못하면 개인의 자율성과 독립성이 심각하게 손상될 수 있다. 사람들은 마음의 준비가 되지 않은 상태에서 원하지 않은 정보를 알게 되거나, 불필요한 스트레스를 받게 될 수 있다.[3] 상업적인 DTC 유전자검사기관들의 웹사이트나 광고들이 소비자를 오도할 수 있다.[4] 또한 친자 확인 검사의 경우처럼 자신도 모르는 사이에 타인에 의해 검사가 이루어질 수도 있어서 자율성을 심각하게 훼손할 가능성도 있다. 또한 고용주, 보험 회사들처럼 누군가의 유전적 정보를 취득하는 것에 이해가 걸린 경우들도 있다.

### 3) 임상적 타당성과 유용성

DTC 유전자검사의 임상적 타당성과 유용성에 대해 많이 문제가 제기되었다.[5] 예측력이 불확실하거나 떨어지는 검사를 하는 경우도 있으며, 같은 검사 종류임에도 검사기관마다 결과가 다르게 나오기도 하고, 상당한 변이가 위양성(false positive)으로 나오기도 한다. 이러한 검사는 개인에게 실실석인 혜택을 세공하지 잃을 뿐민 아니리 안전성과 효능에 대한 과학적 근거가 부족할 수도 있다. 이러한 검사가 위험을 초래할 때에는 해가 발생하기 전에 해를 예방하기 위해 해악금지의 원칙(principle of non-maleficence)을 적용해야 할 수도 있다. 의사들은 DTC 유전자검사 결과만을 가지고는 유의미한 결정을 하기 어렵기 때문에 다시 확증적인 임상검사를 해야 한다. 이렇게 되는 경우 DTC 유전자검사가 추가 검사로 이어지게 되면 그렇지 않아도 과부하가 걸린 의료시스템에 더욱 부담이 될 수 있다.[5]

### 4) 개인정보 보호

개인의 유전자 데이터는 민감한 개인정보이다. 식별가능한 데이터는 무단으로 접근하는 사람들과 가능한 남용으로부터 보호되어야 한다. 원칙적으로는 검사를 받은 개인만이 자신의 유전적 구성에 대해 알고자 하는지 여부를 결정할 권리가 있으며, 다른 사람이 이 정보에 접근하고 유전자 데이터를 어떤 목적으로 처리하고 사용할 지를 결정할 수 있다. 현실에서는 DTC 유전자검사를 행하는 회사들은 이러한 개인정보를 자신들의 이익을 위해 활용할 수 있으며, 치료 연구의 명분하에 제3자에게 양도할 수도 있다.[6] 수집되는 개인정보와 검사 결과도 경제적 가치를 지니게 되며 검사를 받는 사람의 자율성과 이익이 간과되는 경우가 많다. 개인의 유전정보를 기밀로서 보호하고 보험, 고용 등에서 불이익을 받지 않도록 해야 한다.[7] DTC 유전자검사기관들이 회사에서 사생활과 개인정보 보호에 대한 정책뿐 아니라 실질적인 방안을 마련해야 한다.

## 2. 우리나라의 DTC 유전자검사관련 법 규제

우리나라에서는 생명윤리법으로 DTC 유전자검사를 규제하고 있다. DTC 유전자검사를 "소비자 대상 직접 시행 유전자검사"로 칭하며 의료기관이 아닌 유전자검사기관이 소비자를 대상으로 검체 수집, 검사, 검사결과 분석 및 검사결과 전달 등을 직접 수행하는 서비스로 판매하는 유전자검사이다.

### 1) DTC 유전자검사기관의 인증제도

우리나라에서 과거에는 의료기관이 아닌 유전자검사기관은 의료기관의 의뢰를 받은 경우에만 유전자검사가 가능했지만, 2015년도 생명윤리법 개정으로 질병의 예방과 관련된 유전자검사로 보건복지부장관이 필요하다고 인정하는 경우에는 비의료기관에서 유전자검사를 실시할 수 있게 되었다.[8] 유전자검사기관은 신고 제도이나 2020년 12월 생명윤리법을 개정하여 소비자 대상 직접 시행 유전자검사를 시행하는 기관, 즉 DTC 유전자검사기관에 대한 인증제도를 신설하였다.[9] 유전자검사의 과학적 타당성이나 유효성, 안전성이 검증되지 않은 채 직접 소비자에게 상업적으로 유전자검사를 하게 될 경우에 미칠 해악을 예방하기 위해 인증제 도입을 통해 DTC 유전자검사기관에 대한 관리를 강화하려는 것이다. 인증은 보건복지부령으로 정하는 시설 및 인력 등을 갖추고 보건복지부장관으로부터 검사항목별 숙련도, 검사결과의 분석·해석·전달, 검사대상자와 개인정보의 보호방안 등 해당 기관의 검사역량에 대하여 인증을 받아야 한다.[10] 인증의 유효기간은 3년이며, 그 후에는 재인증을 받아야 한다. 위법한 일이 발견되면 인증이 취소될 수 있다. 예를 들어 거짓이나 부정한 방법으로 인증을 받거나, 검사역량에 시설·인력·장비 등이 변해서 인증기준에 맞지 않게 되거나, 인증받은 항목 외에 DTC 유전자검사를 수행했거나, 검사대상자의 개인정보를 유출하거나 검사의 효용성을 왜곡하는 등 검사대상자를 현저하게 오도(誤導)하는 방식으로 수행한 경우에는 인증이 취소된다.

### 2) DTC 검사 항목 및 질 관리

생명윤리법은 DTC 유전자검사의 범위를 규정한다. 현재 보건복지부장관이 필요하다고 인정하는 DTC 유전자검사의 내용은 "영양, 생활습관 및 신체적 특징에 따른 질병의 예방을 위한 유전자검사 및 유전적 혈통을 찾기 위한 유전자검사"를 의미한다.[11] 의료기관이 아닌 DTC 유전자검사기관이 유전자검사에 대한 설명 및 정보제공, 동의 구득, 검체 수집, 검사, 검사결과 분석 및 검사결과 전달 등을 수행하여 실시할 수 있는 유전자검사의 범위를 제시하고 제한한 것이다. 또한 유전자검사에 관하여 거짓 표시 또는 과대광고를 금지하고 있으며, 유전자검사기관의 종사자는 유전자검사 및 그 정보의 안전한 관리 등을 위하여 필요한 교육을 받도록 규정하였다.

우리나라는 생명윤리법에 의한 DTC 유전자검사기관 인증제도와 검사항목에 대한 제한을 통해 DTC 유전자검사의 지향점, 즉 소비자의 자기결정권에 따라 유전자검사를 통한 질병 예방 등의 복지를 최대화하도록 돕고, 부작용을 최소화하려는 규제를 정부 주도로 시행하고 있다. DTC 유전자검사가 확대되면 소비자들이 검사결과를 가지고 의사에게 상담을 할 수 있다. 상담은 주로 결과의 의미를 명확히 하기 위한 것이며, 결과를 활용하는 방법에 대한 조언이나 결과로 인한 우려에 대한 대응을 포함할 수 있다. 의사들도 DTC 유전검사에 대해 숙지할 필요가 있다. 하지만 소비자가 검사 결과를 이해하기 위해 의료진의 상담을 필요로 한다면 DTC 검사는 의료진의 개입 없이 이루어지는 유전자검사라는 본래의 취지에서는 벗어난다.

REFERENCE


1. 황서현, 김경철. 소비자 직접의뢰(Direct-to-Consumer, DTC) 유전자검사 서비스의 현황과 정책 방향. 미래의료인문사회과학. 2018;1(2):1-24.
2. UNESCO. Report of the International Bioethics Committee of UNESCO (IBC) on Updating Its Reflection on the Human Genome and Human Rights. Paris, UNESCO. 2015.
3. Cernat A, Bashir NS, Ungar WJ. Considerations for developing regulations for direct-to-consumer genetic testing: a scoping review using the 3-I framework. J Community Genet. 2022;13(2):155-70.
4. 김수정. 건강인 대상 Direct to Consumer Genetic Test의 사회적 · 윤리적 쟁점. 생명윤리정책연구. 2013;7(2):23-43.
5. 박수경, 김정아. 소비자 대상 직접 유전자검사의 윤리적 우려를 종사자 교육으로 전환하기. 한국의료윤리학회지. 2022;25:21-41.
6. Majumder MA, Guerrini CJ, McGuire AL. Direct-to-Consumer Genetic Testing: Value and Risk. Annu Rev Med. 2021;72:151-66.
7. UNESCO. International Declaration on Human Genetic Data. Paris, UNESCO. 2003.
8. 생명윤리 및 안전에 관한 법률[시행 2016. 6. 30.] [법률 제13651호, 2015. 12. 29., 일부개정]
9. 생명윤리 및 안전에 관한 법률 [시행 2021. 12. 30.] [법률 제17783호, 2020. 12. 29., 일부개정]
10. 생명윤리 및 안전에 관한 법률 시행규칙 [시행 2022. 12. 30.] [보건복지부령 제931호, 2022. 12. 30., 타법개정]
11. 의료기관이 아닌 유전자검사기관이 직접 실시할 수 있는 유전자검사 항목에 관한 규정 [시행 2022. 2. 22.] [보건복지부고시 제2022-43호, 2022. 2. 22., 일부개정]


## III. 보조생식기술

김옥주

체외 수정을 포함하여 임신을 위해 난자를 여성의 몸 밖으로 꺼내거나 난자 및 배아에 인위적인 조작을 가하는 행위를 보조생식기술(Assisted Reproductive Technology, 이하 'ART'로 약칭)이라고 하며,[1] 1978년 최초의 시험관 아기가 태어난 이래 빠르게 발전하여 널리 사용되고 있다. ART의 광범위한 사용에도 불구하고, ART에서 파생되는 기술적 가능성과 그 결과로 인해 생식세포 기증, 과잉 배아, 대리모, 복수부모, 인간배아 연구, 복제배아 등의 윤리적 문제가 제기된다.[2] 우리나라는 2005년부터 생명윤리법에 의해 ART에 관한 법적 규제를 시작했으며, 배아와 태아에 대한 유전자검사를 규제하고 있다.

### 1. 착상전 유전진단의 윤리적 문제

착상전 유전진단(preimplantation genetic test, 이하 'PGT'로 약칭)은 심각한 유전 질환이나 생명을 위협하는 유전 질환이 있는 아이를 낳을 위험이 높은 부부를 대상으로 체외수정(in vitro fertilization, IVF)을 통해 자궁에 착상할 배아를 선택하기 위해 사용된다. 특히 임신 중절을 피하고 싶은 부부에게 유용할 수 있다.

#### 1) 인간 배아의 선별과 폐기

임신목적으로 체외에서 수정시킨 배아들을 PGT를 통해 검사한 이후 유전질환이 없는 배아들을 선별해서 자궁에 이식을 하고 나머지 선택되지 않은 배아는 유전자검사의 질 보증을 위해 사용되거나 냉동 혹은 폐기된다. 이 과정에서 임신을 위해 사용되지 않는 배아는 잠재적인 인간 생명을 침해하게 되어 윤리적 문제의 대상이 된다.[3]

#### 2) 인간 생명의 수단화

부모는 PGT로 배아를 선택할 수 있다. 유전적 질병을 피하는 목적뿐 아니라 골수 이식으로 치료될 수 있는 질병을 가진 형제나 자매에게 혈액, 골수 및 조직의 기증자로서 기능할 수 있도록 적합한 유전적인 특성을 가진 아기를 선택하는 데에도 사용되었다.[4] 이때 사전에 동의할 수 없는 상태에서 형제자매의 생명을 구하도록 만들어진 아기는 수단화된다. 사람을 목적으로 대하고 수단으로 대하지 말아야 한다는 의무론의 윤리에 비추어보면 인간생명의 수단화라는 문제가 발생한다.

#### 3) 유전질환이나 장애를 가진 사람들에 대한 낙인과 차별

PGT가 일으킬 수 있는 또 다른 윤리적인 문제는 검사해서 태어나지 않게 하려는 유전 질환이나 장애를 가진 사람들에 대한 낙인과 차별을 조장할 수 있다는 것이다. 다양성과 상호연대를 존중하는 사회에서는 장애인이나 환자들에 대해 보살피고 통합해야 할 것이다. 그러나 PGT가 이러한 질병과 장애를 사회에서 선택적으로 제거하도록 널리 사용되게 되면 그러한 유전적 상태나 장애를 가진 사람들에 대한 편견과 차별이 심화될 수 있다.[5]

#### 4) 비의학적 착상전 유전진단의 이용

PGT는 질병의 예방뿐만 아니라 비의학적 성 선택(sex selection)을 위해 사용될 수도 있다. 생식의 자유를 지지하는 자유지상주의자들은 가족의 성별 균형과 같은 비의학적 이유로 성 선택을 지지한다. 그러나 성염색체와 관련된 질병의 예방 목적을 제외하고는 성 선택을 위한 PGT의 이용은 윤리적인 이유로 규제되고 있다. 이에는 성에 의한 차별, 비의학적 목적을 위한 의료 자원의 오남용, 사회적 불공정 등이 포함된다.[5]

#### 5) 우생학의 위험과 정의의 문제

배아 선별이 광범위하게 사회적으로 받아들여지면 사회규범 또는 압력에 의해 질병을 가진 아이들의 출생을 억제하는 분위기가 팽배해질 수 있다.[6, 11] 또한 유전자진단을 통해 배아를 선별해서 아이를 낳는 기술은 자녀에게 우수한 유전형질을 가지도록 맞춤아기(designer baby) 혹은 슈퍼아기(super baby)를 낳으려는 우생학으로 연결될 수 있다는 우려가 있다. 또한 PGT를 경제력과 사회적 자본을 가진 사람들이 주로 사용하게 된다면, 그렇지 않은 저소득층이나 자원이 한정된 계층에 유전적인 질환들이 많이 생기게 되어 불공정과 정의의 문제가 발생할 수 있다.[5]

#### 6) 산전 유전자 진단의 윤리적 문제

태아의 염색체 및 유전적 이상을 식별하는 산전 유전자 진단(prenatal genetic diagnosis)은 여러 단계로 이루어진다.[7] 먼저 침습적인 진단 검사의 대상인 고위험 임신부를 선별하는 검사를 시행한다. 임신 11~14주에 수행되는 초음파 검사와 임신부 혈액 검사, 그리고 임신 16~20주에 혈액 검사로 염색체 이상의 위험도를 계산한다. 여기서 위험도가 높다고 판단된 임신부에게는 11~14주에는 융모막검사(chorionic villus sampling), 임신 15~20주에는 양수검사(amniocentesis), 20주 이후에는 제대혈검사(cordocentesis) 등의 침습적인 절차를 통해 태아가 실제로 염색체 이상을 가지고 있는지 확인한다. 태아에 유전적인 이상이 있는 경우 임신을 유지한다면 아이를 낳기 위한 준비를 할 수 있으며, 그렇지 않다면 아이를 낳지 않도록 임신중절이 이루어질 수 있다. 어렵고 고통스러울지라도, 많은 임산부와 부부에게는 선택권을 가질 수 있으므로 이러한 검사는 부모의 자율성을 증진한다.[8]

PGT와 달리 산전 유전자 진단은 착상후의 태아에 대한 것이므로 인공임신중절로 이어질 수 있다. 이의 윤리적인 문제는 착상전유전자진단과 본질적으로 유사하다. 병이나 상애를 가진 아이를 출산하지 않는 선택이 흔해지고 제도화되는 것이다.[8] 이러한 검사의 대상이 되는 질병이나 장애를 가진 사람들에게 낙인과 차별, 배제로 이어질 수 있다. 또한 성 선택과 같은 비의학적 이용으로 연결될 수 있다. 특정 유형의 배아를 폐기하거나 태아를 낙태하는 것이 널리 받아들여지게 되면 이를 암묵적으로 강요하는 문화가 생길 수 있고 완벽한 아이를 찾는 종류의 우생학으로도 연결될 수 있다.

## 2. 우리나라의 생명윤리법과 착상전 유전진단 및 산전 유전자 진단

### 1) 착상전 유전진단(PGT)

PGT에 대한 다양한 윤리적 관점으로 인해 금지, 법률에 따른 규제, 허가 등 국가마다 상이한 법적 접근을 취하고 있다.[2, 9, 10, 11] 우리나라는 생명윤리법에 의해 배아와 태아에 대한 유전자진단을 원칙적으로 금지하고 있으며 예외적으로 허용하는 구조를 갖는다.

무엇보다도 PGT가 정당화되기 위해서는 배아 생성이 '임신 목적'을 위한 것이어야 한다. 생명윤리법 제23조 제1항은 "누구든지 임신 외의 목적으로 배아를 생성하여서는 아니된다."고 규정하고 있다.[12] 생명윤리법은 유전자검사에 대해 유전자검사기관부터 여러 층위로 규율하고 있는데, 착상전 유전진단은 이러한 유전자검사의 하위개념으로 볼 수 있다. 생명윤리법은 착상전유전자진단에 의한 슈퍼아기나 맞춤아기가 나오는 우생학에의 이용 가능성을 차단한다.

### 2) 산전 유전자 진단

배아와 태아에 대해서는 대통령령에 규정한 특정한 유전질환을 진단하기 위한 목적으로만 한정적으로 열거를 통해 검사 종목을 제한하고 있다. 배아와 태아의 유전자검사 항목을 지난 2009년부터 2023년 7월까지 6차례 고시 개정을 통해 검사 항목을 63개에서 209개로 확대하였으며 앞으로 더 늘어날 전망이다.[13] 정부는 유전질환이 있는 가계와 관련 전문가 등의 요청을 검토해 유전질환 검사 항목은 발병 나이, 사망 시기, 중증도, 치료 가능성, 삶의 질 등을 다각도로 평가해 전문가 자문과 배아·유전자전문위원회의 심의를 거쳐 선정한다.

착상전 유전진단은 실험실에서 배아의 선별에 활용되고 산전 유전자 진단은 모체에 임신중인 태아의 인공유산으로 이어질 수 있으므로 미치는 영향이 다르며, 배아와 태아의 도덕적 지위가 엄연히 다름에도 불구하고 동일한 규정 내에 착상전 유전진단과 산전 진단에 관한 내용을 다루며 대상 항목도 동일한 것이 문제라고 할 수 있다.

한편, 우리나라는 현재 인공임신중절에 대한 법적 근거가 없는 상태이다. 예전에는 형법 제270조에서 낙태(인공임신중절)는 원천적으로 금지하였으며 모자보건법 제14조에서 일부 허용하는 구조를 가지고 있었다. 그러나 헌법재판소는 2019년 4월 11일(2017헌바127) '임신한 여성의 자기낙태를 처벌하는 형법 제269조 제1항, 의사가 임신한 여성의 촉탁 또는 승낙을 받아 낙태하게 한 경우를 처벌하는 형법 제270조 제1항 중 '의사'에 관한 부분은 모두 헌법에 합치되지 아니하며, 위 조항들은 2020년 12월 31일을 시한으로 입법자가 개정할 때까지 계속 적용된다'는 결정을 선고하였다[헌법불합치].[14] 하지만, 헌법재판소에서 지정한 시한이 한참 지난 현재까지도 개정이 이루어지지 않았다.

## 3. 생식세포 관련 신기술 및 인간 유전체편집 기술

보조생식기술에 연관해서 인간의 유전자에 개입할 수 있는 가능성을 극적으로 변화시킬 수 있는 몇 가지 새로운 기술이 등장하였다. 체세포 핵이식, 유도만능줄기세포(iPSCs), 줄기세포로부터 생식세포 형성, 유전체편집 등이다.[2] 이들의 등장과 발전은 지금까지의 인간 종의 진화를 완전히 바꿀 수 있는 혁신적인 기술이라서 과학자와 시민사회가 참여하는 글로벌 공동체의 윤리와 기준을 마련해야 하는 중대한 문제가 되었다.

### 1) 체세포 핵이식(somatic cell nuclear transfer)

체세포 핵이식은 동물의 복제에 사용된 기술로 1997년의 양 Dolly의 복제로 널리 알려졌다. 정상 체세포에서 유전자 물질인 핵을 추출하여 핵이 제거된 동일 종의 난자에 삽입하여 난자를 배아상태로 발달을 유도한 뒤에 동일 종의 암컷 동물 자궁에 이식하는 기술이다. 인간 체세포 핵이식은 연구 목적과 생식 목적으로 나뉘는데, 체세포 핵이식으로 생성된 배아는 재생의학 분야에서 사용될 수 있는 배아 줄기세포의 원천이 된다. 생식 목적은 체세포 핵이식으로 형성된 배아를 자궁에 착상시켜 출산까지 하는 것으로 세계적으로 금지가 되어 있으며 우리나라의 생명윤리법에서도 금지한다.

### 2) 유도만능줄기세포(induced pluripotent stem cell, iPSCs)

유도만능줄기세포(iPSCs)는 배아를 파괴하지 않고도 인체의 어떤 세포든지 생성할 수 있는 능력을 가진 줄기세포를 생산하는 새로운 방법이다. iPSCs는 체세포에 특수한 여러 유전자를 도입하여 생산된다. iPSCs로부터 생식세포가 형성될 수 있다. 쥐에서도 인공 생식세포가 iPSCs로부터 생성될 수 있다는 것이 밝혀졌다. 성인 조직의 체세포도 iPSCs로 리프로그래밍(reprograming)되면 체외에서 생식세포를 생성할 수 있음을 나타내었다.[15] 이는 생식세포 기증자 없이 체외수정을 통해 유전적으로 연관된 자녀를 가질 수 있을 것이라는 새로운 가능성을 열었다. 동시에 인간이 체세포로 재생산을 하는 것이 윤리적으로 허용 가능한가에 대한 문제를 제기한다.[2]

### 3) 크리스퍼-카스9 (clustered regularly interspaced short palindromic repeats-Cas9, CRISPR-Cas9) 유전체편집기술

박테리아 시스템을 사용한 게놈 편집의 새로운 기술이 최근에 개발되었다. 이 기술은 상대적으로 간단하고 효율적으로 DNA를 삽입, 제거 및 수정하는 가능성을 제공하고 있다. 생식세포에 이 기술을 적용하는 것은 그 발견 이후로부터 과학계 내에서 심각한 우려를 일으키고 있다.[16, 17]

## REFERENCE


1. Taylor HS, Pal L, Sell E. Speroff's Clinical Gynecologic Endocrinology and Infertility. 9th ed. New Haven; Wolters Kluwer. 2020. p.1104.
2. UNESCO. Report of the International Bioethics Committee of UNESCO on the Assisted Reproductive Technologies (ART) and Parenthood. Paris, UNESCO. 2019.
3. 최진일. 착상 전 유전자 진단에 대한 생명윤리적 고찰. 가톨릭신학. 2014;24:1-29.
4. Dickens BM. Preimplantation genetic diagnosis and 'savior siblings'. Int J Gynaecol Obstet. 2005;88(1):91-6.
5. UNESCO. Report of the International Bioethics of UNESCO on Pre-implantation Genetic Diagnosis and Germ-line Intervention. Paris, UNESCO. 2003.
6. 배현아, 이석배. 착상 전유전자선별검사와 배아생성자의 권리. 서울대학교 법학. 2018;59(1):393-420.
7. Prenatal Diagnosis. In: Cunningham FG, Leveno K, Dashe JS, et al. Williams Obstetrics. 26th ed. New York: McGraw Hill; 2022. pp.332-51.
8. UNESCO. Report of the International Bioethics Committee of UNESCO (IBC) on Updating Its Reflection on the Human Genome and Human Rights. Paris, UNESCO. 2015.
9. 김재윤. 착상전유전자진단의 가벌성에 대한 비교법적 고찰-독일 배아보호법 제3조a를 중심으로. 법제연구. 2012;42:177-209.
10. 김나경. "주관적 구성요건표지"를 매개로 하는 생명공학의 규율원리 모색-착상 전 유전자 진단(PGD)의 문제를 중심으로. 형사법연구. 2007;19:777-98.
11. 황만성. 착상전유전자진단의 활용과 형사책임. 법학연구. 28;2007: 267-93.
12. 생명윤리 및 안전에 관한 법률. [시행 2021. 12. 30.] [법률 제17783호, 2020. 12. 29., 일부개정].
13. 보건복지부. 배아 또는 태아를 대상으로 유전자검사를 할 수 있는 유전질환의 지정. [시행. 2023. 07. 12.] [제 2023-130호, 2023. 7. 12., 일부개정].
14. 이석배 '낙태죄' 헌법재판소 헌법불합치 결정의 취지와 법률개정 방향-헌법재판소 2019. 4. 11. 선고 2017헌바127 전원재판부 결정에 따라. 의료법학, 2019;20(2): 3-39.
15. Horer S, Feichtinger M, Rosner M, Hengstschläger M. Pluripotent Stem Cell-Derived In Vitro Gametogenesis and Synthetic

Embryos-It Is Never Too Early for an Ethical Debate. Stem Cells Transl Med. 2023;12(9):569-75.
16. 제니퍼 다우드나, 새뮤얼 스턴버그, 김보은 옮김. 크리스퍼가 온다. 파주: 프시케의숲; 2018.
17. UNESCO. Report of the International Bioethics of UNESCO on the Principle of Protecting Future Generations. Paris, UNESCO. 2021.

## IV. 인간 생식세포 유전체편집 기술의 규범적 문제

김한나

### 1. 기본 개념

인간의 생식세포를 이용한 유전체편집 기술은 인간의 난자, 정자 또는 배아의 유전자를 고의적으로 변경하는 것을 의미한다. 이 기술은 생물학적 부모가 가진 유전자 중 특정 유전자를 생식세포부터 변경하여 태어난 해당 개인의 모든 세포뿐 아니라 미래 세대에까지 영구적으로 전달하는 것을 의미한다. 특히 미래 세대에 물려주는 임상적 의미를 강조하는 관점에서 이를 "계승 가능한 인간 유전체편집(heritable human genome modification)"이라고도 한다.[1]

크리스퍼-카스9 (clustered regularly interspaced short palindromic repeats-Cas9, CRISPR-Cas9) 유전자 가위 기술의 등장으로 인하여 계승 가능한 인간 유전체편집 기술이 빠르게 발전하고 있고,[2] 2018년 유전체편집 쌍둥이의 출산 사례에 대한 해외 보고도 있었으나, 아직까지 어떠한 국가도 이 기술을 임상적으로 적용하는 것과 관련된 적절한 법제를 갖추지 못하고 있다.[3] 이러한 법적 공백의 영향은 국가마다 명시적으로 이러한 기술의 사용을 금지하든지, 해당 기술의 임상적 사용에 대한 규제의 부재로 나타난다. 그러나 만약 생존율이나 삶의 질과 관련하여 유전 질환으로 고통받는 성인이 존재하고, 향후 가족 계획에 대한 이들의 고민이 이어지는 이상, 유전 질환의 선천적인 해결을 위한 방안 중 하나로서 해당 기술에 대한 정보나 연구개발에 관심과 수요는 이어질 것이며, 법적 공백에 대한 해결책도 제시될 것이다.

이와 관련하여, 좁은 의미에서 윤리적·법적 관점은 기술에 대하여 우리 사회에서 지속적으로 합의되어 온 윤리적 인식과 이를 바탕으로 구체화된 법적 체계에 대한 이해라고 볼 수 있다. 이러한 윤리적·법적 체계는 어떠한 연구가 가능하고, 금지되는지를 단순화하여 보여준다. 그러나 광의로서는 질병 퇴치를 위하여 기술이 점차 진보함에 따라 파생되는 다양한 윤리적·법적 쟁점을 확인하고, 이를 해결하기 위한 접근방식 내지 해결방안의 총체라고 볼 수 있다.

따라서 이 장에서는 「생명윤리 및 안전에 관한 법률(이하, 생명윤리법)」을 중심으로 이 기술의 연구개발과 관련된 윤리적·법적 체계의 구조와 내용에 대한 지식을 제공하고, 향후 임상 적용을 위한 주요 담론을 소개하고자 한다.

### 2. 주요 연구 사례

2015년 4월 중국 황진주(黄军就) 교수팀은 세계 최초로 크리스퍼-카스9를 사용하여 인간 배아를 대상으로 지중해빈혈의 원인인 헤모글로빈-비(hemoglobin-B) 유전자를 편집한 연구 결과를 발표하였다.[4] 이 연구에서는 한 개의 난자와 두 개의 정자를 수정한 삼핵 접합자(tripronuclear zygotes)를 사용했기 때문에 실제 발생이 진행될 가능성은 없었다.[5] 이 연구는 해당 기관윤리위원회의 승인을 받고, 기증자로부터 동의를 획득한 후에 수행되었다.

영국은 지난 2016년 세계 최초로 정부에서 인간 배아 대상 유전체편집연구에 대한 라이선스를 허가한 것으로 알려져 있다.[6] 프랜시스 크릭 연구소(Francis Crick Institute)에 소속된 니어칸(Kathy Niakan)교수는 인간 배아의 초기 발생을 이해하기 위한 목적으로 인간생식배아관리국(Human Fertilisation and Embryology Authority, 이하 HFEA)에 크리스퍼-카스9 기술을 사용한 배아 연구의 승인을 요청하였고, 정부기관의 승인을 받았다. 해당 연구에서는 인간 배아의 발달 과정을 조절하는 유전자와 그 역할에 대한 새로운 정보를 얻을 수 있었다.[7]

이와 관련된 국내 연구도 활발하게 진행되어 왔다.

2017년에는 한국 기초과학연구원(IBS) 유전체교정연구단 김진수 교수팀은 미국 연구진과의 협력으로 비대심근병증의 원인인 돌연변이 유전자를 인간 배아에서 크리스퍼-카스9 기술을 사용하여 수정하는 데 성공했다. 특히 이 연구는 모자이크 현상(mosaicism)이라는 기술적인 난제를 극복한 결과로써 의미가 있었다.

지금까지 가장 중요하게 언급되는 임상 사례는 지난 2018년 11월에 발표된 중국 남방과학기술대학 허젠쿠이(賀建奎)교수의 보고이다. 그는 세계 최초로 크리스퍼-카스9 기술을 사용하여 *CCR5* 유전자를 수정한 쌍둥이 여아를 출산했다고 보고하였다. *CCR5*는 HIV 바이러스가 인체 세포에 침입하는 데 사용되는 수용체 중 하나로, 예방적인 목적으로 쌍둥이들이 HIV에 저항성을 갖게 하려는 시도였다.[8]

## 3. 연구 · 개발 관련 법제

최근 계승 가능한 유전체편집 기술의 발전은 세계 과학계, 국제기구 및 각국 정부 단위에서 윤리적 이슈에 대한 감독 및 규제 논의를 촉발시켰다. 허젠쿠이 사례 이후로는 이와 유사한 임신이나 출산에 대한 보고는 없는데, 이는 당시 국제적인 논의와 일련의 합의에 따라 일종의 유예 기간을 가지는 것으로 볼 수 있다. 그동안 과학계 및 거버넌스 관련 당사자들은 책임 있고 윤리적인 관행이 보장되도록 적극적으로 논의하고 관련 지침과 정책을 수립하고 있다.

그중에서도 관련 연구 규제는 계승 가능한 유전체편집 연구에 중추적인 역할을 한다. 연구의 혁신이 이뤄질수록 단계 별로 복잡한 법적, 윤리적 틀을 따라야 한다. 이하에서는 관련된 헌법, 생명윤리법을 중심으로 한 규제 및 윤리적 규범을 제시한다.

### 1) 헌법

대한민국 헌법은 지난 1952년 제정되고 1987년 마지막 개정 이후 35년간 유효한 국가 최고 법률이다.[9] 헌법은 교육, 일자리, 생명, 주택 및 건강과 같은 국민의 기본권을 규정한다. 헌법은 모든 시민의 생명의 신성과 인간 존엄을 보호하며 모든 시민의 불가침의 기본적 인권을 보장하는 방식을 통해 이를 지지해왔다(제10조). 이 기본권은 헌법재판소의 헌법재판제도로 구체화되며, 일반 법률에 의하여 보호된다.

헌법은 인간 배아나 인간 배아 연구, 인간 유전체편집을 명시적으로 다루지 않는다. 그러나 위 설명과 같이 헌법재판소는 생명권에 대한 일련의 판결을 통하여 인간 배아에 대한 입장을 구체화하였다. 1996년 사형 처분에 관한 판단에서 헌법재판소는 처음으로 생명권의 개념을 상세히 제시했다.[10] 판결문에서는 인간 생명이 "고귀하고, 이 세상에서 무엇과도 바꿀 수 없는 존엄한 인간존재의 근원"이라고 언급하며, 생명권은 "헌법에 규정된 모든 기본권의 전제로서 기능하는 기본권 중의 기본권"이라고 언급하였으며, 이는 "사람의 생존본능과 존재목적 그리고 고유한 존재가치에 바탕을 두고 있으므로 이는 선험적이고 자연법적인 권리일 수밖에 없다"라고 언급하였다. 2008년 헌법재판소는 사산된 태아의 손해배상 청구 사건에서 태아에게 생명권이 적용되는지 살펴보았다.[11] 이 판결은 사산된 태아에게도 인간에게 적용되는 생명권이 적용되며 국가가 태아의 생명을 보호할 의무를 명시한 분기점으로 이해된다. 그러나 동시에 헌법재판소는 출산하지 않은 태아가 민법 및 헌법적 권리를 통해 손해배상을 청구할 수 있는 능력이 절대적이지 않다는 점 또한 확인하였다. 정확하게는 출생 후 해당 권리를 행사할 수 있는 아이의 장래 생존 가능성 및 실질적 능력에 대한 잠재성을 인정하는 것으로 볼 수 있다.

더 나아가 헌법재판소는 2010년 배아 연구에 관한 생명윤리 사건에서 체외수정으로 생성되어 모체에 착상되기 전 초기 발달단계의 인간 배아는 헌법 상 생명권을 포함한 기본권을 가지고 있지 않다고 판단하였다.[12] 판결문에서 제시한 이유는 다음과 같다. (1) 초기배아는 수정이 된 배아라는 점에서 형성 중인 생명의 첫걸음을 떼었다고 볼 여지가 있기는 하나 아직 모체에 착상되거나 원시선이 나타나지 않은 이상 현재의 자연과학적 인식 수준에서 독립된 인간과 배아 간의 개체적 연속성을 확정하기 어렵다. (2) 현재의 과학기술 수준에서 모태 속에서 수용될 때 비로소 독립적인 인간으로의 성장가능성을 기대할 수 있다. (3) 수정 후 착상 전의 배아가 인간으로 인식된다거나 그와 같이 취급하여야 할 필요성이 있다는 사회적 승인이 존재한다고 보기 어렵다. 또한 이 사건에서 헌법재판소는 생명윤리법에 의하여 확립된 감독 절차를 통하여 인간 배아 또는 생식세포를 보호하기 위한 조치를 통제하는 것이 헌법적인 질서를 해치지 않는다고 결정하였다.

### 2) 생명윤리법

생명윤리법은 인간 배아 연구를 규제하는 주요 법률이다.[13] 생명윤리법은 과학적 혁신과 연구에서 발생할 수 있는 다양한 위험이나 해로부터 보호하려는 윤리적 요구에 따라 2004년에 제정되었다. 그중에서도 계승 가능한 유전체편집 연구와 관련하여, 생명윤리법은 2008년, 2012년 및 2015년 개정을 통하여 인간 배아 및 인간 배아 연구, 유전자치료 연구와 관련된 규제를 마련하였다.

생명윤리법은 배아, 유전자치료 및 관련 연구에 대한 주요 용어를 정의한다. 먼저 배아는 "인간의 수정란 및 수정된 때부터 발생학적(發生學的)으로 모든 기관(器官)이 형성되기 전까지의 분열된 세포군(細胞群)"로 정의된다(제2조제1호). 잔여 배아는 "체외수정(體外受精)으로 생성된 배아 중 임신의 목적으로 이용하고 남은 배아"를 의미한다(제2조제4호). 체세포 핵이식 행위는 "핵이 제거된 인간의 난자에 인간의 체세포 핵을 이식하는 것"으로 명시된다(제2조제6호). 단성생식행위는 "인간의 난자가 수정 과정 없이 세포분열하여 발생하도록 하는 것"이다(제2조제7호). 유전자치료는 "질병의 예방 또는 치료를 목적으로 인체 내에서 유전적 변이를 일으키거나, 유전물질 또는 유전물질이 도입된 세포를 인체로 전달하는 일련의 행위"를 의미한다(제2호제16호).

아직까지 우리나라는 인간 배아를 활용한 의과학 연구를 제한하는 접근 방식을 취한다. 첫째, 생명윤리법은 임신 목적으로 배아를 생성하도록 하며, 연구 및 상업적 목적의 배아 생성은 금지한다(제23조제1항). 둘째, 인간 배아 연구에는 임신의 목적으로 이용하고 남은 잔여배아만 사용할 수 있다(제24조제4항). 냉동 배아는 5년을 보관하는 것이 기본인데, 동의권자는 여건에 따라 보존기간을 다르게 설정할 수 있다(제25조제1,2항). 배아생성의료기관은 배아 보존기간이 종료된 배아 중 연구목적으로 사용하는 것에 동의를 받지 않은 배아를 폐기한다(제25조제3항). 셋째, 이 법은 유전적으로 조작된 배아를 인간 또는 동물의 자궁에 착상하는 행위 및 배아, 생식세포 및 태아를 대상으로 유전자치료를 시행하는 것을 금지한다(제21조제3항, 제47조제5항). 넷째, 잔여배아 연구자는 정해진 시설 및 인력을 갖추어 보건복지부에 배아연구기관으로 등록되어야 한다(제29조제2항). 마지막으로, 생명윤리법은 불법적인 인간 배아의 생성과 사용에 형사 제재를 부과한다. 예컨대 임신 외 목적으로 배아를 생성한 사람은 최대 3년의 징역에 처한다(제66조제1항제3호). 또한 유전자치료 연구를 불법적으로 수행하거나 임상 도입의 일환으로 유전자치료를 제공한 개인은 2년 이하의 징역 또는 3천만 원 이하의 벌금형을 받는다(제67조제1항제5호).

### 3) 실험 동물에 관한 법률

비임상시험 단계에서 실험동물의 사용과 처리와 관련된 연구윤리적 측면은 2009년 제정된 「실험동물에 관한 법률(이하, 실험동물법)」에 따르며,[14] 실험동물에 관한 법률에 규정되지 않은 다른 동물 연구 활동은 1991년 제정된 「동물보호법」에 의해 규제된다.[15] 실험동물법상 동물실험은 "교육, 시험, 연구 및 생물학적 제제(製劑)의 생산 등 과학적 목적을 위하여 실험동물을 대상으로 실시하는 실험 또는 그 과학적 절차"를 의미하며, 실험동물은 "동물실험을 목적으로 사용 또는 사육되는 척추동물"로 정의된다(제2조제1,2호). 식품의약품안전처는 「실험동물에 관한 법률」에 따른 동물실험의 구체적인 사항에 대한 준수를 감독한다(제5조).

연구기관은 동물실험의 윤리성, 안전성, 신뢰성을 확보하기 위한 조치로 연구기관에 실험동물운영위원회를 설치하고 운영해야 한다. 더불어 2023년 개정된 실험동물법은 「동물보호법」에 따라 설치된 동물실험윤리위원회의 요건이 실험동물운영위원회를 충족하는 경우 이를 실험동물운영위원회로 본다(제7조제1항).

실험동물법 실험동물에게 생물학적 위해물질을 사용하고자 하는 경우 미리 식품의약품안전처장에게 보고할 것을 명시한다(제19조제1항). 여기에서 생물학적 위해물질은 유전자재조합생물체나 특정 감염병과 관련된 물질을 의미한다.[16] 그러나 이 법률은 동물 배아 대상 CRISPR 시스템 등 유전체편집 연구를 수행하는 것이나 유전체편집 동물 배아의 임신이나 출산에 대해서는 구체적으로 명시하지 않는다.

## 4. 정리하며

아직까지 기초 및 전임상 단계의 연구 성과는 임상 단계에 도전할 만큼 괄목할 만한 진전을 이루었다고 보기 어렵다. 이에 따라, 국내외 논의는 보다 근본적으로 인간 배아에 대한 윤리적 우려 전반을 완화하는 동시에 책임 있는 유전체편집 연구가 무엇인지 그 균형점을 찾아 합의를 이루는 것에 방점을 둔다. 특히 최근 인간 배아 대상 유전체편집 연구와 연계된 광범위한 과학적 성과로 인하여, 유전체편집 연구를 포함하여 인간 배아를 활용한 첨단 의과학 연구의 포문을 열어야 한다는 의견이 더욱 탄력을 받는 추세이다. 예컨대, 인간 배아의 체외 배양 기술, 동물 배아의 유전체편집 연구, 오가노이드 연구, 배아 모델 연구는 원시선(primitive streak)이 보이기 이전 시점까지만 연구해야 한다는 14일 규정을 포함한 기존 주요 규제 및 그 논리를 반박하는 과학적 역량에 도달하고 있다는 근거로 활용된다.[17]

유전체편집 연구와 관련하여 향후 생명윤리법의 역할은 사회적으로 안전하고 투명한 규제 도구이면서 동시에 혁신적이고 도전적인 기술 개발의 설계 및 과정을 윤리적으로 안내하는 것이다. 대중이 규제 완화에 대해 동의하며, 생식세포 및 배아 기증자들이 신뢰하도록 투명성, 이타심에 근거한 자율적 기증 의사와 연구 지지를 확보하는 것이야 말로 보다 완화된 규제 정책을 개발하고 적용하기에 앞서 확인되어야 할 사항이다.

사회적 신뢰를 얻는 것과 관련하여 법적 공백도 개선되어야 할 내용이다. 연구자를 위하여 인간 배아나 생식 세포를 사용하여 의학적 목적으로 유전체편집 연구를 허용하는 것과 심의·감독 및 필요한 구체적인 규범이 필요하다. 또한 생식세포 대상 유전자치료는 금지하나, 외모, 신체 능력 또는 지능 등 비치료적 목적으로의 유전체편집에 대한 금지를 명시하지 않는다. 이러한 공백이 규제로 채워지는 기존 방식과 함께 연구자들의 자율적인 규제에 대한 가능성 내지 역량을 제고해야 할 것이다.

동물에 대한 사회적 인식이 급변하는 시점에서, 동물실험과 관련된 윤리적 수준을 개선하는 작업은 임상논의보다 시급하다고 보인다. 앞서 설명했듯이, 실험동물법은 실험동물의 생식세포를 유전체편집하거나, 유전자가 편집된 수정란 및 배아를 동물의 자궁에 이식, 임신, 출산하는 것에 대한 구체적인 법률이나 정책이 없다. 최근 게재된 연구에서는 시각 및 안과 연구협회(Association for Research in Vision and Ophthalmology)에서 제공하는 '안과 및 시각 연구에서 동물 사용에 대한 성명서(Statement for the Use of Animals in Ophthalmic and Vision Research)'를 동물 연구에 적용했음을 밝힌 바 있으나,[18] 이를 동물 대상 유전체편집 연구 일반에 적용하기에는 충분하지 않다.

## REFERENCE

1. Nuffield Council on Bioethics. Genome editing and human reproduction: social and ethical issues short guide. 2018.
2. Fellmann C, Gowen BG, Lin PC, Doudna JA, Corn JE. Cornerstones of CRISPR-Cas in drug discovery and therapy. Nat Rev Drug Discov. 2017;16(2):89-100.
3. Holland O, Wang S. Chinese scientist claims world's first gene-edited babies, amid denial from hospital and international outcry. CNN, November 27, 2018.
4. Liang P, Xu Y, Zhang X, et al. CRISPR/Cas9-mediated gene editing in human tripronuclear zygotes. Protein Cell. 2015;6(5):363-72.
5. 류화신, 이민규. 인간배아 유전자편집 관련 해외 규제 현황 및 국내 생명윤리법의 향후 과제. 생명윤리. 2017;18(2):40.

6. Callaway E. UK scientists gain licence to edit genes in human embryos. Nature News. February 1, 2016.
7. Gallagher J. UK scientists edit DNA of human embryos. BBC. September 20, 2017.
8. Cyranoski D. Heidi Ledford, Genome-edited baby claim provokes international outcry, Nature News. November 26, 2018.
9. 대한민국헌법.
10. 헌법재판소 1996. 11. 28. 선고 95헌바1 전원재판부 결정.
11. 헌법재판소 2008. 7. 31. 선고 2004헌바81 전원재판부 결정.
12. 헌법재판소 2010. 5. 27. 선고 2005헌마346 결정.
13. 생명윤리 및 안전에 관한 법률. 법률 제 17783호. 2020년 12. 29. 일부개정.
14. 실험동물에 관한 법률. 법률 제18853호. 2022. 4. 26. 타법개정.
15. 동물보호법. 법률 제19234호. 2023. 3. 14. 타법개정.
16. 실험동물에 관한 법률 시행규칙 제21조 제1항. 총리령 제1601호. 2020. 3. 20. 일부개정.
17. 김한나. 유전자편집 기술의 응용과 인간 배아의 14일 연구 규정. 생명, 윤리와 정책. 2018;2(2):47-64.
18. Koo T, Park SW, Jo DH, et al. CRISPR-LbCpf1 prevents choroidal neovascularization in a mouse model of age-related macular degeneration. Nat Commun. 2018;9(1):1855.

# V. 유전자치료 및 연구

김옥주

## 1. 생명윤리법의 유전자치료 연구의 정의 및 요건

최근 크리스퍼-카스9 기술로 유전질환에 대한 치료가 가시화되며 유전자치료에 대한 연구와 논의가 활발해지고 있다.[1, 2] 우리나라의 생명윤리법은 배아, 난자, 정자 및 태아를 대상으로 하는 연구는 엄격하게 금지하며, 유전되지 않는 체세포(somatic) 유전자치료 연구를 제한적으로 허용한다. 생명윤리법에서 유전자치료의 정의는 '질병의 예방 또는 치료를 목적으로 인체 내에서 유전적 변이를 일으키거나, 유전물질 또는 유전물질이 도입된 세포를 인체로 전달하는 일련의 행위'이다.[3] 연구 목적이 중증질환이나 생명을 위협하거나 심각한 장애를 불러일으키는 질병의 치료를 위한 연구 또는 현재 치료법이 없거나 유전자치료의 효과가 현저히 우수할 것으로 예측되는 연구에 한하여 유전자치료에 관한 연구를 제한적으로 허용하고 있다.

## 2. 유전자치료 연구에서의 윤리와 법적 고려

### 1) 기관과 기관위원회의 책임과 감독

생명윤리법에 의하면 유전자치료는 보건복지부장관에게 유전자치료기관으로 신고한 의료기관에서만 수행할 수 있다.[3] 기관에서 수행되는 유전자치료 연구는 연구계획서와 서명 동의서를 생명윤리위원회에서 심의를 받고 승인을 얻은 후 진행해야 한다. 위험성 및 신규성이 높은 연구 등에 대해서는 기관위원회가 국가위원회의 자문을 받도록 하였다. 연구의 진행 중에도 연구대상자의 안전에 큰 영향을 미치는 내용에 대해서는 기관위원회에서 심의하여야 하며, 연구가 종료된 후에도 연구대상자의 안전과 윤리에 관련되는 문제에 대해서는 위원회에서 감시해야 한다.

만일 유전자치료제(유전물질의 발현에 영향을 주는 유전물질을 함유한 의약품 또는 유전물질이 변형·도입된 세포를 함유한 의약품)를 개발하는 임상연구를 하는 경우에는 <첨단재생의료 및 첨단바이오의약품 안전 및 지원에 관한 법률(약칭: 첨단재생바이오법)>에서 요구하는 내용을 충족해야 한다.[4] 이 법에서 관장하는 첨단재생의료의 범위에는 세포치료, 유전자치료, 조직공학치료, 융복합치료가 포함되는데, 여기서 유전자치료는 "유전물질을 인체로 전달하거나 유전물질이 변형·도입된 사람 또는 동물의 세포를 인체로 전달하는 치료"로 정의된다. 의료기관은 보건복지부장관으로부터 첨단재생의료실시기관으로 지정을 받아야 하며, 유전자치료제 임상연구는 기관위원회가 아니라 정부에서 운영하는 <첨단재생의료 및 첨단바이오의약품 심의위원회>의 심의를 받아야 한다. 또한 "사람의 생명 및 건강에 미치는 영향이 불확실하거나 그 위험도가 큰 임상연구"일 경우에는 위의 심의위원회의 심의를 거쳐 식품의약품안전처장의 승인을 받아야 한다. 또한 임상연구자는 식품의약품안전처장이 투여 후에 일정기간 동안 이상사례의 발생 여부를 확인하도록 장기추적조사 대상으로 지정된 첨단바이오의약품에 대해서는 장기추적조사를 해야 한다.

### 2) 안전성과 위험-편익 비율

유전자치료 연구에서 가장 먼저 고려해야 할 점은 안전성이다. 유전체편집 기술의 발전으로 유전자치료의 가능성이 확인되었더라도 안전성은 여전히 중요한 문제이다. 일부 세포만 유전체편집되어 한 개체의 모든 세포가 유전적으로 동일하지 않은 모자이크 현상(mosaicism)도 발생할 수 있으며, 유전자가위가 표적 유전자 이외에도 이와 유사한 염기서열을 가진 부위에 작용하여 의도하지 않은 유전자 변이를 일으켜 암 등을 유발하는 부작용이 발생할 수 있다.[5,6] 인체에 적용 가능하기 위해서 허용 가능한 위험성의 수준과 불확실성은 개별 유전자치료 연구의 목적에 따라 달라질 수 있다. 생명윤리법에서 정한 중증질환이나 생명을 위협하거나 심각한 장애를 불러일으키는 질병의 치료를 위한 연구(중증질병요건) 또는 현재 치료법이 없거나 유전자치료의 효과가 현저히 우수할 것으로 예측되는 연구(치료우월성요건)는 이러한 위험과 위험 정도에 대한 불확실성에도 불구하고, 유전체편집 기술이 가져올지 모르는 잠재적 혜택을 고려할 때 위험-편익 평가(risk-benefit assessment)에 의해 허용 가능한 경우를 의미한다.[3]

### 3) 자율성 존중과 충분한 설명에 근거한 동의

유전자치료를 할 때에는 환자에 대하여 생명윤리법이 정한 다음의 내용을 미리 설명한 후 법정 서식으로 된 서면동의를 받아야 한다.[3]

① 유전자치료의 목적: 환자에게 발생하거나 발생 가능한 증상의 진단명, 유전자치료의 필요성, 방법 및 내용
② 예측되는 치료 결과 및 전형적으로 발생이 예상되는 후유증 또는 부작용
③ 환자의 안전 확보 위한 사항: 시술 또는 치료 전후 환자가 준수하여야 할 사항
④ 환자의 개인정보 보호를 위하여 조치하는 사항

설명은 의사에 의해 이루어져야 하며, 유전자치료를 하는 경우 환자, 환자가 의사결정능력이 없는 경우 환자의 법정대리인으로부터 문서로 된 동의서를 받아야 한다. 동의권자가 위 사항에 대하여 동의를 하였더라도 치료를 시작하기 전에는 언제든지 동의를 철회할 수 있음을 알려야 한다.

만일 유전자치료제 개발을 위해 임상연구를 하는 경우에는 첨단재생의료법에 따라 연구대상자로부터 다음 내용에 대해 동의서에 서명을 받아야 한다.[4]

① 첨단재생의료 임상연구의 목적 및 내용
② 첨단재생의료 임상연구 후 예측되는 결과 및 이상반응
③ 첨단재생의료 임상연구 참여에 따른 손실에 대한 보상
④ 개인정보 보호 및 제공에 관한 사항
⑤ 동의의 철회에 관한 사항
⑥ 이상반응 신고, 장기추적조사 등 사후조치에 관한 사항
⑦ 연구대상자가 선택할 수 있는 다른 치료법이 있을 경우 그 치료법의 종류 및 방법
⑧ 안전관리기관의 연구대상자에 대한 개인정보 관리에 관한 사항
⑨ 첨단재생의료 임상연구의 안전성을 확보하기 위한 연구대상자의 행동지침 및 제약에 관한 사항

연구대상자가 미성년자인 경우에는 본인과 그 부모(부모가 없는 경우에는 법정대리인)의 동의를 함께 받아야 하고, 본인이 동의 능력이 없거나 불완전한 사람인 경우에는 법에서 정한 순서대로 대리인의 서면동의를 받아야 한다. 이 경우 대리인의 동의는 연구대상자의 의사에 어긋나서는 안 된다.[3,4]

### 4) 공정한 치료대상자 또는 연구대상자 선택

유전자치료 연구에서는 연구목적을 가장 잘 달성할 수 있으면서도 연구대상자들에게 위험을 최소화하고 이익을 극대화할 수 있는 연구대상자를 선정하여야 한다.[5] 이는 유전자치료 연구의 종류에 따라 달라질 수 있다. 의학적 기준 이외에 사회적 지위나 경제적 상태가 고려되어서는 안 된

다. 잠재적인 환자들이 차별을 받지 않고 공정하게 연구에 참여할 수 있어야 한다. 연구목적에 부합하도록 연구대상자가 특정 유전적 조건과 특정 질병을 가지고 있어서 해당 유전자치료의 효과를 확인하고, 그에 따른 부작용 및 안전성을 평가할 수 있어야 한다. 연구대상자의 나이, 성별, 건강상태, 기존 치료 여부, 가족력 등을 고려해서 해당 유전자치료의 효과 및 부작용을 미리 예상하고, 대처할 수 있는 전략을 마련할 수 있어야 한다. 만일 스스로 자발적인 의사에 의해 연구참여를 결정할 수 없는 취약한 연구대상자를 모집하는 경우에는 이들의 권리와 복지를 위해 특별한 주의를 기울여야 한다.

#### 5) 비밀보장과 개인정보 보호

유전자치료 연구에서는 개인정보 보호에 대한 의무가 주어진다. 연구계획에 연구대상자의 비밀 보장 및 개인식별이 가능한 데이터의 비밀 보장을 유지하기에 충분한 조치들이 포함되어야 한다.[5] 이는 모든 임상연구에서 요구되는 물리적으로 개인식별정보와 연구정보를 분리하여 관리하는 개인정보 보호를 포함한다. 이에 더하여 의무기록과 유전정보의 분리 등을 포함한 민감 정보인 유전정보에 대한 보호원칙을 준수해야 한다.[3]

#### 6) 안전성 모니터링과 장기 추적 및 손상에 대한 보상

연구 과정에서는 연구 대상자의 안전과 복지를 최우선으로 고려해야 한다. 연구팀과 위원회는 연구 도중 연구대상자에게 미치는 위험에 대해 안전성 모니터링을 해야 한다.[6, 7] 연구대상자 또는 타인에게 위험을 주는 부작용이나 이상반응, 예상하지 못한 문제에 대해 기록하며 보고하고, 이에 대해 신속히 대처해야 한다. 보건복지부장관이 필요하다고 생각되는 연구인 경우 안전성에 대해 장기추적을 해야 한다.[4] 재생의료기관은 연구대상자에게 발생할 수 있는 건강상의 피해를 배상 또는 보상하기 위하여 보험에 가입하고, 피해 발생으로 보상하는 경우에는 연구대상자에게 사전에 설명한 보상 절차 등을 준수하여야 한다.

## 3. 유전체편집 기술 혁신과 유전자치료 및 연구의 법 규제의 문제

2012년 제니퍼 다우드나(Jennifer Doudna) 등에 의해 개발된 제3세대 유전자 가위인 크리스퍼-카스9는 비용이 저렴하고 이용이 쉽고 효율적이며 정확하여 유전체편집 기술을 획기적으로 발전시켰다.[1, 2, 6] 유전체편집 혁명이라고 불릴 만큼 크리스퍼-카스9 기술이 개발되자 동물, 식물의 게놈 편집뿐 아니라 인간의 질병 예방과 치료에 대한 광범위한 연구가 진행되고 있다.[8] 생명체에 대한 유전체편집을 손쉽게 가능하게 하는 미증유의 기술이 가진 가공할 만한 위력으로 인해 국제 사회는 인류가 이 기술의 오용과 남용을 막고 어떻게 선하고 정의롭게 활용할 것인가에 대해 많은 논의를 진행하고 있다.[9, 10, 11] 특히 생식세포의 유전체편집을 금지해야 한다는 국제적인 합의에도 불구하고 2018년 중국에서 최초로 유전체편집이 된 쌍둥이 여아가 출생한 사례가 세계적으로 충격을 주면서 유전 가능한 생식세포에 대한 유전체편집에 대한 논의가 뜨겁게 이루어지고 있다.[11]

#### 1) 지난 20년간 생명윤리법에 의한 유전자치료 규제 변화

지금까지 살펴본 생명윤리법에 의한 우리나라의 유전자치료에 대한 법규제는 유전체편집 기술의 혁명적 변화를 반영하지 못하였다. **표 29-1**은 2004년 처음 제정될 당시부터 2023년 현재 발효 중인 생명윤리법에서의 유전자치료에 관한 규제의 변화를 요약한 것이다. 2004년 제정 당시부터 지금까지 유전자치료는 "질병의 예방 또는 치료를 목적으로 유전적 변이를 일으키는 일련의 행위"로 규정되며 2015년 이후로는 인체 내에서 유전적 변이를 일으키거나(In vivo), 유전물질 또는 유전물질이 도입된 세포를 인체로 전달(Ex vivo)하는 일련의 행위로 구분되어 제시되었다. 2004년 제정 당시부터 지금까지 다음 두 가지 조건을 유전자치료 허용 조건으로 하였다. (1) 유전질환, 암, 후천성면역결핍증, 그 밖에 생명을 위협하거나 심각한 장애를 불러일으키는 질병의 치료를 위한 연구, (2) 현재 이용 가능한 치료법이 없거나

**표 29-1.** 지난 20년간 생명윤리법에서의 유전자치료에 관한 규제의 변화

| 생명윤리법 | 2004 제정[a] | 2012 전부 개정[b] | 2015 일부 개정[c] | 2020 일부 개정[d] |
|---|---|---|---|---|
| 유전자치료 정의 | 질병의 예방 또는 치료를 목적으로 유전적 변이를 일으키는 일련의 행위 | 질병의 예방 또는 치료를 목적으로 유전적 변이를 일으키는 일련의 행위 | 질병의 예방 또는 치료를 목적으로 인체 내에서 유전적 변이를 일으키거나(In vivo), 유전물질 또는 유전물질이 도입된 세포를 인체로 전달(Ex vivo)하는 일련의 행위 | 질병의 예방 또는 치료를 목적으로 인체 내에서 유전적 변이를 일으키거나(In vivo), 유전물질 또는 유전물질이 도입된 세포를 인체로 전달(Ex vivo)하는 일련의 행위 |
| 체세포(somatic) 유전자치료 허용 범위 | 다음 각 호에 해당되는 것만 허용<br>1. 유전질환, 암, 후천성면역결핍증 등*<br>2. 치료법이 없거나 현저히 우수 예측되는 유전자치료** | 다음 각 호의 모두에 해당하는 경우에만 허용<br>1. 유전질환, 암, 후천성면역결핍증 등*<br>2. 치료법이 없거나 현저히 우수 예측되는 유전자치료** | 1. 인체 내에서 유전적 변이를 일으키는(In vivo) 행위 - 각 호 모두 해당해야 허용<br>1) 유전질환, 암, 후천성면역결핍증 등*<br>2) 치료법이 없거나 현저히 우수 예측되는 유전자치료**<br>2. 유전물질 또는 유전물질 도입 세포를 인체로 전달(Ex vivo)하는 행위 - 위의 1 또는 2 중 하나 해당되면 허용 | 다음 각 호의 어느 하나에 해당하는 경우 허용<br>1. 유전질환, 암, 후천성면역결핍증 등*<br>2. 치료법이 없거나 현저히 우수 예측되는 유전자치료** |
| 생식계열(germline) 유전자치료 | 정자·난자·배아·태아 유전자치료 전면금지 | 정자·난자·배아·태아 유전자치료 전면금지 | 정자·난자·배아·태아 유전자치료 전면금지 | 정자·난자·배아·태아 유전자치료 전면금지 |
| 위의 법규정 위반 시 벌칙 | 2년 이하의 징역 또는 3천만원 이하의 벌금 | 2년 이하의 징역 또는 3천만원 이하의 벌금 | 2년 이하의 징역 또는 3천만원 이하의 벌금 | 2년 이하의 징역 또는 3천만원 이하의 벌금 |

[a] 생명윤리 및 안전에 관한 법률 [시행 2005. 1. 1.] [법률 제7150호, 2004. 1. 29., 제정]
[b] 생명윤리 및 안전에 관한 법률 [시행 2013. 2. 2.] [법률 제11250호, 2012. 2. 1., 전부개정]
[c] 생명윤리 및 안전에 관한 법률 [시행 2015. 12. 29.] [법률 제13651호, 2015. 12. 29., 일부개정]
[d] 생명윤리 및 안전에 관한 법률 [시행 2021. 12. 30.] [법률 제17783호, 2020. 12. 29., 일부개정]
* 유전질환, 암, 후천성면역결핍증, 그 밖에 생명을 위협하거나 심각한 장애를 불러일으키는 질병의 치료
** 현재 이용가능한 치료법이 없거나 유전자치료의 효과가 이용가능한 다른 치료법과 비교하여 현저히 우수할 것으로 예측되는 치료

유전자치료의 효과가 이용 가능한 다른 치료법과 비교하여 현저히 우수할 것으로 예측되는 치료. 2012년 전부개정 생명윤리법에서는 두 가지 조건 모두 해당되는 경우에만 유전자치료를 허용하다가, 2015년 일부 개정이 되면서 생체내(In vivo) 유전자치료와 생체외(Ex vivo) 유전자치료를 나누어, 전자는 두 가지 조건 모두 만족해야 하고, 후자는 둘 중 하나만 만족해도 허용하도록 변했다가, 2020년 개정으로 두 조건 중 어느 하나만 만족해도 허용하도록 바뀌었다.

또한 생명윤리법 법 제정 당시부터 지금까지 정자·난자·배아 및 태아에 대한 유전자치료는 전면 금지하는 것으로 일관했으며, 위의 사항을 위반한 경우에 부과하는 벌칙인 <2년 이하의 징역 또는 3천만원 이하의 벌금> 또한 지난 20여 년간 동일하게 유지되었다. 유전자를 편집하는 기술은 지난 20여 년간 혁신적으로 달라졌고 세계 각국에서의 이의 응용과 활용 또한 광범위하게 확대되어 연구되고 있으나, 우리나라의 생명윤리법은 이러한 변화를 반영하지 못하고 2004년의 규제를 20년간 그대로 유지하고 있는 것이다.

### 2) 유전체편집 기술 혁신과 생명윤리법의 유전자치료 규제의 문제점

유전체편집 기술혁신이 일으키고 있는 변화된 상황에서 현재 생명윤리법의 문제점들과 개선 방향에 대해 학술적인 논의가 꾸준히 진행되었다.[12-17] 핵심적인 내용을 요약하여 정리하면 다음과 같다.

#### (1) 질병의 예방 · 치료를 넘어서는 유전체편집에 대한 규정의 필요성

생명윤리법은 유전자를 규제할 때 유전체편집을 정의하지 않는다. 유전체편집 기술은 질병의 치료 예방을 넘어서 다른 사람보다 우월한 능력을 갖도록 하는 증강(enhancement)에도 쓰일 수 있다.[13, 18] 20세기 나치 독일뿐 아니라 미국 영국 등 서구 사회의 우생학을 경험한 인류는 유전체편집이 증강에 사용되어 불공정하고 정의롭지 못하게 사용될 가능성에 대해 과학자뿐 아니라 일반 시민들도 우려를 한다.[9-11] 현재 생명윤리법은 유전자검사와 유전자치료를 규제하는데, 유전자치료를 "질병의 예방 또는 치료를 목적으로 하는 행위"로 한정한다. 유전자검사도 "개인의 식별 또는 질병의 예방·진단·치료 등을 위하여 하는 검사"로 정의된다. 따라서 질병과 무관하게 개인의 형질을 향상시키기 위해 유전자검사나 유전체편집 기술을 사용하는 행위에 대해서는 규제대상이 아닌 것이다. 따라서 증강 목적이나 우생학적 목적의 비의료적인 유전체편집에 대한 규제가 정비되어야 한다.[13]

#### (2) 체세포 유전체편집 기술의 대상이 되는 유전자치료 및 연구의 금지 요건의 재검토 필요성

현재 생명윤리법이 허용하는 유전자치료 및 연구는 심각한 중증 질환이나 현저히 우수할 것으로 예측되는 유전자치료에 제한된다.[13, 14, 16] 미국에서 1999년 유전자치료 연구 도중 사망한 제시 겔싱거 사건을 경험한 지 얼마 되지 않아 2002년도에 초안이 만들어진 생명윤리법은 매우 중증인 질환에서 치료효과가 현저히 우수할 때에만 유전자치료를 허용하도록 제정되었다. 이는 현재 유전체편집 기술혁신이 열어 놓은 광범위한 적용 가능성을 연구 단계에서부터 막는 기준이다. 체세포 유전체편집 기술의 적용에 대해 법적으로 구체적으로 제한하는 외국의 입법 사례도 찾아보기 힘들다.[16] 지침으로 규정한 일본의 경우처럼 다른 치료법 보다 우수할 것으로 예측되고 연구대상자가 위험보다는 편익이 크다는 증거에 기반해서 유전자치료 연구를 수행하는 것은 중요하다. 또한 연구 도중 위험에 대한 모니터링을 하고 대처하는 것도 중요하다. 그러나 중증질병요건과 치료 우월성 요건을 동시에 충족하지 않는 한 일괄적으로 금지하는 현행 법률 조항은 재검토되어야 한다.[13]

#### (3) 배아와 생식세포 유전체편집 연구의 규제 명료화

현행 생명윤리법에 의하면 배아, 난자, 정자 및 태아에 대한 유전자치료는 금지된다. 정자나 난자와 같은 생식세포나 배아 또는 태아를 대상으로 질병의 예방·치료를 목적으로 하는 유전체편집은 금지된다. 즉 유전체편집이 된 생식세포나 배아가 착상되거나 출생이 되는 것을 금지하는 조항이다. 현재 많은 국가들도 생식 목적의 유전체편집을 금지하고 있다. 생명윤리법은 임신이 아닌 연구 목적의 배아 생성을 금지하고 임신의 목적으로 이용하고 남은 잔여배아에 한해 기관생명윤리위원회와 보건복지부의 이중의 엄격한 감독하에 20여 개 질병에 대해 연구를 허용하고 있다. 잔여배아에 대한 유전체편집 기술 연구를 현행 생명윤리법 시행령에 정해진 희귀·난치병의 치료를 위한 것으로 제한하는 것이 정당한지에 대한 문제가 제기되었다.[13] 또한, 난자 및 정자에 대한 유전체편집이 허용되는지의 여부가 명확하지 않다는 문제도 제기되었다.[13, 16] 새로운 유전체편집 기술의 적용 범위는 계속 확대되고 있으므로, 연구 가능한 질병을 포지티브 방식으로 제한하여 규제하지 말고 열어 두어야 한다는 주장이다.[12] 또한 정자 난자 등의 생식세포를 유전체편집을 통해 치료하는 것이 부작용이 적고 효율적일 것으로 예측되므로 생식세포를 대상으로 연구를 허용하도록 유전체편집에 대한 규제를 명료하게 해야 할 필요가 있다.[1,12]

### 3) 사회적 논의와 숙고, 반성적 평형을 통한 유전체편집 관련 규제 정비의 필요성

유전체편집기술과 이의 응용이 비약적으로 발전하고 있다. 생명윤리법이 규정한 유전자치료의 범위를 넘어서는 기초 연구 개발이 치열한 경쟁 속에서 벌어지고 있다. 이러한 유전체편집기술은 인류와 세계를 매우 크게 변화시킬 수 있다. 2004년에 규정한 내용을 지난 20년간 본질적으로 크게 바꾸지 않은 생명윤리법의 유전자치료에 관한 내용은 과학 기술혁신과 발전의 맥락에서 다시 재검토되어야 한다. 또한 유전체편집기술의 남용을 막기 위해 과학자뿐 아니라 시민사회의 참여가 필요하며, 윤리학자 종교인 사회학자 정치가 정책입안자들이 모여 논의와 숙려를 통해 반성적 평형을 통한 정책 결정과 관련 규제 정비가 필요할 것이다.[7, 9-11] 우리나라 생명윤리법에 의한 국가생명윤리심의위원회와 전문위원회, 기관생명윤리위원회의 참여와 역할도 중요할 것이다.[13]

## REFERENCE


1. Doudna JA. The promise and challenge of therapeutic genome editing. Nature. 2020;578(7794):229-36.
2. Li T, Yang Y, Qi H, et al. CRISPR/Cas9 therapeutics: progress and prospects. Signal Transduct Target Ther. 2023;8(1):36.
3. 생명윤리 및 안전에 관한 법률 [시행 2021. 12. 30.] [법률 제17783호, 2020. 12. 29., 일부개정].
4. 첨단재생의료 및 첨단바이오의약품 안전 및 지원에 관한 법률 [시행 2023. 4. 27.] [법률 제18853호].
5. UNESCO. Report of the International Bioethics Committee of UNESCO (IBC) on Updating Its Reflection on the Human Genome and Human Rights. Paris, UNESCO. 2015.
6. Kan MJ, Doudna JA. Treatment of genetic diseases with CRISPR genome editing. JAMA. 2022;328(10):980-1.
7. Brokowski C, Adli M. CRISPR ethics: moral considerations for applications of a powerful tool. J Mol Biol. 2019;431(1):88-101.
8. Wang JY, Doudna JA. CRISPR technology: A decade of genome editing is only the beginning. Science. 2023;379(6629):eadd8643.
9. Joseph AM, Karas M, Ramadan Y, et al. Ethical perspectives of therapeutic human genome editing from multiple and diverse viewpoints: a scoping review. Cureus. 2022;14(11):e31927
10. National Academies of Sciences, Engineering, and Medicine. Human Genome Editing: Science, Ethics, and Governance. Washington, DC: The National Academies Press; 2017.
11. National Academy of Sciences. Heritable Human Genome Editing. Washington, DC: The National Academies Press; 2020.
12. 전방욱. 유전자편집에 근거한 유전자치료 연구의 윤리. 한국의료윤리학회지. 2016;19(1):47-59.
13. 김현섭. 유전자편집기술의 윤리적 문제와 생명윤리법의 재검토. 한국의료윤리학회지. 2017;20(2):206-18.
14. 황만성. 현행 생명윤리법상 유전자편집기술의 법적 쟁점. 의생명과학과 법. 2017;18:171-95.
15. 배현아. 바이오기술과 생명윤리 법정책의 쟁점과 개선방향: 유전자 치료 연구를 중심으로. 바이오경제연구. 2018;1(2):31-48.
16. 유영훈. 유전자편집기술치료 및 연구에 대한 규제방식의 변화 필요성 - 주요국가들의 사례와 비교를 중심으로. 연세 의료 · 과학기술과 법. 2021;12(2):69-104.
17. 김민우, 류화신. 유전자편집 기술의 규제 현황과 법적 과제. 아주법학. 2023;16(4);113-38.
18. Araujo M. The ethics of genetic cognitive enhancement: gene editing or embryo selection?. Philosophies. 2020;5(3):20.

# 찾아보기


ㄱ

가부키 증후군 … 333
가성부갑상선 기능저하증 … 144
가성상염색체 구역 … 133
가성상염색체 우성유전 … 133
가워즈 증후 … 440
가족간, 가족내 표현형 이질성 … 169
가족 검사 … 581
가족력 … 561
가족성 고콜레스테롤혈증 … 112, 191, 263, 412
가족성 남성-제한적 성조숙증 … 115
가족성샘종용종증 … 364
가족성 성조숙증 … 143
가족성 암 증후군 … 360
가족성 중추성 성조숙증 … 144
각인 유전자 … 25
간기 … 30, 31
갈락토즈혈증 … 581
갈림 손/발기형 … 114
감수분열 … 30
감수성 … 172
강화 설계 … 378
개인정보 보호 … 619, 620
거대축돌기신경병증 … 437
검사 전 상담 … 570
검사 후 상담 … 571
결실 … 64, 77, 165
결실-삽입 … 65
결절성 경화증 … 450
경피적제대혈천자술 … 483
경험적 재발 위험도 … 568
경화성골질환 … 121
고리 염색체 … 77
고셔병 … 165
고암모니아혈증 … 119
고양이울음증후군 … 77
고칼륨혈증 주기성 마비 … 456
고환결정인자 … 95
고환부전 … 81
골린 증후군 … 307
골형성부전증 … 116, 138, 271, 272
과오 점돌연변이 … 165
과오종성 위장관 용종 … 366
광범위 보인자검사 … 513
광의의 유전율 … 174
구성적 이질염색질 … 25
구순구개열 … 304
국가 통합 바이오 빅데이터 구축 사업 … 205
균형 염색체재배열 … 73
균형 전위 … 539
극성 … 305
극성 유도 … 302
근긴장디스트로피 … 442
근긴장성 이영양증 … 155
근긴장이상증 … 155, 461
근위약 … 440
근위축성측색경화증 … 279
근육병 … 439
근육병 얼굴 … 446
근육생검 … 439
근육인산분해효소 … 447
근이영양증 … 168
근전도 … 439
근친결혼 … 121
근친계수 … 199
글로빈 유전자 … 248
글로빈 전환 … 248
기능소실 대립유전자 돌연변이 … 168
기능증가 대립유전자 돌연변이 … 168
기대 … 146
기저세포암 … 307
기질억제치료제 … 580
기질제한치료 … 579, 580
기형 … 295
긴QT증후군 … 416
김자염색 … 43
끝결매듭 … 21
끝결매듭염색체 … 75

ㄴ

난소고환 성발달이상 … 98
난소부전 … 79
난소암 … 360
남성호르몬 과다 … 535
낫적혈구성빈혈 … 198
낭포성 섬유증 … 265
넌센스변이 … 165
노던 블롯팅 … 42
노인성 황반변성 … 4
높은 입천장 … 446
뇌힘줄 황색종증 … 468
누난증후군 … 167, 404
뉴로파이브로민 … 114
뉴클레오솜 … 21

ㄷ

다낭성 난소증후군 … 535
다면발현 … 113
다발내분비샘종양 … 365
다배수성 … 73
다배수체 … 69
다빈도만성질환 … 171
다빈도 질환 다빈도 변이 … 187
다빈도 질환 희귀 변이 … 187
다요인 … 171
다운증후군 … 73, 402
다유전자성 질환 … 527
다유전자 위험점수 … 172, 527
다유전자이론 … 172
다중결찰의존 탐색자 증폭법 … 143
다중유전자 패널 … 603
다지증 … 303
단백 표적 … 580
단순염색체 검사 … 545
단일세포 RNA-Seq … 54
단일염기다형성 … 4, 204, 312, 525
단일염색체 구조 … 83
단일유전질환 … 501
단친성 모계 X 염색체 이염색체 … 126

단친성 이염색체증 … 83, 118, 141, 142, 143
단풍당뇨증 … 581
대립유전자 … 22, 148, 166
대립유전자 이질성 … 165
대립유전자 탈락 … 524
대립유전자형 … 195
대립인자 … 22
대변미생물무리이식 … 345, 347
대사성 근육병 … 447
대사 효소 … 313
대포식 세포 … 387
데제린-소타스병 … 431
도구 변수 … 217
돌연변이 … 197
돌연변이율 … 197
동반진단 … 377
동원체 … 21
동종교배 … 121
동종이염색체 … 84
동형접합체 … 118
두개골유합증 … 304
두눈가까움증 … 304
두배수체 … 29, 30
듀센형 진행성근이영양증 … 127, 139, 271, 440, 580
등완염색체 … 78
디스트로글리칸 … 446
디스트로핀 … 271, 440
디조지증후군 … 77, 88, 90, 306

ㄹ

라소패디 … 167, 168
라히디히세포 … 81
러셀-실버 증후군 … 91
레리-와일 연골골형성이상증 … 135
레버씨 시신경 위축증 … 159
레트로바이러스 … 595
레트증후군 … 129, 332
렌티바이러스 … 596
로버트슨전위 … 75, 522
루빈스타인-테이비 증후군 … 307
루이신제한식 … 581
리소좀축적질환 … 260, 580, 581
리 증후군 … 159
리-프라우메니 증후군 … 366
린치 증후군 … 362

ㅁ

마델룽 변형 … 135
마이크로디스트로핀 … 442
마이크로바이옴 … 341
만성 무배란 … 535
만성 육아종성 질환 … 397
말기 … 30
말기I … 31
말기II … 32
망막모세포종 … 198
망막색소변성 … 167, 168
망막질환 … 597
망치 발가락 … 427
맞춤치료 … 4
맥관내피세포 성장인자 … 367
맥아들 … 447
머프 증후군 … 159
먼쪽 근육병 … 445
메틸기결합단백질 … 327
메틸말로닌산혈증 … 581
메틸화 … 24, 78
멘델 무작위화 … 216
멜라스 증후군 … 157
면역 관용 … 391
면역조절장애 … 398
모를 권리 … 606
모반 모양 기저세포암 … 307
모세혈관 확장성 조화운동불능 … 398
목덜미투명대 … 502
무도증 … 458
물리적 거리 … 208
물리적 지도 … 209
미생물연관분자양상 … 343
미세결실증후군 … 87, 305
미세관 … 21
미세 맵핑 … 212
미세부소체 불안정 … 368
미세중복증후군 … 87
미요시 근육병 … 445
미토콘드리아 … 156
미토콘드리아 근육병 … 447
미토콘드리아 DNA … 156
미토콘드리아 DNA 고갈 증후군 … 447
밀러-디커 증후군 … 305

ㅂ

바구니형 설계 … 379
바덴버그 증후군 … 306
바이러스 벡터 … 595
반복유산 … 539
반복착상실패 … 540
반수부족 … 135
반접합체 … 123
발달 뇌전증 뇌병증 … 449
발현다양성 … 113
발현도 … 113
발현조절요소 … 89
방추체 … 25
배아 건강 점수 … 527
배아 발생 … 307
배아생성 … 307
배우자 … 28
버팀세포 … 81
번역 후 공유 결합 변형 … 329
베데스다 기준 … 362
베들렘 근육병 … 447
베커형 진행성근이영양증 … 127, 440
베크위드-비데만 증후군 … 91, 144
변형 … 295
보인자검사 … 512
보조생식기술 … 610, 612
보조인자단백질 … 303
보체계 이상 … 397
보체 시스템 … 386
복제수변이 … 45, 67, 87, 356, 546
복합 염색체 재배열 … 523
복합중증면역결핍 … 395
복합질환 … 171
부가효과 … 172
부등 교차 … 31
부르가다증후군 … 420
부분 이종 … 84
부수소견 … 505
부수체 … 21
부신백질이영양증 … 279
부정맥 유발성 우심실 심근병증 … 410
부중심절 역위 … 523
분극화 … 305
분석적 타당성 … 545
분열기 … 28
분자양상인식수용체 … 343

분절중복 … 87
불균형 염색체재배열 … 73
불균형전위 … 524
불안정한 반복서열의 확장에 의한 질환 … 147
불완전 우성 … 112
불확실한 변이 … 513
비교유전체보합법 … 520
비대심근병증 … 167, 406
비디스트로피 근긴장증 … 457
비만세포 … 387
비무작위 교배 … 199
비바이러스 벡터 … 595
비분리 … 83
비자매 염색분체 … 31
비재발성 유전체재배열 … 88
비침습적산전검사 … 79
비침습적 산전스크리닝 … 4
비침습적 PGT-A … 521

ㅅ

사일런서 인자 … 303
사지 싹 … 307
사회계층화 … 121
산전 유전자 진단 … 612
산전진단검사 … 502
산화적 인산화 … 156
살림 단백질 … 255
삼배수체 … 69
삼염색체 구조 … 83
삼핵산 반복서열 질환 … 526
삽입 … 65
삽입결손돌연변이 … 356
삽입변이에 의한 틀이동변이 … 165
상대위험도 … 174
상동염색체 … 22
상동재조합결핍 … 358
상염색체 … 22
상염색체 열성유전 … 118
상염색체 우성 다낭성신질환 … 305
상염색체 우성유전 … 115
상호전위 … 74, 522
색소실조증 증후군 … 129
생명권 … 615
생명윤리 및 안전에 관한 법률 … 603, 614
생명윤리법 … 609, 612, 613, 618, 620, 622, 623
생명의료윤리의 원칙 … 603
생식샘섞임증 … 115, 136, 137
생식샘세포 … 5
생식샘저하증 … 79
생식세포 … 28
생식세포분열 … 30
생어염기서열 분석방법 … 167
생체표지자 층화 설계 … 379
샤르코마리투스병 … 425
샤르코마리투스병 1형 … 426
샤르코마리투스병 2형 … 428
샤르코마리투스병 3형 … 431
샤르코마리투스병 4형 … 431
샤르코마리투스병 5형 … 434
샤르코마리투스병 6형 … 434
샤페론 … 579, 580
서던 블롯팅 … 41
섞임증 … 5, 69, 73, 78, 85, 135, 521
선천성 거대결장 증후군 … 305, 306
선천성 근긴장증 … 457
선천성 근디스트로피 … 446
선천성 근무력증 … 448
선천성 근육병 … 446
선천성 기형 … 302
선천성 기형 증후군 … 307
선천성 면역 체계 … 385, 387
선천성 부신과다형성증 … 98
선천성 이상근긴장증 … 457
선천성 저수초형성신경병 … 433, 437
선천성지질성 부신증식증 … 167
선택 … 197
선택적 결혼 … 121
설명의무 … 604
섬유모세포성장인자 … 304
섬유모세포성장인자 수용체 … 304
섬유모세포성장인자수용체-3 … 112
섬유성 연골형성증 … 275
성 발달 장애 … 541
성별특이역치 … 190
성분화이상질환 … 96
성선기능부전증 … 161
성염색체 … 22, 78
성인-발병 백질뇌병증 … 468
성장호르몬 … 80
세배수민감 … 88
세포독성 T 세포 … 388
세포 사이 신호화 … 303
세포-세포 사이 소통 … 303
세포 신호전달 체계 … 303
세포 운명 … 304
세포유전 … 43
세포 이동 … 302, 305
세포 이동 장애 … 305
세포자멸사 … 302, 306
세포주기 … 28
센티모건 … 208
소닉 헤지호그 … 304, 305
소분자 약물 … 580
소분자치료 … 579, 580
소엽성 유방암 … 368
수술 … 579
수지상세포 … 387
순수우성유전 … 112
쉬프린첸증후군 … 77
스와이어증후군 … 542
스플라이싱 변이 … 165
시발체 … 47
시스틴뇨증 … 267
식세포이상증 … 397
식이요법 … 580
신경능선 발달 … 306
신경능선전구체 … 305
신경섬유종증1형 … 113, 137, 451
신경세포핵내봉입체병 … 468
신경외배엽 … 307
신생아선별검사 … 575, 576
신생아 유전질환 선별검사 … 575
신호전달 … 302, 303, 308
실버-럿셀 증후군 … 144
실험 동물에 관한 법률 … 616
심근병 … 442, 445
심장 … 307

ㅇ

아데노바이러스 … 595
아데노신 삼인산 … 156
아데노신 탈아민화 효소(ADA) 결핍증 … 597
아데노연관바이러스 … 442, 596
아세틸화 … 24
아슈케나지 유대인 … 121
아전결장절제술 … 364
아탈루렌 … 441

아토피 … 346
안데르센-타윌 증후군 … 456
안드로젠무감각증후군 … 168, 542
안드로젠수용체유전자 … 168
안티센스 올리고뉴클레오타이드 … 579, 580, 590
알라질증후군 … 404
알렉산더병 … 466
알츠하이머병 … 278
암스테르담 기준 … 362
암호화(coding) 부위 … 148
압박마비취약유전신경병증 … 427, 437
약동학 … 311
약력학 … 311
약물수송체 … 312
약물요법 … 579
약물유전체학 … 5, 311
약물유전학 … 311
약물 이상 반응 … 313
약물치료 … 579
양수천자술 … 501
억제유전자 불활성화 … 336
얼굴어깨위팔 근디스트로피 … 444
에드워드증후군 … 74, 402
에스트로겐 … 80
에터플러센 … 442
엑손 건너뛰기 … 442, 590
엔젤만증후군 … 91, 141, 498
여성형유방 … 81
역배열올리고핵산 … 442
역위 … 523, 539
역치이론 … 172
연골무형성증 … 112, 139, 264, 304, 306
연관균형 … 200
연관분석 … 207, 525
연관불균형 … 199, 200, 209
연관 평형 … 209
연령의존적 투과도 … 113
연합분석 … 207, 215
염기서열분석 … 46, 546
염색사 … 21
염색질 … 23, 24
염색체 … 21
염색체검사 … 43
염색체 마이크로어레이 … 143, 504
염색체 마이크로어레이검사 … 44, 54, 521
염색체 분리 … 541
염색체 비분리 … 31
염색체 역전 … 76
염색체 이상의 신속 검사 … 491
영양외배엽 … 520
예외적 복합 염색체 재배열 … 523
예정된 세포사 … 306
오르니틴트랜스카바밀라제 결핍증 … 124
와파린 … 317
완전돌연변이 … 151
완전전뇌증 … 304
요소회로대사이상 … 119, 581
요족 … 427
우도비 … 174
우산형 설계 … 379
우생학 … 611, 612
우연적 발견 … 605
운동실조증 … 458
월프-허쉬호른증후군 … 77
웨스턴 블롯팅 … 42
위성 … 21
위험감소 수술 … 362
위험도 평가 … 561, 566
윌리엄스증후군 … 88, 404
윌슨병 … 121, 458
유당제거식 … 581
유도만능줄기세포 … 613
유방암 … 360
유비퀴틴화 … 78
유전감각신경병 … 425
유전감각자율신경병 … 425
유전 거리 … 208
유전대사질환 … 581
유전상담 … 514, 561, 579, 581
유전상담사 … 570
유전성 말초신경병 … 425
유전성 면역 질환 … 391
유전성 미만성 위암 … 368
유전성 부신경절종 … 144
유전성 비용종성 대장암 … 362, 363
유전성 손발바닥각질피부증 … 116
유전성 암 증후군 … 360, 369
유전성 유방-난소암 증후군 … 360
유전성 청력장애 … 167
유전성 혈관부종 … 398
유전운동감각신경병 … 425
유전율 … 172
유전자검사 … 545, 603, 608, 609, 622
유전자검사기관 … 609
유전자발현 … 53, 302
유전자 용량 민감성 … 88
유전자융합 … 89, 356
유전자 재배열 … 356
유전자 재조합 … 208
유전자 조절 … 302
유전자좌 이질성 … 167, 243
유전자중절 … 89
유전자 지도 … 209
유전자 집합 … 195
유전자치료 … 442, 579, 580, 594, 618, 619, 621, 622, 623
유전자치료제 … 596, 619
유전자패널검사 … 167
유전자형-표현형 연관성 … 168, 169
유전적 다양성 … 579
유전적 부동 … 199
유전적 중첩 … 218
유전적표류 … 122
유전질환 … 579
유전체 각인 … 85, 91, 141
유전체연관연구 … 172
유전체의학 … 3
유전체 재조합 … 30
유전체 질환 … 87
유전체편집 … 591, 613, 614, 619, 620, 622, 623
유전체학 … 3
유전형 … 195
융모막융모생검 … 501
의미가 불명확한 변이 … 554, 555, 556
의사상동염색체 … 78
의학유전학 … 3
이소발레릴산혈증 … 581
이스턴 블롯팅 … 42
이염색 백색질 장애 … 466
이종이염색체 … 84
이종 조직성 … 157
이주 … 198
이중 양방향 전위 … 523
이중이형접합체 … 159
이질염색질 … 24
이차적 발견 … 605
이형접합자 이익 … 198

이환 유전자 … 215
인간 유전체 프로젝트 … 603
인접유전자증후군 … 87, 89
인체유전학 … 3
임상연구 … 581
임상유전체검사 … 545
임상적 유용성 … 545
임상적 타당성 … 545
임상표현형의 이질성 … 167
임신 1삼분기 태아 초음파검사 … 502
임신 제 2삼분기 … 504

ㅈ

자궁내막 … 541
자궁내막증 … 534
자연 살해 세포 … 387
자연유산 … 537
자율성 존중 … 608, 619
작은 간섭 RNA … 590
작은 분자 치료 … 587
잔존 단백 기능 … 580
장뇌축 … 347
재발성 유전체재배열 … 87
재발 위험도 … 565
재조합 … 197
저단백식이 … 581
저메티오닌식이 … 581
저메틸화 … 79
저산소증 유도 인자 … 367
저신장 … 79
저인산구루병 … 128, 129
저칼륨혈증 주기성 마비 … 455
적응 면역 … 385, 387
적응성 면역 체계 … 387
적합도 … 113, 122
전결장절제술 … 364
전구물질 제한 … 579, 583
전기 … 30
전기I … 31
전기II … 32
전돌연변이 … 147, 150
전사인자 … 302, 303
전사인자활성인자 … 307
전사조절 모듈 … 302
전사조절복합체 … 302, 303
전사체 … 53
전사체 분석 … 292
전위 … 522
전자-수송 사슬 … 156
전장엑솜검사 … 225, 546, 603
전장유전체검사 … 225, 603
전장유전체연관성분석 … 181
전장유전체 연합분석 … 208, 535
전중기 … 30
점검기 … 28
점돌연변이 … 355
접합체 … 30
정밀의학 … 3, 4
정지코돈 넘어 읽기 … 441
제1 감수분열 … 31
제1형 근긴장 근디스트로피 … 155, 442
제2 감수분열 … 32
제2형 근긴장 근디스트로피 … 156, 442
제대혈천자술 … 483
제한효소 … 36
조건적 이질염색질 … 25
조기난소부전 … 536
조상효과 … 166
조절 유전자 … 243
조직불문항암제 … 376
조직화 … 305
조효소 … 579, 580
종아리비대 … 440, 442
종양변이부담 … 358
종양억제유전자 … 354
종양유전자 … 354
주석 … 551
줄기 … 21
중간형 샤르코마리투스병 … 436
중기 … 30
중기I … 31
중기II … 32
중배엽 … 307
중복 … 65
중심절편측역전 … 76
중심절포함역전 … 76
중심체 주변 역위 … 523
중앙결매듭 … 21
중앙매듭 … 21
중앙중심절 … 21
중증복합성 면역결핍증 … 595
중추신경계 발달 … 305
중합효소 연쇄반응 … 38
증진인자 … 303
증후군 … 298
지다당류 … 343
지방위축증 … 168
진정염색질 … 24
짧은 넷째중수골 … 79
짧은사슬지방산 … 342
짧은 연쇄 반복 … 525
짧은QT증후군 … 418

ㅊ

차별적 메틸화구역 … 141
차세대 염기서열 분석 … 49, 167, 521, 545, 603
차지증후군 … 404
착상전 유전검사 … 519
착상전 유전진단 … 519, 528, 610, 612
참고염기서열 … 61, 62
창시자효과 … 202
척수 … 307
척수구근 근위축증 … 150, 168
척수성근위축증 … 580, 597
척수소뇌성 운동실조증 … 150
천식 … 346
첨단재생의료 … 618, 619
첨단재생의료법 … 619
체세포섞임증 … 115, 136, 137
체세포의 부분적 섞임증 … 137
체세포 핵이식 … 613
체액성 면역 … 389
체외수정시술 … 540
취약 부위 … 150
취약 X-염색체 연관성 일차성 난소기능부전 … 151
취약 X-염색체 연관성 진전 및 운동실조 … 151
취약 X-염색체 증후군 … 124, 146, 150, 334, 500
층화 … 199
치료 전략 … 579
치아 낭종 … 307
치환 … 64

ㅋ

카가미-오가타 증후군 … 144
카나반병 … 467
카다실 … 465

카라실 … 465
카테콜아민 다형심실빈맥 … 421
칼만증후군 … 542
칼슘감지수용체 … 168
칼슘감지수용체 유전자 … 168
코든 증후군 … 367
콜라겐6 … 447
크라베병 … 466
크레아틴 … 268
크레아틴 키나아제 … 439
크로마틴 … 332
크로마틴 변형 … 78
크리스퍼-카스9 … 614
클라인펠터증후군 … 81, 96
클로닝 … 35, 36, 37
키메리즘 … 135

ㅌ

타이로신혈증 … 581
탈메틸화 효소 … 328
탈수초신경병 … 426
탈아세틸화효소 … 302
탐색자 … 546
탐식 세포 … 387
태아 약물 치료 … 580
태아 치료 … 579
태아DNA선별검사 … 478
태아DNA선별검사 임상 및 분석지침 … 479
터너증후군 … 96, 98, 403
테스토스테론 … 81
템플증후군 … 144
투과도 … 113, 150, 187
특수 분유 … 580
특수식이요법 … 581
틀이동 … 66
틀이동돌연변이 … 356

ㅍ

파브리병 … 124, 140, 165
파열 … 296
파킨슨병 … 279, 460
파타우증후군 … 74, 403
팔다리이음 근디스트로피 … 445
페닐알라닌제한식이 … 581
페닐케톤뇨증 … 259, 575, 580, 581
펠리제우스-메르츠바하병 … 467
편평뇌증 … 305
편향된 X 염색체 불활성화 … 124
포배기 … 520
포이츠-제거스 증후군 … 366
폰히펠-린다우병 … 367
폴리알라닌 … 303
폼페병 … 447
표현체 전장유전체 연합 연구 … 217
표현형 … 313
프라더-윌리증후군 … 91, 141, 498
프로게스테론 … 80
프로모터 … 303
프로바이오틱스 … 348
프로피오닌산혈증 … 581
프리바이오틱스 … 349
플라즈미드 … 36
플랫폼 설계 … 379

ㅎ

하디-와인버그 법칙 … 196
합지증 … 303, 307
항체치료 … 579, 580
해악금지의 원칙 … 603, 609
핵산 교잡반응 … 40
핵형 … 23
핵형그림 … 23
핵형분석 … 23
헌법 … 615
헌팅톤병 … 146, 148
헤지호그 … 304
현미부수체 불안정성 … 357, 362, 363
혈색소병증 … 249
혈소판유래 성장인자 … 367
혈우병 … 598
혈우병 A형 … 124, 125, 139
혈우병 B형 … 124
협의 유전율 … 174
형광제자리부합법 … 44, 143
형제위험비 … 175
형태발생인자 … 303, 304
형태학적 발달 … 306
호르몬 … 579
호모시스틴뇨증 … 581
혼합생식샘 발생장애 … 97
홀트-오람증후군 … 404
홑배수 … 73
홑배수부전 … 88
홑배수불충분 … 78
홑배수성 … 73
홑배수체 … 22
홑배수체 세포 … 30
확장성 심근병증 … 167, 408
황체형성호르몬/사람융모생식샘 자극호르몬 수용체 … 115
효소대체요법 … 579, 580, 589
효소병증 … 258
후기 … 30
후기I … 31
후기II … 32
후성유전학적 전환 … 337
후쿠야마 선천성 근디스트로피 … 447
후쿠틴 … 447
흑색표시 … 6
흔한질환-흔한변이 가설 … 215
희귀의약품 … 580, 599
히스톤 메틸화 … 329
히스톤 변이체 … 330
히스톤 변형 … 302
히스톤 아세틸전달효소 … 302
히스톤 아세틸화 … 329

A

AARS … 430
acetylation … 24
achondroplasia … 139
acrocentric … 21
acrocentric chromosome … 75
adaptive immune system … 387
additive effect … 172
adeno-associated virus (AAV) … 442, 596
adenovirus … 595
Adie's pupil … 427, 430
ADR … 313
ADSS1 myopathy … 446
adult-onset leukoencephalopathy with axonal spheroids and pigmented glia (ALSP) … 468
age-dependent penetrance … 113
Alagille syndrome … 404
Albright Hereditary Osteodystrophy (AHO) … 144
Alexander disease … 466
allele … 22

allele dropout (ADO) … 524
allelic heterogeneity … 165
All of US 게놈연구 … 5
All of US Research Program … 205
Amsterdam criteria … 362
analytical validity … 545
anaphase … 30
androgen insensitivity syndrome (AIS) … 542
aneuploidy … 73
Angelman syndrome … 91, 141
annotation … 551
ANO5 … 445
anticipation … 146, 458
antisense oligonucleotide … 442
aortic arch view … 507
APC … 364
apoptosis … 306
arrhythmogenic right ventricular cardiomyopathy … 410
Ashkenazi Jewish … 122
assortative mating … 121
Ataluren … 441
ataxia-telangiectasia … 398
ATP … 156
ATP1A1 … 428
ATP7B … 121
autosomal dominant … 525
autosomal recessive … 525
autosome … 22
azoospermia … 531

## B

B세포 결핍 … 397
BabySeq Project … 4
balanced chromosomal rearrangement … 73
bare lymphocyte syndrome … 397
basket trial … 379
Becker muscular dystrophy (BMD) … 440
Beckwith-Wiedemann syndrome … 91
Bethesda guideline … 362
Bethlem myopathy … 447
biomarker-stratified design … 379
black label … 6
blastocyst … 520
Bonferroni 교정 … 215
BRCA1 … 360
BRCA2 … 360
broad heritability (H2) … 174
Brugada syndrome … 420
Burosumab … 131, 580

## C

CADASIL … 465
calcium sensing receptor … 168, 169
Canavan disease … 467
CAPN3 … 445
CARASIL … 465
carbamylphosphate synthetase (CPS1) … 119
cardiomyopathy … 442
CAR-T (chimeric antigen receptor-T) … 596
Casimersen … 580
catecholaminergic polymorphic ventricular tachycardia … 421
C-banding … 24
CCR5 cytokine receptor … 198
cell cycle … 28
cerebrotendinous xanthomatosis (CTX) … 468
Charcot-Marie-Tooth disease (CMT) … 425
CHARGE syndrome … 404
checkpoint … 28
CHN … 437
chorea … 458
chromatin … 23, 24
chromatin fiber … 21
chromosomal microarray analysis … 44, 521
chromosome … 21
chromosome analysis … 43
chronic granulomatous disease (CGD) … 397
cleft lip and plate … 304
clinical decision support (CDS) … 6
clinical heterogeneity … 167
clinical utility … 545
clinical validity … 545
Clopidogrel … 317
clustered regularly interspaced short palindromic repeats-Cas9 (CRISPR-Cas9) … 614
CMT1형 … 426
CMT1A … 427
CMT1B … 427
CMT1C … 427
CMT1D … 427
CMT1E … 427
CMT1F … 427
CMT2형 … 428
CMT2A … 428
CMT2A1 … 428
CMT2A2A … 428
CMT2A2B … 428
CMT2B … 428
CMT2B1 … 428
CMT2B2 … 428
CMT2C … 428
CMT2CC … 428
CMT2D … 428
CMT2DD … 428
CMT2E … 430
CMT2F … 430
CMT2H … 430
CMT2I … 430
CMT2J … 430
CMT2K … 430, 431
CMT2L … 430
CMT2M … 430
CMT2N … 430
CMT2O … 430
CMT2P … 430
CMT2Q … 430
CMT2R … 430
CMT2S … 430
CMT2T … 430
CMT2U … 430
CMT2V … 431
CMT2W … 431
CMT2X … 431
CMT2Y … 431
CMT2Z … 431
CMT4형 … 431
CMT4A … 431
CMT4B … 432
CMT4B1 … 432
CMT4B2 … 432
CMT4B3 … 432

CMT4C … 433
CMT4D … 433
CMT4E … 433
CMT4F … 433
CMT4G … 433
CMT4H … 433
CMT4J … 433
CMT4K … 433
CMT5형 … 434
CMT6형 … 434
CMTDI … 436
CMTDIA … 436
CMTDIB … 436
CMTDIC … 436
CMTDID … 436
CMTDIE … 436
CMTDIF … 436
CMTDIG … 436
CMTRI … 436
CMTRIA … 432, 436
CMTRIB … 436
CMTRIC … 436
CMTRID … 437
CMTX … 434
CMTX1 … 434
CMTX2 … 435
CMTX3 … 435
CMTX4 … 435
CMTX5 … 435
CMTX6 … 435
CNBP … 156
CNP analogue … 306
CNV … 62, 312
cofactor … 303
COL1A1 … 117
COL6 … 447
COLA2 … 117
common complex disease … 171
common disease common variant … 187
common disease rare variant … 187
companion diagnostics (CDx) … 4, 377
comparative genomic hybridization (CGH) … 521
complete gonadal dysgenesis … 542
complex chromosomal rearrangement (CCR) … 523
congenital heart disease … 401
congenital hypomyelinating neuropathy (CHN) … 433
congenital muscular dystrophy … 446
congenital myasthenic syndrome … 448
congenital myopathy … 446
consanguineous marriage … 121
constitutive heterochromatin … 25
contiguous gene syndrome … 87
copy number alteration … 356
copy number variation (CNV) … 45, 67, 87, 540
cordocentesis … 483
Cowchock syndrome … 435
Cowden syndrome … 367
COX6A1 … 437
creatine kinase (CK) … 439
CREB binding protein (CREBP) … 307
Cri-du-chat syndrome … 77
crossing over … 30
CYP2C9 … 317
CYP2C19 … 317
CYP2D6 … 311, 316
cytogenetics … 43

## D

D4Z4 반복 구역 … 444
Déjérine-Sottas disease … 431, 433
delendistrogene moxeparvovec … 442
deletion … 64
deletion-insertion … 65
dendritic cells … 387
DGAT2 … 431
dHMN2A … 430
dHMN8 … 428
DHTKD1 … 430
dideoxy termination … 47
differentially methylated region (DMR) … 141
DiGeorge syndrome … 77, 398
dilated cardiomyopathy … 408
diploid … 22
diploid, 2n … 30
direct to consumer genetic testing … 5
disorders of sexual development (DSD) … 541
DLK1 … 143
DMD-연관 확장성심근병 … 127
DMD-associated dilated cardiomyopathy … 440
DMPK (dystrophia myotonica protein kinase) … 155
DNA 메틸화 … 327, 500
DNA 메틸화효소 … 327
DNA 불일치 복구 … 362
DNA 불일치 복구 유전자 … 363
DNA 저 메틸화 … 336
DNA 탈메틸화 … 328
DNA direct sequencing … 524
DNAJB6 … 445
DNM2 … 430, 436
DNMT3B … 444
double heterozygote … 159
double two-way translocations … 523
DPWG … 313
Duchenne/Becker muscular dystrophy … 498
duplication … 65
dynamic mutation … 146
DYNC1H1 … 430
DYSF … 445
dystroglycan … 446
dystrophin … 440

## E

Eastern blotting … 42
E-cadherin(CDH1) … 368
Edward syndrome … 74
EGR2 … 433
electromyography (EMG) … 439
electron-transport chain … 156
embryogenesis … 307
embryo health scoring (EHS) … 527
endometriosis … 534
enhancer … 303
enrichment design … 378
eosinophil … 387
EPCAM … 362
epidermolytic palmoplantar keratoderma … 116
escape inactivation … 96
Eteplirsen … 442, 580
euchromatin … 24
exceptional CCR … 523

exon skipping ··· 442, 590
expanded carrier screening ··· 513
expression regulatory element ··· 89
expressivity ··· 113
ex vivo ··· 594
eye-of-tiger sign ··· 462

F

Fabry disease ··· 124, 165
Facioscapulohumeral muscular dystrophy (FSHD) ··· 444
facultative heterochromatin ··· 25
familial adenomatous polyposis ··· 364
familial hypercholesterolemia ··· 112, 191
familial male-limited precocious puberty (FMPP) ··· 115
FGD4 ··· 433
FGF23 ··· 131
fibroblast growth factor receptor 3 (FGFR3) ··· 112
FIG4 ··· 433
fitness ··· 113, 122
FKTN ··· 447
fluorescence in situ hybridization (FISH) ··· 44, 143
FMR1 ··· 146
founder effect ··· 202
founder mutation ··· 166
Foxp1 ··· 306
fragile site ··· 150
fragile X-associated primary ovarian insufficiency (FXPOI) ··· 151
fragile X-associated tremor/ataxia syndrome (FXTAS) ··· 151
fragile X messenger ribonucleoprotein 1 (FMR1) ··· 150
fragile X syndrome (FXS) ··· 124, 146, 150, 334, 500
frameshift ··· 66
frameshift mutation ··· 356
FSHD1 ··· 444
FSHD2 ··· 444

G

G-분염염색체 검사 ··· 545
galactosemia ··· 581
gamete ··· 28
GARS ··· 428
G-banding ··· 43
GDAP1 ··· 430, 431, 436
gene fusion ··· 89, 356
gene interruption ··· 89
gene pool ··· 195
gene rearrangement ··· 356
genetic drift ··· 122, 199
genome editing ··· 591
genome-wide association study (GWAS) ··· 172, 181, 215
genomic disorders ··· 87
genomic imprinting ··· 85, 91, 141
genomic medicine ··· 3
germline mosaicism ··· 136, 137
giant axonal neuropathy (GAN) ··· 437
Giemsa 염색 ··· 24
GJB1 ··· 434
GLI3 ··· 307
globoid cell leukodystrophy ··· 466
GNAS (guanine nucleotide binding protein, alpha stimulating) complex ··· 144
GNB4 ··· 436
GNE myopathy ··· 445
Golodirsen ··· 580
gonosomal mosaicism ··· 136
Gowers' sign ··· 440
Greig cephalopolysyndactyly syndrome (GCPS) ··· 307

H

hammer toe ··· 427
haploid ··· 22
haploid gametes, n ··· 30
haploidy, n ··· 73
haploinsufficiency ··· 88, 135
Hardy-Weinberg equilibrium ··· 120, 196
HARS ··· 431
Hedgehog ··· 304
Hemgenix ··· 598
hemizygote ··· 123
hereditary breast and ovarian cancer syndrome ··· 360
hereditary diffuse gastric cancer ··· 368
hereditary motor and sensory neuropathy ··· 425
hereditary neuropathy with liability to pressure palsies (HNPP) ··· 427, 437
hereditary nonpolyposis colorectal cancer ··· 363
hereditary nonpolyposis colorectal cancer (HNPCC) ··· 362
hereditary peripheral neuropathy ··· 425
hereditary sensory and autonomic neuropathy (HSAN) ··· 425
hereditary sensory neuropathy (HSN) ··· 425
heritability (H2) ··· 172
heterochromatin ··· 24
heterodisomy ··· 84
heteroplasmy ··· 157
heterozygote advantage ··· 198
HIF ··· 367
high arched palate ··· 446
HINT1 ··· 431
Hirschsprung disease ··· 305
HK1 ··· 433
HMSN5 ··· 434
HMSN6 ··· 434
holoprosencephaly ··· 304
Holt-Oram syndrome ··· 404
homocystinuria ··· 581
homologous chromosome ··· 22
homologous recombination deficiency (HRD) ··· 358
housekeeping proteins ··· 255
HOXD13 ··· 303, 304
HSPB1 ··· 430
HSPB8 ··· 430
human genetics ··· 3
human phenotype ontology (HPO) ··· 165
Huntington disease (HD) ··· 148
Hutchinson-Gilford progeria ··· 168
hypertrophic cardiomyopathy ··· 406
hypotelorism ··· 304

I

IGHMBP2 ··· 430
IKBKG ··· 129
immune dysregulation, polyendocrinopathy, enteropathy, X-linked ··· 398

imprinted gene … 25
imputation … 216
inbreeding … 121
inbreeding coefficient (F) … 199
incidental finding … 605
incomplete dominant inheritance … 112
indels … 312
INF2 … 436
informed consent … 604
innate immune system … 387
innate lymphoid cell (ILCs) … 387
insertion … 65
insertion/deletion mutation … 356
inter, intra familial phenotype heterogeneity … 169
inversion … 523
in vivo … 594
ion semiconductor … 49
IPEX 증후군 … 398
isodisomy … 84
isovaleryl acidemia … 581

## K

Kabuki syndrome … 333
Kallmann syndrome … 542
KARS … 436
karyogram … 23
karyomapping … 525
karyotype … 23
karyotyping … 23
KCNA2 … 454
KCNQ2 … 454
KCNT1 … 454
KIAA1985 … 433
KIF1B … 428
kinetochore … 21
Klinefelter syndrome … 96, 98, 531
KOHBRA (Korean hereditary breast cancer) … 360
Krabbe disease … 466

## L

LAMA2 … 446
lamin … 168
LD 계수 … 209
LD 매핑 … 209
Leber hereditary optic neuropathy (LHON) … 159
Leigh syndrome … 159
Lentivirus … 596
Léri-Weill dyschondrosteosis … 135
LGMD … 445
LGMD1 … 445
LGMD2 … 445
LGMD2B … 445
LGMDD … 445
LGMDD1 … 445
LGMDD4 … 445
LGMDR … 445
LGMDR1 … 445
LGMDR2 … 445
LGMDR4 … 445
LGMDR6 … 445
LGMDR12 … 445
LH/human choriogonadotropin receptor (LHCGR) … 115
liability … 172
Li-Fraumeni syndrome … 366
likely pathogenic … 513
limb-girdle muscular dystrophy (LGMD) … 445
linkage analysis … 176, 525
linkage disequilibrium (LD) … 199, 200
linkage equilibrium … 200
liquid biopsy … 5
LIS1 … 305
lissencephaly … 305
LITAF … 427
LKB1 … 366
LMNA … 168, 428
lobular breast cancer … 368
locus heterogeneity … 167, 243
LOD score … 178, 179, 212
long QT syndrome … 167, 416
long-read single molecule sequencing … 52, 232
low copy repeats (LCRs) … 87
LRSAM1 … 430
Lynch syndrome … 362

## M

macrophage … 387
Madelung's deformity … 135
manifesting heterozygote … 124
maple syrup disease … 581
MARS … 430
massive parallel sequencing … 49
mast cell … 387
master protocol … 378
Maxam-Gilbert … 47
McArdle … 447
MECP2 … 129
MED25 … 428
meiosis … 30
MELAS … 157, 447
Merosin … 446
MERRF … 159, 447
metabolic myopathy … 447
metacentric … 21
metachromatic leukodystrophy … 466
metaphase … 30
methylation … 24
methylation specific multiplex ligation dependent probe amplification … 143
methylation study … 500
methylmalonic acidemia … 581
MFN2 … 428, 434
microarray … 54
microdeletion syndrome … 87
microduplication syndrome … 87
micro-dystrophin … 442
microsatellite instability (MSI) … 357, 362, 363, 368
microsurgical testicular sperm extraction (m-TESE) … 532
microtubule … 21
migration … 198
mismatch repair … 362
mitochondrial disease … 156
mitochondrial DNA … 156
mitochondrial DNA depletion syndrome … 447
mitochondrial myopathy … 447
Miyoshi myopathy … 445
MKRN3 … 143
MLH1 … 362
MLPA … 497
MME … 430
monosomy … 73

monosomy rescue ··· 83
MORC2 ··· 431
mosaicism ··· 69, 73, 135
MPZ ··· 427, 430, 436
MSH2 ··· 362
MSH6 ··· 362
MTHFR ··· 540
MTMR2 ··· 432
MTMR5 ··· 432
MTMR13 ··· 432
multi-factorial ··· 171
multiple endocrine neoplasia (MEN) ··· 365
multiplex PCR ··· 524
muscle biopsy ··· 439
mutation rate, μ ··· 197
MYH14 ··· 431
myopathic face ··· 446
myophosphorylase ··· 447
myotonia ··· 155
myotonic dystrophy type 1 (DM1) ··· 442
myotonic dystrophy type 2 (DM2) ··· 156, 442

## N

NAGLU ··· 431
narrow heritability, h2 ··· 174
NAT2 ··· 311
NDRG1 ··· 433
NEFH ··· 428
NEFL ··· 427, 430, 436
neuroblastoma ··· 431
neurodegeneration with brain iron accumulation ··· 462
neurofibromin ··· 114
neuronal intranuclear inclusion disease (NIID) ··· 468
next generation sequencing (NGS) ··· 225, 521, 603
NF1 ··· 451
NK cell ··· 387
nonallelic homologous recombination (NAHR) ··· 87
nondisjunction ··· 31, 83
nonhomologous end joining (NHEJ) ··· 88
noninvasive PGT-A ··· 521
non-invasive prenatal screening ··· 4
non-invasive prenatal testing (NIPT) ··· 478, 502
nonrandom mating ··· 199
nonsense readthrough ··· 441
non-sister chromatid ··· 31
nonsynonymous ··· 61
Noonan syndrome ··· 404
Northern blotting ··· 42
nuchal translucency (NT) ··· 502
nucleic acid hybridization ··· 40
nucleotide repeat disorders ··· 459
Nusinersen ··· 580

## O

odds ratio ··· 174
oncogene ··· 354
ornithine transcarbamylase ··· 124
osteogenesis imperfecta ··· 138
outtract view ··· 507
ovotesticular DSD ··· 98
oxidative-phosphorylation ··· 156

## P

p53 ··· 366
P450(CYP) ··· 311
Pallister-Hall syndrome ··· 307
paracentric inversion ··· 76, 523
paraganglioma ··· 144
parent of origin effect ··· 141
Patau syndrome ··· 74
pathogenic ··· 513
PCDH19-related early infantile epileptic encephalopathy ··· 162
PDGF ··· 367
PDK3 ··· 435
Pelizaeus-Merzbacher disease (PMD) ··· 467
penetrance ··· 113, 187
percutaneous umbilical blood sampling (PUBS) ··· 483
pericentric inversion ··· 76, 523
permutation ··· 150
pes cavus ··· 427
Peutz-Jeghers syndrome ··· 366
PGD by FISH ··· 528
PGT-A ··· 519
PGT for aneuploidy ··· 519
PGT for monogenic disorders ··· 524
PGT for polygenic disorders ··· 527
PGT for structural rearrangement ··· 522
PGT-M ··· 524
PGT-P ··· 527
PGT-SR ··· 522
pharmacogenomics ··· 5
phenocopy ··· 167
phenotype blending ··· 165
phenotype expansion ··· 165
phenylketonuria ··· 259, 581
PHEX ··· 131
PIK3CA-related overgrowth spectrum (PROS) ··· 138
PKD1 ··· 305
PKD2 ··· 305
platform trial ··· 379
pleiotropy ··· 113
PLEKHG5 ··· 436
PMP2 ··· 428
PMP22 ··· 427
PMS2 ··· 362
PNMHH ··· 431
point mutation ··· 355
polygenic disorders ··· 527
polygenic risk score (PRS) ··· 5, 172, 183, 527
polygenic theory ··· 172
polymerase chain reaction (PCR) ··· 38, 524
polymorphism ··· 61
polyploidy ··· 69, 73
Pompe disease ··· 447
post translational modification (PTM) ··· 329
Prader-Willi syndrome ··· 91, 141
precision medicine ··· 3
preimplantation genetic diagnosis (PGD) ··· 519, 528
preimplantation genetic screening (PGS) ··· 519
premature ovarian failure ··· 536
premutation ··· 147
primary familial brain calcification ··· 462

primer ··· 47, 48
prometaphase ··· 30
promoter ··· 303
prophase ··· 30
propionic acidemia ··· 581
PRPS1 ··· 435
PRX ··· 433
pseudoautosomal region (PAR) ··· 133
pseudo-dominant inheritance ··· 118
PTCH1 ··· 307
pure dominant inheritance ··· 112
pyknodysostosis ··· 121

## Q

quantitative fluorescence PCR ··· 491

## R

RAB7 ··· 428
rapid detection of aneuploidy ··· 491
rasopathy ··· 167
reciprocal translocaton ··· 522
recombination ··· 30, 197
recurrence risk ratio, λR ··· 175
reduced penetrance ··· 113
reference sequence ··· 62
relative risk ··· 174
repeated sequence ··· 65
RET ··· 168, 306
retinoblastoma ··· 198
Rett syndrome ··· 332
reverse phenotyping ··· 165
risk-reducing surgery ··· 362
RNA 중합효소 ··· 303
Robertsonian translocation ··· 522, 539
rsID ··· 312
Russell-Silver syndrome ··· 91

## S

Sanger dideoxy ··· 47
sarcoglycan ··· 445
satellite ··· 21
SBF1 ··· 432
SBF2 ··· 432
SCN1A ··· 453
SCN2A ··· 453
SCN8A ··· 454
secondary finding ··· 605
segmental duplication (SD) ··· 87
selection ··· 197
sequencing analysis ··· 46
severe combined immune deficiency (SCID) ··· 395
sex chromosome ··· 22
sex determining region Y (SRY) ··· 95, 532
sex specific threshold ··· 190
SH3TC2 ··· 433
SHH ··· 307
short QT syndrome ··· 418
short-stature homeobox (SHOX) ··· 133, 135
short tandem repeat (STR) ··· 525
Shprintzen syndrome ··· 77
sibling risk ratio, λS ··· 175
sickle cell anemia ··· 198
silencer element ··· 303
single-cell RNA sequencing ··· 54
single nucleotide polymorphism (SNP) ··· 4, 176, 312, 525
SLC2A1 ··· 455
small interfering RNA (siRNA) ··· 590
small molecule therapy ··· 587
Small molecule therapy ··· 587
SMCHD1 ··· 444
soft marker ··· 505
somatic mosaicism ··· 136
sonic hedgehog (SHH) ··· 304
Southern blotting ··· 41
SPG11 ··· 431
spindle ··· 25
spinobulbar muscular atrophy ··· 150, 168
spinocerebellar ataxia ··· 150
Spinraza ··· 597
split-hand/feet malformation (SHFM) ··· 114
stalk ··· 21
STK11(LKB1) ··· 366
stratification ··· 121, 199
Strimvelis ··· 597
submetacentric ··· 21
substitution ··· 64
substrate reduction ··· 583
SURF1 ··· 433
Swyer syndrome ··· 542
symptomatic carrier ··· 124
synapsis ··· 31
synonymous ··· 61

## T

T세포 결핍 ··· 395
tamoxifen ··· 317
tandem mass spectrometry ··· 575
Tay-Sachs병 ··· 118, 122, 167
TBX1 ··· 306
telophase ··· 30
TFG ··· 431
three vessel view ··· 507
three-way rearrangement ··· 523
threshold theory ··· 172
tissue-agnostic drug ··· 376
TK2 ··· 447
tomacula ··· 427, 437
TP53 ··· 366
transcriptional complex ··· 303
translocation ··· 522
tremor ··· 458
TRIM2 ··· 430
trioploidy ··· 69
triple repeat disease ··· 526
triplosensitivity ··· 88
trisomy ··· 538
trisomy 13 ··· 403
trisomy 18 ··· 402
trisomy 21 ··· 402
trisomy rescue ··· 83
trisomy X ··· 82
trophectoderm ··· 520
TRPV4 ··· 428
TSC1 ··· 450
TSC2 ··· 450
tumor mutational burden (TMB) ··· 358
tumor suppressor gene ··· 354
Turner syndrome ··· 96, 98
tyrosinemia ··· 581

## U

UK biobank ··· 185, 205
Ullrich congenital myopathy ··· 447

umbrella trial ··· 379
unbalanced chromosomal rearrangement ··· 73
unbalanced chromosome ··· 524
unbalanced or skewed X-chromosome inactivation ··· 124
unbalanced translocation ··· 539
unequal crossing over ··· 31
uniparental disomy ··· 141
uniparental disomy (UPD) ··· 83, 118
urea cycle disorder ··· 581

## V

variable expressivity ··· 113
variant of unknown significance ··· 165, 554, 555, 556
VUS ··· 165, 513
VCP ··· 431
VEGF ··· 367
VHL ··· 367
Vitolarsen ··· 580
VKORC1 ··· 317
Von Hippel-Lindau disease ··· 367
vosoritide ··· 306

## W

Waardenburg syndrome ··· 306
warfarin ··· 317
Western blotting ··· 42
whole exome sequencing (WES) ··· 225, 603
whole genome sequencing (WGS) ··· 225, 603
Williams syndrome ··· 88, 404
Wiskott-Aldrich 증후군 ··· 398
Wolf-Hirschhorn syndrome ··· 77

## X

X 삼염색체 증후군 ··· 82
X 염색체 불활성화 ··· 124
X 염색체 연관 공동우성 ··· 124
X 염색체 연관 범저감마글로불린혈증 ··· 397
X 염색체 연관 샤르코마리투스병 ··· 434
X 염색체 연관 열성 유전질환 ··· 526
X 염색체 연관 우성 유전질환 ··· 526
X 염색체 연관 저인산구루병 ··· 580
X chromosome inactivation ··· 78
X-linked adrenoleukodystrophy ··· 466
X-linked agammaglobuminemia (XL-ALD) ··· 397
X-linked dominant disease ··· 526
X-linked recessive disease ··· 526

## Y

YARS ··· 436
Y chromosome microdeletion ··· 531

## Z

Zolgensma ··· 597
zygote ··· 30

## 기타

3방향 재배열 ··· 523
4 chamber view ··· 507
5-하이드록시메틸시토신 ··· 328
13삼염색체 증후군 ··· 74
18삼염색체 증후군 ··· 74
21삼염색체 증후군 ··· 73
22q11.2 미세결실 증후군 ··· 88, 90, 398, 403
46,XX 남성 ··· 98
47,XXX ··· 82
47,XXY ··· 81
47,XYY ··· 82
100,000 게놈연구 ··· 5